ASSOCIATION FRANÇAISE

POUR

L'AVANCEMENT DES SCIENCES

Une table des matières est jointe à chacun des volumes du Compte Rendu des travaux de l'Association Française en 1902.

Une table analytique *générale* par ordre alphabétique termine la 2ᵐᵉ partie ; dans cette table, les nombres qui sont placés après la lettre *p* se rapportent aux pages de la 1ʳᵉ partie, ceux placés après l'astérisque * se rapportent aux pages de la 2ᵐᵉ partie.

Les indications bibliographiques se trouvent à la table des matières des volumes.

IMPRIMERIE CHAIX, RUE BERGÈRE, 20, PARIS. — 4216-3-02.

ASSOCIATION FRANÇAISE

POUR

L'AVANCEMENT DES SCIENCES

FUSIONNÉE AVEC

L'ASSOCIATION SCIENTIFIQUE DE FRANCE

(Fondée par Le Verrier en 1864)

Reconnues d'utilité publique

CONFÉRENCES DE PARIS

COMPTE RENDU DE LA 31ME SESSION

PREMIÈRE PARTIE

DOCUMENTS OFFICIELS. — PROCÈS-VERBAUX

PARIS

AU SECRÉTARIAT DE L'ASSOCIATION

28, rue Serpente (Hôtel des Sociétés savantes)

ET CHEZ MM. MASSON et Cie, LIBRAIRES DE L'ACADÉMIE DE MÉDECINE

120, boulevard Saint-Germain.

1902

ASSOCIATION FRANÇAISE

POUR L'AVANCEMENT DES SCIENCES

Fusionnée avec

L'ASSOCIATION SCIENTIFIQUE DE FRANCE

(Fondée par Le Verrier en 1864)

Reconnues d'utilité publique

MINISTÈRE
de
l'Instruction publique,
DES BEAUX-ARTS
et
DES CULTES

CABINET
—
N° 175

RÉPUBLIQUE FRANÇAISE

—

DÉCRET

Le Président de la République française,

Sur le rapport du Ministre de l'Instruction publique, des Beaux-Arts et des Cultes ;

Vu le procès-verbal de l'Assemblée générale de l'Association française pour l'avancement des sciences, tenue à Grenoble le 10 août 1885 ;

Vu le procès-verbal de l'Assemblée générale de l'Association scientifique de France, tenue à Paris le 14 novembre 1885, et les décisions prises par les deux Sociétés ;

Toutes deux ayant pour objet de réunir en une seule Association ces deux Sociétés susnommées ;

Vu les Statuts, l'état de la situation financière et les autres pièces fournies à l'appui de cette demande ;

La Section de l'Intérieur, de l'Instruction publique, des Beaux-Arts et des Cultes, du Conseil d'État entendue,

DÉCRÈTE :

ARTICLE PREMIER. — L'Association française pour l'avancement des sciences et l'Association scientifique de France, fondée par Le Verrier en 1864, toutes deux reconnues d'utilité publique, forment une seule et même Association.

Les Statuts de l'Association française pour l'avancement des sciences fusionnée avec l'Association scientifique de France (fondée par Le Verrier en 1864), sont approuvés tels qu'ils sont ci-annexés.

ART. 2. — Le Ministre de l'Instruction publique, des Beaux-Arts et des Cultes est chargé de l'exécution du présent décret.

Fait à Paris, le 28 septembre 1886.

Signé : JULES GRÉVY.

Par le Président de la République :

Le Ministre de l'Instruction publique, des Beaux-Arts et des Cultes

Signé : RENÉ GOBLET.

Pour ampliation,

Le Chef de bureau du Cabinet,

Signé : ROUJON.

a

STATUTS ET RÈGLEMENT

STATUTS

TITRE I. — But de l'Association.

ARTICLE PREMIER. — L'Association se propose exclusivement de favoriser, par tous les moyens en son pouvoir, le progrès et la diffusion des sciences, au double point de vue du perfectionnement de la théorie pure et du développement des applications pratiques.

A cet effet, elle exerce son action par des réunions, des conférences, des publications, des dons en instruments ou en argent aux personnes travaillant à des recherches ou entreprises scientifiques qu'elle aurait provoquées ou approuvées.

ART. 2. — Elle fait appel au concours de tous ceux qui considèrent la culture des sciences comme nécessaire à la grandeur et à la prospérité du pays.

ART. 3. — Elle prend le nom d'*Association française pour l'avancement des sciences, fusionnée avec l'Association scientifique de France, fondée par Le Verrier en 1864.*

TITRE 2. — Organisation.

ART. 4. — Les membres de l'Association sont admis, sur leur demande, par le Conseil.

ART. 5. — Sont membres de l'Association les personnes qui versent la cotisation annuelle. Cette cotisation peut toujours être rachetée par une somme versée une fois pour toutes. Le taux de la cotisation et celui du rachat sont fixés par le Règlement.

ART. 6. — Sont membres fondateurs les personnes qui ont versé, à une époque quelconque, une ou plusieurs souscriptions de 500 francs.

ART. 7. — Tous les membres jouissent des mêmes droits. Toutefois, les noms des membres fondateurs figurent perpétuellement en tête des listes alphabétiques, et ces membres reçoivent gratuitement, pendant toute leur vie, autant d'exemplaires des publications de l'Association qu'ils ont versé de fois la souscription de 500 francs.

ART. 8. — Le capital de l'Association se compose du capital de l'Association scientifique et du capital de la précédente Association française au jour de la fusion, des souscriptions des membres fondateurs, des sommes versées pour le rachat des cotisations, des dons et legs faits à l'Association, à moins d'affectation spéciale de la part des donateurs.

Art. 9. — Les ressources annuelles comprennent les intérêts du capital, le montant des cotisations annuelles, les droits d'admission aux séances et les produits de librairie.

Art. 10. — *(Supprimé par décret conformément à la proposition adoptée à l'unanimité par l'Assemblée générale tenue à Tunis, le 4 avril 1896.)*

TITRE III. — Sessions annuelles.

Art. 11. — Chaque année, l'Association tient, dans l'une des villes de France, une session générale dont la durée est de huit jours; cette ville est désignée par l'Assemblée générale, au moins une année à l'avance.

Art. 12. — Dans les sessions annuelles, l'Association, pour ses travaux scientifiques, se répartit en sections, conformément à un tableau arrêté par le Règlement général.

Ces sections forment quatre groupes, savoir :

1º Sciences mathématiques,
2º Sciences physiques et chimiques,
3º Sciences naturelles,
4º Sciences économiques.

Art. 13. — Il est publié chaque année un volume, distribué à tous les membres, contenant :

1º Le compte rendu des séances de la session ;
2º Le texte ou l'analyse des travaux provoqués par l'Association, ou des mémoires acceptés par le Conseil.

COMPOSITION DU BUREAU

Art. 14. — Le Bureau de l'Association se compose :

D'un Président,
D'un Vice-Président,
D'un Secrétaire,
D'un Vice-Secrétaire,
D'un Trésorier.

Tous les membres du Bureau sont élus en Assemblée générale.

Art. 15. — Les fonctions de Président et de Secrétaire de l'Association sont annuelles ; elles commencent immédiatement après une session et durent jusqu'à la fin de la session suivante.

Art. 16. — Le Vice-Président et le Vice-Secrétaire d'une année deviennent de droit, Président et Secrétaire pour l'année suivante.

Art. 17. — Le Président, le Vice-Président, le Secrétaire et le Vice-Secrétaire de chaque année sont pris respectivement dans les quatre groupes de sections, et chacun est pris à tour de rôle dans chaque groupe.

ART. 18. — Le Trésorier est élu par l'Assemblée générale; il est nommé pour quatre ans et rééligible.

ART. 19. — Le Bureau de chaque section se compose d'un Président, d'un Vice-Président, d'un Secrétaire et, au besoin, d'un Vice-Secrétaire élu par cette section parmi ses membres.

TITRE IV. — Administration.

ART. 20. — Le siège de l'Administration est à Paris.

ART. 21. — L'Association est administrée gratuitement par un Conseil composé :

    1º Du Bureau de l'Association, qui est en même temps le Bureau du Conseil d'administration ;

    2º Des Présidents de section ;

    3º De trois membres par section ; ces délégués de section sont élus à la majorité relative en Assemblée générale, sur la proposition de leurs sections respectives ; ils sont renouvelables par tiers chaque année ;

    4º De délégués de l'Association en nombre égal à celui des Présidents de section ; ils sont nommés par correspondance, au scrutin secret et à la majorité relative des suffrages exprimés, après proposition du Conseil ; ils sont renouvelables par tiers chaque année.

ART. 22. — Les anciens Présidents de l'Association continuent à faire partie du Conseil.

ART. 23. — Les Secrétaires des sections de la session précédente sont admis dans le Conseil avec voix consultative.

ART. 24. — Pendant la durée des sessions, le Conseil siège dans la ville où a lieu la session.

ART. 25. — Le Conseil d'administration représente l'Association et statue sur toutes les affaires concernant son administration.

ART. 26. — Le Conseil a tout pouvoir pour gérer et administrer les affaires sociales, tant actives que passives. Il encaisse tous les fonds appartenant à l'Association, à quelque titre que ce soit.

Il place les fonds qui constituent le capital de l'Association en rentes sur l'État ou en obligations de chemins de fer français, émises par des Compagnies auxquelles un minimum d'intérêt est garanti par l'État ; il décide l'emploi des fonds disponibles ; il surveille l'application à leur destination des fonds votés par l'Assemblée générale, et ordonnance par anticipation, dans l'intervalle des sessions, les dépenses urgentes, qu'il soumet, dans la session suivante, à l'approbation de l'Assemblée générale.

Il décide l'échange ou la vente des valeurs achetées ; le transfert des rentes sur l'État, obligations des Compagnies de chemins de fer et autres titres nominatifs sont signés par le Trésorier et un des membres du Conseil délégué à cet effet.

Il accepte tous dons et legs faits à la Société ; tous les actes y relatifs sont signés par le Trésorier et un des membres délégué.

ART. 27. — Les délibérations relatives à l'acceptation des dons et legs, à des acquisitions, aliénations et échanges d'immeubles sont soumises à l'approbation du gouvernement.

ART. 28. — Le Conseil dresse annuellement le budget des dépenses de l'Association; il communique à l'Assemblée générale le compte détaillé des recettes et dépenses de l'exercice.

ART. 29. — Il organise les sessions, dirige les travaux, ordonne et surveille les publications, fixe et affecte les subventions et encouragements.

ART. 30. — Le Conseil peut adjoindre au Bureau des commissaires pour l'étude de questions spéciales et leur déléguer ses pouvoirs pour la solution d'affaires déterminées.

ART. 31. — Les Statuts ne pourront être modifiés que sur la proposition du Conseil d'administration, et à la majorité des deux tiers des membres votants dans l'Assemblée générale, sauf approbation du gouvernement.

Ces propositions, soumises à une session, ne pourront être votées qu'à la session suivante; elles seront indiquées dans les convocations adressées à tous les membres de l'Association.

ART. 32. — Un Règlement général détermine les conditions d'administration et toutes les dispositions propres à assurer l'exécution des Statuts. Ce Règlement est préparé par le Conseil et voté par l'Assemblée générale.

TITRE V. — Dispositions complémentaires.

ART. 33. — Dans le cas où la Société cesserait d'exister, l'Assemblée générale, convoquée extraordinairement, statuera, sous la réserve de l'approbation du gouvernement, sur la destination des biens appartenant à l'Association. Cette destination devra être conforme au but de l'Association, tel qu'il est indiqué dans l'article premier.

Les clauses stipulées par les donateurs, en prévision de ce cas, devront être respectées.

Le Chef de bureau du Cabinet,

Signé : N. ROUJON.

RÈGLEMENT

TITRE I⁰ʳ. — Dispositions générales.

ARTICLE PREMIER. — Le taux de la cotisation annuelle des membres non fondateurs est fixé à 20 francs.

ART. 2. — Tout membre a le droit de racheter ses cotisations à venir en versant, une fois pour toutes, la somme de 200 francs. Il devient ainsi membre à vie.

Il sera loisible de racheter les cotisations par deux versements annuels consécutifs de 100 francs.

Les membres ayant payé pendant vingt années consécutives la cotisation annuelle de 20 francs pourront racheter les cotisations à venir moyennant un seul versement de 100 francs.

Tout membre qui, pendant dix années consécutives, aura versé annuellement une somme de 10 francs en sus de la cotisation annuelle sera libéré de tout versement ultérieur. Ces versements supplémentaires seront portés au compte Capital.

La liste alphabétique des membres à vie est publiée en tête de chaque volume, immédiatement après la liste des membres fondateurs.

Les membres ayant racheté leurs cotisations pourront devenir membres fondateurs en versant une somme complémentaire de 300 francs.

ART. 3. — Dans les sessions générales, l'Association se répartit en dix-huit sections formant quatre groupes, conformément au tableau suivant :

1ᵉʳ GROUPE : *Sciences mathématiques.*

1. Section de mathématiques, astronomie et géodésie;
2. Section de mécanique;
3. Section de navigation;
4. Section de génie civil et militaire.

2ᵉ GROUPE : *Sciences physiques et chimiques.*

5. Section de physique;
6. Section de chimie;
7. Section de météorologie et physique du globe.

3ᵉ GROUPE : *Sciences naturelles.*

8. Section de géologie et minéralogie;
9. Section de botanique;
10. Section de zoologie, anatomie et physiologie;
11. Section d'anthropologie;
12. Section des sciences médicales;
13. Section d'électricité médicale.

4ᵉ GROUPE : *Sciences économiques.*

14. Section d'agronomie;
15. Section de géographie;
16. Section d'économie politique et statistique;
17. Section de pédagogie et enseignement;
18. Section d'hygiène et médecine publique.

ART. 4. — Tout membre de l'Association choisit, chaque année, la section à laquelle il désire appartenir. Il a le droit de prendre part aux travaux des autres sections avec voix consultative.

ART. 5. — Les personnes étrangères à l'Association, qui n'ont pas reçu d'invitation spéciale, sont admises aux séances et aux conférences d'une session, moyennant un droit d'admission fixé à 10 francs. Ces personnes peuvent communiquer des travaux aux sections, mais ne peuvent prendre part aux votes.

ART. 6. — Le Président sortant fait, de droit, partie du Bureau pendant les deux semestres suivants.

ART. 7. — Le Conseil d'administration prépare les modifications réglementaires que peut nécessiter l'exécution des Statuts, et les soumet à la décision de l'Assemblée générale.

Il prend les mesures nécessaires pour organiser les sessions, de concert avec les comités locaux qu'il désigne à cet effet. Il fixe la date de l'ouverture de chaque session. Il organise les conférences qui ont lieu à Paris pendant l'hiver.

Il nomme et révoque tous les employés et fixe leur traitement.

ART. 8. — Dans le cas de décès, d'incapacité ou de démission d'un ou de plusieurs membres du Bureau, le Conseil procède à leur remplacement.

La proposition de ce ou de ces remplacements est faite dans une séance convoquée spécialement à cet effet: la nomination a lieu dans une séance convoquée à sept jours d'intervalle.

ART. 9. — Le Conseil délibère à la majorité des membres présents. Les délibérations relatives au placement des fonds, à la vente ou à l'échange des valeurs et aux modifications statutaires ou réglementaires ne sont valables que lorsqu'elles ont été prises en présence du quart, au moins, des membres du Conseil dûment convoqués. Toutefois, si, après un premier avis, le nombre des membres présents était insuffisant, il serait fait une nouvelle convocation annonçant le motif de la réunion, et la délibération serait valable, quel que fût le nombre des membres présents.

TITRE II. — Attributions du Bureau et du Conseil d'administration.

ART. 10. — Le Bureau de l'Association est, en même temps, le Bureau du Conseil d'administration.

ART. 11. — Le Conseil se réunit au moins quatre fois dans l'intervalle de deux sessions. Une séance a lieu en novembre pour la nomination des Commissions permanentes; une autre séance a lieu pendant la quinzaine de Pâques.

ART. 12. — Le Conseil est convoqué toutes les fois que le Président le juge convenable. Il est convoqué extraordinairement lorsque cinq de ses membres en font la demande au Bureau, et la convocation doit indiquer alors le but de la réunion.

ART. 13. — Les Commissions permanentes sont composées des cinq membres du Bureau et d'un certain nombre de membres, élus par le Conseil dans sa séance de novembre. Elles restent en fonctions jusqu'à la fin de la session suivante de l'Association. Elles sont au nombre de cinq :

1° Commission de publication ;
2° Commission des finances ;
3° Commission d'organisation de la session suivante ;
4° Commission des subventions ;
5° Commission des conférences.

ART. 14. — La Commission de publication se compose du Bureau et de quatre membres élus, auxquels s'adjoint, pour les publications relatives à chaque section, le Président ou le Secrétaire, ou, en leur absence, un des délégués de la section.

ART. 15. — La Commission des finances se compose du Bureau et de quatre membres élus.

ART. 16. — La Commission d'organisation de la session se compose du Bureau et de quatre membres élus.

ART. 17. — La Commission des subventions se compose du Bureau, d'un délégué par section nommé par les membres de la section pendant la durée du Congrès et de deux délégués de l'Association nommés par le Conseil.

ART. 18. — La Commission des conférences se compose du Bureau et de huit membres élus par le Conseil.

ART. 19. — Le Conseil peut, en outre, désigner des Commissions spéciales pour des objets déterminés.

ART. 20. — Pendant la durée de la session annuelle, le Conseil tient ses séances dans la ville où a lieu la session.

TITRE III. — Du Secrétaire du Conseil.

ART. 21. — Le Secrétaire du Conseil reçoit des appointements annuels dont le chiffre est fixé par le Conseil.

ART. 22. — Lorsque la place de Secrétaire du Conseil devient vacante, il est procédé à la nomination d'un nouveau Secrétaire, dans une séance précédée d'une convocation spéciale qui doit être faite quinze jours à l'avance.

La nomination est faite à la majorité absolue des votants. Elle n'est valable que lorsqu'elle est faite par un nombre de voix égal au tiers, au moins, du nombre des membres du Conseil.

ART. 23. — Le Secrétaire du Conseil ne peut être révoqué qu'à la majorité absolue des membres présents, et par un nombre de voix égal au tiers, au moins, du nombre des membres du Conseil.

ART. 24. — Le Secrétaire du Conseil rédige et fait transcrire, sur deux registres distincts, les procès-verbaux des séances du Conseil et ceux des Assemblées générales. Il siège dans toutes les Commissions permanentes, avec voix consultative. Il peut faire partie des autres Commissions. Il a voix consultative dans les discussions du Conseil. Il exécute, sous la direction du Bureau, les décisions du Conseil. Les employés de l'Association sont placés sous ses ordres. Il correspond avec les membres de l'Association, avec les présidents et secrétaires des Comités locaux et avec les secrétaires des sections. Il fait partie de la Commission de publication et la convoque. Il dirige la publication du volume et donne les bons à tirer. Pendant la durée des sessions, il veille à la distribution des cartes, à la publication des programmes et assure l'exécution des mesures prises par le Comité local concernant les excursions.

TITRE IV. — Des Assemblées générales.

Art. 25. — Il se tient chaque année, pendant la durée de la session, au moins une Assemblée générale.

Art. 26. — Le Bureau de l'Association est, en même temps, le Bureau de l'Assemblée générale. Dans les Assemblées générales qui ont lieu pendant la session, le Bureau du Comité local est adjoint au Bureau de l'Association.

Art. 27. — L'Assemblée générale, dans une séance qui clôt définitivement la session, élit, au scrutin secret et à la majorité absolue, le Vice-Président et le Vice-Secrétaire de l'Association pour l'année suivante, ainsi que le Trésorier, s'il y a lieu ; dans le cas où, pour l'une ou l'autre de ces fonctions, la liste de présentation ne comprendrait qu'un nom, la nomination pourra être faite par un vote à main levée, si l'Assemblée en décide ainsi. Elle nomme, sur la proposition des sections, les membres qui doivent représenter chaque section dans le Conseil d'administration. Elle désigne enfin, une ou deux années à l'avance, les villes où doivent se tenir les sessions futures.

Art. 28. — L'Assemblée générale peut être convoquée, extraordinairement, par une décision du Conseil.

Art. 29. — Les propositions tendant à modifier les Statuts, ou le titre Ier du Règlement, conformément à l'article 31 des Statuts, sont présentées à l'Assemblée générale par le rapporteur du Conseil et ne sont mises aux voix que dans la session suivante. Dans l'intervalle des deux sessions, le rapport est imprimé et distribué à tous les membres. Les propositions sont, en outre, rappelées dans les convocations adressées à tous les membres. Le vote a lieu sans discussion, par *oui* ou par *non*, à la majorité des deux tiers des voix, s'il s'agit d'une modification au Règlement. Lorsque vingt membres en font la demande par écrit, le vote a lieu au scrutin secret.

TITRE V. — De l'organisation des Sessions annuelles et du Comité local.

Art. 30. — La Commission d'organisation, constituée comme il est dit à l'article 16, se met en rapport avec les membres fondateurs appartenant à la ville où doit se tenir la prochaine session. Elle désigne, sur leurs indications, un certain nombre de membres qui constituent le Comité local.

Art. 31. — Le Comité local nomme son Président, son Vice-Président et son Secrétaire. Il s'adjoint les membres dont le concours lui paraît utile, sauf approbation par la Commission d'organisation.

Art. 32. — Le Comité local a pour attribution de venir en aide à la Commission d'organisation, en faisant des propositions relatives à la session et en assurant l'exécution des mesures locales qui ont été approuvées ou indiquées par la Commission.

Art. 33. — Il est chargé de s'assurer des locaux et de l'installation nécessaires pour les diverses séances ou conférences; ses décisions, toutefois, ne deviennent définitives qu'après avoir été acceptées par la Commission. Il propose les sujets qu'il serait important de traiter dans les conférences, et les personnes qui pourraient en être chargées. Il indique les excursions qui seraient propres à intéresser les membres du Congrès et prépare celles de ces excursions qui sont acceptées par la Commission. Il se met en rapport, lorsqu'il le juge utile, avec les Sociétés savantes et les autorités des villes ou localités où ont lieu les excursions.

Art. 34. — Le Comité local est invité à préparer une série de courtes notices sur la ville où se tient la session, sur les monuments, sur les établissements industriels, les curiosités naturelles, etc., de la région. Ces notices sont distribuées aux membres de l'Association et aux invités assistant au Congrès.

Art. 35. — Le Comité local s'occupe de la publicité nécessaire à la réussite du Congrès, soit à l'aide d'articles de journaux, soit par des envois de programmes, etc., dans la région où a lieu la session.

Art. 36. — Il fait parvenir à la Commission d'organisation la liste des savants français et étrangers qu'il désirerait voir inviter.

Le Président de l'Association n'adresse les invitations qu'après que cette liste a été reçue et examinée par la Commission.

Art. 37. — Le Comité local indique, en outre, parmi les personnes de la ville ou du département, celles qu'il conviendrait d'admettre gratuitement à participer aux travaux scientifiques de la session.

Art. 38. — Depuis sa constitution jusqu'à l'ouverture de la session, le Comité local fait parvenir deux fois par mois, au Secrétaire du Conseil de l'Association, des renseignements sur ses travaux, la liste des membres nouveaux, avec l'état des payements, la liste des communications scientifiques qui sont annoncées, etc.

Art. 39. — La Commission d'organisation publie et distribue, de temps à autre, aux membres de l'Association, les communications et avis divers qui se rapportent à la prochaine session. Elle s'occupe de la publicité générale et des arrangements à prendre avec les Compagnies de chemins de fer.

TITRE VI. — De la tenue des Sessions.

Art. 40. — Pendant toute la durée de la session, le Secrétariat est ouvert chaque matin pour la distribution des cartes. La présentation des cartes est exigible à l'entrée des séances.

Art. 41. — Tout membre, en retirant sa carte, doit indiquer la section à laquelle il désire appartenir, ainsi qu'il est dit à l'article 4.

Art. 42. — Le Conseil se réunit dans la matinée du jour où a lieu l'ouverture de la session; il se réunit pendant la durée de la session autant de fois qu'il le juge convenable. Il tient une dernière réunion, pour arrêter une liste de présentation relative aux élections du Bureau de l'Association, vingt-quatre heures au moins avant la réunion de l'Assemblée générale.

Le Président et l'un des Secrétaires du Comité local assistent, pendant la session, aux séances du Conseil, avec voix consultative.

Art. 43. — Les candidatures pour les élections du Bureau doivent être communiquées au Conseil, présentées par dix membres au moins de l'Association, trois jours avant l'Assemblée générale.

Le Conseil arrête la liste des présentations qu'il a reconnues régulières vingt-quatre heures au moins avant l'Assemblée générale. Cette liste de candidature, dressée par ordre alphabétique, sera affichée dans la salle de réunion.

ART. 44. — La session est ouverte par une séance générale, dont l'ordre du jour comprend :

1° Le discours du Président de l'Association et des autorités de la ville et du département;

2° Le compte rendu annuel du Secrétaire général de l'Association;

3° Le rapport du Trésorier sur la situation financière.

Aucune discussion ne peut avoir lieu dans cette séance.

A la fin de la séance, le Président indique l'heure où les membres se réuniront dans les sections.

ART. 45. — Chaque section élit, pendant la durée d'une session, son Président pour la session suivante : le Président doit être choisi parmi les membres de l'Association.

ART. 46. — Chaque section, dans sa première séance, procède à l'élection de son Vice-Président et de son Secrétaire, toujours choisis parmi ses membres. Elle peut nommer, en outre, un second Secrétaire, si elle le juge convenable. Elle procède, aussitôt après, à ses travaux scientifiques.

ART. 47. — Les Présidents de sections se réunissent, dans la matinée du second jour, pour fixer les jours et les heures des séances de leurs sections respectives, et pour répartir ces séances de la manière la plus favorable. Ils décident, s'il y a lieu, la fusion de certaines sections voisines.

Les Présidents de deux ou plusieurs sections peuvent organiser, en outre, des séances collectives.

Une section peut tenir, aux heures qui lui conviennent, des séances supplémentaires, à la condition de choisir des heures qui ne soient pas occupées par les excursions générales.

ART. 48. — Pendant la durée de la session, il ne peut être consacré qu'un seul jour, non compris le dimanche, aux excursions générales. Il ne peut être tenu de séances de sections, ni de conférences, et il ne peut y avoir d'excursions officielles spéciales, pendant les heures consacrées à une excursion générale.

ART. 49. — Il peut être organisé une ou plusieurs excursions générales, ou spéciales, pendant les jours qui suivent la clôture de la session.

ART. 50. — Les sections ont toute liberté pour organiser les excursions particulières qui intéressent spécialement leurs membres.

ART. 51. — Une liste des membres de l'Association présents au 'Congrès paraît le lendemain du jour de l'ouverture, par les soins du Bureau. Des listes complémentaires paraissent les jours suivants, s'il y a lieu.

ART. 52. — Il paraît chaque matin un Bulletin indiquant le programme de la journée, les ordres du jour des diverses séances et les travaux des sections de la journée précédente.

ART. 53. — La Commission d'organisation peut instituer une ou plusieurs séances générales.

ART. 54. — Il ne peut y avoir de discussions en séance générale. Dans le cas où un membre croirait devoir présenter des observations sur un sujet traité dans une séance générale, il devra en prévenir par écrit le Président, qui désignera l'une des prochaines séances de sections pour la discussion.

ART. 55. — A la fin de chaque séance de section, et sur la proposition du Président, la section fixe l'ordre du jour de la prochaine séance, ainsi que l'heure de la réunion.

ART. 56. — Lorsque l'ordre du jour est chargé, le Président peut n'accorder la parole que pour un temps déterminé qui ne peut être moindre que dix minutes. A l'expiration de ce temps, la section est consultée pour savoir si la parole est maintenue à l'orateur; dans le cas où il est décidé qu'on passera à l'ordre du jour, l'orateur est prié de donner brièvement ses conclusions.

ART. 57. — Les membres qui ont présenté des travaux au Congrès sont priés de remettre au Secrétaire de leur section leur manuscrit, ou un résumé de leur travail; ils sont également priés de fournir une note indicative de la part qu'ils ont prise aux discussions qui se sont produites.

Lorsqu'un travail comportera des figures ou des planches, mention devra en être faite sur le titre du mémoire.

ART. 58. — A la fin de chaque séance, les Secrétaires de sections remettent au Secrétariat :

1° L'indication des titres des travaux de la séance;
2° L'ordre du jour, la date et l'heure de la séance suivante.

ART. 59. — Les Secrétaires de sections sont chargés de prévenir les orateurs désignés pour prendre la parole dans chacune des séances.

ART. 60. — Les Secrétaires de sections doivent rédiger un procès-verbal des séances. Ce procès-verbal doit donner, d'une manière sommaire, le résumé des travaux présentés et des discussions; il doit être remis au Secrétariat aussitôt que possible, et au plus tard un mois après la clôture de la session.

ART. 61. — Les Secrétaires de sections remettent au Secrétaire du Conseil avec leurs procès-verbaux, les manuscrits qui auraient été fournis par leurs auteurs, avec une liste indicative des manuscrits manquants.

ART. 62. — Les indications relatives aux excursions sont fournies aux membres le plus tôt possible. Les membres qui veulent participer aux excursions sont priés de se faire inscrire à l'avance, afin que l'on puisse prendre des mesures d'après le nombre des assistants.

ART. 63. — Les conférences générales n'ont lieu que le soir, et sous le contrôle d'un président et de deux assesseurs désignés par le Bureau.

Il ne peut être fait plus de deux conférences générales pendant la durée d'une session.

ART. 64. — Les vœux exprimés par les sections doivent être remis pendant la session au Conseil d'administration, qui seul a qualité pour les présenter au vote de l'Assemblée générale.

ART. 65. — Avant l'Assemblée générale de clôture, le Conseil décide quels sont les vœux qui devront être soumis à l'acceptation de l'Assemblée générale et qui, après avoir été acceptés, recevant le nom de *Vœux de l'Association française*, seront transmis sous ce nom aux pouvoirs publics.

Il décide également quels vœux seront insérés aux comptes rendus sous le nom de : *Vœux de la ...*e *section* et quels sont ceux dont le texte ne figurera pas aux comptes rendus.

Il sera procédé, en Assemblée générale, au vote sur les vœux qui sont présentés par le Conseil comme vœux de l'Association.

Il sera ensuite donné lecture des vœux que le Conseil a réservés comme vœux de section.

Dans le cas où dix membres au moins demanderaient qu'un vœu de cette espèce fût transformé en vœu de l'Association, ce vœu pourra être renvoyé, par un vote de l'Assemblée, à l'Assemblée générale suivante. Avant la réunion de celle-ci, cette proposition sera étudiée par une Commission de cinq membres qui aura à faire un rapport qui sera imprimé et distribué à tous les membres de l'Association. Cette Commission comprendra deux membres de la section ou des sections qui ont présenté le vœu, et trois membres pris en dehors de celle-ci. Les premiers seront désignés par le bureau de la section (ou par les bureaux des sections) ayant émis le vœu, qui devront les faire connaître au plus tard lors de la séance du Conseil qui suivra l'Assemblée générale, et, à défaut, par le bureau de l'Association ; les trois autres membres seront nommés par le bureau.

TITRE VII. — Des Comptes rendus.

Art. 66. — L'Association publie chaque année : 1° le texte ou l'analyse des conférences faites à Paris pendant l'hiver ; 2° le compte rendu de la session ; 3° le texte des notes et mémoires dont l'impression dans le compte rendu a été décidée par le Conseil d'administration.

Art. 67. — Les comptes rendus doivent être publiés dix mois au plus tard après la session à laquelle ils se rapportent.

La distribution des comptes rendus est annoncée à tous les membres de l'Association par une circulaire qui indique à partir de quelle date ils peuvent être retirés au Secrétariat.

Les comptes rendus sont expédiés aux invités de l'Association.

Art. 68. — Sur leur demande, faite avant le 1er octobre de chaque année, les membres recevront les comptes rendus de l'Association par fascicules expédiés semi-mensuellement.

Art. 69. — Les membres qui n'auraient pas remis au Secrétaire de leur section, pendant la session, le résumé sommaire de leur communication devront le faire parvenir au Secrétariat au plus tard quatre semaines après la clôture de la session. Passé cette époque, le titre seul du travail figurera au procès-verbal, sauf décision spéciale du Conseil d'administration.

Art. 70. — L'étendue des résumés sommaires ne devra pas dépasser une demi-page d'impression (2000 lettres) pour une même question.

Art. 71. — Les notes et mémoires dont l'impression *in extenso* est demandée par les auteurs devront être remis au Secrétaire de la section pendant la session ou être expédiés directement au Secrétariat deux mois au plus tard après la clôture de la session. Les planches ou dessins accompagnant un mémoire devront être joints à celui-ci.

Art. 72. — Dix pages, au maximum, peuvent être accordées à un auteur pour une même question ; toutefois la Commission de publication pourra proposer au Conseil d'administration de fixer exceptionnellement une étendue plus considérable.

Art. 73. — Le Conseil d'administration, sur la proposition de la Commission de publication, pourra décider la publication en dehors des comptes rendus de travaux spéciaux que leur étendue ne permettrait pas de faire paraître dans les comptes rendus. Ces travaux seront mis à la disposition des membres qui en auront fait la demande en temps utile.

Art. 74. — L'insertion du résumé sommaire destiné au procès-verbal est de droit pour toute communication faite en session, à moins que cette communication ne rentre pas dans l'ordre des travaux de l'Association.

Art. 75. — La Commission de publication a tous pouvoirs pour décider de l'impression *in extenso* d'un travail présenté à une session. Elle peut également demander aux auteurs des réductions dont elle fixe l'importance ; si le travail réduit ne parvient pas au Secrétariat dans les délais indiqués, l'impression ne pourra avoir lieu.

Aucun travail publié en France avant l'époque du Congrès ne pourra être reproduit dans les comptes rendus. Le titre et l'indication bibliographique figureront seuls dans le procès-verbal.

Art. 76. — Les discussions insérées dans les comptes rendus sont extraites textuellement des procès-verbaux des Secrétaires de sections. Les notes fournies par les auteurs, pour faciliter la rédaction des procès-verbaux, devront être remises dans les vingt-quatre heures.

Art. 77. — La Commission de publication décide quelles seront les planches qui seront jointes au compte rendu et s'entend, à cet effet, avec la Commission des finances.

Art. 78. — Les épreuves seront communiquées aux auteurs en placards seulement ; une semaine est accordée pour la correction. Si l'épreuve n'est pas renvoyée à l'expiration de ce délai, les corrections sont faites par les soins du Secrétariat.

Art. 79. — Dans le cas où les frais de corrections et changements indiqués par un auteur dépasseraient la somme de 15 francs par feuille, l'excédent, calculé proportionnellement, serait porté à son compte.

Art. 80. — Les membres pourront faire exécuter un tirage à part de leurs communications avec pagination spéciale, au prix convenu avec l'imprimeur par le Conseil d'administration. Ces tirages à part sont imprimés sur un type absolument uniforme.

Art. 81. — Les auteurs qui n'ont pas demandé de tirage à part et dont les communications ont une étendue qui dépasse une demi-feuille d'impression recevront quinze exemplaires de leur travail, extraits des feuilles qui ont servi à la composition du volume.

Art. 82. — Les auteurs des communications présentées à une session ont d'ailleurs le droit de publier à part ces communications à leur gré : ils sont seulement priés d'indiquer que ces travaux ont été présentés au Congrès de l'Association française.

LISTE DES BIENFAITEURS

DE L'ASSOCIATION FRANÇAISE POUR L'AVANCEMENT DES SCIENCES

MM. UN ANONYME.

BISCHOFFSHEIM (Raphaël-Louis), Membre de l'Institut.
BOUDET (Claude), à Lyon.
BOURDEAU (J.-P.-L.), à Billère, près Pau.
BROSSARD (Louis-Cyrille), à Étampes.
BRUNET (Benjamin), ancien Négociant à la Pointe-à-Pitre, à Paris.
CHEUX, Pharmacien-major de l'armée, en retraite, à Ernée.
DELEHAYE (Jules), à Paris.
DES ROSIERS (J.-B.-A.), Propriétaire, à Paris.
EICHTHAL (le baron Adolphe d'), Président honoraire du Conseil d'administration
    de la Compagnie des chemins de fer du Midi à Paris.
FONTARIVE, à Linneville-sur-Gien.
GIRARD, Directeur de la Manufacture des tabacs de Lyon.
GOBERT, Président honoraire du Tribunal civil de Saint-Omer.
GUILLEMINET, Pharmacien, Président de la Société de Pharmacie de Lyon.
JACKSON (James), à Paris.
KUHLMANN (Frédéric), Correspondant de l'Institut, Chimiste, à Lille.
LEGROUX (le Commandant Adrien), à Orléans.
LOMPECH (Denis), à Miramont.
MASSON (G.), Libraire de l'Académie de Médecine, à Paris.
OLLIER, Professeur à la Faculté de Médecine de Lyon, Correspondant de l'Institut.
PARQUET (Mme Ve), à Paris.
PERDRIGEON, Agent de change, à Paris.
PEREIRE (Émile), à Paris.
POCHARD (Mme Ve), à Paris.
RIGOUT (Dr), à Paris.
ROUX (Gustave), à Paris.
SIEBERT, à Paris.
LA COMPAGNIE GÉNÉRALE TRANSATLANTIQUE, à Paris.
VILLE DE MONTPELLIER.
VILLE DE PARIS.

LISTE DES MEMBRES

DE

L'ASSOCIATION FRANÇAISE POUR L'AVANCEMENT DES SCIENCES

FUSIONNÉE AVEC

L'ASSOCIATION SCIENTIFIQUE DE FRANCE (*)

(MEMBRES FONDATEURS ET MEMBRES A VIE)

MEMBRES FONDATEURS

PARTS

ABBADIE (Antoine D'), Membre de l'Institut et du Bureau des Longitudes. *(Décédé)*. 4

ALBERTI, Banquier *(Décédé)* 1

ALMEIDA (D'), Inspecteur général de l'Instruction publique *(Décédé)*. 1

AMBOIX DE LARBONT (le Général Henri D'), Commandant la 25ᵉ Division d'Infanterie.
— Saint-Étienne (Loire). 1

ANDOUILLÉ (Edmond), sous-Gouverneur honoraire de la *Banque de France (Décédé)*. 2

ANDRÉ (Alfred), Régent de la *Banque de France*, Administrateur de la *Compagnie des Chemins de fer de Paris à Lyon et à la Méditerranée*, ancien Député *(Décédé)*. 2

ANDRÉ (Édouard), ancien Député *(Décédé)* 1

ANDRÉ (Frédéric), Ingénieur en chef des Ponts et Chaussées *(Décédé)*. 1

AUBERT (Charles), Avocat, 13, rue Caqué. — Reims (Marne) 1

AUDIBERT, Directeur de la *Compagnie des Chemins de fer de Paris à Lyon et à la Méditerranée (Décédé)*. 2

AYNARD (Édouard), Membre de l'Institut, Président de la Chambre de Commerce, Député du Rhône, 11, place de La Charité. — Lyon (Rhône) 1

AZAM (Eugène), Professeur honoraire à la Faculté de Médecine de Bordeaux, Associé national de l'Académie de Médecine *(Décédé)*. 1

BAILLE (J.-B.-Alexandre), ancien Répétiteur à l'École Polytechnique, Professeur à l'École municipale de Physique et de Chimie industrielles, 26, rue Oberkampf.— Paris. 1

BAILLIÈRE (Germer), ancien Libraire-Éditeur, ancien Membre du Conseil municipal, 10, rue de L'Éperon. — Paris. 1

BAILLON (H.), Professeur à la Faculté de Médecine de Paris *(Décédé)*. 1

BALARD, Membre de l'Institut *(Décédé)* 1

BALASCHOFF (Pierre DE), Rentier *(Décédé)*. 1

BAMBERGER (Henri), Banquier, 14, rond-point des Champs-Élysées. — Paris. 1

BAPTEROSSES (F.), Manufacturier. — Briare (Loiret). 1

BARBIER-DELAYENS (Victor), Propriétaire, *(Décédé)*. 1

BARBOUX (Henri), Avocat à la Cour d'Appel, ancien Bâtonnier du Conseil de l'Ordre, 14, quai de La Mégisserie. — Paris 1

BARTHOLONI (Fernand), ancien Président du Conseil d'administration de la *Compagnie des Chemins de fer d'Orléans*, 12, rue La Rochefoucauld. — Paris 1

BAUDOIN (Noël), Ingénieur civil, 51, rue Lemercier. — Paris. 1

BÉCHAMP (Antoine), ancien Professeur à la Faculté de Médecine de Montpellier, Correspondant de l'Académie de Médecine, 15, rue Vauquelin. — Paris 1

BECKER (Mme V^e), 260, boulevard Saint-Germain. — Paris 1
BELL (Édouard, Théodore),Négociant,57, Broadway.—New-York(États-Unis d'Amérique) 1
BELON, Fabricant *(Décédé)* 1
BERAL (Éloi), Inspecteur général des mines en retraite, Conseiller d'État honoraire,
   ancien Sénateur, château de Pechfumat. — Frayssinet-le-Gélat.(Lot) 1
BERDELLÉ (Charles), ancien Garde général des Forêts. — Rioz (Haute-Saône) 1
BERNARD (Claude), Membre de l'Académie française et de l'Académie des Sciences
   (Décédé) 1
BILLAULT-BILLAUDOT et Cie, Fabricants de produits chimiques, 22, rue de La Sorbonne.
   — Paris 1
BILLY (DE), Inspecteur général des Mines *(Décédé)* 1
BILLY (Charles DE), Conseiller référendaire à la Cour des Comptes, 56, rue de Boulain-
   villiers. — Paris 1
BISCHOFFSHEIM (L., R.), Banquier *(Décédé)* 1
BISCHOFFSHEIM (Raphaël, Louis), Membre de l'Institut, Ingénieur des Arts et Manu-
   factures, Député des Alpes-Maritimes, 3, rue Taitbout. — Paris 1
BLOT, Membre de l'Académie de Médecine *(Décédé)* 1
BOCHET (Vincent DU) *(Décédé)* 1
BOISSONNET (le Général André, Alfred), ancien Sénateur, 16, rue de Logelbach. — Paris . 1
BOIVIN (Émile), Raffineur, 64, rue de Lisbonne. — Paris 1
BONAPARTE (le Prince Roland), 10, avenue d'Iéna. — Paris 1
BONDET, Professeur à la Faculté de Médecine, Associé national de l'Académie de
   Médecine, Médecin de l'Hôtel-Dieu, 6, place Bellecour. — Lyon (Rhône) 1
BONNEAU (Théodore), Notaire honoraire *(Décédé)* 1
BORIE (Victor), Membre de la *Société nationale d'Agriculture de France (Décédé)* . . . 1
BOUCHARD (Charles), Membre de l'Institut et de l'Académie de Médecine, Professeur
   à la Faculté de Médecine, Médecin des Hôpitaux, 174, rue de Rivoli. — Paris . . . 1
BOUDET (F.), Membre de l'Académie de Médecine *(Décédé)* 1
BOUILLAUD, Membre de l'Institut, Professeur à la Faculté de Médecine *(Décédé)* . . . 1
BOULÉ (Auguste), Inspecteur général des Ponts et Chaussées en retraite, 7, rue
   Washington. — Paris. 1
BRANDENBURG (Albert), Négociant *(Décédé)* 1
BRÉGUET, Membre de l'Institut et du Bureau des Longitudes *(Décédé)* 2
BRÉGUET (Antoine), Directeur de la *Revue scientifique*, ancien Élève de l'École Polytech-
   nique *(Décédé)* 1
BREITTMAYER (Albert), ancien sous-Directeur des Docks et Entrepôts de Marseille, 8, quai
   de L'Est. — Lyon (Rhône) 1
BROCA (Paul), Professeur à la Faculté de Médecine de Paris, Membre de l'Académie de
   Médecine, Sénateur *(Décédé)* 1
BROCARD (Henri), Chef de Bataillon du Génie en retraite, 75, rue des Ducs-de-Bar.
   — Bar-le-Duc (Meuse) 1
BROET, ancien Membre de l'Assemblée nationale *(Décédé)* 1
BROUZET (Charles), Ingénieur civil, 38, rue Victor-Hugo. — Lyon (Rhône) 1
CACHEUX (Émile), Ingénieur des Arts et Manufactures, vice-Président de la *Société
   française d'Hygiène*, 25, quai Saint-Michel. — Paris 1
CAMBEFORT (Jules), Administrateur de la *Compagnie des Chemins de fer de Paris à
   Lyon et à la Méditerranée*, 13, rue de La République. — Lyon (Rhône) 1
CAMONDO (le Comte Abraham DE), Banquier *(Décédé)* 1
CAMONDO (le Comte Nissim DE) *(Décédé)* 1
CANET (Gustave), Ingénieur des Arts et Manufactures, Directeur de l'Artillerie de
   MM. Schneider et Cie, ancien Président de la *Société des Ingénieurs civils de France*,
   87, avenue Henri-Martin. — Paris 1
CAPERON (père), Négociant *(Décédé)* 1
CAPERON (fils) *(Décédé)* 1
CARLIER (Auguste), Publiciste *(Décédé)* 1
CARNOT (Adolphe), Membre de l'Institut, Inspecteur général des Mines, Directeur de
   l'École nationale supérieure des Mines, Professeur à l'Institut national agronomique,
   60, boulevard Saint-Michel. — Paris. 1
CASTELAZ (John), Fabricant de produits chimiques, 19, rue Sainte-Croix-de-la-Bre-
   tonnerie. — Paris 1
CAVENTOU (père), Membre de l'Académie de Médecine *(Décédé)* 1
CAVENTOU (Eugène), Membre de l'Académie de Médecine, 43, rue de Berlin. — Paris. 1
CERNUSCHI (Henri), Publiciste *(Décédé)* 1

CHABAUD-LATOUR (le Général DE), Sénateur *(Décédé)* 1
CHABRIÈRES-ARLÈS, Trésorier-payeur général du département du Rhône *(Décédé)* . 1
CHAMBRE DE COMMERCE DE BORDEAUX (Gironde). 1
     —   —   LYON (Rhône). 1
     —   —   MARSEILLE (Bouches-du-Rhône) 1
     —   —   NANTES, place de La Bourse. — Nantes (Loire-Inférieure) . 1
     —   —   ROUEN (Seine-Inférieure) 1
CHANTRE (Ernest), sous-Directeur du Muséum des sciences naturelles, 37, cours
    Morand. — Lyon (Rhône). 1
CHARCOT (Jean, Martin), Membre de l'Institut et de l'Académie de Médecine, Professeur
    à la Faculté de Médecine, Médecin des Hôpitaux de Paris *(Décédé)*. . . . 2
CHASLES, Membre de l'Institut *(Décédé)*. . . . .
Dr CHAUVEAU (Auguste), Membre de l'Institut et de l'Académie de Médecine, Inspecteur
    général des Écoles nationales vétérinaires, Professeur au Muséum d'histoire naturelle,
    10, avenue Jules-Janin. — Paris 1
CHEVALIER (J.-P.), Négociant, 50, rue du Jardin-Public. — Bordeaux (Gironde). . . 1
CLAMAGERAN (Jules), ancien Ministre des Finances, Sénateur, 57, avenue Marceau.
    — Paris 1
CLERMONT (Philippe DE), sous-Directeur honoraire du Laboratoire de Chimie de la Sor-
    bonne, 38, rue du Luxembourg. — Paris. 1
Dr CLIN (Ernest-Marie), Lauréat de la Faculté de Médecine (Prix Montyon), ancien
    Interne des Hôpitaux de Paris, Membre perpétuel de la *Société chimique (Décédé)* . 1
CLOQUET (le Baron Jules), Membre de l'Institut *(Décédé)* 1
COLLIGNON (Édouard), Inspecteur général des Ponts et Chaussées en retraite, Exami-
    nateur honoraire de sortie à l'École Polytechnique, 6, rue de Seine. — Paris. . 1
COMBAL, Professeur à la Faculté de Médecine de Montpellier *(Décédé)* 1
COMBEROUSSE (Charles DE), Ingénieur des Arts et Manufactures, Professeur au Conser-
    vatoire national des Arts et Métiers et à l'École centrale des Arts et Manufactures.
    (Décédé) 1
COMBES, Inspecteur général, Directeur de l'École nationale supérieure des Mines
    (Décédé) 1
COMPAGNIE DES CHEMINS DE FER DU MIDI, 54, boulevard Haussmann. — Paris . . . 5
    —   —   D'ORLÉANS, 8, rue de Londres. — Paris. 5
    —   —   DE L'OUEST, 20, rue de Rome. — Paris 5
    —   —   DE PARIS A LYON ET A LA MÉDITERRANÉE, 88, rue Saint-
            Lazare. — Paris 5
    —   DES FONDERIES ET FORGES DE L'HORME, 8, rue Victor-Hugo. — Lyon (Rhône) . 1
    —   DES FONDERIES ET FORGES DE TERRE-NOIRE, LA VOULTE ET BESSÈGES *(Dissoute)* . 1
    —   DU GAZ DE LYON, 7, rue de Savoie. — Lyon (Rhône) 1
    —   PARISIENNE DU GAZ, 6, rue Condorcet. — Paris 4
    —   DES MESSAGERIES MARITIMES, 1, rue Vignon. — Paris. 1
    —   DES MINERAIS DE FER MAGNÉTIQUE DE MOKTA-EL-HADID (le Conseil d'admi-
        nistration de la), 26, avenue de L'Opéra. — Paris 1
    —   DES MINES, FONDERIES ET FORGES D'ALAIS, 13 *bis*, rue des Mathurins.
        — Paris. 1
    —   DES MINES DE HOUILLE DE BLANZY (Jules CHAGOT et Cie), à Montceau-les-
        Mines (Saône-et-Loire) et 44, rue des Mathurins. — Paris . . . 1
    —   DES MINES DE ROCHE-LA-MOLIÈRE ET FIRMINY, 13, rue de La République.
        — Lyon (Rhône) 2
    —   DES SALINS DU MIDI, 94, rue de La Victoire. — Paris 1
    —   GÉNÉRALE DES VERRERIES DE LA LOIRE ET DU RHÔNE *(Dissoute)* . . . 1
COPPET (Louis DE), Chimiste, villa Irène, rue Magnan. — Nice (Alpes-Maritimes). . 1
CORNU (Alfred), Membre de l'Institut et du Bureau des Longitudes, Ingénieur en chef
    des Mines, Professeur à l'École Polytechnique *(Décédé)*. 1
COSSON, Membre de l'Institut et de la *Société botanique de France (Décédé)*. . . . 1
COURTOIS DE VIÇOSE, 3, rue Mage. — Toulouse (Haute-Garonne). 1
COURTY, Professeur à la Faculté de Médecine de Montpellier *(Décédé)* 1
CROUAN (Fernand), Armateur, vice-Président honoraire de la Chambre de Commerce
    de Nantes, 8, rue de Monceau. — Paris 1
DAGUIN (Ernest), ancien Président du Tribunal de Commerce de la Seine, Adminis-
    trateur de la *Compagnie des Chemins de fer de l'Est (Décédé)*. 1
DALLIGNY (A.), ancien Maire du VIIIe arrondissement, 5, rue Lincoln. — Paris. . 1
DANTON, Ingénieur civil des Mines, 6, rue du Général-Henrion. — Neuilly-sur-Seine
    (Seine). 1

DAVILLIER, Banquier *(Décédé)* 1
DEGOUSÉE (Edmond), Ingénieur des Arts et Manufactures, 164, boulevard Haussmann.
— Paris 1
DELAUNAY, Membre de l'Institut, Ingénieur des Mines, Directeur de l'Observatoire
national *(Décédé)* 1
Dʳ DELORE (Xavier), Correspondant national de l'Académie de Médecine, ancien
Chirurgien en Chef de la Charité de Lyon. — Romanèche-Thorins (Saône-et-Loire). 1
DEMARQUAY, Membre de l'Académie de Médecine *(Décédé)* 1
DEMAY (Prosper), Entrepreneur de travaux publics *(Décédé)* 1
DEMONGEOT, Ingénieur des Mines, Maître des requêtes au Conseil d'État *(Décédé)* . . . 1
DHOSTEL, Adjoint au maire du IIe arrondissement de Paris *(Décédé)* 1
Dʳ DIDAY (P.), Associé national de l'Académie de Médecine, ancien Chirurgien en chef
de l'Antiquaille, Secrétaire général de la *Société de Médecine (Décédé)* 1
DOLLFUS (Mᵐᵉ Auguste), 53, rue de la Côte. — Le Havre (Seine-Inférieure) 1
DOLLFUS (Auguste) *(Décédé)* 1
DORVAULT, Directeur de la *Pharmacie centrale de France (Décédé)* 1
DOUAY (Léon), (villa Ninck), 1, avenue Durante. — Nice (Alpes-Maritimes) et La Rosoie.
— Cavalaire par Gassin (Var) 1
DRAKE DEL CASTILLO (Emmanuel), 2, rue Balzac. — Paris 1
DUMAS (Jean-Baptiste), Secrétaire perpétuel de l'Académie des Sciences, Membre de
l'Académie française *(Décédé)* 1
DUPOUY (Eugène), ancien Sénateur, ancien Président du Conseil général de la Gironde
(Décédé) 1
DUPUY DE LÔME, Membre de l'Institut, Sénateur *(Décédé)* 1
DUPUY (Paul), Professeur à la Faculté de Médecine de Bordeaux, 16, chemin d'Eysines.
— Caudéran (Gironde) 2
DUPUY (Léon), Professeur au Lycée, 43, cours du Jardin-Public. — Bordeaux (Gironde). 1
DURAND-BILLION, ancien Architecte *(Décédé)* 1
DUVERGIER, Président de la *Société des Sciences Industrielles de Lyon (Décédé)* . . . 1
ÉCOLE MONGE (le Conseil d'administration de l') *(Dissous)* 1
ÉGLISE ÉVANGÉLIQUE LIBÉRALE (M. Charles WAGNER, Pasteur), 91, boulevard Beau-
marchais. — Paris 1
EICHTHAL (le Baron Adolphe Dʼ), Président honoraire du Conseil d'administration de
la *Compagnie des Chemins de fer du Midi (Décédé)* 10
ENGEL (Michel), Relieur, 91, rue du Cherche-Midi. — Paris 1
ERHARDT-SCHIEBLE, Graveur *(Décédé)* 1
ESPAGNY (le Comte Dʼ), Trésorier-payeur général du Rhône *(Décédé)* 1
FAURE (Lucien), Président de la Chambre de Commerce de Bordeaux *(Décédé)* . . . 1
FRÉMY (Mᵐᵉ Edmond) *(Décédée)* 1
FRÉMY (Edmond), Membre de l'Institut, Directeur et Professeur honoraire du Muséum
d'histoire naturelle *(Décédé)* 1
FRIEDEL (Mᵐᵉ Charles) (née Combes), 9, rue Michelet. — Paris 1
FRIEDEL (Charles), Membre de l'Institut, Professeur à la Faculté des Sciences de Paris
(Décédé) 1
FROSSARD (Charles), vice-Président de la *Société Ramond*, 14, rue Ballu. — Paris . . . 1
Dʳ FUMOUZE (Armand), Pharmacien de 1ʳᵉ classe, 78, rue du Faubourg-Saint-Denis.
— Paris 1
GALANTE (Émile), Fabricant d'instruments de chirurgie, 2, rue de l'École-de-Méde-
cine. — Paris 1
GALLINE (P.), Banquier, Président de la Chambre de Commerce de Lyon *(Décédé)* . . 1
GARIEL (C.-M.), Professeur à la Faculté de Médecine, Membre de l'Académie de Mé-
decine, Inspecteur général, Professeur à l'École nationale des Ponts et Chaussées,
6, rue Édouard-Detaille. — Paris 1
GAUDRY (Albert), Membre de l'Institut, Professeur honoraire au Muséum d'Histoire
naturelle, 7 *bis*, rue des Saints-Pères. — Paris 1
GAUTHIER-VILLARS (Albert), Imprimeur-Éditeur, ancien Élève de l'École Polytechnique.
(Décédé) 1
GEOFFROY-SAINT-HILAIRE (Albert), ancien Directeur du Jardin zoologique d'Acclimatation,
ancien Président de la *Société nationale d'Acclimatation de France*, 9, rue de
Monceau. — Paris 1
GERMAIN (Henri), Membre de l'Institut, ancien Député, Président du Conseil
d'administration du *Crédit Lyonnais*, 89, rue du Faubourg-Saint-Honoré. — Paris. 1

GERMAIN (Philippe), 33, place Bellecour. — Lyon (Rhône). 1
GILLET (fils aîné), Teinturier, 9, quai de Serin. — Lyon (Rhône) 1
Dr GINTRAC (père), Correspondant de l'Institut *(Décédé)* 1
GIRARD (Aimé), Membre de l'Institut, Professeur au Conservatoire national des Arts et
    Métiers et à l'Institut national agronomique *(Décédé)*. 1
GIRARD (Charles), Chef du laboratoire municipal de la Préfecture de Police, 2, rue
    de La Cité. — Paris 1
GOLDSCHMIDT (Frédéric), Rentier, 33, rue de Lisbonne. — Paris 1
GOLDSCHMIDT (Léopold), Banquier, 10, rue Murillo. — Paris. 1
GOLDSCHMIDT (S.-H.) *(Décédé)* 1
GOUIN (Ernest), Ingénieur, ancien Élève de l'École Polytechnique, Régent de la
    Banque de France (Décédé) 1
GOUNOUILHOU (G.), Imprimeur, 11, rue Guiraude. — Bordeaux (Gironde). 1
Dr GRIMOUX (Henri), Médecin honoraire des Hôpitaux. — Beaufort (Maine-et-Loire) . 1
GRISON (Charles), Pharmacien *(Décédé)*. 1
GRUNER, Inspecteur général des Mines *(Décédé)*. 1
GUBLER, Professeur à la Faculté de Médecine de Paris, Membre de l'Académie de
    Médecine 1
Dr GUÉRIN (Alphonse), Membre de l'Académie de Médecine *(Décédé)* 1
GUICHE (le Marquis DE LA) *(Décédé)*. . . . . 1.
GUILLEMINET (André), Membre des Sociétés de Pharmacie, Fabricant-Propriétaire des
    Produits pharmaceutiques de Macors *(Décédé)* 1
GUIMET (Émile), Négociant (Musée Guimet), avenue d'Iéna. — Paris 1
HACHETTE et Cie, Libraires-Éditeurs, 79, boulevard Saint-Germain. — Paris. 1
HADAMARD (David), Négociant en Diamants *(Décédé)*. 1
HATON DE LA GOUPILLIÈRE (J.-N.), Membre de l'Institut, Inspecteur général, Directeur
    honoraire de l'École nationale supérieure des Mines, 56, rue de Vaugirard. — Paris. 1
HAUSSONVILLE (le Comte D'), Membre de l'Académie française, Sénateur *(Décédé)* . 1
HECHT (Étienne), Négociant *(Décédé)*. 1
HENTSCH, Banquier *(Décédé)*. 2
HILLEL frères, 2, avenue Marceau. — Paris 1
HOTTINGUER, Banquier, 38, rue de Provence. — Paris. 1
HOUEL (Jules), ancien Ingénieur de la *Compagnie de Fives-Lille*, ancien Élève de
    l'École centrale des Arts et Manufactures *(Décédé)* 1
HOVELACQUE (Abel), Professeur à l'*École d'Anthropologie*, ancien Député *(Décédé)* . . 1
Dr HUREAU DE VILLENEUVE (Abel), Lauréat de l'Institut *(Décédé)*. 1
HUYOT, Ingénieur des Mines, Directeur de la *Compagnie des Chemins de fer du Midi*
    (Décédé). 1
JACQUEMART (Frédéric), ancien Négociant *(Décédé)*. 1
JAMESON (Conrad), Banquier, ancien Élève de l'École centrale des Arts et Manufac-
    tures, 115, boulevard Malesherbes. — Paris. 1
JAVAL, Membre de l'Assemblée nationale *(Décédé)*. 1
JOHNSTON (Nathaniel), ancien Député, 15, rue de La Verrerie. — Bordeaux (Gironde). 1
JUGLAR (Mme Joséphine), 58, rue des Mathurins. — Paris. 1
KANN, Banquier *(Décédé)*. 1
KŒNIGSWARTER (Antoine) *(Décédé)* 1
KŒNIGSWARTER (le Baron Maximilien DE), ancien Député *(Décédé)* 1
KRANTZ (Jean-Baptiste), Inspecteur général honoraire des Ponts et Chaussées, Sénateur
    (Décédé). 1
KUHLMANN (Frédéric), Correspondant de l'Institut *(Décédé)*. 1
KUPPENHEIM (J.), Négociant, Membre du Conseil des Hospices de Lyon *(Décédé)* . . . 1
Dr LAGNEAU (Gustave), Membre de l'Académie de Médecine *(Décédé)*. 1
LALANDE (Armand), Négociant *(Décédé)*. 1
LAMÉ-FLEURY (E.), ancien Conseiller d'État, Inspecteur général des Mines en retraite,
    62, rue de Verneuil. — Paris. 1
LAMY (Ernest), ancien Banquier *(Décédé)*. 1
LAN, Ingénieur en chef des Mines, Directeur *de la Compagnie des Forges de Châtil-*
    lon et Commentry (Décédé) 2
LAPPARENT (Albert DE), Membre de l'Institut, ancien Ingénieur des Mines, Profes-
    seur à l'École libre des Hautes-Études, 3, rue de Tilsitt. — Paris 1
Dr LARREY (le Baron Félix, Hippolyte), Membre de l'Institut et de l'Académie de Mé-
    decine, ancien Président du Conseil de Santé des Armées *(Décédé)*. 1
LAURENCEL (le Comte DE) *(Décédé)* 1

LAUTH (Charles), Directeur de l'École municipale de Physique et de Chimie industrielles, Administrateur honoraire de la Manufacture nationale de porcelaines de Sèvres, 36, rue d'Assas. — Paris 1
LE CHATÉLIER, Inspecteur général des Mines (Décédé) 1
LECONTE, Ingénieur civil des Mines (Décédé). 2
LECOQ DE BOISBAUDRAN (François), Correspondant de l'Institut, 113, rue de Longchamp. — Paris 1
LE FORT (Léon), Professeur à la Faculté de Médecine de Paris, Membre de l'Académie de Médecine, Chirurgien des Hôpitaux de Paris (Décédé). 1
LE MARCHAND (Augustin), Ingénieur, les Chartreux. — Petit-Quévilly (Seine-Inférieure). 1
LEMONNIER (Paul, Hippolyte), Ingénieur, ancien Élève de l'École Polytechnique (Décédé). 1
LÈQUES (Henri, François), Ingénieur géographe, Membre de la Société de Géographie. — Nouméa (Nouvelle-Calédonie) 1
LESSEPS (le Comte Ferdinand DE), Membre de l'Académie française et de l'Académie des Sciences, Président-fondateur de la Compagnie universelle du Canal maritime de l'Isthme de Suez (Décédé) 1
LEUDET (Mᵐᵉ Vᵉ Émile), 11, rue de Longchamp. — Nice (Alpes-Maritimes) 1
Dʳ LEUDET (Émile), Correspondant de l'Académie des Sciences, Membre associé national de l'Académie de Médecine, Directeur de l'École de Médecine de Rouen (Décédé) . 1
LEVALLOIS (J.), Inspecteur général des Mines en retraite (Décédé). 1
LE VERRIER (U., J.), Membre de l'Institut, Directeur de l'Observatoire national, Fondateur et Président de l'Association scientifique de France (Décédé) 1
LÉVY-CRÉMIEUX, Banquier (Décédé). 1
LOCHE (Maurice), Inspecteur général des Ponts et Chaussées, 24, rue d'Offémont. — Paris. 1
LORTET (Louis), Correspondant de l'Institut et de l'Académie de Médecine, Doyen de la Faculté de Médecine, Directeur du Muséum des Sciences naturelles, 15, quai de L'Est. — Lyon (Rhône). 1
LUGOL (Édouard), Avocat, 11, rue de Téhéran. — Paris. 1
LUTSCHER (A.), Banquier, 22, place Malesherbes. — Paris. 2
LUZE (DE) (père), Négociant (Décédé) 1
Dʳ MAGITOT (Émile), Membre de l'Académie de Médecine (Décédé). 1
MANGINI (Lucien), Ingénieur civil, ancien Sénateur (Décédé). 1
MANNBERGER, Banquier (Décédé). 1
MANNHEIM (le Colonel Amédée), Professeur honoraire à l'École Polytechnique, 1, boulevard Beauséjour. — Paris. 1
MANSY (Eugène), Négociant, 15, rue Maguelonne. — Montpellier (Hérault) 1
MARÈS (Henri), Correspondant de l'Institut, Ingénieur des Arts et Manufactures (Décédé) 1
MARTINET (Émile), ancien Imprimeur (Décédé). 1
MARVEILLE DE CALVIAC (Jules DE), château de Calviac. — Lasalle (Gard) 1
MASSON (Georges), Libraire de l'Académie de Médecine, Président de la Chambre de Commerce de Paris (Décédé). 1
M. E. (anonyme) (Décédé) 1
MÉNIER, Membre de la Chambre de Commerce de Paris, Député et Membre du Conseil général de Seine-et-Marne (Décédé). 10
MERLE (Henri) (Décédé). 1
MERZ (John, Théodore), Docteur en Philosophie, the Quarries. — Newcastle-on-Tyne (Angleterre) 1
MEYNARD (J., J.), Ingénieur en chef des Ponts et Chaussées en retraite (Décédé). . . 1
MILNE-EDWARDS (H.), Membre de l'Institut, Doyen de la Faculté des Sciences de Paris, Président de l'Association scientifique de France (Décédé). 1
MIRABAUD (Robert), Banquier, 56, rue de Provence. — Paris 1
Dʳ MONOD (Charles), Membre de l'Académie de Médecine, Agrégé à la Faculté de Médecine, Chirurgien des Hôpitaux, 12, rue Cambacérès. — Paris. 1
MONY (C.), ancien Ingénieur du Chemin de fer de Saint-Germain, Directeur des Houillères de Commentry (Décédé). 1
MOREL D'ARLEUX (Charles), Notaire honoraire, 13, avenue de L'Opéra. — Paris . . . 1
Dʳ NÉLATON, Membre de l'Institut (Décédé). 1
NOTTIN (Lucien), 4, quai des Célestins. — Paris 1
OLLIER (Léopold) Correspondant de l'Institut, Professeur à la Faculté de Médecine de Lyon, Associé national de l'Académie de Médecine, ancien Chirurgien titulaire de l'Hôtel-Dieu (Décédé). 1

Oppenheim (frères), Banquiers (Décédés) 2
Parmentier (le Général Théodore), 5, rue du Cirque. — Paris 1
Parran (Alphonse), Ingénieur en chef des Mines en retraite, Directeur de la Compagnie
   des minerais de fer magnétique de Mokta-el-Hadid, 26, avenue de L'Opéra. — Paris. 1
Parrot, Professeur à la Faculté de Médecine de Paris, Membre de l'Académie de
   Médecine (Décédé) 1
Pasteur (Louis), Membre de l'Académie française, de l'Académie des Sciences et
   de l'Académie de Médecine (Décédé) 1
Pennès (J., A.), ancien Fabricant de Produits chimiques et hygiéniques (Décédé) . 1
Perdrigeon du Vernier (J.), ancien Agent de change. — Chantilly (Oise) 1
Perrot (Adolphe), Docteur ès Sciences, ancien Préparateur de Chimie à la Faculté de
   Médecine de Paris (Décédé) 2
Peyre (Jules), ancien Banquier, 6, rue Deville. — Toulouse (Haute-Garonne) . . . 1
Plat (Albert), Constructeur-mécanicien, 85, rue Saint-Maur. — Paris 1
Piaton, Président du Conseil d'administration des Hospices de Lyon (Décédé) . . 1
Piccioni (Antoine) (Décédé) 2
Poirrier (Alcide), Fabricant de produits chimiques, Sénateur de la Seine, 22, avenue
   Hoche. — Paris 1
Polignac (le Prince Camille de). — Radmansdorf (Carniole) (Autriche-Hongrie) . 1
Pommery (Louis), Négociant en vins de Champagne, 7, rue Vauthier-le-Noir. — Reims,
   (Marne) 1
Potier (Alfred), Membre de l'Institut, Ingénieur en chef des Mines, Professeur à l'École
   Polytechnique, 89, boulevard Saint-Michel. — Paris 1
Poupinel (Jules), Membre du Conseil général de Seine-et-Oise (Décédé) 1
Poupinel (Paul) (Décédé) 1
Prot (Paul), Industriel, Président du Syndicat de la Parfumerie française, 65, rue
   Jouffroy. — Paris 1
Quatrefages de Bréau (Armand de), Membre de l'Institut et de l'Académie de Médecine,
   Professeur au Muséum d'Histoire naturelle (Décédé) 1
Quévillon (Fernand), Colonel-Commandant le 144e Régiment d'infanterie, Breveté
   d'État-Major, 33, rue de Strasbourg. — Bordeaux (Gironde) 1
Raoul-Duval (Fernand), Régent de la Banque de France, Président du Conseil d'admi-
   nistration de la Compagnie Parisienne du Gaz (Décédé) 1
Récipon (Émile), Propriétaire, Député d'Ille-et-Vilaine (Décédé) 1
Reinach (Herman-Joseph), Banquier (Décédé) 1
Renard (Charles), Ingénieur chimiste (Décédé) 1
Renouard (Mme Alfred), 49, rue Mozart. — Paris 1
Renouard (Alfred), Ingénieur civil, Administrateur de Sociétés techniques, 49, rue
   Mozart. — Paris 1
Renouvier (Charles), Membre de l'Institut, ancien Élève de l'École Polytechnique,
   Publiciste, 37, rue des Remparts-Villeneuve. — Perpignan (Pyrénées-Orientales) 1
Riaz (Auguste de), Banquier, 10, quai de Retz. — Lyon (Rhône) 1
Dr Ricord, Membre de l'Académie de Médecine, Chirurgien honoraire de l'Hôpital
   du Midi (Décédé) 1
Riffaut (le Général) (Décédé) 1
Rigaud (Mme Ve Francisque), 38, rue Pauquet. — Paris 1
Rigaud (Francisque), Fabricant de Produits chimiques, ancien Député, Membre du
   Conseil général de la Seine (Décédé) 1
Risler (Charles), Chimiste, Maire du VIIe arrondissement, 39, rue de l'Université.
   — Paris 1
Rochette (Ferdinand de la), Ingénieur-Directeur des Hauts Fourneaux et Fonderies
   de Givors (Décédé) 1
Rolland, Membre de l'Institut, Directeur général honoraire des Manufactures de
   l'État (Décédé) 1
Dr Rollet de l'Ysle (Décédé) 1
Rosiers (des), Propriétaire (Décédé) 1
Rothschild (le Baron Alphonse de), Membre de l'Institut, 2, rue Saint-Florentin.
   — Paris 1
Dr Roussel (Théophile), Membre de l'Institut et de l'Académie de Médecine, Sénateur
   et Président du Conseil général de la Lozère, 71, rue du Faubourg-Saint-Honoré.
   — Paris 1
Rouvière (Albert), Ingénieur des Arts et Manufactures, Propriétaire-Agriculteur.
   — Mazamet (Tarn) 1
Saint-Laurent (Albert de), Avocat, 123, cours Victor-Hugo. — Bordeaux (Gironde) . 1

XXIV : . ASSOCIATION FRANÇAISE

SAINT-PAUL DE SAINÇAY, Directeur de la *Société de la Vieille-Montagne (Décédé)*. . . 1
SALET (Georges), Maître de Conférences à la Faculté des Sciences de Paris *(Décédé)*. . . 1
SALLERON, Constructeur *(Décédé)*. 1
SALVADOR (Casimir) *Décédé*. 2
SAUVAGE, Directeur de la *Compagnie des Chemins de fer de l'Est (Décédé)*. 2
SAY (Léon), Membre de l'Académie française et de l'Académie des Sciences morales
  et politiques, Député des Basses-Pyrénées *(Décédé)*. 1
SCHEURER-KESTNER (Auguste), Sénateur *(Décédé)*. 1
SCHRADER (Ferdinand), ancien Directeur des classes de la *Société philomathique
  de Bordeaux (Décédé)*. 1
Dᴿ SÉDILLOT (C.), Membre de l'Institut, ancien Médecin-Inspecteur général des armées,
  Directeur de l'École militaire de santé de Strasbourg *(Décédé)*. 1
SERRET, Membre de l'Institut *(Décédé)*. 1
Dᴿ SEYNES (Jules DE), Agrégé à la Faculté de Médecine, 15, rue Chanaleilles.
  — Paris. 1
SIÉBER (H.-A.), 23, rue de Paradis. — Paris 1
SILVA (R., D.), Professeur à l'École centrale des Arts et Manufactures, ancien Professeur
  à l'École municipale de Physique et de Chimie industrielles *(Décédé)*. 1
SOCIÉTÉ ANONYME DES HOUILLÈRES DE MONTRAMBERT ET DE LA BÉRAUDIÈRE, 70, rue de
  L'Hôtel-de-Ville. — Lyon (Rhône). 1
SOCIÉTÉ ANONYME DES FORGES ET CHANTIERS DE LA MÉDITERRANÉE, 1 et 3, rue Vignon.
  — Paris. 1
SOCIÉTÉ DES INGÉNIEURS CIVILS DE FRANCE, 19, rue Blanche. — Paris. 1
SOCIÉTÉ GÉNÉRALE DES TÉLÉPHONES, 9, place de La Bourse. — Paris 1
SOLVAY (Ernest), Industriel, Sénateur, 45, rue des Champs-Élysées.— Bruxelles (Belgique). 1
SOLVAY ET Cⁱᵉ, Usine de Produits chimiques de Varangéville-Dombasle par Dombasle
  (Meurthe-et-Moselle). 2
STRZELECKI (le Général Casimir) *(Décédé)*. 1
Dᴿ SUCHARD, 85, boulevard de Port-Royal. — Paris, et l'été aux Bains de Lavey
  (Vaud) (Suisse). 1
SURELL, Ingénieur en chef des Ponts et Chaussées en retraite, Administrateur de la
  Compagnie des Chemins de fer du Midi (Décédé). 1
TALABOT (Paulin), Directeur général de la *Compagnie des Chemins de fer de Paris à
  Lyon et à la Méditerranée (Décédé)*. 1
THÉNARD (le Baron Paul), Membre de l'Institut *(Décédé)*. 1
TISSIÉ-SARRUS, Banquier, 2, rue du Petit-Saint-Jean. — Montpellier (Hérault) . . . 1
TOURASSE (Pierre-Louis), Propriétaire *(Décédé)*. 8
TRÉBUCIEN (Ernest), Manufacturier, 25, cours de Vincennes. — Paris. 1
VAUTIER (Émile), Ingénieur civil *(Décédé)*. 1
VERDET (Gabriel), ancien Président du Tribunal de Commerce. — Avignon (Vaucluse). 1
VERNES (Félix), Banquier *(Décédé)*. 1
VERNES D'ARLANDES (Théodore) *(Décédé)*. 1
VERRIER (J. F. G.), Membre de plusieurs Sociétés savantes *(Décédé)*. 1
VIGNON (Jules), Rentier, 45, avenue de Noailles. — Lyon (Rhône) 1
VILLE D'ERNÉE (Mayenne) 1
VILLE DE MARSEILLE (Bouches-du-Rhône). 1
VILLE DE REIMS (Marne). 1
VILLE DE ROUEN (Seine-Inférieure). 1
Dᴿ VOISIN (Auguste), Médecin des Hôpitaux *(Décédé)*. 1
WALLACE (Sir Richard) *(Décédé)*. 2
WORMS DE ROMILLY, ancien Président de la *Société française de Physique*, 25, avenue
  Montaigne. — Paris 1
WURTZ (Adolphe), Membre de l'Institut, Professeur à la Faculté de Médecine et à la
  Faculté des Sciences de Paris, Sénateur *(Décédé)*. 1
WURTZ (Théodore), Propriétaire *(Décédé)*. 1
YVER (Paul), Manufacturier, ancien Élève de l'École Polytechnique. — Briare (Loiret). 1

MEMBRES A VIE

ABBE (Cleveland), Météor., Weather-Bureau, department of Agriculture. — Washington-
City (Etats-Unis d'Amérique).
ADUY (Eugène), Prop., 27, quai Vauban. — Perpignan (Pyrénées-Orientales).

ALBERTIN (Michel), Pharm. de 1re cl., Dir. de la Comp. des Eaux, min. et Maire de Saint-Alban, rue de L'Entrepôt. — Roanne (Loire).

ALLARD (Hubert), Pharm. de 1re cl., Prop.— Neuvy par Moulins (Allier).

ALPHANDERY (Eugène), 57, rue Sylvabelle. — Marseille (Bouches-du-Rhône).

AMET (Émile), Indust., Usine Saint-Hubert. — Sézanne (Marne).

ANGOT (Alfred), Doct. ès Sc., Météorol. tit. au Bureau cent. météor. de France, 12, avenue de L'Alma. — Paris.

APPERT (Aristide), anc. Indust., 58, rue Ampère. — Paris.

ARBEL (Antoine), Maître de forges. — Rive-de-Gier (Loire).

ARLOING (Saturnin), Corresp. de l'Inst. et de l'Acad. de Méd., Prof. à la Fac. de Méd., Dir. de l'Éc. nat. vétér., 2, quai Pierre-Scize. — Lyon (Rhône).

Dr ARNAUD (Henri), 5, rue Saint-Pierre. — Montpellier (Hérault).

ARNOULD (Charles), Nég., Mem. du Cons. gén., 23, rue Thiers. — Reims (Marne).

ARNOUX (Louis-Gabriel), anc. Of. de marine. — Les Mées (Basses-Alpes).

ARNOUX (René), Ing.-Construc., anc. Ing. des ateliers Bréguet, anc. Ing.-Conseil de la Comp. continentale Edison, 45, rue du Ranelagh. — Paris.

ARVENGAS (Albert), Lic. en Droit, 1, rue Raimond-Lafage. — Lisle-d'Albi (Tarn).

ASSOCIATION POUR L'ENSEIGNEMENT DES SCIENCES ANTHROPOLOGIQUES (École d'Anthropologie), 15, rue de L'École-de-Médecine. — Paris.

BABINET (André), Ing. en chef des P. et Ch., 5, rue Washington. — Paris.

BAILLE (Mme J.-B., Alexandre), 26, rue Oberkampf. — Paris.

BAILLOU (André), Prop., 96, rue Croix-de-Seguey. — Bordeaux (Gironde).

BARABANT (Roger), Ing. en chef des P. et Ch. en retraite, Dir. de la Comp. des Chem. de fer de l'Est, 14, rue de Clichy. — Paris.

BARD (Louis), Prof. de Clin. médic. à l'Univ., 6, rue Bellot. — Genève (Suisse).

BARDIN (Mlle), 2, rue du Luminaire. — Montmorency (Seine-et-Oise).

BARGEAUD (Paul), Percept. — Royan-les-Bains (Charente-Inférieure).

BARILLIER-BEAUPRÉ (Alphonse), Juge de paix, Grande-Rue. — Champdeniers (Deux-Sèvres).

BARON (Henri), Dir. hon. de l'Admin. des Postes et Télég., 18, avenue de La Bourdonnais. — Paris.

BARON (Jean), anc. Ing. de la Marine, Ing. en chef aux Chantiers de la Gironde, 50, rue du Tondu. — Bordeaux (Gironde).

Dr BARROIS (Charles), Prof. à la Fac. des Sc., 37, rue Pascal. — Lille (Nord).

Dr BARROIS (Jules), Doct. ès Sc., Zool., villa de Surville, Cap Brun. — Toulon (Var).

BARTAUMIEUX (Charles), Archit., Expert à la Cour d'Ap., Mem. de la Soc. cent. des Archit. franç., 66, rue La Boétie. — Paris.

Dr BARTH (Henry), Méd. des Hôp., Sec. gén. de l'Assoc. des Méd. de la Seine, 2, rue Saint-Thomas-d'Aquin. — Paris.

BASTIDE (Scévola), Prop.-vitic., Mem. de la Ch de Com., 11, rue Maguelonne. — Montpellier (Hérault).

BAUDREUIL (Charles DE), 29, rue Bonaparte. — Paris.

BAUDREUIL (Émile DE), anc. Cap. d'Artil., anc. Élève de l'Éc. Polytech., 9, rue du Cherche-Midi. — Paris.

BAYARD (Joseph), Pharm. de 1re cl., anc. Int. des Hôp. de Paris, Sec. de la Soc. des Pharm. de Seine-et-Marne, 16, rue Neuville. — Fontainebleau (Seine-et-Marne).

BAYE (le Baron Joseph DE), Mem. de la Soc. des Antiquaires de France, Corresp. du Min. de l'Instruc. pub., 58, avenue de La Grande-Armée.— Paris et château de Baye (Marne).

BAYSSELLANCE (Adrien), Ing. de la Marine en retraite, Présid. de la rég. Sud-Ouest du Club Alpin français, anc. Maire, 84, rue Saint-Genès. — Bordeaux (Gironde).

BEHAGHEL (Henri), Prop., château de Beaurepaire. — Beaumarie-Saint-Martin par Montreuil-sur-Mer (Pas-de-Calais).

BEIGBEDER (David), anc. Ing. des Poudres et Salpêtres, 125, avenue de Villiers.— Paris.

BERCHON (Mme Ve Ernest), 96, cours du Jardin-Public. — Bordeaux (Gironde).

BERGERON (Jules), Doct. ès Sc., Prof. à l'Éc. cent. des Arts et Man., s.-Dir. du Lab. de Géol. de la Fac. des Sc., 157, boulevard Haussmann. — Paris.

BERTHELOT (Eugène), Sec. perp. de l'Acad. des Sc., Mem. de l'Acad. française et de l'Acad. de Méd., Prof. au Collège de France, anc. Min., Sénateur, 3, rue Mazarine (Palais de l'Institut). — Paris.

BERTIN (Louis), Ing. en chef des P. et Ch. en retraite, 6, rue Mogador. — Paris.

BÉTHOUART (Alfred), Ing. des Arts et Man., Censeur de la Banque de France, anc. Maire, 5, rue Chanzy. — Chartres (Eure-et-Loir).

BÉTHOUART (Émile), Conserv. des Hypothèques, 18, rue du Faubourg-Saint-Jean. — Orléans (Loiret).

Dr BEZANÇON (Paul), anc. Intl. des Hôp., 51, rue de Miromesnil. — Paris.

BIBLIOTHÈQUE-MUSÉE, 10, rue de l'État-Major. — Alger.

BIBLIOTHÈQUE PUBLIQUE DE LA VILLE, Grande-Rue. — Boulogne-sur-Mer (Pas-de-Calais).

BIBLIOTHÈQUE DE L'ÉCOLE SUPÉRIEURE DE PHARMACIE; 4, avenue de L'Observatoire. — Paris.

BIBLIOTHÈQUE DE LA VILLE. — Pau (Basses-Pyrénées).

BIOCHET, Notaire hon. — Caudebec-en-Caux (Seine-Inférieure).

BLANC (Édouard), Explorateur, 52, rue de Varenne. — Paris.

BLANCHARD (Raphaël), Prof. à la Fac. de Méd., Mem. de l'Acad. de Méd., 226, boulevard Saint-Germain. — Paris.

BLAREZ (Charles), Prof. à la Fac. de Méd., 3, rue Gouvion. — Bordeaux (Gironde).

Dr BLOCH (Adolphe), anc. Méd. de l'Hôp. du Havre, 24, rue d'Aumale. — Paris.

BLONDEL (Émile), Chim.-Manufac. — Saint-Léger-du-Bourg-Denis (Seine-Inférieure).

BOAS (Alfred), Ing. des Arts et Man., 34, rue de Châteaudun. — Paris.

Dr BŒCKEL (Jules), Corresp. de l'Acad. de Méd. et de la Soc. de Chirurg. de Paris, Chirurg. des Hôp. civ., Lauréat de l'Inst., 2, quai Saint-Nicolas. — Strasbourg (Alsace-Lorraine).

BOÉSÉ (Mlle Louise), 157, rue du Faubourg-Saint-Denis. — Paris.

BOÉSÉ (Jean), Nég.-Commis., 157, rue du Faubourg-Saint-Denis, — Paris.

BOÉSÉ (Maurice), 157, rue du Faubourg-Saint-Denis. — Paris.

BOFFARD (Jean-Pierre), anc. Notaire, 2, place de la Bourse. — Lyon (Rhône).

BOIRE (Émile), Ing. civ., 86, boulevard Malesherbes. — Paris.

BONNARD, (Paul), Agr. de Philo., Avocat à la Cour d'Ap., 66, avenue Kléber. — Paris.

BONNIER (Gaston), Mém. de l'Inst., Prof. de Botan. à la Fac. des Sc., Présid. de la Soc. botan. de France, 15, rue de l'Estrapade. — Paris.

BORDET (Lucien), Insp. des Fin., anc. Élève de l'Éc. Polytech., 181, boulevard Saint-Germain. — Paris.

Dr BORDIER (Henry), Agr. de Phys. à la Fac. de Méd., 9, rue Grolée. — Lyon (Rhône).

Dr BOÜCHACOURT (Léon), 2, rue de Vienne. — Paris.

BOUCHÉ (Alexandre), 68, rue du Cardinal-Lemoine. — Paris.

BOUCHER (Maurice), anc. Cap. d'Artil., anc. Élève de l'Éc. Polytech., 2, carrefour de Montreuil. — Versailles (Seine-et-Oise).

BOUCHEZ (Paul), de la Librairie Masson et Cie, 120, boulevard Saint-Germain. — Paris.

BOUDIN (Arthur), Princ. du Collège. — Honfleur (Calvados).

BOULARD (l'Abbé Lucien), Curé. — Dammarie (Eure-et-Loir).

BOURGERY (Henri), anc. Notaire, Mem. de la Soc. Géol. de France, Les Capucins. — Nogent-le-Rotrou (Eure-et-Loir).

BOUVET (Julien), Prop., 14, rue Joubert. — Angers (Maine-et-Loire).

Dr BOY (Philippe), 3, rue d'Espalungue. — Pau (Basses-Pyrénées).

BRAEMER (Gustave), Chim. — Izieux (Loire).

BRENOT (J.), 10, rue Bertin-Poirée. — Paris.

BRESSON (Gédéon), anc. Dir. de la Comp. du Vin de Saint-Raphaël, 41, rue du Tunnel. — Valence (Drôme).

BRILLOUIN (Marcel), Prof. au Collège de France, Maître de Conf. à l'Éc. norm. sup., 31, boulevard de Port-Royal. — Paris.

Dr BROCA (Auguste), Agr. à la Fac. de Méd., Chirurg. des Hôp., 5, rue de L'Université. — Paris.

BROLEMANN (Georges), Administ. de la Soc. Gén., 52, boulevard Malesherbes. — Paris.

BROLEMANN (A., A.), anc. Présid. du Trib. de Com., 14, quai de l'Est. — Lyon (Rhône).

BRUHL (Paul), Nég., 57, rue de Châteaudun. — Paris.

BRUYANT (Charles), Lic. ès Sc. nat., Prof. sup. à l'Éc. de Méd. et de Pharm., 26, rue Gaultier-de-Biauzat. — Clermont-Ferrand (Puy-de-Dôme).

BRUZON (Joseph) ET Cie, Ing. des Arts et Man., usine de Portillon (céruse et blanc de zinc). — Saint-Cyr-sur-Loire par Tours (Indre-et-Loire).

BRYLINSKI (Émile), Ing. des Télég., 5, avenue Teissonnière. — Asnières (Seine).

BUISSON (Maxime), Chim., 3, rue de L'Hôtel-de-Ville. — Gonesse (Seine-et-Oise).

BUOT (Émile), Prop., Le Châlet. — Azay-le-Rideau (Indre-et-Loire).

CAHEN D'ANVERS (Albert), 118, rue de Grenelle. — Paris.

CAIX DE SAINT-AYMOUR (le Vicomte Amédée DE), Publiciste, anc. Mém. du Cons. gén. de l'Oise, Mém. de plusieurs Soc. savantes, 112, boulevard de Courcelles. — Paris.

CALDERON (Fernand), Fabric. de prod. chim., 18, rue Royale. — Paris.

Dr CAMUS (Fernand), 25, avenue des Gobelins. — Paris.

CARBONNIER (Louis), Représ. de com., 18, rue Sauffroy. — Paris.

CARDEILHAC, anc. Juge au Trib. de Com., 7, rue de Clichy. — Paris.

CARPENTIER (Jules), Mém. du Bureau des Longit., anc. Ing. de l'État, Succès. de Ruhmkorff, 34, rue du Luxembourg. — Paris.

Dr CARRET (Jules), anc. Député, 2, rue Croix-d'Or. — Chambéry (Savoie).

CARTAZ (Mme A.), 39, boulevard Haussmann. — Paris.

Dr CARTAZ (A.), anc. Int. des Hôp., 39, boulevard Haussmann. — Paris.

CAUBET, Doyen de la Fac. de Méd., 44, rue d'Alsace-Lorraine. — Toulouse (Haute-Garonne).

CAZALIS DE FONDOUCE (Paul-Louis), Ing. des Arts et Man., anc. Sec. gén. de l'Acad des Sc. et Lettres de Montpellier, 18, rue des Étuves. — Montpellier (Hérault).

CAZENOVE (Raoul DE), Prop., 17, rue de La Charité. — Lyon (Rhône).

Dr CAZIN (Maurice), Doct. ès Sc., anc. Chef du Lab. de la Clinique chirurg. de la Fac. de Méd. (Hôtel-Dieu), 3, rue de Villersexel. — Paris.

CAZOTTES (A., M., J.), Pharm. — Millau (Aveyron).

Dr CHABER (Pierre), 20, rue du Casino. — Royan-les-Bains (Charente-Inférieure).

CHABERT (Edmond), Ing. en chef des P. et Ch., 6, rue du Mont-Thabor. — Paris.

CHALIER (J.), 13, rue d'Aumale. — Paris.

CHAMBRE DES AVOUÉS AU TRIBUNAL DE 1re INSTANCE. — Bordeaux (Gironde).

CHAMBRE DE COMMERCE DU HAVRE. — Le Havre (Seine-Inférieure).

CHAMBRE DE COMMERCE DE SAINT-ÉTIENNE. — Saint-Étienne (Loire).

CHARCELLAY, Pharm. — Fontenay-le-Comte (Vendée).

CHARPENTIER (Augustin), Prof. à la Fac. de Méd., 31, rue Claudot. — Nancy (Meurthe-et-Moselle).

CHARROPPIN (Georges), Pharm. de 1re cl. — Pons (Charente-Inférieure).

Dr CHASLIN (Philippe), anc. Int. des Hôp., Méd. de l'Hosp. de Bicêtre, 64, rue de Rennes. — Paris.

CHATEL, Avocat défens., bazar du Commerce. — Alger.

Dr CHATIN (Joannès), Mém. de l'Inst. et de l'Acad. de Méd., Prof. d'Histologie à la Fac. des Sc., 174, boulevard Saint-Germain. — Paris.

CHAUVASSAIGNE (Daniel), château de Mirefleurs par Les Martres-de-Veyre (Puy-de-Dôme).

CHAUVET (Gustave), Notaire, Présid. de la Soc. archéol. et historique de la Charente. — Ruffec (Charente).

CHEVREL (René), Doct. ès Sc., Prof. à l'Éc. de Méd., 5, rue du Docteur-Rayer. — Caen (Calvados).

CHICANDARD (Georges), Lic. ès Sc. Phys., Pharm. de 1re cl., Admin.-Dir. de la Soc. anonyme des Prod. chim. — Fontaines-sur-Saône (Rhône).

CHOUËT (Alexandre), anc. Juge au Trib. de Com., 29, rue de Clichy. — Paris.

CHOUILLOU (Albert), Agric., anc. Élève de l'Éc. nat. d'Agric. de Grignon. — L'Arba (départ. d'Alger).

Dr CHRISTIAN (Jules), Méd. de la Maison nat. d'aliénés de Charenton, 57, Grande-Rue. — Saint-Maurice (Seine).

CLERMONT (Philibert DE), Avocat à la Cour d'Ap., 38, rue du Luxembourg. — Paris.

CLERMONT (Raoul DE), Ing. agronom. diplômé de l'Inst. nat. agronom., Avocat à la Cour d'Ap., anc. Attaché d'ambassade, 79, boulevard Saint-Michel. — Paris.

Dr CLOS (Dominique), Corresp. de l'Inst., Prof. hon. à la Fac. des Sc., Dir. du Jardin des Plantes, 2, allées des Zéphirs. — Toulouse (Haute-Garonne).

CLOUZET (Ferdinand), Mem. du Cons. gén., 88, cours Victor-Hugo. — Bordeaux (Gironde).

COCHON (Jules), Conserv. des Forêts. — Chambéry (Savoie).

COLLIN (Mme), 15, boulevard du Temple. — Paris.

COLLOT (Louis), Prof. à la Fac. des Sc., Dir. du Musée d'Hist. nat., 4, rue du Tillot. — Dijon (Côte-d'Or).

COMITÉ MÉDICAL DES BOUCHES-DU-RHÔNE, 3, marché des Capucines. — Marseille (Bouches-du-Rhône).

CORDIER (Henri), Prof. à l'Éc. des Langues orient. vivantes, 54, rue Nicolo. — Paris.

CORNU (Mme Ve Alfred), 9, rue de Grenelle. — Paris.

COUNORD (E.), Ing. civ., 127, cours du Médoc. — Bordeaux (Gironde).

COUPRIE (Louis), Avocat à la Cour d'Ap., 71, rue Saint-Sernin. — Bordeaux (Gironde).

COUTAGNE (Georges), Ing. des Poudres et Salpêtres, Le Défends. — Rousset (Bouches-du-Rhône).

CRAPON (Denis), Ing., anc. Élève de l'Éc. Polytech., 2, rue des Farges. — Lyon (Rhône).

CRÉPY (Eugène), Filat., 19, boulevard de La Liberté. — Lille (Nord).

CRESPIN (Arthur), Ing. des Arts et Man., Mécan., 23, avenue Parmentier. — Paris.

Dr CROS (François), Méd. princ. de 1re cl. de l'Armée en retraite, 6, rue de L'Ange. — Perpignan.(Pyrénées-Orientales).

CUNISSET-CARNOT (Paul), Premier Présid. de la Cour d'Ap., 19, cours du Parc. — Dijon (Côte-d'Or).

CUSSAC (Joseph DE), Insp. des Forêts, 45, rue Allix. — Sens (Yonne).

Dr DAGRÈVE (Élie), Méd. du Lycée et de l'Hôp. — Tournon-sur-Rhône (Ardèche).

DANGUY (Paul), Lic. ès Sc., Prépar., de Botan. au Muséum d'Hist. nat., 7, rue de L'Eure. — Paris.

DARBOUX (Gaston), Maître de Conf. de Zool. à la Fac. des Sc., 24, quai Claude-Bernard. — Lyon (Rhône).

DAVID (Arthur), 29, rue du Sentier. — Paris.

DEGLATIGNY (Louis), Nég. en bois, 11, rue Blaise-Pascal. — Rouen (Seine-Inférieure).

DEGORCE (Marc-Antoine), Pharm. en chef de la Marine en retraite, 42, rue des Semis. — Royan-les-Bains (Charente-Inférieure).

DELAIRE (Alexis), Sec. gén. de la Soc. d'Économ. sociale, anc. Élève de l'Éc. Polytech., 238, boulevard Saint-Germain. — Paris.

Dr DELAPORTE, 24, rue Pasquier. — Paris.

DELATTRE (Carlos), Filat., anc. Élève de l'Éc. Polytech., 126, rue Jacquemars-Giélée. — Lille (Nord).

DELAUNAY (Henri), Ing. des Arts et Man., 39, rue d'Amsterdam. — Paris.

DELAUNAY-BELLEVILLE (Louis), Ing.-Construc., anc. Élève de l'Éc. Polytech., 17, boulevard Richard-Wallace. — Neuilly-sur-Seine (Seine).

DE L'ÉPINE (Paul), Rent., 14, rue de Fontenay. — Châtillon-sous-Bagneux (Seine).

DELESSE (Mme Ve), 59, rue Madame. — Paris.

DELESSERT DE MOLLINS (Eugène), anc. Prof., villa Verte-Rive. — Cully (canton de Vaud) (Suisse).

DELESTRAC (Lucien), Ing. en chef des P. et Ch., 3, rue Marengo. — Saint-Étienne (Loire).

DELMAS (Mme Ve Paul), 175, boulevard de Caudéran. — Bordeaux (Gironde).

DELON (Ernest), Ing. des Arts et Man., 27, rue Aiguillerie. — Montpellier (Hérault).

Dr DELVAILLE (Camille). — Bayonne (Basses-Pyrénées).

DEMARÇAY (Eugène), anc. Répét. à l'Éc. Polytech., 80, boulevard Malesherbes. — Paris.

Dr DEMONCHY (Adolphe), 37, rue d'Isly. — Alger.

DENIGÈS (Georges), Prof. de Chim. biol. à la Fac. de Méd., 53, rue d'Alzon.— Bordeaux. (Gironde).

DENYS (Roger), Ing. en chef des P. et Ch., 1, rue de Courty. — Paris.

DEPAUL (Henri), Agric., château de Vaublanc. — Plémet (Côtes-du-Nord).

DÉPIERRE (Joseph), Ing.-Chim. — Cernay (Alsace-Lorraine).

DERVILLÉ (Stéphane), Nég. en marbres, anc. Présid. du Trib. de Com., 37, rue Fortuny. — Paris.

DESBONNES (F.), Nég., 5, cours de Gourgues. — Bordeaux (Gironde).

DÉTROYAT (Arnaud). — Bayonne (Basses-Pyrénées).

DIDA (A.), Chim., 22, boulevard des Filles-du-Calvaire. — Paris.

DIETZ (Émile), Pasteur. — Rothau (Alsace-Lorraine).

DISLÈRE (Paul), Présid. de Sec. au Cons. d'État, anc. Ing. de la Marine, Présid. du Cons. d'admin. de l'Éc. coloniale, 10, avenue de l'Opéra. — Paris.

DOLLFUS (Gustave), Ing. des Arts et Man., Filat. — Mulhouse (Alsace-Lorraine).

DOMERGUE (Albert), Prof. à l'Éc. de Méd., 341, rue Paradis.—Marseille (Bouches-du-Rhône).

DOUMERC (Jean), Ing. civ. des Mines, 61, rue d'Alsace-Lorraine. — Toulouse (Haute-Garonne).

DOUMERC (Paul), Ing. civ., 38, rue du Taur. — Toulouse (Haute-Garonne).

DOUVILLÉ (Henri), Ing. en chef, Prof. à l'Éc. nat. sup. des Mines, 207, boulevard Saint-Germain. — Paris.

Dr DRANSART. — Somain (Nord).

DUBAIL-ROY (Gustave), Sec. de la Soc. Belfortaine d'Émulation, 42, faubourg de Mont-béliard. — Belfort.

DUBOURG (Georges), Nég. en drap., 27, rue Sauteyron. — Bordeaux (Gironde).

DUCLAUX (Émile), Mem. de l'Inst. et de l'Acad. de Méd., Prof. à la Fac. des Sc. et à l'Inst. nat. agronom., 39, avenue de Breteuil. — Paris.

DUCREUX (Alfred), Nég., Consul du Paraguay, Mem. du Cons. d'arrond., 9, boulevard National. — Marseille (Bouches-du-Rhône).

DUCROCQ (Henri), Cap. d'Artil., Breveté d'Ét.-Maj., 79, avenue Bosquet. — Paris.

DUFOUR (Léon), Dir.-adj. du Lab. de Biologie végét. — Avon (Seine-et-Marne).

Dr DUFOUR (Marc), Rect., Prof. d'ophtalmol. à l'Univ., 7, rue du Midi. — Lausanne (Suisse).

DUFRESNE, Insp. gén. de l'Univ., 61, rue Pierre-Charron. — Paris.

Dr DULAC (H.), 14, boulevard Lachèze. — Montbrison (Loire).

DUMAS (Hippolyte), Indust., anc. Élève de l'Éc. Polytech. —Mousquety, par l'Isle-sur-Sorgue (Vaucluse).

DUMAS-EDWARDS (Mme J.-B.) 23, rue Cassette. — Paris.

DUMINY (Anatole), Nég. en vins de Champagne. — Ay (Marne).

DUPLAY (Simon), Prof. à la Fac. de Méd., Mem. de l'Acad. de Méd., Chirurg. des Hôp., 70, rue Jouffroy. — Paris.

DUPONT (F.), Chim., Sec. gén. hon. de l'Assoc. des Chim. de Sucreries et de Distilleries, 154, boulevard Magenta. — Paris.

Dr DUPOUY (Abel), 43, avenue du Maine. — Paris.

DUPRÉ (Anatole), Chim., 36, rue d'Ulm. — Paris.

DUPUIS (Charles), Dispacheur consult. de la marine, 3, rue Pajou. — Paris.

DUTAILLY (Gustave), anc. Prof. à la Fac. des Sc. de Lyon, anc. Député, 84, rue du Rocher. — Paris.

DUVAL (Edmond), Ing. en chef des P. et Ch. en retraite, 34, avenue de Messine. — Paris.

DUVAL (Mathias), Prof. à la Fac. de Méd., Mem. de l'Acad. de Méd. Prof. d'anat. à l'Éc. nat. des Beaux-Arts, 11, cité Malesherbes (rue des Martyrs). — Paris.

EICHTHAL (Eugène D'), Admin. de la Comp. des Chem. de fer du Midi, 144, boulevard Malesherbes. — Paris.

EICHTHAL (Louis D'), château des Bézards. — Sainte-Geneviève-des-Bois, par Châtillon-sur-Loing (Loiret).

ÉLIE (Eugène), Manufac., 50, rue de Caudebec. — Elbeuf-sur-Seine (Seine-Inférieure).

ELISEN, Ing., Admin. de la Comp. gén. Transat., 153, boulevard Haussmann. — Paris.

ELLIE (Raoul), Ing. des Arts et Man. — Cavignac (Gironde).

EYSSÉRIC (Joseph), Artiste-Peintre, 14, rue Duplessis. — Carpentras (Vaucluse).

FABRE (Georges), Insp. des Forêts, anc. Élève de l'Éc. Polytech., 28, rue Ménard. — Nîmes (Gard).

FAURE (Alfred), Prof. d'Hist. nat. à l'Éc. nat. vétér., anc. Député, 11, rue d'Algérie. — Lyon (Rhône).

FAVEREAUX (Georges), 52, Quai Debilly, Paris.

FERRY (Émile), Nég., anc. Présid. du Trib. de Com. et du Cons. gén. de la Seine-Inférieure, 21, boulevard Cauchoise. — Rouen (Seine-Inférieure).

FICHEUR (Émile), Doct. ès Sc., Prof. de Géol. à l'Éc. prép. à l'Ens. sup. des Sc., Dir. adj. du Serv. géol. de l'Algérie, 77, rue Michelet. — Alger-Mustapha.

FIÈRE (Paul). Archéol., Mem. corresp. de la Soc. franc. de Numism. et d'Archéol. — Saïgon (Cochinchine).

FISCHER DE CHEVRIERS, Prop., 23, rue Vernet. — Paris.

FLANDIN, Prop., 29, avenue d'Antin. — Paris.

FORTEL (A.) (fils), Prop., 7, rue Noël. — Reims (Marne).

FORTIN (Raoul), 24, rue du Pré. — Rouen (Seine-Inférieure).

FOURNIER (Alfred), Prof. hon. à la Fac. de Méd., Mem. de l'Acad. de Méd., Méd. hon. des Hôp., 77, rue de Miromesnil. — Paris.

FRANCEZON (Paul), Chim. et Indust., 7, rue Mandajors. — Alais (Gard).

Dr FRANÇOIS-FRANCK (Charles, Albert), Mem. de l'Acad. de Méd., Prof. sup. au Col. de France, 5, rue Saint-Philippe-du-Roule. — Paris.

FRON (Albert), Garde gén. des Forêts, École Forestière des Barres-Vilmorin. — Nogent-sur-Vernisson (Loiret).

FRON (Georges), Doct. ès Sc., Chef des trav. botan. à l'Inst. nat. agronom., 36, rue Madame. — Paris.

GARDÈS (Mme Louis), 7, rue du Lycée. — Montauban (Tarn-et-Garonne).

GARDÈS (Louis), Notaire hon., anc. Élève de l'Éc. nat. sup. des Mines, 7, rue du Lycée. — Montauban (Tarn-et-Garonne).

GARIEL (Mme C.-M.), 6, rue Édouard Detaille. — Paris.

GARIEL (Mme Léon), 1, avenue de Péterhof. — Paris.

GARNIER (Ernest), anc. Présid. de la Soc. indust. de Reims (chez M. Lemaire), 12, rue Sacrot. — Saint-Mandé (Seine).

GARREAU (L.-Philippe), Cap. de frégate en retraite, 1, rue Floirac. — Agen (Lot-et-Garonne), et, l'hiver, 62, boulevard Malesherbes. — Paris.

GASQUETON (Mme Georges), château Capbern. — Saint-Estèphe-Médoc (Gironde).

GATINE (Albert), Insp. des Fin., 1, rue de Beaune. — Paris.

Dr GAUBE (Jean), 12, rue Léonie. — Paris.

GAUTHIER-VILLARS (Albert), Imp.-Édit., anc. Élève de l'Éc. Polytech., 55, quai des Grands-Augustins. — Paris.

GAUTHIOT (Charles), Sec. gén. de la Soc. de Géog. com. de Paris, Mem. du Cons. sup. des colonies, 63, boulevard Saint-Germain. — Paris.

Dr GAUTIER (Georges), Dir. du Lab. d'Électrothérap. et de la Revue internat. d'Électrothérap., 13, rue Auber. — Paris.

GAYON (Ulysse), Corresp. de l'Inst., Doyen de la Fac. des Sc., Dir. de la Stat. agronom., 7, rue Duffour-Dubergier. — Bordeaux (Gironde).

GAZAGNAIRE (Joseph), anc. Sec de la Soc. Entomol. de France, 29, rue Centrale. — Cannes (Alpes-Maritimes).

GELIN (l'Abbé Émile), Doct. en Philo. et en Théolog., Prof. de Math. sup. au Col. de Saint-Quirin. — Huy (Belgique).

GENSOUL (Paul), Ing. des Arts et Man., 42, rue Vaubecour. — Lyon (Rhône).

GENTIL (Louis), Maître de conf. à la Fac. des Sc., 65, boulevard Pasteur. — Paris.

GERBEAU, Prop., 13, rue Monge. — Paris.

GÉRENTE (Mme Paul), 19, boulevard Beauséjour. — Paris.

Dr GÉRENTE (Paul), Méd. dir. hon. des asiles pub. d'aliénés, Sénateur d'Alger, 19, boulevard Beauséjour. — Paris.

Dr GIARD (Alfred), Mem. de l'Inst., Prof. à la Fac. des Sc., Maître de Conf. à l'Éc. norm. sup., anc. Député, 14, rue Stanislas. — Paris.

GIGANDET (Eugène) (fils), Nég., 16, rue Montaux. — Marseille (Bouches-du-Rhône).

GILBERT (Armand), Présid. de Chambre à la Cour d'Ap., 12, rue Vauban. — Dijon (Côte-d'Or).

GIRARD (Julien), Pharm. maj. en retraite, 3, boulevard Bourdon. — Paris.

GIRAUD (Louis). — Saint-Péray (Ardèche).

GIRAUX (Louis), Nég., 9 bis, avenue Victor-Hugo. — Saint-Mandé (Seine).

GOBIN (Adrien), Insp. gén. hon. des P. et Ch., 8, quai d'Occident. — Lyon (Rhône).

GODARD (Félix), Ing. de la Marine hors cadres, 15, rue d'Édimbourg. — Paris.

Dr GORDON Y DE ACOSTA (D. Antonio DE), Présid. de l'Acad. des Sc. médic., phys. et nat., esq. à Amargura. — La Havane (Ile de Cuba).

Dr GRABINSKI (Boleslas). — Neuville-sur-Saône (Rhône).

GRANDIDIER (Alfred), Mem. de l'Inst., 6, rond-point des Champs-Élysées. — Paris.

GRIMAUD (Émile), Imprim., 4, place du Commerce. — Nantes (Loire-Inférieure).

GRISON-PONCELET (Eugène), Manufac., rue de Nogent. — Creil (Oise).

GROSS (Mme Frédéric), 25, rue Isabey. — Nancy (Meurthe-et-Moselle).

GROSS (Frédéric), Doyen de la Fac. de Méd., Corresp. nat. de l'Acad. de Méd., 25, rue Isabey. — Nancy (Meurthe-et Moselle).

Dr GUÉBHARD (Adrien), Lic. ès Sc. Math. et Phys., Agr. de Phys. des Fac. de Méd. — Saint-Vallier-de-Thiey (Alpes-Maritimes).

Dr GUERNE (le Baron Jules DE), Natur., Sec. gén. de la Soc. nat. d'Acclimat. de France, 6, rue de Tournon. — Paris.

GUÉZARD (Mme Jean-Marie), 16, rue des Écoles. — Paris.

GUÉZARD (Jean-Marie), anc. Princ. Clerc de Notaire, 16, rue des Écoles. — Paris.

GUIEYSSE (Paul), Ing. hydrog. de la Marine, anc. Min., Député du Morbihan, 42, rue des Écoles. — Paris.

GUILMIN (Mme Ve), 8, boulevard Saint-Marcel. — Paris.

GUILMIN (Ch.), 8, boulevard Saint-Marcel. — Paris.

GUY (Louis) Nég., 232, rue de Rivoli. — Paris.

GUYOT (Mme Raphaël), 11, rue de Montataire. — Creil (Oise).

GUYOT (Raphaël), Pharm. de 1re cl., 11, rue de Montataire. — Creil (Oise).

GUYOT (Yves), Dir. polit. du Siècle, anc. Min. des Trav. pub., 95, rue de Seine. — Paris.

HALLER-COMON (Albin), Mem. de l'Inst. et de l'Acad. de Méd., Prof. de Chim. organique à la Fac. des Sc., 1, rue Le Goff. — Paris.

HALLETTE (Albert), Fabric. de sucre. — Le Cateau (Nord).

HAMARD (l'Abbé Pierre, Jules), Chanoine, 6, rue du Chapitre. — Rennes (Ille-et-Vilaine).

HEITZ (Paul), Ing. des Arts et Man., anc. Élève de l'Éc. libr. des Sc. polit. Avocat à la Cour d'Ap., 29, rue Saint-Guillaume. — Paris.

HÉLIAND (le Comte d'), 21, boulevard de La Madeleine. — Paris.

HENRY (Louis, Isidore), Ing. en chef de 1re cl. de la Marine. — Brest (Finistère).

HÉRICHARD (Émile), Ing. civ., anc. Élève de l'Éc. nat. des P. et Ch., 56, rue des Peupliers. — Boulogne-sur-Seine (Seine).

HÉRON (Guillaume). Prop., château Latour. — Bérat par Rieumes (Haute-Garonne).

HÉRON (Jean-Pierre), Prop., 7, place de Tourny. — Bordeaux (Gironde).

HETZEL (Jules), Libr.-Édit., 12, rue des Saints-Pères. — Paris.

HOLDEN (Jonathan), Indust., 23, boulevard de La République. — Reims (Marne).

HOUDÉ (Alfred), Pharm. de 1re cl., Mem. du Cons. mun., 29, rue Albouy. — Paris.

HOURST (Émile), Lieut. de vaisseau, 97, avenue Niel. — Paris.

HOVELACQUE-KHNOPFF (Émile), 50, rue Cortambert. — Paris.

HUA (Henri), Lic. ès Sc. nat., Botan., s.-Dir. de l'Éc. pratique des Hautes-Études (Muséum d'Hist. nat.), 254, boulevard Saint-Germain. — Paris.

HUBERT DE VAUTIER (Émile), Entrep. de confec. milit., 114, rue de La République. — Marseille (Bouches-du-Rhône).

Dr HUBLÉ (Martial), Méd.-maj. de 1re cl. au 52e Rég. d'Infant., Méd.-chef des salles milit. de l'Hôp. mixte, villa Florian, rue de Bavière. — Montélimar (Drôme).

HUMBEL (Mme Ve Lucien). — Éloyes (Vosges).

ISAY (Mme Mayer). — Blâmont (Meurthe-et-Moselle).

ISAY (Mayer), Filat., anc. Cap. du Génie, anc. Élève de l'Éc. Polytech. — Blâmont (Meurthe-et-Moselle).

JACKSON-GWILT (Mrs Hannah), Moonbeam villa, Merton road. — New Wimbledon (Surrey) (Angleterre).

JACQUIN (Anatole), Confis., 12, rue Pernelle. — Paris, et villa des Lys. — Dammarie-les-Lys (Seine-et-Marne).

JACQUIN (Charles), Avoué de 1re Inst., 5, rue des Moulins. — Paris.

JARAY (Jean), 32, rue Servient. — Lyon (Rhône).

Dr JAUBERT (Adrien), Insp. de la vérif. des Décès, 57, place Pigalle. — Paris.

Dr JAVAL (Émile), Mem. de l'Acad. de Méd., Dir. hon. du Lab. d'Ophtalm. de la Sorbonne, anc. Député, 5, boulevard de La Tour-Maubourg. — Paris.

JEANNEL (Maurice), Prof. de Clin. chirurg. à la Fac. de Méd., 3, allée Saint-Étienne. — Toulouse (Haute-Garonne).

JOBERT (Clément), Prof. à la Fac. des Sc. de Dijon, 98, boulevard Saint-Germain. — Paris.

JONES (Charles), 12, rue de Chaligny (chez M. Eugène Vauvert). — Paris.

JORDAN (Camille), Mem. de l'Inst., Ing. en chef des Mines en retraite, Prof. à l'Éc. Polytech., 48, rue de Varenne. — Paris.

Dr JORDAN (Séraphin), 11, rue Campania. — Cadix (Espagne).

JOUANDOT (Jules), Ing. du Serv. des Eaux de la Ville, 57, rue Saint-Sernin. — Bordeaux (Gironde).

JOURDAN (A., G.), Ing. civ. (chez M. Simon), 14, rue Milton. — Paris.

JULLIEN (Ernest), Ing. en chef des P. et Ch., 6, cours Jourdan. — Limoges (Haute-Vienne).

JUNDZITT (le Comte Casimir), Prop.-Agric., chemin de fer Moscou-Brest, station Domanow-Réginow (Russie).

JUNGFLEISCH (Émile), Mem. de l'Acad. de Méd., Prof. à l'Éc. sup. de Pharm., 74, rue du Cherche-Midi. — Paris.

KESSELMEYER (Charles), Présid.-Fondat. de la Ligue docimale, Rosa villa, Vale road. — Bowdon (Cheshire) (Angleterre).

KNIEDER (Xavier), Admin.-délég. des Établissements Malétra. — Petit-Quévilly (Seine-Inférieure).

KOECHLIN-CLAUDON (Émile), Ing. des Arts et Man., 60, rue Duplessis. — Versailles (Seine-et-Oise).

KRAFFT (Eugène), anc. Élève de l'Éc. Polytech., 27, rue Monselet. — Bordeaux (Gironde).

KREISS (Adolphe), Ing., 46, Grande-rue. — Sèvres (Seine-et-Oise).

KÖNCKEL D'HERCULAIS (Jules), Assistant de Zool. (Entomol.) au Muséum d'Hist. nat., 55, rue de Buffon. — Paris.

LABRUNIE (Auguste), Nég., 2, rue Michel. — Bordeaux (Gironde).

LACOUR (Alfred), Ing. civ. des Mines, anc. Élève de l'Éc. Polytech., 60, rue Ampère. — Paris.

LADUREAU (Mme Albert), 27, rue de Fourcroy. — Paris.

LADUREAU (Albert), Ing.-Chim., 27, rue de Fourcroy. — Paris.

LAFARGUE (Georges), anc. Préfet, Percept. de Charenton, 8, rue Coëtlogon. — Paris.

LAFAURIE (Maurice), 104, rue du Palais-Galien. — Bordeaux (Gironde).

LAFFITTE (Jean, Paul), Publiciste, 18, rue Jacob. — Paris.

LAGACHE (Jules), Ing. des Arts et Man., Admin. de la Soc. des Prod. chim. agric., 22, rue des Allamandiers. — Bordeaux (Gironde).

LAGNEAU (Didier), Ing. civ. des Mines, 19, rue Cernuschi. — Paris.

LALLIÉ (Alfred), Avocat, 18, rue Lafayette. — Nantes (Loire-Inférieure).

LAMARRE (Onésime), Notaire, 2, place du Donjon. — Niort (Deux-Sèvres).

LAMBLIN (l'Abbé Joseph), Prof. à l'Éc. Saint-François-de-Sales, 39, rue Vannerie. — Dijon (Côte-d'Or).

LANCIAL (Henri), Prof. au Lycée, 18, boulevard de Courtais — Moulins (Allier).

LANES (Jean), Chef du Cabinet du Présid. du Sénat (Petit-Luxembourg), 17, rue de Vaugirard. — Paris.

LANG (Tibulle), Dir. de l'Éc. La Martinière, anc. Élève de l'Éc. Polytech., 5, rue des Augustins. — Lyon (Rhône).

LANGE (Mᵐᵉ Adalbert). — Maubert-Fontaine (Ardennes).

LANGE (Adalbert), Indust., — Maubert-Fontaine (Ardennes).

Dʳ LANTIER (Étienne). — Tannay (Nièvre).

LARIVE (Albert), Indust., 22, rue Villeminot-Huart. — Reims (Marne).

LAROCHE (Mᵐᵉ Félix), 110, avenue de Wagram. — Paris.

LAROCHE (Félix), Insp. gén. des P. et Ch. en retraite, 110, avenue de Wagram. — Paris.

LASSENCE (Alfred DE), Prop., Mem. du Cons. mun., villa Lassence, 12, avenue de Tarbes. — Pau (Basses-Pyrénées).

Dʳ LATASTE (Fernand), anc. s.-Dir. du Musée nat. d'hist. nat., Prof. hon. à l'Univ. du Chili. — Cadillac-sur-Garonne (Gironde).

LAURENT (Léon), Construc. d'inst. d'optiq., 21, rue de L'Odéon. — Paris.

LAUSSEDAT (le Colonel Aimé), Mem. de l'Inst., Dir. hon. du Conserv. nat. des Arts et Mét., 3, avenue de Messine. — Paris.

LÉAUTÉ (Henry), Mem. de l'Inst., Ing. des Manufac. de l'État, Répét. à l'Éc. Polytech., 20, boulevard de Courcelles. — Paris.

LE BRETON (André), Prop., 43, boulevard Cauchoise. — Rouen (Seine-Inférieure).

LE CHATELIER (le Capitaine Frédéric, Alfred), anc. Of. d'ordonnance du Min. de la Guerre, 61, avenue Victor-Hugo. — Paris.

LECORNU (Léon), Ing. en chef des Mines, 3, rue Gay-Lussac. — Paris.

Dʳ LE DIEN (Paul), 155, boulevard Malesherbes. — Paris.

LEDOUX (Samuel), Nég., 29, quai de Bourgogne. — Bordeaux (Gironde).

LEENHARDT (Frantz), Prof. à la Fac. de Théol., 12, rue du Faubourg-du-Moustier. — Montauban (Tarn-et-Garonne).

LEFEBVRE (René), Insp. gén. des P. et Ch., 169, boulevard Malesherbes. — Paris.

LEFRANC (Émile), Mécan. 21, rue de Monsieur. — Reims (Marne).

LEGRIEL (Paul), Archit. diplômé par le Gouvernement, Lic. en Droit, 8, rue de Greffulhe. — Paris.

Dʳ LE GRIX DE LAVAL (Auguste, Valère), 28, rue Mozart. — Paris.

LEJARD (Mᵐᵉ Vᵉ Charles), 6, rue Édouard-Detaille (avenue de Villiers). — Paris.

Dʳ LELIÈVRE (Ernest), anc. Int. des Hôp. de Paris, 53, rue de Talleyrand. — Reims (Marne).

LE MONNIER (Georges), Prof. de botan. à la Fac. des Sc., 3, rue de Serre. — Nancy (Meurthe-et-Moselle).

Dʳ LÉON (Auguste), Méd. en chef de la Marine en retraite, 5, rue Duffour-Dubergier. — Bordeaux (Gironde).

Dʳ LE PAGE, 33, rue de La Bretonnerie. — Orléans (Loiret).

Dʳ LÉPINE (Jean), anc. Int. des Hôp., 30, place Bellecour. — Lyon (Rhône).

LÉPINE (Raphaël), Corresp. de l'Inst., Assoc. nat. de l'Acad. de Méd., Prof. à la Fac. de Méd., 30, place Bellecour. — Lyon (Rhône).

LE ROUX (F., P.), Prof. à l'Éc. sup. de Pharm., Examin. d'admis. à l'Éc. Polytech., 120, boulevard Montparnasse. — Paris.

Dʳ LESAGE (Pierre), Doct. ès Sc. Nat., Maître de Conf. de Botan. à la Fac. des Sc., 45, avenue du Mail-d'Onges. — Rennes (Ille-et-Vilaine).

LE SÉRURIER (Charles), Dir. des Douanes, 39, rue Sylvabelle. — Marseille (Bouches-du-Rhône).

LESOURD (Paul) (fils), Nég., 34, rue Néricault-Destouches. — Tours (Indre-et-Loire).

LESPIAULT (Gaston), Prof. et anc. Doyen de la Fac. des Sc., 5, rue Michel-Montaigne. — Bordeaux (Gironde).

LESTRANGE (le Comte Henry DE), 43, avenue Montaigne. — Paris et à Saint-Julien, par Saint-Genis-de-Saintonge (Charente-Inférieure).

LETHUILLIER-PINEL (Mᵐᵉ Vᵉ), Prop., 68, rue d'Elbeuf. — Rouen (Seine-Inférieure).

Dʳ LEUDET (Robert), anc. Int. des Hôp., Prof. à l'Éc. de Méd. de Rouen, 72, rue de Bellechasse. — Paris.

Dʳ LEUILLIEUX (Abel). — Conlie (Sarthe).

LE VALLOIS (Jules), Chef de Bat. du Génie en retraite, anc. Élève de l'Éc. Polytech., 12, rue de Ponthieu. — Paris.

LEVASSEUR (Émile), Mem. de l'Inst., Prof. au Collège de France, 26, rue Monsieur-Le Prince. — Paris.

LEVAT (David), Ing. civ. des Mines, anc. Élève de l'Éc. Polytech., 174, boulevard Malesherbes. — Paris.

LE VERRIER (Urbain), Ing. en chef, Prof. à l'Éc. nat. sup. des Mines et au Conserv. nat. des Arts et Mét., 70, rue Charles-Laffite. — Neuilly-sur-Seine (Seine).

LEWTHWAITE (William), Dir. de la maison Isaac Holden, 27, rue des Moissons. — Reims (Marne).

LEWY D'ABARTIAGUE (William, Théodore), Ing. civ., château d'Abartiague. — Ossès (Basses-Pyrénées).

LINDET (Léon), Doct. ès sc., Prof. à l'Inst. nat. agronom., 108, boulevard Saint-Germain. — Paris.

Dr LIVON (Charles), Corresp. nat. de l'Acad. de Méd., Prof., anc. Dir. de l'Éc. de Méd. et de Pharm., Dir. du *Marseille médical*, 14, rue Peirier. — Marseille (Bouches-du-Rhône).

Dr LOIR (Adrien), anc. Présid. de l'*Inst. de Carthage*, Prof. à l'Éc. nat. sup. d'Agric. coloniale, 45, rue des Acacias. — Paris.

LONCQ (Émile), Sec. du Cons. départ. d'Hyg. pub., 6, rue de La Plaine. — Laon (Aisne).

LONGCHAMPS (Gaston GOHIERRE DE), Examin. à l'Éc. spéc. milit., 5, rue Vauquelin. — Paris.

LONGHAYE (Auguste), Nég., 22, rue de Tournai. — Lille (Nord).

LOPÈS-DIAS (Joseph), Ing. des Arts et Man., 28, place Gambetta. — Bordeaux (Gironde).

LORIOL-LE-FORT (Charles, Louis, Perceval DE), Natural. — Frontenex près Genève (Suisse).

LOUGNON (Victor), Ing. des Arts et Man., Juge d'Instruc. — Cusset (Allier).

LOUSSEL (A.), Prop., 86, rue de La Pompe. — Paris.

LOYER (Henri), Filat.; 294, rue Notre-Dame. — Lille (Nord).

MACÉ DE LÉPINAY (Jules), Prof. à la Fac. des Sc., 105, boulevard Longchamp. — Marseille (Bouches-du-Rhône).

MADELAINE (Édouard), Ing. adj. attaché à l'Exploit. dès *Chem. de fer de l'État*, anc. Élève de l'Éc. cent. des Arts et Man., 96, boulevard Montparnasse. — Paris.

MAGNIEN (Lucien), Ing. agric., Prof. départ. d'Agric., Présid. du Comité cent. d'études viticoles de la Côte-d'Or, 10, rue Bossuet. — Dijon (Côte-d'Or).

Dr MAGNIN (Antoine), Doyen de la Fac. des Sc., Dir. de l'Éc. de Méd., anc. Adj. au Maire, 8, rue Proudhon. — Besançon (Doubs).

MAIGRET (Henri), Ing. des Arts et Man., 29, rue du Sentier. — Paris.

MAILLET (Edmond), Doct. ès Sc. Math., Ing. des P. et Ch., Répét. à l'Éc. Polytech., 11, rue de Fontenay. — Bourg-la-Reine (Seine).

Dr MALHERBE (Albert), Dir. de l'Éc. de Méd. et de Pharm., 12, rue Cassini. — Nantes (Loire-Inférieure).

MALINVAUD (Ernest), Sec. gén. de la *Soc. botan. de France*, 8, rue Linné. — Paris.

Dr MANGENOT (Charles), 162, avenue d'Italie. — Paris.

MARAIS (Charles), s.-Préfet. — Bergerac (Dordogne).

MARCHEGAY (Mme Vve Alphonse), 11, quai des Célestins. — Lyon (Rhône).

MARÉCHAL (Paul), 140, boulevard Raspail. — Paris.

Dr MARETTE (Charles), Lic. ès Sc. Phys., Pharm. de 1re.cl., anc. s.-Chef de Lab. à la Fac. de Méd. de Paris. — Châteauneuf-en-Thimerais (Eure-et-Loir).

MAREUSE (André), Étud., 81, boulevard Haussmann. — Paris.

MAREUSE (Edgard), Prop., Sec. du *Comité des Inscript. parisiennes*, 81, boulevard Haussmann. — Paris et château du Dorat. — Bègles (Gironde).

Dr MAREY (Étienne, Jules), Mem. de l'Inst. et de l'Acad. de Méd., Prof. au Collège de France, 11, boulevard Delessert. — Paris.

MARIN (Louis), Admin. du Collège des Sc. soc., 13, avenue de l'Observatoire. — Paris.

MARQUÈS DI BRAGA (P.), Cons. d'État hon., s.-Gouvern. hon. du *Crédit Foncier de France*, anc. Élève de l'Éc. Polytech., 200, rue de Rivoli. — Paris.

MARTIN (William), 42, avenue Wagram. — Paris.

Dr MARTIN (Louis DE), Mem. de la *Soc. nat. d'Agric. de France* et du Cons. de la *Soc. des Agric. de France*. — Montrabech par Lézignan (Aude).

MARTIN-RAGOT (J.), Manufac., 14, esplanade Cérès. — Reims (Marne).

MARTRE (Étienne), Dir. des contrib. dir. en retraite. — Perpignan (Pyrénées-Orientales).

MASCART (Éleuthère), Mem. de l'Inst., Prof. au Collège de France, Dir. du Bureau cent. météor. de France, 176, rue de L'Université. — Paris.

MASSOL (Gustave), Dir. de l'Éc. sup. de Pharm. (villa Germaine), boulevard des Arceaux. — Montpellier (Hérault).

MASSON (Pierre, V.), de la Librairie Masson et Cie, 120, boulevard Saint-Germain. — Paris.

MATHIEU (Charles, Eugène), Ing. des Arts et Man., anc. Dir. gén. construct. des *Aciéries de Jœuf*, anc. Dir. gén. et admin. des *Aciéries de Longwy*, Construc. mécan., Mem. du Cons. mun., 34, rue de Courlancy. — Reims (Marne).

MAUFROY (Jean-Baptiste), anc. Dir. de manufac. de laine, 4, rue de L'Arquebuse. — Reims (Marne).

Dr MAUNOURY (Gabriel), Chirurg. de l'Hôp., 26, rue de Bonneval. — Chartres (Eure-et-Loir).

c

MAUREL (Émile) Nég., 7, rue d'Orléans. — Bordeaux (Gironde).

MAUREL (Marc), Nég., 48, cours du Chapeau-Rouge. — Bordeaux (Gironde).

MAUROUARD (Lucien), Premier Sec. d'Ambassade, anc. Élève de l'Éc. Polytech:, Légation de France. — Athènes (Grèce).

MAXWELL-LYTE (Farnham), Ing.-Chim., 60, Finborough road.—Londres, S.W. (Angleterre).

MEISSAS (Gaston de), Publiciste, 3, avenue Bosquet. — Paris.

MÉNARD (Césaire), Ing. des Arts et Man., Concessionnaire de l'Éclairage au gaz. — Louhans (Saône-et-Loire).

MÉNEGAUX (Auguste), Doct. ès Sc., Assistant au Muséum d'Hist. nat. (Mammifères, Oiseaux), 9, rue du Chemin-de-Fer. — Bourg-la-Reine (Seine).

MENTIENNE (Adrien), anc. Maire, Mem. de la Soc. de l'Histoire de Paris et de l'Ile-de-France. — Bry-sur-Marne (Seine).

MERCADIER (Jules), Insp. des Télég., Dir. des études à l'Éc. Polytech., 21, rue Descartes. — Paris.

MERCET (Émile), Banquier, 2, avenue Hoche: — Paris.

MERLIN (Roger). — Bruyères (Vosges).

MESNARD (Eugène), Prof. à l'Éc. prép. à l'Ens. sup. des Sc. et à l'Éc. de Méd., 79, rue de La République. — Rouen (Seine-Inférieure).

Dr MESNARDS (P. DES), rue Saint-Vivien. — Saintes (Charente-Inférieure).

MEUNIER (Mme Hippolyte) (Décédée).

Dr MICÉ (Laurand), Rect. hon. de l'Acad. de Clermont-Ferrand, 7, rue Sansas. — Bordeaux (Gironde).

MIRABAUD (Paul), Banquier, 86, avenue de Villiers. — Paris.

MOCQUERIS (Edmond), 58, boulevard d'Argenson. — Neuilly-sur-Seine (Seine).

MOCQUERIS (Paul), Ing. de la construct: à la Comp. des Chem. de fer de Bône-Guelma et prolongements, 58, boulevard d'Argenson. — Neuilly-sur-Seine (Seine) et à Sousse. (Tunisie).

MOLLINS (Jean DE), Doct. ès sc., 40, rue des Clarisses. — Liège (Belgique).

Dr MONDOT, anc. Chirurg. de la Marine, anc. Chef de Clin. de la Fac. de Méd. de Montpellier, Chirurg. de l'Hôp. civ., 42, boulevard National. — Oran (Algérie).

Dr MONIER (Eugène), place du Pavillon. — Maubeuge (Nord).

MONMERQUÉ (Arthur), Ing. en chef des P. et C., 8, rue du Parc. — Meudon (Seine-et-Oise).

MONNIER (Demetrius), Ing. des Arts et Man., Prof. à l'Éc. cent. des Arts et Man., 3, impasse Cothenet, (22, rue de La Faisanderie). — Paris.

Dr MONPROFIT (Ambroise), anc. Int. des Hop. de Paris, Prof. à l'Éc. de Méd., Chirurg. de l'Hôtel-Dieu, 7, rue de La Préfecture. — Angers (Maine-et-Loire).

MONTEFIORE (Eward, Lévi), Rent., 36, avenue Henri-Martin. — Paris.

Dr MONTFORT, Prof. à l'Éc. de Méd., Chirurg. des Hôp., 14, rue de La Rosière. — Nantes (Loire-Inférieure).

MONT-LOUIS, Imprim., 2, rue Barbançon. — Clermont-Ferrand (Puy-de-Dôme).

MOREL D'ARLEUX (Mme Charles), 13, avenue de L'Opéra. — Paris.

Dr MOREL D'ARLEUX (Paul), 33, rue Desbordes-Valmore. — Paris.

MORIN (Théodore), Doct. en Droit, 50, avenue du Trocadéro. — Paris.

MORTILLET (Adrien de), Prof. à l'Éc. d'Anthrop., Conserv. des collections de la Soc. d'Anthrop. de Paris, Présid. de la Soc. d'Excursions scient., 10 bis, avenue Reille. — Paris.

MOSSÉ (Alphonse). Prof. de Clin. méd. à la Fac. de Méd., Corresp. nat. de l'Acad. de Méd., 36, rue du Taur. — Toulouse (Haute-Garonne).

MOULLADE (Albert), Lic. ès Sc., Pharm. princ. de 1re cl. à la Réserve des Médicaments. 137, avenue du Prado. — Marseille (Bouches-du-Rhône).

Dr MOURE (Émile), Chargé de cours à la Fac. de Méd., 25 bis, cours du Jardin-Public. — Bordeaux (Gironde).

Dr MOUTIER (A.), 11, rue de Miromesnil. — Paris.

NEVEU (Auguste), Ing. des Arts et Man. — Rueil (Seine-et-Oise).

NIBELLE (Maurice), Avocat, 9, rue des Arsins. — Rouen (Seine-Inférieure).

NICAISE (Victor), Int. des Hôp., 3, rue Mollien. — Paris.

Dr NICAS, 80, rue Saint-Honoré. — Fontainebleau (Seine-et-Marne).

NIEL (Eugène), 28, rue Herbière. — Rouen (Seine-Inférieure).

NIVET (Gustave), 105, avenue du Roule. — Neuilly-sur-Seine (Seine).

NIVOIT (Edmond), Insp. gén. des Mines, Prof. de Géol. à l'Éc. nat. des P. et Ch., 4, rue de La Planche. — Paris.

NOELTING (Emilio), Dir. de l'Éc. de Chim. — Mulhouse (Alsace-Lorraine).

OCAGNE (Maurice D'), Ing., Prof. à l'Éc. nat. des. P. et. Ch., Répét. à l'Éc. Polytech. 30, rue La Boëtie. — Paris.

ODIER (Alfred), Dir. de la *Caisse-gén. des Familles*, 4, rue de La Paix. — Paris.

ŒCHSNER DE CONINCK (William), Prof. adj. à la Fac. des Sc., 8, rue Auguste-Comte. — Montpellier (Hérault).

Dr OLIVIER (Paul), Méd. en chef de l'Hosp. gén., Prof. à l'Éc. de Méd., 12, rue de La Chaîne. — Rouen (Seine-Inférieure).

OLRY (Albert), Ing. en chef des Mines, 23, rue Clapeyron. — Paris.

OSMOND (Floris), Ing. des Arts et Man., 83, boulevard de Courcelles. — Paris.

OUTHENIN-CHALANDRE (Joseph), 5, rue des Mathurins. — Paris.

PALUN (Auguste), Juge au Trib. de Com., 13, rue Banasterie. — Avignon (Vaucluse).

Dr PAMARD (Alfred), Associé nat. de l'Acad. de Méd., Chirurg. en chef des Hôp. 4, place Lamirande. — Avignon (Vaucluse).

Dr PAMARD (Paul), anc. Int. des Hôp., 1, rue de Lille. — Paris.

PASQUET (Eugène) (fils), 53, rue d'Eysines. — Bordeaux (Gironde).

PASSY (Frédéric), Mem. de l'Inst., anc. Député, Mém. du Cons. gén. de Seine-et-Oise, 8, rue Labordère. — Neuilly-sur-Seine (Seine).

PASSY (Paul, Édouard), Doct. ès Let., Lauréat de l'Inst. (Prix Volney), Maître de conf. à l'Éc. des Hautes-Études d'Histoire et de Philolog., 92, rue de Longchamp. — Neuilly sur-Seine (Seine).

PÉDRAGLIO-HOEL (Mme Hélène), 29, avenue Camus. — Nantes (Loire-Inférieure).

PÉLAGAUD (Élisée), Doct. ès Sc., château de La Pinède. — Antibes (Alpes-Maritimes).

PÉLAGAUD (Fernand), Doct. en Droit, Cons. à la Cour d'Ap., 15, quai de L'Archevêché. — Lyon (Rhône).

PELLET (Auguste), Doyen de la Fac. des Sc., 74, rue Ballainvilliers. — Clermont-Ferrand (Puy-de-Dôme).

PELTEREAU (Ernest), Notaire hon. — Vendôme (Loir-et-Cher).

PÉRARD (Joseph), Ing. des Arts et Man., Sec. gén. de la *Soc. d'Aquiculture et de Pêche*, 42, rue Saint-Jacques. — Paris.

PEREIRE (Émile), Ing. des Arts et Man., Admin. de la *Comp. des Chem. de fer du Midi*, 10, rue Alfred-de-Vigny. — Paris.

PEREIRE (Eugène), Ing. des Arts et Man., Présid. du Cons. d'admin. de la *Comp. gén. Transat.*, 5, rue des Mathurins. — Paris.

PEREIRE (Henri), Ing. des Arts et Man., Admin. de la *Comp. des Chem. de fer du Midi*, 33, boulevard de Courcelles. — Paris.

PÉREZ (Jean), Prof. à la Fac. des Sc., 21, rue Saubat. — Bordeaux (Gironde).

PÉRICAUD, Cultivat. — La Balme (Isère).

PERIDIER (Louis), anc. Jug. au Trib. de Com., 5, quai d'Alger. — Cette (Hérault).

PERRET (Auguste), Prop., 50, quai Saint-Vincent. — Lyon (Rhône).

PETITON (Anatole), Ing.-Conseil des Mines, 93, rue de Seine. — Paris.

PETRUCCI (C., R.), Ing. — Béziers (Hérault).

PETTIT (Georges), Ing. en chef des P. et Ch., boulevard d'Haussy. — Mont-de-Marsan (Landes).

PHILIPPE (Léon), 23 *bis*, rue de Turin. — Paris.

Dr PHISALIX (Césaire), Doct. ès Sc., Assistant de Pathol. comparée au Muséum d'Hist. nat., 26, boulevard Saint-Germain. — Paris.

PIATON (Maurice), Ing. civ. des Mines, anc. Élève de l'Éc. Polytech., Mem. du Cons. mun., 49, rue de La Bourse. — Lyon (Rhône).

PICHE (Albert), Avocat, Présid. de la *Soc. d'Éducat. popul.*, 26, rue Serviez. — Pau (Basses-Pyrénées).

PICOU (Gustave), Indust., 123, rue de Paris. — Saint-Denis (Seine).

PICQUET (Henry), Chef de Bat. du Génie, Examin. d'admis. à l'Éc. Polytech., 4, rue Monsieur-Le-Prince. — Paris.

Dr PIERROU. — Chazay-d'Azergues (Rhône).

PILLET (Jules), Prof. aux Éc. nat. des P. et Ch. et des Beaux-Arts et au Conserv. nat. des Arts et Mét., anc. Élève de l'Éc. Polytech., 18, rue Saint-Sulpice. — Paris

PINON (Paul), Nég., 36, rue du Temple. — Reims (Marne).

PITRES (Albert), Doyen hon. de la Fac. de Méd., Corresp. nat. de l'Acad. de Méd., Méd. de l'Hôp. Saint-André, 119, cours d'Alsace-et-Lorraine. — Bordeaux (Gironde).

Dr PLANTÉ (Jules), Méd. de 1re cl. de la Marine, 40, boulevard de Strasbourg. — Toulon (Var).

POILLON (Louis), Ing. des Arts et Man., Rancho Verde. — Teponaxtla par Cuicatlan (État d'Oaxaca) (Mexique).

Poisson (Jules), Assistant de Botan. au Muséum d'Hist. nat., 32, rue de La Clef. — Paris.

Polignac (le Comte Melchior de). — Kerbastic-sur-Gestel (Morbihan).

Pommerol, Avocat, anc. Rédac. de la Revue *Matériaux pour l'Histoire primitive de l'Homme.* — Veyre-Mouton (Puy-de-Dôme) et, 20, rue Pestalozzi. — Paris.

Porcherot (Eugène), Ing. civ., La Béchellerie. — Saint-Cyr-sur-Loire par Tours (Indre-et-Loire).

Porgès (Charles), Présid. du Cons. d'admin. de la *Comp. continentale Edison*, 25, rue de Berri. — Paris.

Portevin (Hippolyte), Ing. civ., anc. Élève de l'Éc. Polytech., 2, rue de La Belle-Image. — Reims (Marne).

Dr Poupinel (Gaston), anc. Int. des Hôp., 50, avenue Victor-Hugo. — Paris.

Dr Poussié (Émile), 19, rue Tronchet. — Paris.

Pouyanne (C.-M.), Insp. gén. des Mines, 70, rue Rovigo. — Alger.

Dr Pozzi (Samuel), Mem. de l'Acad. de Méd., Prof. à la Fac. de Méd., Chirurg. des Hôp., Sénateur de la Dordogne, 47, avenue d'Iéna. — Paris.

Prat (J., P.), Chim., 71, rue Chevalier. — Bordeaux (Gironde).

Preller (L.), Nég., 5, cours de Gourgues. — Bordeaux (Gironde).

Prevet (Charles), Nég., 48, rue des Petites-Écuries. — Paris.

Prévost (Georges), Ing. civ. des Mines, anc. Élève de l'Éc. Polytech., 30, quai de Bourgogne. — Bordeaux (Gironde).

Prévost (Maurice), Publiciste, 55. rue Claude-Bernard. — Paris.

Prioleau (Mme Léonce), 4, rue des Jacobins. — Brive (Corrèze).

Dr Prioleau (Léonce), anc. Int. des Hôp. de Paris, 4, rue des Jacobins.— Brive (Corrèze).

Privat (Paul, Édouard), Libr.-Édit., Juge au Trib. de Com., 45, rue des Tourneurs. — Toulouse (Haute-Garonne).

Dr Pujos (Albert), Méd. princ. du Bureau de bienfais., 58, rue Saint-Sernin. — Bordeaux (Gironde).

Quatrefages de Bréau (Mme Ve Armand de), 48, rue Saint-Ferdinand. — Paris.

Quatrefages de Bréau (Léonce de), Ing., Chef de serv. à la *Comp. des Chem. de fer du Nord*, anc. Élève de l'Éc. cent. des Arts et Man., 50, rue Saint-Ferdinand. — Paris.

Raclet (Joannis), Ing. civ., 10, place des Célestins. — Lyon (Rhône).

Raimbert (Louis), Chim., Dir. de Sucrerie, 10 bis, rue des Batignolles. — Paris.

Dr Raingeard, 1, place Royale. — Nantes (Loire-Inférieure).

Rambaud (Alfred), Mem. de l'Inst., Prof. à la Fac. des Let., anc. Min. de l'Instruc. pub., Sénateur et Mem. du Cons. gén. du Doubs, 76, rue d'Assas. — Paris.

Ramé (Mlle), 16, rue de Chalon. — Paris.

Ramé (Louis, Félix), anc. Présid. du Syndic. de la boulang. de Paris et de la Délég. de la boulang. franç., 16, rue de Chalon. — Paris.

Raveneau (Louis), Agr. d'Histoire, Sec. de la Rédac. des *Annales de Géog.*, 76, rue d'Assas. — Paris.

Dr Reddon (Henry), Méd.-Dir. de la Villa Penthièvre. — Sceaux (Seine).

Reinach (Théodore), Doct. ès Lettres et en Droit, 26, rue Murillo. — Paris.

Renaud (Georges), Lauréat de l'Inst., Fondat. de la *Revue géographique internationale*, Prof. aux Éc. mun. sup. de la Ville de Paris, 10, avenue Dorian (Place de la Nation). — Paris.

Rey (Louis), Ing. des Arts et Man., Admin. de la *Comp. des Chem. de fer du Cambrésis*, 97, boulevard Exelmans. — Paris.

Ribero de Souza Rezende (le Chevalier S.), poste restante. — Rio-Janeiro (Brésil).

Ribot (Alexandre), anc. Min., Député du Pas-de-Calais, 6, rue de Tournon. — Paris.

Ribout (Charles), Prof. hon. de Math. spéc. au Lycée Louis-le-Grand, 30, avenue de Picardie. — Versailles (Seine-et-Oise).

Richier (Clément), Prop. — Nogent en Bassigny (Haute-Marne).

Ridder (Gustave de), Notaire, rue Perrault. — Paris.

Rilliet (Albert), Prof. à l'Univ., 16, rue Bellot. — Genève (Suisse).

Risler (Eugène), Dir. hon. de l'Inst. nat. agronom., 106 bis, rue de Rennes. — Paris.

Riston (Victor), Doct. en Droit, Avocat à la Cour d'Ap. de Nancy, 3, rue d'Essey. — Malzéville (Meurthe-et-Moselle).

Dr Rivière (Jean), Méd.-Maj. de 1re cl. au 20e Rég. d'Artil., rue Vauvert. — Poitiers (Vienne).

Robert (Gabriel), Avocat à la Cour d'Ap., 2, quai de L'Hôpital. — Lyon (Rhône).

Robin (A.), Banquier, Consul de Turquie, 41, rue de L'Hôtel-de-Ville. — Lyon (Rhône).

Robineau (Th.), Lic. en Droit, anc. Avoué, 4, avenue Carnot. — Paris.

Rodocanachi (Emmanuel), 54, rue de Lisbonne. — Paris.

ROHDEN (Charles DE), Mécan., 14, rue Tesson — Paris.

ROHDEN (Théodore DE), 14, rue Tesson. — Paris.

ROLLAND (Alexandre), Mem. de la Ch. de Com., Nég. en papiers, 7, rue Haxo. — Marseille (Bouches-du-Rhône).

ROLLAND (Georges), Ing. en chef des Mines, 60, rue Pierre-Charron. — Paris.

ROUGET, Insp. gén. des Fin., 15, avenue Mac-Mahon. — Paris.

ROUSSEAU (Henri), Ing. des P. et Ch., 12, rue de La Pompe. — Paris.

ROUSSELET (Louis), Archéol., 126, boulevard Saint-Germain. — Paris.

SABATIER (Armand), Corresp. de l'Inst., Doyen de la Fac. des Sc., 1, rue Barthez. — Montpellier (Hérault).

SABATIER (Paul), Corrèsp. de l'Inst., Prof. de Chim. à la Fac. des Sc., 11, allées des Zéphirs. — Toulouse (Haute-Garonne).

SAGNIER (Henry), Dir. du Journal de l'Agriculture, 106, rue de Rennes. — Paris.

SAIGNAT (Léo), Prof. à la Fac. de Droit, 18, rue Mably. — Bordeaux (Gironde).

SAINT-MARTIN (l'Abbé Charles DE), Vicaire, 7, rue des Carrières. — Suresnes (Seine).

SAINT-OLIVE (G.), anc. Banquier, 9, place Morand. — Lyon (Rhône).

Dr SAINTE-ROSE SUQUET, 3, rue des Pyramides. — Paris.

Dr SAMBUC (Camille), Agr. de Chim. à la Fac. de Méd., 2, avenue des Ponts. — Lyon (Rhône).

SCHILDE (le Baron DE), château de Schilde par Wyneghem (province d'Anvers) (Belgique).

SCHLUMBERGER (Charles), Ing. de la Marine en retraite, 16, rue Chistophe-Colomb. — Paris.

SCHMITT (Henri), Pharm. de 1re cl., 53, rue Notre-Dame-de-Lorette. — Paris.

SCHMUTZ (Emmanuel), 1, rue Kageneck. — Strasbourg (Alsace-Lorraine).

SCHWÉRER (Pierre, Alban), Notaire, 3, rue Saint-André. — Grenoble (Isère).

SEBERT (le Général Hippolyte), Mem. de l'Inst., Admin. de la Soc. anonyme des Forges et Chantiers de la Méditerranée, 14, rue Brémontier. — Paris.

SÉDILLOT (Maurice), Entomol., Mem. de la Com. scient. de Tunisie, 20, rue de L'Odéon. — Paris.

SEGRETAIN (le Général Léon), 23, rue de L'Hôtel-Dieu. — Poitiers (Vienne).

SELLERON (Ernest), Ing. de la Marine en retraite, 76, rue de La Victoire. — Paris.

SERRE (Fernand), Prop., 1, rue Levat. — Montpellier (Hérault).

SEYNES (Léonce DE), 58, rue Calade. — Avignon (Vaucluse).

SIÉGLER (Ernest), Ing. en chef des P. et Ch., Ing. en chef adj. de la voie à la Comp. des Chém. de fer de l'Est, 48, rue Saint-Lazare. — Paris.

SIMÉON (Paul), Ing. civ., Représent. de la Soc. I. et A. Pavin de Lafarge, anc. Élève de l'Éc. Polytech., 42, boulevard des Invalides. — Paris.

SIRET (Louis), Ing. - Cuevas de Vera (province d'Almeria) (Espagne).

SOCIÉTÉ INDUSTRIELLE D'AMIENS. — Amiens (Somme).

SOCIÉTÉ PHILOMATHIQUE DE BORDEAUX, 2, cours du XXX Juillet. — Bordeaux (Gironde).

SOCIÉTÉ DES SCIENCES PHYSIQUES ET NATURELLES, 13, cours Victor-Hugo. — Bordeaux (Gironde).

SOCIÉTÉ ACADÉMIQUE DE BREST. — Brest (Finistère).

SOCIÉTÉ LIBRE D'AGRICULTURE, SCIENCES, ARTS ET BELLES-LETTRES DE L'EURE. — Évreux (Eure).

SOCIÉTÉ CENTRALE DE MÉDECINE DU NORD. — Lille (Nord).

SOCIÉTÉ ACADÉMIQUE DE LA LOIRE-INFÉRIEURE, 1, rue Suffren. — Nantes (Loire-Inférieure).

SOCIÉTÉ CENTRALE DES ARCHITECTES FRANÇAIS, 8, rue Danton. — Paris.

SOCIÉTÉ BOTANIQUE DE FRANCE, 84, rue de Grenelle. — Paris.

SOCIÉTÉ DE GÉOGRAPHIE, 184, boulevard Saint-Germain. — Paris.

SOCIÉTÉ MÉDICO-CHIRURGICALE DE PARIS (ancienne SOCIÉTÉ MÉDICO-PRATIQUE), 29, rue de La Chaussée-d'Antin. — Paris.

SOCIÉTÉ FRANÇAISE DE PHOTOGRAPHIE, 76, rue des Petits-Champs. — Paris.

SOCIÉTÉ DES SCIENCES, LETTRES ET ARTS DE PAU (Basses-Pyrénées).

SOCIÉTÉ INDUSTRIELLE DE REIMS, 18, rue Ponsardin. — Reims (Marne).

SOCIÉTÉ MÉDICALE DE REIMS, 71, rue Chanzy. — Reims (Marne).

SOLMS (le Comte Louis DE), Ing. des Arts et Man. — Port-Louis (Morbihan).

Dr SONNIÉ-MORET (Abel), Pharm. de l'Hôp. des Enfants malades, 149, rue de Sèvres. — Paris.

SORET (Charles), Prof. à l'Univ., 6, rue Beauregard. — Genève (Suisse).

SOUBEIRAN (Louis, Maxime), s.-Dir. de l'École prat. d'Indust. — Béziers (Hérault).

STEINMETZ (Charles), Tanneur, 60, rue d'Illzach. — Mulhouse (Alsace-Lorraine).

STENGELIN, Banquier, 9, quai Saint-Clair. — Lyon (Rhône).

STORCK (Adrien), Ing. des Arts et Man., 78, rue de L'Hôtel-de-Ville. — Lyon (Rhône).

Suais (Abel), Ing. en chef des trav. pub. des Colonies, Dir. de la Comp. impériale des Chem. de fer Éthiopiens, 13, rue Léon-Cogniet. — Paris.

Surrault (Ernest), Notaire hon., 45, avenue de L'Alma. — Paris.

Dr Tachard (Élie), Méd. princ. de 1re cl. en retraite, 11, rue Monplaisir. — Toulouse (Haute-Garonne).

Tanret (Charles), Pharm. de 1re cl., 14, rue d'Alger. — Paris.

Tanret (Georges), Étud., 14, rue d'Alger. — Paris.

Tarry (Gaston), anc. Insp. des Contrib. diverses. — Kouba (départ. d'Alger).

Tarry (Harold), Insp. des Fin. en retraite, anc. Élève de l'Éc. Polytech., villa Uranie — Bouzaréa (départ. d'Alger).

Dr Teillais (Auguste), place du Cirque. — Nantes (Loire-Inférieure).

Teissier (Joseph), Prof. à la Fac. de Méd., Corresp. nat. de l'Acad. de Méd., Méd. des Hôp., 8, place Bellecour. — Lyon (Rhône).

Testut (Léo), Prof. d'Anat. à la Fac. de Méd., Corresp. nat. de l'Acad. de Méd., 3, avenue de L'Archevêché. — Lyon (Rhône).

Teulade (Marc), Avocat, Mem. de la Soc. de Géog. et de la Soc. d'Hist. nat. de Toulouse, 22, rue Pharaon. — Toulouse (Haute-Garonne).

Teullé (le Baron Pierre), Prop., Mem. de la Soc. des Agricult. de France. — Moissac (Tarn-et-Garonne).

Dr Texier (Georges). — Moncoutant (Deux-Sèvres).

Thélin (René de), Ing. en chef des P. et Ch. — Tarbes (Hautes-Pyrénées).

Thénard (Mme la Baronne Ve Paul), 6, place Saint-Sulpice. — Paris.

Thibault (J.), Tanneur, 18, place du Maupas. — Meung-sur-Loire (Loiret).

Dr Thibierge (Georges), Méd. des Hôp., 7, rue de Surène. — Paris.

Dr Thulié (Henri), Dir. de l'Éc. d'Anthrop., anc. Présid. du Cons. mun., 37, boulevard Beauséjour. — Paris.

Thurneyssen (Émile), Admin. de la Comp. gén. Transat., 10, rue de Tilsitt. — Paris.

Tissot, Examin. d'admis. à l'Éc. Polytech. en retraite. — Voreppe (Isère).

Dr Topinard (Paul), 105, rue de Rennes. — Paris.

Tourtoulon (le Baron Charles de), Prop., 13, rue Roux-Alphéran. — Aix en Provence (Bouches-du-Rhône).

Trélat (Émile), Ing. des Arts et Man., Archit. en chef hon. du départ. de la Seine, Prof. hon. au Conserv. nat. des Arts et Métiers, Dir. de l'Éc. spéc. d'Archit., anc. Député, 17, rue Denfert-Rochereau. — Paris.

Tuleu (Mme Charles, Aubin), 58, rue d'Hauteville. — Paris.

Tuleu (Charles, Aubin), Ing. civ., anc. Élève de l'Éc. Polytech., 58, rue d'Hauteville. — Paris.

Turquan (Victor), Mem. du Cons. sup. de Statistique, Recev.-Percept., 158, boulevard de La Croix-Rousse. — Lyon (Rhône).

Urscheller (Henri), Prof. d'allemand au Lycée, 88, rue de Siam. — Brest (Finistère).

Vaillant (Alcide), Archit., 108, avenue de Villiers. — Paris.

Dr Vaillant (Léon), Prof. au Muséum d'hist. nat., 36, rue Geoffroy-Saint-Hilaire. — Paris.

Dr Valcourt (Théophile de), Méd. de l'Hôp. marit. de l'Enfance. — Cannes (Alpes-Maritimes) et 64, boulevard Saint-Germain. — Paris.

Vallot (Joseph), Dir. de l'Observatoire météor. du Mont-Blanc, 114, avenue des Champs-Élysées. — Paris.

Valot (Paul), Doct. en Droit, Avocat, rue Kléber. — Lure (Haute-Saône).

Van Aubel (Edmond), Doct. ès Sc. Phys. et Math., Prof. à l'Univ., 136!, chaussée de Courtrai. — Gand (Belgique).

Van Blarenberghe (Mme Henri, François), 48, rue de La Bienfaisance. — Paris.

Van Blarenberghe (Henri, François), Ing. en chef des P. et Ch. en retraite, Présid. du Cons. d'admin. de la Comp. des Chem. de fer de l'Est, 48, rue de La Bienfaisance. — Paris.

Van Blarenberghe (Henri, Michel), Ing. des P. et Ch., 48, rue de La Bienfaisance. — Paris.

Van Iseghem (Henri), Présid. du Trib. civ., anc. Mem. du Cons. gén. de la Loire-Inférieure, 7, rue du Calvaire. — Nantes (Loire-Inférieure).

Van Tiéghem (Philippe), Mem. de l'Inst., Prof. au Muséum d'Hist. nat., 22, rue Vauquelin. — Paris.

Vandelet (O.), Nég., Délég. du Cambodge au Cons. sup. des Colonies. — Pnumpenh (Cambodge).

Vassal (Alexandre). — Montmorency (Seine-et-Oise) et 55, boulevard Haussmann. — Paris.

Vautier (Théodore), Prof. adj. à la Fac. des Sc., 30, quai Saint-Antoine. — Lyon (Rhône).

Dr Verger (Théodore). — Saint-Fort-sur-Gironde (Charente-Inférieure).

Vergnes (Auguste), Planteur à Mayumbà (Congo français), 2, rue des Jardins. — Castres (Tarn).

VERMOREL (Victor), Construc., Dir. de la Stat. vitic. — Villefranche (Rhône).

VERNEY (Noël), Doct. en droit, Avocat à la Cour d'Ap., 4, rue du Jardin-des-Plantes. — Lyon (Rhône).

VEYRIN (Émile), 2ᵘʳ, rue Herran. — Paris.

VIEILLE-CESSAY (l'Abbé Charles), Dir. au Grand-Séminaire, 12, rue Charles-Nodier. — Besançon (Doubs).

Dʳ VIENNOIS (Louis, Alexandre). — Peyrins par Romans (Drôme).

VIGNARD (Charles), Lic. en Droit, anc. Mem. du Cons. mun., Nég., anc. Juge au Trib. de Com., 16, passage Saint-Yves. — Nantes (Loire-Inférieure).

Dʳ VIGUIER (C.), Doct. ès Sc., Prof. à l'Éc. prép. à l'Ens. sup. des Sc., 2, boulevard de La République. — Alger.

VILLARD (Pierre), Doct. en Droit, 29, quai Tilsitt. — Lyon (Rhône).

VILLIERS DU TERRAGE (le Vicomte DE), 30, rue Barbet-de-Jouy. — Paris.

VINCENT (Auguste), Nég., Armat., 14, quai Louis XVIII. — Bordeaux (Gironde).

VIOLLE (Jules), Mem. de l'Inst., Maître de Conf. à l'Éc. norm. sup., Prof au Conserv. nat. des Arts et Mét., 89, boulevard Saint-Michel. — Paris.

Dʳ VITRAC (Junior), Chef de Clin. chirurg. à la Fac. de Méd., 16, rue du Temple. — Bordeaux (Gironde).

VUILLEMIN (Paul), Ing. civ. des Mines, 6, avenue de Saint-Germain. — Saint-Germain-en-Laye (Seine-et-Oise).

VULPIAN (André), Lic. ès Sc. nat., 51, avenue Montaigne. — Paris.

WARCY (Gabriel DE), 38, rue Saint-André. — Reims (Marne).

Dʳ WEISS (Georges), Ing. des P. et Ch., Agr. à la Fac. de Méd., 20, avenue Jules-Janin. — Paris.

WILLM, Prof. de Chim. gén. appliq. à la Fac. des Sc. (Institut de Chimie) rue Barthélemy-Delespaul. — Lille (Nord).

WOUTERS (Louis), Homme de Lettres, anc. Chef de Cabinet de Préfet, 80, rue du Rocher. — Paris.

YACHT-CLUB DE FRANCE, 6, place de L'Opéra. — Paris.

ZEILLER (René), Mem. de l'Inst., Ing. en chef des Mines, 8, rue du Vieux-Colombier. — Paris.

ZIVY (Paul), Ing. des Arts et Man., 148, boulevard Haussmann. — Paris.

LISTE GÉNÉRALE DES MEMBRES

DE L'ASSOCIATION FRANÇAISE

POUR L'AVANCEMENT DES SCIENCES

FUSIONNÉE AVEC

L'ASSOCIATION SCIENTIFIQUE DE FRANCE

———

Les noms des Membres Fondateurs sont suivis de la lettre **F** *et ceux des Membres à vie de la lettre* **R**. — *Les astérisques indiquent les Membres qui ont assisté au Congrès de Montauban.*

———

Abadie (Alain), Ing. des Arts et Man., Sec. gén. de la *Comp. gén. de Trav. pub.*, 56, rue de Provence. — Paris.

Dr Abadie (Charles), 172, boulevard Saint-Germain. — Paris.

Abbe (Cleveland), Météor., Weather-Bureau, department of Agriculture. — Washington-City (États-Unis d'Amérique). — **R**

Académie d'Hippone. — Bône (départ. de Constantine) (Algérie).

*Académie des Sciences, Belles-Lettres et Arts de Tarn-et-Garonne. — Montauban (Tarn-et-Garonne).

Aconin (Charles), Manufac., 21, rue Saint-Nicolas. — Compiègne (Oise).

Adam (François), Prof. au Collège Stanislas, 16, rue Le Verrier. — Paris.

Adam (Hippolyte), Banquier, Les Masurettes. — Boulogne-sur-Mer (Pas-de-Calais).

Adam (Paul), Prof. à l'Éc. nat. vétér. d'Alfort, Insp. princ. des Établis. classés, 1 rue de Narbonne. — Paris.

Adenot (Jacques), Dir. des Aciéries. — Imphy (Nièvre).

Adhémar (le Vicomte P. d'), Prop., 25, Grand'Rue. — Montpellier (Hérault).

Adrian (Alphonse), Pharm., Fabric. de Prod. pharm., 9, rue de La Perle. — Paris.

*Aduy (Eugène), Prop., 27, quai Vauban. — Perpignan (Pyrénées-Orientales). — **R**

Agache (Edmond), 57, boulevard de La Liberté. — Lille (Nord).

Agache (Édouard), Prop. — Pérenchies (Nord).

Dr Aguilhon (Élie), 18, rue de La Chaussée-d'Antin. — Paris.

*Alaux (—), Dent., 24, rue Lafayette. — Toulouse (Haute-Garonne).

Albert Ier de Monaco (S. A. S. le Prince régnant), Corresp. de l'Inst., 10, avenue du Trocadéro. — Paris, et Palais princier. — Monaco.

Dr Albert-Weill (Ernest), Lic. ès Sc., 151, boulevard Magenta. — Paris.

Albertin (Michel), Pharm. de 1re cl., Dir. de la *Soc. des Eaux min.* et Maire de Saint-Alban, rue de L'Entrepôt. — Roanne (Loire). — **R**

Alcan (Félix), Libr.-Édit., anc. Élève de l'Éc. norm. sup., 108, boulevard Saint-Germain. — Paris.

Alché (Louis d'), Pharm. — Monclar (Lot-et-Garonne).

Alché (Séraphin d'), Pharm. — Miramont (Lot-et-Garonne).

Dr Alezais (Henri), Prof. sup. à l'Éc. de Méd., 3, rue d'Arcole. — Marseille (Bouches-du-Rhône).

Alger, 35, boulevard des Capucines. — Paris.

Alglave (Émile), Prof., à la Fac. de Droit de Paris, anc. Dir. de la *Revue scientifique*, 27, avenue de Paris. — Versailles (Seine-et-Oise).

Allain-Le Canu (Jules), Lic. ès Sc., Pharm. de 1re cl., 36, quai de Béthune. — Paris.

Dr Allaire (Georges), Chef des Trav. de Phys. à l'Éc. de Méd., 5, rue Santeuil. — Nantes (Loire-Inférieure).

Dr Allard (Félix), Lic. ès Sc. Phys., 46, rue de Châteaudun. — Paris.

Allard (Hubert), Pharm. de 1re cl., Prop. — Neuvy par Moulins (Allier). — R

Alluard (Émile), Doyen hon. de la Fac. des Sc., Dir. hon. de l'Observ. météor. du Puy-de-Dôme, 22 *bis*, place de Jaude. — Clermont-Ferrand (Puy-de-Dôme).

Dr Aloy (François, Jules), 5, rue Bayard. — Toulouse (Haute-Garonne).

Alphandery (Eugène), 57, rue Sylvabelle. — Marseille (Bouches-du-Rhône). — R

Alvin (Henry), Ing. des P. et Ch., attaché à la *Comp. des Chem. de fer d'Orléans*, 43, rue du Chinchauvaud. — Limoges (Haute-Vienne).

Amans (Mme Paul), 45, avenue de Lodève. — Montpellier (Hérault).

Dr Amans (Paul), Doct. ès Sc. 45, avenue de Lodève. — Montpellier (Hérault).

Amboix de Larbont (le Général Henri d'), Command. la 25e Divis. d'Infant. — Saint-Étienne (Loire). — F

Amet (Émile), Indust., Usine Saint-Hubert. — Sézanne (Marne). — R

*Dr Amoedo (Oscar), 15, avenue de L'Opéra. — Paris.

Amtmann (Th.), Archiv.-Biblioth. de la *Soc. archéol.*, 26, rue Doidy. — Bordeaux (Gironde).

Andouard (Ambroise), Associé nat. de l'Acad. de Méd., Dir. de la Stat. agron. de la Loire-Inférieure. Prof. à l'Éc. de Méd. et de Pharm., 8, rue Clisson. — Nantes (Loire-Inférieure).

Andrault, Cons. à la Cour d'Ap. — Alger.

André (Charles), Corresp. de l'Inst., Prof. à la Fac. des Sc. de Lyon, Dir. de L'Observatoire. — Saint-Genis-Laval (Rhône).

André (Alphonse-Eugène), Insp. de l'Ens. prim., Présid.-Fond. de l'*Œuvre des Voyages scolaires*, 43, rue des Capucins. — Reims (Marne).

André (Grégoire), Prof. de Pathol. int. à la Fac. de Méd., 18, rue Lafayette. — Toulouse (Haute-Garonne).

Andrieux (Gaston), Indust., Juge sup. au Trib. de Com., 12, cours Gambetta. — Montpellier (Hérault).

Andurain (Lucien d'), Chim. (Maison Alphonse Huillard et Cie), rue du Commandant-Rivière. — Suresnes. (Seine).

Anger (Charles, Henri), Ing. chargé des Études du matériel roulant à la *Comp. du Chem. de fer du Nord*, anc. Élève de l'Éc. cent. des Arts et Man., 5, place des Vosges. — Paris.

Angellier (Auguste), Doyen de la Fac. des Lettres de Lille, 20, rue de Beaurepaire. — Boulogne-sur-Mer (Pas-de-Calais).

Anglas (Jules), Prépar. à la Fac. des Sc., 19, boulevard de Port-Royal. — Paris.

Angot (Alfred), Doct. ès Sc., Météor. tit. au Bureau cent. météor. de France 12, avenue de L'Alma. — Paris. — R

Anthoine (Édouard), Ing., Chef du serv. de la Carte de France et de la Stat. graph. au Min. de l'Int., anc. Élève de l'Éc. cent. des Arts et Man. 13, rue Cambacérès. — Paris.

Anthoni (Gustave), Ing. des Arts et Man., 17, avenue Niel. — Paris.

*Dr Apert (Eugène), Méd. des Hôp., 14, rue de Marignan. — Paris.

Appert (Aristide), anc. Indust., 58, rue Ampère. — Paris. — R

Appert (Léon), Commis.-pris. hon., 11, avenue d'Églé. — Maisons-Laffitte (Seine-et-Oise).

Arbel (Antoine), Maître de forges. — Rive-de-Gier (Loire). — R

Arcin (Henri), Nég., 1, rue de L'Arsenal. — Bordeaux (Gironde).

Dr Ardoin (Charles), 25, boulevard Carabacel. — Nice (Alpes-Maritimes).

Argent (Jules d'), Chirurg.-Dent., 245, rue Saint-Honoré. — Paris.

Dr Aris (Prosper), 17, rue du Lycée. — Pau (Basses-Pyrénées).

Arloing (Saturnin), Corresp. de l'Inst. et de l'Acad. de Méd., Prof. à la Fac. de Méd. Dir. de l'Éc. nat. vétér., 2, quai Pierre-Scize. — Lyon (Rhône). — R

Dr Armaingaud (Arthur), anc. Agr. à la Fac. de Méd., 61, cours de Tourny. — Bordeaux (Gironde).

Armengaud (Eugène), Ing. des Arts et Man., 21, boulevard Poissonnière. — Paris.

Armez (Louis), Ing. des Arts et Man., Député des Côtes-du-Nord, 14, rue Juliette-Lamber. — Paris et château Bourg-Blanc. — Plourivo par Paimpol (Côtes-du-Nord).

Arnaud (Gabriel), Nég. — Mèze (Hérault).

Arnaud (Jean-Baptiste), Ing. des P. et Ch. — Coulommiers (Seine-et-Marne).

*Dr Arnaud (Henri), 5, rue Saint-Pierre. — Montpellier (Hérault). — R

Dr Arnaud de Fabre (Amédée), 36, rue Sainte-Catherine. — Avignon (Vaucluse).

Arnould (Charles). Nég., Mem. du Cons. gén., 23, rue Thiers. — Reims (Marne). — R

Arnould (Charles), Insp. gén. des Poudres et Salpêtres, 16, quai de La Verrerie. — Melun (Seine-et-Marne).

Arnould (le Colonel Émile), Dir. de l'Éc. des Hautes-Études indust. à l'Univ. catholique, 11, rue de Toul. — Lille (Nord).

Arnould (Jean-Baptiste, Camille), Dir. de l'Enreg. et des Dom., 6, place Saint-Pierre. — Troyes (Aube).

Arnoux (Louis Gabriel), anc. Of. de marine. — Les Mées (Basses-Alpes). — R

Arnoux (René), Ing.-Construc., anc. Ing. des Ateliers Bréguet, anc. Ing.-Conseil de la Comp. continentale Edison, 45, rue du Ranelagh. — Paris. — R

Arnozan (Mlle M. V.), 40, allées de Tourny. — Bordeaux (Gironde).

Arnozan (Gabriel), Pharm. de 1re cl., Mem. de la Soc. de Pharm. de la Gironde, 40, allées de Tourny. — Bordeaux (Gironde).

Arnozan (Xavier), Prof. à la Fac. de Méd., 27 bis, cours du Pavé-des-Chartrons. — Bordeaux (Gironde).

Dr Arsonval (Arsène d'), Mem. de l'Inst. et de l'Acad. de Méd., Prof. au Collège de France, 12, rue Claude-Bernard. — Paris.

Arth (Georges), Prof. à la Fac. des Sc., 7, rue de Rigny. — Nancy (Meurthe-et-Moselle).

Arvengas (Albert), Lic. en Droit, 1, rue Raimond-Lafage. — Lisle-d'Albi (Tarn). — R

Ascroft (Robert-Lamb), Nautical-Assessor in Fishery cases, 4, Park street. — Lytham (Lancashire) (Angleterre).

Association des Naturalistes de Levallois-Perret, 37 bis, rue Lannois. — Levallois-Perret (Seine).

Association amicale des anciens Élèves de l'Institut du Nord, 17, rue Faidherbe. — Lille (Nord).

Association des Ingénieurs civils Portugais, place du Commerce. — Lisbonne (Portugal).

*Association pour l'Enseignement des Sciences anthropologiques (École d'Anthropologie), 15, rue de L'École-de-Médecine. — Paris. — R

*Association française pour le développement de l'Enseignement technique, 28, rue Serpente (Hôtel des Sociétés Savantes). — Paris.

Astié (Gaston), Chirurg.-Dent., 27, rue Taitbout. — Paris.

Astor (Auguste), Prof. à la Fac. des Sc., 11, place Victor-Hugo. — Grenoble (Isère).

Aubert (Charles), Avocat, 13, rue Caqué. — Reims (Marne). — F

Aubert (Mme Ephrem), 31, chaussée du Port. — Reims (Marne).

Aubert (Ephrem), Nég., 31, chaussée du Port. — Reims (Marne).

Dr Aubert (P.-F.); anc. Chirurg. de l'Antiquaille, 33, rue Victor-Hugo. — Lyon (Rhône).

Aubert (Mme Raymond), 33, chaussée du Port. — Reims (Marne).

Aubin (Emile), Chim., Dir. du Lab. de la Soc. des Agric. de France, 12, rue Pernelle. — Paris.

*Aubrée (Jules), Avoué à la Cour d'Ap., 1, rue d'Estrées. — Rennes (Ille-et-Vilaine).

Aubrun, 86, boulevard des Batignôlles. — Paris.

Audiffred (Jean), Député de la Loire, 38, rue François-Ier. — Paris et à Roanne (Loire).

Dr Audouin (Pierre), 49, rue Saint-Sernin. — Bordeaux (Gironde).

Audra (Edgard), Trésor. de la Soc. française de Photog., 3, rue de Logelbach. — Paris.

Augé (Eugène), Ing. civ., 6, rue Barralerie. — Montpellier (Hérault).

Auger (Mme Émilie), 1, rue Le Goff. — Paris.

Ault du Mesnil (Geoffroy d'), Géol., Admin. des Musées, 1, rue de L'Eauette. — Abbeville (Somme).

Dr Auquier (Eugène), 18, rue de la Banque. — Nîmes (Gard).

Auric (André), Ing. des P. et Ch. — Valence (Drôme).

Authelin (Charles), Prépar. à la Fac. des Sc. — Nancy (Meurthe-et-Moselle).

Aveneau de la Grancière (le Comte Paul), 19, rue Pasteur. — Vannes (Morbihan).

Aynard (Édouard), Mem. de l'Inst., Présid. de la Ch. de Com., Député du Rhône, 11, place de La Charité. — Lyon (Rhône). — F

*Dr Azoulay (Léon), 72, rue de l'Abbé-Groult. — Paris.

Babinet (André), Ing. en chef des P. et Ch., 5, rue Washington. — Paris. — R

Dr Bachelot-Villeneuve. — Saint-Nazaire (Loire-Inférieure).

Baillaud, Corresp. de l'Inst., Doyen hon. de la Fac. des Sc., Dir. de l'Observatoire. — Toulouse (Haute-Garonne).

Baille (Mme Jean, Louis), 41, rue Réaumur. — Paris.

Baille (Jean, Louis), Opticien, 41, rue Réaumur. — Paris.

Baille (Mme J.-B., Alexandre), 26, rue Oberkampf. — Paris. — R

Baille (Mlle Julie), 26, rue Oberkampf. — Paris.

Baille (J.-B., Alexandre), anc. Répét. à l'Éc. Polytech., Prof. à l'Éc. mun. de Phys. et de Chim. indust., 26, rue Oberkampf. — Paris. — F

Baillière (Germer), anc. Libraire-Édit., anc. Mem. du Cons. mun., 10, rue de L'Éperon. — Paris. — F

Baillière (Paul), Doct. en Droit, Avocat à la Cour d'Ap., 20, boulevard de Courcelles. — Paris.

Baillou (André), Prop., 96, rue Croix-de-Seguey. — Bordeaux (Gironde). — R

Bailly (Alfred), anc. Mem. du Cons. gén., Rédac. au *Républicain de Nogent-le-Rotrou*, rue Saint-Hilaire. — Nogent-le-Rotrou (Eure-et-Loir).

Dr Bailly (Charles). — Chambly (Oise).

*Balédent (l'Abbé Pierre), Curé. — Versigny par Nanteuil-le-Haudouin (Oise).

Bamberger (Henri), Banquier, 14, rond-point des Champs-Élysées. — Paris. — F

Bapterosses (F.), Manufac. — Briare (Loiret). — F

Barabant (Roger), Ing. en chef des P. et Ch. en retraite, Dir. de la *Comp. des Chem. de fer de l'Est*, 14, rue de Clichy. — Paris. — R

Dr Baraduc (Hippolyte, Ferdinand), Électrothérap., 191, rue Saint-Honoré. — Paris.

Dr Baratier. — Bellenave (Allier).

Barbe (Isidore), Prop., 144, rue Saint-Sernin. — Bordeaux (Gironde).

Barbelenet (Simon), Prof. de Math. au Lycée, 18, rue Tronson-Ducoudray. — Reims (Marne).

Barbier (Aimé), Étud., 18, boulevard Flandrin. — Paris.

Barbier (Philippe), Prof. à la Fac. des Sc., 212, route de Vienne. — Lyon (Rhône).

Barboux (Henri), Avocat à la Cour d'Ap., anc. Bâton. du Cons. de l'Ordre, 14, quai de La Mégisserie. — Paris. — F

Bard (Louis), Prof. de clin. médic. à l'Univ., 6, rue Bellot. — Genève (Suisse). — R

Bardin (Mlle), 2, rue du Luminaire. — Montmorency (Seine-et-Oise). — R

Bardot (Henri), Fabric. de Prod. chim., 190, rue Croix-Nivert. — Paris.

Dr Barette, Prof. à l'Éc. de Méd., 13, rue de Bernières. — Caen (Calvados).

Dr Baréty (Alexandre). — Nice (Alpes-Maritimes).

Barge (Henri), Archit.-Entrep., anc. Élève de l'Éc. nat. des Beaux-Arts, Maire. — Janneyrias par Meyzieux (Isère).

Bargeaud (Paul), Percept. — Royan-les-Bains (Charente-Inférieure). — R

Bariat (Julien), Ing., Construc. de mach. agricoles. — Bresles (Oise).

*Dr Barillet (Alexandre), 18, rue de Talleyrand. — Reims (Marne).

*Barillier-Beaupré (Alphonse), Juge de Paix, Grande-Rue. — Champdeniers (Deux-Sèvres). — R

Barisien (Ernest), Chef de bat. d'Infant. en mission milit., Ambassade de France. — Constantinople (Turquie).

Dr Barnay (Marius), 178 *bis*, rue de Vaugirard. — Paris.

Baron (Émile), Fabric. de savon, 23, rue Longue-des-Capucines. — Marseille (Bouches-du-Rhône).

Baron (Henri), Dir. hon. de l'Admin. des Postes et Télég., 18, avenue de La Bourdonnais. — Paris. — R

Baron (Jean), anc. Ing. de la Marine, Ing. en chef aux *Chantiers de la Gironde*, 50, rue du Tondu. — Bordeaux (Gironde). — R

Dr Barral (Étienne), Agr. à la Fac. de Méd., 2, quai Fulchiron. — Lyon (Rhône).

Barrère (Eugène), Prop. — Gourbera par Dax (Landes).

Barret (Amédée), Photograv., 104, boulevard Montparnasse. — Paris.

Barrion (Georges), Ing. agron. 4, rue Al-Djazira. — Tunis.

Dr Barrois (Charles), Prof. à la Fac. des Sc., 37, rue Pascal. — Lille (Nord). — R

Dr Barrois (Jules), Doct. ès Sc., Zool., villa de Surville, Cap Brun. — Toulon (Var). — R

Barrois (Théodore) (fils), Prof. à la Fac. de Méd., Député du Nord, 220, rue Solférino. — Lille (Nord).

Bartaumieux (Charles), Archit., Expert à la Cour d'Ap., Mem. de la *Soc. cent. des Archit. franç.*, 66, rue La Boétie. — Paris. — R

Dr Barth (Henry), Méd. des Hôp., Sec. gén. de l'*Assoc. des Méd. de la Seine*, 2, rue Saint-Thomas-d'Aquin. — Paris. — R

Dr Barthe (Léonce), Agr. à la Fac. de Méd., Pharm. en chef des Hôp., 6, rue Théodore-Ducos. — Bordeaux (Gironde).

Barthe-Dejean (Jules), 5, rue Bab-el-Oued. — Alger.

Barthélemy (François), 61, rue de Rome. — Paris.

Barthélemy (le Marquis François, Pierre de), Explorateur, 51, rue Pierre-Charron. — Paris.

Barthélemy (Louis), Dir. gén. de la *Soc. française des Poudres de sûreté*, 85, rue d'Hauteville. — Paris.

*Barthelet** (Edmond), Mem. de la Ch. de Com., 33, boulevard de La Liberté. — Marseille (Bouches-du-Rhône).

Bartholoni (Fernand), anc. Présid. du Cons. d'admin. de la *Comp. des Chem. de fer d'Orléans*, 12, rue La Rochefoucauld. — Paris. — **F**

Basset (Charles), Nég., cours Richard. — La Rochelle (Charente-Inférieure).

Basset (Gabriel), Prof. hon. à la Fac. de Méd., Méd. hon. des Hôp., 34, rue Peyrolières. — Toulouse (Haute-Garonne).

D**r** **Basset de Séverin** (Paul, Henri), château Chamberjot. — Noisy-sur-École par La Chapelle-la-Reine (Seine-et-Marne).

Bastide (Scévola), Prop.-Vitic., Mem. de la Ch. de Com., 11, rue Maguelonne.— Montpellier (Hérault). — **R**

Bastit (Eugène), Doct. ès Sc., Censeur du Lycée. — Bourges (Cher).

Baton (Ernest), Prop., 5, rue de Sfax. — Paris.

D**r** **Battandier** (Jules, Aimé), Prof. à l'Éc. de Méd., Méd. de l'Hôp. civ., 9, rue Desfontaines. — Alger-Mustapha.

D**r** **Battarel**, Méd. de l'Hôp. civ., 69, rue Sadi-Carnot. — Alger-Mustapha.

D**r** **Battesti** (Félix). — Bastia (Corse).

Battle (Étienne), rue du Petit-Scel. — Montpellier (Hérault).

D**r** **Batuaud** (Jules), 127, boulevard Haussmann. — Paris.

Baudoin (Antonin), Pharm. de 1re cl., Dir. du Lab. de Chim. agric. et indust., 4, rue de Barbezieux. — Cognac (Charente).

Baudoin (Noël), Ing. civ., 51, rue Lemercier. — Paris. — **F**

Baudon (Alexandre), Fabric. de Prod. pharm., 12, rue Charles V. — Paris.

D**r** **Baudouin** (Marcel), anc. Int. des Hôp., Chef de Lab. à la Fac. de Méd., Dir. de l'Inst. internat. de Bibliog. scient., 93, boulevard Saint-Germain. — Paris.

Baudreuil (Charles de), 29, rue Bonaparte. — Paris. — **R**

Baudreuil (Émile de), anc.-Cap. d'Artil., anc. Élève de l'Éc. Polytech., 9, rue du Cherche-Midi. — Paris. — **R**

Baudry (Charles), Ing. en chef du matér. et de la trac. à la *Comp. des Chem. de fer de Paris à Lyon et à la Méditerranée*, anc. Élève de l'Éc. Polytech., 27, quai de La Tournelle. — Paris.

Baudry (Sosthène), Prof. à la Fac. de Méd., 14, rue Jacquemars-Giélée. — Lille (Nord).

Bayard (Joseph), anc. Int. des Hôp. de Paris, Pharm. de 1re cl., Sec. de la *Soc. des Pharm. de Seine-et-Marne*, 16, rue Neuville. — Fontainebleau (Seine-et-Marne). — **R**

Baye (le Baron Joseph de), Mem de la *Soc. des Antiquaires de France*, Corresp. du Min. de l'Instruc. pub. 58 avenue de La Grande-Armée. — Paris et château de Baye (Marne). — **R**

Bayssellance (Adrien), Ing. de la Marine en retraite Présid. de la rég. sud-ouest du *Club Alpin français*, anc. Maire, 84, rue Saint-Genès. — Bordeaux (Gironde). — **R**.

*D**r** **Béal** (Gustave), 5 bis, square de Jussieu. — Lille (Nord).

Beauchais, 130, boulevard Saint-Germain. — Paris.

D**r** **Beaudier** (Henri). — Attigny (Ardennes).

Beaufumé (A.), Attaché au Min. des Fin., 72, rue de Seine. — Paris.

Beaumont (Paul de), Notaire, Admin. des Hospices, 2 bis, rue Saint-Jean. — Boulogne-sur-Mer (Pas-de-Calais).

Beaupré (le Comte Jules), Archéol., 18, rue de Serre. — Nancy (Meurthe-et-Moselle).

Beaurain (Narcisse), Biblioth. de la Ville, 1, rue Restout. — Rouen (Seine-Inférieure).

Beauvais (Maurice), Sec. gén. de la Préfect., 13, rue Bonne-Nouvelle. — Angers (Maine-et-Loire).

Béchamp (Antoine), anc. Prof. à la Fac. de Méd. de Montpellier, Corresp. nat. de l'Acad. de Méd., 15, rue Vauquelin. — Paris. — **F**

Becker (Mme Ve), 260, boulevard Saint-Germain. — Paris. — **F**

Becker (A.), 9, quai Saint-Thomas. — Strasbourg (Alsace-Lorraine).

Becker (Mme John) (chez M. Boesé), 157, rue du Faubourg-Saint-Denis. — Paris.

Becker (John), Doct. en Droit (chez M. Boesé), 157, rue du Faubourg-Saint-Denis. — Paris.

D**r** **Béclère** (Antoine), Méd. des Hôp., 122, rue La Boétie, Paris.

*Dr Bedel (Antoine). — Beausoleil par Montauban (Tarn-et-Garonne).

Bedel (Louis), Entomol., 20, rue de L'Odéon. — Paris.

Dr Bedié (Joseph, Henri), 50, boulevard de La Tour-Maubourg. — Paris.

Bedout (Louis), château de La Plaine. — Cazaubon (Gers).

Béhaghel (Mme Henri), château de Beaurepaire. — Beaumarie-Saint-Martin par Montreuil-sur-Mer (Pas-de-Calais).

Béhaghel (Henri), Prop., château de Beaurepaire. — Beaumarie-Saint-Martin par Montreuil-sur-Mer (Pas-de-Calais). — **R**

Behal (Auguste), Prof. à l'Éc. sup. de Pharm., Pharm. de l'Hôpital Cochin, 53, rue Claude-Bernard. — Paris.

Beigbeder (David), anc. Ing. des Poudres et Salpêtres, 125, avenue de Villiers. — Paris. — **R**

Béille (Lucien), Agr. à la Fac. de Méd., 13, rue de La Verrerie. — Bordeaux (Gironde).

Beleze (Mlle Marguerite), Corresp. du Min. de l'Instruc. pub. pour les Trav. scient., Mem. des *Soc. botan. et mycol. de France, Archéol. de Rambouillet* et de l'Association française de botan., 62, rue de Paris. — Montfort-l'Amaury (Seine-et-Oise).

Belin (Édouard), Ing., 3, rue Francisque-Sarcey. — Paris.

Bell (Édouard, Théodore), Nég., 57, Broadway. — New-York (États-Unis d'Amérique). — **F**

Bellamy (Paul), Greffier en chef du Trib. civ., 19, rue Voltaire. — Nantes.

*Belloc (Émile), Chargé de Missions scient., 105, rue de Rennes. — Paris.

Bellot (Arsène, Henri), anc. s.-Archiv. au Cons. d'État, 9, avenue Malakoff. — Paris.

Beltrami (Edmond), Dent., 2, rue de Noailles. — Marseille (Bouches-du-Rhône).

*Dr Belugou (Guillaume), Chargé de cours à l'Éc. sup. de Pharm., 3, boulevard Victor-Hugo. — Montpellier (Hérault).

Bémont (Gustave), Chim., 21, rue du Cardinal-Lemoine. — Paris.

Bénard (Henri), Doct. ès Sc. Phys., Agr. de l'Univ., 2, rue des Arènes. — Paris.

Bengesco (Mme Marie), Critique d'Art, 7, rue des Saints-Pères. — Paris.

Benoist, Notaire. — Senlis (Oise).

Benoist (Félix), Manufac., 30, rue de Monsieur. — Reims (Marne).

Benoist (Jules), Nég., 3, rue des Cordeliers. — Reims (Marne).

Benoît (Arthur), Indust., 6, place du Général Mellinet. — Nantes (Loire-Inférieure).

Dr Benoît (René), Doct. ès Sc., Ing. civ., Dir. du Bur. internat. des Poids et Mesures, pavillon de Breteuil. — Sèvres (Seine-et-Oise).

Beral (Éloi), Insp. gén. des Mines en retraite, Cons. d'État hon., anc. Sénateur, château de Pechfumat. — Frayssinet-le-Gélat (Lot). — **F**

Berchon (Mme Ve Ernest), 96, cours du Jardin-Public. — Bordeaux (Gironde). — **R**

Berdellé (Charles), anc. Garde gén. des Forêts. — Rioz (Haute-Saône). — **F**

Berg (A.), Prof. sup. à l'Éc. de Méd., 16, traverse du Petit-Camas. — Marseille (Bouches-du-Rhône).

Berge (René), Ing. civ. des Mines, Mem. du Cons. gén. de la Seine-Inférieure, 12, rue Pierre-Charron. — Paris.

*Dr Berger (Louis, Emmanuel). — Coutras (Gironde).

Berger (Lucien), 8, rue Saint-Simon. — Paris.

Bergeret (Albert), Phototypie d'Art, 23, rue de La Pépinière. — Nancy (Meurthe-et-Moselle).

Dr Bergeron (Henri), 138, rue de Rivoli. — Paris.

Bergeron (Jules), Doct. ès Sc., Prof. à l'Éc. cent. des Arts et Man., s.-Dir. du Lab. de Géol. de la Fac. des Sc., 157, boulevard Haussmann. — Paris. — **R**

Bergès (Aristide), Ing. des Arts et Man. — Lancey (Isère).

*Dr Bergis (Emmanuel), rue Villebourbon. — Montauban (Tarn-et-Garonne).

*Bergonié (Mme Jean), 6 *bis*, rue du Temple. — Bordeaux (Gironde).

*Bergonié (Jean), Prof. de Phys. à la Fac. de Méd., Corresp. nat. de l'Acad. de Méd., Chef du serv. électrothérap. des Hôp., 6 *bis*, rue du Temple. — Bordeaux (Gironde).

Dr Bérillon (Edgar), Méd.-Insp. adj. des Asiles pub. d'aliénés, Dir. de la *Revue de l'Hypnotisme*, 14, rue Taitbout. — Paris.

Bernard (Edmond), Prof., 59, avenue de Breteuil. — Paris.

Bernard (Georges, Eugène), Pharm. princ. de 1re cl. de l'Armée en retraite, 31, rue Saint-Louis. — La Rochelle (Charente-Inférieure).

Bernard (Remy), Rent., 51, rue de Prony. — Paris.

Bernès (Henri), Prof. de Réth. au Lycée Lakanal, Mem. du Cons. sup. de l'Instruc. pub. 127, boulevard Saint-Michel. — Paris.

Bernheim (Maxime), Prof. de Clin. int. à la Fac. de Méd., 14, rue Lepois. — Nancy (Meurthe-et-Moselle).

Dr Bernheim (Samuel), 9, rue Rougemont.— Paris.

Bertault-Simon, Prop.-Viticult., 37, rue de Châlons. — Ay (Marne)..

Berthelot (Eugène), Sec. perp. de l'Acad. des Sc., Mem. de l'Acad. française et de l'Acad. de Méd., Prof. au Collège de France, anc. Min., Sénateur, 3, rue Mazarine (Palais de l'Institut). — Paris.— **R**

Berthier (Camille), Ing. des Arts et Man. — La Ferté-Saint-Aubin (Loiret).

Dr Bertholon (Lucien), v.-Présid.. d'hon. de l'Inst. de Carthage, 8, rue des Maltais. — Tunis.

Berthoud (Louis), Horloger-Expert de la Marine, Biblioth. de l'Éc. d'Horlog., 37, rue de Pontoise. — Argenteuil (Seine-et-Oise).

Bertillon (Alphonse), Chef du serv. de l'Identité judiciaire à la Préf. de Police, 36, quai des Orfèvres. — Paris.

Dr Bertin (Georges), Corresp. de l'Acad. de méd., Prof. sup. à l'Éc. de Méd., Méd. des Hôp., 2, rue Franklin. — Nantes (Loire-Inférieure).

Bertin (Louis), Ing. en chef des P. et Ch. en retraite, 6, rue Mogador. — Paris. — **R**

Bertrand (J.), Pharm. de 1re cl. — Fontenay-le-Comte (Vendée).

Dr Bertrand (Marc-Antoine). — Noirétable (Loire).

Besançon (Georges), Dir. de l'Aérophile, 66, rue du Sentier. — Bois-Colombes (Seine).

Besnard (Félix), Avoué, Maire, 18, quai de Paris. — Joigny (Yonne).

Bessand (Charles), Admin. de la Comp. des Chem. de fer du Midi, 2 bis, rue du Pont-Neuf. — Paris.

Besson, Archit.-Vérif. — Montlhéry (Seine-et-Oise).

Dr Besson (Albert), Lauréat de l'Inst., anc. Méd. Maj., anc. Chef de Lab., 62, rue d'Alésia. — Paris.

Besson (Paul), Chim., 10, Neufeldeweg. — Neudorff près Strasbourg (Alsace-Lorraine).

Béthouart (Alfred), Ing. des Arts et Man., Censeur à la Banque de France, anc. Maire, 5, rue Chanzy. — Chartres (Eure-et-Loir). — **R**

Béthouart (Émile), Conserv. des Hypothèques, 18, rue du Faubourg-Saint-Jean. — Orléans (Loiret). — **R**

Dr Bettremieux (Paul), anc. Int. des Hôp. de Paris, 30, rue Saint-Vincent-de-Pau l — Roubaix (Nord).

Beutter (Frédéric), Ing. aux Aciéries de Saint-Étienne, 13, place Marengo. — Saint-Étienne (Loire).

Beyna (Auguste), Dir. de la succursale de la Comp. Algérienne, 8, avenue de France. — Tunis.

Beyssac (Jean Conilh de), Doct. en Droit, Avocat à la Cour d'Ap., 18, rue Boudet. — Bordeaux (Gironde).

Dr Bezançon (Paul), anc. Int. des Hôp., 51, rue de Miromesnil. — Paris. — **R**

*Dr Bézy (Paul), Agr. Chargé du cours de Clin. infantile à la Fac. de Méd., Méd. des Hôp., 12, rue Saint-Antoine du T. — Toulouse (Haute-Garonne).

Biaille (Léon), Pharm. — Chemillé (Maine-et-Loire).

Bibliothèque-Musée, 10, rue de l'État-Major. — Alger. — **R**

Bibliothèque universitaire, 40, rue Saint-Vincent. — Besançon (Doubs).

Bibliothèque publique de la Ville, Grande-Rue. — Boulogne-sur-Mer (Pas-de-Calais). — **R**

Bibliothèque populaire de la Ville. — Orthez (Basses-Pyrén ées).

Bibliothèque du Service hydrographique de la Marine, 13, rue de l'Université. — Paris.

Bibliothèque de l'École supérieure de Pharmacie, 4, avenue de l'Observatoire. — Paris. — **R**

Bibliothèque du Sénat, rue de Vaugirard. — Paris.

Bibliothèque de la Ville. — Pau (Basses-Pyrénées). — **R**

Bichat (Ernest, Adolphe), Corresp. de l'Inst., Doyen de la Fac. des Sc., 3 bis, rue des Jardiniers. — Nancy (Meurthe-et-Moselle).

Bichon (Edmond), Lic. ès Sc. Math. et Phys., Prof., Chim. diplômé, 76, rue de Marseille. — Bordeaux (Gironde).

Dr Bidard (E.), anc. Int. des Hôp., Mem. de la Soc. d'Anthrop. de Paris. — Domfront (Orne.)

Dr Bidon (Honoré), Méd. des Hôp., 12, rue Estelle. — Marseille (Bouches-du-Rhône).

Biehler (Charles), Dir. de l'Éc. prép. du Col. Stanislas, 22, rue Notre-Dame-des-Champs. — Paris.

Bienvenüe (Fulgence), Ing. en chef des P. et Ch., 9, rue Roy. — Paris.
Biétrix (Vincent), Ing. des Arts et Man., La Chaléassière. — Saint-Étienne (Loire).
Bigne de Villeneuve (Armel de la), Commis. princ. de la Marine en retraite, 5 rue
Royale. — Nantes (Loire-Inférieure).
Bignon (Jean), Ing. des Arts et Man., Agron. — Bourbon-l'Archambault (Allier).
Bigo (Émile), Imprim., 95, boulevard de La Liberté. — Lille (Nord).
Bigot (Alexandre), Prof. à la Fac. des Sc., 28, rue de Geôle. — Caen (Calvados).
*Dr Bilhaut (Marceau), Chirurg. de l'Hôp. internat., 5, avenue de L'Opéra. — Paris.
*Bilhaut (Marceau, Charles) (fils), Étud. en Méd., 5, avenue de L'Opéra. — Paris.
Billault-Billaudot et Cie, Fabric. de Prod. chim., 22, rue de La Sorbonne. — Paris. — F
Dr Billon, Maire. — Loos (Nord).
Billy (Alfred de), anc. Insp. des Fin., anc. Élève de l'Éc. Polytech., 24, place
Malesherbes. — Paris.
Billy (Charles de), Cons. référend. à la Cour des Comptes, 56, rue de Boulain-
villiers. — Paris. — F
Binet (Ernest), Prop., 32, rue Marie-Talbot. — Sainte-Adresse (Seine-Inférieure).
Dr Binot (Jean), anc. Int. des Hôp., 22, rue Cassette. — Paris.
Biochet, Notaire hon. — Caudebec-en-Caux (Seine-Inférieure). — R
Bioux (Léon), Chirurg.-Dent., Chef de clin. et Mem. du Cons. d'Admin. de l'Éc. den-
taire de Paris, 21, rue Croix-des-Petits-Champs. — Paris.
Bischoffsheim (Raphaël, Louis), Mem. de l'Inst., Ing. des Arts et Man., Député des
Alpes-Maritimes, 3, rue Taitbout. — Paris. — F
Biscuit (Edmond), anc. Notaire. — Boult-sur-Suippe, par Bazancourt (Marne).
Biver (Hector), Ing. des Arts et Man., Mem. du Cons. d'admin. de la Soc. anonyme
de Saint-Gobain, Chauny et Cirey, 8, rue Meissonier. — Paris.
Bizard (Émilien), Dir. de l'Exploit. des Docks (Hôtel des Docks), place de La Joliette.
— Marseille (Bouches-du-Rhône).
Dr Blache (R., H.), Mem. de l'Acad. de Méd., 5, rue de Surène. — Paris.
Blaise (Émile), Ing. des Arts et Man., 1, rue Ballu. — Paris.
Blaise (Jules), Pharm., 31, boulevard de l'Hôtel-de-Ville. — Montreuil-sous-Bois (Seine).
Blanc (Édouard), Explorateur, 52, rue de Varenne. — Paris. — R.
Blanchard (Raphaël), Prof. à la Fac. de Méd., Mem. de l'Acad. de Méd, 226, boule-
vard Saint-Germain. — Paris. — R
Dr Blanche (Emmanuel), Prof. à l'Éc. de Méd. et à l'Éc. prép. à l'Ens. sup. des Sc.,
12, quai du Havre. — Rouen (Seine-Inférieure).
Blanchet (Augustin), Fabric. de papiers, château d'Alivet. — Rerage (Isère).
Dr Blanchier. — Chasseneuil (Charente).
*Blanchon (Auguste), Ing.-Dir. de la Soc. française de l'Accumulateur Tudor, 81, rue
Saint-Lazare. — Paris.
Blandin (Frédéric, Auguste), Ing. des Arts et Man., anc. Manufac., Admin. de la Banque
de France, avenue de la Gare. — Nevers (Nièvre), et 19, place de La Madeleine. — Paris.
Blarez (Charles), Prof. à la Fac. de Méd., 3, rue Gouvion. — Bordeaux (Gironde). — R
*Blattez (Antoine), Chirurg.-Dent. diplômé de la Fac. de Méd., Chef de Clin. à l'Éc.
dentaire de Paris, 11 bis, rue Faraday. — Paris.
Blin, Fabric. de draps. — Elbeuf-sur-Seine (Seine-Inférieure).
Dr Bloch (Adolphe), anc. Méd. de l'Hôp. du Havre, 24, rue d'Aumale. — Paris. — R
*Blondeau (Fernand), Nég., boulevard Lundy. — Reims (Marne).
Blondeau-Bertault (Jules), Prop., Nég., Adj. au Maire. — Ay (Marne).
Blondel (André), Ing., Prof. à l'Éc. nat. des P. et Ch., 41, avenue de La Bour-
donnais. — Paris.
Blondel (Édouard), Insp. gén. des Fin., anc. Élève de l'Éc. Polytech., 10, rue Chomel.
— Paris.
Blondel (Émile), Chim., Manufac. — Saint-Léger-du-Bourg-Denis (Seine-Inférieure). — R
*Blondin (Joseph), Prof.-Agr. de Phys. au Collège Rollin, Dir. scient. de l'Éclairage
Électrique, 171, rue du Faubourg-Poissonnière. — Paris.
Blondlot (René), Corresp. de l'Inst., Prof. à la Fac. des Sc., 8, quai Claude-Lorrain.
— Nancy (Meurthe-et-Moselle).
Blottière (René), Pharm. de 1re cl., 102, rue de Richelieu. — Paris.
Boas (Alfred), Ing. des Arts et Man., 34, rue de Châteaudun. — Paris. — R
Boas-Boasson (J.), Chim. chez MM. Henriet, Romanna et Vignon, 15 rue Saint-Domi-
nique. — Lyon (Rhône).
Bohan-Duvergé (Eugène), Mem. de la Soc. d'Anthrop. de Paris, 18, rue Thibaud.
— Paris.

Boca (Léon), 3, rue du Regard. — Paris.
Bœckel (André), Étud. de la Fac. de Méd. de Nancy, 2, quai Saint-Nicolas. — Strasbourg (Alsace-Lorraine).
Bœckel (Mme Jules), 2, quai Saint-Nicolas. — Strasbourg (Alsace-Lorraine).
Bœckel (Mlle M.-L.), 2, quai Saint-Nicolas. — Strasbourg (Alsace-Lorraine).
Dr Bœckel (Jules), Corresp. nat. de l'Acad. de Méd. et de la Soc. de Chirurg. de Paris, Chirurg. des Hosp. civ., Lauréat de l'Inst., 2, quai Saint-Nicolas. — Strasbourg (Alsace-Lorraine). — R
Boésé (Mme Jean), 157, rue du Faubourg-Saint-Denis. — Paris.
Boésé (Mlle Louise), 157, rue du Faubourg-Saint-Denis. — Paris. — R
Boésé (Jean), Nég.-commis., 157, rue du Faubourg-Saint-Denis. — Paris. — R
Boésé (Maurice), 157, rue du Faubourg-Saint-Denis. — Paris. — R
Bœuf (Félicien), Prof. à l'Éc. coloniale d'Agric. — Tunis.
Boffard (Jean-Pierre), anc. Notaire, 2, place de La Bourse. — Lyon (Rhône). — R
*Bohl (Alphonse), Chirurg.-Dent., 6, rue Borrel. — Castres (Tarn).
Bohn (Frédéric), Admin-Dir. de la Comp. française de l'Afrique occidentale, 46, rue Breteuil. — Marseille (Bouches-du-Rhône).
Boilevin (Ed.), Nég., Juge au Trib. de Com., 21, rue Victor-Hugo. — Saintes (Charente-Inférieure).
Boire (Émile), Ing. civ., 86, boulevard Malesherbes. — Paris. — R
Bois (Georges, Francisque), Avocat, 11, rue d'Arcole. — Paris.
*Bois (Henri). Prof. à la Fac. de Théologie protestante, 7, rue du Moustier. — Montauban (Tarn-et-Garoene).
*Boissier (Louis), Ing.-Élect., (villa Ampère), 117, Saint-Just. — Marseille (Bouches-du-Rhône).
*Boissier (Pierre) (père), Ing.-Construc., 7, rue de la Douane(Malmousque). — Marseille (Bouches-du-Rhône).
Boissonnet (le Général André, Alfred), anc. Sénateur, 16, rue de Logelbach. — Paris. — F
Boivin (Mlle Louise), 284, rue Nationale. — Lille (Nord).
Boivin (Charles), Ing.-Archit., 284, rue Nationale. — Lille (Nord).
Boivin (Émile), Raffineur, 64, rue de Lisbonne. — Paris. — F
Boix (Émile), Pharm., 46, rue des Augustins. — Perpignan (Pyrénées-Orientales).
Bollack (Léon), Auteur de la Langue Bleue, langue internat. prat., 147, avenue Malakoff. — Paris.
Bonafous (Andelin), Ing. en chef des P. et Ch., 5, cours Napoléon. — Ajaccio (Corse).
Bonaparte (S. A. le Prince Roland), 10, avenue d'Iéna. — Paris. — F
Bondet, Prof. à la Fac. de Méd., Associé nat. de l'Acad. de Méd, Méd. de l'Hôtel-Dieu, 6, place Bellecour. — Lyon (Rhône). — F
Bonetti (Louis), Électr., 69, avenue d'Orléans. — Paris.
Bonfils (A.), Notaire, 27, boulevard de L'Esplanade. — Montpellier (Hérault).
Dr Bonnal. — Arcachon (Gironde).
Bonnard (Paul), Agr. de Philo., Avocat à la Cour d'Ap., 66, avenue Kléber. — Paris. — R
Dr Bonnet (Edmond), 11, rue Claude-Bernard. — Paris.
Dr Bonnet (Noël), 12, rue de Ponthieu. — Paris.
Bonnevie (Victor), Recev. partic. des Fin. — Domfront (Orne).
Bonnier (Gaston), Mem. de l'Inst., Prof. de Botan. à la Fac. des Sc., Présid. de la Soc. botan. de France, 15, rue de L'Estrapade. — Paris. — R
Bonnier (Jules), Dir. adj. du Lab. d'évolution de la Sorbonne et de la Station zool. de Wimereux, 75, rue Madame. — Paris.
Bonpain (Jules), Ing. des Arts et Man., 45, rue d'Amiens. — Rouen (Seine-Inférieure).
Bonzel (Arthur), Sup. du Jug. de paix. — Haubourdin (Nord).
Dr Bordas (Léonard), Doct. ès Sc., Chef des trav. de Zool. à la Fac. des Sc. — Marseille (Bouches-du-Rhône).
Bordé (Paul), Ing.-Opticien, 29, boulevard Haussmann. — Paris.
Bordet (Adrien), Avocat à la Cour d'Ap., 2, rue de la Liberté. — Alger.
Bordet (Léon), Prop. — La Jolivette commune de Chemilly par Moulins (Allier).
Bordet (Lucien), Insp. des Fin., anc. Élève de l'Éc. Polytech., 181, boulevard Saint-Germain. — Paris. — R
*Dr Bordier (Henry), Agr. de Phys. à la Fac. de Méd., 9, rue Grolée. — Lyon (Rhône). — R

Bordo (Louis), Méd. de colonisation, Maire. — Chéragas (départ. d'Alger).
Borel, 305, cours Lafayette. — Lyon (Rhône).
Borély (Charles de), Notaire, 9, rue Aiguillerie. — Montpellier (Hérault).
Boreux, Insp. gén. des P. et Ch., 95, rue de Rennes. — Paris.
Borgogno (Célestin), Nég., 5, rue d'Orléans. — Nantes (Loire-Inférieure).
*Dr Bories (Louis), anc. Méd.-Maj. de l'Armée, 7, place d'Armes. — Montauban (Tarn-et-Garonne).
Bosq (Joseph), Prop., 63, cours Devilliers. — Marseille (Bouches-du-Rhône).
Bosteaux-Paris (Charles), Maire. — Cernay-lez-Reims par Reims (Marne).
Boubès (Jean, Georges), Prop., 15, place des Quinconces. — Bordeaux (Gironde).
Dr Bouchacourt (Léon), 2, rue de Vienne. — Paris. — R
Bouchard (Mme Charles), 174, rue de Rivoli. — Paris.
Bouchard (Charles), Mem. de l'Inst. et de l'Acad. de Méd., Prof. à la Fac. de Méd., Méd. des Hôp., 174, rue de Rivoli. — Paris. — F
Bouché (Alexandre), 68, rue du Cardinal-Lemoine. — Paris. — R
Boucher (Maurice), anc. Cap. d'Artil., anc. Élève de l'Éc. Polytech., 2, carrefour de Montreuil. — Versailles (Seine-et-Oise). — R
Bouchez (Paul), de la Librairie Masson et Cie, 120, boulevard Saint-Germain. — Paris. — R
Bouclet-Lefèbvre, Armateur, 2, rue Magenta. — Boulogne-sur-Mer (Pas-de-Calais).
Boudé (Frédéric), Nég., Mem. de la Ch. de Com., 8, rue Saint-Jacques. — Marseille (Bouches-du-Rhône).
Boude (Paul), Raffineur de soufre, 8, rue Saint-Jacques. — Marseille (Bouches-du-Rhône).
Dr Boude (Th.), 13, rue du Quatre-Septembre. — Bône (départ. de Constantine) (Algérie).
Boudet (Gabriel) (fils), Étud. en Méd., 1, rue du Général-Cérez. — Limoges (Haute-Vienne).
Boudier (Émile), Corresp. de l'Acad. de Méd., Pharm. hon., 22, rue Grétry. — Mont-morency (Seine-et-Oise).
Boudin (Arthur), Princ. du Collège. — Honfleur (Calvados). — R
Boudinhon (Adrien), Ing., 85, Grande-Rue. — Saint-Chamond (Loire).
Dr Bouilly (Georges), Agr. à la Fac. de Méd., Chirurg. des Hôp., 9, rue Beaujon. — Paris.
Boulard (l'Abbé Lucien), Curé. — Dammarie (Eure-et-Loir). — R
Boulé (Auguste), Insp. gén. des P. et Ch. en retraite, 7, rue Washington. — Paris. — F
Dr Boulland (Henri), 36, boulevard Victor-Hugo. — Limoges (Haute-Vienne).
*Dr Bounhiol (Jean-Paul), Chef des trav. zool à l'Éc. prép. à l'Ens. Sup. des Sc., 65, rue Michelet. — Alger-Mustapha.
Bouquet de la Grye (Anatole), Mem. de l'Inst., Présid. du Bureau des Longit., Ing. hydrog. en chef de la Marine en retraite, 8, rue de Bellôy. — Paris.
Bourdil (François-Fernand), Ing. des Arts et Man., 56, avenue d'Iéna. — Paris.
*Bourgery (Henri), anc. Notaire, Mem. de la Soc. géol. de France, Les Capucins. — Nogent-le-Rotrou (Eure-et-Loir). — R
Dr Bourneville, Méd. de l'Asile de Bicêtre, Rédac. en chef du Progrès médical, anc. Député, 14, rue des Carmes. — Paris.
Bourquelot (Émile), Mem. de l'Acad. de Méd., Prof. à l'Éc. sup. de Pharm., Pharm. de l'Hôp. Laënnec, 42, rue de Sèvres. — Paris.
Bourrette (Joannès), 63, rue Montorgueil. — Paris.
Bourse (Gustave), Manufac., 14, rue Popincourt. — Paris
Boursier (André), Prof. à la Fac. de Méd. 23, rue Thiac. — Bordeaux (Gironde).
Bousigues (Édouard), Ing. en chef des P. et Ch., 11, boulevard Diderot. — Paris.
Boutan (Louis), Doct. ès Sc., Maître de Conf. à la Fac. dès Sc., 15, rue de la Sor-bonne. — Paris.
Boutillier (Antoine), Insp. gén. des P. et Ch. en retraite, Prof. à l'Éc. cent. des Arts et Man., 24, rue de Madrid. — Paris.
Boutmy (Mme Charles). — Messempré, par Carignan (Ardennes).
Boutmy (Charles), Ing. civ., Maître de forges. — Messempré, par Carignan (Ardennes).
Boutry-Lafrenay, Recev. princ. des Postes et Télég. en retraite, 1, rue du Collège. — Avranches (Manche).
Dr Bouveault (Louis), Maître de Conf. à la Fac. des Sc., anc. Élève de l'Éc. Polytech., 97, rue Monge. — Paris.
*Bouvet (Jules), Chirurg.-Dent., carrefour Rameau. — Angers (Maine-et-Loire).
Bouvet (Julien), Prop., 14, rue Joubert. — Angers (Maine-et-Loire). — R
Bouvier (Gabriel), 82, rue de Maistre. — Paris.

Dr Boy (Philippe), 3, rue d'Espalungue. — Pau (Basses-Pyrénées). — **R**

Dr Boy-Teissier (Jules), Méd. des Hôp., 24, rue Sénac. — Marseille (Bouches-du-Rhône).

Boyard-Dautrevaux (Eugène), Avocat, Présid. du Comité de la *Bibliothèque populaire*, 3, boulevard Daunou. — Boulogne-sur-Mer (Pas-de-Calais).

Boyer (Germain), Nég. en soies, 11, rue de La Bourse. — Saint-Étienne (Loire).

Braemer (Gustave), Chim. — Izieux (Loire). — **R**

*Braemer (Louis), Prof. à la Fac. de Méd., 105, rue des Récollets. — Toulouse (Haute-Garonne).

Dr Brard. — La Rochelle (Charente-Inférieure).

Brasil (Louis), Lic. ès Sc., Prépar. à la Fac. des Sc., s.-Dir. du Lab. départ. de Bactériologie, 17, rue de Louvigny. — Caen (Calvados).

Dr Braud (Aristide-Antoine). — Saint-Laurent-sur-Gorre (Haute-Vienne).

Dr Brégeat (Albert), Méd. sup. de l'Hôp., Dir. de la Santé, 2, rue d'Alger. — Oran (Algérie).

Breittmayer (Albert), anc. s.-Dir. des Docks et Entrepôts de Marseille, 8, quai de L'Est. — Lyon (Rhône). — **F**

Dr Brémond (Félix), anc. Insp. du trav. dans l'Indust., v.-Présid. de la Commis. des Logements insalubres, 5, rue Michel-Chasles. — Paris.

Brenier (Casimir), Ing.-Construc., 20, avenue de La Gare. — Grenoble (Isère).

Brenot (J.), 10, rue Bertin-Poirée. — Paris. — **R**

Bressand (Mme Ve Gaston), 3, rue du Viel-Renversé. — Lyon (Rhône).

Bresson (Gédéon), anc. Dir. de la *Comp. du vin de Saint-Raphaël*, 41, rue du Tunnel. — Valence (Drôme). — **R**

Breton (Ludovic), Ing. civ., anc. Présid. de la *Soc. géol. du Nord*, 18, rue Royale. — Calais (Pas-de-Calais).

Breuil (l'Abbé Henri), École des Carmes, 74, rue de Vaugirard. — Paris.

Dr Breuillard (Charles), Méd. consult. — Saint-Honoré-les-Bains (Nièvre).

Breul (Charles), Juge d'Instruc., 19, rue de Bihorol. — Rouen (Seine-Inférieure).

Bricard (Henri), Ing. des Arts et Man., Dir. de l'Exploit. de la *Soc. anonyme des Forges et Chantiers de la Méditerranée*, 45, boulevard de Strasbourg. — Le Havre (Seine-Inférieure).

Bricka (Scipion) (fils), Nég. en vins, 27, rue Maguelone. — Montpellier (Hérault).

Brillouin (Marcel), Prof. au Collège de France, Maître de Conf. à l'Éc. Norm. sup., 31, boulevard de Port-Royal. — Paris. — **R**

Brissaud (Édouard), Prof. à la Fac. de Méd., Méd. des Hôp., 5, rue Bonaparte. — Paris.

Brisse (Édouard-Adrien), Ing. des Mines, 46, rue de Dunkerque. — Paris.

Brissonnet (Jules), Lic. ès Sc. Phys., Prof. sup. aux Éc. de Méd., Pharm. de 1re cl.; 31, rue de Maubeuge. — Paris.

Brives (Abel), Doct. ès Sc., Prépar. à l'Éc. prép. à l'Ens. sup. des Sc., 16, rue Malakoff — Alger-Mustapha.

Dr Broca (André), Agr. de Phys. à la Fac. de Méd., anc. Élève de l'Éc. Polytech., 7, cité Vaneau. — Paris.

Dr Broca (Auguste), Agr. à la Fac. de Méd., Chirurg. des Hôp., 5, rue de L'Université. — Paris. — **R**

Broca (Georges), Ing. des Arts et Man., 10, rue Édouard-Detaille (avenue de Villiers). — Paris.

Brocard (Henri), Chef de Bat. du Génie en retraite, 75, rue des Ducs-de-Bar. — Bar-le-Duc (Meuse). — **F**

Brockhaus (F.-A.), Libr., 17 rue Bonaparte. — Paris.

Brolemann (A., A.), anc. Présid. du Trib. de Com., 14, quai de L'Est. — Lyon (Rhône). — **R**

Brölemann (Georges), Administ. de la *Société Générale*, 52, boulevard Malesherbes. — Paris. — **R**

Brossier, Attaché à la *Comp. du canal de Suez*, 9, rue Charras. — Paris.

Brouant, Pharm. de 1re cl., 91, avenue Victor-Hugo. — Paris.

Brouardel (Mme Paul), 68, rue de Bellechasse. — Paris.

Brouardel (Paul), Mem. de l'Inst. et de l'Acad. de Méd., Doyen hon. de la Fac. de Méd., 68, rue de Bellechasse. — Paris.

Brouzet (Charles), Ing. civ., 38, rue Victor-Hugo. — Lyon (Rhône). — **F**

Brugère (le Général Henry-Joseph), v.-Présid. du Cons. sup. de la Guerre, 20, avenue Rapp. — Paris.

Bruhl (Paul), Nég., 57, rue de Châteaudun. — Paris. — **R**

Brumpt (Émile,) Lic. ès Sc. nat., Prépar., à la Fac. de Méd., 16, rue Gustave-Courbet. — Paris.

*Brun (Albert), Prop., 32, rue Villebourbon. — Montauban (Tarn-et-Garonne).

Brun (E.), Méd.-Vétér., 9, rue Casimir-Perier. — Paris.

Bruneau (Léon), Dir. de Banque, 27, boulevard de La Chapelle. — Paris.

Brunet (Alphonse), Ing. de la Soc. gén. de Dynamite, anc. Élève de l'Éc. nat. sup. des Mines. — Saint-Chamond (Loire).

Dr Brunet (Daniel), Dir.-Méd. en chef hon. des Asile-pub. d'aliénés, 29, rue de Condé. — Paris.

*Brunhes (Bernard), Prof. à la Fac. des Sc., Dir. de l'Observ. du Puy-de-Dôme, 37, rue Montlosier. — Clermont-Ferrand (Puy-de-Dôme).

Brustlein (Aymé), Ing. des Arts et Man., Dir. des Aciéries. — Unieux (Loire).

Bruyant (Charles), Lic. ès Sc. nat., Prof. sup. à l'Éc. de Méd. et de Pharm., 26, rue Gaultier-de-Biauzat. — Clermont-Ferrand (Puy-de-Dôme). — R

Bruzon (Joseph) et Cie, Ing. des Arts et Man., usine de Portillon (céruse et blanc de zinc). — Saint-Cyr-sur-Loire par Tours (Indre-et-Loire). — R

Brylinski (Émile), Ing. des Télég., 5, avenue Teissonnière. — Asnières (Seine). — R

Buchet (Charles, François), Dir. de la Pharmacie centrale de France, 21, rue des Nonnains-d'Hyères. — Paris.

Buchet (Gaston), Zoöl., rue de L'Écu. — Romorantin (Loir-et-Cher).

Bucquet (Maurice), Présid. du Photo-Club, 12, rue Paul-Baudry. — Paris.

Buguet (Abel), Prof.-Agr. des Sc. Phys. au Lycée Corneille, anc. Élève de l'Éc. norm. sup., 14, rue des Carmes. — Rouen (Seine-Inférieure).

Buirete-Gaulart (Eugène), Manufac. — Suippes (Marne).

Dr Buisen (Sérafin), 11, rue Conde de Aranda. — Madrid (Espagne).

Buisson (Maxime), Chim., 3, rue de L'Hôtel-de-Ville. — Gonesse (Seine-et-Oise). — R

Bujard (Amand), Indust. — Fontenay-le-Comte (Vendée).

Bulot, rue de Bourgogne. — Melun (Seine-et-Marne).

Bunau-Varilla (Maurice), 22, avenue du Trocadéro. — Paris.

Bunau-Varilla (Philippe), anc. Ing. des P. et Ch., 53, avenue d'Iéna. — Paris.

Bunodière (de la), Insp. des Forêts. — Lyons-la-Forêt (Eure).

Buot (Émile), Prop., Le Châlet. — Azay-le-Rideau (Indre-et-Loire). — R

Dr Bureau (Édouard), Mem. de l'Acad. de Méd., Prof. au Muséum d'Hist. nat., 24, quai de Béthune. — Paris.

Dr Bureau (Émile), Prof. sup. à l'Éc. de Méd., Sec. de la Soc. des Sc. nat. de l'Ouest de la France, 12, boulevard Delorme. — Nantes (Loire-Inférieure).

Dr Bureau (Louis), Dir. du Muséum d'Hist. nat., Prof. à l'Éc. de Méd., 15, rue Gresset. — Nantes (Loire-Inférieure).

Burnan (Adrien), Banquier, 3, boulevard de La Banque. — Montpellier (Hérault).

Butin-Denniel, Cultiv., Fabric. de sucre. — Haubourdin (Nord).

*Dr Cabadé (Ernest). — Valence-d'Agen (Tarn-et-Garonne).

Cacheux (Émile), Ing. des Arts et Man., v.-Présid. de la Soc. franç. d'Hyg., 25, quai Saint Michel. — Paris. — F

Cadenat (Albert), Prof. de Sc. au Collège, 3, rue Poyat. — Saint-Claude (Jura).

Caffarelli (le Comte), anc. Député, 15, avenue Bosquet. — Paris; l'été à Leschelles (Aisne).

Cahen d'Anvers (Albert), 118, rue de Grenelle. — Paris. — R

Cailliau-Brunclair (Ed.), Nég., 71, rue Gambetta. — Reims (Marne).

Caillol de Poncy (Octavien), Prof. à l'Éc. de Méd., 8, rue Clapier. — Marseille (Bouches-du-Rhône).

Caix de Saint-Aymour (le Vicomte Amédée de), Publiciste, anc. Mem. du Cons. gén. de l'Oise, Mem. de plusieurs Soc. savantes, 112, boulevard de Courcelles. — Paris. — R

Calamel (Hyacinthe), Ing. des Arts et Man., 30, rue Notre-Dame-des-Victoires. — Paris.

Calando (E.), 27, rue Singer. — Paris.

Calderon (Fernand), Fabric. de Prod. chim., 18, rue Royale. — Paris. — R

Callandreau (Pierre), Mem. de l'Inst., Prof. à l'Éc. Polytech., Astron. à l'Observatoire national, Présid. de la Soc. astronomique de France, 16, rue de Bagneux. — Paris.

Callot (Ernest), 160, boulevard Malesherbes. — Paris.

Cambefort (Jules), Admin. de la Comp. des Chem. de fer de Paris à Lyon et à la Méditerranée, 13, rue de La République. — Lyon (Rhône). — F

Dʳ **Camous** (Louis-Paul), Méd. des Hosp. civ., 2, rue de L'Opéra. — Nice (Alpes-Maritimes).

Campagne (Jean, Pierre, Paul), Lic. en Droit (hôtel d'Angleterre). — Biarritz (Basses-Pyrénées).

Campan (Marius), Prof. de Math. au Lycée, 30, rue des Cultivateurs. — Pau (Basses-Pyrénées).

Camus (Mˡˡᵉ Marie-Louise), 25, avenue des Gobelins. — Paris.

Dʳ **Camus** (Fernand), 25, avenue des Gobelins. — Paris. — **R**

Dʳ **Camus** (Lucien), Chef adj. du Lab. de Physiol. de la Fac. de Méd., 14, rue Monsieur-Le-Prince. — Paris.

Camuset (Charles), Ing. des Arts et Man., Fabric. de sucre. — Escaudœuvres (Nord).

Dʳ **Candolle** (Casimir de), Botan., 11, rue Massot. — Genève (Suisse).

Canet (Gustave), Ing. des Arts et Man., Dir. de l'artil. de MM. Schneider et Cⁱᵉ, anc. Présid. de la Soc. des Ing. civ. de France, 87, avenue Henri-Martin, — Paris. — **F**

Cano y Leon (Manuel), Lieut.-Colonel du Génie, 2, rue Ayala. — Madrid (Espagne).

Cantagrel (Victor), Dir. de l'Éc. sup. de Com., anc. Élève de l'Éc. Polytech., 79, avenue de La République. — Paris.

Dʳ **Cantonnet** (Donat), 20, rue de La Nouvelle-Halle. — Pau (Basses-Pyrénées).

Cany (Mᵐᵉ Vᵉ Marie), Prop., 11, rue Foy. — Brest (Finistère).

***Capdepic** (Arnaud), Avocat, Adj. au Maire, 137, rue Gasseras. — Montauban (Tarn-et-Garonne).

***Capdepic** (Victor) (fils), Avocat, rue Lacaze. — Montauban (Tarn-et-Garonne).

Dʳ **Capitan** (Louis), Prof. à l'Éc. d'Anthrop., 5, rue des Ursulines. — Paris.

Carbonnier (Louis), Représent. de com., 18, rue Sauffroy. — Paris. — **R**

Cardeilhac, anc. Juge au Trib. de Com., 7, rue de Clichy. — Paris. — **R**

Cardon (Émile), Lic. en Droit, anc. Notaire, 59, boulevard Auguste-Mariette. — Boulogne-sur-Mer (Pas-de-Calais).

Carette (Louis), Ing. des Arts et Man., 1, rue de Dunkerque. — Paris.

Carez (Léon), Doct. ès sc., 18, rue Hamelin. — Paris.

Carlier (Victor), Prof. à la Fac. de Méd., Chirurg. des Hôp., 16, rue des Jardins. — Lille (Nord).

Carnot (Adolphe), Mem. de l'Inst., Insp. gén. des Mines, Dir. de l'Éc. nat. sup. des Mines, Prof. à l'Inst. nat. agronom., 60, boulevard Saint-Michel. — Paris. — **F**

***Carpentier** (Mˡˡᵉ), 34, rue du Luxembourg. — Paris.

***Carpentier** (Mᵐᵉ Jules), 34, rue du Luxembourg. — Paris.

***Carpentier** (Jules), Mem. du Bureau des Longit., anc. Ing. de l'État, Succes. de Ruhmkorff, 34, rue du Luxembourg. — Paris. — **R**

Dʳ **Carre** (Marius), Méd. en chef de l'Hôtel-Dieu. — Avignon (Vaucluse).

Carré (Ernest), Ing., Dir. de la Comp. des Tramways, 8, rue Henri-Martin. — Boulogne-sur-Mer (Pas-de-Calais).

Dʳ **Carret** (Jules), anc. Député, 2, rue Croix-d'Or. — Chambéry (Savoie). — **R**

*Dʳ **Carriazo** (Felipe), Doct. en Chirurg., Dir. de l'Inst. Électrothérap., 4, rue Hernando-Colon. — Séville (Espagne).

Carrière (Félix). — Royan-les-Bains (Charente-Inférieure).

Carrière (Gabriel), Présid. de la Soc. d'Étude des Sc. nat., Corresp. du Min. de l'Instruc. pub., 41, rue Agrippa. — Nîmes (Gard).

Carrière (Paul), Pharm. — Saint-Pierre (Ile d'Oléron) (Charente-Inférieure).

Carrière (Paul), Insp. des Forêts. — Digne (Basses-Alpes).

Carrieu, Prof. à la Fac. de Méd., 10, rue du Jeu-de-Paume. — Montpellier (Hérault).

***Cartailhac** (Émile), Corresp. de l'Inst., 5, rue de La Chaîne. — Toulouse (Haute-Garonne).

Cartaz (Mᵐᵉ A.), 39, boulevard Haussmann. — Paris. — **R**

Cartaz (Mˡˡᵉ), 39, boulevard Haussmann. — Paris.

*Dʳ **Cartaz** (A.), anc. Int. des Hôp., 39, boulevard Haussmann. — Paris. — **R**

Dʳ **Carton** (Louis), Méd.-Maj. de 1ʳᵉ cl. au 4ᵉ Rég. de Tirailleurs, Mem. non résid. du Comité des Trav. hist. et scient. — Sousse (Tunisie).

Carvalho (João Marques de), Prop.-Vitic., valle de Cavallos cerca Chamusca. — Portugal.

***Casalonga** (Dominique, Antoine), Ing.-Conseil, Dir. de la Chronique industrielle, 15, rue des Halles. — Paris.

Cassé (Émile), Ing., 7, rue Lécluse. — Paris.

Castanheira das Neves (J., P.), Ing. civ. du Corps des Ing. des Trav. pub., 405-3º D, rua do Salitre. — Lisbonne (Portugal).

Castanié (Ernest), Ing. en chef des Mines de Beni-Saf, 6, rue d'Orléans. — Oran (Algérie).

Castellan (F.), Ing. civ. des Mines, 52, quai Debilly. — Paris.

Castets (Joseph), Prépar. de Chim. à la Fac. de Méd., 9, rue Lacornée. — Bordeaux (Gironde).

Castex (le Vicomte Maurice de), 6, rue de Penthièvre. — Paris.

Casthelaz (John), Fabric. de Prod. chim., 19, rue Sainte-Croix-de-La-Bretonnerie. — Paris. — F

Catalogne (Paul de), Substitut du Proc. de La République, 54, rue Gioffredo. — Nice (Alpes-Maritimes).

*Catillon (Alfred), Pharm., 3, boulevard Saint-Martin. — Paris.

*Caubet, Doyen de la Fac. de Méd., 44, rue d'Alsace-Lorraine. — Toulouse (Haute-Garonne). — R

Dr Causse (Henri), Agr. à la Fac. de Méd., 66, montée de Choulans. — Lyon (Rhône).

Cautru (Fernand), anc. Int. des Hôp., 31, rue de Rome. — Paris.

Cauvière (Jules), anc. Magist., Prof. à l'Inst. catholique, 15, rue Duguay-Trouin. — Paris.

Caventou (Eugène), Mem. de l'Acad. de Méd., 43, rue de Berlin. — Paris. — F

Cayeux (Lucien), Doct. ès Sc., Prépar. à l'Éc. nat. sup. des Mines et à l'Éc. nat. des P. et Ch., 60, boulevard Saint-Michel. — Paris.

Cayla (Claudius), Recev. partic. des Fin., Mem. de la Soc. d'Économ. polit. et de la Soc. de Statistique de Paris. — Briey (Meurthe-et-Moselle).

Cazalis (Gaston), 23, rue Terral. — Montpellier (Hérault).

Cazalis de Fondouce (Paul, Louis), Ing. des Arts et Man., Sec. gén. de l'Acad. des Sc. et Lettres de Montpellier, 18, rue des Étuves. — Montpellier (Hérault). — R

Cazelles (Émile), Cons. d'État, 131, boulevard Malesherbes. — Paris.

Cazeneuve (Paul), Prof. à la Fac. de Méd., 21, quai Saint-Vincent. — Lyon (Rhône).

Cazenove (Raoul de), Prop., 17, rue de La Charité. — Lyon (Rhône). — R

*Cazes (Edward, Adrien), Ing. des Chem. de fer du Midi en retraite, Admin. de la Soc. immobilière, 247, boulevard de La Plage. — Arcachon (Gironde).

Dr Cazin (Maurice), Doct. ès Sc., anc. Chef du Lab. de la Clin. chirurg. de la Fac. de Méd. (Hôtel-Dieu), 3, rue de Villersexel. — Paris.— R

Cazottes (A.-M.-J.), Pharm. — Millau (Aveyron). —

Célérier-(Émile), Nég., 54, quai Debilly. — Paris.

Dr Cénas (Louis), Méd. de l'Hôtel-Dieu, 6, rue du Général-Foy.— Sain:-Étienne (Loire).

Cépeck (Auguste), anc. Conduct. des Trav. et Chef d'usine, Agent du serv. des Eaux de la Comp. du Canal de Suez. — Port-Saïd (Égypte).

Cercle des Élèves de l'École nationale d'Agriculture. — Grignon (Seine-et-Oise).

Cercle pharmaceutique de la Marne. — Reims (Marne).

Cérémonie (Émile), Vétér., 50, rue de La Tuilerie. — Suresnes (Seine).

Certes (Adrien), Insp. gén. hon. des Fin., 53, rue de Varenne. — Paris.

Dr Chaber (Pierre), 20, rue du Casino. — Royan-les-Bains (Charente-Inférieure). — R

Dr Chabert (Alfred), Méd. princ. de l'Armée en retraite, rue de La Vieille-Monnaie. — Chambéry (Savoie).

Chabert (Edmond), Ing. en chef des P. et Ch., 6, rue du Mont-Thabor. — Paris. — R

Dr Chabrié (Camille), Doct. ès Sc., 3, rue Michelet. — Paris.

Chailley-Bert (Joseph), Avocat à la Cour d'Ap., 44, rue de La Chaussée-d'Antin. — Paris.

Chaize (Nicolas), Indust., 8, chemin de Guizey. — Saint-Étienne (Loire).

Chalier (J.), 13, rue d'Aumale. — Paris. — R

Chambeyron (Eugène), Présid. de la Soc. de Géog. de Lyon. — Saint-Symphorien-d'Ozon (Isère).

Chambre des Avoués au Tribunal de 1re instance. — Bordeaux (Gironde). — R

Chambre de Commerce de Bayonne (Basses-Pyrénées).

—	—	Bordeaux (Gironde). — F
—	—	Boulogne-sur-Mer (Pas-de-Calais).
—	—	Le Havre (Seine-Inférieure). — R
—	—	Lyon (Rhône). — F
—	—	Marseille (Bouches-du-Rhône). — F
—	—	Tarn-et-Garonne. — Montauban (Tarn-et-Garonne).
—	—	Nantes, place de la Bourse.— Nantes (Loire-Inférieure).— P
—	—	Narbonne (Aude).
—	—	Rouen (Seine-Inférieure). — F
—	—	Saint-Étienne (Loire). — R

Dr **Chambrelent** (Jules, J.-B.), Agr: à la Fac. de Méd., 19, rue Jean-Jacques-Rousseau. — Bordeaux (Gironde).

Champigny (Armand), Pharm., 19, rue Jacob. — Paris.

Champigny (Armand), Ing. civ., 11, rue de Berne. — Paris.

Champigny (Félix, Jean), 23, rue Ibry. — Neuilly-sur-Seine (Seine).

Chandon de Briailles (le Comte Raoul), Nég. en vins de Champagne, 20, rue du Commerce. — Epernay (Marne).

Chanier (Eugène), Greffier du Trib. de Com., 45, boulevard Ledru-Rollin. — Moulins (Allier).

Chantemesse (André), Prof. à la Fac. de Méd., Mem. de l'Acad. de Méd., Insp. gén. adj. des Serv. sanitaires au Min. de l'Int., 30, rue Boissy-d'Anglas. — Paris.

Chanteret (l'Abbé Pierre), Doct. en Droit. — Renaison (Loire).

Chantre (Mme Ernest), 37, cours Morand. — Lyon (Rhône).

Chantre (Ernest), s.-Dir. du Muséum des Sc. nat., 37, cours Morand. — Lyon (Rhône). — **F**

Chaperon (J., A.), s.-Dir. au Min. des Fin., 22, rue de Lisbonne. — Paris.

Chaplet (Frédéric), Indust., 2, rue d'Anvers. — Laval (Mayenne).

Chappelier (Albert), Ing. agron., Lic. ès Sc. nat., 46, rue du Faubourg-Poissonnière. — Paris.

Dr **Chapplain** (Jacques), Dir. hon. de l'Éc. de Méd. et de Pharm., 171, rue de Paradis. — Marseille (Bouches-du-Rhône).

Dr **Chapuis** (Scipion). — Bou-Farik (départ. d'Alger).

Charcellay, Pharm. — Fontenay-le-Comte (Vendée). — **R**

*Chardonnet (Anatole), Nég., 22, rue Hincmar. — Reims (Marne).

Charencey (le Comte de), Mem. du Cons. gén. de l'Orne, 25, rue Barbet-de-Jouy. — Paris.

*Charlin (Mizaël), Rent., 16, rue des Saints-Pères. — Paris.

Charon (Ernest), Int. des Hôp., 27, rue des Boulangers. — Paris.

Charpentier (Augustin), Prof. à la Fac. de Méd., 31, rue Claudot. — Nancy (Meurthe-et-Moselle). — **R**

Dr **Charpentier** (Eugène), Méd. des Hosp. (Hospice de la Salpêtrière), 49, boulevard de L'Hôpital. — Paris.

*Charpentier (René), anc. Élève de l'Éc. Polytech., 4, rue Traversière. — Chàlons-sur-Marne (Marne).

Charpin (Mlle Julie), Dir. de l'Éc. profes. Élisa-Lemonnier, 24, rue Duperré. — Paris.

Charroppin (Georges), Pharm. de 1re cl. — Pons (Charente-Inférieure). — **R**

Charruey (René), 7, rue des Chariottes. — Arras (Pas-de-Calais).

Charve (Léon), Prof. de Mécan. à la Fac. des Sc., 60, cours Pierre-Puget. — Marseille (Bouches-du-Rhône).

Charvet (Henri), Ing. civ., 5, place Marengo. — Saint-Étienne (Loire).

Dr **Chaslin** (Philippe), anc. Int. des Hôp., Méd. de l'Hosp. de Bicêtre, 64, rue de Rennes. — Paris. — **R**

Chassaïgne (Jules), s.-Chef au Min. des Fin. en retraite, 61, rue de Saint-Germain. — Argenteuil (Seine-et-Oise).

Chassaing (Eugène), Fabric. de Prod. physiol., 6, avenue Victoria. — Paris.

Chateau (Jean), Chirurg.-Dent., 26, rue de La Pompe. — Paris.

Chatel, Avocat défens., Bazar du Commerce. — Alger. — **R**

Dr **Chatin** (Joannès), Mem. de l'Inst. et de l'Acad. de Méd., Prof. d'Histologie à la Fac. des Sc., 174, boulevard Saint-Germain. — Paris. — **R**

Chaudier, Dir. de la Ferme-École. — Nolhac par Saint-Saulien (Haute-Loire).

Dr **Chauliaguet-Heim** (Mme Juliette), 34, rue Hamelin. — Paris.

Chauvassaigne (Daniel), château de Mirefleurs par les Martres-de-Veyre (Puy-de-Dôme). — **R**

Dr **Chauveau** (Auguste), Mem. de l'Inst. et de l'Acad. de Méd., Insp. gén. des Éc. nat. vétér., Prof. au Muséum d'Hist. nat., 10, avenue Jules-Janin. — Paris. — **F**

Chauveau (Benjamin), Météor. adj. au Bureau cent. météor. de France, 51, rue de Lille. — Paris.

Dr **Chauveau** (Claude), 225, boulevard Saint-Germain. — Paris.

*Chauvet (Gustave), Notaire, Présid. de la Soc. archéol. et historique de la Charente. — Ruffec (Charente). — **R**

Chavane (Paul), Ing. des Arts et Man., Indust., Manufacture de Bains. — Bains-en-Vosges (Vosges).

Chavasse (Paul), Nég.-Prop., 38, quai de Bosc. — Cette (Hérault).

*Dr **Chemin** (Félix), Méd.-Dent., 34, rue de Metz. — Toulouse (Haute-Garonne).

Dr Chervin (Arthur), Dir. de l'*Inst. des Bègues*, 82, avenue Victor-Hugo. — Paris.

Cheuret, Notaire, 24, place de L'Hôtel-de-Ville. — Le Havre (Seine-Inférieure).

Dr Cheurlot, 48, avenue Marceau. — Paris.

Chevalier (Alexis), Nég., 184, boulevard de Caudéran. — Bordeaux (Gironde).

Chevalier (Auguste), Lic. ès Sc. nat., Attaché au Lab. d'anatomie végét. du Muséum d'Hist. nat., 63, rue de Buffon. — Paris.

Chevalier (Henri), Ing. des Arts-et-Man., 61, quai de Grenelle. — Paris.

Chevalier (J., P.), Nég., 50, rue du Jardin-Public. — Bordeaux (Gironde). — **F**

Chevallier (Georges), Notaire. — Montendre (Charente-Inférieure).

Dr Chevallier (Paul). — Compiègne (Oise).

Chevallier (Raymond), v.-Présid. de la *Soc. d'Agric. de Compiègne*, château de Bois-de-Lihus. — Moyvillers par Estrées-Saint-Denis (Oise).

Chevallier (Victor), Chim. de la *Comp. des Salins du Midi*, 46, rue Pitot. — Montpellier (Hérault).

Chevrel (René), Doct. ès Sc., Prof. à l'Éc. de Méd., 5, rue du Docteur-Rayer. — Caen (Calvados). — **R**

Chevreux (Édouard), route du Cap. — Bône (départ. de Constantine) (Algérie).

Chevrier (J.-S.), Chirurg.-Dent., Chef. de Clin. à l'Éc. dentaire de Bordeaux, 6, place Beaulieu. — Cognac (Charente).

Cheysson (Émile), Mem. de l'Inst., Insp. gén. des P. et Ch., Prof. à l'Éc. nat. sup. des Mines, 4, rue Adolphe-Yvon. — Paris.

Dr Chiaïs (François), Méd. de l'Hôp., rue Villarey. — Menton (Alpes-Maritimes), l'été, 41, rue Nationale. — Évian-les-Bains (Haute-Savoie).

Chicandard (Georges-R.), Lic. ès Sc. Phys., Pharm. de 1re cl., Admin.-Dir. de la *Soc. anonyme des Prod. chim.* — Fontaines-sur-Saône (Rhône). — **R**

Dr Chobaut (Alfred), 4, rue Dorée. — Avignon (Vaucluse).

Chômienne (Claudius), Ing. des Établis. Arbel. — Rive-de-Gier (Loire).

*Choquet (Jules, César), Chirurg.-Dent., 49, avenue de La Grande-Armée. — Paris.

Choquin (Albert), Bandagiste, Porte-Jeune. — Mulhouse (Alsace-Lorraine).

Chouët (Alexandre), anc. Juge au Trib. de Com., 29, rue de Clichy. — Paris. — **R**

Chouillou (Albert), Agric., anc. Élève de l'Éc. nat. d'Agric. de Grignon. — L'Arba (départ. d'Alger). — **R**.

Chrétien (Louis), Prop., 70, rue Du Coudray. — Nantes (Loire-Inférieure).

Chrétien (Paul, Charles), Insp. de l'Éclairage élect. de la Ville, 15, rue de Boulainvilliers. — Paris.

Dr Christian (Jules), Méd. de la Maison nat. d'aliénés de Charenton, 57, Grande-Rue. — Saint-Maurice (Seine). — **R**

Clamageran (Mme Jules), 57, avenue Marceau. — Paris.

Clamageran (Jules), anc. Min. des Fin., Sénateur, 57, avenue Marceau. — Paris. — **F**

Clarenc (Georges), Prof. de Sc. nat. à l'Éc. prat. d'Agric. — Villembits par Trie (Hautes-Pyrénées).

Claude-Lafontaine (Lucien), Banquier, anc. Élève de l'Éc. Polytech., 32, rue de Trévise. — Paris.

Claudel (Victor), Fabric. de papiers. — Docelles (Vosges).

Claudon (Édouard), Ing. des Arts et Man., 15, rue Hégésippe-Moreau. — Paris.

Claverie (Auguste), Bandagiste, 234, rue du Faubourg-Saint-Martin. — Paris.

Clercq (Charles-de), 46, rue Vital. — Paris.

Clermont (Philibert de), Avocat à la Cour d'Ap., 38, rue du Luxembourg. — Paris. — **R**

Clermont (Philippe de), s.-Dir. hon. du Lab. de Chim. de la Sorbonne, 38, rue du Luxembourg. — Paris. — **F**

Clermont (Raoul de), Ing. agron. diplômé de l'Inst. nat. agron., Avocat à la Cour d'Ap., anc. Attaché d'ambassade, 79, boulevard Saint-Michel. — Paris. — **R**

Dr Clos (Dominique), Corresp. de l'Inst., Prof. hon. à la Fac. des Sc., Dir. du Jardin des Plantes, 2, allées des Zéphirs. — Toulouse (Haute-Garonne). — **R**

Clos (Mme Élie), 8, Grand-Rond. — Toulouse (Haute-Garonne).

Dr Clos (Élie), 8, Grand-Rond. — Toulouse (Haute-Garonne).

Clouzet (Ferdinand), Mem. du Cons. gén., 88, cours Victor-Hugo. — Bordeaux (Gironde). — **R**

*Dr Cluzet (Joseph), Agr. à la Fac. de Méd., 40, rue de Metz. — Toulouse (Haute-Garonne).

Coadon (Alexandre), Fabric. de velours, 5, rue de La Comédie. — Saint-Étienne (Loire).

Coccoz (Victor), Chef d'escadron d'Artil. en retraite, 14, avenue du Maine. — Paris.

Cochon (J.), Conserv. des Forêts. — Chambéry (Savoie). — **R**

Cochot (Albert), Ing. civ., Archit. de la Ville, 75, Rempart-du-Nord — Angoulême (Charente).

Codron (E.), Fabric. de sucre. — Beauchamps par Gamaches (Somme).

Cohen (Benjamin), Ing. civ., 45, rue de La Chaussée-d'Antin. — Paris.

Cohn (Léon), Trés.-Payeur gén. de l'Eure. — Évreux (Eure).

*__Coignard__ (Jean), Chirurg.-Dent., 103, avenue de La Tranchée. — Saint-Symphorien par Tours (Indre-et-Loire).

Coignet (Jean), Ing. civ. des Mines, anc. Élève de l'Éc. Polytech., 12, quai des Brotteaux. — Lyon (Rhône).

*__Colas__ (Albert), Publiciste, Les Liserons. — Villeneuve-le-Roi par Ablon (Seine-et-Oise).

D__r__ Collardot (Victor), Méd. de l'Hôp. civ., 3, rue Cléopâtre. — Alger.

Collignon (M__me__ Édouard), 6, rue de Seine. — Paris.

*__Collignon__ (Édouard), Insp. gén. des P. et Ch. en retraite, Examin. hon. de sortie à l'Éc. Polytech., 6, rue de Seine. — Paris. — **F**

Collignon (Félix), Dir. des Usines de la *Comp. royale Asturienne*. — Auby-lez-Douai (Nord).

D__r__ Collignon (René), Méd.-Maj. de 1__re__ cl. au 25__e__ Rég. d'Infant., 6, rue de La Marine. — Cherbourg (Manche).

Collin (M__me__), 15, boulevard du Temple. — Paris. — **R**

Collin (Émile), Paléoethnologue, 35, rue des Petits-Champs. — Paris.

Collin (Émile, Charles), Ing. des Arts et Man., 49, rue de Miromesnil. — Paris.

Collot (Louis), Prof. à la Fac. des Sc., Dir. du Musée d'Hist. nat., 4, rue du Tillot. — Dijon (Côte-d'Or). — **R**

Collot (Michel), Nég. en cuirs, 27, rue Turbigo. — Paris.

*__Colomiati__ (M__lle__ N.), place du Ralliement. — Angers (Maine-et-Loire).

Colrat de Montrozier (Raymond), Explorateur, château de Nuzac. — Cavagnac par les Quatre-Routes (Lot).

Comité médical des Bouches-du-Rhône, 3, Marché des Capucines. — Marseille (Bouches-du-Rhône). — **R**

Commines de Marsilly (Arthur de), anc. Of. de Caval., villa Saint-Georges. — Saint-Lô (Manche).

Commission archéologique de Narbonne. — Narbonne (Aude).

Commission départementale de Météorologie du Rhône. — Lyon (Rhône).

*__Commolet__ (Jean-Baptiste), Prof. de Math. au Lycée Carnot, 32, rue de Lévis. — Paris.

Compagnie des chemins de fer du Midi, 54, boulevard Haussmann. — Paris. — **F**

—   —   d'Orléans, 8, rue de Londres. — Paris. — **F**

—   —   de l'Ouest, 20, rue de Rome. — Paris. — **F**

—   —   de Paris à Lyon et à la Méditerranée, 88, rue Saint-Lazare. — Paris. — **F**

Compagnie des Fonderies et Forges de l'Horme, 8, rue Victor-Hugo. — Lyon (Rhône). — **F**

—   du Gaz de Lyon, 7, rue de Savoie. — Lyon (Rhône). — **F**

—   Parisienne du Gaz, 6, rue Condorcet. — Paris. — **F**

—   des Messageries Maritimes, 1, rue Vignon. — Paris. — **F**

—   des Minerais de fer magnétique de Mokta-el-Hadid (le Conseil d'Administration de la), 26, avenue de L'Opéra. — Paris. — **F**

—   des Mines, Fonderies et Forges d'Alais, 13 *bis*, rue des Mathurins. — Paris. — **F**

—   des Mines de houille de Blanzy (Jules Chagot et C__ie__), à Montceau-les-Mines (Saône-et-Loire), et 44, rue des Mathurins. — Paris. — **F**

—   des Mines de Roche-la-Molière et Firminy, 13, rue de La République. — Lyon (Rhône). — **F**

—   des Salins du Midi, 94, rue de La Victoire. — Paris. — **F**

Compayré (Gabriel), Corresp. de l'Inst., Rect. de l'Acad., anc. Député, 30, rue Cavenne. — Lyon (Rhône).

Conrad (Louis, Théophile), anc. Attaché à l'Admin. gén. de l'Assist. pub., 18, Grande-Rue. — Bourg-la-Reine (Seine).

Conseil départemental d'Hygiène de l'Aisne. — Laon (Aisne).

Considère (Armand), Corresp. de l'Inst., Ing. en chef des P. et Ch. — Quimper (Finistère).

*__D__r__ Constans__ (Adrien). — Saint-Antonin (Tarn-et-Garonne).

Contamin (Félix), Rent., 12, avenue d'Alsace-Lorraine. — Grenoble (Isère).

Coppet (Louis de), Chim., villa Irène, rue Magnan. — Nice (Alpes-Maritimes). — **F**

Corbière (Louis), Prof. de Sc. nat. au Lycée, Lauréat de l'Inst., 70, rue Asselin. — Cherbourg (Manche).

Corbin (Paul), Indust., anc. Élève de l'Éc. Polytech. — Lancey (Isère).

Cordier (Henri), Prof. à l'Éc. des Langues orient. vivantes, 54, rue Nicolo. — Paris. — **R**

Cornil (Mme Victor), 19, rue Saint-Guillaume. — Paris.

Cornil (Victor), Prof. à la Fac. de Méd., Mem. de l'Acad. de Méd., Méd. des Hôp., Sénateur de l'Allier, 19, rue Saint-Guillaume. — Paris.

Cornu (Mme Ve Alfred), 9, rue de Grenelle. — Paris. — **R**

Cornu (Félix), Fabric. de matières tinct. — Riant-Port par Vevey (Suisse).

Cornu (Mme Maxime), 27, rue Cuvier. — Paris.

Cornuault (Émile), Ing. des Arts et Man., Dir. de la *Soc. anonyme du Gaz et Hauts Fourneaux de Marseille*, 6, rue Le Peletier. — Paris.

*****Corone (Auguste)**, Prof. de Phys. au Lycée, faubourg Lacapelle. — Montauban (Tarn-et-Garonne).

Dr Cosmovici (Léon), Prof. à l'Univ., 11, strada Codrescu. — Jassy (Roumanie).

Cossé (Victor), Raffineur, 1, rue Daubenton. — Nantes (Loire-Inférieure).

Cosset-Dubrulle (Édouard) (fils), Fabric. de lampes de sûreté pour mines, 45, rue Turgot. — Lille (Nord).

Cossmann (Maurice), Ing., Chef des serv. techniques de l'Exploit., à la *Comp. des Chem. de fer du Nord*, anc. Élève de l'Éc. cent. des Arts et Man., 95, rue de Maubeuge. — Paris.

Dr Costa de Bastelica, Corresp. de l'Acad. de Méd., Présid. de la *Soc. des Méd. de la Corse*, anc. Méd. princ. de l'Armée, 24, cours Napoléon. — Ajaccio (Corse).

Costa-Couraça (João da), Ing. au corps d'Ing. des Trav. pub., 6, rue Rosa-Aranjo. — Lisbonne (Portugal).

*****Coste (Abdon)**, Prop., 40, rue des Augustins. — Perpignan (Pyrénées-Orientales).

Coste (Louis), Doct. ès Lettres, Biblioth. de la Ville. — Salins (Jura).

Cottance, Nég. en diamants, 29, rue de La Victoire. — Paris.

*****Cottancin (Rémi, Jean, Paul)**, Ing. des Arts et Man. (Trav. en ciment avec ossat. métal.), 47, boulevard Diderot. — Paris.

*****Dr Cotte (Jules)**, Chef des trav. prat. d'Hist. nat. à l'Éc. de Méd., 61, boulevard de Strasbourg. — Marseille (Bouches-du-Rhône).

Cottereau-Rehm (Mme Ve Charles). — Pagny-sur-Moselle (Meurthe-et-Moselle).

Cottignies (Paul), Avocat gén. à la Cour de Cassat., 8, rue Boccador. — Paris.

Couband (Paul), Sec. gén. de la *Comp. fermière de Vichy*, 24, boulevard des Capucines. — Paris.

Coulet (Camille), Libr.-Édit., 5, Grande-Rue. — Montpellier (Hérault).

*****Couneau (Émile)**, Prop., 4, rue du Palais. — La Rochelle (Charente-Inférieure).

Counord (E.), Ing.-civ., 127, cours du Médoc. — Bordeaux (Gironde). — **R**

Coupier (T.), anc. Fabric. de Prod. chim. — Saint-Denis-Hors par Amboise (Indre-et-Loire).

Coupin (Henri), Doct. ès Sc., Prépar. à la Fac. des Sc., 27, avenue d'Italie. — Paris.

Couprie (Louis), Avocat à la Cour d'Ap., 71, rue Saint-Sernin. — Bordeaux (Gironde). — **R**

*****Courèges**, Présid. du Trib. civ., rue Corail. — Montauban (Tarn-et-Garonne).

Couriot (Henri), Prof. à l'Éc. des Hautes-Études com. et à l'Éc. spéc. d'Archit., Chargé de Cours à l'Éc. cent. des Arts et Man., 3, rue de Logelbach. — Paris.

Courjon (Mme Antonin). — Meyzieux (Isère).

Dr Courjon (Antonin), Dir. de l'Établis. méd. — Meyzieux (Isère).

Dr Courmont (Jules), Agr. à la Fac. de Méd., Chef des trav. de Bactériologie, Méd. des Hôp., 17, rue Victor-Hugo. — Lyon (Rhône).

Courot (Édmond), Colonel d'Infant. de Marine en retraite, 102, rue Denfert-Rochereau. — Paris.

*****Courtefois (Mme Gustave)**, 30, rue du Landy. — Clichy (Seine).

*****Courtefois (Gustave)**, Indust., 30, rue du Landy. — Clichy (Seine).

Courtois (Henry), Lic. ès Sc. Phys., château de Muges. — Damazan (Lot-et-Garonne).

Courtois de Viçose, 3, rue Mage. — Toulouse (Haute-Garonne). — **F**

*****Courty (Georges)**, Géol., Mem. de la *Soc. d'Anthrop. de Paris* et de la *Soc. Géol. de France*, 35, rue Compans. — Paris.

Coutagne (Georges), Ing. des Poudres et Salpêtres, Le Défends. — Rousset (Bouches-du-Rhône). — **R**

Coutanceau (Alphonse), Ing. des Arts et Man., 3, rue Michel. — Bordeaux (Gironde).

Couten (Louis), Minotier, 52, rue de Puty. — Verdun (Meuse).

Dr Coutière (Henry), Agr. à l'Éc. sup. de Pharm., 21 *bis*, boulevard de Port-Royal. — Paris.

Coutil (Léon), Présid. de la Soc. normande d'Études préhist., rue aux Prêtres. — Les Andelys (Eure).

Coutreau (Léon), Prop. — Branne (Gironde).

Couve (Charles), Courtier d'assurances, 28, rue Castéja. — Bordeaux (Gironde).

Couvreux (Abel), Ing., 78, rue d'Anjou. — Paris.

*****Couzinet (Henri)**, anc. Notaire. — Saint-Sulpice-d'Eymet (Dordogne).

Couzy (Louis), Insp.-Ing. des Postes et Télég., Chef du Serv. — Tananarive (Madagascar).

Coze (André) (fils), Dir. de l'Usine à gaz, 5, rue des Romains. — Reims (Marne).

Crapon (Denis), Ing., anc. Élève de l'Éc. Polytech., 2, rue des Farges. — Lyon (Rhône). — **R**

Craponne (Paul de), Ing. princ. de la Comp. du Gaz, anc. Élève de l'Éc. cent. des Arts et Man., 2, cours Bayard. — Lyon (Rhône).

Cravoisier (Émile), Mem. du Cons. et Sec. adj. de la Soc. de Géog. com. de Paris, 10, rue Lord-Byron. — Paris.

Crémieu (Paul), Banquier. — Aix-en-Provence (Bouches-du-Rhône).

Crépy (Eugène), Filat., 19, boulevard de La Liberté. — Lille (Nord). — **R**

Créquy (Mme Octavie), 99, boulevard Magenta. — Paris.

Crespin (Arthur), Ing. des Arts et Man., Mécan., 23, avenue Parmentier. — Paris. — **R**

Creuzan (Mme Georges), 47, cours de L'Intendance. — Bordeaux (Gironde).

Creuzan (Georges), Fabric. d'inst. de chirurg., 47, cours de L'Intendance. — Bordeaux (Gironde).

Crié (L.), Prof. à la Fac. des Sc., Corresp. de l'Acad. de Méd., 79, avenue du Gué-de-Baud. — Rennes (Ille-et-Vilaine).

Dr Critzman (Daniel), anc. Int. des Hôp., 28, rue Greuze. — Paris.

Dr Crocq (Jean), Agr. à l'Univ., Chef de service à l'Hôp. de Molenbeeck, 27, avenue Palmerston. — Bruxelles (Belgique).

Croin (Paul), Prop., 63, rue du Buisson. — Lille (Nord).

Croizier (Jean-Baptiste), Expert-Agron., 52, rue de La Paix. — Saint-Étienne (Loire).

Dr Cros (François), Méd. princ. de 1re cl. de l'Armée en retraite, 6, rue de L'Ange. — Perpignan (Pyrénées-Orientales). — **R**

Crouan (Fernand), Armat., v.-Présid. hon. de la Ch. de Com. de Nantes, 81, rue de Monceau. — Paris. — **F**

Crouslé (Léon), Prof. à la Fac. des Lettres, 58, rue Claude-Bernard. — Paris.

Crova (André), Corresp. de l'Inst., Prof. à la Fac. des Sc., 12 *bis*, rue du Carré-du-Roi. — Montpellier (Hérault).

Dr Cruet, 2, rue de La Paix. — Paris.

*****Cruvellier (Baptistin)**, Ing.-Élect., 68, avenue de La Grande-Armée. — Paris.

*****Cucuat (Louis)**, Prof. de Phys. au Lycée, 96, faubourg Lacapelle. — Montauban (Tarn-et-Garonne).

Cugnin (Émile, Antoine), Chef de Bat. du Génie en retraite, 192, rue de Vaugirard. — Paris.

Dr Culot (Charles), anc. Int. des Hôp., 6, rue de La République. — Maubeuge (Nord).

Cunisset-Carnot (Paul), Premier Présid. de la Cour d'Ap., 19, cours du Parc. — Dijon (Côte-d'Or). — **R**

Curé (Émile), Prop., anc. s.-Préfet. — Provins (Seine-et-Marne).

Curie (Jules), Lieut.-Colonel du Génie en retraite, 155, boulevard de La Reine. — Versailles (Seine-et-Oise).

Cussac (Joseph de), Insp. des forêts, 45, rue Allix. — Sens (Yonne).

Dr Cyon (Élie de), anc. Prof. de Physiol., 4, rue de Thann. — Paris.

Dr Dagrève (Élie), Méd. du Lycée et de l'Hôp. — Tournon-sur-Rhône (Ardèche). — **R**

Dr Daguenet (Victor), Méd.-Maj. de l'Armée en retraite, 44, Grande-Rue. — Besançon (Doubs).

*****Daleau (François)**. — Bourg-sur-Gironde (Gironde).

Dalligny (A.), anc. Maire du VIIIe arrond., 5, rue Lincoln. — Paris. — **F**

Damoizeau, 52, avenue Parmentier. — Paris.

Damoy (Julien), Nég., 31, boulevard de Sébastopol. — Paris.

Danel, Imprim., 93, rue Nationale. — Lille (Nord).

Daney (Alfred), Nég., anc. Maire, 36, rue de La Rousselle. — Bordeaux (Gironde).

Danguy (Louis), Prof. départ. d'agric. de la Loire-Inférieure, 1, quai Duquesne. — Nantes (Loire-Inférieure).

Danguy (Paul), Lic. ès Sc., Prépar. de Botan. au Muséum d'Hist. nat., 7, rue de L'Eure. — Paris. — **R**

Daniel (Lucien), Doct. ès Sc. nat., Prof. au Lycée, 18, rue de Palestine. — Rennes (Ille-et-Vilaine).

Danton, Ing. civ. des Mines, 6, rue du Général-Henrion. — Neuilly-sur-Seine (Seine). — **F**

Darbas (Louis), Conserv. du Musée Georges Labit, 23, rue d'Orléans. — Toulouse (Haute-Garonne).

Darboux (Gaston), Maître de Conf. de Zool. à la Fac. des Sc., 24, quai Claude-Bernard. — Lyon (Rhône).

Darcy (Félix), Prof. au Petit-Lycée Condorcet, 23, rue Ballu. — Paris.

Dard (Jules, Marius), Minoterie Narbonne. — Hussein-Dey (départ. d'Alger).

Dr Darin (Gustave), 41, boulevard des Capucines. — Paris.

Darlan (Jean), anc. Min. de la Justice, Mem. du Cons. gén. de Lot-et-Garonne, 22, rue de Bellechasse. — Paris.

Darras (A.), Nég., 1, rue Keller. — Paris.

Dr Darzens (Georges), Répét. de Chimie à l'Éc. Polytech., 22, avenue Ledru-Rollin. — Paris.

Dr Dassieu (Mathieu), 6, rue Serviez. — Pau (Basses-Pyrénées).

Dassonville (Charles, Léon), Doct. ès Sc., Vétér. en 1er au 12e Rég. d'Artil. — Vincennes (Seine).

Dattez, Pharm., 17, rue de La Villette. — Paris.

Daubin (Paul), Echaidé, 14. — Saint-Sébastien (Espagne).

Dauriat, Chef de dépôt en retraite de la Comp. des Chem. de fer de l'Est, 18, rue Lécluse. — Paris.

Dautzenberg (Philippe), Zool., 213, rue de L'Université. — Paris.

Dauvé (Camille), Prof. de Phys. au Collège Monge. — Beaune (Côte-d'Or).

Davanne (Alphonse), Présid. hon. du Cons. d'Admin. de la Soc. franç. de Photog., 82, rue des Petits-Champs. — Paris.

Daveluy (Charles), Dir. gén. hon. des Contrib. dir. et du Cadastre, 107, boulevard Brune. — Paris.

Davenport (Isaac, B.), Méd.-Dent., 30, avenue de L'Opéra. — Paris.

David (Arthur), 29, rue du Sentier. — Paris. — **R**

David (Émile), Pharm. — Objat (Corrèze).

David (Pierre), Prépar. de Phys. à la Fac. des Sc. — Clermont-Ferrand (Puy-de-Dôme).

Daymard (Victor), anc. Ing. de la Marine, Ing. en chef de la Comp. gén. Transat., 47, rue de Courcelles. — Paris.

Debreuil (Charles), 50, quai Pasteur. — Melun (Seine-et-Marne).

Debruge (Arthur), Commis à l'admin. des Postes et Télég. — Bougie (départ. de Constantine) (Algérie).

Dr Dechamp (Paul, Jules), Méd. princ. de la Marine en retraite, villa Richelieu. — Arcachon (Gironde).

Deck (Maurice), Armateur, 46, rue Marengo. — Dunkerque (Nord).

Defforges (Gilbert), Colonel Command. le 36e Rég. d'Infant., Breveté d'État-Maj., 2, rue de L'Est. — Melun (Seine-et-Marne).

Defrenne (Adolphe), Prop., 295, rue Nationale. — Lille (Nord).

Degeorge (Hector), Archit. S. C., Expert près le Trib. civ. et le Cons. de Préfect. de la Seine, 151, boulevard Malesherbes. — Paris.

Deglatigny (Louis), Nég. en bois, 11, rue Blaise-Pascal. — Rouen (Seine-Inférieure). — **R**

Degorce (Marc, Antoine), Pharm. en chef de la Marine en retraite, 42, rue des Semis. — Royan-les-Bains (Charente-Inférieure). — **R**

Degousée (Edmond), Ing. des Arts et Man., 164, boulevard Haussmann. — Paris. — **F**

Dehaut (E.), 147, rue du Faubourg-Saint-Denis. — Paris.

Dr Dehaut (Félix), Pharm. de 1re cl., 147, rue du Faubourg-Saint-Denis. — Paris.

Dr Dehenne (Albert), 34, rue de Berlin. — Paris.

Déjardin (E.), Pharm. de 1re cl., anc. Int. des Hôp., 109, boulevard Haussmann. — Paris.

Dejean de Fonroque (Abel), Chef de serv. de la Comp. du Canal de Suez en retraite, 202, boulevard Saint-Germain. — Paris.

Dr **Delabost** (**Merry**), Dir. hon. et Prof. à l'Éc. de Méd., Chirurg. en chef de l'Hôtel Dieu et des Prisons, 76, rue Ganterie. — Rouen (Seine-Inférieure).

Delacour (**Théodore**), 94, rue de La Faisanderie. — Paris.

Delafon (**Maurice**), Ing. sanitaire, Indust., 14, quai de La Rapée. — Paris.

Delage (**Pierre, Joseph**), Ing. des Arts et Man., Adj. au Maire du XIe arrond., 90, boulevard Richard-Lenoir. — Paris.

Delage (**Yves**), Mem. de l'Inst., Prof. à la Fac. des S de Pari 14 ·ue du Marché — Sceaux (Seine).

Delagrave (**Charles**), Libr.-Édit., 15, rue Soufflot. — Paris.

***Delair** (**Léon**), Chirurg. Dent., Prof. à l'Éc. dentaire de Paris, 68, boulevard Rochechouart. — Paris.

Delaire (**Alexis**), Sec. gén. de la *Soc. d'Économ. soci ile*, anc Élève d l'Éc .Polytech. 238, boulevard Saint-Germain. — Paris. — **R**

Dr **Delaporte**, 24, rue Pasquier. — Par's. — **R**

Delattre (**Carlos**), Filat., anc. Élève ᵤᵤ l'Éc. Polytech., 126, rue Jacquemars-Giélée. — Lille (Nord). — **R**

Delaunay (**Henri**), Ing. des Arts et Man., 39, rue d'Amsterdam. — Paris. — **R**

Delaunay-Belleville (**Louis**), Ing.-Construc., anc. Élève de l'Éc. Polytech., 17, boulevard Richard-Wallace. — Neuilly-sur-Seine (Seine). — **R**

***Delaval** (le Commandant Fernand), Chef du Génie, 21, rue Ingres. — Montauban (Tarn-et-Garonne).

*Dr **Delbet** (**Paul**), 16, rue Montalivet. --- Paris.

De L'Épine (**Paul**), Rent., 14, rue de Fontenay. — Châtillon-sous-Bagneux (Seine).— **R**

Delesse (**Mme V^e**), 59, rue Madame. - Paris. — **R**

Delessert de Mollins (**Eugène**), anc. Prof., villa Verte-Rive. — Cully (canton de Vaud) (Suisse). — **R**

Delestrac (**Lucien**), Ing. en che des P. et Ch., 3, rue Marengo. — Saint-Étienne (Loire). — **R**

Delisle (**Mme Fernand**), 35, rue d L'Arbalète. — Paris.

Dr **Delisle** (**Fernand**), 35, rue de L'Arbalète. — Paris.

Delmas (**Charles**), Prop., 11, avenue de La Gare-d'Orléans. — Albi (Tarn).

Delmas (**Fernand**), Ing., Archit., Prof. d'Archit. à l'Éc. cent. des Arts et Man., 4 *bis*, rue de Lota (135, rue de Longchamp). — Paris.

Delmas (**Jules**), Étud., 175, boulevard de Caudéran. — Bordeaux (Gironde).

Delmas (**Julien**), Armat., 42, quai Duperré. — La Rochelle (Charente-Inférieure).

***Delmas** (**Léon**), Étud. à la Fac. des Sc. de Toulouse, 12, rue Henri-Teulière. — Montauban (Tarn-et Garonne).

Delmas (**Louis, Eugène**), Ing. princ. chez MM. Schneider et Cie, anc. Élève de l'Éc. Polytech., 28, route d'Épinac. — Le Creusot (Saône-et-Loire).

Dr **Delmas** (**Maurice**), Méd. des Thermes de Dax, 175, boulevard de Caudéran. — Bordeaux (Gironde).

Delmas (**Mme Ve Paul**), 175, boulevard de Caudéran. — Bordeaux (Gironde). — **R**

Deloche (**René**), Insp. gén. des P. et Ch., 78, rue Mozart. — Paris.

Delocre, Insp. gén. des P. et Ch. en retraite, 1, rue Lavoisier. — Paris.

Delomier (**Julien**), Fabric. de rubans. — Feurs (Loire).

Delon (**Ernest**), Ing. des Arts et Man., 27, rue Aiguillerie. — Montpellier (Hérault). — **R**

Dr **Delore** (**Xavier**), Corresp. nat. de l'Acad. de Méd., anc. Chirurg. en chef de la Charité de Lyon. — Romanèche-Thorins (Saône-et-Loire). — **F**

Delorme (**Eugène**), Chef de Bureau au Min. des Fin., 14, rue du Regard. — Paris.

Delort (**Jean-Baptiste**), Prof. hon. de l'Univ. — Villefranche-sur-Saône (Rhône).

Délugin (**Mme Antoine**), 26, rue La Boétie. — Périgueux (Dordogne).

Délugin (**Antoine**), anc. Pharm., 26, rue La Boétie. — Périgueux (Dordogne).

Delune (**Théodore**), Nég. en ciment, 94, quai de France. — Grenoble (Isère).

Deluns-Montaud (**Pierre**), anc. Min. des Trav. pub., Min. plénipotentiaire, Chef de la Div. des Archives au Min. des Af. étrangères, 3, rue des Beaux-Arts. — Paris.

Dr **Delvaille** (**Camille**). — Bayonne (Basses-Pyrénées). — **R**

Demarçay (**Eugène**), anc. Répét. à l'Éc. Polytech., 80, boulevard Malesherbes. — Paris. — **R**

Demesmay (**Félix**), Fabric. de ciment de Portland. — Cysoing (Nord).

Démichel (**Alphonse**), Construc. d'inst. de précis., 24, rue Pavée-Marais. — Paris.

Dr **Demonchy** (**Adolphe**), 37, rue d'Isly. — Alger. — **R**

Démonet (**François, Charles**), Ing. des Arts et Man., Mem. du Cons. mun., 23, rue de La Commanderie. — Nancy (Meurthe-et-Moselle).

Demons (Albert), Prof. à la Fac. de Méd., Corresp. nat. de l'Acad. de Méd., 18, cours du Jardin-Public. — Bordeaux (Gironde).

Demont-Breton (Adrien), Artiste-Peintre. — Wissant (Pas-de-Calais) et Montgeron (Seine-et-Oise).

Demorlaine (Joseph), Insp. adj. des Forêts, 106, chaussée Marcadé.—Abbeville (Somme).

Demoussy (Émile), Assistant de physiol. végét. au Muséum d'Hist. nat., 10, rue Chaptal. — Levallois-Perret (Seine).

Denigès (Georges), Prof. de Chim. biol. à la Fac. de Méd., 53, rue d'Alzon. — Bordeaux (Gironde). — **R**

Deniker (Joseph), Doct. ès Sc., Biblioth. du Muséum d'Hist. nat., 36, rue Geoffroy-Saint-Hilaire. — Paris.

Denise (Lucien), Archit., Ing. des Arts et Man., 17, rue d'Antin. — Paris.

Denoyel (Antonin), Prop., 9, rue du Plat. — Lyon (Rhône).

*‎**Denoyer (Marcel)**, Chirurg.-Dent. diplômé de l'Éc. dentaire de Bordeaux, 8, rue des Cordeliers. — Bordeaux (Gironde).

Denuzière (Charles), Distillateur-Liquoriste, 6, rue du Général-Foy. — Saint-Étienne (Loire).

Denys (Marcel), Maître de verreries. — Courcy par Loivre (Marne).

Denys (Roger), Ing. en chef des P. et Ch., 1, rue de Courty. — Paris. — **R**

Depaul (Henri), Agric., château de Vaublanc. — Plemet (Côtes-du-Nord). — **R**

Dépierre (Joseph), Ing.-Chim. — Cernay (Alsace-Lorraine). — **R**

Déplanque (J.), Ing. hydraul., 34, rue Tour-Notre-Dame. — Boulogne-sur-Mer (Pas-de-Calais).

Deprez (Édouard), Chef de Divis. à la Préf. de l'Aisne, 8, rue Milon-de-Martigny. — Laon (Aisne).

Deprez (Marcel), Mem. de l'Inst., Prof. au Conserv. nat. des Arts et Mét., 23, avenue de Marigny. — Vincennes (Seine).

Déroualle (Victor) (père), Ing. civ., 14, avenue de Launay. — Nantes (Loire-Inférieure).

D‎ᵣ Deroye (André), Dir. de l'Éc. de Méd., 17, rue Piron. — Dijon (Côte-d'Or).

Deroye (Fernand), Insp. adj. des Forêts, 1, rue Sambin. — Dijon (Côte-d'Or).

Dervillé (Stéphane), Nég. en marbres, anc. Présid. du Trib. de Com., 37, rue Fortuny. — Paris. — **R**

Desaubliaux (Jean), Étud., 21, rue Saint-Guillaume. — Paris.

Desbonnes (F.), Nég., 5, cours de Gourgues. — Bordeaux (Gironde). — **R**

Deschamps (Arnold), v.-Présid. au Trib. de 1ʳᵉ inst., 17, rue de La Poterne. — Rouen (Seine-Inférieure).

Desharnoux, 69, rue Monge. — Paris.

Deshayes (Victor), Ing. civ. des Mines, 79, rue Claude-Bernard. — Paris.

Deslandres (Henri), Mem. de l'Inst., Doct. ès Sc., Astronome à l'Observatoire de Meudon, anc. Élève de l'Éc. Polytech., 43, rue de Rennes. — Paris.

Deslandres (Paul), Archiv.-Paléog., 62, rue de Verneuil. — Paris.

Desmarets, Dir. de l'Observat. météor., 11, rue Fortier. — Douai (Nord).

Desmaroux (Louis), Ing. en chef des Poudres et Salpêtres en retraite, 32, rue Lacépède. — Paris.

Desmarres (Robert), Ing. civ. des Mines, 20, rue de Penthièvre. — Paris.

*‎**Dᵣ Desnos (Ernest)**, Sec. gén. de l'*Assoc. française d'Urologie*, 59, rue La Boétie. — Paris.

Desormos, Ing. en chef des P. et Ch. — Sisteron (Basses-Alpes).

Despécher (Jules), 37, rue Caumartin. — Paris.

Dᵣ D'Espine (Adolphe), Prof. de Pathol. int., 6, rue Beauregard. — Genève (Suisse).

Desplats (Henri), Doyen de la Fac. libre de Méd. et de Pharm., 56, boulevard Vauban. — Lille (Nord).

Dᵣ Desprez (Eugène, Marius), 27, rue de La Sous-Préfecture. — Saint-Quentin (Aisne).

Desprez (H.), Dir. du *Comptoir Maritime*, anc. Élève de l'Éc. Polytech., 6, place de La Bourse. — Paris.

Desroziers (Edmond), Ing. élect., Expert près le Trib. de la Seine et Arbitre près le Trib. de Com., 10, avenue Frochot. — Paris.

Dᵣ Destot (Étienne), 15, rue Saint-Dominique. — Lyon (Rhône).

Dethan (Adhémar), Pharm. de 1ʳᵉ cl., 25, rue Baudin. — Paris.

Dethan (Georges), Pharm. de 1ʳᵉ cl., 14, rue de La Paix. — Paris.

Détroyat (Arnaud). — Bayonne (Basses-Pyrénées). — **R**

Devay (Mᵐᵉ Vᵉ Justin), 82, rue Taitbout. — Paris.

Devienne (Joseph), Cons. à la Cour d'Ap., 1, rue Vaubecour. — Lyon (Rhône).

Deville (Jules), Nég., Mem. de la Ch. de Com., 24, rue Lafon. — Marseille (Bouches-du-Rhône).

Devoucoux (Georges), Chirurg.-Dent. diplômé de la Fac. de Méd., 13, rue Caumartin. — Paris.

Dewatines (Félix), Relieur, Artiste-Peintre, Admin. du Musée des Arts décoratifs, 87, rue Nationale. — Lille (Nord).

Dida (A.), Chim., 22, boulevard des Filles-du-Calvaire. — Paris. — **R**

Didier (Mme Laurence), 17, rue de Saint-Pétersbourg. — Paris.

Diederichs-Perrégaux, Manufac. — Jallieu par Bourgoin (Isère).

Dietz (Émile), Pasteur. — Rothau (Alsace-Lorraine). — **R**

Dieulafoy (Georges), Prof. à la Fac. de Méd., Mem. de l'Acad. de Méd., Méd. des Hôp., 38, avenue Montaigne. — Paris.

Diparraguerre (Ysidoro), Chirurg.-Dent., 10, rue Blanc-Dutrouilh. — Bordeaux (Gironde).

Dislère (Paul), Présid. de Sect. au Cons. d'État, anc. Ing. de la Marine, Présid. du Cons. d'admin. de l'Éc. coloniale, 10, avenue de L'Opéra. — Paris. — **R**

Doin (Octave), Libr.-Édit., 8, place de L'Odéon. — Paris.

Dollfus (Adrien), Dir. de la *Feuille des Jeunes Naturalistes*, 35, rue Pierre-Charron. — Paris.

Dollfus (Mme Auguste), 53, rue de La Côte. — Le Havre (Seine-Inférieure). — **F**

Dollfus (Auguste), Présid. de la *Soc. indust.*, avenue de La Paix. — Mulhouse (Alsace-Lorraine).

Dollfus (Charles), 16, avenue Bugeaud. — Paris.

Dollfus (Gustave), Ing. des Arts et Man., Filat. — Mulhouse (Alsace-Lorraine). — **R**

Dombre (Louis), Ing. civ. des Mines, Dir. des *Mines de Douchy*. — Lourches (Nord).

Domergue (Albert), Prof. à l'Éc. de Méd., 341, rue Paradis. — Marseille (Bouches-du-Rhône). — **R**

Donati (Frediano), Prof. spéc. d'Agric., 10, rue Napoléon. — Bastia (Corse).

Dr Donnezan (Albert), Présid. de la *Soc. des Méd. et Pharm. des Pyrénées-Orient.*, 5, rue Font-Froide. — Perpignan (Pyrénées-Orientales).

Dr Dor (Henri), Prof. hon. à l'Univ. de Berne, 9, rue du Président-Carnot. — Lyon (Rhône).

Dornier (Mlle Blanche), 48, rue Pierre-Corneille. — Lyon (Rhône).

Dr Dornier (Virgile), Méd. princ. de l'Armée territoriale, 48, rue Pierre-Corneille. — Lyon (Rhône).

Douay (Léon), 1, avenue Durante (villa Ninck). — Nice (Alpes-Maritimes) et La Rosoie. — Cavalaire par Gassin (Var). — **F**

Doumenjou (Paul), Avoué. — Foix (Ariège).

Doumer (Emmanuel), Prof. à la Fac. de Méd., 57, rue Nicolas-Leblanc. — Lille (Nord).

Doumerc (Jean), Ing. civ. des Mines, 61, rue d'Alsace-Lorraine. — Toulouse (Haute-Garonne). — **R**

Doumerc (Paul), Ing. civ., 38, rue du Taur. — Toulouse (Haute-Garonne). — **R**

Doumergue (François), Prof. au Lycée, 2, rue des Arènes. — Oran (Algérie).

Doussaint (Maurice), anc. Prépar. à la Fac. des Sc. de Bordeaux, Chef du Labor. chim. de la *Soc. Fabrica de Mieres*. — Mieres par Ablana (Asturies) (Espagne).

Douvillé (Henri), Ing. en chef, Prof. à l'Éc. nat. sup. des Mines, 207, boulevard Saint-Germain. — Paris. — **R**

Dr Doyon (A.), Associé nat. de l'Acad. de Méd., Méd. des Eaux. — Uriage (Isère), et 27, rue de Jarente. — Lyon (Rhône).

Drake del Castillo (Emmanuel), 2, rue Balzac. — Paris. — **F**

Dramard (Léon), Rent., 9, rue Saint-Vincent. — Fontenay-sous-Bois (Seine).

Dr Dransart. — Somain (Nord). — **R**

Dr Dresch. — Pontfaverger (Marne).

Dreyfus (Félix), Nég., 1, rue Bonaparte. — Paris.

Drioton (Clément), Mem. de la Commis. des Antiquités de la Côte-d'Or et de la *Soc. de Spéléologie*, 23, rue Saint-Philibert. — Dijon (Côte-d'Or).

Drouet (Paul), Prop., Hameau du Bosq. — Croissanville (Calvados).

Drouin (Alexis), Ing.-Chim., 101, rue de Rennes. — Paris.

Dr Drouineau (Gustave), Insp. gén. des Serv. admin. au Min. de l'Int., 105, rue Notre-Dame-des-Champs. — Paris.

Druart (Émile), Nég. en matér. de construc. et charbons de terre, 37, chaussée du Port. — Reims (Marne).

Dubail-Roy (Gustave), Sec. de la *Soc. Belfortaine d'Émulation*, 42, faubourg de Montbéliard. — Belfort. — **R**

*Dr Dubar (Eugène), 73, rue Caumartin. — Paris.

Dubertret (L.-M.), Prop.., 11, rue Newton. — Paris.

Dubiau (Paul), Ing. de l'*Assoc. des Prop. d'appareils à vapeur du Sud-Est*, 80, rue Paradis. — Marseille (Bouches-du-Rhône).

Dubief (Mlle), 9 *bis*, rue de Moscou. — Paris.

Dr Dubief (Henri), Méd.-Insp. des Épidémies du départ. de la Seine, 9 *bis*, rue de Moscou. — Paris.

Dubois (Marcel), Prof. à la Fac. des Lettres., 76, rue Notre-Dame-des-Champs. — Paris.

Dr Dubois (Raphaël), Prof. à la Fac. des Sc., 27, rue du Juge-de-Paix. — Lyon (Rhône).

Dubois de l'Estang (Étienne), Insp. des Fin., 4, rue Saint-Florentin. — Paris.

Dubourg (A.), Avoué à la Cour d'Ap., 51, rue de La Devise. — Bordeaux (Gironde).

Dubourg (Élisée), Doct. ès Sc., Chef des trav. de chim. à la Fac. des Sc., 66, rue Pélegrin. — Bordeaux (Gironde).

Dubourg (Georges), Nég. en drap., 27, rue Sauteyron. — Bordeaux (Gironde). — R

Dubourg (Paul), Nég., Mem. du Cons. gén., 5, rue du Perron. — Besançon (Doubs).

Duburcq-Gastellier (Félix-Amable), Rent., rue de Coûlommiers. — La Ferté-sous-Jouarre (Seine-et-Marne).

*Ducamp (Louis), Prépar. à la Fac. des Sc., 161, rue Solférino. — Lille (Nord).

*Duchesne (A.), Chirurg.-Dent., 57, rue de La Pomme. — Toulouse (Haute-Garonne).

Duclaux (Émile), Mem. de l'Inst. et de l'Acad. de Méd., Prof. à la Fac. des Sc. et à l'Inst. nat. agron., 39, avenue Brèteuil. — Paris. — R

Dr Ducor (Paul), 87, avenue de Villiers. — Paris.

Ducournau (F.), Chirurg.-Dent., 42, rue Cambon. — Paris.

Ducreux (Alfred), Nég., Consul du Paraguay, Mem. du Cons. d'arrond., 9, boulevard National. — Marseille (Bouches-du-Rhône). — R

Ducrocq (Henri), Cap. d'Artil., Breveté d'Ét.-Maj., 79, avenue Bosquet. — Paris. — R

Dufay (Adrien), Biblioth. de la Ville, 7, rue du Puits-Châtel. — Blois (Loir-et-Cher).

Dufet (Henri), Maître de Conf. à l'Éc. norm. sup., Prof. de Phys. au Lycée Saint-Louis, 35, rue de L'Arbalète. — Paris.

Dufour (Léon), Dir.-adj. du Lab. de Biologie végét. — Avon (Seine-et-Marne). — R

Dr Dufour (Marc), Rect., Prof. d'Ophtalmol. à l'Univ., 7, rue du Midi. — Lausanne (Suisse). — R

Dufresne, Insp. gén. de l'Univ., 61, rue Pierre-Charron. — Paris. — R

Dufresne (L.), Lieut. de vaisseau en retraite, 13, rue Cortambert. — Paris.

Duguet (Francis), Chim., 12, rue Le Peletier. — Paris.

Dr Duguet (Jean-Baptiste), Mem. de l'Acad. de Méd., Agr. à la Fac. de Méd., Méd. des Hôp., 60, rue de Londres. — Paris.

Duguet (Raymond), Étud., 60, rue de Londres. — Paris.

Dr Dulac (H.), 14, boulevard Lachèze. — Montbrison (Loire). — R

Dr Du Lac (Dieudonné). — La Gauphine par Cazouls-les-Béziers (Hérault).

Dumas (Hippolyte), Indust., anc. Élève de l'Éc. Polytech. — Mousquety par l'Isle-sur-Sorgue (Vaucluse). — R

Dumas-Edwards (Mme J.-B.), 23, rue Cassette. — Paris. — R

Dumée (Paul,), Pharm., Mem. des *Soc. botan. et mycol. de France*, vis-à-vis la Cathédrale. — Meaux (Seine-et-Marne).

Duminy (Anatole), Nég. en vins de Champagne. — Ay (Marne). — R

Dumollard (Félix), 6, rue Hector-Berlioz. — Grenoble (Isère).

*Dr Dunogier (Simon), 51, cours de Tourny. — Bordeaux (Gironde).

*Dunoyer (Auguste), Chef d'Escadrons de Caval. en retraite, 102, avenue Gambetta. — Montauban (Tarn-et-Garonne).

Du Pasquier, Nég., 6, rue Bernardin-de-Saint-Pierre. — Le Havre (Seine-Inférieure).

*Dr Dupau (Justin), Chirurg. en chef hon. de l'Hôtel-Dieu, 3, place Sainte-Scarbes. — Toulouse (Haute-Garonne).

Duplay (Simon), Prof. à la Fac. de Méd., Mem. de l'Acad. de Méd., Chirurg. des Hôp., 70, rue Jouffroy. — Paris. — R

Dupont (F.), Chim., Sec. gén. hon. de l'*Assoc. des Chim. de Sucreries et Distilleries*, 154, boulevard Magenta. — Paris. — R

Dr Dupouy (Abel), 43, avenue du Maine. — Paris. — R

Dupré (Anatole), Chim., 36, rue d'Ulm. — Paris. — R

Dr Dupuis, Mem. du Cons. gén., 1, rue de Poitiers. — Bressuire (Deux-Sèvres).

Dupuis (Charles), Dispacheur consult. de la Marine, 3, rue Pajou. — Paris. — R

Dupuy (Léon), Prof. au Lycée, 43, cours du Jardin-Public. — Bordeaux (Gironde). — **F**

Dupuy (Paul), Prof. à la Fac. de Méd. de Bordeaux, 16, chemin d'Eysines. — Caudéran (Gironde). — **F**

Duran (Paul, Émile), Ing. des Arts et Man., Nég., route d'Eauze. — Condom (Gers).

Duran-Loriga (Juan, J.), Command. d'Artil. et Prof. de Math., 20, plaza de Maria Pita. — La Corogne (Espagne).

Durand (Eugène), Prof. hon. à l'Éc. nat. d'Agric., 6, rue du Cheval-Blanc. — Montpellier (Hérault).

D' Durand (Jean), Méd. des Hôp., 116, cours d'Alsace-et-Lorraine. — Bordeaux (Gironde).

*Durand-Claye (Mme Ve Alfred). — La Bretèche par Palaiseau (Seine-et-Oise) et l'hiver 69, rue de Clichy. — Paris.

Durand-Claye (Léon), Insp. gén. des P. et Ch. en retraite, 81, rue des Saints-Pères. — Paris.

Durand-Gasselin (Hippolyte-Marie), Indust., 10, passage Saint-Yves. — Nantes (Loire-Inférieure).

D' Durante (Gustave), anc. Int. des Hôp., 32, avenue Rapp. — Paris.

Duranteau (Mme la Baronne Albert), château de Laborde d'Antran. — Ingrande par Châtellerault (Vienne).

Duranteau (le Baron Albert), Prop., château de Laborde d'Antran. — Ingrande par Châtellerault (Vienne).

D' Dureau (Alexis), Biblioth. de l'Acad. de Méd., Archiv. hon. de la Soc. d'Anthrop. de Paris, 16, rue Bonaparte. — Paris.

Durègne (Mme Ve E.), 22, quai de Béthune. — Paris.

Durègne (Émile), Ing. des Télég., 34, cours de 'Tourny. — Bordeaux (Gironde).

Duret (Théodore), Homme de lettres, 4, rue Vignon. — Paris.

D' Duroselle (Fernand), 17, rue de La Pâture — Amiens '(Somme).

Duroy de Hauranne (Albert), Ing. des Arts et Man., 15, rue du Sud. — Versailles (Seine-et-Oise).

Durthaller (Albert), Nég. — Altkirch (Alsace-Lorraine).

Dussaut (Louis), Recev. princ. des Contrib. indir., Entreposeur des Tabacs. — Châtellerault (Vienne).

Dutailly (Gustave), anc. Prof. à la Fac. des Sc. de Lyon, anc. Député, 84, rue du Rocher. — Paris. — **R**

Dutens (Alfred), 12, rue Clément-Marot. — Paris.

D' Dutertre (Émile), Chirurg. de l'Hôp. Saint-Louis, 12, rue de La Coupe. — Boulogne-sur-Mer (Pas-de-Calais).

Duval (Edmond), Ing. en chef des P. et Ch. en retraite, 34, avenue de Messine. — Paris. — **R**

Duval (Mathias), Prof. à la Fac. de Méd., Mem. de l'Acad. de Méd., Prof. d'Anat. à l'Éc. nat. des Beaux-Arts, 11, cité Malesherbes (rue des Martyrs). — Paris. — **R**

Duvergier de Hauranne (Emmanuel), Mem. du Cons. gén. du Cher, 3, rue Gounod. — Paris et château d'Herry (Cher).

Duvert (Georges) Indust., La Gabie. — Verneuil-sur-Vienne (Haute-Vienne).

Dybowski (Jean), Insp. gén. de l'Agric. coloniale, Dir. du Jardin d'Essai colonial. — Nogent-sur-Marne (Seine).

Early (Ch., Sydney), Ing. civ., 41, rue du Bras-d'Or. — Boulogne-sur-Mer (Pas-de-Calais).

Ecoffey (Eugène), Entrep., 24, rue Dauphine. — Paris.

École spéciale d'Architecture, 136, boulevard Montparnasse. — Paris.

Égli (Arthur), anc. Indust. — Paliseul (Belgique).

Église évangélique libérale (M. Charles Wagner, pasteur), 91, boulevard Beaumarchais. — Paris. — **F**

Eichthal (Eugène d'), Admin. de la Comp. des Chem. de fer du Midi, 144, boulevard Malesherbes. — Paris. — **R**

Eichthal (Louis d'), château des Bézards. — Sainte-Geneviève-des-Bois par Châtillon-sur-Loing (Loiret). — **R**

Élie (Eugène), Manufac., 50, rue de Caudebec. — Elbeuf-sur-Seine (Seine-Inférieure). — **R**

Elisen, Ing., Admin. de la Comp. gén. Transat., 153, boulevard Haussmann. — Paris. — **R**

Ellie (Raoul), Ing. des Arts et Man. — Cavignac (Gironde). — **R**

Emerat, Nég., rue d'Orléans. — Oran (Algérie).

Engel (Michel), Relieur, 91, rue du Cherche-Midi. — Paris. — **F**

Enlart (Mlle Antoinette). — Airon-Saint-Vaast par Montreuil-sur-Mer (Pas-de-Calais).

Enlart (Mme Camille), 14, rue du Cherche-Midi. — Paris.

Enlart (Camille), Mem. résid. de la Soc. *des Antiquaires de France*, 14, rue du Cherche-Midi. — Paris.

Érard (Paul), Ing. des Arts et Man. — Jolivet par Lunéville (Meurthe-et-Moselle).

Erceville (le Comte Charles d'), 42, rue de Grenelle. — Paris.

Essars (Pierre des), s.-Chef au Secrét. gén. de la Banque de France, 14, rue d'Édimbourg. — Paris.

*Estoile (le Comte Julien de l'), Lieut. au 59ᵉ Rég. d'Infant. — Foix (Ariège).

Dr Eternod, Prof. à l'Univ. de Genève. — Les Acacias (canton de Genève) (Suisse).

Dr Eury. — Charmes-sur-Moselle (Vosges).

Eysséric (Joseph), Artiste-Peintre, 14, rue Duplessis. — Carpentras (Vaucluse). — R

Fabre (Charles), Doct. ès Sc., Prof. adj. à la Fac. des Sc., Dir. de la Stat. agronom., 18, rue Fermat. — Toulouse (Haute-Garonne).

Fabre (Cyprien), Nég., anc. Présid. de la Ch. de Com., 71, rue Sylvabelle. — Marseille (Bouches-du-Rhône).

Fabre (Ernest), Ing. des Arts et Man., anc. Dir., Successeur de l'anc. Soc. anonyme des *Chaux hydraul. de l'Homme-d'Armes*. — L'Homme-d'Armes par Montélimar (Drôme).

Fabre (Georges), Insp. des Forêts, anc. Élève de l'Éc. Polytech., 28, rue Ménard. —. Nîmes (Gard). — R

Fabrègue (Jules), Chef de Bureau au Min. de la Justice, 3, rue des Feuillantines. — Paris.

Dr Fabriès (Ernest). — Sidi-Bel-Abbès (départ. d'Oran) (Algérie).

Fabvre (Édouard), Avocat. — Blaye (Gironde).

Dr Fage (Arthur), Prof. à l'Éc. de Méd., 17, rue Pierre-l'Ermite. — Amiens (Somme).

Faget (Marius), Archit., 34, rue du Palais-Gallien. — Bordeaux (Gironde).

Fagnon (Ernest), Nég. en vins, Mem. du Cons. mun., 42, rue de Battant. — Besançon (Doubs).

Dr Faguet (Charles), anc. Chef de clin. à la Fac. de Méd. de Bordeaux, 8, rue du Palais. — Périgueux (Dordogne).

Faillet (Eugène), Mem. du Cons. mun., 52, rue de Sambre-et-Meuse. — Paris.

Dr Faisant (Léon). — La Clayette (Saône-et-Loire).

Fallot (Emmanuel), Prof. de Géol. à la Fac. des Sc., 56, rue de Turenne. — Bordeaux (Gironde).

Farcy (Joseph), Prof. spécial d'Agric. — Beaucaire (Gard).

Farjon (Ferdinand) Indust., anc. Élève de l'Éc. Polytech., 22, rue Dutertre. — Boulogne-sur-Mer (Pas-de-Calais).

Farjon (Roger), Ing., anc. Élève de l'Éc. Polytech. 22, rue Dutertre. — Boulogne-sur-Mer (Pas-de-Calais).

Faucheur (Edmond), Manuf., Présid. du *Comité linier du Nord de la France*, 18, square Rameau. — Lille (Nord).

Fauchille (Auguste), Doct. en Droit, Lic. ès Lettres, Avocat à la Cour d'Ap., 56, rue Royale. — Lille (Nord).

Faure (Alfred), Prof. d'Hist. nat. à l'Éc. nat. vétér., anc. Député, 11, rue d'Algérie. — Lyon (Rhône) — R

Faure (Julien), Dir. de l'Octroi, 2, rue de l'Amphithéâtre. — Limoges (Haute-Vienne).

*Fauré-Hérouart (Dominique), Nég., Maire. — Montataire (Oise).

Fauvel (Pierre), Doct. ès Sc. nat., Prof. adj. de Zool. à la Fac. libre des Sc., 14, rue Gutenberg. — Angers (Maine-et-Loire).

*Favenc (Bernard), Prof. à l'Éc. française de Droit. — Le Caire (Égypte).

Favereaux (Georges), 52, quai Debilly. — Paris. — R

Favre (Louis), Ing. agron., 18, rue des Écoles. — Paris.

Favrel (Georges), Prof. à l'Éc. sup. de Pharm., 22, rue Sainte-Catherine. — Nancy (Meurthe-et-Moselle).

Fayot (Louis), Ing., Dir. des Ateliers de la Maison Bréguet, rue de L'Abbaye-des-Prés. — Douai (Nord).

*Fayoux (Auguste), Chirurg.-Dentiste, 14, rue Jean-Jacques-Rousseau. — Niort (Deux-Sèvres).

Febvre-Wilhélem (Mme Édouard), villa du Rendez-Vous. — Chaumont (Haute-Marne).

Febvre-Wilhélem (Édouard), Mem. du Cons. gén., villa du Rendez-Vous. — Chaumont (Haute-Marne).

Feineux (Edmond), 4, boulevard de Maupeou. — Sens (Yonne).

Félix (Marcel), 13, rue de Tocqueville. — Paris.

Féret (Alfred) (fils), Prop. vitic., Présid. du *Comice agric. de Tunisie*, domaine de Zama. — Souk-el-Kmis (Tunisie).

Féret (Alfred) (père), Indust., 16, rue Étienne-Marcel. — Paris.

Féret (René), Dir. du Lab. des P. et Ch., anc. Élève de l'Éc. Polytech., 4 *bis*, place Frédéric-Sauvage. — Boulogne-sur-Mer (Pas-de-Calais).

Fernet (Émile), Insp. gén. de l'Instruc. pub., 23, avenue de L'Observatoire. — Paris.

Ferrand (Mme V•), 3, place d'Iéna. — Paris.

Ferrand (Mlle Madeleine), 3, place d'Iéna. — Paris.

Ferrand (Lucien), Étud., 68, rue Ampère. — Paris.

*****Ferray** (Édouard), Pharm. de 1re cl., Présid. du Trib. et de la Ch. de Com., Maire. — Évreux (Eure).

Ferré (Gabriel), Prof. à la Fac. de Méd., 29, rue Saint-Genès. — Bordeaux (Gironde).

Ferrouillat (Prosper), Lic. en Droit, Syndic de la Presse départ., 10, rue du Plat. — Lyon (Rhône).

*****Ferry** (Mme Émile), 21, boulevard Cauchoise. — Rouen (Seine-Inférieure).

*****Ferry** (Émile), Nég., anc. Présid. du Trib. de Com., et du Cons. gén. de la Seine-Inférieure, 21, boulevard Cauchoise. — Rouen (Seine-Inférieure). — **R**

Ferté (Émile), 3, rue de La Loge. — Montpellier (Hérault).

*****Ferton** (Charles), Cap. d'Artil., Command. l'Artil. de la Place. — Bonifacio (Corse).

Féry (Charles), Chef des trav. prat. à l'Éc. mun. de Phys. et de Chim. indust., 42, rue Lhomond. — Paris.

*****Fiche**, Ing. Élect., rue Saint-Louis. — Montauban (Tarn-et-Garonne).

Ficheur (Émile), Doct. ès Sc., Prof. de Géol. à l'Éc. prép. à l'Ens. sup. des Sc., Dir.-adj. du Serv. géol. de l'Algérie, 77, rue Michelet. — Alger-Mustapha. — **R**

Fière (Paul), Archéol., Mem. corresp. de la *Soc. française de Numism. et d'Archéol.* — Saïgon (Cochinchine). — **R**

Dr **Fiessinger** (Charles), Corresp. nat. de l'Acad. de Méd. — Oyonnax (Ain).

Fiévet (Gustave), Pharm. de 1re cl., Mem. de la *Soc. chim.*, 53, rue Réaumur. — Paris.

Figuier (Albin), Prof. à la Fac. de Méd., 17, place des Quinconces. — Bordeaux (Gironde).

Filloux, Pharm. — Arcachon (Gironde).

Dr **Fines** (Jacques), Méd. en chef de l'Hôp. civ., Dir. de l'Observ. météor., 2, rue du Bastion-Saint-Dominique. — Perpignan (Pyrénées-Orientales).

Fischer (H.), 13, rue des Filles-du-Calvaire. — Paris.

Fischer de Chevriers, Prop., 23, rue Vernet. — Paris. — **R**

Fisson (Charles), Fabric. de chaux hydraul. natur. — Xeuilley (Meurthe-et-Moselle).

Flamand (G., B., M.), Chargé du cours de Géog. physique du Sahara à l'Éc. prép. à l'Ens. sup. des Sc., 6, rue Barbès. — Alger-Mustapha.

Flammarion (Camille), Astronome, 40, avenue de L'Observatoire. — Paris; et à l'Observatoire. — Juvisy-sur-Orge (Seine-et-Oise).

Flandin, Prop., 29, avenue d'Antin. — Paris. — **R**

Fleury (Jules, Auguste), Ing. civ. des Mines, Prof. à l'Éc. des Sc. politiques, 6, rue du Pré-aux-Clercs. — Paris.

Fliche, Prof. à l'Éc. Forest., 9, rue Saint-Dizier. — Nancy (Meurthe-et-Moselle).

Floquet (Gaston), Prof. à la Fac. des Sc., 17, rue Saint-Lambert. — Nancy (Meurthe-et-Moselle).

Florent (Mme Paul), 22, rue des Encans. — Avignon (Vaucluse).

Florent (Mlle Pauline), 22, rue des Encans. — Avignon (Vaucluse).

*****Florent** (Paul), Indust., anc. Présid. du Trib. de Com., 22, rue des Encans. — Avignon (Vaucluse).

Fochier (Alphonse), Prof. de Clin. obstétric. à la Fac. de Méd., Corresp. nat. de l'Acad. de Méd., 3, place Bellecour. — Lyon (Rhône).

Fock (Abraham), Ing. civ., villa La Bruyère, avenue Mentque. — Arcachon (Gironde).

Dr **Fontan** (Émile, Jules), Méd. princ. de 1re cl., Prof. à l'Éc. de Méd. navale, 9 avenue Colbert. — Toulon (Var).

Fontane (Marius), anc. Sec. gén. de la *Comp. du Canal de Suez*, 5, rue Cernuschi. — Paris.

*****Fontaneau** (Éléonor), anc. Of. de Marine, anc. Élève de l'Éc. Polytech., 8, cours Bugeaud. — Limoges (Haute-Vienne).

*****Fontès** (Joseph), Ing. en chef des P. et Ch., 3, rue Romiguières. — Toulouse (Haute-Garonne).

Forestié (Édouard), Imprim., Dir. du *Courrier de Tarn-et-Garonne*, 23, rue de la République. — Montauban (Tarn-et-Garonne).

Forestier (Charles), Prof. hon. de Lycée, 34, rue d'Alsace-Lorraine. — Toulouse (Haute-Garonne).

Dr **Fort (Auguste)**, 6, rue des Capucines. — Paris.

Fortel (A.) (fils), Prop., 7, rue Noël. — Reims (Marne). — **R**

Fortin (Raoul), 24, rue du Pré. — Rouen (Seine-Inférieure). — **R**

Fougeron (Paul), 55, rue de La Bretonnerie. — Orléans (Loiret).

Fouju (Gustave), Représ. de com., 33, rue de Rivoli. — Paris.

Fouqué (Ferdinand, André), Mem. de l'Inst., Prof. au Collège de France, 23, rue Humboldt. — Paris.

Fourcade-Cancellé (Édouard), Caissier central de la Comp. du Canal de Suez, 23, rue des Imbergères. — Sceaux (Seine).

Fourdrignier (Édouard), Archéol., 5, Grande-Rue. — Sèvres (Seine-et-Oise).

Foureau (Fernand), Lauréat de l'Inst., Explorateur, Ing. civ., Mem. de la Soc. de Géog. — Bussière-Poitevine (Haute-Vienne).

Fouret (Georges), Examin. d'admis. à l'Éc. Polytech., 4, avenue Carnot. — Paris.

Fouret (René), 22, boulevard Saint-Michel. — Paris.

Fourmaintreaux (Jules), Céram., rue des Potiers. — Desvres (Pas-de-Calais).

Dr **Fournier (Alban)**. — Rambervillers (Vosges).

Fournier (Alfred), Prof. hon. à la Fac. de Méd., Mem. de l'Acad. de Méd., Méd. hon. des Hôp., 77, rue de Miromesnil. — Paris. — **R**.

Dr **Fournier (Edmond)**, Lic. ès Sc. nat., anc. Int. des Hôp., Chef de clin. à la Fac. de Méd., 77, rue de Miromesnil. — Paris.

Fournier (Eugène), Prof. à la Fac. des Sc. — Besançon (Doubs).

Dr **Foveau de Courmelles (François, Victor)**, Lic. ès Sc. Phys., ès Sc. Nat. et en Droit, Lauréat de l'Acad. de Méd., 26, rue de Châteaudun. — Paris.

Foville (Alfred de), Mem. de l'Inst., Cons.-Maître à la Cour des Comptes, anc. Dir. de l'Admin. des Monnaies et Médailles, anc. Élève de l'Ec. Polytech., 3, rue du Regard. — Paris.

Francezon (Paul), Chim. et Indust., 7, rue Mandajors. — Alais (Gard). — **R**

François (Philippe), Doct. ès Sc., Chef des travaux pratiques à la Fac. des Sc., 20, rue Monsieur-le-Prince. — Paris.

Dr **François-Franck (Charles, Albert)**, Mem. de l'Acad. de Méd., Prof. sup. au Collège de France, 5, rue Saint-Philippe-du-Roule. — Paris. — **R**

Francq (Léon), Ing. civ. des Mines, Lauréat de l'Inst., 48, avenue Victor-Hugo. — Paris.

Francq (Pierre, Roger), Étudiant, 48, avenue Victor-Hugo. — Paris.

Dr **Frat (Victor)**, 23, rue Maguelone. — Montpellier (Hérault).

Frébault (Émile), Pharm., Insp. de Pharm., 53, boulevard Victor-Hugo. — Nevers (Nièvre).

Frémont-Saint-Chaffray (Mme Berthe), 54, rue de Seine. — Paris.

Frey (Mme Léon), 99, boulevard Haussmann. — Paris.

Dr **Frey (Léon)**, Prof. à l'Éc. dentaire de Paris, 99, boulevard Haussmann. — Paris.

Dr **Fricker**, 6, square de Latour-Maubourg. — Paris.

Friedel (Mme Ve Charles) (née Combes), 9, rue Michelet. — Paris. — **F**

Frison, Chirurg.-Dent., 9, rue de Surène. — Paris.

Dr **Frison (A.)**, 5, rue de La Lyre. — Alger.

Frizeau (G.), Avocat à la Cour d'Ap. de Bordeaux. — Branne (Gironde).

Froidevaux (Henri), Sec. de l'Office colonial près la Fac. des Lettres, 47, rue Dangivilliers. — Versailles (Seine-et-Oise).

Froissart (Émile), Chef d'Escadron au 15e rég. d'Artil., 16, rue Jean-de-Gouy. — Douai (Nord).

Frolov (le Général Michel), 36, quai des Eaux-Vives. — Genève (Suisse).

Fron (Albert), Garde gén. des Forêts, École Forestière des Barres-Vilmorin. — Nogent-sur-Vernisson (Loiret). — **R**

Fron (Émile), Météor. tit. au Bur. cent. météor. de France, 19, rue de Sèvres. — Paris.

Fron (Georges), Chef des trav. botan. à l'Inst. nat. agronom., 36, rue Madame. — Paris. — **R**

Frontard (Jules), Censeur du Lycée Corneille. — Rouen (Seine-Inférieure).

Frossard (Charles), v.-Présid. de la Soc. Ramond, 14, rue Ballu. — Paris. — **F**

Dr **Fumouze (Armand)**, Pharm. de 1re cl., 78, rue du Faubourg-Saint-Denis. — Paris. — **F**

Dr **Fumouze (Victor)**, 132, rue Lafayette. — Paris.

Gabeau (Charles), Interp. milit. princ. en retraite, château de Fontaines-les-Blanches. — Autrèche (Indre-et-Loire).

Gaches (Gustave), Chef de Divis. à la Préfecture, 29, rue Ingres. — Montauban (Tarn-et-Garonne).

Dr **Gaches-Sarraute-Barthélemy** (Mme Inès), 61, rue de Rome. — Paris.

Gadeau de Kerville (Henri), Homme de Sc., Présid. de la *Soc. des Amis des Sc. nat.*, 7, rue Dupont. — Rouen (Seine-Inférieure).

Dr **Gaillard (Eugène)**, 11, rue Lafayette. — Paris.

Gaillot (Jean-Baptiste, Amable), s.-Dir. de l'Observatoire nat. de Paris. — Arcueil (Seine).

Gaillot (Léon), Dir. de la Stat. agronom. de l'Aisne, avenue Brunehaut.— Laon (Aisne).

Gain (Edmond), Prof. adj. à la Fac. des Sc., Dir. des Études agronom. et coloniales à l'Univ., 7, rue de Lorraine. — Nancy (Meurthe-et-Moselle).

*__Galante (Émile)__, Fabric. d'inst. de chirurg., 2, rue de L'École-de-Médecine. — Paris. — **F**

Dr **Galezowski (Xavier)**, 103, boulevard Haussmann. — Paris.

Galicher (J.) (fils), Relieur, 81, boulevard Montparnasse. — Paris.

Galimard (Joseph), Doct. en Pharm , Pharm. de 1re classe, Mem. de la *Soc. Chim.* et de la *Soc. de Spéléologie.* — Abbaye de Flavigny-sur-Ozerain (Côte-d'Or).

Dr **Galippe (Victor)**, Mem. de l'Acad. de Méd., 12, place Vendôme. — Paris.

Galland (Gustave), Filat. — Remiremont (Vosges).

Gallé (Émile), Maître de verrerie, Mem. de l'*Acad. de Stanislas*, 39, avenue de La Garenne. — Nancy (Meurthe-et-Moselle).

Gallice (Henry), Nég. en vins de Champagne, faubourg du Commerce. — Épernay (Marne).

Dr **Gallois (Paul)**, anc. Int. des Hôp., 9/, boulevard Malesherbes. — Paris.

Gallopin (Abel), Lic. en Droit, place Saint-Denis. — Montoire-sur-Loir (Loir-et-Cher).

Gandoulf (Léopold), Princ. hon. du Collège, 9, rue Villars. — Grenoble (Isère).

Dr **Gandy (Paul)**. — Bagnères-de-Bigorre (Hautes-Pyrénées).

Dr **Garand (A.)**, 1, rue de La Paix. — Saint-Étienne (Loire).

Gardair (Aimé), Dir. de la *Comp. gén. des Prod. chim. du Midi*, 51, rue Saint-Ferréol. — Marseille (Bouches-du-Rhône).

*__Gardès__ (Mme Louis), 7, rue du Lycée. — Montauban (Tarn-et-Garonne). — **R**

*__Gardès (Louis)__, Notaire hon., anc. Élève de l'Éc. nat. sup. des Mines, 7, rue du Lycée. — Montauban (Tarn-et-Garonne). — **R**

Gariel (Mme C.-M.), 6, rue Édouard-Detaille. — Paris. — **R**

*__Gariel (C.-M.)__, Prof. à la Fac. de Méd., Mem. de l'Acad. de Méd., Insp. gén., Prof. à l'Éc. nat. des P. et Ch., 6, rue Édouard-Detaille. — Paris. — **F**

Gariel (Mme Léon), 1, avenue de Péterhof. — Paris. — **R**

Gariel (Léon), Ing. agron., 1, avenue de Péterhof. — Paris.

Garnier (Ernest), anc. Présid. de la *Soc. indust. de Reims*, (chez M. Lemaire), 12, rue Sacrot. — Saint-Mandé (Seine). — **R**

Garnier (Jules), anc. Ing. des Mines du Gouvern. à la Nouvelle-Calédonie, 47, rue de Clichy. — Paris.

Garnier (Louis), Nég. en tissus, 16, rue de Talleyrand. — Reims (Marne).

Garnier (Paul), Ing.-Mécan., Horlog., 16, rue Taitbout. — Paris.

Garreau (L.-Philippe), Cap. de frégate en retraite, 1, rue de Floirac. — Agen (Lot-et-Garonne), et l'hiver, 62, boulevard Malesherbes. — Paris. — **R**

Garric (Jules), Banquier, 3, rue Esprit-des-Lois. — Bordeaux (Gironde).

Garrigou (Félix), Prof. à la Fac. de Méd., 38, rue Valade. — Toulouse (Haute-Garonne).

Garrigou-Lagrange (Paul), Avocat, Sec. gén. de la *Soc. Gay-Lussac*, 23, avenue Foucaud. — Limoges (Haute-Vienne).

*__Garrisson (Charles)__, Prop., Mem. du Cons. mun. — Beausoleil par Montauban (Tarn-et-Garonne).

*__Garrisson (Eugène)__, Avocat, 19, rue des Augustins. — Montauban (Tarn-et-Garonne).

*__Gascard (Albert) (père)__, anc. Pharm., Indust., Juge sup. au Trib. de Com. — Bihorel-lez-Rouen par Rouen (Seine-Inférieure).

Gascard (Albert) (fils), Prof. à l'Éc. de Méd. et de Pharm., 33, boulevard Saint-Hilaire. — Rouen (Seine-Inférieure).

*__Gasqueton__ (Mme Georges), château Capbern. — Saint-Estèphe (Gironde). — **R**

Gasqueton (Georges), Avocat, anc. Maire, château Capbern. — Saint-Estèphe (Gironde).

Gaté-Richard (Michel), Prop., faubourg Saint-Hilaire. — Nogent-le-Rotrou (Eure-et-Loir).

Gatine (Albert), Insp. des Fin., 1, rue de Beaune. — Paris. — **R**

Dᴿ **Gaube (Jean)**, 12, rue Léonie. — Paris. — **R**

Dᴿ **Gaube (Jules, Jean)**, 12, rue Léonie. — Paris.

Gauchas (Mᵐᵉ (Alfred), 6, rue Messonier. — Paris.

Dᴿ **Gauchas (Alfred)**, 6, rue Meissonier. — Paris.

Gauchery (Paul), Doct. ès Sc. nat., Int. des Hôp., 47, rue de Vaugirard. — Paris.

Gauckler (Paul), Corresp. de l'Inst., Agr. d'Histoire, Chef du serv. des Antiquités et Arts, 66, rue des Selliers. — Tunis.

Gaudry (Albert), Mem. de l'Inst., Prof. hon. au Muséum d'Hist. nat., 7 *bis*, rue des Saints-Pères. — Paris. — **F**

Gauthier (Antoine), Fabric. de rubans, 10, rue Mi-Carême. — Saint-Étienne (Loire).

Gauthier-Villars (Albert), Imprim-Édit., anc. Élève de l'Éc. Polytech., 55, quai des Grands-Augustins. — Paris.

****Gauthiot (Charles)**, Sec. gén. de la *Soc. de Géog. com. de Paris*, Mem. du Cons. sup. des Colonies, 63, boulevard Saint-Germain. — Paris. — **F**

Gautier (Gaston), anc. Présid. du *Comice agric.*, 6, rue de La Poste. — Narbonne (Aude).

Dᴿ **Gautier (Georges)**, Dir. du Lab. d'Électrothérap. et de la *Revue internat. d'Électro-thérap.*, 13, rue Auber. — Paris. — **R**

Gavelle (Émile), Filat., 289 *bis*, rue Solférino. — Lille (Nord).

Gavelle (Julien), boulevard de La Gare. — Cormeilles-en-Parisis (Seine-et-Oise).

Gay (Tancrède), Prop., 17, rue Chanzy. — Reims (Marne).

Gayet (Alphonse), Prof. à la Fac. de Méd., Corresp. nat. de l'Acad. de Méd., anc. Chirurg. tit. de l'Hôtel-Dieu, 106, rue de L'Hôtel-de-Ville. — Lyon (Rhône).

Gayon (Ulysse), Corresp. de l'Iust., Doyen de la Fac. des Sc., Dir. de la Stat. agron., 7, rue Duffour-Dubergier. — Bordeaux (Gironde). — **R**

Gazagnaire (Joseph), anc. Sec. de la *Soc. entomol. de France*, 29, rue Centrale. — Cannes (Alpes-Maritimes). — **R**

Gazagne (Gaston), Chef de sect. à la *Comp. des Chem. de fer de Paris à Lyon et à la Méditerranée*, 40, rue de L'Hôtel-de-Ville. — Arles-sur-Rhône (Bouches-du-Rhône).

Gélin (l'Abbé Émile), Doct. en Philo. et en Théologie, Prof. de Math. sup. au Col. de Saint-Quirin. — Huy (Belgique). — **R**

Genaille (Henri), Ing. civ., Chef de l'entret. des bâtiments à l'Admin. cent. des *Chem. de fer de l'État*, 68, boulevard Rochechouart. — Paris.

Géneau de Lamarlière (Léon), Doct. ès Sc., Lauréat de l'Inst. Chargé d'un cours d'Hist. nat. à l'Éc. de Méd., 115, rue Clovis. — Reims (Marne).

Geneste (Philippe), Archit., 9, quai de Retz. — Lyon (Rhône).

Genis (Louis), Ing., Dir. de la *Soc. d'Assainissement*, 95, rue de Prony. — Paris.

Gensoul (Paul), Ing. des Arts et Man., Admin. de la *Comp. du Gaz de Lyon*, 42, rue Vaubecour. — Lyon (Rhône). — **R**

Gentil (Louis), Maître de Conf. à la Fac. des Sc., 65, boulevard Pasteur. — Paris. — **R**

****Genvresse (Félix)**, Étud., 16, rue de Hambourg. — Paris.

Dʳ **Geoffroy (Jules)**, 15, rue de Hambourg. — Paris.

Geoffroy Saint-Hilaire (Albert), anc. Dir. du Jardin zool. d'Acclimat., anc. Présid. de la *Soc. nat. d'Acclimat. de France*, 9, rue de Monceau. — Paris. — **F**

Georges (H.), Nég., v.-Consul de l'Uruguay, 1, rue de L'Arsenal. — Bordeaux (Gironde).

Georgin (Ed.), Étud., 7, faubourg Cérès. — Reims (Marne).

Gérard (l'Abbé Félicien), Lic. ès Sc. nat, Prof. à l'Éc. Saint-François de Salles, 39, rue Vannerie. — Dijon (Côte-d'Or).

Gérard (René), Prof. de Botan. à la Fac. des Sc., Dir. du Jardin botan. de la Ville, 67, avenue de Noailles. — Lyon (Rhône).

Gerbeau, Prop., 13, rue Monge. — Paris. — **R**

Dᴿ **Gerber (Charles), Prof. à l'Éc. de Méd., Chef des travaux prat. à la Fac. des Sc., 25, boulevard Gazzino. — Marseille (Bouches-du-Rhône).

Gérente (Mᵐᵉ Paul), 19, boulevard Beauséjour. — Paris. — **R**

Dᴿ **Gérente (Paul)**, Méd.-Prof. hon. des Asiles pub. d'aliénés, Sénateur d'Alger, 19, boulevard Beauséjour. — Paris. — **R**

Germain (Henri), Mem. de l'Inst., Présid. du Cons. d'admin. du *Crédit Lyonnais*, anc. Député, 89, rue du Faubourg-Saint-Honoré. — Paris. — **F**

Germain (Philippe), 33, place Bellecour. — Lyon (Rhône). — **F**

Gervais (Alfred), Dir. de la *Comp. des Salins du Midi*, 2, rue des Étuves. — Montpellier (Hérault).

Gévelot, Nég., 30, rue Notre-Dame-des-Victoires. — Paris.

Geymüller (le Baron Henry de), Corresp. de l'Inst. de France, Archit., 3, rue Louise. — Baden-Baden (Grand-Duché de Bade).

*Giard (Mme Alfred), 14, rue Stanislas. — Paris.
*Dr Giard (Alfred), Mem. de l'Inst., Prof. à la Fac. des Sc., Maître de Conf. à l'Éc.
  Norm. sup., anc. Député, 14, rue Stanislas. — Paris: — **R**
*Gibert, Archit., place d'Armes. — Montauban (Tarn-et-Garonne).
Gibou (Édouard), Prop., 87, avenue Henri-Martin. — Paris.
Gigandet (Eugène) (fils), Nég., 16, rue Montaux. — Marseille (Bouches-du-Rhône). — **R**
Gignier (Justin, Régis), Pharm., anc. Maire. — Romans (Drôme).
Gilardoni (Camille), Manufac. — Altkirch (Alsace-Lorraine).
Gilardoni (Frantz), Manufac. — Altkirch (Alsace-Lorraine).
Gilardoni (Jules), Manufac. — Altkirch (Alsace-Lorraine).
Gilbert (Armand), Présid. de Chambre à la Cour d'Ap., 12, rue Vauban. — Dijon
  (Côte-d'Or). — **R**
Gillard (Gabriel), Chirurg.-Dent. diplômé de la Fac. de Méd., 4, carrefour de l'Odéon.
  — Paris.
Gillet (fils ainé), Teintur., 9, quai de Serin. — Lyon (Rhône). — **F**
Gillet (Albert), 156, boulevard Pereire. — Paris.
Dr Gillet (Henry), 3, place Pereire. — Paris.
Gillet (Stanislas), Ing. des Arts et Man., 32, boulevard Henri-IV. — Paris.
Dr Gillot (François, Xavier), 5, rue du Faubourg-Saint-Andoche. — Autun (Saône-et-
  Loire).
Gilot (Paul, Louis), Caissier d'Agent de Change, 34, rue Saint-Didier. — Paris.
Girard (Charles), Chef du Lab. mun. de la Préf. de Police, 2, rue de La Cité.—Paris.—**F**
Dr Girard (Henry), Méd. de la Marine, Prof. à l'Éc. de Méd. navale, 25, avenue
  Vauban. — Toulon (Var).
Dr Girard (Joseph de), Agr. à la Fac. de Méd., 4, rue des Trésoriers-de-la-Bourse.
  — Montpellier (Hérault).
Dr Girard (Jules), Prof. à l'Éc. de Méd., Mem. du Cons. mun., 4, rue Vicat. — Grenoble
  (Isère).
Girard (Julien), Pharm.-Maj. de l'Armée en retraite, 3, boulevard Bourdon. — Paris.—**R**
Girard (Max), Agréé au Trib. de Com., 2, rue Rossini. — Paris.
Girardon (Henri), Ing. en chef des P. et Ch., 5, quai des Brotteaux. — Lyon (Rhône).
Girardot (Louis, Abel), Géol., Prof. au Lycée, 63, rue des Salines. — Lons-le-Saunier
  (Jura).
Giraud (Louis). — Saint-Péray (Ardèche). — **R**
Giraux (Mme Louis), 9 bis, avenue Victor-Hugo. — Saint-Mandé (Seine).
Giraux (Louis), Nég. 9 bis, avenue Victor-Hugo. — Saint-Mandé (Seine). — **R**
Giresse (Édouard), Sénateur de Lot-et-Garonne, Mem. du Cons. gén., Maire. — Meilhan
  (Lot-et-Garonne).
Dr Girod (Paul), Prof. à la Fac. des Sc., Dir. de l'Éc. de Méd., 26, rue Blatin.
  — Clermont-Ferrand (Puy-de-Dôme).
Giry (Mme Marius), 8, rue Sainte. — Marseille (Bouches-du-Rhône).
Giry (Marius), Fabric. de papiers et de pâte de bois, 8, rue Sainte. — Marseille (Bou-
  ches-du-Rhône).
Gob (Antoine), Prof. à l'Athénée, 9, boulevard du Canal. — Hasselt (Belgique).
Gobin (Adrien), Insp. gén. hon. des P. et Ch., 8, quai d'Occident. — Lyon (Rhône).—**R**
Godard (Félix), Ing. de la Marine hors cadres, 15, rue d'Edimbourg. — Paris. — **R**
Godart (Aimé), anc. Dir. de l'Éc. Monge, anc. Élève de l'Éc. Polytech., 179, rue de
  Courcelles. — Paris.
Godillot-Alexis (Georges), Ing. des Arts et Man., 2, rue Blanche. — Paris.
Dr Godin (Paul), Méd.-Maj. de 1re cl., 21, rue Nicole. — Paris.
Godon (Charles), Dir. de l'Éc. dentaire de Paris, 40, rue Vignon. — Paris.
Dr Goldschmidt (David), 4 bis, rue des Rosiers (chez M. Reblaub). — Paris.
Goldschmidt (Frédéric), Rent., 33, rue de Lisbonne. — Paris. — **F**
Dr Gomet (Alfred), 79, Grande-Rue. — Besançon (Doubs).
Dr Gordon y de Acosta (D. Antonio de), Présid. de l'Acad. des Sc. méd., phys. et nat.,
  esq^d à Amargura. — La Havane (Ile de Cuba). — **R**
Dr Gornard de Coudré, 39, rue Notre-Dame-de-Lorette. — Paris.
Gort (Viscomt). — East-Cowes-Castle (Isle of Wight) (Angleterre).
Gossart (Émile), Prof. de Phys. à la Fac. des Sc., 68, rue Eugène-Ténot. — Bordeaux
  (Gironde).
Gosselet (Jules), Doyen de la Fac. des Sc., 18, rue d'Antin. — Lille (Nord).
Gossiome (Paul), Nég. — Yerres (Seine-et-Oise).
Dr Gouas (Ernest). — La Croix-Saint-Leufroy (Eure).

Gouin (Adolphe), Ing. des Arts et Man., Admin.-gérant de la *Soc. des Savonneries Menpenti*, 118, Grand Chemin de Toulon.— Marseille (Bouches-du-Rhône).

Gouin (Édouard), Ing. des P. et Ch. en retraite, Dir. de la *Comp. des Transports maritimes*, 32, rue Breteuil. — Marseille (Bouches-du-Rhône).

Goullin (Gustave, Charles), Consul de Belgique, anc. Adj. au Maire, 5, place du Général-Mellinet. — Nantes (Loire-Inférieure).

Gounouilhou (G.), Imprim., 11, rue Guiraude. — Bordeaux (Gironde). — **F**

Gourdon (Maurice), Attaché au Serv. de la Carte Géol. de France, 19 rue de Gigant. — Nantes (Loire-Inférieure).

Gourret (Paul), Doct. ès Sc., Prof. à l'Éc. de Méd., s.-Dir. du Lab. Zool.. 24, rue de Lodi. — Marseille (Bouches-du-Rhône).

Dr Grabinski (Boleslas). — Neuville-sur-Saône (Rhône). — **R**

*__**Grammaire (Louis)**, Géom., Cap. adjud.-maj. au 52e rég. territ. d'Infant., Agent gén. du *Phénix*, place Saint-Jean. — Chaumont (Haute-Marne).

Grandeau (Louis), Insp. gén. des Stat. agronom., Prof. au Conserv. nat. des Arts et Mét., 4, avenue de La Bourdonnais. — Paris.

Grandidier (Mme Alfred), 6, rond-point des Champs-Élysées. — Paris

Grandidier (Alfred), Mem. de l'Inst., 6, rond-point des Champs-Élysées. — Paris. — **R**

*__**Granet (Vital)**, Recev. mun., rue Louis-Codet. — Saint-Junien (Haute-Vienne).

Grasset (Mme Joseph), 6, rue Jean-Jacques-Rousseau. — Montpellier (Hérault).

Grasset (Joseph), Prof. à la Fac. de Méd., Corresp. nat. de l'Acad. de Méd., 6, rue Jean-Jacques-Rousseau. — Montpellier (Hérault).

Dr Gratiot (E.) (fils). — La Ferté-sous-Jouarre (Seine-et-Marne).

Gréard (Octave), Mem. de l'Acad. française et de l'Acad. des Sc. morales et politiques, v.-Rect. hon. de l'Acad. de Paris, 30, rue du Luxembourg. — Paris.

Grédy (Frédéric), Nég. en vins, 16, quai des Chartrons. — Bordeaux (Gironde).

Dr Grégoire (Junior), Méd. de la *Comp. des Chem. de fer de Paris à Lyon et à la Méditerranée*. — Chazelles-sur-Lyon (Loire).

Grellet (V.), v.-Consul des États-Unis. — Kouba par Hussein-Dey (départ. d'Alger).

Grenier (René), Ing. civ. des Mines, Minotier. — Pocancy par Vertus (Marne).

Grimanelli (Périclès), Dir. de l'admin. pénitentiaire au Min. de l'Int. — Paris.

Grimaud (Émile), Imprim., 4, place du Commerce. — Nantes (Loire-Inférieure). — **R**

Dr Grimoux (Henri), Méd. hon. des Hôp. — Beaufort (Maine-et-Loire). — **F**

Grison (Ernest), s.-Insp. de l'Enregist., 18, rempart des Petits-Prés. — Château-Thierry (Aisne).

*__**Grison-Poncelet (Eugène)**, Manufac., rue de Nogent. — Creil (Oise). — **R**

Dr Gros (Joseph), Méd. en chef de la Maison d'éduc. de la Légion d'hon., place de La Mairie. — Écouen (Seine-et-Oise).

Dr Gros (Joseph), Méd. en chef de l'Hôp. Saint-Louis, 24, rue Saint-Jean. — Boulogne-sur-Mer (Pas-de-Calais).

Gros et Roman, Manufac. — Wesserling (Alsace-Lorraine).

Dr Grosclaude (Alphonse), 21, rue Pontallier. — Elbeuf-sur-Seine (Seine-Inférieure).

Gross (Mme Frédéric), 25, rue Isabey. — Nancy (Meurthe-et-Moselle). — **R**

Gross (Frédéric), Doyen de la Fac. de Méd., Corresp. nat. de l'Acad. de Méd., 25, rue Isabey. — Nancy (Meurthe-et-Moselle). — **R**

Grosseteste (William), Ing. des Arts et Man., 67, avenue Malakoff. — Paris.

Grottes (le Comte Jules des), Mem. du Cons. gén., 9, place Gambetta. — Bordeaux (Gironde).

Grouselle (Mme Émile). — Voncq (Ardennes).

Grouselle (Émile), Notaire. — Voncq (Ardennes).

Grouvelle (Jules), Ing. des Arts et Man., Prof. de Phys. indust. à l'Éc. cent. des Arts et Man., 18, avenue de L'Observatoire. — Paris.

Gruner (Édouard), Ing. civ. des Mines, anc. Élève de l'Éc. Polytech., Sec. du *Comité cent. des Houillères*, 55, rue de Châteaudun. — Paris.

Gruter (Dominique, Jost), Méd.-Dent., 7, square Saint-Amour. — Besançon (Doubs).

Grynfeltt, Prof. à la Fac. de Méd., 8, place Saint-Côme. — Montpellier (Hérault).

Guccia (Jean-Baptiste), Prof. de Géom. sup. à l'Univ., 30, via Ruggiero Settimo. — Palerme (Italie).

Dr Guébhard (Adrien), Lic. ès Sc. Math. et Phys., Agr. de Phys. des Fac. de Méd. — Saint-Vallier-de-Thiey (Alpes-Maritimes). — **R**

Dr **Guende (Charles)**, (Maladies des yeux), 2, rue Montaut. — Marseille (Bouches-du-Rhône).

Guérard (Adolphe), Insp. gén. des P. et Ch., 8, rue Picot. — Paris.

Guérin (Jules), Ing. civ. des Mines, 56, rue d'Assas. — Paris.

Guérin (Louis), Opticien, 14, rue Bab-Azoun. — Alger.

Guérin (Paul), Prépar. de Botan. à l'Éc. sup. de Pharm., 4, avenue de L'Observatoire. — Paris.

Dr **Guerlain (Louis)** (fils), anc. Int. des Hôp. de Paris, 13, rue Nationale. — Boulogne-sur-Mer (Pas-de-Calais).

Dr **Guerne (le Baron Jules de)**, Natur., Sec. gén. de la Soc. nat. d'Acclimat. de France, 6, rue de Tournon. — Paris. — **R**

Guerrapain (Achille), Prof. départ. d'Agric. — Laon (Aisne).

Guerrapin, anc. Nég., l'Hermitage. — Saint-Denis-Hors par Amboise (Indre-et-Loire).

Gueydon (Louis), Pharm. de 1re cl. — Chabréville par Guîtres-sur-l'Isle (Gironde).

Guézard (Mme Jean-Marie), 16, rue des Écoles. — Paris. — **R**

*****Guézard (Jean-Marie)**, anc. Princ. Clerc de Notaire, 16, rue des Écoles. — Paris. — **R**

Guiauchain, Archit., rue Clauzel. — Alger-Agha.

Guibert (Léonce), Ing. des P. et Ch., 86, rue de l'Église-Saint-Seurin. — Bordeaux (Gironde).

Guiet (Gustave), 90, avenue Malakoff. — Paris.

Guieysse (Paul), Ing.-Hydrog. de la Marine, anc. Min., Député du Morbihan, 42, rue des Écoles. — Paris. — **R**

Guiffard (Léon), Avocat à la Cour d'Ap., 45, avenue Trudaine. — Paris.

Guignard (Léon), Mem. de l'Inst. et de l'Acad. de Méd., Dir. de l'Éc. sup. de Pharm., 1, rue des Feuillantines. — Paris.

Guignard (Ludovic, Léopold), Présid. de la Soc. des Sc. et des Lettres de Loir-et-Cher, Sans-Souci. — Chouzy (Loir-et-Cher).

Dr **Guilbeau (Martin)**. — Saint-Jean-de-Luz (Basses-Pyrénées).

Guilbert (Gabriel), Météorol., 103, rue Branville. — Caen (Calvados).

Guillain (Antoine), Insp. gén. des P. et Ch., anc. Min. des Colonies, Député du Nord, 55, rue Scheffer. — Paris.

Guillaume (Eugène, C.), Mem. de l'Acad. française et de l'Acad. des Beaux-Arts, Statuaire, Dir. de l'Acad. de France à Rome, 5, rue de L'Université. — Paris.

Guillemin (Auguste), Prof. de Phys. à l'Éc. de Méd. et de Pharm., anc. Maire, 4, boulevard de La République. — Alger.

Dr **Guilleminot (Hyacinthe)**, 13, rue de La Chaussée-de-La-Muette. — Paris.

Guillemot (Charles), Mécan., 73, rue Saint-Louis-en-l'Ile. — Paris.

Dr **Guillet**, Prof. à l'Éc. de Méd., 28, rue des Carmélites. — Caen (Calvados).

Guillibert (le Baron Hippolyte), Avocat à la Cour d'Ap., anc. Bâton. du Cons. de l'Ordre, 10, rue Mazarine. — Aix en Provence (Bouches-du-Rhône).

Guillotin (Amédée), anc. Présid. du Trib. de Com. de la Seine, 77, rue de Lourmel. — Paris.

Dr **Guilloz (Théodore)**, Agr. à la Fac. de Méd., 38, place de La Carrière. — Nancy (Meurthe-et-Moselle).

Guilmin (Mme V^e), 8, boulevard Saint-Marcel. — Paris. — **R**

Guilmin (Ch.), 8, boulevard Saint-Marcel. — Paris. — **R**

Guimarães (Rodolphe Ferreira de Souza Marques Sovo Dias), Mem. de l'Acad. royale des Sc., Lieut. de l'Ét.-Maj. du Génie, 69, rue do 4 de Infanteria. — Lisbonne (Portugal).

Guimet (Émile), Nég. (Musée Guimet), avenue d'Iéna. — Paris. — **F**

Guionnet (Paul), Prop., route des Cars. — Aixe-sur-Vienne (Haute-Vienne).

*****Dr **Guiraud (Louis)**, f. à la Fac. de Méd., 48, rue Bayard. — Toulouse (Haute-Garonne).

Guiraut (Gabriel), Président d'hon. de la Ch. synd. du Com. des vins et spiritueux de la Gironde, 25, rue du Manège. — Bordeaux (Gironde).

Guy (Louis), Nég., 232, rue de Rivoli. — Paris. — **R**

Guyard (Henri), Mem. de la Soc. des Sc. nat. de l'Yonne, 17, rue d'Églény. — Auxerre (Yonne).

Guyon (Mme A.), 7, rue Pelouze. — Paris.

*****Guyot (Mme Raphaël)**, 11, rue de Montataire. — Creil (Oise). — **R**

*****Guyot (Raphaël)**, Pharm. de 1re cl., 11, rue de Montataire. — Creil (Oise). — **R**

Guyot (Yves), Dir. polit. du Siècle, anc. Min. des Trav. pub., 95, rue de Seine. — Paris. — **R**

Haag (Paul), Ing. en chef, Prof. à l'Éc. Polytech. et à l'Éc. nat. des P. et Ch., 11 *bis*, rue Chardin. — Paris.

Hachette et Cie, Libr.-Édit., 79, boulevard Saint-Germain. — Paris. — **F**

Hagenbach-Bischoff (Édouard), Doct. ès Sc., Prof. de Phys. à l'Univ., 20, Missionsstrasse. — Bâle (Suisse).

Haller-Comón (Albin), Mem. de l'Inst. et de l'Acad. de Méd., Prof. de Chim. organique à la Fac. des Sc., 1, rue Le Goff. — Paris. — **R**

Hallette (Albert), Fabric. de sucre. — Le Cateau (Nord). — **R**

Hallez (Paul), Prof. à la Fac. des Sc., 58, rue Jean-Bart. — Lille (Nord).

Dr Hallion (Louis), Chef des trav. du Lab. de Physiol. pathol. de l'Éc. des Hautes-Études (Collège de France), 54, rue du Faubourg-Saint-Honoré. — Paris.

Dr Hallopeau (Henri), Mem. de l'Acad. de Méd., Agr. à la Fac. de Méd., Méd. des Hôp., 91, boulevard Malesherbes. — Paris.

Halphen (Georges), Chim. au Min. du Com., 23, rue Bréa. — Paris.

Hamard (l'Abbé Pierre, Jules), Chanoine, 6, rue du Chapitre. — Rennes (Ille-et-Vilaine). — **R**

Hamelin (Elphège), Prof. à la Fac. de Méd., 7, rue de La République. — Montpellier (Hérault).

Dr Hamy (Ernest), Mem. de l'Inst., Prof. au Muséum d'Hist. nat., Conserv. du Musée d'Ethnog., 36, rue Geoffroy-Saint-Hilaire. — Paris.

Hanrez (Prosper), Ing., Mem. de la Ch. des Représentants, 190, chaussée de Charleroi. — Bruxelles (Belgique).

Dr Hanriot (Maurice), Mem. de l'Acad. de Méd., Agr. à la Fac. de Méd., 4, rue Monsieur-le-Prince. — Paris.

Haouy (Charles), Lic. ès Sc. Math. et Phys., Prépar. à la Fac. des Sc., 3 *bis*, rue de Vannoz. — Nancy (Meurthe-et-Moselle).

Haraucourt (C.), Prof. de Phys. au Lycée Corneille, 8, place du Boulingrin. — Rouen (Seine-Inférieure).

Hardion (Jean), Archit., anc. Élève des Écoles nat. des P. et Ch. et des Beaux-Arts, 4, rue Traversière. — Tours (Indre-et-Loire).

Hariot (Paul), Prépar. au Muséum d'Hist. nat., 63, rue de Buffon. — Paris.

Harlé (Émile), anc. Ing. des P. et Ch., Construc., 12, rue Pierre-Charron. — Paris.

Hartmann (Georges), 14, quai de La Mégisserie. — Paris.

Hartmayer, Cap. en retraite, Consul de France hon. — Djerba (Tunisie).

Harwood (H., J.), Chirurg.-Dent., 8, rue du Président-Carnot. — Lyon (Rhône).

Haton de la Goupillière (J., N.), Mem. de l'Inst., Insp. gén., Dir. hon. de l'Éc. nat. sup. des Mines, 56, rue de Vaugirard. — Paris. — **F**

Hatt (Philippe), Mem. de l'Inst., Ing.-hydrog. de 1re cl. de la Marine, 31, rue Madame. — Paris.

Haug (Émile), Prof. adj. à la Fac. des Sc., 14, rue de Condé. — Paris.

Hausser (Édouard), Ing. en chef des P. et Ch., 162, boulevard Malesherbes. — Paris.

Hayem (Georges), Prof. à la Fac. de Méd., Mem. de l'Acad. de Méd., Méd. des Hôp., 97, boulevard Malesherbes. — Paris.

Hébert (Alexandre), Prépar. adj. des trav. prat. de Chim. à la Fac. de Méd., 14, rue Berthollet. — Paris.

Dr Hecht (Émile), 12, rue Victor-Hugo. — Nancy (Meurthe-et-Moselle).

Dr Heckel (Édouard), Prof. à la Fac. des Sc. et à l'Éc. de Méd., Corresp. nat. de l'Acad. de Méd., Dir. du Jardin botan., 31, cours Lieutaud. — Marseille (Bouches-du-Rhône).

Dr Heim (Frédéric), Doct. ès Sc., Agr. à la Fac. de Méd., 34, rue Hamelin. — Paris.

Heinbach (Albert), anc. Pharm. de 1re cl., anc. Int. des Hôp., 24, rue de La Tour. — Paris.

Heitz (Paul), Ing. des Arts et Man., anc. Élève de l'Éc. libre des Sc. polit., Avocat à la Cour d'Ap., 29, rue Saint-Guillaume. — Paris. — **R**

Dr Heitz (Victor), Prof. sup. à l'Éc. de Méd., Chef de clin. à l'Hôp., 45, Grand'Rue. — Besançon (Doubs).

Héliand (le Comte d'), 21, boulevard de La Madeleine. — Paris. — **R**

Dr Henneguy (Félix), Prof. au Collège de France, 9, rue Thénard. — Paris.

Hennequin (E.), Nég., 84, avenue Ledru-Rollin. — Paris.

Dr Hénocque (Albert), Dir. adj. du Lab. de Physiol. biol. de l'Éc. des Hautes-Études au Collège de France, 11, avenue Matignon. — Paris.

*Henriet (Jules), anc. Ing. en chef des P. et Ch. de l'Empire Ottoman, Présid. de l'Univ. populaire *Le Foyer du Peuple*, 204, rue Paradis. — Marseille (Bouches-du-Rhône).

Henrivaux (Jules), anc. Dir. de la Manufac. de Glaces. — Saint-Gobain (Aisne).

Dr Henrot (Henri), Corresp. nat. de l'Acad. de Méd., Dir. de l'Éc. de Méd., anc. Maire, 73, rue Gambetta. — Reims (Marne).

Henrot (Jules), Présid. du *Cercle pharm. de la Marne*, 75, rue Gambetta. — Reims (Marne).

Henry (Charles), Maître de Conf. à l'Éc. prat. des Hautes-Études, 71, rue du Temple. — Paris.

Henry (Louis, Isidore), Ing. en chef de 1re cl. de la Marine. — Brest (Finistère).

Hérail (Joseph). Prof. à l'Éc. de Méd., 10 *bis*, boulevard Bon-Accueil. — Alger-Mustapha.

Hérard (Mlle Alice), 16, rue Séguier. — Paris.

Dr Hérard (Hippolyte), Mem. de l'Acad. de Méd., Agr. de la Fac. de Méd., Méd. des Hôp., 12 *bis*, place De Laborde. — Paris.

Herbault (Nemours), Agent de change hon., 22, rue de L'Élysée. — Paris.

***Hérichard (Émile)**, Ing. civ., anc. Élève de l'Éc. nat. des P. et Ch., 56, rue des Peupliers — Boulogne-sur-Seine (Seine). — **R**

Hermet (l'Abbé), Curé. — L'Hospitalet par la Cavalerie (Aveyron).

Héron (Guillaume), Prop., château Latour. — Bérat par Rieumes (Haute-Garonne). — **R**

Héron (Jean-Pierre), Prop., 7, place de Tourny. — Bordeaux (Gironde). — **R**

Herran (Adolphe), Ing. civ. des Mines, 36, avenue Henri-Martin. — Paris.

Herrenschmidt (Henri), Étud., 10, boulevard Magenta. — Paris.

Hérubel (Frédéric), Fabric. de Prod. chim. — Petit-Quévilly (Seine-Inférieure).

Dr Hervé (Georges), Prof. à l'Éc. d'Anthrop., 8, rue de Berlin. — Paris.

Hess (Philippe), Chirurg.-Dent., 3, rue de La Sous-Préfecture. — Montbéliard (Doubs).

Hetzel (Jules), Libr.-Édit., 12, rue des Saints-Pères. — Paris. — **R**

Heurtel (Ferdinand), Cap. de frégate de réserve, 91, avenue Kléber. — Paris.

Hildenfinger (Paul), Attaché à la Biblioth. nat., 34, avenue de Villiers. — Paris.

Hillel frères, 2, avenue Marceau. — Paris. — **F**

Himly (L., Auguste), Mem. de l'Inst., Doyen hon. de la Fac. des Lettres, 23, avenue de L'Observatoire. — Paris.

Hivert (Maurice), Chirurg.-Dent. diplômé de la Fac. de Méd., s.-Dir. de l'Éc. odonto-technique, 9, rue de l'Isly. — Paris.

Hlava (Iaroslav), Prof. d'Anat. pathol., à l'Univ. Tchèque, 32, rue Katerinska. — Prague (Autriche-Hongrie).

***Hoareau-Desruisseaux (Léon)**, Prof. au Collège. — Wassy-sur-Blaise (Haute-Marne).

Holden (Isaac), Manufac., 27, rue des Moissons. — Reims (Marne).

Holden (Jonathan), Indust., 23, boulevard de La République. — Reims (Marne). — **R**

Dr Hollande, Dir. de l'Éc. prép. à l'Ens. sup. des Sc. et des Lettres, 19, rue de Boigne — Chambéry (Savoie).

Holtz (Paul), Insp. gén. des P. et Ch., 57, rue de Lille. — Paris.

Dr Hommey (Joseph), Méd. de l'Hôp., Mem. du Cons. départ. d'Hygiène, 3, rue des Cordeliers. — Sées (Orne).

Honnorat-Bastide (Édouard, F.), quartier de La Sèbe. — Digne (Basses-Alpes).

Hospitalier (Édouard), Ing. des Arts et Man., Prof. à l'Éc. mun. de Phys. et de Chim. indust., Rédac. en chef de l'*Industrie élect.*, 87, boulevard Saint-Michel. — Paris.

Hottinguer, Banquier, 38, rue de Provence. — Paris. — **F**

***Houard (Clodomir)**, Prépar. à la Fac. des Sc., 40, rue Balagny. — Paris.

Houdaille (François), Prof. de Phys. à l'Éc. nat. d'Agric., 15, rue de L'École-de-Droit. — Montpellier (Hérault).

Houdé (Alfred), Pharm. de 1re cl., Mem. du Cons. mun., 29, rue Albouy. — Paris. — **R**

Houdié (Julien), Chirurg.-Dent., 69, rue d'Alsace-Lorraine. — Toulouse (Haute-Garonne).

Hourdequin (Maurice), Avocat, 93, rue Jouffroy. — Paris.

Hourst (Émile), Lieut. de vaisseau, 97, avenue Niel. — Paris. — **R**

Houzeau (Auguste), Corresp. de l'Inst., Prof. de Chim. gén. à l'Éc. prép. à l'Ens. sup. des Sc., 31, rue Bouquet. — Rouen (Seine-Inférieure).

Hovelacque-Khnopff (Émile), 50, rue Cortambert. — Paris. — **R**

Hua (Henri), Lic. ès Sc. nat., Botan., s.-Dir. à l'Éc. des Hautes-Études (Muséum d'Hist. nat.), 254, boulevard Saint-Germain. — Paris. — **R**

Hubert de Vautier (Émile), Entrep. de confec. milit., 114, rue de La République. — Marseille (Bouches-du-Rhône). — **R**

***Dr Hublé (Martial)**, Méd.-Maj. de 1re cl. au 52e Rég. d'Infant., Méd. chef des salles milit. de l'Hôp. mixte, villa Florian, rue de Bavière. — Montélimar (Drôme). — **R**

Hubou (Ernest), Ing. civ. des Mines, Insp. de la *Comp. des Chem. de fer de l'Est*, 19, allée des Bois-du-Chenil. — Le Raincy (Seine-et-Oise).

Huc (le Baron), 1, rue Embouque-d'Or. — Montpellier (Hérault).

Hudelo (Louis), Ing. des Arts et Man., Répét. de Phys. gén. à l'Éc. cent. des Arts et Man., 10, rue Saint-Louis-en-l'Ile. — Paris.

Hugon (Henri), Chef du Serv. des Domaines, 22, rue d'Angleterre. — Tunis.

Hugot (Adolphe), Dir. de la *Soc. anonyme des Aciéries et Forges de Firminy*. — Firminy (Loire).

Hulot (le Baron Étienne), Sec. gén. de la *Soc. de Géog.*, 41, avenue de La Bourdonnais. — Paris.

Humbel (Mme Ve Lucien). — Éloyes (Vosges). — **R**

Huon (A.), Dir. de l'Usine à Gaz, boulevard Daunou. — Boulogne-sur-Mer (Pas-de-Calais).

Huret-Lagache, Présid. de la Ch. de Com., quai Gambetta. — Boulogne-sur-Mer (Pas-de-Calais).

Hurion (Alphonse), Prof. à la Fac. des Sc. — Dijon (Côte-d'Or).

Hurmuzescu (Dragomir), Prof. à l'Univ. — Jassy (Roumanie).

*****Icard (Mme Melchior)**, 26, traverse Saint-Charles. — Marseille (Bouches-du-Rhône).

*****Icard (Melchior)**, anc. Pharm., 26, traverse Saint-Charles. — Marseille (Bouches-du-Rhône).

Illaret (Antoine), Vétér., 22, rue Dauzats. — Bordeaux (Gironde).

*****Imbert (Régis)**, Dir.-Ing. de l'Exploit. forestière de Bonabé, Lic. en Droit, anc. Élève de l'Éc. Polytech, rue de Villefranche. — Saint-Girons (Ariège).

*****Institut de Carthage (Association tunisienne des Lettres, Arts et Sciences)**, rue de Russie. — Tunis.

Institut Pasteur de la Régence, impasse près du Contrôle civil. — Tunis.

Isay (Mme Mayer). — Blamont (Meurthe-et-Moselle). — **R**

Isay (Mayer), Filat., anc. Cap. du Génie, anc. Élève de l'Éc. Polytech. — Blamont (Meurthe-et-Moselle). — **R**

Dr Istrati (Constantin), Doct. ès Sc. Phys., Prof. à l'Univ., Mem. du Cons. sup. de Santé (Laboratoire de Chimie organique), 2, spaniul Général Magheru. — Bucarest (Roumanie.)

Jackson-Gwilt (Mrs Hannah), Moonbeam villa, Merton road. — New-Wimbledon (Surrey) (Angleterre). — **R**

Dr Jacob de Cordemoy (Hubert), Doct. ès Sc., Chef des trav. de Botan. à la Fac. des Sc., 40, allées des Capucines. — Marseille (Bouches-du-Rhône).

*****Jacquelin (Mme Ve Félix)**. — Beuzeville-la-Guérard par Ourville (Seine-Inférieure).

Jacquerez (Charles), Agent Voyer en retraite. — Fraize (Vosges).

*** Jacques (Edmond)**, Clerc stagiaire de notaire, 6, rue Saint-Vorles. — Châtillon-sur-Seine (Côte-d'Or).

*****Jacques (Louis)**, Percept. des Contrib. dir., 6, rue Saint-Vorles. — Châtillon-sur-Seine (Côte-d'Or).

Jacquin (Anatole), Confis., 12, rue Pernelle. — Paris et villa des Lys. — Dammarie-lez-Lys (Seine-et-Marne). — **R**

Jacquin (Charles), Avoué de 1re Inst., 5, rue des Moulins. — Paris. — **R**

Jadin (Fernand), Prof. à l'Éc. sup. de Pharm., rue de l'École-de-Pharmacie. — Montpellier (Hérault).

Jalliffier, Prof.-Agr. au Lycée Condorcet, 11, rue Say. — Paris.

Jameson (Conrad), Banquier, anc. Élève de l'Éc. cent. des Arts et Man., 115, boulevard Malesherbes. — Paris. — **F**

*****Jamet (Victor)**, Prof. au Lycée, 130, cours Lieutaud. — Marseille (Bouches-du-Rhône).

Janet (Léon), Ing. en chef des Mines, 87, boulevard Saint-Michel. — Paris.

Jannelle (Émile), Nég. en vins. — Villers-Allerand (Marne).

Jannettaz (Paul), Répét. à l'Éc. cent. des Arts et Man., 68, rue Claude-Bernard. — Paris.

Janssen (Jules), Mem. de l'Inst. et du Bureau des Longit., Dir. de l'Observat. d'Astron. phys. — Meudon (Seine-et-Oise).

*****Jaray (Jean)**, 32, rue Servient. — Lyon (Rhône). — **R**

Jardinet (Ludovic-Eugène), Chef de bat. du Génie, Attaché au Serv. géog. de l'Armée, 140, rue de Grenelle. — Paris.

Jarsaillon (François), Prop., v. Présid. du *Comice agric.*, 7, rue Saint-Denis. — Oran (Algérie).

Dr Jaubert (Adrien), Insp. de la vérif. des Décès, 57, rue Pigalle. — Paris. — **R**

Jaumes (I., P.), Prof. de Méd. lég. et toxicol. à la Fac. de Méd., 5, rue Sainte-Croix. — Montpellier (Hérault).

Dr **Javal (Émile),** Mem. de l'Acad. de Méd., Dir. hon. du Lab. d'Ophtalm. de la Sorbonne anc. Député, 5, boulevard de La Tour-Maubourg. — Paris. — **R**

Jayles (Mme Gustave), 4, rue Victor-Hugo. — Montauban (Tarn-et-Garonne).

Jayles (Gustave), Avoué, 4, rue Victor-Hugo. — Montauban (Tarn-et-Garonne).

Dr **Jean (Alfred),** anc. Int. des Hôp., 15, rue de Londres. — Paris.

Jean (Amédée), Gref. de la Justice de Paix. — Saint-Pierre (Ile d'Oléron) (Charente-Inférieure).

Jeannel (Maurice), Prof. de Clin. chirurg. à la Fac. de Méd., 3, allée Saint-Étienne. — Toulouse (Haute-Garonne). — **R**

Jeannot (Auguste), Dir. du serv. des Eaux et de l'Éclairage à la mairie, Dir. adj. du Bureau d'Hyg., 96, Grande-Rue. — Besançon (Doubs).

Jeansoulin et Luzzatti, Fabric. d'huiles, avenue d'Arenc, 6, traverse du Château-Vert. — Marseille (Bouches-du-Rhône).

Jeantaud (Charles), Ing. des Arts et Mét., 51, rue de Ponthieu. — Paris.

Jobard (Jean, François), Manufac., 24, rue de Gray. — Dijon (Côte-d'Or).

Jobert (Clément), Prof. à la Fac. des Sc. de Dijon, 98, boulevard Saint-Germain. — Paris. — **R.**

Jochum (Édouard), Peintre-Céram., anc. Maire, 64, avenue Victor-Hugo. — Boulogne-sur-Seine (Seine).

Dr **Jodin (Henri),** Doct. ès Sc., Prépar. à la Fac. des Sc., 41, avenue de Clichy. — Paris.

Joffroy (Alix), Prof. à la Fac. de Méd., Mem. de l'Acad. de Méd., Méd. des Hôp., 195, boulevard Saint-Germain. — Paris

Johnston (Nathaniel), anc. Député, 15, rue de La Verrerie. — Bordeaux (Gironde). — **F**

Join-Lambert (Octave), Archiv.-Paléogr., anc. Mem. de l'Éc. française de Rome, 144, avenue des Champs-Élysées. — Paris.

Joliet (Gaston), Préfet de la Vienne. — Poitiers (Vienne).

Jolivald (l'Abbé), anc. Prof. — Mandern par Sierck (Alsace-Lorraine).

Jolly (Léopold), Pharm. de 1re cl., 64, boulevard Pasteur. — Paris.

Joly (Louis, Robert), Ing. des Arts et Man., Archit., 8, boulevard de La Cité. — Limoges (Haute-Vienne).

Jolyet (Félix), Prof. à la Fac. de Méd., 24, rue Diaz. — Bordeaux (Gironde).

Jones (Charles), 12, rue de Chaligny (chez M. Eugène Vauvert). — Paris. — **R**

Jones-Dussaut (Mlle G.), Les Ruches. — Avon (Seine-et-Marne).

Jordan (Camille), Mem. de l'Inst., Ing. en chef des Mines en retraite, Prof. à l'Éc. Polytech., 48, rue de Varenne. — Paris. — **R**

Dr **Jordan (Séraphin),** 11, Campania. — Cadix (Espagne). — **R**

Joret (Charles), Mem. de l'Inst., Doyen hon. de la Fac. des Lettres d'Aix, 59, rue Madame. — Paris.

Josse (Hippolyte), Ing. Cons. en matière de Brevets d'invention, anc. Élève de l'Éc. Polytech., 17, boulevard de La Madeleine. — Paris.

Jouandot (Jules), Ing. du serv. des Eaux de la Ville, 57, rue Saint-Sernin. — Bordeaux (Gironde). — **R**

Jouatte (Eugène, Charles), s.-Chef de Bureau au Min. des Fin., 1, rue Clovis. — Paris.

Dr **Joubin (Louis),** Prof. à la Fac. des Sc., 12, rue des Francs-Bourgeois. — Rennes (Ille-et-Vilaine).

Joubin (Paul, Jules), Rect. de l'Acad. — Grenoble (Isère).

Dr **Jouin (François),** anc. Int. des Hôp., 11 bis, cité Trévise. — Paris.

Joulie, Admin.-Délég. de la Soc. des Prod. chim. agric., 15, rue des Petits-Hôtels. — Paris.

Jourdain (Hippolyte), anc. Prof. à la Fac. des Sc. de Nancy, villa Belle-Vue. — Portbail (Manche).

Jourdan (Adolphe), Libr.-Édit., Juge au Trib. de Com., 4, place du Gouvernement. — Alger.

Jourdan (A.-G.), Ing. civ. (chez M. Simon), 14, rue Milton — Paris. — **R**

Jourdin (Michel), Juge de Paix, Insp. princ. hon. des Établis. classés. — Aubigny-sur-Nère (Cher).

Journeaux (Maurice), 111, avenue des Lilas. — Le Pré-Saint-Gervais (Seine).

Dr **Jousset (Marc),** anc. Int. des Hôp., 241, boulevard Saint-Germain. — Paris.

Dr **Joyeux-Laffuie (Jean),** Prof. à la Fac. des Sc., 135, rue Saint-Jean. — Caen (Calvados).

Juglar (Mme Joséphine), 58, rue des Mathurins. — Paris. — **F**

Julia (Santiago), Doct. ès Sc. — La Bédoule par Aubagne (Bouches-du-Rhône).

Julien (Albert), Archit., Expert-Vérific. des trav. de la Ville, 117, boulevard Voltaire. — Paris.

Jullien (Ernest), Ing. en chef des P. et Ch., 6, cours Jourdan. — Limoges (Haute-Vienne). — **R**

Jullien (Jules, André), Chef de Bat. au 127e rég. d'Infant., Commandant de l'École de Tir du Camp du Ruchard (Indre-et-Loire).

Jumelle (Henri), Doct. ès Sc., Prof. adj. à la Fac. des Sc., 24*, rue Fargès. — Marseille (Bouches-du-Rhône).

Jundzill (le Comte Casimir), Prop.-Agric. — Chemin de fer Moscou-Brest, station Domanow-Réginow (Russie). — **R**

Jungfleisch (Émile), Mem. de l'Acad. de Méd., Prof. à l'Éc. sup. de Pharm., 74, rue du Cherche-Midi. — Paris. — **R**

*Junot (Maurice), Dir. des *Voyages pratiques*, 9, rue de Rome. — Paris.

Kahn (Zadoc), Grand Rabbin de France, 17, rue Saint-Georges. — Paris.

*Dr Keating-Hart (Walter de), 5, boulevard Notre-Dame. — Marseille (Bouches-du-Rhône).

Dr Keiffer (Jean, Hilaire), Rédac. à la *Semaine médic. de Paris*, 17, rue de l'Association. — Bruxelles (Belgique).

Keittinger (Maurice), Manufac., v.-Présid. de la *Soc. indust.*, 36, rue du Renard. — Rouen (Seine-Inférieure).

Dr Kelsch (Achille), Méd.-Insp. de l'Armée, Dir. de l'Éc. d'application du serv. de Santé milit. du Val-de-Grâce, 277 bis, rue Saint-Jacques. — Paris.

Kerforne (Fernand), Doct. ès Sc., Prépar. de Géol. et de Minéral. à la Fac. des Sc., 16, rue de Châteaudun. — Rennes (Ille-et-Vilaine).

Kesselmeyer (Charles), Présid.-Fondat. de la *Ligue docimale*, Rose villa, Vale road. — Bowdon (Cheshire) (Angleterre). — **R**

Kilian (Wilfrid), Prof. à la Fac. des Sc., 11 bis, cours Berriat. — Grenoble (Isère).

Klipffel (Auguste), anc. Juge au Trib. de Com. de Béziers, Vitic. à Aïn-Bessem (Algérie), 13, rue Gœthe. — Paris.

Knieder (Xavier), Admin. délég. des Établissements Malétra. — Petit-Quévilly (Seine-Inférieure). — **R**

*Kœchlin (René), Admin.-Délég. de la *Comp. de tract. par Trolley automoteur*, 5, rue Boudreau. — Paris.

Kœchlin-Claudon (Émile), Ing. des Arts et Man., 60, rue Duplessis. — Versailles (Seine-et-Oise). — **R**

Kohler (Mathieu), Artiste-Peintre, 12, rue du Bassin. — Mulhouse (Alsace-Lorraine).

Dr Kollmann (Jules), Prof. d'Anat. — Bâle (Suisse).

Kowalski (Eugène), Lic. ès Sc., Ing. des Arts et Man., Prof. à l'Éc. sup. de Com. et d'Indust., 1, rue de Grassi. — Bordeaux (Gironde).

Krafft (Eugène), anc. Élève de l'Éc. Polytech., 27, rue Monselet. — Bordeaux (Gironde) — **R**

Krantz (Camille), Ing. des Manufac. de l'État, anc. Min. des Trav. pub., Député des Vosges, 226, boulevard Saint-Germain. — Paris.

Kreiss (Adolphe), Ing., 46, Grande-Rue. — Sèvres (Seine-et-Oise). — **R**

Krug (Paul), Nég. en vins de Champagne, 40, boulevard Lundy. — Reims (Marne).

*Kunckel d'Herculais (Jules), Assistant de Zool. (Entomol.) au Muséum d'Hist. nat., 55, rue de Buffon. — Paris. — **R**

Kunkler (Louis, Victor), Ing., anc. Élève de l'Éc. Polytech., 20, cours du Chapeau-Rouge. — Bordeaux (Gironde).

Kunstler (Joseph), Prof. à la Fac. des Sc., 49, rue Duranteau. — Bordeaux (Gironde).

Dr Labat (Alfred), Prof. à l'Éc. nat. vétér., 48, rue Bayard. — Toulouse (Haute-Garonne).

Labbé (Mme Léon), 117, boulevard Haussmann. — Paris.

Dr Labbé (Léon), Mem. de l'Acad. de Méd., Agr. à la Fac. de Méd., Chirurg. hon. des Hôp., Sénateur de l'Orne, 117, boulevard Haussmann. — Paris.

Labbé (Paul), Explorateur, 15, rue de Bourgogne. — Paris.

Labéda, Doyen hon., Prof. à la Fac. de Méd. et de Pharm., 19, rue Héliot. — Toulouse (Haute-Garonne).

Dr Laborde, Mem. de l'Acad. de Méd., Dir. des Trav. prat. à la Fac. de Méd., 15, rue de L'École-de-Médecine. — Paris.

Laboulaye (P. Lefebvre de), anc. Ambassadeur de France à Saint-Pétersbourg, 129, avenue des Champs-Elysées. — Paris.

Labrie (l'Abbé Jean, Joseph), Curé. — Lugasson par Frontenac (Gironde).

Labrunie (Auguste), Nég., 2, rue Michel. — Bordeaux (Gironde). — **R**

*Dr **Lacaze** (Raymond), allées de Mortarieu. — Montauban (Tarn-et-Garonne).

***Lacour** (Alfred), Ing. civ. des Mines, anc. Élève de l'Éc. Polytech., 60, rue Ampère.
— Paris. — **R**

Lacroix, 1, rue Sauval. — Paris.

Lacroix (Adolphe), Chim., 186, avenue Parmentier. — Paris.

Lacroix (Th.), 106, boulevard de Courcelles. — Paris.

Dr **Ladreit** de la **Charrière**, Méd. en chef hon. de l'Instit. nat. des Sourds-Muets et
de la Clin. otolog., 3, quai Malaquais. — Paris.

Ladureau (Mme Albert), 27, rue de Foucroy. — Paris. — **R**

Ladureau (Albert), Ing.-Chim., 27, rue de Foucroy. — Paris. — **R**

Lafargue (Georges), anc. Préfet, Percept. de Charenton, 6, rue Coëtlogon. — Paris.
— **R.**

Lafaurie (Maurice), 104, rue du Palais-Gallien. — Bordeaux (Gironde). — **R**

Laffitte (Jean, Paul), Publiciste, 18, rue Jacob. — Paris. — **R**

Laffitte (Léon), Ing.-Civ., 3, boulevard d'Auteuil. — Boulogne-sur-Seine (Seine).

Lafourcade (Auguste), Dir. de l'Éc. prim. sup., 41, rue des Trente-Six-Ponts. — Toulouse
(Haute-Garonne).

Lagache (Jules), Ing. des Arts et Man., Admin. de la *Soc. des Prod. chim. agric.*,
22, rue des Allamandiers. — Bordeaux (Gironde). — **R**

Lagarde (Auguste), anc. Mem. de la Ch. de Com., 27, cours Pierre-Puget. — Marseille (Bouches-du-Rhône).

Lagneau (Didier), Ing. civ. des Mines, 19, rue Cernuschi. — Paris. — **R**

Laire (G. de), Fabric. de Prod. organ., 92, rue Saint-Charles. — Paris.

Laisant (C.-A.), Doct. ès Sc., anc. Cap. du Génie, Examin. d'admis. à l'Éc. Polytech.,
anc. Député, 162, avenue Victor-Hugo. — Paris.

Lalanne (Mme Gaston), Castel d'Andorte, 342, route du Médoc. — Le Bouscat (Gironde).

Dr **Lalanne** (Gaston), Doct. ès Sc., Dir. de la Maison de santé, Castel d'Andorte,
342,-route du Médoc. — Le Bouscat (Gironde).

Lalanne (Mme Louis), place Tournon. — La Teste-de-Buch (Gironde).

Dr **Lalanne** (Louis), place Tournon — La Teste-de-Buch (Gironde).

***Lalaurie** (Édouard), Dir. de l'Éc. normale prim., boulevard Montauriol. — Montauban
(Tarn-et-Garonne).

Laleman (Édouard), Avocat, 6, rue Durnerin. — Lille (Nord).

*Dr **Lalesque** (Fernand), Corresp. de l'Acad. de Méd., anc. Int. des Hôp. de Paris,
boulevard de La Plage, villa Claude-Bernard — Arcachon (Gironde).

Lalheugue (H.), Archit. de la Ville, 17, rue Samonzet. — Pau (Basses-Pyrénées).

Lallemand (Charles), Mem. du Bureau des Longit., Ing. en chef au Corps des Mines,
Dir. du serv. du Nivellement gén. de la France, Chef du serv. technique du Cadastre,
66, boulevard Émile-Augier. — Paris.

Lallié (Alfred), Avocat, 18, rue Lafayette. — Nantes (Loire-Inférieure). — **R**

***Lallier** (Paul), Maire, — La Ferté-sous-Jouarre (Seine-et-Marne).

Lamarre (Onésime), Notaire, 2, place du Donjon. — Niort (Deux-Sèvres). — **R**

Lambert-Gautier (Fernand), Nég., 20, rue Linné. — Paris.

***Lamblin** (l'Abbé Joseph), Prof. à l'Éc. Saint-François de Sales, 39, rue Vannerie.
— Dijon (Côte-d'Or). — **R**

Lamé-Fleury (E.), anc. Cons. d'État, Insp. gén. des Mines en retraite, 62, rue de Verneuil.
— Paris. — **F**

***Lamey** (Adolphe), Conserv. des Forêts en retraite, 22, cité des Fleurs. — Paris.

Lamey (le Révérend Père Dom Mayeul), O. S. B., rue Saint-Mayeul. — Cluny (Saône-
et-Loire).

Lamy (Adhémar), Insp. des Forêts en retraite, 3, place Delille. — Clermont-Ferrand
(Puy-de-Dôme).

Lancial (Henri), Prof. au Lycée, 18, boulevard de Courtais. — Moulins (Allier). — **R**

Dr **Lande** (Louis), Maire, 34, place Gambetta. — Bordeaux (Gironde).

Landouzy (Louis), Prof. à la Fac. de Méd., Mem. de l'Acad. de Méd., Méd. des Hôp.,
4, rue Chauveau-Lagarde. — Paris.

Landrin (Édouard), Chim., 76, rue d'Amsterdam. — Paris.

Lanelongue (Martial), Prof. à la Fac. de Méd., Corresp. nat. de l'Acad. de Méd.,
24, rue du Temple. — Bordeaux (Gironde).

Lanes (Jean), Chef du Cabinet du Présid. du Sénat (Petit Luxembourg), 17, rue de
Vaugirard. — Paris. — **R**

Lang (Léon), 17, avenue de La Bourdonnais. — Paris.

Lang (Tibulle), Dir. de l'Éc. La Martinière, anc. Élève de l'Éc. Polytech., 5, rue des Augustins. — Lyon (Rhône). — **R**

Lange (Mme Adalbert). — Maubert-Fontaine (Ardennes). — **R**

Lange (Adalbert), Indust. — Maubert-Fontaine (Ardennes). — **R**

Lange (Albert), Prop., 7, rue Fromentin. — Paris.

*Lange (Mlle Alice). — Beuzeville-la-Guérard par Ourville (Seine-Inférieure).

Dr Langlet (Jean-Baptiste), Prof. de Physiol. à l'Éc. de Méd., anc. Député, 24, rue Buirette. — Reims (Marne).

Langlois (Ludovic), Notaire, 7, rue dé La Serpe. — Tours (Indre-et-Loire).

Lannelongue (Odilon-Marc), Mem. de l'Inst. et de l'Acad. de Méd., Prof. à la Fac. de Méd., Chirurg. des Hôp., anc. Député, 3, rue François-Ier. — Paris.

Dr Lantier (Étienne). — Tannay (Nièvre). — **R**

Laplanche (Maurice C. de), château de Laplanche. — Millay par Luzy (Nièvre).

Laporte (Maurice), Nég. — Jarnac (Charente).

Laporte (Xavier), Pharm. de 1re cl., place des Palmiers. — Arcachon (Gironde).

Lapparent (Albert de), Mem. de l'Inst., anc. Ing. des Mines, Prof. à l'Éc. libre des Hautes-Études, 3, rue de Tilsitt. — Paris. — **F**

Dr Larauza (Albert), Méd. des Thermes, rue de Borda. — Dax (Landes).

Dr Lardier. — Rambervillers (Vosges).

Larive (Albert), Indust., 22, rue Villeminot-Huart. — Reims (Marne). — **R**

La Rivière (Gaston), Ing. en chef des P. et Ch. — Lille (Nord).

Laroche (Mme Félix), 110, avenue de Wagram. — Paris. — **R**

Laroche (Félix), Insp. gén. des P. et Ch. en retraite, 110, avenue de Wagram. — Paris. — **R**

Larocque, (Louis-Eugène), Insp. d'Acad., anc. Dir. de l'Éc. prép. à l'Ens. sup. des Sc., 40, rue de Strasbourg. — Nantes (Loire-Inférieure).

Laroze (Alfred), Présid. de Ch. à la Cour d'Ap., anc. Député, 19, avenue Bosquet. — Paris.

Larré (P.), Lic. en Droit, Avoué hon., 5, rue Vital-Carles. — Bordeaux (Gironde).

Laskowski (Sigismond), Prof. à la Fac. de Méd., 110, rue de Carouge (villa de La Joliette). — Genève (Suisse).

Lassence (Alfed de), Prop., Mem. du Cons. mun., 12, avenue de Tarbes (villa Lassence). — Pau (Basses-Pyrénées). — **R**

Lassudrie (Georges), 23, quai Saint-Michel. — Paris.

*Lataste (Mlle Angèle). — Cadillac-sur-Garonne (Gironde).

*Dr Lataste (Fernand), anc. s.-Dir. du Musée nat. d'Hist. nat., Prof. hon. à l'Univ. du Chili. — Cadillac-sur-Garonne. (Gironde). — **R**

Latham (Éd.), Nég., Présid. de la Ch. de Com., 145, rue Victor-Hugo. — Le Havre (Seine-Inférieure).

Latour du Moulin (le Comte Boyer de), 3, place d'Iéna. — Paris.

*Lauby (Antoine), Lic. ès Sc., anc. Prépar. à la Fac. des Sc., 9, rue Dallet. — Clermont-Ferrand (Puy-de-Dôme).

*Launay (Félix), Ing. en chef des P. et Ch., 35, rue de Saint-Pétersbourg. — Paris.

Dr Launois (Pierre, Émile), Agr. à la Fac. de Méd., Méd. des Hôp., 12, rue Portalis. — Paris.

Laurent (François), Insp. des Manufac. de l'État, 7, rue de La Néva. — Paris.

Laurent (Irénée), Maître de verrerie, Verrerie de Saint-Galmier. — Veauche (Loire).

Laurent (Louis), Doct. ès Sc. nat., Prof. à l'Inst. colonial, 20, rue des Abeilles — Marseille (Bouches-du-Rhône).

Laurent (Léon), Construc. d'inst. d'optiq., 21, rue de L'Odéon. — Paris. — **R**

Laussedat (le Colonel Aimé), Mem. de l'Inst., Dir. hon. du Conserv. nat. des Arts et Mét., 3, avenue de Messine. — Paris. — **R**

Lauth (Charles), Dir. de l'Éc. mun. de Phys. et de Chim. indust., Admin. hon. de la Manufac. nat. de porcelaines de Sèvres, 36, rue d'Assas. — Paris. — **F**

Lavallée (Prosper), Ing. agron., Prof. d'Agric., Dir. de la ferme expérimentale de l'Éc. sup. d'Agric. d'Angers, 66, rue du Quinconce. — Angers (Maine-et-Loire).

Lavenne de la Montoise (de), Insp. princ. à la *Comp. des Chem. de fer d'Orléans*. — Nantes (Loire-Inférieure).

*Lavezzari (André), Ing. des Arts et Man., Admin.-Délég. de la *Comp. française de l'Accumulateur Aigle*, 42, rue Blanche. — Paris.

Lay-Crespel (Joseph), Indust., 54, rue Léon-Gambetta. — Lille (Nord).

Léauté (Henry), Mem. de l'Inst., Ing. des Manufac. de l'État, Répét. à l'Éc. Polytech., 20, boulevard de Courcelles. — Paris. — **R**

Le Bel (Charles, Léopold), v.-Présid. du Syndicat de la Boulangerie de Paris, 75, rue Lafayette. — Paris.

Le Blanc (Camille), Mem. de l'Acad. de Méd., Vétér., 90, boulevard Flandrin. — Paris.

Dr Leblond (Albert), Méd. de Saint-Lazare, 28, place Saint-Georges. — Paris.

Leblond (Paul), anc. Juge d'Inst., anc. Mem. du Cons. mun. de Rouen, la Grâce-de-Dieu. — Neufchâtel-en-Bray (Seine-Inférieure).

Le Bret (Mme Ve Paul), 148, boulevard Haussmann. — Paris.

Le Breton (André), Prop., 43, boulevard Cauchoise. — Rouen (Seine-Inférieure). — **R**

Le Breton (Gaston), Corresp. de l'Inst., Dir. du Musée départ. des Antiq. et du Musée de Céram. de la Ville, 25 bis, rue Thiers. — Rouen (Seine-Inférieure).

Lebrun-Oudart (Gustave), Nég. en bois. — Signy-l'Abbaye (Ardennes).

Le Chatelier (le Capitaine Frédéric, Alfred), anc. Of. d'ordonnance du Min. de la Guerre, 61, avenue Victor-Hugo. — Paris. — **R**

Le Cler (Achille), Ing. des Arts et Man., Maire de Bouin (Vendée), 7, rue de La Pépinière. — Paris.

Dr Lecler (Alfred). — Rouillac (Charente).

*Lecocq (Gustave), Dir. d'assurances, Mem. de la *Soc. géol. du Nord*, 7, rue du Nouveau-Siècle. — Lille (Nord).

Lecœur (Édouard), Ing., Archit., 30, rue Guy-de-Maupassant. — Rouen (Seine-Inférieure).

Lecomte (Henri), Doct. ès Sc., Prof. au Lycée Saint-Louis, 14, rue des Écoles. — Paris.

Lecomte (René), Min. plénipotentiaire, 6, rue Alboni. — Paris.

Leconte-Colette, Nég. en chaussures, 10, rue Neuve. — Lille (Nord).

Lecoq de Boisbaudran (François), Corresp. de l'Inst., 113, rue de Longchamp. — Paris. — **F**

Lecornu (Léon), Ing. en chef des Mines, 3, rue Gay-Lussac. — Paris. — **R**

Dr Ledé (Fernand), Méd.-Insp., Sec. rapporteur du Comité sup. de Protection des enfants du premier âge, 19, quai aux Fleurs. — Paris.

Dr Le Dien (Paul), 155, boulevard Malesherbes. — Paris. — **R**

Ledoux (Pierre), Prof. à l'Éc. Arago, 29, rue de Belléfond. — Paris.

Ledoux (Samuel), Nég., 29, quai de Bourgogne. — Bordeaux (Gironde). — **R**

Le Doyen, Prop., 38, rue des Écoles. — Paris.

Dr Leduc (H.), 16 ter, avenue Bosquet. — Paris.

Leduc (Mme Stéphane), 5, quai de La Fosse. — Nantes (Loire-Inférieure).

Dr Leduc (Stéphane), Prof. à l'Éc. de Méd., 5, quai de La Fosse. — Nantes (Loire-Inférieure).

Lee (Henry), v.-Consul des États-Unis d'Amérique, 2, rue Thiers. — Reims (Marne).

Leenhardt (André), Dir. de la *Comp. gén. des Pétroles*, 2, rue Fongate. — Marseille (Bouches-du-Rhône).

*Leenhardt (Frantz), Prof. à la Fac. de Théologie protestante, 12, rue du Faubourg-du-Moustier. — Montauban (Tarn-et-Garonne). — **R**

Dr Leenhardt (René), 7, rue Marceau. — Montpellier (Hérault).

Leenhardt-Pomier (Jules), Nég. (Maison Vidal), rue Clos-René. — Montpellier (Hérault).

*Lefébure (Mme Albert), 9, boulevard du Calvaire. — Neufchâtel-en-Bray (Seine-Inférieure).

*Lefébure (Albert), Vétér., 9, boulevard du Calvaire. — Neufchâtel-en-Bray (Seine-Inférieure).

Lefebvre (Alphonse), Publiciste, 8, Grande-Rue. — Boulogne-sur-Mer (Pas-de-Calais).

Lefebvre (Léon), Ing. en chef des P. et Ch., Ing. de la Voie à la *Comp. des Chem. de fer du Nord*, 1, avenue Trudaine. — Paris.

Lefèbvre (René), Insp. gén. des P. et Ch., 169, boulevard Malesherbes. — Paris. — **R**

Le Féron de Longcamp, Mem. de la *Soc. des Antiquaires de Normandie*, 51, rue de Geôle. — Caen (Calvados).

Lefeuve (Gabriel), Avocat, Publiciste, 3, rue de La Bienfaisance. — Paris.

Lefèvre (Julien), Doct. ès Sc., Prof. à l'Éc. prép. à l'Ens. sup. des Sc., Prof. sup. à l'Éc. de Méd. et Prof. au Lycée, 20, avenue de Gigant. — Nantes (Loire-Inférieure).

Lefort (Alfred), Notaire hon., 4, rue d'Anjou. — Reims (Marne).

Lefort (Francis), Étud. en Droit, 4, rue d'Anjou. — Reims (Marne).

Lefranc (Émile), Mécan., 21, rue de Monsieur. — Reims (Marne). — **R**

Dr Lefranc (Jules, Clément). — Pont-Hébert (Manche).

Legat (Jean-Baptiste), Mécan., 35, rue de Fleurus. — Paris.

Le Gendre (Charles), Dir. de la *Revue scient. du Limousin*, Insp. des Contrib. indir., 3, place des Carmes. — Limoges (Haute-Vienne).

D^r **Le Gendre (Paul)**, Méd. des Hôp., 25, rue de Châteaudun. — Paris.

Léger (Mme Arthur). — La Boissière (Oise).

Léger (Arthur), anc. Indust. — La Boissière (Oise).

Dr **Legludic (Henri)**, Dir. de l'Éc. de Méd. et de Pharm., 56, boulevard du Roi-René.
— Angers (Maine-et-Loire).

Legrand (A.), Dir.-gérant de la *Société coopérative*. — Saint-Remy-sur-Avre (Eure-et-Loir).

Legriel (Paul), Archit. diplômé par le Gouvernement, Lic. en Droit, 8, rue de Greffulhe.
— Paris. — **R**

D^r **Le Grix de Laval (Auguste, Valère)**, 28, rue Mozart. — Paris. — **R**

Leistner (Victor), Pharm. de 1re cl. — Aulnay-lez-Bondy (Seine-et-Oise).

Lejard (Mme Ve Charles), 6, rue Édouard-Detaille. — Paris. — **R**

Lejeune (G.), Chef de Fabric. de la Brasserie Burgelin, 5, quai Saint-Louis. — Nantes
(Loire-Inférieure).

Lejeune (Mme Henri), 6, avenue Nationale. — Moulins (Allier).

Dr **Lejeune (Henri)**, 6, avenue Nationale. — Moulins (Allier).

Lelegard (A.). — Villiers-sur-Marne (Seine-et-Oise).

Lelièvre (Désiré), anc. Notaire, 10 *bis*, rue Hincmar. — Reims (Marne).

Dr **Lelièvre (Ernest)**, anc. Int. des Hôp. de Paris, 53, rue de Talleyrand. — Reims
(Marne). — **R**

Lelong (l'Abbé Arthur), anc. Aumônier milit. — Réthel (Ardennes).

Le Marchand (Abel), Construc. de navires, 29, 31, rue Traversière. — Le Havre (Seine-Inférieure).

Le Marchand (Augustin), Ing., les Chartreux. — Petit-Quévilly (Seine-Inférieure). — **F**

Lemarchand (Edmond), Manufac. — Le Houlme (Seine-Inférieure).

*Lémeray (Ernest, Maurice)**, Lic. ès Sc. Math. et Phys., Ing. civ. du Génie maritime,
109 *bis*, rue Ville-ès-Martin. — Saint-Nazaire (Loire-Inférieure).

Lemercier (Alfred), Conduct. des P. et Ch., 19, rue d'Avron. — Le Perreux (Seine).

Lemerle (Lucien), Chirurg.-Dent., Prof. à l'Éc. dentaire de Paris, 35, avenue de l'Opéra.
— Paris.

Lemoine (Émile), Chef hon. du Serv. de la vérific. du gaz, anc. Élève de l'Éc. Polytech.,
4, boulevard de Vaugirard. — Paris.

Lemoine (Georges), Mem. de l'Inst., Ing. en chef des P. et Ch., Prof. à l'Éc.
Polytech., 76, rue Notre-Dame-des-Champs. — Paris.

Le Mounier (Georges), Prof. de Botan. à la Fac. des Sc., 3, rue de Serre. — Nancy
(Meurthe-et-Moselle). — **R**

Lemuet (Léon), Prop., 9, boulevard des Capucines. — Paris.

Lemut (André), Ing. des Arts et Man., 12 *bis*, rue Mondésir. — Nantes (Loire-Inférieure).

*Lennier (Gustave)**, Dir. du Muséum d'Hist. nat., 2, rue Bernardin-de-Saint-Pierre.
— Le Havre (Seine-Inférieure).

Lenoble (Henri), Avocat à la Cour d'Ap., 9, quai Saint-Michel — Paris.

Dr **Lenoir (Paul)**, Méd. des Hôp., 162, rue de Rivoli. — Paris.

Dr **Léon (Auguste)**, Méd. en chef de la Marine en retraite, 5, rue Duffour-Dubergier.
— Bordeaux (Gironde). — **R**

Dr **Léon-Petit**, Sec. gén. de l'*Œuvre des Enfants tuberculeux*, 20, rue de Penthièvre.
— Paris.

D^r **Le Page**, 33, rue de La Bretonnerie. — Orléans (Loiret). — **R**

Dr **Lépine (Jean)**, anc. Int. des Hôp. 30, place Bellecour. — Lyon (Rhône). — **R**

Lépine (Raphaël), Corresp. de l'Inst., Prof. à la Fac. de Méd., Assoc. nat. de l'Acad.
de Méd., 30, place Bellecour. — Lyon (Rhône). — **R**

Lèques (Henri, François), Ing. géog., Mem. de la *Soc. de Géog.* — Nouméa (Nouvelle-Calédonie). — **F**

Lequeux (Jacques), Archit., 44, rue du Cherche-Midi. — Paris.

Lerebours (Henri), Cultivat., 27, rue Denfert-Rochereau. — Noisy-le-Sec (Seine).

*Dr **Leredde (Louis)**, Dir. de l'Établis. dermatol. de Paris, 4, rue de Villejust.
— Paris.

Dr **Leriche (Émile)**, anc. Prosecteur à la Fac. de Méd. de Lyon, 20, avenue de La Gare.
— Nice (Alpes-Maritimes).

Leriche (Louis, Narcisse), Rent., 7, rue Corneille. — Paris.

Le Roux (F.-P.), Prof. à l'Éc. sup. de Pharm., Examin. d'admis. à l'Éc. Polytech.,
120, boulevard Montparnasse. — Paris. — **R**

Le Roux (Henri), Dir. hon. des Affaires départ. à la Préfecture de la Seine, 22, rue de
Chaillot. — Paris.

f

Le Roux (Nicolas), Ing. des P. et Ch. — Angers (Maine-et-Loire).

Leroyer de Longraire (Léopold), Ing. civ., 23, quai Voltaire. — Paris.

Dr Lesage (Pierre), Doct. ès Sc. nat., Maître de Conf. de Botan. à la Fac. des Sc., 45, avenue du Mail-d'Onges. — Rennes (Ille-et-Vilaine). — R

Le Sérurier (Charles), Dir. des Douanes, 39, rue Sylvabelle. — Marseille (Bouches-du-Rhône). — R

Lesourd (Paul) (fils), Nég., 34, rue Néricault-Destouches. — Tours (Indre-et-Loire). — R

Lespiault (Gaston), Prof. et anc. Doyen de la Fac. des Sc., 5, rue Michel-Montaigne. — Bordeaux (Gironde). — R

Lestelle (Xavier), Insp. des Postes et Télég. en retraite, Élect., 4, rue Augustin-Les-bazeilles. — Mont-de-Marsan (Landes).

Lestrange (le Comte Henry de), 43, avenue Montaigne. — Paris et Saint-Julien par Saint-Genis-de-Saintonge (Charente-Inférieure). — R

Lestringant (Auguste), Libr., 11, rue Jeanne-d'Arc. — Rouen (Seine-Inférieure).

Letellier (Victor), 123, rue de Paris. — Saint-Denis (Seine).

Le Tellier-Delafosse (Ludovic), Prop., 88, avenue de Villiers. — Paris.

Letestu (Maurice), Ing. des Arts et Man., Construc.-hydraul., 64, rue Amelot. — Paris.

Lethuillier-Pinel (Mme V^e), Prop., 68, rue d'Elbeuf. — Rouen (Seine-Inférieure). — R

Létoquart (Auguste), Méd.-Électrothérap., Professeur d'Électrothérap., n° 7-63, Dow-ning-street. — New-York (États-Unis d'Amérique).

*Letort (Charles), Conserv. adj. à la Biblioth. nat., 9, place des Ternes. — Paris.

Leudet (Mme Ve Émile), 11, rue Longchamp. — Nice (Alpes-Maritimes). — F

Dr Leudet (Lucien), Sec. gén. de la Soc. d'Hydrolog. médic., 35, rue d'Offémont. — Paris.

Dr Leudet (Robert), anc. Int. des Hôp., Prof. à l'Éc. de Méd. de Rouen, 72, rue de Bellechasse. — Paris. — R

*Dr Leuillieux (Abel). — Conlie (Sarthe). — R

Leune (Edmond), Prof. hon., 21, quai de La Tournelle. — Paris.

Leuvrais (Louis, Pierre), Ing. des Arts et Man., Dir. de la Fabriq. de ciment de Portland artif. Quillot frères. — Frangey par Lézinnes (Yonne).

Le Vallois (Jules), Chef de Bat. du Génie en retraite, anc. Élève de l'Éc. Polytech., 12, rue de Ponthieu. — Paris. — R

*Levasseur (Émile), Mem. de l'Inst., Prof. au Collège de France, 26, rue Monsieur-Le-Prince. — Paris. — R

*Levasseur (Louis), Avocat, Rédac. au Min. de la Justice, 26, rue Monsieur-Le-Prince. — Paris.

Levat (David), Ing. civ. des Mines, anc. Élève de l'Éc. Polytech., 174, boulevard Malesherbes. — Paris. — R

Leveillé, Prof. à la Fac. de Droit, anc. Député, 55, rue du Cherche-Midi. — Paris.

Dr Levêque (Louis), 20, rue du Clou-dans-le-Fer. — Reims (Marne).

Le Verrier (Urbain), Ing. en chef, Prof. à l'Éc. nat. sup. des Mines et au Conserv. nat. des Arts et Mét., 70, rue Charles-Lafitte. — Neuilly-sur-Seine (Seine). — R

Lévy (Maurice), Mem. de l'Inst., Insp. gén. des P. et Ch., 15, avenue du Troca-déro. — Paris.

Lévy (Michel), Mem. de l'Inst., Ing. en chef des Mines, 26, rue Spontini. — Paris.

Lévy (Raphaël, Georges), Prof. à l'Éc. des Sc. polit., 80, boulevard de Courcelles. — Paris.

Lewthwaite (William), Dir. de la Maison Isaac Holden, 27, rue des Moissons. — Reims (Marne). — R

Lewy d'Abartiague (William), Ing. civ., château d'Abartiague. — Ossès (Basses-Pyrénées). — R

Lez (Henri). — Lorrez-le-Bocage (Seine-et-Marne).

L'Hote (Louis), Chim.-Expert, Arbitre près le Trib. de Com. de la Seine, 16, rue Chanoinesse. — Paris.

*Libert (L.-Lucien), Lauréat de la Soc. astron. de France, 7, boulevard Saint-Germain. — Paris.

Licherdopol (Jean-P.), Prof. de Phys. et de Chim. à l'Éc. de Com., boulevard Domnitei. — Bucarest (Roumanie).

Lichtenstein (Henri), Nég. (Maison Andrieux), 12, cours Gambetta. — Montpellier (Hérault).

Lieutier (Léon), Pharm. de 1re cl., 9, rue Pavillon. — Marseille (Bouches-du-Rhône).

Lignier (Octave), Prof. de Botan. à la Fac. des Sc., 70, rue Basse. — Caen (Calvados).

Lilienthal (Sigismond), Mem. de la Ch. de Com., 13, quai de L'Est. — Lyon (Rhône).

Limasset (Lucien), Ing. en chef des P. et Ch., 6, rue Saint-Cyr. — Laon (Aisne).

Lindet (Léon), Doct. ès Sc., Prof. à l'Inst. nat. agron., 108, boulevard Saint-Germain. — Paris. — **R**

Dr Linon (Léon), Méd. princ. de 1re cl., Méd. chef de l'Hôp. milit. — Toulouse (Haute-Garonne).

Linyer (Louis), Avocat, anc. Bâton., 1, rue Paré. — Nantes (Loire-Inférieure).

Livache (Achille), Ing. civ. des Mines, 24, rue de Grenelle. — Paris.

Dr Livon (Charles), Corresp. nat. de l'Académie de Méd., Prof., anc. Dir. de l'Éc. de Méd. et de Pharm., Dir. du *Marseille Médical*, 14, rue Peirier. — Marseille (Bouches-du-Rhône). — **R**

Livon (Jean). Étud. en Méd., 14, rue Peirier. — Marseille (Bouches-du-Rhône).

Locard (Arnould), Ing. des Arts et Man., 38, quai de La Charité. — Lyon (Rhône).

Loche (Maurice), Insp. gén. des P. et Ch., 24, rue d'Offémont. — Paris. — **F**

Lœwy (Maurice), Mem. de l'Inst. et du Bureau des Longit., Dir. de l'Observ. nat. avenue de L'Observatoire. — Paris.

*Dr Loir (Adrien), Prof. à l'Éc. nat. sup. d'Agric. coloniale, 45, rue des Acacias. — Paris. — **R**

Loisel (Mme Gustave), 6, rue de L'École-de-Médecine. — Paris.

Dr Loisel (Gustave), Doct. ès Sc., Prépar. à la Fac. de Méd., 6, rue de L'École-de-Médecine. — Paris.

*Loiselet (Paul), Avocat, 4, petite rue Bégand. — Troyes (Aube).

Lombard (Émile), Ing. des Arts et Man., Dir. de la *Soc. des Prod. chim. de Marseille-l'Estaque (Rio-Tinto)*, 32, rue Grignan. — Marseille (Bouches-du-Rhône).

Lombard-Dumas (Armand), Prop. — Sommières (Gard).

*Lombrail, s.-Chef de la Gare de Villebourbon. — Montauban (Tarn-et-Garonne).

Loncq (Émile), Sec. du Cons. départ. d'Hyg. pub., 6, rue de La Plaine. — Laon (Aisne). — **R**

Londe (Albert), Chef du Serv. photog. à la Salpêtrière, 5, rue Théophile-Gautier. — Paris.

Longchamps (Gaston Gohierre de), Examin. à l'Éc. spéc. milit., 5, rue Vauquelin. — Paris. — **R**

Longhaye (Auguste), Nég., 22, rue de Tournai. — Lille (Nord). — **R**

Lonquéty (Maurice), Ing. civ. des Mines, anc. Élève de l'Éc. Polytech. — Outreau par Boulogne-sur-Mer (Pas-de-Calais).

Lopès-Dias (Joseph), Ing. des Arts et Man., 28, place Gambetta. — Bordeaux (Gironde). — **R**

Dr Lordereau, 41, rue Madame. — Paris.

Loriol-Lefort. (Charles, Louis Perceval de), Natural. — Frontenex près Genève (Suisse). — **R**

Lortet (Louis), Corresp. de l'Inst. et de l'Acad. de Méd., Doyen de la Fac. de Méd., Dir. du Muséum des Sc. nat., 15, quai de l'Est. — Lyon (Rhône). — **F**

Lôthelier (Aimable), Prof. au Lycée Montaigne, 5, villa Beau-Séjour. — Vanves (Seine).

Lotz (Alfred), Construc.-mécan., 2, rue Guichen. — Nantes (Loire-Inférieure).

Louer (Jacques), Brasseur, 92, boulevard François-Ier. — Le Havre (Seine-Inférieure).

*Lougnon (Victor), Ing. des Arts et Man., Juge d'Instruc. — Cusset (Allier). — **R**

Loup (Albert), Chirurg.-Dent. diplômé de la Fac. de Méd., 24, rue des Pyramides. — Paris.

Lourdelet (Mme Ernest), 7 *bis*, rue de L'Aqueduc. — Paris.

Lourdelet (Ernest), Mem. de la Ch. de Com., 7 *bis*, rue de L'Aqueduc. — Paris.

Loussel (A.), Prop., 86, rue de La Pompe. — Paris. — **R**

Loustau (Pierre), Prop., Mem. du Cons. mun., 4, boulevard du Midi. — Pau (Basses-Pyrénées).

Loyer (Henri), Filat., 294, rue Notre-Dame. — Lille (Nord). — **R**

Dr Lucas-Championnière (Just), Mem. de l'Acad. de Méd., Chirurg. des Hôp., 3, avenue Montaigne. — Paris.

Lugol (Édouard), Avocat, 11, rue de Téhéran. — Paris. — **F**

Dr Luraschi (Carlo), (Maladies nerveuses et Électrothérap.), 41, via Santa-Andrea. — Milan (Italie).

Lutscher (A.), Banquier, 22, place Malesherbes. — Paris. — **F**

Lyon (Gustave), Ing. civ. des Mines, Chef de la Maison Pleyel, Wolff et Cie, anc. Élève de l'Éc. Polytech., 22, rue Rochechouart. — Paris.

Lyon (Max), Ing. civ., 83, avenue du Bois-de-Boulogne. — Paris.

Mabille (Paul), Doct. ès Lettres, Prof. hon. de Philo. de l'Univ., Mem. de l'Acad. de Dijon, 24, rue des Moulins. — Dijon (Côte-d'Or).

Macé de Lépinay (Jules), Prof. à la Fac. des Sc., 105, boulevard Longchamp. — Marseille (Bouches-du-Rhône). — R

Machuel (Louis), Dir. de l'Ens. pub., place aux Chevaux. — Tunis.

Mac Intosh (William, Carmichael), Prof. à l'Univ., 2, Abbotsford crescent. — Saint-Andrews (Écosse).

Madelaine (Édouard), Ing. adj. attaché à l'Exploit. des *Chem. de fer de l'État*, anc. élève de l'Éc. cent. des Arts et Man., 96, boulevard Montparnasse. — Paris. — R

Maës (Gustave), Prop. de la Cristal. de Clichy, Mem. de la Ch. de Com., 19, rue des Réservoirs. — Clichy (Seine).

Dr Magnan (Valentin), Mem. de l'Acad. de Méd., Méd. de l'Asile Sainte-Anne, 1, rue Cabanis. — Paris.

Magne (Lucien), Archit. du Gouvern., Prof. à l'Éc. nat. des Beaux-Arts et au Conserv. nat. des Arts et Mét., 6, rue de l'Oratoire-du-Louvre. — Paris.

Magnien (Lucien), Ing. agric., Prof. départ. d'Agric., Présid. du Comité cent. d'études vitic. de la Côte-d'Or, 10, rue Bossuet. — Dijon (Côte-d'Or). — R

Magnin (Mme Antoine), 8, rue Proudhon. — Besançon (Doubs).

*Dr Magnin (Antoine), Doyen de la Fac. des Sc., Dir. de l'Éc. de Méd., anc. Adj. au Maire, 8, rue Proudhon. — Besançon (Doubs). — R

Magnin (Joseph), anc. Gouvern. de *la Banque de France*, Sénateur, 89, avenue Victor-Hugo. — Paris.

Maigret (Henri), Ing. des Arts et Man., 29, rue du Sentier. — Paris. — R

*Mailhe (Alphonse), Prépar. à la Fac. des Sc., Chef de trav. à la Fac. de Méd., 1, rue Gambetta. — Toulouse (Haute-Garonne).

Maillard (Jules), Fabric. de Prod. chim., 82, rue du Bassin. — Roanne (Loire).

*Maillard (Mme Ve Marcel), 51, rue Jeanne-d'Arc. — Rouen (Seine-Inférieure).

Maillard (Paul), Ing. à l'usine Marrel. — Rive-de-Gier (Loire).

Dr Maillart (Hector), 4, rond-point de Plainpalais. — Genève (Suisse).

Maillet (Edmond), Doct. ès Sc. Math., Ing. des P. et Ch., Répét. à l'Éc. Polytech., 11, rue de Fontenay. — Bourg-la-Reine (Seine).

Maingaud (Alfred), Insp. des Forêts en retraite, 3, place du Lycée. — Angers (Maine-et-Loire).

Mairot (Henri), Banquier, Présid. du Trib. de Com., Mem. de l'*Acad. des Sc., Belles-Lettres et Arts*, 17, rue de La Préfecture. — Besançon (Doubs).

Maisonneuve (Paul), Prof. de Zool. à la Fac. libre des Sc., 5, rue Volney. — Angers (Maine-et-Loire).

Maistre (Jules), — Villeneuvette par Clermont-l'Hérault (Hérault).

Malaquin (Alphonse), Doct. ès Sc., Maître de Conf. à la Fac. des Sc., 159, rue Brûle-Maison. — Lille (Nord).

Malavant (Claude) Pharm. de 1re cl., 19, rue des Deux-Ponts. — Paris.

Dr Malherbe (Albert), Dir. de l'Éc. de Méd. et de Pharm., 12, rue Cassini. — Nantes (Loire-Inférieure). — R

Malinvaud (Ernest), Sec. gén. de la *Soc. botan. de France*, 8, rue Linné. — Paris. — R

Malleville (Paul), Chirurg.-Dent., 6, allées de Meilhan. — Marseille (Bouches-du-Rhône).

Malloizel (Raphaël), Prof. de Math. spéc. au Collège Stanislas, anc. Élève de l'Éc. Polytech., 7, rue de L'Estrapade. — Paris.

*Malmanche (Mlle Marguerite), Insp. gén. de l'Ens. com. et de l'Ens. des langues vivantes, Mem. du Comité de l'Assoc. française pour le développement de l'Ens. techn., 23, rue d'Arcole. — Paris.

Manchon (Ernest), Manufac., Sec. et Mem. de la Ch. de Com., 34, boulevard Cauchoise. — Rouen (Seine-Inférieure).

Dr Mandillon (Justin, Laurent), Méd. des Hôp., 49 ter, allées d'Amour. — Bordeaux (Gironde).

Manès (Mme Julien), 20, rue Judaïque. — Bordeaux (Gironde).

Manès (Julien), Ing. des Arts et Man., Dir. de l'Éc. sup. de Com. et d'Indust., 20, rue Judaïque. — Bordeaux (Gironde).

Dr Mangenot (Charles), 162, avenue d'Italie. — Paris. — R

Mannheim (le Colonel Amédée), Prof. hon. à l'Éc. Polytech., 1, boulevard Beauséjour. — Paris. — F

*Manoir (André Le Courtois du), Lic. en Droit, 17, rue Singer. — Caen (Calvados).

*Manoir (Gaston Le Courtois du), Présid. de la *Soc. des Antiquaires de Normandie*, anc. Magist., 17, rue Singer. — Caen (Calvados).

Dʳ Manouvrier (Léon), Dir. adj. du Lab. d'Anthrop. de l'Éc. des Hautes-Études, Prof. à l'Ec. d'Anthrop., 15, rue de l'École-de-Médecine. — Paris.

Mansy (Eugène), Nég., 15, rue Maguelonne. — Montpellier (Hérault). — **F**

Maquenne (Léon), Doct. ès Sc., Prof. de Physiol. végét. au Muséum d'Hist. nat., 19, rue Soufflot. — Paris.

Marais (Charles), s.-Préfet. — Bergerac (Dordogne). — **R**

Marbeau (Eugène), anc. Cons. d'État, Présid. de la *Soc. des Crèches*, 27, rue de Londres. — Paris.

Marceau (Émilien), Imprim., 21, rue de l'Hôtel-de-Ville. — Neuilly-sur-Seine (Seine).

*Marchand (Charles, Émile), Dir. de l'Observat. du Pic du Midi, 9, rue Gambetta. — Bagnères-de-Bigorre (Hautes-Pyrénées).

Marchegay (Mᵐᵉ Vᵉ Alphonse), 11, quai des Célestins. — Lyon (Rhône). — **R**

Marcilhacy (Camille), anc. Sec. de la Ch. de Com., 20, rue Vivienne. — Paris.

Dʳ Marcorelles (Joseph), 18, rue Armény. — Marseille (Bouches-du-Rhône).

Marcoux, Fabric. de rubans, 13, rue de La République. — Saint-Étienne (Loire).

Dʳ Marduel (P.), 10, rue Saint-Dominique. — Lyon (Rhône).

Maré (Alexandre), Fabric. de ferronnerie. — Bogny-sur-Meuse par Château-Regnault (Ardennes).

Maréchal (Auguste), Indust., 17, rue des Balkans. — Paris.

Maréchal (Paul), 140, boulevard Raspail. — Paris. — **R**

Marette (Mᵐᵉ Charles). — Châteauneuf-en-Thimerais (Eure-et-Loir).

Dʳ Marette (Charles), Lic. ès Sc. Phys., Pharm. de 1ʳᵉ cl., anc. s.-Chef de Lab. à la Fac. de Méd. de Paris. — Châteauneuf-en-Thimerais (Eure-et-Loir). — **R**

Mareuse (André), Étud., 81. boulevard Haussmann. — Paris. — **R**

*Mareuse (Edgard), Prop., Sec. du *Comité des Inscrip. parisiennes*, 81, boulevard Haussmann. — Paris et château du Dorat. — Bègles (Gironde). — **R**

Dʳ Marey (Étienne, Jules), Mem. de l'Inst. et de l'Acad. de Méd., Prof. au Collège de France, 11, boulevard Delessert. — Paris. — **R**

Marguet (Paul), Ing. des Arts et Man., 27, boulevard de La République. — Reims (Marne).

Mariage (Charles), Notaire. — Phalempin (Nord).

*Marie (Almyre), anc. Pharm. — Lessay (Manche).

*Dʳ Marie (Théodore), Chargé du cours de Phys. à la Fac. de Méd., 11, rue de Rémusat. — Toulouse (Haute-Garonne).

Marie d'Avigneau, Avoué, 11, rue Lafayette. — Nantes (Loire-Inférieure).

Dʳ Marignan (Émile). — Marsillargues (Hérault).

Marin (Louis), Admin. du Collège des Sc. soc., 13, avenue de L'Observatoire. — Paris.

Dʳ Maritoux (Eugène), 19, rue Turgot. — Paris.

Marix (Myrthil), Nég.-Commis., 28, rue Taitbout. — Paris.

Dʳ Marmottan (Henri), anc. Député, Maire du XVIᵉ Arrond., 31, rue Desbordes-Valmore. — Paris.

Marquès di Braga (P.), Cons. d'État hon., s.-Gouvern. hon. du *Crédit Foncier de France*, anc. Élève de l'Éc. Polytech., 200, rue de Rivoli. — Paris. — **R**

Marquet (Léon), Fabric. de Prod. chim., 15, rue Vieille-du-Temple. — Paris.

Marquisan (Henri), Ing. des Arts et Man., Dir. de la *Soc. du Gaz de Marseille*, 6, rue Le Peletier. — Paris.

Marrel (Henri), Maître de forges, rue de La République. — Rive-de-Gier (Loire).

Marrel (Jules), Maître de forges. — Rive-de-Gier (Loire).

Marrel (Léon), Maître de forges. — Rive-de-Gier (Loire).

*Marronneaud (Henri), Chirurg.-Dent., Prof. à l'Éc. dentaire de Bordeaux, 34, rue Vital-Carles. — Bordeaux (Gironde).

Dʳ Marrot (Edmond). — Foix (Ariège).

Marteau (Charles), Ing. des Arts et Man., Manufac., 13, avenue de Laon. — Reims (Marne).

Martel (Édouard, Alfred), Sec. génér. de la *Soc. de Spéléologie* 8, rue Ménars. — Paris.

Dʳ Martel (Joannis), anc. Chef de Clin. à la Fac. de Méd., 4, rue de Castellane. — Paris.

Martet (Jules), Rent., Villa Bel-Air, avenue de La Gare. — Rochechouart (Haute-Vienne).

Dʳ Martin (André), Insp. gén. du Serv. de l'assainis. des habitat., Sec. gén. de la *Soc. de Méd. pub. et d'Hyg. profes.*, 3, rue Gay-Lussac. — Paris.

Martin (Charles), Dir. de l'Éc. nat. de Laiterie. — Mamirolle (Doubs).

Dʳ Martin (Claude), Dent., 30, rue de La République. — Lyon (Rhône).

Martin (Eugène), Fabric. d'instrum. de Sc. et d'Élect., 37, rue Saint-Joseph. — Toulouse (Haute-Garonne).

Dr Martin (Georges). — La Foye-Monjault par Beauvoir-sur-Niort (Deux-Sèvres).

Dr Martin (Henri), 23, rue Desbordes-Valmore. — Paris.

Martin (William), 42, avenue Wagram. — Paris. — R.

Dr Martin (Louis de), Mem. de la Soc. nat. d'Agric. de France et du Cons. de la Soc. des Agric. de France. — Montrabech par Lézignan (Aude). — R

Martin-Ragot (J.), Manufac., 14, esplanade Cérès. — Reims (Marne). — R.

Martin-Sabon (Félix), Ing. des Arts et Man., 5 bis, rue Mansart. — Paris.

Martinet (Camille), Publiciste, 98, boulevard Rochechouart. — Paris.

Martinier (Paul), Chirurg.-Dent. diplômé de la Fac. de Méd., 10, rue Richelieu. — Paris.

Martre (Étienne), Dir. des Contrib. dir. du Var en retraite. — Perpignan (Pyrénées Orientales). — R

Marty (Léonce), Notaire. — Lanta (Haute-Garonne).

Marveille de Calviac (Jules de), château de Calviac. — Lasalle (Gard). — F.

Marx (Raoul), Nég., 18, rue du Calvaire. — Nantes (Loire-Inférieure).

Mary (Fernand), Avoué, 21, rue Crébillon. — Nantes (Loire-Inférieure).

Mascart (Éleuthère), Mem. de l'Inst., Prof. au Collège de France, Dir. du Bureau cent. météor. de France, 176, rue de L'Université. — Paris. — R

Masfrand, Pharm. de 1re cl., Présid. de la Soc. des Amis des Sc. et Arts. — Rochechouart (Haute-Vienne).

Dr Massart (Édouard), Méd. en chef de l'Hôp. — Honfleur (Calvados).

*Massénat (Élie), faubourg de La Grave. — Brive (Corrèze).

Massimi (Vincent), Méd. — Saint-Florent (Corse).

Massol (Gustave), Dir. de l'Éc. sup. de Pharm., (villa Germaine), boulevard des Arceaux. — Montpellier (Hérault). — R

Masson (Georges), Contrôleur cent. du Trésor pub., 10, rue De Laborde. — Paris.

Masson (Louis), Insp. de l'Assainis., 22, avenue Parmentier. — Paris.

Masson (Pierre, V.), de la Librairie Masson et Cie, 120, boulevard Saint-Germain. — Paris. — R

Dr Massot (Joseph), Chirurg. en chef de l'Hôp., 8, place d'Armes. — Perpignan (Pyrénées-Orientales).

*Mathet (Léopold), Chim., 76, rue Gambetta. — Montauban (Tarn-et-Garonne).

*Mathias (Émile), Prof. à la Fac. des Sc., 22, place Dupuy. — Toulouse (Haute-Garonne).

Mathieu (Charles, Eugène), Ing. des Arts et Man., anc. Dir. gén. Construc. des Aciéries de Jœuf, anc. Dir. gén. et Admin. des Aciéries de Longwy, Construc. mécan. et Mem. du Cons. mun., 34, rue de Courlancy. — Reims (Marne). — R

Mathieu (Émile), Prop. — Bize (Aude).

Maubrey (Gustave, Alexandre), Conduct. princ. des P. et Ch. (Trav. de la Ville), 9, rue Blainville. — Paris.

Maufras (Émile), anc. Notaire. — Beaulieu par Bourg-sur-Gironde (Gironde).

Maufroy (Jean-Baptiste), anc. Dir. de manufac. de laine, 4, rue de L'Arquebuse. — Reims (Marne). — R

Dr Maunoury (Gabriel), Chirurg. de l'Hôp., 26, rue de Bonneval. — Chartres (Eure-et-Loir). — R

*Dr Maurel (Édouard, Émile), Chargé de cours à la Fac. de Méd., Méd. princ. de la Marine en retraite, 10, rue d'Alsace-Lorraine. — Toulouse (Haute-Garonne).

Maurel (Émile), Nég., 7, rue d'Orléans. — Bordeaux (Gironde). — R

Maurel (Marc), Nég., 48, cours du Chapeau-Rouge. — Bordeaux (Gironde). — R

*Dr Mauriac (Émile), Lauréat de l'Inst., Insp. gén. hon. de la Salubrité, 115, rue de La Trésorerie. — Bordeaux (Gironde).

Maurice (Charles), Prof. à l'Univ. catholique de Lille. — Attiches par Pont-à-Marcq (Nord).

Maurice (Paul), Ing. civ., anc. Élève de l'Éc. Polytech., 8, rue Buisson. — Saint-Étienne (Loire).

*Maurou, Archit., rue Villebourbon. — Montauban (Tarn-et-Garonne).

Maurouard (Lucien), Premier Sec. d'Ambassade, anc. Élève de l'Éc. Polytech., Légation de France. — Athènes (Grèce). — R

*Maury, Prof. à la Fac. de Théologie protestante, 38, rue du Lycée. — Montauban (Tarn-et-Garonne).

Maxant (Charles), Exploitant de carrières, 130, route de Toul. — Nancy (Meurthe-et-Moselle).

Maxwell-Lyte (Farnham), Ing.-Chim., 60, Finborough-road. — Londres, S. W. (Angleterre). — **R**

Mayet (Félix, Octave), Prof. de Pathol. gén. à la Fac. de Méd., 31, quai des Brotteaux. — Lyon (Rhône).

Dr Mazade (Henri), Insp. en chef de l'Assist. pub., 82, boulevard de La Madeleine. — Marseille (Bouches-du-Rhône).

Médebielle (Pierre), Ing. des Arts et Man., Entrep. de Trav. pub. — Lourdes (Hautes Pyrénées).

Méheux (Félix). Dessinat. dermat. et syphil. des Serv. de l'Hôp. Saint-Louis, 35, rue Lhomond. — Paris.

Meissas (Gaston de), Publiciste, 3, avenue Bosquet. — Paris. — **R**.

Mekarski (Louis), Ing. civ., 24, rue d'Athènes. — Paris.

Mellerio (Alphonse), Prop., anc. Élève de l'Éc. des Hautes-Études, 18, rue des Capucines. — Paris.

Melon (Paul), Publiciste, 24, place Malesherbes. — Paris.

Ménager (Louis), 4, boulevard de Lesseps. — Versailles (Seine-et-Oise).

Ménard (Césaire), Ing. des Arts et Man., Concessionnaire de l'éclairage au gaz. — Louhans (Saône-et-Loire). — **R**

Mendel-Joseph, Chirurg.-Dent., 34, boulevard Malesherbes. — Paris.

Mendelssohn (Isidore), Chirurg.-Dent., 18, boulevard Victor-Hugo. — Montpellier (Hérault).

Dr Mendelssohn (Maurice), Agr. à l'Univ., anc. Méd. de l'Ambassade de France à Saint-Pétersbourg, 49, rue de Courcelles. — Paris.

Ménegaux (Auguste), Doct. ès Sc., Assistant au Muséum d'Hist. nat. (Mammifères, Oiseaux), 9, rue du Chemin-de-Fer. — Bourg-la-Reine (Seine). — **R**

Meng (Louis), Chirurg.-Dent., 66, rue de Rennes. — Paris.

Mengaud (Mlle Marguerite), 32, rue des Marchands. — Toulouse (Haute-Garonne).

Mengaud (Louis), Agr. de l'Univ., Prof. au Lycée. — Bayonne (Basses-Pyrénées).

Ménier (Charles), Dir. de l'Éc. prép. à l'Ens. sup. des Sc. et des Lettres, 12, rue Voltaire. — Nantes (Loire-Inférieure).

Mentienne (Adrien), anc. Maire, Mem. de la Soc. de l'Histoire de Paris et de l'Ile-de-France. — Bry-sur-Marne (Seine). — **R**

Menviel (Abel), Chirurg.-Dent., 62, avenue des Gobelins. — Paris.

Mer (Émile), Insp. adj. des Forêts, Mem. de la Soc. nat. d'Agric. de France, 19, rue Israël-Sylvestre. — Nancy (Meurthe-et-Moselle).

*Mercadier (Jules), Insp. des Télég., Dir. des Études à l'Éc. Polytech., 21, rue Descartes. — Paris. — **R**

Merceron (Georges), Ing. civ. — Bar-le-Duc (Meuse).

Mercet (Émile), Banquier, 2, avenue Hoche. — Paris. — **R**

*Merckling (Joseph), Dir. gén. des Cours de la Société Philomat., Mem. du Cons. sup. de l'Ens. techn., 43, rue Saint-Remi. — Bordeaux (Gironde).

Méricourt (Henri de), Mem. de la Soc. des Éleveurs de Belgique, 28, rue de L'Oratoire. — Boulogne-sur-Mer (Pas-de-Calais).

Dr Merlin (Fernand), 2, rue Camille-Colard. — Saint-Étienne (Loire).

Merlin (Roger). — Bruyères (Vosges). — **R**

Mermet, Payeur partic. à la Trésorerie aux Armées, 32, rue Al-Djazira. — Tunis.

Merz (John, Théodore), Doct. en Philo., the Quarries. — Newcastle-on-Tyne (Angleterre). — **F**.

Mesnard (Eugène), Prof. à l'Éc. prép. à l'Ens. sup. des Sc. et à l'Éc. de Méd., 79, rue de La République. — Rouen (Seine-Inférieure). — **R**

Dr Mesnards (P. des), rue Saint-Vivien. — Saintes (Charente-Inférieure). — **R**

Mesnil (Armand du), Cons. d'État hon., 1, place de L'Estrapade. — Paris.

Messimy (Paul), Notaire hon., 33, place Bellecour. — Lyon (Rhône).

Mestrezat, Nég., 27, rue Saint-Esprit. — Bordeaux (Gironde).

Mettrier (Maurice), Ing. des Mines, 33 bis, faubourg Saint-Jaumes. — Montpellier (Hérault).

*Metzger (Frédéric), Ing. des Arts et Man., Dir. de l'Usine à Gaz, faubourg Toulousain. — Montauban (Tarn-et-Garonne).

Meunié (Louis), Élève-Archit., 17, rue du Cherche-Midi. — Paris.

Meunier (Guillaume), 120, Tottenham Court road, corner of 48, Grafton street. Chambers W. — Londres (Angleterre).

Meunier (Ludovic), Nég., 20, rue de La Tirelire. — Reims (Marne).

Dr **Meunier (Valéry)**, Méd.-Insp. des Eaux-Bonnes, 6, rue Adoue. — Pau (Basses-Pyrénées).

Dr **Meyer (Édouard)**, 73, boulevard Haussmann. — Paris.

Dr **Micé (Laurand)**, Rect. hon. de l'Acad. de Clermont-Ferrand, 7, rue Sansas. — Bordeaux (Gironde). — **R**

Michalon, 96, rue de L'Université. — Paris.

Dr **Michaut (Victor)**, Chef des trav. physiol. à l'Éc. de Méd. Prép. de Phys. à la Fac. des Sc., 1, rue des Novices. — Dijon (Côte-d'Or).

Michel (Auguste), Doct. ès Sc., 9, rue Bara. — Paris.

Michel (Charles), Entrep. de peinture, 21, rue Biot. — Paris.

Michel (Henry), Archit.-Paysagiste, Prof. à l'Éc. mun. des Beaux-Arts, rue Fontaine-Écu. — Besançon (Doubs).

Michon (Étienne), Agr. de l'Univ., Cons. adj. au Musée du Louvre, 26, rue Barbet-de-Jouy. — Paris.

Dr **Michon (Joseph)**, anc. Préfet, 33, rue de Babylone. — Paris.

Mieg (Mathieu), 48, avenue de Modenheim. — Mulhouse (Alsace-Lorraine).

Dr **Mignen (Gustave)**. — Montaigu (Vendée).

Dr **Millard (Auguste)**, Méd. hon. des Hôp., 4, rue Rembrandt. — Paris.

Milsom (Gustave), Ing. civ. des Mines, Agric.-Vitic.— Rachgoun (Basse-Fafna) par Beni-Saf (départ. d'Oran) (Algérie).

Mine (Albert), Nég.-Commis., Consul de la République Argentine, 10, rue Jean-Bart. — Dunkerque (Nord).

Minvielle (Clément), Pharm. de 1re cl., 10, place de La Nouvelle-Halle. — Pau (Basses-Pyrénées).

Mirabaud (Paul), Banquier, 86, avenue de Villiers. — Paris. — **R**

Mirabaud (Robert), Banquier, 56, rue de Provence. — Paris. — **F**

Miray (Paul), Teintur., Manufac., 2, rue de L'École. — Darnétal-lez-Rouen (Seine-Inférieure).

Dr **Mireur (Hippolyte)**, anc. Adj. au Maire, 1, rue de La République. — Marseille (Bouches-du-Rhône).

Mocqueris (Edmond), 58, boulevard d'Argenson. — Neuilly-sur-Seine (Seine). — **R**

Mocqueris (Paul), Ing. de la Construc. à la *Comp. des Chem. de fer de Bône-Guelma et prolongements*, 58, boulevard d'Argenson. — Neuilly-sur-Seine (Seine) et à Sousse (Tunisie). — **R**

Modelski (Edmond), Ing. en chef des P. et Ch. — La Rochelle (Charente-Inférieure).

Moine (Gaston), 53, rue d'Auteuil. — Paris.

Moinet (Édouard), Dir. des Hosp. civ., 1, rue de Germont. — Rouen (Seine-Inférieure).

Mollins (Jean de), Doct. ès Sc., 40, rue des Clarisses. — Liège (Belgique) — **R**

Molteni (Alfred), anc. Construc. de mach. et d'inst. de précis., 15, rue Origet. — Tours (Indre-et-Loire).

Dr **Mondot**, anc. Chirurg. de la Marine, anc. Chef de Clin. de la Fac. de Méd. de Montpellier, Chirurg. de l'Hôp. civ., 42, boulevard National — Oran (Algérie). — **R**

•Dr **Monier (Eugène)**, place du Pavillon. — Maubeuge (Nord). — **R.**

Monier (Frédéric), Sénateur et Mem. du Cons. gén. des Bouches-du-Rhône, Maire d'Eyguières, 2, boulevard Périer. — Marseille (Bouches-du-Rhône).

Monmerqué (Arthur), Ing. en chef des P. et Ch., 8, rue du Parc. — Meudon (Seine-et-Oise). — **R**

Monnet (Prosper), Chim., 179, route de Genas. — Villeurbanne (Rhône).

Monnier (Demetrius), Ing. des Arts et Man., Prof. à l'Éc. cent. des Arts et Man., 3, impasse Cothenet (22, rue de La Faisanderie). — Paris. — **R**

Monnier (Marcel), Explorateur, 7, rue Martignac. — Paris.

Dr **Monod (Charles)**, Mem. de l'Acad. de Méd., Agr. à la Fac. de Méd., Chirurg. des Hôp., 12, rue Cambacérès. — Paris. — **F**

Dr **Monod (Eugène)**, Chirurg. des Hôp., 19, rue Vauban. — Bordeaux (Gironde).

Monod (Henri), Mem. de l'Acad. de Méd., Dir. de l'Assist. et de l'Hyg. pub. au Min. de l'Int., Cons. d'Etat, 29, rue de Rémusat. — Paris.

Monoyer (Mlle **Élisabeth)**, 1, cours de La Liberté. — Lyon (Rhône).

Monoyer (F.), Prof. à la Fac. de Méd., 1, cours de La Liberté. — Lyon (Rhône).

Dr **Monprofit (Ambroise)**, anc. Int. des Hôp. de Paris, Prof. à l'Éc. de Méd., Chirurg. de l'Hôtel-Dieu, 7, rue de La Préfecture. — Angers (Maine-et-Loire). — **R**

Montefiore (Eward, Lévi), Rent., 36, avenue Henri-Martin. — Paris. — **R**

Montel (Jules), Publiciste, anc. Juge au Trib. de Com. de Montpellier, 11, rue Monsigny. — Paris.

Dr **Montfort**, Prof. à l'Éc. de Méd., Chirurg. des Hôp., 14, rue de La Rosière. — Nantes (Loire-Inférieure). — **R.**

Montgolfier (Adrien de), Ing. en chef des P. et Ch., Dir. de la *Comp. des Hauts Fourneaux, Forges et Aciéries de la Marine et des Chem. de fer*, Présid. de la Ch. de Com. de Saint-Étienne, 163, boulevard Malesherbes. — Paris.

Montgolfier (Henry de), Ing. — Izieux (Loire).

Montjoye (de), Prop., château de Lasnez. — Villers-lez-Nancy par Nancy (Meurthe-et-Moselle).

Montlaur (le Comte Amaury de), Ing. civ., 41, avenue Friedland. — Paris.

Mont-Louis, Imprim., 2 rue Barbançon. — Clermont-Ferrand (Puy-de-Dôme). — **R**

Montreuil, Prote de l'Imprim. Gauthier-Villars, 55, quai des Grands-Augustins. — Paris.

*Montricher (Henri de), Ing. civ. des Mines, Admin.-Dir. de la *Soc. nouvelle du Canal d'irrig. de Craponne et de l'assainis. des Bouches-du-Rhône*, 52, boulevard Notre-Dame. — Marseille (Bouches-du-Rhône).

*Moquin-Tandon (Gaston), Prof. à la Fac. des Sc., 4, allée Saint-Étienne. — Toulouse (Haute-Garonne).

Morain (Paul), Prof. départ. d'Agric. de Maine-et-Loire, 52, rue Lhomond. — Paris.

Morand (Gabriel), 16, place de La République. — Moulins (Allier).

Moreau (Émile), Associé de la Maison Larousse, 14, avenue de L'Observatoire. — Paris.

Moreau (Léon), Lic. ès Sc., Ing. agron., Dir. du Lab. agric. de Maine-et-Loire, 3, rue Rabelais. — Angers (Maine-et-Loire).

Morel (Léon), Archéol., Recev. des Fin. en retraite, 3, rue de Sedan. — Reims (Marne).

Morel d'Arleux (Mme Charles), 13, avenue de L'Opéra. — Paris.

Morel d'Arleux (Charles), Notaire hon., 13, avenue de L'Opéra. — Paris. — **F**

Dr Morel d'Arleux (Paul), 33, rue Desbordes-Valmore. — Paris. — **R**

Morin (Mlle Angélique), 4, rue Saint-Gilles. — Saint-Brieuc (Côtes-du-Nord).

Morin (Mme Frédéric), place Lamoricière. — Nantes (Loire-Inférieure).

Dr Morin (Frédéric), place Lamoricière. — Nantes (Loire-Inférieure).

Morin (Paul), Prof. à la Fac. des Sc., 49, boulevard Sévigné. — Rennes (Ille-et-Vilaine).

Morin (Théodore), Doct. en Droit, 50, avenue du Trocadéro. — Paris. — **R**

Morot (Charles), Vétér.-Insp., Dir. de l'Abattoir com., Sec. gén. de la *Soc. vétér. de l'Aube*, 20, rue des Tauxelles. — Troyes (Aube).

*Mortillet (Adrien de), Prof. à l'Éc. d'Anthrop., Présid. de la Soc. *d'Excursions Scient.*, Conserv. des collections de la *Soc. d'Anthrop. de Paris*, 10 bis, avenue Reille. — Paris. — **R**

*Mossé (Alphonse), Prof. de Clin. médic. à la Fac. de Méd., Corresp. nat. de l'Acad. de Méd., 36, rue du Taur. — Toulouse (Haute-Garonne). — **R**

Dr Motais (Ernest), Corresp. nat. de l'Acad. de Méd., Prof. à l'Éc. de Méd., 8, rue Saint-Laud. — Angers (Maine-et-Loire).

Motelay (Léonce), Rent., 8, cours de Gourgue. — Bordeaux (Gironde).

Motelay (Paul), Nég., 8, cours de Gourgue. — Bordeaux (Gironde).

Dr Motet (A.), Mem. de l'Acad. de Méd., Dir. de la Maison de santé, 161, rue de Charonne. — Paris.

Mouchot (A.), Prof. en retraite, 58, rue de Dantzig. — Paris.

Mougin (Xavier), Dir. de la *Soc. anonyme des Verreries de Vallerysthal et de Portieux*, Député des Vosges. — Portieux (Vosges).

Moullade (Albert), Lic. ès Sc., Pharm. princ. de 1re cl., de l'Armée à la Réserve des Médicaments, 137, avenue du Prado. — Marseille (Bouches-du-Rhône). — **R**

Dr Moure (Émile), Chargé de cours à la Fac. de Méd., 25 bis, cours du Jardin-Public. — Bordeaux (Gironde). — **R**

Moureaux (Théodule), Dir. de l'Observ. météor. du Parc-Saint-Maur, 25, avenue de L'Étoile. — Saint-Maur-les-Fossés (Seine).

Mouriès (Gustave), Ing.-Archit., 7, rue Colbert. — Marseille (Bouches-du-Rhône).

Mousnier (Jules), Fabric. de Prod. pharm., 30, rue de Houdan. — Sceaux (Seine).

Dr Moutier, Prof. à l'Éc. de Méd., 6, rue Jean-Romain. — Caen (Calvados).

Dr Moutier (A.), 11, rue de Miromesnil. — Paris. — **R**

Müller (H.), Biblioth. de l'Éc. de Méd. — Grenoble (Isère).

Mumm (G., H.), Nég. en vins de Champagne, 24, rue Andrieux. — Reims (Marne).

Munier-Chalmas (Ernest, Philippe), Prof. de Géol. à la Fac. des Sc., Maître de Conf. à l'Éc. norm. sup., 75, rue Notre-Dame-des-Champs. — Paris.

Müntz (Georges), Ing. en chef des P. et Ch., Ing. princ. de la 1re Divis. de la voie à la *Comp. des Chem. de fer de l'Est*, 20, rue de Navarin. — Paris.

Dr Musgrave-Clay (René de), Sec. gén. de la Soc. des Sc., Lettres et Arts, 10, rue Gachet. — Pau (Basses-Pyrénées).

Nabias (Barthélemy de), Doyen de la Fac. de Méd., 17 bis, cours d'Aquitaine. — Bordeaux (Gironde).

Nachet (A.), Construc. d'inst. de précis., 17, rue Saint-Séverin. — Paris.

Nadaillac (le Marquis Albert de), Corresp. de l'Inst., 18, rue Duphot. — Paris.

Naef (Mme (Albert), villa Merymont, route d'Ouchy. — Lausanne (Suisse).

Naef (Albert), Archéol. cantonal. du canton de Vaud, villa Merymont, route d'Ouchy. — Lausanne (Suisse).

Neech (Edward), Chirurg.-Dent., 64, rue Basse-du-Rempart. — Paris.

Dr Négrié, Méd. des Hôp., 30, cours du XXX-Juillet. — Bordeaux (Gironde).

Négrin (Paul), Prop. — Cannes-La-Bocca (Alpes-Maritimes). — **R**

Dr Nepveu (Gustave), Prof. d'Anat. pathol. à l'Éc. de Méd., 61, rue Paradis. — Marseille (Bouches-du-Rhône).

Neuberg (Joseph), Prof. à l'Univ., 6, rue de Sclessin. — Liège (Belgique).

Neveu (Auguste), Ing. des Arts et Man. — Rueil (Seine-et-Oise). — **R**.

Nibelle (Maurice), Avocat, 9, rue des Arsins. — Rouen (Seine-Inférieure). — **R**

Nicaise (Victor), Int. des Hôp., 3, rue Mollien. — Paris. — **R**

Dr Nicas, 80, rue Saint-Honoré. — Fontainebleau (Seine-et-Marne). — **R**

Nicklès (Adrien), Pharm. de 1re cl., 128, Grande Rue. — Besançon (Doubs).

Nicklès (René), Doct. ès Sc., Ing. civ. des Mines, Prof. adj. à la Fac. des Sc., 29, rue des Tiercelins. — Nancy (Meurthe-et-Moselle).

Dr Nicolas (Joseph), s.-Dir. du Bureau d'Hyg., 27, rue Centrale. — Lyon (Rhône).

*Nicolas (Paul), Juge d'Instruc., 12, place Nationale. — Montauban (Tarn-et-Garonne).

Niel (Eugène), 28, rue Herbière. — Rouen (Seine-Inférieure). — **R**

*Nivet (Albin), Ing. des Arts et Man. — Marans (Charente-Inférieure).

Nivet (Gustave), 105, avenue du Roule. — Neuilly-sur-Seine (Seine). — **R**

Nivoit (Edmond), Insp. gén. des Mines, Prof. de Géol. à l'Éc. nat. des P. et Ch., 4, rue de La Planche. — Paris. — **R**

Noack-Dollfus (Hermann), Ing. des Arts et Man., 17 bis, rue de Pomereu. — Paris.

Nocard (Edmond), Prof. à l'Éc. nat. vétér., Mem. de l'Acad. de Méd. — Maisons-Alfort (Seine).

Noël (Jean), Ing. des Arts et Man., 104, cours Saint-Louis. — Bordeaux (Gironde).

Noelting (Émilio), Dir. de l'Éc. de Chim. — Mulhouse (Alsace-Lorraine). — **R**

Noiret (Gustave), Doct. en Droit, 12, rue des Basses-Treilles. — Poitiers (Vienne).

Noirot (Maurice), Associé-Manufac., 39, boulevard de La République. — Reims (Marne).

Nonclerq (Mme Élie), 24, boulevard des Invalides. — Paris.

Nonclerq (Élie), Artiste-Peintre, 24, boulevard des Invalides. — Paris.

Norbert-Nanta, Opticien, 60, quai des Orfèvres. — Paris.

Normand (Augustin), Corresp. de l'Inst., Construc. de navires, 80, rue Augustin-Normand. — Le Havre (Seine-Inférieure).

*Noter (Albert de), Nég., 26, rue Bab-Azoun. — Alger.

Nottin (Lucien), 4, quai des Célestins. — Paris. — **F**

Dr Noury (Charles, Edmond), Prof. à l'Éc. de Méd., 30, rue de L'Arquette. — Caen (Calvados).

Nourry (Marcel), Géol., 27, rue de La Masse. — Avignon (Vaucluse).

Nouvelle (Georges), Ing. civ., 25, rue Brézin. — Paris.

Noyer (le Colonel Ernest), 103, rue de Siam. — Brest (Finistère).

Nozal, Nég., 7, quai de Passy. — Paris.

*Dr Nux (Louis), Chirurg.-Dent. des Hôp., 7, allées Lafayette. — Toulouse (Haute-Garonne).

Oberkampff (Ernest), 20, avenue de Noailles. — Lyon (Rhône).

Ocagne (Maurice d'), Ing., Prof. à l'Éc. nat. des P. et Ch., Répét. à l'Éc. Polytech., 30, rue de La Boétie. — Paris. — **R**

Odier (Alfred), Dir. de la Caisse gén. des Familles, 4, rue de La Paix. — Paris. — **R**

Œchsner de Coninck (William), Prof. adj. à la Fac. des Sc., 8, rue Auguste-Comte. — Montpellier (Hérault). — **R**

Offret (Albert), Prof. de Minéral. à la Fac. des Sc. (villa Sans-Souci), 53, chemin des Pins. — Lyon (Rhône).

Olivier (Ernest), Dir. de la Revue scient. du Bourbonnais, 10, cours de La Préfecture. — Moulins (Allier).

*Olivier (Eugène-Victor), Externe des Hôp., 6, rue de Maubeuge. — Paris.

Olivier (Louis), Doct. ès Sc., Dir. de la *Revue générale des Sciences*, 22 rue du Général-Foy. — Paris.

Dr Olivier (Paul), Prof. à l'Éc. de Méd., Méd. en chef de l'Hosp. gén., 12, rue de La Chaîne. — Rouen (Seine-Inférieure). — R

Dr Olivier (Victor), v.-Présid. du Comité d'Admin. des Hosp., 314, rue Solférino. — Lille (Nord).

Olry (Albert), Ing. en chef des Mines, 23, rue Clapeyron. — Paris. — R

Oltramare (Gabriel), Prof. à l'Univ., 21, rue des Grandes-Grottes. — Genève (Suisse).

Onde (Xavier, Michel, Marius), Prof. de Phys. au Lycée Henri IV, 41, rue Claude-Bernard. — Paris.

Onésime (le Frère), 24, montée Saint-Barthélemy. — Lyon (Rhône).

Oppermann (Alfred), Ing. en chef des Mines; 2, rue des Arcades. — Marseille (Bouches-du-Rhône).

Orbigny (Alcide d'), Armat., rue Saint-Léonard. — La Rochelle (Charente-Inférieure).

O'Reilly (Joseph, Patrick), Prof. de Minéral. et d'Exploit. des mines au Collège Royal. 58, park, avenue Sandymount. — Dublin (Irlande).

Dr Orfila (Louis), Agr. à la Fac. de Méd. de Paris, Sec. gén. de l'*Assoc. des Méd. de la Seine*, château de Chemilly. — Langeais (Indre-et-Loire).

Osmond (Floris), Ing. des Arts et Man., 83, boulevard de Courcelles. — Paris. — R

*Ott (Georges), Dent., 58 *bis*, rue de La Chaussée-d'Antin. — Paris.

Oudin, Nég. en objets d'art, 18, rue de La Darse. — Marseille (Bouches-du-Rhône).

Oustalet (Émile), Doct. ès Sc., Prof. de Zool. (Mammifères, Oiseaux) au Muséum d'Hist. nat., 124 *bis*, rue Notre-Dame-des-Champs. — Paris.

Outhenin-Chalandre (Joseph), 5, rue des Mathurins. — Paris. — R

Dr Ovion (Louis) (fils), anc. Int. des Hôp. de Paris, Chirurg. en chef de l'hôp. Saint-Louis, Dir. du lab. de Bactériologie et de Sérothérapie, 16, boulevard du Prince-Albert. — Boulogne-sur-Mer (Pas-de-Calais).

Page (François), Nég., 58, rue Monsieur-Le-Prince. — Paris.

*Pagès-Allary (Jean), Indust., Prop. — Murat (Cantal).

Paget-Blanc (le Colonel Alexandre). — Auxerre (Yonne).

Pagnard (Abel), Ing.-Dir. des trav. des nouveaux quais; anc. Élève de l'Éc. cent. des Arts et Man., 132, avenue du Sud. — Anvers (Belgique).

Pallary (Paul), Prof., faubourg d'Eckmühl-Noiseux. — Oran (Algérie).

Palmer (George, Henry), Bibliothécaire of the *National art Library* (Musée-Victoria et Albert), 20 Schubert road (East-Putney). — Londres, S. W. (Angleterre).

Palun (Mme Auguste), 13, rue Banasterie. — Avignon (Vaucluse).

Palun (Auguste), Juge au Trib. de Com., 13, rue Banasterie. — Avignon (Vaucluse). — R

Dr Pamard (Alfred), Associé nat. de l'Acad. de Méd., Chirurg. en chef des Hôp., 4, place Lamirande. — Avignon (Vaucluse). — R

Pamard (le Général Ernest), Command. la 39e Divis. d'Infant. — Toul (Meurthe-et-Moselle).

Dr Pamard (Paul), anc. Int. des Hôp., 1, rue de Lille. — Paris. — R

*Dr Papillault (Georges), Prof. adj. à l'Éc. d'Anthrop., Prép. au Lab. d'Anthrop. des Hautes-Études, Mem. du Com. cent. de la *Soc. d'Anthrop. de Paris*; 2, rue Rotrou. — Paris.

*Dr Papillon (Ernest), 8, rue Montalivet. — Paris.

Dr Papillon (Gustave, Ernest), anc. Int. des Hôp., 142, rue de Rivoli. — Paris.

*Papot (Edmond), Chirurg.-Dent. diplômé de la Fac. de Méd., Admin. gén. et Prof. à l'Éc. dentaire de Paris, 45, rue de La-Tour-d'Auvergne. — Paris.

Paradis (Léon), Entrep. de serrurerie, 6, rue des Charseix. — Limoges (Haute-Vienne).

Parat (l'Abbé Alexandre), Curé. — Bois-d'Arcy par Arcy-sur-Cure (Yonne).

Dr Paris (Henri). — Chantonnay (Vendée).

Paris (Paul), Lic. ès Sc., 32, rue de La Colombière. — Dijon (Côte-d'Or).

Parisse (Eugène), Ing. des Arts et Man., anc. Mem. du Con. mun., 6, rue Deguerry. — Paris.

Parmentier (Paul), Prof. adj. à la Fac. des Sc., 14, avenue Fontaine-Argent. — Besançon (Doubs).

Parmentier (le Général Théodore), 5, rue du Cirque. — Paris. — R

Parran (Alphonse), Ing. en chef des Mines en retraite, Dir. de la *Comp. des Minerais de fer magnét. de Mokta-el-Hadid*; 26, avenue de L'Opéra. — Paris. — R

Pasqueau (Alfred), Insp. gén. des P. et Ch., 41 *bis*, boulevard de Latour-Maubourg. — Paris.

Pasquet (Eugène) (fils), 53, rue d'Eysines. — Bordeaux (Gironde). — **R**

Passy (Frédéric), Mem. de l'Inst., anc. Député, Mem. du Cons. gén. de Seine-et-Oise, 8, rue Labordère. — Neuilly-sur-Seine (Seine). — **R**

Passy (Paul, Édouard), Doct. ès Lettres, Lauréat de l'Inst. (Prix Volney), Maître de Conf. à l'Éc. des Hautes-Études d'Hist. et de Philologie, 92, rue de Longchamp. — Neuilly-sur-Seine (Seine).

Patapy (Junien), Avocat, v.-Présid. du Cons. gén., 12, boulevard Montmailler. — Limoges (Haute-Vienne).

Pathier (A.), Manufac., 15, rue Bara. — Paris.

*Paulovitch (Paul), Prof. au Lycée de Belgrade, Laboratoire de Biologie végétale. — Avon (Seine-et-Marne).

Pavillier, Ing. en chef des P. et Ch., Dir. gén. des Trav. pub., place de La Kasba. — Tunis.

Payen (Louis, Eugène), Caissier de la Comp. d'Assur. l'Aigle, 16, rue de La Tour-des-Dames. — Paris.

Péchiney (A.), Ing.-Chim. — Salindres (Gard).

Pector (Sosthènes), Sec. gén. de l'Union nat. des Soc. photog. de France, 9, rue Lincoln. — Paris.

Pédézert (Charles, Henri), Ing. du Matériel et de la Trac. aux Chem. de fer de l'État, anc. Élève de l'Éc. cent. des Arts et Man., 21, rue de La Vieille-Prison. — Saintes (Charente-Inférieure).

Pédraglio-Hoël (Mᵐᵉ Hélène), 29, avenue Camus. — Nantes (Loire-Inférieure) — **R**

Péker (Eugène), Nég., anc. Adj. au Maire, 9, Grande-Rue. — Besançon (Doubs).

Pélagaud (Élysée), Doct. ès Sc., château de La Pinède. — Antibes (Alpes-Maritimes). — **R**

Pélagaud (Fernand), Doct. en Droit. Cons. à la Cour d'Ap., 15, quai de L'Archevêché. — Lyon (Rhône). — **R**

Pelé (F.), 52, rue Caumartin. — Paris.

Pelissot (Jules de), s.-Dir. de la Comp. des Docks et Entrepôts (Hôtel des Docks), 1, place de La Joliette. — Marseille (Bouches-du-Rhône).

Pellat (Henri), Prof. de Phys. à la Fac. des Sc., 23, avenue de L'Observatoire. — Paris.

Pellet (Auguste), Doyen de la Fac. des Sc., 7, rue Ballainvilliers. — Clermont-Ferrand (Puy-de-Dôme). — **R**

*Pellin (Félix, Philibert), de la Maison Philibert Pellin (Inst. de précis.), 21, rue de L'Odéon. — Paris.

*Pellin (Philibert), Ing. des Arts et Man., Construc. d'inst. de précis., 21, rue de L'Odéon. — Paris.

Peltereau (Ernest), Notaire hon. — Vendôme (Loir-et-Cher). — **R**

Pénières (Lucien), Prof. à la Fac. de Méd., 19, rue Ninau. — Toulouse (Haute-Garonne).

Dʳ Péraire (Maurice), anc. Int. des Hôp., 66, boulevard Malesherbes. — Paris.

Pérard (Joseph), Ing. des Arts et Man., Sec. gén. de la Soc. d'Aquiculture et de Pêche, 42, rue Saint-Jacques. — Paris. — **R**

Perdrigeon du Vernier (J.), anc. Agent de change. — Chantilly (Oise). — **F**

*Père (Alphonse), Notaire, 3, allées de Mortarieu. — Montauban (Tarn-et-Garonne).

Pereire (Émile), Ing. des Arts et Man., Admin. de la Comp. des Chem. de fer du Midi, 10, rue Alfred-de-Vigny. — Paris. — **R**

Pereire (Eugène), Ing. des Arts et Man., Présid. du Cons. d'admin. de la Comp. gén. Transat., 5, rue des Mathurins. — Paris. — **R**

Pereire (Henri), Ing. des Arts et Man., Admin. de la Comp. des Chem. de fer du Midi, 33, boulevard de Courcelles. — Paris. — **R**

Pérez (Jean), Prof. à la Fac. des Sc., 21, rue Saubat. — Bordeaux (Gironde). — **R**

Péricaud, Cultivat. — La Balme (Isère). — **R**

Péridier (Louis), anc. Juge au Trib. de Com., 5, quai d'Alger. — Cette (Hérault). — **R**

*Périé (P.) (fils), 7, place Lafayette. — Toulouse (Haute-Garonne).

Dʳ Périer (Charles), Mem. de l'Acad. de Méd., Agr. à la Fac. de Méd., Chirurg. des Hôp., 9, rue Boissy-d'Anglas. — Paris.

Périer (Louis), Indust., 14 bis, avenue du Trocadéro. — Paris.

*Dʳ Périés, Dir. de l'Asile d'Aliénés, route de Bordeaux. — Montauban (Tarn-et-Garonne).

Péron (Charles), Nég., Maire, 23 *bis*, rue des Pipots. — Boulogne-sur-Mer (Pas-de-Calais).

*Peron (Pierre, Alphonse), Corresp. de l'Inst., Intend. milit. au cadre de réserve, 11, avenue de Paris. — Auxerre (Yonne).

Peron (René), Lieut. au 136e Rég. d'Infant. — Saint-Lô (Manche).

Pérouse (Denis), Insp. gén. des P. et Ch., Mem. du Cons. gén. de l'Yonne, 40, quai Debilly. — Paris.

Perré (Auguste) (fils), Manufac., anc. Présid. du Trib. de Com.— Elbeuf-sur-Seine (Seine-Inférieure).

Perregaux (Louis), Manufac. — Jallieu par Bourgoin (Isère).

Perrenoud, Prop., 142, rue de Courcelles. — Paris.

Perret (Auguste), Prop., 50, quai Saint-Vincent. — Lyon (Rhône). — **R**

Perrier (Edmond), Mem. de l'Inst. et de l'Acad. de Méd., Dir. et Prof. au Muséum d'Hist. nat., 57, rue Cuvier. — Paris.

Perrier (Gustave), Doct. ès Sc. Phys., Maître de Conf. à la Fac. des Sc. — Rennes (Ille-et-Vilaine).

Perrin (Élie), Prof. de Math. à l'Éc. mun. Jean-Baptiste-Say, 7, rue Lamandé. — Paris.

Perrin (Mme Raoul), 9, avenue d'Eylau. — Paris.

Perrin (Raoul), Ing. en chef des Mines, 9, avenue d'Eylau. — Paris.

Perrot (Émile), Agr., Chargé de cours à l'Éc. sup. de Pharm. de Paris, 17, rue Sadi-Carnot. — Châtillon-sous-Bagneux (Seine).

Perrot (Émile, Auguste), Photog., 7, place Carnot. — Creil (Oise).

Perrot (Paul), anc. Commis.-pris., 7, rue Vital. — Paris.

*Dr Perry (Jean). — Miramont (Lot-et-Garonne).

Persoz, 167, rue Saint-Jacques. — Paris.

Peschard (Albert), Doct. en Droit, anc. Organiste de Saint-Étienne, 52, rue de Bayeux. — Caen (Calvados).

Dr Peschaud (Gabriel), anc. Député, Maire, rue Neuve-du-Balat. — Murat (Cantal).

Petit (Arthur), Pharm. de 1re cl., Présid. d'honneur de l'*Assoc. gén. des Pharm. de France*, 8, rue Favart. — Paris.

Petit (Henri, Gustave), Dir. particulier de la *Comp. d'Assurances gén.*, 2, rue Saint-Joseph. — Châlons-sur-Marne (Marne).

*Dr Petit (Henry), Méd.-Maj. au 11e Rég. d'Infant. — Montauban (Tarn-et-Garonne).

*Petit (Mme Paul), 37, boulevard de La Pie. — Saint-Maur-les-Fossés (Seine).

*Petit (Paul), anc. Pharm. de 1re cl., 37, boulevard de La Pie. — Saint-Maur-les-Fossés (Seine).

*Petiton (Anatole), Ing.-Conseil des Mines, 93, rue de Seine. — Paris. — **R**

Pettit (Georges), Ing. en chef des P. et Ch., boulevard d'Haussy. — Mont-de-Marsan (Landes). — **R**

Peugeot (Eugène), Manufac., Mem. du Cons. gén. — Hérimoncourt (Doubs).

Peyre (Jules), anc. Banquier, 6, rue Deville. — Toulouse (Haute-Garonne). — **F**

Dr Peyrot (Jean, Joseph), Mem. de l'Acad. de Méd., Agr. à la Fac. de Méd., Chirurg. des Hôp., 33, rue Lafayette. — Paris.

Philippe (Edmond), Ing. civ., 5, avenue Victoria. — Paris.

Philippe (Jules), Nég. en Prod. photo., 10, cours de Rive. — Genève (Suisse).

Philippe (Léon), 23 *bis*, rue de Turin. — Paris. — **R**

*Philippe (Louis), Ing.-Dir. des Mines de Marignana. — Marignana (Corse).

Dr Phisalix (Césaire), Doct. ès Sc., Assistant de Pathol. comparée au Muséum d'Hist. nat., 26, boulevard Saint-Germain. — Paris. — **R**

Piat (Albert), Construc.-Mécan., 85, rue Saint-Maur. — Paris. — **F**

Piat (fils), Mécan.-Fondeur, 85, rue Saint-Maur. — Paris.

Piaton (Maurice), Ing. civ. des Mines, anc. Élève de l'Éc. Polytech., Mem. du Cons. mun., 49, rue de La Bourse. — Lyon (Rhône). — **R**

Dr Piberet (Pierre, Antoine), 75, rue Saint-Lazare. — Paris.

Picard (Paul, Ernest), Avocat à la Cour d'Ap., 9, rue Mazarine. — Paris.

Picaud (Albin), Chargé de Suppléance à l'Éc. de Méd., 83, rue Lesdiguères. — Grenoble (Isère).

Piche (Albert), Avocat, Présid. de la *Soc. d'Éducat. populaire*, 26, rue Serviez. — Pau (Basses-Pyrénées). — **R**

Picot, Prof. de Clin. médic. à la Fac. de Méd., Assoc. nat. de l'Acad. de Méd., 25, rue Ferrère. — Bordeaux (Gironde).

Picou (Gustave), Indust., 123, rue de Paris. — Saint-Denis (Seine). — **R**

* Picq (Mᴸˡᵉ Germaine), 3, rue Fresnel. — Paris.

Picquet (Henry), Chef de Bat. du Génie, Examin. d'admis. à l'Éc. Polytech., 4, rue Monsieur-Le-Prince. — Paris. — **R**

Pierret (Antoine, Auguste), Prof. de Clin. des malad. ment. à la Fac. de Méd. Associé nat. de l'Acad. de Méd., Méd. en chef de l'Asile de Bron, 8, quai des Brotteaux. — Lyon (Rhône).

Dʳ Pierrou. — Chazay-d'Azergues (Rhône). — **R**

Piette (Édouard), Juge hon. — Rumigny (Ardennes).

Pifre (Abel), Ing., des Arts et Man., 176, rue de Courcelles. — Paris.

Pillet (Jules), Prof. aux Éc. nat. des P. et Ch. et des Beaux-Arts, et au Conserv. nat. des Arts et Mét., anc. Élève de l'Éc. Polytech., 18, rue Saint-Sulpice. — Paris. — **R**

Pilmyer (Henri), Chirurg.-Dent., Mem. du Cons. d'admin. du Syndic. des Chirurg.-Dent., 4, quai des Orfèvres. — Paris.

Pilon, Notaire. — Blois (Loir-et-Cher).

Dʳ Pin (Paul), rue Curéjan. — Alais (Gard).

Pinasseau (F.), Notaire, 2, rue Saint-Maur. — Saintes (Charente-Inférieure).

Pinguet (E.), 4, rue de La Terrasse. — Paris.

Pinon (Paul), Nég., 36, rue du Temple. — Reims (Marne). — **R**

Piogey (Julien), anc. Juge de paix du XVIIᵉ arrond., 142, rue de La Tour. — Paris.

Piquemal (François), Nég. en vins, 95, rue de Richelieu. — Paris et à Lézignan (Aude).

Dʳ Pirondi (Sirus), Associé nat. de l'Acad. de Méd., Prof. hon. à l'Éc. de Méd., Chirurg. consult. des Hôp., 80, rue Sylvabelle. — Marseille (Bouches-du-Rhône).

Pistat-Ferlin (Louis), Agric. — Bezannes par Reims (Marne).

Pitres (Albert), Doyen hon. de la Fac. de Méd., Corresp. nat. de l'Acad. de Méd., Méd. de l'Hôp. Saint-André, 119, cours d'Alsace-et-Lorraine. — Bordeaux (Gironde). — **R**

Pizon (Antoine), Doct. ès. Sc., Prof. d'Hist. nat. au Lycée Janson-de-Sailly, 92, rue de La Pompe. — Paris.

Planche (Paul), Pharm. de 1ʳᵉ cl., anc. Int. des Hôp. de Paris, 1, boulevard de La Madeleine. — Marseille (Bouches-du-Rhône).

Planté (Adrien), anc. Maire, anc. Député. — Orthez (Basses-Pyrénées).

Planté (Charles), Insp. princ. de l'Exploit. aux Chem. de fer de l'État, 12, rue du Bocage. — Nantes (Loire-Inférieure).

Dʳ Planté (Jules), Méd. de 1ʳᵉ cl. de la Marine, 40, boulevard de Strasbourg. — Toulon (Var). — **R**

Plessis de Grenédan (le Comte Joachim du), Prof. à l'Univ. catholique et à l'Éc. sup. libre d'Agric., 24, rue Rabelais. — Angers (Maine-et-Loire).

Poche (Guillaume), Nég. — Alep (Syrie) (Turquie d'Asie).

Poillon (Louis), Ing. des Arts et Man., Rancho Verde. — Teponaxtla par Cuicatlan. (État d'Oaxaca) (Mexique). — **R**

Poincaré (Antoine), Insp. gén. des P. et Ch. en retraite, 14, rue du Regard. — Paris.

Poincaré (Henri), Mem. de l'Inst., Prof. à la Fac. des Sc., Ing. en chef des Mines. 63, rue Claude-Bernard. — Paris.

Poirault (Georges), Dir. des Lab. d'Ens. sup. de la villa Thuret. — Antibes (Alpes-Maritimes).

Poirrier (Alcide), Fabric. de Prod. chim., Sénateur de la Seine, 2, avenue Hoche. — Paris. — **F**

Poirson (Mᵐᵉ Alexandre). — Cantarel par Avignon-Monfavet (Vaucluse).

Poirson (Alexandre), Lieut. du Génie démis., anc. Élève de l'Éc. Polytech. — Cantarel par Avignon-Monfavet (Vaucluse).

Poisson (Jules), Assistant de Botan. au Muséum d'Hist. nat., 32, rue de La Clef. — Paris. — **R**

Dʳ Poisson (Louis), anc. Int.-Lauréat des Hôp. de Paris, Prof. à l'Éc. de Méd., Chirurg. de l'Hôp. marin de Pen-Bron, 5, rue Bertrand-Geslin. — Nantes (Loire-Inférieure).

Poitou (Jean, Joseph), Prop.-Vitic., anc. Mem. du Cons. gén., villa des Charmilles. — Libourne (Gironde).

Polak (Maurice), Admin.-Gérant du journal de la Société libre des Artistes français, et Trésor. de la Soc., 29, boulevard des Batignolles. — Paris.

Dʳ Poli (Dominique), 3, rue du Touat. — Béziers (Hérault).

Polignac (le Prince Camille de). — Radmansdorf (Carniole) (Autriche-Hongrie). — **F**

Polignac (le Comte Melchior de). — Kerbastic-sur-Gestel (Morbihan). — **R**

Pollosson (Maurice), Prof. de Méd. opératoire à la Fac. de Méd.,16, rue des Archers. — Lyon (Rhône).

Pommerol, Avocat, anc. Rédac. de la Revue *Matériaux pour l'Hist. prim. de l'Homme.* — Veyre-Mouton (Puy-de-Dôme) et 20, rue Pestalozzi. — Paris. — **R**

Pommery (Louis), Nég. en vins de Champagne, 7, rue Vauthier-le-Noir. — Reims (Marne). — **F**

Poncet (Antonin), Prof. à la Fac. de Méd., Corresp. nat. de l'Acad. de Méd., Chirurg. en chef désigné de l'Hôtel-Dieu, 11, place de La Charité. — Lyon (Rhône).

Poncin (Henri), anc. Chef d'instit., 8, rue des Marronniers. — Lyon (Rhône).

Dr Pons (Louis). — Nérac (Lot-et-Garonne).

Dr Pont (Albéric), Méd.-Dent., 9, rue du Président-Carnot. — Lyon (Rhône).

Pontier (André), Pharm. de 1re cl., Prépar. de toxicolog. à l'Éc. sup. de Pharm., 48, boulevard Saint-Germain. — Paris.

Pontzen (Ernest), Ing. civ., anc. Élève de l'Éc. nat. des P. et Ch., Mem. du *Comité d'Exploit. techn. des Chem. de fer*, 65, rue de Monceau. — Paris.

Dr Ponzio (Pierre), 176, boulevard Haussmann. — Paris.

Dr Porak, Mem. de l'Acad. de Méd., Accoucheur des Hôp., 176, boulevard Saint-Germain. — Paris.

Porcherot (Eugène), Ing. civ., La Béchellerie. — Saint-Cyr-sur-Loire par Tours (Indre-et-Loire). — **R**

Porgès (Charles), Présid. du Cons. d'admin. de la *Comp. continentale Edison*, 25, rue de Berri. — Paris — **R**

Porte (Arthur), Dir. du Jardin zool. d'Acclimat. du Bois de Boulogne (Seine).

*Porteu (Henry), anc. Garde gén. des Forêts, Prop., Agric., 8, rue de La Psalette. — Rennes (Ille-ét-Vilaine).

Portevin (Hippolyte), Ing. civ., anc. Élève de l'Éc. Polytech., 2, rue de La Belle-Image. — Reims (Marne). — **R**

Potier (Mme Alfred), 89, boulevard Saint-Michel. — Paris.

Potier (Alfred), Mem. de l'Inst., Ing. en chef des Mines, Prof. à l'Éc. Polytech., 89, boulevard Saint-Michel. — Paris. — **F**

*Pottier (le Chanoine Fernand), Présid. de la *Soc. Archéol. de Tarn-et-Garonne*, 59, rue du Moustier. — Montauban (Tarn-et-Garonne).

Dr Poucel (Eugène), Chirurg. en chef des Hôp., 22, boulevard du Musée. — Marseille (Bouches-du-Rhône).

Pouchet (Gabriel), Prof. à la Fac. de Méd., Mem. de l'Acad. de Méd., 15, rue de Condé. — Paris.

*Pougens (Edmond), Percept., Recev. mun., allées de Mortarieu. — Montauban (Tarn-et-Garonne).

Poulet (Ernest), Dir. des Plât. de Vaucluse. — La Parisienne par Velleron (Vaucluse).

*Poulin-Thierry (Léonce), Prop., quai de La Pêcherie. — Pont-Sainte-Maxence (Oise).

Poullain (Georges), Lic. ès Sc., 44, rue de Turbigo. — Paris.

Dr Poupinel (Gaston), anc. Int. des Hôp., 50, avenue Victor-Hugo. — Paris. — **R**

Poupinel (Émile), 24, rue Cambon. — Paris.

Poupot (Charles, Henry), Percept., 5, rue Jean-Jacques-Rousseau. — Nantes (Loire-Inférieure).

Dr Poussié (Émile), 19, rue Tronchet. — Paris. — **R**

Poutiatin (le Prince Paul, Arseniewitch). — Bologoë (Ligne de Saint-Pétersbourg à Moscou) (Russie).

Pouyanne (C., M.), Insp. gén. des Mines, 70, rue Rovigo. — Alger. — **R**

Dr Powell (Osborne, C.). — Fontenelle-Saint-Laurent (Ile de Jersey).

Dr Pozzi (Samuel), Mem. de l'Acad. de Méd., Prof. à la Fac. de Méd., Chirurg. des Hôp., Sénateur de la Dordogne, 47, avenue d'Iéna. — Paris. — **R**

Pralon (Léopold), Ing. civ. des Mines, Délég. gén. du Cons. d'Admin. de la *Soc. de Denain et d'Anzin*, anc. Élève de l'Éc. Polytech., 11 bis, rue de Milan. — Paris.

Prarond (Ernest), Présid. d'hon. de la *Soc. d'Émulation d'Abbeville*, 42, rue du Lillier. — Abbeville (Somme).

Prat (J.-P.), Chim., 71, rue Chevalier. — Bordeaux (Gironde). — **R**

Dr Prats (J., M.), Méd. de S. A. le Bey. — La Marsa (Tunisie).

Préaudeau (Albert de), Ing. en chef, Prof. à l'Éc. nat. des P. et Ch., 21, rue Saint-Guillaume. — Paris.

Preller (L.), Nég., 5, cours de Gourgues. — Bordeaux (Gironde). — **R**

Prève (Laurent), 2, rue Dante. — Nice (Alpes-Maritimes).

Prevet (Ch.)), Nég., 48, rue des Petites-Écuries. — Paris. — **R**

Prévost (A.), Ing. de la *Comp. des Chem. de fer de Bône à Guelma et prolongements*, anc. Élève de l'Éc. nat. des P. et Ch., 10, rue du Marabout. — Tunis.

Prévost (Georges), Ing. civ. des Mines, anc. Élève de l'Éc. Polytech., 30, quai de Bourgogne. — Bordeaux (Gironde).

Dr Prévost (Léandre). — Pont-l'Évêque (Calvados).

Prévost (Maurice), Nég., 1, rue du Château-Trompette. — Bordeaux (Gironde).

*__Prévost (Maurice)__, Publiciste, 55, rue Claude-Bernard. — Paris. — **R**

Prieur (Félix), Biblioth. des Fac., 6, rue Morand. — Besançon (Doubs).

*__Prioleau (Mme Léonce)__, 4, rue des Jacobins. — Brive (Corrèze). — **R**

*__D^r Prioleau (Léonce)__, anc. Int. des Hôp. de Paris, 4, rue des Jacobins. — Brive (Corrèze). — **R**

*__Privat (Paul, Édouard)__, Libr.-Édit., Juge au Trib. de Com., 45, rue des Tourneurs. — Toulouse (Haute-Garonne). — **R**

Prot (Paul), Présid. du Syndic. de la Parfumerie française, 65, rue Jouffroy. — Paris. — **F**

Prouho (Henri), Doct. ès Sc., Prof. adj. à la Fac. des Sc., anc. Élève de l'Éc. cent. des Arts et Man., 72, rue Jeanne-d'Arc. — Lille (Nord).

Proust (Adrien), Prof. à la Fac. de Méd., Mem. de l'Acad. de Méd., Méd. des Hôp. Insp. gén. des Serv. sanit., 45, rue de Courcelles. — Paris.

Proust (Louis, Charles), Ing.-Chim. — Mouy (Oise).

*__D^r Proust (Robert)__, Prosect. à la Fac. de Méd., 136, boulevard Saint-Germain. — Paris.

Pruvot (Georges), Prof. de Zool. à la Fac. des Sc. 6, rue des Alpes. — Grenoble (Isère).

Puerari (Eugène), Admin. de la *Comp. des Chem. de fer du Midi*, 40, boulevard de Courcelles. — Paris.

Pugens, Ing. en chef des P. et Ch., 7, Jardin-Royal. — Toulouse (Haute-Garonne).

Pujol (Mme Georges), 79, cours du Médoc. — Le Bouscat (Gironde).

Pujol (Georges), Pharm., 79, cours du Médoc. — Le Bouscat (Gironde).

Dr Pujos (Albert), Méd. princ. du Bureau de bienfais., 58, rue Saint-Sernin. — Bordeaux (Gironde). — **R**

Pütz (le Général Henry), 98, rue Saint-Merry. — Fontainebleau (Seine-et-Marne).

Dr Putzeÿs (Félix), Prof. d'Hyg. à l'Univ., 15, boulevard Frère-Orban. — Liège (Belgique).

Puvis (Paul), 6 *bis*, rue Bucaille. — Honfleur (Calvados).

Quarré-Reybourbon, Mem. de la Commiss. hist., Sec. gén. adj. de la *Soc. de Géog. de Lille*, 70, boulevard de La Liberté. — Lille (Nord).

Quatrefages de Bréau (Mme Ve Armand de), 48, rue Saint-Ferdinand. — Paris. — **R**

Quatrefages de Bréau (Léonce de), Ing., Chef de serv. à la *Comp. des Chem. de fer du Nord*, anc. Élève de l'Éc. cent. des Arts et Man., 50, rue Saint-Ferdinand. — Paris. — **R**

Dr Queudot, Chirurg.-Dent., 4, rue des Capucines. — Paris.

*__Queuille (Mme Georges)__, 36, rue Rabelais. — Niort (Deux-Sèvres).

*__Queuille (Georges)__, Pharm. de 1re cl., 36, rue Rabelais. — Niort (Deux-Sèvres).

*__Quesnel (Gustave)__, 10, rue Legendre. — Rouen (Seine-Inférieure).

Queva (Charles), Prof. de Botan. à la Fac. des Sc., 2 *bis*, rue Gagnereaux. — Dijon (Côte-d'Or).

Quévillon (Fernand), Colonel-Command. le 144e Rég. d'Infant., Breveté d'Ét.-Maj. 33, rue de Strasbourg. — Bordeaux (Gironde). — **F**

Quinemant (Auguste), Colonel d'Infant. en retraite, villa Beau-Site. — Thonon-les-Bains (Haute-Savoie).

Quinette de Rochemont (le Baron Émile, Théodore), Insp. gén., Prof. à l'Éc. nat. des P. et Ch., 18, rue de Marignan. — Paris.

Quinton (René), 71, avenue de Villiers. — Paris.

Quiquet (Albert), Actuaire de la Comp. d'Assurances *La Nationale-vie*, 92, boulevard Saint-Germain. — Paris.

Rabion (J., E.), Notaire, 32, rue Vital-Carles. — Bordeaux (Gironde).

Rabot, Doct. ès Sc., Pharm., Présid. du Cons. d'Hyg. du départ., 33, rue de La Paroisse. — Versailles (Seine-et-Oise).

Raclet (Joannis), Ing. civ., 21, cours Morand. — Lyon (Rhône). — **R**

*__Raclot (l'Abbé Victor)__, Dir. de l'Observatoire météor., 12, rue de La Charité. — Langres (Haute-Marne).

Radais (Maxime), Prof. à l'Éc. sup. de Pharm., 257, boulevard Raspail. — Paris.

Radiguet (Arthur), Construc. d'inst. de précis., 15, boulevard des Filles-du-Calvaire. — Paris.

Raffalovich (Arthur), Corresp. de l'Inst., Rédac. au *Journal des Débats*, 19, avenue Hoche. — Paris.

Raffalovich (Mme H.), 48, avenue du Bois-de-Boulogne. — Paris.

Dr Raffegeau (Donatien), Dir. de l'Établis. hydrothérap., 9, avenue des Pages. — Le Vésinet (Seine-et-Oise).

Ragain (Gustave), Prof. au Lycée et à l'Éc. sup. de Com. et d'Indust., 42, rue de Séga-lier. — Bordeaux (Gironde).

Ragot (J.), Ing. civ.; Admin. délégué de la Sucrerie de Meaux. — Villenoy par Meaux (Seine-et-Marne).

Raimbault (Paul), Pharm. de 1re cl., Pharm. en chef des Hospices, Prof. hon. à l'Éc. de Méd., 12, rue de La Préfecture. — Angers (Maine-et-Loire).

Raimbert (Louis), Chim., Dir. de sucrerie, 10 bis, rue des Batignolles. — Paris. — R

Rainbeaux (Abel), anc. Ing. des Mines, 16, rue Picot. — Paris.

Dr Raingeard, 1, place Royale. — Nantes (Loire-Inférieure). — R

Ralli (Étienne), Prop., 24, place Malesherbes. — Paris.

Rambaud (Alfred), Mem. de l'Inst., Prof. à la Fac. des Lettres, anc. Min. de l'Instruc. pub., Sénateur et Mem. du Cons. gén. du Doubs, 76, rue d'Assas. — Paris. — R

*Ramé (Mlle), 16, rue de Chalon. — Paris. — R

*Ramé (Louis, Félix), anc. Présid. du Syndic. de la Boulang. de Paris et de la Délég. de la Boulang. franç., 16, rue de Chalon. — Paris. — R

Ramon (E.), Insp. princ. de la Comp. des Chem. de fer de l'Ouest, 4, rue Boullanger. — Gisors (Eure).

Ramond (Georges), Assistant de Géol. au Muséum d'Hist. nat., 61, rue de Buffon. — Paris, et 18, rue Louis-Philippe. — Neuilly-sur-Seine (Seine).

Dr Ranque (Paul), 13, rue Champollion. — Paris.

Dr Raoult (Aimar), anc. Int. des Hôp. de Paris, 4, rue de Serre. — Nancy (Meurthe-et-Moselle).

Dr Rappin (Gustave), Prof. à l'Éc. de Méd., Dir. du Lab. départ. de bactériologie, 170, rue de Rennes. — Nantes (Loire-Inférieure).

Rateau (Auguste), Archit.-Entrep., avenue de Pontaillac (villa Georges). — Royan-les-Bains (Charente-Inférieure).

Rateau (Auguste), Ing. des Mines, 105, quai d'Orsay. — Paris.

Raulet (Lucien), anc. Nég., Biblioth.-Conserv. hon. de la Soc. de Géog. com. de Paris, 9, rue des Dames. — Paris.

Raulin (Victor), anc. Prof. à la Fac. des Sc. de Bordeaux. — Montfaucon-d'Argonne (Meuse).

Raveneau (Louis), Agr. d'Histoire, Sec. de la Rédac. des Annales de Géog., 76, rue d'Assas. — Paris. — R

Raymond (Fulgence), Prof. à la Fac. de Méd., Mem. de l'Acad. de Méd., Méd. des Hôp., 156, boulevard Haussmann. — Paris.

Raynal (David), anc. Min., Sénateur de la Gironde, 11, rue Château-Trompette. — Bordeaux (Gironde).

Reber (Jean), Chim. — Notre-Dame-de-Bondeville (Seine-Inférieure).

Reboul (le Capitaine Frédéric), Of. d'Ordonnance du Général command. le 3e Corps d'Armée. — Rouen (Seine-Inférieure).

Reboul (Mme Jules), 1, rue d'Uzès. — Nîmes (Gard).

Dr Reboul (Jules), anc. Int. des Hôp. de Paris, Chirurg. en chef de l'Hôtel-Dieu, 1, rue d'Uzès. — Nîmes (Gard).

Dr Reclus (Paul), Mem. de l'Acad. de Méd., Agr. à la Fac. de Méd., Chirurg. des Hôp., 9, rue des Saints-Pères. — Paris.

Dr Redard (Camille), Prof., 8, rue de La Cloche. — Genève (Suisse).

*Dr Reddon (Henry), Méd.-Dir. de la villa Penthièvre. — Sceaux (Seine). — R

Regey (Joseph), Nég., 28, rue de Glère. — Besançon (Doubs).

Dr Regnard (Paul), Mem. de l'Acad. de Méd., Dir. de l'Inst. nat. agronom., 224, bou-levard St-Germain. — Paris.

Régnard (Paul, Louis), Ing. des Arts et Man., Mem. du Comité de la Soc. des Ing. civ. de France, 53, rue Bayen. — Paris.

*Regnault (Ernest), Présid. du Trib. civ. — Joigny (Yonne).

*Régnault (Félix), Corresp. du Muséum d'Hist. nat. de Paris, Libraire, 19, rue de La Trinité. — Toulouse (Haute-Garonne).

Dr Régnault (Félix, Louis), anc. Int. des Hôp., 225, rue Saint-Jacques. — Paris.

Reich (Louis), Ing.-Agric., Domaine du Bourrian. — Gassin (Var).

Reinach (Théodore), Doct. ès Lettres et en Droit, 26, rue Murillo. — Paris. — R

Dr Rémy (Charles), Agr. à la Fac. de Méd., 31, rue de Londres. — Paris.

Rémy (Henry), Prop. — Gevrey-Chambertin (Côte-d'Or).

Renard (Charles), Lieut.-Colonel du Génie, Dir. de l'Établis. cent. d'aérostat. milit. de Chalais, 7, avenue de Trivaux. — Meudon (Seine-et-Oise).

Renard (Soulange), Banquier, 11, rue de Milan. — Paris.

Renard et Villet, Teintur. — Villeurbanne (Rhône).

Renaud (Georges), Fondat. de la *Revue géographique internationale*, Prof. aux Éc. mun. sup. de la Ville de Paris, Lauréat de l'Inst., 10, avenue Dorian (place de La Nation). — Paris. — **R**

*Renaud (Paul)**, Ing.-Élect., Ing. de la *Soc. l'Oxhydrique française*, Fondat.-Dir. du *Mois scientifique et industriel*, 33, boulevard des Batignolles. — Paris.

Renault (Bernard), Doct. ès Sc., Assistant de Botan. au Muséum d'Hist. nat., 21, avenue des Gobelins. — Paris.

Renault (G.), Conserv. du Musée. — Vendôme (Loir-et-Cher).

Renaut (Joseph), Prof. à la Fac. de Méd., Assoc. nat. de l'Acad. de Méd., 6, rue de L'Hôpital. — Lyon (Rhône).

Renouard (Mme Alfred), 49, rue Mozart. — Paris. — **F**

Renouard (Alfred), Ing. civ., Dir. de *Soc. techniq.*, 49, rue Mozart. — Paris. — **F**

Renouf (Désiré), Dir. de l'Agence de la *Soc. gén.*, 21, rue Prémard. — Honfleur (Calvados).

Renouvier (Charles), Mem. de l'Inst., anc. Élève de l'Éc. Polytech., Publiciste, 37, rue des Remparts-Villeneuve. — Perpignan (Pyrénées-Orientales). — **F**

Repelin (Joseph), Doct. ès Sc., Prépar. à la Fac. des Sc., 11, boulevard Dugommier. — Marseille (Bouches-du-Rhône).

Dr Reperé. — Gémozac (Charente-Inférieure).

Rességuier (Eugène), Admin. délég. des *Verreries de Carmaux*, 15, allées Lafayette. — Toulouse (Haute-Garonne).

Ressouche (l'Abbé Jules), Lic. ès Sc., Prof. au Collège. — Langogne (Lozère).

Reuss (Georges), Ing. des P. et Ch., 63, rue Michelet. — Saint-Étienne (Loire).

Rey (Auguste), anc. Of. d'Ét.-Maj., 8, rue Sainte-Cécile. — Paris.

Rey (Louis), Ing. des Arts et Man., Admin. de la *Comp. des Chem. de fer du Cambrésis*, 97, boulevard Exelmans. — Paris. — **R**

Rey-Pailhade (Mme Joseph de), 18, rue Saint-Jacques. — Toulouse (Haute-Garonne).

*Dr Rey-Pailhade (Joseph de)**, Ing. civ. des Mines, 18, rue Saint-Jacques. — Toulouse (Haute-Garonne).

Dr Reynier (Paul), Agr. à la Fac. de Méd., Chirurg. des Hôp., 12 *bis*, place Delaborde. — Paris.

Riaz (Auguste de), Banquier, 10, quai de Retz. — Lyon (Rhône). — **F**

Dr Riban (Joseph), Dir. adj. du Lab. d'Enseign. chim. et des Hautes Études à la Sorbonne, Prof. à l'Éc. nat. des Beaux-Arts, 85, rue d'Assas. — Paris.

Dr Ribard (Élisée), 24, avenue d'Eylau. — Paris.

Ribero de Souza Rezende (le Chevalier S.), Poste restante. — Rio-Janeiro (Brésil). — **R**

Ribot (Alexandre), anc. Min., Député du Pas-de-Calais, 6, rue de Tournon. — Paris. — **R**

Ribout (Charles), Prof. hon. de Math. spéc. au Lycée Louis-le-Grand, 30, avenue de Picardie. — Versailles (Seine-et-Oise). — **R**

Dr Ricard (Étienne), Chirurg. de l'Hôp., 6, impasse Voltaire. — Agen (Lot-et-Garonne).

Richard (Jules), Ing., Fabric. d'inst. de Phys., 25, rue Mélingue. — Paris.

Dr Richard (Léon), 22, rue de Chastillon. — Châlons-sur-Marne (Marne).

Richard-Chauvin (Louis), Chirurg.-Dent., Prof. à l'Éc. dentaire de Paris, 1, rue Blanche. — Paris.

Dr Richardière (Henri), Méd. des Hôp., 18, rue de l'Université. — Paris.

Richebé (Raymond), Archiv.-Paléog., Avocat à la Cour d'Ap., 7, rue Montaigne. — Paris.

Dr Richelot (L., Gustave), Mem. de l'Acad. de Méd., Agr. à la Fac. de Méd., Chirurg. des Hôp., 32, rue de Penthièvre. — Paris.

Richemont (Albert de), anc. Maître des Requêtes au Cons. d'État, 4, rue Cambacérès. — Paris.

Dr Richer (Paul), Mem. de l'Acad. de Méd., Dir. hon. du Lab. des Maladies nerveuses, de la Fac. de Méd., 11, rue Garancière. — Paris.

Richet (Charles), Prof. à la Fac. de Méd., Mem. de l'Acad. de Méd., 15, rue de L'Université. — Paris.

Richier (Clément), Prop. — Nogent en Bassigny (Haute-Marne). — **R**

Ridder (Gustave de), Notaire, 4, rue Perrault. — Paris. — **R**

Rieder (Jacques), Ing. des Arts et Man., Gérant de la Maison Gros, Roman et Cie. — Wesserling (Alsace-Lorraine).

Rigaud (Mme Ve Francisque), 38, rue Pauquet. — Paris. — **F**
Rigaut (Adolphe), Nég., Adj. au Maire, 15, rue de Valmy. — Lille (Nord).
*Rigel (Mlle Alice), 27, rue Jean-Jacques-Rousseau. —Paris.
*Rigel (Jérôme), Nég., anc. Maison Way, 27, rue Jean-Jacques-Rousseau. — Paris.
*Rigolet (Désiré), Chirurg.-Dent., 74, rue de Paris. — Auxerre (Yonne).
Rilliet (Albert), Prof. à l'Univ., 16, rue Bellot. — Genève (Suisse). — **R**
Rilly (Achille), Chef de Sec. hon. de la Comp. *des chem. de fer de l'Est*, 7, rue Neuve-
   des-Jardins. — Troyes (Aube).
*Rimbault (Jacques), Conduc. princ. des P. et Ch. en retraite, 84, avenue de Paris.
   — Niort (Deux-Sèvres).
Ripert (Léon), Chef de Bat. du Génie en retraite, anc. Élève de l'Éc. Polytech. — Poix
   (Somme).
Risler (Charles), Chim., Maire du VIIe arrond., 39, rue de L'Université. — Paris. — **F**
Risler (Eugène), Dir. hon. de l'Inst. nat. agron., 106 *bis*, rue de Rennes. — Paris. —.**R**
Riston (Victor), Doct. en Droit, Avocat à la Cour d'Ap. de Nancy, 3, rue d'Essey.
   — Malzéville (Meurthe-et-Moselle). — **R**
Ritter (Charles), Ing. en chef des P. et Ch. en retraite, 1, rue de Castiglione. — Paris.
Rivière (A.), Archit., 16, rue de L'Université. — Paris.
Rivière (Émile), s.-Dir. adj. du Lab. d'Hist. nat. des corps inorganiques du Collège
   de France, 18, rue Jouvenet. — Paris.
Dr Rivière (Jean), Méd.-Maj. de 1re cl., au 20e Rég. d'Artil., 6, rue Vauvert. — Poitiers
   (Vienne). — **R**
Robert (Émile), Nég., 5, cours d'Alsace-Lorraine. — Bordeaux (Gironde).
Robert (Gabriel), Avocat à la Cour d'Ap., 2, quai de L'Hôpital. — Lyon (Rhône). — **R**
Roberty (H.), Nég., 52, rue Notre-Dame-de-Nazareth. — Paris.
Robin (A.), Consul de Turquie, Banquier, 41, rue de L'Hôtel-de-Ville. — Lyon (Rhône). — **R**
Robineau (Th.), Lic. en Droit, anc. Avoué, 4, avenue Carnot. — Paris. — .**R**
Rochas d'Aiglun (le Lieutenant-Colonel Albert de), Admin. hon. de l'Éc. Poly-
   tech., 21, rue Descartes. — Paris.
Dr Roche (Léon). — Oradour-sur-Vayres (Haute-Vienne).
Rochefort (de), Dir. de la Comp. gén. *Transat*. — Oran (Algérie).
Roques (Xavier), Expert-Chim', anc. Chim. princ. au Lab. mun. de la Préf. de Police,
   2, place Armand-Carrel. — Paris.
Rodel (Henri), Substitut du Proc. de La République, 1, rue de Condé. — Bordeaux
   (Gironde).
Rodier (E.), Prof. d'Hist. nat. au Lycée Victor-Hugo, 20, rue Matignon. — Bordeaux
   (Gironde).
Rodocanachi (Emmanuel), 54, rue de Lisbonne. — Paris. — **R**
Rodolphe (Édouard), Chirurg.-Dent., 37, rue de La Chaussée-d'Antin. — Paris.
Rodrigues-Ély (Amédée), Banquier, 3, cours Pierre-Puget. — Marseille (Bouches-du-
   Rhône).
Rodrigues-Ély (Camille), Manufac., Lic. en Droit, anc. Cap. d'Artil., anc. Élève de
   l'Éc. Polytech., 2, boulevard Henri-IV. — Paris.
Dr Rogée (Léonce). — Saint-Jean-d'Angély (Charente-Inférieure).
Roger (Albert), Nég. en vins de Champagne, rue Croix-de-Bussy. — Épernay (Marne).
Roger (Georges), Nég. en vins de Champagne, rue Croix-de-Bussy. — Épernay (Marne).
Rohden (Charles de), Mécan., 14, rue Tesson. — Paris. — **R**
Rohden (Théodore de), 14, rue Tesson. — Paris. — **R**
Rohr (Eugène), Vétér. en 1er au 17e Rég. d'Artil., Lauréat du Min. de la Guerre.
   — La Fère (Aisne).
Dr Roland (François), Prof. à l'Éc. de Méd., Mem. de l'*Acad. des Sc., Belles-Lettres et
   Arts*, Sec. de la *Soc. de Méd.*, 10, rue de L'Orme-de-Chamars. — Besançon (Doubs).
Rolland (Alexandre), Mem. de la Ch. de Com., Nég. en papiers, 7, rue Haxo. — Marseille
   (Bouches-du-Rhône). — **R**
Rolland (Georges), Ing. en chef des Mines, 60, rue Pierre-Charron. — Paris. — **R**
*Dr Rolland (Georges), Dir. de l'Éc. dentaire de Bordeaux, 230, rue Sainte-Catherine.
   — Bordeaux (Gironde).
Rollez (G.), 48, boulevard de La Liberté. — Lille (Nord).
*Romagnac, Mem. du Cons. mun., rue Villebourbon. — Montauban (Tarn-et-Garonne).
Rondeau (Julien), Avocat, 47, rue de La Victoire. — Paris.
Dr Rondeau (Pierre), anc. Chef adj. des Trav. prat. de physiol. à la Fac. de Méd. de
   Paris. — Roussainville par Illiers (Eure-et-Loir).

Ronnelle (Alexandre), anc. Archit., v.-Présid. du Cons. gén. — Cambrai (Nord).

Ropiquet (Clément), Pharm. de 1re cl. — Corbie (Somme).

Roques (Camille), Juge au Trib. civ., rue Droite. — Villefranche-de-Rouergue (Aveyron).

Rosenfeld (Jules), Délég. cant. du IXe arrond., anc. Chef d'Instit., 39, rue Condorcet. — Paris.

Rosenstiehl (Auguste), 61, route de Saint-Leu. — Enghien (Seine-et-Oise).

Rosny (Arthur), Prop., 8, rue de La Providence. — Boulogne-sur-Mer (Pas-de-Calais).

Rothschild (le Baron Alphonse de), Mem. de l'Inst., 2, rue Saint-Florentin. — Paris.—F

Rothschild (le Baron Gustave de), Consul gén. d'Autriche, 23, avenue de Marigny. — Paris.

Rotrou (Alexandre), Pharm. — La Ferté-Bernard (Sarthe).

Rouanne (Antoine), Pharm. — Henrichemont (Cher).

Rouart (Henri), Construc.-Mécan., anc. Élève de l'Éc. Polytech., 34, rue de Lisbonne. — Paris.

Rouffio (Félix), Ing. des Arts et Man., 22, rue de La Darse. — Marseille (Bouches-du-Rhône).

Rougerie (Msr Pierre, Eugène), Évêque de Pamiers. — Pamiers (Ariège).

Rouget, Insp. gén. des Fin., 15, avenue Mac-Mahon. — Paris. — R

Rougeul, Insp. gén. hon. des P. et Ch., 3, rue du Regard. — Paris.

Rouher (Gustave), château de Creil (Oise).

Roule (Louis), Prof. de Zool. à la Fac. des Sc., 8, Jardin-Royal. — Toulouse (Haute-Garonne).

Dr Roussan (Georges), anc. Int. des Hôp., 106, avenue Victor-Hugo. — Paris.

Rousseau (Georges), Libraire, 6, rue Richelieu. — Odessa (Russie).

Dr Rousseau (Henri), Institution du Parangon. — Joinville-le-Pont (Seine).

Rousseau (Henri), Ing. des P. et Ch., 12, rue de La Pompe. — Paris. — R

Roussel (Joseph), Doct. ès Sc., Prof. au Collège, chemin de Velours. — Meaux (Seine-et-Marne).

Dr Roussel (Théophile), Mem. de l'Inst. et de l'Acad. de Méd., Sénateur et Présid. du Cons. gén. de la Lozère, 71, rue du Faubourg-Saint-Honoré. — Paris. — F

Rousselet (Louis), Archéol., 126, boulevard Saint-Germain. — Paris. — R

Rousselot (Joseph), anc. Présid. du Trib. de Com., 55, rue Saint-Nicolas. — Nancy (Meurthe-et-Moselle).

Rousset (Gustave du), Dir. de la Soc. des Mines de la Loire, 2, place Marengo. — Saint-Étienne (Loire).

Dr Roustan (Auguste), 58, rue d'Antibes. — Cannes (Alpes-Maritimes).

Rouveix (Georges). — Saint-Germain-Lembron (Puy-de-Dôme).

Rouveix (Jean). — Saint-Germain-Lembron (Puy-de-Dôme).

Rouveix (Mme Lucie). — Saint-Germain-Lembron (Puy-de-Dôme).

Dr Rouveix (Mathieu). — Saint-Germain-Lembron (Puy-de-Dôme).

Rouvier, Sénateur et v.-Présid. du Cons. gén. de la Charente-Inférieure, château de Puyravault par Surgères (Charente-Inférieure).

Dr Rouvier (Jules), Prof. à la Fac. de Méd. française de Beyrouth (Syrie), 6, rue Nau. — Marseille (Bouches-du-Rhône).

*Rouvière (Albert), Ing. des Arts et Man., Prop.-Agric. — Mazamet (Tarn). — F

Rouville (Étienne de), Prépar. de Zool. à la Fac. des Sc., 10, rue Henri-Guinier. — Montpellier (Hérault).

Dr Roux (Émile), Mem. de l'Inst. et de l'Acad. de Méd., Dir. de l'Inst. Pasteur, 25, rue Dutot. — Paris.

Roux (Mme Ve Gustave), 19, rue d'Odessa. — Paris.

Roux (Jules, Charles), Fabric. de savon, anc. Député, 81, rue Sainte. — Marseille (Bouches-du-Rhône).

Rouyer-Warnier (L.), Nég., 27, rue David. — Reims (Marne).

Rouzé (Émile), Entrep. de Trav. pub., 20, rue Gauthier-de-Châtillon. — Lille (Nord).

Dr Roy (Maurice), Dent. des Hôp., Prof. à l'Éc. dentaire de Paris, 5, rue Rouget-de-l'Isle. — Paris.

*Rozenbaum (Mme Gustave), 51, boulevard Saint-Marcel. — Paris.

*Rozenbaum (Gustave), Chirurg.-Dent., 51, boulevard Saint-Marcel. — Paris.

Rozier (Octave), Prof. de Math., 12 bis, rue Prosper. — Bordeaux (Gironde).

Ruffin (Achille), Chim., 210, rue du Tilleul. — Tourcoing (Nord).

Russel (William), Doct. ès Sc., 19, boulevard Saint-Marcel. — Paris.

Dr Sabatier, 11, rue de La Coquille. — Béziers (Hérault).

Sabatier (Armand), Corresp. de l'Inst., Doyen de la Fac. des Sc. 1, rue Barthez. — Montpellier (Hérault). — R

*Sabatier (Paul), Corresp. de l'Inst., Prof. de Chim. à la Fac. des Sc., 11, allées des Zéphirs. — Toulouse (Haute-Garonne). — R
Dr Sabatier-Desarnauds, 9, rue des Balances. — Béziers (Hérault).
Dr Sabouraud (Raymond), Chef de Lab. de la Fac. de Méd. (Hôp. Saint-Louis), 62, rue Caumartin. — Paris.
Sagey, Dir. de la *Banque de France*. — Tours (Indre-et-Loire).
*Sagnier (Henry), Dir. du *Journal de l'Agriculture*, 106, rue de Rennes. — Paris. — R
Saignat (Léo), Prof. à la Fac. de Droit, 18, rue Mably. — Bordeaux (Gironde). — R
Saint-Joseph (le Baron Anthoine de), 23, rue François-Ier. — Paris.
*Saint-Laurent (Albert de), Avocat, 128, cours Victor-Hugo. — Bordeaux (Gironde). — F
Saint-Martin (l'Abbé Charles de), Vicaire, 7, rue des Carrières. — Suresnes (Seine). — R
*Saint-Martin (Henri), Ing. de la *Soc. française de l'Accumulateur Tudor*, 7, rue Toullier. — Paris.
Saint-Olive (G.), anc. Banquier, 9, place Morand. — Lyon (Rhône). — R
Dr Sainte-Rose-Suquet, 3, rue des Pyramides. — Paris. — R
Salanson (Alphonse), Ing. civ. des Mines, anc. Élève de l'Éc. Polytech., 23, rue des Écuries-d'Artois. — Paris.
Dr Salathé (Auguste), 27, rue Michel-Ange. — Paris.
Salet (Mme Ve Georges), 120, boulevard Saint-Germain. — Paris.
Salet (Pierre), Étud., 120, boulevard Saint-Germain. — Paris.
*Salières (François), Dir. du journal *Le Populaire*, 10, rue du Calvaire. — Nantes. (Loire-Inférieure).
Salmin (Casimir), Ing. des Arts et Man., 6, rue Faidherbe. — Lille (Nord).
Salomé (Théophile), Doct. en Droit, 27, rue Saint-Jean. — Pontoise (Seine-et-Oise).
Samama (Moïse), Rent., 194, avenue du Prado. — Marseille (Bouches-du-Rhône).
Samama (Nissim), Doct. en Droit, Avocat, 194, avenue du Prado. — Marseille (Bouches-du-Rhône).
Samazeuilh (Fernand), Avocat, 1 *bis*, rue Bardineau. — Bordeaux (Gironde).
Dr Sambuc (Camille), Agr. de Chim. à la Fac. de Méd., 2, avenue des Ponts. — Lyon (Rhône). — R
Saporta (le Comte Antoine de), 3, rue Philippy. — Montpellier (Hérault).
*Saquet (Mme Donatien), 25, rue de La Poissonnerie. — Nantes (Loire-Inférieure).
*Dr Saquet (Donatien), 25, rue de La Poissonnerie. — Nantes (Loire-Inférieure).
*Saquet (René), 25, rue de La Poissonnerie. — Nantes (Loire-Inférieure).
Sarlit (Frédéric), Prof. de Math. à l'Éc. sup. de Com. et d'Indust., 8, rue du Loup. — Bordeaux (Gironde).
Sartiaux (Albert), Ing. en chef des P. et Ch., Ing.-Chef de l'Exploit. à la *Comp. des Chem. de fer du Nord*, 20, rue de Dunkerque. — Paris.
*Saugrain (Gaston), Doct. en Droit, Avocat à la Cour d'Ap., 4, rue Bernard-Palissy. — Paris.
*Saurin (Alphonse), Banquier, Mem. de la Ch. de Com. — Castellane (Basses-Alpes).
Sautier (Jules, Charles), Chirurg.-Dent., 35, rue du Chemin de fer. — Mantes (Seine-et-Oise).
Dr Sauvage (Émile), Conserv. des Musées, 39 *bis*, rue Tour-Notre-Dame. — Boulogne-sur-Mer (Pas-de-Calais).
Sauvez (Denis), Dent., 78, rue d'Amsterdam. — Paris.
*Dr Sauvez (Émile), Prof. à l'Éc. dentaire de Paris, Dent. des Hôp., 17, rue de Saint-Pétersbourg. — Paris.
Savé, Pharm. — Ancenis (Loire-Inférieure).
Savoye (Claudius), Inst. — Odenas (Rhône).
Schæffer (Gustave), Chim.-Manufac. — Château de Pfastatt (Alsace-Lorraine).
Schamoun (Philippe), Délég. à la Dir. gén. des Fin. — Tozeur (Tunisie).
Scheurer (Auguste). — Logelbach près Colmar (Alsace-Lorraine).
Schickler (le Baron Fernand de), 17, place Vendôme. — Paris.
Schilde (le Baron de), château de Schilde par Wyneghem (province d'Anvers) (Belgique). — R
Schleicher (Mme Adolphe), 15, rue des Saints-Pères. — Paris.
Schleicher (Adolphe), Libr.-Édit., 15, rue des Saints-Pères. — Paris.
Schleicher (Charles), Libr.-Édit., 15, rue des Saints-Pères. — Paris.
Schloesing (Henri), Fabric. de Prod. chim., 103, rue Sylvabelle. — Marseille (Bouches-du-Rhône).

Schlumberger (Charles), Ing. de la Marine en retraite, 16, rue Christophe-Colomb. — Paris. — **R**

Schmidt (Oscar), 86, rue de Grenelle. — Paris.

Dr Schmitt (Charles), 6, rue de Villersexel. — Paris.

Dr Schmitt (Ernest), Prof. de Chim. et de Pharm. à l'Univ. catholique, 119, rue Nationale. — Lille (Nord).

Schmitt (Henri), Pharm. de 1re cl., 53, rue Notre-Dame-de-Lorette. — Paris. — **R**

Schmitt (Joseph), Prof. à la Fac. de Méd., 51, rue Chanzy. — Nancy (Meurthe-et-Moselle).

Schmutz (Emmanuel), 1, rue Kageneck. — Strasbourg (Alsace-Lorraine). — **R**

Schneegans (le Général Frédéric), 67, faubourg de Besançon. — Montbéliard (Doubs).

Schneider (Eugène), Maître de Forges, Député de Saône-et-Loire, 42, rue d'Anjou. — Paris.

Dr Schœlhammer, 14, rue de la Sinne. — Mulhouse (Alsace-Lorraine).

Schœlhammer (Paul), Chim. chez MM. Scheurer, Rott et Cie. — Thann (Alsace-Lorraine).

Schœndœrffer (Paul), Ing. en chef des P. et Ch. — Annecy (Haute-Savoie).

Schott (Frédéric), anc. Pharm., 22, rue Kühn. — Strasbourg (Alsace-Lorraine).

Schrader (Frantz), Prof. à l'Éc. d'Antrop. Mem. de la Dir. cent. du Club Alpin français, 75, rue Madame. — Paris.

*****Schrameck (Abraham)**, Préfet de Tarn-et-Garonne. — Montauban (Tarn-et-Garonne).

Dr Schwartz (Édouard), Agr. à la Fac. de Méd., Chirurg. des Hôp., 183, boulevard Saint-Germain. — Paris.

Schwérer (Pierre, Alban), Notaire, 3, rue Saint-André. — Grenoble (Isère). — **R**

Schwich (Vincent), Ing. civ., Représent. de la Soc. I et A Pavin de Lafarge, 24, avenue de France. — Tunis.

Schwob, Dir. du Phare de la Loire, 6, rue de L'Héronnière. — Nantes (Loire-Inférieure).

Scrive-Loyer (Jules), Nég., 294, rue Léon-Gambetta. — Lille (Nord).

Sebert (le Général Hippolyte), Mem. de l'Inst., Admin. de la Soc. anonyme des Forges et Chantiers de la Méditerranée, 14, rue Brémontier. — Paris. — **R**

Secrestat, Nég., 34, rue Notre-Dame. — Bordeaux (Gironde).

Secrétaire administratif de la Société des Ingénieurs civils de France (Le), 19, rue Blanche. — Paris.

*****Secretan (Georges)**, Ing.-Optic., 13, place du Pont-Neuf. — Paris.

Sédillot (Maurice), Entomol., Mem. de la Com. scient. de Tunisie, 20, rue de L'Odéon. — Paris. — **R**

Dr Sée (Marc), Mem. de l'Acad. de Méd., Agr. à la Fac. de Méd., Chirurg. des Hôp., 126, boulevard Saint-Germain. — Paris.

Dr Segond (Paul), Agr. à la Fac. de Méd., Chirurg. des Hôp., 11, quai d'Orsay. — Paris.

Segretain (le Général Léon), 23, rue de L'Hôtel-Dieu. — Poitiers (Vienne).

Séguin (F.), Chef de Bureau au Min. des Fin., 10, rue du Dragon. — Paris.

Seguin (J., M.), Rect. hon., 27, rue Chaptal. — Paris.

Séguin (Léon), Dir. de la Comp. du Gaz du Mans, Vendôme et Vannes, à l'Usine à gaz. — Le Mans (Sarthe).

Seguy (Paul), Ing.-Élect., 53, rue Monsieur-Le-Prince. — Paris.

*****Seigle (Louis)**, Chirurg.-Dent., 13, rue Lafaurie de Monbadon. — Bordeaux (Gironde).

Seiler (Albert), Ing. des Arts et Man., Construc. d'ap. à gaz, 17, rue Martel. — Paris.

Seiler (Mme Antonin). — La Châtre (Indre).

Seiler (Joseph, Charles) Ing. civ., Construct. d'ap. à gaz, 17, rue Martel. — Paris.

Séligmann (Eugène), Agent de change hon., 133, boulevard Malesherbes. — Paris.

Séligmann-Lui (Émile), Insp. d'assurances sur la vie, 39, rue Notre-Dame-de-Lorette. — Paris.

Selleron (Ernest), Ing. de la Marine en retraite, 76, rue de La Victoire. — Paris. — **R**

Dr Sellier (Jean), Chef des trav. de Physiol. à la Fac. de Méd., 29, rue Boudet. — Bordeaux (Gironde).

Sélys-Longchamps (Walther de). — Ciney (Belgique).

*****Senderens (l'Abbé Jean-Baptiste)**, Doct. ès Sc., Prof. de Chim. à l'Inst. catholique, 31, rue de la Fonderie. — Toulouse (Haute-Garonne).

Sentini (Émile), Pharm., Présid. de la Soc. de Pharm. de Lot-et-Garonne. — Agen (Lot-et-Garonne).

Serbat (Louis), Élève à l'Éc. des Chartes. — Saint-Saulve (Nord).

Serre (Fernand), Prop., 1, rue Levat. — Montpellier (Hérault). — **R**

Serré-Guino (Alphonse), Prof. hon. à l'Éc. norm. sup. d'Ens. second. pour les jeunes filles, anc. Examin. d'admis. à l'Éc. spéc. milit., 114, rue du Bac. — Paris.

Dr Seure, 4, rue Diderot. — Saint-Germain-en-Laye (Seine-et-Oise).

*Sevray (de), 3, rue Croix-Baragnon. — Toulouse (Haute-Garonne).

Dr Seynes (Jules de), Agr. à la Fac. de Méd., 15, rue Chanaleilles. — Paris. — F'

Seynes (Léonce de), 58, rue Calade. — Avignon (Vaucluse). — R

Seyrig (Théophile), Ing. des Arts et Man., Construc., 43, rue de Rome. — Paris.

*Sicard (Germain), Présid'. de la Soc. d'études scient. de l'Aude, château de Rivière.
— Caunes-Minervois (Aude).

Sicard (Hilaire), Pharm. de 1re cl., $, place de La République. — Béziers (Hérault).

Siéber (H.-A.), 23, rue de Paradis. — Paris. — F

Siegfried (Jacques), Banquier, 20, rue des Capucines. — Paris.

Siégler (Ernest), Ing. en chef des P. et Ch., Ing. en chef adj. de la Vcie à la Comp. des
Chem. de fer de l'Est, 48, rue Saint-Lazare. — Paris. — R

*Dr Siffre (Achille), Prof. à l'Éc. dentaire de Paris, 97, boulevard Saint-Michel. — Paris.

Sigalas (Clément), Prof. à la Fac. de Méd., 67, rue de La Teste. — Bordeaux (Gironde).

Signoret (Maximin), Prop., 29, rue Bayen. — Paris.

Silvestre (André), Ing. (Châlet Émile), chemin de la Collette. — Toulon (Var).

Siméon (Paul), Ing. civ., Représent. de la Soc. L. et A. Pavin de Lafarge, anc. Élève
de l'Éc. Polytech., 42, boulevard des Invalides. — Paris. — R

Simon, Prof. à la Fac. de Méd., 23, place de La Carrière. — Nancy (Meurthe-et-
Moselle).

Simon (Georges), Prop.-Vitic., domaine des Hamyans. — Saint-Leu (départ. d'Oran)
(Algérie).

Simon (J.), Pharm., rue du Bel-Air. — Suresnes (Seine).

Simon (Louis), Prof. d'Hydrog. de la Marine en retraite, 148, rue de Paris. — Boulogne-sur-Seine (Seine).

Simon (René), Ing., 41, rue Gambetta. — Saint-Étienne (Loire).

Sinard (Mlle Berthe), Géol., 6, rue Galante. — Avignon (Vaucluse).

Dr Sinety (le Comte Louis de), 14, place Vendôme. — Paris.

*Siper (Léopold), Agent-Voyer d'Arrondissement, 4, rue Léon-Clacel. — Montauban
(Tarn-et-Garonne).

Sire (Georges), Corresp. de l'Inst., Mem. de l'Acad. des Sc., Belles-Lettres et Arts,
15, rue de La Mouillère. — Besançon (Doubs).

Siret (Louis), Ing. — Cuevas de Vera (province d'Almeria) (Espagne). — R

Sirodot (Simon), Corresp. de l'Inst., Doyen hon. et Prof. à la Fac. des Sc., rue
Malakoff. — Rennes (Ille-et-Vilaine).

Société industrielle d'Amiens. — Amiens (Somme). — R

Société d'Études scientifiques d'Angers, place des Halles. — Angers (Maine-et-Loire).

Société scientifique d'Arcachon. — Arcachon (Gironde).

Société de Médecine vétérinaire de L'Yonne. — Auxerre (Yonne).

Société Ramond. — Bagnères-de-Bigorre (Hautes-Pyrénées).

Société d'Émulation du Doubs. — Besançon (Doubs).

Société de Médecine de Besançon et de La Franche-Comté. — Besançon (Doubs).

Société d'Études des Sciences naturelles. — Béziers (Hérault).

Société d'Histoire naturelle de Loir-et-Cher. — Blois (Loir-et-Cher).

Société des Sciences et des Lettres de Loir-et-Cher. — Blois (Loir-et-Cher).

Société linnéenne de Bordeaux (à l'Athénée). 53, rue des Trois-Conils. — Bordeaux
(Gironde).

Société de Médecine et de Chirurgie de Bordeaux (à l'Athénée), 53, rue des Trois-
Conils. — Bordeaux (Gironde).

Société Odontologique de Bordeaux (M. J. Armand, Président), 32, cours de Tourny.
— Bordeaux (Gironde).

Société de Pharmacie de Bordeaux (à l'Athénée), 53, rue des Trois-Conils. — Bordeaux (Gironde).

Société philomathique de Bordeaux, 2, cours du XXX Juillet. — Bordeaux (Gironde). — R

Société des Sciences physiques et naturelles de Bordeaux, 143, cours Victor-Hugo.
— Bordeaux (Gironde). — R

Société académique de Brest. — Brest (Finistère). — R

Société française d'Entomologie. — Caen (Calvados).

Société de Médecine de Caen et du Calvados. — Caen (Calvados).

Société d'Agriculture, Commerce, Sciences et Arts du département de La Marne.
— Châlons-sur-Marne (Marne).

Société nationale des Sciences naturelles et mathématiques de Cherbourg.
— Cherbourg (Manche).

Société de Borda. — Dax (Landes).

Société d'Agriculture, Sciences et Arts de Douai, 8 bis, rue d'Arras. — Douai (Nord).

Société libre d'Agriculture, Sciences, Arts et Belles-Lettres de L'Eure. — Évreux (Eure). — R

Société des Sciences naturelles et archéologiques de La Creuse. — Guéret (Creuse).

Société médicale de Jonzac. — Jonzac (Charente-Inférieure).

Société de Médecine et de Chirurgie. — La Rochelle (Charente-Inférieure).

*Société des Sciences naturelles de La Charente-Inférieure. — La Rochelle (Charente-Inférieure). -

Société de Géographie commerciale du Havre, 131, rue de Paris. — Le Havre (Seine-Inférieure).

Société agricole et scientifique de La Haute-Loire. — Le Puy en Velay (Haute-Loire).

Société centrale de Médecine du Nord. — Lille (Nord). — R

Société de Géographie de Lisbonne (Portugal).

Société d'Anthropologie de Lyon (Palais des Arts), place des Terreaux. — Lyon (Rhône).

Société d'Économie politique de Lyon (M. Pey, Secrétaire général), 1, rue du Bat-d'Argent. — Lyon (Rhône).

Société anonyme des Houillères de Montrambert et de La Béraudière, 70, rue de L'Hôtel-de-Ville. — Lyon (Rhône). — F

Société de Lecture de Lyon, 1, place Saint-Nizier. — Lyon (Rhône).

Société de Pharmacie de Lyon, Palais des Arts. — Lyon (Rhône).

Société des Sciences médicales de Lyon, 41, quai de L'Hôpital. — Lyon (Rhône).

Société départementale d'Agriculture des Bouches-du-Rhône, 10, rue Venture. — Marseille (Bouches-du-Rhône).

*Société de Géographie de Marseille, 25, rue Montgrand. — Marseille (Bouches-du-Rhône).

Société des Pharmaciens des Bouches-du-Rhône, 3, marché des Capucines. — Marseille (Bouches-du-Rhône).

*Société de Statistique de Marseille, 2, rue Sylvabelle. — Marseille (Bouches-du-Rhône).

Société générale des Transports maritimes à vapeur, 3, rue des Templiers. — Marseille (Bouches-du-Rhône).

Société d'Émulation de Montbéliard. — Montbéliard (Doubs).

Société des Sciences de Nancy. — Nancy (Meurthe-et-Moselle).

Société académique de La Loire-Inférieure, 1, rue Suffren. — Nantes (Loire-Inférieure). — R

Société des Lettres, Sciences et Arts des Alpes-Maritimes, 1, rue Sainte-Clotilde. — Nice (Alpes-Maritimes).

Société de Médecine et de Climatologie de Nice, 4, rue de La Buffa. — Nice (Alpes-Maritimes).

Société d'Études des Sciences naturelles, 6, quai de La Fontaine. — Nîmes (Gard).

Société d'Agriculture, Sciences et Arts d'Orléans, 6, rue Antoine-Petit. — Orléans (Loiret).

Société centrale des Architectes français, 8, rue Danton. — Paris. — R

*Société des anciens Élèves des Écoles nationales d'Arts et Métiers, 6, rue Chauchat. — Paris.

Société botanique de France, 84, rue de Grenelle. — Paris. — R

*Société entomologique de France, 28, rue Serpente (Hôtel des Sociétés Savantes). — Paris.

Société anonyme des Forges et Chantiers de la Méditerranée, 1 et 3, rue Vignon — Paris. — F

Société de Géographie, 184, boulevard Saint-Germain. — Paris. — R

Société française d'Hygiène (le Président de la), 28, rue Serpente (Hôtel des Sociétés Savantes). — Paris.

Société des Ingénieurs civils de France, 19, rue Blanche. — Paris. — F

Société de Médecine vétérinaire pratique, 28, rue Serpente (Hôtel des Sociétés Savantes). — Paris.

Société médico-chirurgicale de Paris (ancienne Société médico-pratique), 29, rue de La Chaussée d'Antin. — Paris. — R

Société de Pharmacie de Paris, 4, avenue de L'Observatoire (École de Pharmacie). — Paris.

Société française de Photographie, 76, rue des Petits-Champs. — Paris. — R

Société générale des Téléphones, 9, place de La Bourse. — Paris. — F

Société des Sciences, Lettres et Arts de Pau. — Pau (Basses-Pyrénées). — **R**
Société agricole, scientifique et littéraire des Pyrénées-Orientales. — Perpignan (Pyrénées-Orientales).
*Société Druart et Le Roy, 37, chaussée du Port. — Reims (Marne).
Société industrielle de Reims, 18, rue Ponsardin. — Reims (Marne). — **R**
Société médicale de Reims, 71, rue Chanzy. — Reims (Marne). — **R**
Société d'Agriculture, Industrie, Sciences, Arts, Belles-Lettres du département de La Loire. — Saint-Étienne (Loire).
Société anonyme de la Brasserie de Tantonville. — Tantonville (Meurthe-et-Moselle).
Société des Sciences naturelles de Tarare. — Tarare (Rhône).
Société polymathique du Morbihan. — Vannes (Morbihan).
Société des Sciences et Arts de Vitry-le-François. — Vitry-le-François (Marne).
Sociétés de Pharmacie du Sud-Est (Fédération des). — Pierrelate (Drôme).
Sollier (Eugène), Fabric. de ciment. — Neufchâtel (Pas-de-Calais).
Solms (le Comte Louis de), Ing. des Arts et Man.— Port-Louis (Morbihan). — **R**
Solvay (Ernest), Indust., Sénateur, 45, rue des Champs-Élysées. — Bruxelles (Belgique). — **F**.
Solvay et Cⁱᵉ, Usine de Prod. chim. de Varangéville-Dombasle par Dombasle (Meurthe-et-Moselle). — **F**
Somasco (Charles), Ing. civ. — Creil (Oise).
Dʳ Sonnié-Moret (Abel), Pharm. de l'Hôp. des Enfants malades, 149, rue de Sèvres. — Paris. — **R**
Soreau (Rodolphe), Ing., anc. Élève de l'Éc. Polytch., Expert près le Cons. de Préfect. de la Seine, 65, rue de La Victoire. — Paris.
Soret (Charles), Prof. à l'Univ., 6, rue Beauregard. — Genève (Suisse). — **R**
Sorin de Bonne (Louis), Avocat, anc. s.-Préfet, 6, rue Duquesne. — Lyon (Rhône).
Souheiran (Louis-Maxime), s.-Dir. de l'Éc. prat. d'Indust., — Béziers (Hérault).— **R**
Soulier (Albert), Maitre de conf. de Zool. à la Fac. des Sc., 1, boulevard Pasteur. — Montpellier (Hérault).
Dʳ Spengler (Georges), 2, place Saint-François. — Lausanne (Suisse).
Spillmann (Paul), Prof. à la Fac. de Méd., Corresp. nat. de l'Acad. de Méd., 40, rue des Carmes. — Nancy (Meurthe-et-Moselle).
Dʳ Stagienski de Holub (Adolphe), 13, rue Gambetta. — Saint-Étienne (Loire).
Stapfer (Daniel), Ing. des Arts et Man., Construc., Sec. gén. de la *Soc scient. indust.*, 5, boulevard Notre-Dame. — Marseille (Bouches-du-Rhône).
Stapfer (Henri), Nég., 5, boulevard Notre-Dame. — Marseille (Bouches-du-Rhône).
Steinmetz (Charles), Tanneur, 60, rue d'Illzach. — Mulhouse (Alsace-Lorraine). — **R**
Stengelin, Banquier, 9, quai Saint-Clair. — Lyon (Rhône). — **R**
Stéphan (Édouard), Corresp. de l'Inst., Prof. d'Astron. à la Fac. des Sc., Dir. de l'Observatoire, 2, place Le Verrier. — Marseille (Bouches-du-Rhône).
Stéphan (Pierre), Chef des trav. d'Histologie à l'Éc. de Méd., 2, place Le Verrier. — Marseille (Bouches-du-Rhône).
Dʳ Stéphann (E.), 15, boulevard de La République. — Alger.
Stern (Edgar), Banquier, 20, avenue Montaigne. — Paris.
Stirrup (Mark), Mem. de la *Soc. géol. de Londres*, High-Thorn Stamford road. — Bowdon (Cheshire) (Angleterre).
Dʳ Stœber, 66, rue Stanislas. — Nancy (Meurthe-et-Moselle).
Stœcklin (Auguste), Insp. gén. des P. et Ch., 6, avenue de L'Alma. — Paris.
Dʳ Stoklasa (Jules), Prof. à l'Éc. polytech. sup., Dir. de la Stat. physiol. du royaume de Bohème. — Prague (Autriche-Hongrie).
Storck (Mᵐᵉ Adrien), 78, rue de L'Hôtel-de-Ville. — Lyon (Rhône).
Storck (Adrien), Ing. des Arts et Man., 78, rue de L'Hôtel-de-Ville. — Lyon (Rhône). — **R**
Suais (Abel), Ing. en chef des trav. pub. des Colonies, Dir. de la *Comp. impériale des Chem. de fer Éthiopiens*, 13, rue Léon-Coignet. — Paris. — **R**
Suarez de Mendoza (Mᵐᵉ Ferdinand), 22, avenue de Friedland. — Paris.
Dʳ Suarez de Mendoza (Ferdinand), 22, avenue de Friedland — Paris.
*Subirana (Luis), Dent., 14, Barquillo. — Madrid (Espagne).
Dʳ Suchard, 85, boulevard de Port-Royal. — Paris et, l'été, aux bains de Lavey (Vaud) (Suisse). — **F**
Surrault (Ernest), Notaire hon., 45, avenue de L'Alma. — Paris. — **R**
Surun (Émile), Pharm., 165, rue Saint-Honoré. — Paris.
*Syndicat des Pharmaciens de l'Indre. — Châteauroux (Indre).
Dʳ Szerb (Sigismond), v. Josef-tér, 14. — Budapest (Autriche-Hongrie).

*Dʳ Tachard (Élie), Méd. princ. de 1ʳᵉ cl. de l'Armée en retraite, 11, rue Monplaisir.
— Toulouse (Haute-Garonne). — **R**

Tachet, Nég., anc. Présid. du Trib. de Com., 12, boulevard de La République.— Alger.

Taillefer (Amédée), Cons. hon. à la Cour d'Ap.; 27, rue Cassette.. — Paris.

Takata et Cⁱᵉ, 1, Yurakucho-Itchome Kojimachi-Ku. — Tokio (Japon).

Tanesse, Prof. de l'Ens. second. en retraite, 53, quai Valmy.— Paris.

Tanner (Alexandre-Alexandrowich), Prof., Cons. d'État. — Pskoff (Russie).

Tanret (Charles), Pharm. de 1ʳᵉ cl., 14, rue d'Alger. — Paris.— **R**

Tanret (Georges), Étud., 14, rue d'Alger. — Paris. — **R**.

Tardy (Mᵐᵉ Vᵉ Charles). — Simandre (Ain).

*Target (Émile), Fabric. de Prod. chim., 26, rue Saint-Gilles. — Paris.

Tarry (Gaston), anc. Insp. des Contrib. diverses. — Kouba (départ. d'Alger). — **R**

Tarry (Harold), Insp. des Fin. en retraite, anc. Élève de l'Éc. Polytech., villa Uranie.
— Bouzaréa (Départ. d'Alger). — **R**

Tastet (Édouard), Nég., 60, quai des Chartrons. — Bordeaux (Gironde).

Tatin (Victor), Ing.-Construc., Lauréat de l'Inst., 14, rue de La Folie-Regnault.— Paris.

Tavernier (Charles de), Ing. en chef des P. et Ch., 67, rue de Prony. — Paris.

Tavernier (Pascal), Présid. du Trib. de Com., 12, rue de La Paix. — Saint-Étienne
(Loire).

Dʳ Teillais (Auguste), place du Cirque. — Nantes (Loire-Inférieure). — **R**

Teisserenc de Bort (Edmond), Agric., Sénateur de la Haute-Vienne, villa de Muret.
— Ambazac (Haute-Vienne).

Teisserenc de Bort (Léon), Dir. de l'Observat. de Météorol. dynamique de Trappes,
82, avenue Marceau. — Paris.

Teissier (Joseph), Prof. à la Fac. de Méd., Corresp. nat. de l'Acad. de Méd., Méd. des
Hôp., 8, place Bellecour. — Lyon (Rhône). — **R**

Templier (Armand), 81, boulevard Saint-Germain. — Paris.

Terquem (Paul, Augustin), Prof. d'Hydrog. de la Marine en retraite, 41, rue Saint-Jean.
— Dunkerque (Nord).

Terrier (Félix), Prof. à la Fac. de Méd., Mem. de l'Acad. de Méd., Chirurg. hon. des
Hôp., 11, rue de Solférino. — Paris.

Terrier (Paul), Ing. civ. 56, rue de Provence. — Paris.

Testut (Léo), Prof. d'Anat. à la Fac. de Méd., Corresp. nat. de l'Acad. de Méd., 3, avenue de L'Archevêché. — Lyon (Rhône). — **R**

Teulade (Marc), Avocat, Mem. de la Soc. de Géog. et de la Soc. d'Hist nat. de Toulouse, 22, rue Pharaon. — Toulouse (Haute-Garonne). — **R**

*Teullé (le Baron Pierre), Prop., Mem. de la Soc. des Agricult. de France. — Moissac
(Tarn-et-Garonne). — **R**

Teutsch (Jacques), Lic. ès Lettres, 32, place Saint-Georges. — Paris.

Dʳ Texier (Georges). — Moncoutant (Deux-Sèvres). — **R**

Dʳ Texier (Victor), 8, rue Jean-Jacques-Rousseau. — Nantes (Loire-Inférieure).

Thélin (René de), Ing. en chef des P. et Ch. — Tarbes (Hautes-Pyrénées). — **R**

*Thellier de La Neuville (Henri), Étud., 26, rue des Jardins. — Lille (Nord).

*Thellier de La Neuville (Pierre), Élève à l'Éc. Polytech., 5, rue Descartes. — Paris.

Thénard (Mᵐᵉ la Baronne Vᵉ Paul), 6, place Saint-Sulpice. — Paris. — **R**

Thénard (le Baron Arnould), Chim.-Élect., 6, place Saint-Sulpice. — Paris.

Théry (Raymond), anc. Notaire, 10, place Saint-Jacques. — Tourcoing (Nord).

Thevenet (Antoine), Dir. de l'Éc. prép. à l'Ens. sup. des Sc., 34, rue Hoche. — Alger-
Agha.

*Thévenet-Le Boul (Jean), Ing. en chef des P. et Ch., 222, rue du Faubourg-Saint-
Honoré. — Paris.

*Thévenin (Armand), Prépar. au Muséum d'Hist. nat., 43, boulevard Henri-IV. — Paris.

Thibault (J.), Tanneur, 18, place du Maupas. — Meung-sur-Loire (Loiret). — **R**

Dʳ Thibierge (Georges), Méd. des Hôp., 7, rue de Surène. — Paris. — **R**

Thiercelin (Alphonse), Dir. de la Soc. gén. — Auxerre (Yonne).

Thierry (Georges), Indust., 37, Bold-street. — Liverpool (Angleterre).

Thiollier (Félix), 3, rue Duguay-Trouin. — Paris.

Thiollier (Noël), Lic. en Droit, Archiv.-Paléog., 22, rue de La Bourse. — Saint-Étienne
(Loire).

Thiriez (Alfred), Ing. des Arts et Man., Filat., 308, rue Nationale. — Lille (Nord).

Thirion (Émile), Présid. de la Soc. d'Hortic. de Senlis, faubourg de Villevert. — Senlis
(Oise).

Thomas (A.), Notaire, 53, route d'Orléans. — Montrouge (Seine).
* Thomas (Auguste), Chirurg.-Dent., 26, rue des Lois. — Toulouse (Haute-Garonne).
Thomas (Eugène), Nég., château de La Rouquette. — Villeveyrac (Hérault).
Dr Thomas-Duris (René), route d'Eymoutiers. — Bugeat (Corrèze).
Thouroude (Eugène), Doct. en Droit, Commis.-Pris., 32, rue Le Peletier. — Paris.
*Thuillier (Onézime), Chirurg.-Dent., 24, rue de L'Hôpital. — Rouen (Seine-Inférieure).
Dr Thulié (Henri), Dir. de l'Éc. d'Anthrop., anc. Présid. du Cons. mun., 37, boulevard Beauséjour. — Paris. — R
- Thurneyssen (Émile), Admin. de la Comp. gén. Transat., 10, rue de Tilsitt.—Paris.— R
Thurninger (Albert), Ing. en chef des P. et Ch., 111, rue de Rennes. — Paris.
Tillion (Antoine), Prop., 15, rue Sous-les-Augustins.—Clermont-Ferrand (Puy-de-Dôme).
Tison (Adrien), Prépar. à la Fac. des Sc., 32, place Saint-Sauveur. — Caen (Calvados).
Dr Tison (Édouard), Doct. ès Sc. nat., Méd. en chef de l'Hôp. Saint-Joseph, 137, rue de Rennes. — Paris.
Tissandier (Albert), Archit., 50, rue de Châteaudun. — Paris.
Tisserand (Paul), Prof. hon. de l'Univ., 21, rue du Kambert. — Saint-Dié (Vosges).
Tisseyre (Albert), 43, rue Boudet. — Bordeaux (Gironde).
Tissié-Sarrus, Banquier, 2, rue du Petit-Saint-Jean. — Montpellier (Hérault) — F
Tissot, Examin. d'admis. à l'Éc. Polytech. en retraite. — Voreppe (Isère). — R
Dr Tommasini (Paul), 8, boulevard Seguin. — Oran (Algérie).
Dr Topinard (Paul), 105, rue de Rennes. — Paris. — R.
Dr Toraude (Léon), Pharm., 6, rue Marengo. — Paris.
Torrilhon, Fabric. de caoutchouc. — Chamalières par Clermont-Ferrand (Puy-de-Dôme).
Touchard (Ernest), Nég., 97, avenue de Clichy. — Paris.
Dr Touche (Rémy), anc. Int. des Hôp., Méd. de l'Hospice. — Limeil-Brévannes (Seine-et-Oise).
Toulon (Paul), Lic. ès Lettres et ès Sc., Ing. en chef des P. et Ch., Attaché à la Comp. des Chem. de fer de l'Ouest, 75, rue Madame. — Paris.
Tourniel (Paul), Prop., 3, rue Herschel. — Paris.
Tourtoulon (le Baron Charles de), Prop., 13, rue Roux-Alphéran. — Aix en Provence (Bouches-du-Rhône). — R
Toussaint (Mlle J.), 7, rue de Bruxelles. — Paris.
Touvet-Fanton (Ed.), Chirurg.-Dent., 38, boulevard de Sébastopol. — Paris.
Trabaud (Pierre), anc. Dir. de l'Acad. des Sc., Lettres et Arts, 11, boulevard Baille. — Marseille (Bouches-du-Rhône).
Dr Trabut (Louis), Prof. à l'Éc. de Méd., Méd. de l'Hôp. civ., 7, rue Desfontaines. — Alger-Mustapha.
Trabut-Cussac (Paul), Prop., 6, quai Louis-XVIII. — Bordeaux (Gironde).
Travet (Antoine), Prop. — Crécy en Brie (Seine-et-Marne).
Trébucien (Ernest), Manufac., 25, cours de Vincennes. — Paris. — F
Treilhes (Émile), Chef du serv. com. des Mines de Carmaux, 41, rue d'Auriol. — Toulouse (Haute-Garonne).
Trélat (Émile), Ing. des Arts et Man., Archit. en chef hon. du départ. de la Seine, Prof. hon. au Conserv. nat. des Arts et Mét., Dir. de l'Éc. spéc. d'Archit., anc. Député, 17, rue Denfert-Rochereau. — Paris. — R
Trélat (Gaston), Archit., 9, rue du Val-de-Grâce. — Paris.
Trenquelléon (Fernand de), Prop., 5, place de La République. — Agen (Lot-et-Garonne).
Trépied (Charles), Dir. de l'Observatoire. — Bouzaréa (départ. d'Alger).
Trey (César de), Nég., 54, Shaftesbury avenue. — Londres (Angleterre).
Trincaud la Tour (Émile de), Banquier, 7, cours du Jardin-Public. — Bordeaux (Gironde).
Dr Tripet (Jules), 2, rue de Compiègne. — Paris.
Troost (Louis), Mem. de l'Inst., Prof. de Chim. à la Fac. des Sc., 84, rue Bonaparte. — Paris.
Trouette (Édouard), Pharm. de 1re cl., Fabric. de Prod. pharm., 15, rue des Immeubles-Industriels. — Paris.
*Trutat (Eugène), Doct. ès Sc., anc. Dir. du Musée d'Hist. nat. de Toulouse, rue du Lycée. — Foix (Ariège).
Trystram (Jean-Baptiste), Sénateur et Mem. du Cons. gén. du Nord, 95, rue de Rennes. — Paris.
Tuleu (Mme Charles, Aubin), 58, rue d'Hauteville. — Paris. — R
Tuleu (Charles, Aubin), Ing. civ., anc. Élève de l'Éc. Polytech., 58, rue d'Hauteville. — Paris. — R

Turc (Henri), Lieut. de vaisseau à bord du *Bouvet*, Escadre de la Méditerranée.
— Toulon (Var).

*Turpain (Albert), Doct. ès Sc., Maître de Conf. de Phys. à la Fac. des Sc., 4, rue
Vauvert. — Poitiers (Vienne),

Turquan (Mme Victor), 158, boulevard de La Croix-Rousse. — Lyon (Rhône).

Turquan (Victor), Mem. du Cons. sup. de Statistique, Recev.-Percept., 158, boulevard
de La Croix-Rousse. — Lyon (Rhône). — **R**

Urscheller (Henri), Prof. d'allemand au Lycée, 83, rue de Siam. — Brest (Finistère). — **R**

Ussel (le Comte d'), Ing. en chef des P. et Ch., 4, rue Bayard. — Paris.

Vaillant (Alcide), Archit., 108, avenue de Villiers. — Paris. — **R**

Dr Vaillant (Léon), Prof. au Muséum d'Hist. nat., 36, rue Geoffroy-Saint-Hilaire.
— Paris. — **R**

Dr Valcourt (Théophile de), Méd. de l'Hôp. marit. de l'Enfance. — Cannes (Alpes-
Maritimes), et l'été, 64, boulevard Saint-Germain. — Paris. — **R**

Valette (Ernest), Ing.-Expert, 1, rue Saint-Ferréol. — Marseille (Bouches-du-Rhône).

Vallot (Joseph), Dir. de l'Observat. météorol. du Mont-Blanc, 114, avenue des Champs-
Élysées. — Paris. — **R**

Valot (Paul), Doct. en Droit, Avocat, rue Kléber. — Lure (Haute-Saône). — **R**

Van Aubel (Edmond), Doct. ès Sc. Phys. et Math., Chargé de cours à l'Univ.,
136^t, chaussée de Courtrai. — Gand (Belgique). — **R**

Van Blarenberghe (Mme Henri, François), 48, rue de La Bienfaisance. — Paris. — **R**

Van Blarenberghe (Henri, François), Ing. en chef des P. et Ch. en retraite, Présid. du
Cons. d'admin. de la *Comp. des Chem. de fer de l'Est*, 48, rue de La Bienfaisance.
— Paris. — **R**

Van Blarenberghe (Henri, Michel), Ing. des P. et Ch., 48, rue de La Bienfaisance.
— Paris. — **R**

Van Iseghem (Henri), Présid. du Trib. civ., anc. Mem. du Cons. gén. de la Loire-
Inférieure, 7, rue du Calvaire. — Nantes (Loire-Inférieure). — **R**

Van Tiéghem (Philippe), Mem. de l'Inst., Prof. au Muséum d'Hist. nat., 22, rue Vauquelin. — Paris. — **R**

Vandelet (O.), Nég., Délég. du Cambodge au Cons. sup. des Colonies. — Pnumpehn
(Cambodge). — **R**

Varin (Achille), Doct. en Droit, Avocat à la Cour d'Ap., 140, boulevard Haussmann.
— Paris.

Variot, Ing. civ., 13, rue de Constantine. — Lyon (Rhône).

Varlé (Paul), Ing. civ., Dir. du Bureau de Paris de la *Comp. de Courrières*, 3, rue
Mogador. — Paris.

Varoquier, Vétér., 19, rue Saint-Georges. — Paris.

Vaschalde (Henry), Dir. de l'Établis. therm. — Vals-les-Bains (Ardèche).

Vasnier, Gref. des Bâtiments, 34, rue de Constantinople. — Paris.

Vasnier (Henri), Associé de la Maison Pommery, 7, rue Vauthier-le-Noir.—Reims (Marne).

Vassal (Alexandre). — Montmorency (Seine-et-Oise) et, 55, boulevard Haussmann.
— Paris. — **R**

Vattier (Jean-Baptiste), Prof. d'Hydrog. de la Marine en retraite, 5, place du Calvaire.
— Paris.

Vauquelin (Mme), château de Saint-Maclou par Beuzeville (Eure).

Dr Vautherin, 5, rue du Repos. — Belfort.

Vautier (Théodore), Prof. adj. à la Fac. des Sc., 30, quai Saint-Antoine. — Lyon
(Rhône). — **R**

Dr Vautrin (Alexis), Agr. à la Fac. de Méd., 45, cours Léopold. — Nancy (Meurthe-et-
Moselle).

Vayson (Jean, Antoine), Mem. de la *Soc. française d'Archéol.* et de la *Société d'Émulation*. — Abbeville (Somme).

Vélain (Charles), Prof. à la Fac. des Sc., 9, rue Thénard. — Paris.

Velten (Eugène), Admin. de la *Banque de France*, Mem. de la Ch. de Com., Présid. de
la *Soc. anonyme des Brasseries de la Méditerranée*, 42, rue Bernard-du-Bois. — Marseille (Bouches-du-Rhône).

Venet (le Commandant Paul), 68 *bis*, rue Jouffroy. — Paris.

Dr Verchère (Fernand), Chirurg. de Saint-Lazare, 101, rue du Bac. — Paris.

Verdet (Gabriel), anc. Présid. du Trib. de Com. — Avignon (Vaucluse). — **F**

Verdier (A.), Libr., 35, rue du Commerce. — Blois (Loir-et-Cher).

Verdin (Charles), Construc. d'inst. de précis. pour la Physiol., 7, rue Linné. — Paris.
Vergely, Prof. à la Fac. de Méd., Corresp. nat. de l'Acad. de Méd., Méd. des Hôp., 3, rue Guérin. — Bordeaux (Gironde).
Dr Verger (Théodore). — Saint-Fort-sur-Gironde (Charente-Inférieure). — **R**
Vergnes (Auguste), Planteur à Mayumba (Congo français), 2, rue des Jardins. — Castres (Tarn). — **R**
Verley (Mme Marcel), 4, rue Thimonnier. — Paris.
Verley (Marcel), Archit., 4, rue Thimonnier. — Paris.
Verminck (C., A.), Fabric. d'huiles, 55, cours Pierre-Puget. — Marseille (Bouches-du-Rhône).
Vermorel (Victor), Construc., Dir. de la Stat. vitic. — Villefranche (Rhône). — **R**
Verneuil (Christian de), Ing. civ. attaché aux Études du Crédit Lyonnais, 117, rue de Courcelles. — Paris.
Verney (Noël), Doct. en Droit, Avocat à la Cour d'Ap., 4, rue du Jardin-des-Plantes. — Lyon (Rhône). — **R.**
Verrine (Mlle), 14, place Saint-Martin. — Caen (Calvados).
Veyrin (Émile), 2 ter, rue Herran. — Paris. — **R**
Vial (Paulin), Cap. de Frégate en retraite, anc. Résid. sup. au Tonkin, 2, place Victor-Hugo. — Grenoble (Isère).
Vialay (Alfred), Ing. des Arts et Man., 1, rue de La Chaise. — Paris.
****Viau (Georges)**, Chirurg.-Dent. diplômé de la Fac. de Méd., Prof. à l'Éc. dentaire de Paris, 47, boulevard Haussmann. — Paris.
Viault (François), Prof. à la Fac. de Méd., place d'Aquitaine. — Bordeaux (Gironde).
Vichot (Mme Julien), 6, rue de La Barre. — Lyon (Rhône).
****Vichot (Julien)**, Chirurg.-Dent., 6, rue de La Barre. — Lyon (Rhône).
Vichot (Lucien), Chirurg.-Dent., 8 bis, boulevard de Saumur. — Angers (Maine-et-Loire).
Vidal (Mme Ve), 22, rue Dauzats. — Bordeaux (Gironde).
Dr Vidal (Edmond), Rédac. en chef des Archives de Thérapeutique, 13, rue de Lubeck. — Paris.
Dr Vidal (Émile), Méd. de la Comp. des Chem. de fer de Paris à Lyon et à la Méditerranée. — Hyères (Var).
Vidal (Gustave), Botan. — Plascassiers par Grasse (Alpes-Maritimes).
Vidal (Léon), Prof. à l'Éc. nat. des Arts décoratifs, 29, avenue Henri-Martin. — Paris et château de La Gaffette. — Port-de-Bouc (Bouches-du-Rhône).
Vidal (Paul), Ing. des P. et Ch., 307, boulevard de Caudéran. — Bordeaux (Gironde).
****Vidal (Mme Raphaël)**, 23, quai Vauban (place des Tanneries). — Perpignan (Pyrénées-Orientales).
****Vidal (Raphaël)**, Chirurg.-Dent., 23, quai Vauban (place des Tanneries). — Perpignan (Pyrénées-Orientales).
Dr Vidal-Puchals (Joseph), Colón, 2. — Valence (Espagne).
Vieille (Paul), Ing. en chef des Poudres et Salpêtres, Prof. à l'Éc. Polytech., 12, quai Henri-IV. — Paris.
Vieille-Cessay (l'Abbé François), Dir. au Grand-Séminaire, 12, rue Charles-Nodier. — Besançon (Doubs). — **R**
Dr Viennois (Louis, Alexandre). — Peyrins par Romans (Drôme). — **R**
Vigarié (Émile), Expert-Géom. — Laissac (Aveyron).
Vignard (Charles), Lic. en Droit, Nég., anc. Juge au Trib. de Com., anc. Mem. du Cons. mun., 16, passage Saint-Yves. — Nantes (Loire-Inférieure). — **R**
Vignes (Léopold), Prop., 4, rue Michel-Montaigne. — Bordeaux (Gironde).
Vignon (Jules), Rent., 45, avenue de Noailles. — Lyon (Rhône). — **F**
Vignon (Louis), Maitre des requêtes au Cons. d'État, Prof. à l'Éc. coloniale, Lauréat de l'Inst., 7, rue de La Pompe. — Paris.
****Dr Viguié (J.)**, rue de la République. — Montauban (Tarn-et-Garonne).
Dr Viguier (C.), Doct. ès Sc., Prof. à l'Éc. prép. à l'Ens. sup. des Sc., 2, boulevard de La République. — Alger. — **R**
****Viguier (François)**, Vétér., rue Léon-Cladel. — Montauban (Tarn-et-Garonne).
Vilar (Antonio), Dent., 3, calle de Los Derechos. — Valence (Espagne).
Villain (Mme), 5, rue Médicis. — Paris.
Dr Villar (Francis), Agr. à la Fac. de Méd., Chirurg. des Hôp., 9, rue Castillon. — Bordeaux (Gironde).
Villard (Pierre), Doct. en Droit, 29, quai Tilsitt. — Lyon (Rhône). — **R**

Villaret, 13, rue Madeleine. — Nîmes (Gard).
Ville (Alphonse), Député de l'Allier, rue d'Allier. — Moulins (Allier).
Ville (Mme Ve Georges), 30, cours La Reine. — Paris.
Ville d'Ernée (Mayenne). — F
Ville de Marseille (Bouches-du-Rhône). — F
Ville de Reims (Marne). — F
Ville de Remiremont (Vosges).
Ville de Rouen (Seine-Inférieure). — F
Villeréal-Lassaigne (Paul), Notaire. — Fumel (Lot-et-Garonne).
Villiers du Terrage (le Vicomte de), 30, rue Barbet-de-Jouy. — Paris. — R
*Vincens (Charles), Dir. de l'Acad. des Sc., Lettres et Arts, 16, rue Pavillon. — Marseille (Bouches-du-Rhône).
Dr Vincent, Chirurg. de l'Hôp. civ., Prof. à l'Éc. de Méd., 13, rue d'Isly. — Alger.
Vincent (Auguste), Nég., Armat., 14, quai Louis-XVIII. — Bordeaux (Gironde). — R
*Vincent (Louis), Ing. des Arts et Man., Dir. de la Soc. Montalbanaise d'Élect., 13, rue de La Mairie. — Montauban (Tarn-et-Garonne).
Dr Vinerta. — Oran (Algérie).
Violle (Jules), Mem. de l'Inst., Maître de Conf. à l'Éc. norm. sup., Prof. au Conserv. nat. des Arts et Mét., 89, boulevard Saint-Michel. — Paris. — R
*Viré (Armand), Attaché au Muséum d'Hist. nat., 21, rue Vauquelin. — Paris.
Dr Viron (Lucien), Pharm. de la Salpétrière, Rédac. en chef de l'Union pharm., 47, boulevard de L'Hôpital. — Paris.
Dr Vitrac (Junior), Chef de Clin. chirurg. à la Fac. de Méd., 16, rue du Temple. — Bordeaux (Gironde). — R
Vivenot (Henry), Ing. en chef des P. et Ch. en retraite, 70, boulevard Saint-Michel. — Paris.
Vizern (Marius), Pharm. de 1re cl., 54, rue Vacon. — Marseille (Bouches-du-Rhône).
Vogley (Charles), Consul de Belgique. — Oran (Algérie).
Vogt (Georges), Ing. des Arts et Man., Dir. des Trav. techniques à la Manufac. nat. de porcelaines. — Sèvres (Seine-et-Oise).
Voisin (Honoré), Dir. des Mines de Roche-la-Molière et Firminy, anc. Élève de l'Éc. Polytech. — Firminy (Loire).
Voisin-Bey (Philippe), Insp. gén. des P. et Ch. en retraite, 3, rue Scribe. — Paris.
Vourloud (Gustave), Ing. civ., Indust. — Oullins (Rhône).
Vrana (Constantin), Lic. ès Sc., 48, caléa Dorobantilor. — Bucarest (Roumanie).
Vuibert (Henry), Publiciste, 26, rue des Écoles. — Paris.
Vuigner (Henri), Ing. civ. des Mines, anc. Élève de l'Éc. Polytech., 46, rue de Lille. — Paris.
Vuillemin (Georges), Ing. civ. des Mines, 6, avenue de Saint-Germain. — Saint-Germain-en-Laye (Seine-et-Oise). — R
*Vuillemin (Jules), Ing. des Arts et Man., 7, rue Vignon. — Paris.
Vuillemin (Paul), Prof. à la Fac. de Méd. de Nancy, 16, rue d'Armance. — Malzéville (Meurthe-et-Moselle).
Vulpian (André), Lic. ès Sc. nat., 51, avenue Montaigne. — Paris. — R
Walbaum (Édouard), Manufac., 20, boulevard Lundy. — Reims (Marne).
Wallon (Étienne), Prof. au Lycée Janson-de-Sailly, 65, rue de Prony. — Paris.
Dr Walther (Charles), Agr. à la Fac. de Méd., Chirurg. des Hôp., 21, boulevard Haussmann. — Paris.
Warcy (Gabriel de), 38, rue Saint-André. — Reims (Marne). — R
Dr Wecker (Louis de), 55, rue du Cherche-Midi. — Paris.
Weiller (Lazare), Ing.-Manufac. — Angoulême (Charente), et 36, rue de La Bienfaisance. — Paris.
Dr Weisgerber (Charles, Henri), 62, rue de Prony. — Paris.
Dr Weiss (Georges), Ing. des P. et Ch., Agr. à la Fac. de Méd., 20, avenue Jules-Janin. — Paris. — R
Wenz (Émile), Nég., 50, boulevard Lundy. — Reims (Marne).
West (Émile), Ing. des Arts et Man., Chef du Lab. d'essais à la Comp. des Chem. de fer de l'Ouest, 29, rue Jacques-Dulud. — Neuilly-sur-Seine (Seine).
Wickersheimer (Émile), Ing. en chef des Mines, anc. Député, 11, chaussée de La Muette. — Paris.
Dr Wickham (Henri), 16, rue de La Banque. — Paris.
Wilhélem (Mme Georges), 24, rue des Minimes. — Compiègne (Oise).

Wilhélem (Georges), Lic. en Droit, Notaire, 24, rue des Minimes. — Compiègne (Oise).
Willm, Prof. de Chim. gén. appliq. à la Fac. des Sc. (Inst. de Chimie) rue Barthélemy-
Delespaul. — Lille (Nord). — **R**
Winter (David), Nég., 3, avenue Vélasquez. — Paris.
*Witz (Albert), Photog., 31, rue Jeanne-d'Arc. — Rouen (Seine-Inférieure).
Witz (Joseph), Nég. — Épinal (Vosges).
Wolf (Charles), Mem. de l'Inst., Prof. à la Fac. des Sc., Astron. hon. à l'Observat. nat.
1, rue des Feuillantines. — Paris.
Worms de Romilly, anc. Présid. de la *Soc. française de Phys.*, 27, avenue Montaigne.
— Paris. — **F**
*Wouters (Louis), Homme de Lettres, anc. Chef de Cabinet de Préfet, 30, rue du Rocher
— Paris. — **R**
Yacht-Club de France. — Paris. — **R**
Yver (Paul), Manufac., anc. Élève de l'Éc. Polytech. — Briare (Loiret). — **F**
*Yvernat (M᷅ᵉ Vᵉ), 3, rue du Viel-Renversé. — Lyon (Rhône).
Dʳ Yvon (Édouard). — Cinq-Mars-la-Pile (Indre-et-Loire).
Yvonneau (Alfred), Artiste-Peintre, 14, rue de La Butte. — Blois (Loir-et-Cher).
*Zaborowski, Publiciste, Archiv. de la *Soc. d'Anthrop. de Paris*, 2, avenue de Paris.
— Thiais (Seine).
Dʳ Zaëpffel (Émile, Léon), Méd. princ., de l'Armée en retraite, 4, rue Porte-Poterne.
— Vannes (Morbihan).
Zegers (Luis), Prof. à l'Univ., Ing. des Mines, 1262, rue Augustinos. — Santiago (Chili).
Zeiller (René), Mem. de l'Inst., Ing. en chef des Mines, 8, rue du Vieux-Colombier.
— Paris. — **R**
Zenger (Charles, V.), Mem. de l'Acad. des Sc. de l'Empereur François-Joseph Iᵉʳ,
Prof. de Phys. et d'Astro. phys. à l'Éc. polytech. slave, 7/III, Palais Lobkovic.
— Prague (Autriche-Hongrie).
Ziegler (Henri), Ing. civ., 14, avenue Raphaël. — Paris.
Ziffer (Emmanuel, A.), Ing. civ., Présid. des *Chem. de fer Lemberg-Czernowitz-Jassy*
5, Operuring. — Vienne (Autriche).
Zindel (Édouard), Ing. à la Soudière de la *Comp. de Saint-Gobain*. — Chauny (Aisne).
Dʳ Zipfel, Prof. sup. à l'Éc. de Méd., Mem. du Cons. mun., 27, rue Buffon. — Dijon
(Côte-d'Or).
Zivy (Paul), Ing. des Arts et Man., 148, boulevard Haussmann. — Paris. — **R**
Zuber (Ernest), Manufac., île Napoléon. — Rixheim (Alsace-Lorraine).
Zürcher (Philippe), Ing. en chef des P. et Ch., 14, allée des Fontainiers. — Dign
(Basses-Alpes).

ASSOCIATION FRANÇAISE

POUR

L'AVANCEMENT DES SCIENCES

Fusionnée avec

L'ASSOCIATION SCIENTIFIQUE DE FRANCE

(Fondée par Le Verrier en 1864)

CONFÉRENCES DE PARIS

1902

M. David LEVAT

Ancien élève de l'École Polytechnique, Ingénieur civil des Mines, à Paris.

LA GUYANE FRANÇAISE EN 1902

— *21 janvier* —

MESDAMES, MESSIEURS,

En m'appelant au périlleux honneur d'ouvrir la série des conférences de 1902, votre Conseil a tenu sans doute à donner un gage de l'intérêt qu'il porte au développement de l'esprit colonial dans notre pays. C'est à ce titre que j'ai accepté, malgré la faiblesse de mes moyens, de venir vous parler ce soir d'une de nos plus vieilles possessions d'outre-mer, qui est aussi, je crois, l'une des plus injustement décriées.

J'ai déjà eu, il y a quatre ans, l'honneur de vous entretenir ici-même, des placers de l'Ancien et du Nouveau-Monde et de citer à ce sujet ceux de notre Guyane française. Depuis cette époque, l'intérêt qui s'attache à nos créations coloniales, s'est nettement affirmé dans le public et ce n'est pas devant cet auditoire d'élite que j'ai à en faire ressortir l'importance majeure à tous les points de vue.

1

La brillante épopée coloniale qui a définitivement assis notre influence dans l'Ouest africain et dans l'Indo-Chine, a détourné un peu l'attention de nos anciennes colonies des Indes et de l'Amérique, débris glorieux d'un passé dont nous pouvons parler avec fierté. Pour nos colonies d'Amérique, menacées par les prétentions insolentes de la doctrine de Monroë, nous devons plus que partout ailleurs témoigner de notre énergique sollicitude en faveur des territoires qui nous restent, et aider au développement de leurs richesses naturelles.

En ce qui concerne particulièrement la Guyane, colonie dont je m'occupe d'une manière active depuis déjà plusieurs années, la tâche est loin d'être aisée et je ne m'en dissimule pas toutes les difficultés. La généralité des Français identifie le nom de Cayenne avec celui d'un bagne où la mortalité causée par un climat exceptionnellement funeste s'oppose à ce qu'on y envoie des condamnés de race blanche. C'est « la guillotine sèche » pour tout résumer en trois mots.

Je remercie le Conseil de notre Association de m'avoir permis de venir détruire devant vous, au moyen de documents probants, cette funeste légende basée sur l'ignorance de la réalité et aussi, il faut le dire, sur ce qu'on a écrit et même enseigné jusqu'ici à propos de la Guyane.

Comment en serait-il autrement?

Les ouvrages les plus accrédités dans le public et même les publications officielles prennent, en parlant de la Guyane, le ton de commisération discrète qui est de rigueur dans la chambre d'un mort. Reclus déclare gravement que : « de toutes les possessions d'outre-mer que la France s'attribue, nulle ne prospère moins que sa part des Guyanes : on ne peut en raconter l'histoire sans humiliation ».

On n'est pas plus aimable.

Ce qui est plus grave, c'est que les ouvrages de vulgarisation les plus récents et les plus accrédités dans le public forcent encore la note.

Voici par exemple ce qu'on lit dans l'*Almanach Hachette* de 1900, page 288.

« En l'état présent, la Guyane est un pays de fonctionnaires, avec marins et soldats, et peut-être 1.200 blancs, le dixième des immigrants de 1763; une région où l'on ne cultive qu'infiniment peu, mais où des aventuriers, des noirs mulâtres et créoles des Antilles et des nègres du pays lavent des pépites d'or dans des criques au courant rapide; enfin le grand pénitencier, qu'on a renoncé à peupler de forçats de race blanche, vu l'inclémence du ciel et du sol. On n'y expédie plus guère que des Arabes et des Annamites. Déportés avec leurs « gardes du corps » et tous les fonctionnaires des pénitenciers, la guerre, la marine, les colons, les chercheurs d'or, tout cela fait à peine trente mille personnes. »

N'ayant pas l'honneur d'être fonctionnaire, je me trouve dans la pénible nécessité d'opter soit pour le bagne, soit pour la profession d'aventurier, pour rentrer dans la classification de l'Almanach.

Ce n'est d'ailleurs ni la première, ni la dernière fois que ma carrière aux colonies et à l'étranger m'attire les légitimes suspicions de ceux qui pensent — et ils sont légion encore — que les coloniaux sont peut-être pleins de qualités, mais qu'ils ont « une petite tache » comme les demoiselles riches qui cherchent un mari à la quatrième page des journaux.

La Guyane française a donc, plus que toute autre colonie, besoin d'être connue pour être appréciée à sa juste valeur. Depuis 1897, époque à laquelle j'ai commencé à lutter contre l'indifférence et même l'hostilité du public, d'incontestables progrès se sont accomplis. J'ai rencontré, je dois le dire, de précieux et puissants concours : le Gouvernement, tant à Paris qu'à Cayenne; un Conseil général qui aussi bien par sa composition que par la manière dont il gère les intérêts économiques et financiers de la Guyane, peut être cité comme un modèle, ont collaboré à la création du chemin de fer de pénétration de Cayenne aux placers, qui va changer radicalement les conditions de l'existence dans l'intérieur de la colonie.

Par une heureuse coïncidence, c'est au moment précis où cette question de création d'un moyen de transport économique est résolue, que s'ouvrent des horizons nouveaux.

On découvre au début de 1901 de riches placers dans l'Inini, affluent du Maroni ; en quelques mois, plusieurs milliers de travailleurs montent sur ce nouvel Eldorado, malgré des difficultés inouïes de transport. A la même époque (Avril 1901) on commence avec un plein succès le dragage des rivières aurifères, remplaçant ainsi les anciens procédés par des moyens mécaniques. Enfin on découvre à Adieu-Vat un riche filon aurifère, donnant plus de 10 onces d'or à la tonne de quartz, dans lequel le métal précieux se trouve associé au sulfure de bismuth et à la pyrite de fer, fait inconnu jusqu'ici en Guyane.

La Colonie se trouve donc à un tournant de son histoire. Il importe qu'on le sache dans la mère patrie, tel est le but de cet entretien.

LE NOUVEL ELDORADO DE L'ININI

Nous avons appris en Europe, au commencement de l'année dernière, qu'un nouveau centre très important d'exploitations aurifères venait d'être découvert dans le haut du Maroni, à 250 kilomètres environ de la mer, sur les bords de la rivière Inini, affluent français du Maroni.

On est tellement habitué à Cayenne à entendre parler de nouveaux Eldorados, que les esprits sceptiques y sont nombreux, et qu'on ne croit guère aux événements que lorsqu'ils sont arrivés. Les premières découvertes de l'Inini en 1901, datent du mois d'avril. Au mois de mai, un des conseillers généraux de la colonie, fort au courant des questions minières, m'écrivait encore :

« Jusqu'à présent, nous n'avons pas la preuve que des découvertes aient été faites à l'Inini ; on en a parlé et on en parle beaucoup, mais je ne vois pas arriver les productions. Il peut se faire que les découvertes soient réelles, toujours est-il qu'en ville personne ne peut l'affirmer. Je suis si habitué à entendre parler de prétendues richesses de tels ou tels parages, que je suis devenu sceptique. »

Même en août dernier, époque à laquelle je me trouvais dans la colonie, et malgré quelques productions retentissantes obtenues par les premiers chercheurs, on n'était pas encore bien convaincu de la réalité des nouveaux champs d'or. Ce qui contribuait le plus à entretenir cette méfiance, c'est que la région de l'Inini avait été déjà parcourue par les prospecteurs les plus fameux qui l'avaient traversée à plusieurs reprises en se rendant de Cayenne au cours supérieur du Maroni par la voie du fleuve Approuague et de la crique Inini. On se rappelle en effet qu'en 1887 un flot de chercheurs se porta sur les terrains situés sur la rive hollandaise, que nous contestions à cette époque-là nos voisins, juste en face des découvertes actuelles de l'Inini. L'accès de ces territoires ayant été, d'un commun accord entre les deux pays voisins, interdit par la voie naturelle de pénétration, c'est-à-dire par le Maroni, les maraudeurs s'y rendirent par la voie détournée de l'Approuague et de l'Inini. L'un des prospecteurs cayennais les plus fameux, nommé Pointu, entrevit même la richesse future de l'Inini ; malheureusement il mourut au retour de son expédition et le mouvement esquissé en faveur de ces terrains s'éteignit avec lui.

Il est assez curieux de constater, bien que je n'aie pas de raison à donner à l'appui de cette loi, que les grandes découvertes aurifères se succèdent en Guyane à des intervalles réguliers de sept ans, chiffre biblique assigné aux fluctuations de la prospérité humaine.

1873. — Vitalo découvre le groupe de Saint-Élie, Dieu-Merci, Couriège, etc., qui a produit à l'heure qu'il est plus de 35 millions de francs d'or.

1880. — Le groupe des placers Enfin, Pas-trop-Tôt, Élysée, dans la Mana, tous très riches.

1887. — Le grand maraudage du Contesté franco-hollandais; plus de 60 millions d'or en sont sortis.

1894. — Autre grand maraudage dans le Contesté franco-brésilien au Carsewène. Il est sorti de cet endroit, qui n'est pas grand, vu que tous les travaux tiennent dans un rectangle de six à huit kilomètres de long sur trois de large, plus de 100 millions de francs d'or.

1901. — L'Inini, qui a produit à l'heure actuelle, en quelques mois de saison sèche, avec des moyens rudimentaires, plus de 4 millions de francs d'or.

La montée de Saint-Laurent à l'Inini se fait au moyen de pirogues creusées dans un tronc d'arbre, portant de 1.000 à 1.200 kilogrammes de marchandises et six à huit passagers, équipage compris.

Au moment de mon départ de Saint-Laurent, le 19 octobre dernier, les prix de transport oscillaient entre 120 et 130 francs le baril. Cette dernière unité est essentiellement variable. En temps ordinaire elle est, théoriquement, de 100 kilogrammes; pratiquement de 80 à 85 kilogrammes. Quand la clientèle donne, le poids s'abaisse; il est en ce moment, à Saint-Laurent, fixe à 50 kilogrammes environ, de sorte que le prix de revient de la tonne transportée de cette façon varie de 2.500 à 2.750 francs. Comme il faut compter pour la ration journalière des hommes un poids d'au moins 1 kilogramme par tête et par jour, on voit que ce simple transport constitue une lourde charge à ajouter au prix même des vivres et au salaire journalier; car il est de règle en Guyane que, sur les placers, tout le monde, ouvriers et employés, reçoit, en sus du salaire, la ration règlementaire fixée par les arrêtés locaux. Même à ces prix, qu'on peut qualifier d'élevés sans être taxé d'exagération, la demande surpasse de beaucoup l'offre et rien n'est amusant comme de voir les canotiers bosch, revenant à vide à Saint-Laurent, appréhendés par une foule de placériens surenchérissant sur leurs voisins pour s'assurer la bienheureuse pirogue qui doit les conduire à la fortune. Une fois d'accord, l'élu ne lâche pas son canotier d'une semelle, fait avec lui ses commissions en ville pendant que les camarades montent la garde autour du canot.

Le premier chercheur ayant réalisé à l'Inini une production importante, au début de l'année 1901, est un nommé Léon, dit le Pâtissier, universellement connu à Cayenne, dont il parcourait les rues chaque matin, vêtu d'un irréprochable complet blanc de cuisinier, en débitant des petits pâtés chauds à la viande, justement appréciés par sa clientèle. Monté un des premiers à l'Inini, au mois d'avril dernier, avec un de ses camarades, il descendait au bout de trois mois, ayant réalisé pour sa part, un poids net de 42 kilogrammes d'or, tous frais payés. Son collègue en apportait autant. Valeur totale : 226.800 francs.

A la même époque, M. Jadfard, le frère du percepteur de Cayenne, descendait de l'Inini avec 27 kilogrammes d'or récoltés en 22 jours seulement. Revenu uniquement parce qu'il s'était trouvé à court de vivres, il remonta en hâte après s'être simplement ravitaillé à Saint-Laurent, et ce chercheur heureux annonçait fin septembre un autre envoi d'égale importance.

Le chef d'expédition Mérange avait envoyé fin septembre, 70 kilogrammes à la côte et au moment de mon départ, à la fin d'octobre, il en annonçait 30 en route, total 100, valant 270.000 francs.

Une petite expédition partie de Cayenne avec des moyens très restreints, a donné lieu à une odyssée bien typique, qui a diverti toute la colonie. Ses deux organisateurs avaient mis à la tête du personnel de l'unique pirogue qui portait les hardis chercheurs, un jeune créole qui tomba malade dès les premiers jours de la montée et qui laissa comme chef un des noirs composant l'expédition.

Deux mois après, ce dernier revenait à Cayenne et déclarait à ses mandants que, malgré une série de déveines, il était arrivé à réaliser net 4 kilogrammes d'or qu'il leur rapportait fidèlement. Ces 4 kilogrammes (valeur 10.800 francs), couvrant à peu près deux fois les frais primitifs de l'opération, les bailleurs de fonds étaient sur le point de s'en contenter et de donner quitus au bonhomme, lorsqu'un négociant de la ville les prévint que ce même individu venait de lui offrir à l'instant 9 kilogrammes au prix du maraudage, c'est-à-dire pour environ la moitié de la valeur réelle de l'or brut. Naturellement on arrête le délinquant, on le presse de questions, il finit par avouer, et, pour étouffer l'affaire, il propose de renoncer à la part lui revenant dans ces 9 kilogrammes, pourvu qu'on lui donne quitus. C'est ce qu'on fait, un peu trop rapidement cependant, car on apprend, peu de jours après, que ce fidèle dépositaire s'était déjà soulagé en route de 7 kilogrammes, à Saint-Laurent du Maroni. En fait, l'expédition avait produit 20 kilogrammes sur lesquels les bailleurs de fonds n'en ont sauvé que 13, et ils peuvent s'estimer heureux, car beaucoup d'autres ne peuvent en dire autant.

C'est pourtant de cette manière que la plupart des propriétaires de placers de Cayenne opèrent encore en ce moment, et il faut dire à la louange de la moralité des Guyanais, que les expéditions laissées ainsi la bride sur le cou, rapportent encore assez fréquemment une partie honorable de la récolte. Quand on songe aux facilités dont disposent les chefs d'expédition pour « étouffer » la recette, on est plein d'admiration pour l'honnêteté relative avec laquelle ils en rapportent, de temps en temps, une fraction.

Nous verrons tout à l'heure, à propos du maraudage des placers, que ces mœurs antiques se sont beaucoup gâtées dans ces derniers temps et que le remède à cette situation se trouvera dans l'ouverture du chemin de fer qui permettra aux propriétaires de mines d'aller eux-mêmes surveiller leurs affaires.

Quel est actuellement, abstraction faite de la production de l'Inini dont je viens de donner une idée, le rendement annuel des placers de la Guyane française? Les chiffres donnés par la Douane, dont je reproduis le tableau pour ces sept dernières années, ne répondent que très insuffisamment à la question.

Voici ce tableau :

TABLEAU DE LA PRODUCTION DE L'OR EN GUYANE

ANNÉES	OR DÉCLARÉ	IMPORTATION D'OR	DIFFÉRENCE	
	A LA SORTIE A CAYENNE	DE LA GUYANE EN FRANCE	EN PLUS	EN MOINS
	kilogr. gr.	kilogr.	kilogr.	kilogr.
1895	2.807 186	2.989	182	»
1896	3.170 722	3.110	»	60
1897	2.311 370	2.639	328	»
1898	2.468 070	1.248	»	1.220
1899	2.541 352	2.846	305	»
1900	2.378 639	2.070	»	308
1901	»	»	»	»

Ce tableau, dont tous les chiffres sont rigoureusement officiels, laisse plutôt rêveur : on comprend que les sorties de la Guyane puissent être inférieures aux entrées en France, l'or servant de moyen de remise dans tous les pays créanciers de la colonie. Ce qui me paraît réellement miraculeux, c'est que ce métal, hélas toujours trop rare dans les poches, fasse des petits en route et qu'il puisse se rencontrer des années comme 1897 et 1899, dans lesquelles il soit officiellement constaté qu'il est arrivé de Cayenne trois cents et quelques kilogrammes d'or de plus qu'il n'en est parti.

La contrebande s'opère sur une grande échelle au moyen des nombreux petits bateaux à voiles qui font le cabotage entre les Guyanes et les Antilles. La majeure partie de l'or ainsi sorti clandestinement va s'embarquer pour l'Europe dans les colonies anglaises et même à La Martinique.

La colonie de la Guyane française achète, bon an, mal an, en France et à l'étranger, pour environ 9 millions de francs de marchandises diverses ; les 2/3 de cette somme représentant les approvisionnements de bouche, farine, poisson, vins, etc. Il faut ajouter à ce chiffre environ 12 0/0 pour les droits de douane, d'octroi de mer, les impôts de consommation, etc.

L'or étant pratiquement le seul produit exporté, on voit que la colonie devrait se trouver chaque année au-dessous de ses affaires, car la valeur officielle de l'or déclaré, ne dépasse pas en moyenne 6 à 7 millions de francs. Ses importations atteignant 9 à 10 millions, il y aurait un déficit annuel d'environ 4 millions de francs. Une telle situation, si elle se produisait même pendant une seule année, aurait pour inévitable résultat de créer un change colossalement élevé au détriment de la colonie, comme on en a eu malheureusement et à plusieurs reprises le triste exemple dans les colonies de monoculture sucrière comme à la Martinique et à la Guadeloupe. Or il n'y a en Guyane aucun change de cette espèce. Au contraire, en ce moment, non seulement les traites sur France ne font pas prime, mais encore il faut payer jusqu'à 2 0/0 pour se procurer des fonds liquides, notamment des pièces de cent sous, qu'il faut expédier d'Europe dans la colonie. On souffre en somme d'une circulation insuffisante, étant donnée la quantité d'or à acheter qui se présente sur le marché. Cette circonstance n'est évidemment que temporaire, mais elle est intéressante à faire connaître, puisqu'elle permet de voir clairement que la colonie produit considérablement plus qu'elle ne consomme. Les maraudeurs ou exploitants clandestins des placers, sont la cause de cet état de choses.

En Guyane, le vocable de « maraudeur », considéré plutôt comme offensant dans les vieux pays, n'entraîne aucune présomption d'infamie. Il indique simplement que le chercheur d'or auquel on l'applique, exerce son industrie sur des terrains aurifères sans s'inquiéter du nom de leur propriétaire légal. Autrefois le maraudeur était l'exception car, et comme je l'ai déjà dit, tant que l'industrie aurifère est restée dans un état de stagnation qui ne comportait pas une grande immigration de travailleurs, les mœurs paisibles de l'âge d'or ont été la règle dans la colonie; mais depuis que les grandes découvertes faites dans les régions contestées de l'Awa et du Carsewène ont mis les petits exploitants en goût de travailler pour leur propre compte, le nombre des chercheurs partant en « bricole », suivant leur expression imagée, a considérablement augmenté.

Un des côtés les plus fâcheux du maraudage, c'est que l'or produit dans ces conditions échappe généralement au droit de sortie au grand détriment des finances de la colonie. Il est certain que si nous pouvions arriver à percevoir ce droit, non pas sur la totalité de l'or produit — il ne faut pas se bercer de chimères — mais sur la moitié ou les 2/3 du chiffre réel, autrement dit si on pouvait renverser le rapport existant aujourd'hui entre l'or régulièrement déclaré et celui qui sort en contrebande, nous pourrions immédiatement abaisser, sans aucun risque pour l'équilibre budgétaire, le droit actuel très lourd de 8 0/0 à 5 0/0 par exemple, taux de nos voisins hollandais. Du même coup nous casserions les reins à la prime toute naturelle qui s'offre aux maraudeurs descendant le Maroni, qui, se trompant de côté — les brumes sont parfois si épaisses — abordent à Albina, croyant débarquer à Saint-Laurent. C'est une réforme qui a d'ailleurs été sérieusement envisagée par nos derniers gouverneurs et qui se réalisera sans aucun doute au plus grand profit de nos finances publiques. On voit qu'elle est étroitement connexe de la question du maraudage.

Une autre caractéristique tout à fait typique du maraudeur en « bricole », c'est sa sobriété et son endurance extraordinaire. Le même ouvrier qui, lorsqu'il est salarié, se montre d'une exigence extrême au point de vue de la qualité et de la quantité de nourriture à laquelle il a droit, — tout le monde étant nourri sur un placer aux frais du patron, depuis le directeur jusqu'au dernier gamin — se transforme subitement en anachorète, dès que, partant en bricole, il commence à vivre à ses frais. Je connais certains prospecteurs de race qui, même pour le tafia, liquide dont on peut tirer un parti si merveilleux lorsqu'on sait le distribuer en temps utile, sont d'une abstinence complète pendant toute la durée de leur campagne de maraude. Le même individu qui protestera énergiquement au moment de la distribution du « boujaron » (mesure réglementaire de 12 centilitres) parce que le magasinier y met le pouce, ce qui tient de la place, saura vivre pendant plusieurs mois sans le secours de cet excitant, pour éviter les frais de son achat. Une « bombe » de farine (caisse de 22 kilogrammes et demi) pour les cas d'extrême famine, un fusil et des munitions pour tuer du gibier, des hameçons pour ajouter du poisson au menu, voilà le bagage complet d'un maraudeur en partance. Les plus huppés y ajoutent une femme, engagée sous le vocable non compromettant de blanchisseuse (?).

J'oubliais dans l'énumération du bagage nécessaire et suffisant pour marauder, le plan, le plan officiel, en vertu duquel le maraudeur se met d'accord avec la loi, car il est réellement, dans l'immense majorité des cas, à l'abri des pénalités sévères édictées par les décrets qui constituent dans la colonie la loi minière des placers. Avant de partir, tout maraudeur digne de ce nom commence par passer chez un arpenteur juré de la ville de Cayenne, qui lui délivre pour le prix de 10 francs un plan sur le vu duquel il obtient un permis d'exploitation sur une surface de 100 hectares, minimum fixé par lesdits décrets : coût 50 francs. S'il pouvait prendre une surface encore moindre, il le ferait volontiers, car, comme on va le voir, la surface aussi bien que l'emplacement du terrain qui lui est délivré lui est absolument indifférent : il n'y mettra jamais les pieds. Il se contente d'indiquer vaguement le district où il compte marauder, car il faut en toute chose une certaine pudeur et on ne peut réellement pas demander un permis d'exploitation dans le Maroni pour aller marauder dans l'Approuague.

Muni de ce papier, notre homme se rend dans le district qu'il a pris pour but de ses exploits, et, renseigné soit par les camarades, soit par des « tuyaux » qu'il a pu recueillir au cours de ses séjours comme salarié sur les placers existant déjà, il s'installe, sans s'inquiéter le moins du monde où il se trouve. Le Bon Dieu a créé l'or pour tout le monde : les délimitations, s'il en existe, ont disparu sous la luxuriante végétation des tropiques, et puis, une constatation par huissier, au fond des forêts, avec des frais de vacation auprès desquels les notes pourtant salées de ces officiers ministériels en Europe ne sont que de pâles et émollientes contrefaçons, ne « paierait » évidemment pas. De plus, si les propriétaires pillés, exaspérés par ces écrémages clandestins qui les assaillent de toutes parts, se décident à faire un exemple, les maraudeurs, prévenus à temps, se retirent de leurs chantiers avec leur magot, et attendent le départ de la vindicte publique pour revenir à leur proie, comme mouches sur un plat de miel. Je connais deux placers fort riches et entièrement délimités sur lesquels les propriétaires reconnaissant leur impuissance, ont composé avec l'ennemi : ils ont créé une nouvelle classe de maraudeurs qui tend du reste à recruter de plus en plus d'adeptes; c'est celle des « maraudeurs autorisés ». Le propriétaire du placer cesse alors toute exploitation régulière. Il se laisse envahir pacifiquement et se contente de prélever sous forme de redevance, 10 C/0 de l'or retiré par ses locataires obligatoires. Il n'entretient alors sur le placer qu'un agent collecteur qui doit visiter régulièrement les clients et leur extraire la redevance promise. Naturellement ces derniers n'annoncent que des productions infimes et la recette dépend essentiellement du zèle, de l'énergie et de l'habileté de l'agent collecteur, lequel est généralement intéressé dans la recette, afin de lui donner des jambes, car c'est un rude métier que le sien. Je connais même un placer sur lequel on a encore simplifié la méthode, en abaissant encore naturellement le montant du droit exigé. Elle consiste à taxer, suivant la richesse de l'endroit maraudé, chaque sluice d'un poids fixe d'or à payer par semaine, 25 grammes par exemple. C'est le système de l'abonnement à prix fixe.

Je viens d'énumérer les méfaits du maraudage. Je dois cependant, pour être juste, en montrer aussi les bons côtés, d'autant plus que j'ai personnellement d'excellentes relations avec nombre de maraudeurs, et que j'ai pu me convaincre qu'il y a parmi eux de précieux éléments au point de vue de l'avenir de l'exploitation aurifère Guyanaise. Ce n'est en effet ni moi, ni l'immense majorité de mes auditeurs qui pouvons nous exposer aux risques, aux privations de toutes sortes que comporte la prospection et l'exploitation en « bricole » des placers de l'intérieur. Jamais l'Awa, le Carsewène, l'Inini n'auraient été découverts et mis rapidement en valeur, si ces territoires neufs n'avaient offert aux premiers exploitants la prime incomparable du maraudage. J'ai donc plutôt, comme on le voit, le maraudeur sympathique. Je le considère comme un avant-coureur et un indicateur précieux pour la découverte des placers riches dans les régions nouvelles : je ne le chicane pas trop lorsqu'il exploite des terrains non concédés ou même des terrains concédés sur lesquels le propriétaire ne s'est donné la peine ni de se délimiter ni d'entretenir des gardes. Je vois dans le maraudage de ces derniers terrains, un contrepoids puissant et efficace à la monopolisation de vastes surfaces dans un but de spéculation, en laissant les autres tirer les marrons du feu.

Ce qu'il faut obtenir par exemple, et tous les hommes d'ordre en Guyane partagent sans exception mon opinion, c'est que l'or maraudé paie au même titre que l'or provenant d'exploitation régulière le droit de sortie qui constitue pour la Guyane la base la plus solide de son équilibre financier. On peut ajouter, il est vrai, que l'or maraudé ayant une origine illégitime, ne peut pas recevoir le baptême de la sanction légale sans que l'État ne devienne, par cela même, complice de ces exploitations clandestines. L'objection a certainement une certaine valeur au point de vue théorique, mais, en fait de perception de droits, on sait qu'il faut être un peu éclectique et que les meilleurs sont ceux que les intéressés paient sans trop se faire prier, quel que soit le principe sur lequel ils se basent. Il existe d'ailleurs de nombreux moyens de mettre en repos les entrailles du fisc, s'il n'était généralement dépourvu de ces viscères. Au poste de l'Inini par exemple, les maraudeurs qui descendent déclarent gravement que leur or est de provenance étrangère. On prélève non moins gravement les 8 0/0, et dès lors, le magot, dûment muni des sacrements officiels, peut descendre en paix à Cayenne.

Le seul remède contre le maraudage, c'est la surveillance : le poste de l'Inini en est la démonstration éclatante, et il est probable que le Conseil général, mis en goût par ce premier succès, organisera quelque chose d'analogue sur les autres fleuves de la colonie.

La recette du poste était, à la date du 10 novembre 1901, de 146.000 francs, ce qui est gentil pour un début. Au taux de 8 0/0, cette rentrée correspond à une production déclarée de :

$$146.000 \times 12,5 = 1.825.000 \text{ francs}$$

pour une période d'environ trois mois.

En résumé, j'estime que la production actuelle de la Guyane ne doit pas être inférieure à 16 ou 18 millions de francs, tout au moins dans ces dernières années. C'est là un chiffre considérable, étant donnée la faiblesse de la population de la colonie, qui ne dépasse pas 30.000 âmes, sur lesquelles on ne peut guère compter, en temps normal, plus de 8.000 hommes adonnés à l'exploitation des placers. Ces chiffres correspondraient à une production annuelle par tête d'ouvrier, de 2.000 francs environ et par conséquent à un revenu journalier de 7 francs par tête.

Ce dernier chiffre est conforme aux salaires en usage dans la colonie.

II

Dragues à or. — Filons aurifères.

L'année 1901 a été marquée en Guyane par la mise en marche d'une première drague à or, sur la rivière Courcibo, affluent du Sinnamary, qui a donné, dès ses débuts, des résultats très satisfaisants. Plusieurs essais de cette méthode avaient abouti à des insuccès retentissants, de sorte que l'opinion générale dans la colonie était assez sceptique à l'égard de ces engins. Cependant, dès 1897, j'avais reconnu que les placers guyanais présentaient des conditions exceptionnellement favorables pour la réussite du dragage. Le fond de ces placers, ce que les mineurs appellent le bed-rock est uniformément composé d'un argile généralement grisâtre, nommé « glaise » par les prospecteurs ou de « roche morte » décomposée, très tendre aussi, facile par conséquent à enlever au moyen de godets. Cette glaise et cette roche morte donnent d'ailleurs sur les 15 ou 20 premiers centimètres de profondeur, une teneur excellente en or. C'est là, je le répète, un point capital; car les dragues, par leur mode même d'emploi, ne peuvent rien faire sur un bed-rock dur et rocheux.

Les premiers essais de dragage avaient échoué principalement à cause de la faiblesse des appareils employés. On rencontre fréquemment dans les alluvions guyanaises de gros troncs d'arbres plus lourds que l'eau qui séjournent indéfiniment sans se pourrir sur le fond des rivières et qu'il faut déplacer ou sous-caver pour recueillir l'alluvion qu'ils recouvrent. On trouve aussi, surtout dans les endroits riches, de grosses pierres qu'il faut pouvoir changer aussi de place. Ces diverses manœuvres demandent des engins puissants, construits de façon à pouvoir saisir et écarter ces obstacles. D'autre part, étant donné les difficultés des moyens de transport, il faut que ces appareils puissent être démontés en très petits morceaux pouvant être embarqués sur d'étroites pirogues creusées dans des troncs d'arbres, seul moyen de transport pratique dans les rivières guyanaises entrecoupées par des sauts multiples. Ces divers ordres de difficultés ont été vaincus, et j'ai eu la satisfaction de voir cette première drague, dessinée, construite et installée par mes soins, suivie de plusieurs autres qui sont actuellement en cours de construction ou de montage.

Ces appareils peuvent aussi bien travailler dans des rivières proprement dites que sur des placers ordinaires, alimentés simplement par un cours d'eau insignifiant. Dans ce dernier cas, la drague flotte dans le lit même de l'excavation qu'elle fait pour atteindre la couche aurifère : elle se meut dans une sorte de lac artificiel qu'elle ronge incessamment sur une face et qu'elle comble à l'arrière en rejetant les résidus du lavage débarrassés de leur or. Le métal précieux reste dans les sluices établis sur la drague même. On voit par conséquent l'économie du système; l'alluvion est excavée par des godets, lavée dans les sluices, et évacuée à l'arrière sans que la main de l'homme ait à intervenir autrement que pour manœuvrer les machines produisant ces résultats.

En fait, des dragues à or passant de 500 à 1.000 mètres cubes par journée de dix heures, n'exigent comme personnel à bord que cinq hommes seulement; quant au combustible, c'est du bois, fourni en abondance par l'épaisse forêt vierge qui couvre de son manteau continu et sombre toute la région des placers guyanais.

Dans ces conditions, le prix de revient du mètre cube d'alluvion traitée, frais généraux compris, ne dépasse pas 0 fr. 60 c.

Pour donner une idée du nombre de placers auxquels s'applique cette méthode, je me contenterai de rappeler ici que les Guyanais n'exploitent pas de placers au moyen de leurs sluices volants actuels au-dessous de la teneur dite de « deux sous à la batée », correspondant à une valeur de 15 francs par mètre cube.

Au-dessous de ce chiffre les placers étaient considérés jusqu'ici comme sans intérêt.

Quant au lit même des rivières, on y trouve fréquemment des teneurs de 6 à 8 francs au mètre cube et on peut admettre que la plupart des rivières de la Guyane, et j'ai visité ou prospecté la plupart d'entre elles, sont exploitables par dragage avec grand profit, même dans les parties les plus larges. Ces richesses sont restées jusqu'à présent absolument intactes, non seulement parce que les teneurs ne sont pas payantes par procédé manuel, mais aussi parce que la plupart de ces placers fluviaux, constamment recouverts par une épaisseur d'eau plus ou moins grande, ne peuvent pas être asséchés et mis à découvert par les méthodes guyanaises ordinaires.

On commence d'ailleurs à le comprendre dans la colonie, car les demandes de concession pour dragage commencent à affluer. On a attendu pour se décider que les plâtres fussent essuyés et que la preuve fût faite. C'est d'ailleurs une des caractéristiques de l'esprit public en Guyane. On est, en ce qui concerne l'exploitation des placers, très attaché aux anciennes méthodes et très sceptique pour tout ce qui est progrès ou emploi de machines. On ne peut donc espérer introduire des perfectionnements dans la colonie qu'en commençant par payer de sa personne et de sa bourse.

C'est ce que j'ai fait.

Un autre ordre d'idées, se rattachant d'ailleurs étroitement à la prospection et à l'exploitation par dragage, c'est le cubage méthodique des placers avant d'y décider une installation. Dans l'ancien procédé guyanais, le prospecteur qui cherche « la bonne crique » choisit un endroit où il ne soit pas trop gêné par les eaux pour creuser un trou de deux mètres sur un, jusqu'à ce qu'il atteigne la couche et qu'il « touche » la glaise. Il a souvent fort à faire pour obtenir ce dernier résultat ; car, dès qu'il atteint la couche de gravier aurifère, l'eau arrive en abondance et il est obligé de l'épuiser au moyen de seaux et d'écuelles. C'est souvent une grosse affaire que de toucher là, et c'est pourtant là, au contact du gravier et de la glaise que se trouve la teneur qui doit décider si oui ou non le placer est payant. Dans ces conditions, on fait naturellement le moins de trous possible : on ne les creuse pas méthodiquement suivant les lignes transversales et on décide souvent d'ouvrir un chantier au petit bonheur. Dans les criques où l'or est souvent « poché », c'est-à-dire concentré dans une série d'emplacements séparés par des zones stériles, il arrive constamment que, séduit par la teneur exceptionnelle de un ou deux trous, on ouvre un chantier sur l'un d'eux et qu'on mange son bénéfice avant d'avoir atteint l'enrichissement suivant.

Ces trous sont d'ailleurs, comme on le comprend, complètement impraticables pour sonder les alluvions sous l'eau. J'ai été le premier à exécuter en Guyane des sondages au moyen d'appareils à tiges maniables par quatre hommes, qui me permettent d'opérer rapidement, dans l'eau aussi bien qu'à terre, et qui donnent à chaque coup de sonde une carotte d'alluvion aurifère qu'il suffit de laver à la batée pour obtenir la teneur moyenne à l'endroit du sondage.

Les personnes qui s'intéressent au détail de ces opérations aussi bien qu'à la question dragues trouveront dans ma communication au Congrès des Mines et de la métallurgie à l'Exposition de 1900 les détails les plus complets sur ce mode d'opérer. Je suis d'ailleurs arrivé à former assez rapidement un personnel local, qui parvient à percer de la sorte huit à neuf trous par jour, quelle que soit la venue d'eau du sous-sol, au lieu de une à deux de ces fosses de prospection qui, surtout en terrain aquifère, constituent le maximum de ce qu'on peut obtenir avec des pelles, des pioches, des seaux et des écuelles.

C'est, à mon avis, cette question de prospection préalable qui constitue le point essentiel de toute exploitation de placer. On ne peut avoir de sécurité dans la détermination de la teneur moyenne qu'en exécutant un grand nombre de trous suivant une série de lignes transversales d'autant plus rapprochées que les teneurs trouvées sont plus fortes. Une fois au contraire ce travail préalable exécuté, l'estimation du profit à retirer des alluvions découpées par cette prospection méthodique, devient aussi aisée que certaine, puisqu'elle est basée sur des documents dont les chances d'erreur ont été éliminées par la multiplication même des sondages et leur prélèvement sur des points non choisis à l'avance.

Filons aurifères. — Encore une industrie dont les débuts comme ceux des dragues s'annoncent comme un succès. J'entends, par ce mot début, désigner des travaux rationnels et bien dirigés, comme ceux dont je vais parler, car il a été fait dans la colonie, depuis plus de vingt ans, des tentatives infructueuses d'exploitations filonniennes. Les deux principales d'entre elles ont occasionné des krachs financiers désastreux non seulement pour les actionnaires, mais surtout pour la bonne renommée de la colonie. Que de fois ne me suis-je pas vu objecter, dans ma campagne en faveur de la Guyane, les désastreuses affaires dont je parle!

Dans l'une d'elles on a commis la faute, devenue banale tant elle est fréquente, de monter un pilon à or de vingt pilons — dépense considérable dans un pays où tout se porte dans des pirogues tout à fait primitives, — avant d'avoir ouvert le filon. De plus ce moulin était monté dans un endroit qui est régulièrement inondé chaque année sous plusieurs mètres d'eau. Après y avoir traité quelques centaines de tonnes provenant des quartz roulés superficiels qui rendirent à peu près 300.000 francs d'or, l'usine fut arrêtée faute d'aliments. Pendant ce temps on avait perdu le reste du capital en recherches improductives dans les terrains décomposés de la surface.

Ce qu'il y a de piquant dans cette histoire, c'est que c'est justement sur ce même gisement que des travaux rationnels entrepris par la Compagnie de Saint-Élie, ont mis à jour les riches minerais tellurés dont je parle plus loin. On utilisera même la partie du matériel de l'ancienne usine que n'auront pas trop rongé les poissons, pour installer l'atelier de broyage du minerai découpé par les travaux préparatoires suffisamment développés.

Dans l'autre affaire, où le capital englouti a été plus considérable que dans la précédente, on a aussi monté le moulin à or, avant de s'être assuré par un traçage en profondeur, que le filon était en mesure d'alimenter régulièrement les pilons. Cette erreur est si fréquente, qu'elle en est devenue banale.

Dans le cas que je signale en Guyane, il y a eu une circonstance aggravante : les travaux miniers furent conduits de telle façon, qu'on abandonnait systématiquement toutes les galeries où se rencontrait du quartz contenant des mouches d'or visible. Le mot d'ordre de la direction technique de cette mine, était d'abandonner les avancements dans lesquels le quartz présentait des traces d'or visible pour se cantonner sur ceux qui donnaient du quartz à or invisible. Ces derniers étaient trop pauvres pour être broyés avec profit.

Cette histoire, qui est légendaire à Cayenne, m'avait paru suspecte comme toutes celles qui ont cours sur les mines malades ou abandonnées : quartiers riches murés ou cachés par un maître-mineur remercié, puits inondés par malveillance et autres couleurs auxquelles un ingénieur ayant de l'expérience s'est trouvé maintes fois aux prises dans sa carrière. Pourtant, dans le cas actuel, le fait n'est pas niable. Il a même été imprimé dans un ouvrage, exposant tout au long la théorie de de l'or invisible seul intéressant. J'avoue que pour ma part je ne fais aucune différence entre l'or visible et l'or invisible; ce qui m'importe c'est qu'il y en ait en quantité payante.

On doit d'ailleurs voir que l'or à l'état natif ne se trouve sous cette forme que dans le voisinage des affleurements, et qu'en profondeur on le trouvera très probablement sous forme d'association avec la pyrite ou avec le tellure, conformément d'ailleurs à la loi générale qui régit les mines d'or.

Le filon d'Adieu-Vat sur lequel la Compagnie de Saint-Élie a entrepris depuis dix-huit mois environ des travaux sérieux est situé dans le bassin du Sinnamary, juste à l'embranchement d'un des principaux affluents de ce cours d'eau, nommé le Courcibo. Pendant la saison des hautes eaux, des chaloupes à vapeur fluviales, remorquant des chalands de cinq à six tonnes, peuvent venir débarquer leurs marchandises à trois kilomètres environ du puits en fonçage. C'est en grande partie à ces facilités exceptionnelles au point de vue des moyens de transport, qu'est dû le succès de cette entreprise.

Les travaux commencés au début de 1900 consistent dans un puits incliné à 70° environ sur l'horizontale, suivant la pente du filon. Ce dernier connu déjà par suite des travaux dont j'ai résumé la malencontreuse odyssée, avait été recoupé, après la liquidation de la première affaire, par les soins persévérants de M. Duvigneau, administrateur de la Compagnie de Saint-Élie, connaissant de longue date, pour y avoir fait des séjours prolongés, la Guyane et ses ressources minières.

Ce percement d'un travers banc dans la roche dure non décomposée, est un enseignement précieux à retenir. En Guyane, tout le pays est recouvert d'une épaisse couche de latérite (roche décomposée superficielle) provenant de l'altération prolongée des éboulis ou même de la roche primitive formant l'ossature de la contrée. Dans ces conditions, les affleurements se trouvent profondément bouleversés, et il est très difficile de saisir le gîte « par les cheveux » comme cela se pratique généralement dans les pays où les affleurements sont encaissés dans la roche vive, formant leurs épontes naturelles. Cette roche décomposée superficielle, composée d'argile ferrugineuse ou même d'un vrai minerai de fer est commune à toutes les Guyanes; au Venezuela et au Brésil elle s'appelle le cascajo ; à Cayenne, c'est la Roche à Sravets. Quelle que soit sa dénomination, elle a l'inconvénient commun à tous les terrains argileux, de manquer de cohésion et les galeries qu'on pratique dans son sein sont mises rapidement hors d'état. Au bout de peu de mois pendant lesquels on s'égare sur des blocs de quartz ne présentant aucune continuité réelle, on lâche les travaux et au bout d'un an la brousse a tout recouvert. C'est l'histoire uniforme de toutes les recherches pour filons que j'ai visitées dans la colonie.

Le puits incliné d'Adieu-Vat est arrivé actuellement à une profondeur de 50 mètres au-dessous de la surface. Deux niveaux de galerie en direction s'en détachent aux cotes respectives de 21 mètres et de 34 mètres au-dessous de la recette. Le niveau de 21 mètres a été poussé de 60 mètres dans la direction de l'Ouest et de 22 mètres dans la direction de l'Est, formant dans son ensemble un développement total de 83 mètres environ. Le niveau inférieur a été poussé vers l'Est seulement sur une longueur d'environ 10 mètres. La roche avoisinante est une diorite à grain serré, d'une couleur bleu verdâtre foncé. Elle est très chargée en pyrite de fer. Cette pyrite n'est pas aurifère. La diorite est compacte au mur et lamelleuse au toit ; elle y est aussi plus chargée en silice. Cette circonstance, jointe aux indications données par la surface, donne à penser que le filon actuel est voisin d'un autre filon situé à 25 mètres environ de distance, qu'une galerie en travers-banc, qu'on a déjà attaquée, permettra de recouper bientôt.

Tel qu'il est, le filon d'Adieu-Vat se présente, avec une puissance variant de 0m, 20 à un mètre et plus formant une série de renflements et d'amincissements composé d'un quartz semi-transparent à éclat gras et de teinte légèrement bleuâtre.

Dans le voisinage de la surface, l'or se trouvait uniquement à l'état natif, en gros grains visibles, puis la pyrite est apparue aux environs du premier niveau, et enfin dans le fond du puits et dans la galerie du deuxième niveau, l'or se présente associé à du sulfure de bismuth et à une petite quantité de tellurure, circonstance des plus importantes au point de vue de l'exploitation future. On sait que ce sont les tellurures d'or qui ont fait la renommée et la fortune rapides des gisements du Coolgardie en Australie occidentale.

La Compagnie de Saint-Elie ne broie dans le petit pilon de prospection qu'elle a installé sur le carreau de la mine, que les minerais provenant des travaux de traçage proprement dits, c'est-à-dire de l'approfondissement de son puits et des avancements des galeries en direction. On ne fait encore aucun dépilage. Ces travaux sont conduits à trois postes chacun de huit heures.

Voici les résultats du broyage pour le dernier mois qui a précédé la date de ma visite.

Dans la deuxième quinzaine de juillet 1901 on a broyé neuf tonnes de quartz et trois tonnes de minerai mixte, ensemble douze tonnes ayant donné 3.540 grammes d'or. Dans la première quinzaine d'août, dix tonnes de quartz et deux tonnes de mixte ont laissé dans le moulin 4.210 grammes. Ensemble des deux quinzaines : 7.750 grammes extraits de vingt-quatre tonnes soit en moyenne, 323 grammes d'or à la tonne.

On voit que ce sont là des teneurs splendides, dignes d'attirer l'attention sur les quartz aurifères guyanais.

Il faut se garder néanmoins de généralisations trop hâtives et une expérience déjà longue de ce genre d'industrie m'a rendu sceptique lorsqu'il s'agit d'affirmer et de prédire le succès futur de gisements encore imparfaitement explorés. Il convient aussi de ne pas oublier que le filon actuel d'Adieu-Vat a une épaisseur médiocre et qu'on n'est pas bien renseigné encore sur ce qui se passera en profondeur.

J'insiste enfin sur la nécessité, dans les recherches futures, de tenir compte des leçons du passé, de ne pas mettre la charrue devant les bœufs, et de ne pas construire de moulins à or avant d'avoir préparé au moins deux années de pâture pour ces derniers, sous forme de travaux de traçage suffisants. Je rappelle enfin qu'on ne peut se considérer comme ayant atteint réellement le filon qu'après avoir traversé la couche superficielle de roche décomposée.

Il est plus facile de conseiller ce dernier résultat que de l'obtenir; aussi je considère que la détermination des points d'attaque les plus favorables — puits ou galeries — pour arriver à mettre un filon guyanais en évidence, est un des problèmes les plus délicats qu'ait à résoudre un ingénieur des mines. Il nécessite en tous les cas une connaissance approfondie des gisements analogues du Venezuela et du Brésil qui participent d'une façon étroite à la formation aurifère guyanaise.

LE CHEMIN DE FER DE CAYENNE AUX PLACERS

J'ai conçu le plan technique et financier de cette voie de pénétration dès mon premier voyage dans la colonie, au mois de juillet 1897. Après en avoir arrêté les grandes lignes, je l'ai présenté au Conseil général de la colonie à sa session ordinaire de 1899.

Ma bonne étoile a voulu qu'il fût appuyé et magistralement exposé par M. le gouverneur Mouttet dans son discours d'ouverture de cette mémorable session, au cours de laquelle la colonie a décidé, par l'organe de ses représentants élus, les mieux qualifiés, la construction de son réseau de voies ferrées.

« Les conditions économiques de la Guyane, a dit le chef de la colonie, se sont profondément modifiées depuis une cinquantaine d'années. L'agriculture y était autrefois prospère ; en 1836 on exportait pour 3.321.000 francs de produits agricoles, sucre, café, cacao, coton, roucou, etc. En 1846, on en exportait encore pour 1.656.000 francs. Depuis cette époque on a vu les exportations agricoles diminuer d'année en année; les domaines, les plantations ont été abandonnées; la petite culture elle-même, les cultures vivrières ont été délaissées, à tel point que la colonie ne produit plus, à l'heure actuelle, de quoi suffire à la consommation de ses habitants.

» Les administrateurs qui se sont succédé dans ce pays, les Assemblée élues, persuadés comme je le suis moi-même, que l'agriculture est une des sources de richesse les plus stables, en ont poursuivi le relèvement avec opiniâtreté. Toute leur énergie s'est concentrée vers ce but. Des tentatives d'immigration ont été faites; on s'est heurté chaque fois à des difficultés insurmontables. Quoi qu'on ait pu dire ou écrire pour déplorer l'abandon de l'agriculture, pour l'enrayer, cet abandon est malheureusement chose à peu près accomplie aujourd'hui. Quel que regrettable qu'il soit, c'est un fait qui ne saurait être contesté.

» Or, Messieurs les conseillers généraux, pendant que l'agriculture languissait et dépérissait, alors que les exportations de produits agricoles étaient réduites à des sommes dérisoires, au moment précis, peut-on dire, où la situation semblait désespérée, un facteur nouveau de la richesse a fait son apparition en Guyane et n'a pas tardé à apporter une compensation aux pertes énormes qu'avaient subies la colonie et ses habitants. J'ai parlé des mines d'or découvertes en 1855.

» Je ne rappellerai pas ici les lenteurs, les hésitations, les échecs mêmes du début. La première exportation d'or date de 1856, elle fut de 8 kilogrammes. Que de chemin parcouru depuis! En 1860 on exportait 90 kilogrammes d'or: 205 kilogrammes en 1864; 1.432 kilogrammes en 1874; 1.952 kilogrammes en 1884. En 1894, à la suite des découvertes du Carsewène, cette exportation s'est élevée à 4.835 kilogrammes. Depuis 1895, la moyenne de la production annuelle déclarée à la sortie a été d'environ 2.600 kilogrammes.

» Le commerce total de la colonie, qui était de 5.333.000 francs en 1836, de

4.500.000 francs en 1846, s'est élevé en 1856, presque au lendemain des premières découvertes aurifères, à 8 millions. A partir de cette époque et au fur et à mesure que la production aurifère prend de l'extension, on constate que le commerce général augmente dans des proportions importantes. Il a été en 1881 de 10.023.386 francs; de 15.829.837 francs en 1891 ; et en 1398, de 17.381.900 francs. En 1894, l'année du Carsewène, il a été de 26 millions et demi.

» Peut-on dire, dans ces conditions, que la découverte de l'or, a été la ruine du pays? Ne serait-on pas fondé, en présence des résultats que je viens d'énumérer, à affirmer que c'est l'or au contraire qui a sauvé la colonie? Pour ma part, je le crois. N'est-ce pas en effet de ses mines d'or que la Guyane tire le plus clair de ses revenus, soit directement par les droits perçus à l'entrée et à la sortie du métal précieux, soit indirectement par les taxes qui frappent les marchandises importées dans la colonie ?

» Et pourtant qui le contesterait, l'or n'est encore exploité que dans une très infime partie de la Guyane. La carte des placers se présente à l'œil comme une série de petites taches disséminées perdues sur un fond blanc qui figure les terres encore inexploitées. Nos gisements sont cependant, à en croire les gens compétents, parmi les plus riches de l'Amérique du Sud. Si l'on considère en outre que l'exploitation de l'or n'a été faite jusqu'ici que par des procédés rudimentaires, on peut se demander quels seraient les revenus de la colonie si l'on parvenait à augmenter la production aurifère, à développer cette industrie qui, bien qu'à ses débuts, suffit déjà, à elle-seule, à faire vivre le pays.

» La question se pose, par suite, de savoir si les pouvoirs locaux, au lieu de limiter leur action à des tentatives de relèvement agricole, par l'immigration, tentatives ne l'oublions pas, restées vaines jusqu'ici, ne devraient pas rechercher le moyen d'arriver au même résultat, tout en assurant le développement de l'industrie aurifère, pour laquelle rien n'a encore été fait.

» Ce moyen, MM. les conseillers généraux, semble vous être offert cette année Vous serez en effet saisis, au cours de la précédente session, d'une demande de concession de chemin de fer de pénétration. Un ingénieur des mines, M. Levat, chargé de mission en Guyane par le ministre de l'Instruction publique, qui a parcouru la colonie et en a étudié les merveilleuses ressources, s'engagerait, moyennant certaines conditions que vous aurez à examiner, à construire et à exploiter une voie ferrée reliant la côte à l'intérieur du pays.

» Vous vous êtes déjà rendu compte, Messieurs, des avantages qui doivent résulter de l'ouverture, dans l'intérieur de la colonie, d'une voie d'accès rapide et sûre. Aujourd'hui, vous le savez, on ne peut atteindre certains placers qu'après trente ou quarante jours de navigation en pirogues, sur des rivières parsemées d'écueils, et plusieurs jours de marche à travers la forêt. Les transports reviennent par suite à des prix exorbitants, 1.000 et 1.200 francs la tonne. Les marchandises subissent au cours de ces longs voyages, soit par force majeure, soit par fraude, des déchets considérables, ce qui n'est pas sans causer de graves inquiétudes à ceux qui sont chargés du ravitaillement des placers. L'envoi de pièces lourdes, de machines perfectionnées est chose à peu près impossible. L'absence de voies de communication rend très difficile la surveillance des placers, tant par l'Administration que par les propriétaires qui sont en quelque sorte à la merci des maraudeurs et des ouvriers malhonnêtes. Concessionnaires et travailleurs ont à supporter des fatigues excessives pour atteindre les lieux de production, et il arrive souvent que ces fatigues sont telles, qu'à peine rendus, ils se trouvent dans l'obligation de revenir! Qui aura jamais le nombre de ceux qui sont restés là-bas,,ensevelis-au pied d'un arbre ou le long des berges des rivières.

» Toutes ces difficultés, dont je n'ai énuméré que les principales, disparaîtront, lorsqu'une voie ferrée mettra la côte en communication directe avec l'intérieur de la colonie. Certes s'il ne s'agissait que d'améliorer les conditions dans lesquelles l'or est actuellement exploité, la construction d'un chemin de fer de pénétration, dans un pays comme la Guyane, où la population est disséminée sur le seul littoral, ne se justifierait peut-être pas. Mais le chemin de fer aura surtout l'immense avantage de faciliter la découverte de nouveaux gisements aurifères; il permettra, par l'emploi de machines perfectionnées, de reprendre des terrains déjà exploités et de mettre en valeur des gisements jusqu'ici délaissés comme étant trop pauvres pour donner des bénéfices. L'exploitation des quartz, négligée encore aujourd'hui, pourra également être entreprise avec succès. L'établissement d'une voie ferrée permet, en un mot, et c'est là le point essentiel, d'espérer une augmentation considérable de la production d'or, et par suite, un accroissement de richesses pour le pays.

» Au point de vue du relèvement agricole de la Guyane, la création d'un chemin de fer ne peut avoir que des résultats heureux. Il ne peut manquer de s'établir, en effet, le long de la voie, des centres de culture importants, que favoriseront la salubrité du climat, la richesse de terres encore vierges, et la certitude d'écouler facilement les produits récoltés. L'élevage du bétail sera, pour les mêmes raisons, rendu plus facile. Enfin, grâce au chemin de fer, il sera possible de tirer parti des immenses forêts, riches en essences précieuses, qui couvrent l'intérieur du pays. Qui sait si, à ce moment, les travailleurs libres, attirés par les nombreux débouchés offerts à leur activité ne suffiront pas, et si le problème de l'immigration, objet depuis de si longues années de tentatives infructueuses, ne se trouvera pas tout naturellement résolu.

» Je pense, Messieurs les conseillers généraux, qu'il n'est pas nécessaire que je m'étende plus longuement sur ce sujet. L'exposé de la situation économique de la colonie, que je viens de vous faire, vous aura, je d'espère démontré l'utilité d'un chemin de fer de pénétration en Guyane, non seulement pour le développement de l'industrie aurifère, mais aussi pour le relèvement de l'agriculture. »

La concession m'a été accordée pour la colonie le 19 janvier 1900, approuvée par le Conseil d'État, avec diverses modifications toutes favorables à la Guyane, à la date du 7 juin 1901. Le texte du Conseil d'État a été approuvé de nouveau par le Conseil général de la colonie dans sa session extraordinaire de juillet 1901, et enfin signé par le gouverneur de la Guyane et moi-même, le 31 juillet 1901.

Construction de la voie. — La largeur de la voie, entre les bords intérieurs des rails, sera de un mètre. Le maximum de déclivité est fixé à 25 millimètres par mètre dans le cas de traction par locomotion à vapeur et à 35 millimètres si la traction s'opère par moteur électrique. La largeur du matériel roulant y compris toutes saillies, ne dépassera pas 2^m,80 et sa hauteur 3^m,75. Il y aura, à partir de Cayenne, trois stations distantes d'environ 10 kilomètres les unes des autres. Au delà de cette zone de banlieue, la distance des gares sera de 20 kilomètres en moyenne.

Les rails seront en acier, du poids de 20 kilogrammes par mètre courant. L'écartement moyen des traverses sera de 0^m,80 d'axe en axe. La durée des travaux de construction sera de trois années. Vitesse commerciale; 20 kilomètres à l'heure.

Les roches dominantes en Guyane : greiss, micaschites et diorites, sont de nature à faire prévoir qu'en dehors du granit proprement dit, les matériaux de construction, en tant que pierres susceptibles d'être taillées, seront plutôt rares. Pour le ballastage des voies, on emploiera soit du sable, soit des grains ferrugineux provenant de la décomposition sur place de la « roche à ravets », nom local de la latérite qui joue un rôle si important dans la constitution géologique de la colonie. Ces divers éléments qui abondent sur tout le tracé de la ligne fourniront à pied d'œuvre tous les matériaux nécessaires à la pose et à l'entretien de la voie.

Cette roche à ravet forme d'ailleurs une excellente plate-forme pour la voie et elle tient parfaitement sous des talus très raides qui ne se désagrègent pas par l'action des pluies. Dailleurs en Guyane, dès que le sol, débarrassé de sa végétation forestière, voit le soleil, il se couvre d'herbes et de buissons.

Par contre le déboisement de la voie et de ses environs, représente une dépense assez sérieuse, car il ne faut pas se. contenter d'abattre strictement la surface nécessaire au passage de la voie et de ses accotements. Si on se bornait là on serait fréquemment exposé à des interruptions de circulation, dues à la chute des vieux arbres. Il en tombe constamment, et c'est même un danger contre lequel il faut se garer beaucoup plus que de la morsure des serpents venimeux qui pullulent dans la forêt vierge, mais qui sont plus effrayants de loin que de près.

A Cayenne, la position de la gare pour voyageurs et marchandises a été très heureusement choisie sur l'emplacement de l'ancien jardin botanique, à côté du camp Saint-Denis. C'est évidemment du côté de la gare, c'est-à-dire vers le Sud-Est, que la ville est appelée à prendre son développement, en bordure le long de la mer.

La distance entre la gare terminus et le quai de débarquement du canal Laussat est d'environ 1.600 mètres. Une voie posée sur la chaussée Laussat, en accotement sur ce quai, permettra le transbordement direct des marchandises importées, des allèges et chalands sur les wagons et réciproquement pour les produits exportés. C'est d'ailleurs à l'embouchure du canal Laussat, dans la rade de Cayenne que se trouve l'emplacement naturellement désigné pour la création d'un bassin à flot, permettant aux navires d'exécuter leurs opérations à quai, supprimant ainsi les frais élevés du transbordement sur chalands en rade, auxquels sont soumises actuellement les marchandises entrant dans la colonie ou exportées par mer.

La création du port de Cayenne a déjà fait l'objet d'études assez avancées. Ce travail sera certainement entrepris après que l'ouverture du chemin de fer aura donné au mouvement maritime une importance suffisante pour motiver la dépense que comportera ce nouvel outillage.

Tarifs. — Dans un chemin de fer comme celui de Cayenne aux placers, pénétrant dans des régions complètement inhabitées, ayant pour but principal de développer l'exploitation des terrains aurifères de l'intérieur et d'exporter les produits naturels du sol, on peut prévoir à la montée des tarifs élevés pour les vivres, les produits fabriqués destinés à l'importation, et en général tout ce qui est nécessaire à la nourriture et à l'entretien des hommes sur les placers. Les exploitants accepteront d'autant plus volontiers ces tarifs qu'ils représentent, comme on le verra plus loin, une économie variant de 50 à 80 0/0 sur les prix qu'ils paient actuellement pour leurs transports.

A l'exportation au contraire, surtout pour les produits que leur valeur intrinsèque interdit de charger de trop de frais, sous peine d'en empêcher la sortie, les tarifs les plus réduits prévus pour les marchandises de la troisième catégorie à l'importation sont encore abaissés de 50.0/0.

Voici en l'état quels sont les tarifs prévus par le cahier des charges :

		Par voyageur et par kilomètre.
Voyageurs { Première classe.	. . . .	Fr. » 80
Deuxième classe.	. . . .	» 40

Bagages et messageries : 0 fr. 40 c. par 100 kilogrammes et par kilomètre.
Chiens et petits animaux : 0 fr. 05 c. par tête et par kilomètre.
Marchandises par tonne et par kilomètre, pour des parcours :

	Inférieur à 150 kilogrammes.	Au delà de 150 kilogrammes.
Première catégorie . . . . Fr.	2 50	2 »
Deuxième catégorie	2 »	1 50
Troisième catégorie	1 »	» 50

Les marchandises de la troisième catégorie à la descente, c'est-à-dire dans la direction de Cayenne, ne paieront que la moitié du tarif ci-dessus.

Le transport de l'or sera payé à raison de 15 francs par kilogramme quel que soit le parcours effectué.

Trafic. — Quelles sont, dans ces conditions, les prévisions raisonnables de trafic que l'abaissement du prix de la vie sur les placers pourront provoquer? Quelles sont en un mot les prévisions de recette de la ligne aussitôt après son ouverture, c'est-à-dire en ne comptant que sur l'industrie placérienne pour lui fournir ses éléments de transport?

Il existe normalement en Guyane une population d'environ 8.000 placériens qui est toujours prête à se porter sur les points de la colonie où elle prévoit qu'il y a de bonnes affaires à tenter. C'est une population essentiellement mobile. Les placériens ne font guère d'ailleurs que des campagnes de six mois dans la brousse. Ils reviennent périodiquement à Cayenne pour se ravitailler, se reposer et aussi, pour faire un peu la fête. Indépendamment de cette population qui peut être considérée comme à peu près constante, il y a l'immigration des Antilles anglaises et françaises, qui est un facteur essentiellement variable en relation directe avec l'importance des régions aurifères découvertes. Des découvertes comme le Carsewène, de l'Awa ou l'Inini, se propagent dans les Antilles pour ainsi dire instantanément et amènent alors un flot incroyable de chercheurs d'or dont j'ai cherché à donner une idée. Tous les moyens de transport réquisitionnés à des prix fous sont insuffisants pour satisfaire à la demande. Il est certainement venu au Carsewène, de 1894 à 1896, plus de 20,000 mineurs; beaucoup sont morts en voulant franchir les sauts pour arriver sur les placers ou ont succombé sur ces derniers par suite des privations de toute sorte qu'ils enduraient, faute de vivres.

L'ouverture du chemin de fer donnera accès à deux classes d'exploitants bien distincts.

Ceux qui se contenteront, grâce au coût peu élevé des vivres transportées par rails, d'exploiter les placers traversés par le chemin de fer, placers déjà connus et dont les plus riches sont en exploitation, mais dont la plupart sont inexploitables avec les frais dont sont actuellement grevés les moyens de subsistance.

Cette population peut être considérée comme à peu près stable en ce sens que ceux qui descendront se refaire à Cayenne, seront remplacés par d'autres en nombre égal.

Une autre série d'exploitants se rencontrera parmi les hommes hardis et endurcis à la fatigue qui prendront le chemin de fer pour aller vers l'intérieur découvrir de nouvelles régions aurifères en reportant leur base d'opérations à 200 kilomètres de la côte. Ces prospections-là sont radicalement impossibles maintenant et seuls, quelques hardis chercheurs, vivant de leur chasse et faisant des échanges avec les débris des tribus indiennes qui existent encore dans le haut cours de l'Oyapock et du Maroni, ont pénétré dans un but de prospection aurifère au delà du Camopi et de l'Inini. Comme toujours, en pareille occasion, il se mêle un peu de légende à la vérité, nous savons seulement par Crevaux que toutes les tribus indiennes, jusqu'au delà des Tumuc-Humac, connaissaient la présence de l'or dans les alluvions de leurs territoires de chasse, mais se gardaient bien d'en divulguer le gisement aux Européens, sachant par expérience, qu'une fois ce gisement connu, c'en était fait d'eux.

Il résulte de ces diverses considérations qu'on peut admettre, que dès l'ouverture du chemin de fer, une population de 4 à 5.000 mineurs au minimum se portera sur les placers desservis par la ligne.

On sait d'autre part que la ration et les accessoires nécessaires par jour à un placérien, représentent un poids d'environ 2 kilogrammes.

Le ravitaillement et l'entretien de 4.000 mineurs exige donc le transport journalier de 8.000 kilogrammes de vivres, outils et accessoires et par an : 2.900 tonnes, disons 3.000 tonnes en chiffres ronds.

On doit prévoir en outre trois voyages par an et par placérien, total 12.000 voyages.

Recette annuelle. — Examinons la recette annuelle qui résultera de l'exploitation des 100 premiers kilomètres (section Cayenne-Arataye) et comptons, toutes les marchandises comme étant de deuxième catégorie, on aura :

3.000 tonnes de marchandises à 200 francs la tonne. . . Fr. .	600.000	»
12.000 voyages à 40 francs l'un	480.000	»
Total . Fr.	1.080.000	»

Ce serait un excellent résultat si on arrivait à ce chiffre au bout de trois ou quatre années d'exploitation.

Exécution des travaux. — La question de la main-d'œuvre nécessaire pour les travaux du chemin de fer est résolue par l'allocation prévue par le cahier des charges d'un contingent journalier de 1.500 hommes prélevés sur les effectifs des transports en cours de peine. Il est de toute justice que puisque on impose à la colonie la présence du bagne, elle puisse jouir au moins de la main d'œuvre de ses pensionnaires. C'est une compensation toute naturelle.

On a d'ailleurs employé les transportés en Guyane pour la construction du petit chemin de fer de Saint-Laurent à Saint-Jean sur le Maroni, en leur allouant des gratifications, ce qui est le seul et unique moyen d'obtenir de ces individus un travail réellement effectif.

Du ravitaillement. — La difficulté la plus grande pour l'exécution des travaux dans l'intérieur de la Guyane consiste dans le transport des vivres, nécessaires aux effectifs. Tant qu'on suit le cours des rivières, on s'en tire au moyen de pirogues qu'on traîne sur les rochers au passage des rapides. On arrive ainsi, avec des frais de transport dont j'ai donné une idée exacte précédemment, à ravitailler peu ou prou le personnel employé aux travaux. Mais dès qu'on quitte le voisinage immédiat des criques navigables, c'est le portage à dos d'hommes par charges de 25 kilogrammes qui constitue le seul et unique moyen de transport en forêt. Les bêtes de somme ne trouvant aucune nourriture sous les grandes voûtes sombres des forêts guyanaises ne peuvent être employées que si on a fait au préalable un abatis suffisant pour y faire pousser l'herbe de Guinée nécessaire à leur nourriture. Il n'existe, à ma connaissance, sur tout le territoire de Guyane, qu'une seule compagnie minière qui possède une cavalerie ; c'est la Société de Saint-Élie, Société déjà ancienne et administrée par des personnes aussi compétentes que prudentes. Elle dispose pour le service de son petit tramway de 32 kilomètres de longueur, d'une cavalerie de sept mules qui est si populaire en Guyane, qu'on connaît même les noms des bêtes qui la composent.

L'avoine et une partie de la ration de fourrage de ces animaux sont importées par des voiliers venant de Nantes.

Il est donc indispensable pour la construction du chemin de fer de la Guyane d'adopter la méthode de ravitaillement au moyen du chemin de fer lui-même, à partir du grand pont sur la Comté au trente-huitième kilomètre. Avant d'arriver à ce point il sera créé des chantiers divergents aux divers endroits où le tracé rencontre des voies navigables : la crique Fouillée, le Tour de l'Ile et la Comté, où seront établis des camps qui travailleront en même temps à la construction des ponts et à l'avancement de la voie dans les deux sens. La construction de cette partie du tracé pourra donc être conduite avec toute la rapidité désirable.

Les cinquante derniers kilomètres exigeront évidemment plus de temps puisque, je le répète, on sera obligé de se servir uniquement de la partie du chemin de fer déjà construite pour le ravitaillement des chantiers au front de pose. Il paraît toutefois certain que le délai de trois ans fixé par le cahier des charges pour l'ouverture de la ligne à l'exploitation ne sera pas dépassé.

Coût du kilomètre. — Dans ces conditions, le coût probable du kilomètre de chemin de fer, bénéfice de l'entrepreneur compris, ne dépassera pas 80.000 francs, soit par conséquent une somme de 8.000.000 de francs pour les 100 premiers kilomètres de la section Cayenne-Arataye, la seule qui doive être livrée pour le moment à l'exploitation. On voit que la subvention annuelle que la colonie s'est engagée à payer, et qui est de 300.000 francs, est basée sur un taux d'intérêt d'environ 4 0/0 pour le capital immobilisé, dans la construction proprement dite. Cette somme sera obtenue, soit par l'escompte des annuités, soit par une émission d'obligations. Quant au capital social proprement dit, dont le minimum est fixé par le cahier des charges à 4.000.000 de francs, sa rémunération se trouve, indépendamment des recettes du chemin de fer proprement dit, dans la mise en valeur des 200.000 hectares de terrains qui accompagnent la concession du chemin de fer. La moitié de ces terrains est à prendre en damier le long de la ligne et profite par conséquent directement, des facilités de transport qu'apporte le chemin de fer et l'autre moitié en lots, à choisir sur le territoire de la Guyane française, en vue de l'exploitation du caoutchouc et des placers aurifères, qui sont les deux richesses les plus immédiatement exploitables de la colonie

Avenir du chemin de fer. — La pénétration dans les terres hautes de la Guyane au moyen du chemin de fer aura, sur l'avenir de cette colonie, des conséquences dont il est difficile de mesurer l'importance. Je me suis surtout attaché, dans le cours du présent travail, à des questions de chiffres immédiats, et j'ai cherché, comme il était naturel de le faire, à me baser sur les besoins actuels de la colonie, pour évaluer les tonnages à transporter dans un délai rapproché ; mais, si on envisage la question de plus haut, comme il convient de le faire lorsqu'on étudie l'établissement d'un chemin de fer, œuvre destinée à desservir les besoins des générations futures, on doit tenir compte des conditions nouvelles qui sont créées par l'établissement de cette voie.

Or nous sommes en Guyane depuis près de trois cents ans, et nous pouvons dire que depuis trois siècles nous restons confinés sur la bande littorale la plus marécageuse et la plus malsaine du pays, sans faire un pas en avant. Sans la présence de l'or qui nous oblige à remonter, au prix de mille peines, les rapides incessants des rivières, nous ne connaîtrions de la Guyane que les voisinages immédiats des régions desservies par la navigation fluviale. La création du chemin de fer va rompre le cercle dans lequel les efforts de la colonie sont enserrés depuis si longtemps. L'idée seule qu'on pourra quitter Cayenne dans un wagon confortable, gagner, dans l'espace de deux heures, les habitations fraîches et riantes des bords de la Comté, en revenir le lendemain pour vaquer à ses affaires, paraissait un rêve aux habitants de Cayenne, habitués à faire ce trajet en deux jours, accroupis dans un canot, exposés aux ardeurs d'un soleil implacable, ou aux torrents d'eau que déversent sur le dos du patient les orages tropicaux. La presque totalité de la population, ne connaissant les chemins de fer que par ouï-dire ou par les descriptions qu'en font les livres, ne pouvait pas se faire à l'idée qu'un tel changement dans ses habitudes puisse être une réalité.

Une grande cause de l'abstention des capitaux européens, quand on les sollicite à se porter sur les placers guyanais, est justifiée par cette difficulté, bien connue, des transports. Comment voulez-vous surveiller, disent-ils, des exploitations perdues dans les forêts vierges, alors qu'il faut un mois pour les atteindre? Comment remplacer le personnel malade, puisque vous n'êtes prévenu du désastre que par l'arrivée des malades eux-mêmes, évacués sur Cayenne? Que devient le placer pendant ce temps-là? Il n'y a même pas de lignes télégraphiques établies dans la colonie. Les centres pénitentiaires du littoral sont réunis par un fil, dont l'emploi est accessible au public moyennant une taxe de 10 centimes par mot, mais cette ligne ne pénètre pas dans l'intérieur:

Les mêmes raisons s'appliquent, d'ailleurs, aux exploitations agricoles auxquelles les terres hautes, tempérées, de l'intérieur se prêteront si bien. Personne n'a même pu y songer jusqu'ici.

AVENIR DE LA COLONIE

Guyanais et Antillais. — Les conclusions de cette étude ressortent clairement de l'exposé qui précède. Si nous jetons un coup d'œil d'ensemble sur nos colonies américaines des Antilles et de la Guyane, nous apercevons tout de suite les raisons pour lesquelles cette dernière se trouve dans des conditions incomparablement meilleures que ses deux voisines. Par contre, elle est infiniment moins peuplée que nos deux îles antillaises. Il en résulte fatalement une émigration considérable des Antilles vers la Guyane et ce déplacement de population considéré comme fâcheux par les uns, comme, au contraire, très désirable par les autres, n'en est pas moins irrésistiblement acquis. Il résulte de la force même des choses et du droit imprescriptible que possède chacun de nous de se fixer sur les lieux où il peut le plus aisément gagner sa vie, en vertu de l'adage *Ubi bene ibi patria* cher à nos ancêtres.

Il est indubitable que cette immigration sera largement favorisée par la création du chemin de fer. Actuellement, en effet, la recherche de l'exploitation de l'or dans la Guyane française demande une mise préalable de fonds assez importante, si on veut opérer autrement que par maraudage. C'est l'unique raison à laquelle il faut attribuer les retards dans la mise en valeur des richesses naturelles de la colonie. L'ouverture du chemin de fer permettant la pénétration facile sur les placers de l'intérieur amènera immédiatement des populations nouvelles qui s'empresseront de profiter de cet outil merveilleux qui s'appelle un chemin de fer colonial. La population sédentaire de Cayenne proprement dite manifeste certaines craintes à l'idée de cet envahissement. Je les crois bien chimériques, car ce n'est pas dans un pays à peine peuplé comme notre colonie, qu'on peut redouter une concurrence dans l'offre des bras pouvant amener l'avilissement des salaires.

Par contre, les « vieux Cayennais » peuvent exercer et exercent effectivement une influence salutaire sur les nouveaux venus. Je crois avoir suffisamment dépeint le caractère des Guyanais, à propos de ce que j'ai dit sur la manière dont on exécute les expéditions aurifères sans contrôle, sur les placers de l'intérieur. J'ai insisté, à juste titre, sur les qualités d'endurance, d'énergie et de probité de cette population que j'ai vue à l'œuvre dans les bois et à laquelle il convient de rendre un juste hommage ; mais il y a plus. En Guyane, les divisions intestines basées sur des haines de race et de couleur sont, grâce à Dieu, inconnues ou à peu près, et la meilleure preuve qu'elles n'y sont pas en honneur, c'est que les rares personnes qui voudraient voir renaître ces funestes legs d'un passé aboli se gardent bien d'en faire publiquement l'aveu. Tout le monde sait maintenant que c'est à ces déplorables souvenirs des temps lointains, attisés par des politiciens sans scrupules, à la recherche d'une plate-forme électorale, que ces préjugés de couleur ont amené dans les Antilles les crises économiques, politiques et sociales auxquelles ces malheureuses colonies sont actuellement en proie.

L'or pacificateur. — En Guyane, la situation est tout à fait différente et c'est encore à l'or que nous devons ce nouveau bienfait de la paix civile. En fait, chacun de nous en Guyane est si occupé par son exploitation aurifère, grande ou petite, qu'il ne peut s'occuper qu'à bâtons rompus des mérites respectifs des divers partis politiques. Ensuite, grâce à l'or, personne ne connaissant la misère, le paupérisme est inconnu ; or, c'est dans ses rangs que les fauteurs de désordre racolent le plus aisément leurs troupes. Les chevaux ne se battent dit le proverbe que devant des râteliers vides.

Une autre puissante cause qui a valu à la Guyane de ne pas connaître les tristes événements dont la Martinique et la Guadeloupe ont été fréquemment le théâtre, c'est la disparition absolument complète de la catégorie désignée dans les Antilles sous le nom général d'« habitants », autrement dit des propriétaires créoles descendants des anciens possesseurs du sol. Mais, de tout cet ensemble, le plus puissant pacificateur a certainement été l'or et les bénéfices qu'il rapporte.

Il y a là une antithèse tout à fait frappante : dans nos colonies antillaises, grandes propriétés possédées par les descendants des anciens créoles, dont un trop grand nombre, il faut le dire, sont des oisifs. Ces colonies ont vécu jusqu'ici de la monoculture de la canne à sucre, industrie qui ne peut plus payer que des salaires médiocres. Même dans ces conditions, elles ne subsistent que grâce au système protectionniste des primes et la conférence récemment convoquée à Bruxelles est une preuve que ce système artificiel a fait son temps. Luttes de classes et de races, salaires avilis, incendies de propriétés, émeutes, et finalement répressions sanglantes.

En Guyane, pays minier, disparition des grandes cultures tropicales qui ne peuvent exister qu'en payant des salaires réduits, prospérité générale et paix civile complète.

Il en est tellement ainsi, qu'à peine débarqué à Cayenne, on se sent entouré d'une athmosphère tout autre que celle qui règne aux Antilles. Il n'y a même pas de journal à Cayenne, en dehors du *Journal officiel de la Guyane française*, organe, qui comme son nom l'indique, ne prête pas ses colonnes aux polémiques violentes et au déversement des tombereaux d'injures quotidiennes. Ces bases essentielles et presque uniques des journaux locaux dans nos colonies, forment comme on le sait le plus grand et presque le seul régal littéraire des lecteurs pour lesquels la dégustation de ces aménités, constitue un genre spécial de sport qu'on sirote contemporairement avec l'apéritif matutinal.

Évolution politique. — Il est toutefois indubitable que l'arrivée en Guyane d'une population antillaise considérable, jouissant de ses droits de citoyen, est un élément qu'on ne saurait négliger dans la direction des affaires publiques de la colonie. Évidemment cela ne peut se faire qu'avec une certaine résistance, bien naturelle d'ailleurs de la part de ceux qui doivent se serrer pour laisser aux derniers arrivés une place à leur table, mais c'est là le fait de toutes les colonies en voie de progrès, dans lesquelles des éléments nouveaux viennent incessamment s'ajouter à ceux qui les ont précédés, c'est même à ce signe que se reconnaît la prospérité d'un pays. C'est à l'empressement que mettent à s'y rendre ceux qui recherchent des moyens d'existence plus faciles que ceux que leur offre leur patrie d'origine.

Nous devons en Guyane ouvrir nos portes toutes grandes à nos propres concitoyens : j'ai fait plus haut des réserves très nettes au contraire au sujet des immigrants étrangers, non pas pour les repousser, mais pour qu'ils ne soient pas comme à présent, à la charge de nos nationaux. Tous les bons citoyens doivent s'appliquer à entretenir et à consolider cet état d'esprit, cette large tolérance qui constitue le bien le plus précieux dans un pays qui a besoin de tous les concours sans distinction et qui peut les rémunérer tous et largement. La colonie a un vaste programme à remplir. Elle est entrée définivement dans la voie du progrès en décidant la création de son réseau ferré; elle le complètera bientôt par un port, par l'adduction à Cayenne d'eau potable en quantité suffisante pour qu'on puisse même la gaspiller, mettant ainsi la capitale à l'abri d'épidémies possibles auxquelles l'exposent en ce moment, la qualité médiocre et la pénurie de son eau d'alimentation publique.

Les services maritimes actuellement suspendus au grand détriment des communes littorales, la création d'un réseau de lignes télégraphiques que les récentes découvertes de Marconi permettront peut-être d'installer dans des conditions très économiques, sont autant de points dont la solution s'impose à bref délai.

Situation financière. — Le grand levier, pour toutes ces créations futures, c'est l'argent, et les finances de la colonie, gérées, il faut le dire bien haut, par le Conseil général de la Guyane française, feraient honneur à plus d'un Parlement européen. Conduites avec une prudence et une intégrité parfaites, elles ont permis à la colonie de se trouver dans une excellente position financière, avec des excédents budgétaires versés par elle dans une caisse de réserve bien garnie, le tout avec une dette publique nulle ou à peu près, ce qui est, à ma connaissance, un fait à peu près isolé dans nos finances coloniales. Ce dernier trait serait même inquiétant, comme témoignant d'un crédit médiocre, si on lui appliquait l'adage : on ne prête qu'aux riches.

Ce n'est heureusement pas le cas pour la Guyane et c'est plutôt à l'extrême prudence mêlée d'un peu de défiance de soi-même, qu'il faut attribuer l'absence de dette publique en Guyane. On a été tellement oublié jusqu'ici à Cayenne, que ses habitants ont fini par croire qu'ils avaient réellement quelque vice caché qui éloignait d'eux tous les concours généreux et utiles. Rien n'abat plus le moral chez les individus aussi bien que dans les collectivités que les échecs et les déceptions répétés.

M. le Dr CAPITAN

Professeur à l'École d'Anthropologie.

LES ORIGINES DE L'ART EN GAULE

— 28 janvier —

Quelles sont les origines de l'art en Gaule ? Telle est la question que nous avons cherché à résoudre dans cette conférence dont nous donnerons ici un résumé général avec quelques figures choisies parmi les nombreuses projections qui ont passé devant les yeux des auditeurs.

L'art est un complexus fort étendu ; il est donc indispensable de limiter notre sujet d'étude. Les manifestations artistiques sont contemporaines des premières et plus urgentes manifestations sociales. On peut donc légitimement en chercher l'origine chez les peuples primitifs. Mais l'art n'est pas un. Il y a des arts du mouvement : la danse et la musique, et des arts du repos : la parure, les arts graphiques (sculpture, gravure, peinture), enfin l'architecture.

De l'époque préhistorique, nous n'avons pour ainsi dire aucune trace des arts de la danse et de la musique : quelques sifflets faits avec des phalanges de rennes, quelques tubes en os d'oiseaux, plus tard des plaques de bronze, des assemblages d'anneaux ayant pu servir à produire des sons plus ou moins musicaux et seulement beaucoup plus tard les grandes trompettes de bronze (les *lurs* danois). D'ailleurs étant donné le titre même de cette conférence nous devons éliminer tout ce qui n'est pas originaire de Gaule.

Pour la parure, les spécimens sont beaucoup plus abondants et pourtant tout ceux qui, de par les comparaisons ethnographiques actuelles, devaient être surtout en usage : plumes, poils, peaux, étoffes, bois façonné, sparterie, ont disparu. Il ne nous reste que ceux en pierre, en os ou en corne, exceptionnellement en bois et enfin ceux en métal.

Nous n'avons non plus aucun renseignement positif sur la grosse question du tatouage qui devait certainement être en usage chez les primitifs.

Les pendeloques sont les plus anciennes formes de la parure qui nous restent. Mais vraiment leur étude ressortit bien plutôt à l'évolution du fétichisme qu'à l'histoire de l'art. Exception doit être faite pour un certain nombre de pièces magdaléniennes, mais leur étude ne peut pas être séparée de celle de divers ustensiles ornés.

Pour les épingles, bracelets, colliers, ils ne deviennent réellement artistiques qu'à l'époque du bronze et se confondent avec l'ornementation générale de cette époque.

En somme la parure, surtout à l'origine, se confond avec le fétichisme : une canine de lait de renne percée d'un trou, un collier de canines d'ours correspondent souvent à une idée totemiste (port d'une partie de l'animal protecteur le représentant en totalité), une idée de défense (dent de carnassier portée comme amulette). Il y a d'ailleurs sur ce point toute une série de conceptions fort complexes qu'à peine aujourd'hui on peut débrouiller chez des sauvages actuels et qui sont presque incompréhensibles pour tout ce qui touche aux préhistoriques, surtout aux paléolithiques dont la psychologie nous échappe naturellement. Nous ne pouvons que la soupçonner par analogie avec celle des sauvages actuels.

En nous cantonnant d'ailleurs dans l'étude seule de quelques manifestations primitives d'arts graphiques, nous aurons un champ bien assez vaste à parcourir rapidement.

Les documents d'arts graphiques primitifs sont, en effet, déjà fort nombreux. Les uns se rapportent à des figurations considérées jusqu'ici comme purement ornementales, d'autres à des images nettement distinctes, si ce n'est compréhensibles dans leur signification.

Or, si on cherche à analyser ces deux ordres de manifestations primitives, on s'aperçoit aisément que l'interprétation simpliste qui considère les figurations géométriques par exemple ou composées de formes se répétant, comme uniquement décoratives ou fantaisistes, est radicalement fausse.

En effet, pour éclairer cette obscure question, l'analyse ethnographique basée sur la comparaison avec les sauvages actuels fournit de précieux renseignements. Sans être poussée à l'extrême, elle peut en effet donner des solutions très vraisemblables là où il n'y avait rien qu'interprétation de pur sentiment.

Cette méthode ethnographique a été appliquée à l'étude des productions d'art primitives par Piette, le premier qui a introduit la notion féconde du symbolisme dans la compréhension de l'art primitif. Grosse, au point de vue ethnographique actuel, a remarquablement aussi synthétisé cette méthode. L'analyse des œuvres d'art de certains sauvages modernes — dont les voyageurs ont pu avoir les explications nécessaire — éclaire grandement cette question. Elle nous permettra de comprendre certaines de ses manifestations. Si alors nous en retrouvons de très analogues chez les préhistoriques, il y aura grande chance pour que la même interprétation soit valable. En tous cas, elle serrera la vérité de plus près qu'une analyse purement imaginative et pourra constituer tout au moins une hypothèse préalable de valeur certaine.

Un premier fait domine l'art de tous les peuples primitifs actuels, c'est celui du symbolisme. A de très rares exceptions près, il n'est pas un seul trait, une seule ligne, une seule figure, quelque simple qu'elle paraisse, qui n'ait une signification très nette et souvent compliquée. Cette notion trouve même chez les Chinois par exemple ou les Japonais, extraordinairement évolués au point de vue de l'art, une application continuelle. Ces peuples ne tracent pas un trait qui ne signifie quelque chose.

Les exemples abondent. Ce peut être d'abord la copie simplifiée du tout pour la totalité ou encore la stylisation extrême d'une image, telles par exemple ces trois figures qu'Ehrenreich a relevées chez les Karayas du Brésil *(fig. 1)*, dont la première représente des nids de guêpe, la seconde un lézard et la troisième le schema de la chauve-souris volant. Sans cette explication fournie par ces sauvages eux-mêmes, il serait impossible d'interpréter ces images.

Mais le symbolisme peut être complet et la figuration a un sens caché, que rien ne peut indiquer. Telles une image totemiste qui stylise la peau de l'animal

FIG. 1. — Ornements des Karayas du Brésil.
(d'après Ehrenreich).

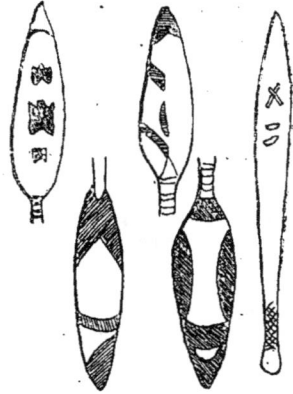

FIG. 2. — Marques de propriété des Aleoutes
(d'après Choris).

totem, cette figure devant représenter l'animal entier. Telles ces figurations *(fig. 2)* qui ne sont autres que des marques de propriété.

Ce peut être aussi un langage conventionnel, comme le curieux bâton des Khas des environs de Luang-Prabang, au nord de l'Indo-Chine, qu'ont publié Harmand et Lefèvre-Pontalis dans l'*Anthropologie.* Il était suspendu au-dessus

FIG. 3. — Planchette des Khas, pays de Luang-Prabang
(d'après Harmand et Lefèvre-Pontalis).

du sentier conduisant au village. Les entailles qu'il portait sur le bord supérieur signifiaient : « D'ici douze jours, tout homme qui osera franchir notre palissade paiera une rançon de quatre buffles ou bien douze ticaux. » Et celles sur le bord inférieur : « Notre village contient huit hommes, onze femmes, neuf enfants. »

Parfois l'image est une vraie écriture figurative hiéroglyphique comme cette
tablette de l'Alaska fixée devant la hutte et qui indique en détail où est l'habitant absent de cette hutte :

Fig. 4. — Écriture pictographique d'Alaska (d'après Mallery).

1. Moi l'homme. — 2. Je m'en vais en bateau dans la direction marquée. — 3. Je passe une nuit.
— 4. Dans une île à deux cases. — 5. Moi l'homme. — 6. J'arrive à une autre île. — 7. J'y dors deux
nuits. — 8. Je vais à la chasse. — 9. Je vois un morse. — 10. Je le tue. — 11. Je reviens en barque
avec un homme. — 12. Je rentre à la maison.

Les signes peuvent être aussi des marques de propriété, ce tribus, comme les
wasms des nomades de l'Extrême-Sud Algérien.

Ce ne sont là, d'ailleurs, que quelques explications de nombreux signes et
gravures actuels. On comprend que leurs variétés et leurs significations peuvent
être fort nombreuses.

A côté de ces figures, soit géométriques ou symétriques, schématiques ou stylisées, il en est même de nos jours qui sont des représentations vraies, précises,
bien observées et bien rendues. On les trouve sur des armes, des ustensiles
usuels en os, en corne ou en ivoire, parfois sur des fragments d'os ou de pierre
ou enfin gravées ou peintes sur des rochers ou les parois de cavernes. On a
observé des spécimens de ces productions artistiques chez les Tchouktchis de
l'Extrême-Nord-Est Sibérien, chez les Boschimen, aux Iles Canaries, etc.

Pour ces gravures, il a fallu une qualité d'observation très particulière, une
mémoire visuelle très grande, une puissance de synthétisation et enfin une
habileté technique, le tout indiquant une réelle éducation artistique. Il est bien
entendu, toutefois, que ces très habiles manifestations d'art, si correctes parce-
qu'elles résultaient de l'observation soigneuse des sujets figurés, devaient avoir
également une signification, un sens caché plus ou moins symbolique.

Grosse attribue ces gravures aux peuples chasseurs. Lorsque ceux-ci deviennent
pasteurs, ils perdent ces qualités artistiques, et ne conservent plus, comme manifestations artistiques, que la figuration conventionnelle ou stylisée.

Si l'on applique ce raisonnement aux préhistoriques, il est fort exact. Dès le
début de l'époque glyptique de Piette (Magdalénien de Mortillet), on voit apparaître déjà très évolué ce bel art réaliste, il s'accompagne de figures nombreuses
stylisées ou symboliques, exceptionnellement purement décoratives. Il donne
naissance à de nombreuses manifestations fort remarquables. Puis, brusquement, dès les couches à galets coloriés (Asylien de Piette), ce bel art disparait
et, il ne reste plus à l'époque néolithique que les figurations géométriques ou
symétriques ou purement symboliques qui dès lors seront les seules employées,
par exemple, pour les gravures sur les blocs constituant les parois des mégalithes.

On voit donc que la méthode ethnographique peut également être fort utile
pour l'interprétation des images préhistoriques et que, sans la considérer comme
absolument certaine, elle pourra à ce point de vue rendre de grands services.

Les plus anciennes manifestations d'art connues seraient, sans conteste, les

pierres figures, rognons de silex naturels affectant une forme anthropomorphe
ou zoomorphe et que l'homme chelléen aurait façonnés ou, simplement améliorés par quelques retouches précisant l'image. Ces pierres, déjà recueillies et
décrites par Boucher de Perthes, puis par Thieullen, Dharvent, Hauroy, etc.,
sont certainement vraisemblables en se basant sur les données ethnographiques
actuelles, mais la démonstration absolue du travail de retouches, voulu dans ce
but spécial, n'est pas encore faite : nous ne pouvons donc que les signaler sans
y insister.

Ce sont donc les sculptures sur ivoire, découvertes par M. Piette à Brassempouy (Landes), au Mas d'Azil, etc., qui constituent de beaucoup les plus
anciennes manifestations d'art connues. Or, il s'agit déjà là d'un art très avancé
et les spécimens que M. Piette a publiés sont d'une habileté de technique absolument remarquable : tel le fameux torse de femme aussi correct qu'une sta-
tuette grecque de belle époque (*fig. 8*) et la série des figures analogues,... et
pourtant si l'on voulait absolument évaluer leur âge il faudrait dépasser très
vraisemblablement le quinzième millénaire avant l'ère.

Il est aussi un fait bien remarquable, c'est celui de l'apparition de la sculpture en ronde bosse comme première manifestation d'art qui nous soit parvenue.
Il est fort à croire, en effet, que ces sculptures sur ivoire ont été précédées de
sculptures sur bois ou sur matières moins dures. M. Piette, en effet, a recueilli
dans les couches sous-jacentes à celles qui lui ont donné ces belles sculptures, un
outillage semblant être celui des artistes et qui est identique à celui que renferment les couches à sculptures en ivoire.

Ce mode de sculpture en ronde bosse a passé à la sculpture en bas-relief et
ce n'est qu'ultérieurement qu'est apparue la gravure à contours découpées, puis
la gravure simple, comme Piette l'a nettement établi.

L'outillage de ces primitifs et déjà si habiles artistes consistait en outils de
silex variés, depuis le burin identique aux burins des graveurs actuels jusqu'aux couteaux et scies de toutes dimensions, et aux pointes et perçoirs souvent
d'une extrême finesse. Tout cet outillage commence à être bien connu. Il est,
d'ailleurs, très varié.

Les figures représentées sur les objets en os, corne et ivoire peuvent être
divisées en deux groupes distincts. Les unes sont décoratives ; les autres,

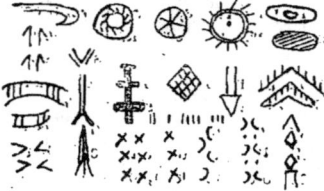

FIG. 5. — Symboles (gravures sur os, corne
ou ivoire), d'après Piette.

FIG. 6. — Signes origines des lettres (gravures sur os,
corne ou ivoire), d'après Piette.

au contraire, paraissent être symboliques. Elles sont composées de lignes
droites, brisées ou courbes, de cercles, triangles, losanges, points, etc., associés
ou répétés. Toutes formant des images, fort caractéristiques et que l'analyse
ethnographique démontre bien être tout à fait autre chose que de purs ornements. Quelquefois ces signes prennent un caractère tout spécial. Ils sont iden-

tiques à certaines lettres des alphabets primitifs périméditerranéens. Un simple coup d'œil jeté sur les figures ci-dessus, toutes empruntées à M. Piette et qu'il a bien voulu nous communiquer pour cette conférence, nous montre l'extrême diversité de ces figurations dont il est impossible pour un bon nombre de nier la signification symbolique.

De ces gravures si curieuses on peut, par anticipation, rapprocher les galets coloriés, œuvre de peinture, très fréquents dans certaines couches du Mas d'Azil, des gravures symboliques ci-dessus, tant sont particuliers les signes que présentent plusieurs d'entre eux *(fig. 7)*.

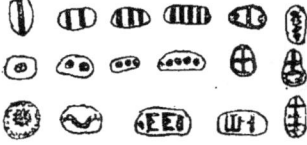

FIG. 7. — Galets coloriés du Mas d'Azil
(d'après Piette).
(Dixième de grandeur naturelle environ.)

Parmi ces symboles quelques-uns sont très compréhensifs. Ils ont débuté à l'époque glyptique, mais se sont perpétués à travers les âges. Tel le disque solaire dont on retrouve l'origine dès l'époque glyptique (magdalénienne), qu'on retrouve identique sur des vases néolithiques, puis que les Volsques Tectosages à l'époque gauloise ont maintes fois reproduit sur leurs monnaies et que plus tard, en plein Moyen Age, on retrouve encore dans des ornements divers. Pour la croix même démonstration pourrait être donnée, de même pour la crosse.

Il est, bien entendu, impossible de pouvoir s'étendre sur cette complexe question. Il suffit de l'avoir indiquée pour montrer toute son importance et l'éminent service qu'a rendu M. Piette en la soulevant d'une façon définitive dans l'exposé de ses belles recherches.

D'ailleurs, les figures ci-dessus donneront plus de renseignements et susciteront plus d'observations que n'aurait pu le faire un exposé compendieux que je tiens à éviter à nos lecteurs.

Une autre branche de l'art primitif, souvent accompagnée des figurations dont nous venons de parler, est constituée par l'exécution de ces belles œuvres d'art, d'abord en sculpture et ultérieurement en gravure, représentant des animaux vivants, parfois l'homme lui-même. Leur existence constitue le plus étrange problème qu'il soit possible de se poser. Où les primitifs d'alors avaient-ils appris cet art si précis, si vécu, si élégant dans ses manifestations, si habile dans sa technique ? Et puis, chose non moins étrange, qu'est devenu ce bel art ? Sitôt l'époque glyptique (magdalénienne) terminée, ces manifestations d'art disparaissent complètement, et il ne reste plus que les figurations symboliques, alphabétiformes, comme disait Letourneau pour les signes des dolmens, ou même hiéroglyphiques, comme l'admet M. Piette pour certaines d'entre elles. Jamais, sur aucun monument néolithique, on n'a trouvé trace d'une de ces jolies figurations magdaléniennes d'êtres vivants. Il faut, plus tard, chercher chez les primitifs égyptiens, en Assyrie, voire même dans l'Élam, pour trouver, cinq ou six millénaires environ avant l'ère, quelques gravures au champ levé ou gravures simples rappelant les jolies images des cavernes magdaléniennes de France.

C'est qu'aussi les documents artistiques laissés à cette époque sont fort rares et limités dans les grottes du sud de la France, quelques-unes du nord de l'Espagne ou de Suisse, et c'est à peu près tout.

Les plus anciennes figures se rapportent à des représentations humaines en ronde bosse. Malheureusement, vu leur fragilité, il est à peu près impossible de les avoir entières. M. Piette a publié toute une série de torses dont le plus beau est ici figuré *(fig. 8)*.

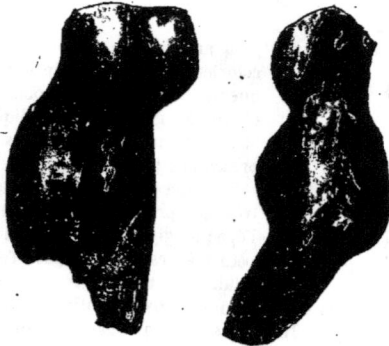

FIG. 8. — Torse de femme en ivoire. Grotte de Brassempouy (Piette).
(Légèrement diminué.)

Nous ne reviendrons pas sur ce que nous en avons dit plus haut. Lorsqu'on

FIG. 9. — Petite tête de femme en ivoire. Grotte de Brassempouy (Piette).
(Grandeur naturelle.)

l'examine projeté à un très fort grossissement il est remarquable de voir cette belle pièce conserver toutes ses qualités esthétiques, malgré cette grave épreuve du grossissement.

M. Piette a publié aussi une étrange petite tête en ivoire d'un caractère étonnant et que la vue de cette photographie fera mieux comprendre que de longues descriptions *(fig. 9)*. Il existe de la même époque des statuettes remarquables, tels le

FIG. 10. — Tête de cheval de la Grotte du Mas d'Azil.
(Légèrement agrandie.)

mammouth et les deux rennes de Bruniquel, qui sont classiques ; telle aussi cette extraordinaire tête de cheval du Mas d'Azil, aussi belle que les plus remarquables sculptures de chevaux grecs et dont également la projection, plus de cent fois grossie, accentue encore les remarquables détails d'exécution *(fig. 10)*.

La sculpture en bas-relief a succédé à la sculpture en ronde bosse. Elle a produit aussi de fort belles œuvres, telles le bouquetin figuré de face sur la pièce du Mas d'Azil, trouvée également par Piette, les trois si curieuses têtes de chevaux, l'une en partie écorchée et l'autre à l'état squelettique (fig. 11), etc.

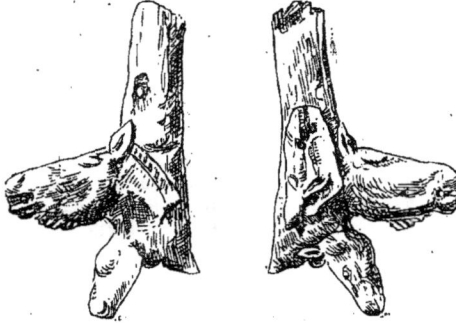

FIG. 11. — Les trois têtes de chevaux, sculpture sur os de la Grotte du Mas d'Azil (Piette). (Demi-grandeur naturelle, environ.)

La technique que l'on observe ensuite a été dénommée par Piette en champ levé ou à contours découpés. Tantôt la technique est celle de plusieurs bas-reliefs égyptiens, tantôt les images ont leurs contours découpés dans un os plat ou une lame d'ivoire. Elle a produit aussi quelques belles œuvres, telle la fameuse femme au renne de Laugerie-Basse et ces curieuses têtes de chevaux, dont l'une porte l'indication d'un très curieux harnachement de tête.

Enfin, la gravure simple n'a été employée qu'après ces diverses techniques d'art. De très nombreux spécimens en sont aujourd'hui connus. Le premier qui ait été signalé a été trouvé, en 1834, dans la grotte du Chaffaud (Vienne) par Brouillet. Il représente trois biches fort joliment dessinées.

Le combat de rennes, gravé sur plaque de schiste, de la collection de Vibraye, le beau renne de Thayngen, la curieuse gravure de la Madeleine, représentant des têtes de chevaux, un homme et un serpent, le bel ours de la grotte de Massat, enfin le fameux mammouth sur plaque d'ivoire de la Madeleine (fig. 12) sont des œuvres fort intéressantes à bien des titres.

FIG. 12. — Mammouth sur plaque d'ivoire de la Madeleine (d'après la pièce de Lartet et Christy au Museum.) (Demi-grandeur naturelle, environ.)

Toutes ces figures permettent de se rendre compte de l'extrême habileté des artistes préhistoriques. Ils ébauchaient leurs figures au moyen de pointes extrêmement fines qu'on a retrouvées (nous avons aussi de ces fines ébauches).

Puis, au moyen d'un instrument à pointe solide, parfois au moyen du bord tranchant d'un burin, ils entamaient le trait plus ou moins profondément, mais suivant l'ébauche encore un peu incertaine, et ils traçaient un trait régulier, net, profondément gravé, qui donne à ces figures un aspect tout particulier de véritable œuvre d'art.

Ces productions artistiques primitives étaient à peu près les seules connues jusqu'en ces derniers temps. Mais un nouveau chapitre vient de s'ouvrir, celui de la décoration des parois des grottes. Les découvertes se succèdent dans cet ordre d'idées, si rapidement depuis quelque temps, que déjà les documents sont assez nombreux pour permettre d'en tracer les traits essentiels. Ces décorations nous montrent une ornementation tantôt gravée, tantôt peinte. On voit donc qu'il y a un élément nouveau de décoration artistique qui apparaît. Il est totalement différent de la technique de la sculpture ou gravure sur os, corne ou ivoire; quant à la gravure sur les parois des grottes, elle est au contraire en tous points comparable à celle qui existe sur les os et n'en diffère que par ses grandes dimensions.

Parmi les nombreux problèmes que soulève la question de la décoration des parois des grottes, le plus singulier est celui qui résulte de ce fait que ces décorations se rencontrent le plus souvent au fond de grottes absolument obscures et loin de l'entrée. Comment s'éclairaient alors les préhistoriques ? Un gros galet creusé en forme de lampe analogue à celle des Esquimaux actuels peut permettre de supposer que l'éclairage était ainsi obtenu par de la graisse brûlant au moyen d'une mèche de mousse ou bien encore par des morceaux de bois résineux. C'est avec ces moyens plus que rudimentaires que les préhistoriques traçaient ces charmants dessins que nous n'arrivons souvent à déchiffrer qu'au moyen de l'éclairage intensif à l'acétylène.

Les peintures sur parois de grottes ont été signalées dès 1876, par de Sautuola, sur les parois et le plafond de la grotte d'Altamira près Santander (Espagne). Elles furent alors niées et tombèrent dans l'oubli. De même, en 1878, Chiron signala des traits gravés à l'entrée de la grotte Chabot, dans le Gard, sur les bords de l'Ardèche. On les déclara naturels. En 1895, É. Rivière publia des gravures ornées de quelques touches de couleurs dans la grotte de la Mouthe près des Eyzies (Dordogne). On lui en contesta l'authenticité presque systématiquement. Ce n'est qu'à grand'peine qu'on finit par les admettre.

Peu après, en 1896, Daleau publia une série de gravures à l'entrée de la grotte de Pair-non-Pair, dans la Gironde. La question était dès lors nettement posée.

En 1900, je pus étudier les gravures de la grotte Chabot avec Chiron lui-même et y reconnaître la figuration profondément gravée de plusieurs animaux (équidés, ovidés et probablement une série d'éléphants).

En 1901, avec Breuil et Peyrony, nous découvrîmes près des Eyzies, dans la grotte des Combarelles, un nombre considérable de figures gravées sur les parois, sur une longueur de plus de 100 mètres de chaque côté du couloir irrégulier que forme la grotte. Ces figures commencent à 118 mètres de l'entrée et vont jusqu'au fond de la grotte (220 mètres). Très peu de temps après nous découvrîmes les peintures fort remarquables de la grotte de Font-de-Gaume, qui constituent une manifestation d'art des plus curieuses. C'est absolument l'origine de la peinture à fresque (1).

(1) Depuis que cette conférence a eu lieu, de nouvelles découvertes du même genre (gravures et peintures) fort remarquables ont été faites dans la grotte de Marsoulas (Tarn-et-Garonne), par MM. Cartailhac et Regnault, dans la grotte d'Altamira, près Santander (Espagne) par MM. Cartailhac et Breuil et dans la grotte de Bernifal, à 4 kilomètres des Combarelles, par Peyrony.

D'une façon générale, les figures représentées sur les parois des grottes se rapportent sauf quelques rares exceptions à des animaux. Ceux-ci sont reproduits avec une exactitude et une habileté remarquables. Les gravures rappellent absolument celles des os gravés, et donnent lieu aux mêmes observations, les traits sont souvent tracés d'un seul coup avec une justesse qui étonne, d'autres fois de nombreux traits s'enchevêtrent en tous sens, comme une sorte d'ébauche Les plus corrects sont alors creusés de façon à reproduire une figure précise jusque dans ses moindres détails. Il n'y a d'ailleurs dans cet art si particulier rien de conventionnel. Il est d'une observation juste très précise rendue avec habileté surprenante. Ces remarques peuvent également s'appliquer aux gravures sur os, corne et ivoire ; mais pour les gravures sur parois de grottes, la difficulté même de l'exécution dans ces grottes sombres, sur des parois souvent inégales, en des points d'un accès souvent difficile, la grande dimension des images jusqu'à 2 mètres de longueur, rendent ces manifestations d'art encore plus remarquables. Ce n'est plus du reste de l'art ornemental comme sur les petits objets, mais un art de grande décoration. On conçoit donc l'intérêt de ces images et l'importance de leur étude qui est en somme, nous l'avons vu, toute récente.

Les quelques figures que l'on peut voir ici ne donnent qu'une faible idée de ces gravures, ce sont des réductions des dessins et des calques exécutés par Breuil et moi dans notre grotte des Combarelles.

Les animaux représentés le plus souvent sont les chevaux. Le joli petit

FIG. 13. — Groupe de petits chevaux (gravure rehaussée de peinture noire) sur les parois de la grotte des Combarelles).
(Un douzième de grandeur naturelle environ.)

groupe reproduit ici montre trois animaux de caractères différents. Parmi les équidés en effet, plusieurs variétés sont représentées tantôt ayant les caractères de l'hémione ou au contraire, ceux de gros et lourds chevaux. Des bovidés, des bisons, des bouquetins sont fort exactement figurés.

Deux animaux datent surtout ces images, étant donné — ce qui ne paraît pas discutable — qu'ils ont été reproduits de visu. C'est le renne qu'on ne peut méconnaître sur une série de figurations, ainsi qu'on peut s'en rendre compte sur la figure ci-jointe. Enfin le mammouth est représenté au moins

FIG. 14. — Renne courant. Gravure sur les parois de la grotte des Combarelles.
(Un dixième de grandeur naturelle environ.)

une douzaine de fois. C'est là un fait absolument nouveau, les représentations dè mammouths n'étant guère au nombre de plus de 4 sur les os ou ivoires gravés connus. L'animal est tantôt figuré jeune et complètement couvert de poils représentés par des incisures nombreuses de la roche, tantôt plus âgé et ayant

FIG. 15. — Gravure de Mammouth sur les parois de la grotte des Combarelles.
(Un dixième de grandeur naturelle environ.)

de longs poils, surtout autour de la bouche et sous le ventre (fig. 15). Les défenses sont recourbées, le front est parfaitement figuré avec son large enfoncement median. D'ailleurs la figure ci-jointe (fig. 15) donne nettement les caractères de cet animal.

Enfin une grossière image ressemblant à un crâne humain vu de face est profondément gravée sur une des parois de la grotte.

Une série de signes plus ou moins symboliques accompagnent les figures d'animaux. Quelques-uns semblent être des marques placées sur l'encolure ou la fesse de certains animaux. Ils sont tracés souvent en rouge ou en noir.

Nous n'avons pas encore publié les peintures de Font-de-Gaume. Nous ne pouvons donc pas les présenter ici. Là les animaux sont en général très bien reproduits, soit au moyen d'une teinte plate noire ou rouge ou, au contraire, bien nuancée d'ocre rouge et noire.

Il y a donc, on le voit, un véritable épanouissement d'art à cette époque : des sentiments artistiques très avancés, une scrupuleuse observation, une technique savante. Toutes ces bêtes sont pleines de vie, et rien n'est plus curieux, à genoux dans le fond de la grotte, tant le plafond est bas, que de contempler ces figures si riches en enseignement, si mystérieuses au point de vue de leur conception...

Quelle a été en effet, l'idée directrice qui a présidé à la confection de ces images? Après de multiples observations nous avons été amenés à penser qu'il pouvait peut être s'agir là de la mise en œuvre d'une idée religieuse ou fétichique.

Arrivé presque à l'apogée de son développement, ce bel art disparaît brusquement : comme il n'avait pas eu d'apprentissage, il n'eut pas d'héritiers tout au moins directs.

A l'époque néolithique, les figures décoratives ou symboliques abondent, dès la couche des galets coloriés, mais il n'y a plus de figurations d'animaux vivants.

Ce contraste si complet est encore plus saisissant si on jette un coup d'œil sur les figures ci-dessous. On y verra d'étranges images purement décoratives et très certainement symboliques.

Le croquis ci-dessous (fig. 16) permet de se rendre compte de leurs diverses particularités. Il existe en effet alors des figures nouvelles, tout au moins d'après ce que nous savons jusqu'à ce jour : tels les boucliers figurés sur les parois de l'allée couverte des Pierres Plates de Locmariaquer (Morbihan). Il apparaît d'ailleurs, à cette époque, des signes très particuliers, tel celui dit en tête de bœuf, qui persiste plus tard dans maints alphabets très anciens, péri-méditerranéens. D'autres, au contraire, ne sont qu'une survivance des signes en usage au paléolithique : les croix, les cercles pointés, les croix cer-clées, les disques simples, etc. Les seules figurations humai-nes sont d'ailleurs absolument hiératiques et ne ressemblent en rien aux sculptures primi-tives en ivoire.

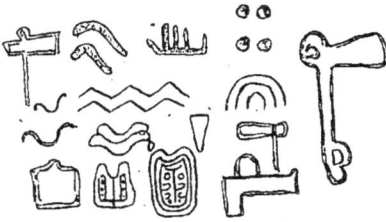

Fig. 16. — Gravures sur parois des dolmens.

Telles sont ces si curieuses statues-menhirs de l'Aveyron, sculptées dans un bloc de pierre et dont les caractères sont bien singuliers, ainsi qu'on peut s'en assurer en examinant la figure 17, ou bien encore ces étranges images gravées sur la paroi des grottes sépulcrales de la Marne, fouillées par de Baye. Faut-il dans ce rapide résumé nous arrêter là ou au contraire chercher, dans l'in-dustrie du Bronze ou même dans celle de Hallstatt, des observations curieuses il est vrai, mais non à leur place? C'est qu'en effet l'interprétation de ces figures nous mènerait à une période où il n'est plus permis de parler d'origine gauloise, le mélange des races, les importations innombrables ayant mélangé les caractères artistiques de ces populations et leurs manifestations diverses.

Nous nous arrêterons donc là, n'ayant voulu ici, comme d'ailleurs à la conférence elle-même, qu'ap-porter des faits, les présenter le plus clairement possi-ble en laissant aux auditeurs ou aux lecteurs le soin de tirer les conclusions qui leur paraîtront judicieuses.

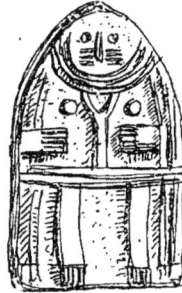

Fig. 17. — Statue menhir de Saint-Sernin (Aveyron) (d'a-près Hermet).
(Un vingtième de grand. nat.)

Peut-être en effet ce bel art de l'époque glyptique est-il intervenu au titre de précurseur jouant un rôle atavique dans le déve-loppement ultérieur de certains sujets puissamment doués. C'est ainsi qu'on pourrait le rattacher à l'art oriental primitif (Assyrie, Élam, Égypte) dont certaines productions rappellent absolument celles de nos vieux ancêtres des Gaules. Mais il en est assez, il suffit d'avoir soulevé ce coin des hypothèses pour nous arrêter alors, trop heureux si j'ai pu attirer l'attention de quelques personnes sur ce si intéressant sujet et susciter la production de quelque idée neuve ou de quelque observation inédite.

M. Paul VILLARD

Docteur ès sciences, Professeur suppléant au Conservatoire des Arts et Métiers.

LES RAYONS X ET LA RADIOGRAPHIE

— 4 février —

M. André BROCHET

Docteur ès sciences, Chef des travaux pratiques d'électrochimie à l'École de Physique
et de Chimie Industrielles de Paris.

L'INDUSTRIE ÉLECTROCHIMIQUE

— 18 février —

Mesdames, Messieurs.

Il y a trois ans eut lieu à Côme une Exposition internationale d'Électricité qui, peu après son ouverture, fut anéantie par un incendie. Les habitants de Côme, qui tenaient à leur Exposition, se mirent à l'œuvre et, quarante-cinq jours après le sinistre, on en inaugurait une nouvelle, sur l'emplacement de l'ancienne, pour recevoir le Congrès d'Électricité.

Le but de cette Exposition, de ce Congrès était de célébrer le premier centenaire d'une des plus remarquables découvertes des temps modernes, celle de la pile électrique. Côme, ville natale de Volta, était d'autant plus désignée pour fêter cet anniversaire, que le savant italien y fit sa découverte et y soutint sa célèbre controverse avec Galvani.

A la forme près, la pile de Volta se compose d'une lame de zinc et d'une lame de cuivre plongeant dans l'acide sulfurique étendu d'eau. Si on réunit les deux lames par un fil métallique, celui-ci est parcouru par un courant électrique, en même temps que le zinc se dissout pour donner du sulfate et qu'un dégagement d'hydrogène se produit à la surface de la lame de cuivre et constitue un matelas gazeux non conducteur de l'électricité, atténuant rapidement l'intensité du courant.

Tous les perfectionnements apportés à la pile de Volta ont eu pour principal objet de supprimer ce dégagement gazeux. Les piles basées sur l'emploi d'un dépolarisant chimique, c'est-à-dire d'un composé avide d'hydrogène, furent les seules pratiquement utilisables. Parmi les plus employées, signalons celle de Daniell, dans laquelle le sulfate de cuivre placé dans un vase poreux agit comme dépolarisant; celle de Grove, à acide azotique, nécessitant de ce fait l'emploi du platine, bientôt rendue pratique par Bunsen, qui substitua le charbon au platine; la pile Grenet au bichromate de potassium, avec ou sans vase poreux ; la pile Leclanché, formée d'un charbon entouré de bioxyde de manganèse et plongeant, ainsi que le zinc, dans une solution de chlorhydrate d'ammoniaque, etc...

I

Tous ces appareils transformaient l'énergie chimique en énergie électrique.

Étudions le phénomène inverse, la transformation de l'énergie électrique en énergie chimique. Pour cela plongeons, dans un vase en verre renfermant une solution de sel métallique, deux lames de platine, les électrodes, reliées aux pôles d'une source appropriée d'énergie électrique.

Nous pourrons alors constater que le courant traverse la solution, mais en décomposant le sel métallique. En général, les métaux, tel le cuivre, les bases, telle la soude, se formeront à la surface de la lame en communication avec le pôle négatif, à laquelle on a donné le nom de catode. Les métalloïdes, comme le chlore, et les acides comme l'acide sulfurique, iront au contraire à l'anode reliée au pôle positif. Si nous employons une solution de sulfate et que nous remplacions l'anode de platine par une lame de cuivre, celle-ci se dissoudra peu à peu, d'où le nom d'anode soluble qui lui a été donnée; si dans l'électrolyse d'un sel alcalin nous remplaçons la catode de platine par une couche de mercure, nous n'obtiendrons pas de soude, mais un amalgame de sodium, lequel pourra nous donner ensuite, au contact de l'eau, de la soude et de l'hydrogène.

Un an après la découverte de la pile de Volta, Carlisle et Nicholson firent la première électrolyse et décomposèrent l'eau en hydrogène et oxygène. La même année, Cruishank montra que le sel marin pouvait donner directement de la soude caustique sous l'influence du courant. Plus tard Davy décomposa le sulfate de sodium en acide et base, et compléta ses recherches par la découverte en 1807, du potassium, du sodium et de leur amalgame.

Les découvertes se succédèrent. En 1822, de la Rive remarqua que le cuivre déposé dans la pile Daniell, avait exactement la forme de la lame sur laquelle il s'était précipité, mais il ne songea pas à tirer partie de cette remarque; et ce fut seulement en 1837 que Jacobi observa à nouveau cette plasticité et pensa que si l'on remplaçait la lame de cuivre par un moule à surface conductrice, on pourrait reproduire l'objet moulé. Il avait découvert la galvanoplastie.

En 1840, de Ruolz, en France, et Elkington, en Angleterre, découvrent simultanément la dorure et l'argenture galvaniques.

Vous connaissez le succès de cette découverte, qui mit à la portée de tout le monde des métaux précieux dans des conditions vraiment extraordinaires pour l'époque.

Le cuivrage, et notamment le cuivrage de la fonte, fut découvert peu après.

Si nous arrêtons le courant passant dans un appareil électrolytique et que nous réunissions les deux pôles par un conducteur, celui-ci sera parcouru par un courant inverse du premier et d'une durée plus ou moins longue. Planté remarqua, en 1859, que si l'on électrolyse une solution d'acide sulfurique avec deux lames de plomb, la quantité d'électricité ainsi restituée ira en augmentant au fur et à mesure que l'on produit une série de courants, alternativement dans chaque sens. L'application de cette remarque le conduisit à la fabrication de l'accumulateur électrique.

Pendant de longues années, l'industrie électrométallurgique fut bornée à la galvanoplastie, à la dorure et au cuivrage, c'est-à-dire à la production d'ouvrages d'une valeur suffisante pour compenser la dépense d'énergie électrique produite à l'aide des piles.

En 1872, la première machine Gramme fut employée dans la galvanoplastie par la maison Christophe; mais c'est surtout au moment de l'apparition des machines dynamos, en 1880, qu'une ère nouvelle devait commencer pour l'électrométallurgie et l'électrochimie proprement dite, ou fabrication des produits chimiques.

En même temps que la dorure et l'argenture prenaient un essor nouveau, d'autres industries se développèrent; parmi les premières, il y a lieu de citer le raffinage du cuivre et le nickelage.

En 1880, Faure fit une modification importante à l'accumulateur Planté, en remplaçant les lames de plomb par des cadres munis d'alvéoles que l'on remplissait d'oxydes de plomb, pouvant être transformés en plomb spongieux par réduction. On pouvait ainsi avoir une plus grande capacité et une formation plus rapide. Ce fut le principal perfectionnement apporté aux accumulateurs.

Les accumulateurs soit à formation Planté, soit à formation Faure, sont encore bien imparfaits; malgré cela, ils rendent de grands services; ils en rendront plus le jour où l'on aura augmenté leur capacité spécifique, c'est-à-dire la quantité d'énergie qu'ils peuvent emmagasiner pour un poids donné.

Nous arrivons, en 1886, à de nouvelles applications industrielles. Les frères Cowles, en Amérique, réduisent l'alumine par le charbon au four électrique et préparent des bronzes d'aluminium et du ferro-aluminium, mais leur procédé devait s'effacer devant celui de M. Héroult qui produisit l'aluminium pur, par électrolyse, et qui est universellement employé actuellement.

En 1889, MM. Gall et de Montlaur firent à l'usine de Villers des essais pour la fabrication du chlorate de potassium; à la suite des résultats obtenus, ils montèrent à Vallorbes la première usine pour la fabrication des produits chimiques par électrolyse.

La réussite de cette affaire fait le plus grand honneur à M. Gall en raison de ce que les chlorates étaient surtout fabriqués en Angleterre.

Nos voisins d'outre-Manche considéraient la fabrication électrolytique des produits chimiques absolument comme une utopie. Ce fut seulement lorsque la production du chlorate de potassium électrolytique dépassa la production des anciens procédés, qu'ils commencèrent à s'apercevoir de leur erreur.

M. Moissan commença, en 1892, la publication d'une importante série de recherches sur le four électrique. Il montra que, de même que l'on a supprimé, il y a un quart de siècle, la notion de gaz permanent, en liquéfiant tous les gaz, on pouvait supprimer la notion de corps infusibles.

Grâce à la température obtenue à l'aide du four électrique, les corps réputés les plus réfractaires, tels que la silice, la chaux, la magnésie, l'alumine, etc..., sont non seulement fondus, mais le plus souvent volatilisés.

Le four électrique permet également d'obtenir en grandes quantités un certain nombre de métaux réfractaires, jusqu'alors considérés comme des curiosités de laboratoire. Enfin, des séries entières de corps nouveaux, tels que phosphures, siliciures, carbures, étaient obtenues.

Parmi tous ces composés, le carbure de calcium attire le plus vivement l'attention, en raison de sa propriété de donner, au contact de l'eau, de l'acétylène, gaz très riche en carbone, et qui doit à cette particularité son grand pouvoir éclairant.

Ce n'était pas la première fois d'ailleurs que l'électricité donnait naissance à l'acétylène. En 1863, M. Berthelot obtint directement ce gaz en faisant jaillir l'arc électrique dans une atmosphère d'hydrogène. Cette réaction servit de base à ses remarquables travaux sur la synthèse chimique.

Au moment où M. Moissan publiait ses travaux sur le carbure de calcium, MM. Bullier et Héroult, en France, Wilson, en Amérique, en étudiaient la fabrication industrielle.

La facilité de la fabrication du carbure de calcium et de sa transformation en acétylène, le grand pouvoir éclairant de celui-ci, *qui devait, du jour au lendemain, révolutionner l'éclairage*, donnèrent à ces produits une popularité considérable qui se traduisit par un engouement excessif dont bénéficia toute l'industrie électrochimique,

Il se passa alors un fait inouï, inconnu dans les annales industrielles, et comme autrefois l'on eut la fièvre de l'or, nous vîmes la folie du carbure ; les capitaux affluèrent par millions. En trois ou quatre ans, plus de cinquante usines furent montées, dont la moitié en France ; personne n'osait prévoir la surproduction fatale. Elle arriva d'autant plus vite que l'acétylène ne tint pas immédiatement toutes ses promesses, et comme les choses trop vantées, perdit, un peu à être connu.

Pourquoi ce mouvement se fit-il sentir chez nous avec une telle intensité?

Nous avons fait remarquer les progrès résultant de la substitution des machines dynamos aux piles dans l'industrie métallurgique. Mais la diminution de prix de l'énergie électrique n'était pas encore suffisante pour les applications de l'électrochimie proprement dite et du four électrique.

Dans les stations centrales utilisant le charbon, on compte, à sa sortie de l'usine, le cheval-heure de 7 à 10 centimes. Ce prix est trop élevé pour permettre à la plupart des produits chimiques préparés par électrolyse d'entrer en concurrence avec ceux obtenus par les anciens procédés.

Beaucoup de ces produits, en effet, ont une valeur commerciale peu importante et exigent, en général, une grande quantité d'énergie. On conçoit aisément que le coût de cette énergie soit de la plus haute importance. C'est ce qui a conduit à l'utilisation des chutes d'eau.

Notre pays est on ne peut mieux doté par le nombre et l'importance de ses chutes, et si la Suisse, la Norvège, peuvent paraître *a priori* aussi bien pourvues que nous, elles n'ont ni les capitaux, ni les moyens de transport, ni les matières premières, ni enfin les débouchés et l'organisation commerciale que nous possédons.

II

Vous connaissez le dispositif d'une usine hydraulique par le modeste moulin qui égaye de nombreuses vallées de nos campagnes. Un barrage arrête l'eau, celle-ci est amenée, par exemple, au-dessus de la roue. Elle s'écoule dans les aubes et, par son poids, fait tourner cette roue et donne le mouvement à tout l'appareillage.

Supposez la quantité d'eau plus importante, la hauteur de chute plus grande; remplacez la roue antique par la turbine moderne; au lieu de meules, mettez une machine dynamo : vous aurez alors l'usine électrique pouvant servir soit au transport de force ou à l'éclairage, soit à la fabrication des produits chimiques ou métallurgiques.

Pour les raisons que nous donnions tout à l'heure, on ne peut, dans le cas d'une usine électrochimique, utiliser que des chutes puissantes, de plusieurs milliers de chevaux, afin de réduire la puissance relative et les frais généraux. Aussi capte-t-on même des rivières importantes, et dans le cas de cours d'eau de faible débit, on utilise des chutes de grande hauteur. Celles de 100 mètres sont fréquentes; quelques-unes ont 400 mètres, et l'on en rencontre qui ont jusqu'à 600 mètres.

Le bief d'amont de l'usine prend en général de grandes proportions ; il a quelquefois plusieurs kilomètres de longueur et est constitué suivant le cas, soit par un canal à ciel ouvert, soit par un tunnel en ciment, soit par un tuyau d'acier. Suivant les conditions locales, il suivra le lit du cours d'eau ou coupera les courbes faites par celui-ci ; quelquefois même, il traversera une colline de part en part pour venir rejoindre le torrent vagabond qui, lui, a pris le chemin des écoliers.

La chute proprement dite sera formée d'un tube d'acier suivant, en général, la ligne de plus grande pente de la colline ; ce tube sera porté tant bien que mal par des piliers de maçonnerie ou même simplement par des tirants et des crampons fixés çà et là dans le rocher.

Ces tuyaux doivent être extrêmement solides, en raison des pressions considérables qu'ils ont à supporter. Dans le cas d'une chute de 600 mètres, par exemple, la pression supportée à la base est de 60 kilogrammes par centimètre carré.

Quant au diamètre de ces tuyaux, il variera en raison du débit. Il pourra atteindre un mètre cinquante, deux mètres et jusqu'à trois mètres, dans le cas de chutes de faible hauteur naturellement. L'eau sortant de la turbine est rejetée à la rivière ; elle pourra alors être captée pour une nouvelle installation et ainsi de suite.

D'après cet aperçu, vous voyez que pour la création de ces usines, il ne sera pas difficile de dépenser des centaines de mille francs et des millions.

La houille blanche, il est vrai, ne coûte rien. Il suffira de compter l'amortissement du capital et les frais d'entretien parfois très considérables, notamment dans le cas de rivières dont le fond est très sableux et le courant rapide.

Nous pouvons citer, dans ce cas, l'Arc, dont le débit varie de huit mètres cubes par seconde à trois cents suivant les saisons et qui entraîne du sable et des cailloux au point que, au moment des crues, la densité du liquide qui s'écoule est de 1,100.

Cependant, tous ces frais ne sont rien en raison de la puissance des installations.

On estime en moyenne le prix de revient du cheval-an de 25 à 50 francs, ce qui remet le prix de revient du cheval-vingt-quatre heures de 7 à 13 centimes. Ce prix est donc du même ordre de grandeur que celui du cheval-heure dans le cas du charbon.

Le prix de l'énergie par les chutes d'eau est d'ailleurs extrêmement variable et si certaines installations reviennent beaucoup plus cher, d'autres coûtent bien meilleur marché.

D'après un document officiel, le prix de revient du cheval-an de l'une de nos principales installations est inférieur à 7 fr. 50 c. C'est l'énergie électrique pour rien.

Pour terminer ces généralités relatives aux chutes d'eau, je dois vous faire remarquer que la région des Alpes est riche en papeteries qui depuis longtemps utilisaient l'eau comme force motrice. Cette industrie offrit son concours à l'électrochimie naissante et facilita ses débuts. Parmi les industriels qui se sont le plus signalés, il y a lieu de citer : MM. Mathussière frères et Forest, Outhenin-Chalandre, Corbin et surtout M. Bergès.

III

La fabrication des alcalis présente un grand intérêt en raison du commerce important de ces produits.

La *soude* caustique électrolytique se fabrique plus généralement en raison de l'abondance de son minerai, le sel marin ; en Allemagne cependant, sauf dans l'usine de la Badische Anilin und Soda Fabrik, on utilise pour la fabrication de la *potasse* électrolytique le chlorure extrait de Stassfurth.

Le procédé chimique pour l'obtention des alcalis consiste à traiter par un lait de chaux les carbonates alcalins.

Le carbonate de sodium est d'une fabrication complexe, constituant l'opération industrielle la plus importante, celle autour de laquelle gravitent toutes les grandes industries chimiques.

Au contraire, la fabrication des alcalis par électrolyse est très simple, le chlorure de sodium donnant directement le chlore et la soude.

Chose curieuse, cette action électrochimique est presque aussi ancienne que le procédé Leblanc, mais on n'avait pu songer à l'utiliser pour les raisons que vous connaissez maintenant.

Cependant, même avec l'énergie à bon marché, il est encore des raisons qui entravent le développement de la soude électrolytique : des réactions secondaires très gênantes et dont on n'a pas encore raison, la question des diaphragmes, celle des électrodes incomplètement résolue à l'heure actuelle, l'état de dilution des lessives obtenues dont l'évaporation et la concentration nécessitent de grandes quantités de charbon dont les frais de transport dans les pays de chutes, sont considérables.

Ajoutons enfin les tâtonnements, inévitables aux débuts d'une industrie naissante, qui rendent difficiles la concurrence de la soude électrolytique et sa lutte contre les produits des procédés Leblanc et Solvay, œuvre d'un siècle et de plusieurs générations de savants et d'industriels, procédés qui ont atteint le dernier degré de perfectionnement et ne laissent plus qu'une faible marge pour les bénéfices.

Il y a lieu de faire remarquer que dans la fabrication des alcalis la dépense de charbon pour l'évaporation et la concentration des lessives est telle, malgré les appareils perfectionnés que l'on emploie actuellement, qu'un certain nombre de Sociétés ont renoncé aux chutes d'eau et placé leurs usines dans des charbonnages voisins des centres de consommation. Ces Sociétés préfèrent payer l'énergie un peu plus cher et évitent ainsi les frais de transport de la matière première, du produit fabriqué et du charbon.

La question des *électrodes*, qui intéresse toutes les branches de l'électrochimie, mais plus spécialement la fabrication des alcalis, a été l'un des problèmes les plus difficiles des industries qui nous intéressent. Il n'est d'ailleurs qu'incomplètement résolu à l'heure actuelle.

Le platine est le seul métal à peu près inattaqué quand on l'emploie, comme anode, mais en raison de sa grande densité, de son prix élevé, une usine tant soit peu importante ne tarde pas à en avoir pour plusieurs centaines de mille francs. C'est une augmentation de capital que l'on ne peut supporter que dans des conditions tout à fait exceptionnelles.

Si l'épaisseur du platine est trop faible, la répartition du courant est très irrégulière et l'attache des électrodes difficile; ce point est cependant résolu à l'heure actuelle. On ne peut employer les métaux doublés en platine ou platinés par électrolyse qui sont d'un mauvais usage.

On s'est donc adressé aux charbons agglomérés employés dans les piles et on en a perfectionné la fabrication. Ils sont formés de coke de houille de cornue ou de pétrole, aggloméré au moyen de goudron, transformé lui-même en charbon par la calcination. Ce charbon étant plus facilement attaquable, les anodes sont rapidement désagrégées. On remédie à cet inconvénient en diminuant la quantité de goudron dans la limite du possible, mais alors la matière crue n'étant plus plastique, il faut la soumettre à des pressions considérables de 600 à 2.000 kilogrammes par centimètre carré. On cite des presses pour la fabrication des électrodes de four électrique dont la puissance totale est de 2.000 tonnes.

Pour rendre les électrodes inattaquables, on les transforme en graphite par le chauffage au rouge blanc à l'abri de l'air, soit en faisant passer dans l'électrode un courant électrique intense comme dans les procédés Castner et Acheson, soit en déplaçant la barre dans un four électrique dont elle constitue une des électrodes, comme dans le procédé Girard et Street.

La fabrication de l'aluminium et le four électrique consomment également de grandes quantités d'électrodes. Les matières premières employées doivent être absolument pures, les impuretés s'accumulant dans le produit fabriqué.

Les appareils employés dans la fabrication des alcalis et du chlore se rapportent à trois types principaux :

Les appareils à diaphragme ordinaire, en céramique ou ciment, parmi lesquels nous citerons celui de M. Outhenin-Chalandre, utilisant les diaphragmes tubulaires et qui est exploité par les différentes Sociétés « Volta » Suisse, Française et Italienne, dans leurs usines de Vernier, Moutiers et Bussi.

Les appareils à catode-diaphragme dans lesquels la catode est en contact avec le diaphragme en ciment. Cette catode qui ne plonge pas dans le liquide est simplement mouillée par capillarité. Un courant de vapeur d'eau ou d'acide carbonique la balaye constamment, enlève l'alcali formé et évite ainsi les réactions secondaires. Ce dispositif n'a qu'un seul représentant : l'appareil Hargreaves-Bird, exploité en Angleterre, et dont les brevets français sont la propriété de la Société de Saint-Gobain.

Enfin, les appareils à catode de mercure, dans lesquels le sodium libéré forme un amalgame, décomposé ultérieurement par l'eau pour donner de l'hydrogène et de l'alcali; parmi les appareils basés sur ce principe, signalons ceux de la Société Solvay permettant une production considérable et utilisés dans un certain nombre d'usines, parmi lesquelles il faut citer celles de Jemeppe-sur-Sambre (Belgique), Osternienburg (Allemagne) et Lissitchank (Russie). Ces trois usines sont installées pour produire chacune 6.000 tonnes d'alcali par an.

Terminons en disant qu'une dizaine d'usines, dont la moitié en Allemagne, utilisent les procédés de la Société « Elektron », de Francfort, procédés tenus dans le plus grand secret. Bien que l'on admette généralement que cette Société emploie des diaphragmes en ciment, nous sommes plus portés à croire qu'elle emploie des appareils à catode de mercure, Ces procédés sont utilisés notamment à la Mothe-Breuil, près Compiègne, et par l'usine de la Badische Anilin-und Soda-Fabrik de Ludwigshafen.

Les *hypochlorites* se préparent très facilement par électrolyse, mais on ne peut obtenir de solution au titre commercial. En effet, dès que l'on arrive à une certaine concentration, le produit formé est détruit aussi bien à l'anode qu'à la catode. L'hypochlorite de sodium, le seul que l'on fabrique, doit donc être fait sur place par les usines qui l'utilisent pour le blanchiment des tissus et de la cellulose et qui ne se servent que de solutions très étendues.

Les appareils étant sans diaphragme, on peut utiliser des électrodes bipolaires, dont une des faces sert d'anode et l'autre de catode. Ces lames sont placées à côté les unes des autres dans le bain, et seules les extrêmes communiquent avec les bornes de la machine. Ce dispositif correspond à plusieurs appareils montés en tension et présente l'avantage de supprimer les conducteurs et les connexions. Enfin, on peut, au lieu de machines spéciales, employer directement les dynamos d'éclairage.

Signalons les trois principaux appareils employés. Celui de Corbin, utilisé à la papeterie Bergès, à Lancey, et par la Teinturerie et Blanchisserie de Thaon. Il permet également de faire des chlorates à Chedde ; il est monté, ainsi que le suivant, avec du platine.

L'appareil Kellner, placé au-dessus d'une cuve de réfrigération, utilisant non pas des lames de platine, mais des plaques de verre sur lesquelles sont enroulés des fils de platine-iridium. Il est employé principalement en Allemagne et représente une puissance de 7 à 800 chevaux.

Enfin, l'appareil Haas et OEttel, employé également en Allemagne et représentant de 3 à 400 chevaux. Il est monté avec des électrodes bipolaires en charbon ayant subi une préparation spéciale.

Nous avons dit que le *chlorate de potassium* était le premier produit fabriqué industriellement par électrolyse. Ajoutons que c'est lui qui donne les meilleurs résultats. Sa fabrication a été énormément simplifiée et perfectionnée. En en réglant bien les conditions, on arrive à le produire avec des rendements très élevés. Malgré cela, la dépense d'énergie est considérable, une puissance de un cheval, utilisée jour et nuit pendant un an, ne donnant que 500 kilogrammes. Aussi toutes les usines montées pour travailler avec le charbon ont-elles dû cesser de fonctionner. Il y a lieu d'ajouter que seul le platine peut être employé comme anode.

La production totale des chlorates électrolytiques atteint de 10 à 12.000 tonnes, pour une puissance de 25.000 chevaux environ. Les principales usines sont celles de Vallorbes, Saint-Michel de Maurienne, Chedde, Mansboe, Alby, etc.

A côté de ces industries les plus importantes, il y a lieu de signaler la fabrication de certains produits de second ordre, tels que le *permanganate de potassium*, difficile à préparer, mais d'une grande importance commerciale, à l'inverse des *persulfates* et *perchlorates*, à peu près sans emploi. On fabrique également de la *baryte*, des *chromates* et *bichromates*, du *ferricyanure de potassium*.

La production électrolytique de l'*oxygène* et de l'*hydrogène* nécessaires pour la soudure oxhydrique se développe régulièrement, mais lentement. L'hydrogène pour le gonflement des aérostats n'est produit que dans une seule usine, à Rome, utilisant une partie de la magnifique chute de Tivoli.   ·

Enfin, en chimie organique, on prépare un certain nombre de composés pour lesquels on peut utiliser l'énergie produite par le charbon en raison de la faible quantité fabriquée et de la grande valeur des produits. Ces fabrications sont perdues au milieu d'autres dans de grandes usines ; aussi est il difficile d'avoir des renseignements, même peu précis, à ce sujet.

Les produits qui se prêtent le mieux à la fabrication par électrolyse sont : l'*iodoforme*, le *paramino-phénol*, la *vanilline*, la *benzidine*, et, d'une façon générale, les *produits de réduction des dérivés nitrés*.

On a fait également un grand nombre de recherches sur la *purification des jus sucrés par électrolyse*, mais, jusqu'à présent, aucun procédé ne paraît sérieusement établi.

IV

L'électrométallurgie est la partie des applications de l'électricité qui a donné le plus de résultats au point de vue industriel. On procède couramment à l'extraction, au raffinage, au dépôt d'un certain nombre de métaux dont les principaux sont :

Le cuivre, l'or, l'argent, le nickel, le zinc, l'étain, le platine, etc...

De toutes ces industries, la plus importante est sans contredit le *raffinage du cuivre*, qui se fait principalement aux États-Unis. Il y a également des usines en Allemagne, en Angleterre, en Russie, voire même au Japon et en Tasmanie. La France en compte cinq.

La première usine a été montée en 1880 par la « Balbach Smelting and Refining C° » de Newark (New Jersey), qui utilisait deux dynamos de nickelage. Cette industrie s'est rapidement développée aux États-Unis, où l'on compte actuellement onze usines et dont la production fut la suivante :

1880	500 tonnes.
1882	3.000 —
1889	20.000 , —
1890	30.000 —
1893	37.500 —
1894	67.000 —
1895	87.000 —
1896	125.000 —
1900	200.000 —

Soit environ 550 tonnes par jour. La production mondiale du cuivre électrolytique n'est pas beaucoup supérieure ; elle est de 270.000 tonnes environ. Enfin, la production totale du cuivre, qui était de 100.000 tonnes en 1889, s'est élevée à près de 500.000 tonnes en 1900.

Ce besoin colossal de cuivre et particulièrement de cuivre électrolytique est dû aux progrès de l'électricité qui exige des cuivres absolument purs. En effet, de même que de faibles quantités de carbone modifient au plus haut point les propriétés du fer, donnant, suivant les cas, des fontes ou des aciers, des traces de métaux étrangers et particulièrement d'arsenic diminuent dans de grandes proportions le pouvoir conducteur du cuivre.

Le cuivre au titre de 95 à 98 0/0 est coulé en plaques que l'on utilise comme anodes dans un bain de sulfate de cuivre acide. Le métal se dissout au pôle positif sous l'influence du courant et se dépose au pôle négatif sur de minces feuilles de cuivre pur qui sont, au bout d'un certain temps, transformées en plaques épaisses.

Il n'y a donc, somme toute, aucune décomposition chimique, le sulfate de cuivre détruit, d'une part, se trouvant reconstitué de l'autre ; et, en conséquence, il n'y a théoriquement pas besoin d'énergie électrique. Le métal est simplement transporté de l'anode à la catode, d'où la faible quantité d'énergie nécessaire pour vaincre la résistance du bain à laquelle elle est proportionnelle. Aussi compte-t-on que pour produire, par vingt-quatre heures, une tonne de cuivre, il faut seulement une puissance de vingt kilowatts, tous les services accessoires de l'usine étant compris. La dépense est donc insignifiante.

Les métaux étrangers qui accompagnent le cuivre se dissolvent dans le bain et y restent en solution, ou bien demeurent insolubles, à l'état de boues renfermant tout l'or et tout l'argent, lesquels représentent une valeur assez considérable et payent en partie les frais du raffinage.

Ces boues tiennent jusqu'à 50 0/0 d'argent; on en retire aux États-Unis 500 tonnes d'argent et 5 tonnes d'or par an.

La principale condition à remplir dans le raffinage du cuivre est d'avoir directement un métal pouvant être travaillé sans fusion préalable. Cette condition n'a pu être obtenue pendant longtemps qu'en opérant très lentement. Il fallait alors beaucoup de temps pour dissoudre l'anode : on comptait trois mois, il y a une dizaine d'années. Or, si l'on considère que certaines usines américaines produisent par jour de 100 à 150 tonnes de cuivre, on voit que ces usines devaient avoir dans leurs cuves un stock colossal de 15.000 tonnes, c'est-à-dire un capital considérable improductif.

Les principaux perfectionnements ont donc consisté à augmenter la rapidité de l'opération, tout en donnant un cuivre de bonne qualité. Actuellement le stock ne représente plus que 20 fois la production journalière environ.

Lorsque le cuivre est déposé trop rapidement, il est cristallin et devient cassant. On remédie à cet inconvénient par le procédé Elmore, qui consiste à déposer le métal rapidement sur un cylindre tournant, tandis que le métal déposé est frotté au moyen de brunissoirs en agate animés d'un mouvement de va-et-vient qui en modifie la texture.

Ce procédé est exploité en France par la Société d'électrométallurgie, dont l'usine est à Dives. La salle d'électrolyse de cette importante usine mesure 100 mètres sur 60.

Ce procédé est également exploité par une Société allemande qui utilise une puissance de 200 chevaux.

Vous avez pu voir à l'Exposition dernière les remarquables produits de ces deux Sociétés : des tubes de cuivre de toutes sortes, des rouleaux d'impression, des cylindres de machines à papier, dont quelques-uns avaient jusqu'à trois mètres de diamètre.

Ces tubes sont d'un métal excessivement malléable ; ils peuvent être cintrés, pliés à froid, et par étirage on peut obtenir des tubes de toute longueur. On peut également les transformer en plaques en les coupant suivant une des parties du cylindre.

La *galvanoplastie* consiste, comme nous l'avons dit, à reproduire un objet dans un moule. On utilise alors un bain analogue à celui employé dans le raffinage

Autrefois employée pour la reproduction d'objets d'art, elle a pris un grand développement dans la fabrication des clichés typographiques, permettant ainsi de reproduire à un grand nombre d'exemplaires une planche que l'on peut conserver. On fait également de la galvanoplastie d'or, d'argent, et de nickel, et des clichés de nickel qui présentent l'avantage d'être extrêmement durs, et d'éviter l'aciérage des galvanos de cuivre, lequel est rapidement mis hors d'usage dans certains cas. D'autre part, le cuivre est attaqué par certaines couleurs qui nécessitent l'emploi de clichés en nickel.

Pour le *cuivrage des métaux*, tels que le zinc et le fer, attaqués en bain acide, on peut les recouvrir d'un vernis protecteur et rendre ensuite la surface conductrice, comme dans le cas de substances non conductrices, telles que le plâtre et le bois. On peut également cuivrer directement dans un bain de cyanure analogue à ceux employés pour la dorure et l'argenture.

Un certain nombre de procédés ont été proposés et même essayés industriellement pour l'*extraction du cuivre* de ces minerais, mais aucun de ces procédés n'a donné jusqu'à présent de bons résultats. L'or, au contraire, s'extrait facilement. Au Transvaal, le minerai broyé, est traité par le mercure, qui dissout la majeure partie des métaux précieux ; les résidus sont ensuite lessivés par une solution faible de cyanure de potassium, qui possède également la propriété de dissoudre l'or et l'argent avec le concours de l'oxygène atmosphérique. On électrolyse. L'or se dépose sur les lames de plomb servant de catodes et, lorsque la couche, suffisamment épaisse, correspond à un alliage à 10 0/0 environ, on fond et on coupelle pour enlever le plomb.

Une vingtaine de Sociétés emploient ce procédé et la puissance utilisée correspond à 500 chevaux environ.

On emploie également l'électrolyse pour le traitement des lingots provenant soit des boues d'affinage du cuivre, soit de résidus, soit de toute autre provenance. Suivant la teneur de l'alliage en or et en argent, on utilise un bain de chlorure ou d'azotate. On dépose ainsi celui des métaux que l'on veut avoir pur, l'autre restant à l'état de boues à l'anode.

Ici encore, plus que dans le cas du cuivre, la vitesse de l'opération a son importance et comme ces métaux s'obtiennent toujours purs, quelle que soit la vitesse du dépôt, et que, d'autre part, les frais de fusion sont relativement insignifiants, on active le dépôt dans la limite du possible.

Les métaux obtenus sous forme de poudre sont ensuite fondus, ce qui est sans inconvénient, en raison de leur inoxydabilité.

La *dorure* et l'*argenture* sont des industries excessivement parisiennes ; les quartiers du Temple, du Marais, de la Folie-Méricourt renferment de nombreux petits industriels s'occupant ainsi d'électrométallurgie.

On compte à Paris environ 150 doreurs-argenteurs, dont vingt-cinq font en même temps du nickelage, et une quarantaine de nickeleurs à façon. Il faut ajouter à ces chiffres les industriels qui opèrent pour leur propre compte.

On argente, on dore à tout prix ; la valeur du travail est d'ailleurs plus ou moins régulière. Elle s'estime à simple vue d'après la grosseur moyenne des objets ; on fait de la dorure à 16 francs le kilogramme d'objets. C'est le cas de la petite bijouterie bon marché. On descend jusqu'à 5 francs le kilogramme pour les bronzes d'ameublement. Suivant le prix, on laisse les objets réunis par un fil de cuivre, plus ou moins longtemps dans le bain, de 10 secondes à 10 minutes. Suivant que les objets sont plus fins, plus fouillés, qu'ils présentent par conséquent une plus grande surface, la quantité d'or prise au bain sera plus considérable, mais le doreur n'a aucun procédé pour se rendre compte ; tout est empirique.

L'argenture est faite de la même façon, tout au moins pour la bijouterie. Pour les objets de table, l'argenture se facture au poids de métal précieux déposé. Un dispositif spécial permet alors de déposer un poids déterminé.

Un certain nombre de petites installations, dont le nombre diminue de jour en jour, utilisent encore la pile Bunsen. Mais la plupart des industriels ont remplacé la pile incommode et insalubre par une petite dynamo et deux ou trois accumulateurs.

Le *nickel* s'affine par voie électrolytique aux États-Unis, où se trouvent deux usines. L'opération est beaucoup plus difficile que dans le cas du cuivre. Nous avons vu que l'on peut également utiliser ce métal pour les clichés typographiques et la galvanoplastie, mais c'est surtout le *nickelage* qui en a développé l'emploi. Le nickel s'applique surtout sur le fer, qu'il préserve de la rouille. Le métal doit être parfaitement poli, puis, après le nickelage, poli à nouveau. Dans le cas de petites pièces, clous, écrous, boulons, rayons de bicyclettes, etc., on utilise depuis peu le procédé au tonneau. Ces pièces sont mises dans un baril animé d'un mouvement de rotation et qui est placé entre deux anodes. Dans ces conditions, les pièces se trouvent simultanément polies, nickelées et avivées.

Le *zinc* se raffine par électrolyse. On emploie également le *zincage électrolytique* pour recouvrir le dedans et le dehors des tubes de chaudières marines en raison de ce fait que le zinc ne se dépose pas aux endroits où se trouvent des paillettes, des soufflures si dangereuses et que l'on ne peut dans certains cas reconnaître par les autres procédés d'investigation.

On fait également l'*étamage électrolytique*, mais cela est rare. Par contre, le *désétamage électrolytique du fer-blanc* est employé principalement en Allemagne, où certaine maison traite par jour jusqu'à 60 tonnes de déchets de fer-blanc.

Pour terminer ce chapitre, faisons remarquer que l'électrolyse est très employée dans l'*analyse métallurgique*. On dose par électrolyse la plupart des métaux, nickel, argent, zinc, plomb... Mais, ici encore, le cuivre, de tous les métaux, est celui qui donne les meilleurs résultats ; aussi le dosage électrolytique est-il universellement employé aujourd'hui pour l'analyse des cuivres industriels.

Les appareils employés se rapportent à deux types principaux, soit un récipient en platine servant d'électrode, comme dans l'appareil de M. Riche ; soit un récipient en verre et deux électrodes, comme dans l'appareil de M. Hollard.

V

Nous nous sommes occupés jusqu'à présent de l'électrolyse des solutions ; l'électrolyse par voie de fusion est non moins intéressante. Elle permet actuellement de fabriquer la totalité du magnésium, du sodium et de l'aluminium. Préparés par les procédés chimiques, ces métaux valaient respectivement 200 fr. 25 c. et 80 francs le kilogramme. Étant donné le bon marché des matières premières, il y avait donc une marge considérable pour les essais, et l'on n'avait pas à craindre, comme dans le cas des produits chimiques, la résistance de ceux qui occupaient alors le marché en produisant à un prix déjà très bas par des procédés perfectionnés. Le prix de ces métaux est actuellement de 45 francs pour le magnésium et 3 francs pour le sodium et l'aluminium.

Le *magnésium* est obtenu dans une seule usine aux environs de Brême; son minerai est la carnalite, chlorure double de magnésium et de potassium.

Le *sodium* est extrait par l'électrolyse de la soude fondue, ce qui permet l'usage de récipients en métal. Le procédé Castner est utilisé dans un certain nombre d'usines anglaises et allemandes. Les procédés basés sur l'emploi du chlorure ont été successivement abandonnés en raison des inconvénients du chlore, de la difficulté d'avoir des appareils étanches à haute température et principalement en raison de la formation de réactions secondaires entravant l'opération. Cependant le procédé Hulin permet d'éviter ces réactions et donne un alliage de plomb-sodium très riche en métal alcalin, que l'on pourra facilement extraire ou mieux transformer en soude de très haute concentration, en oxyde, ou bioxyde, en même temps que l'on aura, comme produits accessoires, du plomb spongieux et du bioxyde de plomb, servant à fabriquer des accumulateurs.

Passons enfin au principal de ces métaux, à l'*aluminium*. Pour l'obtenir, on électrolyse le fluorure d'aluminium et de sodium que l'on rencontre dans la nature sous le nom de cryolithe. Il possède la propriété, lorsqu'il est fondu, de dissoudre l'alumine, laquelle constitue la véritable matière première donnant l'aluminium, et dont l'oxygène brûle le charbon de l'anode,

L'alumine peut s'extraire de la bauxite ou même de l'argile. Le procédé Héroult n'a guère subi que des modifications de détail. Il est employé partout. La production de ce métal est de 5 à 6000 tonnes par an pour sept usines disposant de 50.000 chevaux.

L'aluminium est précieux en raison de sa légèreté ; malheureusement, il est attaqué par les solutions présentant une légère réaction acide ou alcaline, ce qui limite beaucoup son emploi. Par contre, la métallurgie en fait une consommation de plus en plus importante.

On l'additionne généralement de 3 à 6 p. 100 de cuivre.

De nombreux inventeurs et industriels ont pendant longtemps cherché le procédé pour souder l'aluminium. La quantité de brevets pris sur ce sujet est considérable et on compliquait à plaisir ce qui était bien simple. L'aluminium se soude en effet à lui-même à chaud et se forge comme le fer et le platine. Le tout est de saisir exactement la bonne température serrée dans des limites très étroites. Au-dessous de cette température, le métal ne se soude pas ; au-dessus, il devient cassant et peut être broyé.

L'aluminium a une grande affinité pour l'oxygène et est de ce fait un réducteur énergique vis-à-vis des oxydes des autres métaux. On use de cette puissance réductrice en mélangeant de l'aluminium en grains avec un oxyde de fer, de chrome, de manganèse, etc., dans les proportions moléculaires. Le mélange est placé dans un creuset. A la partie supérieure, on place une certaine quantité de bioxyde de baryum et d'aluminium que l'on allume au moyen d'un tison, de façon à porter un point à l'incandescence. Une réaction se produit aussitôt et se propage dans toute la masse. Elle est tellement énergique que non seulement les métaux les plus réfractaires, tel que le chrome, se trouvent fondus et coulent au fond du creuset, mais que l'alumine elle-même entre en fusion ; après l'opération, elle forme une croûte au-dessus du métal libéré. C'est un des modes de production du corindon artificiel. Dans le cas du chrome, ce corindon est coloré en rose par un peu d'oxyde. On a alors du véritable rubis, en trop petits cristaux, il est vrai, pour être employé dans la bijouterie, mais qui, grâce à sa dureté, peut être employé concurremment à l'émeri. L'opération revient donc à faire passer

4

l'oxygène de l'oxyde métallique sur l'aluminium ; comme il n'y a aucun dégagement gazeux, la réaction est excessivement calme ; il n'y a aucune projection. C'est ce que l'on pourrait appeler la métallurgie des salons.

En raison de la chaleur dégagée par cette réaction, on l'emploie pour souder des pièces de toutes sortes et notamment des rails. A cet effet, les parties à souder sont mises en contact au moyen d'un cadre placé à l'endroit de la soudure. Dans ce cadre, dont la double paroi renferme du sable, on coule le mélange préalablement fondu. Lorsque, sous l'influence de la température, les deux pièces de fer sont ramollies, on les serre fortement l'une contre l'autre au moyen d'un dispositif spécial ; elles se trouvent ainsi soudées. On emploie pour cela un mélange d'oxyde de fer et d'aluminium qui porte le nom de Thermite.

Les appareils employés dans l'électrolyse par fusion ignée peuvent porter le nom de fours électrolytiques par opposition aux fours électrothermiques dont nous allons nous occuper.

VI

Lorsqu'un courant électrique passe dans un conducteur homogène, cuivre, fer charbon, ce conducteur s'échauffe en raison de la résistance qu'il offre au passage du courant.

Plus la quantité d'électricité passant par unité de section sera considérable, plus la chute de tension sera rapide, c'est-à-dire plus le corps sera résistant, plus la température sera élevée. La limite de cette température sera obtenue lorsque la résistance interposée entre les deux électrodes sera l'air lui-même. Dans ce cas, un arc jaillira entre les deux électrodes. Pour avoir une température élevée, il faudra naturellement éviter toute déperdition de chaleur.

C'est le principe du four électrique.

Remarquons dès maintenant qu'il n'y a aucune action électrolytique et que l'on utilise seulement l'action thermique du courant.

En raison de cela, on pourra tout aussi bien employer le courant alternatif que le courant continu, alors que dans l'électrolyse le courant continu seul peut être utilisé.

Le type du four électrique est celui de M. Moissan qui, dans une chambre de quelques dixièmes de décimètre cube taillée dans un bloc de chaux, permet d'absorber une puissance de plusieurs centaines de chevaux, transforme l'énergie électrique en énergie calorifique et concentre cette dernière au point que l'on peut maintenir la main sur le couvercle du four, épais seulement de cinq centimètres. En quelques secondes, quelques minutes au plus, les matières introduites dans la chambre de chauffe sont portées à la température de l'arc, c'est-à-dire à 3 500°.

Dans l'industrie, cette température élevée n'est pas toujours nécessaire. Ce que l'on cherche principalement, c'est un appareil pratique et continu. Aussi emploie-t-on les fours à cuve formés d'une caisse en tôle dans laquelle est tassé du charbon formant au centre un grand creuset, dans laquelle on plonge une électrode mobile soutenue par un procédé quelconque. Un trou de coulée permet de temps en temps de recueillir le produit obtenu. Si on ne veut pas couler le produit, le four est monté sur un chariot et lorsque l'opération est finie et que le four est plein on le retire et on le remplace par un autre.

Dans le cas de produits infusibles, *carborundum, graphite,* on emploie un four à âme constituée par un cylindre de coke (ou par les pièces elles-mêmes dans le cas du graphite) : autour de cette âme on place les matières à chauffer formées d'un mélange de coke, de sable et d'un peu de sel marin et de sciure de bois pour donner de la porosité à la masse. Les extrémités de l'âme correspondent avec les électrodes mises en communication avec une une machine de 1000 chevaux : l'opération est terminée en 36 heures et la machine est mise en communication avec le four suivant. On obtient ainsi du carborundum, nom impropre dû à ce que Acheson, qui fit, le premier, ce produit employait non pas de la silice, mais de l'argile comme matière première et, croyant que c'était un composé renfermant de l'aluminium, il lui donna, en raison de sa dureté, ce nom dérivant de carbone et corindon.

Le siliciure de carbone fut reproduit peu après par mon regretté maître Schützenberger, puis par M. Moissan, au four électrique, et finalement identifié avec le carborundum d'Acheson.

Ce produit, dont la dureté est supérieure à celle de l'émeri lui a été proposé comme succédané. On en fabrique, paraît-il, actuellement de 1500 à 2000 tonnes dans les usines du Niagara et de la Balthie en France, mais ce chiffre est certainement exagéré. La consommation n'y répond pas certainement. On en fabrique des pierres, des meules, des limes à monture céramique. Il possède l'inconvénient de se cliver et, ses arêtes étant tranchantes, il ne peut être monté pour cette raison sur toile et sur papier. Il n'a d'ailleurs pas tardé à avoir d'autres concurrents sérieux. Nous avons dit un mot du corubis. Il y a également le corindon Werlein, du nom de son inventeur, qui monta le premier la fabrication industrielle de l'alumine fondue, soit au moyen de la bauxite, soit au moyen d'argiles ferrugineuses riches en alumine dont le silicium s'unit au fer pour donner du ferrosilicium. Le tout est coulé dans une lingotière en fonte brasquée, l'alliage se dépose au fond et le corindon reste à la partie supérieure; une fois le tout solidifié, on peut facilement séparer les deux produits.

Le corindon artificiel est peut-être un peu plus dur que l'émeri et fournit un meilleur travail; en effet, le produit naturel ne renferme que 50 p. 100 d'alumine, tandis que le produit artificiel titre 95 p. 100. Ce dernier ne possède pas l'inconvénient de se cliver et peut donc être employé à la confection des toiles et papiers.

Le four électrique permet également de fabriquer un grand nombre d'alliages et de métaux réfractaires : *chrome, molybdène, tungstène, titane, uranium, manganèse*, etc., qui présentent, sur les métaux préparés par l'aluminothermie, l'inconvénient de contenir toujours du carbone.

La volatilisation facile des métaux rend de grand services. M. Bary est arrivé par ce procédé à produire des poudres impalpables: étain, plomb, or, etc., employées dans l'industrie des papiers métallisés, des accumulateurs et de la dorure.

On fabrique enfin par le four électrique une certaine quantité de *phosphore, du silicium, du graphite*: A côté des électrodes en charbon électro-graphitique, on prépare des pièces de toutes sortes : balais pour machines dynamos, poudre pour microphones, etc... On fait enfin des composés binaires: *borures, siliciures et carbures*.

Le *carbure de calcium* s'obtient aisément en chauffant au four à cuve un mélange de chaux et de charbon granulés. Le carbure fondu se réunit et est coulé de temps en temps, il faut prendre des matières premières relativement pures ne donnant surtout pas naissance à des produits se décomposant, comme le carbure de calcium, au contact de l'eau, en dégageant des gaz. Un kilogramme de carbure de calcium doit donner au contact de l'eau, 348 litres de gaz acétylène ramené à 0° et 760 millimètres. Le titre industriel est de 300 litres.

L'époque de l'apparition de l'acétylène fut l'âge d'or des inventeurs ; la simplicité de sa fabrication donna naissance à quantité de brevets pour des appareils dont bien peu devaient subsister.

Parmi les causes de l'arrêt dans le développement de cette industrie, il faut y signaler quelques accidents dus à des imprudences.

La plus remarquable application de l'acétylène fut sans contredit celle de *l'acétylène dissous*. MM. Claude et Hess, étudiant les propriétés de l'acétylène, remarquèrent que ce gaz, soluble dans un grand nombre de solvants organiques, l'était particulièrement dans l'acétone, qui, à la température ordinaire, dissout, par atmosphère, trente fois son volume d'acétylène. C'est-à-dire qu'un litre d'acétone dissous, sous la pression de cinq atmosphères, 180 litres d'acétylène dont 150 sont utilisables.

Cet acétylène dissous se place en bouteilles d'acier comme les gaz liquéfiés et et ne présente aucun danger. Il est même assez curieux de constater qu'alors que l'acétylène liquide est, à la température ordinaire, un explosif assez violent l'acétylène dissous ne présente aucun danger et ne détone pas au contact d'un fil rougi par le courant. Cependant, pour plus de sûreté, les bouteilles sont remplies de briques excessivement poreuses.

En tenant compte du volume des briques, du vide nécessaire au-dessus du liquide, de l'augmentation de volume de l'acétone, on estime qu'un récipient donne dix fois son volume par atmosphère. C'est-à-dire qu'un récipient de dix litres à la pression de dix atmosphères pourra fournir un mètre cube de gaz acétylène dont le pouvoir éclairant correspond à 15 mètres cubes de gaz d'éclairage.

On peut également supprimer les dangers de l'acétylène comprimé en remplissant les bonbonnes d'une sorte de béton à base de charbon de bois. Ce qui permet dans les wagons de chemins de fer d'utiliser les anciens récipients à gaz comprimé.

Nous avons dit tout à l'heure qu'un grand nombre de fabriques de carbures étaient obligées de fermer ; il ne faut pas pour cela crier à la faillite de l'acétylène on tomberait dans la même erreur que ceux qui croyaient que l'acétylène devait tout remplacer.

L'acétylène, soit comprimé à faible pression, soit dissous, peut être précieux dans un grand nombre de cas, voitures, chemins de fer, éclairage de plein air, campagnes, châteaux, hôtels, usines etc. On peut l'utiliser pour l'éclairage soit directement, soit avec des manchons à incandescence, pour le chauffage par le chalumeau, il permet alors de faire la soudure autogène du fer, opération intéressante dans le cas d'objets à émailler ne pouvant être ni brasés, ni rivés.

La consommation du carbure est de 10 à 15 mille tonnes par année, ce qui est déjà considérable. La France, à elle seule, est installée à l'heure actuelle pour en fabriquer 50 000 et, en 1900, en a fabriqué trois fois la consommation. Naturellement il faut écouler ce stock.

Comme nous l'avons dit, l'arrêt momentané, non pas de l'industrie de l'acétylène, mais de la fabrication du carbure, ne tient pas aux défauts des produits incriminés, mais bien plus à la légèreté et à l'emballement de ceux qui ont oublié que les révolutions industrielles ne se font pas en un jour, ni même en un an.

M. le Dr Frantz GLÉNARD

Correspondant de l'Académie de Médecine.

LE VÊTEMENT FÉMININ ET L'HYGIÈNE

— 25 février —

De toutes les considérations auxquelles peut prêter l'histoire du vêtement féminin, celle qui traite des rapports du vêtement féminin avec l'hygiène est certainement la moins séduisante.

Par quels aimables développements ne vous captiverait pas un artiste qui, étudiant le vêtement féminin au point de vue de l'esthétique, ferait le parallèle entre l'art de la parure, le premier des arts qui ait été cultivé, et les arts de la sculpture, de la peinture ou de l'architecture ! il dégagerait leur influence réciproque, puis, s'inspirant des notions acquises par le culte du Beau, il tracerait les règles qui doivent présider à la parure du corps féminin.

Combien vous intéresserait l'historien par l'étude des variations qu'a subies le vêtement féminin sous l'influence de la civilisation, des mœurs, des religions, de l'organisation sociale, des relations de paix ou de guerre avec les autres peuples !

Mais l'hygiéniste ? de quel œil prosaïque n'envisage-t-il pas le vêtement féminin ! Pour lui, il ne s'agit plus d'ornement, ni de beauté plastique ; il ne s'agit plus de symbole, ni de sociologie. Pour lui, la femme est un organisme vivant ; le vêtement est un agent contre certaines causes de maladie. L'hygiéniste, étudiant spécialement le vêtement féminin, va donc chercher si les attributs caractéristiques du vêtement de la femme sont bien conformes aux exigences de la santé. Il observera que ces attributs caractéristiques sont les suivants : la femme porte une robe, elle se serre la taille, et, dans les fêtes, découvre ses épaules. La constriction de la taille, le décolletage sont funestes à l'appareil digestif, à l'appareil pulmonaire. Supprimons l'artifice du vêtement par lequel ces pratiques sont réalisées. Et voilà une réédition des vieilles antiennes contre le corset, l'étalage complaisant des soixante-quinze maladies qu'il peut causer, et les jérémiades de l'hygiéniste, criant en vain dans le désert qu'il faut proscrire cet instrument de séduction !

Or, puissé-je dès maintenant capter votre bienveillance, en vous exposant mon programme. Je me propose en effet d'établir ceci :

1° Le corset a sa raison d'être au point de vue esthétique ;

2° L'esthétique et l'hygiène peuvent être conciliées dans le vêtement féminin, même avec le corset ;

3° Le corset peut être utile contre certaines maladies.

Voilà, direz-vous, des affirmations bien audacieuses de la part d'un hygiéniste !

N'est-ce pas un scrupule bien singulier chez un médecin, que celui de ménager l'esthétique ? A-t on jamais vu l'art de la parure prendre ses inspirations aux enseignements de la Faculté ?

Eh bien ! phénomène invraisemblable, inouï ! c'est précisément ce qui vient d'arriver. C'est précisément le médecin, auquel vous faites l'honneur de l'écouter, qui a provoqué une transformation dans la mode de son temps. Il y a réussi, sans sortir de son domaine strictement scientifique, et sans doute, parce qu'il n'est pas sorti de son domaine, parce que nul autre intérêt ne l'a jamais guidé, que l'intérêt exclusif de l'hygiène.

La chose vaut la peine d'être contée. Il est même urgent de le faire, car la mode tend déjà, comme toujours, à exagérer les conséquences du principe qui l'a déterminée, et, comme toujours, demain, elle tombera dans une exagération en sens contraire. Il importe donc de rappeler au plus tôt le principe de la mode actuelle, sinon, à la formule par laquelle la résument aujourd'hui les journaux de dames : « Le clou de la mode est de n'avoir point de ventre », nous verrons succéder la formule : « Le clou de la mode est d'avoir un ventre postiche », comme sous Henri III.

I

L'ESTHÉTIQUE ET LE CORSET

Pourquoi les femmes portent-elles un corset ? Pourquoi d'abord portent-elles des vêtements différents de ceux de l'homme ? Mais, avant tout, pourquoi l'homme et la femme portent-ils des vêtements ?

Ce n'est pas un sentiment de pudeur instinctive qui a fait naître l'usage des vêtements ; de nos jours encore, il est des peuplades qui vivent complètement nues ; c'est la civilisation qui a inventé et voulu la pudeur. Serait-ce le besoin de garantir le corps contre les intempéries ? Mais, suivant la remarque de Quicherat, il est des pays exposés au froid, comme la Terre de Feu, où les indigènes vivent encore de nos jours en état complet de nudité. « Je tiens, a dit Montaigne, que, comme les plantes, arbres, animaux et tout ce qui vit, l'homme se trouve naturellement équipé de suffisante couverture pour se défendre de l'injure du temps. »

Ce n'est ni l'instinct de la pudeur, ni le besoin de se garantir qui ont créé l'usage du vêtement ; c'est parce qu'il savait déjà se vêtir que l'homme a pu affronter les climats pour lesquels il n'était pas fait. Si l'homme a porté des vêtements, c'est qu'il y a été poussé par l'aspiration vers un idéal, par le goût de la parure. « Le premier qui, en dehors de ses attractions physiques et de ses besoins matériels, sut apercevoir dans la nature un objet agréable et s'en fit une parure, celui-là, dit Proudhon, fut le premier artiste ». Dès l'âge de la pierre, l'arsenal de la parure est presque au complet dans les cavernes, dans les dolmens et les tumulus ; dans les stations lacustres des âges anté-métalliques, on trouve déjà des colliers formés avec des dents d'animaux, des coquillages. « Le sauvage qui se tatoue, se barbouille de rouge ou de bleu, se passe une arête de poisson dans le nez, obéit à un sentiment confus de la beauté. Il cherche au delà de ce qui est ; il tâche de perfectionner son type, guidé par une obscure notion d'art. Le goût de l'ornement distingue l'homme de la brute plus nettement que toute autre particularité. Aucun chien n'a eu l'idée de se mettre des boucles d'oreilles, et les Papous stupides, qui mangent de la glaise et des vers de terre, s'en font avec des coquillages et des baies colorées » (Th. Gautier). C'est l'instinct de la parure qui a poussé l'homme à se vêtir. Il décora sa peau avant de décorer ses vêtements.

Hommes et femmes portent tout d'abord le même costume, aussi bien chez les Égyptiens que chez les Assyriens, aussi bien chez les Latins que chez les Grecs. Encore au IV° siècle de notre ère, les femmes gauloises, sous le Haut-Empire, ne se distinguent des hommes que par leur chevelure. Les habits des hommes se drapent aussi largement que ceux de leurs compagnes. Le vêtement, fait d'une étoffe enveloppant tout le corps, est, pour l'un et l'autre sexe, flottant et décoratif; il ne dissimule pas la différence qui existe dans les contours de la poitrine, mais il ne cherche pas à l'accentuer. L'homme, comme la femme, rivalisent par l'élégance des plis de l'étoffe, dont ils savent à merveille disposer les chutes, par la richesse des tissus, par l'harmonie des couleurs. N'est-ce pas l'élégance et l'incomparable variété des plis que nous admirons dans les terres cuites modelées, il y a vingt-trois siècles, par les coroplastes de Tanagra et de Myrina? Quels ravissants modèles nous présentent l'Orphée et l'Eurydice de la villa Albani, la Diane du Vatican, et surtout la délicieuse Diane de Gabies! et le Tibère, n'est-il pas drapé avec une suprême noblesse?

Sous quelles influences les vêtements flottants ont-ils fait place aux vêtements ajustés? Comment la femme a-t-elle été amenée à combiner la parure, que lui ajoutent les vêtements, avec celle que lui donnent naturellement les lignes caractéristiques de son sexe?

Ce n'est certes pas un sentiment plus vif de ce qui est beau. Nulle part le culte de la Beauté n'eut autant de fervents que dans l'ancienne Grèce, et les vêtements y étaient flottants.

Peut-être faut-il invoquer, quelque paradoxale que semble une pareille assertion, l'influence du christianisme? La religion nouvelle, en relevant la dignité morale de la femme, en faisant de la femme l'égale de l'homme, l'a incitée à se servir de toutes ses armes pour cette lutte, que le sceptique Schopenhauer devait appeler la « guerre des sexes ». Il est vrai que, comme correctif, la religion dressait la barrière du péché entre l'homme et la femme.

Ne peut-on également invoquer, en faveur de la différence des vêtements, ce progrès de la civilisation qui a fait admettre les femmes dans les réunions des hommes? à la « guerre des sexes », se joignit la rivalité des femmes. « Les femmes, a dit Alphonse Karr, ne s'habillent point pour les hommes, mais pour les autres femmes. »

La parure de la femme par les propres lignes de sa taille est à ce point pour elle un signe d'indépendance, que, de tout temps, le corset fut interdit aux esclaves. Sait-on la branche qui a le plus bénéficié de l'abolition de l'esclavage au Brésil? c'est le commerce des corsets. Toutes les femmes et jeunes filles émancipées se hâtèrent de le prendre; en trois jours, les corsetières du Brésil n'ont pas vendu moins d'un demi-million de corsets.

Quoi qu'il en soit, une fois adopté le principe de la différence des vêtements entre l'homme et la femme, cette différence a persisté et s'est de plus en plus accentuée. De nos jours, les lignes du costume masculin se rapprochent de la ligne droite; elles signifient que l'homme est fait pour agir, pour aller droit au but; en revanche, chez la femme s'accentuent les lignes ondoyantes; la ligne ondoyante est, suivant Hogarth, la ligne de beauté; elle signifie, comme le disait J.-J. Rousseau, que la femme est faite pour plaire. Rigidité et force chez l'homme; souplesse et séduction chez la femme.

* *
*

Quelles sont donc ces lignes ondoyantes qui caractérisent la femme ? Ce sont, avant tout, le profil antérieur de la poitrine, puis les profils latéraux de la taille et le profil de la cambrure des reins ; c'est le profil de la nuque ; ce sont enfin les lignes qui relient le cou aux épaules. Tout l'art du costume féminin va donc consister désormais à mettre en valeur ces lignes ondoyantes qui sont la parure naturelle de la femme.

Mais qui dit art dit esthétique, et l'esthétique, c'est la science du Beau. L'art du costume va donc tendre à réaliser le Beau féminin.

Quel est le type du Beau féminin ?

Le Beau doit être vrai avant tout ; c'est, comme l'a dit Platon, « le splendide du vrai. »

Le type du Beau féminin est celui qui se rapproche le plus, par l'harmonie de ses proportions et les modulations de ses lignes, d'un type idéal dans lequel sont supprimées les imperfections inhérentes à chaque individu ; un corps humain de proportions normales est nécessairement ce que nous connaissons de plus beau.

De tout temps les artistes, tourmentés de l'idée de Beauté, se sont efforcés de dégager les règles du Beau dans le corps humain, les lois auxquelles doivent obéir les formes et proportions des diverses parties du corps pour se rapprocher, par leur harmonie, du Beau idéal. L'ensemble de ces règles constitue ce qu'on appelle le canon des proportions : il y a le canon égyptien, le canon grec, le canon de la Renaissance, ou encore le canon de Polyclète, de Lysippe, celui de Vitruve ; les canons de Michel-Ange, d'Albert Dürer, de Jean Cousin, du nom des époques où ils furent décrétés ou des artistes qui en codifièrent les règles. De nos jours, d'éminents anthropologistes, MM. Quételet, Topinard, Richer, ont dégagé un canon scientifique de proportions d'après la moyenne d'innombrables mensurations. Voici, à titre de spécimens, le canon égyptien, le canon de la Renaissance et le canon scientifique de M. Paul Richer (*fig. 1, 2, 3*).

D'après ces règles, le rapport des membres entre eux et de chaque membre avec le corps entier est un rapport simple ; la mesure d'une seule partie du corps étant connue, on peut en déduire à la fois la mesure des autres parties et celle du tout. Le canon artistique porte donc dans une de ses parties son unité de mesure ou module. L'unité de mesure, la commune mesure choisie, fut d'abord la longueur du doigt médius de la main gauche étendue, comme dans le canon égyptien ; puis le palme ou largeur de la main à la naissance des doigts, comme dans le canon grec réalisé par le Doryphore de Polyclète, ainsi que l'a démontré Guillaume ; ensuite, au xvi° siècle, la tête avec Jean Cousin, ou la face avec Lomazzo. C'est la hauteur de la tête qui est, de nos jours, adoptée comme unité de mesure, pour les proportions de l'ensemble du corps. La tête elle-même est divisée en quatre parties ou quatre longueurs de nez. Les Égyptiens divisaient la hauteur du corps en 19 doigts ; nous la divisons en 30 nez, longueur qui correspond à 7 têtes et demie, la longueur de la tête équivalant à quatre longueurs de nez. Au canon de 8 têtes, adopté par Jean Cousin, a été substitué le canon de 7 têtes et demi. Tout corps bien proportionné contient, en hauteur, 7 fois et demie la hauteur de la tête. De la mesure de la main ou du pied, on doit conclure à la taille, à la largeur des épaules, la longueur

· du bras, de la jambe, du cou; etc., et inversement, toutes ces mesures étant
exprimées par plus ou moins de nez ou de quarts de tête.

Or le canon des proportions du type féminin idéal diffère de celui du type

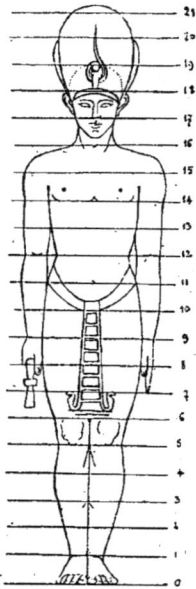

FIG. 1. — Canon égyptien des proportions
de l'homme.

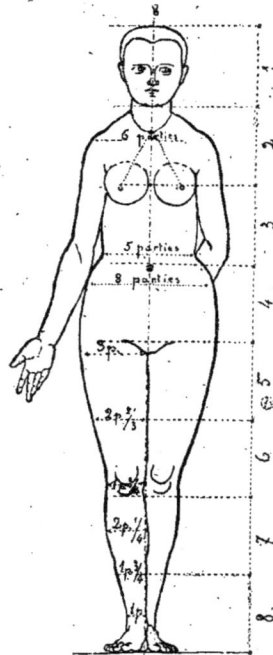

FIG. 2. — Proportions de la femme
de 8 têtes.

masculin : les épaules sont plus étroites, le bassin plus large ; on ne compte
chez la femme que six parties (ou six nez, ou une tête et demie) d'une épaule
à l'autre, au lieu de huit chez l'homme ; la largeur de la taille est de cinq parties à la ceinture au lieu de six ; enfin, le diamètre du bassin est chez la femme
de huit parties ou deux têtes, au lieu de six ou une tête et demie chez l'homme.
De profil, le diamètre antéropostérieur du tronc, au niveau des épaules et des
hanches, est de cinq parties, de quatre parties au niveau de la ceinture ; chez
la femme, le diamètre des hanches l'emporte sur celui des épaules ; chez
l'homme, c'est le diamètre des épaules qui l'emporte sur celui du bassin.

Les proportions fondamentales du corps humain, les caractères différentiels
entre les proportions du corps féminin et celles du corps masculin doivent être
dans tous les cas respectées, sous peine de mentir à la nature et de tomber dans
le laid ou parfois le grotesque.

Toutefois, la réalisation du Beau ne consiste pas seulement dans la forme ; il
doit exprimer l'idée, la raison d'être. Chez les êtres vivants et animés, la

Beauté, c'est la forme totale en tant qu'elle révèle la force qui l'anime. Toutes proportions gardées, c'est par des modulations différentes de lignes que s'exprimera ici la force, comme dans l'Hercule Farnèse, là, comme dans le Méléagre, l'élégance virile, ou la divinité, telle qu'elle nous apparaît dans l'Apollon Pythien, ou l'élégance et la grâce, comme dans la Vénus de Médicis.

Qui ne voit, dès maintenant, que l'idéal plastique doit varier suivant les races,

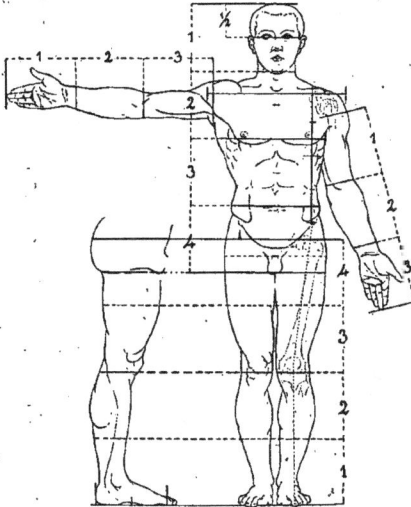

FIG. 3. — Canon de M. Paul Richer.

l'état de l'esprit, les mœurs environnantes, et qu'il y a plusieurs idéals d'art? La Vénus Hottentote diffère autant de la Vénus de Milo, que la Vénus de Milo de la Vénus de Médicis ou de la déesse Isis. La Vénus orientale aura de l'embonpoint ; nos Vénus du xviiie siècle sont mignonnes, aux formes délicatement arrondies. « Le nu, a dit Falguière, suit la mode comme toutes choses et chaque mode du nu à sa beauté. Tel antique grec est superbe comme ampleur de formes et de lignes, mais quelle Parisienne s'accommoderait aujourd'hui de ce corps-là? » et c'est ainsi que l'éminent artiste a été conduit à réaliser un type de Vénus moderne, ce type qu'on a pu, avec quelque exagération, appeler la Vénus du corset.

L'exemple de la Danseuse de Falguière montre bien quelles limites l'art ne doit pas dépasser pour qu'une œuvre reste belle; or ces limites sont précisément celles que tous les canons de proportions, par une coïncidence remarquable, sont arrivés à fixer.

De ce que le Beau a quelque chose de relatif, il n'en reste pas moins acquis que, pour être le Beau, il doit obéir à certaines règles précises, à ces règles que sentent instinctivement les artistes, qu'ils ont puisées dans l'observation, formulées pour leurs contemporains, et surtout respectées dans leurs œuvres. Ce sont ces règles qui doivent guider l'art du costume.

***

L'art du costume féminin consiste à mettre en valeur les lignes ondoyantes de la femme suivant les règles harmonieuses d'un beau idéal, abstrait de l'étude de la nature.

Les lignes existent, les règles du Beau sont connues. Rien ne paraît donc plus simple en théorie. Or, en pratique, rien n'est plus compliqué. Deux graves difficultés surgissent en effet, l'une créée par la nature elle-même, l'autre créée par la mode. La nature se montre injuste dans la répartition de ses dons plastiques entre les femmes. Souvent, ouvrière trop pressée, elle fait preuve d'une négligence coupable dans l'ordonnance des proportions et le dessin des courbes; elle semble se complaire elle-même à les altérer par l'âge, par la maladie. Quant à la mode, qui est le goût appliqué à l'art de la parure, elle s'arroge le droit de légiférer en esthétique, et, tyranniquement, prétend plier toutes les femmes sous le joug de son caprice, sans même tenir compte de la diversité d'inflexion des courbes, qui crée la diversité des types de beauté. Car c'est bien encore sur la forme à imposer aux courbes féminines que varient les caprices de la mode.

Or, c'est dans la lutte contre ces deux ennemis du Beau, la nature et la mode, que l'art de la parure se trouve aux prises avec l'hygiène. Car cet art, soit pour obvier aux négligences de la nature, soit pour satisfaire aux exigences de la mode, recourt à un stratagème, le même dans les deux cas, et qui peut être dangereux à la santé. Ce stratagème, c'est le corset. Si le corset n'avait pour objet que de faire valoir l'harmonie des lignes qui caractérisent la beauté plastique de la femme, s'il se bornait à consolider une architecture un peu branlante, si enfin il respectait toujours le style propre à chaque femme, suivant son âge ou son tempérament, rien de plus légitime. Un tel corset n'a rien à voir avec l'hygiène, car il n'enfreint pas la loi des proportions. Il est utile, nécessaire même, car il contribue à la beauté plastique de la femme, laquelle veut plaire, est faite pour plaire.

Mais que le corset soit l'exécuteur des œuvres de la mode, il devient un artifice plein de dangers, et pour la beauté et pour la santé, parce que la mode est capricieuse dans ses décrets, parce qu'elle fait obéir toutes les femmes à la même loi.

Il est, en effet, à remarquer que les caprices de la mode portent essentiellement sur la valeur qu'il convient de donner à tel ou tel attribut féminin, à telle ou telle des courbes spécifiques de la femme. La femme se distingue de l'homme, avons-nous vu, par une poitrine plus saillante, une taille plus fine, un bassin plus large. Comme l'étroitesse de la taille, tout en accentuant un caractère féminin, met en outre en valeur, par comparaison, la proéminence de la poitrine et la largeur du bassin, c'est à comprimer la taille que tendra le plus souvent la mode. Un autre motif des plus puissants, c'est que les femmes jeunes ont très généralement la taille plus mince que les femmes plus âgées.

Déjà, sous leurs vêtements drapés, les Grecques et les Romaines se serraient la taille à l'aide de bandelettes; c'était la mode que la femme eût l'apparence d'un roseau, et Térence citait avec ironie cette preuve d'amour que la mère donnait à sa fille en la ligottant et en réduisant la quantité de ses aliments pour qu'elle fût à la mode. Plus tard, et je me borne à rappeler ce qui se passa dans notre pays, à la bande de toile succédèrent le justaucorps, le « gipon », qui était un vêtement ajusté à la taille, la cotte de plus en plus « hardie », vêtement de dessous, que les élégantes laissaient voir par les ouvertures latérales ménagées dans la surcotte. La cotte fut elle-même ouverte sur la poitrine pour laisser voir le « chainse », et une gracieuse échancrure du chainse offrait aux regards le satin de la peau. Ce sont ces ouvertures de la robe que les prédicateurs du temps stigmatisaient sous le nom de portes de l'enfer. Les portes de l'enfer ne furent largement ouvertes que lorsque l'usage du corset permit à la femme de se décolleter avec élégance.

Le vêtement ajusté autour du buste devint de plus en plus rigide : ce fut le corps piqué ; on y ajouta des buscs de bois, d'ivoire, d'acier ; enfin, parut même, sous Catherine de Médicis, le corset tout en acier recouvert de velours, dont la mode ne prévalut que peu de temps sur celle du corset busqué. Deux spécimens en existent au musée de Cluny.

Une fois adopté, le corset, grâce à la rigidité duquel le diamètre de la taille, sa situation, sa hauteur, le dessin des lignes courbes de la poitrine peuvent être modifiés ou déplacés de cent façons, la mode ne se refusa aucun caprice.

Tantôt, pour que la taille soit fine, la mode l'allongera, la fera descendre jusqu'à la naissance des jambes : elle aura recours à ce corset basquine qu'on peut voir également au musée de Cluny, et qui donne au buste la forme d'un éteignoir ou d'un cornet renversé. On en peut apprécier les effets dans maints portraits, entre autres celui de la charmante Marie-Adélaïde de France, par Nattier, au musée de Versailles.

Tantôt la mode décrète que la taille devra être étranglée, pour ressembler à la taille de guêpe, à la taille de libellule, à cette taille qui, tenant dans les dix doigts, était chantée par les poètes de 1820 à 1830.

Mais la mode a d'autres artifices pour faire valoir l'étroitesse de la taille : elle y arrive en donnant de l'ampleur aux hanches, à la poitrine, à la chute des reins, au ventre lui-même. C'est ainsi que, pour développer les hanches, elle adopta, sous François Ier, Henri II, Henri III, les vertugadins, les trousses ; au xviiie siècle, les paniers en cône, en cloche, en coupole ; les hanches postiches sous Charles X ; la crinoline sous le deuxième Empire. La mode des paniers, qui permettaient en outre un riche développement d'étoffes, dut faire élargir les fauteuils de l'époque ; pour que, dans les fêtes, la robe de la reine ne fût pas cachée par celles des dames assises à côté d'elle, le cardinal Fleury décida, après mûre réflexion, que les sièges de chaque côté de la reine resteraient inoccupés. Au siècle suivant, à l'époque de la crinoline, la Chambre des communes en Angleterre votera l'élargissement des couloirs et des portes du palais Saint-James, pour que les dames de la cour puissent se rendre aux invitations de leur gracieuse souveraine. Un des plus remarquables types de paniers est certainement celui que portait Marie-Anne d'Autriche, telle qu'on le voit dans le portrait de Velasquez au Prado de Madrid.

Les courbes de la poitrine subissent toutes les vicissitudes. La mode décrète une année que la poitrine sera opulente et l'on portera, avec Isabeau de Bavière et plus tard Anne d'Autriche, les robes à grand'gorge ; au xve siècle, la poitrine avait dû être « greslette » ; avec épaules basses, taille haute et ventre saillant.

Il sera de mode, tantôt que la courbe du ventre soit proéminente, comme sous François II, où hommes et femmes ne paraissent distingués que s'ils ont gros ventre ; comme sous Henri III, où l'on porte le corset panseron, où les ventres postiches sont indispensables, où toutes les femmes paraissent enceintes ; tantôt la mode exige que le ventre soit au contraire creusé, comme nous le voyons de nos jours.

Et la cambrure des reins ? elle sera mise en valeur par la saillie voisine que procurera, sous Louis XIV, la « criarde », postiche en toile gommée dont le nom était dû au bruit qu'il produisait dès le moindre mouvement ; et plus tard, de nos jours, le pouff, la tournure, les gros nœuds de rubans, qui donnaient à la femme le profil d'une poule.

Combien, avec toutes ces fantaisies, nous sommes loin de l'esthétique ! « L'habit de nature, écrivait Diderot, c'est la peau, et plus on s'éloigne de ce vêtement, plus on pèche contre le goût. » Mais, phénomène remarquable et qui montre bien à quel point l'instinct du Beau est rarement éveillé, c'est que l'œil s'accoutume à une mode, même la plus affreuse, pour peu que l'habitude s'en prolonge ! Ce n'est que bien plus tard, lorsqu'elle est passée depuis longtemps, que l'on s'aperçoit combien elle était choquante ou même ridicule.

Mais aussi à quoi tiennent les fluctuations des modes ? Il est curieux d'en trouver la genèse. Quelques exemples suffiront.

Sous les monarchies, où il faut que la souveraine soit la plus belle, c'est elle qui dicte la mode. Pendant le règne de Louis XIV, les femmes sont élégantes et somptueuses avec Mme de Montespan, gracieuses avec Mlle de Fontanges, sévères et empesées avec Mme de Maintenon. Tant que Mme de Montespan donna des enfants au roi, ce fut la mode des robes flottantes, des robes ballantes ; on appelait ces robes des « innocentes » ; plus tard, nous trouvons, sous Marie-Antoinette, la même origine à la mode des corsages, qu'on appelait quart-de-terme, demi-terme, mode que devait bientôt suivre celle de la coiffure « aux relevailles ». La crinoline également parut lors d'une grossesse impériale. C'est à Mlle de Fontanges, dont les cheveux avaient une couleur trop ardente, qu'est due la mode de les poudrer à frimas. Avec Mme de Maintenon, le décolletage fut supprimé ; jadis, sous la belle Agnès Sorel, qui fut la reine de la mode en son temps, il avait fait fureur. Ne dit-on pas que, si Cléopâtre eût été moins décolletée, la face du monde aurait été changée ? Après Mme de Maintenon, les élégances comprimées reprirent tout leur élan sous la Régence, jusqu'à ce que la princesse Palatine, mère du Régent, dont la poitrine était fort maigre, mit à la mode la « palatine » avec son col de fourrure. Déjà, sous Philippe III, la mode, inspirée par la seconde femme du roi, qui avait le cou trop long et la gorge extrêmement plate, était de cacher la poitrine avec une guimpe, et les femmes ressemblaient à des sœurs de charité.

J'estime que, si l'on dégageait de chaque mode nouvelle la cause qui l'a fait naître, il y en a beaucoup, parmi celles qui enlaidissent le corps, que l'on serait humilié d'avoir adoptées. A cet égard, les hommes ont donné le même exemple d'abnégation que la femme. Voici, en effet, ce qui se dit dans les coulisses de l'histoire. Vers le xie siècle, les souliers à la poulaine, les pigaches, sont adoptés, au dire d'Orderic Vital, parce qu'un comte d'Anjou avait trouvé ce moyen de dissimuler les oignons monstrueux qui déformaient ses pieds. Sous Charles VII, on revint, pour les hommes, aux vêtements longs, parce que le roi était cagneux et mal bâti. La mode des cheveux courts succéda brusquement à celle des cheveux longs, du jour où François Ier, blessé à la tête au cours de manœuvres à Romorantin, dut avoir les cheveux coupés. Henri II a des cicatrices d'écrouelles au cou, la mode des fraises gaulderonnées apparaît. C'est une loupe sur la tête de Louis XIV qui fit de son siècle le siècle des perruques ; sa maladie elle-même devint à la mode. Cent autres exemples pourraient être cités.

Sous la première République, les femmes, soit pour renier tout ce qui rappeait l'ancien régime, soit pour rappeler les temps héroïques de la République romaine, avaient remplacé le corset par le zona, l'apodesme et le mamillaire. Il était de mode d'être décolletée à la promenade, même en dépit du froid ; c'était le temps de la chlamyde, de ces nudités gazées qui, dit Desessarts (cité par Witkowski, auquel je fais de nombreux emprunts), firent mourir en quatre ans plus de jeunes filles que dans les quarante années précédentes. Mais l'éclipse du corset ne fut pas longue; dès 1806, il reparut, lorsque l'impératrice Marie-Louise voulut refréner son embonpoint naissant. Depuis lors, il n'a plus été abandonné. En 1820, fut installée à Paris la première fabrique ; en 1828, il n'avait été pris que deux brevets pour les corsets ; de 1828 à 1848, on en demanda soixante-quatre ; il y en a des centaines aujourd'hui. Et, en vérité, ce n'est pas au milieu du siècle dernier qu'il eût été supprimé, à l'époque où il pouvait le mieux faire valoir les belles épaules de la souveraine.

Mais, si le corset reste, toujours la mode changera, toujours elle sera suivie. Elle changera parce que c'est le moyen pour la classe privilégiee de se distinguer des autres classes ; elle sera suivie parce que chacune voudra toujours paraître appartenir à la classe privilégiée ; ce ne sont certes pas les grandes maisons de couture qui s'y opposeront. Du moins peut-on espérer que la mode cessera d'être faite pour un individu et qu'elle s'inspirera des règles fondamentales du Beau féminin, dont la première est de respecter, chez toutes, les proportions du corps humain, et la seconde, de se borner, chez chacune, à la réalisation du type de beauté qui lui convient.

C'est ainsi que seront évitées les laides excentricités de la mode, et, dans le vêtement féminin, les dangers que l'abus du corset fait courir en pervertissant la notion du Beau. Je dis plus. Quand le rôle du corset restera ainsi limité à préciser les contours féminins, à assurer la belle ordonnance des proportions, mais individuellement, et non sur un moule commun, alors il trouvera grâce devant l'hygiène; alors on pourra le vanter comme une conquête de l'art de la parure.

II

L'HYGIÈNE ET LE CORSET

Si les règles fondamentales de l'esthétique du corps humain sont violées par l'abus du corset, cet abus n'est pas moins funeste au point de vue de l'hygiène. Cela ne prouve-t-il pas une fois de plus l'harmonie des lois de la nature ?

Imaginé tout d'abord pour dessiner la taille et maintenir dans une juste proportion les lignes ondoyantes du torse féminin, il lui est surtout demandé bientôt d'accentuer ces lignes et d'en affirmer la jeunesse. Comme c'est un agent de constriction, on résistera difficilement à la tentation de pousser jusqu'à la limite où elle est supportable, au moins pendant quelques heures, cette constriction apparemment si peu nuisible.

Mais voilà le médecin qui intervient. Il sait combien la compression est funeste aux organes, soit en diminuant leur volume ou modifiant leur forme, soit en les refoulant les uns contre les autres, soit en s'opposant au libre jeu que leur fonction nécessite ; il a observé quelles maladies provoque, quelles maladies entretient la constriction habituelle de ces organes, et, au nom de l'hygiène, au nom de la conservation de la santé, il ne peut faire autrement que de proscrire le corset, dont l'abus suit de si près l'usage.

En effet, la cage thoracique est étranglée et immobilisée à sa base, là précisément où elle est compressible et où la nature a voulu qu'elle fût mobile transversalement et dilatable. Le corset exerce une telle action qu'il va jusqu'à transformer le type de respiration. La femme munie d'un corset respire surtout par soulèvement du thorax, tandis que la femme sans corset et l'homme respirent surtout par dilatation de la base thoracique. Marey, à l'aide de chrono-photographies, a démontré que la respiration abdominale est normale pour la femme sans corset, comme pour l'homme, que, par conséquent, la respiration thoracique est bien imputable au corset. Ce ne peut être impunément que la nature est ainsi contrariée. Le foie et l'estomac sont déformés, allongés dans leur sens vertical, étranglés au niveau de la taille ; l'intestin est comprimé, et ces organes sont entravés dans l'expansion ou les mouvements nécessaires à leur jeu physiologique. C'est une cause permanente de troubles circulatoires, respiratoires, digestifs. Les vapeurs dont se plaignent si souvent les femmes et dont on parlait tant sous Louis XV, à une époque où les femmes devaient avoir la taille fine, n'ont pas d'autre cause. La pauvre femme ne peut manger à sa faim, ou bien elle étouffe. Il lui serait impossible de remettre son corset si elle le quittait après un repas. Si elle est dans un air confiné, elle ne peut suppléer par l'amplitude du mouvement respiratoire à l'insuffisance oxygénante de l'air ; au théâtre, l'accident pour lequel le médecin de service est le plus fréquemment appelé, c'est la syncope causée par l'entrave que la gêne respiratoire impose aux mouvements du cœur, et cet accident a pour premier remède le dégrafement du corset. Cette constriction qu'elle supporte à condition de rester bien droite, parce que la moindre inclinaison du buste l'augmente encore, à condition de peu manger, de ne pas marcher ou surtout monter trop vite, serait intolérable si le repos de la nuit ne permettait à la femme de s'y soustraire. Les conséquences sur la forme et le jeu des organes deviennent, par la longue, irréparables.

Je n'insiste pas : les méfaits du corset ont été de tout temps signalés par les médecins, et la liste serait interminable des maladies qui lui ont été, à juste titre, imputées. Déjà Galien, il y a dix-huit siècles, protestait contre les simples bandelettes des Romaines. Les grands noms d'Ambroise Paré, Winslow, Spigel, Van Swieten, Sœmmering, Buffon, Cruveilhier, etc., se trouvent parmi ceux des contempteurs du corset.

Et pourtant jamais les médecins n'ont été écoutés, non seulement ceux qui proscrivaient absolument le corset, mais ceux mêmes qui, comme Bouvier, dont le remarquable rapport à l'Académie de médecine, en 1853, fait autorité en la matière, ont reconnu que le corset pouvait être utile à la parure et à la santé, et se sont élevés seulement contre ses abus.

Si donc le médecin veut être écouté, ce n'est pas la suppression du corset qu'il doit exiger, ce sont les règles de sa construction et de son application qu'il doit poser. Que le médecin formule ces règles, que ces règles soient déduites d'une théorie vraie et facilement vérifiable, que la limite entre l'usage et l'abus soit désignée par des signes précis, que cette limite, s'il est possible, soit rendue difficile à franchir, et le médecin sera écouté.

Or, c'est ce qui est arrivé !

Une théorie nouvelle a été proposée. Elle est adoptée dans tous les centres scientifiques ; les faits nouveaux sur lesquels elle repose ont été partout vérifiés.

Et la mode a été domptée, la silhouette des femmes a été transformée. Les femmes peuvent toutes porter aujourd'hui, et tout en étant à la dernière mode, des corsets avec lesquels ni l'hygiène ni l'esthétique ne sont sacrifiées l'une à l'autre.

C'est la théorie connue sous le nom de théorie de l'« Entéroptose », que j'ai proposée et désignée ainsi, il y a dix-sept ans, en 1885.

Je vous demande la permission de vous exposer sommairement cette théorie, en m'excusant des termes techniques auxquels je dois avoir recours et des dessins anatomiques que j'aurai à faire passer sous vos yeux. J'ai le plus grand désir d'être clair et la ferme intention de ne pas abuser de votre bienveillance.

*
* *

L'Entéroptose est une maladie, et c'est la théorie de cette maladie qui permet d'expliquer et de prévenir, sans supprimer le corset, les méfaits causés par la constriction du corset.

Vous avez toutes, parmi vos relations ou vos amies, de pauvres jeunes femmes, constamment souffrantes, malades depuis plusieurs années, qui ont en vain changé cinq ou six fois de médecin, sans trouver encore celui qui les guérisse ; elles se plaignent de tout, ont été sans succès traitées, tantôt pour une maladie intérieure, tantôt pour une maladie d'estomac ou d'intestin, ou bien comme anémiques, comme rhumatisantes, ou enfin dont on dit, en désespoir de cause, qu'elles sont des névropathes, des neurasthéniques, et que le temps seul finira par les guérir ; vainement elles suivent des cures thermales ou hydrothérapiques, vont à la montagne ou à la mer, toujours elles sont malades. Elles se soumettent aux régimes les plus variés, ne peuvent se nourrir, maigrissent, suspendent toute relation mondaine, et passent la plus grande partie de leur vie au lit ou sur la chaise longue.

Il est évident que ces malades, qui ne guérissent pas et qui tout de même ne meurent pas, ne reçoivent pas le traitement qui convient à leur maladie ; il est donc évident que cette maladie n'est pas comprise. C'est à l'expliquer que je m'attachai par ma théorie de l'Entéroptose.

Je remarquai tout d'abord que, sous toutes les variétés d'allure qu'elle revêt, il s'agit toujours de la même maladie ; en effet, dans toutes les phases de cette maladie, on retrouve constamment les mêmes symptômes, par conséquent fondamentaux. Ce sont : la faiblesse, l'amaigrissement, l'insomnie, la dyspepsie, avec sensation de tiraillement, de creux, de vide, de délabrement dans la région de l'estomac, enfin l'atonie opiniâtre de l'intestin.

Mon attention étant ainsi appelée sur les fonctions digestives, je notai que, chez ces malades, l'abdomen est détendu et que la masse intestinale est réduite de calibre ; cherchant encore, je trouvai, signe absolument imprévu, que leur rein était mobile, et constatai que cette mobilité du rein était méconnue chez elles parce qu'on ne pensait pas à la chercher et qu'on ne savait pas s'y prendre pour la trouver. Il en résulta que cette mobilité du rein, considérée comme très rare et se rencontrant tout au plus chez une femme sur cent, était au contraire très fréquente ; c'était à ce point qu'on la trouvait chez une femme sur cinq et que j'ai pu, en moins de vingt ans, en voir plus d'un millier de cas, alors que jusque-là le médecin le plus occupé n'en avait jamais vu plus de dix ou douze cas dans toute sa carrière. C'est cette constatation, vérifiée ensuite par tous les médecins, qui bientôt devait mettre à la mode la maladie du rein mobile.

La cause de la maladie était donc trouvée, c'était parce qu'on ne combattait pas la mobilité du rein que mes malades ne guérissaient pas, et je n'avais qu'à leur appliquer la ceinture usitée contre la maladie du rein mobile. Ma joie de médecin fut de courte durée. L'immobilisation du rein soulageait les malades, mais ne les guérissait pas et surtout, ce qui était décevant, c'est que je trouvai des femmes atteintes de la même maladie et qui pourtant n'avaient pas de rein mobile !

Toutefois, un fait était curieux, c'est que, chez ces femmes sans rein mobile, l'application d'une ceinture apportait tout de même du soulagement ; ce qui était plus curieux encore, c'est que cette même maladie, avec ou sans rein mobile, se rencontrait parfois chez l'homme et que, chez lui aussi, l'application d'une ceinture rendait service.

La maladie était donc due, en partie au moins, à une cause que l'on combattait en serrant le ventre à l'aide d'une ceinture, et cette cause n'était pas la mobilité du rein, n'était pas spéciale à la femme.

Il me fut donné de faire alors ces remarques que, plus la ceinture est placée bas, plus elle soulage ; pareil soulagement était procuré même aux femmes que la moindre pression du corset faisait souffrir ; toutes caractérisaient la sensation de mieux-être constatée, en disant qu'elles se sentaient plus fortes, mieux soutenues, moins délabrées. Leur faiblesse si caractéristique n'était donc pas causée par l'anémie.

Enfin un fait significatif me mit sur la voie. Si, au moment où la malade constate ce soulagement, on enlève brusquement la ceinture qui la rendait plus forte, elle dit éprouver une sensation de faiblesse générale, de délabrement à l'estomac, comme si son ventre tombait, n'était plus soutenu, comme s'il tirait sur l'estomac. Si l'on rapproche de ce fait l'observation que ces mêmes malades, lorsqu'elles souffrent, ne trouvent pas de meilleur soulagement que de s'étendre, l'hypothèse suivante devient vraisemblable : si elles souffrent, c'est que leurs organes abdominaux sont mal soutenus, et ce défaut de soutien est d'autant plus marqué que, d'après les lois de la pesanteur, les organes s'abaissent davantage dans la station debout. Et précisément deux conditions anormales favorisent cette action de la pesanteur : l'intestin qui, à lui seul, remplit la plus grande partie de la cavité abdominale, est plus lourd, puisque son calibre est réduit et que, par conséquent, l'intestin renferme moins d'air qu'à l'état normal ; la cavité abdominale est devenue trop grande pour cet intestin réduit de calibre et son contenu se déplacera en masse vers les points les plus déclives. Cette hypothèse s'accordait d'ailleurs avec les sensations de creux, de vide, de tiraillement, délabrement, dont se plaignent les malades. De telles sensations ne seraient donc peut-être pas des phénomènes purement nerveux, comme on le croyait jusque-là, mais pourraient bien reconnaître une cause en quelque sorte mécanique.

Il ne restait donc plus qu'à vérifier si réellement le défaut de soutien des organes digestifs peut être une cause de maladie, dans quelles conditions les organes cessent d'être mal soutenus, et quelles en sont les causes. Or, la doctrine de l'entéroptose apporta successivement les démonstrations suivantes :

Le défaut de soutien de l'intestin est une cause directe de troubles digestifs. En effet, l'intestin, qui mesure de 5 à 6 mètres, dont la longueur est dix fois plus grande que le trajet entre son orifice d'entrée et de sortie, est relevé de distance en distance, à la manière de baldaquins ou de guirlandes, qui se recouvrent les uns les autres, tantôt de droite à gauche, tantôt de gauche à droite de l'abdomen. Si l'intestin est mal soutenu, il tirera sur les points par lesquels il est relevé; ces points se trouvent tous dans le même plan, sur une ligne transversale passant au milieu du corps, précisément dans cette région du corps où la malade souffre le plus; de cette traction, à ses points de suspension, résulteront donc, pour l'intestin, autant d'obstacles au libre parcours des aliments ou de leurs résidus (fig. 4).

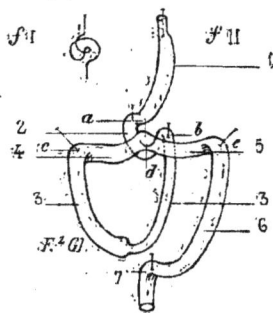

Fig. 4. — Schéma du mode de suspension de l'intestin.

I. Le trajet du tube digestif, représenté par deux points d'interrogation.
II. Le tube digestif décrit 6 anses : 1, anse gastrique; 2, anse duodénale; 3, anse iléo-colique; 4, anse costo-sous-pylorique; 5, anse sous-pylori-costale; 6, anse côlo-sigmoïdale. — Il y a six angles de soutènement : a, gastro-duodénal; b, duodéno-jéjunal; c, sous-costal droit; d, sous-pylorique; e, sous-costal gauche; f, sigmoïdo-rectal. (F. GLÉNARD, 1885.)

Le défaut de soutien de l'intestin, dès qu'il ne remplit plus suffisamment la cavité abdominale, peut être dû, soit à ce que le contenant est devenu trop grand, soit à ce que le contenu est devenu trop petit, ce qui se traduit par la diminution de tension de l'abdomen.

S'il est une cause spéciale à la femme qui permette d'attribuer certains cas de la maladie dont nous nous occupons à la distension primitive de l'abdomen suivie d'une trop brusque décompression, cette cause ne paraît pas la plus fréquente. Dans un grand nombre de cas, c'est la diminution du calibre de l'intestin, qui semble être la cause de la disproportion entre le contenant et le contenu. La diminution du calibre de l'intestin reconnait deux causes : ou bien la chute brusque, sous l'influence d'un effort, d'un des points par lesquels l'intestin est soutenu, et en particulier du point, intermédiaire au côlon ascendant et au côlon transverse, où le coude formé a les plus faibles moyens de fixation; dans ce cas, la dislocation de l'intestin, par les troubles qui la suivent, devient une cause de réduction de calibre. Ou bien et c'est l'étude de cette maladie chez l'homme qui nous l'apprend, la diminution de calibre de l'intestin a pour cause une affection de foie. En raison des intimes relations qui existent, par les vaisseaux et les nerfs, entre le foie et l'intestin, ces deux organes varient ensemble de volume avec la masse sanguine dont ils sont irrigués; cette diminution de la masse sanguine est due au trouble profond apporté à la nutrition par l'affection du foie. Quant à cette affection du foie, elle reconnaît une des causes habituelles aux maladies de cet organe.

Quelle que soit la cause de la réduction de volume de l'intestin, cette réduction de volume devient à son tour une cause de maladie, non seulement parce qu'un intestin décalibré fonctionne mal, non seulement parce qu'il tire sur ses points d'attache, et que les angles ainsi formés nuisent à la circulation intestinale; la réduction de volume de l'intestin devient une cause de maladie, parce que l'intestin soutient mal les organes situés au-dessus de lui. Le petit intestin en effet soutient le gros intestin, le gros intestin soutient l'estomac, le foie, la rate, les reins. En outre, l'intestin abaissé exerce sur ces organes des tiraillements nuisibles à leurs fonctions, et, en les abaissant, les rend mobiles. Cette traction est particulièrement nuisible au foie qui est un des points d'attache de l'estomac, à l'estomac qui est un des points d'attache du baldaquin formé par le gros intestin, et au duodénum dont l'orifice de sortie est écrasé par le ligament qui supporte le petit intestin. Ainsi existe le cercle vicieux qui explique pourquoi la maladie ne guérissait pas.

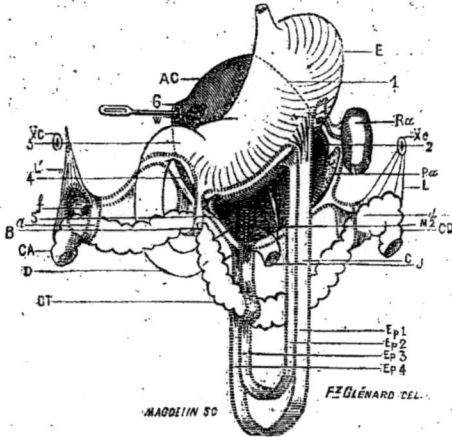

Fig. 5. — Schéma (face) de la suspension du côlon transverse à l'estomac. — Coupe verticale suivant un plan transversal passant par la ligne d'insertion pariéto-viscérale (ligne de réflexion) des feuillets dispenseurs du côlon. (Le mésocôlon transverse et le grand épiploon ont été enlevés, sauf 4 bandelettes (a, B, C, d), laissées pour montrer la disposition des feuillets du péritoine au niveau des divers points du côlon transverse.) (F. GLÉNARD, De l'Entéroptose, Lyon Médical, 1885.)

a, bandelette péritonéale réservée au niveau du coude droit; AC, arrière-cavité de l'épiploon; B, bandelette réservée au niveau de la grande courbure, dans son trajet prépylorique (lig. pylori-colique); C, id. vers la partie moyenne de l'estomac; CA, côlon ascendant; CD, côlon descendant; CT, côlon transverse; D, bas-fond du duodénum; d, bandelette péritonéale réservée au niveau du coude gauche; E, estomac; Ep (1), Ep (2), Ep. (3), Ep (4), feuillets des sacs épiploïques; J, jéjunum, L, ligament pleuro-colique; L', feuillet du coude droit; f, réflexion, sous le coude droit du mésocôlon lombaire (vu à travers une boutonnière pratiquée au repli péritonéal); Ms, mésentérique supérieure, née de l'aorte; Pa, queue du pancréas entre les deux feuillets postérieurs du mésocôlon; Ra, rate; Xc, dixième côte; W, hiatus de Winslow.

1, bord gauche de l'arrière-sac, derrière l'estomac; 2, ce bord, au moment où il tombe de la grande courbure sur le mésocôlon; 3, bord droit derrière le pylore; 4, ce bord, au moment où sa direction, jusque-là oblique, devient (5) verticale et où il tombe sur le mésocôlon; 6, fenêtre ouverte sur la cavité de l'arrière-sac.

N.-B. — Par la disposition anatomique de l'arrière-cavité des épiploons, le côlon, dans sa partie sous-pylorique, est suspendu à l'estomac, et il est indépendant partout ailleurs. L'épiploon gastro-colique joue le rôle de ligament suspenseur de l'anse transverse.

Les figures 5 et 6 montrent comment le gros intestin est, dans un point de sa partie transverse, soutenu par l'estomac et peut ainsi le tirer en bas.

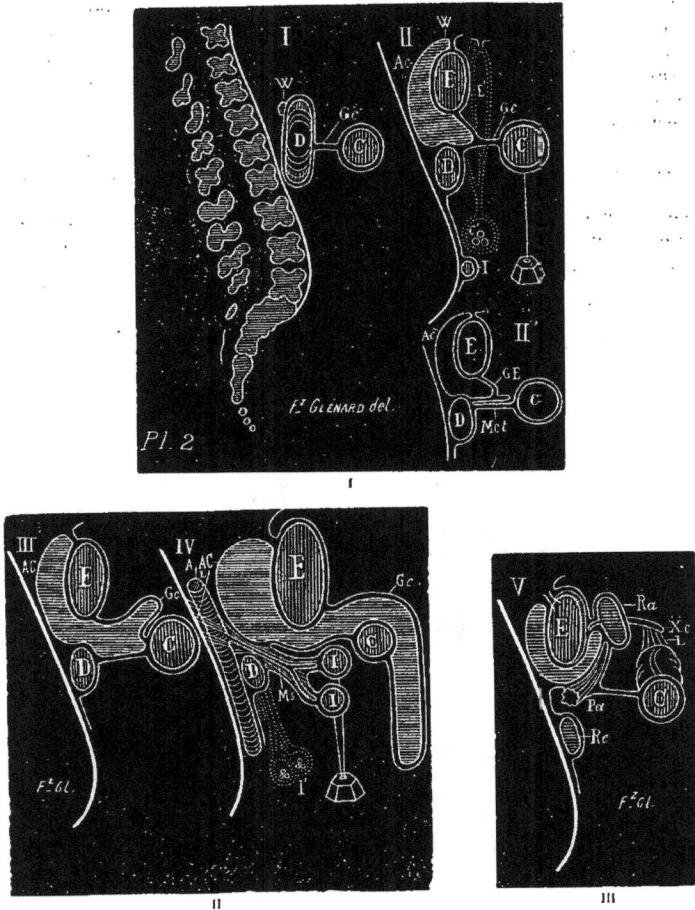

Fig. 6. — Schéma (profil) de la suspension du côlon transverse à l'estomac. — Cinq coupes antéro-postérieures suivant cinq plans verticaux successifs et parallèles dont le premier passe un peu à droite du pylore, le dernier au niveau de la grosse tubérosité de l'estomac. — E, estomac; C, côlon; D, duodénum; I, iléon; Ac, arrière-cavité de l'épiploon; Gc, épiploon gastro-colique; W, hiatus de Winslow.

I. Le plan passe au niveau du duodénum à sa naissance. — II. Au niveau de la portion prépylorique de la grande courbure; le poids montre que le *côlon* (c') *est suspendu à l'estomac* (E). — II'. Mct, méso-côlon transverse (doctrine de Meckel. Müller); les 4 feuillets étant soudés en Mct, le résultat est le même.

III. De suite après la portion prépylorique de la grande courbure, l'épiploon Gc ne tombe pas encore plus bas que le côlon, mais forme déjà un repli qui ne permet plus à l'intestin de tirer sur l'estomac. — IV. Au niveau de l'orifice duodéno-jéjunal, l'épiploon forme un sac suspendu en avant du côlon et descendant plus bas. La mésentérique sup. (Ms), née de l'aorte (A) et les *ligaments* qui l'accompagnent et qui *suspendent l'iléon* (I), *écrasent le duodénum* lorsque le poids les place en I'.

V. Au niveau de la grosse tubérosité. Le côlon n'a plus de rapport avec l'estomac. Ra, rate; Pa, pancréas; Re, rein; Xc, dixième côte; L, ligament pleuro-colique. (F. GLÉNARD, *De l'Entéroptose, Lyon médical*, 1885.)

Telle est, dans ses grandes lignes, la doctrine de l'entéroptose : c'est une théorie qui a fait donner à la maladie elle-même le nom d'Entéroptose ou encore, suivant l'usage qui fait désigner une maladie par le nom du médecin qui l'a expliquée, le nom de « maladie de Glénard », sous lequel la décrivent tous les auteurs. L'entéroptose est donc une maladie, d'allure névropathique ou dyspeptique, caractérisée par la chute, l'abaissement, la « ptose » de l'intestin et, comme conséquence, par la ptose des autres organes abdominaux, rein, foie, rate; comme la ptose de ces organes s'accompagne toujours de leur mobilité anormale, les maladies qu'on décrivait jadis comme autant de maladies différentes, telles que le rein mobile, le foie mobile, la rate mobile, rentrent donc aujourd'hui dans le cadre de l'entéroptose; il en est de même pour un grand nombre des cas, classés jadis sous le nom de dilatation de l'estomac, et qui sont dus à ce que l'estomac est atonique et abaissé du fait de l'entéroptose.

Les deux figures 7 et 8 permettent le parallèle entre l'état normal et l'entéroptose.

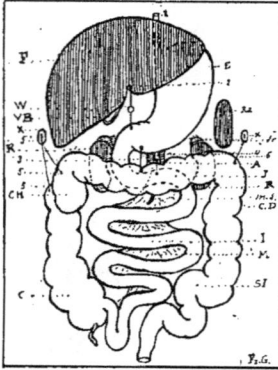

FIG. 7. — Schéma de l'état normal,   FIG. 8. — Schéma de l'entéroptose.

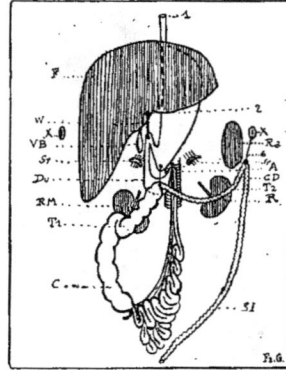

Schémas comparés de l'état normal et de l'entéroptose.

A, aorte; C, cæcum; CD, côlon descendant; Du, duodénum; E, estomac; F, foie; I, iléon; J, jéjunum; M, mésentère; Ra, rate; R, rein; RM, rein mobile; SI, côlon sigmoïdal; Sr, capsule surrénale; TI, première anse transverse; T2, deuxième anse transverse; VB, vésicule biliaire; W, hiatus de Winslow; X, dixième côte.

1, œsophage; 2, épiploon gastrohépatique; 3, épiploon pylori-colique; 4, ligament suspenseur du mésentère; 5, ligament costo-colique droit; 6, ligament costo-colique gauche.

La preuve que cette explication de la maladie est juste, c'est que l'on peut guérir ces pauvres femmes, réputées incurables, en recourant simultanément aux quatre moyens indiqués par la théorie :

1° Une ceinture élastique en forme de sangle, qui relève directement l'intestin, — et indirectement les organes abaissés avec lui, — en comprimant le ventre par sa partie la plus déclive; c'est ainsi qu'on est conduit à appliquer la ceinture, non pas au-dessus des hanches, mais autour du bassin, et à lui donner la forme d'une sangle à bords parallèles; 2° les laxatifs salins quotidiens, qui corrigent l'insuffisance fonctionnelle de l'intestin et du foie; 3° le régime carné, qui est le mieux adapté à l'état d'atonie de l'estomac et de rétrécissement de l'intestin. Les herbivores ont une surface intestinale quatre fois plus grande que les carnivores; remarquez que les apôtres du végétarisme sont tous fort gras; 4° enfin les alcalins qui combattent l'hyperacidité presque constante dans cette maladie, et stimulent l'estomac et le foie. Avec ce traitement, la faiblesse, l'insomnie, la dyspepsie, et les symptômes nerveux se dissipent graduellement, les uns après les autres. Ce qui prouve bien la nature de la maladie.

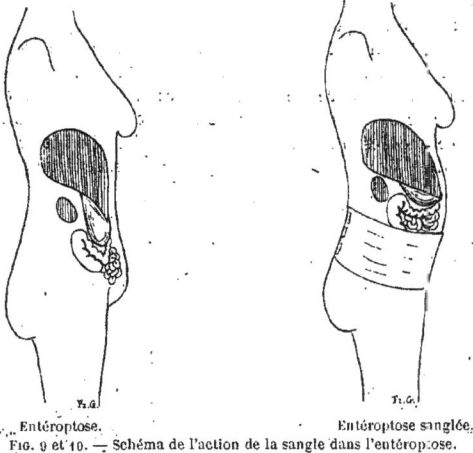

Entéroptose.　　　　　Entéroptose sanglée.
Fig. 9 et 10. — Schéma de l'action de la sangle dans l'entéroptose.

Les figures ci-dessus (*fig. 9 et 10*) donnent une idée de l'action de la sangle dans l'entéroptose.

***

Mais ce n'est pas tout, et, de l'étude de l'entéroptose, nous ne tirerions que la moitié de l'enseignement qu'elle nous apporte, si nous nous bornions à apprendre à la reconnaître et à la guérir. Il faut que nous sachions la prévenir et, pour cela, que nous en recherchions les causes. Or c'est ici que nous nous retrouvons avec le corset.

La première remarque qui frappe dans l'étude de l'entéroptose, c'est l'extrême fréquence de cette maladie chez les femmes. Sur trois femmes qui se plaignent de dyspepsie ou de névropathie, une est atteinte d'entéroptose; c'est l'entéroptose qui cause cette dyspepsie ou cette névropathie, et seul le traitement de l'entéroptose la guérira.

Nous remarquons en outre que cette maladie est beaucoup plus fréquente chez les femmes que chez les hommes : sur cinq malades atteints d'entéroptose, il y a quatre femmes et seulement un homme.

Cette grande fréquence chez la femme, cette différence de proportions suivant les sexes, que j'avais indiquées, ont été trouvées les mêmes par tous les auteurs qui les ont vérifiées, aussi bien en Amérique qu'en Allemagne, en Suisse, qu'en Belgique, en Russie ou en Angleterre.

Quelles sont donc les causes, plus spéciales à la femme, et si fréquentes chez elle, qui la prédisposent à la maladie par abaissement de l'intestin? Il en est deux, la grossesse et le corset. En réalité, il n'en est qu'une, le corset. La grossesse peut bien être fréquemment invoquée comme une cause déterminante d'entéroptose, soit par la décompression brusque de l'abdomen qui lui succède, soit par la maladie du foie dont elle est si souvent le point de départ; mais, comme la grossesse est un acte normal, physiologique, il est vraisemblable que les troubles consécutifs doivent avoir pour cause prédisposante l'abus antérieur du corset ou sa reprise ultérieure trop précoce.

Le corset, en effet, qui étrangle la taille, agit sur les organes abdominaux et en particulier sur l'intestin dans le même sens que la maladie entéroptose, et dans un sens diamétralement opposé à celui de la sangle qui est indispensable pour combattre cette maladie. Il ne peut comprimer la taille qu'à la condition de déplacer les organes situés à ce niveau, et ces organes ne peuvent être déplacés qu'en étant refoulés en bas dans l'abdomen. Il ne peut les déplacer en haut à cause de la cloison formée par le diaphragme.

Alors la masse intestinale, refoulée, tirera sur ses points de suspension; et par leur intermédiaire, tirera sur l'estomac, sur le foie; ces organes déjà compromis par l'action constrictive, qui les allonge comme à la filière et leur impose une forme semblable à celle qu'ils ont dans l'entéroptose, réagiront à leur tour sur l'intestin; l'intestin, dont la fonction est entravée par les dévia-

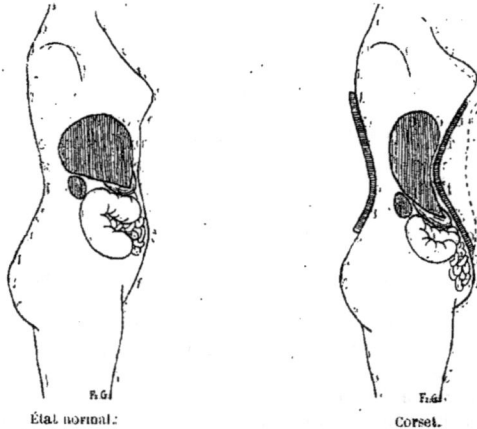

État normal. Corset.

FIG. 11 et 12. — Schéma de l'action du corset sur les viscères abdominaux (le corset provoque des déformations et des dislocations analogues à celles qui se produisent spontanément dans la maladie de l'entéroptose).

tions angulaires au niveau de ses points de suspension, cessera de remplir son rôle normal d'absorption et surtout son rôle d'expulsion. Que la moindre cause de perturbation survienne, la nutrition sera profondément troublée, et c'est la maladie entéroptose qui, finalement, s'installera dans l'organisme ainsi prédisposé, avec la diminution de calibre de l'intestin, la décompression de l'abdomen et l'atonie générale qui la caractérisent.

Les figures ci-jointes (11 et 12) montrent bien, par la comparaison avec l'état normal, la nature des désordres produits par la constriction du corset, et la frappante analogie de ces désordres avec les désordres caractéristiques de l'entéroptose.

C'est ainsi qu'on peut s'expliquer la grande fréquence de l'entéroptose chez la femme et sa bien plus grande fréquence chez la femme que chez l'homme.

Quel enseignement tirer de ce rapide parallèle entre les méfaits du corset et la maladie entéroptose?

Une première conclusion nous est imposée :

Le corset est nuisible parce qu'il refoule dans le bassin la masse intestinale. Il serre trop haut.

Cette aptitude est en outre dangereuse, parce que, le champ de refoulement de l'intestin étant libre au-dessous de la zone de constriction le corset pourra être serré et d'autant plus serré que ce champ sera plus libre. Aussi les femmes qui se serrent beaucoup sont celles qui ont les corsets les plus courts.

Une deuxième conclusion est la suivante :

Le corset est nuisible parce que sa constriction s'exerce sur une zone trop étroite. Il ne serre que la taille.

Enfin, la physiologie nous apprend que, pendant le travail digestif, les organes subissent des changements de volume, des changements de place en rapport avec leurs fonctions : le foie, l'estomac augmentent de volume et se portent en avant, l'intestin redresse ses courbes et se porte en haut : il en résulte qu'une ampliation de l'épigastre doit être possible au moment de la digestion. C'est bien ce que la nature a voulu en échancrant la base de la cage thoracique au niveau de l'épigastre. En outre, dans le mouvement de flexion du tronc en avant, c'est surtout au niveau de l'épigastre que s'accroît le diamètre antéro-postérieur de l'abdomen aux dépens de son diamètre vertical ; or le corset, qui étrangle cette région dans un anneau inextensible, nuit également et à l'exercice régulier des fonctions digestives et à la mise en œuvre de certains mouvements ; le foie et l'estomac se développent trop peu et trop haut, immobilisant le diaphragme, gênant la respiration et les mouvements du cœur, faisant refluer le sang à la tête ; l'intestin se développe trop peu et trop bas, tous ces organes finissent par devenir atones. La femme ne peut se baisser parce que la flexion du torse en avant augmente encore la constriction du corset, ainsi que le montrent les figures 13 et 14 ; toute grâce dans les mouvements de la taille lui est interdite.

La troisième conclusion est non moins formelle :

Le corset est nuisible parce qu'il ne se prête pas aux variations physiologiques de volume de l'abdomen. Il est trop rigide.

Ces trois conclusions si nettement déduites, ces trois causes de danger du corset sont connues depuis longtemps. Mais pourquoi ces causes sont-elles dangereuses pour la santé, voilà ce que nous apprend l'étude de l'entéroptose. Ce n'est pas tant parce qu'il comprime l'estomac ou le foie, ou les autres organes, que le corset est nuisible, ainsi que l'admettaient les anciennes théories, c'est parce qu'il refoule en bas la masse intestinale, ainsi que le prétend la théorie nouvelle ; et, du coup, le remède a été trouvé !

Les anciennes théories aboutissaient forcément à la suppression du corset, parce que, malgré leur tolérance pour un corset dit hygiénique, elles ne pouvaient empêcher qu'on n'abusât de son action constrictive. La théorie de l'entéroptose accepte le corset ; mais, de plus, elle conduit à prescrire un modèle avec lequel il est difficile à la femme, malgré toute sa bonne volonté, de se trop serrer au niveau de la taille, c'est-à-dire au niveau de la zone la plus dangereuse pour ses organes abdominaux.

En effet, suivons les indications de la théorie. Notre premier soin, pour prévenir le refoulement des organes dans le bas-ventre, sera de limiter l'aptitude d'ampliation de cette région ; pour cela, nous ferons porter sur elle, avant

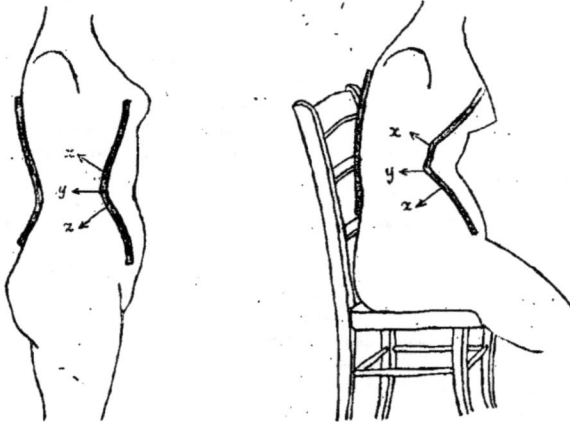

Fig. 13 et 14. — Direction des lignes de la pression exercée par le corset dans la station debout et dans la station assise (d'après M. Auvard).

tout, la constriction du corset, mais de bas en haut et très exactement, de telle sorte qu'il n'y ait aucune diversion possible. Nous permettrons ensuite à la femme de se serrer la taille : elle ne le pourra plus. Elle ne le pourra plus, du moins, sous peine d'étouffer, qu'en restant dans les limites permises par l'hygiène. Comme d'ailleurs le bassin est formé, à l'inverse de la base du thorax, par une ceinture osseuse incompressible, la constriction, qui est nécessaire pour servir de point d'appui au corset, ne peut, en cette région, déformer, aucun organe, ne peut dépasser des limites conciliables avec l'hygiène.

De ce fait sera rempli également la seconde indication théorique, puisque la zone de constriction sera répartie sur toute la hauteur de la taille.

Quant à la troisième indication, ou la femme consentira à ne pas serrer du tout sa taille — elle ne le pourra pas, du reste — ou bien elle devra accepter que, sur un point au moins de sa circonférence, le tissu du corset soit élastique.

Ainsi se trouve rempli ce grand desideratum d'un corset que la femme puisse porter sans nuire à sa santé.

Ainsi sera évitée une des conditions prédisposantes de l'entéroptose, de cette maladie qui cause le tiers des névropathies ou des dyspepsies si fréquentes chez la femme.

L'étude de cette maladie nous aura non seulement enseigné comment on peut la prévenir, mais encore nous aura appris comment on peut concilier le maintien du corset avec la conservation de la santé, les prescriptions de l'hygiène avec les exigences de l'esthétique.

Et c'est pour cela que « le clou de la mode est aujourd'hui de n'avoir plus de
ventre ! ».

Puissance de la mode, qui, d'un mot d'ordre, a transformé la silhouette de
nos contemporaines ! Puissance de l'hygiène, qui, par un argument enfin décisif,
a subjugué la mode et dicté ses arrêts !

Depuis dix ans, les corsetières rivalisent avec une ardeur méritoire à réaliser
le corset inspiré de la théorie de l'entéroptose. Quel est, de tous les modèles
proposés, celui qui s'imposera ?

Le corset qui s'imposera est celui qui répondra :

1° Aux trois exigences suivantes de l'esthétique : dessiner la taille, soutenir
la poitrine, conserver leur grâce aux mouvements du torse ;

2° Aux trois exigences suivantes de l'hygiène : s'opposer au refoulement de
l'intestin dans le bas-ventre ; éviter une constriction immodérée de la taille ;
permettre les variations d'amplitude de la base du thorax et de l'épigastre, soit
pendant la respiration, soit pendant la digestion, soit aux mouvements de
flexion du torse en avant.

Un corset qui se bornerait à soutenir ou même comprimer et relever le bas-
ventre, et ne serait ainsi qu'une sangle déguisée, ne satisferait pas aux exigences de l'esthétique, qui veulent que la taille soit dessinée et la poitrine
soutenue. Un corset qui, à la fois, soutiendrait le bas-ventre, dessinerait la taille
et maintiendrait la poitrine, serait beaucoup trop long et ne satisferait ni aux
exigences de l'esthétique, qui veulent la souplesse des mouvements du torse, ni

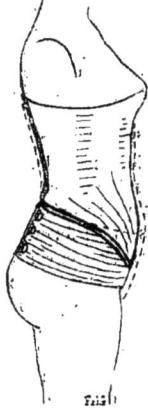

Corset rationnel. — Corset de l'entéroptose.

Fig. 15. — Le corset, pour satisfaire à la fois à l'esthétique et à l'hygiène, doit être composé de
deux pièces indépendantes et mobiles l'une sur l'autre : la sangle élastique et le corset proprement dit.

à celles de l'hygiène, qui veulent l'expansibilité de la base du thorax et de
l'épigastre.

Non ! le type de corset qui restera sera celui qui se composera de deux parties
indépendantes, mobiles, l'une sur l'autre, aux mouvements de flexion du torse :
la sangle élastique embrassant les hanches et le bas-ventre ; le corset proprement dit embrassant la taille et empiétant en bas sur la sangle. La nature

elle même nous donne le modèle dans les anneaux dont elle a orné le ventre de ses plus jolis insectes. La sangle élastique serait serrée la première, et par son bord inférieur plus que par son bord supérieur; la constriction de la taille serait ensuite réglée sur celle du bas-ventre. Le corset n'aurait de buscs que latéralement et sa partie antérieure serait élastique.

Mais il est un écueil qu'il faut éviter, et qui serait aussi nuisible à l'hygiène qu'à l'esthétique : ce serait de considérer que le but essentiel est atteint si la courbe du ventre est supprimée, et mieux encore, si le ventre est incurvé.

Un tel résultat ne peut être obtenu que par un corset très serré à la taille et descendant en triangle jusqu'à la naissance des jambes; or, de chaque côté de ce triangle, le bas-ventre n'est plus soutenu, l'intestin y pourra être refoulé, et cette fâcheuse diversion permettra de trop serrer la taille. En réalité, le ventre serait écrasé de haut en bas. C'est le retour au corset du xviiie siècle ; or c'est là ce qu'évite la sangle qui embrasse les hanches.

Le « clou » de la mode doit être, non de ne point avoir de ventre, mais d'avoir le ventre à sa place normale et avec sa forme normale; suivant le canon individuel des proportions.

Pour éviter cet écueil ou tout autre analogue, qui risquerait de faire sombrer la mode du corset actuel et avec lui le progrès remarquable réalisé dans l'hygiène du vêtement féminin, il importe au-dessus de tout de se souvenir que, cette fois du moins, l'hygiène a dicté la mode ; or l'hygiène n'a pas de caprices; si elle édicte quelque arrêt nouveau, c'est toujours une conquête nouvelle pour la conservation de la santé.

*
* *

La conservation de la santé exige-t-elle donc que toutes les femmes portent le même modèle de corset, le corset de l'entéroptose? l'hygiéniste ne peut évidemment répondre que par l'affirmative. Autrement il ferait douter de sa foi dans la science au nom de laquelle il parle. C'est lui qui, pour éviter les abus de l'alcool ou du tabac, proscrit jusqu'au moindre petit verre, jusqu'à la plus légère cigarette.

Mais le médecin exerce un art, il sait qu'il faut consentir d'habiles concessions pour sauvegarder les principes ; il se bornera donc à indiquer quels sont les signes auxquels on reconnaîtra l'utilité de substituer, à l'ancien corset, le corset nouveau recommandé par l'hygiène.

Les signes qui comportent l'indication du corset de l'entéroptose sont les suivants : la sensation de lassitude ou de faiblesse lorsque l'on enlève le corset, et la sensation de force plus grande lorsque la taille est serrée ; l'obligation, pour conserver les forces, d'augmenter graduellement la constriction du corset. Ces deux signes prouvent que déjà la tension abdominale est insuffisante, que les organes abdominaux sont mal soutenus, que déjà ils sont abaissés, que la femme commence à maigrir.

Or ce sont là les signes de l'entéroptose au début; bientôt, lorsque la taille cessera d'être serrée, à la faiblesse s'ajouteront les douleurs d'estomac, les maux de reins; enfin, arrivera le moment où ces malaises ne seront plus supprimés par la constriction du corset, ne permettront même plus cette constriction ; les malades continueront à maigrir, au mépris de toute esthétique. Avec le traitement, avec le corset de l'entéroptose, ces premiers symptômes seront rapidement ènrayés et la maladie arrêtée dans son évolution; alors, phénomène remarquable, telle femme, déjà malade, qui ne pouvait supporter à la taille la moindre pression d'un corset, non seulement, une fois munie de la sangle de l'entéroptose, pourra de nouveau supporter à la taille la constriction qui lui était interdite, mais en éprouvera un réel bénéfice; c'est que le défaut de tension abdominale doit être combattu non moins que l'abaissement des différents viscères. Dès lors les malades cessant de maigrir, l'esthétique ne sera pas compromise. Mais le bénéfice d'une précoce substitution du nouveau corset à l'ancien, dès les premiers signes morbides, sera bien plus justifié encore, au point de vue esthétique, dans les formes d'entéroptose avec obésité; car l'entéroptose, comme la plupart des maladies chroniques de la nutrition, peut revêtir deux formes, la forme grasse et la forme maigre. Le développement du ventre sera ainsi combattu et l'on ne verra plus ces formes si disgracieuses que revêt la taille, chez les pauvres femmes condamnées par leur santé au corset de l'entéroptose, alors que depuis trop longtemps la maladie les avait outrageusement déformées.

Ainsi donc, paradoxe remarquable de l'ancien corset, c'est au moment précis où, de simple objet de parure, il devient un objet utile à la santé, en combattant la faiblesse, les maux d'estomac, les maux de reins, c'est à ce moment précis qu'il faut se hâter de le rejeter. Cette faiblesse, ces malaises sont causés par la diminution de tension de l'abdomen et le corset les combat par la constriction qu'il exerce; mais cette diminution de tension de l'abdomen est causée par le refoulement et la diminution de volume des viscères, et la constriction exercée sur la taille par le corset aggrave cette cause de maladie. Il faut serrer l'abdomen, mais le serrer en bas et non à sa partie supérieure.

Voilà ce que nous a appris la théorie de l'entéroptose : la faiblesse n'est pas chez l'entéroptosique un signe d'anémie, mais un signe de l'abaissement des viscères abdominaux et de leur défaut de soutien; la faiblesse est encore mieux combattue par une sangle au bas-ventre que par un corset à la taille; cette faiblesse peut être le symptôme du début d'une des maladies les plus fréquentes de la femme, l'entéroptose; la constriction de la taille par l'ancien corset est une cause qui prédispose à cette maladie et qui en aggrave les conséquences; enfin, la constriction du bas ventre tout en combattant la faiblesse, encore mieux que ne le fait le corset, prévient et contribue à guérir l'entéroptose.

Maintenant que nous savons que le corset peut être, sans danger pour leur santé, porté par toutes les femmes, toutes les femmes doivent-elles porter un corset?

Je dis hardiment que oui, tant que du moins les femmes voudront ajouter aux motifs ornementaux que l'art de la parure trouve dans le tissu, la couleur, le pli des étoffes, les éléments de beauté qui distinguent son buste de celui de l'homme.

Les femmes que la nature a modelées avec soin porteront un corset pour faire valoir l'œuvre de la nature, celles qui ont été moins favorisées pour corriger cette œuvre; les unes et les autres pour retarder l'heure à laquelle la nature se désintéresse de ce qu'elle a fait.

Un médecin allemand, M. Schlanz, a fait la remarque que, dans les œuvres du peintre Cranach exposées au musée de Dresde. Ève, Lucrèce, toutes les déesses ont le dos rond. De même l'Ève d'Albert Dürer a le dos rond, tandis que son Adam est magnifique. Leurs modèles étaient des femmes allemandes de la Renaissance qui ne portaient pas de corset, et ces peintres étaient de scrupuleux traducteurs de la nature. Schlanz en conclut que les générations de femmes sans corset ont le dos voûté.

Et d'ailleurs la femme qui ne porte pas de corset est bien obligée, pour soutenir ses jupes, de les serrer autour de la taille avec des cordons; or n'avons-nous pas vu qu'une des causes de danger de l'ancien corset est précisément que sa constriction s'exerce trop haut et sur une zone trop étroite ? Il en est de même pour les cordons. Les médecins ont toujours incriminé la constriction exercée par les cordons des jupes comme une des causes du rein mobile, c'est-à-dire de ce que plus tard on devait appeler l'entéroptose,

J.-J. Rousseau, parlant incidemment du corset, s'exprime ainsi : « Je n'ose presser les raisons sur lesquelle les femmes s'obstinent à s'encuirasser ainsi : un sein qui tombe, un ventre qui grossit, cela déplaît fort, j'en conviens dans une personne de vingt ans, mais cela ne choque plus à trente... etc. »

Qu'on me pardonne l'impertinence d'être d'un avis tout à fait opposé à celui du grand philosophe. Il ne faut jamais rien laisser tomber; si le ventre est seul à grossir c'est qu'on est malade, il faut se faire soigner; si tout grossit, parfois on ne peut l'empêcher, mais au moins faut-il surveiller que cette transposition des lignes ne cesse pas d'être harmonieuse. L'âge de trente ans est le plus bel âge de la femme et le défaut d'harmonie est bien plus choquant encore que chez une personne de vingt ans; à celle-ci du moins son inexpérience peut servir d'excuse et sa tendre jeunesse de compensation.

Une grosse question vient sur les lèvres : la jeune fille doit-elle porter un corset? et à partir de quel âge? La jeune fille doit porter un corset, lorsque sa croissance est achevée, ou encore à partir du jour où elle porte des robes de femme. C'est à sa mère qu'il appartient de veiller que le canon des proportions ne soit pas violé. Le diamètre antéropostérieur de la taille vue de profil ne doit être inférieur que d'un cinquième, au diamètre antéropostérieur des épaules ou des hanches, quatre parties ou quatre nez au lieu de cinq. Le diamètre de la taille doit être le triple de celui du bras. Vénus de Milo à 80 centimètres de tour de taille, Vénus de Médicis en a 75. La taille fine n'est pas dans la nature.

Nous nous trouvons ainsi ramené à l'esthétique, qui a été notre point de départ et dont les enseignements concordent si bien avec ceux de l'hygiène pour régler définitivement la question du corset.

Pourquoi est-ce que, dans l'éducation des femmes, à côté de l'hygiène qui leur est enseignée aujourd'hui, ne ferait-on pas une place à l'esthétique? Le Beau doit être appris dans l'art de la parure comme dans tous les autres arts. Les privilégiés seuls savent ce qui est beau sans l'avoir appris.

Pourquoi même n'y aurait-il pas, surtout dans notre France, qui impose ses modes aux autres pays, un comité d'« arbitrage des élégances » composé de médecins, d'artistes, de princesses de la couture, qui auraient mission de refréner les écarts de la mode?

Mais, dira-t-on, avec la mode actuelle, qui exige l'effacement de toute saillie abdominal, vous paralysez les efforts de ceux qui luttent avec tant de patriotisme contre la dépopulation. Non, car il doit y avoir deux modes. La femme qui se soustrait à la maternité doit être, comme chez les Assyriens il y a vingt et un siècles, aussi disqualifiée que l'homme qui méconnaîtrait la noblesse du travail ou celui qui refuserait de prendre les armes pour défendre son pays menacé.

Mais peut-être la guerre des sexes, si activement menée de nos jours par les féministes, aura-t-elle comme conclusion logique l'égalité de la femme et de l'homme devant le vêtement, alors il n'y aura plus d'hygiène spéciale au vêtement féminin. La femme y perdra un de ses plus puissants attraits, l'homme une des plus fréquentes occasions qu'il avait d'admirer l'œuvre de la nature.

Profitons-en donc pendant qu'il en est temps encore, et, si une menace aussi sombre venait à se réaliser, puisse la gracieuse mode actuelle, dictée par l'hygiène au nom de la théorie de l'Entéroptose, et conforme à l'esthétique au nom du canon des proportions, rester le dernier souvenir de ce qu'était la femme, au temps de la parure !

M. Henri LECOMTE

Agrégé de l'Université et Docteur ès sciences, Professeur au Lycée Saint-Louis, Sous-Directeur du Laboratoire colonial du Muséum d'Histoire naturelle.

LE CAOUTCHOUC

— 4 mars —

Dans cette étude nous laisserons volontairement de côté tout ce qui concerne l'épuration et la fabrication, c'est-à-dire tout ce qui est du domaine de l'industrie européenne. Le sujet que nous avons à traiter se trouve ainsi limité aux conditions de l'extraction et de la préparation du caoutchouc dans les pays d'origine.

Historique. — Dès le xvɪᵉ siècle on trouve des indications relatives au caoutchouc dans les écrits de divers auteurs (Fernandès d'Oviedo 1536 ; le P. Charlevoix C. J. ; Antonio de Herrera, 1549 ; Jean de Torquemada, 1615). Mais on s'accorde généralement pour attribuer au savant français La Condamine, chargé d'une mission dans l'Amérique du Sud (1), le mérite d'avoir fourni les premiers renseignements précis sur les propriétés et les usages du caoutchouc. L'ingénieur Fresneau (2), qui eut l'occasion de faire un long séjour à Cayenne, fit connaître les plantes productrices du caoutchouc et ce fut un autre Français, Fusée Aublet, qui en fournit le premier la détermination botanique.

Si nous résumons à grands traits ces données historiques, c'est que nous croyons, pour notre part, que c'est une œuvre de justice de restituer au P. de la Neuville un mérite que tous les auteurs attribuent à La Condamine. Le P. de la

---

(1) La Condamine, était chargé avec Bouguer, par l'Académie des Sciences, de mesurer un arc du méridien. Dans une lettre lue à l'Académie des Sciences le 26 février 1751, le savant mathématicien relate l'usage que font les Omaguas et les Portugais de ce caoutchouc pour fabriquer des boules creuses dont ils se servaient avant le repas en guise de seringues ; d'où le nom de *Pao di Giringa* (bois de Seringue) donné à l'arbre producteur et plus tard celui de Seringueros aux récolteurs de caoutchouc.

(2) Fresneau eut le mérite de faire connaître le mode de préparation du caoutchouc. Il paraît avoir entrevu l'importance que pouvait acquérir l'usage de cette substance (voir : Baron de la Morinerie, *les Origines du Caoutchouc*, La Rochelle, 1893).

Neuville écrivait en effet, en 1723, une lettre très circonstanciée sur les propriétés du caoutchouc. Cette lettre fut publiée dès la même année (1) et reproduite sept ans après, en 1730, dans un livre intitulé : *Observations curieuses sur toutes les parties de la physique.* Or la mission dont La Condamine fut chargé ne fut décidée qu'en 1731, c'est-à-dire bien après la publication de la lettre du P. de la Neuville. Sans vouloir diminuer le mérite de La Condamine, qui possède d'ailleurs d'autres titres de gloire, nous pensons qu'il convient du moins d'accorder l'avantage incontestable de la priorité au P. de la Neuville.

N'ayant pas l'intention d'écrire un traité complet du caoutchouc, nous ne pousserons pas plus loin cet historique et, après avoir fait, au sujet de La Conda-mine, une addition qui nous paraissait nécessaire, nous ajouterons seulement que si tous les chimistes du xviiie siècle et du commencement du xixe s'occupè-rent du caoutchouc à divers titres, cette substance n'était cependant que d'un usage très restreint et que c'est seulement à partir de la découverte de la vulca-nisation par Goodyear en 1839, que le caoutchouc vit ses emplois se multiplier. L'Angleterre n'importait en effet en 1830 que 30 tonnes de caoutchouc; en 1880, cinquante ans plus tard, l'importation atteignait 8.450 tonnes pour dépasser 16.000 tonnes en 1900.

Origine botanique. — Comme la gutta-percha, avec laquelle il présente d'ailleurs aussi une analogie de composition chimique, le caoutchouc est produit par la coagulation du latex que contiennent certains végétaux. Tout le monde sait, en effet, que si on vient à briser une tige de pavot, il s'en écoule un liquide blanc, semblable à du lait, qu'on a désigné sous le nom de *latex;* les canaux qui le con-tiennent à l'intérieur des tissus sont des *laticifères.* Le latex du pavot ne produit pas de caoutchouc, mais toutes les plantes qui fournissent du caoutchouc laissent, comme le pavot, écouler un latex blanc par la moindre incision pratiquée à leurs divers organes. Et ces végétaux producteurs de caoutchouc se rencontrent exclu-sivement dans les régions chaudes du globe. Ceux qui sont exploités appar-tiennent à quatre familles, qui sont, par ordre d'importance, les Euphorbiacées, les Apocynées, les Artocarpées et les Asclépiadées.

Le tableau ci-dessous, dressé en tenant compte des plus récents travaux, donne l'indication des principales plantes susceptibles d'être exploitées, avec leur extension géographique approximative.

I. — EUPHORBIACÉES.

Hevea brasiliensis Muell. Arg., Brésil (Para) et Venezuela.
— *Spruceana* — Brésil, Colombie.
— *discolor* — Rio-Negro, Manaos.
— *pauciflora* — Rio-Negro, Bassin de l'Amazone et de l'Oré-noque.
— *membranacea* Muell. Arg., Brésil, Guyane anglaise.
— *rigidifolia* — Rio-Aaupès.
— *Benthamiana* — Haut-Amazone, Rio-Negro, Rio-Aaupès.
— *lutea* — Rio-Negro et Rio-Aaupès.
— *guyanensis* — Guyane.
— *nitida* Mart. — Haut-Amazone.

(1) Troisième lettre du P. de la Neuville sur les habitants de la Guyane. *Mémoires pour servir à l'Histoire des Sciences et des Beaux-Arts.* Imprimez à Trévoux, mars 1723, p. 536.

Manihot Glaziovii Mue'l. Arg., (Maniçoba ou Leiteria). Province de Ceara.
Micrandra siphonioides Benth., Rio-Negro.
Euphorbia Intisy Drake, Sud de Madagascar.
Sapium tolimense Hort., Équateur.
—   *verum*   Hemsl., Équateur.
—   *utile*   Preuss., Équateur.
—   *decipiens* Preuss., Équateur (1).
--   *biglandulosum* var. 2, (d'après Huber, le long de l'Ucayali).
—   *Marmieri* Huber, (d'après Huber, le long de l'Ucayali).

II. — ARTOCARPÉES.

Artocarpus elastica Reinw., Java, Bornéo.
—   *integrifolia* Bl., Malacca.
Castilloa elastica Cerv., Amazone, Colombie, Nicaragua, Honduras, Mexique.
—   *Markhamiana* Collins, Colombie, Panama.
Ficus elastica Roxbg., Assam, Burmah, Malacca.
—   *religiosa* L., Bengale, Inde centrale, Ceylan.
—   *indica* L., Inde, Malaisie, Philippines.
—   *Vogelii* Miq., Côte occidentale d'Afrique.
—   *annulata* Bl., Malacca.
—   *altissima* Bl., Malacca.
—   *obtusifolia* Roxbg., Malacca.

III. — APOCYNÉES.

Leuconotis eugenifolius Jack., Bornéo.
Landolphia madagascariensis K. Schum., Madagascar.
—   *Petersiana* Th. Dyer., Congo. Zanzibar.
—   *owariensis* Pal. de Beauv., Cameroum, Gabon, Congo, Angola.
—   *Heudelotii* D. C., Sénégal, Soudan, Guinée, Fouta-Djallon, Came-
           roun.
—   *Kirkii* Th. Dyer., Zambèze.
—   *Klainei* Pierre, Congo.
—   *Perrieri* Jum., Madagascar.
—   *sphœrocarpa* Jum., Madagascar.
—   *Lecomtei* Dewèvre., Congo.
Tabernœmontana. (Plusieurs espèces utilisées à la côte occidentale d'Afrique.)
Mascarenhasia elastica K. Sch., Madagascar.
Mascarenhasia lisianthiflora D. C., Madagascar.
—   *anceps* Boiv., Madagascar.
Hancornia speciosa Gomez, Région des Tocantins (Brésil).
Kickxia elastica Preuss, Côte occidentale d'Afrique.
—   *africana* Benth.,   —   —
—   *latifolia* Stapf.,   —   —

(1) D'après M. Jumelle (*Rev. cult. col.*, 20 mars 1902), ces quatre espèces, à l'exclusion du *S. biglandulosum* Muell. Arg., produiraient seules du caoutchouc.

Carpodinus Foretiana Pierre, Afrique occidentale.
—   *Jumellei* Pierre,   —
—   *lanceolatus* K. Sch.,   —
Dyera laxiflora Hook., Péninsule malaise (1).
Parameria glandulifera Benth., Péninsule malaise et Indo-Chine.
Urceola elastica Benth., Péninsule malaise.
Ecdysanthera micrantha D. C., Indo-Chine.

IV. — ASCLÉPIADÉES.

On cite, de cette famille, le *Cryptostegia madagascariensis* Boj. comme produisant du caoutchouc pendant une partie de l'année seulement. Cette plante ne donnerait qu'un produit résineux pendant la saison pluvieuse.

Laticifères. — Le latex des plantes à caoutchouc est contenu dans des canaux désignés sous le nom de laticifères. Ce sont des tubes indéfiniment rameux, qui se montrent de très bonne heure chez l'embryon, puis s'allongent, se ramifient et s'anastomosent, en pénétrant dans les tissus de nouvelle formation à mesure que la plante s'accroît. On les rencontre dans tous les organes : racines, tiges, feuilles, fleurs et fruits. Dans la tige, on les rencontre surtout abondamment dans la moelle, quand la tige est jeune, mais en bien plus grand nombre dans la zone moyenne de l'écorce chez les tiges un peu âgées. Des anastomoses entre les laticifères de la moelle et ceux de l'écorce peuvent suivre le trajet des rayons médullaires *(Castilloa elastica* Cerv.). Dans les entre-nœuds ils sont principalement allongés parallèlement à l'axe de l'organe ; mais aux nœuds, ils possèdent de nombreuses ramifications anastomosées en tous sens.

On trouve la continuation de ces laticifères dans la racine et jusque dans les feuilles, où ils suivent les nervures avant d'aller se terminer dans le mésophylle (2).

Le diamètre des laticifères est très variable, puisqu'il atteint 55 μ chez le *Hancornia speciosa* Müell. d'Arg. (Tschirch) et ne dépasse guère 2 μ 1/2 chez le *Landolphia Petersiana* Th. Dyer (Chimani).

C'est surtout de la tige qu'on extrait le latex ; or, dans cet organe, les laticifères sont principalement dirigés suivant la longueur et présentent peu d'anastomoses transversales. Il en résulte nécessairement que de deux sections d'égale profondeur et d'égale longueur, pratiquées dans l'écorce d'une plante à caoutchouc, celle qui est dirigée perpendiculairement à l'axe de l'organe rencontre un nombre bien plus grand de laticifères que celle qui est dirigée parallèlement à l'axe. C'est d'ailleurs ce que prouve directement l'expérience (3).

Il faut reconnaître, d'autre part, qu'une autre cause vient encore s'ajouter à celle que nous venons de signaler, du moins quand on pratique des incisions longitudinales de grande étendue. C'est qu'en effet la sortie du latex est pro-

---

(1) Ridley cite un grand nombre d'espèces produisant du caoutchouc, mais nous n'indiquons ici que les producteurs les plus connus.

(2) En raison du petit nombre de laticifères que contiennent les feuilles, je ne crois pas qu'il soit pratique d'extraire le caoutchouc de ces organes, comme on l'a tenté pour la gutta-percha.

(3) Dans une série d'expériences poursuivies à Hénaratgoda, sur des Heveas cultivés, Willis a toujours observé que, toutes choses égales d'ailleurs, les incisions obliques (45° sur l'axe) fournissent environ deux fois plus de latex que les incisions longitudinales (*Cantor Lectures, Society of Arts,* by Dr Morris, C. M. G., 18 avril et 25 avril 1899.)

voquée par la tension des tissus. Par.suite de l'accroissement en diamètre de la tige, l'écorce qui l'entoure se trouve tendue, comme l'étoffe d'un vêtement trop étroit autour d'un corps trop volumineux. Et c'est précisément cette tension qui agit par compression sur les laticifères pour en expulser le latex. Mais on comprend facilement qu'il suffit d'une incision longitudinale un peu étendue pour diminuer cette tension dans de notables proportions, tandis qu'une incision transversale, quelle que soit son étendue, n'amoindrit pas cette pression, pas plus d'ailleurs qu'une ceinture divisée dans sa longueur en deux lanières ne continue à serrer le corps qu'elle entoure. En résulte-t-il nécessairement que les incisions transversales ou obliques soient seules recommandables? S'il s'agissait d'extraire le plus possible de latex d'une plante, sans aucune autre considération, il n'est pas douteux que ces incisions seraient les plus efficaces. Mais le récolteur ne doit pas seulement envisager le présent ; il lui faut encore assurer la possibilité de récoltes ultérieures. Or, à ce point de vue, il est incontestable que les incisions transversales sont désastreuses, car elles provoquent de nombreuses solutions de continuité dans les laticifères. Il est vrai que si les deux lèvres de la plaie ne sont pas trop éloignées, un tissu cicatriciel va se former pour combler cette plaie ; mais la formation de ce nouveau tissu divise les laticifères en tronçons d'autant plus courts que les incisions primitives étaient plus rapprochées les unes des autres et il en résulte que les incisions ultérieures, ne portant que sur des laticifères de peu d'étendue, ne laisseront écouler qu'une très petite quantité de latex. On ne peut remédier à cet inconvénient qu'en espaçant les saignées par de longs intervalles, car pendant ce temps se forment, à l'intérieur de l'écorce, de nouveaux tissus dans lesquels pénètrent et s'étendent les laticifères anciens.

Soit que les laticifères se trouvent plus nombreux à la base de la tige qu'à une certaine hauteur, soit que la tension des tissus corticaux y atteigne une plus grande valeur, les incisions laissent en général écouler plus de latex que des incisions égales pratiquées plus haut. Mais, si les incisions sont renouvelées un grand nombre de fois, à intervalles rapprochés, les supérieures finissent par laisser écouler une plus grande quantité de latex que les inférieures. C'est que plusieurs facteurs interviennent simultanément et que si la tension des tissus provoque la sortie du latex, il est non moins certain que l'arrivée plus ou moins facile de la sève élaborée dans les mêmes tissus doit exercer une influence marquée sur la production du latex.

Quand les incisions pratiquées dans l'écorce d'une plante à caoutchouc ne sont pas suffisamment étendues pour apporter à l'avenir un obstacle insurmontable à la circulation de la sève élaborée, non seulement la répétition de ces incisions ne diminue pas la quantité de latex qui s'écoule chaque fois, mais encore elle semble l'exagérer. Seulement, comme l'interposition des tissus de cicatrisation constitue en somme un obstacle au passage de la sève élaborée, si l'écoulement du latex s'accroît pour toutes les incisions pratiquées, il s'accroît principalement pour celles qui sont situées le plus haut sur la tige. En somme, toute plaie provoque un afflux plus abondant de matériaux destinés à la production des tissus de cicatrisation, et cet afflux de matériaux a pour conséquence indirecte la production d'une plus grande quantité de latex.

Huber a constaté qu'au Brésil les troncs d'*Hevea* exposés directement à la lumière ne fournissent que très peu de latex, tandis que les troncs situés à l'ombre, comme c'est le cas dans la forêt, en laissent écouler une plus grande quantité. Ne connaissant pas les circonstances exactes dans lesquelles cette observation a été faite, il ne nous est pas possible de prévoir l'explication qui peut en être donnée; mais, cependant, nous avons cru devoir signaler le fait, car il intéresse à un haut degré les personnes qui se livrent actuellement à la culture des plantes à caoutchouc.

En résumé, la nature, la fréquence, la profondeur et l'efficacité des entailles à pratiquer se trouvent sous la dépendance étroite des circonstances anatomiques et biologiques. Des observations isolées peuvent jeter quelque clarté sur la question; mais, seule, une étude attentive, longuement et méthodiquement poursuivie, peut l'éclairer complètement.

On sait que les feuilles des arbres à gutta-percha contiennent de la gutta, et que plusieurs procédés ont été préconisés pour extraire cette gutta. On a eu aussi l'idée d'appliquer la même méthode d'extraction aux plantes à caoutchouc (*Tropenpflanzer*, n° 5, 1900). Ces essais, poursuivis par le Dr Axel Preyer, à Ceylan, en 1899 et 1900, n'ont fourni qu'un rendement très minime (325 milligrammes de caoutchouc pour 500 feuilles d'un *Hevea brasiliensis* âgé de vingt-deux ans). Cette méthode ne paraît donc pas pouvoir passer dans la pratique.

Latex. — Le liquide blanc contenu dans les laticifères n'est pas plus la sève de la plante que le lait d'un animal n'est l'analogue du sang. Et, de même que le lait est sécrété par des glandes spéciales recevant indirectement leurs matériaux du sang, mais ne présentant aucune communication directe avec l'appareil vasculaire sanguin, de même les canaux laticifères renfermant le latex sont anatomiquement distincts des vaisseaux qui conduisent la sève.

Le latex, comme le lait, doit sa couleur blanche à la présence d'un grand nombre de globules très petits, en suspension dans un liquide à peu près incolore; en deux mots, le latex et le lait sont des émulsions naturelles. Dans ces émulsions, il faut donc distinguer le liquide ou plasma et les globules. Tandis que les globules du lait sont formés exclusivement par des graisses, les globules du latex paraissent constitués uniquement par des carbures d'hydrogène correspondant, d'une façon générale, à la formule de l'isoprène $C^5 H^8$.

Souvent le latex présente une légère teinte rosée qu'il doit à la dissolution de principes colorants contenus dans les écorces dont il provient.

Comme le lait des animaux, le latex est parfois comestible (lait d'*Hevea*) et, pour ma part, j'ai vu mes porteurs Loangos mordre à pleine bouche dans des fruits de *Landolphia* (*L. Foreti* Jum.) gorgés de latex. Celui des Euphorbes peut, au contraire, être toxique (*Euphorbia Tirucalli* L.).

La réaction du latex à la sortie du végétal est acide pour tous les *Landolphia* que j'ai eu l'occasion de rencontrer au Congo, mais à des degrés divers; je trouve, au contraire, dans mes observations écrites au jour le jour, que celui de *Manihot Glaziovii* s'est montré, à l'essai, neutre ou peut-être très légèrement alcalin. D'autre part, Biffen, Parkin et V. Romburgh sont en désaccord sur la réaction du latex d'*Hevea*. Il n'est pas inutile de présenter, à ce sujet, une observation qui a son importance. On oublie trop souvent, en effet, que le contenu des laticifères est double : d'une part, une mince couche de protoplasme pariétal, d'autre part, le latex lui-même, contenu dans ce revêtement protoplasmique, comme une énorme vacuole dans une mince pellicule de protoplasme. Or, chez les végétaux, autant qu'on a pu s'en assurer, la réaction du suc cellulaire contenu dans les vacuoles (ici le latex) présente une réaction acide, tandis que la réaction du protoplasme est généralement alcaline. Que le latex expulsé par la plante soit presque pur, il présentera une réaction acide; qu'il soit, au contraire, mélangé de protoplasme, cette réaction acide s'atténuera avec la proportion de protoplasme, et pourra même devenir alcaline si le protoplasme est en forte proportion.

Le liquide dans lequel se trouvent en suspension les globules du latex ne peut évidemment posséder une composition uniforme pour toutes les plantes à caoutchouc, et même pour le latex d'une même espèce, suivant la nature du sol et aussi suivant les conditions climatériques. Il est incontestable, en effet, qu'il doit tenir en dissolution toutes les substances solubles du protoplasme, c'est-à-dire albumine, sels minéraux ou organiques, glucose, etc. Les analyses qui ont été faites de différents latex signalent la présence de ces diverses catégories de substances. Il nous paraît donc inutile de fournir ici des chiffres qui n'ont rien d'absolu et qui sont susceptibles de varier avec toutes les conditions de milieu exerçant leur action sur la plante.

Avant de passer à l'étude des globules, nous voulons cependant signaler encore un caractère du liquide, c'est sa richesse en oxydase, du moins dans les plantes jeunes. Le latex que nous avons extrait d'un plant de *Castilloa elastica* Cerv., mesurant 60 centimètres de hauteur, bleuissait très énergiquement la teinture de gaïac. Nous avons obtenu le même bleuissement, mais beaucoup moins prononcé, avec du latex de *Landolphia Hendelotii*, venant de Kouroussa et *conservé pendant près de trois ans* grâce à l'addition d'un antiseptique qui devait être le formol. Quel peut être le rôle de ces oxydases dans le latex? On ne peut évidemment, à ce sujet, émettre que des hypothèses. Mais je ne serais pas éloigné de croire, pour ma part, que la présence de divers sucres dans le latex, signalée pour la première fois par A. Girard, est précisément le résultat de l'action des oxydases sur les carbures constituant les globules, et ces carbures nous apparaîtraient alors comme des réserves transitoires, au même titre que le glycogène contenu dans les cellules hépatiques des animaux.

Les globules en suspension dans le latex sont généralement très petits. Chez diverses espèces du genre *Landolphia*, ils ne nous ont pas paru dépasser 1 μ; mais chez le *Castilloa elastica* Cerv. ils mesurent jusqu'à 3 μ et 3,5 μ. D'après Adriani, les dimensions extrêmes seraient 0,8 μ et 5,1 μ. Bien entendu, la composition chimique de ces globules ne peut être connue qu'indirectement, par l'analyse du caoutchouc dont ils sont les parties constituantes et, de cette analyse elle-même, il ne faut retenir que le résultat brut, car les distillations successives auxquelles on soumet cette substance nécessitent une élévation de température qui doit avoir pour résultat de modifier l'agrégation moléculaire.

Si nous nous en tenons à ce résultat brut, nous constatons que la composition du caoutchouc peut être exprimée approximativement par la formule C^5H^8. Je dis *approximativement*, car les résultats de toutes les analyses ne sont pas exactement concordants, ce qui s'explique fort bien par les modifications chimiques dont cette substance peut être l'objet sous l'influence des oxydases par exemple. Encore ne faut-il pas conclure que la formule C^5H^8, si les résultats étaient concordants, représente exactement la composition du corps qui constitue le caoutchouc. Et, de fait, par des distillations successives, on obtient des carbures appartenant à des séries différentes. La formule C^5H^8 représente donc une moyenne de composition et n'est pas une formule chimique au sens propre du mot.

Coagulation (1). — Ces globules réunis, agglomérés, constituent le caoutchouc

(1) Au cours d'un voyage au Congo, effectué en 1893-1894, nous avons eu l'occasion d'expérimenter un très grand nombre de procédés de coagulation ; les principaux résultats de ces études ont été

et c'est précisément le résultat de l'opération connue sous le nom de coagulation.

Quand on fait agir sur le lait de vache la présure extraite de la caillette du veau, cette présure provoque la solidification de l'albumine (caséine) dissoute dans le liquide et c'est cette caséine qui entraîne les globules de graisse pour former le lait caillé. Le liquide restant ne contient plus les globules et en même temps il a perdu la caséine qu'il tenait auparavant en dissolution. Mais, dans le coagulum ainsi formé, les globules ne sont pas nécessairement fusionnés ; ils sont simplement emprisonnés dans un réseau de caséine. Cette coagulation ne pourrait donc se produire si la caséine n'existait pas.

De même, quand le sang se coagule, c'est la fibrine, sous forme d'un fin réseau, qui entraîne les globules du sang pour former le caillot, comme le filet dans la rivière entraîne les poissons.

Puisque le latex des plantes à caoutchouc contient aussi des substances albuminoïdes en dissolution dans le liquide, on pourrait concevoir la coagulation de ce latex comme étant absolument analogue à celle du lait. (Biffen, Parkin.)

D'autre part, quand la crème s'est séparée du lait, cette crème est constituée par les globules de graisse qui surnagent en raison de leur plus faible densité. Il suffit de battre fortement cette crème pour que les globules, jusque-là distincts, perdent leur individualité et se fusionnent en une masse continue qu'on appelle le beurre. Ici, il n'y a plus entraînement des globules par une substance intermédiaire, mais véritablement fusion, coalescence des globules. On conçoit facilement que la coagulation des latex à caoutchouc puisse être envisagée comme une opération de coalescence des globules, analogue à ce qui se produit dans la fabrication du beurre.

En ce qui me concerne, je pense que la coalescence des globules peut seule donner naissance à du caoutchouc, mais une coalescence incomplète, les globules se soudant les uns aux autres par leurs points de contact, sans se fondre complètement les uns dans les autres.

Que les substances azotées, dissoutes dans le liquide, interviennent souvent dans ce phénomène et provoquent une coagulation préparatoire, je ne le conteste pas. Si, par l'action de la chaleur ou d'un réactif approprié, on détermine la solidification de ces substances azotées, il est clair qu'elles entraînent les globules du latex, comme la fibrine entraîne les globules du sang, et que ces globules, ainsi rapprochés, pourront plus facilement se souder les uns aux autres. En d'autres termes, cette opération rapproche les globules les uns des autres, comme l'écrémage les rapproche dans le lait des animaux. Mais si la présence de matières azotées peut présenter un certain intérêt à ce point de vue, elle est cependant nuisible, en ce sens qu'elle constitue une condition particulièrement favorable au développement des agents de putréfaction. Et, de fait, comme nous venons de le dire plus haut, les latex qui fournissent les meilleurs caoutchoucs sont précisément ceux qui contiennent le moins de substances azotées.

On sait que, dans le barattage de la crème pour la fabrication du beurre, l'opération ne réussit qu'avec le concours de la chaleur, et, pour satisfaire cette condition, la crème est un peu chauffée avant d'être barattée. A. Girard a pensé qu'il en était de même pour la coagulation du caoutchouc, et on a voulu voir

consignés dans un rapport autographié et distribué à un nombre très limité d'exemplaires par les soins de la Société d'études du Congo.

là une analogie avec la coalescence des globules de crème pour donner le beurre.

Nos expériences personnelles, réalisées sur le latex de *Landolphia Heudelotii*, viennent infirmer cette manière de voir, car nous avons pu nous assurer que ce latex, maintenu à 0° centigrade, se coagule facilement par addition d'alcool, lui-même refroidi à 0° centigrade, et que la quantité d'alcool nécessaire pour provoquer la coagulation complète n'est pas sensiblement plus grande dans ce cas particulier qu'à une température de + 32° centigrades. D'ailleurs, nous ne croyons pas qu'on soit jamais arrivé à fabriquer du beurre, en partant de la crème, autrement que par une agglomération mécanique des globules, tandis que la préparation du caoutchouc peut être le résultat d'une action chimique ou calorifique. Il existe donc entre ces deux coagulations des différences profondes qu'il n'est peut-être pas encore l'heure de dégager nettement, mais qui s'affirmeront probablement à mesure qu'on se fera une idée plus complète de la coagulation des latex. Il me semble que les latex riches en substances albuminoïdes, dont la coagulation emprisonnerait les globules, ne fourniraient qu'une substance aussi éloignée du caoutchouc proprement dit que le lait caillé diffère du beurre.

Il ne sera pas inutile d'indiquer ici, très sommairement du moins, les différentes causes qui peuvent provoquer la coagulation des latex.

1° *Agents mécaniques.* — A vrai dire, les agents mécaniques ne déterminent pas la coagulation, mais la préparent plus ou moins, en rapprochant les globules. Les latex, comme le lait, peuvent être écrémés, car les globules, moins denses que le plasma, montent par le repos former à la surface une sorte de crème. La force ascensionnelle des globules est proportionnelle, d'une part, à leur volume et, d'autre part, à la différence de densité entre le liquide et les globules. Mais un autre facteur intervient, c'est la viscosité du plasma, provoquée par la présence de matières albuminoïdes ou de sucre. Il est évident, *a priori*, que l'ascension des globules est d'autant plus difficile que la viscosité du liquide est plus grande.

Dans un latex, les globules ne sont point tous de même taille. Les plus grands montent donc par le repos à la surface former une crème, mais les plus petits, ceux dont la force ascensionnelle est incapable de vaincre la viscosité du liquide, restent en suspension dans ce liquide et lui conservent une couleur blanche plus ou moins prononcée.

La même séparation des globules peut être obtenue au moyen d'un appareil analogue aux écrémeurs centrifuges; mais, bien entendu, la vitesse de rotation doit être d'autant plus grande que les globules sont plus petits. Pour le lait de *Castilloa elastica* la vitesse nécessaire dépasse déjà 6,000 tours à la minute.

En additionnant d'eau les divers latex, on provoque la montée des globules et la crème se forme beaucoup plus facilement que si ces mêmes latex ne sont pas étendus d'eau. L'explication de ce fait est très simple : en ajoutant de l'eau à un latex, on dilue de plus en plus les substances dissoutes dans le plasma et on rend ce dernier d'autant plus fluide que la quantité d'eau ajoutée est plus grande. La viscosité du liquide se trouvant par là très atténuée, les globules montent plus facilement à la surface. L'addition de l'eau constitue donc, en somme, non pas une action chimique, mais plutôt une action mécanique.

Certains réactifs, cités par tout le monde comme des agents chimiques de coagulation, n'agissent d'ailleurs qu'en modifiant les conditions mécaniques de l'ascension des globules. C'est le cas du bichlorure de mercure en solution aqueuse. Il élève la densité du liquide sans modifier celle des globules et, comme la force ascensionnelle de ces globules est proportionnelle à la différence de densité du plasma et des globules, ceux-ci viennent se rassembler très vite à la surface. Il suffit d'agiter le récipient pour disséminer les globules et reconstituer le latex (1).

Ainsi, il faut bien le remarquer, dans les diverses circonstances énoncées ci-dessus, il y a rassemblement des globules, il n'y a pas coagulation proprement dite. Mais il suffit de faire disparaître par un moyen quelconque (évaporation, pression, etc.) l'eau interposée entre les globules pour provoquer la soudure — à dessein je ne dis pas le fusionnement — de ces globules.

2° *Agents physiques*. — La chaleur doit être placée au premier plan. En effet, en ce qui me concerne, je ne connais pas de latex qui soit réfractaire à cet agent physique. Mais les uns se coagulent par simple élévation de température, sans le concours d'une évaporation énergique, ce sont les meilleurs; les autres, au contraire, se coagulent seulement par une ébullition plus ou moins prolongée qui entraîne une évaporation notable du liquide. Ceux-ci ne fournissent, en général, qu'un produit de mauvaise qualité, destiné à se durcir rapidement et à perdre toute trace d'élasticité. En ce qui concerne les *Landolphia* d'Afrique, j'ai toujours constaté que les latex fournissant du vrai caoutchouc se coagulent complètement avant d'atteindre la température d'ébullition ; les autres ne se coagulent que peu à peu, à la suite d'une ébullition prolongée. Ces derniers fournissent toujours des produits adhérents, d'aspect nacré, qui sont d'abord élastiques, mais qui durcissent dès le lendemain de la préparation et sont à peu près inutilisables.

La préparation du caoutchouc d'*Hevea* du Brésil par l'enfumage rentre dans cette catégorie. Le noir de fumée et les produits volatils de la combustion n'interviennent vraisemblablement qu'à titre d'antiseptiques.

Il ne me paraît pas non plus que la coagulation spontanée puisse être attribuée à autre chose qu'à une lente évaporation du liquide, dans laquelle la chaleur intervient naturellement, soit que cette coagulation se produise dans les laticifères eux-mêmes, soit à la surface de l'écorce des végétaux incisés, soit sur la peau chaude et humectée de sueur des récolteurs.

3° *Agents chimiques*. — Nous comprendrons sous cette rubrique toutes les substances — réactifs ou produits naturels — qui provoquent la coagulation des latex, sans qu'il soit possible pour le moment d'expliquer leur action par une modification mécanique ou physique du milieu.

Nous considérerons d'abord les produits de laboratoires.

a) ALCOOLS (2). — L'alcool ordinaire est un bon coagulant pour tous les latex, mais, chose curieuse, nous avons trouvé, en opérant avec des alcools purs, que les différents alcools monatomiques possèdent un pouvoir coagulant très différent, qui croît avec la condensation de la molécule, dans l'ordre suivant : 1° Alcool méthylique; 2° alcool éthylique; 3° alcool propylique; 4° alcool butylique; 5° alcool amylique. Ce dernier étant de beaucoup le plus actif, il suffit de la présence d'une faible proportion de cet alcool dans l'alcool éthylique pour communiquer à ce dernier un pouvoir coagulant beaucoup plus considérable. Or, dans les distillations trop poussées, les alcools obtenus sont toujours chargés d'alcools supérieurs très favorables à la coagulation.

(1) LECOMTE. *Bull. du Muséum d'Hist. nat.*, 1902, pp. 142 et suiv.
(2) id. *Ibid.*

b) Acides. — La plupart des acides minéraux et organiques provoquent la coagulation des latex. Au premier rang des premiers, nous citerons l'acide sulfurique, puis l'acide azotique et l'acide chlorhydrique. Parmi les acides organiques, signalons l'acide acétique et l'acide oxalique.

Les acides minéraux exerçant habituellement sur le caoutchouc une action destructive, nous avons recommandé depuis longtemps de verser le latex dans le réactif étendu d'eau jusqu'à épuisement du pouvoir coagulant. A ce moment, tout l'acide est employé et le caoutchouc peut se conserver dans de bonnes conditions.

c) Sels. — Nous avons signalé plus haut, à propos des agents mécaniques, l'action du bichlorure de mercure. Il est probable que des sels préconisés jusqu'ici : chlorure de sodium, iodures, fluorures, alun, etc., quelques-uns doivent leurs propriétés à la même cause que le bichlorure. Nous ne possédons pas une quantité suffisante de latex pour entreprendre une étude suivie dans cet ordre d'idées.

Fait curieux, et que nous avons déjà eu l'occasion de signaler (1), certains de ces réactifs provoquant la coagulation d'un latex peuvent très bien n'exercer aucune action sur le latex d'une espèce très voisine. C'est ce que nous avons constaté pour les acides et l'alun au sujet des diverses espèces du genre *Landolphia*; mais, dans les pays où se trouvent les plantes à caoutchouc, il est souvent difficile de se procurer des réactifs; on a donc été amené à utiliser les sucs des végétaux; ceux qu'on préconise le plus sont les suivants : feuilles de *Bauhinia reticulata* L.; feuilles de *Tamarinus indica* L.; feuilles de Baobab (*Adansonia digitata* L..). Nous ne croyons pas cependant que le suc extrait de ces feuilles emprunte son pouvoir coagulant au tanin, mais plutôt aux acides, comme, d'ailleurs, les feuilles de divers *Hibiscus, Cactus, Ficus*, etc. D'après Chevalier, on peut même utiliser le fruit du *Landolphia Heudelotii* D. C., avant la maturité.

Comme on le voit par cet exposé, nécessairement très sommaire, la coagulation des latex peut être obtenue par une multitude de procédés. Nous n'hésitons pas à déclarer, pour notre part, que la chaleur nous paraît être de beaucoup le meilleur agent de coagulation, probablement aussi le plus général.

Procédé suivi à Para. — Il nous reste, pour ne pas nous confiner exclusivement dans le domaine des indications théoriques, à décrire dans ses détails un procédé suivi dans un pays de grande production. Nous ne pouvons mieux faire que de choisir la coagulation du latex au Para. Le latex ayant été recueilli en suffisante quantité, le seringuero le verse dans un vase plat et large. Puis il allume un feu de bois qu'il couvre d'un tuyau ou entonnoir (diable) faisant fonction de cheminée; par l'extrémité supérieure de cette cheminée il jette sur le feu des noix de divers palmiers, tels que *Attalea excelsa, Maximiliana regia* ou bien des noix de *Bertholletia excelsa*. Quand le feu laisse échapper une fumée abondante et claire, le seringuero, s'armant d'une longue palette de bois au préalable enduite d'argile, trempe l'extrémité élargie de cette palette dans le latex et la place dans la fumée, en retournant dans tous les sens; il se produit, par l'effet de la chaleur, une mince couche de caoutchouc. L'ouvrier recommence et le nouveau latex se coagule à son tour. On poursuit cette opération jusqu'au

---

(1) *Bull. du Muséum d'Hist. nat.*, 1901, n° 4, pp. 192 et suiv.

moment où le biscuit de caoutchouc n atteint les dimensions habituelles (épaisseur ordinaire des biscuits, 10 à 12 centimètres). Biffen a montré que la fumée produite par les noix de palmier contient de l'acide acétique et de la créosote; le premier produit aide probablement à la coagulation; quant à la créosote, elle constitue, avec le noir de fumée, un excellent antiseptique, empêchant toute putréfaction de se produire ultérieurement dans les biscuits de caoutchouc.

Extraction des écorces. — Nous croyons devoir faire une place à part à un mode d'extraction qui a été préconisé depuis quelques années et qui est même déjà entré dans le domaine de l'application pratique. Cette méthode repose sur le fait constaté que le latex des *Landolphia* se coagule spontanément dans les laticifères des lianes coupées, et forme, dans ces laticifères, des filaments ténus, distribués comme les canaux qui les contiennent. Cette méthode est pratiquée depuis longtemps par les nègres de la colonie d'Angola; ces récolteurs de caoutchouc utilisent les parties souterraines de plusieurs Apocynées de petite taille et les traitent de la même façon que nous traitons le chanvre et le lin dans nos pays pour en retirer la filasse, à cette différence près que le produit obtenu est composé de filaments de caoutchouc, qu'ils agglomèrent par le malaxage dans l'eau chaude et par le battage.

Les procédés d'extraction préconisés pour le caoutchouc des écorces peuvent être groupés en plusieurs catégories. Les uns dissolvent le caoutchouc par des réactifs appropriés et le régénèrent ensuite; les autres se contentent d'éliminer les tissus végétaux qui emprisonnent le caoutchouc; cette élimination peut être le résultat ou d'un traitement mécanique, ou d'une action chimique, ou bien d'une action combinée des deux moyens précédents.

Jusqu'à ce jour, un certain nombre de brevets ont déjà été délivrés et, ne pouvant les analyser tous ici, nous avons cru devoir nous renfermer dans des généralités plutôt que d'escompter les résultats d'un procédé aux dépens des autres.

Quoi qu'il en soit, la méthode est ingénieuse et, si elle ne peut être d'une application générale sans devenir une cause de destruction rapide des plantes à caoutchouc, il est hors de doute cependant que, dans certains cas déterminés, elle peut permettre l'extraction de la presque totalité du caoutchouc contenu dans des plantes sacrifiées; car, sans aucun doute, il faut prévoir, même dans les forêts, la disparition et le remplacement progressif des lianes. Mais je ne crois pas qu'elle puisse être appliquée dans le cas des arbres tels que l'*Hevea* ou le *Castilloa*.

Production dans le monde. — La production du caoutchouc était, il y a un siècle, à peu près insignifiante; actuellement, elle compte parmi les plus importantes des pays tropicaux. Et c'est encore le Nouveau-Monde qui en a le monopole, comme il possède ceux du coton et du café.

Le Brésil, qui détient déjà le monopole de la production du café, est encore le grand producteur de caoutchouc; non seulement le caoutchouc du Brésil est fourni en grande quantité, mais c'est encore celui qui est le plus apprécié sur tous les marchés du monde.

Il ne peut pas entrer dans nos vues de surcharger cette conférence, déjà si longue, de chiffres fastidieux; nous resterons dans les grandes lignes du sujet. Or l'Amérique paraît produire en ce moment à peu près 30.000 tonnes de caoutchouc par an; les autres pays réunis représenteraient un maximum de 18.000 tonnes.

Sur les 30.000 tonnes de provenance américaine, il faut compter 23 ou 24.000 tonnes du Brésil, de telle sorte que le Brésil produit environ la moitié de tout le caoutchouc récolté dans le monde entier. Ajoutons qu'au Brésil même, c'est dans le bassin des Amazones que se trouve confinée la plus grande production, et principalement dans l'État de Para. En moins de vingt ans la région des Amazones a plus que doublé sa production de caoutchouc (1).

L'Afrique, y compris Madagascar, produit annuellement 15.000 tonnes environ, dont plus de la moitié pour l'État indépendant du Congo et l'Angola.

L'Asie et l'Océanie ne produisent ensemble que 2 à 3.000 tonnes au maximum, ce qui porte la production totale du monde entier à environ 48.000 tonnes.

Dans ce total, il nous importe surtout de savoir quelle est la part des colonies françaises.

Actuellement nos possessions de l'Afrique occidentale, Madagascar et l'Indo-Chine sont à peu près les seules de nos colonies produisant du caoutchouc. Le total de cette production dépasse 3.500 tonnes, se répartissant comme il suit :

	ANNÉES	
	1899	1900
	Kilogrammes.	Kilogrammes.
Sénégal et Soudan	477.554	440.394
Côte d'Ivoire	634.586	1.051.781
Dahomey	14.445	19.875
Congo	670.172	655.241
Indo-Chine	52.862	339.899
Nouvelle-Calédonie	1.524	23.110

Il faut y ajouter la Guinée Française et Madagascar, dont les exportations sont portées en valeurs seulement dans les tableaux officiels du commerce des colonies :

	ANNÉES	
	1899	1900
	Francs.	Francs.
Guinée	6.993.577	7.580.420
Madagascar	2.213.149	1.831.709

En supposant que la valeur attribuée au caoutchouc soit de 6 francs le kilogramme dans ces deux colonies, le montant des exportations de 1900 s'élèverait à 1.263.000 kilogrammes pour la Guinée et à 305.000 kilogrammes pour Madagascar. Il faut d'ailleurs noter que Madagascar a vu ses exportations s'abaisser encore en 1901 et tomber à la valeur de 667.480 francs.

Notre colonie du Congo, par exemple, est bien loin d'atteindre, à ce point de vue l'activité de son voisin, l'État Indépendant. En effet, la production du Congo belge, qui s'élevait à 18 tonnes seulement en 1886, atteignait déjà 4.900 tonnes en 1900, contre 650 tonnes seulement pour le Congo français. Cette différence

(1) On peut se rendre compte de l'importance de cette production pour le budget de l'État du Brésil si on veut bien se rappeler que, pour l'État de Para, qui est le plus fort producteur, les droits de sortie s'élèvent à 23 0/0 de la valeur du caoutchouc.

tient à des causes multiples, que nous ne signalerons pas ici, pour ne pas nous éloigner de notre sujet.

La production de caoutchouc dans nos colonies peut-elle subvenir aux besoins de notre industrie? Nous ne pouvons nous prononcer en connaissance de cause car, malheureusement, les statistiques françaises comprennent sous une seule rubrique le caoutchouc et la gutta-percha, de telle sorte qu'on ignore exactement les quantités respectives de ces deux substances qui sont utilisées par l'industrie française.

Mais, du moins, nous pouvons, par l'examen des statistiques coloniales, nous rendre compte que le caoutchouc de nos colonies est surtout drainé par le commerce étranger, au lieu d'arriver directement sur les marchés français. Les chiffres suivants le font voir mieux que toute dissertation.

Exportation de caoutchouc des colonies d'Afrique et de Madagascar.

Pays.	DESTINATION	
	France.	Pays étrangers.
Sénégal et Soudan, 1900. . . .	87 0/0	13 0/0
Guinée française, 1900	10,4 0/0	89,6 0/0
Côte d'Ivoire, 1900	1,7 0/0	98,3 0/0
Dahomey, 1900.	14,9 0/0	85,1 0/0
Congo, 1900	48,4 0/0	41,6 0/0
Madagascar, 1901.	37 0/0	53 0/0

Comme on le voit par ce tableau, nos colonies, à l'exception du Sénégal, exportent leur caoutchouc à l'étranger et c'est surtout le cas de la Guinée et de la Côte d'Ivoire, qui comptent parmi les principaux pays producteurs. En somme, sur une production totale de 3.700.000 kilogrammes pour l'Afrique et Madagascar réunis, le commerce français ne reçoit pas plus de 900.000 kilogrammes, soit 24 0/0 des exportations totales. Tout le reste est transporté par des navires étrangers dans des ports étrangers!

Ces chiffres se passent de commentaires et montrent que notre commerce colonial est bien loin de développer l'activité nécessaire.

Essais de culture. — Jusqu'ici la production du caoutchouc a pu répondre aux besoins d'une consommation de jour en jour plus grande; mais on peut se demander s'il en sera toujours ainsi; car, si l'accroissement de l'utilisation industrielle est presque indéfini, celui de la production naturelle est nécessairement limité par l'extension et par le nombre des végétaux producteurs.

Or la consommation s'accroît très rapidement ; celle des États-Unis qui était de 16 millions de livres anglaises en 1880, s'élevait à 45 millions en 1900 et se trouvait ainsi presque triplée en vingt ans. En Allemagne, la consommation s'élevait de 4.300 tonnes en 1889 à 7.600 tonnes en 1898. Dans ces conditions, il faut s'attendre à voir, dans un avenir prochain, la production du caoutchouc suivre difficilement la progression des besoins industriels.

Malgré l'étendue immense des territoires à caoutchouc, malgré les réserves en apparence inépuisables de lianes et d'arbres connus ou inconnus que recèlent les forêts tropicales, nous ne pensons pas que l'avenir de la production soit sans nuages.

En effet, les lianes s'épuisent rapidement par la destruction qu'en poursuivent, sans souci du lendemain, des récolteurs aussi rapaces que peu consciencieux; quant aux arbres tels que les *Ficus*, *Hevea* et *Castilloa*, qu'on saigne périodiquement sans les abattre, il faut bien reconnaître que peu à peu il deviendra nécessaire de ne plus se contenter de ceux de ces arbres qu'on trouve facilement au bord des cours d'eau et qu'il faudra les rechercher partout où ils existent, même au prix de transports onéreux.

Les difficultés d'exploitation des arbres sont telles que, même dans les pays producteurs, on a senti la nécessité d'organiser des cultures méthodiques, pour remplacer l'exploitation actuelle, qui est très pénible.

Mais les essais tentés jusqu'à ce jour, pour nombreux qu'ils soient, n'ont peut-être pas été poursuivis avec toute la méthode désirable et les résultats enregistrés sont souvent contradictoires.

L'*Hevea brasiliensis* Mull. Arg. a été pour la première fois introduit en Europe en 1876 par les soins de l'India Office, qui avait reçu 70.000 graines de M. H.-A. Wickham, sujet anglais établi dans l'Amazone. Ces graines conservant peu de temps leur faculté germinative, il y eut un déchet considérable. Mais cependant, le 12 août 1876, 1.900 plants étaient expédiés à Ceylan en caisses vitrées ; d'autres plants furent en même temps expédiés dans les autres colonies anglaises des diverses régions du globe. La même année Cross adressait à Kew des plants vivants provenant de l'Amazone et cet envoi fut réexpédié à Ceylan, à Calcutta, en Assam et en Birmanie. En 1879, les *Hevea* de Perak avaient déjà 12 à 14 pieds de haut et, à dix ans, treize de ces arbres atteignaient 22 mètres de haut; ceux de Calcutta et de l'Assam ne réussirent point; par contre, les essais entrepris à la Jamaïque furent très heureux.

En ce qui concerne le rendement, les résultats obtenus à Buitenzorg furent très médiocres ; ceux de Singapore (deux livres de caoutchouc à neuf ans) et de Henaratgoda (arbres de douze ans, 675 grammes par an) furent plus satisfaisants. Au Brésil on compte, il est vrai, 2 kilogrammes et demi de caoutchouc en moyenne par arbre et par an ; mais les arbres venant de culture sont jusqu'ici trop jeunes pour qu'on puisse se rendre compte du rendement total qu'ils pourront donner quand ils auront atteint leur plein développement.

Dans les colonies françaises, l'introduction de l'*Hevea* ne date pas de plus de cinq ou six ans. Il est vrai que, dans ces derniers temps, les Compagnies de colonisation ont montré un louable empressement pour la propagation des plantes à caoutchouc; mais les essais sont trop récents jusqu'à ce jour pour qu'il soit possible d'escompter leurs résultats.

Pour le *Manihot Glaziovii* Mull. Arg., ou caoutchouc de Ceara, les essais d'acclimation datent aussi de 1876, époque à laquelle Cross expédia à Kew des graines et des plants provenant d'une localité située à trente mille anglais de Ceara. L'arbre fut dès ce moment propagé dans toutes les colonies anglaises et plus tard dans les colonies françaises de la Côte occidentale d'Afrique. Cet arbre à caoutchouc vient presque toujours très bien ; malheureusement il ne donne qu'un rendement insuffisant. A Ceylan, un ouvrier ne réussissait à récolter dans une journée qu'une quantité de latex suffisante pour produire au plus 100 grammes de caoutchouc. A la Côte occidentale d'Afrique, et en particulier au Congo, où nous avons déjà vu de belles plantations en 1893, les estimations ne dépassent guère 150 grammes de caoutchouc par récolteur et par jour.

Nous avons eu, pour notre part, l'occasion de saigner des caoutchoutiers de Ceara, soit à Loango, soit à Mayomba, et nous pensons que ces estimations sont au-dessous de la réalité, quand le Manihot est cultivé dans un sol et dans des conditions convenables (1).

Actuellement, le *Manihot Glaziovii* Mull. Arg. existe dans toutes les colonies françaises; nous espérons qu'on sera fixé prochainement sua le rendement qu'il peut donner.

Les *Ficus* font depuis longtemps l'objet de cultures suivies dans l'Inde et à Java; les résultats fournis par ces cultures sont très variables (2).

Le *Castilloa* fut introduit en Angleterre dès 1875 et presque immédiatement propagé dans la plupart des colonies anglaises; nous en avons rencontré de très beaux spécimens au Jardin botanique de Port-d'Espagne (Trinidad). Malheureusement encore, le rendement est faible pour certaines régions. A Ceylan, d'après Trimen, soixante-dix-sept arbres saignés à cinq ans ne donnèrent qu'une moyenne de 64 grammes de caoutchouc par arbre, et à douze ans, 122 grammes, ce qui est notoirement insuffisant. C'est seulement dans ces dernières années que le *Castilloa* a été introduit dans nos colonies. En 1898, nous avions l'occasion de constater que le *Castilloa* était totalement inconnu dans les Jardins botaniques de la Basse-Terre, de Saint-Pierre et de Cayenne, alors que les jardins anglais de la Trinidad et de Sainte-Lucie en possédaient de beaux spécimens âgés de huit à dix ans (3).

On a même conseillé la culture des lianes du genre *Landolphia*, alors qu'on ignore de la façon la plus absolue le temps qu'il faut à une liane pour atteindre le développement qui permet la saignée. De ce fait que d'habiles horticulteurs ont réussi à semer ou à multiplier des *Landolphia* et qu'ils ont pu obtenir des plants atteignant la grosseur d'un crayon, on conclut immédiatement que la culture serait possible. C'est aller beaucoup trop vite (4).

Nous ne donnerons pas ici, car nous ne voulons pas fatiguer le lecteur, une énumération fastidieuse et inutile d'essais et de résultats contradictoires, dans des conditions qui ne sont généralement pas indiquées. Les livres spéciaux contiennent à ce point de vue des renseignements nombreux que le futur planteur pourra consulter; nous voulons dire simplement, pour résumer les notions qui précèdent, que tous les essais entrepris, du moins dans nos colonies, ont été poursuivis isolément, sans méthode, et qu'il est presque impossible d'en déduire des conclusions certaines, alors que ces conclusions s'imposeraient, si on avait pris soin de prescrire les conditions diverses dans lesquelles les essais devaient être poursuivis. Tout ce qu'on sait, c'est que les conditions de milieu sont d'une importance capitale : le *Ficus elastica* donne de bons résultats dans les montagnes de l'Assam ; cultivé dans les régions basses du même pays, il ne produit presque pas de caoutchouc; transporté en Algérie et en France, il n'en produit pas. Au Brésil même, comme nous l'avons dit plus haut, les arbres appartenant à l'espèce *Hevea brasiliensis* produisent beaucoup moins de latex et de caoutchouc quand le

---

(1) Il est certain que cet arbre à caoutchouc vient beaucoup mieux et produit plus de latex dans les terres fertiles que sur les sols secs et pierreux qu'on préconise d'habitude.C'est d'ailleurs l'opinion qui nous a été exprimée très nettement par M. Glaziow.

(2) Le Dr Oxel Preger (*Tropenpflanzer*, n° 9, 1900) rapporte qu'à Subang (Java) des *Ficus* plantés en 1864 et mis en exploitation depuis 1881 donnent un rendement moyen de 600 grammes de caoutchouc par arbre. Mais la plantation ne contient que cent vingt-cinq arbres à l'hectare.

(3) Le Dr Oxel Preger dit que dans une plantation de Subang (Java) les *Castilloa elastica* sont espacés à raison de quatre cents par hectare et qu'à huit ans ils ont fourni une moyenne de 200 grammes de caoutchouc par arbre et par année.

(4) M. Gentil a fait planter plusieurs centaines de pieds de *Landolphia owariensis* ou *Matofe-Mongo* lors de son premier séjour au Congo.

tronc reçoit directement le soleil que si le tronc se trouve maintenu à l'ombre dans l'épaisseur de la forêt (Huber). Van Romburgh a montré que le *Mascarenhasia elastica* K. Sch., de Madagascar, importé à Java et placé en apparence dans de bonnes conditions ne produit qu'une quantité à peine appréciable de latex. Nous avons pu nous assurer nous-même, au Congo français, que des plants de *Manihot Glaziovii*, de même origine et approximativement de même âge, fournissaient une assez forte proportion de caoutchouc sur les collines avoisinant la lagune de Mayomba, alors que les plants de la mission catholique de Loango, dans un terrain bas, à proximité de la mer, ne donnaient que très peu de latex.

Nous n'insisterons pas davantage; ces quelques exemples suffisent, en effet, pour montrer quelle circonspection il faut apporter dans les entreprises de culture, quand il s'agit des plantes à caoutchouc, et surtout quel degré de confiance il convient d'accorder à certaines réclames intéressées.

La conclusion légitime qu'il faut tirer de ce qui précède, c'est que des essais méthodiques, entrepris dans des conditions déterminées, d'après un programme bien établi, s'imposent dans chacune de nos colonies, non seulement pour rechercher quelles sont les plantes les plus avantageuses à cultiver, mais encore pour établir les conditions exactes dans lesquelles ces cultures doivent être poursuivies.

De tels essais exigent des observations longuement poursuivies, et il est très difficile, sinon impossible, à des particuliers, d'entreprendre des expériences d'aussi longue haleine; seule, l'Administration des Colonies pourrait le faire dans chacune de nos possessions tropicales, avec le concours permanent et éclairé du personnel de nos jardins d'essais. C'est à cette œuvre d'intérêt général que nous nous permettons de la convier à consacrer ses efforts (1).

M. Edmond PERRIER

de l'Institut, Directeur du Muséum d'histoire naturelle.

L'INSTINCT

— *11 mars* —

MESDAMES, MESSIEURS,

Les théologiens et les philosophes qui — pour les gens de science — se ressemblent plus qu'ils n'imaginent, ont répandu un peu partout la croyance que l'homme était un être à part, n'ayant rien de commun avec le reste de la

---

(1) Principaux ouvrages sur le caoutchouc :
CHAPEL. *Le caoutchouc et la gutta-percha*, Paris, 1892;
TH. SEELIGMANN. *Lamy-Torrilhon et Falconnet, id.*, Paris 1896;
H. JUMELLE. *Les plantes à caoutchouc et à gutta*, Paris 1898;
P. GRÉLOT. *Origine botanique des caoutchouc et gutta percha*, Nancy 1899;
WARBURG. *Les plantes a caoutchouc et leur culture* (Traduction de J. Vilbouchevitch), Paris 1902.

nature, fait à l'image de Dieu suivant les uns, résumé de l'univers entier, suivant les autres, centre du monde créé tout exprès pour lui, suivant le plus grand nombre. La thèse était trop flatteuse pour ne pas être facilement acceptée ; nous nous sommes très vite convaincus que les philosophes et les théologiens avaient raison ; nous avons sans peine déclaré que nous étions d'une autre essence que les animaux, et il a même été question un moment de proclamer, qu'au point de vue de l'esprit tout au moins, il n'y avait rien de commun entre l'homme et la femme. Les femmes ont, depuis, largement pris leur revanche. Il n'en a pas été de même des animaux ; aussi réservant pour nous l'intelligence, nous continuons à qualifier du nom d'*instinct* la faculté psychique qui dirige et coordonne tous leurs actes. L'arrêt semble d'autant plus légitime que l'incapacité où sont les animaux de le frapper d'appel en paraît, au premier abord, une confirmation péremptoire. Cependant, l'observation journalière de ceux d'entre eux qui nous entourent, nous les montre beaucoup plus semblables à nous-mêmes qu'on ne l'imagine souvent. Amenez un Chat dans un appartement inconnu de lui, il commencera par inspecter et flairer en détail tous les objets, fixant dans sa mémoire non seulement l'aspect, mais aussi l'odeur de tout ce qui peut, dans sa nouvelle résidence, lui fournir des points de repère ; bientôt il circulera dans l'appartement, si compliqué qu'il soit, sans jamais se tromper, apprendra l'usage de chaque pièce, viendra miauler le matin à la porte des chambres où ses maîtres sont encore couchés, ira rendre visite à chacun d'eux, s'arrêtant là où il est le plus choyé, demandera à sortir s'il éprouve quelque désillusion quant aux caresses qu'il attend ou s'il est sollicité par l'espérance de quelque aubaine ; il reconnaîtra le bruit des portes ; à l'heure du déjeuner, se précipitera, au moindre grincement, vers celle par laquelle arrive son repas, se mettra en observation près d'elle, tentera de l'ouvrir si elle est simplement poussée contre son cadre ; si elle est fermée, ne perdra pas de vue la poignée par laquelle il sait très bien qu'on fait jouer la serrure et même, dans son impatience, montera sur la chaise voisine pour la contempler de plus près ; il saura très bien discerner dans la voix le ton de la caresse de celui de la menace, accourra pour présenter à la main amie le dôme soyeux de son dos, ou fuira sous un fauteuil pour éviter une correction, sauf à revenir, quand il jugera l'orage apaisé, solliciter son pardon. Il est bien difficile de ne pas voir dans ces actes l'indication de facultés très analogues à celles qui constituent chez nous ce que nous appelons l'intelligence, et comme on retrouve ces facultés plus développées peut-être encore chez certains animaux, tels que les Chiens, les Éléphants, les grands Singes, qu'on les reconnaît à peine atténuées chez d'autres, tels que les Anes ou les Chevaux, qu'elles existent aussi plus ou moins nettes chez une foule de bêtes à poil ou à plume, voire même chez les Poissons, on concède aujourd'hui assez volontiers que les animaux, ceux surtout qui nous fréquentent, possèdent quelque dose d'intelligence.

Mais, ajoute-t-on parfois, ce n'est pas l'intelligence humaine ; c'est plutôt, affirme M. Adolphe Drion dans un intéressant travail sur la psychologie du Blaireau, de l'*estimative*, du *discernement concret* ; c'est de l'intelligence, concède M. de Quatrefages ; mais il y a chez l'homme autre chose que cette intelligence banale, il y a la *raison*, par laquelle l'homme conçoit un enchaînement continu entre les effets et les causes, est conduit pas à pas jusqu'à la notion d'une cause supérieure à toutes les autres, devant laquelle il se prosterne et qui partout a fait naître chez lui le besoin de se laisser bercer par ces chansons poétiques ou moroses dont sont faites les religions des âmes simples, les philosophies des esprits forts. Il serait puéril de contester que l'envergure de l'esprit, chez les représentants les plus élevés de l'espèce humaine, est hors de proportion avec ce que les animaux nous montrent de plus brillant en fait d'intelligence; la distance paraîtrait sans doute un peu moindre, aussi bien au point de vue physique qu'au point de vue intellectuel, si l'on comparait aux animaux les plus élevés, tels que les grands Singes d'Afrique et des îles de la Sonde, non plus un Victor Hugo ou un Pasteur, mais quelque représentant des races humaines les plus inférieures, un Bushman, un nègre australien ou un Fuégien, par exemple. Mais la question n'est pas là ; nous considérerons comme démontré, si vous le voulez bien, que l'on voit apparaître et se développer graduellement chez les animaux les premières lueurs de ce qui est devenu l'intelligence humaine, et nous rechercherons s'il existe vraiment chez les bêtes quelques facultés spéciales, distinctes de l'intelligence, destinées à combler ses lacunes et dont nous aurons à déterminer l'origine une fois que nous aurons constaté leur existence et précisé leurs caractères.

L'intelligence est moins une faculté que la résultante d'un certain nombre d'aptitudes qui doivent être réunies pour assurer son éclosion. Un animal intelligent doit être apte à discerner les phénomènes qui se manifestent autour de lui, à constater que ces phénomènes se succèdent dans un certain ordre, à garder le souvenir et des phénomènes eux-mêmes et de leur ordre de succession, à utiliser ce souvenir pour prévoir la production d'un phénomène donné dès que le phénomène qui le précède habituellement se sera lui-même produit, sinon à préparer les circonstances nécessaires à la réalisation d'un phénomène désiré. Or, les animaux accomplissent une foule d'actes à la réalisation desquels ces aptitudes semblent complètement étrangères. Les Araignées tissent leur toile et lui donnent une forme régulière sans que l'observation, la mémoire ou une combinaison intellectuelle quelconque y ait pris part. Beaucoup d'animaux choisissent la nourriture qui leur convient sans que rien soit intervenu pour leur faire connaître ses qualités ; nombre d'entre eux ont un domicile fixe et il en est, tels que les Marmottes, les Blaireaux, les Renards, les Castors, qui aménagent à leur usage des retraites où leur sécurité est assurée avec une déconcertante prévoyance ; les Pigeons-voyageurs, et à un degré moindre, beaucoup d'autres Oiseaux, Mammifères ou Insectes, savent revenir tout droit à leur domicile quand ils s'en sont écartés, et même lorsqu'on les en a volontairement éloignés en prenant des précautions minutieuses pour qu'ils ne puissent reconnaître leur route ; quelques Poissons, presque tous les Oiseaux, certains Mammifères construisent, sans avoir jamais appris leur art, des nids souvent merveilleux. Parmi les directions dans lesquelles s'est exercée l'industrie humaine, il en est peu où quelque représentant du règne animal ne soit passé maître ; si bien qu'un jeune naturaliste pouvait, ces jours derniers, publier un ouvrage très documenté qu'il intitulait : *Les Arts et métiers dans le règne animal* (1). Comme dans chacun de ces métiers l'habileté de l'animal dépasse sensiblement ce que nous attendons de sa puissance mentale, nous trouvons tout simple de déclarer que sa mentalité ne relève pas de l'intelligence, mais de quelque chose qui fait, en quelque sorte, partie de son organisation et que nous nommons l'*instinct*.

Tandis que l'intelligence travaille sur un savoir acquis et croissant avec l'observation journalière, qu'elle corrige par l'expérience ses procédés et les modi-

---

(1) HENRI COUPIN. *Les Arts et métiers dans le règne animal*, 1902.

fie sans cesse en les appropriant au but qu'elle veut atteindre et aux circonstances dans lesquelles elle opère, ce qui suppose tout à la fois une conscience très nette du but et une conscience tout aussi nette des actes qu'il s'agit de combiner pour l'atteindre; l'instinct fonctionnerait intégralement sans que l'animal ait eu besoin d'acquérir aucun savoir; ses procédés seraient immuables; et l'animal, en lui obéissant n'aurait aucune conscience ni des actes qu'il accomplit, ni du but vers lequel il tend; ce serait une sorte de somnambule, agissant dans la plus parfaite inconscience, un automate construit pour se mettre en mouvement dans des circonstances déterminées, toujours les mêmes, suivant dès lors une route tracée d'avance, immuable, et qui le conduirait fatalement à un but qui ne saurait lui échapper. De plus, tandis que l'intelligence humaine souple et variée s'applique avec le même bonheur à une foule d'objets divers, l'instinct ne semble, en général, viser qu'un but unique; il dispose tout pour y parvenir dans des conditions données, mais hors de là, il ne sait plus rien et pour peu qu'une modification, si petite qu'elle soit, se produise dans les conditions où il doit agir, il est aussitôt dérouté; la moindre difficulté le déconcerte et le met en défaut.

En réunissant tous ces caractères on arrive à faire de l'instinct quelque chose de fort différent, en apparence, de l'intelligence; mais la question est justement de savoir si les différences que l'on constate entre l'intelligence et l'instinct sont essentielles ou si au contraire, l'exercice même de l'intelligence ne conduirait pas normalement à la création de l'instinct. Le problème est d'importance. Si les deux facultés étaient irréductibles, cela signifierait qu'il faut remonter au Créateur pour expliquer l'adaptation merveilleuse des instincts au but qu'ils doivent atteindre, et alors toute la doctrine de l'évolution des formes vivantes s'écroulerait d'un coup. Si, au contraire, l'intelligence issue de la conscience prise graduellement par les animaux des actions et des réactions qui naissent entre leur substance et le monde extérieur a pu coordonner spontanément, en vue d'un but dont elle avait clairement conscience, ces actes qui, par la suite, tendent inconsciemment vers le but devenu lui-même indistinct, tout le mystère de l'instinct disparaît et son évolution fait partie intégrante de celle des formes vivantes. Contrairement à l'opinion courante, l'intelligence, que l'on considère comme une forme de mentalité supérieure, ne serait pas sortie de l'instinct; tout au contraire, l'instinct serait une création de l'intelligence qui ne serait à son tour que la conscience acquise des réactions de la substance vivante. Ces réactions sont souvent considérées comme des manifestations instinctives primordiales; je les ai qualifiées autrefois d'*instincts primaires*, mais il vaudrait mieux les laisser dans une catégorie spéciale car, à l'opposé de ce qui a eu lieu pour les véritables instincts, l'intelligence et la conscience sont demeurées totalement étrangères à leur formation.

Il est facile de comprendre comment l'intelligence des animaux supérieurs a pu se transformer en instinct. Les animaux sont avant tout des spécialistes; leur intelligence ne s'exerce d'ordinaire que sur un petit nombre d'objets; les hommes ne sont pas rares, à la vérité, dont l'intelligence, elle aussi tout à fait unilatérale, obtient de magnifiques résultats quand elle s'applique à un objet déterminé et échoue lamentablement dès qu'elle veut sortir du cycle habituel de ses opérations, mais tandis que la répartition des industries s'accomplit chez l'homme entre individus de même espèce, c'est entre individus d'espèce différente que les rôles sont distribués chez les animaux, c'est-à-dire que cette distribution, au lieu d'être personnelle est héréditaire. Or, qu'arrive-t-il à un homme qui se consacre tout entier à une industrie? Bientôt, il la pratique inconsciemment, sans y songer, il en prend, comme on dit, l habitude. La répétition continuelle des mêmes gestes fait qu'il les transporte en dehors de son industrie, comme ces sculpteurs qui ne peuvent décrire un objet sans faire le geste de le modeler avec leur pouce, tandis que les peintres semblent en suivre les contours de leur crayon ou de leur pinceau. Ces gestes inutiles et involontaires sont des *tics;* ils sont personnels comme le métier, comme l'art qui leur a donné naissance; le langage courant ne se trompe pas sur leur signification; les voyant accomplir involontairement, inconsciemment, fatalement, il les déclare instinctifs. Que l'art ou le métier devienne héréditaire, les habitudes, les tics qu'il aura provoqués deviendront eux aussi héréditaires : ce seront de véritables instincts. Ces habitudes et ces tics héréditaires faciliteront singulièrement l'exécution du métier qui en a provoqué la formation ; ce métier sera exécuté avec une précision et une régularité de plus en plus grandes et qui deviendra déconcertante pour ceux qui n'en auront pas suivi la genèse. Une éducation sommaire sera cependant toujours nécessaire pour la mise en train, si je puis m'exprimer ainsi, du mécanisme instinctif. C'est effectivement de la sorte que les choses se passent: les Oiseaux apprennent manifestement à leurs jeunes à voler et à chasser et, dans les couples qui se forment au printemps, les Oiseaux novices ont souvent un conjoint plus âgé qui leur enseigne le secret de la fabrication des nids. De même, les jeunes Mammifères reçoivent de leurs parents une réelle éducation. Chez les Oiseaux et les Mammifères, l'instinct n'est donc pas d'emblée aussi parfait qu'on le dit habituellement. Les instincts ne sont pas non plus aussi immuables qu'on l'a soutenu jadis. Certains Oiseaux d'Amérique, les Cassiques, font généralement leurs nids de racines flexibles entrelacées ; une espèce emploie cependant au lieu de racines des crins de cheval. Or le cheval avait déjà disparu de l'Amérique bien avant Christophe Colomb : tous ceux qui y vivent actuellement y ont été importés depuis la conquête. C'est donc seulement depuis cette époque que les Cassiques ont reconnu les qualités du crin et l'ont substitué aux menues racines. Mais il n'est pas nécessaire d'aller si loin chercher la preuve de la plasticité des instincts. Est-ce que les facultés héréditaires si variées et en même temps si caractéristiques de nos diverses races de Chiens ne sont pas autant d'instincts nouveaux qui sont notre œuvre? C'est bien nous qui avons dressé certains Chiens à garder la maison, d'autres à surveiller les troupeaux, d'autres encore à arrêter le gibier ou à le forcer à la course et même à sauver nos semblables : ce sont là autant d'instincts créés de toutes pièces, devenus héréditaires et qui, à la façon des instincts naturels, restent spéciaux à chaque race et ne se superposent complètement pas à aucune d'elles. Quelques instincts ne remontent même pas à une antiquité très éloignée. Dans l'une de ses remarquables chroniques du *Temps*, M. le sénateur Couteaux contait naguère l'histoire de l'un d'eux. Dans la riche contrée qu'il représente au Parlement, on chasse beaucoup le Cerf, et comme partout où il est chassé, l'animal a imaginé quelques ruses pour dépister ses ennemis. Fatigué par une longue poursuite, il recherche une troupe de ses semblables, se jette au milieu d'elle, confond ses traces avec celles de ses nouveaux compagnons, puis, à l'approche des chiens, les laisse détaler devant eux, et se jette lui-même dans quelque fourré où il se couche tranquillement tandis que la meute se lance à la poursuite de la troupe. Quand cette ruse ne réussit pas, le Cerf choisit un compagnon unique, le force à fuir avec lui devant les chiens qui le talonnent; lorsqu'il suppose que les deux traces sont suffisamment brouillées, il fait un à-côté, se couche et laisse les chiens poursuivre son camarade. Quand on chasse le Cerf au fusil, on ne se préoccuppe pas de ces rusés qui laissent toujours, en somme, un Cerf au bout du canon. Mais il n'en est plus de même quand on cherche à forcer le Cerf ; aussi s'est-on préoccupé en Angleterre de dresser les Chiens à déjouer cette ruse dite du *change*. On y est parvenu, et vers 1840, des Chiens dits de change ont été introduits en France où, par le croisement avec une des belles races de chiens poitevins, ils ont fourni une race nouvelle, plus affinée que la race primitive. Ces Chiens ne sont pas encore, à la vérité, aptes dès leur naissance à déjouer le « change » ; ils sont seulement aptes à l'apprendre ; mais cette faculté est le commencement d'un instinct qui paraît être complet et héréditaire chez les limiers ou chiens de sang qu'on employait jadis aux États-Unis à poursuivre les nègres marrons.

Il est donc hors de doute que les animaux supérieurs peuvent modifier leurs instincts par des observations intelligentes, et que nous sommes d'autre part capables de nous servir de leur intelligence, pour faire naître chez les animaux domestiques des instincts avantageux pour nous. L'intelligence apparaît ainsi comme la créatrice des instincts. Avant de faire naître l'instinct complet, héréditaire, elle crée des états psychiques intermédiaires, qui sont particulièrement instructifs, et qu'il est facile d'observer chez l'homme lui-même. Des actes que l'on ne peut tout d'abord exécuter que grâce à une application soutenue, deviennent, par la répétition, de plus en plus faciles à exécuter ; on *apprend* à les exécuter et on finit par les exécuter sous la moindre impulsion, sans en avoir aucune conscience, par *habitude*, machinalement, instinctivement, comme on dit ; bien que nous ayions éprouvé beaucoup de peine à l'apprendre, nous marchons sans y penser ; nous parlons quelquefois de même ; tous les pianistes font, par moment, chanter leur clavier tout à fait inconsciemment ; on arrive de même, nous l'avons vu à pratiquer à la longue, sans aucune intervention de la volonté ou de la conscience, presque tous les métiers manuels. On fait même involontairement, sans le savoir et sans but, les gestes nécessaires à leur exécution, les *gestes professionnels* que nous appelons des *tics*. D'autre part, dans l'état de somnambulisme, dans celui de sommeil hypnotique, le malade accomplit en l'absence de toute volonté, de toute conscience, des actes coordonnés qui simulent exactement des actes réfléchis et qui témoignent qu'il se crée dans notre système nerveux, des mécanismes grâce auxquels, il suffit d'un déclic en quelque sorte, pour que tout une suite d'actes inconscients, mais parfaitement enchaînés soient réalisés : c'est ainsi qu'un somnambule peut courir sur l'arête d'un toit, avec la même sûreté qui caractérise les mouvements d'un animal poussé par l'instinct ; que dans le sommeil hypnotique, le malade accomplit automatiquement tous les ordres qui lui sont donnés ; et que l'alcoolique exécute inconsciemment les actes qui lui sont suggérés par une de ces idées délirantes et trop souvent terribles, familières, aux ivrognes. Ces mécanismes se créent sans que nous en ayons conscience, parfois sans que celui qui les possède soupçonne qu'ils existent en lui. C'est ainsi que tout récemment, je ne sais quel prophète africain qui savait à peine quelques mots de français, s'est mis, sous l'empire d'une crise d'hypnose, à discourir dans notre langue avec la plus étonnante volubilité.

On ignorait autrefois d'une manière complète en quoi pouvaient consister ces mécanismes et si même ils avaient une réalité objective. Les recherches des histologistes sur la constitution du système nerveux ont jeté sur ce mystérieux problème un jour tout à fait inattendu. Les phénomènes de sensibilité, de mouvement, d'intelligence sont régis chez les animaux par le système nerveux ;

ce système nerveux est à son tour constitué par de petites masses de substance vivante, dits *cellules nerveuses*, (fig. 1, n° 1) autour desquelles rayonnent des filaments de deux sortes ; les uns richement ramifiés en tous sens sont les *prolongements protoplasmiques*, les autres cheminant en droite ligne, se ramifient tant qu'ils demeurent isolés mais n'émettent que des ramifications rectangulaires, dites *collatérales* ; il ne tardent pas à s'accoler plusieurs ensemble, cessant dès lors de se ramifier, et par leur assemblage constituent les *nerfs*. On les nomme *cylindres-axes*. Des cellules nerveuses sont situées à la périphérie du corps où elles recueillent les impressions et leurs cylindres-axes formant les *nerfs sensitifs*, aboutissent aux centres nerveux où ils se ramifient. D'autres cellules nerveuses constituent par leur assemblage la plus grande partie des centres nerveux : ganglions, moelle épinière, cerveau ; leurs prolongements protoplasmiques ne sortent pas de ces centres, tandis que leurs cylindres-axes cheminant au loin, pour aboutir aux muscles et aux glandes, s'associent dans ce trajet, en faisceaux qui sont les *nerfs moteurs*. On donne le nom de *neurone* à l'ensemble formé par une cellule nerveuse et ses prolongements.

Comment ces prolongements naissent-ils de chaque cellule ? Comment se terminent-ils ? Les neurones sont-ils reliés entre eux par un réseau de fibrilles intercalé entre leurs ramifications ? Sont-ils au contraire totalement isolés ? Les rapports de neurone à neurone s'établissent-ils uniquement par l'extrémité des ramifications ou bien les prolongements des neurones viennent-ils capter en quelque sorte dans leurs ramifications les cellules nerveuses voisines ?

Depuis quelque temps on discute, l'œil au microscope, sur toutes ces questions, sans que la lumière soit encore faite d'une manière décisive. Je me garderai bien d'entrer dans cette discussion, mon but n'étant pas ici de vous donner des explications définitives, mais de vous montrer comment ces explications sont possibles, et comment on peut dès maintenant matérialiser, en quelque sorte, les abstractions auxquelles il semble que l'on soit condamné quand on se meut dans le domaine psychique. Parmi toutes les conceptions qui ont cours relativement à la constitution du système nerveux, je choisirai donc celle qui rend de la manière la plus saisissante les faits que nous avons à coordonner et à qui on ne fait d'ailleurs qu'un reproche : celui de considérer comme n'existant pas les choses que les autres conceptions s'accordent à considérer comme inextricables. Nous admettrons donc avec His, Ramon y Cajal et une foule d'observateurs plus récents, que les neurones sont indépendants *(fig. 1, n° 2 et fig. 2)*, qu'ils ne sont reliés les uns aux autres que par l'intrication de leurs extrémités ramifiées et que les buissons terminaux que forment ces extrémités peuvent, suivant les cas, ou se pénétrer plus intimement *(fig 1, n° 2 et fig. 2, n° 2 et 3)* ou se dégager les uns des autres *(fig. 2, n° 1)*, autrement dit que les prolongements des neurones peuvent se contracter ou s'étendre. Nous admettrons encore : 1° que l'activité soit de la cellule du neurone, soit de ses ramifications a pour conséquence de renforcer les ramifications déjà existantes et d'en créer de nouvelles ; 2° que l'inactivité amène au contraire l'atrophie et la disparition des ramifications déjà existantes ; 3° que la conscience et l'intelligence dépendent de la multiplicité des connexions établies entre certains neurones ; 4° que les ramifications nouvelles et les connexions qu'elles établissent entre les neurones après avoir été temporaires, provoquées notamment par l'attention, peuvent devenir permanentes puis transmissibles par l'hérédité. Toutes ces hypothèses sont conformes à de nombreuses observations et aux lois générales de la biologie ; mais il ne faut pas l'oublier, ce sont de simples hypothèses que des obser-

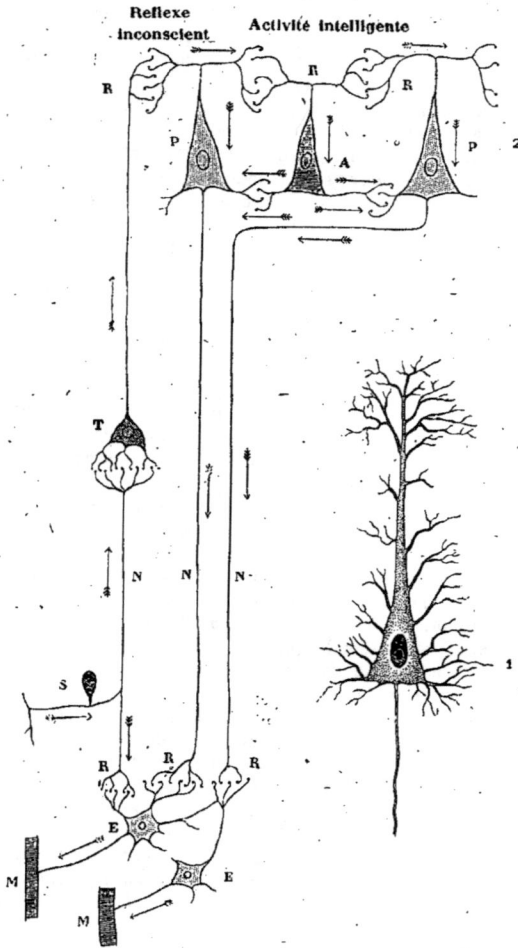

Reflexe inconscient

Activité intelligente

FIG. 1.

N° 1. — Une cellule pyramidale de l'écorce cérébrale de l'homme avec ses prolongements protoplasmiques en haut et sur les côtes; en bas son cylindre-axe.

N° 2. — Schéma représentant les relations des neurones entre eux. S, neurone sensitif dont la cellule
fait partie du ganglion de la racine postérieure d'un nerf médullaire; E, neurone de la région
antérieure de la moelle qui peut être excité directement par la cellule S et produit alors un
réflexe médullaire en agissant sur les fibres musculaires M; T, cellule du bulbe; P, cellule
pyramidale de l'écorce cérébrale qui peut refléter l'excitation qu'elle reçoit de la cellule S
directement vers les cellules E et produit alors un réflexe cérébral, ou exciter la cellule
d'association, le neurone coordinateur A, qui excite à son tour les cellules avec qui elle
est en rapport, et provoquer ainsi des groupes de mouvements conscients; N, cylindre-axe;
R, articulation des neurones qui dans le cas actuel d'activité intelligente sont intimement
articulés.

vations nouvelles peuvent renverser. Si incomplètes qu'elles soient, elles suffisent pour rendre sensible le mécanisme de la veille, celui du sommeil, celui de la coordination intelligente des mouvements, celui de la coordination inconsciente des mouvements par l'habitude, celui de la création des instincts inconscients. L'intrication étroite des arborescences terminales des ramifications des neurones, c'est la veille *(fig. 1; n° 2)*; la séparation de ces arborescences, c'est le sommeil *(fig. 2, n° 1)*. L'application intelligente a pour résultat de déterminer l'engrènement étroit des neurones placés sous la dépendance de ceux (A) desquels émane cette application (1). Cet engrènement a pour but de mettre en rapport certains neurones sensitifs S avec certains neurones moteurs P; une fois qu'il est établi, la répétition des mêmes sensations amène la répétition des mêmes actions motrices et les voies par lesquelles s'établit la relation entre le neurone sensitif et le neurone moteur deviennent de plus en plus praticables; si bien que les neurones coordinateurs A ne sont bientôt plus que faiblement impressionnés par le courant qui va du neurone sensitif au neurone moteur comme par un court-circuit : nous sommes arrivés à l'habitude *(fig. 2, n° 2)*. Plus tard le neurone coordinateur cesse tout à fait d'être impressionné, il peut même s'atrophier par défaut d'usage *(fig. 2, n° 3)*, la conscience s'efface; la disposition qui a permis à l'habitude de se constituer devient héréditaire; la sensation provoque l'acte sans conscience et sans but préconçu : c'est l'instinct. Ainsi le mécanisme de la marche, que tant d'animaux ne créent qu'après leur naissance, et qui devient chez eux le résultat d'une véritable habitude est préformé et purement instinctif chez les Canetons et les Poulets, parmi les Oiseaux, chez les jeunes Ruminants, parmi les Mammifères.

Tout cela vous semblera, j'espère, parfaitement clair en ce qui touche les animaux supérieurs. Ils sont manifestement des instincts; les instincts qu'ils manifestent sont l'œuvre lentement réalisée de l'intelligence de leurs ancêtres. Ces instincts sont le résultat de l'expérience des uns, de l'imitation volontaire des autres, les inventeurs et les imitateurs contribuant du reste à l'éducation des jeunes par qui les traditions se perpétuent. Mais cette explication des instincts, si simple et si vraisemblable qu'elle soit, suppose réunies tout une série de conditions qui sont loin de se trouver toujours ensemble.

Voici, par exemple, des animaux réduits à une sorte de mélange de substances gélatineuses sans forme, ni structure : les Foraminifères. Ceux-ci se construisent un habit avec des corps étrangers : l'un emploie de la vase, un autre des grains de sable, un troisième de petites aiguilles d'opale que sécrètent certaines éponges. Ce choix paraît au premier abord *instinctif*; en admettant qu'il le soit, un tel instinct peut-il être considéré comme dérivant de l'intelligence ? Passons aux Infusoires dont chacun est l'équivalent de l'une des cellules qui sont assemblées par myriades pour constituer notre corps : il y en a de végétariens et de carnivores. Tous cherchent leur nourriture; ils marchent, nagent, s'arrêtent, paraissent hésiter, s'effrayer, prendre une détermination, suivent une direction, changent de route, se jettent sur de menues algues ou des grains d'amidon, les avalent ou bien chassent des proies, les atteignent et les capturent. Le *Didinium nasutum*, par exemple, mange d'autres Infusoires presque aussi gros que lui, des Paramécies; il sait admirablement les poursuivre : arrivé dans le voisinage d'un de ces Infusoires il lance contre lui toute une volée de menues flèches qu'il tient en réserve dans une sorte de gosier; les flèches

(1) Mathias Duval, *Théorie histologique du sommeil* et qu'on peut nommer *neurones coordinateurs*.

paralysent la Paramécie et le *Didinium* la saisit, la tourne, la retourne et la met enfin dans la meilleure position pour l'avaler. Ne dirait-on pas un scor-

Sommeil complet

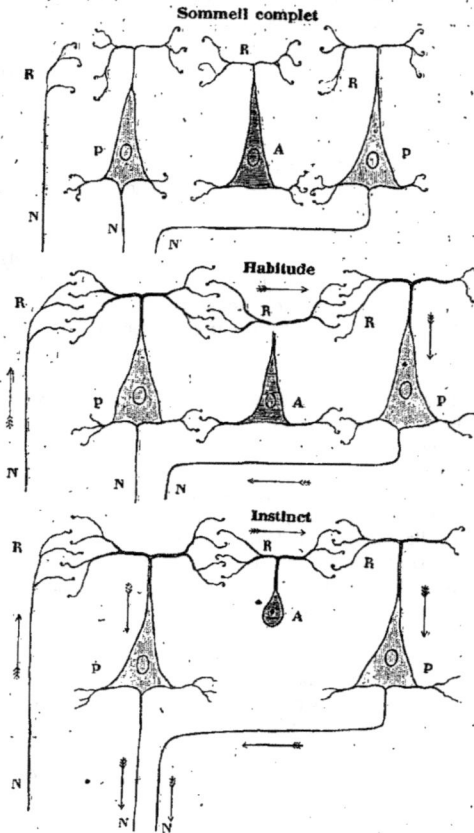

Habitude

Instinct

Fig. 2.

Trois schémas montrant les modifications présentées par les neurones :

1° Pendant le sommeil : les prolongements protoplasmiques R sont rétractés et les articulations très lâches.

2° A la suite d'une habitude : les prolongements protoplasmiques supérieurs R se sont renforcés et offrent un passage facile aux impressions sans que le corps de la cellule d'association A soit excité ; les mouvements sont inconscients momentanément.

3° A la suite de la transformation d'une habitude en instinct : la cellule d'association A s'atrophie ; les mouvements sont définitivement inconscients.

pion, une vipère, ou tout autre animal intelligent et venimeux poursuivant sa proie ? Comment notre explication pourrait-elle s'appliquer à d'aussi simples créatures ? Un peu plus haut, voici maintenant une Mélicerte, à peine plus grosse qu'un Infusoire, bien plus compliquée, sans doute, mais n'ayant en fait d'organes et de système nerveux que juste ce qui se trouve dans un de ces anneaux dont le corps d'un Ver de terre est constitué. Avec des boulettes de vase qu'il façonne lui-même, le frêle animal se maçonne une véritable maison, tout comme savent le faire les larves aquatiques des Phryganes, connues sous le nom de *Vers d'eau*, comme le font aussi avec une adresse étonnante un grand nombre de Vers marins, les Térébelles, les Pectinaires, les Hermelles, les Sabelles, etc. Comment la Mélicerte a-t-elle pu apprendre cet art de maçonner qui étonne encore chez les Vers ; comment même concevoir que l idée de se protéger ainsi ait pu venir à ses ancêtres ? Il paraît bien vraisemblable, malgré la similitude des résultats, qu'il ne s'agit pas ici de véritables instincts, mais d'actes automatiques relevant directement de causes physico-chimiques ou de dispositions anatomiques qui rendent leur exécution fatale. C'est peut-être d'ailleurs à un enchaînement de phénomènes analogues à ceux qui produisent ces actes que sont dus les premiers phénomènes intellectuels.

On ne peut attribuer une origine aussi simple aux actes instinctifs des Insectes.

Dans presque tous les groupes, certaines espèces présentent quelques traits de mœurs intéressants. Ce sont tantôt les larves, tantôt les Insectes parfaits qui se montrent les plus industrieux. Les larves aquatiques des Phryganes, se fabriquent une maison de brindilles. Les Chenilles des Teignes et des Psychés se construisent un fourreau. Les larves des Fourmilions creusent le sol de minuscules précipices où roulent leurs victimes; celles des Cicindèles servent elles-mêmes de clapet aux chausse-trapes dans lesquelles viennent tomber leur proie. Les chenilles des Papillons, au moment de la métamorphose, tissent un cocon de soie, s'attachent à une muraille et se passent autour du corps, pour se maintenir la tête en haut une sorte de ceinture, ou se laissent pendre la tête en bas. Et parmi les insectes parfaits, les Termites édifient des habitations extrêmement puissantes et minent en tous sens le sol ou les troncs d'arbres; les Grillons se creusent un terrier, les Courtilières fouissent le sol, s'y font un nid et y élèvent leurs petits comme les Taupes; les Nécrophores pondent dans les cadavres des petits oiseaux ou des petits mammifères et les enterrent ; les Bousiers façonnent et roulent dans leur habitation une boulette de provisions à leur usage et à celui de leurs larves. Tout cela ne paraîtrait pas bien extraordinaire s'il s'agissait d'un animal supérieur ; mais comment ces larves qui n'ont jamais connu leurs parents, comment ces insectes parfaits dont la vie dure à peine une saison ont-ils pu acquérir un savoir quelconque ?

Il est bien plus difficile encore de comprendre ce qui a pu se passer chez les Insectes, si étonnamment doués qui constituent l'ordre des Hyménoptères auquel appartiennent les Guêpes, les Bourdons, les Abeilles, les Fourmis. Ces Hyménoptères se répartissent en deux groupes assez différents : ceux dont les femelles sont munies d'une longue tarière, à l'aide de laquelle elles pondent leurs œufs soit dans les branches des végétaux, soit dans les larves d'autres insectes ; ceux dont les femelles ont au lieu de tarière de ponte un aiguillon défensif. Les premiers présentent sans doute quelques traits de mœurs étonnants, mais combien effacés par les merveilles que savent accomplir les Hyménoptères à aiguillon.

Tous ces Hyménoptères à aiguillon, à l'état adulte, vivent principalement du pollen des fleurs, de leur nectar, du jus sucré des fruits mûrs.

Mais au point de vue de l'alimentation les larves se divisent en deux grandes catégories, celles qui vivent de chair, celles qui vivent de jus sucrés comme leurs parents. Pour ne pas employer de dénominations trop compliquées, nous désignerons sous le nom de Guêpes tous les Insectes de la première catégorie : ceux de la seconde seront des Abeilles, si tous les individus sont également ailés, et des Fourmis si certaines catégories d'individus sont dépourvus d'ailes. Guêpes, Abeilles et Fourmis ont d'abord en commun un même souci, celui du logement, au moins pour leur progéniture.

Chose curieuse les mères seules se préoccupent, plus pour leur progéniture que pour elles-mêmes, de se créer un domicile, les mâles demeurent vagabonds et semblent être d'ailleurs parfaitement stupides. Chaque espèce se loge toujours de la même façon; mais d'une espèce à l'autre on peut observer dans l'art de la construction de remarquables gradations. Parmi les Guêpes, les *Bembex*, les *Monedula*, les *Cerceris*, les Philanthes, les *Sphex*, les Scolies, les *Tachytes*, les Ammophiles, creusent le sol; ils y aménagent des galeries et des chambres d'élevage pour leurs jeunes ; les Odynères des murailles font de même, mais creusant dans la paroi verticale d'un fossé, elles ajoutent à l'ouverture de leur nid un tube recourbé vers le bas, par lequel elles pénètrent et qu'elles détruisent quand la ponte est finie pour boucher l'ouverture de leur cellule ; d'autres Guêpes tel que les Eumènes pomiformes et d'Amédée maçonnent à la surface des pierres des loges isolées, en forme de dôme ou de bouteille. Les Pélopées maçonnent ainsi côte à côte un grand nombre de cellules, contenant chacune un œuf et des provisions ; ils commencent à être de véritables architectes; mais chez les Guêpes maçonnes l'art de bâtir s'arrête là. Déjà dans chacun des genres de Guêpes que nous venons de mentionner à côté d'espèces qui creusent le sol ou maçonnent, il en est qui déposent leurs œufs dans des cavités naturelles ou artificielles creusées dans le bois ; tels sont l'Odynère nidificateur (*O. nidulans*), les *Tripoxylon*, etc ; il n'est pas invraisemblable que ce travail du bois ait conduit peu à peu les Guêpes à construire de toutes pièces, avec du bois trituré de manière à faire une sorte de carton, ces remarquables nids à alvéoles, des Guêpes vivant en société telles que la Poliste française, notre Guêpe commune et le Frêlon.

Les Abeilles ont des industries de logement très voisines de celles des Guêpes; beaucoup, telles que les Andrènes, les Anthophores, les Eucères creusent des terriers à la façon des *Bembex* et des *Cerceris*; les Anthophores ajoutent une cheminée semblable à celle des Odynères; les Osmies, les Chalicodomes maçonnent comme les Eumènes, l'*Osmia tridentata*, les Xylocopes creusent le bois comme les Tripoxylons; enfin les Bourdons, les Mélipones, les Abeilles, vivent en société comme les Guêpes et construisent des nids qui ressemblent aux leurs. Seulement ici, peut-être parce que, l'animal ne s'étant jamais nourri que de liquides sucrés est plus apte à fabriquer des matières grasses, ces matières grasses sont exsudées, et l'animal au lieu de gâcher du carton emploie sa cire à édifier les rayons où il conserve son miel et dépose ses œufs. Ainsi les Abeilles et les Guêpes, ayant les mêmes outils de travail, placées dans les mêmes conditions d'existence, assurent à peu près de la même façon la sécurité de leurs larves; sur des organisations similaires, les mêmes causes ont produit les mêmes effets; seulement les Abeilles ayant moins de peine à récolter leur miel que les Guêpes à chasser leur proie, mettent un peu plus d'art à l'édification du domicile de leur progéniture; les Mégachiles tapissent ce domicile de feuilles habilement découpées; les Anthocopes les ornent de pétales et les Anthidies y disposent un lit moelleux de duvet.

Comme si chaque série d'Insectes avait à sa disposition une somme déterminée d'activité psychique qu'elle peut porter dans une direction quand elle ne l'épuise pas dans une autre, les Guêpes compensent et au delà leur indifférence architecturale par une déconcertante habileté chirurgicale. Ce sont d'ardentes chasseresses ; elles chassent, non pour elles, mais pour leurs jeunes dont elles approvisionnent le nid. C'est là que l'instinct se montre au plus haut point avec tous les caractères qui semblent au premier abord en faire une faculté distincte de l'intelligence. Il est des Guêpes, les Pompiles, les *Cerceris* et les Scolies par exemple, qui ne s'attaquent jamais qu'à une seule sorte d'animal : les Pompiles à des Araignées, les Cerceris à des Charançons ou des Buprestes, les Scolies aux gros Vers blancs d'où naissent les Cétoines dorées ou les Hannetons. Tous ces Insectes procèdent exactement de la même façon. Le plus souvent une seule proie suffit à l'approvisionnement de chaque larve ; c'est pour les quelques semaines que dure la vie de la larve, son seul garde-manger. La proie doit donc être préparée de manière à ne pas donner prise à la putréfaction ; la Guêpe n'ayant pas d'antiseptique à sa disposition, le mieux serait de la garder vivante, mais alors la victime pourrait se débattre au grand dommage de la jeune larve. La Guêpe-mère coupe court à la difficulté ; après s'être emparée de sa victime, elle la renverse sur le dos et d'un seul coup d'aiguillon, d'un coup d'aiguillon unique, la paralyse totalement. La plupart des animaux articulés ont un système nerveux fait de centres distincts, relativement indépendants et qui ne peuvent être paralysés qu'un à un. Quelques-uns cependant ont leurs ganglions nerveux rassemblés en une seule masse ou très rapprochés ; pour ceux-là le poison peut se répandre rapidement dans les centres contigus et les paralyser en bloc ; ce sont justement les Araignées, les Charançons, les Buprestes, les larves de Scarabées que chassent les Pompiles, les Cerceris et les Scolies.

Distinguer la paralysie de la mort, savoir que la paralysie laisse intacts les tissus que la mort abandonne à la putréfaction, apprécier les propriétés du venin qu'inocule son aiguillon, reconnaître parmi les Insectes ceux qui ont un système nerveux condensé, être instruit qu'un seul coup d'aiguillon suffira à les paralyser totalement, et donner le coup d'aiguillon juste où il faut, cela paraît tout à fait miraculeux pour un Insecte. On ne voit pas comment une science aussi compliquée peut être acquise. On le voit d'autant moins que les Insectes ne vivent qu'une saison ; qu'ils ne connaissent pas leurs larves, n'usent pas des mêmes aliments et ne sauraient avoir appris durant leur vie larvaire comment doivent être capturées les proies qu'ils ont eux-mêmes consommées à cet état. Voilà bien l'instinct accomplissant aveuglément des actes compliqués qu'il sait exécuter sans l'avoir jamais appris et qui le conduisent sûrement, mais tout à fait inconsciemment, à un but déterminé qu'il ignore et qui n'a aucun rapport avec sa propre conservation. Il paraît impossible de donner de la coordination de tous ces actes une explication plausible, et dès lors le plus simple est d'imaginer que les animaux doués d'instinct ont été construits d'emblée avec tout ce qu'il fallait pour nous étonner par leurs œuvres merveilleuses, et que c'est Dieu lui-même qui les a ainsi construits. D'ailleurs comme l'instinct paraît fixe pour chaque espèce, on en conclut que l'espèce l'est aussi et que le monde vivant, contrairement à tout ce que pensent aujourd'hui les naturalistes, est immuable.

Mais pas plus que les instincts de construction, l'instinct si étonnant des Pompiles, des Cerceris et des Scolies n'est isolé. Des Guêpes fouisseuses comme les Cerceris, qu'on peut, en conséquence, considérer comme appartenant à la même série, les *Monedula* du Brésil, ne commencent leurs chasses qu'après l'éclosion de leurs œufs ; elles approvisionnent leurs larves quotidiennement en leur apportant des Insectes variés, le plus souvent des Mouches et des Lucioles qui sont tuées à coups d'aiguillon. Nos Guêpes communes font comme elles. Ces Insectes demeurent en contact journalier avec leur progéniture qu'ils nourrissent au jour le jour; ils se comportent exactement comme le font, par exemple, les Oiseaux; leurs actes sont aussi voisins que possible des actes intellectuels ordinaires.

Les *Bembex rostrata*, qui ont été récemment étudiés avec un soin et une méthode scientifique irréprochables par M. Bouvier, professeur d'entomologie au Museum, sont déjà plus avancés que les Monédules; ils continuent à approvisionner leurs larves au fur et à mesure des besoins; mais ils n'attendent plus pour cela l'éclosion; ils pondent leur œuf sur une petite Mouche, et à mesure que la larve grandit, ils lui apportent des proies de plus en plus grosses et finissent par mettre des Taons à leur disposition. Ces Mouches ne sont pas tuées, mais le plus souvent paralysées. L'opération est faite d'un ou plusieurs coups d'aiguillon, donnés à la face inférieure du corps, en arrière de la tête; les deux animaux étant placés horizontalement, l'axe du corps de l'un perpendiculaire à celui de l'autre.

Quelques espèces d'autres genres paraissent se comporter de la même façon que ces *Bembex*, tels la *Lyroda guttata*, observée par M. et M*me* Peckham aux États-Unis; le *Crabro quadrimaculatus*, observé par M. Verhœff; le *Crabro cephalotes*, observé par M. Marchal. Or, suivant M. Bouvier (1), les diverses espèces de *Bembex* se comportent différemment et se rapprochent peu à peu des Guêpes paralysantes qui approvisionnent leur nid une fois pour toutes; ce mode d'approvisionnement est même le mode ordinaire chez les autres espèces de *Lyroda* et de *Crabro*; il devient général chez les Odynères, Sphex, Chlorions, Ammophiles. Mais ces diverses Guêpes ont en général besoin de plusieurs coups d'aiguillon pour paralyser leur proie; les Eumènes ne donnent qu'un seul coup d'aiguillon aux Chenilles qu'elles attaquent, mais la proie est mal paralysée, les coups semblent donnés au hasard; et nous arrivons ainsi par degré au cas des *Cerceris*, des *Tachytes*, des *Pompilus* et des *Scolia* qui d'un coup d'aiguillon paralysent une grosse proie suffisant à elle seule à leur larve.

Des observations plus nombreuses multiplieraient sans doute beaucoup les gradations insensibles de l'instinct chez des animaux appartenant à une même famille naturelle, c'est-à-dire à une même série généalogique. Ces gradations laissent l'impression irrésistible que des formes inférieures aux formes supérieures, les instincts se sont graduellement développés, de sorte que si on pouvait fixer sur une bande de cinématographe les instincts actuels dans leur ordre logique de complication, cette bande en ferait apparaître l'histoire même; et leur évolution rendrait sensible aux yeux le mécanisme de leur formation. Nous verrions l'Insecte commencer par faire des choses banales, puis perfectionner son art comme s'il était susceptible d'observer, de combiner ses observations, d'acquérir de l'expérience, de prendre des habitudes et d'instruire ses descendants, les générations successives s'instruisant de proche en proche et créant ainsi des traditions, puis des habitudes héréditaires qui ne sont autre chose que les instincts.

Malheureusement, les Guêpes dont nous venons de conter l'histoire, ne vivent que quelques semaines, et bien que douées de mémoire, elles ne peuvent, en aussi peu de temps, acquérir une expérience personnelle de quelque importance; elles sont solitaires, et l'expérience des unes ne peut profiter aux autres;

(1) BOUVIER. *Les Bembex*, p. 28.

elles ne connaissent pas leur progéniture, et il n'y a pas d'éducation possible, pas de coutumes à créer, pas de transmission héréditaire. Tout ce qu'à pu nous faire espérer d'explication l'évidente gradation des instincts s'écroule. Il n'y a cependant à l'extension de nos explications qu'un seul obstacle : c'est la brièveté de la vie de nos Guêpes ; c'est l'adaptation aux saisons des phases de leur existence, adaptation qui amène la séparation des générations successives.

Toute la question de l'explication des instincts des Insectes est donc ramenée à ceci : Y a-t-il toujours eu des saisons, tout au moins y a-t-il toujours eu des hivers ? Ici la géologie est des plus affirmatives. Elle divise le laps de temps qui s'est écoulé depuis l'apparition de la vie sur la Terre jusqu'à l'apparition de l'homme en trois longues périodes ; c'est seulement au début de la troisième que les hivers ont commencé à se caractériser. Pendant les deux premières, soit que le soleil moins condensé fût plus large, soit que l'axe de la terre fût moins incliné sur le plan de son orbite, soit que la température de la terre fût plus élevée, il n'y avait pas d'hiver. Or, dès la période primaire vivaient des Insectes. A ce moment les fleurs n'existaient pas encore ; il ne pouvait donc s'être produit ni Guêpes, ni Abeilles, ni Papillons ; les principaux Insectes étaient des Éphémères, des Libellules, des Cigales, des Phasmes. La taille atteinte par quelques-uns de ces animaux semble témoigner en faveur de leur longévité. Celle des Éphémères était décuplée ; une Libellule couvrait de ses ailes un espace de 70 centimètres et les Phasmes mesuraient 25 centimètres de long. Il est bien probable que c'est sous la forme de larve comme aujourd'hui que ces animaux atteignaient toute leur taille ; mais une fois l'état adulte atteint, il n'y avait pas plus de raison pour qu'ils mourussent dès qu'ils s'étaient reproduits, qu'il n'y en a pour les Écrevisses ou pour tout autre animal. De nombreuses larves ont encore une longue vie ; celle d'une Cigale américaine vit dix-sept ans sous terre ; celles des Dytiques, des Hydrophiles, du Capricorne heros, du Cerf-volant, etc., vivent de trois à quatre ans. Pendant les périodes primaire et secondaire les générations d'Insectes pouvaient se mêler ; leur longue vie leur permettait d'acquérir de l'expérience ; le mélange des générations permettait l'éducation. Nous sommes ramenés, par conséquent, au cas général.

Mais durant toute la période primaire les fleurs étant absentes, il ne pouvait exister que des Insectes vivant de matières solides, des Insectes à bouche organisée pour broyer ces matières ; c'est seulement à la période secondaire que les fleurs se montrent et que se caractérisent les groupes d'Insectes aptes à humer leurs sucs : les Guêpes, les Abeilles, les Papillons. Jusque-là les ancêtres des Guêpes chassaient aussi bien pour eux-mêmes que pour leur progéniture. Suivant la loi fondamentale de l'embryogénie, tout être vivant traverse, au cours de son développement, des phases analogues à celles par lesquelles ont passé ses ancêtres, tant au point de vue de la forme du corps que des habitudes et des mœurs ; lorsque les Guêpes adultes ont limité au nectar des fleurs leur alimentation, leurs larves sont, en conséquence, demeurées carnassières et les mères cessant de chasser pour leur propre compte ont continué à chasser pour leur progéniture ; la différence d'alimentation des larves et de leurs parents n'a donc rien de réellement surprenant ; elle est absolument conforme aux lois de l'évolution. Beaucoup de Guêpes ont, d'ailleurs, conservé des traces de leurs instincts primitifs : les Ammophiles, les Cerceris, après les coups d'aiguilles mâchonnent la région céphalique de leur victime et hument le sang qui s'écoule des blessures. C'est donc peu à peu que la Guêpe d'abord carnassière toute sa vie, cesse de l'être à l'état adulte, et après avoir fait pour elle-même

des provisions de miel, comme c'est le cas pour les Polistes, Polybiés et Necta-
rines d'Amérique, finit, sous la forme d'Abeille ou de Fourmi, par alimenter sa
larve elle-même de substances sucrées.

A la période tertiaire, les instincts se sont établis chez les Insectes suivant la
loi ordinaire ; mais l'hiver arrive et tue chaque année tous ceux de ces animaux
qui n'ont pas trouvé quelque moyen de s'abriter. La gent entière des insectes
aurait disparu, si à ce moment, grâce à l'hérédité qui abrège de plus en
plus le temps que mettent à se développer les caractères qu'elle transmet, un
grand nombre d'espèces n'étaient arrivées à faire tenir dans la durée de la belle
saison toute la période de leur existence comprise entre leur naissance et
leur première ponte. Grâce à cette précocité de la première reproduction, les
espèces ont été sauvées, mais la vie des individus s'est trouvée limitée à une
année ; chaque génération est séparée de la suivante par toute la durée de l'hiver ; l'imitation, l'expérience personnelle, l'éducation des jeunes sont devenues
impossibles, toutefois les mécanismes organisés par elles dans le système nerveux et devenus héréditaires ont subsisté ; les Insectes agissent encore comme
ils le faisaient sous l'influence des causes qui ont réglé ces mécanismes mais ils
le font aveuglément, ne peuvent plus rien changer à ce qu'ils font : l'instinct
aveugle et immuable a succédé à l'intelligence. Celle-ci ne subsiste que chez
les espèces qui, en s'abritant dans de vastes constructions établies en commun
et suffisamment protégées, comme ont su le faire les Termites, les Abeilles
et les Fourmis, ont pu échapper en partie aux rigueurs des hivers. L'ancienneté des Termites prouve que les mœurs sociales remontent aux premières
périodes du peuplement de la terre ferme par les Insectes et nous autorise à penser
que les Abeilles et les Fourmis nous montrent les conditions primitives de
la vie intellectuelle chez les Insectes. Ainsi se complète la démonstration de
ce grand fait d'une importance primordiale, que l'intelligence a précédé l'instinct, qu'elle l'a peu à peu organisé pour ainsi dire, qu'elle en est la véritable
mère et que les deux ne font qu'un.

Une fois de plus la science se dégage donc — et cette fois dans le domaine
psychique qui semblait devoir être éternellement réservé — du mystère et du
surnaturel ; mais elle a dû pour cela dépasser les modestes observations du
temps présent ; il lui a fallu faire appel à l'histoire même du Globe et s'appuyer
sur les lois les plus délicates de l'évolution de la vie. Un problème longtemps réputé insoluble se trouve résolu, sans qu'on soit obligé de faire intervenir directement, comme on l'a quelquefois voulu, la Divinité elle-même.
Faut-il s'effrayer de cette hardiesse scientifique? Que nous ayons pénétré un
peu plus avant dans le sanctuaire, cela nous élève sans doute, mais ne diminue
en rien la grandeur de l'Être qui anime cet univers dont nous ne sommes
qu'une infime partie, et qui a tellement organisé les choses que l'intelligence
humaine a pu se dégager et régner sur la Terre, par le simple exercice des lois
qui régissent la nature.

M. GILBERT

Professeur à la Faculté de Médecine de Paris, Médecin de l'Hôpital Broussais.

ÉTAT ACTUEL DE L'OPOTHÉRAPIE

— *8 mars.* —

Synonymie. — Organothérapie, Cytothérapie, Histothérapie, Méthode de Brown-Séquard.

Définition. — Thérapeutique fondée sur l'emploi des tissus ou organes des animaux.

Historique. — L'origine de l'Opothérapie se perd dans la nuit des temps.

Elle jouit d'une immense faveur au xvie et au xviie siècle; puis au xviiie et au xixe siècle elle tomba dans le discrédit.

Le 1er juin 1887 marque, avec la première communication de Brown-Séquard à la Société de Biologie, la date de la *Renaissance* de l'Opothérapie.

L'opothérapie thyroïdienne fut à l'Opothérapie ce que la sérothérapie anti-diphtérique fut à la Sérothérapie, c'est-à-dire que sa valeur thérapeutique décida du sort de l'Opothérapie et lui valut une place incontestée en thérapeutique.

Le mot Opothérapie fut proposé par le professeur Landouzy.

Glandes et tissus employés. — Toutes les glandes et tous les tissus ont été pré-conisés, y compris les glandes salivaires, les mamelles, le thymus, le corps pitui-taire, la prostate, les cartilages et les synoviales articulaires, le corps ciliaire, le placenta; on a même utilisé le liquide céphalo-rachidien.

Les organes et tissus les plus employés sont le corps thyroïde, les capsules surrénales, les testicules, les ovaires, les reins, l'estomac, l'intestin, le foie, le pancréas, les poumons, le muscle cardiaque, les muscles striés, la rate, la moelle des os, les ganglions lymphatiques, la substance grise cérébrale et la moelle épinière.

Animaux utilisés. — Au début de la renaissance de l'Opothérapie, on a eu recours aux animaux de laboratoire : cobayes, lapins, chiens. Aujourd'hui on se sert des animaux d'abattoir : béliers, moutons, taureaux, génisses, bœufs, veaux, porcs.

Les chevaux ne servent guère parce qu'ils sont abattus trop vieux.

Certaines espèces fournissent tels tissus ou telles glandes; d'autres espèces en fournissent d'autres.

En général les animaux doivent être adultes; cependant les glandes closes, corps thyroïde, rate, etc., sont de préférence prélevées sur des sujets jeunes. Le rut est propice au recueil des glandes génitales; la digestion à celui des organes digestifs.

Préparations opothérapiques. — On peut administrer les tissus et les organes à l'état frais, ou bien des macérations d'organes frais.

Mais, le plus souvent, on a recours à des poudres de tissus et d'organes ou à des extraits.

On a préparé des extraits aqueux, glycérinés, alcooliques, salés, alcalins, peptiques, etc. ; les extraits aqueux sont d'ordinaire préférés aux autres.

Doses. — Les doses auxquelles sont prescrites les préparations opothérapiques sont variables avec le mode de préparation, la nature de l'organe ou du tissu, l'âge des malades.

Les organes et tissus peuvent à cet égard être distingués en quatre catégories : dans la première se range le corps thyroïde qui, à l'état d'extrait, est pris à la dose de 0^{gr},15 à 0^{gr},30; dans la deuxième, les capsules surrénales, les ovaires et les testicules qui, sous la même forme, sont pris à la dose de 0^{gr},25 à 1 gramme; dans troisième, l'estomac, l'intestin, le foie, le pancréas et la rate, qui sont pris à la dose de 1 à 4 grammes; dans la quatrième enfin, les muscles qui se prennent communément à l'état frais à la dose de plusieurs centaines de grammes.

On pourrait édicter en loi que les tissus et les organes se prennent à doses d'autant plus élevées qu'ils sont plus largement représentés dans l'organisme.

Voies d'administration. — Trois voies sont utilisées : la voie buccale, la voie rectale, la voie hypodermique.

Cette dernière, préférée au début, est aujourd'hui presque délaissée.

Lorsqu'on a recours à la voie buccale, deux cas peuvent se présenter : ou bien on ne redoute pas l'action du produit sur le contenu gastrique et la paroi stomacale ni l'action du suc gastrique sur lui; ou bien on désire que le produit opothérapique ne soit mis en liberté que dans la cavité intestinale. Dans la seconde alternative, les capsules d'enveloppement du produit doivent offrir une composition particulière qui les rende inattaquables au suc gastrique.

Moment d'administration. — D'une façon générale les extraits organiques doivent être ingérés à jeun avant les repas. Cependant, pour certains extraits, notamment pour les extraits gastrique, intestinal, hépatique, pancréatique, le moment du repas peut être celui d'élection.

Indications thérapeutiques. — On peut résumer ainsi les indications des principaux tissus et organes d'animaux.

Testicules. — Sénilité. Débilité. Maladies du système nerveux, neurasthénie, ataxie locomotrice, paralysies. Psoriasis.

Prostate. — Son hypertrophie.

Ovaires. — Troubles résultant de la castration et de la ménopause. Chlorose. Hystérie.

Placenta. — Insuffisance de la sécrétion lactée.

Reins. — Néphrites, urémie.

Capsules surrénales. — Maladie d'Addison. Hémorragies.

Estomac. — Dyspepsie hypopeptique avec ou sans hypochlorhydrie.

Intestins. — Entérites chroniques et notamment entérite muco-membraneuse avec constipation.

Pancréas. — Diabète sucré.

Foie. — Maladies diverses du foie, notamment cirrhose atrophique, dégénérescences. Insuffisance hépatique. Diabète sucré.

Poumons. — Tuberculose. Bronchite chronique. Ostéopathie hypertrophiante pneumique.

Corps thyroïde. — Myxœdèmes. Goîtres. Crétinisme. Obésite. Nanisme. Infantilisme. Diabète sucré. Prurit, urticaire.

Cœur. — Myocardites.

Muscles striés. — Amyotrophies. Tuberculose.

Rate, moelle osseuse, ganglions. — Chlorose, anémie pernicieuse, lymphadénie, leucémie.

Système nerveux. — Aliénation, neurasthénie, épilepsie. Rage.

Corps pituitaire. — Acromégalie.

RÉSULTATS. — On peut distinguer les résultats obtenus en trois catégories :

1° Résultats mauvais. — Dans cette catégorie se rangent les effets de l'opothérapie rénale dans l'urémie.

2° Résultats douteux ou faibles. — Ici se placent les résultats fournis par les opothérapies testiculaire, pulmonaire, cardiaque, splénique, ganglionnaire, médullaire, nerveuse et pituitaire. Il faut y ajouter les résultats de l'opothérapie ovarienne dans la chlorose.

3° Résultats favorables. — Des résultats favorables sont fournis par l'opothérapie thyroïdienne dans les myxœdèmes, et souvent aussi dans le crétinisme, les vices de croissance, l'obésité, le diabète sucré ; par l'opothérapie surrénale dans la maladie d'Addison ; par l'opothérapie ovarienne dans les troubles nerveux qui suivent la castration et quelquefois dans ceux qui suivent la ménopause ; par l'opothérapie gastrique dans la dyspepsie hypopeptique et par l'opothérapie intestinale dans les entérites, notamment dans l'entérite muco-membraneuse ; par l'opothérapie hépatique dans les maladies et dans les troubles fonctionnels du foie, ainsi que dans le diabète sucré *par anhépatie* ; par l'opothérapie pancréatique, dans le diabète sucré *par hyperhépatie* ; par l'opothérapie musculaire enfin dans la tuberculose pulmonaire.

Inconvénients et dangers. — Les uns sont inhérents à l'emploi de tissus malades, d'autres à l'emploi de tissus sains. L'usage de la viande crue de bœuf peut amener le développement du tænia inerme ; la tuberculose ne pourrait-elle aussi être la conséquence de l'opothérapie ? A l'état sain, une seule glande peut déterminer des troubles, c'est le corps thyroïde : ceux-ci consistent en palpitations, tachycardie, tremblement et même exophtalmie ; le tableau qu'ils réalisent se rapproche donc de celui du goître exophtalmique.

Théorie de l'action opothérapique. — En laissant de côté la chair musculaire à laquelle on a attribué des mérites antitoxiques par rapport au poison tuberculeux, hypothèse à vérifier, on peut faire la double supposition suivante pour expliquer l'action opothérapique : 1° l'opothérapie a pour vertu de restituer directement à l'organisme les principes qui lui font défaut ; 2° l'opothérapie a pour effet de surexciter les fonctions d'un organe et ainsi de restituer indirectement à l'organisme les principes qui lui faisaient défaut.

A quelque hypothèse que l'on s'arrête, il est certain que les tissus, même morts, ont des propriétés spéciales, pour ne pas dire spécifiques, dont on a cherché l'explication dans leur composition chimique.

Le corps thyroïde, les capsules surrénales, le foie, la rate, le pancréas, les reins et les ovaires ont été à cet égard particulièrement étudiés.

On a ainsi pu établir que la proportion d'azote totale est à peu près la même dans tous les tissus (11 à 11 0/0), hormis le pancréas, riche en matières grasses.

Les éléments minéraux sont plus variables et l'organe le plus pauvre est le corps thyroïde.

Le fer existe dans tous les organes, mais le foie et la rate en renferment une quantité particulièrement élevée. L'iode ne se rencontre que dans le corps thyroïde : on en trouve d'ordinaire de 0,03 à 0,04 0/0 de glande fraiche. Il est à l'état de *thyroïodine* ou *iodothyrine* et ce corps lui-même serait libre ou sous la double forme de *thyroïodo-globuline* et *thyroïodo-albumine*. Les capsules surrénales de leur côté renfermeraient une substance cristalline spéciale, l'*adrénaline*. De même que la thyroïodine jouirait des propriétés thérapeutiques du corps thyroïde employé à l'état frais ou sous forme d'extrait, de même l'adrénaline, employée sous la forme de chlorure d'adrénaline, pourrait remplacer l'extrait capsulaire et serait 625 fois plus active que lui.

Tous les tissus glandulaires contiendraient des *anaéroxydases*, c'est-à-dire des *oxydases* pouvant produire des oxydations en présence de l'eau oxygénée, comme la pepsine est capable d'agir en présence de l'acide chlorhydrique. L'organisme d'ailleurs renfermerait de l'eau oxygénée et ainsi les anaéroxydases seraient vraisemblablement capables de produire dans son sein des oxydations.

On voit que si la chimie n'a pas élucidé complétement le problème, elle nous a tout au moins révélé une partie des choses en isolant, et dans le corps thyroïde et dans les capsules surrénales, les substances auxquelles ces glandes doivent leur activité physiologique et leur vertu thérapeutique si puissantes et si intéressantes.

ASSOCIATION FRANÇAISE

POUR

L'AVANCEMENT DES SCIENCES

TRENTE-UNIÈME SESSION

CONGRÈS DE MONTAUBAN

DOCUMENTS OFFICIELS — PROCÈS-VERBAUX

PROCÈS-VERBAUX DE LA TRENTE-UNIÈME SESSION

CONGRÈS DE MONTAUBAN

ASSEMBLÉE GÉNÉRALE

Tenue à Montauban le 14 août

PRÉSIDENCE DE M. J. CARPENTIER
Président de l'Association.

— *Extrait du procès-verbal* —

La séance est ouverte à 3 heures.

Le procès-verbal de la précédente séance est lu et adopté.

Le Secrétaire fait connaître les résultats du dépouillement du scrutin pour l'élection des délégués de l'Association.

MM. Grandidier, Perrier, Sanson, Noblemaire, Gréard, Lœwy, ayant obtenu la majorité des suffrages, sont proclamés délégués de l'Association.

Le Secrétaire fait connaître le résultat des élections dans les sections pour la nomination des présidents et délégués.

Le Président informe les membres de l'Assemblée de la proposition faite par le Conseil d'administration, d'une modification de l'article 11 des statuts.

Cette modification est la suivante : au lieu de « Chaque année, l'Association tient dans l'une des villes de France une session générale dont la durée est de huit jours » ; le Conseil propose de mettre : « Chaque année, l'Association tient dans l'une des villes de France une session générale dont la durée sera fixée par le Conseil d'administration ».

Conformément à l'article 29 du règlement, un rapport sur cette proposition sera imprimé dans le *Bulletin* distribué à tous les membres. Le vote aura lieu à l'Assemblée générale de 1903.

Le Président donne lecture d'un vœu adopté par le Conseil comme vœu de l'Association, le vœu suivant émis par :

La 5e Section, sur la proposition de M. le lieutenant de vaisseau Tissot, délégué du ministre de la Marine.

Provoquer la réunion d'une Commission internationale afin d'étudier les moyens propres à assurer une entente pour l'échange des communications par ondes hertziennes, et particulièrement en vue de la sécurité de la navigation.

Adopté à l'unanimité.

Le Secrétaire donne lecture des vœux adoptés par le Conseil comme vœux de sections.

La 5e Section émet les vœux suivants :

1° Appeler l'attention des constructeurs sur l'intérêt qu'il y aurait à munir les bateaux de pêche de faible tonnage d'appareils récepteurs de télégraphie sans fil robustes et peu coûteux, susceptibles de recevoir un nombre restreint de signaux, de manière à permettre aux sémaphores d'avertir les pêcheurs de l'état du temps à une distance d'une dizaine de milles ;

2° Laisser certaine latitude aux professeurs de physique de l'enseignement secondaire pour l'acquisition dans les limites des crédits réglementaires, des instruments de physique se rapportant à l'enseignement qu'ils donnent.

La 6e Section émet le vœu que les chimistes se conforment aux décisions prises par le Congrès de chimie pure, relatives à la nomenclature.

La 12e Section, sur la proposition du docteur É. Maurel, émet le vœu :

Considérant les inconvénients qu'il peut y avoir à laisser exposées, à l'air libre et à la poussière, les pâtisseries et les sucreries qui sont ingérées sans autre préparation ;

Considérant surtout que ces pâtisseries et ces sucreries, très propres à retenir les microorganismes de l'atmosphère, sont vendues le plus souvent dans les rues les plus fréquentées et sur les promenades, au moment où le public s'y trouve en plus grand nombre, et où, par conséquent, la poussière y est soulevée avec plus d'abondance ;

La Section des Sciences médicales, frappée de ces inconvénients, demande que, désormais, tout marchand de ces pâtisseries et de ces sucreries soit tenu de les conserver sous une vitrine.

La 18e Section émet le vœu :

1° Qu'il soit interdit de débiter des boissons alcooliques dans les chantiers de travaux quels qu'ils soient ; les boissons hygiéniques définies par la loi sont seules tolérées dans les cantines et buvettes de ces chantiers ;

2° Défense à tout le personnel des administrations publiques ou des chemins de fer de consommer des liqueurs alcooliques pendant le service ;

3° Affichage dans tous les bureaux relevant de l'État, des départements et des communes, de placards instructifs montrant les effets de l'alcoolisme (courbes de l'aliénation mentale, des suicides, etc.). Dans l'intérêt de la vulgarisation, il est à souhaiter que ces placards soient vendus à bon marché ;

4° Obligation du même affichage dans les écoles publiques ;

5° Surveillance spéciale des débits de boissons les jours de paye, les dimanches et jours de fête ; interdiction absolue d'y faire l'embauchage ou la distribution des salaires dus, sous peine de fermeture immédiate, dès la première contravention ;

6° Encouragements aux débits de boissons hygiéniques ;

7° Encouragement aux Sociétés de secours mutuels, organisant des locaux de réunion ou des Cercles dont l'alcool sera strictement exclu ;

8° Organisation de la propagande antialcoolique par les conférences populaires, la distribution de traités de tempérance, etc.;

9° Instruction antialcoolique donnée dans les écoles de l'enseignement primaire, secondaire et supérieur par un professeur chargé du cours spécial d'hygiène d'après un programme officiel;

10° Favoriser, dans les écoles de tout ordre, le développement de Sociétés d'abstention partielle ou totale des liqueurs alcooliques;

11° Il est à souhaiter que la même instruction antialcoolique soit donnée dans les cours d'adultes ou dans l'enseignement post-scolaire;

12° Dans l'intérêt de la santé générale il est nécessaire que l'administration prévienne le plus effectivement possible les fraudes des boissons de tout ordre et notamment que le Ministre compétent retire aux directeurs des contributions indirectes le droit de transaction; qu'il soit interdit aux débitants de recevoir des enfants, à moins qu'ils ne soient accompagnés par leurs parents.

La 18e Section émet le vœu :

Qu'il soit constitué dans tous les lycées, collèges, une Commission composée de l'architecte, d'un membre de l'administration et des médecins de l'établissement pour visiter semestriellement les locaux, proposer les améliorations nécessaires et en surveiller l'exécution ;

Que toute construction nouvelle ou modification importante soient soumises, avant tout commencement d'exécution à l'approbation du Conseil départemental d'hygiène.

La 18e Section, considérant que la dépopulation et l'affaiblissement de la race française tiennent en partie à la malpropreté corporelle habituelle, qui favorise le développement d'un très grand nombre de maladies contagieuses et par suite évitables, demande aux pouvoirs publics l'installation la plus prompte possible, dans tous les établissements d'instruction, publics ou privés, de bains-douches, dont l'emploi sera obligatoire pour tous les élèves sans exception, sauf avis contraire donné par le médecin de l'établissement.

La Sous-Section d'Archéologie :

1° Considérant l'importance et la rareté du pont de Montauban construit de 1304 à 1335, lequel est peut-être unique par les dispositions de sa construction;

Considérant l'importance qu'il y aurait à voir contrôler par les architectes des monuments historiques des travaux qui peuvent y être exécutés,

Émet le vœu qu'il soit classé comme monument historique.

2° Considérant que la salle dite *du Prince-Noir*, construction élevée pendant la domination anglaise au milieu du xive siècle, constitue un rare spécimen, par ses proportions et son bon état de conservation, de ce que furent les châteaux élevés durant la guerre de Cent ans,

Émet le vœu de son classement comme monument historique.

3° La Sous-Section émet le vœu que la petite église de Saux, canton de Montpezat, menacée de démolition, soit classée comme monument historique. Cet édifice se rattache à l'époque périgourdine des églises voûtées en coupole.

4° Considérant que, pour favoriser le développement des études économiques et historiques dans tous les genres, il importe de mettre à la disposition des travailleurs les ressources inépuisables contenues dans les minutes notariales antérieures à la Révolution ;

Considérant que ce résultat ne peut être obtenu efficacement que si les minutes sont centralisées, soit aux archives départementales, soit dans tout autre dépôt affecté à cet usage ;

Considérant que, dans ce but, il y a lieu de modifier quelques dispositions de la loi organique du notariat de ventôse an XI ;

Considérant que, pour sauvegarder les intérêts des déposants et des dépositaires, il est préférable de ne pas rendre le versement obligatoire, mais de fournir aux notaires, qui sont embarrassés de loger leurs minutes et de déchiffrer les plus anciennes, le moyen de les faire conserver, classer et utiliser ;

La Sous-Section émet le vœu :

1) Que les notaires soient autorisés à remettre leurs minutes antérieures à 1790, soit aux archives départementales, soit dans tout autre dépôt affecté à cet usage ;

2) Que les droits des notaires sur les minutes soient réservés, notamment en ce qui concerne la communication des pièces.

Le Président donne lecture des propositions de candidatures pour la vice-présidence et le vice-secrétariat.

Comme il n'y a qu'une proposition, l'élection peut avoir lieu à mains levées.

Le Président met aux voix successivement les candidatures de M. Alfred Picard, membre de l'Institut, président de section au Conseil d'État, inspecteur général des Ponts et Chaussées, comme vice-président, et de M. Paul Sabatier, correspondant de l'Institut, professeur à l'Université de Toulouse, comme vice-secrétaire.

Élus à l'unanimité.

Le Président informe l'Assemblée qu'aucune proposition ferme n'est faite pour la réunion de la session de 1904. Il propose à l'Assemblée de renvoyer au Conseil le choix de la ville.

Adopté à l'unanimité.

Le Président demande à l'Assemblée, sur la proposition du Conseil, de voter des remercîments au maire et à la municipalité de Montauban, à M. Capdepic, président, et à M. Corone, secrétaire du Comité local ;

Aux ministres qui ont envoyé des délégués, aux Compagnies de chemins de fer et à la Compagnie Transatlantique, à Mme Corone, directrice du lycée de jeunes filles, aux chefs d'industrie dont on a visité les établissements, à la Chambre de Commerce, à toutes les personnes qui ont aidé à l'organisation du Congrès et notamment à M. Gardès et à M. le chanoine Pottier.

Adopté à l'unanimité.

La séance est levée à 4 heures et demie.

Le Président déclare close la session de Montauban.

CONSEIL D'ADMINISTRATION

ANNÉE 1902-1903

BUREAU DE L'ASSOCIATION

MM. LEVASSEUR (ÉMILE), Membre de l'Institut, Professeur au Collège de France et au Conservatoire national des Arts et Métiers. . . . . *Président.*

CARPENTIER (JULES); Membre du Bureau des Longitudes. *Président sortant.*

PICARD (ALFRED), Membre de l'Institut, Inspecteur général des Ponts et Chaussées, Président de section au Conseil d'État . . . . *Vice-Président.*

MAGNIN (le Docteur A.), Doyen de la Faculté des Sciences, Professeur à l'École de Médecine de Besançon . . . . *Secrétaire.*

SABATIER (PAUL), Correspondant de l'Institut, Professeur à la Faculté des Sciences de Toulouse. . . . . *Vice-Secrétaire.*

GALANTE (ÉMILE), Fabricant d'instruments de chirurgie. *Trésorier.*

GARIEL (C.-M.), Professeur à la Faculté de Médecine, Membre de l'Académie de Médecine, Inspecteur général, Professeur à l'École nationale des Ponts et Chaussées . . . . *Secrétaire du Conseil.*

CARTAZ (le Docteur A.), ancien Interne des Hôpitaux de Paris. . . . . *Secrétaire adjoint du Conseil.*

ANCIENS PRÉSIDENTS FAISANT PARTIE DU CONSEIL D'ADMINISTRATION

MM. BERTHELOT (M.-P.-E.), Membre de l'Institut et de l'Académie de Médecine, Professeur au Collège de France, Sénateur.

BISCHOFFSHEIM (R.-L.); Membre de l'Institut, Député des Alpes-Maritimes.

BOUCHARD (CHARLES), Membre de l'Institut et de l'Académie de Médecine, Professeur à la Faculté de Médecine de Paris.

BOUQUET DE LA GRYE (Anatole), Membre de l'Institut, Président du Bureau des Longitudes.

BROUARDEL (PAUL), Membre de l'Institut et de l'Académie de Médecine, Doyen honoraire de la Faculté de Médecine de Paris.

CHAUVEAU (AUGUSTE), Membre de l'Institut et de l'Académie de Médecine, Professeur au Muséum d'histoire naturelle.

COLLIGNON (ÉDOUARD), Inspecteur général des Ponts et Chaussées en retraite, Examinateur honoraire de sortie à l'École Polytechnique.

MM. DEHÉRAIN (PIERRE-PAUL), Membre de l'Institut, Professeur au Muséum d'histoire naturelle et à l'École nationale d'Agriculture de Grignon.

DISLÈRE (PAUL), Président de Section au Conseil d'État, Président du Conseil d'administration de l'École coloniale.

HAMY (le Docteur ERNEST), Membre de l'Institut, Professeur au Muséum d'Histoire naturelle.

JANSSEN (JULES), Membre de l'Institut et du Bureau des Longitudes, Directeur de l'Observatoire d'astronomie physique de Meudon.

LAUSSEDAT (le Colonel AIMÉ), Membre de l'Institut, Directeur honoraire du Conservatoire national des Arts et Métiers.

MAREY (ÉTIENNE-JULES), Membre de l'Institut et de l'Académie de Médecine, Professeur au Collège de France.

MASCART (ÉLEUTHÈRE), Membre de l'Institut, Professeur au Collège de France, Directeur du Bureau central météorologique de France.

PASSY (FRÉDÉRIC), Membre de l'Institut.

SEBERT (le Général H.), Membre de l'Institut.

TRÉLAT (ÉMILE), Professeur honoraire au Conservatoire national des Arts et Métiers, Directeur de l'École spéciale d'Architecture, Architecte en chef honoraire du département de la Seine.

DÉLÉGUÉS DE L'ASSOCIATION

MM. D'ARSONVAL, Membre de l'Institut et de l'Académie de Médecine, Professeur au Collège de France.

CARNOT (ADOLPHE), Membre de l'Institut, Inspecteur général, Directeur et Professeur à l'École nationale supérieure des Mines.

DAVANNE (ALPHONSE), Président honoraire du Conseil d'administration de la Société française de Photographie.

GAUDRY (ALBERT), Membre de l'Institut, Professeur au Muséum d'histoire naturelle.

GRANDIDIER (ALFRED), Membre de l'Institut.

GRASSET (le Docteur J.), Professeur à la Faculté de Médecine de Montpellier, Correspondant national de l'Académie de Médecine.

GRÉARD (OCTAVE), Membre de l'Académie française et de l'Académie des Sciences morales et politiques, Vice-Recteur honoraire de l'Académie de Paris.

HENROT (le Docteur HENRI), Directeur de l'École de Médecine de Reims, Correspondant national de l'Académie de Médecine.

JAVAL (le Docteur ÉMILE), Membre de l'Académie de Médecine.

LAUTH (CH.), Directeur de l'École municipale de Physique et de Chimie industrielles.

LŒWY (MAURICE), Membre de l'Institut et du Bureau des Longitudes, Directeur de l'Observatoire national de Paris.

NADAILLAC (le Marquis ALBERT DE), Correspondant de l'Institut.

NOBLEMAIRE, Directeur de la Compagnie des Chemins de fer de Paris à Lyon et à la Méditerranée.

PERRIER (EDMOND), Membre de l'Institut et de l'Académie de Médecine, Directeur du Muséum d'Histoire naturelle.

RICHET (CHARLES), Professeur à la Faculté de Médecine de Paris, Membre de l'Académie de Médecine.

SANSON (ANDRÉ), Professeur honoraire à l'Institut national agronomique et à l'École nationale d'Agriculture de Grignon. (Décédé le 26 août 1902.)

PRÉSIDENTS, SECRÉTAIRES ET DÉLÉGUÉS DES SECTIONS

1re et 2e SECTIONS (Mathématiques, Astronomie, Géodésie et Mécanique).

MM.

Libert (Lucien) . . . .

Président (Montauban, 1902).

Secrétaire (d° . d°).

de Longchamps (Gaston GOHIERRE), Examinateur
à l'École spéciale militaire . . . .
Maunheim (le Colonel), Professeur honoraire à
l'École Polytechnique. . . . .
Laisant (Ch.-A.), Examinateur à l'École Polytechnique. . . . .

Délégués de la Section.

X... (1) . . . . *Président pour 1903 (Angers).*

3e et 4e SECTIONS (Navigation, Génie Civil et Militaire).

Fontès, Ingénieur en chef des Ponts et Chaussées.
. . . .

Président (Montauban, 1902).

Secrétaire (d° d°).

Petiton (Anatole), Ingénieur-Conseil des Mines. .
Loche, Inspecteur général des Ponts et Chaussées.
Pasqueau, Inspecteur général des Ponts et Chaus-
sées, à Paris . . . .

Délégués de la Section.

Forestier, Inspecteur général des Ponts et Chaus-
sées, à Paris. . . . . *Président pour 1903 (Angers).*

5e SECTION (Physique).

Mathias, Professeur à la Faculté des Sciences de
Toulouse . . . .

Président (Montauban, 1902).

Turpain, Docteur ès sciences. . . . . *Secrétaire (d° d°).*

Broca (André), Agrégé à la Faculté de Médecine de
Paris . . . .
Lacour, Ingénieur civil des Mines. . . . .
Baille, Professeur à l'École municipale de Physique
et de Chimie industrielles . . . .

Délégués de la Section.

Pellin (Ph.), Ingénieur des Arts et Manufactures,
à Paris . . . . *Président pour 1903 (Angers).*

6e SECTION (Chimie).

Sabatier (P.), Professeur à la Faculté des Sciences
de Toulouse . . . .

Président (Montauban, 1902).

Mailhe . . . . *Secrétaire (d° d°).*

Béhal, Professeur à l'École Supérieure de Phar-
macie de Paris. . . . .
Lauth, Directeur de l'École municipale de Phy-
sique et de Chimie industrielles . . . .
Hanriot, Membre de l'Académie de Médecine,
Agrégé à la Faculté de Médecine de Paris . . .

Délégués de la Section.

X... (1) . . . . *Président pour 1903 (Angers).*

(1) Le Président, n'ayant pas été élu par la Section, sera nommé par le Conseil d'administration.

7e SECTION (Météorologie et Physique du Globe).

MM. **Marchand**, Directeur de l'Observatoire du Pic-du-
Midi. . . . . *Président (Montauban, 1902).*
Moureaux (Théodule), Directeur de l'Observatoire
du Parc-Saint-Maur . . . .
Teisserenc de Bort, Directeur de l'Observatoire *Délégués de la Section.*
de Trappes . . . .
Balédent (l'abbé Pierre) . . . .
Brunhes, Directeur de l'Observatoire du Puy-de-
Dôme, Professeur à la Faculté des Sciences de
Clermont-Ferrand . . . . *Président pour 1903 (Angers).*

8e SECTION (Géologie et Minéralogie).

Péron (Pierre), Correspondant de l'Institut . . . *Président (Montauban, 1902).*
Bourgery (Henri), Membre de la Société géolo-
gique de France. . . . . *Secrétaire (d⁰   d⁰).*
Bourgery (H.). . . . .
Peron . . . .
Schlumberger (Charles), Ingénieur de la Marine, *Délégués de la Section.*
en retraite. . . . .
Lennier, Directeur du Muséum du Havre. . . . *Président pour 1903 (Angers).*

9e SECTION (Botanique).

Braemer (le Docteur), Professeur à la Faculté de
Médecine de Toulouse. . . . . *Président (Montauban, 1902).*
Gerber (le Docteur Ch.), Professeur à l'École de
Médecine de Marseille . . . . : . . *Secrétaire (d•   d•).*
Guignard (Léon), Membre de l'Institut . . . . .
Bonnet (le Docteur Edmond) . . . .
Poisson (Jules), Assistant de botanique au Muséum *Délégués de la Section.*
d'histoire naturelle de Paris . . . .
Bureau (le Docteur Édouard), Professeur au Mu-
séum d'Histoire naturelle. . . . . *Président pour 1903 (Angers).*

10e SECTION (Zoologie, Anatomie, Physiologie).

Moquin-Tandon, Professeur à la Faculté des
Sciences de Toulouse . . . . *Président (Montauban, 1902).*
Giard (Alfred), Membre de l'Institut . . . . .
Loisel (le Docteur). . . . .
Künckel d'Herculais, Assistant au Muséum d'His- *Délégués de la Section.*
toire naturelle. . . . .
Joubin (L.), Professeur à la Faculté des Sciences
de Rennes. . . . . *Président pour 1903 (Angers).*

11e SECTION (Anthropologie).

MM. Rivière (Émile), Sous-Directeur adjoint de labo-
ratoire au Collège de France . . . . *Président (Montauban-1902).*
Courty . . . . *Secrétaire (d° d°).*
de Mortillet (Adrien), Professeur à l'École d'An-
thropologie . . . .
Chantre, Sous-Directeur du Muséum de Lyon. . } *Délégués de la Section.*
Delisle (le Docteur Fernand) . . . .
Zaborowski, Publiciste. . . . . *Président pour 1903 (Angers).*

12e SECTION (Sciences Médicales).

Bories (le Docteur). . . . . *Président (Montauban-1902).*
Livon (le Docteur Ch.), Professeur à l'École de
Médecine de Marseille. . . . .
Launois (le Docteur), Agrégé à la Faculté de Méde- } *Délégués de la Section.*
cine de Paris, Médecin des hôpitaux . . . . . .
Desnos (le Docteur Ernest). . . . .
Legludic, Directeur de l'École de Médecine d'An-
gers . . . . *Président pour 1903 (Angers).*

13e SECTION (Électricité médicale).

Bordier (le Docteur), Agrégé à la Faculté de
Médecine de Lyon . . . . *Président (Montauban-1902).*
Leuillieux (le Docteur A.) . . . . *Secrétaire (d° d°).*
Bergonié (le Docteur), Professeur à la Faculté de
Médecine de Bordeaux . . . .
Leuillieux (le Docteur A.) . . . . } *Délégués de la Section.*
Bordier (le Docteur), Agrégé à la Faculté de Méde-
cine de Lyon. . . . .
Marie (le Docteur), Chargé de cours à la Faculté de
Médecine de Toulouse. . . . . *Président pour 1903 (Angers).*

14e SECTION (Agronomie).

Regnault (Ernest) . . . . *Président (Montauban-1902).*
Dybowski, Inspecteur général de l'agriculture
coloniale. . . . .
Ramé (Félix) . . . . } *Délégués de la Section.*
Ladureau (Albert), Ingénieur-Chimiste . . . . .
Lacour, Ingénieur civil des Mines. . . . . *Président pour 1903 (Angers).*

15e SECTION (Géographie).

Gauthiot . . . . *Président (Montauban-1902).*
Wouters (Louis). . . . . *Secrétaire (d° d°).*
Fournier (le Docteur Alban). . . . .
de Guerne (le Baron Jules) . . . .
Gauthiot (Charles), Membre du Conseil supérieur } *Délégués de la Section.*
des Colonies. . . . .
X... (1) . . . . *Président pour 1903 (Angers).*

(1) Le Président, n'ayant pas été élu par la Section, sera nommé par le Conseil.

16e SECTION (Économie politique et Statistique).

Saugrain (Gaston), Avocat à la Cour d'appel de
 Paris . . . .   *Président (Montauban-1902).*
Letort (Ch.), Conservateur adjoint à la Biblio-
 thèque nationale. . . . . } *Délégués de la Section.*
Saugrain (Gaston) . . . .)

X. (1) . . . .   *Président pour 1903 (Angers).*

17e SECTION (Enseignement).

Merckling, Professeur, membre du Conseil supé-
 rieur de l'enseignement technique. . . . . *Président (Montauban-1902).*
Bérillon (le Docteur Edgard) . . . .)
Guézard (J.-M.) . . . . } *Délégués de la Section.*
Ferry (Émile) . . . .)
Merckling . . . . *Président pour 1903 (Angers).*

18e SECTION (Hygiène et Médecine publique).

Tachard (le Docteur) . . . . *Président (Montauban-1902).*
Guyot (Raphaël) . . . . *Secrétaire (d°   d°   ).*
Bard (le Docteur), Professeur à la Faculté de)
 Médecine de Lyon . . . .)
Brémond (le Docteur F.) . . . . } *Délégués de la Section.*
Papillon (le Docteur Ernest) . . . .)
Guiraud (le Docteur), Professeur à la Faculté de
 Médecine de Toulouse . . . . *Président pour 1903 (Angers).*

SOUS-SECTION (Archéologie).

Pottier (le Chanoine), Président de la Société
 archéologique de Tarn-et-Garonne, à Montau-
 ban. . . . . *Président (Montauban-1902).*
X. (1) . . . . *Président pour 1903 (Angers).*

SOUS-SECTION (Odontologie).

Sauvez (le Docteur Émile) . . . . *Président (Montauban-1902).*
Delair (Léon) . . . . *Président pour 1903 (Angers).*

(1) Le Président, n'ayant pas été élu par la Section, sera nommé par le Conseil.

COMMISSIONS PERMANENTES

Commission des Conférences : MM. DAVANNE, DE GUERNE, LAUTH, DE MOR-
TILLET, MOUREAUX, PERRIER, POISSON,
SCHLUMBERGER.

Commission des Finances : MM. BOURGERY, GUÉZARD, DE NADAILLAC,
TEISSERENC DE BORT.

Commission d'Organisation du Congrès d'Angers : MM. BAILLE, BONNET, DISLÈRE,
FOURNIER.

Commission de Publication : MM. COLLIGNON, BÉHAL, ÉM. RIVIÈRE, LADU-
REAU.

Commission des Subventions : MM. LAISANT (1re et 2e Sections), PETITON
(3e et 4e Sections), LACOUR (5e Section),
HANRIOT (6e Section), BALÉDENT (7e Section), PERON (8e Section), GUIGNARD
(9e Section), GIARD (A.) (10e Section),
DE MORTILLET (11e Section), DESNOS
(12e Section), BERGONIÉ (13e Section),
REGNAULT (14e Section), GAUTHIOT (15e
Section), SAUGRAIN (16e Section), GUÉZARD
(17e Section), PAPILLON (18e Section),
Dr HENROT, Dr RICHET (*Délégués de l'Association*).

LISTE DES ANCIENS PRÉSIDENTS

ANNÉES	VILLES	PRÉSIDENTS	
1872	Bordeaux	CLAUDE BERNARD	(Décédé.)
1873	Lyon	DE QUATREFAGES DE BRÉAU	(Décédé.)
1874	Lille	WURTZ (Adolphe)	(Décédé.)
1875	Nantes	D'EICHTHAL (Adolphe)	(Décédé.)
1876	Clermont-Ferrand	DUMAS (J.-B.)	(Décédé.)
1877	Le Havre	BROCA (Paul)	(Décédé.)
1878	Paris	FRÉMY (Edmond)	(Décédé.)
1879	Montpellier	BARDOUX (Agénor)	(Décédé.)
1880	Reims	KRANTZ (J.-B.)	(Décédé.)
1881	Alger	CHAUVEAU (Auguste)	
1882	La Rochelle	JANSSEN (Jules)	
1883	Rouen	PASSY (Frédéric)	
1884	Blois	BOUQUET DE LA GRYE (Anatole)	
1885	Grenoble	VERNEUIL (Aristide)	(Décédé.)
1886	Nancy	FRIEDEL (Charles)	(Décédé.)
1887	Toulouse	ROCHARD (Jules)	(Décédé.)
1888	Oran	LAUSSEDAT (Aimé)	
1889	Paris	DE LACAZE-DUTHIERS (Henri)	(Décédé.)
1890	Limoges	CORNU (Alfred)	(Décédé.)
1891	Marseille	DEHÉRAIN (P.-P.)	
1892	Pau	COLLIGNON (Édouard)	
1893	Besançon	BOUCHARD (Charles)	
1894	Caen	MASCART (É.)	
1895	Bordeaux	TRÉLAT (Émile)	
1896	Tunis	DISLÈRE (Paul)	
1897	Saint-Étienne	MAREY (J.-É.)	
1898	Nantes	GRIMAUX (Édouard)	(Décédé.)
1899	Boulogne-sur-Mer	BROUARDEL (Paul)	
1900	Paris	SEBERT (Hippolyte)	
1901	Ajaccio	HAMY (E.-T.)	
1902	Montauban	CARPENTIER (Jules)	

COMITÉ LOCAL DE MONTAUBAN

BUREAU

Présidents d'honneur : MM. Çapéran, Maire.

de Freycinet, Membre de l'Institut, Sénateur.

le Dr Rolland, Président du Conseil général.

Mercadier (Ernest), Directeur des Études à l'École Polytechnique.

Président : M. Capdepic (Armand), Avocat, adjoint au Maire.

Vice-président : M. Doumerc (Jean), Ingénieur civil des mines, Président de la Chambre de commerce.

Secrétaire général : M. Corone, Professeur au Lycée.

Secrétaire adjoint : M. Brun (Albert), Propriétaire.

Trésorier : M. Pougens, Receveur municipal.

Présidents des Commissions :

1° *Commission du Livre.*

Président.: M. le Chanoine Pottier.

2° *Commission des Finances.*

Président : M. Gaches, Chef de division à la Préfecture.

3° *Commission de travaux scientifiques.*

Président : M. Mathet, Propriétaire.

4° *Commission de l'organisation matérielle; excursions, etc.*

Président.: M. Gardès, ancien Notaire.

MEMBRES

MM. le Dr Bedel.

Bois, Professeur à la Faculté de théologie.

le Dr Bories.

Brun, Propriétaire.

Capdepic, Avocat, Président du Comité local.

Castan, Ingénieur civil.

Cazaubiel, Économe de l'École normale.

Corone, Professeur de physique au Lycée, Secrétaire général du Comité local.

Cucuat, Professeur de physique au Lycée.

Delaval, Commandant du génie.

Delmas, Étudiant.

Doumerc, Ingénieur civil.

Fiche, Ingénieur électricien.

Forestié, Imprimeur.

Gaches, Chef de division à la Préfecture.

Gardès, Notaire honoraire.

Garrisson (Charles), Propriétaire.

Garrisson (Eugène), Propriétaire.

Gibert, Architecte.

le Dr Lacaze.

Lalaurie, Directeur de l'École normale.

Leenhardt, Professeur à la Faculté de théologie.

Lombrail, Sous-Chef de gare.

Mathet, Pharmacien.

Maurou, Architecte de la ville.

Maury, Professeur à la Faculté de théologie.

Metzger, Directeur de l'usine à gaz.

Nicolas, Juge d'instruction.

Père, Notaire.

le Dr Périés, Médecin de l'hospice des aliénés.

le Chanoine Pottier.

Pougens, Receveur municipal, Trésorier du Comité local.

Romagnac, Industriel, Conseiller municipal.

Siber, Agent voyer.

Trutat, Docteur ès sciences.

le Dr Viguié.

Viguier, Vétérinaire.

Vincent, Ingénieur électricien.

DÉLÉGUÉS DES MINISTÈRES

AU CONGRÈS DE MONTAUBAN

MINISTÈRE DE L'INSTRUCTION PUBLIQUE ET DES BEAUX-ARTS

MM. LEVASSEUR (Émile), Membre de l'Institut, Professeur au Collège de France et au Conservatoire national des Arts et Métiers.

LETORT (Charles), Conservateur adjoint à la Bibliothèque nationale.

RIVIÈRE (Émile), Sous-Directeur adjoint de laboratoire au Collège de France.

MINISTÈRE DE LA MARINE

M. TISSOT (Camille), Lieutenant de vaisseau, Professeur à l'École navale.

BOURSES DE SESSION

LISTE DES BOURSIERS DU CONGRÈS DE MONTAUBAN

MM. DUCOMET, de l'École nationale d'agriculture de Montpellier.

MAYNARD, Ingénieur agronome.

LISTE DES SOCIÉTÉS SAVANTES

ET INSTITUTIONS DIVERSES

QUI SE SONT FAIT REPRÉSENTER AU CONGRÈS DE MONTAUBAN

SOCIÉTÉ SCIENTIFIQUE D'ARCACHON, représentée par M. le Dr LALESQUE, président.

SOCIÉTÉ D'ÉTUDES SCIENTIFIQUES DE L'AUDE (Carcassonne), représentée par M. SICARD, ancien président.

ASSOCIATION ODONTOLOGIQUE DE BORDEAUX, représentée par M. ARMAND, délégué.

SOCIÉTÉ DE GÉOGRAPHIE COMMERCIALE DE BORDEAUX, représentée par M. DE SAINT-LAURENT, délégué.

SOCIÉTÉ DES SCIENCES NATURELLES DE LA CHARENTE-INFÉRIEURE (La Rochelle), représentée par M. COUNEAU, délégué.

ASSOCIATION DES DENTISTES DE FRANCE, représentée par M. COIGNARD, délégué.

SOCIÉTÉ DES CHIRURGIENS-DENTISTES DU CENTRE, représentée par M. DELAIR, président.

SOCIÉTÉ PHARMACEUTIQUE DE L'INDRE (Châteauroux), représentée par M. DURET, délégué.

SOCIÉTÉ DE GÉOGRAPHIE DE LILLE représentée par M. LECOQ, délégué.

ASSOCIATION POLYMATHIQUE (section de Marseille), représentée par M. HENRIET (Jules), délégué.

SOCIÉTÉ ACADÉMIQUE DE COMPTABILITÉ (section de Marseille), représentée par M. HENRIET (Jules), délégué.

SOCIÉTÉ DE GÉOGRAPHIE DE MARSEILLE, représentée par M. HENRIET (Jules), délégué.

SOCIÉTÉ DE STATISTIQUE DE MARSEILLE, représentée par M. HENRIET (Jules), délégué.

UNIVERSITÉ POPULAIRE : LE FOYER DU PEUPLE DE MARSEILLE, représentée par M. HENRIET (Jules), délégué.

ACADÉMIE DES SCIENCES DE MONTAUBAN, représentée par M. BUSCON, secrétaire général.

SOCIÉTÉ ARCHÉOLOGIQUE DE TARN-ET-GARONNE (Montauban), représentée par M. le Chanoine POTTIER, président.

AUTOMOBILE-CLUB DE FRANCE (Paris), représenté par MM. FORESTIER et JEANTAUD, délégués.

MUSÉE SOCIAL (Paris), représenté par M. HÉBRARD, délégué.

ASSOCIATION FRANÇAISE POUR LE DÉVELOPPEMENT DE L'ENSEIGNEMENT TECHNIQUE (Paris), représentée par M. PARIS, secrétaire général, délégué.

SOCIÉTÉ DES ANCIENS ÉLÈVES DES ÉCOLES NATIONALES D'ARTS ET MÉTIERS (Paris), représentée par M. CASALONGA, délégué.

SOCIÉTÉ ENTOMOLOGIQUE DE FRANCE (Paris), représentée par M. LAMEY, délégué.

SOCIÉTÉ DES EXCURSIONS SCIENTIFIQUES (Paris), représentée par MM. DE MORTILLET et COURTY, délégués.

SOCIÉTÉ DE GÉOGRAPHIE, représentée par M. BELLOC (Émile), délégué.

SOCIÉTÉ DE GÉOGRAPHIE COMMERCIALE DE PARIS, représentée par M. WOUTERS, délégué.

SOCIÉTÉ ODONTOLOGIQUE DE FRANCE (Paris), représentée par M. le Dr SIFFRE, délégué.

SYNDICAT DES CHIRURGIENS-DENTISTES, représenté par M. ROZENBAUM, délégué.

SOCIÉTÉ DES AMIS DES SCIENCES ET ARTS DE ROCHECHOUART, représentée par M. GRANET, délégué.

INSTITUT DE CARTHAGE (Tunis), représenté par M. le Dr LOIR, délégué.

JOURNAUX REPRÉSENTÉS

AU CONGRÈS DE MONTAUBAN

Les journaux de Montauban, représentés par les Rédacteurs en chef.

Les Archives d'Électricité médicale, représentées par M. le Dr BERGONIÉ, fondateur-directeur.

La Chronique Industrielle, représentée par M. CASALONGA, directeur.

L'Éclairage électrique, représenté par M. BLONDIN, directeur scientifique.

L'Estafette, représentée par M. BOURGERY, correspondant rédacteur.

Le Journal de l'Agriculture, représenté par M. SAGNIER (Henri), directeur.

Le Journal des Débats et *Le Cosmos*, représentés par M. Émile HÉRICHARD.

Le Mois Scientifique et Industriel, représenté par M. Paul RENAUD, fondateur-directeur.

L'Odontologie, représentée par M. PAPOT, secrétaire de la rédaction.

La Petite Gironde, représentée par M. le Dr MAURIAC, délégué.

La République nouvelle, représentée par M. le Dr MAURIAC, délégué.

La Revue générale des Sciences pures et appliquées, représentée par M. le Dr LOIR, délégué.

Le Syndicat de la Presse scientifique, représenté par M. le Dr BILHAUT, délégué.

CONGRÈS DE MONTAUBAN

PROGRAMME GÉNÉRAL

JEUDI 7 AOUT. — Le matin, à 10 heures, réunion du Conseil d'administration. A 3 heures, séance d'inauguration au Théâtre. A 8 heures, réception à l'Hôtel de Ville.

VENDREDI 8 AOUT. — Le matin, séances de Sections. Dans l'après-midi, visites industrielles. A 4 heures, séance générale : Rapport et discussion sur la *Traction électrique*. Le soir, à 8 heures et demie, conférence à l'Hôtel de Ville; M. Trutat : *Les excursions du Congrès de Montauban*, avec projections.

SAMEDI 9 AOUT. — Le matin, séances de Sections. Dans l'après-midi, visites industrielles et, continuation de là discussion sur la *Traction électrique*.

DIMANCHE 10 AOUT. — Excursion générale : Bruniquel, Penne, Saint-Antonin.

LUNDI 11 AOUT. — Le matin, séances de Sections. Dans l'après-midi, visites industrielles.

MARDI 12 AOUT. — Excursion générale : Castelsarrasin, Moissac.

MERCREDI 13 AOUT. — Le matin, séances de Sections. Dans l'après-midi, visites industrielles. Le soir, à 8 heures et demie, conférence à l'Hôtel de Ville; M. Stanislas Meunier : *Les éruptions volcaniques*, avec projections.

JEUDI 14 AOUT. — Le matin, séances de Sections. Dans l'après-midi, à 4 heures et demie, séance de clôture.

VENDREDI, SAMEDI ET DIMANCHE, 15, 16 ET 17 AOUT. — Excursion finale : Agen, Fumel, Bonaguil, Cahors, Assier, Figeac, Rocamadour, gouffre de Padirac.

SÉANCE GÉNÉRALE

M. CAPÉRAN

Maire de Montauban.

MESDAMES,
MESSIEURS,

Je remercie le Conseil d'Administration de l'Association française pour l'Avancement des Sciences, d'avoir bien voulu choisir la ville de Montauban, comme siège du Congrès de 1902.

La patrie d'Ingres avait quelques titres au choix si flatteur dont elle a été l'objet.

Fière de posséder pour quelques jours votre illustre Compagnie, elle regrette de ne pouvoir lui offrir une réception digne d'elle, et de la fêter avec le même éclat que les grandes cités qu'elle a déjà visitées.

Permettez-moi d'espérer, Messieurs, que la cordialité de l'accueil et les témoignages de sympathie qui vous seront donnés pendant votre séjour parmi nous, seront pour vous un dédommagement.

Malgré la modestie de ses ressources, la municipalité montalbanaise n'hésita pas un seul instant à accepter vos offres, convaincue que votre visite vaudrait à la cité : honneur et profit.

Le siècle qui vient de finir, aura vu, grâce à d'infatigables chercheurs, des progrès immenses réalisés dans toutes les branches de l'activité humaine et une véritable révolution s'opérer dans les conditions économiques du monde, à la suite des merveilleuses découvertes qui ont justifié une fois de plus l'estime grandissante dont les savants sont l'objet.

J'ai la conviction profonde, ayant foi en la science, que c'est par elle que nous arriverons à conjurer cette crise économique dont souffrent cruellement à cette heure tous les pays de la vieille Europe.

C'est dans cet esprit, que je vous souhaite la bienvenue, Messieurs les Congressistes, associant aux hommages que je suis particulièrement heureux de vous rendre, les savants qui vous ont frayé la route, et donné les moyens de réaliser, à votre tour, les découvertes fécondes qui assureront plus de bonheur à l'humanité toute entière.

Par les excursions que vous ferez à travers le plus petit de nos départements, vous pourrez vous convaincre qu'il vaut mieux que sa réputation, et vous pourrez dire à ceux qui prétendent que c'est un pays sans industrie, sans vie, sans avenir qu'ils se trompent et méconnaissent notre pays.

Vous leur direz qu'il doit faire bon vivre dans ce joli coin de la terre de France, que les sites intéressants et agréables n'y manquent pas, que la population de ces contrées est intelligente, honnête et laborieuse, capable de seconder les hommes d'initiative, et d'assurer le fonctionnement et la prospérité d'industries susceptibles d'utiliser les produits si justement réputés de notre sol.-

Si l'on vous objecte que la disparition de vieilles industries montalbanaises ne permet pas de croire au relèvement industriel d'une région qui a pourtant tout ce qu'il faut pour faire bonne figure dans la lutte économique, vous pourrez répondre qu'il vous a été donné de constater en plein cœur de l'arrondissement de Montauban, l'essor magnifique d'une industrie, née il y a un siècle dans ce département, occupant dans ses 40 fabriques de Caussade et de Septfonds plusieurs milliers d'ouvriers, et produisant, pour le monde entier, ces chapeaux de paille dont la réputation n'est plus à faire.

Vous direz enfin que notre jolie cité montalbanaise n'est pas sans attraits, qu'elle a son histoire, un glorieux passé dont elle est fière à bon droit et que certains de ses monuments offrent un réel intérêt, entre autres : l'Hôtel de Ville, dans lequel sont exposés en un cadre digne d'eux les admirables dessins, du grand peintre Dominique Ingres, le plus illustre enfant de Montauban.

La vieille église Saint-Jacques, qui porte en ses flancs la trace des boulets anglais et le vieux pont d'où le regard embrasse un superbe panorama.

Vous nous aiderez, Messieurs, à détruire cette légende qui représente Montauban comme une ville morne indigne de figurer sur l'itinéraire d'un touriste.

Les Montalbanais garderont le souvenir de votre visite et vous seront reconnaissants de ce que vous ferez pour la cité qu'ils aiment passionnément parce qu'elle mérite d'être aimée.

M. J. CARPENTIER

Ingénieur-Constructeur, Membre du Bureau des Longitudes, Président de l'Association.

LA TÉLÉGRAPHIE HERTZIENNE

MONSIEUR LE MAIRE,

C'est avec le plus grand plaisir que l'Association française pour l'avancement des sciences vient à Montauban tenir son trente et unième Congrès. L'Association française s'est, dès son origine, donné comme mission de pénétrer profondément dans notre cher pays afin d'y développer entre les français, sur le terrain de la science, de ces liens étroits qui ne sont pas exposés à se rompre du fait de malentendus que la science ne comporte pas. Il lui semble qu'elle remplirait mal le rôle qu'elle s'est assigné, si elle limitait ses visites annuelles aux grandes cités qui, à côté de l'intérêt qu'y offre l'activité intensive propre aux puissantes

agglomérations, ont souvent contre elles d'avoir perdu ce caractère local particulier à nos vieilles provinces et si plein de saveur pour ceux qui ont le culte
du passé glorieux de la France.

Pour nous, qui unissons dans un même amour et le passé et l'avenir de
notre pays, s'il nous est doux, en entrant dans une ville, d'y trouver le souvenir et la trace de grands hommes hélas! disparus, il nous paraît, laissez-moi
le dire, plus précieux encore d'y rencontrer des groupes constitués d'hommes
animés, comme nous sommes nous-mêmes, de la passion des choses de l'esprit.
En arrivant à Montauban, nous voulons donc tendre la main à l'Académie des
Sciences, Belles-Lettres et Arts de Tarn-et-Garonne, qui nous a, il y a plusieurs
années déjà, conviés à nous réunir ici.

Nous savons que notre passage dans une ville y occasionne quelques sacrifices
et nous sommes profondément reconnaissants à la Municipalité de nous avoir,
par la manière si large dont elle a accepté ce fardeau, donne, par avance, un
témoignage précieux de la sympathie que nous réserve la population montalbanaise. Nous savons que le Conseil général, la Chambre de Commerce et l'Académie de Montauban se sont joints à la Municipalité pour préparer notre
réception. Veuillez, monsieur le Maire, être notre interprète auprès de ces
divers corps et leur exprimer notre cordiale gratitude.

MESDAMES ET MESSIEURS,

Je ne veux pas manquer, en prenant pour la première fois la parole dans ce
congrès, d'adresser aux membres de l'Association mes sincères et profonds
remerciements pour l'honneur qu'ils m'ont fait en m'appelant au fauteuil de la
Présidence. Depuis la fondation de l'Association, ce fauteuil a été occupé successivement par les maîtres les plus éminents de la science. En y appelant cette
fois un industriel, vous avez voulu marquer que les applications de la science
doivent être inséparablement unies à la théorie et que les progrès de l'humanité
ne s'obtiennent qu'au prix de cette étroite alliance. Je suis profondément touché
que cette importante manifestation se soit faite sur mon nom. Je me trouverais
bien indigne d'un pareil honneur, si je ne sentais battre dans mon cœur un
amour ardent pour tout ce qui peut favoriser l'avancement des sciences.

MESDAMES ET MESSIEURS,

Pour me conformer à une tradition qu'ont toujours observée mes prédécesseurs, j'ai maintenant à vous entretenir d'un sujet pris parmi ceux que mes
occupations constantes m'ont rendus plus familiers. Je vais donc vous parler un
peu d'électricité et, dans le domaine de l'électricité, je vais vous faire rapidement explorer un coin tout à fait à l'ordre du jour : la télégraphie sans fil.

Qui d'entre nous, Mesdames et Messieurs, ne se souvient d'avoir, dans sa
petite enfance, au cours de quelque voyage en chemin de fer, considéré, à travers la vitre du compartiment, cette harpe de fils de fer qui, le long de la voie,
descendent ensemble lentement, puis remontent ensemble et sautent brusquement de place en place? Qui d'entre nous ne se souvient de s'être demandé
comment les dépêches, que l'on voyait parfois venir à la maison, pour trou-
bler hélas! la quiétude des parents, pouvaient circuler si bien et franchir des
distances énormes dans ces étranges conduits? Il faut des années pour qu'on
se rende compte que ce ne sont pas les feuilles de papier bleu, porteuses du
texte laconique, qui cheminent dans les fils de fer, et lorsque, instruit des

grandes découvertes de Volta et d'Arago, on comprend qu'il suffit d'une pile pour commander, je dirai presque instantanément, les mouvements d'un électro-aimant placé au bout d'un fil, long de centaines de kilomètres, et pour déterminer ainsi les effets mécaniques les plus variés, on s'habitue à trouver tout naturels les miracles de la télégraphie électrique et on finit par regarder comme indispensables ces fils métalliques, objets de nos premières surprises, qui sillonnent la terre et relient les points extrêmes du globe.

Aussi la découverte de phénomènes nouveaux, capables de permettre la transmission de la pensée à travers l'espace, provoque-t-elle dans les foules des étonnements nouveaux, et voyons nous ceux-là mêmes qui s'étaient émerveillés du rôle que peuvent jouer de simples fils de fer, s'émerveiller plus encore peut-être de voir qu'on puisse s'en passer. C'est ainsi que les expériences de télégraphie sans fil qui ont été inaugurées, il y a quelques années, et poursuivies avec succès ont excité de toutes parts la plus vive curiosité.

Il pourrait paraître banal de faire remarquer ici que la télégraphie sans fil a pourtant de beaucoup précédé l'autre télégraphie. Sans remonter à la tour de Babel qui, d'après l'Écriture, aurait eu pour but d'établir un point central de communication entre les divers peuples ; sans nous arrêter à la tragédie d'Agamemnon, dans laquelle Eschyle indique le tracé d'une véritable ligne télégraphique entre le mont Ida et le palais des Atrides, le long de laquelle, par des feux échelonnés, fut transmise à Clytemnestre la nouvelle de la prise de Troie, nous pouvons lire dans Polybe, qui vivait 150 ans avant J.-C., la description détaillée de procédés, déjà usités de son temps dans l'art de la guerre, pour correspondre par des signaux phrasiques ou alphabétiques. Nous savons tous d'ailleurs quels services rend actuellement aux armées la télégraphie optique, qui n'est en somme qu'un perfectionnement des moyens de correspondance à distance employés dès l'antiquité.

Ce qui justifie toutefois le rapprochement qu'on est amené à faire entre la télégraphie optique et la télégraphie dite sans fil, telle qu'on la pratique aujourd'hui, ce qui rend ce rapprochement particulièrement intéressant, c'est qu'il conduit à constater, comme nous verrons bientôt, que ces deux télégraphies procèdent en définitive du même principe et qu'il nous fournit l'occasion de retrouver une fois de plus les traces de l'unité qui règne dans la nature.

Une considération relative à la télégraphie sans fil, bien faite pour frapper des cerveaux épris de science, comme le sont les vôtres, Mesdames et Messieurs, c'est que cette branche nouvelle de la science appliquée est née directement des théories les plus transcendantes de la science pure.

Maxwell, un des grands physiciens mathématiciens qui honorent l'Angleterre, frappé par la valeur d'un certain coefficient, fort important dans l'étude des phénomènes électriques et par sa concordance avec le chiffre bien connu qui représente la vitesse de propagation de la lumière, conçoit un jour la vraisemblance de l'identité qui doit exister entre la lumière et l'électricité; il bâtit des hypothèses sur la constitution du milieu dans lequel évoluent ces phénomènes naturels et livre au monde l'édifice de ses pensées. Vingt-cinq ans plus tard, un illustre physicien allemand, Henri Hertz, imprégné des théories de Maxwell et appuyé sur une observation déjà classique, entrevoit la possibilité de contrôler ces théories expérimentalement. Il imagine un appareillage tout spécial, en calcule les éléments, et non seulement il réussit à donner une éclatante démonstration de l'exactitude des conceptions de Maxwell, mais il institue des procédés généraux qui pénètrent dans la pratique des laboratoires, puis, sortant de ce champ étroit, se développent et fournissent tout à coup un moyen pour correspondre à travers l'espace. Tel est le résumé des faits.

Quelle page, dans l'histoire des sciences, peut présenter un plus puissant intérêt ? quelle page peut-être plus digne d'une attachante étude. C'est cette étude, mesdames et messieurs, que nous allons faire ici à grands traits, si vous le voulez bien.

Il n'est aucun de vous qui ne sache qu'une lutte célèbre divisa jadis les physiciens sur la question de la constitution de la lumière. Dans les batailles que se livrèrent les théories rivales de l'émission et des ondulations, la première succomba et la seconde triompha. Mais c'est certainement à la vivacité du combat qu'elles devront l'une et l'autre d'avoir fixé l'attention générale et de s'être fait une place dans la mémoire des hommes. Quoi qu'il en soit, il est acquis aujourd'hui que la lumière n'est autre chose qu'un ébranlement vibratoire d'un milieu particulier qui a reçu le nom d'éther. L'éther est répandu dans l'univers entier et se trouve partout ; il remplit les espaces où circulent les astres et va jusqu'à pénétrer la matière là où elle existe. On peut se représenter l'éther en le comparant à l'air même dans lequel nous vivons et le regarder comme constitué par une infinité de particules juxtaposées, indépendantes et d'une extrême mobilité. L'éther n'est pour ainsi dire nulle part au repos ; sans parler des grands mouvements qui peuvent l'entraîner en grandes masses et produire des courants comparables aux vents de notre atmosphère, mouvements qui nous échappent, l'éther est le siège d'ébranlements vibratoires analogues à ceux qui produisent le son dans l'air. Dans ces ébranlements les uns sont perceptibles directement à nos sens : ce sont ceux qui impressionnent l'organe de notre vue ; les autres, qui ne rentrent pas dans le registre de sensibilité de nos yeux, se révèlent par d'autres manifestations si différentes qu'ils ne paraissent avoir aucune parenté avec les premiers. Tels sont ceux qui, dans le domaine de l'électricité, engendrent les phénomènes d'induction. Il a fallu le génie de Maxwell pour faire le rapprochement de causes dont les effets semblaient si écartés. Aujourd'hui que Hertz a établi magistralement la justesse des vues de Maxwell on conçoit nettement ce qui relie et ce qui sépare la lumière et l'induction électrique et on se représente sans difficulté l'existence d'oscillations de l'éther qui, imperceptibles à notre vue, portent à distance dans les corps conducteurs la cause déterminante de certains phénomènes que nous attribuons à l'électricité. Les vibrations de l'éther se trouvent alors classées par catégories. Ce qui les différencie est aussi simple, quand on considère leur nature intime, que paraît compliquée la dissemblance de leurs manifestations, et consiste exclusivement dans la rapidité avec laquelle elles s'exécutent. Pour fixer les idées, la durée de certaines vibrations lumineuses est environ le milliardième partie d'une millionième de seconde et la durée des vibrations qui servirent aux expériences de Hertz sont dix millions de fois plus lentes.

S'il est aisé de trouver des sources émettant des vibrations lumineuses, il est jusqu'à ce jour peu commode de développer dans l'éther des vibrations aussi ralenties que celles qui interviennent dans les phénomènes d'induction. Pour y parvenir, Hertz eut recours à une propriété particulière de la décharge d'une bouteille de Leyde, propriété qu'avait découverte Helmotz en 1847, qu'avait vérifiée Feddersen et dont la théorie complète avait été donnée par Lord Kelvin. Quand on décharge une bouteille de Leyde au moyen d'un conducteur réunissant les deux armatures, l'étincelle n'est généralement pas unique ; ce qui se produit le plus souvent, c'est une série d'étincelles se succédant à des intervalles de temps infiniment courts, et de puissance rapidement décroissante. Il va sans dire que, sans un subterfuge, l'œil, dont la rétine est relativement fort inerte, ne saurait distinguer ces étincelles les unes des autres. Mais si, comme l'a fait Feddersen, on observe la décharge de la bouteille de Leyde dans un miroir, tournant avec une extrême rapidité, dans le temps qui sépare deux étincelles successives, le miroir a légèrement tourné; l'image de la deuxième étincelle ne paraît pas à la même place que l'image de la première et ainsi des autres. L'œil aperçoit alors simultanément à des places différentes les diverses étincelles de la série. Le miroir tournant a converti, pour notre vue, en une séparation dans l'espace, la séparation qui n'existe que dans le temps. Les étincelles dont se compose une décharge ne sont pas extrêmement nombreuses, mais on a pu en compter jusqu'à une cinquantaine.

La décharge d'une bouteille de Leyde, ou plus généralement d'un condensateur, n'est pas toujours oscillatoire. Pour qu'elle ait ce caractère, il faut que certaines conditions se trouvent réalisées entre la résistance du conducteur qui réunit les armatures, sa self induction et la capacité du condensateur. Mais la relation nécessaire a une expression mathématique connue, et il dépend de l'opérateur d'y satisfaire. Bien plus, on connaît l'expression mathématique de la période qui caractérise le régime oscillatoire de la décharge, et on peut à volonté choisir les éléments de l'expérience de manière à allonger ou raccourcir cette période. Le phénomène à la plus grande analogie avec le mouvement pendulaire d'une lame vibrante; il s'éteint rapidement par la décroissance d'amplitude des vibrations.

Plus la capacité du condensateur est grande et plus sont lentes les oscillations de la décharge. Or il faut dire ici que, si les lois de l'optique peuvent s'établir avec une admirable netteté, cela tient à l'extrême rapidité des vibrations lumineuses et que les difficultés que l'on rencontre, pour mettre en évidence l'extension de ces lois à des vibrations moins rapides, croissent promptement avec la lenteur de ces dernières. C'est pourquoi Hertz ne fit pas usage d'un condensateur quelconque; il employa un système qui ressemblait à un haltère et se composait de deux sphères reliées par une tige rectiligne. Cette tige toutefois comportait une interruption vers son milieu, et les deux bouts en regard, dans la coupure, étaient garnis de petites boules. C'est entre ces boules que devait éclater l'étincelle de décharge. Ce condensateur, en outre, en raison de ses formes géométriques simples, se prêtait bien à l'application des formules.

Quand on veut décharger l'un sur l'autre deux conducteurs voisins, il suffit de les rapprocher. Mais ce procédé ne pouvait convenir aux expériences de Hertz, car il ne donne qu'une décharge et Hertz avait besoin d'un phénomène d'une certaine continuité pour faire ses observations. Hertz songea alors à charger son condensateur par une source dont la tension passe par des alternances de croissance et de décroissance et dont le maximum dépasse ce qui est nécessaire à l'éclatement d'une étincelle entre les boules du condensateur maintenues à une distance invariable. Quand la tension de la source est dans une phase croissante, le condensateur se charge de plus en plus, à un moment donné l'air interposé entre les boules offre un obstacle insuffisant, une étincelle se produit qui provoque le phénomène oscillatoire. A la phase croissante suivante, même phénomène; et si les alternances de la source sont assez rapprochées, on a une succession d'ébranlements oscillatoires séparés, il est vrai, mais assez voisins pour produire sensiblement les effets que produirait un ébranlement continu.

La source qui remplit les conditions qui viennent d'être indiquées, c'est une bobine de Ruhmkorff, et ses alternances ont pour régime celui même de l'interrupteur qui la commande.

Le condensateur que Hertz avait étudié et réalisé en vue de ses expériences, reçut le nom d'*oscillateur* ou d'*ondulateur* et le monde savant a donné le nom d'*ondes Hertziennes* aux mouvements vibratoires que des oscillateurs analogues aux siens propagent dans l'éther. Cette appellation, de belle allure, est un bien faible hommage rendu à la mémoire de cet illustre physicien qui, arraché à la vie en 1894, à l'âge de trente-six ans, mourut avant d'avoir produit tout ce que la science pouvait attendre de son génie.

Les ondes hertziennes sont caractérisées par l'ordre de grandeur de leur période et non par l'intermittence suivant laquelle elles sont émises par les appareils actuellement employés à leur donner naissance. Il serait évidemment souhaitable qu'on put trouver des sources continues d'ondes hertziennes. Une pareille découverte présenterait un haut intérêt et rien n'empêche d'espérer qu'elle se réalise un jour. En attendant, ce que donnent les ondulateurs ressemble à l'effet que produirait dans l'air une lame de ressort qu'on tiendrait d'une main et à laquelle on donnerait périodiquement des chiquenaudes pour entretenir son mouvement.

Après que Hertz eut combiné son oscillateur, il se préoccupa de réaliser un organe capable de déceler dans l'espace la présence des ondes électriques. Il se dit qu'en prenant un condensateur composé de deux sphères maintenues à une distance fixe et réunies par un arc métallique formé d'un fil, il aurait à sa disposition un de ces systèmes susceptibles de fournir une décharge oscillante ; qu'il dépendait de lui, par le choix convenable des éléments de ce système d'assigner à sa période propre telle valeur qu'il lui conviendrait et qu'en accordant ce système avec son oscillateur, il le rendrait plus sensible qu'aucun autre aux influences inductrices des ondes issues de ce dernier. Vous connaissez tous le phénomène de la résonance en acoustique ; deux diapasons de même tonalité sont placés à petite distance l'un de l'autre ; mettez l'un en vibration, l'autre s'ébranle, vibre et continue à vibrer, alors même qu'en plaçant la main sur le premier vous le faites rentrer au repos. Chantez la gamme devant l'orifice d'une caisse contenant de l'air : pour une note déterminée, le son que vous émettez se trouve exceptionnellement renforcé ; la caisse résonne. A chaque pas nous rencontrons des exemples du même phénomène et Hertz ne faisait pas une hypothèse téméraire en transportant à l'éther la propriété depuis si longtemps reconnue à cet autre milieu élastique qu'est l'air que nous respirons. Son *résonnateur*, c'est ainsi qu'il a nommé son second appareil, est si bien influencé par l'oscillateur que, s'il occupe dans l'espace des positions convenables et si les boules sont suffisamment rapprochées, on voit une suite ininterrompue d'étincelles jaillir entre elles pendant que fonctionne l'oscillateur.

Outillé comme vous savez maintenant, Hertz fit un grand nombre d'expériences mémorables qui confirmèrent absolument ses prévisions.

Il établit que les ondes électriques sont arrêtées par les corps conducteurs, qu'elles traversent les corps isolants et qu'aux surfaces de séparation de milieux différents, elles obéissent aux lois de la réflexion, de la réfraction et de la dispersion. Il produisit avec ses ondes le phénomène des interférences et l'utilisa pour déterminer la vitesse de propagation des ondes électriques dans l'air, ce qui était sa préoccupation capitale. Il trouva pour cette vitesse une valeur très voisine de celle qui est admise pour la lumière.

A la suite de Hertz, un grand nombre de physiciens du monde entier répétè-

rent ses expériences. Les uns s'appliquèrent à la mesure de la vitesse de propagation dans l'air et le long des fils métalliques. Certaines anomalies qui s'étaient
présentées dans quelques déterminations de Hertz, furent expliquées par
MM. Sarrazin et De La Rive, de Genève; M. Blondlot, en France, à l'aide de dispositifs originaux, arriva, dès 1893, par des mesures répétées, à rétablir les con-
cordances prévues et ses chiffres se trouvèrent ultérieurement confirmés par
les expériences de MM. Trowbridge et Duane, en 1895, de M. Clarens Saunders,
en 1897, et Mac Lean, en 1899. D'autres physiciens s'ingénièrent à mettre en
relief l'identité de nature entre les ondes électriques et les ondes lumineuses.
Parmi ceux-ci il convient de citer MM. Lodge, puis J.-J. Thomson en Angleterre;
Lecher, en Allemagne; Turpain, en France; Righi, en Italie; Lebedew, en Russie;
Bose, à Calcutta.

Ces savants ont, par leurs travaux, constitué un faisceau de résultats remarquables, entièrement d'accord avec la théorie de Maxwell et de Hertz. Il opé-
rèrent généralement en employant les organes expérimentaux qu'avait adoptés
Hertz, c'est-à-dire l'oscillateur à boules et le résonnateur à étincelles. Les uns,
toutefois, modifièrent les dimensions et les dispositions de l'oscillateur pour
obtenir des ondes de périodes plus courtes ou accroître la portée de l'appareil
ou améliorer son inaltérabilité. Les autres cherchèrent à rendre le résonnateur
plus sensible et l'observation des étincelles plus facile.

Toutes ces modifications de détail n'avaient pour objectif que la réussite d'expériences de laboratoire déterminées et suffirent généralement pour assurer les
résultats que poursuivaient leurs auteurs. Il était réservé à d'autres recherches,
dirigées dans un sens tout différent, de conduire à la découverte d'un détecteur
d'ondes électriques beaucoup plus sensible que le résonnateur de Hertz, propre
à l'enregistrement de ces ondes et qui, joint au dispositif de l'oscillateur, devait,
peu de temps après son apparition, concourir à la constitution définitive de
l'outillage de la télégraphie sans fil. Les recherches dont je veux parler sont
celles que fit, en 1890 et 1891, M. Branly, professeur à la Faculté catholique de
Paris, relativement aux modifications que peuvent exercer diverses influences
électriques sur la résistance de certains conducteurs discontinus, comportant
des contacts imparfaits, tels que des colonnes de limailles métalliques contenues
dans des tubes.

De pareils conducteurs avaient déjà attiré l'attention des physiciens. Varley,
en 1870, avait songé à les employer pour constituer des parafoudres destinés à
protéger les appareils télégraphiques. Il savait que des colonnes de limaille, en
raison du peu d'étendue des contacts existant entre les particules, présentaient une résistance considérable et il pensait que, tout en s'opposant à la fuite
des courants utiles, elles seraient susceptibles de se laisser traverser par les
décharges atmosphériques. Les essais ne furent pas bons. Après une décharge,
les limailles formaient comme une masse continue très conductrice, et le para-
foudre avait perdu sa qualité initiale. Un autre physicien, le professeur
Calzecchi Onesti, en 1884, avait, de son côté, constaté que la résistance d'une
colonne de limaille s'abaissait beaucoup et brusquement dès qu'elle était traversée par un courant même faible; il avait reconnu, en outre, qu'il suffisait
de remuer légèrement la limaille, en tournant le tube, pour que la colonne
perdît sa conductibilité.

M. Branly, qui n'avait aucune connaissance des travaux du professeur Calzecchi, fit une étude méthodique très patiente et très approfondie du phénomène. Il opéra sur les substances les plus variées et dans les conditions les plus

diverses de division, de compression, d'agglutination. Il examina l'action de toutes les formes d'excitation électrique dont il put disposer et consigna ses nombreuses observations dans des mémoires où se distingue toute la sagacité de ce physicien. C'est dans ces mémoires qu'est exposée avec détail l'action que les décharges oscillantes exercent sur le tube à limailles, à distance, même à travers les murailles, et l'effet de régénération que produisent sur la résistance de la colonne les trépidations ou même un simple choc.

M. Branly avait employé les ondes électriques comme un des moyens propres à agir sur la résistance des colonnes de limailles, dont l'étude était son objectif. Le physicien anglais, Oliver Lodge, se plaçant à un point de vue pour ainsi dire inversé, employa les tubes de Branly pour déceler les ondes électriques, et il fut le premier à mettre en évidence toute l'utilité que présentaient ces tubes comme indicateurs sensibles.

Selon M. Lodge, l'action des ondes électriques consiste à orienter, agréger, cohérer, suivant son expression, les particules des poudres métalliques. Aussi a-t-il donné le nom de *cohéreur* au tube de Branly. M. Branly a contesté l'explication de M. Lodge; il lui a opposé l'exemple que fournit un tube dans lequel la limaille, au lieu de rester libre, est agglutinée dans la résine et dont le fonctionnement n'est pas modifié par cette circonstance; il a proposé de donner à son tube le nom de radio-conducteur, qui ne préjuge rien sur la nature intime du phénomène. En fait, c'est le nom de cohéreur qui a prévalu, tout simplement, sans doute, parce qu'il est plus court.

M. Lodge, dans ses expériences, avait réalisé un dispositif fort ingénieux et qui doit, dès maintenant, fixer notre attention. Nous savons que lorsqu'un cohéreur a subi l'action d'une onde et perdu sa résistance, il faut, pour la lui restituer, le soumettre à un choc. M. Lodge eut l'idée d'obtenir ce résultat automatiquement. Voici comment il disposa les choses. Il intercala le cohéreur dans un circuit qui contenait une pile et un relais. Tant que le cohéreur n'avait pas été influencé, sa résistance était telle que tout courant était, pour ainsi dire, intercepté. Venait-il à passer une onde, le cohéreur devenait conducteur; un courant s'établissait et actionnait le relais. Celui-ci, à son tour, commandait un petit marteau monté sur l'armature d'un électro-aimant, et le marteau venait frapper le cohéreur. Ainsi tout revenait à l'état primitif.

Vous voyez, Mesdames et Messieurs, se forger un à un les anneaux de la chaîne qui relie les conceptions de Maxwell à la télégraphie sans fil, but de cet exposé. Ayez un peu de patience; encore deux anneaux et nous allons enfin parvenir à notre attache définitive.

L'avant-dernier anneau est représenté par les travaux de M. Popoff, professeur à l'École de marine de Cronstadt, et par les recherches qu'il fit en 1895, sur l'électricité atmosphérique. Au cours d'une belle étude de M. Lodge, relative aux paratonnerres, ce physicien avait émis l'idée que les coups de foudre devaient présenter le caractère de décharges oscillatoires et exercer, par suite, une action sur les tubes à limailles. M. Popoff entreprit de vérifier le fait, et il établit dans son laboratoire une installation semblable à celle de M. Lodge, dont nous avons parlé il y a un instant; il la compléta, toutefois, en reliant l'un des pôles du cohéreur à un paratonnerre ou à un fil métallique quelconque dressé verticalement dans l'air, et l'autre pôle à la terre; il plaça enfin un enregistreur en dérivation sur l'électro-frappeur chargé de régénérer le cohéreur. De la sorte, dès qu'une onde, traversant l'espace, venait influencer le conducteur vertical aérien, l'*antenne*, pour donner de suite à ce conducteur le nom qu'il a reçu depuis, une trace se marquait à l'enregistreur et l'appareil se remettait immédiatement de lui-même en état d'enregistrer d'autres ondes.

Les choses en étaient là lorsque, en 1895, un jeune physicien italien, M. Marconi, élève de Righi, tira de son laboratoire un ondulateur de Hertz, l'arma d'une antenne destinée à porter dans les parties libres de l'espace les ébranlements de puissantes décharges et, se plaçant à quelques kilomètres d'un poste monté comme celui de M. Popoff, parvint à faire passer une dépêche claire en signaux Morse d'une station à l'autre. Le résultat qu'il venait d'obtenir, M. Lodge l'avait pressenti, M. Popoff avait indiqué, pour ainsi dire, exactement les moyens de l'atteindre ; mais enfin, c'est à M. Marconi que revient l'honneur de sa conquête. C'est M. Marconi qui a véritablement édifié la télégraphie sans fil. On sait quel retentissement eurent ses expériences. Quelques-uns des éminents physiciens, dont les beaux travaux avaient contribué à fournir à Marconi les éléments du succès, éprouvèrent peut-être, dans leur for intérieur, un certain regret de n'avoir point eux-mêmes escaladé le sommet où Marconi s'était élancé. S'ils sont justes, ils doivent se réjouir que, à défaut d'eux-mêmes, un autre ait allumé le flambeau qui a éclairé d'une si belle lumière leurs propres découvertes.

Depuis ses premiers essais, M. Marconi n'a cessé de poursuivre le développement de la télégraphie sans fil et il a apporté aux méthodes et aux appareils un grand nombre de perfectionnements qui le placent hors pair comme expérimentateur et le maintiennent à la tête du progrès.

A sa suite beaucoup de physiciens et d'expérimentateurs se sont attachés à l'étude de la question. Mais les difficultés que présentent les recherches dans ce domaine, les frais énormes qu'entraînent les installations nécessaires et les complications théoriques enfin que comporte le sujet a restreint forcément le nombre de ceux qui ont réussi à introduire quelques progrès dans la télégraphie sans fil.

Qu'il me soit permis de citer quelques-uns des hommes que leurs travaux ont spécialement mis en relief. En Italie, après M. Marconi, je nommerai M. Della Riccia ; en Allemagne, M. Slaby, professeur à la Haute-École technique de Berlin, dont la contribution a été particulièrement considérable, puis MM. Arco, Braun; Schaefer ; M. Tomasina en Suisse ; en Belgique, MM. Guarini Foresio et Poncelet ; dans notre pays enfin, M. Blondel, le savant dont le nom s'est inscrit dans tous les chapitre de l'Électricité ; les ingénieurs Voisenat et Magne, du corps des Postes et Télégraphes ; M. le lieutenant de vaisseau Tissot, qui s'est révélé comme un physicien à la fois érudit et habile ; le commandant Boulanger et le capitaine Ferrié, du corps du génie, auxquels notre armée est redevable de l'organisation de sa télégraphie sans fil. Votre président qui, comme simple territorial, est attaché au service de la télégraphie militaire, auquel appartiennent ces deux officiers, a pu voir leur œuvre de près, et serait heureux de vous dire ici ce qu'il en pense, s'il ne craignait de blesser leur modestie par de justes éloges. Au surplus, les résultats qu'ils ont obtenus parlent plus éloquemment qu'aucune voix. En France, l'industrie privée ne s'est pas désintéressée, tant s'en faut, de la télégraphie sans fil et il n'est que juste de faire figurer dans l'énumération incomplète, sans doute, que j'ai entreprise, les noms du constructeur Ducretet et de l'ingénieur Rochefort qui ont largement contribué au développement de son outillage.

Maintenant que nous savons comment se sont constitués les procédés de la télégraphie sans fil, nous allons, si vous le voulez bien, Mesdames et Messieurs, quitter le domaine de la théorie pour entrer sur le terrain de la pratique et visiter avec quelque attention un poste prêt à transmettre et à recevoir des dépêches hertziennes, afin de donner un caractère concret et précis aux idées que chacun pourra emporter sur la question qui nous occupe.

Le poste que nous visitons est établi à demeure sur le sommet d'une colline dont les environs sont bien découverts. Avant que nous pénétrions dans le bâtiment où se trouvent les appareils, une installation extérieure, peu facile à dissimuler, attire nos regards. C'est la fameuse antenne, ce conducteur dressé verticalement dans l'air et qui tantôt lance dans l'espace les ondes messagères, tantôt les y recueille au vol. Un haut mât qui peut atteindre une cinquantaine de mètres sert de support à l'antenne; il est composé de plusieurs parties comme un mât de navire et solidement haubanné. Les haubans inférieurs sont des câbles métalliques, afin de présenter beaucoup de force; les haubans supérieurs sont en chanvre, pour que leur présence ne soit pas une cause de trouble. Une grande vergue est fixée en haut du mât et c'est de l'extrémité de cette vergue que pend l'antenne. Celle-ci n'est autre qu'un fil métallique, indifféremment nu ou couvert; l'important, c'est que ce fil soit parfaitement isolé de ses supports, depuis son extrémité supérieure jusqu'au point où il s'attache aux appareils; les points d'appui sont tous garnis d'ébonite. Si l'on était amené à communiquer à très grande distance, on pourrait recourir à une antenne plus haute encore et la suspendre alors soit à un ballonnet, soit à un cerf-volant. A l'intérieur du bâtiment, l'antenne, qui y pénètre, se termine par une partie souple qui peut être rattachée soit aux appareils de transmission, soit aux appareils de réception.

Voyons d'abord la transmission. L'antenne est reliée par un conducteur à l'une des bornes de l'induit d'une bobine Ruhmkorff. Cette bobine assez forte donnerait normalement une étincelle d'au moins 25 centimètres. L'autre borne de l'induit est mise en communication avec le sol. A chacune des bornes de l'induit est fixée une tige terminée par une boule. Les deux boules peuvent être plus ou moins rapprochées l'une de l'autre et constituent l'oscillateur; l'écartement ordinaire à leur donner est de quelques centimètres. Des accumulateurs placés dans une pièce adjacente fournissent le courant destiné à actionner la bobine. C'est le manipulant qui lance ce courant dans le circuit primaire et l'interrompt à son gré; il dispose pour cela d'une clef Morse qui ne diffère du modèle connu qu'en ce que les pointes de platine entre lesquelles se fait la rupture, sont disposées à l'intérieur d'un godet rempli de pétrole et protégées ainsi, dans une certaine mesure, contre la destruction causée par les étincelles. En outre de la clef de manipulation, le circuit primaire de la bobine traverse, cela va sans dire, un interrupteur automatique à vibrations rapides, dont la fonction est, pendant que la clef Morse est abaissée, de hacher le courant primaire et de provoquer ainsi, avec la production de nombreuses étincelles à l'oscillateur, les décharges oscillantes qui font partir de l'antenne dans toutes les directions des ondes électriques. Un condensateur destiné à protéger les contacts de l'interrupteur est placé en dérivation sur ce dernier.

Voilà tout ce qu'il faut pour transmettre. La manipulation, qui se fait d'après les règles du code Morse, est sensiblement plus lente qu'en télégraphie ordinaire.

Passons à la réception. Nous avons défait la connexion de l'antenne et de la bobine et nous attachons le cordon conducteur souple à une autre borne de l'installation, borne qui communique, comme nous allons voir, à l'un des pôles

du cohéreur. Mais où est donc ce cohéreur? Nous apercevons bien sur le meuble
l'appareil Morse, qui va tracer les signaux et, tout à côté, la sonnerie qui va
nous avertir, dès qu'une onde viendra influencer l'antenne. La table porte également une caisse formée de plaques métalliques : c'est dans ce tabernacle qu'est
placé le cohéreur, organe sensible entre tous, abrité par les parois conductrices
contre les multiples actions parasites qui peuvent l'exciter. Un fil réunit à l'un
des pôles du cohéreur la borne à laquelle est maintenant reliée l'antenne.

Examinons maintenant de près le cohéreur. Vous pensez bien qu'il en existe
de nombreux modèles. Celui que nous avons sous les yeux est du type auquel
s'était arrêté tout d'abord M. Branly. C'est un tube en verre, à peine de la longueur d'une cigarette et sensiblement plus mince; à travers les deux bouts du
tube, scellés à la lampe, sortent deux fils métalliques, fixés à l'intérieur du tube,
à deux petits pistons également métalliques, constituant les électrodes du cohéreur, et dont les faces en regard sont à moins d'un millimètre de distance. Le
tube porte latéralement une tubulure fine, également fermée à la lampe et dont
la présence indique que le tube a été vidé d'air; on s'est proposé par cette précaution de soustraire le corps actif à l'action de l'air et de l'humidité. Le corps
actif, vous le savez, c'est de la limaille métallique qui a été déposée dans l'intervalle ménagé entre les électrodes. Le choix de cette limaille est loin d'être
indifférent; la nature du métal ou des métaux adoptés, la finesse des grains, la
quantité de cette menue grenaille, son oxydation superficielle et son état de
compression enfin, jouent un grand rôle dans le bon fonctionnement du cohéreur. Ce que l'on demande au cohéreur, c'est d'être sensible, sans exagération,
et d'être régulier, c'est-à-dire de reprendre toujours sa résistance normale quand
il y est invité par un choc. On obtient de bons résultats en prenant des électrodes en nickel, en maillechort ou en acier et de la limaille d'alliages d'or ou
d'argent et de cuivre.

Ainsi que dans les expériences de Lodge, le cohéreur est placé dans le circuit
d'une pile qui comprend également deux organes importants que nous connaissons déjà : le tapeur et le relais. Le tapeur est ce petit marteau monté sur
l'armature d'un électro-aimant dont le rôle est de frapper doucement sur le
cohéreur dès que celui-ci a été influencé, afin de régénérer sa résistance, de le
décohérer pour employer l'expression consacrée. Le tapeur est plus délicat à
régler qu'on ne pourrait le supposer ; car, s'il doit donner au cohéreur un
ébranlement suffisant, il ne doit pas, par une secousse trop violente, tasser la
poudre métallique au point de faire évanouir intempestivement sa précieuse
résistance. Le relais est indispensable parce que le courant qui traverse le cohéreur serait incapable d'actionner directement le Morse enregistreur. Être sensible au moindre courant, telle est la qualité que doit avant tout posséder le
relais; mais il doit en même temps posséder un certain défaut, défaut en apparence, tout au moins, il doit être relativement paresseux, c'est-à-dire n'obéir
pas trop vite aux courants qui le commandent. Vous allez comprendre pourquoi.
Que se passe-t-il quand, au poste de transmission le manipulant appuie sur sa
clef pour envoyer un trait Morse? Pendant le temps que le circuit primaire est
fermé, autant l'interrupteur exécute de vibrations, autant de décharges éclatent
à l'oscillateur, autant de groupes d'ondes sont lancés dans l'espace. Le premier
groupe d'ondes qui parvient au poste récepteur actionne le cohéreur; le relais
fonctionne, le Morse marque un point et le tapeur, faisant son office ramène le
cohéreur dans la situation d'attente. Si le relais pouvait suivre la rapidité de
vibrations de l'interrupteur, le deuxième groupe d'ondes agirait comme le pre-

10

mier et le trait de l'expéditeur serait traduit au Morse par une série de points distincts. C'est ce que l'on évite en disposant le relais de manière qu'il ne revienne que paresseusement à la position de repos. Alors chaque décharge de l'oscillateur donne un point prolongé et une succession de décharges rapprochées donnent un trait sur la bande receptrice, ainsi que le veut l'expéditeur.

Nous avons achevé le tour de notre poste. L'outillage employé, vous le constatez, n'y est guère compliqué. Nous verrons toutefois que les tendances actuelles sont de disposer les choses d'une manière un peu moins simple afin d'atteindre un désideratum important. Mais avant d'aborder ce point de notre sujet, un des derniers qui nous restent à considérer, je vous demande la permission de revenir un instant au cohéreur, afin que vous soyez mis au courant plus complètement des propriétés bizarres des contacts imparfaits et des ressources étendues qu'ils présentent. Les cohéreurs dont nous avons parlé jusqu'ici, après avoir subi l'action d'une onde, attendent un choc pour reprendre leur résistance normale. Il est d'autres cohéreurs qui reprennent automatiquement cette résistance, dès que l'action de l'onde a passé ; on les désigne sous le nom de *cohéreurs autodécohérents*. Voilà une désignation quelque peu barbare : vous m'excuserez, mesdames, d'en écorcher vos oreilles ; son sens est clair et c'est le principal. Les cohéreurs autodécohérents s'obtiennent généralement en utilisant les contacts imparfaits entre particules de matières poreuses, de charbon, en particulier. La propriété qui caractérise ces cohéreurs est précieuse, car elle conduit à simplifier encore les organes de la réception : tout d'abord, elle rend le tapeur inutile; en outre elle permet de remplacer le relais et le Morse par un unique écouteur téléphonique. Dans ce nouveau dispositif, toute variation de résistance du cohéreur se traduit par un bruit dans le téléphone, et la réception des signaux se fait au son.

Certains contacts imparfaits subissent de la part des ondes une action inverse de celle que nous avons déjà notée : leur résistance au lieu de diminuer, augmente. Les tubes à limailles qui jouissent de cette propriété ont reçu le nom d'*anticohéreurs*, et les anticohéreurs se divisent encore en *anticohéreurs ordinaires*, qui exigent un choc pour revenir à leur état normal, et *anticohéreurs autodécohérents* qui spontanément y reviennent. Les anticohéreurs sont généralement, il faut bien le dire, d'humeur irrégulière et ne présentent guère d'utilité pratique; mais ils sont intéressants, parce que leur existence complète la gamme des combinaisons que présentent les contacts imparfaits. Diverses théories ont été émises en vue d'expliquer et de concilier les observations en apparence contradictoires auxquelles donnent lieu les cohéreurs. Ici n'est pas la place d'en faire l'exposé; aucune de ces théories du reste ne s'est encore imposée par un caractère absolu d'évidence.

Votre Président, Mesdames et Messieurs, commence à se reprocher de vous avoir tenus bien longtemps et regrette presque d'avoir choisi un sujet qui, par son caractère technique et par l'étendue des développements qu'il comporte, l'expose à fatiguer ses auditeurs. Il est cependant impossible d'abandonner ce sujet sans jeter un coup d'œil sur une question que les derniers progrès accomplis ont mis à l'ordre du jour, celle de la *syntonisation*.

La télégraphie sans fil présente, il faut en convenir un inconvénient grave : les signaux transmis par un poste peuvent être recueillis par un autre poste quelconque et le secret des communications semble ne pouvoir pas exister. Il en serait tout autrement si deux postes ne pouvaient communiquer entre eux qu'à la condition qu'ils fussent accordés comme l'étaient l'oscillateur et le résonnateur de Herz, qu'ils fussent syntonisés, comme on dit aujourd'hui. Comment d'ailleurs s'expliquer qu'un poste de tonalité quelconque puisse être entendu d'un poste d'une autre tonalité? La raison en est simple. S'il est vrai que chaque étincelle de la bobine d'induction donne lieu à une décharge oscillante, il faut remarquer que chaque série d'oscillations correspondant à une décharge se compose d'un nombre bien restreint d'oscillations. L'énergie du mouvement vibratoire excité dans les conducteurs qui constituent l'organe d'émission, s'use rapidement le long des résistances que présentent ces conducteurs et notamment dans la portion de circuit que franchit le courant sous forme d'étincelles. D'autre part, des quelques oscillations qui échappent à cette prompte destruction, les deux ou trois premières peut-être ont seules une amplitude d'importance sensible. Il s'ensuit que, à chaque décharge partie de l'antenne de transmission, il parvient à l'antenne de réception plutôt un choc qu'un véritable ébranlement vibratoire de tonalité nette et le système récepteur entre en vibration comme une cloche sous un coup de marteau. Il est de toute évidence qu'une bonne syntonisation, tout en singularisant la correspondance, aurait l'avantage d'améliorer le rendement des installations et d'accroître par suite la portée de transmission. C'est ce qui a été nettement compris depuis quelques années et tous les efforts sont maintenant portés vers la recherche de la syntonisation. MM. Lodge et Muirhead se sont les premiers préoccupés de cette question ; les moyens qu'ils ont proposés pour la résoudre ont été insuffisants. Mais d'autres expérimentateurs, MM. Marconi, Braun, Slaby sont parvenus dans cette direction à de sérieux résultats.

Une des principales difficultés pour régler la période d'un système consiste en ce qu'il est presque impossible d'apprécier une période réalisée. Des études théoriques et pratiques faites sur l'état électrique d'une antenne ont conduit quelques physiciens à admettre une certaine relation entre la longueur d'une antenne et la période du mouvement vibratoire qui peut s'y développer. Cette loi est encore trop contestée pour que nous la formulions ici. La détermination expérimentale directe serait sans doute une voie plus sûre et plus prompte que le calcul pour résoudre le problème ; malheureusement les moyens précis de mesure semblent encore faire défaut. En attendant que ces moyens soient trouvés, il est une idée juste qui a été déjà mise en pratique et qui paraît capitale pour le succès. Cette idée consiste à réduire autant que possible le meurtrier amortissement des oscillations de la décharge. Il est clair que pour qu'un ébranlement ait une période, il faut qu'il ait une durée. C'est ce qu'ont permis d'obtenir divers dispositifs qui compliquent un peu, il est vrai, les installations, mais qui donnent des résultats très nets. De telle sorte qu'il est permis d'espérer que bientôt le problème de la syntonisation sera résolu.

Quel est l'avenir de la télégraphie sans fil ? Beaucoup de ceux qui ont écrit ou parlé sur la question ont fait ressortir son infériorité sur la télégraphie ordinaire ; ils ont fait remarquer que les communications qu'elle établit sont exposées aux indiscrétions, et, ce qui est plus grave, aux troubles provoqués soit par les actions telluriques et atmosphériques soit par d'autres actions artificielles dues à la malveillance des hommes ; que ces communications d'ailleurs sont lentes et ne s'obtiennent qu'au prix d'installations coûteuses et délicates. Toutes ces objections sont justes à l'heure actuelle. Mais veuillez vous souvenir que la télégraphie sans fil est née en 1895. Sachez que, si, au début, les distances franchies ont été limitées à une cinquantaine de kilomètres, ces distances se sont promptement étendues et, entre les mains de M. Marconi, ont bientôt atteint 150, puis 300 kilomètres ; sachez que cette année même, notre télégraphie militaire, sous la direction du capitaine Ferrié, avec un appareillage, non de laboratoire mais de campagne, avec des opérateurs qui ne sont pas des physiciens, mais de simples sapeurs du génie, a passé couramment des dépêches entre deux postes situées sur les côtes de France et écartés de 240 kilomètres ; sachez que la syntonisation commence si bien à se réaliser que, à diverses reprises, on a pu, par une même antenne et deux récepteurs accordés différemment, recevoir et enregistrer simultanément deux dépêches parties de deux points éloignés l'un de l'autre ; repassez devant vos yeux les admirables travaux qui ont servi de base à cette extraordinaire application ; pensez aux problèmes qu'elle soulève et dont les moindres ne sont pas la recherche de sources continues d'ondes hertziennes et la syntonisation absolue. Convenez alors qu'une branche de la science partie d'un pareil essor, ne saurait rester stationnaire et ne pourra que grandir sans qu'on prévoie jusqu'à quelle limite.

La télégraphie hertzienne doit être considérée par nous comme un puissant levier pour l'avancement de la science et son succès final doit être un article de foi pour notre Association.

M. Georges REUSS

Ingénieur des Ponts et Chaussées, Secrétaire de l'Association.

L'ASSOCIATION FRANÇAISE EN 1901-1902

La tradition aussi bien que la règle des statuts mettent à l'ordre du jour de votre séance d'ouverture le compte rendu annuel du secrétaire de l'Association. Le grand honneur que m'a conféré le vote de l'Assemblée générale au Congrès de Paris m'a donc imposé cette tâche, à laquelle je me vois peu préparé.

La trentième session eut pour siège la riante ville d'Ajaccio. Après la fièvre de l'Exposition de 1900, et les fatigues auxquelles on s'était volontairement assujettis durant le Congrès de Paris, il semblait que la session d'Ajaccio dût avoir pour but principal la contemplation de la mer et du ciel, de la nature agreste, en un mot le repos de toutes agitations. Nombreux, en effet, furent les congressistes qui partirent par groupes isolés pour visiter en tous sens les beautés trop peu connues de notre joyau méditerranéen. Mais c'eût été mal connaître les habitudes et l'esprit de travail qui président à nos Congrès que d'imaginer que les discussions des sections et les communications scientifiques seraient écourtées. La trentième session est, en effet, une des plus fécondes, comme on peut s'en rendre compte en parcourant le compte rendu qui nous a été distribué.

Pour permettre à un plus grand nombre de membres d'assister au Congrès, et sur la demande générale qui avait été formulée, il fut reporté d'août en septembre. La séance d'ouverture du 8 septembre fut consacrée, après les paroles de bienvenue de M. le Maire d'Ajaccio et du secrétaire général de la Préfecture de la Corse, au discours du président de l'Association et aux comptes rendus du secrétaire et du trésorier.

M. Hamy, membre de l'Institut, président de l'Association, a intéressé ses auditeurs en faisant passer sous leurs yeux, dans quelques pages sobres et marquées au coin de cette érudition philosophique qui est comme le sceau de son beau talent, les efforts d'une phalange d'initiateurs qui s'étaient assemblés il y a un siècle sous le nom de *Société des observateurs de l'homme*, pour faire progresser la science alors très obscure de l'anthropologie.

Les comptes rendus de M. Émile Ferry, secrétaire, et de M. Émile Galante, trésorier de l'Association, sont consacrés à l'exposé du bilan moral et matériel de l'année écoulée.

Les procès-verbaux des séances de sections accusent un très grand nombre de communications, dont la plupart présentent un intérêt apparent. Notons l'essor de plus en plus grand pris par les sections des sciences naturelles, il y a à glaner infiniment, et il serait à désirer que certaines communications fussent livrées à la publicité en dehors de nos comptes rendus. Nous n'avons pas la prétention d'apprécier, encore moins d'analyser ces comptes rendus. Toutefois l'on ne nous en voudra pas d'appeler l'attention, un peu au hasard, sur les travaux suivants :

Installations hydro-électriques de la région des Alpes;

La réfection du cadastre et de la carte de France;

Discussion sur la suppression des octrois;

Enseignement de l'hygiène dans les cours d'adultes et les écoles primaires.

Ces études sont en quelque sorte mises à l'ordre du jour de l'intérêt du pays.

Les excursions faites pendant la durée du Congrès d'Ajaccio ont présenté, à part l'excursion du 12 septembre à Vizzavone et à Corte, un caractère un peu spécial de groupement individuel. Nous avons vu exprimer le désir que les habitants de cette belle île, qui désirent avec raison voir se multiplier les visiteurs, portent leurs efforts vers l'installation d'hôtels propres et convenablement confortables, à prix modérés. Combien de régions, les mieux dotées de la nature, souffrent de pareille lacune!

Les Assemblées générales des 13 et 14 septembre, à la suite desquelles la session d'Ajaccio a été déclarée close, ont reçu communication, ou porté sanction d'un assez grand nombre de vœux. Quatre ont été adoptés comme vœux de l'association; ce sont les suivants :

Vœu qu'une école pratique d'agriculture soit créée en Corse;

Vœu que l'on mette un terme au déboisement des forêts en Corse;

Vœu que l'enseignement de l'hygiène privée et publique soit donné dans les établissements publics d'enseignement primaire et d'instruction secondaire, dans les cours d'adultes et dans les conférences populaires ;

Vœu que les notions les plus indispensables de droit rural et usuel soient l'objet de leçons ou de causeries dans les cours d'adultes, réunions et conférences.

Parmi les vœux de sections, nous en relevons deux qui ont un caractère tendancieux intéressant :

« Les 14e et 16e sections émettent le vœu que les octrois soient supprimés, que L'État s'attribue le monopole de la vente de l'alcool et abandonne à toutes les communes le produit des impôts directs actuels, impôts fonciers compris ».

« La 1ʳᵉ section émet le vœu que toute liberté soit laissée aux communes pour exploiter leurs services municipaux. »

Vous distinguez que la session d'Ajaccio fut fertile en travaux et en vœux, et qu'elle a attesté une fois de plus la vitalité de notre chère Association. Aussi n'est-il pas surprenant qu'une abondante moisson de récompenses soit chaque année le lot de citoyens qui se vouent avec tant d'intérêt à la cause des sciences techniques et sociales.

Parmi les nominations dans l'ordre de la Légion d'honneur, nous relevons les suivantes :

M. Mercadier, directeur des études à l'École polytechnique, est élevé au grade de commandeur. M. Mercadier est tout particulièrement cher à la ville de Montauban, qui lui a conféré le titre de président d'honneur du Comité local.

M. le professeur Fournier, dont les travaux survivront aux générations, a été nommé commandeur de la Légion d'honneur. Nos vœux l'accompagnent dans la retraite qu'il a prise après une carrière si dignement et si utilement remplie.

M. Adrien de Montgolfier, ingénieur en chef des Ponts et Chaussées en retraite, directeur général des Aciéries de la Marine, président de la Chambre de commerce de Saint-Étienne, ancien président du Comité local du Congrès de Saint-Étienne en 1897 a été nommé commandeur. Cette nomination n'a fait que suivre l'opinion. Il nous plaît de rappeler que nous sommes personnellement attaché à M. de Montgolfier par des liens de reconnaissance et de collaboration.

Les autres nominations sont les suivantes :

MM. les Dʳˢ Blache et Magnan, Laisant, d'Ussel, Crova de Montpellier et Linon de Toulouse, officiers.

MM. Brillouin, professeur au Collège de France ; le Dʳ Carton, de Lille ; Cottignies, avocat général à la Cour de Paris ; Dubourg, de Bordeaux ; Louis Linyer de Nantes, le capitaine Reboul d'Alger, chevaliers.

Nous sommes heureux de la circonstance qui permet de joindre aux félicitations que leur ont valu ces promotions les félicitations collectives de l'assemblée ici réunie.

J'ai le devoir maintenant de rappeler les deuils de l'année. La liste des disparus est malheureusement longue.

J'ai à vous signaler dans cette liste les noms de :

MM. Paulin Arrault, ingénieur des Arts et Manufactures, de Paris.

Émile Vuillemin, ancien directeur des usines d'Aniche.

Jules Girard, membre de l'Institut.

le Dʳ Adolphe Henrot, de Reims.

Alfred Held, professeur à l'École de Pharmacie de Nancy.

le Dʳ Gémy, chirurgien à Alger.

Jules Léger, professeur à l'École de Médecine et de Pharmacie de Caen.

le Dʳ Méran, de Bordeaux.

Émile Mussat, professeur à l'École nationale d'Agriculture de Grignon.

Jules Mesureur, président de la Société des Ingénieurs civils.

le Dʳ Ossian Bonnet, de Tunis.

le Dʳ Ch. Letourneau, ancien président de la Section d'Anthropologie.

le Dʳ Polaillon, de l'Académie de Médecine.

Édouard Rénier, ancien receveur particulier des Finances.

Ém. Renou, directeur de l'Observatoire du Parc-Saint-Maur.

MM. Trouvé, l'électricien bien connu.

Arsène Dumont, démographe, ancien président de la Section d'Anthropologie.

Ernest Lamy, membre fondateur qui, par testament olographe en date du 31 juillet 1884, a légué à l'Association française une somme de mille francs et à l'Association scientifique pareille somme. Ces deux legs reviennent à notre Société.

M. Charles Maunoir, secrétaire général de la Société de Géographie, ancien secrétaire de l'Association au Congrès de 1881 (Alger).

Mme Maunoir a fait don à l'Association d'une somme de 400 francs, en souvenir de son mari : qu'elle soit ici remerciée.

André Guilleminet, fabricant de produits pharmaceutiques, à Lyon, membre fondateur, décédé récemment, qui a légué 30,000 francs à l'Association.

Une autre perte, qui a été cruellement ressentie par le monde savant, est celle de M. Alfred Cornu, membre de l'Institut dont il fut président, ancien président de notre Association en 1890. Ses recherches et ouvrages scientifiques sont nombreux et appréciés : ce n'est pas le lieu de les rappeler ici. M. Cornu était professeur à l'École Polytechnique depuis l'âge de vingt-six ans. Des générations d'élèves se souviendront toujours de la clarté d'exposition, de la précision et de l'intérêt très vifs qui furent les caractéristiques du cours de leur excellent professeur.

M. Henri Filhol, membre de l'Institut et de l'Académie de Médecine, professeur au Muséum d'Histoire naturelle, décédé prématurément à l'âge de cinquante-huit ans, ancien président de Sections, était un fidèle et dévoué collègue, qui aimait à honorer nos Congrès.

M. l'abbé Maze, président de la Section de météorologie au Congrès d'Ajaccio, était à la fois un modeste et un ardent, passionné pour la science aride à laquelle il consacrait tous ses loisirs. Nous aimions à le retrouver dans nos Congrès, qu'il se faisait un devoir d'alimenter de ses intéressantes communications.

Vous voyez, Messieurs, que nos pertes furent grandes. Je vous demande de vous joindre à moi pour assurer aux familles douloureusement éprouvées l'hommage de la profonde estime et du vivant souvenir que nous garderons à la mémoire de nos collègues disparus.

Il m'appartient maintenant de passer en revue les succès obtenus dans l'année par un grand nombre de membres de notre Association.

M. le professeur Yves Delage a été nommé membre de l'Institut en remplacement de M. Lacaze-Duthiers.

MM. Baillaud, de Toulouse, et Charles André, de Lyon, ont été nommés membres correspondants de l'Institut.

L'Académie de Médecine a ouvert ses portes à MM. le Dr Galippe, tandis qu'elle désignait pour membres correspondants MM. Fochier et Lortet, de Lyon, et M. Lalesque, d'Arcachon.

M. Vieille a été nommé professeur de physique à l'École Polytechnique en remplacement de M. Alfred Cornu.

M. Rateau, professeur à l'École nationale supérieure des Mines.

M. Moureaux a été nommé directeur de l'Observatoire du Parc-Saint-Maur, en remplacement de M. Renou.

Bien qu'il ne soit pas d'usage de rappeler ici les promotions d'autre nature, je demande la permission d'ajouter un nom à cette liste. M. Gariel vient d'être nommé Inspecteur général des Ponts et Chaussées. En décernant à notre éminent secrétaire du Conseil, dont la diversité des facultés n'a de comparable que leur excellence même, le plus haut grade de l'Administration des Ports et Chaussées, M. le Ministre des Travaux publics n'a fait que donner une consécration particulière au mérite et au talent du professeur à l'École des Ponts et Chaussées. Je crois n'être pas désavoué en lui adressant, en ce jour, des félicitations au nom du corps auquel j'appartiens, et auxquelles je vous demanderai de joindre celles, qui seront certainement unanimes, de l'Assemblée ici réunie.

Je vais maintenant parcourir les prix décernés en 1900, par l'Académie des Sciences et par l'Académie de Médecine, aux membres de notre Association.

L'Académie des sciences a attribué :

Le prix Montyon (Géométrie), à M. Aimé Witz, de Lille ;

Le prix Valz à M. Charles André, de Lyon ;

Le prix Jecker à M. Léo Vignon, de Lyon ;

La moitié du prix Savigny à M. Jules Bonnier ;

Un prix sur le prix Bréant à M. J. Courmont, de Lyon ;

Un prix sur le prix Lallemand à M. Jean Lépine, de Lyon ;

Un prix sur le prix Philipeaux à M. L. Camus, de Paris ;

La moitié du prix Bellion à M. le professeur Landouzy.

Le prix Leconte (50.000 fr.) a été attribué, en même temps que la médaille d'or du prix Janssen, à M. Fernand Foureau. Ceux qui, comme moi, ont eu l'honneur d'être mis par l'illustre explorateur au courant des idées qui ont présidé aux préparatifs de son expédition il y a une quinzaine d'années déjà, savent de quelles patientes recherches, de quelles énergies accumulées, de quelle méthode véritablement scientifique, sa réussite est le fruit. A ce titre, nous devons tout particulièrement applaudir aux succès si mérités de notre compatriote.

Une mention honorable a été accordée à M. le Dr Testut, de Lyon.

L'Académie de Médecine à décerné :

Le prix Buignet à M. le Dr Bordier, de Lyon ;

Un prix de 1.000 francs sur le prix Math. Bourgeret à M. le Dr Ch. Remy, de Paris ;

Une mention honorable à M. le Dr Carles, de Bordeaux.

Enfin le prix Nobel a été attribué à M. Frédéric Passy, ancien président de l'Association en 1883.

Dirai-je ici quelles pensées évoque le nom de l'apôtre de la paix, quelle douceur il y a d'entrevoir, ne fût-ce que dans un lointain avenir, des siècles moins désolés par les carnages que celui qui vient de s'écouler ?

Notre Association a eu dans le courant de l'année deux occasions mémorables d'être officiellement représentée.

Il y a vingt-six ans, lors du Congrès de Clermont-Ferrand, l'Association française assistait à l'inauguration officielle de l'Observatoire météorologique du Puy-de-Dôme, créé grâce à l'intelligente et persévérante initiative de M. le professeur Alluard.

Cette année, la Société des Amis de l'Université de Clermont avait décidé d'apposer sur cet observatoire deux plaques commémoratives, l'une rappelant la géniale expérience de Pascal sur le baromètre, l'autre relative à l'inauguration de l'observatoire. Cette dernière porte l'inscription suivante :

Ici a été inauguré sous le patronage de l'Association française pour l'Avancement des Sciences, le 24 août 1876, le premier observatoire de montagne, créé par M. Alluard avec le concours de l'État, du département du Puy-de-Dôme et de la ville de Clermont-Ferrand. — Le 6 juillet 1902, cette plaque commémorative a été placée par les soins des Amis de l'Université de Clermont-Ferrand. Elle avait décidé que l'inauguration de ces plaques serait faite avec solennité et elle avait fait demander à l'Association française de s'y faire représenter, en souvenir de la part que celle-ci avait prise à l'inauguration de l'observatoire.

Le Conseil de l'Association avait chargé de cette mission son secrétaire, M. Gariel.

Le 6 juillet, les invités partaient à 6 heures du matin de la place de Jaude comme l'avaient fait, il y a vingt-six ans, les membres du Congrès; si le temps était plus beau qu'à cette époque, le départ fut moins pittoresque : de confortables cars remplaçaient les prolonges d'artillerie qui les avaient emmenés alors. Il nous paraît inutile d'insister sur la cérémonie, très réussie d'ailleurs, et nous nous bornerons à dire que dans les discours prononcés par M. Mascart représentant le Ministre de l'Instruction publique, par M. Bouquet de la Grye, président de l'Académie des Sciences, par M. le Recteur de l'Académie de Clermont, par M. le Président de la Société des Amis de l'Université de Clermont, le souvenir de l'Association fut éloquemment rappelé; que, d'autre part, dans ces discours comme dans celui de M. Gariel, un juste hommage fut rendu à M. Alluard dont la présence au banquet et les paroles qu'il prononça témoignaient d'une vivacité d'esprit que les années n'ont pu affaiblir.

La seconde cérémonie où l'Association a été représentée est l'inauguration de la statue de Francis Garnier, le 13 janvier dernier, à Saint-Étienne, en présence de M. Waldeck-Rousseau, président du Conseil des ministres, de M. de Lanessan, ministre de la Marine, du général André, ministre de la Guerre, de M. Decrais, ministre des Colonies et de M. Millerand, ministre du Commerce.

Nous avions été délégué par le Conseil pour représenter l'Association, et à cette occasion nous avons prononcé quelques paroles pour rappeler que l'Association avait pris l'initiative de ce monument avec la Société de Géographie commerciale de Paris.

Nous pensons que c'est un bien de rappeler, par des délégations de cette nature, les circonstances où le rôle bienfaisant de l'Association s'est manifesté. Notre puissance d'impulsion se trouvera fortifiée par la mise en lumière des résultats obtenus. Ces délégations sont une marque de l'intérêt permanent que notre Conseil apporte aux questions abordées par nos Congrès ; elles servent enfin de lien continu entre notre Association et les villes de France qui nous ont offert une hospitalité toujours cordiale.

Inversement, il convient que nos vœux, pour être efficaces, soient particulièrement étudiés et approfondis. Aussi est-il nécessaire, pour vouer efficacement nos méditations à la solution des questions qui intéressent le plus les régions parcourues, que nous nous gardions de nous éloigner à l'excès des villes où se tiennent nos Congrès. Pour avoir une connaissance réelle des ressources et des besoins, il faut rassembler, et non éparpiller les souvenirs qu'un séjour très court vous permet de recueillir.

C'est ainsi qu'ici-même, en cette ville où nous recevons un accueil si réconfortant, ce principe a reçu une application que d'aucuns ont pu trouver un peu stricte. Le Conseil d'Administration, aussi bien que le Comité local, avaient songé à une excursion aux gorges du Tarn. Mais il a paru, finalement, qu'il y avait au voisinage plus immédiat de Montauban des parties très intéressantes à étudier, en nombre assez grand pour que, dans le temps limité dont on dispose, on ne puisse les visiter toutes ; on ne pourrait, raisonnablement, les délaisser pour aller beaucoup plus loin. Nous sommes convaincus, d'ailleurs, que les points que nous devons visiter ne sont pas connus autant qu'ils le méritent, et nous espérons que ces excursions seront appréciées par ceux de nos collègues qui les feront, et qu'elles contribueront à attirer l'attention de nos compatriotes sur une des parties trop délaissées de notre belle France.

Qu'il me soit permis de dire, et ce n'est pas anticiper sur les événements, que nous sommes déjà tout imprégnés d'une réception chaleureuse, faite de la bonne volonté des cœurs et du ciel de ce beau pays.

M. Émile GALANTE

Trésorier.

LES FINANCES DE L'ASSOCIATION

MESDAMES, MESSIEURS,

Les recettes de l'exercice 1901 s'élèvent à la somme de 82.828 fr. 60 c., dont voici le détail :

RECETTES

Cotisations des membres annuels . . . . Fr.	43.631	»
Ventes de volumes.	1.395	»
Recettes diverses.	145	30
Tirages à part	2.444	05
Intérêts (non compris ceux du fonds Girard)	35.213	25
TOTAL. . . . . Fr.	82.828	60

DÉPENSES

Frais d'administration . . . . Fr.	25.462	30
Publication des comptes rendus.	24.227	30
Conférences	1.830	30
Impressions diverses.	1.538	80
Pension.	1.200	»
Frais de session	3.572	75
Tirages à part.	1.689	30
TOTAL. . . . . Fr.	59.520	75

L'exercice se solde donc par un bénéfice de . . . . . . Fr. 23.307 85 dont le Conseil a disposé en attribuant :

1° Aux subventions, dont détail ci-après . . . Fr.	23.093 20	}	23.307 85
2° Au fonds de réserve.	214 65	}	

SUBVENTIONS

Dans la séance du 28 février dernier, le Conseil de l'Association a voté, sur la proposition de la Commission des subventions, les sommes suivantes : .

MM. Libert, pour la publication de son travail sur la nouvelle
étoile Persée. . . . . Fr.   200 »
Trutat, pour continuer ses études de photographie appliquée
à l'histoire naturelle . . . .   400 »
Turpain, pour continuer ses travaux sur la télégraphie sans
fil . . . .   500 »
Foveau (de Courmelles) et Trouvé, pour continuer leurs
études sur l'utilisation des radiations lumineuses . . . .   400 »
Jobert, pour l'achat d'un appareil centrifugeur spécial. . .   500 »
Teisserenc de Bort, pour contribuer aux études des hautes
régions de l'atmosphère par les ballons-sondes . . . . .   2.000 »
Coupin, pour continuer ses recherches sur la toxicité des
poisons à l'égard des plantes. . . . .   300 »
Académie des Belles-Lettres, Sciences et Arts de La Rochelle,
pour la publication de la flore de France. . . . .   250 »
Gerber, pour continuer ses recherches biologiques sur la
flore provençale . . . .   600 »
Hariot, pour continuer ses études sur les Eloeagnies et la
flore cryptogamique de l'Aube. . . . .   400 »
Ledoux, pour continuer ses recherches sur l'anatomie
comparée des feuilles polymorphes chez les Légumineuses.   400 »
Société d'étude des Sciences naturelles de Nîmes, pour aider
à la publication du Catalogue minéralogique du Gard . .   200 »
Lesage, pour continuer ses études sur la germination des
spores dans les voies respiratoires . . . .   300 »
Bordas, pour continuer ses études sur les Orthoptères. . .   200 »
Léger et Dubosq, pour continuer leurs études sur les Myria-
podes de la Corse . . . .   300 »
Giard, pour aider à la publication des travaux du labo-
ratoire de Wimereux. . . . . /.   500 »
Ménégaux, pour continuer ses études sur la destruction de
la Galéruque de l'Orme. . . . .   200 »
Darboux et Houard, pour leurs études sur les Zoocécidies du
bassin méditerranéen . . . .   450 »
Stéphan, pour continuer ses recherches sur l'hermaphro-
disme chez les Poissons. . . . .   400 »
Hallez, pour aider à l'installation du laboratoire du Portel .   1.000 »
L'abbé Hermet, pour des fouilles à Naut . . . .   200 »
Debruge, pour des fouilles en Algérie . . . .   250 »
Legendre, pour la publication de cartes agronomiques. . .   300 »
Gauthiot (Robert), pour continuer ses études sur les dialectes
letto-slaves . . . .   300 »

A reporter . . . . Fr.   10.550 »

Report . . . . . . Fr.	10.550	»
MM. Thoulet, pour aider à la publication d'un atlas bathymé-		
trique des côtes de France	300	»
Chevalier, pour continuer ses études sur l'organisation		
scientifique coloniale	500	»
Guiffard, pour aider à ses études sur la colonisation. . . .	300	»
Bureau bibliographique de Paris, pour aider à la publica-		
tion du répertoire bibliographique	500	»
André, pour aider à la publication des ouvrages de l'œuvre		
des voyages scolaires..	500	»
Richet, pour aider à la publication de la bibliographie mé-		
dicale	960	»
Renaud (Paul), pour aider à la publication de la revue *le*		
Mois scientifique et industriel.	300	»
Turquan, pour aider à la publication des statistiques sur la		
population et la dépopulation	400	»
Baudoin (Dr), pour continuer ses études archéologiques en		
Vendée	400	»
Planches et gravures du volume.	6.361	20
Bourses de session	755	»
Médailles	267	»
Mme Pinhède.	1.000	»
TOTAL. . . . . . Fr.	23.093	20

CAPITAL

Le capital qui au 31 décembre était de. . . . . Fr.   1.362.515 08
s'est augmenté de :

Part de fondateur	300	»			
Rachats de cotisations	3.130	»	3.430	»	
Legs Rigout.			875	55	
				4.305	55

Au 31 décembre 1901 . . . . Fr.   1.366.820 63

Conformément à la transaction décidée par le Conseil en mars 1901, le legs Rigout, dont je vous ai entretenu à diverses reprises, a été réglé d'une façon définitive. La part nous revenant dans cette succession est ce : 234 francs de rente 3 0/0, dont 26 francs en toute propriété (représentant 875,55) et 208 francs en nue propriété (représentant environ 7.000 francs.)

L'année dernière je vous parlais des legs faits à notre Association par MM. Cheux et Theurlot.

Les démarches et formalités relatives au règlement de ces deux affaires se poursuivent normalement, sans que cependant il me soit possible de prévoir dans quels délais nous pourrons en inscrire le montant dans nos comptes.

La part revenant à l'Association, dans la succession de M. Cheux, est d'environ 30.000 francs.

Je ne puis encore vous fixer sur l'importance de la généreuse libéralité faite à notre œuvre par M. Theurlot.

Depuis un an, des pourparlers sont engagés entre les héritiers et les délégués de votre Conseil ; permettez à ceux-ci (mon ami, notre très dévoué collègue M. Guézard, y souscrira certainement) d'être l'interprète de vos sentiments en adressant à M. Mentienne de bien sincères remerciements.

M. Mentienne, ami de longue date de M. Theurlot, entretient de bons rapports avec la plupart des héritiers. Son influence, son esprit de conciliation et son très grand respect des volontés de son ami, nous rendent son aimable intervention des plus précieuses.

J'ajoute que, dès notre première rencontre, M. Mentienne s'est fait inscrire chez nous comme membre à vie, donnant ainsi à l'Association un délicat témoignage de sympathie apprécié par le Conseil, tenu au courant de ses bons offices.

Depuis notre dernière réunion, nous avons été avisés de deux nouveaux legs. L'un de M. Ernest Lamy, d'une valeur de 2.000 francs. M. Lamy lègue 1.000 francs à chacune des deux sociétés fusionnées : Association française et Association scientifique.

L'autre de M. Guilleminet ; son importance est de 30.000 francs. Membre fondateur de l'Association, notre regretté collègue en suivait très régulièrement les congrès, où il comptait de nombreux amis. L'Association inscrira avec reconnaissance son nom sur la liste de ses bienfaiteurs.

Ces dons honorent hautement notre œuvre. En la choisissant comme intermédiaire pour être la dispensatrice d'encouragements à distribuer à ceux qui poursuivent le but inscrit sur son drapeau, ces généreux donateurs, dont nous saluons la mémoire, nous montrent l'intérêt attaché à ce but et la confiance inspirée par les moyens que vous employez pour l'atteindre.

Votre cordial accueil nous est un gage que vous êtes disposés à partager cette confiance et que l'Association comptera parmi vous de fidèles adhérents.

PROCÈS-VERBAUX DES SÉANCES DE SECTIONS

1er Groupe.
SCIENCES MATHÉMATIQUES

1re et 2e Sections.
MATHÉMATIQUES, ASTRONOMIE, GÉODÉSIE
ET MÉCANIQUE

Président. . . . . M. BAILLAUD, Correspond. de l'Inst., Doyen hon. de la Fac.
des Sc., Direct. de l'Obs. de Toulouse.
Secrétaire . . . . . , ... M. -Lucien LIBERT.

— Séance du 8 août —

M. **Édouard COLLIGNON**, Insp. des P. et Ch., à Paris.

Construire un triangle, connaissant ses trois bissectrices. — Difficulté du problème. — Solution au moyen d'un abaque occupant un petit espace. — Courbes à tracer. — Substitution approximative de droites à ces courbes. — Méthode d'approximations successives.

Courbes algébriques coupant en parties égales une série de cercles passant par deux points donnés. — Problème général. — Intersection des courbes avec un cercle passant par deux points donnés. — Degré des courbes. — Intersection avec les cercles décrits de chaque point donné pour centre, et passant par l'autre point. — Tangentes aux courbes. — Asymptotes. — Enveloppe des asymptotes. — Comment on passe d'une courbe à l'autre. — Rayon de courbure au sommet. — Règle pratique pour la recherche d'une partie aliquote d'un arc surbaissé.

Discussion. — M. Jamet : Le tracé des tangentes aux courbes isocyclotomiques, indiqué par M. Collignon, conduit à se poser le problème suivant : « *Étant donnés trois points en ligne droite* O, A, A' *trouver une courbe telle qu'en chacun de ses points la tangente forme avec le rayon vecteur issu du point O un angle égal à celui que forment entre eux les deux rayons vecteurs issus de A et de A'; »* et ce problème se traduit par une équation différentielle de Ricatti dont on connaît, d'après la théorie de M. Collignon, une intégrale particulière chaque fois que le rapport $\dfrac{OA'}{OA}$ est de la forme $\dfrac{p}{p+1}$. En effet prenons le point O pour origine des coordonnées, la droite OA pour axe des x, et soient $OA = a$, $OA' = a'$; soient aussi x et y les coordonnées cartésiennes (rectangulaires) d'un point M situé sur la courbe. L'équation du problème sera la suivante :

$$\frac{\dfrac{y}{x} - \dfrac{dy}{dx}}{1 + \dfrac{y\,dy}{x'\,dx}} = \frac{\dfrac{y}{x-a'} - \dfrac{y}{x-a}}{1 + \dfrac{y^2}{(x-a)(x-a')}}$$

ou bien

$$\frac{y\,dx - x\,dy}{x\,dx + y\,dy} = \frac{(a'-a)y}{x^2 + y^2 - (a+a')x + aa'}$$

ou encore

$$\left[x^2 + y^2 - (a+a')x + aa'\right](x\,dy - y\,dx) = (a-a')y(x\,dx + y\,dy),$$

et, en coordonnées polaires

$$(a-a')\sin\theta\,\frac{dr}{d\theta} = aa' - (a+a')r\cos\theta + r^2 ;$$

c'est bien là une équation de Ricatti.

M. Éléonor **FONTANEAU**, Anc. Off. de marine, à Limoges.

Préliminaires d'hydraulique. — C'est à Lagrange que nous devons d'avoir établi la base essentielle sur laquelle repose aujourd'hui l'application de l'hydrodynamique aux besoins de l'industrie. A l'hypothèse injustifiée du parallélisme des tranches, au théorème de Bernoulli, au principe de d'Alembert, employé sans esprit de préordination générale, il substitua l'obligation d'intégrer les équations aux dérivées partielles de l'hydrodynamique.

L'auteur de cette communication, après avoir insisté comme il l'a déjà fait sur l'importance que semblent avoir pour le progrès de cette méthode certaines surfaces dont Lagrange a donné l'expression analytique, se propose aujourd'hui de présenter dans leur ensemble les différentes formules qu'il a déjà données, soit pour la généralisation du théorème de Bernoulli, soit pour traiter le cas important du mouvement permanent. A ce résumé, dont l'utilité au point de vue de l'application lui paraît nécessaire, il ajoute la démonstration d'une proposition qui ramène à un procédé de calcul présenté d'abord par Lagrange, essayé depuis par divers auteurs, mais ensuite écarté comme insuffisant.

Théorème. — Etant donnée une équation aux différentielles totales quelconque, mais intégrable, à trois variables :

$$u\,dx + v\,dy + w\,dz = 0,$$

dont μ soit l'un des facteurs d'intégration, tel que l'on ait :

$$\mu u dx + \mu v dy + \mu w dz = d\varepsilon \ ;$$

si, en désignant par p, q, r, les composantes de la vitesse, on pose :

$$p = \frac{1}{2}\Big(\frac{dw}{dy} - \frac{dv}{dz}\Big), \qquad q = \frac{1}{2}\Big(\frac{du}{dz} - \frac{dw}{dx}\Big), \qquad r = \frac{1}{2}\Big(\frac{dv}{dx} - \frac{du}{dy}\Big),$$

et qu'on arrive ainsi à vérifier les équations aux dérivées partielles de l'hydrodynamique, on aura les caractéristiques β, γ des vélocites correspondantes, sans intégration nouvelle et en posant :

$$\beta^2 = \frac{T}{\mu} e^{-\varepsilon}, \qquad \gamma^2 = \frac{1}{T\mu} e^{\varepsilon},$$

où T désigne généralement une fonction du temps t. Il en résulte d'ailleurs que ε et μ sont elles-mêmes des caractéristiques de vélocites.

L'auteur termine sa communication en faisant observer qu'il y aurait avantage, pour faciliter l'écoulement des liquides, à munir les vases qui les contiennent d'ajutages compatibles avec l'existence de mouvements irrotationnels. Comme exemple de calculs à effectuer pour arriver à un tel résultat, il démontre que si l'on fait abstraction de la viscosité, un liquide dont toutes les molécules tendent en ligne droite vers un point fixe est nécessairement irrotationnel.

M. Lucien LIBERT.

Quinze années d'observations de l'étoile Mira-Ceti. — L'auteur expose rapidement l'histoire de l'étoile depuis sa découverte ; puis, après une courte description de sa position dans le ciel, il présente les observations faites depuis quinze ans ; elles sont au nombre de 911, les 494 premières ont été faites de 1886 à 1897 par M. G.-A. Dumenil, à Yebleron (Seine-Inférieure); les 417 autres ont été obtenues de 1897 à 1902 par l'auteur à son observatoire du Havre. Il accompagne ce travail de deux cartes nécessaires pour l'étude de l'étoile et le choix des étoiles de comparaison, et de treize diagrammes résumant les estimations d'éclat.

Les maxima ne se produisent pas toujours à la date indiquée par le calcul ; les retards sont parfois de plus de deux mois. L'auteur espère, avec de nouvelles observations, pouvoir donner une nouvelle détermination de la période fixée en 1885 à 331 jours 8 heures 4 minutes.

M. Louis GARDÈS, Notaire honoraire, à Montauban.

La date de Pâques. — Comme complément à la communication qu'il a faite au congrès de Carthage, l'auteur donne une formule simplifiée qui permet de trouver rapidement la date de Pâques dans les deux calendriers julien et grégorien :

$$P = 21 + \Big[\frac{54 - E}{30}\Big] \left[\frac{L + 4 - \Big[\frac{54 - E}{30}\Big]}{7}\right] \text{ mars ou } (P - 31) \text{ avril.}$$

Compter 25 pour E = 24 dans tous les siècles.
Compter 26 pour E = 25 dans les xxe, xxie et xxiie siècles.

M. A. CADENAT, Prof. de mathém. au collège de Saint-Claude.

Sur le paradoxe de mécanique de Hertz. — Le célèbre physicien Hertz avait remarqué que si, d'une part, on fait tendre vers 0 la vitesse initiale d'un mobile, primitivement placé en un point quelconque A et attiré suivant la loi newtonienne par un centre fixe S, l'ellipse trajectoire autour de S dégénère en la portion de droite AS. D'autre part, le simple raisonnement indique que le mobile doit décrire une portion de droite AB dont S est le milieu. On peut donc se demander si le mobile oscille suivant AS ou suivant AB.

L'auteur de la note démontre que tout concorde pour fixer le mouvement oscillatoire suivant AS. Un observateur qui n'emploie pas le calcul et qui se fie à son simple bon sens croit que deux mobiles, l'un allant de A en S avec une vitesse décroissante de 0 à — ∞, et l'autre allant de B en S avec une vitesse croissante de 0 à + ∞ n'en font qu'un seul oscillant suivant AB. En réalité, ces deux mobiles sont distincts, et le premier décrit le seul segment de droite AS.

———

Essai d'explication des mouvements de rotation rétrogrades des planètes Uranus et Neptune. — Laplace fait dériver les diverses planètes du système solaire, d'une nébuleuse possédant à l'origine une vitesse de rotation à mouvement angulaire uniforme en tous ses points. Or, ce mouvement caractérise un corps solide et est impossible pour les corps fluides. Ces derniers possèdent un mouvement giratoire; les divers filets circulaires qui constituent sa masse ont des vitesses angulaires variables suivant une loi qui dépend de la concentration de la masse et de la distance du filet au centre.

L'auteur fait observer que si une nébuleuse à densité primitive évanouissante se contracte par suite de la perte d'énergie due à son refroidissement dans l'espace, la loi qui commande la distribution des mouvements angulaires des divers filets, présente deux cas bien distincts, et ces deux cas se présentent pendant la durée de la concentration. Dans le premier, le mouvement angulaire va en décroissant du centre à la périphérie; dans le deuxième, ce mouvement est inversé. Les anneaux détachés de la nébuleuse pendant la première phase de concentration donnent naissance à des globes possédant un mouvement de rotation rétrograde; les anneaux de la deuxième phase donnent naissance à des globes ou planètes à mouvement de rotation direct.

———

— Séance du 9 août —

M. J. de REY-PAILHADE, à Toulouse.

Tables pour la transformation des nombres sexagésimaux en valeurs décimales. — L'emploi pratique de la division décimale du quart de cercle en 100 grades a fait de grands progrès depuis quelques années.

Plusieurs grandes administrations l'ont déjà adopté d'une manière officielle.

J'ai calculé plusieurs tables pour la transformation des nombres exprimés en système sexagésimal, en valeurs en grades. Comme elles n'occupent qu'une page, les calculs sont rapides. On calcule, en peu de temps, des *Ephémérides du Soleil* avec une approximation de moins d'un millième de grade, suffisante pour faire le point à la mer. On a déjà construit des appareils d'horlogerie appelés *tropomètres*, divisant le jour entier en 400.000 *milligrades*.

La seconde de temps n'étant pas décimale j'ai calculé aussi diverses tables pour adopter la *cent-millième* partie du jour solaire moyen pour la nouvelle unité physique de temps. Le milligrade est donc quatre fois plus petit que la nouvelle unité physique du temps. Il suffit donc de multiplier les fractions décimales du jour entier par 4 pour obtenir les divisions correspondantes du cercle en grades. Ces tables sont des livrets de multiplication de 1 à 99, des facteurs 0,864 ; — (0,864)² ; — (0,864)³ et 0,648. Les transformations sont ainsi très faciles.

M. JAMET. Prof. au Lycée de Marseille.

Application de la théorie des invariants à la géométrie analytique. — Propriété des tangentes menées à une cubique unicursale par un point mobile sur une autre cubique ayant trois points d'inflexion communs avec la première.

Problème analogue concernant diverses courbes de la quatrième classe.

Sur la formule des accroissements finis (cas des variables imaginaires). — Démonstration de la formule des accroissements finis, généralisée par M. Darboux ; cette démonstration a été réduite à la forme la plus élémentaire que comporte l'emploi de deux suites convergentes à termes imaginaires.

M. E.-M. LÉMERAY.

Contribution à l'étude des équations aux différences du premier ordre ne contenant pas la variable. — Une équation aux différences étant supposée mise sous la forme $\frac{\Delta y}{\Delta x} = G(y)$, l'auteur remarque que son intégration revient à la recherche des itérées de la fonction $f(y) = y + g(y)$.

D'une solution particulière quelconque, il déduit l'itérée générale et cherche ensuite à former une itérée particulière. Si a désigne un zéro de $g(y)$, si la fonction est régulière en ce point et répond à certaines conditions en ce qui concerne les coefficients de son développement en série de Taylor, on pourra former une itérée particulière uniforme de la fonction f et par suite une intégrale de l'équation aux différences.

M. le Commandant E.-N. BARISIEN, en mission à Constantinople.

Note complémentaire au mémoire de 1901 « Sur une génération du Limaçon de Pascal ». — Cette note contient des résultats intéressants concernant les points D, D_1, D', D'_1 du travail publié dans les *Comptes rendus* de 1901 (*). On y donne les résultats des enveloppes et lieux géométriques suivants :

(*) Voir Comptes rendus de l'Association, 1901 (Congrès d'Ajaccio), page 124.

1° Enveloppe de la droite DD';

2° Enveloppe de la Droite D_1D_1' ;

3° Enveloppe de la droite DD_1' ;

4° Enveloppe de la droite D_1D' ;

5° Lieu du point de rencontre des droites DD et D_1D_1' ;

6° Lieu du point de rencontre des droites DD_1' et D_1D'.

Dans les cas suivants, déjà envisagés pour d'autres lieux géométriques, dans l'article précité :

I. $$R + R' = k = \text{constante};$$

II. $$R' - R = k = \text{constante}.$$

M. WICKERSHEIMER, Ingénieur en Chef des Mines, à Paris.

Postulatum d'Euclide sur les parallèles. — L'auteur montre qu'en basant la géométrie sur la théorie des parallèles, on ne suit pas un principe logique et on se heurte à des difficultés insurmontables : témoin la querelle entre les géomètres et les métagéomètres. Tandis qu'il est indispensable de baser la géométrie sur le principe de similitude, qui n'est autre que le principe même de la mesure qu'on invoque, directement ou indirectement, à travers toute la géométrie. Ce principe clairement posé, la théorie des parallèles s'en déduit rigoureusement sans aucune difficulté.

Direction des automobiles. — Cette communication est une démonstration géométrique nouvelle du système de direction par bielles et coulisses inventé par M. Carlo Bourlet.

Théorie des moments. — Le moment de la résultante est égal à la somme algébrique des moments des composantes.

L'auteur démontre que ce n'est pas là un théorème, mais une simple identité géométrique, à savoir que la projection d'un contour fermé sur une droite est nulle.

Attraction universelle. — a) Le principe fondamental de la mécanique, établi par Newton lui-même, est celui de l'action égale à la réaction, lorsque l'on considère un point matériel se mouvant sur une courbe ou sur une surface. D'autre part, Newton, pour établir le principe de l'attraction universelle, transporte à distance la réaction de deux masses matérielles l'une sur l'autre et semble ainsi faire revivre des notions métaphysiques bannies de la science positive depuis Bacon et Descartes. L'auteur montre qu'on peut présenter la démonstration de l'attraction universelle, en se basant sur les lois de Keppler, sans invoquer aucun principe ontologique.

b) L'auteur montre ensuite que la loi newtonienne de l'attraction se déduit aisément de la troisième loi de Keppler seule en se basant sur le principe de l'homogénéité. De telle sorte qu'en employant les trois lois de Keppler pour aboutir à la même démonstration, on dispose de plus de données qu'il n'est nécessaire.

M. BAILLAUD, Correspond. de l'Institut, Directeur de l'Observatoire de Toulouse.

Comparaison des catalogues méridiens de Toulouse et de Leipzig. — L'auteur montre qu'il y a lieu d'appliquer à l'un des catalogues, pour le ramener au système de l'autre, de très petites corrections systématiques en ascension droite et en déclinaison. Ces corrections une fois appliquées, l'écart moyen des deux catalogues est inférieur à $0^s,01$ en ascension droite, à $0'',1$ en déclinaison.

MM. KLUYVER (de Leyde) et **SCHOUTE** (de Groningue).

L'hexagone gauche à angles droits.

M. P. JUPPONT, Ingénieur des A. et Man., à Toulouse.

Sur l'idéalité du principe dit de l'action et de la réaction (*).

M. le Commandant Victor COCCOZ, à Paris.

Carrés magiques. — Augmentation importante du nombre de carrés de huit, magiques aux deux premiers degrés, que l'on pourra construire par suite de la quantité considérable de lignes aux deux constantes S = 260 et S_2 = 11.180, susceptibles d'être mises en œuvre, en sus de celles mentionnées en 1892 et 1893 aux Congrès de Pau et de Besançon.

D'après M. Achille Rilly on disposera de 38.039 lignes réparties en trente-six classes ou familles suivant le total que l'on obtient en additionnant les quatre nombres pairs qui entrent dans la composition de ces lignes.

Quelques extraits choisis d'une petite brochure autographiée en 1901, montrent plusieurs exemples de carrés dont les lignes, et principalement les diagonales, sont de compositions non déterminées, et par conséquent non employées, avant l'apparition de ladite brochure (qui n'a pas été mise dans le commerce).

Extension des propriétés de certains carrés impairs dits diaboliques ou pandiagonaux, et aussi des carrés de neuf de base auxquels ces dénominations sont applicables.

Diagramme d'un carré de neuf sans répétition des mêmes lettres dans ses lignes et qui, par un choix convenable des valeurs attribuées à ces lettres, présente aussi le second degré.

(*) Voyez Section de Physique, page 193.

M. le Commandant Juan J. DURAN LORIGA.

Sur les triangles isogonologiques.

M. Auguste PELLET, Doyen de la Fac. des Sc., à Clermont-Ferrand (Puy-de-Dôme).

Approximation des racines des équations. — Soient a et b deux nombres ne contenant dans leur intervalle qu'une racine de l'équation $f(x) = 0$, les trois premières dérivées $f'(x)$, $f''(x)$, $f'''(x)$ ne changeant pas de signe dans cet intervalle; la limite a est choisie de manière que $f(a)$ et $f''(a)$ soient de même signe; si l'inégalité :

$$f'(a)^2 - 2f(a)f''(a) \geqslant 0$$

est satisfaite, la racine de $f(x) = 0$ comprise entre a et b est aussi comprise entre :

$$a - \frac{f(a)}{f'(a)} \text{ et } a - \frac{2f(a)}{f'(a)};$$

posons $a - \frac{f(a)}{f'(a)} = a_1$; elle est aussi comprise entre a_1 et $a_1 - \frac{2f(a_1)}{f'(a_1)}$.

Or $2\frac{f(a_1)}{f'(a_1)}$ est de même signe et de module moindre que $\frac{M}{2f'(b)}\frac{f(a)^2}{f'(a)^2}$, M étant la valeur de $f''(x)$ ayant le plus grand module lorsque x varie entre a et b.
Applications.

M. François MICHEL, à Paris.

Sur la courbe d'ombre d'une surface particulière du quatrième ordre. — La surface Σ, dont il est question dans cette communication, est celle qui constitue le lieu géométrique des centres de courbure des sections planes de toute surface S, en un point quelconque de cette dernière.

L'auteur a déjà étudié la surface Σ (Association française pour l'Avancement des Sciences, Congrès de Besançon, 1893), en l'envisageant comme la transformée par inversion d'un conoïde de Plücker.

Il a montré (*Bulletin de la Société mathématique de France*, tome XXIV, p. 26) que lorsque la surface Σ est éclairée par un point lumineux, situé sur la normale à la surface S, la courbe d'ombre est constituée par l'intersection de la surface Σ et d'une surface engendrée par la révolution d'une strophoïde droite autour de la normale.

La présente communication a pour but de déterminer la courbe d'ombre de la surface Σ dans le cas général où le point lumineux occupe une position quelconque dans l'espace : le problème se réduit à la recherche des points d'intersection d'un cercle et d'une conique dont la construction géométrique est facile.

Enfin, lorsque le point lumineux est situé dans le plan tangent à la surface S, la construction d'un point de la courbe d'ombre peut être effectuée au moyen de la règle et du compas par l'intersection d'une droite et d'un cercle.

M. Raoul PERRIN, Ing. en Chef des Mines, à Paris.

Sur un critérium de l'existence de racines réelles d'une équation numérique dans un intervalle donné. — Cette communication complète le travail présenté au Congrès d'Ajaccio, en 1901, « sur la séparation et le calcul des racines des équations numériques », en faisant connaître à côté du critérium nécessaire mais non suffisant établi dans ce travail un autre critérium analogue, non plus nécessaire, mais suffisant pour l'existence de racines réelles dans un intervalle donné. L'auteur en fait l'application à l'équation générale du second degré, ce qui le conduit à déterminer la signification de certains invariants irrationnels du système de trois formes binaires (une quadratique et deux linéaires), et enfin à une classe d'équations littérales du troisième degré.

M. Gabriel ARNOUX, Anc. Off. de mar., Les Mées.

Questions diverses concernant les congruences de module composé. — Proposition fondamentale. Tables de numération. Solution de l'équation arithmétique $x^v \equiv n$ pour le module 3.5.7, v et n étant quelconques. — Observations sur l'équation $ax \equiv b$ (module composé). Table complète de puissances pour le module 3.5.7, comprenant les nombres premiers et non premiers au module. Table concise des puissances des nombres premiers au module, analogue aux tables exemples usuelles de puissances des modules premiers. Exemple : $m = 3.5.7$ et $m = 3.7.11$. — Tables à lignes complètes et à lignes incomplètes. — Méthodes diverses pour la construction de ces tables. — Observations sur les permutations des chiffres entre eux, quand on change la base d'une suite de puissances. — Nombre de racines d'indice donné quand le module est composé.

Questions diverses d'arithmétique graphique. — Suite des mémoires présentés au Congrès d'Ajaccio. — Rectification d'une erreur qui s'est glissée dans le second mémoire. — Observations diverses concernant ces mémoires. — Réduction des divers systèmes de solutions à l'un quelconque d'entre eux, pour l'équation du troisième degré (mod. 13). — Explication des lignes obliques ponctuées. — Les solutions zéro en congruence. Métaphysique des espaces arithmétiques; donnant les solutions réelles des congruences du module premier. Calcul des racines primitives quand le degré de l'équation est un diviseur de l'indicateur. — Schéma de ces opérations. — Correspondances diverses entre les solutions des équations et les tables de puissance des imaginaires. — Solution complète de l'équation du quatrième degré, module 5. Les espaces arithmétiques peuvent à un certain point de vue être regardées comme des tables de décomposition des polynomes d'un degré égal au nombre de dimensions de l'espace, en leurs facteurs premiers. — Cette décomposition ne peut se faire que d'une seule manière. — Dénombrement des solutions de chaque catégorie. — Observations sur la pratique des calculs concernant les fonctions arithmétiques.

M. Raymond LEVAVASSEUR, Prof. au Lycée de Toulouse.

Les groupes d'ordre p^{3}q. — Il est facile de voir qu'un groupe d'ordre p^3q contient un sous-groupe d'ordre p^3 conjugué de lui-même (n° 1). Je considère d'abord le cas où ce groupe conjugué de lui-même est G$_{p^3}$, (n° 2), puis G$_{p^3}$G$_p$ (n°s 3, ..., 10), puis (G$_p$)^3, (n°s 11, ..., 18), puis G$^1_{p^3}$, (n°s 19, ..., 24), puis enfin G$^2_{p^3}$, (n°s 25, ..., 36). Ce dernier cas m'a amené à étudier le groupe des isomorphismes de G$^2_{p^3}$, (n°s 37 ..., 46).

Enfin, au n° 47, j'ai résumé les résultats obtenus.

M. Georges MAUPIN, Membre de la Soc. math. de France, Prof. au Collège de Saintes.

Les jeux de hasard (jeux primitifs, veillées, foires et casinos). — Les problèmes élémentaires des probabilités ne sont peu compris par le public que parce qu'on ne les enseigne pas dans les classes et qu'on ne les demande à aucun examen. Un grand nombre sont faciles au point de pouvoir être saisis par des enfants, et j'estime qu'on pourrait en traiter quelques-uns, sans nul inconvénient et avec quelque avantage, dans les classes de Troisièmes A et B et de Secondes C et D de nos lycées et collèges.

J'ai essayé de décrire quelques jeux en m'appuyant seulement sur quelques idées simples : celles-ci sont amenées successivement par la gradation même de ces jeux, dont la difficulté va en croissant.

1) Rount-toullic, vieux jeu bas-breton. — Ce jeu primitif n'exige aucune théorie, l'impôt prélevé paie le feu et la chandelle.

2) Le Jeu des Noix en Algérie; les bonneteaux algérien et tunisien. — Ici la réflexion indique tout de suite que le tenancier ne peut sans tricher tenir ses engagements.

3) Les Petits Chevaux. — La notion de probabilité et d'espérance mathématique, déjà amenée par les n°s 1 et 2, est maintenant définie. On montre que l'impôt est de 1 franc sur 9 francs risqués, et on applique ensuite le théorème de Dormoy sur la roulette.

4) Le Ba-quan en Indo-Chine. — Analogie étroite entre la théorie de ce jeu et celle du n° 3 : mais l'intérêt réside dans la singularité du matériel employé.

5) Le Billard Auvergnat. — Sorte de billard anglais : on rencontre ici un coup spécial dont le règlement constitue une espèce de règle de parti.

6) Le Tournant-cinq billes. — Jeu de foire dont la théorie revient à celle des totons ou des dés prismatiques. L'étude du tableau du tenancier montre qu'on attire le client en lui présentant de la même façon des coups dont la réussite est inégalement probable.

7) Les différentes manières de démarquer. — Ce qu'on appelle tirer à l'as de cœur, à la plus forte carte. Démonstration de ce fait que, quand on démarque à la première manille, la place du joueur n'est pas du tout indifférente.

M. Émile LEMOINE, Dir. de l'*Interm. des math.*, à Paris.

La géométrographie employée comme nouvelle méthode directe de recherches en géométrie.

M. MARCHAND, Dir. de l'Observ. du Pic du Midi (1).

Quelques observations d'astronomie physique faites au Pic du Midi.
Comparaison avec le magnétisme terrestre et divers phénomènes météorologiques.

Travaux imprimés

PRÉSENTÉS A LA SECTION

D. A. CASALONGA. — *Métamorphose de la chaleur thermodynamique élémentaire, mouvement de l'éther et de la matière, chaleur, force vive* (broch. in-16, Paris).

GAULTIER. — *Catalogue annuel des grandeurs photographiques de 300 étoiles des Pléiades* (Ext. du *Bull.* de la Soc. Astronomique de France, oct. 1900 et nov. 1901).

G. MAUPIN. — *Théorie mathématique du jeu appelé le Tirage aux couteaux dans les foires d'Auvergne.*

E. WICKERSHEIMER. — *Sur le postulatum des parallèles* (Ext. de l'*Enseignement mathématique*, juillet 1901).

_____

(1) Voyez Section de Météorologie, page 210.

3e et 4e Sections.
GÉNIE CIVIL ET MILITAIRE, NAVIGATION

PRÉSIDENT. . . . . M. FONTÈS, Ing. en chef des P. et Ch., à Toulouse.
VICE-PRÉSIDENT . . . . M. PETITON, Ing. civ. des Mines, à Paris.
SECRÉTAIRE . . . . M. le Cᵗ DELAVAL, à Montauban.

— Séance du 8 août —

M. FONTÈS, Ing. en chef des P. et Ch., à Toulouse

Sur les réservoirs en pays de montagnes.

M. CRUVELLIER.

La traction électrique.

MM. DRUART et LE ROY, à Reims.

Des avantages de la voie de 1 mètre pour la traction mécanique des marchandises sur les réseaux urbains et suburbains. — La voie de 1 mètre, seule, permet, avec l'emploi de trucks-transporteurs, le transport des wagons de grand gabarit sur les chaussées urbaines et suburbaines, et, par suite, seule aussi, elle peut assurer, sans transbordement, les arrivages et les expéditions des marchandises qui ne subissent pas sans inconvénient cette opération.

Ces marchandises sont assez nombreuses et occasionnent aux Compagnies de chemins de fer des avaries qui se chiffrent par des indemnités considérables.

Dans ces conditions, la voie de 1 mètre qui, au point de vue du transport des voyageurs, a les mêmes avantages que la voie large (1ᵐ,44), paraît, d'une manière générale, devoir lui être préférée pour les tramways urbains.

Ces considérations paraissent d'autant plus sérieuses que la traction mécanique des marchandises sur les voies ferrées urbaines, effectuée à l'aide de trucks-transporteurs, permet d'obtenir une meilleure utilisation du matériel des Compagnies de chemins de fer d'intérêt général.

M. R.-A. ZIFFER, Ing. civil, à Vienne (Autriche).

Choix de l'écartement de la voie pour chemin de fer d'intérêt local; particulièrement dans quel cas doit-on employer la voie de 0ᵐ,60; dans quel cas cet écartement de 0ᵐ,60 doit-il être proscrit? — Après un aperçu historique de la création et du développement de l'écartement de la voie, qui n'est pas uniquement une question technique mais notamment économique, l'auteur fait ressortir des résolutions prises à cet égard au Congrès des chemins de fer à Bruxelles 1885 et à Saint-Pétersbourg 1892, ainsi qu'à l'Union internationale permanente à Amsterdam 1890, Hambourg 1891, Budapest 1892 et à Londres 1902, que tous les écartements de voie employés jusqu'alors ont des avantages et des inconvénients justifiés suivant les cas.

Comme avantages de la voie étroite sont à noter les économies obtenues à la construction, à l'acquisition du matériel roulant et à l'exploitation; comme prétendus inconvénients, ou du moins donnant matière à réflexion, sont objectées par des personnes compétentes, mais pas toujours exemptes de préjugés: Faible capacité de travail, par conséquent seulement propre à un trafic faible et restreint, insuffisant à des buts militaires, dépenses d'exploitation plus élevées, exclusion des transports de bétail et, enfin, difficultés aux embranchements à cause de la différence de l'écartement des voies.

La voie étroite peut être considérée comme la solution la plus rationnelle de la question de la construction et de l'exploitation la plus simple et la plus économique des chemins de fer secondaires, même à trafic de quelque importance et notamment dans des contrées montagneuses ou à terrains coupés. La voie étroite est recommandable comme ligne principale pour tout nouveau pays, qui, selon toute prévision, n'aura pas un fort trafic à desservir, et qui, suivant sa situation financière, est tenu à faire toutes les économies possibles afin que le capital d'établissement rapporte au plus vite des intérêts.

L'auteur estime qu'il s'agit, avant tout, pour les chemins de fer secondaires, du bon choix des écartements de voie de 1 mètre, 0ᵐ,75 et 0ᵐ,60, usités jusqu'alors, mais que l'emploi exclusif de l'un ou l'autre écartement serait irraisonnable, attendu que chacun pour lui-même peut avoir sa pleine justification en de certains cas.

Il faut cependant reconnaître, quant à l'écartement de 0ᵐ,60, qu'il n'est pas tout à fait propre à desservir un trafic important, mais que les dépenses de construction en sont moindres que pour tout autre écartement.

L'auteur en cite un emploi utile en France, en Scandinavie, en Russie, tant comme lignes militaires en France et en Allemagne, que notamment comme lignes industrielles, minières et forestières, etc., dans tous les pays. L'écartement de 0ᵐ,60 serait seulement à exclure là, où il y a un trafic dense de voyageurs et de marchandises, par contre, il s'approprie parfaitement pour des lignes à faible trafic, pour des buts passagers, notamment pour des lignes volantes, à cause de la facilité de son déplacement, de sa souplesse à s'assimiler aux sinuosités des terrains, et enfin, de son établissement peu coûteux.

L'auteur cite des exemples de lignes à voie étroite établies en de nouveaux pays, et émet l'avis, sur base de ses propres expériences et études, que la voie normale possède quelques avantages incontestables, mais à cause de son importante dépense d'établissement et à cause d'autres circonstances exigées des lignes d'ordre secondaire, elle doit céder le pas, en bien des cas, à l'écartement de ces dernières, écartement, qui est à introduire comme une partie intéressante justifiée dans le réseau des chemins de fer, parce qu'il est appelé en bien des cas à desservir même des trafics de voyageurs et de marchandises de quelque importance, toutefois, le choix de l'écartement de la voie étroite doit être fait après de sérieuses études à l'égard des circonstances locales, du trafic présent et futur, de la nature de celui-ci, et enfin, à l'égard du but à poursuivre.

L'auteur termine en mentionnant les chemins de fer à monorails, dont il cite les exploités, ceux en construction et les projetés.

— Séance du 9 août —

M. A. COLLIN, à Saint-Nazaire.

La stabilité des navires.

M. Dominique-Antoine CASALONGA, Ingénieur-conseil, à Paris.

Transport des voyageurs en commun au moyen de plates-formes roulantes souterraines à traction électrique. — En raison de l'intérêt qu'offre la note préparatoire de M. l'ingénieur en chef, Monmerqué, sur la *Traction électrique urbaine et suburbaine*, M. D.-A. Casalonga désire rattacher à cette note l'indication d'un mode de transport que, dès 1894, il avait présenté en collaboration avec son regretté camarade et ami C.-A. Faure, et qu'il vient, après en avoir modifié sensiblement la disposition, de représenter. Le nouveau projet a pour but de desservir les grands boulevards intérieurs parisiens, depuis la place de la Concorde jusqu'à celle de la Bastille, au moyen d'une plate-forme roulante à trois bandes mobiles distinctes, logée dans un tunnel superficiel de 5 mètres sur 5 mètres dans œuvre, et traînée électriquement. Des escaliers d'accès, les uns pour la descente, les autres pour la montée, sont disposés de 200 en 200 mètres, sur le bord des trottoirs, et pourraient, sans inconvénient, être plus rapprochés. La vitesse des bandes roulantes passe de 4 à 8, puis à 12 kilomètres à l'heure et même de 5, 10, 15 kilomètres, vitesse que l'on peut encore augmenter de 4 à 5 kilomètres en marchant sur la troisième bande qui a 2 mètres de largeur et possède un siège latéral disposé de mètre en mètre. Le plan moyen des bandes mobiles est, au plus, à 3^m,50 au-dessous de la surface de la chaussée. Les bandes sont indépendantes, ce qui en rend facile la mise en train matinale et assure, dans tous les cas, aux voyageurs, un service à vitesse réduite, au cas où une avarie surviendrait à l'une des bandes. Point d'arrêts par freinage, pas de remises en route fréquentes ; point d'encombrement. En dehors de l'éclairage électrique, il n'y a de puissance motrice à dépenser que celle qu'il faut pour vaincre les frottements. Les deux premières bandes ont 0^m,80 de largeur.

La puissance de débit du nouveau mode de transport hygiénique, commode, économique, agréable, est pour ainsi dire indéfini. Les frais d'exploitation y sont considérablement réduits en raison du mode de perception automatique ou volontaire et la diminution du personnel affecté à la perception, à la surveillance, au contrôle. La dépense a été estimée à 35 millions de francs ; le prix unique du voyage a été fixé à 10 centimes. On compte sur 70 millions de voyageurs, au moins ; l'appareil pourrait en transporter 3 milliards par an. La Ville de Paris retirerait, par kilomètre, une ressource égale au moins à celle que lui paye la Société d'exploitation du Chemin de fer Métropolitain.

En réponse à une observation de M. l'ingénieur général Forestier, M. Casalonga explique qu'une redevance de 100.000 francs par kilomètre pourrait être assurée à la Ville, même au cas où celle-ci ne se chargerait pas de l'infrastructure du projet.

M. KŒCHLIN Ing., à Paris.

De la traction urbaine par voitures automobiles système Lombard-Gérin. — M. René Kœchlin communique au Congrès une note sur l'application de la traction électrique par trolley automoteur, système Lombard-Gérin, à des services d'omnibus urbains et suburbains. Ce système, aujourd'hui consacré par la pratique, et qui a trouvé son application à Montauban, permet d'éviter l'établissement d'une voie ferrée tout en conservant l'avantage de la distribution de l'électricité aux voitures par fils aériens.

Pour arriver à ce but, le chariot de prise de courant est automoteur et précède la voiture tirant ainsi sur le câble conducteur qui mène le courant à la voiture au sommet d'une perche fixée sur celle-ci. Ce câble se trouve ainsi toujours tendu, tout en permettant à l'automobile de s'éloigner du tracé de la ligne et d'éviter les voitures ordinaires circulant librement sous le câble qui se trouve à une assez grande hauteur. Le synchronisme de la vitesse de marche entre le trolley et la voiture est réalisé automatiquement, sans que le conducteur ait à intervenir.

La dépense de courant n'est pas plus grande que pour les tramways puisque les voitures sont plus légères. L'exploitation peut se faire avec un seul homme ; les frais se trouvent ainsi réduits et permettent l'application de ce système dans des endroits où l'affluence des voyageurs ne justifie pas l'emploi d'un tramway électrique, aussi bien pour des services urbains que pour des lignes suburbaines d'intérêt local.

MM. DRUART et LE ROY

Largeur à adopter pour les voies ferrées urbaines.

— **Séance du 11 août** —

M. DIBOS, Ing. Conseil.

Le scaphandre. — Son emploi. — Faisant intervenir son expérience personnelle, l'auteur, ingénieur maritime, a créé une véritable théorie du scaphandrier et présenté des développements d'applications nouvelles pratiques constituant des règles d'emploi. Après un rapide historique, il expose les conditions requises pour utiliser le scaphandre, décrit l'équipement complet perfectionné du scaphandrier ainsi que l'appareil micro-téléphonique de communications sous-marines inventé par l'auteur et adopté par la marine. La théorie de manœuvre tant pour les engins restant hors d'eau que pour ceux immergés, et des conseils sont donnés aux plongeurs. M. Dibos signale un dispositif enregistreur imaginé par lui à l'effet de contrôler les pressions à la descente et à la remonte. Narrant ses impressions premières de descente en mer, l'auteur indique les surprises éprouvées par tout plongeur novice; les phénomènes morbides et les accidents causés par l'air comprimé sont minutieusement examinés, et M. Dibos, s'appuyant sur les expériences spéciales de Paul Bert, établit des prescriptions résultant de ses propres essais et que l'on ne saurait enfreindre sans péril.

_____

M. CASALONGA

Du rendement des moteurs thermiques d'après le coefficient économique déterminé par Clausius. — M. D.-A. CASALONGA a présenté, dans la Section de Physique, une nouvelle démonstration de l'inexactitude du cycle de Carnot et du principe que l'on en a tiré. Il s'attache maintenant à montrer, dans le domaine des applications, les fâcheuses conséquences de cette inexactitude. Pour avoir admis que, dans le cycle de Carnot, il existait une *différence de travail* disponible entre le travail de dilatation et celui de compression, et que cette différence de travail *variait* suivant l'écart des températures extrêmes $T_1 - T_2$, Clausius est arrivé à déterminer le rendement d'un moteur thermique par l'expression du travail $W = 425Q_1 \dfrac{T_1 - T_2}{T_1}$ (1), par laquelle on voit de suite que la valeur W de ce travail varie avec la valeur de $T_1 - T_2$; ce qui est contraire à la notion de l'équivalent mécanique de la chaleur et au principe fondamental de la transformation de la chaleur en travail et réciproquement.

L'erreur est donc de toute évidence, avant même toute recherche. En examinant, d'ailleurs, la théorie sur laquelle Clausius s'est appuyé, on voit où l'erreur a été commise.

Dans le cycle de Carnot il n'y a qu'une seule et même quantité de chaleur qui puisse être considérée et qui est à la fois : la quantité de chaleur totale *versée* dans le corps, la quantité *transformée* en travail et la quantité reversée au condenseur. Au lieu de cela on y a vu trois quantités *différentes* de chaleur : Q_1 la quantité totale versée dans le corps; Q_2 la quantité versée au réfrigérant; $Q = (Q_1 - Q_2)$ la différence soi-disant transformée en travail, laquelle ne paraît pas cependant dans l'expression finale (1) où c'est Q_1 qui, à la suite de transformations mal fondées, en a pris la place.

La seule expression du travail à tirer du cycle de Carnot, sous certaines réserves, c'est $W = 425Q_1$ si Q_1 est la quantité de chaleur consommée, W ne devant pas être soumis à aucune réduction, ni variation, au fait de l'écart existant entre les deux températures extrêmes. La loi de Carnot-Clausius, appliquée à la détermination du travail, dans les moteurs thermiques, fausse les remarques et les résultats que l'on en tire. Elle doit être abandonnée. Le rendement théorique d'un moteur thermique à gaz, par chaque course, est égal à 29,15 0/0. Toute valeur supérieure est inexacte.

_____

M. DE BEILHE, Ing. au Bureau Véritas.

Extinction des incendies à bord des navires par l'emploi de l'acide sulfureux.

Travail imprimé

PRÉSENTÉ A LA SECTION

M. Dibos. — *Le scaphandrier.*

2ᵉ Groupe

SCIENCES PHYSIQUES ET CHIMIQUES

5ᵉ Section

PHYSIQUE

PRÉSIDENT D'HONNEUR. . . . . . . M. MERCADIER, Dir. des études à l'Éc. Polytechnique.
PRÉSIDENT. . . . ; . . . . M. MATHIAS, Prof. à la Fac. des Sc. de Toulouse.
VICE-PRÉSIDENTS. . . . . MM. LACOUR, Ing. civ. des Mines, à Paris.
PELLIN, Ing. des A. et Man., à Paris.
SECRÉTAIRE . . . . M. TURPAIN, Doct. ès sc., Maître de con., à la Fac. des Sc. de Poitiers.

— **Séance du 8 août** —

M. CASALONGA

Nouvelle analyse du Cycle de Carnot. — M. D.-A. CASALONGA présente une nouvelle démonstration de l'inexactitude de l'analyse du Cycle de Carnot. Il fait voir que c'est bien à tort que l'on a admis, dans ce cycle, que le travail de dilatation était supérieur au travail de compression ; qu'une telle proposition, si exacte qu'elle se montre en apparence, est absolument insoutenable.

Dans un cycle fermé reversible le travail de dilatation est *égal* au travail de compression, et il ne peut pas en être autrement. Si on a cru à cette différence c'est parce qu'on a méconnu, dans le cycle, l'intervention d'une force extérieure, indispensable au développement de ce cycle, qui travaille d'accord et en même temps que lui, et dont la quantité de chaleur correspondante doit être comptée. On s'aperçoit, alors, que le travail de dilatation, comme celui de compression, est représenté par l'aire d'un même rectangle. Les deux travaux sont égaux.

C'est pour avoir admis cette *différence* de travail que l'on a été entraîné aussi à admettre qu'elle *variait* avec l'écart existant entre les températures extrêmes T_0 et T_1 ; d'où l'on a pu déduire qu'à une même quantité de chaleur Q pourraient correspondre des quantités variables de travail correspondant; ce qui est contraire à la notion positive de l'équivalent mécanique de la chaleur et au premier principe fondamental de la thermodynamique.

M. D.-A. Casalonga, en s'excusant pour son insistance, espère que les physiciens finiront par se rendre à la force des raisonnements et des principes réels. et qu'ils admettront la nécessité de reviser, en même temps que l'analyse du Cycle de Carnot, les deux propositions qui constituent le principe fondamental qui en a été déduit.

M. MAURAIN

Sur les variations de volume dus à l'aimantation.

M. Paul DIDIER, à Paris.

Sur l'enseignement des sciences physiques en Allemagne. — M. DIDIER a eu l'occasion de visiter un certain nombre d'établissements d'instruction publique en Allemagne et en Suisse. Il communique quelques-unes de ses observations au sujet des installations et des méthodes allemandes.

L'impression générale qui se dégage de cette étude est que nous sommes loin, comme enseignement et construction d'appareils, de mériter toute la sévérité avec laquelle nous nous jugeons nous-mêmes, et que notre corps enseignant présente une supériorité incontestable comme « personnalité ».

Les Universités allemandes sont admirablement installées, on le sait; c'est surtout en ce qui concerne l'électricité, ses applications et les locaux mis à la disposition des professeurs qu'elles présentent d'utiles exemples. Les professeurs les plus illustres, comme von Baeyer et Röntgen, ne dédaignent pas de présider aux manipulations les plus élémentaires.

Dans les lycées (gymnases) « humanistes », les laboratoires de chimie sont absolument rudimentaires. Les oberrealschulen et les realgymnasien ont de meilleures installations, mais qui ne dépassent cependant pas la plupart des nôtres.

Les cabinets de physique contiennent toute une série d'appareils que nous avons eu le tort d'en éliminer; ce sont ceux qui touchent à la mécanique physique (composition des forces, force centrifuge, etc.).

La méthode allemande par interrogations continues, ne paraît pas à imiter; en retour, on devrait développer les interrogations et conférences.

M. Didier donne un certain nombre d'exemples relatifs aux avantages de nos méthodes, ainsi améliorées.

M. Émile RAVEROT

Le système décimal et la mesure du temps et des angles. — L'auteur rappelle l'ensemble des raisons qui ont empêché jusqu'ici de conformer au type décimal la numération du temps et des angles.

Il fait remarquer que la corrélation des unités dans le mode actuel de mesure n'est en réalité pas plus exclusivement duodécimale qu'elle n'est strictement décimale.

M. RAVEROT propose en conséquence un mode nouveau de décimalisation utilisant ce que comporte de décimal la corrélation existante des unités de temps et d'angles.

Le jour et l'heure sont subdivisés en nombres entiers de centaines de secondes; — la circonférence, en un nombre entier de centaines de minutes d'arc.

L'heure se trouve ainsi divisée en 36 centaines de secondes.

Cette solution conserve à la fois l'heure, la seconde et le cadran horaire existants.

Pour les mesures d'angles, la circonférence se trouve divisée en 216 centaines de minutes d'arc.

Cette division concilie les commodités arithmétiques du calcul décimal avec les exigences des divisions géométriques de la circonférence.

M. P. DUHEM, Corresp. de l'Institut, Prof. à la Fac. des Sc. de Bordeaux.

Actions exercées par des courants alternatifs sur une masse conductrice ou diélectrique. — Tout le monde connaît l'expérience inaugurée par M. ELIHU THOMSON : Une bobine, traversée par des courants alternatifs, repousse vivement une masse de cuivre que l'on approche de l'un de ses pôles.

De cette expérience, on a donné des explications diverses.

Selon les uns, parmi lesquels on peut citer M. Larmor, il faut y voir l'effet des pressions que l'induction développe au sein du milieu diélectrique. Selon les autres, la répulsion constatée résulte de l'action que les courants de la bobine exercent sur les courants engendrés par induction propre dans la masse métallique.

Notre objet est de discuter ces diverses explications.

Les pressions engendrées dans le milieu diélectrique sont de deux espèces, car chaque élément de ce milieu subit deux sortes d'actions : par le fait de la polarisation qu'il présente, il est soumis à des actions électrostatiques ; par le fait des flux de déplacement dont il est le siège, il est soumis à des actions électrodynamiques.

Le *sens* de ces actions, particulièrement des actions électrostatiques, peut être étudié en suivant les méthodes de Helmholtz; il est bien tel qu'il faudrait pour que l'expérience d'Elihu Thomson en reçût une explication satisfaisante ; mais il n'en est pas de même de la *grandeur* de ces actions; pour que ces actions fussent perceptibles, il faudrait que la fréquence des courants qui traversent la bobine fût comparable à la fréquence des vibrations lumineuses. L'expérience d'Elihu Thomson, qui réussit fort bien avec de très faibles fréquences, ne peut trouver là sa raison d'être.

Au contraire, l'explication tirée des forces électrodynamiques, par lesquelles les courants de la bobine repoussent les courants d'induction propre de la masse métallique, satisfait à toutes les conditions du problème.

Discussion. — M. BRUNHES, présente les observations suivantes :

M. Duhem s'est proposé de discuter les théories proposées par Larmor pour l'expérience d'Elihu Thomson.

1. Il montre que, si l'on ne tient compte que du courant *induit* dans la masse métallique par le courant alternatif inducteur, l'attraction oscille entre deux valeurs égales et de signes contraires et que l'attraction moyenne mesurable est nulle. Cela tient à la différence de phase de 90° existant entre le courant inducteur et l'induit.

2. Il étudie les forces pondéromotrices appliquées à une masse diélectrique

solide, et démontre qu'il y a attraction au lieu de la répulsion exercée sur un conducteur.

Ceci est tout à fait intéressant et nouveau et suggère l'idée d'essayer l'expérience d'Elihu Thomson avec un anneau d'ébonite au lieu d'une bague de cuivre. Il faudrait d'ailleurs disposer l'expérience un peu autrement, puisqu'on se proposerait de mettre en évidence une attraction au lieu d'une répulsion (1).

3. Cette expérience, il est vrai, M. Duhem en prévoit l'insuccès. Il montre que *l'attraction moyenne* exercée sur le diélectrique sera toujours extrêmement faible par rapport à la valeur maximum de l'attraction, nulle en moyenne, exercée sur un conducteur en ne tenant compte que de l'induction directe; et qu'il en est ainsi à moins que la fréquence du courant alternatif ne soit de l'ordre de celle des vibrations lumineuses.

Cette discussion est très digne d'intérêt. Cependant la comparaison d'une attraction moyenne à la valeur maximum par laquelle passe une autre attraction, qui est nulle en moyenne, n'est peut-être pas décisive. M. Duhem, d'ailleurs, ne la présente que comme une *indication* et non comme une *démonstration*.

4. En effet, et M. Duhem le montre plus loin, il y a une attraction moyenne qui n'est plus nulle, qui est *négative*, c'est-à-dire une répulsion, sur une masse conductrice solide si l'on tient compte de l'induction propre dans cette masse conductrice.

Cela revient à dire que s'il n'y avait aucune selfinduction dans la masse, la différence de phase serait exactement 90° et l'attraction (ou répulsion) moyenne exactement nulle, mais que la selfinduction de la masse métallique, si faible soit-elle, introduit un retard nouveau, qui fait que la différence de phase des deux courants alternatifs inducteur et induit est d'un peu plus de 90°, ce qui suffit pour qu'ils soient *parallèles et de sens contraires* et se repoussent.

Mais, la différence de phase due à la selfinduction étant fort petite, si l'on essayait de comparer numériquement la répulsion réelle moyenne telle qu'on l'observe à la valeur maximum par laquelle passe la fonction périodique qui représente la répulsion en fonction du temps, et cela, qu'on tienne compte ou non de l'effet de la selfinduction, il est probable qu'on trouverait un rapport fort petit, ce qui ne prouverait pas que la répulsion moyenne réelle échappe à l'observation.

De même dans le cas du diélectrique solide, où l'on peut dire que, par suite d'un effet de capacité qui s'exerce en sens inverse d'un effet de selfinduction, il y a avance au courant induit au lieu de retard, et où, par suite, la différence de phase des courants inducteur et induit étant inférieure à 90°, il y a, dans l'ensemble, attraction, — il se peut que la valeur moyenne de cette attraction soit fort petite par rapport à sa valeur maximum sans qu'elle soit pour cela inaccessible à l'observation.

5. M. Duhem aborde l'explication de Larmor, fondée, non plus précisément sur l'action électrodynamique exercée sur le diélectrique, mais sur l'action électrostatique. Ces actions électrostatiques produisent, dans le diélectrique, que ce soit l'air ou le vide, des pressions qui peuvent avoir pour effet de faire mouvoir dans ce diélectrique une masse conductrice. M. Duhem trouve bien que *ces pressions auraient pour effet d'éloigner de la bobine parcourue par le courant alternatif inducteur une masse métallique plongée dans le milieu.*

---

(1) M. Duhem, a, dans une lettre personnelle, indiqué à M. Brunhes, que l'expérience avait été essayée sous ses yeux, sans succès. Ce serait une question à reprendre.

Mais des considérations analogues à celles qu'il a développées plus haut le conduisent à penser que, si ces nouvelles actions invoquées par Larmor donnent bien le sens du phénomène d'Elihu Thomson, elles n'en donnent pas l'ordre de grandeur. C'est sur ce point qu'une réserve paraît s'imposer.

6. M. Duhem montre ensuite que l'expérience s'explique en tenant compte du courant d'induction propre dans la masse métallique, (courant qui, résultant d'une double induction, est en somme décalé de 180° par rapport au courant inducteur). C'est l'explication classique présentée ici sous une forme tout à fait générale et très élégante, avec la discussion d'une objection qu'on pourrait tirer de la non-uniformité des courants d'induction dans la masse.

Remarquons encore que la correction incontestable de cette explication ne suffirait pas à montrer que celle de Larmor n'est pas équivalente.

Ce très intéressant mémoire appelle donc de nouvelles discussions et expériences; en particulier, je le répète, il montre tout l'intérêt que présenteraient *des mesures* d'intensité des attractions ou répulsions moyennes, et notamment un essai en vue de mettre en évidence *une attraction sur un solide diélectrique*.

M. Albert **TURPAIN**, Doct. ès Sciences, Maître de Conférences à la Fac. des Sc. de Poitiers.

Les phénomènes de luminescence dans les tubes à air raréfié et les dispositifs de production des courants à haute fréquence. — Les effets lumineux que les courants de haute fréquence permettent de produire se divisent en deux catégories :

1° Les effets de luminescence, obtenus pour la première fois par M. Tesla ;

2° Les effets d'incandescence, obtenus pour la première fois par M. Elihu Thomson.

Les dispositifs de production des courants de haute fréquence empruntent tous une bobine d'induction qui entretient un transformateur, un condensateur et un excitateur.

Les effets de la première catégorie (luminescence), peuvent être produits *dans les mêmes conditions et avec la même intensité,* alors qu'on supprime successivement : le transformateur, le condensateur et même l'excitateur. Une bobine d'induction en activité suffit à les produire.

Les effets de la deuxième catégorie (incandescence) nécessitent l'utilisation des dispositifs ci-dessus. L'excitateur est la partie nécessaire du dispositif. Sa suppression entraîne la disparition du phénomène.

Si on analyse les champs d'action produits en concentrant ces champs par deux fils parallèles et en observant avec un résonnateur les ondes stationnaires produites, on constate que la production des effets de luminescence n'entraîne pas l'existence d'ondes stationnaires ; la production des effets d'incandescence est toujours accompagnée d'ondes stationnaires faciles à déceler.

Les effets de luminescence doivent être rapportées à de simples phénomènes d'induction du genre de ceux que produit l'illumination dans les tubes de Geissler.

Les effets d'incandescence sont accompagnés d'ondes électriques dont l'appareil de production nécessaire paraît être l'excitateur ou exploseur.

M. le Dʳ **AZOULAY**, à Paris.

Les procédés de reproduction des phonogrammes pour musées phonographiques.
— Pour multiplier les exemplaires d'un même morceau parlé, chanté ou joué devant le phonographe, la première idée qui soit venue à l'esprit a été d'exécuter le morceau devant un nombre plus ou moins grand d'appareils phonographiques. On avait ainsi une quantité donnée d'exemplaires identiques ou quasi identiques sur cire ou autre substance impressionnable. On imagina ensuite de copier un phonogramme original à l'aide d'une machine pantographique, qui fournissait de la sorte un nombre très grand d'exemplaires, passablement différents de l'original. Enfin, et c'est l'industrie étrangère qui tout récemment semble en avoir fait, la première, l'application avec succès, on a utilisé la galvanoplastie pour obtenir un moule métallique à l'aide duquel on peut indéfiniment reproduire le morceau original, sur cire principalement. Je laisse de côté le procédé de reproduction de Berliner pour grammophone, procédé qui n'a servi jusqu'ici qu'à la multiplication sur ébonite. Le procédé galvanoplastique, avec reproduction sur cire, mis actuellement en pratique, est d'une importance capitale pour les musées phonographiques, car en permettant une matrice indélébile des documents confiés au phonographe, on peut transmettre ceux-ci à la postérité. La conservation des documents linguistiques, musicaux, etc., par le phonographe et par la galvanoplastie, a été recherchée par maintes personnes. A Paris, on a obtenu depuis une couple d'années des moules métalliques cylindriques, mais la reproduction sur cire n'a pas encore été excellente; j'ai essayé moi-même ces temps-ci et les résultats que j'ai obtenus à l'aide d'un moule prêté obligeamment par M. Stœsser, galvanoplaste à Paris, sont très encourageants. Le moulage sur cire étant la partie la plus compliquée et la plus importante du procédé, j'en publierai les détails complets aussitôt que j'aurai réussi entièrement, afin de permettre la multiplication des musées phonographiques.

La Commission phonographique de cette Académie a fait, le 11 juillet 1902, un rapport intitulé : *II. Bericht ueber den Stand der Arbeiten der Phonogramm-Archivs-Commission erstattet in der Sitzung der Gesamme-Akademie vom 11 Juli 1902, von W.-M. Sigmund Exner als Obmann der Commission.* Ce rapport qui est parvenu à ma connaissance, à l'état de placard, le 4 septembre suivant, grâce à l'obligeance de M. le Pʳ Sigmund Exner, m'a appris que la Commission avait réussi à obtenir des moulages en cire de matrices galvanoplastiques de phonogrammes sur disque, ce qu'elle cherchait depuis juillet 1900.

— **Séance du 9 août** —

M. le Dʳ **LEDUC**, Prof. à l'Éc. de Méd. de Nantes.

Champs de force. — Les phénomènes de diffusion ont une grande analogie avec les phénomènes électromagnétiques; ils donnent lieu à la production de champs de force ayant les mêmes caractères et les mêmes aspects que les champs de force magnétiques. On peut voir les spectres de ces champs de force se former sur l'écran : ils peuvent être photographiés. Les lignes de force des champs bipolaires de diffusion avec pôles de même signe se repoussent. Dans un champ bipolaire de diffusion avec pôles de noms contraires, les lignes de force unissent les deux pôles.

M. Albert LONDE, Dir. du Service-Photo. de la Salpêtrière, à Paris.

Appareil pour la mesure de la vitesse de combustion des photo-poudres. — Cet appareil est destiné à mesurer en $\frac{1}{1000}$ de seconde la durée de combustion des préparations employées pour la photographie à la lumière artificielle. Il a permis de constater que l'éclair magnésique est de durée plus longue qu'on ne le croit généralement et de classer les divers photo-poudres les plus usités d'après leur rapidité de combustion.

Appareil expéditeur à grande vitesse pour chronophotographe à objectifs multiples. — Cet expéditeur permet de déclancher les douze obturateurs de l'appareil chronophotographique de l'auteur à des intervalles très courts, résultat que l'on ne peut obtenir dans les chronophotographes à déplacement de la pellicule. On pourra donc avec ce dispositif analyser des phénomènes de très courte durée : l'auteur en a fait une première application en exécutant la chronophotographie de l'éclair magnésique : la cadence réalisée correspondait à près de 100 épreuves à la seconde.

Il a pu également obtenir des séries chronophotographiques (12 épreuves), de modèle vivant pendant la durée d'un seul éclair. Ces expériences prouvent que l'actinisme de l'éclair magnésique est suffisant pour obtenir des épreuves instantanées soit isolées soit en séries.

M. D.-A. CASALONGA, Ingénieur-conseil, à Paris.

Projet de détermination expérimentale de l'équivalent mécanique de la chaleur. — La découverte du principe I de Mayer a conduit à la détermination de l'équivalent mécanique de la chaleur : E = 425 kilogrammes. Cette valeur a été d'abord déterminée en se fondant sur la loi de Gay-Lussac ; puis elle a provoqué de nombreuses recherches vérificatives au nombre desquelles l'expérience calorimétrique de Joule est une des plus ingénieuses et des plus accréditées.

Cette expérience toutefois, comme celle effectuée par Hirn sur la machine du Logelbach, présente quelques causes d'incertitude. Outre qu'elle est effectuée avec et sur de l'eau, dont la capacité calorifique est assez élevée, et qui, de plus, occupe un certain volume dans lequel la chaleur restituée se diffuse, elle exige qu'on livre à la pesanteur des masses assez importantes qui doivent tomber avec une vitesse notable qui peut actionner rapidement les palettes du frein hydraulique imaginé par Joule. De là, la nécessité d'apprécier, par le calcul, une partie du résultat recherché.

Il est une expérience simple qui donnerait directement, sans aucun mécanisme délicat et sans l'intervention d'aucun travail de frottement, la valeur de l'équivalent mécanique. C'est celle qui consisterait à faire tomber d'une hauteur assez grande, un poids donné de mercure, solide ou liquide, à une température déterminée. Ce mercure serait reçu dans une cuvette calorimétrique, légère, bien défendue contre le rayonnement, dont toutes les parties seraient dûment distinguées et pesées et qui serait munie de thermomètres sensibles à maxima.

Le mercure ayant une densité et une conductibilité, pour la chaleur, très grandes, en même temps qu'une capacité calorifique très faible (0,032 calories), donnerait des variations de température d'une amplitude d'autant plus grande que la hauteur de chute serait grande elle-même et le poids du mercure faible.

Si on pouvait disposer d'une hauteur de chute de 425 mètres, il suffirait de 1 kilogramme de mercure pour dégager, dans le calorimètre, 1 calorie et y faire apparaître une variation de température de $\frac{1000}{0,032}$ 31°,20.

On dispose avec la tour Eiffel, d'une hauteur qui peut être portée à 350 mètres au moins. La chute de 1^{kg},50 de mercure, de cette hauteur, développerait, dans le calorimètre, 1 calorie et provoquerait une élévation de température de 21° environ qui serait peu réduite si le calorimètre était maintenu sensiblement à la température du résultat final. Cette variation serait très grande par rapport à celle que Joule a pu obtenir avec le frottement de l'eau, et elle offrirait un coefficient de vérification bien plus sûr.

Discussion. — Le projet de M. Casalonga a donné lieu à la présentation de diverses objections qui ont été résumées ainsi qu'il suit par le Président de la Section :

1° Il faudrait d'abord que la chute du kilogramme de mercure eût lieu de telle sorte que la température fût la même en tous les points de sa chute. Or, sur une hauteur de 300 mètres, la température varie de plusieurs degrés. Il serait difficile de tenir compte de cette variation de température à cause de la rapidité de la chute ; le mieux serait de ne faire intervenir que les températures de l'air aux points extrêmes de la trajectoire.

2° La formule $e = \frac{1}{2} g t^2$ montre que la chute durerait environ 7,5 secondes et que le mercure arriverait dans le calorimètre avec une vitesse de 75 mètres environ par seconde. Aucun calorimètre ne résisterait au choc et le mercure serait projeté partout en même temps que les débris du vase qui le contenait.

Dans ces conditions, la discussion des moyens propres à mesurer l'élévation de la température du calorimètre est illusoire. La méthode exigerait, en outre, qu'on tînt compte de la poussée de l'air, qu'on guidât la chute du kilogramme de mercure de façon qu'elle se fît dans l'axe même du calorimètre, ce qui introduirait des frottements et, par suite, des pertes d'énergie impossibles à évaluer.

La méthode, quoique intéressante, paraît difficile à appliquer dans les conditions où M. Casalonga suppose qu'on se place.

M. H. BOUASSE.

De la cause des phénomènes de réactivité. — M. BOUASSE indique les résultats obtenus en produisant sur un fil tordu et détordu jusqu'au couple nul des tractions variables. Il s'agit de fixer le rôle de ces variations sur les phénomènes de détorsion spontanée dits de réactivité; en particulier de savoir si on peut attribuer ceux-ci uniquement aux variations de tension, ou si l'on doit faire intervenir le variable *temps* et une cause interne. Ses conclusions sont qu'il est impossible de se passer de cette variable. Les tractions ryhtmées n'interviennent pas par leur nombre, mais simplement comme amenant le fil successivement sous deux charges maxima et minima différentes.

M. Gerrit BAKKER, Prof. à l'École sup. de La Haye (Hollande).

Variation de la densité et du potentiel d'un liquide dans la couche capillaire.

M. Camille TISSOT, Lieut. de vais. Prof. à l'École navale à Brest, Délégué du Ministère de la Marine.

Observations sur l'arc chantant. — I. Lorsqu'un courant alimente un arc chantant, il se produit un phénomène remarquable de résonance acoustique en tous les points du circuit où existe un contact imparfait. On sait que l'on peut faire chanter un deuxième arc (ordinaire ou métallique) placé sur le même circuit.

Le phénomène en question est de même nature, mais se produit spontanément sans réglage. Le son, qui est l'exacte reproduction de celui de l'arc, devient particulièrement intense lorsque les contacts sont constitués par des pièces métalliques oxydées, reposant l'une sur l'autre avec une faible pression.

Bien que le son ne soit pas dû à un mouvement vibratoire d'ensemble des pièces métalliques — car on ne le fait pas disparaître en empêchant ces vibrations de se produire — on peut rapprocher le phénomène de ceux que l'on obtient dans diverses circonstances avec des contacts imparfaits ; par exemple, avec le dispositif connu sous le nom de « berceau de Trevelyan » — ou avec le dispositif consistant à mettre un « berceau » dans un courant continu d'intensité suffisante. Dans ces conditions, la production de dilatations locales aux contacts donne l'explication du phénomène, et les sons proviennent de mouvements vibratoires d'ensemble du système. En opérant avec des courants beaucoup plus faibles, on fait chanter d'une manière analogue des contacts métal-métal ou métal-charbon sans vibrations d'ensemble du système. Les sons ne s'entendent alors qu'en intercalant le contact dans un circuit téléphonique. Le phénomène, qui a été étudié par le capitaine Ferrié, paraît dû aux mêmes causes que les précédents.

Un contact imparfait, tel que celui que nous avons désigné par analogie sous le nom de « berceau », est susceptible de fonctionner à volonté, soit comme un *cohéreur ordinaire*, soit comme un *auto-décohérent*, soit comme un *anti-cohéreur*. Selon les conditions du contact (forme des surfaces et pression), on passe de l'une des formes à l'autre. En augmentant convenablement l'intensité du courant dans le contact, on obtient des sons continus au téléphone. En l'accroissant encore, on provoque des vibrations d'ensemble de tout le système. Tous ces phénomènes paraissent devoir être expliqués par les dilatations locales des métaux ou de la couche gazeuse sous l'action des effets thermiques aux contacts.

II. — Nous avons utilisé le phénomène de l'arc chantant pour obtenir la mesure approchée des faibles coefficients de self.

Nous nous sommes d'abord assuré de l'exactitude de la relation $T = 2\pi \sqrt{LC}$

fournie par Duddel, en prenant soin de mesurer les capacités avec une durée de charge du même ordre de grandeur que la période T.

Cette période a été obtenue en photographiant simultanément, à l'aide d'un miroir tournant concave, l'arc chantant et les vibrations d'un électro-diapason. Le procédé a été appliqué aux dispositifs — genre Blondlot — que nous utilisons dans nos expériences de télégraphie sans fil. Les clichés que nous joignons au présent travail montrent quel est le caractère des épreuves et la netteté avec laquelle on peut obtenir l'enregistrement de la période des sons très aigus que donne l'arc.

Le caractère périodique du phénomène se traduit par une série de protubérances équidistantes qui mettent en évidence les dilatations et contractions de la gaine gazeuse qui entoure les charbons. Ce sont évidemment ces contractions périodiques qui donnent naissance au phénomène sonore.

MM., U. LALA, Doct. ès sc., et J. RODA-PLIUS, Lic. ès sc.

Étude expérimentale et théorique sur le métronome.

M. LACOUR, Ing. civ. des Mines.

Présentation de photographies positifs directs.

M. de REY-PAILHADE.

Considérations sur le choix d'une nouvelle unité physique de temps décimale. — Les nombreux travaux publiés sur ce sujet par l'Association pour l'avancement des Sciences indiquent l'importance du problème de l'application du système décimal à la mesure du temps et de la circonférence. Des vœux ont sanctionné ces efforts; bien mieux, toutes les grandes administrations ont adopté la division centésimale du quart de cercle en 100 grades.

L'adoption d'une nouvelle unité physique décimale de temps s'impose aussi. Il y aura plus de difficultés à vaincre que pour l'angle, car elle modifiera toutes les constantes physiques dans lesquelles intervient le temps.

Il conviendra donc de choisir une unité satisfaisant tous les sens de l'homme. La seconde sexagésimale actuelle est convenable à tous les points de vue.

Parmi les unités nouvelles proposées, deux seulement méritent d'être examinées, parce qu'elles ont un rapport décimal soit avec le jour entier, soit avec le quart de jour.

La première est la *cent-millième* partie du jour solaire moyen; elle a été proposée, il y a plus d'un siècle, par les auteurs du système métrique. MM. Biot et Mathieu déterminèrent expérimentalement la longueur du pendule battant 100.000 fois par jour. La durée est de 0,864 secondes; elle est suffisante pour que l'on ne s'embrouille pas en comptant ces secondes décimales que j'appelle *millicés*; elle permet de suivre de l'œil les oscillations d'un pendule battant le millicé. L'oreille perçoit nettement les tocs successifs de la roue d'échappement; le bras de l'homme bat le millicé, sans hâte ni lenteur; enfin le pouls normal d'un homme adulte a justement la durée d'un *millicé*, soit 100.000 fois par jour.

La *cent-millième* partie du jour, ou millicé de ma terminologie, est donc une unité décimale recommandable à tous les égards.

M. Juppont (de Toulouse), a pensé qu'on pourrait diviser décimalement le quart de jour. En prenant le 1/100000 de six heures, on obtient 2,16 secondes, qu'il appelle *biscécande*, dont le cube est très voisin de 10. Il propose donc d'adopter la biscécande comme unité nouvelle physique de temps, parce qu'elle apporterait peu de modifications dans les nouvelles unités électromagnétiques. Cette durée de temps est manifestement trop longue, et de plus, elle ne décimalise que le quart de jour. Or le jour est l'unité naturelle de temps fournie par la Nature, et on ne peut sacrifier les autres sciences au détriment de la seule électricité.

Je conclus donc en faveur de la *cent-millième partie* du jour.

On passera des anciennes constantes physiques, — vitesse, gravitation, unités électromagnétiques, etc, — aux nouvelles, — novitesse, nogravitation, nounités électromagnétiques, etc., à l'aide de quatre coefficients : 0,864 ; — (0,864)² ; — (0,864)³ et 0,648.

J'ai calculé et dressé en tableau les multiples de 1 à 99 de ces facteurs.

Le temps, pour la transformation des anciennes unités en nouvelles, est insignifiant.

Enfin, pour s'habituer aux nouvelles mesures, on les inscrira pendant longtemps à côté des anciennes. Ainsi, on dira : vitesse du mobile 100 cm. à la seconde (86,4 cm. au millicé).

M. PELLIN, Constructeur d'instruments de précision, à Paris.

Polarimètres et Saccharimètres à champ unique, champs juxtaposés à une ou plusieurs plages, champs concentriques. — M. Pellin expose que les polarimètres et les saccharimètres sont d'invention essentiellement française ; on doit en effet à Biot une méthode d'analyse optique des matières à pouvoir rotatoire, basée sur les phénomènes de polarisation circulaire découverts par Arago.

Il passe en revue les polarimètres et saccharimètres qu'il divise en trois classes, suivant l'apparence du champ observé.

1° Ceux à champ unique. — Biot, Mettcherlisch, Wild ;

2° Ceux à champs juxtaposés. — Soleil, A. Cornu et Jules Duboscq, Laurent Jobin, Landolt.

3° Ceux à champs concentriques. — Polarimètre et saccharimètre Ph. Pellin.

M. TURPAIN

Sur les propriétés des enceintes fermées relatives aux ondes électriques. — Les expériences entreprises ont eu pour but de déterminer les effets que l'emploi des enceintes fermées permet d'obtenir, tant au point de vue de la pénétration des ondes à leur intérieur que de la concentration des ondes produites dans ces enceintes.

Certaines propriétés des enceintes fermées ont été étudiées par M. Branly (Comptes rendus, 4 juillet 1898). — Les faits observés par ce savant ont été confirmés par les expériences qui seront décrites dans le mémoire détaillé.

Parmi les conclusions des expériences, les deux suivantes sont susceptibles de permettre des applications en télégraphie hertzienne avec fil et sans fil :

1° La communication entre deux enceintes est impossible alors même qu'un tube conducteur relie les bords des ouvertures circulaires pratiquées dans chaque enceinte. — Cette communication est rendue possible si le tube pénètre dans les enceintes sans en toucher le revêtement, ou, mieux encore, si un fil conducteur est disposé suivant l'axe du tube.

2° Cette action du transmetteur sur le récepteur (tous deux disposés à l'intérieur d'enceintes métalliques) au moyen d'un câble à revêtement conducteur, est possible lors même que le câble est dénudé de son revêtement sur une petite longueur, pourvu qu'il n'y ait pas communication entre le tronçon de câble vers le récepteur et l'âme du câble.

Indépendamment des applications que ces expériences peuvent avoir relativement à la protection des dispositifs de la télégraphie sans fil, elles indiquent les conditions qui doivent être réalisées dans la télégraphie hertzienne par câble souterrain ou sous-marin.

— Séance du 11 août -

M. Jean BERGONIÉ, Prof. à la Fac. de Méd. de Bordeaux.

Méthodes et appareils pour la détermination des constantes physiques des étoffes à vêtement. — Il est impossible aujourd'hui de définir une étoffe par sa composition en textiles et par son mode de tissage, tellement l'industrie et la mode les font varier. Aussi doit-on recourir à des déterminations physiques. Les constantes physiques d'une étoffe que l'on a cherché à déterminer dans ce travail sont : 1° le pouvoir isolant des étoffes ou leur résistance au passage pour la chaleur, ou encore leur *résistivité* thermique ; 2° leur perméabilité pour les gaz, ou résistance au passage d'un courant gazeux ou *résistivité aérodynamique*. Les fonctions principales d'un vêtement sont, en effet, l'hiver de conserver la chaleur, l'été de permettre l'évaporation de la sueur. Un raisonnement et des équations semblables à ceux employés en électricité conduisent à la détermination de la résistance aérodynamique au moyen d'un appareil produisant un courant d'air dont on mesure la pression sur les deux faces de l'étoffe. De même pour mesurer la résistivité thermique, l'appareil produit un flux de chaleur à travers l'étoffe dont on mesure l'intensité.

Discussion. — Le Dr MAUREL fait ressortir l'importance des recherches du Dr BERGONIÉ, recherches qui n'ont pas seulement un intérêt scientifique, mais aussi un intérêt pratique de premier ordre.

Pour l'établir le Dr Maurel rappelle : 1° que d'après Richet et A. Gautier, sur deux mille six cents calories constituant la dépense totale de notre organisme, comme ration d'entretien, nous en perdons mille neuf cents par la radiation cutanée ; 2° que cette radiation cutanée est elle-même régie par les mêmes lois physiques que les corps inertes. Celle de notre organisme, par exemple, est sensiblement la même que celle d'un corps inerte ayant la même forme et à la même température moyenne de 37°.

Il en est si bien ainsi que, vu la prépondérance de la radiation cutanée dans les dépenses de l'organisme, ces dépenses sont sensiblement proportionnelles à la surface.

Cela étant, on conçoit toute l'importance que peuvent avoir les vêtements, en diminuant plus ou moins cette radiation. Une diminution d'un quart, nous économiserait près de cinq cents calories, soit un cinquième de notre dépense, ce qui évidemment nous permettrait de réduire, sans inconvénient, notre alimentation de la même quantité.

Enfin pour faire ressortir toute l'influence de la radiation cutanée sur laquelle les vêtements sont destinés à agir, le Dr Maurel ajoute que cette importance sur l'organisme est telle, qu'ainsi qu'il vient de l'établir (1), c'est elle qui règle le volume du foie. *Ce volume, en effet, pour la même espèce animale, mais de tailles et d'âges différents, est proportionnel à la surface.* L'organe qui élabore le sucre, c'est-à-dire le combustible, s'adapte, à l'organe qui le dépense.

De tout ce qui précède, le Dr Maurel conclut : 1° que l'étude des vêtements est destinée à prendre une grande importance, puisque, bien compris, ils peuvent contribuer de la manière la plus efficace à la régulation du budget de l'organisme ; 2° que, par conséquent, on ne saurait trop féliciter le Dr Bergonié d'être entré dans cette voie que son esprit scientifique saura sûrement rendre féconde.

M. JAMET

Sur le théorème de Malus et de Dupin, concernant un faisceau de rayons réfractés. — Démonstration du théorème, fondée sur l'emploi des coordonnées curvilignes.

M Charles FÉRY

Les lois nouvelles du rayonnement et la mesure des hautes températures. — Dans ce travail je me suis proposé de vérifier dans des limites assez étendues (de 500 à 1500°) les lois nouvelles données pour le rayonnement partiel (Loi de Wien) ou total (Loi de Stéfan).

Pour arriver à ce résultat, j'ai imaginé deux dispositions pratiques très simples qui m'ont montré que ces lois sont applicables dans les limites indiquées avec une erreur ne dépassant pas un pour cent.

Les appareils qui m'ont servi constituent donc d'excellents *pyromètres* permettant de mesurer avec précision la température des corps inaccessibles. En admettant l'exactitude des lois précédentes au-dessus des températures explorées, j'ai pu déterminer le point d'ébullition du carbone (cratère positif de l'arc électrique).

M. WICKERSHEIMER.

Marche des rayons lumineux. — Lorsqu'on applique les équations fondamentales de la théorie de l'élasticité, on obtient sans beaucoup de difficulté une équation qui donne la vitesse de propagation d'une vibration dans un milieu constitué d'une façon déterminée par des équations de condition. On trouve dans les feuilles lithographiées du cours de M. Sarrau à l'École polytéchnique

------

(1) Rapport du poids du foie, au poids total et à la surface libre de l'animal. (Congrès français de médecine de Toulouse, avril 1902.)

l'application de cette théorie à la propagation de la lumière dans un milieu quelconque.

Si nous admettons un milieu cristallisé, c'est-à-dire caractérisé par trois coefficients d'élasticité suivant trois directions principales (e, f, g étant ces coefficients) que l'on désigne par a, b, c, les cosinus directeurs de la normale au plan de l'onde (on suppose la propagation par ondes planes) ; par l, m, n les cosinus directeurs du rayon lumineux, on obtient ainsi une équation :

$$\frac{al}{e} + \frac{bm}{f} + \frac{en}{g} = 0.$$

Cette équation prouve que les deux directions $(a, b, c,)$ (l, m, n) ne sont pas, en général, rectangulaires. Pour qu'il en soit ainsi, il faut que le milieu soit isotrope ou que l'on ait : $e = f = g$.

Donc, en général, dans les milieux cristallisés, la vibration est oblique sur le rayon lumineux ; ou, si l'on veut, elle a une composante longitudinale et une autre transversale.

MM. J. RENOUS, Ing. des A. et Man., et A. TURPAIN, Doct. ès Sc., Maître de conf. à la Fac. des Sc. de Poitiers.

Sur le problème de la tarification mobile. — Nous avons réalisé un dispositif permettant de ralentir ou d'accélérer à volonté la marche des compteurs d'énergie disposés en un point quelconque d'un réseau de distribution électrique, et cela sans employer d'autres conducteurs que ceux nécessaires à la distribution, la manœuvre pouvant s'effectuer, soit à l'usine génératrice, soit en tout autre point du réseau.

Ce dispositif est basé sur l'emploi des ondes hertziennes produites par un excitateur placé au poste de commande et concentrées par un fil métallique jusque sur le fil neutre du réseau supposé à trois fils. Ces ondes sont ensuite propagées par le fil neutre jusqu'aux compteurs, à chacun desquels on adjoint un cohéreur muni de son frappeur et un relais. Lorsque le cohéreur est impressionné, un courant traverse le relais et celui-ci ferme un circuit dont le courant a pour effet d'agir sur le compteur pour en accroître ou en diminuer la vitesse. Dans le cas des compteurs Thomson, les plus employés, cette variation de vitesse est obtenue par le déplacement d'aimants permanents dans le champ desquels tourne le disque de cuivre servant à l'amortissement.

Les expériences faites ont permis de constater que ce dispositif fonctionne d'une manière très satisfaisante.

M. LAMIRAND.

Étude de la déviation dans le prisme par une méthode géométrique.

M. DAUVÉ, Prof. au Collège de Beaune.

Sur l'hydrogène naissant. — On peut rapporter à deux types les réactions dues à l'hydrogène dit naissant : 1° celles où l'hydrogène est produit dans la réaction même avec dégagement de chaleur, telle l'action de l'hydrogène produit par un appareil à hydrogène en activité sur SO^2 ou sur AzO^3H fumant; ces réactions sont rendues possibles, dans le langage aujourd'hui admis, parce qu'elles tendent à faire diminuer l'énergie libre du système constitué par l'ensemble des corps réagissants; 2° celles où l'hydrogène est à l'état d'ion possédant une charge électrique. A ce type se rattache certainement la réduction de l'AgCl en suspension dans l'eau acidulée par le zinc. M. Dauvé cite diverses expériences qui lui montrent que l'action spéciale de l'hydrogène dans ce cas ne peut être due à de l'énergie calorifique, mais qu'il s'agit bien d'un effet électrolytique.

Cette classification des effets de l'hydrogène naissant peut apporter de la clarté dans l'explication de phénomènes jusqu'ici groupés ensemble, quoique fort différents.

Sur la vitesse du déplacement réciproque des métaux de leurs solutions salines.
— M. DAUVÉ emploie deux méthodes :

1° Un parallélipipède de Zn, dont chaque base est un carré de 1 centimètre de côté et ayant au début 6 millimètres d'épaisseur, est enchâssé dans une plaque d'ébonite où l'on a pratiqué un trou de 1 centimètre carré. On suspend la plaque verticalement dans une solution de SO^4Cu, en lui donnant un mouvement de rotation continue. On dose ensuite le Cu restant en solution. On n'a pas obtenu ainsi des nombres très constants. C'est ainsi que dans six expériences identiques, le poids du cuivre disparu de la solution a varié de 15 milligr. 5 à 20 milligr. 7 ;

2° Une petite cuvette d'ébonite a en son fond un trou de 1 centimètre carré dans lequel on place le morceau de zinc. La cuvette porte latéralement un petit robinet d'ébonite qui permet l'écoulement de la solution et son remplacement par de l'eau ou une autre solution. On a ainsi des résultats très constants dans chaque cas. Voici quelques-uns de ces résultats :

a. Des solutions de SO^4Cu, contenant respectivement $\frac{1}{10}$ de molécule-gramme, portées à $\frac{2}{10}, \frac{3}{10},$ jusqu'à $\frac{10}{10}$ dissolvent en cinq minutes, des poids croissants de Zn ; ces poids croissent avec la concentration mais moins vite qu'elle. Ils croissent à peu près comme les conductibilités spécifiques.

b. Une solution de SO^4Cu à $\frac{2}{10}$ de molécule-gramme, dissout, en dix minutes, deux fois plus de Zn qu'en cinq minutes; en quinze minutes, trois fois plus, etc., ce qui n'est pas le cas général, mais ce qui est le cas ici où les conductibilités des deux sulfates diffèrent peu, et où la f. é. m. de leur couple est peu variable avec la composition des liquides qui y entrent. On voit l'intérêt qui s'attache à l'étude de cette vitesse de précipitation des métaux en fonction du temps. M. Dauvé compte, par ces recherches, éclaircir le rôle des courants qui interviennent dans les réactions chimiques de déplacement des métaux.

M. Camille TISSOT.

Étude des dispositifs de transmission de télégraphie sans fil. — Les dispositifs de transmission utilisés dans les divers systèmes de télégraphie sans fil se ramènent tous aux deux types suivants : 1° transmission directe avec antenne reliée au pôle de la bobine; 2° transmission indirecte avec antenne reliée au secondaire d'un circuit de décharge auxiliaire (ce dispositif procède de celui de M. Blondlot).

Le second dispositif permet de faire varier à volonté la période des ondes émises.

L'étude a été faite entre deux postes fixes distants de 30 kilomètres. La période des ondes émises était mesurée par le procédé du miroir tournant (le mode opératoire a été décrit dans les comptes rendus de l'Académie des Sciences).

On a réalisé des périodes variant de $0,06 . 10^{-6}$ seconde (dispositif direct) et de $0,11 . 10^{-6}$ seconde à $1,8 . 10^{-6}$ seconde (dispositif indirect).

L'examen des épreuves photographiques des étincelles a mis en évidence certaines particularités intéressantes de la décharge oscillante, et confirme les résultats obtenus d'une manière toute différente par M. Swyngedauw (Les résultats obtenus ont été exposés dans les comptes rendus).

Les mesures de périodes montrent que l'oscillateur ne vibre pas comme s'il était indépendant mais que le système constitué par l'éclateur, l'antenne et la terre, fonctionne comme un grand excitateur et émet des ondes longues.

Ces mesures se trouvent confirmées par les effets énormes de diffraction que l'on observe.

L'emploi du procédé employé pour mesurer la période a permis de faire l'étude de l'amortissement.

L'expérience a montré que la qualité de la transmission était intimement liée à la valeur de l'amortissement. Le fait ressort particulièrement dans l'emploi de la transmission directe.

Les portées les plus grandes correspondent aux conditions qui donnent à l'amortissement la plus forte valeur.

La principale de ces conditions paraît être la mise à la terre du pôle non relié à l'antenne par des conducteurs de large surface.

Cette condition est très importante car, selon la manière dont on opère la mise à la terre, la portée varie du simple au double.

Avec les dispositifs de transmission indirecte, l'amortissement est toujours beaucoup plus faible qu'avec la transmission directe. Mais, il augmente néanmoins pour les dispositions qui améliorent la qualité de la transmission, c'est-à-dire qui accroissent les portées.

En particulier, cet amortissement présente une valeur très faible lorsque le secondaire est isolé de l'antenne, et prend immédiatement une valeur notable lorsqu'on établit la liaison avec l'antenne: il donne ainsi la mesure de l'énergie dissipée par rayonnement.

Nous avons essayé d'obtenir l'évaluation de l'énergie radiée par une méthode plus directe qui consiste en principe à enfermer l'oscillateur dans un manchon plein de gaz mis en relation avec un manoscope sensible.

L'effet permanent observé au manoscope pour une émission de durée convenable fournit la mesure de l'effet thermique, c'est-à-dire de l'énergie dépensée dans l'étincelle.

L'énergie totale W mise en jeu dans la décharge se compose de deux termes :

1° L'énergie dépensée en effet calorifique dans le circuit et dont la majeure partie w est localisée dans l'étincelle;

2° L'énergie w' dissipée par rayonnement électrique.

On a sensiblement $W = w + w'$ et toute diminution de w correspond à un accroissement de l'énergie rayonnée w'.

L'expérience montre, en effet, que l'indication du manoscope, qui fournit w, varie selon la disposition employée à la transmission (longueur et forme de l'antenne, mise à la terre, etc.). Et l'on retrouve les résultats généraux donnés par l'étude de l'amortissement.

M. TURPAIN.

La prévision des orages et son intérêt au point de vue agricole et météorologique. — On peut, en utilisant les dispositifs récepteurs de la télégraphie sans fil, être averti à grande distance de l'existence d'un orage et au besoin de son rapprochement ou de son éloignement du lieu où l'on observe.

Les expériences entreprises au domaine de Château-Pavie à Saint-Emilion ont eu pour but principal de compléter les moyens de défense contre la grêle par le tir au canon, en avertissant à l'avance de l'arrivée d'un orage. Les observations faites fournissent également d'intéressants résultats au point de vue météorologique.

Dans la région où était disposé le préviseur, les orages affectent une marche régulière, celle du sud-ouest au nord-est. La coupe du terrain faite dans cette direction indique qu'aucun monticule important, ou rideau d'arbres, ne risque de faire écran et de diminuer la portée du préviseur.

Les ondes d'origine atmosphérique actionnent un relais Claude qui lui-même agit sur un relais polarisé. Ce relais est chargé à son tour d'actionner la sonnerie d'appel. Un dispositif spécial permet de ne faire marcher la sonnerie d'appel que lorsque le préviseur est influencé par une série d'ondes se succédant à intervalles très rapprochés. On évite ainsi des appels inutiles. L'utilisation d'une série de cohéreurs très peu sensibles mais de sensibilités graduées, permettra dans les cas où les orages n'affectent pas une marche régulière, de se rendre compte de leur marche en étant averti de la zone dans laquelle ils pénètrent.

On a pu enregistrer les indications du préviseur, parallèlement à celles d'un baromètre inscripteur de Richard.

Les orages observés ont pu être annoncés trois et quatre heures avant leur arrivée au-dessus du préviseur.

— Séance du 13 août —

M. NOGIER, à Lyon.

Sur une nouvelle pile à l'aluminium. — Le principe de cette pile est l'amalgamation superficielle d'une lame d'aluminium obtenue en immergeant cette lame dans une solution chlorhydrique de sublimé; lorsqu'on a lavé la lame ainsi amalgamée, puis essuyée, on voit dans l'air une véritable végétation drue et serrée d'alumine pousser sur la lame, en même temps il y a une forte élévation de température du métal.

Plongée dans l'eau, la lame décompose le liquide; il y a dégagement d'hydrogène et formation d'alumine qui se dépose au fond du vase.

Si l'on place un crayon de charbon dans cette eau et que l'on réunisse la lame d'aluminium et la tige de charbon à un galvanomètre, il y a déviation violente de l'aiguille; on a ainsi une pile dont la force électromotrice disponible est de 1 volt 3.

Pour empêcher la polarisation, il suffit de prendre un vase au bioxyde de manganèse comme électrode positive; l'intensité devient aussi constante que celle de la pile Leclanché.

Cette pile est remarquable par la nature du liquide excitateur qui est simplement de l'eau et qu'il suffit de jeter quand on a fini de se servir de la pile.

Comme applications pratiques, contentons-nous de signaler son usage dans les jouets électriques d'enfants qui n'auraient pas à manipuler ainsi des liquides toxiques et corrosifs.

M, le Dr BORDIER, Agrég. à la Fac. de Méd. de Lyon.

Influence des radiations actiniques sur un excitateur relié à une bobine de Ruhmkorff. — Lorsque l'on a relié aux boules d'un excitateur les bornes d'une bobine de Ruhmkorff en activité, il arrive un moment où en écartant de plus en plus les boules l'une de l'autre, le flot continu d'étincelles cesse. Si alors on place dans le voisinage de l'excitateur une source lumineuse telle qu'un arc électrique, immédiatement le flot continu d'étincelles se produit et l'on peut augmenter dans de grandes proportions la distance explosive. Ce phénomène se rattache aux expériences de Hertz et de M. Swyngedauw, qui ont montré dans cet ordre d'idées l'action des radiations violettes et ultraviolettes.

M. Bordier a cherché à établir la loi suivant laquelle varie la distance explosive maxima avec la distance de la source lumineuse à l'excitateur : il s'est servi pour cela d'un excitateur portant un vernier au 1/10 de millimètre. Pour mesurer la valeur de la distance explosive, il éloignait peu à peu les boules jusqu'au moment où le flot continu d'étincelles cessait. Il a opéré avec des boules d'un centimètre et de vingt-deux millimètres ; l'excitateur était orienté de façon que la boule reliée à la cathode de la bobine présentât son pôle à l'arc employé comme source. En opérant ainsi, M. Bordier a reconnu très nettement que les distances explosives sont inversement proportionnelles, non pas au carré des distances de l'arc à l'excitateur, mais à ces distances elles-mêmes.

M. Charles CAMICHEL, à Toulouse.

Contribution à l'étude de la photométrie. — M. Camichel décrit le procédé photométrique suivant, qui dérive d'une méthode due à M. Bouasse :

a) Pour constater l'égalité de deux sources lumineuses A et B, on impressionne une même plaque photographique, au moyen de ces deux sources. Les deux taches obtenues sont assez voisines (5 millimètres de distance par exemple), leur étendue est faible (5 millimètres × 3 millimètres par exemple). Après développement, on observe, au moyen d'une pile thermo-électrique linéaire, la *transparence, pour les rayons calorifiques, de la région centrale des deux taches* (0^{mm},5 × *3 millimètres*). Si les déviations galvanométriques sont égales et si la plaque photographique est homogène, les deux intensités de A et B sont égales;

b) Le procédé d'atténuation n'a rien de nouveau ;

c) L'expérience montre que cette méthode photométrique dépasse en précision les procédés directs, qui utilisent l'œil.

M. le Dʳ **FOVEAU** de **COURMELLES**, à Paris.

De quelques moyens de comparaison d'intensité de la lumière chimique. — La
qualité et la quantité des radiations lumineuses sont souvent difficiles à établir;
la *puissance photochimique* des diverses lumières électriques, arc voltaïque,
rayons X, effluves de haute fréquence ou de machines statiques, de lampes à
incandescence à verre bleu spécial, ou ordinaires avec verre bleu sur le trajet
des rayons par exemple, a été souvent discutée, ces temps derniers surtout, au
point de vue photothérapique; *on peut approximativement l'apprécier par les
papiers sensibles au citrate ou au gélatino-bromure d'argent, par la rotation des
ailettes du radiomètre de Crookes, par l'illumination des tubes de Geisler, par le
sélénium et un circuit téléphonique...,* et ainsi, selon les cas, donner la préférence
à telle ou telle source.

Un très grand nombre d'expérience de quinze secondes, dans des conditions
rigoureusement les mêmes, avec des intensités de primaire variables, ont permis
de déterminer *l'échelle décroissante et les formes* du pouvoir photogénique de
diverses sources lumineuses électriques : l'arc voltaïque ou continu, de beaucoup
le plus puissant et noircissant proportionnellement à son intensité, le papier au
citrate d'argent, alors que les autres lumières ne l'influencent pas; en revanche,
il ne réagit pas sur le tube de Geisler; les rayons X, les effluves de haute fréquence ou statiques illuminant à distance et proportionnellement à leur énergie
les tubes de Geisler; enfin, la lampe à incandescence ordinaire exigeant quelques
secondes pour noircir le papier au gélatino-bromure d'argent que l'on révélera
ensuite.

Sur l'organisme vivant, en attendant les applications physiques et industrielles,
on a ainsi des réactions, parfois des brûlures, d'ordre probablement électrolytique, que l'on peut ainsi régler et utiliser suivant leur puissance, la connaissance que l'on en a et leur facilité de maniement; ainsi l'arc voltaïque concentré
par l'auteur est plus réglable que les rayons X, souvent dangereux ou inefficaces.

M. **BAILLAUD**, Dir. de l'Observ. de Toulouse.

*Application du photomètre à coin à la mesure des grandeurs photographiques des
Pléiades.* — La comparaison des mesures de près de 180 étoiles des Pléiades aux
grandeurs mesurées par le procédé des diamètres à l'Observatoire d'Alger montre
que les premières peuvent être représentées, avec une très grande précision, en
fonction des lectures du photomètre, par une formule du quatrième degré. La
moyenne des valeurs absolues des résidus pour les 180 étoiles est inférieure à
un quart de grandeur.

M. Édouard **BELIN**, à Paris.

*Nouvelle méthode de détermination de la sensibilité des préparations photogra-
phiques orthochromatiques. « Spectro-Sensitométrie sinusoïdale ».* — La nouvelle
méthode sensitométrique ou « Spectro-Sensitométrie sinusoïdale » présentée au
Congrès de l'Asssociation française pour l'avancement des Sciences par M. Mathet,
au nom de M. Édouard Belin, est une méthode de détermination pratique basée

sur des principes immuables de physique et de mathématiques. Elle possède sur les méthodes précédemment connues deux avantages principaux :

1° La sensibilité d'une plaque photographique est déterminée, pour chaque radiation spectrale, par une seule et même expérience ;

2° La sensibilité quantitative aux diverses radiations est exprimée par des valeurs numériques qui sont entre elles comme les termes d'une progression arithmétique de 1 à 20. Les rapports de sensibilité se trouvent donc exprimés aussi clairement et aussi simplement que possible.

Enfin, de par ses principes mêmes, la méthode sinusoïdale fournit des indications toujours comparables entre elles, sans qu'il soit besoin, pour les appareils, de dimensions rigoureuses, de précision parfaite, ni de réglage autre que celui du constructeur.

L'appareil de M. Édouard Belin se compose essentiellement de trois parties :

1° Une source lumineuse étalonnée ;

2° Un dispositif spectrographique à réseau concave ou à prisme de quartz ;

3° Un obturateur mécanique animé d'un mouvement sinusoïdal.

Pour les recherches sensitométriques, on photographie, avec la plaque à essayer, le spectre de premier ordre inégalement éclairé dans sa hauteur par le mouvement rapide de l'obturateur.

Le résultat, après développement, est une courbe avec des maxima et des minima caractéristiques. Cette courbe, qui n'est autre que le lieu des sommets des ordonnées indicatrices de la sensibilité aux radiations qui leur correspondent, devait, jusqu'ici, être tracée par points. De nombreuses causes d'erreur se trouvent ainsi évitées.

Enfin, diverses applications de cette méthode et de cet appareil sont possibles, en dehors du domaine de la sensitométrie proprement dite.

M. RATEAU.

Sur l'écoulement de la vapeur d'eau par des orifices et par des tuyères.

M. JUPPONT, Ing. des A. et Man., à Toulouse.

Sur l'idéalité du principe dit : de l'action et de la réaction. — Le principe dit de l'égalité de l'action et de la réaction, s'énonce sous une forme analogue à la suivante : *Lorsque deux points matériels* m' *et* m *sont en présence, chacun des points exerce sur l'autre* UNE FORCE *dirigée suivant la droite qui les unit; et la réaction de* m' *sur* m *est égale et contraire à l'action de* m *sur* m' *(1).*

L'idée en est encore plus précise avec l'énoncé de M. Maurice Lévy (2) : *Toutes les* FORCES *de l'univers existent par paires égales et opposées.*

Ainsi, si un point matériel A *subit l'action d'*UNE FORCE F, *on peut affirmer que, sur la droite indéfinie suivant laquelle elle agit, il existe quelque part, un autre point matériel* B, *qui subit l'action d'*UNE FORCE F' *dirigée comme* F, *suivant la droite* AB, *égale à* F *et de sens opposé.*

(1) VIOLLE. — *Cours de Physique*, 1881, t. I, p. 168.
(2) Maurice Lévy. — *Éléments de cinématique et de mécanique.* Paris, 1902, p. 182.

Ces énoncés sont deux types principaux que l'on retrouve plus ou moins modifiés dans tous les cours de physique et de mécanique et cependant ils ne sont pas conformes à la pensée de Newton qui s'exprime ainsi (1) :

L'action est toujours égale et opposée à la réaction, c'est-à-dire que les actions de deux corps l'un sur l'autre sont toujours égales et dans des directions contraires.

Et dans la scholie qui fait suite aux corollaires de cette loi, Newton explique : « Si on estime L'ACTION DE L'AGENT PAR SA FORCE MULTIPLIÉE PAR SA VITESSE et qu'on estime de même la *réaction du corps résistant par la vitesse de chacune de ses parties multipliées par les forces qu'elles ont* pour résister en vertu de leur poids et de leur accélération ; *l'action et la réaction se trouveront égales entre elles dans les effets de toutes les machines.* »

L'action de Newton, produit de la force F par la vitesse v de son point d'application est ce que nous appelons aujourd'hui *Puissance* ou travail par unité de temps.

Il est facile de voir que cet énoncé de Newton, contient le principe de la conservation de l'énergie et que l'égalité des forces d'action et de réaction ne peut exister que s'il y a conservation de la forme d'énergie.

Cette condition n'est réalisée que dans les milieux inaltérants (2); c'est-à-dire ceux qui n'absorbent aucune partie de la forme d'énergie qu'ils propagent.

Or, si cette condition est remplie par hypothèse dans les faits abstraits de la mécanique rationnelle et les théories qui comportent la conservation de la forme de l'énergie; il ne peut en être de même dans les phénomènes énergétiques naturels où il y a toujours dégradation de l'énergie.

La loi de l'égalité de l'action et de la réaction est donc une loi idéale, comme la loi de la gravitation universelle dont elle découle et qui, nous avons établi (3), est une équation mathématique et non une relation énergétique.

M. DELMAS.

Formes cellulaires obtenues dans les liquides sous l'influence des forces de convection.

M. SWYNGEDAUW, à Lille.

Influence de la capacité sur l'amortissement de la décharge d'un condensateur.
— La théorie classique de la décharge d'un condensateur fait dépendre l'amortissement uniquement de la valeur du rapport $\dfrac{R}{L}$ de la résistance du circuit à sa self-induction. Cette théorie suppose la résistance constante pendant tout le phénomène, ce qui est en général inexact. Ainsi que l'a montré déjà l'auteur, l'énergie dépensée dans l'échauffement de l'espace explosif lors de la production de la première étincelle de la série est une fraction d'autant plus grande de l'énergie totale que la capacité est plus faible.

---

(1) *Principes mathématiques de la Philosophie naturelle de Newton,* de feue Mme la marquise DU CHASTELET. Paris, 1759, p. 48.

(2) P. JUPPONT. — *Essai d'énergétique, Bulletin de l'Académie des Sciences, Inscriptions et Belles-Lettres de Toulouse,* 1901.

(3) P. JUPPONT, *loc. cit.*

Si l'on définit l'amortissement comme le rapport de la différence de potentiel initiale V, à la différence de potentiel après $\frac{1}{2}$ oscillation, l'expérience montre que ce rapport $\frac{Vo}{Vj}$ dépend de la capacité et croît en sens inverse de cette capacité. C'est ce qui résulte des expériences suivantes :

En somme, on est conduit à la conclusion suivante :

La diminution de la capacité d'un condensateur produit une augmentation de l'amortissement des oscillations de la décharge, contrairement aux prévisions de la théorie de lord Kelvin.

Discussion. — En présentant cette note de M. Swyngedauw, M. Tissot fait remarquer qu'il a été à même d'établir que la théorie classique ne représente pas non plus les faits dans les premiers instants de la décharge au point de vue de la période. L'observation des épreuves obtenues en dissociant les étincelles par un miroir tournant montre que la période n'est pas rigoureusement constante et que le premier intervalle est notablement plus grand que les autres. Tous ces faits paraissent devoir s'expliquer par la variation de la résistance du circuit de décharge.

MM. LALA et SARDING.

Sur la mesure du moment d'inertie dans la machine d'Atwood.

M. Auguste CORONE, Prof. au Lycée de Montauban.

Chaleur de vaporisation des carbures d'hydrogène. — On déduit des formules de Clausius pour la *chaleur interne de vaporisation* ρ d'un liquide :

$$\frac{\rho}{d-d'} = \frac{A}{dd'}\left(T\frac{dp}{dt} - p\right),$$

d et d' étant les densités respectives du liquide et de sa vapeur saturante, p la tension maxima de la vapeur et T la température absolue.

Plusieurs physiciens se sont préoccupés d'étudier les variations du rapport

$$\frac{\rho}{d-d'}.$$

Sur les conseils de M. Mathias, président de la Section de Physique, j'ai entrepris cette recherche sur divers carbures d'hydrogène, le pentane normal, l'isopentane, l'hexane, l'heptane et l'hexaméthylène.

Les remarquables travaux de S. Young m'ont fourni les valeurs numériques de d, de d' et de p, et m'ont en outre permis de calculer $\frac{dp}{dt}$ à l'aide de la formule de Biot.

J'ai représenté les résultats obtenus par des courbes dont les ordonnées correspondent aux valeurs en calories de $\frac{p}{d-d'}$ et les abscisses aux températures comprises entre le point d'ébullition et le point critique.

Pour les cinq carbures susénoncés, les courbes ont une forme analogue. D'abord légèrement concaves vers les y positifs, elles sont ensuite concaves vers les y négatifs et deviennent nettement tangentes à l'ordonnée du point critique; le point d'inflexion correspond sensiblement à l'abcisse $\frac{80}{100}$ 0, 0 étant la température critique.

Il est à remarquer que la courbe de $\frac{p}{d-d'}$, construite par M. Mathias, au moyen des expériences de M. Amagat sur CO^2, présente des particularités toutes différentes de celles qui sont relatives aux carbures d'hydrogène.

———

M. A. COTTON, à Chavannes-sur-Suran (Ain).

Quelques remarques sur la photométrie chimique et photographique. — Cas des radiations invisibles. — M. Cotton présente d'abord quelques remarques sur le problème général de la mesure de l'intensité d'un faisceau de radiations, tel qu'il se présente aujourd'hui à l'esprit des physiciens. L'intensité d'un faisceau ne peut être considérée comme complètement connue que si on a mesuré, en valeur absolue, avec les unités employées dans tout le reste de la physique, l'énergie qu'il apporte, et si on a fait cette détermination pour chacune des radiations simples composant le faisceau. Des mesures faites seulement en valeur relative peuvent avoir une grande importance pratique, mais ne sont pas reliées à tout l'ensemble des données physiques.

Passant en revue les divers procédés que l'on pourrait employer, M. Cotton signale d'abord l'emploi possible des actions mécaniques que la lumière exerce sur les corps qui la réfléchissent ou qui l'absorbent. Cette méthode aurait des avantages spéciaux, si l'on pouvait lever les difficultés pratiques que l'on rencontrerait en cherchant à l'appliquer. Il examine ensuite les méthodes thermiques, employées particulièrement dans l'infra-rouge, et cherche comment on pourrait les utiliser jusque dans l'ultra-violet où l'énergie paraît si faible. — Il passe enfin aux méthodes chimiques : les études de M. Berthelot, de M. Lemoine, de M. Duclaux, de M. Bouasse, etc., amènent à cette conclusion qu'il serait difficile de déterminer le rapport entre deux éclairements en mesurant le rapport entre les masses qui ont réagi. Les procédés chimiques et photographiques ne peuvent servir à des mesures absolues; et même pour les mesures relatives, il ne faut actuellement s'en servir que pour constater l'*égalité* de deux faisceaux de lumière *simple*. Ils peuvent alors remplacer l'observation directe, avec de grands avantages dans certains cas.

Dans une deuxième partie de sa communication, M. Cotton cherche s'il serait possible de réaliser un spectrophotomètre photographique qui permettrait en quelque sorte de tracer automatiquement, et d'une façon suffisante pour les besoins de la pratique, la courbe représentant le rapport entre les intensités des diverses radiations dans le faisceau à étudier et le faisceau de comparaison. Un tel appareil permettrait par exemple d'obtenir rapidement une courbe figurant les valeurs d'un pouvoir absorbant dans l'étendue du spectre. Enfin, M. Cotton compare la précision qu'on obtiendrait à celle que donnent les mesures photométriques ordinaires, et examine comment en pourrait étendre l'emploi de la photographie au spectre infra-rouge dont l'importance est considérable. (Voir *Éclairage électrique*, XXXII, p. 394; 1902.)

M. BENOIST.

Lois de transparence de la matière pour les rayons X.

M. LEFÈVRE, à Nantes.

Sur la position des images dans les instruments d'optique. — Pour être visible, l'image d'un objet fournie par un instrument d'optique doit évidemment se former entre les limites de vision distincte. On admet souvent que cette image se produit toujours au punctum proximum. D'autres auteurs pensent qu'elle se place spontanément dans la position qui correspond à la puissance maxima de l'appareil, c'est-à-dire au punctum proximum ou au punctum remotum, suivant la distance de l'œil à l'oculaire. En mesurant la distance de l'objet à l'appareil, et calculant la position de l'image par la formule connue des lentilles, j'ai constaté que l'image peut être vue entre des limites assez larges et qu'elle se forme de préférence dans une position correspondant à peu près à une valeur moyenne de la puissance. Les expériences ont porté sur plusieurs loupes et sur un microscope peu grossissant.

VŒUX ÉMIS PAR LA SECTION

(Voir pages 117 et 118.)

6ᵉ Section.

CHIMIE

_____

PRÉSIDENT. . . . . M. PAUL SABATIER, Corresp. de l'Institut, Prcf. à l'Univ. de Toulouse.
SECRÉTAIRE . . . . M. MAILHE, Chef des trav. à l'Univ. de Toulouse.

_____

— **Séance du 8 août** —

M. de REY-PAILHADE, à Toulouse.

État actuel de la question du philothion. — On peut extraire le philothion ou ferment hydrogénant de la levure de bière par un très grand nombre de réactifs : alcool, phénol, chloroforme, chloral, aldéhyde, fluorure de sodium, etc., etc. Ces solutions antiseptiques donnent toutes de l'hydrogène sulfuré avec le soufre à la température de 40°, et décolorent le bleu de méthylène en liqueur légèrement acide.

Les acides forts et concentrés donnent dans ces solutions d'abondants dépôts de matières albuminoïdes et détruisent le philothion.

L'acide azoteux libre détruit rapidement le philothion à 40°. L'acide azotique dilué à 1 0/0 agit, au contraire, peu ou pas du tout. M. Pozzi-Escot dit avoir trouvé une diastase hydrogénante différente du philothion dans la levure japonaise ; elle décolorerait le bleu de méthylène, mais n'agirait pas sur le soufre.

On n'a pas encore montré l'existence de diastases désoxydantes ; leur existence est cependant probable. Il se pourrait donc que ce fût à ces désoxydases prévues que soient dues certaines réactions observées chez les êtres vivants, notamment transformation des arséniates alcalins en arsénites, des azotates alcalins en azotites.

En résumé, le problème est très délicat et de nouvelles recherches sont indispensables pour distinguer les ferments hydrogénants vrais des ferments simplement désoxydants.

_____

M. Alphonse **MAILHE**, Chef des travaux à la Fac. de Méd., Prépar. à la Fac. des Sc. de Toulouse.

Sur les déplacements réciproques des oxydes insolubles, sels basiques mixtes. — Les déplacements réciproques des oxydes insolubles dans les dissolutions salines ont fait l'objet de nombreuses recherches de la part de Gay-Lussac, Rose,

Persoz, etc. Ces auteurs ont montré que l'oxyde déplace simplement l'oxyde. M. P. Sabatier a fait voir que ce déplacement n'était pas aussi simple, et qu'un oxyde opposé à une solution saline déplace le plus souvent un sel basique soit simple soit mixte. C'est ainsi que l'oxyde d'argent opposé aux solutions des sels de cuivre donne des sels basiques mixtes. J'ai cherché à généraliser cette action en l'étendant à l'oxyde de mercure, aux hydrates de cuivre, de nickel et de manganèse. L'oxyde de mercure agissant sur les solutions des chlorures et bromures métalliques ne déplace pas simplement un oxyde, comme Rose l'avait pensé, mais un sel basique simple ou mixte. Il agit aussi sur les solutions très concentrées des nitrates métalliques pour en déplacer un nitrate basique mixte répondant à la formule générale $(NO^3)^2$ Hg. M_uO. n H^2O., ou un sel basique simple.

L'hydrate tétracuivrique en particulier donne dans les solutions des chlorures et bromures métalliques un sel basique mixte répondant à la formule générale $M_u Cl^2$. $3CuO.4H^2O$ et $M_u Br^2$. $3CuO.4H^2O$. Il agit de même sur les solutions des nitrates métalliques pour fournir des corps isomorphes entre eux de la formule générale $(NO^3)^2 M_u$. $3CuO$. $3H^2O$. Les solutions des sulfates métalliques fournissent des réactions plus compliquées suivant leur concentration. Dans certains cas, on obtient soit un sulfate pentamétallique de formule générale $2SO^4 M''$ $3CuO$. $12H^2O$, soit un sulfate basique mixte de formule $SO^4 M''$. $3CuO$. $5H^2O$, ou $SO^4 M''$. 2 CuO. n H^2O.

Les hydrates de nickel et de manganèse déplacent totalement le cuivre des solutions des sels de cuivre sous forme de sel basique tétracuivrique ; ils agissent aussi sur les solutions des sels de zinc et de mercure pour en précipiter un sel basique de zinc ou un sel basique de mercure.

— M. LE PRÉSIDENT fait observer qu'il se dégage de ces expériences d'importantes conclusions relatives à la force relative des oxydes, qui sont ainsi classés d'une façon moins arbitraire que par les indications *thermochimiques.*

— Séance du 9 août —

M. J. ALOY, Doct. ès sc., Chargé de cours à la Fac. de Méd. de Toulouse.

Uranates des alcaloïdes. Réaction de la morphine — L'auteur a cherché à former avec les alcaloïdes et les métaux lourds des combinaisons définies pouvant permettre un dosage rapide de ces bases végétales. Il a particulièrement essayé sur l'uranium.

Sur une solution alcoolique de nitrate ou d'acétate d'urane, on fait agir les principaux alcaloïdes de l'opium, des quinquinas, des strychnées, de la coca, de l'aconit, des solanées. On obtient toujours un précipité qui est l'uranate de l'alcaloïde. Ce sont tous des précipités lourds amorphes, jaune pâle, qui deviennent peu à peu cristallins ; ils sont insolubles dans l'eau et l'éther, très peu solubles dans l'alcool, aisément solubles dans un excès de sel uranique.

Ils diffèrent des uranates alcalins par plusieurs caractères : tandis que ces derniers sont facilement solubles dans les bicarbonates alcalins avec formation de carbonates doubles, les uranates d'alcaloïdes donnent avec les carbonates alcalins séparation de l'alcaloïde et dissolution de l'oxyde d'uranium. L'eau oxygénée alcaline, qui transforme aisément les uranates alcalins en peruranates, est sans action sur les uranates d'alcaloïdes. Ces deux sortes de réactions permettent de séparer les alcaloïdes des bases alcalines.

Les sels de *morphine*, particulièrement le chlorhydrate, donnent avec une solution aqueuse neutre d'azotate d'urane une belle coloration rouge. Cette réaction ne se produit pas avec la codéine, la narcéine, ni aucun des alcaloïdes examinés : elle semble caractéristique de la morphine, et liée à la double fonction alcool-phénol de la molécule. L'auteur se propose de revenir sur ce sujet.

MM. Paul SABATIER, Correspondant de l'Institut, et **J.-B. SENDERENS,** Docteur ès sciences
à Toulouse.

Méthode générale d'hydrogénation directe des composés volatils au contact des métaux divisés. — On savait depuis longtemps que l'hydrogène au contact de la mousse de platine, transforme les oxydes de l'azote (peroxyde, acide azotique) en ammoniaque. Nous avons reconnu que cette hydrogénation peut se faire à l'aide de métaux peu coûteux, obtenus par réduction à l'état métallique des oxydes de nickel, de cobalt et de cuivre.

De tous les métaux, le nickel présente l'aptitude maximum à la réaction ; le cuivre est le moins actif. L'hydrogénation est générale pour tous les corps susceptibles d'être volatilisés dans un courant d'hydrogène à des températures inférieures à 250° à 300° :

1° L'hydrogénation des carbures incomplets a conduit à la formation de carbures forméniques, et, selon les conditions de la réaction, l'hydrogénation de l'acétylène a donné naissance à des pétroles d'Amérique et du Caucase ;

2° L'hydrogénation des carbures cycliques a donné, avec le nickel, des corps à caractère complet. Ainsi C^6H^6 a été transformé en C^6H^{12}, le toluène a donné de l'hexahydrotoluène, etc. Le cuivre n'a rien fourni dans les mêmes conditions ;

3° Les carbures cycliques à chaînes latérales incomplètes sont tous hydrogénés en présence du nickel ; seuls les carbures à double ou triple liaison terminale sont atteints en présence du cuivre ;

4° Les oxydes de l'azote sont de même hydrogénés et transformés en ammoniaque, l'oxyde azoteux seul résiste et donne simplement de l'azote ;

5° Les dérivés nitrés aromatiques voient leur groupement NO^2 transformé en NH^2 ; la nitrobenzine se transforme en aniline. L'emploi du cuivre réduit est dans ce cas, de beaucoup préférable au nickel. On obtient des rendements théoriques ; des essais semi-industriels ont conduit à un déchet qui peut être inférieur à 1 0/0.

Les dérivés nitrés de la série grasse ne font pas exception à la règle, et sont transformés en amines correspondantes ;

6° Les nitriles sont hydrogénés et transformés en amines correspondantes.

M. MAILHE.

Sur les déplacements réciproques des oxydes insolubles. — L'action de l'oxyde de cadmium sur les solutions des sels de mercure et de cuivre est parallèle à celle que j'ai fait connaître pour les hydrates de nickel et de manganèse.

Opposé à chaud aux chlorure et bromure de mercure, il se précipite une poudre rouge ou jaune cons'ituée par l'oxychlorure de mercure $HgCl^2$. $3HgO$ ou par l'oxybromure $HgBr^2$. $3HgO$. — A froid, dans les solutions de nitrate mercurique, il en précipite le nitrate basique de mercure $(NO^3)^2Hg$. HgO. H^2O et dans les solutions de sulfate il produit le turbith minéral. Dans tous les cas il passe en dissolution.

Agissant sur les solutions des sels de cuivre, l'oxyde de cadmium en précipite encore à froid et à chaud des poudres amorphes constituées par un sel tétracuivrique. Avec le chlorure de cuivre il donne le composé $CuCl^2$. $3CuO$. $3H^2O$, avec le sulfate il produit le sulfate tétramétallique SO^4Cu. $3CuO$. $5H^2O$, etc.

Son action sur les solutions des sels de zinc est identique ; l'oxyde sec en déplace un sel basique de zinc.

Il faut conclure de là que l'oxyde de cadmium est plus fort que les oxydes de mercure, de zinc et de cuivre.

MM. P. SABATIER et SENDERENS.

Action du nickel et du cobalt sur l'oxyde de carbone. — On sait, depuis les expériences de Mond et Quincke que l'oxyde de carbone passant sur du nickel à 300° est détruit avec formation d'anhydride carbonique et de charbon, d'après la formule $2CO = CO^2 + C$. On constate que le nickel divisé est mêlé de charbon. Cette expérience a été le point de départ de la découverte du nickel carbonyle.

Nous avons constaté que le cobalt divisé produisait le même phénomène à plus haute température, l'oxyde de carbone est dissocié en CO^2 et C. Si on admet la formation temporaire de $Ni(CO)^4$ dans le cas du nickel, il est parfaitement rationnel d'admettre qu'il doit se produire du cobalt-carbonyle. On savait, d'ailleurs, qu'en chauffant dans un creuset deux couches superposées l'une d'oxyde de cobalt, l'autre de charbon, on trouvait, au bout d'un certain temps, du cobalt disséminé dans la masse charbonneuse. Cela ne peut s'expliquer que par la formation temporaire d'un cobalt-carbonyle très volatil et très instable qui se détruit presque instantanément après sa formation. Il y a lieu de voir s'il est possible d'isoler cette combinaison. Les auteurs pensent, d'après les expériences récentes sur la formation limitée du nickel-carbonyle, que l'on parviendrait à atteindre le cobalt-carbonyle, en opérant avec de l'oxyde de carbone sous pression élevée.

M. DE SAPORTA, à Montpellier.

Nouveau calcimètre-acidimètre. — M. DE SAPORTA a imaginé un dispositif pour simplifier les opérations relatives à l'acidité des moûts. A l'aide de son appareil on commence par déterminer le point de tarage ; pour cela prendre à l'aide d'une pipette 20 centimètres cubes de liqueur acide à 10 grammes d'acide tartrique par litre, les verser dans le vase à réaction ; ensuite garnir la jauge de CO^3HK pur, mettre la jauge droite dans le vase à réaction, à l'aide d'une pince spéciale, boucher le vase et faire basculer la jauge ; faire coïncider le bas du ménisque obtenu dans le tube avec la division 10 de la réglette mobile ; l'appareil est alors réglé.

Il suffit de recommencer la même opération avec 20 centimètres cubes de moût, soit frais, soit bouilli et refroidi ; la division atteinte par le creux du ménisque donne, par lecture directe sur la réglette, l'acidité du moût exprimée en acide tartrique.

Ce même appareil sert pour le dosage de l'acidité des vins et la mesure de la richesse des tartres.

QUESTION MISE A L'ORDRE DU JOUR DE LA SIXIÈME SECTION

Des réformes à apporter dans la nomenclature en chimie minérale. — Au sujet de ces réformes, M. P. SABATIER fait remarquer que le Congrès de chimie générale de 1900, a admis la substitution du symbole N de l'azote, au symbole employé jusqu'à ce jour ; la France est seule à employer Az, et cependant N est d'origine française. Malgré le vote du Congrès, on persiste encore à se servir du symbole Az.

La section de Chimie émet le vœu que les savants français se conforment aux décisions du Congrès de 1900.

M. MAILHE demande à introduire une modification dans la nomenclature des acides oxygénés du soufre. Il propose de substituer à la dénomination mauvaise de l'acide hydrosulfureux, le nom d'acide hyposulfureux d'après les analogies de nomenclature avec les acides oxygénés du chlore ou de l'azote, et de réserver le nom d'acide thiosulfurique à l'acide hyposulfureux actuel $S^2O^3H^2$.

D'autre part, il propose l'introduction en chimie minérale du résidu *sulfonique* SO^3H. Grâce à cela on pourrait nommer d'une façon rationnelle les acides thioniques, persulfurique, etc.

L'acide dithionique actuel $\begin{matrix} SO^3H \\ | \\ SO^3H \end{matrix}$ serait appelé acide disulfonique, le trithionique $S\begin{matrix} SO^3H \\ < \\ SO^3H \end{matrix}$ s'appellerait thiodisulfonique, le tétra et le pentathionique, dithio et trithiodisulfonique. — L'acide persulfurique $S^2O^8H^2$ est mal nommé ; dans la conception actuelle, on pourrait le nommer d'après la constitution $\begin{matrix} O-SO^3H \\ | \\ O-SO^3H \end{matrix}$ acide dioxydisulfonique ; l'acide pyrosulfurique $O\begin{matrix} SO^3H \\ < \\ SO^3H \end{matrix}$ serait l'acide oxydisulfonique.

M. P. SABATIER propose de changer la dénomination très mauvaise des hydrates métalliques. Ainsi $Cu(OH)^2$, $Zn(OH)^2$ ne sont pas des hydrates de cuivre ou de zinc, mais bien des hydrates d'oxyde de cuivre ou d'oxyde de zinc. Il propose de les nommer en employant le mot *oxhydrure* pour désigner l'OH. Dans ces conditions, $Cu(OH)^2$ serait le dioxhydrure de cuivre.

La Section émet le vœu que de nouvelles tentatives soient faites pour modifier la nomenclature de la chimie minérale et que *cette question soit de nouveau mise à l'ordre du jour au Congrès de l'Association française de 1903.*

Ont pris part à la discussion : MM. SENDERENS, CUCUAT, CORONE.

VOEU ÉMIS PAR LA SECTION

(Voy. page 118.)

7ᵉ Section

MÉTÉOROLOGIE ET PHYSIQUE DU GLOBE

PRÉSIDENT D'HONNEUR . . . .   M. ZENGER, Prof. à l'Éc. polyt. slave de Prague.
PRÉSIDENT . . . .   M. MARCHAND, Dir. de l'Obs. du Pic du Midi.
SECRÉTAIRE . . . .   M. l'abbé BALÉDENT, Curé de Versigny (Oise).

— **Séance du 8 août** —

M. MARCHAND, Dir. de l'Obs. du Pic du Midi, à Bagnères-de-Bigorre.

La prévision du temps dans la région du Sud-Ouest pyrénéen. — Pour être réellement pratiques (et utilisables, par exemple, par les agriculteurs) les règles de la prévision locale doivent être aussi simples que possible. Dans la région voisine des Pyrénées, étudiée par l'auteur, on peut presque toujours se borner à combiner l'observation de la marche du baromètre avec celle de la direction des nuages. L'auteur indique comment on peut disposer un baromètre à mercure ordinaire de manière à le faire servir, presque automatiquement, à ce genre de prévision.

D'autre part, un certain nombre de phénomènes météorologiques (baisses barométriques accompagnées ou suivies de pluies, neiges, orages, etc.; hausses amenant le beau temps...) *tendent* à se reproduire presque périodiquement, dans le cours de l'année, autour d'une date moyenne, à peu près comme certaines variations de températures bien connues.

Sans rechercher les causes de cette *tendance*, l'auteur montre que la connaissance de ces phénomènes presque périodiques, combinée avec les observations du baromètre et de la direction des nuages, permet souvent d'établir une prévision se rapportant à plusieurs jours consécutifs.

— **Séance du 9 août** —

M. l'abbé RACLOT, Dir. De l'Observatoire météorologique de Langres.

Résumé des règles pratiques de la prévision du temps à courte échéance dans une région donnée, c'est-à-dire, en ce qui concerne l'auteur, pour le plateau de Langres. — L'auteur fait depuis quatorze ans une double prévision quotidienne et hebdomadaire du temps pour le plateau de Langres. Ces prévisions ont pour base l'étude de la situation générale et celle de la situation locale. La situation générale (météorologie dynamique) lui est révélée par la carte quotidienne que publie le Bureau central, carte précédée la veille d'une dépêche reçue de la même source ; la situation locale (climatologie), par l'allure des instruments de l'Observatoire et l'inspection du ciel. La combinaison de ces deux situations, jointe à la connaissance des normales des divers éléments météorologiques locaux, lui permet de conjecturer le temps des trois ou quatre jours suivants à environ 7/10 de chances de probabilité.

Ces prévisions varient naturellement selon les saisons et même selon les mois d'une même saison.

D'autre part, chacun des éléments consultés peut être en concordance ou en discordance avec tel ou tel autre au point de vue de la probabilité ; de là des chances diverses qui rendent celle-ci plus ou moins voisine de la certitude et le problème plus ou moins compliqué.

M. **BRUNHES**, Dir. de l'Obs. du Puy-de-Dôme, et M. **DAVID**, Météorologiste à l'Observatoire, en résidence à la Station de la Montagne.

Anomalies de la déclinaison magnétique sur le Puy-de-Dôme. — M. Brunhes et M. David, avant d'entreprendre l'exploration magnétique du centre de la France, qui reste à faire, ont voulu commencer par faire quelques mesures au sommet même du Puy-de-Dôme. Ils ont trouvé, en des points distants de quelques dizaines de mètres, des différences très notables de déclinaison.

Des mesures très nombreuses ont été faites sur le sommet et sur les flancs de la montagne, pour bien s'assurer que ni les bâtiments de l'Observatoire ni les ruines ne justifiaient les différences trouvées. Et, en effet, le maximum de déclinaison se trouve à 100 mètres environ à l'est de la tour de l'Observatoire, et quand on s'éloigne de 200 mètres encore à l'est à partir de ce point, la déclinaison ne varie que très peu.

On a pu commencer à tracer la carte, à grande échelle, des lignes isogones sur la montagne.

On continue cette étude, qui doit être faite, pour ainsi dire, point par point, et qui donnera certainement des résultats analogues pour les diverses montagnes de la chaîne des puys, ainsi que l'ont montré quelques mesures comparatives de déclinaison au sommet, au pied et au fond du cratère du Parion.

Les lignes isogones sur le Puy-de-Dôme affectent la forme générale de droites sensiblement parallèles au méridien magnétique : telles sont les isogones de 14°, 15°, 16°, 17° et 18°. L'isogone de 13° est une courbe fermée au milieu de laquelle se trouve un point de déclinaison minimum où $\delta = 12°30'$, et l'isogone de 19°, située à l'est de la montagne comprend un point où δ est maximum et égal à 19° 28'.

La distance de ces deux points, où se trouvent jusqu'ici la déclinaison maximum et la déclinaison minimum observées en France, est égale à 145 mètres.

M. Nicolas **DEMTCHIRISKY**, Ingénieur à l'Observatoire de Torbino (Russie).

Le temps en dépendance du travail de l'atmosphère.

M. GARRIGOU-LAGRANGE, Sec. de la Soc. Gay-Lussac, à Limoges.

Sur une application nouvelle du principe de la chronophotographie et sur la construction des cartes d'isonomales barométriques pour servir à l'étude cinématographique des mouvements généraux de l'atmosphère. — La chronophotographie a déjà rendu de grands services en permettant l'analyse des mouvements d'objets réels et d'êtres vivants. Elle peut également servir à l'étude de mouvements d'un autre genre qui, par leur nature, ne peuvent être photographiés. Tels sont les phénomènes que l'on représente sur une surface par des courbes d'égale cote obtenues à l'aide des valeurs d'un même élément relevées simultanément en divers points de la surface considérée.

Il en est ainsi, notamment, des cartes isobariques, et l'auteur, poursuivant ses travaux sur les mouvements généraux de l'atmosphère, est parvenu à constituer et à réunir, dans un intervalle de temps donné, un nombre de ces cartes suffisamment grand pour qu'on puisse les considérer comme autant de photographies instantanées représentant les diverses phases d'un mouvement.

En examinant ces suites de cartes par les méthodes cinématographiques, leur succession rapide montre clairement, sur de vastes régions de l'hémisphère entier, des mouvements ordonnés s'effectuant dans des sens et dans des directions nettement déterminés.

On peut donc conclure que nous sommes en possession d'une méthode nouvelle qui paraît susceptible de fournir des résultats intéressants dans l'étude des mouvements de l'atmosphère et qui pourrait être appliquée en divers autres problèmes de physique.

M. MATHIAS, Prof. à la Fac. des Sc. de Toulouse.

Sur la loi de distribution régulière de la composante verticale du magnétisme terrestre en France au 1er janvier 1896. — Le point de départ est le réseau magnétique de la France de M. Moureaux, dont toutes les mesures ont été ramenées à la date idéale du 1er janvier 1896.

Si l'on appelle ΔZ la différence de composante verticale d'une station X et d'une station de référence qui est, ici, l'Observatoire de Toulouse, et si (Δ long.) et (Δ lat.) sont les différences de longitude et de latitude géographiques des mêmes stations, on a, ΔZ étant exprimé en unités du cinquième ordre décimal, (Δ long.) et (Δ lat.) en minutes.

$$\Delta Z = 39{,}72 + 1.6482\ (\Delta \text{ long.}) + 9.9019\ (\Delta \text{ lat.}) - 0{,}000055\ (\Delta \text{ long.})^2$$
$$- 0{,}000294\ (\Delta \text{ long.})\ (\Delta \text{ lat.}) - 0{,}001778\ (\Delta \text{ lat.})^2.$$

Cette formule est la loi de distribution à laquelle obéissent les nombreuses stations dites régulières qui donnent entre le ΔZ observé et le ΔZ calculé une différence absolue inférieure aux erreurs d'observation, c'est-à-dire à 100 unités du cinquième ordre. Les stations qui donnent une différence plus grande sont dites *anomales*, et leur anomalie est donnée en grandeur et en signe par la différence ΔZ (obs.) — ΔZ (calc.). ...

La formule précédente a été obtenue en résolvant par les moindres carrés 426 équations à 6 inconnues. La résolution a été faite par les calculateurs de l'Observatoire de Toulouse, sous la haute direction de M. B. Baillaud, directeur de cet Observatoire, que l'auteur assure de sa profonde gratitude.

En cherchant comment varie le pourcentage des stations régulières et anomales, le signe et la valeur moyenne des anomalies, avec la nature de la couche géologique superficielle sur laquelle les mesures magnétiques ont été faites, on trouve que les anomalies négatives sont les plus nombreuses et qu'il y a une influence très nette de la nature des roches superficielles sur la composante verticale, particulièrement dans les terrains secondaires.

Une discussion difficile à résumer montre qu'il est impossible que le champ magnétique terrestre vertical ne soit pas le résultat de la superposition de deux vecteurs, l'un provenant du magnétisme propre des roches, l'autre de courants circulant en nappes au voisinage de la surface du sol. Ces courants doivent, au moins partiellement, circuler *dans* l'écorce terrestre ; c'est à eux qu'est due exclusivement la variation diurne des éléments magnétiques. La grandeur maxima des anomalies négatives montre que le champ vertical dû aux courants *telluriques* est de l'ordre de grandeur du vingtième du champ magnétique vertical dû au magnétisme des roches de l'écorce terrestre.

M. BAILLAUD.

Sur le climat de Toulouse. — La comparaison des résumés des observations météorologiques faites à l'Observatoire de Toulouse, de 1863 à 1900, aux résumés analogues publiés par Fr. Petit et concernant la période de 1839 à 1862, est intéressante. La concordance des résultats est remarquable et montre que le climat n'a pas changé dans cette période.

M. MARCHAND.

Études sur l'altitude et la vitesse des nuages supérieurs dans la région des Pyrénées. — L'auteur a présenté au Congrès d'Ajaccio, en 1901, une note résumant les études faites à l'Observatoire du Pic-du-Midi, sur les nuages inférieurs (*cumulo-stratus cumulo-nimbus...* d'altitude moindre que 3.500 mètres) dans la région voisine des Pyrénées. La note actuelle a pour but de résumer les observations faites sur les nuages supérieurs (*cumulo-stratus, alto-cumulus, cirro-cumulus, cirro-stratus, cirrus...* d'altitude supérieure à 3.500 mètres).

L'altitude et la vitesse de ces nuages se déterminent par des observations simultanées de leur *vitesse angulaire*, faites à Bagnères (altitude 547 mètres) et au sommet du Pic-du-Midi (2.667 mètres), au moyen d'appareils à miroir horizontal analogues au néphoscope suédois. Les observateurs s'assurent seulement : 1º au moyen du téléphone reliant les deux stations, qu'ils voient bien *la même couche* de nuages ; 2º au moyen du néphoscope même, en répétant l'observation trois ou quatre fois dans des azimuts différents, que la surface inférieure de cette couche est *sensiblement horizontale*. Ils n'ont pas besoin, d'ailleurs, de viser les mêmes points de la couche nuageuse ; l'observation est des plus simples, le calcul est des plus rapides. Les premiers résultats obtenus par cette méthode (inaugurée en 1900) sont résumés dans la communication de M. Marchand.

M. ZENGER, Prof. à l'École Polyt. slave de Prague.

La Nova Persei et la théorie électrodynamique du monde.

M. Charles PUECH.

Le climat du Cantal. — Les différences de niveau du département dépassant 1.600 mètres, le climat varie beaucoup selon les localités. Les anciens du pays constatent un changement étonnant depuis cinquante ans ; la quantité de neige aurait diminué et les *minima* seraient moins bas pendant l'hiver.

Température. — Les températures moyennes annuelles, calculées sur huit ou dix années, sont ;

9°,88 à Aurillac . (10 ans), altitude 630 mètres.
9°,62 à Mauriac . . (8 ans),   —   700   —
7°,78 à Murat . . . (8 ans),   —   917   —
7°,83 à Saint-Flour (8 ans),   —   914   —

La température la plus basse de 1894 à 1901 est — 24° à Mandailles en janvier 1895, la plus haute est + 40° à Maurs en août 1898.

Vents. — Les vents dominants sont ceux de N.; N.-W., W. et S.-W., surtout N.-W. Le sens habituel de la rotation du vent est N., N.-E., E., S.-E., S.; S.-W., W. et N.-W. Le vent fréquent est *le vent solaire* qui vient du Nord, du soir au matin, et dans le jour tourne avec le soleil de manière que sa direction est à peu près parallèle aux rayons de cet astre, avec, parfois, un arrêt dans le rhumb Sud.

Le vent de Nord donne le temps froid et beau, l'Est aussi, le S.-E. est souvent violent (autan); le S. vrai est rare ; le S.-W, l'W, le N.-W, sont pluvieux, (le N.-W. est le vent de la neige).

Pluies et neiges. — Les localités les plus élevées sont celles qui reçoivent le plus d'eau, et le versant occidental du massif est, toutes choses égales d'ailleurs, plus pluvieux que le versant oriental.

On a pour les principales stations les chiffres suivants :

Versant Ouest	Aurillac. . .	630 mètres	1142 millimètres en 158 jours.
	Mauriac. . .	700 —	1269 —	130 —
Versant Est .	Murat . . .	917 —	885 —	123 —
	Saint-Flour.	914 —	1073 —	67 —

— Séance du 14 août —

M. MARCHAND.

Quelques observations d'astronomie physique faites au Pic-du-Midi (2.867 mètres).
— Comparaison avec le magnétisme terrestre et divers phénomènes météorologiques.
— L'auteur résume diverses observations astronomiques faites depuis 1893, au Pic-du-Midi, surtout dans le but d'étudier les conditions atmosphériques exceptionnelles qui caractérisent l'Observatoire, en vue de l'installation future d'un grand instrument.

Ces observations ont porté sur les phénomènes solaires (taches et facules, les facules étant toujours très faciles à voir au Pic-du-Midi) ; sur les indices relatifs à l'atmosphère de la lune ; sur la rotation de Vénus ; sur les phénomènes du système de Jupiter ; sur les planètes Mars et Saturne ; sur la lumière zodiacale et antizodiacale.

Les observations du soleil ont été d'ailleurs comparées par M. Marchand à divers phénomènes de la physique du globe : orages magnétiques, aurores boréales, orages électriques, production des courants dérivés sur la rive droite du courant atmosphérique équatorial (gulf stream aérien). Les comparaisons poursuivies pendant plusieurs années, confirment la loi fondamentale, posée par l'auteur en 1887 :

Les orages magnétiques, les aurores polaires, les orages électriques, les courants dérivés, tendent à se produire au moment où une région d'activité du soleil (groupe de facules brillantes renfermant ou non des taches) passe au méridien central du disque. Les perturbations magnétiques manquent rarement aux époques de ces passages ; mais les autres phénomènes dépendent aussi de causes météorologiques *locales*, et ne se produisent au moment d'un passage que si ces conditions locales se trouvent réalisées.

SCIENCES NATURELLES

8ᵉ Section

GÉOLOGIE ET MINÉRALOGIE

PRÉSIDENT . . . . M. P. PÉRON, Corresp. de l'Institut, à Auxerre.
VICE-PRÉSIDENT . . . . M. Jean DOUMERC, Ing. civ. des mines, à Montauban.
SECRÉTAIRE . . . . M. H. BOURGERY, Memb. de la Soc. Géo. de France, à Nogent-
le-Rotrou.

— **Séance du 8 août** —

M. René FOURTAU, Ing. civ. au Caire (Égypte).

Contribution à la géologie de l'isthme de Suez. — Les couches à *Ostrea crassissima*
et *Pecten Vasseli* que l'on trouve au plafond du canal de Suez avaient été
confondues par le géologue viennois Th. Fuchs en une seule couche qu'il avait
faite quaternaire. Une étude attentive des berges et des cavaliers du canal au
kilomètre 154, point indiqué à l'auteur par le compagnon d'exploration de
Th. Fuchs dans l'isthme de Suez, M. Eusèbe Vassel, lui a permis de conclure à
la superposition de deux couches, l'une sableuse et plus ancienne à *O. crassissima*
(= *O. pseudo-crassissima* Fuchs), l'autre marneuse à *Pecten Vasseli* et plus
récente. Les fossiles qui accompagnent dans ces couches les fossiles précités lui
ont permis d'attribuer la couche à *O. crassissima* au pliocène moyen et la couche
à *P. Vasseli* au pliocène supérieur, et de préciser à la limite entre ces deux
couches l'invasion des eaux du bassin Indo-Pacifique dans l'isthme et le golfe
de Suez.

M. Léon SAVIN, Chef de Bataillon au 97ᵉ Régiment d'Infanterie à Chambéry (Savoie).

*Note sur quelques Échinides du Dauphiné et autres régions; 2° Catalogue des
Échinides de la Savoie.* — 1° Dans une *Note sur quelques Échinides du Dauphiné
et autres régions,* qui va paraître incessamment dans le *Bulletin* de la Société de

Statistique de l'Isère, 4e série, tome VI, le commandant Savin décrit et figure, avec le bienveillant concours de MM. de Loriol et Lambert, 12 Échinides, soit nouveaux, soit déjà connus, mais non encore figurés. 7 proviennent du département de l'Isère, 1 des Basses-Alpes, 1 de la Drôme, 1 des Bouches-du-Rhône et 2 de l'Aude. 2° Le commandant Savin annonce, pour l'an prochain, la publication probable dans le *Bulletin* de la Société d'histoire naturelle de la Savoie, du *Catalogue des Échinides de la Savoie.*

Ses recherches personnelles qui complètent celles antérieurement faites par les géologues qui se sont occupés de la Savoie, notamment celles de MM. Pillet, Révil, Hollande, etc., lui permettent de citer 144 espèces d'Échinides, dont 71 ne lui paraissent pas avoir encore été signalées; dans ce nombre sont comprises 5 espèces nouvelles qu'il décrit et figure.

L'auteur termine ce travail par la liste des Échinides recueillis jusqu'à ce jour dans les gisements classiques de la Haute-Savoie et de la Ferte-du-Rhône.

————

M. Raoul FORTIN, à Rouen.

Notes de géologie normande, X; Sur un ancien cours d'eau souterrain situé à Moulineaux, canton de Grand-Couronne (Seine-Inférieure). — On remarque dans nos régions, sur le flanc des coteaux, les orifices de couloirs souterrains par où, aux époques antérieures, les eaux se déversaient.

La vallée de la Seine présente de ces couloirs. A Moulineaux, près Rouen, il en existe un qui débouche à l'altitude de 84 mètres. Afin de savoir à quelle période de notre époque il convient de rattacher la formation de ces couloirs, aujourd'hui encombrés par des sédiments, j'ai fouillé celui de Moulineaux et ai pu reconnaître que deux couches distinctes de sédiments le remplissaient presque. De nombreux ossements d'animaux étaient contenus dans les deux couches; tous appartenaient à des espèces actuellement vivantes dans notre région.

J'en conclus que ces cours d'eau souterrains, formés pendant une phase d'activité plus grande des précipitations atmosphériques, appartiennent incontestablement, par leur faune, à l'ère actuelle.

————

M. PERON, Corresp. de l'Institut, à Auxerre.

Niveaux fossilifères du jurassique supérieur des environs de Bourges. — M. Peron examine les assises successives des calcaires lithographiques inférieurs, des calcaires crayeux, des calcaires lithographiques supérieurs, des calcaires grumeleux et oolithiques de l'Astartien supérieur, des marnes du Kimeridgien et enfin de l'étage portlandien. Dans chacun de ces horizons il a rencontré un ou plusieurs niveaux fossilifères, parfois très riches, dont il fait connaître la faune. Il montre ainsi comment ces faunes voisines se modifient graduellement par la disparition de certaines espèces et l'apparition de certaines autres.

— **Séance du 9 août** —

M. A. DE GROSSOUVRE, Ing. en chef des Mines, à Bourges.

Sur les bassins houillers du Plateau Central. — Lorsque l'on jette les yeux sur la carte géologique du Plateau Central pour y examiner la distribution des bassins houillers, le premier trait qui frappe d'abord l'attention est la longue et étroite traînée de dépôts, si remarquable par son allure presque rectiligne, qui se poursuit depuis Moulins au nord jusqu'au delà de Champagnac au sud. Au nord, le bassin de Decize se rattache probablement à cette traînée, qui, plus au sud, se continue par une série de petits lambeaux jusqu'à Saint-Mamet.

Une autre traînée semblable et également presque rectiligne a été signalée par M. Mouret, à l'ouest de la précédente : elle ne ressort pas aussi nettement au premier abord parce que les lambeaux houillers, échappés à la dénudation, y sont moins nombreux et moins importants ; néanmoins, son parcours est encore jalonné par ceux de Saint-Chamans (Argentat), de l'Hôpital, de Bouzogles et de Mazuras, au sud de Bourganeuf, et de Bosmoreau, au nord de cette dernière ville.

Ces traînées ont été considérées comme correspondant à d'anciens chenaux, c'est-à-dire à des dépressions longues, étroites et profondes, qui auraient été comblés par les sédiments de l'époque stéphanienne, mais les données acquises par les travaux récents ne permettent plus d'adopter cette manière de voir.

En effet, dans la région de la Bouble, des sondages ont recoupé le terrain houiller sur des hauteurs supérieures à la largeur de la bande : près de Bort, sous les phonolites, on voit le massif houiller traverser la montagne, encaissé entre les roches cristallines à la manière d'un filon.

D'un autre côté, on ne peut songer à regarder cette bande houillère, s'enfonçant verticalement au milieu des gneiss et des granites, comme un synclinal écrasé, car les travaux d'exploitation échelonnés de Moulins à Champagnac montrent que les couches houillères sont limitées latéralement par des fractures qui les font buter contre les roches cristallines et que leur allure est absolument différente de celle d'un dépôt laminé par de violentes pressions.

Il en est certainement de même pour la traînée d'Argentat, car une exploration faite à Bouzogles et à Mazuras m'a permis de vérifier que là aussi le gisement du terrain houiller a l'aspect d'un filon encaissé dans les roches cristallines.

De même à Ahun, le bassin n'est pas seulement limité à l'est par une faille, comme l'a indiqué Grüner, mais il l'est aussi à l'ouest.

Nous voyons donc que la plupart des bassins houillers de la partie occidentale du Plateau Central ne sont, en réalité, que des lambeaux préservés de l'érosion par leur affaissement : ils ont été conservés dans des fosses d'effondrement orientées à peu près suivant la direction méridienne.

Il est à remarquer que les failles qui les limitent sont le plus souvent inverses : à Champagnac, il semble bien qu'il y a, en certains points, à l'ouest, recouvrement du terrain houiller par les roches cristallines (observation de M. Genreau) ; dans la région de la Bouble, la largeur de la traînée est plus considérable en profondeur qu'à la surface, et, à Ahun, Grüner a donné une coupe qui montre le granite surplombant le houiller.

L'affaissement des bandes houillères est donc le résultat de pressions latérales : il y a eu enfoncement d'une tranche découpée en forme de coin dont la pointe était en haut.

Enfin, il résulte des travaux de M. Mouret que les failles d'Argentat et de Mauriac remontent à une date bien antérieure à l'époque stéphanienne : elles ont donc joué de nouveau après le dépôt des sédiments houillers.

M. le Commandant Eugène CAZIOT, à Nice.

Une coupe dans le crétacé moyen et supérieur des environs de Nice. — La coupe susvisée a été faite avant l'apparition de la carte géologique des Alpes-Maritimes (région sud-est) établie par M. L. Bertrand. Elle donne une image locale et réduite des phénomènes qui ont bouleversé les assises du crétacé dans les environs de Nice, près la Trinité-Victor.

Ces assises étant privées de fossiles dans la partie supérieure, il règne la plus grande incertitude dans la limite du Turonien et du Sénonien, mais la coupe dont il s'agit fait connaître un nouvel horizon (Hauterivien) de dimension réduite, ne figurant pas sur la carte de M. L. Bertrand, et s'appuyant directement sur le jurassique, au sud du fort de la Drette.

M. Armand THEVENIN, à Paris.

Note sur les formations sédimentaires et la tectonique de la bordure Sud-Ouest du Massif Central. — M. Thevenin présente une carte géologique inédite au 200.000e de la bordure Sud-Ouest du Massif Central.

Après un exposé rapide de la succession des terrains sédimentaires dans cette région depuis le Houiller jusqu'à l'Oligocène, il insiste : 1° sur la constitution et l'âge du bassin houiller de Puech-Mignon-Najac compris entre deux failles Nord-Nord-Est et fortement disloqué ; M. Zeiller a bien voulu déterminer des plantes provenant de ces assises et qui permettent de les attribuer au Westphalien supérieur ; ces couches sont donc sensiblement plus récentes que celles de Carmaux ; 2° sur la délimitation du Rhétien dans le Quercy et le Rouergue ; 3° sur la présence dans le Lias moyen et supérieur de la région de toutes les zones caractérisées par des ammonites depuis la zone à *A. Jamesoni* jusqu'à la zone à *A. Opalinus* ; 4° sur l'identité de faune du Lias moyen dans le Quercy et dans les environs de Saint-Affrique ; 5° sur la présence d'une faune bathonienne identique à la faune de Stonesfield ; 6° sur la communication par le détroit de Rodez de la région des Causses et de l'Aquitaine.

Au point de vue tectonique : la faille de Villefranche est accompagnée de failles parallèles ; la structure en dômes, déjà signalée par MM. Peron et Fournier, est générale dans la région, ces dômes étant allongés dans une direction parallèle à la bordure du Massif Central. La direction générale des accidents tectoniques change entre Villefranche et Figeac et devient Nord-ouest. Les environs de Figeac, rencontre de deux directions, montrent des dômes ou des cuvettes synclinales particulièrement accentuées, des bassins d'effondrement très nets (Asprières). Les plissements et les failles sont, les uns antérieurs, les autres postérieurs aux dépôts oligocènes.

Ces phénomènes trouvent d'ailleurs leur répercussion dans la géographie actuelle, comme le montre d'une façon frappante une carte hypsométrique.

M. Thevenin rappelle, en terminant, l'analogie du remplissage des poches à phosphorite et du remplissage des puits à ossements des cavernes. La faune même des phosphorites appuie cette manière de voir. Les poches à phosphorite seraient des cavernes dont le remplissage s'est effectué surtout de l'Eocène supérieur à l'Aquitanien. La terre de décalcification des causses jurassiques du Quercy, prise en dehors de la région des phosphorites exploitées, contient nor-

malement du phosphate de chaux; le phosphate d'origine animale a pu enrichir, d'ailleurs, cette argile de remplissage. Cette hypothèse et ces faits ne sont
pas en contradiction avec les observations de MM. Peron, Vasseur et Fournier,
qui ont montré les relations de position des poches à phosphorites et des dépôts
tertiaires.

———

M. Émile BELLOC, Délégué de la Soc. de Géographie de Paris, Paris.

Observations sur les barrages lacustres. — M. Émile Belloc fait connaître le
résultat de ses dernières observations relatives aux cassures accidentelles de
certains barrages lacustres.

Les seuils ou les barrages lacustres occupent généralement une position
transversale par rapport à l'axe des vallées. La plupart de ces seuils, lorsqu'ils
sont formés par des bourrelets rocheux en place, limitent des terrasses plus ou
moins escarpées. Ils présentent très souvent des traces de ruptures provoquées,
selon toute apparence, par des mouvements sismiques ou par des affaissements
partiels de la croûte terrestre.

Les ondes sismiques, en produisant des ébranlements au sein de la masse
rocheuse et en déterminant des craquelures et des effondrements de profondeur
variable, ont été, dans un très grand nombre de cas, la cause initiale de la formation des cuvettes et des seuils lacustres.

———

— Séance du 11 août —

M. Georges COURTY, à Paris.

*Expérimentation relative à la constitution corticale de la terre, conséquences qu'on
en peut tirer quant à l'économie générale du globe.* — M. Georges Courty décrit
une expérimentation relative au mode de concrétion primitive du globe terrestre.
Pour tenter la réalisation de cette expérience, M. Courty, après avoir admis
l'hypothèse de la fluidité du noyau central, introduit du plâtre clairement gâché
dans un ballon de verre et imprime au ballon ainsi chargé un mouvement de
rotation rapide, au moyen d'un appareil analogue à celui qui est décrit dans la
géologie expérimentale de M. Stanislas Meunier. Le plâtre sollicité par la force
centrifuge se trouve ramené intérieurement autour du ballon en se creusant
aux extrémités de l'axe; les particules solides occupent la périphérie du ballon
et les éléments liquides, la portion centrale. Il paraît y avoir séparation des éléments solides et fluides, indépendamment de l'ordre des densités, en raison de
la force centrifuge. Par suite du triage des matériaux qui vont constituer la
zone corticale, on peut admettre une déperdition dans le volume initial du
globe; il résulte de là une contraction du noyau central qui modifiera la croûte
solide quant à son aspect extérieur. Si on admet une déperdition dans le volume
on aura l'explication des cassures de la croûte et on pourra formuler cette loi :
« La rétractilité du noyau fluide occasionne des dislocations qui manifestent leur
action sur l'orogénie du globe. » L'éruption volcanique paraît se rattacher au
phénomène des grandes cassure de la croûte. Comme conséquence du déplacement de la croûte solide, qui arrive à se trouver au contact avec la région chaude
du noyau central, il doit résulter de la présence des gaz occlus dans la zone

corticale, une effervescence vive, mais non nécessairement une éruption. L'éruption volcanique n'a lieu que lorsque la cassure est suffisamment profonde pour mettre en contact la région chaude interne avec notre atmosphère.

———

MM. G. RAMOND, Assistant au Muséum d'Hist. naturelle et **Aug. DOLLOT**, Corresp. du Muséum d'Hist. nat., à Paris.

Études géologiques dans Paris et sa Banlieue. — *Chemin de fer d'Issy à Viroflay R.-G.* — Comme suite à une Communication antérieure (1), les auteurs mettent sous les yeux des Membres de la Section de Géologie, une série de documents (Profils géologiques d'ensemble et de détail, Coupes, Photographies, etc.) relatifs à la nouvelle voie ferrée qui doit assurer des relations plus directes entre Paris (Esplanade des Invalides) et Versailles, et, par conséquent, entre tout le réseau de l'Ouest et la capitale. Les fouilles ont entamé *tous les Étages géologiques des Environs immédiats de Paris*, et ont fourni quelques renseignements nouveaux : en effet, le tracé traverse en *souterrain* les Bois de Meudon ; ce tunnel, de 3.350 mètres de longueur, a son origine dans le Vallon de Fleury-Meudon, au-dessous du centre de cette petite ville, dans le *Lutétien* inférieur et moyen, et il se termine dans le Val de Chaville, à *l'Étang d'Ursine*. Par suite de l'allure des assises géologiques, au voisinage de *l'axe anticlinal* de Meudon-Versailles-Beynes, des ondulations des strates, et de la rampe continue de la voie, entre Paris et Versailles, les couches rencontrées sont de plus en plus récentes de Meudon vers Chaville et Viroflay.

Le *Bartonien* n'est pas complet sous les Bois de Meudon ; les « Sables de Beauchamp » proprement dits (ou « *Sables moyens* ») ne présentent rien de bien particulier ; mais, au-dessus de ce niveau bien connu, se développent des Marnes et Calcaires *à faune lagunaire* que MM. Munier-Chalmas et Léon Janet — qui ont étudié en détail cette partie de la coupe du Tunnel — considèrent comme un équivalent des « Sables de Mortefontaine ».

Les Formations de « Saint-Ouen » et de « Monceau » (Sables infra-gypseux, dits « d'Argenteuil », *Bartonien* moyen et supérieur) font défaut sous les Bois de Meudon ; l'étage *Ludien* est fort réduit ; les diverses assises du *Sannoisien* offrent un développement assez important ; mais le « Calcaire de Brie » est rudimentaire. Le *Stampien* (« Marnes à huitres », « Falun de Jeurre », « Sables de Fontainebleau, etc. ») présente la composition normale.

La nappe aquifère de la base des « Sables de Fontainebleau », qui occupe le quart inférieur de la masse sableuse, s'infléchit sensiblement du côté de Meudon. Par suite des ondulations qui affectent toutes les couches tertiaires, la base des Sables imprégnés d'eau n'est, sur certains points, *qu'à une faible distance du sommet de la voûte du grand Souterrain*. A 1.300 mètres de la sortie (côté Versailles), par suite de ces conditions défavorables, un accident a eu lieu ; il a arrêté l'achèvement des travaux pendant *quinze mois* et a occasionné une dépense supplémentaire, non prévue, de *1 million de francs*. C'est par l'emploi des « Chambres à sables », qui permettent de fractionner les déblais mouvants et de les attaquer les uns après les autres, que l'on a pu venir à bout de cet effondrement (2).

(1) Voir : Congrès de l'Associat., Nantes, 1898 : 1ʳᵉ partie, p. 145. — 2ᵉ partie, p. 314.

(2) Voir, pour les détails techniques, les Revues spéciales, notamment le *Génie Civil*, t. XXXIX, n° 10 (Juillet 1901) et t. XLI, n° 8 (Juin 1902), et la *Revue générale des Chemins de fer* (Juillet 1902).

L'honneur d'avoir triomphé de ces difficultés techniques — qui avaient paru tout d'abord insurmontables — revient à M. RABUT, Ingénieur en chef et Professeur à l'École des Ponts et Chaussées, chargé, comme Ingénieur principal du Service de la Construction des Chemins de fer de l'Ouest, de l'exécution de la nouvelle ligne d'Issy à Viroflay.

M. COSSMANN, Ing. à la Cⁱᵉ du Nord.

Observations sur quelques coquilles crétaciques recueillies en France.

(5ᵉ ARTICLE)

Comme suite aux quatre communications précédentes (Congrès de Carthage, Nantes, Boulogne-sur-Mer et Paris), l'auteur fait connaître un certain nombre de formes, nouvelles ou non signalées en France, de Gastropodes du Crétacé supérieur de la Provence et de l'Aude.

MM. RABOT et BELLOC.

Études glaciaires en France et à l'Étranger.

M. David MARTIN, à Gap.

Faits nouveaux ou peu connus relatifs à la période glaciaire. — Dans ce mémoire l'auteur examine sommairement les questions suivantes :

1° Première apparition des glaciers pleistocènes sur les Alpes de la Durance ;

2° Différences que présentent les moraines profondes issues soit de vallées granitiques, soit de vallées schisteuses;

3° Terrasses adventives édifiées sur les bords des anciens glaciers par le ravinement des croupes émergées;

4° Apparente antiquité des moraines provenant du remaniement d'alluvions anciennes et altérées (Moraines de Mison);

5° Action ascensionnelle du fond des glaciers sur les contre-pentes (remontage de spilites jusqu'à plus de 500 mètres dans les vallons latéraux, Bréziers, Espinasses, etc.);

6° Les alternances d'éboulis de pente et de glaciaire typique dans les crevasses du front des glaciers sur les parois ensoleillées donnent d'intéressants renseignements sur le taux des dépôts glaciaires annuels;

7° Évolution du profil transversal des vallées alpines pendant la période glaciaire et topographie morainique ;

8° Les cônes fluvio-glaciaires paraissent faire défaut dans la vallée de la Durance;

9° L'action glaciaire semble avoir favorisé le concrétionnement des graviers sous-jacents (polis en miroir des poudingues d'Embrun).

M. Stanislas MEUNIER, Prof. au Muséum de Paris.

Étude expérimentale des puits naturels, des cavernes et des autres cavités où se fait dans les Causses, la circulation des eaux souterraines. — Dans ce travail, de véritable géologie expérimentale, l'auteur décrit des dispositifs qu'il a employés dans son laboratoire du Muséum, pour réaliser l'imitation artificielle des cavités creusées dans les sols calcaires par la circulation des eaux souterraines. Le résultat principal a été de jeter un jour décisif sur le mécanisme des corrosions d'où résultent les cavernes, les avens, les gouffres et toutes les variétés de puits naturels. On reconnaît que la forme générale des cavités est en rapport direct et nécessaire avec le sens des courants aqueux qui travaillent très différemment suivant qu'ils se meuvent de haut en bas, ou de bas en haut, ou obliquement. On reconnaît aussi l'influence des cassures dont les roches attaquées peuvent être préalablement traversées et le rôle des diastromes (ou joints de stratification) qui est aussi pleinement élucidé. Les produits obtenus et qui sont exposés au public dans la galerie du Muséum, concourent à démontrer une fois de plus, dans un sujet spécialement défini, l'efficacité de la méthode expérimentale, encore décriée par quelques personnes, et qui est destinée, malgré toutes les résistances, à s'étendre progressivement à tous les chapitres de la Géologie.

M. MARTEL, Secrét. gén. de la Soc. de Spéléologie, à Paris.

Circulation des eaux souterraines dans les Causses du Tarn-et-Garonne. — Rappelant les recherches effectuées en 1892, par M. G. Gaupillat et de 1894 à 1896 par MM. Pradines et Aymard sous le Causse de Limogne (Lot et Tarn-et-Garonne), M. Martel expose que ce plateau calcaire n'est pas moins riche que ses voisins en cavernes, abimes et rivières souterraines. Il décrit, en outre, la curieuse source temporaire de Poux-Blanc, fort intéressante au point de vue hydrographique.

— Séance du 13 août —

M. AMBAYRAC, Prof. au Lycée de Nice, Membre de la Société Géologique de France.

Géologie des environs de Cordes (Tarn). — Par une série de coupes générales ou détaillées, dirigées nord-sud, est-ouest et sud-sud-est — nord-nord-ouest, l'auteur s'est proposé de faire connaître la constitution géologique du Plateau albigeois, compris entre les vallées du Tarn et du Cérou, ainsi que les relations des terrains tertiaires qui constituent cette région avec les formations plus anciennes qui se montrent en différents points des vallées du Cérou, de la Vère et de l'Aveyron.

Ces coupes mettent en relief :

1° Les différentes failles ou fractures que l'on rencontre dans le massif secondaire qui s'étend entre le Cérou et la Vère, et notamment l'importance que prend la grande faille de Marnaves ;

2° La présence d'argiles à graviers, souvent très riches en silex, à la base des formations tertiaires des environs de Cordes et des Cabannes ; l'ordre de superposition des différentes assises tertiaires qui, réunies à l'est de Cordes, en une seule masse calcaire, se partagent par l'intercalation de marnes et molasses soit au sud vers la vallée du Tarn, soit aux environs de Cahuzac-sur-Vère et de Donnazac, en plusieurs horizons distincts ; la pente continue que présentent les bancs calcaires dans le sens du sud-ouest vers le Tarn ;

3° L'existence aux Cabannes, à l'ouest et au sud du hameau, d'un affleurement de Lias inférieur, superposé à des couches de grès et de psammites qui appartiennent au trias, et affectant une forme un peu bombée, ce qui dénoterait en ce point le passage d'un pli anticlinal.

M. P. PERON.

Esquisse stratigraphique du bassin de la Tafna. — M. PERON présente à la section un volume récemment publié par M. L. GENTIL, sous le titre de : *Esquisse stratigraphique et pétrographique du bassin de la Tafna.* C'est une superbe description, illustrée de nombreuses figures, planches de coupes et cartes géologiques, de cette grande et ancienne région volcanique, qui s'étend à l'ouest du méridien d'Oran jusqu'à Lalla-Maghnia.

Indépendamment de l'étude stratigraphique et tectonique de cette région, M. L. Gentil en a donné une minutieuse description pétrographique, pour laquelle il a mis à profit les méthodes les plus récentes d'études microscopiques des roches.

Ce beau mémoire de M. L. Gentil fait faire à nos connaissances sur la géologie et la pétrographie de l'Algérie un progrès considérable et tous les géologues qui s'intéressent à notre belle colonie africaine lui en seront reconnaissants.

Note sur les Opis et les Præconia du terrain jurassique de l'Yonne. — Dans ces deux groupes de pélécypodes plusieurs espèces, nommées par d'Orbigny ou par Cotteau, n'ont été ni décrites suffisamment ni figurées et sont, par suite, très peu connues. D'autres, plus récemment décrites par les auteurs, font double emploi avec des espèces plus anciennement connues. Enfin quelques-unes sont complètement inédites.

Toutes ces espèces sont discutées, rétablies à leur véritable place et, en ce qui concerne les *Opis*, classées dans les divers sous-genres *Cælopis*, *Pachyopis*, *Opisoma*, etc., entre lesquels ont été réparties les espèces du genre *Opis*.

Le niveau des nodules phosphatés des environs d'Auxerre. — Ce niveau est situé à la partie supérieure des sables ferrugineux de la Puisaye qui constituent l'étage albien supérieur.

Il correspond au gissement phosphaté des Brocs, dans le département de la Nièvre, et aux coquins de gaize de Varennes et de Talmats dans l'Argonne. Sa faune comprend plusieurs espèces spéciales qui se retrouvent dans tous les gisements de cet horizon.

Quoique *Mortoniceras rostratum* s'y rencontre assez fréquemment, ce niveau phosphaté ne saurait être rattaché à l'étage cénomanien, mais bien à l'Albien.

La zone dite à *Ammonites inflatus* doit être scindée et répartie entre ces deux étages.

Les phosphates de l'Yonne, quoique d'une richesse médiocre, sont assez activement exploités sur divers points des environs d'Auxerre et cette circonstance a permis à l'auteur d'y recueillir une faune importante qui les rattache incontestablement à l'Albien.

M. Armand VIRÉ, Attaché au Muséum de Paris.

Fouilles au Puits de Padirac. — M. Viré analyse les fouilles qu'il a entreprises à Padirac.

Le Puits de Padirac est un abîme d'*effondrement* et M. Viré pense retrouver sous les débris d'un énorme talus représentant, selon lui, l'ancienne voûte d'une salle détruite, les vestiges de l'ancien sol et quelques fossiles permettant de dater le creusement du puits.

Les fouilles qu'il entreprend sont seulement commencées, et lui ont montré, outre des cailloutis récents et des objets d'industrie moderne, le commencement de l'ancien plafond éboulé.

Ces fouilles seront continuées.

9ᵉ Section.

BOTANIQUE

— Séance du 8 août —

M. le Dᵣ Marius ARNAUD, à Montpellier.

Étude sur les Trifolium. — L'auteur étudie les Trifolium dans les parties vertes et dans la fleur et il en conclut la nécessité de séparer les Trifolium des autres légumineuses, pour en faire soit une tribu, soit une petite famille distincte.

M. HECKEL, Prof. à la Fac. des Sc. de Marseille.

Sur une nouvelle espèce de Lychnophora. — J'ai reçu de M. Van Isschot, ingénieur de la ligne ferrée en construction de Quito à Guyaquil, sous le nom indigène de *Chiquiragna*, une plante employée comme fébrifuge par les Indiens de la Cordillière et qui croît à une altitude de 4.000 mètres dans cette même chaîne de montagnes, sur son versant de l'Océan Pacifique. Cette plante, dont je n'ai reçu que deux rameaux en fleurs, me parait présenter un réel intérêt : 1° par la nature de ses feuilles qui rappellent tout à fait celles des *Araucarias* et en particulier de *A. Cooki*, tant par leur forme que par leur consistance. Elles sont sessiles, ovales, très aiguës au sommet, très atténuées à la base, vernissées sur les deux faces et pourvues à la face inférieure d'une nervure médiane très prononcée qui est accompagnée de quelques nervures secondaires pennées très visibles sur des échantillons desséchés. A la face supérieure, la nervure médiane n'est pas apparente. D'après l'examen du bois et des rameaux que j'ai reçus (1), on peut préjuger que c'est là un fort arbuste. Les rameaux sont terminés par des inflorescences de couleur roux doré tranchant sur le vert

---

(1) Ce bois et son écorce sont doués, d'après ma propre constatation, d'une forte amertume.

des feuilles qui sont rapprochées en spires très denses sur les rameaux et facilement caduques.

Les capitules entourés de bractées rappelant la forme des feuilles, rigides, aiguës au sommet et dont la taille va en croissant de la base au sommet du capitule, sont multiflores, 24 fleurs à corolles jaunes et peu développées ne dépassant pas les dernières bractées du capitule. L'état des échantillons ne me permet pas actuellement une description très détaillée. — 2° Par ce fait que jusqu'ici les espèces connues de ce genre *Lychnophora*, démembrement des VERNONIACÉES, ne sont propres qu'au Brésil (1) et à ses grandes altitudes. L'espèce actuelle démontre les rapports qui existent entre la flore brésilienne et celle de l'Équateur, ce qui n'a rien de bien surprenant, si l'on veut bien considérer que cette dernière contrée n'est séparée du Brésil politiquement que par une petite surface de la Colombie et du Pérou et, en réalité, n'est physiquement que la continuation du Brésil par le bassin des Amazones jusqu'aux Cordillières, où ce fleuve géant prend ses sources. — Je dédie cette espèce nouvelle à M. l'ingénieur Van Isschot, qui l'a recueillie et découverte, et à qui la botanique exotique doit déjà bien des récoltes et des observations du plus haut intérêt sur le continent américain. Cette description sera achevée et une étude des propriétés de cette plante sera entreprise quand les envois de M. Van Isschot le permettront.

M. Paul PETIT, Pharm., à Saint-Maur-des-Fossés (Seine).

Sur les Diatomées de Madagascar. — M. P. PETIT, donne : 1° Le catalogue des Diatomées qu'il a trouvées sur les débris des algues marines, envoyées au Muséum de Paris et provenant de Fort-Dauphin, extrême sud de Madagascar ; 2° Un autre catalogue des espèces récoltées sur une vase marine, provenant d'Helleville à Nossi-bé (nord-ouest de Madagascar) et qu'il doit à l'obligeance de M. le docteur Corre, médecin de la marine.

Ces deux catalogues renferment une grande quantité d'espèces rares et fort peu connues, ils serviront de premiers jalons pour une flore diatomique complète de la grande colonie.

M. PRUNET, Prof. à la Faculté des Sc. de Toulouse.

Contribution à l'étude de la Rouille des céréales.

— LES PUCCINIA DES CÉRÉALES DANS LA RÉGION TOULOUSAINE EN 1902.

On sait que diverses Urédinées appartenant au genre *Puccinia* vivent en parasites sur les céréales. Ce sont : *P. graminis* Pers., sur le blé, le seigle, l'orge et l'avoine ; *P. glumarum* (Schm.) Erik. et Henn. sur le blé, le seigle et l'orge ; *P. triticina* Erik. sur le blé ; *P. dispersa* Erik. sur le seigle ; *P. simplex* (Koke.) Erik. et Henn. sur l'orge ; *P. coronifera* Kleb. sur l'avoine.

Je me suis proposé de rechercher quelles sont les espèces que l'on rencontre le plus fréquemment dans la région toulousaine. 212 champs de céréales (blé, seigle, orge, avoine), situés dans les départements de la Haute-Garonne,

---

(1) On les trouve presque exclusivement dans les hautes montagnes de Minas-Geraes.

de l'Aude, de l'Ariège, du Tarn-et-Garonne, du Tarn ont fourni les échantillons nécessaires à cette détermination. En voici les résultats :

P. graminis. — Sur le blé et l'avoine seulement. Assez fréquent et très abondant dans certaines localités sur le blé ; assez rare et peu abondant sur l'avoine.

P. glumarum. — Uniquement sur le blé ; fréquent, mais rarement très développé.

P. triticina. — Très fréquent et généralement très abondant sur le blé.

P. dispersa. — N'a pris que par exception sur le seigle un grand développement.

P. simplex. — Très fréquent et souvent très abondant sur l'orge vulgaire et surtout sur l'orge à deux rangs.

P. coronifera. — Très fréquent et souvent très abondant sur l'avoine.

En résumé, le blé a été attaqué surtout par le *P. triticina* et l'avoine surtout par le *P. coronifera ;* le seigle a été frappé uniquement par le *P. dispersa* et l'orge uniquement par le *P. simplex.*

II. — Notes biologiques.

Les diverses espèces de *Puccinia,* dont il vient d'être question ne se sont montrées que par exception en automne sur les céréales d'hiver.

Le *P. graminis* n'a paru que vers le milieu de juin ; pendant la deuxième quinzaine de juin il a pris sur le blé, dans certaines localités un développement considérable. L'épine-vinette n'existe qu'à l'état d'exception dans la région explorée et on ne la trouve pas plus fréquemment dans les localités très frappées par le *P. graminis* que dans les autres. Le *P. graminis* s'est montré sur l'avoine à la même époque que sur le blé, mais son développement y a été beaucoup moindre. Un champ d'avoine bordé par une haie d'épine-vinette n'a été que très faiblement atteint par le *P. graminis ;* il a été au contraire assez gravement attaqué par le *P. coronifera,* bien que le *Rhamnus cathartica* manquât dans le voisinage.

Les *Puccinia glumarum, triticina, dispersa* et *simplex* on fait leur apparition du milieu d'avril au commencement de juin sur les céréales d'hiver comme sur celles de printemps.

Des orges frappées par le *P. simplex* portaient déjà des téleutospores au mois d'avril.

J'ai constaté d'une façon très nette que le *P. simplex* se propage par urédospores d'un champ d'orge à d'autres champs d'orge.

M. le Dr C. GERBER, Prof. à l'Éc. de Méd., à Marseille.

Modifications florales du Statice Globulariæfolia Desf. — M. GERBER présente un certain nombre d'échantillons de *Statice Globulariæfolia.* Desf. se distinguant du type normal par leur inflorescence.

Les scapes de tous ces pieds anormaux ont la forme d'une queue de cheval ; mais certains portent des épillets bi ou triflores à l'extrémité de chaque ramification ultime, tandis que d'autres n'ont absolument aucune fleur à l'extrémité de leur chevelu ; les uns comme les autres peuvent d'ailleurs être : soit abondamment pourvus de feuilles vertes moins grandes que les feuilles en rosette de la base, mais bien différentes des petites bractées scarieuses qui existent chez les individus normaux, soit en être privées.

M. Gerber remet aux membres de la Section les photographies de quatre types anormaux qui diffèrent tellement de la forme ordinaire et entre eux que l'on croirait avoir affaire, au premier abord, à cinq espèces de Statice.

Il montre que toutes ces anomalies doivent être attribuées :

a) D'une part à l'exagération de deux tendances que l'on constate dans les espèces du genre, à savoir :

1° La tendance qu'offrent toutes les bractées scarieuses qui se trouvent sur l'axe principal et les axes de divers ordres du scape à présenter des rameaux axillaires ;

2° La tendance à l'avortement des fleurs groupées en petites cymes hélicoïdales contractées ou faux épillets rapprochés eux-mêmes les uns des autres en des sortes d'épis composés.

b) D'autre part à l'élongation de tous les entre-nœuds des rameaux, épis et épillets ou d'un certain nombre de ces entre-nœuds.

M. Gerber discute l'influence des agents chimiques sur cette dernière élongation.

———

— Séance du 9 août —

M. le Dr PICQUENARD, à Quimper.

Les Cladonies de la Cornouaille armoricaine.

Discussion. — M. MAGNIN appelle l'attention de la Section sur l'intérêt que présentent ces recherches, les *Cladonia* constituant un groupe de Lichens polymorphes dont l'espèce et les formes présentent de grandes variations.

———

M. Edmond GAIN, Prof.-adj. à la Fac. des Sc. de Nancy.

L'herbier de Dominique Perrin, médecin lorrain de la première partie du XVIIᵉ *siècle.* — L'auteur donne quelques renseignements sur cet ancien herbier, qui était ignoré, et qu'il a reconstitué récemment.

Il montre une photographie d'une des pages de l'herbier, et un acte d'anoblissement du botaniste Perrin daté du 1er septembre 1620.

Cet herbier comprend 996 plantes groupées en 13 cahiers.

Il est ainsi trois fois plus riche en espèces que l'herbier de Jean Girault, qui est le seul herbier français plus ancien que lui.

L'herbier de Dominique Perrin est un des sept herbiers les plus anciens de l'Europe. Il vient après ceux d'Aldrovandi, Girault, Césalpin, Rauwolf, G. Bauhin, Ratzenberger. Il présente donc un certain intérêt au point de vue de la Botanique historique.

———

Mⁱⁱᵉ BELEZE, à Montfort-l'Amaury (Seine-et-Oise).

A propos d'une orchidée des montagnes de l'Europe trouvée dans la forêt de Rambouillet.

———

Tératologie cryptogamique. Trois cas de fasciations fongiques.

———

MM. GILLOT, MAZIMAN et PLASSARD, à Autun (Saône-et-Loire).

Étude des champignons. Projet de tableaux scolaires. — L'enseignement de la mycologie, malgré des travaux récents et nombreux, et les vœux du Congrès international de Botanique de Paris, en 1900, est trop négligé dans les écoles. Depuis qu'il a été démontré, surtout dans la thèse du Dr Victor Gillot (1900), que tous les empoisonnements réellement attribuables aux champignons sont à peu près exclusivement produits par le petit groupe des Amanites et des Volvaires, c'est à la connaissance exacte de ces espèces nuisibles qu'il faut surtout s'attacher; et, pour cela, il faut des tableaux scolaires bien faits, à la portée de tous et à bon marché. Ceux qui existent déjà en France et à l'étranger laissent beaucoup à désirer. C'est dans ce but que les auteurs ont, à titre d'essai, dressé deux tableaux, à l'aquarelle, des principales Amanites vénéneuses, avec légende explicative.

La Section est d'avis qu'il faut encourager toutes les tentatives faites en vue de vulgariser la connaissance des champignons comestibles et vénéneux, et par suite, celles de MM. Maziman et Plassard.

———

M. le Dr Antoine **MAGNIN**, Doyen de la Fac. des Sc. de Besançon.

Observations sur la flore montalbanaise et l'extension de la flore méditerranéenne dans le Sud-Ouest. — A l'occasion de la présentation à la Section des publications de M. Lamic sur la flore du Sud-Ouest et du volume sur le Tarn-et-Garonne publié par la Ville de Montauban pour le Congrès de l'*Afas*, M. Magnin présente diverses observations qui lui sont suggérées par l'article *Flore* (dû à M. Doumerc) de ce volume, et les notes de M. Lamic.

1° A propos des *Genista Scorpius* et *horrida*, M. Magnin rappelle que cette dernière espèce remonte jusqu'au Mont d'Or lyonnais où elle revêt une forme spéciale qui a reçu le nom de *G. erinacea* ou *lugdunensis;* c'est un nouvel exemple des modifications, que l'espèce subit à la limite de son aire, si bien étudiées par M. de Wettstein et autres botanistes.

2° Au sujet de la note de M. Lamic sur la flore de Saint-Antonin, M. Magnin signale des faits identiques de coexistence de plantes méridionales et montagnardes dans les vallées profondes et les cluses du Jura ; à Pierre-Châtel, par exemple, on observe : *Sisymbryum austriacum, Silene saxifraga, Ribes alpinum, etc.*, et à proximité, *Cerasus Mahaleb, Pistacia Terebinthus, etc.;* les plantes montagnardes y descendent aussi très bas, et dans les parties tournées au nord.

3° Dans l'article de M. Doumerc, M. Magnin relève diverses assertions concernant les rapports de la composition du sol avec la végétation, et insiste sur les plantes véritablement *calcifuges,* les influences *compensatrices* du climat et autres conditions pouvant intervenir dans la dispersion de ces plantes, influences qu'il a indiquées déjà lors d'un précédent Congrès de l'*Afas,* à Toulouse.

———

Les jardins botaniques de Montbéliard, d'Étupes et de Porrentruy. — A propos de la communication de M. Gain, sur l'herbier de Dominique Perrin, M. MAGNIN présente à la Section une brochure intitulée *Notes sur les jardins botaniques de*

15

Montbéliard, d'Étupes et de Porrentruy. Il profite de l'occasion pour signaler,
d'après une communication de M. Contejean, l'erreur commise par Weiss au
sujet d'un prétendu jardin botanique qui aurait existé à Étupes; il n'y a jamais
en que des plantes d'ornement, dont ont fait partie les espèces citées dans
cette note.

Réunion des 9e et 10e Sections.

MM. VAYSSIÈRE et GERBER.

Étude botanique et zoologique des Cécidies de Cistes. — M. GERBER expose les
résultats principaux des recherches cécidologiques que M. VAYSSIÈRE et lui-même
ont faites sur les galles des Cistes, et remet aux membres de la Section un certain nombre de photographies permettant de suivre plus facilement ses explications, desquelles il résulte que :

Les Cistes des environs de Marseille présentent un certain nombre de déformations de la tige et de la fleur, dues à des coléoptères du groupe des Apionides
et à des hémiptères.

Les Apionides sont attaqués, dans leurs galles, par des hyménoptères appartenant au groupe des Chalcidides et à celui des Braconides.

M. Vayssière, dans ce travail, a décrit les divers apions et leurs parasites hyménoptères. Parmi ces parasites il convient de signaler une espèce nouvelle :
Bracon Marshalli.

M. Gerber, auquel était réservée la partie botanique, a étudié la morphologie
externe et la structure anatomique des Cécidies. Il insiste plus particulièrement,
dans son exposé, sur la fausse polystélie déterminée par *Apion cyanescens* dans les
tiges des Cistes et sur les caractères de tiges volubiles, que les rameaux de *Cistus
salvifolius* L. prennent au contact d'un hémiptère. Enfin il a suivi de très près
l'éclosion de plus de *cinq cents Apions cyanescens* Gyll, Chalcidides et Braconides,
ce qui lui permet de tirer des conclusions intéressantes concernant l'infection
des galles par les deux groupes d'hyménoptères parasites.

M. le Dr APERT, Méd. des Hôp. de Paris.

Chicorées monstrueuses. — M. APERT présente deux pieds ce chicorée (*Cichorium
Sutybus*), présentant un élargissement anormal de la tige, lesquelles, pour une
épaisseur de 3 millimètres, présentent une largeur de 11 millimètres pour un des
pieds, et de 32 millimètres pour l'autre pied. En balancement avec ce développement anormal de la tige, les rameaux secondaires sont étrophiés, grêles, peu
divisés et les fleurs qu'ils portent étaient retardées dans leur développement et
à l'état de boutons, tandis que les pieds normaux voisins étaient en pleine floraison. Ces deux pieds poussaient à cinq centimètres l'un de l'autre sur les
bords d'un chemin, et ont été recueillis à Ferrides (Tarn-et-Garonne).

— Séance du 11 août —

Visite de la Section au Musée d'Histoire naturelle de Toulouse.

— Séance du 13 août —

M. DUCOMET.

Recherches sur le développement de deux champignons parasites.

M. le Dr E. BONNET, à Paris.

Documents pour servir à l'histoire de la collection de miniatures d'histoire naturelle, connue sous la dénomination de Vélins du Muséum.

M. MAGNIN.

Sur les tourbières du Jura. — M. MAGNIN résume dans cette communication les recherches qu'il poursuit depuis plusieurs années, avec M. Fr. Hétier, sur les *tourbières du Jura;* il indique successivement :

Les caractères des tourbières jurassiennes (causes et modes divers de production), les différences qu'on observe entre les tourbières émergées (hochmoore), les tourbières immergées, les marais tourbeux, etc.;

La répartition géographique de chacune de ces stations dans l'étendue du Jura, notamment dans le J. bernois (Franches-Montagnes), J. neuchâtelois, J. vaudois, J. dubisien, J. jurassien, J. idanien (département de l'Ain);

Les principales particularités présentées par la *végétation* des tourbières, notamment celle des tourbières émergées, à Sphaignes, et la distribution géographique des espèces caractéristiques;

Les découvertes d'espèces et de localités nouvelles dues principalement à son collaborateur, M. Hétier.

Extension de la flore méditerranéenne dans la vallée du Rhône et la région du Sud-Ouest. — Répondant à la question soumise à la discussion de la 9e Section, et s'appuyant à la fois : *a)* sur les communications de M. Lamic présentées à la dernière séance; *b)* sur les faits constatés dans l'excursion de dimanche dernier à Bruniquel, Penne et Saint-Antonin; *c)* sur ses recherches personnelles dans la vallée du Rhône, le Lyonnais et le Jura, M. MAGNIN signale les différences que la flore méditerranéenne présente dans son extension dans la région du Sud-Ouest et dans la vallée du Rhône; sur ce dernier point, en particulier, il montre qu'il faut distinguer les espèces méditerranéennes qui s'éteignent progressivement et celles dont les stations deviennent de plus en plus disjointes; il montre que la théorie d'une *période xérothermique* explique seule, d'une manière satisfaisante, les particularités de la distribution géographique *actuelle* de ces végétaux.

M. Louis BRÆMER, Prof. à la Fac. de Méd. de Toulouse.

L'aloès aromate. — La substance qui, sous le nom d'*aloès*, est mentionnée dans l'évangile selon saint Jean comme ayant servi dans l'ensevelissement du Christ, est un *bois* odorant originaire de l'Inde. C'est par suite d'une confusion purement verbale qu'on l'a identifiée avec la *résine* couramment employée comme purgatif qui porte ce nom et qui a servi aux expériences de MM. Vignon et Colson dans leurs recherches sur le *Linceul du Christ*.

M. GÉNEAU DE LAMARLIÈRE, Doct. ès Sc., chargé de cours à l'Éc. de Méd. de Reims.

Le bleu de molybdène en histologie végétale.

M. P. LEDOUX, Prof. aux Écoles Arago et Turgot, à Paris.

Sur l'aplatissement des organes du Lathyrus Ochrus D. C. — On sait qu'un grand nombre de *Viciées* et particulièrement de *Lathyrus* sont caractérisés, morphologiquement par l'aplatissement souvent considérable de la tige, des rameaux, des pétioles et même des vrilles. Je me propose de rechercher quelles sont les transformations que cet aplatissement apporte à la structure générale de ces Viciées.

J'étudierai spécialement ici le *L. Ochrus* chez lequel cet aplatissement atteint son maximum.

Chez les Viciées, en général, les trois ou quatre premières feuilles sont écailleuses. Ces feuilles sont constituées

1º Par un lobe médian homologue de la feuille normale ou de son pétiole;

2º Par deux petits lobes situés de part et d'autre du précédent et homologues des stipules (ces trois lobes toujours très réduits).

Les feuilles normales, stipulées et foliolées, *apparaissent au troisième ou quatrième nœud*.

Or, chez le *L. Ochrus*, les feuilles normales ne sont insérées que *vers le douzième ou quatorzième nœud*. J'assimile toutes les feuilles situées au-dessous des précédentes à *des feuilles écailleuses transformées*.

Conclusions tirées de la morphologie. — L'aplatissement de la tige et des organes qu'elle porte a pour résultat *de retarder l'apparition des folioles*. Ce retard correspond :

1º *A une adaptation des feuilles de base* (écailleuses et très petites dans tous les autres genres) qui deviennent des organes de remplacement des folioles. Pourtant cette adaptation n'est jamais assez complète pour que ces feuilles écailleuses transformées portent des folioles;

2º *A un retard dans l'évolution des stipules* qui, à peine visibles sur les premières feuilles, sont, sur une grande partie de la tige, réduites à une très petite pointe soudée à la base de la feuille.

Conclusions tirées de l'anatomie. — L'aplatissement a pour résultats :

1º De provoquer dans la tige et les pétioles ailés la *formation d'un tissu assimilateur* très abondant;

2º De rejeter *aux marges des ailes de la tige* les faisceaux corticaux stipulaires ;

3º De provoquer dans l'écorce de la tige le développement d'un grand nombre de petits faisceaux secondaires *à orientation très variable ;*

4º De modifier sur toute la tige *le mode de sortie des faisceaux stipulaires.*

Conclusion générale. — L'aplatissement de la tige du *L. Ochrus* a pour résultat *de retarder l'évolution du végétal.*

M. William RUSSELL, à Paris.

Recherches sur la localisation de la taxine chez l'If. — M. Russell a recherché la localisation de la taxine dans les tiges et les feuilles de l'If commun. Il a constaté que cet alcaloïde fait son apparition au voisinage des points végétatifs et qu'il atteint son maximum de concentration dans les organes âgés.

M. le Dr H. JODIN, Prép. à la Fac. des Sc. de Paris.

Passage de la racine à la tige chez les Borraginées. — Des coupes faites à différents niveaux sur une plantule d'*Echium vulgare*, depuis le collet jusqu'à la base des cotylédons, permettent de constater les modifications qui s'opèrent dans les tissus, en passant de la racine à la tige.

Le bois primaire est absolument réduit au sommet de l'axe hypocotylé, le métaxylème se développe à côté de lui, et non dans son prolongement; de même, le bois secondaire se développe à côté de ce dernier et non dans son prolongement. Il existe donc deux solutions de continuité entre le système vasculaire de la racine et celui de la tige.

M. BEAUVISAGE.

Présentation du Genera Montrougierana.

MM. MAHEU et GÉNEAU DE LAMARLIÈRE.

Mucinées des cavernes du Cap-Gris.

Travaux imprimés

PRÉSENTÉS A LA SECTION

Ant. Magnin. — *Archives de la flore jurassienne, 1re et 2e années.*
Notes sur les jardins botaniques de Montbéliard, d'Étupes et de Porrentruy.

10e Section

ZOOLOGIE, ANATOMIE ET PHYSIOLOGIE

PRÉSIDENT. . . . . M. MOQUIN-TANDON, Prof. à la Fac. des Sc. de Toulouse.
SECRÉTAIRE . . . . M. JAMMES, Maître de Conf. à la Fac. des Sc. de Toulouse.

— Séance du 8 août —

M. le Dr Jean-Paul BOUNHIOL, Chef des Trav. à l'Éc. des Sciences d'Alger.

Sur une méthode générale de mesure dans l'étude de la respiration des animaux aquatiques. — La respiration des animaux aquatiques de petite taille, marins ou d'eau douce, peut être étudiée à l'aide d'une méthode simple et précise permettant de faire des mesures en poids de l'anhydride carbonique excrété et de l'oxygène absorbé.

Cette méthode consiste schématiquement à faire passer un courant continu d'*air ordinaire* à travers l'eau où vivent les animaux dans des conditions biologiques normales. Ce courant d'air est aspiré par une trompe à eau — à pression ou à chute — de débit très faible et avec une *vitesse convenable*.

Le courant gazeux abandonne ensuite dans une série de tubes absorbants — (KOH et Ba(OH)^2 pour l'anhydride carbonique ; pyrogallate de potasse et cuivre au rouge pour l'oxygène) — la totalité de son anhydride carbonique et de son oxygène ; l'azote est recueilli à la sortie de la trompe dans un gazomètre ou un récipient jaugé.

MM. Louis LÉGER Prof. à la Fac. des Sc., **et Octave DUBOSCQ**, à Grenoble.

Sur les larves d'Anopheles et leurs parasites en Corse. — Les auteurs signalent la présence de nombreuses larves d'Anopheles, en avril, dans certaines régions palustres de la Corse, notamment Campo di Loro, les marais de Saint-Florent et le voisinage de l'étang de Biguglia. Un certain nombre de ces larves renfermaient, comme parasite intestinal, de nombreux microflagellés du genre *Crithidia* (*Crithidia fasciculata* Léger), ainsi que le champignon filamenteux signalé par Perroncito.

Note sur les Myriapodes de Corse et leurs parasites. — Les auteurs, après avoir montré l'intérêt qui s'attache à la connaissance de la faune myriapodologique de la Corse, encore complètement inconnue, donnent la liste des Myriapodes qu'ils ont recueillis pendant leur récent voyage dans cette île. Elle comprend un certain nombre d'espèces nouvelles, tant en Chilopodes qu'en Diplopodes, dont ils donnent les principaux caractères. Les auteurs montrent les affinités de cette faune et signalent, en outre, les endoparasites, notamment les Sporozoaires qu'ils ont observés chez ces animaux.

Sur l'*Adelea dimidiata coccidioïdes* Léger et Dubosq, parasite de la Scolopendra oraniensis lusitanica Verh. — Les auteurs étudient le cycle évolutif, encore mal connu, d'une variété de l'*Adelea dimidiata* (variété *coccidioïdes*) qu'ils ont rencontrée en grand nombre dans les Scolopendres de la Corse. La schizogonie et la fécondation s'effectuent suivant les modes connus chez *Adelea ovata* Schn. Mais ce qui caractérise l'*A. dimidiata*, c'est la présence, chez les macrogamètes, d'une longue trompe qui atteint la basale et qui doit servir d'appareil de fixation et peut-être aussi, de nutrition. Cette trompe s'atrophie lorsque le macrogamète, suffisamment gros, est devenu apte à la fécondation; à ce moment, le couple quitte l'épithelium. Les ookystes qui mûrissent dans le milieu extérieur donnent, le plus souvent, seulement quatre sporocystes dizoïques.

M. Jean-Paul TOURNEUX, à Toulouse.

Structure du Proamnios chez le lapin. — M. TOURNEUX a étudié la structure du proamnios chez l'embryon de lapin. Les conclusions suivantes résument l'ensemble de ses recherches :

1° Les cellules de la couche ectodermique sont rattachées aux cellules de la couche endodermique par une série de filaments d'union tendus plus ou moins obliquement entre les deux couches ;

2° Ces filaments d'union sont surtout accusés de la 195e à la 200e heure après la copulation, alors que le proamnios mesure une épaisseur d'environ 24 μ. Dans la suite, les deux feuillets s'amincissent, et s'appliquent étroitement l'un contre l'autre, si bien que les filaments d'union ne sont plus apparents sur les coupes ;

3° Il est permis de se demander si ces filaments ne s'opposent pas à l'envahissement du proamnios, par les lames mésodermiques de l'embryon, en d'autres termes, s'ils ne sont pas la cause déterminante de la formation proamniotique, c'est-à-dire de la persistance à l'état de membrane didermique d'une partie de la zone transparente du blastoderme.

M. le Dr Henri MANDOUL, Chef des Trav. de Zool. à la Fac. des Sc. de Toulouse.

Influence des radiations monochromatiques sur les colorations tégumentaires. — 1° Les radiations simples ou monochromatiques isolées, par un prisme ou des écrans diversement colorés ne déterminent pas de modifications constantes et régulières sur la coloration du Caméléon.

2° Le Triton marbré et la Rainette, placés derrière des écrans de colorations variées, présentent dans leur coloration (au bout d'un temps assez long, une quinzaine de jours en moyenne) des modifications constantes et durables en rapport avec la nature des radiations éclairantes.

a) Les radiations les moins réfrangibles (écran rouge) agissent comme une lumière faible. Les sujets en expérience prennent une teinte sombre. Les radiations les plus réfrangibles (écran bleu) se comportent comme une lumière intense. Les sujets s'éclaircissent notablement. Les chromoblastes se contractent d'autant plus que les radiations qui agissent sont plus réfrangibles.

b) Les sujets (rainettes) soumis à l'action des radiations les moins réfrangibles (écran rouge) prennent une coloration appartenant à l'autre extrémité du spectre et deviennent bleuâtres. Par contre, les sujets éclairés par les radiations les plus réfrangibles prennent une coloration appartenant à l'extrémité opposée du spectre ; jaune, en l'espèce.

On peut rapprocher ces résultats de certains faits observés dans la nature et rapportés habituellement au mimétisme : distribution des végétaux (algues) et des animaux (mollusques, crustacés) dans les zones marines de diverses profondeurs d'après leur système de coloration ; fréquence des colorations bleues et vertes dans les zones superficielles et colorations rougeâtres dans les zones profondes éclairées par la lumière solaire dépouillée de ses radiations peu réfrangibles par suite de son passage à travers des couches d'eau de plus en plus épaisses.

M. le Dr PICQUENARD, à Quimper.

*Sur la distribution de l'*Helix Quimperiana Fer. *dans le Finistère.*

M. Pierre STEPHAN, Chef des trav. d'Hist. à l'Éc. de Méd. de Marseille.

Contribution à l'étude des organes génitaux des hybrides.

MM. Léon JAMMES et MARTIN, Chef des trav. à l'Éc. vétér. de Toulouse.

La spécificité des feuillets blastodermiques chez les Nématodes. — Le mésoderme des Nématodes a les caractères d'une *simple masse résiduelle*. Il ne présente pas les caractères de feuillet dans le sens propre du mot. Son étude apporte quelque lumière dans les recherches relatives à la vraie signification des *feuillets primordiaux*.

MM. L. JAMMES, Maître de Conf. à la Fac. des Sc. et le **Dr ALOY**, Chargé de Cours à la Fac. de Méd. de Toulouse.

Recherches expérimentales sur l'acclimatement des organismes aux milieux salins. — Les auteurs ont entrepris de préciser un certain nombre de conditions d'adaptation des divers animaux aux milieux naturels : eau douce et eau de mer. Ils ont fait des expériences préliminaires pour se rendre compte du degré de plasticité de quelques espèces : *Spongilla fluviatilis, Bufo vulgaris* (Têtards), *Cyprinus auratus.* Ils ont trouvé une loi d'accoutumance très nette : les milieux toxiques (chlorure de potassium notamment) sont supportés à des doses qui peuvent s'élever à d'assez hauts degrés, si l'on procède par dosages lents et progressifs. Les animaux présentent des degrés de résistance variables selon la température du milieu dans lequel ils vivent, et selon leurs états physiologiques spéciaux. Les Têtards, en particulier, offrent une diminution de résistance sensible au moment de la transformation de leur appareil respiratoire. Les résultats fournis par les comparaisons des résistances d'animaux adultes et d'animaux en voie de développement sont très précis à cet égard.

M. le Dr P. LESAGE, Maître de Conférences à la Fac. des Sc. de Rennes.

Germination des spores de champignons chez l'homme.

M. S. JOURDAIN, anc. Prof. à l'Univ. de Nancy.

Digestion microbienne des Batraciens. — Lorsqu'on examine au microscope le contenu du tube digestif d'une Grenouille, on est frappé de la quantité de microbes (bactéries, etc.), qu'on y rencontre.

La présence de ces microbes est-elle accidentelle ou normale?

Quand on considère que ces organismes appartiennent ordinairement aux mêmes formes, qu'ils varient suivant les diverses portions de l'intestin, on est conduit à admettre qu'on se trouve en présence d'éléments dont la vie est liée à celle de l'animal qui les recèle.

Il est difficile de ne pas considérer ces microbes comme ne jouant pas un rôle essentiel dans les phénomènes digestifs et une étude plus approfondie donne la conviction qu'ils en sont des facteurs essentiels.

Les physiologistes admettent que les aliments introduits dans le tube alimentaire y subissent des modifications variées suivant leur nature, provenant de l'action des liquides versés dans l'intérieur de ce tube par diverses glandes, puis que les matières nutritives, ainsi modifiées, sont absorbées directement par les cellules de l'épithélium intestinal, qui les transmettent aux vaisseaux sous-jacents.

Les phénomènes de l'absorption intestinale ne se passent pas d'une façon aussi simple.

Les matières alimentaires sont modifiées par les sécrétions avec le concours et l'intervention des microbes intestinaux. Ceux-ci se nourrissent d'abord des matières élaborées, du *chyme*, puis à leur tour les cellules intestinales se nourrissent de ces microbes. Enfin ces dernières cèdent les matériaux, ainsi absorbés, aux lymphatiques, avec lesquels elles sont en rapport intime. Les vaisseaux à sang rouge du tube digestif sont plus spécialement des vaisseaux nutritifs de cette partie de l'organisme.

Par conséquent, chez les Grenouilles, la digestion exige, pour être menée à bonne fin, l'intervention constante de divers microbes, lesquels servent d'intermédiaires nécessaires entre les absorbants et les cellules annexées aux racines des vaisseaux absorbants.

Il se produit dans les Grenouilles (et ce cas est susceptible d'une plus grande généralisation) des phénomènes qui ont des analogues dans le règne végétal. On sait, en effet, que l'absorption des matières azotées s'effectue, chez certains d'entre eux, par l'absorption de ces matières à l'aide des radicules pourvues de nodosités contenant des légions de microbes. Ces microbes, l'observation ne laisse aucun doute à cet égard, sont les intermédiaires indispensables entre le végétal et la matière azotée.

MM. J. ALOY et E. BARDIER, Prof. à la Fac. de Méd. de Toulouse.

Toxicologie des métaux. — La plupart des auteurs qui ont étudié l'influence des métaux sur les êtres vivants, se sont préoccupés surtout de déterminer la toxicité. Mais ce n'est là qu'une partie du problème en réalité beaucoup plus général. On peut concevoir, en effet, pour un même métal : 1° des doses qui augmentent la vitalité de l'organisme considéré ; 2° des doses sans action sensible ; 3° des doses plus ou moins nuisibles. M. Ch. Richet a récemment envisagé le cas des métaux alcalins. Nous avons étendu cette étude aux autres métaux.

Pour dégager l'observation de la multiplicité et de la complexité des phénomènes propres aux êtres supérieurs, nous avons opéré sur un organisme monocellulaire et nous avons choisi l'un des bacilles de la fermentation lactique. Les avantages de ce choix sont assez nombreux. Le bacille peut être maintenu au même degré d'activité par cultures successives sur bouillon. Il se développe très bien dans le lait qui est son milieu naturel. Enfin son activité peut être facilement appréciée en mesurant l'acidité produite.

Sur ce réactif physiologique nous avons fait agir les divers métaux sous forme de chlorures qui se prêtent très bien à ce genre de recherches à cause de leur solubilité et de la faible toxicité du radical électro-négatif.

La technique de nos expériences est des plus simples :

Du lait de même provenance est enfermé dans des matras de même forme, et après addition des métaux et ensemencement, les matras sont placés à l'étuve à 37°-38°. Au bout de vingt-quatre heures on mesure l'acidité à l'aide d'une solution déci-normale de soude en prenant comme indicateur la phénol-phtaléine.

Voici les résultats généraux de nos recherches. Pour chaque métal, il existe : 1° des doses en général très faibles qui n'exercent pas d'action sur la fermentation *(doses indifférentes)* ; 2° des doses plus fortes comprises entre des limites étendues qui diminuent l'acidité produite *(doses ralentissantes)* ; 3° des doses qui empêchent le développement du microbe *(doses empêchantes).* Ces doses empêchantes sont elles-mêmes bien inférieures à celles qui arrêtent une fermentation en cours et que nous appelons *doses toxiques.*

En comparant la toxicité des divers métaux nous avons trouvé dans ce cas particulier :

1° Sont, en général, peu toxiques les métaux très répandus dans la nature et principalement dans la matière organisée.

Cette loi apparaît très nettement quand on compare les corps d'une même famille chimique, ainsi le K et le Na sont moins toxiques que le Li, le Mg est moins toxique que le Zn ou Cd, etc., etc. ;

2° Les corps simples présentant une parenté chimique très étroite avec les corps peu toxiques, sont également peu toxiques. Par exemple, le Cœ et le Rb ne sont guère plus toxiques que le K, le Sr a une toxicité voisine de celle du Ca, etc. ;

3° Les corps les plus toxiques appartiennent aux familles des métaux bivalents (Hg, Cu, Zn, Gl, Cd, etc.) ;

4° Il n'existe aucune relation simple entre la toxicité et la grandeur du poids atomique, comme le voudrait la loi de Rabuteau.

M. Émile BELLOC.

Observations sur la faune aquatique du sud-ouest de la France. — Les dernières recherches entreprises par M. Émile BELLOC dans les cours d'eau et les nappes lacustres du sud-ouest de la France ont mis en sa possession des formes aquatiques fort intéressantes. L'auteur de la présente communication énumère les nombreuses espèces qui constituent cette faune, microscopique en majeure partie, dont le détail sera donné dans un travail spécial.

Cette étude renfermera également des renseignements circonstanciés sur l'habitat et les différentes particularités qui caractérisent les espèces composant cette faune.

— **Séance du 9 août** —

M. Eugène-Guillaume ROQUES, à Toulouse.

Influence de la chaleur et de la lumière sur la fonction chromogène du Micrococcus Prodigiosus. — Il est bien connu que les cultures de *Micrococcus Prodigiosus* sur pomme de terre maintenues pendant quelque temps à la température de 37° et reportées ensuite sur les milieux habituels à 20°-22° donnent des colonies pigmentées ; mais si l'on fait une série de cultures passant toutes dans l'étuve à 37°, la perte du pouvoir chromogène est définitive.

Réensemencées dans des conditions normales, ces cultures ne donnent que des colonies incolores.

Des cultures de *Micrococcus Prodigiosus* exposées à la lumière solaire brunissent légèrement au bout d'une heure, pendant la deuxième heure le changement de couleur s'accentue et, à la troisième heure, elles ont pris une teinte lie-de-vin ; ces cultures réensemencées donnent des colonies décolorées.

La chaleur et la lumière semblent donc produire les mêmes résultats ; mais quelle est la part de la lumière ?

Si la lumière agit seule, indépendamment de la chaleur, sur des cultures, celles-ci ne se décolorent pas, même après cinq heures d'exposition à la lumière directe du soleil. (On peut facilement éliminer la chaleur dans cette expérience en mettant les cultures dans un bain d'eau courante à la température constante de 20°-21°.). Ceci nous amène à croire que la chaleur est le facteur prépondérant dans l'abolition du pouvoir chromogène.

Cependant les rayons lumineux ont une influence particulière sur la fonction chromogène du *Micrococcus Prodigiosus*.

Nous avons essayé sur cette bactérie chromogène l'action des diverses radiations lumineuses, et pour cela, nous avons placé des cultures derrière des écrans bleus, verts, rouges, jaunes.

Les modifications visibles à l'œil nu sont peu sensibles pour les cultures placées dans les écrans bleus et verts ; une altération de la coloration est assez manifeste avec les cultures provenant des écrans rouges ; enfin, avec les cultures des écrans jaunes la décoloration est très intense.

La matière colorante de chacune de ces cultures, dissoute dans l'alcool, a été étudiée au spectroscope ; en même temps, nous avons étudié des solutions alcooliques de cultures normales et de cultures élevées à l'obscurité.

Toutes les solutions donnent une bande d'absorption dans le milieu du vert ;

en outre, les cultures normales, de l'obscurité, des écrans verts et bleus, absorbent toutes les radiations à la droite de la bande d'absorption située dans le vert. La solution provenant de l'écran rouge laisse passer, très atténuées, ces mêmes radiations ; les solutions alcooliques des cultures élevées dans les écrans jaunes laissent passer toutes les radiations et ne présentent que la bande caractéristique dans le vert.

Toutes ces cultures réensemencées donnent des colonies normalement colorées.

M. le Dr ALEZAIS, Prof. à l'Éc. de Méd. de Marseille.

Le fléchisseur profond des doigts. — L'étude d'un certain nombre de Mammifères, Chien, Mangouste, Cercopithèque, Hérisson, etc., confirme la conclusion qui avait été tirée d'une précédente étude sur les Rongeurs, que le fléchisseur profond des doigts est surtout d'origine antibrachiale chez les animaux dont la main est destinée à la préhension, et plutôt d'origine humérale dans le cas contraire.

M. le Dr E. GRYNFELTT, Chef des trav. d'Histologie à la Fac. de Méd. de Montpellier.

Sur les corps suprarénaux des Plagiostomes. — La distribution de ces organes, situés tout le long de la cavité abdominale, est étroitement liée à la disposition des artères segmentaires. Dans les espèces où celles-ci sont régulièrement métamériques, les corps suprarénaux le sont aussi ; au contraire, là où ces vaisseaux artériels présentent quelque irrégularité dans leur métamérie, on observe une irrégularité concomitante dans la répartition des corps suprarénaux.

Ces organes sont constitués par des cellules épithéliales, caractérisées par la présence, dans leur cytoplasme, de granulations qui prennent une teinte brune très accusée sous l'influence des sels chromiques. On voit souvent ces *granulations chromophiles* disparaître plus ou moins complètement du corps des cellules qui se vacuolisent et prennent alors une forme irrégulière. Cette disparition de substance chromophile indique une variation régulière et physiologique dans la quantité de cette substance. Par conséquent, ces cellules sont des éléments glandulaires, contrairement à l'opinion de KOHN qui les rapproche des cellules nerveuses.

M. le Dr Louis ROULE, Prof. à la Fac. des Sc. de Toulouse.

La distribution bathymétrique des Antipathaires. — A en juger d'après les travaux publiés jusqu'ici, une opposition remarquable s'établit, au sujet de la distribution en profondeur dans les mers, entre les deux familles principales de l'ordre des Antipathaires : les Antipathines seraient plutôt littorales et sub-littorales, et les Schizopathines abyssales. J'ai eu l'occasion d'étudier la collection recueillie dans ses dragages par le Prince de Monaco. Cette collection renferme surtout des Antipathines, dont la plupart ont été remontées de fonds inférieurs à 1000 mètres. L'opposition précédente entre les deux familles n'existe donc pas. Le fait de trouver dans les abysses des espèces nombreuses d'Antipathaires concorde avec l'organisation inférieure, et archaïque sans doute, du groupe.

MM. Louis ROULE et G. DE CARDAILLAC DE SAINT-PAUL

Les chevaines et les vandoises de l'Adour. — L'Adour contient dans ses eaux des chevaines et des vandoises d'une forme spéciale, que l'on ne rencontre pas ailleurs. Leurs différences avec les espèces types ne suffisent point pour motiver la création d'espèces nouvelles, mais seulement de variétés. Leurs caractères particuliers s'accordent assez bien avec les conditions spéciales du milieu pour que l'on puisse présumer que ceux-ci dépendent de celles-là, et, en surplus, à cause de la ressemblance mutuelle des deux variétés, que le bassin de l'Adour représente une partie de l'ancien centre de formation et de dispersion de ces deux espèces si communes dans les eaux douces de l'Europe occidentale.

———

M. Jules COTTE, à Marseille.

Note sur quelques phénomènes dégénératifs observés chez Sycandra raphanus. — En laissant mourir des Sycandra dans de l'eau de mer non-renouvelée, ou en les asphyxiant par un courant d'acide carbonique, on constate les altérations suivantes :

1º Les choanocytes subissent un étirement en leur milieu, le noyau étant généralement entraîné dans la portion distale de la cellule. Ce phénomène peut être répété plusieurs fois, et la cellule se transforme alors en une série de disques ou d'ovoïdes empilés.

Le simple étirement de la partie moyenne du choanocyte, déterminant la formation de ce que Bidder a appelé la plinthe et la colonne, a été interprété par cet auteur comme étant en rapport avec la nutrition de l'individu. Cette opinion est erronée.

2º Parmi les phagocytes un certain nombre jouent leur rôle et englobent les cellules altérées ; d'autres émigrent dans la cavité des corbeilles vibratiles.

3º Les ovules accomplissent aussi en certain nombre cette même migration.

4º Les embryons présentent des altérations complexes.

MM. le Professeur JOLYET et le Dʳ LALESQUE, à Arcachon.

Le nouveau Laboratoire de la Société scientifique et Station zoologique d'Arcachon. — La Société scientifique d'Arcachon, fondée en 1863, œuvre d'initiative privée, a créé, en 1867 et 1885, des Laboratoires en vue de recherches de biologie marine. Sous l'impulsion de ses travaux, de ses publications, la Société a vu ses installations devenir insuffisantes. Aussi vient-elle d'achever définitivement le pavillon des Laboratoires.

Aujourd'hui on compte dix Laboratoires, aménagés avec eau douce, eau de mer, gaz et tout l'outillage matériel ou scientifique de première nécessité.

Sept chambres contenant huit lits sont à la disposition des travailleurs qui en font la demande. Le tout, laboratoires, outillage, chambres, gracieusement et gratuitement cédés, pendant toute la durée du séjour.

Cinq chalutiers à vapeur de la Compagnie des Pêcheries de l'Océan, assurent la pêche et l'approvisionnement en animaux d'étude. Les travailleurs peuvent être embarqués et recueillir, dans le chalut même, les échantillons nécessaires à leurs recherches.

———

M. Jules KÜNCKEL D'HERCULAIS, à Paris.

Les invasions des sauterelles dans le sud et le sud-ouest de la France en 1901 et 1902. — Les étés de ces quatre dernières années, particulièrement chauds et secs, ont eu une action des plus favorables sur la multiplication des sauterelles dans le sud et le sud-ouest de la France ; en 1901, l'apparition de jeunes Acridiens parcourant les champs en bandes compactes, comme en Algérie, vint jeter l'alarme parmi les populations agricoles de la Camargue. M. le Ministre de l'Agriculture fit appel à mon expérience et me pria d'organiser la lutte ; le 15 juin je partais pour la Camargue où venaient me rejoindre les professeurs départementaux d'agriculture des régions les plus contaminées (Bouches-du-Rhône, Tarn, Aveyron, Charente, Charente-Inférieure). De longue date, les habitants sont accoutumés à lutter contre leur ennemi séculaire, le Stauronote marocain, une des espèces algériennes les plus redoutables, répandues dans tout le bassin de la Méditerranée; suivant une ancienne tradition, ils font usage de toiles, les malhafas des indigènes algériens, pour recueillir les jeunes Acridiens; il m'était donc facile d'initier les professeurs d'agriculture à la manœuvre de ces engins de destruction; ainsi préparés, ils purent regagner leurs départements respectifs, et moi-même je me rendais sur les territoires envahis pour organiser la résistance de concert avec les Préfets et les Conseillers généraux.

Dans le sud-ouest, nous étions en présence d'une autre espèce d'Acridien autochtone, le Caloptène italique ; celui-ci affectionne particulièrement les terrains calcaires, arides et secs, où normalement il se multiplie; mais lorsqu'il vient à pulluler à la suite d'une série d'années sèches, il quitte sa région permanente d'habitat, pour s'installer sur les terres cultivées, pourvu que celles-ci ne conservent pas une trop grande humidité (région subpermanente d'habitat); enfin il se répand un peu partout (région temporaire d'habitat). La Charente était parcourue de tous côtés par des bandes fort nombreuses et était des plus menacées; on se trouva dans l'obligation d'avoir recours à la troupe et trois cents soldats répartis en dix-huit équipes, préparés à la manœuvre des toiles à la caserne et sur le terrain, parcoururent successivement cent communes pendant quinze jours, pour montrer aux habitants à se servir des engins de destruction qu'on laissait à leur disposition. En 1901, les Caloptènes italiques se montrèrent en grand nombre dans une dizaine de départements du sud-ouest; ils y commirent sur certains points des dégâts importants dans les cultures restées en terre après la moisson et même dans les vignobles, et entravèrent même la marche des trains.

En 1902, les sauterelles firent de nouveau leur apparition dans le sud-ouest, et je fus à nouveau chargé d'organiser la lutte, notamment dans la Vendée, la Charente-Inférieure et la Vienne. Dans la Vendée les militaires furent également chargés de se rendre dans les communes pour apprendre aux habitants à se servir des toiles. Dans la Charente-Inférieure, la reconnaissance des gisements d'œufs de Caloptènes ayant été faite avec soin par le professeur départemental d'Agriculture, la lutte fut organisée dès les éclosions; au début on opéra la destruction des insectes naissants à l'aide d'huile lourde saponifiée, puis on se servit des toiles avec succès. Dans certaines communes, la destruction fut même des plus intensives; à Saint-Martin-de-Benet, où la municipalité fit preuve d'initiative, on recueillit dans la seconde quinzaine de juin, à raison de 60 à 70 kilogrammes par jour, 900 kilogrammes de jeunes insectes du premier et du deuxième âge, débarrassant la commune d'au moins 40 millions de ravageurs ; dans la banlieue même de La Rochelle une seule équipe de dix hommes arriva à capturer en deux semaines, 305 kilogrammes de jeunes criquets, soit en chiffres ronds, 6.740.000 insectes du troisième et du quatrième âge.

Pour des causes que nous allons exposer dans une note ci-jointe, l'invasion ne prit pas cette année le même développement que l'année précédente.

M. G. MOQUIN-TANDON, Prof. à la Fac. des Sc. de Toulouse.

Sur l'origine du mésoderme chez les Mammifères. — L'origine du mésoderme chez les Mammifères est encore aujourd'hui très discutée. Deux opinions sont en présence : suivant les uns, le mésoderme provient de l'ectoderme ; suivant les autres, il provient de l'entoderme. Si l'on considère que l'œuf des Mammifères n'est pas primitivement, mais tertiairement holoblastique, et si l'on compare les phénomènes évolutifs chez les Mammifères et les Reptiles, on voit que l'entoderme se forme chez les uns et chez les autres par un processus cœnogénétique et par un processus palingénétique ; c'est le dernier mode qui est la véritable gastrulation, gastrulation retardée et très réduite. Par suite, les parois de la fossette primitive creusée dans le nœud de Hensen et les parois du sillon primitif qui lui font suite représentent le protentoderme, et, par conséquent, le mésoderme qui se forme par prolifération des parois du sillon primitif et des parties latérales du prolongement céphalique qui se produit aux dépens de la paroi antérieure de la fossette primitive est d'origine entodermique.

— Séance du 11 août —

Visite de la Section au Musée d'Histoire naturelle de Toulouse.

— Séance du 13 août —

M. CUÉNOT, Prof. à la Fac. des Sc. de Nancy.

Contribution à la faune du Bassin d'Arcachon (Échiuriens et Sipunculiens).

M. Jules KÜNCKEL D'HERCULAIS.

L'Oxylophe geai (Coccytes glandarius, Lin), en France. (Un Coucou acridophage. — L'Oxylophe geai est normalement un oiseau africain ; il est commun en Égypte et en Nubie, se rencontre en Algérie et se trouve en nombre dans d'Arabie et la Palestine. Franchissant assez souvent la Méditerranée, il élargit son aire d'habitat et se montre isolément ou par couples en Grèce, en Italie, en Espagne ; on a constaté qu'il se reproduit dans ces deux derniers pays ; il a été vu ou capturé à différentes reprises dans le Midi de la France.

Le 1er septembre 1901, M. Délugin, de Périgueux, tua dans la Dordogne, à Vanxains, un bel exemplaire d'*Oxylophus glandarius*, aujourd'hui dans les collections du Muséum de Paris. Cette capture n'aurait qu'un intérêt relatif, si elle ne nous fournissait des indications précises sur son régime alimentaire. Les observations faites en Egypte, en Palestine par Brehm, Allen et Tristram permettent d'établir que l'Oxylophe geai est non seulement insectivore, mais surtout acridophage; or ce qui est particulièrement intéressant, c'est que le sujet tué dans la Dordogne, préparé par M. Germain, ancien vétérinaire de l'armée, naturaliste bien connu, retiré à Périgueux, *contenait exclusivement dans son jabot des Sauterelles communes au pays*. Si l'on veut se rappeler que onze département du Sud et du Sud-Ouest de la France ont eu a subir, en 1901 (juin, juillet, août et septembre), une invasion des plus extraordinaires de Sauterelles (Acridiens : *Caloptenus italicus*), n'est-on pas conduit à admettre qu'il y a rapport entre l'apparition de l'Oxylophe geai dans le Midi de la France et la multiplication des Sauterelles dans cette région. Les mêmes conditions climatériques qui ont favorisé la multiplication de ces dernières n'ont-elles pas favorisé aussi les déplacements des Oxylophes geais? Il ne faut pas oublier que l'Italie et l'Espagne où se rencontrent ces oiseaux sont des pays où les Acridiens *(Caloptenus italicus, Stauronotus maroccanus)* sont souvent une plaie redoutable.

M.. le Dʳ J. SELLIER, Chef des trav. de Phys. à la Fac. de Méd. de Bordeaux.

Sur le ferment saponifiant du sérum sanguin chez quelques groupes de poissons et d'animaux invertébrés. — Hanriot a fait connaître l'existence dans le sang des mammifères d'un ferment saponifiant, analogue par ses propriétés à la lipase pancréatique. On ne l'avait point encore recherché chez les diverses espèces de poissons et d'animaux invertébrés.

Une étude générale dirigée dans cette voie a démontré l'existence de ce ferment dans le sang de ces êtres, mais avec des teneurs différentes. Les lois d'action ont paru être les mêmes que celles de la lipase du sérum sanguin des vertébrés supérieurs.

M. Albert POLICARD, Prép. à la Fac. de Méd. de Lyon.

Notes cytologiques sur les cellules de l'organe de Bidder du crapaud. — I. — Certaines des plus grosses cellules qui composent l'organe de Bidder présentent dans leur protoplasma, jamais dans leur noyau, de nombreux *cristalloïdes* prenant fortement la safranine. Ils sont directement plongés dans le protoplasma, sans présenter autour d'eux une vacuole. Certains auteurs, Knappe en particulier, avaient entrevu ces cristalloïdes, mais croyaient avoir affaire à des queues de spermatozoïdes. Ils en concluaient que des spermatozoïdes pouvaient se former dans les cellules de l'organe de Bidder. — La signification de ces cristalloïdes est assez obscure. Ils semblent cependant être en rapport avec l'accumulation de réserves dans la cellule de cet organe.

II. — Grâce à une méthode spéciale de coloration (hématoxyline cuprique), on peut déceler dans le protoplasma des grosses cellules de l'organe de Bidder et dans celui des petites cellules folliculaires, jamais dans les noyaux, des *vésicules de sécrétion* de taille variable semblables à celles qu'on a signalées dans différents organes.

M. Léon JAMMES, Maître de conférences à la Fac. des Sc. de Toulouse.

Recherches expérimentales sur la toxicité des Vers intestinaux. — De diverses expériences (inoculations et infestations) instituées sur des animaux (cobayes, Lapins, Chiens) et sur lui-même (infestations seules), l'auteur dégage les conclusions suivantes :

1° Les extraits organiques qui proviennent de Vers intestinaux *(Ascaris lumbricoïdes, suilla, mégalocéphala et Oxyurus vermicularis)*, vivant dans des conditions normales, ne sont pas toxiques.

2° Ces extraits, au contraire, ont un pouvoir antitoxique manifeste dont l'étendue reste en partie à déterminer.

3° Les émanations irritantes qui se dégagent parfois du corps des Ascaris, résultent d'une transformation de produits habituellement non toxiques. Cette transformation survient quand les Vers sont soumis à l'action d'agents nocifs (abaissement de température, eau, irritation de la paroi du corps, etc.).

MM. les Dr L. DIEULAFÉ et H. MANDOUL, à Toulouse.

Recherches expérimentales sur les greffes cutanées diversement pigmentées. — Les auteurs ont fait des recherches sur les greffes dermo-épidermiques (de Thiersch) et les greffes de lambeaux cutanés, sur le cobaye et la grenouille. Ils ont observé que toutes les greffes, quelle que soit leur pigmentation, étaient résorbées. La plus grande différence entre l'évolution des greffes noires sur fond blanc et des greffes blanches sur fond noir consiste dans la durée de la période d'adhérence du lambeau à la plaie sous-jacente plus grande dans le premier cas que dans le second. En outre, la cicatrisation est plus rapide lorsque le lambeau greffé est pigmenté. Ils arrivent ainsi, comme Carnot, à montrer la plus grande vitalité des tissus colorés. Mais ils n'ont pas remarqué l'influence de la greffe sur la coloration du terrain où elle a été transplantée, ce qui tient, sans doute, aux grandes dimensions des lambeaux.

M. Jules KÜNCKEL D'HERCULAIS, à Paris.

Causes naturelles de l'extinction des invasions de Sauterelles. — *Rôle du Mylabris variabilis et de l'Entomophtora Grylli en France (1901-1902).* — Sans parler du rôle que jouent certains oiseaux qui font des Sauterelles une consommation journalière, surtout au moment de l'élevage des jeunes, rôle qui serait plus important si des destructions irréfléchies ne diminuaient pas constamment le nombre de ces auxiliaires, il convient de signaler d'autres ennemis naturels qui, étant à l'abri des atteintes de l'homme, peuvent contribuer dans une large proportion à arrêter la multiplication des insectes envahisseurs.

En démontrant (1890) que les larves des Mylabres, insectes vésicants apparentés aux Cantharides, vivaient dans les coques ovigères des Acridiens, nous prouvions en même temps qu'il existait une corrélation entre l'abondance de certaines espèces de Sauterelles et les apparitions en nombre considérable de certaines espèces de ces Mylabres. Les Acridiens se plaisent dans les régions chaudes et sèches, et pullulent lorsque les années à étés et automnes ensoleillés se succèdent; de même les Mylabres habitent les mêmes lieux et couvrent en même temps les fleurs et les plantes. En France, 1901 et 1902, nous avons eu la satisfaction de constater sur les terrains envahis par le Caloptène italique (*Caloptenus italicus*, Lin.) dans le sud-ouest, la grande multiplication du Mylabre variable (*Mylabris variabilis*, Pallas) et la tendance qu'il avait à suivre son hôte de proche en proche, en remontant vers le nord-ouest; c'est ainsi que, dans les Deux-Sèvres aux environs de Thouars, dans la Vienne aux environs de Loudun, en particulier à Saint-Léger-de-Montbrillais, ils couvraient les fleurs des chardons et des chicorées; autour de la colline sur laquelle est située ce village, on aurait pu ramasser à pleins sacs Caloptènes et Mylabres (juillet 1902); en Maine-et-Loire, en Indre-et-Loire, les uns et les autres abondaient, pullulant à Saint-Rémy-la-Varenne en 1902.

Parmi les Champignons parasites, il convient de citer les Entomophtorées comme les destructeurs attitrés des Acridiens; il est regrettable que la multiplication artificielle de leur spores ne puisse être réalisée; la nature seule opère la propagation de ces Cryptogames et assure la contamination des Acridiens par des voies que nous ignorons; quoi qu'il en soit, l'infestation se fait en grand et c'est par milliers que les Acridiens, jeunes ou adultes, viennent mourir au sommet des plantes; rien n'était plus curieux que de voir l'an dernier (juin et juillet 1901), à Belmont dans l'Aveyron, à Échiré dans les Deux-Sèvres, des champs entiers dont les plantes étaient chargées de cadavres d'insectes; le même phénomène s'est reproduit cette année sur différents points de la Charente-Inférieure et du Lot (Rocamadour). Il est à noter que ce sont surtout dans les localités humides, les vallées surtout, que la multiplication de l'*Entomophtora Grylli*, Fresenius, est la plus considérable; il est une observation qui n'est pas sans intérêt que nous avons faite à diverses reprises, c'est la prédilection toute particulière que cet *Entomophtora* a pour le Caloptène italique; à Belmont, notamment sur certains points où les *Caloptenus italicus* et les *Pachytylus nigro-fasciatus* étaient également abondants, les premiers seuls étaient atteints.

11ᵉ Section.

ANTHROPOLOGIE

Président . . . . M. Émile RIVIÈRE, S.-Dir. de lab. au Collège de France.
Vice-Président . . . . M. Vital GRANET, à Saint-Junien.
Secrétaire . . . . M. Georges COURTY.

— **Séance du 8 août** —

M. le Dʳ AZOULAY, à Paris.

Les musées phonographiques. — Il est de l'intérêt majeur de la science de ne pas laisser disparaître à tout jamais les manifestations vocales et musicales des divers peuples de la terre. On peut éviter cette perte, que nous regrettons telle-ment pour le passé, à l'aide du phonographe. Grâce aux perfectionnements actuels, la fidélité des phonogrammes est devenue remarquable. Mais, chose de beaucoup la plus importante, l'on peut maintenant conserver ces documents de façon indéfinie par le moyen de la galvanoplastie et du moulage de la matrice métallique indélébile et pour ainsi dire indestructible. L'industrie étrangère est actuellement maîtresse du procédé, mais les essais que je fais et qui sont fort encourageants me permettent d'espérer que nous ne tarderons pas à posséder cette technique. Puisque nous sommes maintenant absolument sûrs de pouvoir conserver et reproduire indéfiniment ces manifestations vocales et musicales, il faut de plus en plus songer à ces musées phonographiques dont l'Académie des Sciences de Vienne(1) et la Société d'Anthropologie de Paris ont voté la fondation, cette dernière sur mon initiative en 1900. Je suis d'avis que pour arriver à ce résultat en ce qui concerne la France et ses colonies anciennes et actuelles, il est nécessaire que chacun veuille bien dans sa sphère aider à la constitution des musées locaux. Pour ma part, je me mets à la disposition de quiconque voudra recueillir des phonogrammes dans sa région ou ailleurs pour lui enseigner les meilleurs procédés, et moi-même compte me mettre en rapport

(1) La Commission phonographique de cette Académie a fait, le 11 juillet 1902, un rapport intitulé : *II Bericht ueber der Stand den Arbeiten der Phonogramm-Archivs-Commission, erstattet in der Sitzung der Gesammt-Akademie vom 11 Juli 1902, von W. M. Sigm. Exner, als Obmann der Commission,* qui est parvenu à ma connaissance le 4 septembre suivant, grâce à l'obligeance de M. le Prof. Sigm. Exner, son président. Ce rapport nous apprend qu'elle a réussi à obtenir des moulages en cire de matières galvanoplastiques de phonogrammes sur disque, but de ses recherches depuis juillet 1900 (18 octobre 1902).

avec les diverses Sociétés scientifiques des départements pour, le terrain une fois préparé, faire des campagnes phonographiques qui me permettront d'instituer le noyau d'un musée phonographique central.

Discussion. — M. CARTAILHAC : La proposition de M. Azoulay est très digne d'intérêt. C'est une idée excellente que celle de vouloir conserver à nos descendants des documents de ce genre qui compléteront si bien nos livres, nos imprimés. On a beau soigner la description de la prononciation d'un peuple, d'une tribu, on ne peut arriver toujours à la bien faire comprendre ; le document phonographique, malgré ses imperfections actuelles, ajoutera quelque chose de précis aux descriptions écrites. Pour une foule de langues en voie de disparition, l'œuvre est tout indiquée. En ce qui concerne en particulier les dialectes populaires de nos pays, il me semble que le projet de M. Azoulay sera accueilli avec joie par les Félibres, bien qu'ils aient l'illusion que leurs dialectes soient en voie de renaissance et survivront. Je m'engage à le signaler à l'Escolo Moundino de Toulouse, à l'Escolo Audenco de Carcassonne, et autres, auprès desquelles j'ai l'honneur d'avoir quelque crédit, étant de ceux qui déplorent que les Français du Midi perdent la moitié de leur capital intellectuel en perdant le sens de la langue d'Oc, qui est leur langue maternelle. Je ne doute pas de leur adhésion. Avant peu, nous aurons nos rouleaux enregistreurs bien remplis.

Seulement ne parlons pas de musées spéciaux isolés exigeant un fonctionnaire nouveau, de locaux particuliers, de dépenses exagérées dans un pays appauvri comme le nôtre. Rattachons les rouleaux aux livres et obtenons un rayon phonographique auprès de nos Bibliothèques Universitaires. Les divisions départementales ont fait leur temps et cette décentralisation n'est plus que du morcellement néfaste. Ne rétablissons pas encore des provinces, puisque c'est impossible jusqu'ici, mais utilisons au moins avec grand profit nos grandes divisions administratives, les Universités. Là est la vie, le travail ; là est l'avenir, si Paris du moins cesse de les étouffer en les enrayant de mille manières.

M. G. CHAUVET dit que M. l'abbé Rousselot, pour ses études linguistiques, est entré dans la voie indiquée par M. le Dr Azoulay ; il recueille sur des rouleaux phonographiques les divers patois de l'Ouest.

M. G. CHAUVET, à Ruffec.

Nouvelles observations dans les terrains quaternaires de la Charente. — M. G. CHAUVET résume ses dernières observations :

1º Dans la caverne de la Cigogne près Angoulême, où il a recueilli mammouth, rhinoceros tichorinus, hyène et ours des cavernes, bovidés, deux variétés d'équidés, l'une grande, l'autre petite ;

2º Dans les alluvions anciennes de la Charente, où se trouvent ensemble les grandes haches types de Chelles, avec des racloirs et pointes types du Moustier.

M. G. COURTY, à Paris.

Sur les signes gravés des rochers de Seine-et-Oise. — M. G. COURTY signale à la Section d'Anthropologie pour prendre date la série de signes gravés qu'il a recueillis sur diverses roches placées dans l'arrondissement d'Étampes. Ces signes, vu leur groupement, semblent constituer une véritable écriture figurée, qu'on est en droit de faire remonter à l'époque de l'âge de pierre. M. G. Courty s'appuie, pour affirmer cette assertion, sur les petits fragments de grès grossièrement taillés en biseau et polis sur une surface prolongée, qu'il a trouvés lui-même au pied de ces diverses roches, ainsi que sur la coordination des signes.

Discussion. — M. Émile CARTAILHAC s'élève contre le rapprochement présenté entre les signes gravés de Seine-et-Oise et les gravures rupestres de la Suède. Il n'y a aucun rapport possible à établir entre les unes et les autres, même lorsque celles de la Suède sont réduites aux traits les plus incomplets.

M. A. DE MORTILLET : Il faut féliciter M. G. Courty du soin avec lequel il a relevé les figures bizarres dont il nous présente des dessins et de l'heureuse idée qu'il a eue d'entreprendre des fouilles au pied du rocher de grès sur lequel elles ont été gravées. Une grande partie tout au moins de ces gravures a très vraisemblablement été faite sans le secours d'instruments en métal, avec les petits fragments de grès portant des traces d'usure recueillis par notre collègue.

À quelle époque remontent ces gravures, et que représentent-elles ? Je dois avouer que sur ces deux points je ne partage pas entièrement les convictions de notre collègue. De ce que certaines de ces gravures auraient été exécutées au moyen d'instruments en pierre, il ne s'ensuit pas forcément qu'elles appartiennent à l'âge de la pierre. Quant à leur interprétation, elle me paraît réclamer une très grande prudence. Sauf le contour de plante de pied humain rappelant ceux gravés sur un des supports du dolmen de Petit-Mont, à Arzon (Morbihan), je ne vois rien de bien net. Cependant, une figure composée d'un rectangle inscrit dans un autre et coupé par diverses lignes, ressemble beaucoup à un jeu bien connu des enfants et dont l'origine est fort ancienne, la *marelle*.

M. Félix RÉGNAULT, à Toulouse.

La grotte de Marsoulas. — M. Félix RÉGNAULT (de la Société Archéologique de Toulouse), en rappelant les fouilles faites, en 1883, par M. l'abbé Cau Durban dans la grotte de Marsoulas (Haute-Garonne), dit qu'en 1897, en compagnie de M. Huc, ingénieur des Salines, il a découvert sur les parois de cette grotte, à vingt mètres de l'entrée, des dessins d'animaux peints à la sanguine, et des caractères linéaires au-dessous de ces dessins. Ces peintures et signes ont été relevés par M. Jammes, maître de conférences à la Faculté des sciences de Toulouse, et c'est la planche qui les représente que M. Félix Régnault met sous les yeux de la Société.

En 1898, MM. Rivière et Cau Durban ont cherché à déterminer l'âge de ces peintures ; mais ils ne se sont pas prononcés.

Enfin, dans une quatrième exploration faite, le 4 août dernier, avec M. Cartailhac, ce dernier n'a pas hésité à considérer les dessins de Marsoulas comme similaires à ceux des grottes de la Dordogne. En même temps, les explorateurs ont découvert de nouveaux dessins gravés, au fond de la grotte.

En terminant, M. Félix Régnault fait remarquer que la grotte de Marsoulas est la première station des Pyrénées où l'on trouve des dessins et des peintures qui rappellent les figures si artistiques de l'âge du Renne.

Discussion. — M. CARTAILHAC : Comme vient de vous le dire M. Félix Régnault, j'étais persuadé qu'il avait bien vu, mais qu'en réalité la grotte de Marsoulas ne renfermait que de faibles traces de ses peintures d'un âge incertain, et je différai d'année en année sa visite. La question étant venue à l'ordre du jour du Congrès, je voulus voir par moi-même ces traces fugitives, et ma surprise fut grande en découvrant que les croquis relevés par MM. Régnault et Jammes pouvaient être complétés et augmentés dans une large mesure. Je vis que nous avions sur ces parois rocheuses des œuvres d'art vraiment anciennes, préhistoriques, une réédition de Altamira, de Font de Gaumes, des Combarelles, soit en peintures, soit en gravures. Ce sont des bovidés et des chevaux que nous avons vus, mais il est possible qu'un examen plus attentif permette de demêler d'autres genres au milieu du fouillis de lignes tracées sur le calcaire assez tendre.

Le trait vient souvent en aide à la couleur, ce sont des animaux dessinés au trait, de simples croquis rehaussés plus ou moins complètement de rouge et de brun, et des teintes noirâtres accentuent certaines parties. Il y a des dessins uniquement au trait en grand nombre. Comme ailleurs, les accidents de la roche, bosses et creux, ont été utilisés par l'artiste avec une curieuse originalité. Comme ailleurs tous les caractères d'authenticité sont réunis ; on voit des filets de stalagmites recouvrir couleur et traits, et des images se perdent dans le sol, couvert de grands blocs éboulés depuis un temps immémorial.

Ces primitives œuvres ont le caractère typique et singulier de celles qu'on connaît maintenant en Espagne et en Dordogne. Les croquis au trait sont du même style que la gravure sur os trouvée par M. l'abbé Cau Durban dans la grotte même de Marsoulas et par tant d'autres explorateurs un peu partout. J'émets le vœu que la Section encourage M. l'abbé Cau Durban à reprendre et à compléter ses fouilles, si l'on peut conjurer le danger qu'offre un plafond disloqué et menaçant.

M. Émile **CARTAILHAC**, à Toulouse.

Le préhistorique dans la région de Montauban. — M. Émile CARTAILHAC dit que le Tarn-et-Garonne n'a pas encore montré en contact la faune quaternaire ancienne avec outils en pierre taillée des formes de Chelles ou de Saint-Acheul. Ceux-ci se rencontrent assez nombreux à la surface du sol où ils furent d'abord signalés par M. le Dr Ratier, plus tard étudiés et publiés par le docteur Alibert. Un certain nombre de stations sont maintenant connues et elles se maintiennent, comme aux environs de Toulouse, sur la terrasse qui domine le dernier lit de nos cours d'eau et au-dessus selon la région. Les quartzites gris et noirâtres de la Garonne, les quartz blancs du Tarn, quelquefois le cristal de roche et le silex, au voisinage du département du Tarn, ont été utilisés (Collections Alibert, Garrisson, Forestié ; Musée d'Histoire naturelle de Toulouse. Un gisement plutôt moustiérien, assez pauvre, a été signalé par M. Clerjaud aux environs de Moissac (Musée de Toulouse).

A une époque bien plus tardive appartiennent les gisements observés dans les cavernes ou abris sous roche. Les principaux sont auprès de Bruniquel, sur les bords de l'Aveyron, soit : *Rive droite*, Grotte des Forges. Indications de MM. de Boucheporn, Trutat, Garrigou (quelques objets au Musée de Toulouse), vicomte de Lastic Saint-Jal (Collection au British Museum à Londres, et entre les mains de Mlle de Lastic). *Rive gauche*, Abris sous l'escarpement du château, indications de M. l'abbé Nonorgue, curé de la paroisse; fouilles de M. Victor Brun dans les terrains de Lafaye et de Plantade [Musée de Montauban, Musée de Toulouse, Muséum de Paris, Musée de Saint-Germain (1)]; de M. Peccadeau de Lisle (British Museum). Au moins deux niveaux archéologiques ont été observés : les harpons barbelés en bois de cervidés caractérisent le plus récent; les flèches ou zagaies en os lisses, silex dentés en forme de scie et d'usage inconnu, le plus ancien. La Grotte des Batuts, dans l'escarpement dans la rive droite, fouillé par M. Brun (Musée de Montauban) au nom de la Société des Sciences agricoles et Belles-Lettres du Tarn-et-Garonne, est probablement d'un niveau un peu plus ancien que les autres. M. Brun avait commencé des recherches dans une station du niveau supérieur auprès de Saint-Antonin (Tarn-et-Garonne), dans l'abri de Fontales. M. Trutat a signalé quelques autres stations assez pauvres, semble-t-il, dans la vallée de la Bonnette, aux environs de Caylux.

Le néolithique était représenté par la riche station des berges du Tarn, en aval de Montauban, au Verdier; de nombreuses haches de pierre, souvent faites avec les galets pétro-siliceux de la rivière, des silex taillés, pointes de flèches et lames de faucilles, une lame du Grand-Pressigny, la plus méridionale de ce centre de production de silex ouvrés, des pointes, ciseaux, spatules en os, quelques parures, une céramique assez banale ont été recueillis par les ouvriers d'une briquetterie installée sur ce point. Personne ne fit des fouilles systématiques dans ce gisement épuisé depuis vingt ans (Musées de Montauban, de Toulouse collection de M. le chanoine F. Pottier et de la Faculté de Théologie de Montauban).

Sauf deux ou trois mobiliers funéraires déposés au Musée de Montauban par M. Brun, les nombreuses sépultures néolithiques du département ont été saccagées et le contenu a disparu à jamais. Ce vandalisme continue. Divers collectionneurs ont recueilli à la surface du sol quelques bonnes pièces, soit néolithiques, soit de l'âge du bronze (Musée d'Histoire naturelle, Musée Archéologique de Montauban, collections Pottier, Garrisson, etc.). Perdues à jamais les trouvailles à peine vues du tumulus de Piquecos au nord de Montauban.

Nous n'avons de renseignements sur aucune fouille systématique de tumulus ou de mottes défensives qui, très nombreuses (inventaire archélologique de M. Devals), paraissent antérieures aux Romains, en partie au moins.

Des emplacements particulièrement riches en antiquités ont été occupés dès l'époque gauloise, Cosa par exemple, et mériteraient une attention spéciale. La région a fourni une des plus belles trouvailles de monnaies à la croix des Volkes Tectosages, mais plusieurs ont des inscriptions romaines qui militent en faveur de l'avis de ceux qui les croient assez tardives (Musée Saint-Raymond, à Toulouse, Bibliothèque Nationale).

A l'Exposition de Paris en 1878, M. Mommeja, aujourd'hui conservateur du Musée d'Agen, avait exposé une carte archéologique du département (80 millième). Les documents à consulter sont surtout dans le volume du *XXXIIe Congrès archéologique de France* à Montauban, 1865; le *Bulletin de la Société archéologique du Tarn-et-Garonne* fondé en 1867, et dans les deux seuls tomes de la *Revue archéologique du Midi*, Toulouse, 1869.

Discussion. — M. Cartailhac ayant rappelé les recherches faites il y a plusieurs années à la station du Verdier, près Montauban, M. le Chanoine POTTIER est

---

(1) Bon nombre d'amateurs ont fait à Bruniquel des recherches hâtives et superficielles. La plupart de ces petites récoltes sans utilité sont perdues.

amené à fournir quelque détails sur les objets trouvés par lui, dont il portera des spécimens à la prochaine séance. Ce sont des haches polies de types différents, mais surtout en pétrosilex tranchant très aiguisé, quelques-unes en forme de ciseau de menuisier, parmi lesquelles plusieurs non achevées et trouvés à côté, les grès qui servaient à les polir; ce sont encore des couteaux en silex très fin, des poinçons en os, des poteries grossières, quelques outils en bronze, aiguilles ou pointes. Il a constaté, dans la même station, l'existence de creux circulaires avec banc réservé dans le terrain le long des parois, et un foyer central, ayant dû recevoir une couverture conique dans le genre des huttes de la Nouvelle-Zélande; vestiges d'un village néolithique.

M. E. GARRISSON appelle l'attention des membres de la Section d'Anthropologie sur les très intéressantes habitations souterraines de la région. Il fait remarquer qu'il est peut-être inexact de dire qu'on ne saurait les dater. Ces habitations creusées de main d'homme dans le sable marneux oligocène, ont déjà fourni, il y a une trentaine d'années, à Devals et à d'autres archéologues, des poteries rappelant celles de la station du Verdier, près de Montauban (Néolithique supérieur et débuts de l'âge du Bronze), un pic en bois de cerf et diverses haches polies en pierre, trouvées, d'après Devals, dans l'intérieur même des habitations souterraines de Saint-Pierre-de-Livron, de Dardé, de Croquelardit, de Marsal et de Lapéruguie. Il semble donc qu'il faudrait faire remonter très haut l'époque du creusement de ces grottes artificielles si fréquentes autour de Montauban : notons entre autres habitations de ce genre celle du Cros, à Léojac.

M. le Dr **CAPITAN**, Prof. à l'Éc. d'Anthr. de Paris.

Un nouveau gisement chelléen dans les alluvions, commune de Clérieux, près Curson (Drôme). — En 1885, Chantre avait signalé au Congrès de Grenoble l'existence d'un curieux gisement chelléen dans les alluvions sableuses au hameau de Veyrat, près Curson (Drôme).

J'ai retrouvé la même industrie dans les sablières situées près de la route de Tains à Romans, sur le territoire de la commune de Clérieux, aux confins de celle de Curson, sur une terrasse de la vallée de l'Isère, à 25 mètres environ au-dessus du lit actuel de cette rivière et au point même où la vallée de l'Her-basse s'ouvre dans celle de l'Isère..

Cette industrie se compose de galets ovales de quartzite, cassé transversalement ou longitudinalement, parfois façonnés par quelques grossières retouches et adaptés ainsi à l'usage de pointes ou de racloirs. Il existe aussi de larges éclats parfois avec quelques retouches. J'ai trouvé aussi une très grossière pièce du type coup-de-poing de grande taille, et plusieurs percuteurs.

Discussion. — M. CHAUVET fait observer que l'industrie de cette station a de grands rapports avec celle des alluvions anciennes de la Charente, dans lesquelles on recueille les grandes haches types de Chelles, avec les pointes et racloirs types du Moutier.

M. G. CHAUVET.

Nouvelles cachettes de l'âge du bronze en Charente. — M. Gustave CHAUVET décrit trois nouvelles cachettes de haches découvertes dans le département de la Charente :

1° Deux haches plates en cuivre, sans rebords, à Mondouzil, commune de Saint-Même, arrondissement de Cognac ;

2° Au Grand-Maine, commune de Chazelles, arrondissement d'Angoulême, neuf haches à talon en bronze coulées dans des moules différents, et une à bords droits, sans talon.

3° A Biarge, commune de Chassiecq, arrondissement de Confolens, trois haches plates à rebords droits, dix-sept haches à talon sans anneau, deux haches à talon avec anneau.

Le tout en bronze.

Il indique la composition de quelques-unes de ces haches soigneusement analysées par M. L. Chassaigne, pharmacien à Ruffec, pour la thèse qu'il prépare en vue du doctorat (sur les bronzes préhistoriques de la Charente).

Discussion. — M. CARTAILHAC : Il est très heureux qu'une circonstance exceptionnelle permette à M. Chauvet de rendre à notre science un grand service. Jusqu'ici les analyses ont été bien clairsemées et nous ignorons souvent dans quelle mesure elles ont véritablement de la valeur. Il faudrait prier peut-être un chimiste de premier ordre, et même l'illustre maître M. Berthelot, qui s'est déjà intéressé à la composition des bronzes antiques, de tracer la marche à suivre, le meilleur chemin pour la découverte successive des métaux de nos alliages et de leurs impuretés essentielles. Une analyse complète d'un de nos échantillons quelconques est toujours un travail très minutieux, très compliqué, très long. Il faut, de la part des savants auxquels nous avons parfois demandé une telle besogne, un sacrifice sérieux de leur temps. Voilà pourquoi les analyses publiées çà et là sont le plus souvent superficiellement qualitatives, et incomplètes quand elles sont quantitatives. Rares sont celles qui méritent absolument confiance. La thèse du chimiste dont vient de nous parler M. Chauvet sera la bienvenue et le libéralisme hautement appréciable de l'Université de Bordeaux mérite d'être signalé avec reconnaissance. C'est un exemple.

MM. J. PAGÈS-ALLARY, J.-B. DELORT et Ant. LAUBY.

Notes sur les premières fouilles du tumulus de Celles, près Neussargues (Cantal). — Le 14 mai dernier, M. PAGÈS-ALLARY, propriétaire industriel à Murat, découvrait dans le bois de Celles un superbe tumulus.

Cette motte tumulaire, située au sud-ouest de la gare de Neussargues (arrondissement de Murat, Cantal), se trouve à gauche du premier sentier qui de la route de Neussargues à Celles s'élève à travers la forêt pour rejoindre au delà la route de Celles à Secourieux ; son altitude est de 858 mètres.

Le tumulus est érigé sur la moraine glaciaire latérale de la vallée d'Allagnon, sur la droite de cette rivière. Au niveau de l'extrémité nord du Galgal et dans la direction de l'ouest, M. LAUBY, en présence de MM. Puech, ingénieur à Aurillac, et. Pagès, a constaté une déviation de 10° (ouest), qui confirme une première remarque faite par MM. Leymarie et Pagès. De forme mi-ovoïde, les dimensions du tumulus sont: grand axe 25 mètres, petit axe 20 mètres, hauteur au centre 1m,80. Deux tranchées pratiquées l'une du nord au sud, l'autre de l'est à l'ouest dans ce dôme permettent d'y relever la coupe suivante: à la base blocs de basalte arrondis, recouverts de pierres plates (phonolithe) sur lesquelles repose une couche de cendre mélangée de charbon. Au-dessus de ce lit se trouve une couche d'argile cuite surmontée d'une couche d'argile non cuite qui supporte des pierres plates (phonolithe) formant toiture. Le tout est caché par de l'éboulis et de la terre arable sur laquelle s'est développée la végétation actuelle (chêne).

La voûte du tumulus s'est effondrée sous l'action des agents extérieurs: racines des arbres et eaux d'infiltration.

Seul le quart sud-ouest a été complètement fouillé, nous y avons trouvé:

1° Dans la couche d'argile non cuite et protégée par une enveloppe, 31 objets en fer bien conservés.

2° Dans la couche de cendres, 6 objets en fer d'aspect noir: faucille, armatures de poignets, clous à tête ronde.

3° Dans la couche d'argile non cuite, 5 objets en bronze.

4° Dans la couche de cendre, 4 objets en ivoire.

_ Les photographies de ces objets (grandeur naturelle) ont été soumises aux membres de la 11e Section.

5° Entre la cendre et l'argile, 2 objets en pierre: 1 phallus et 1 fusaïole.

6° Dans la couche de cendre, des fragments de poteries formant un ensemble de 24 vases, dont 17 en partie reconstitués, leurs photographies (en réduction) ont été présentées, ainsi que trois spécimens. Toute cette céramique tantôt fine, tantôt grossière, parfois avec des motifs d'ornementation et peinture, est constituée par une terre très fortement micacée de couleur noire, grise ou rouge.

Quelques-uns des outils en fer fixent particulièrement l'attention, ce sont: un marteau, un crochet en forme de serpette, deux scies à manche, dont l'une petite est à dents excessivement fines; la seconde, une grande lame curviligne, possède deux rangées de dents sur sa partie concave, tandis que son bord convexe est tranchant.

L'outillage si particulier de ce merveilleux tumulus est le premier trouvé dans notre région qui paraît appartenir à l'époque de la Tène correspondant à notre époque Marnienne; car il est intéressant de noter que toutes les sépultures trouvées dans l'arrondissement de Saint-Flour par M. Delort, celle de Mons en particulier, appartiennent à l'époque gauloise de Hallstatt.

Discussion. — M. A. DE MORTILLET: Bien qu'il diffère sensiblement de tout ce que nous connaissons, le mobilier archéologique recueilli par MM. Pagès et Allary semble bien appartenir à la période gauloise, à l'époque marnienne ou plutôt à l'époque beuvraysienne. Il n'est pas, en effet, sans rapports avec l'industrie de La Tène, l'industrie un peu plus récente que celle des cimetières de la Marne.

Ce qu'il y a de particulier dans cette trouvaille, c'est qu'elle nous offre une importante série d'outils, pièces qu'on ne rencontre que tout à fait exceptionnellement dans les tombes de cet âge, qui donnent surtout des armes et des objets de parure. On serait tenté de se demander s'il s'agit véritablement là d'une sépulture.

Villa gallo-romaine du lac de Sainte-Anastasie près Neussargues (Cantal).
— A la date du 16 juin 1902, et après dix jours de recherches, M. Pagès-Allary et M. Gandilhon, propriétaire du terrain fouillé, ont eu le plaisir de mettre à découvert à 1 kilomètre au nord du village de Sainte-Anastasie, soit à 10 kilomètres de Neussargues, une villa romaine très importante.

Les premiers objets trouvés furent des tuiles épaisses à bordure et à parement semblables à celles que l'on observe au sommet du Puy-de-Dôme, puis les murs de cinq habitations avec béton et pierres de taille, et enfin les objets communiqués à MM. les membres du Congrès de Montauban (Section d'Anthropologie) dans la séance du 8 août 1902. Ces objets sont : 1° de très nombreux fragments de poterie (rouge, grise, noire) avec ornementation d'une finesse remarquable ; 2° quatre objets en bronze (pince à épiler, bracelet, moulure d'applique, et une demi-pièce de la colonie Nimoise). Le tout d'une patine qui, comme finesse, ne le cède en rien à la lance trouvée dans le même champ ; 3° des débris de verreries de différentes couleurs dont un gravé avec traces de décoration colorée ; un autre dont la moulure fondue représente quatre chevaux de front d'un très bel effet ; 4° de nombreux clous qui, avec les poteries samiennes et la demi-pièce, permettent de dater en toute assurance ces trouvailles tout semblables à celles du Puy-de-Dôme ; 5° des ossements nombreux de bœufs, sangliers, avec dents et ivoire, charbons, verres fondus et poteries ayant subi l'action d'un grand feu.

Nous ne saurions trop féliciter M. Pagès de l'activité qu'il déploie dans les recherches méthodiques qu'il a entreprises dans notre région, son pays d'origine ; en effet, depuis un an, outre ses travaux sur les dépôts diatomifères, il a découvert : le tumulus de Celles, les gisements d'argile réfractaire et de poteries romaines de Moissac et Laval ; la somptueuse villa romaine du lac de Sainte-Anastasie, enfin à Molèdes deux épées avec poignées en bronze et lames en fer en partie recouvertes par leurs fourreaux ; le tout dans un périmètre de moins de 10 kilomètres autour de Neussargues.

Nous espérons que ces découvertes attireront l'attention des anthropologistes sur l'arrondissement de Murat et le bassin de Neussargues en particulier.

M. Émile CARTAILHAC, à Toulouse.

L'âge de la pierre du Sud Algérien ; identités avec l'Égypte. — Le musée d'histoire naturelle de Toulouse a reçu depuis trois ans des envois successifs de silex taillés ou polis et d'objets divers recueillis par un sous-officier toulousain, M. Charles Roques, dans l'extrême Sud Algérien, à Hassi Inifel et dans un rayon de vingt-cinq kilomètres autour de ce fort. La collection ainsi formée est fort belle. On remarque d'abord une très grande variété de mignonnes pointes de flèches avec des lignes souvent originales, élégantes et absolument nouvelles. D'autres séries composant des groupes bien déterminés, confinant aux formes géométriques connues et signalées depuis le centre de l'Inde jusqu'aux extrémités de la Péninsule Ibérique, pouvaient être encore des armatures de flèches, mais servir aussi à maints usages très différents que nous sommes exposés à ignorer toujours. On retrouve à Inifel les scies énigmatiques de Bruniquel, des lames qu'on a pu destiner au tranchant des faucilles. Les formes les plus inattendues sont des plaques lancéolées, ovales, assez grandes, très distinctes de tout l'ensemble du matériel énuméré ci-dessus et passant insensiblement au type en lame de sabre, mince au possible et généralement poli, dont l'Égypte nous a fourni d'admirables et nombreux spécimens. Les haches de silex taillé et poli d'Inifel ont de même une *ressemblance parfaite* avec celles de la vallée du Nil. Des deux parts c'est le même silex qui a été ouvragé.

Les silex d'Hassi Inifel ne sont pas contemporains. Il y parmi eux des formes qui sont manifestement de l'âge de la pierre le plus ancien. Beaucoup proviennent de stations et même d'habitations délimitées, que les caprices du vent dégagent du manteau de sable qui couvre la région. Avec eux on a recueilli des milliers de perles en coquille d'œuf d'autruche, plaquettes simplement percées et arrondies ou curieusement ornementées, et quelques verroteries blanches, bleues, vertes, qui rappellent aussi l'Égypte.

M. Cartailhac insiste sur ces rapprochements et l'importance des indications qu'ils fournissent. L'âge de la pierre a laissé en Afrique des vestiges innombrables qu'il faut bien nous garder de soumettre *a priori* à la rigueur de nos classifications vérifiées en pays gaulois. Il y eut, sans aucun doute, des civilisations distinctes contemporaines et successives. Pour débrouiller ce chaos, la lumière qui vient d'un pays tel que l'Égypte est précieuse à tous égards et autorise de larges espérances.

M. Cartailhac termine en louant M. Ch. Roques d'avoir avec tant d'intelligence occupé ses loisirs de garnison. Le fait n'est pas rare dans notre armée d'Afrique, il n'est pas moins digne de sincères compliments.

Discussion. — M. A. DE MORTILLET : La Société d'Anthropologie de Paris possède une belle série de pointes de flèches du Sud Oranais où presque toutes les formes que nous montre M. Cartailhac sont représentées par de très beaux échantillons.

— Séance du 9 août —

M. MASFRAND.

Fouilles dans la grotte du Placard (Charente).

Discussion. — M. G. CHAUVET fait observer que les nouvelles fouilles de la grotte du Placard viennent confirmer la coupe stratigraphique qu'il a donnée de cette grotte au Congrès de Marseille (*C. R. de l'Ass. franç.*, 1891, t. II, p. 616, *errata* p. 1075).

MM. le Dr CAPITAN, l'abbé BREUIL et PEYRONY.

Une station acheuléenne dans la grotte-abri « l'Église de Guilhem » près des Eyzies (Dordogne). — Il existe sur la rive gauche de la Vézère, en aval des Eyzies et près du confluent de la Beune, de larges abris creusés presque en haut de la falaise crétacée élevée qui borde la vallée. Ceux qui sont connus sous le nom « d'Église de Guilhem » sont formés de deux grandes salles contiguës, vidées au Moyen Age, celle de droite plus élevée que celle de gauche. De ces salles, partent des prolongements souterrains. Dans le fond de la salle supérieure, et obstruées en partie par de la stalagmite, s'ouvrent deux petites salles et une galerie presque complètement remplies de limon. Elles contenaient deux couches, l'une renfermant une industrie magdalénienne et l'autre sous-jacente contenant dans un limon gris une industrie acheuléenne d'aspect plus ancien que celle de la Micoque ou encore celles des plateaux dominant la vallée de la Vézère. Il semble que c'est l'industrie la plus ancienne qui ait été jusqu'ici signalée aux environs des Eyzies.

MM. le Dr CAPITAN et l'abbé BREUIL.

Une fouille systématique à Laugerie-Haute. — Nous avons pratiqué cette fouille au pied du grand éboulis, à l'extrémité nord du hameau, opposée à Laugerie-Basse. Nous avons pu étudier plusieurs foyers superposés. Les plus superficiels contenaient une industrie magdalénienne caractérisée par quelques beaux grattoirs et burins, des aiguilles et des poinçons en os, corne et ivoire. Au-dessous, l'industrie du silex devenait extrêmement grossière et n'était guère composée que de pièces d'usage, éclats quelconques façonnés sur les bords, parfois en un seul point par des retouches plus ou moins fines, de manière à constituer des perçoirs de toutes dimensions, des couteaux, des scies, des râcloirs, des grattoirs convexes, rectilignes ou concaves, enfin des burins. Les pièces façonnées suivant une forme d'ensemble voulue sont rares. L'usage auquel était destiné l'outil semble avoir été la seule préoccupation de l'ouvrier préhistorique. Les objets travaillés en os, ivoire et corne de renne sont abondants : poinçons, pointes, lissoirs, aiguilles, une curieuse pièce courbe, un objet en corne de la forme dite bâton de commandement ou chevêtre non gravé, des dents et des coquilles percées. Tout à fait au fond, on a recueilli un unique fragment de pointe à cran. Il y a donc là un curieux faciès industriel qui ne ressemble à aucun de ceux qu'on a décrits à l'époque magdalénienne.

M. A. DE MORTILLET, Prof. à l'Éc. d'Anthr., à Paris.

Les monuments mégalithiques du département du Nord. — Le nord de la France est très pauvre en monuments mégalithiques. Il possède cependant quelques menhirs et quelques rares dolmens parfaitement caractérisés. Après avoir donné, en 1899, un inventaire des mégalithes signalés dans le département du Pas-de-Calais, M. A. DE MORTILLET présente cette année un travail semblable consacré au département du Nord, encore moins bien partagé que son voisin. Dans la distribution générale de ces monuments, le Pas-de-Calais occupe le trente et unième rang pour les dolmens et le trente-troisième rang pour les menhirs, tandis que le Nord se trouve relégué au soixante-quinzième rang pour les dolmens et au cinquantième pour les menhirs. Les monuments les plus intéressants de ce dernier département sont les *Pierres-Jumelles* de Cambrai, la *Pierre-du-Diable* de L'Écluse qui mesure près de 5 mètres de hauteur, la *Pierre-de-Dessus-Bise* de Sars-Potèries, les *Pierres-Martines* de Solre-le-Château, et le seul dolmen absolument certain du Nord, les *Pierres-des-Chawattes* d'Hamel.

MM. le Dr CAPITAN et l'abbé BREUIL.

Les figures gravées à l'époque paléolithique sur les parois de la grotte des Combarelles (Dordogne). — Ces figures, d'animaux pour la plupart, que nous avons découvertes au mois de septembre 1901 peuvent s'observer sur les parois du long boyau de 228 mètres que forme cette grotte, et sur une longueur de 100 mètres de chaque côté, à partir de 118 mètres de l'entrée. Leur nombre est considérable. Nous avons pu en reproduire cent neuf, dont soixante-dix représentent des animaux entiers : les autres montrent seulement des têtes. Les figures, d'un dessin remarquable, gravées et parfois rehaussées de traits en noir, sont identiques à celles des os gravés classiques des foyers magdaléniens, elles se rapportent au cheval, bœuf, bison, renne, bouquetin et, fait absolument nouveau, au mammouth, dont nous avons pu relever quatorze figurations.

Nous présentons, avec quelques calques des principales figures, la reproduction en croquis de l'ensemble des images, formant cinq grandes planches gravées, qui font partie de notre travail d'ensemble en cours d'exécution.

———

Les figures peintes à l'époque paléolithique sur les parois de la grotte de Font-de-Gaume (Dordogne). — C'est au mois de septembre 1901 également, que, conduits par notre ami Peyrony, nous avons pu étudier ces peintures jusqu'ici non remarquées, sur les parois de la grotte de Font-de-Gaume. Cette grotte obscure, irrégulière, est creusée en haut d'une haute falaise de craie, dans la vallée de la Beune, à 1 kilomètre et demi des Eyzies. Les figures, en général de grandes dimensions, 1 mètre à 2m,50 de longueur, occupent surtout une salle de 40 mètres de longueur qui commence à 65 mètres de l'entrée. Ces figures peintes à l'ocre rouge et au noir, dont nous avons pu distinguer quatre-vingt, représentent surtout des bisons (49) d'une couleur brune plus ou moins rougeâtre, des rennes, des équidés et des antilopes, soit peints en noir, soit en rouge, au moyen de traits ou de teintes plates ; parfois il y a association de la gravure et de la peinture. Nombre de figures sont recouvertes d'une couche de stalagmite. Enfin, il existe, également peints en rouge, plusieurs grands signes triangulaires avec raies intérieures et des figures uniquement gravées, telle celle d'un curieux petit mammouth.

———

M. CHAUVET.

Une nouvelle lampe préhistorique. — M. G. CHAUVET présente une lampe en grès, trouvée au Bois du Roc, près Vilhonneur (Charente) (station de l'âge du Bronze). Elle est analogue à celle recueillie dans la grotte de la Mouthe (Dordogne) et porte un dessin à la partie supérieure du manche.

———

M. François DALEAU, à Bourg-sur-Gironde.

Gravures paléolithiques de la grotte de Païr-non-Pair, commune de Marcamp (Gironde). — M. François DALEAU fait l'historique de cette grotte et des gravures sur rocher qu'il a pu faire mouler grâce à une subvention de l'Association française.

La grotte et ses dépendances, achetées en 1900 par la Sous-Commission des Monuments mégalithiques, appartiennent aujourd'hui à l'État.

Il donne l'inventaire des grottes à parois gravées ou peintes en suivant l'ordre de la découverte des gravures : 1° grotte d'Altamira (Espagne), dessins découverts en 1875 ; 2° grotte Chabot (Gard), en 1878 ; 3° grotte de la Mouthe (Dordogne), en 1895 ; 4° grotte de Pair-non-Pair (Gironde), en 1896 ; 5° grotte des Comba-relles (Dordogne), en 1901 ; 6° grotte de Font-de-Gaume (Dordogne), en 1901 ; 7° grotte de Marsoulas (Haute-Garonne), 4 août 1902.

D'après cet auteur, les gravures de la grotte Chabot seraient contemporaines de celles de Pair-non-Pair qui ont été tracées à la fin de l'époque solutréenne ; celles des cinq autres grottes seraient magdaléniennes.

Il cite, en terminant, les très intéressants travaux de M. Flamand sur les gravures du nord de l'Afrique.

––––––––

M. l'abbé LABRIE, à Lugasson (Gironde).

Sur quelques objets inédits de l'industrie magdalénienne : fourchette, fendeur, etc. — Les pièces dont il est question ici ont été recueillies en place dans la caverne de Fontarnaud, à Lugasson (Gironde).

1° *Fourchette.* — Cet objet étrange en os est divisé en trois branches parfaite-ment appointées ; il est d'un travail très soigné. Serait-ce une pointe de flèche ? Vu de profil, il est fortement courbe, ce qui rend cette hypothèse invraisem-blable. Serait-ce un harpon ? Même objection que pour la pointe de flèche, et en outre, il n'a aucune trace d'emmanchement. Bien qu'avec certaines réserves, le nom de *fourchette* paraît devoir lui être conservé.

Une fourchette aux temps préhistoriques ! Est-ce possible ? L'histoire et l'ar-chéologie nous rassurent sur l'antiquité du dit ustensile. « L'emploi de cet ins-trument de cuisine et de table, dit Larousse, date de toute antiquité. Cependant en tant que fourchette de table, il ne devient courant qu'à partir du xvi° siècle. »

Si l'emploi spécial de la fourchette à table est peu naturel à l'homme, l'idée même de la fourchette, prise abstractivement, indépendamment de ses usages modernes, a dû au contraire s'imposer facilement à l'homme dès le principe.

A quoi a pu servir la fourchette de Fontarnaud ? La réponse à cette question est extrêmement difficile. Elle n'a sans doute pas été employée à porter les aliments à la bouche, mais a dû servir à des usages moins personnels, soit, pour n'en prendre qu'un exemple au hasard, à retirer du foyer la viande brûlante. Mais ce ne peut être là qu'une hypothèse.

2° *Fendeur.* — Cet outil ressemble à celui dont se servent actuellement les vanniers pour diviser l'osier et qu'ils appellent *fendeur* ou *fendoir ;* mais il est plus petit et a dû diviser des fibres plus ténues que celles de l'osier. Il est en outre muni d'un double biseau d'emmanchement.

3° *Outil composé de deux os travaillés à section semi-circulaire joints ensemble par leur partie plate.* — Ces deux os liés ensemble ont serré très fortement un objet qui a laissé sur eux des traces très nettes. Pour se prononcer sur l'usage d'un pareil agencement il serait indispensable de connaître la nature et la forme de l'objet serré entre les deux os.

4° *Petits manches d'outils ou d'os travaillés avec bouton ou saillie pour empêcher l'objet de glisser des doigts.* — Il n'était pas toujours possible de laisser au manche une partie de l'articulation de l'os. A Fontarnaud, pour y suppléer, l'ouvrier a laissé une saillie très bien taillée à l'extrémité du manche. Tel est le cas de la fourchette dont il a été parlé; tel est aussi le cas d'un petit lissoir. –

MM. Ernest CHANTRE et Claudius SAVOYE.

Le département de Saône-et-Loire préhistorique. — La statistique comprend 421 indications réparties sur 212 communes. Ces indications se décomposent ainsi : 68 appartiennent à la période paléolithique, dont 12 préglaciaires; 251 à la période néolithique; plus 45 à l'âge du bronze; 23 à l'âge du fer prégaulois et 34 à des époques indéterminées ou incertaines.

Cet ouvrage comprend : 1° un inventaire détaillé et raisonné de toutes les découvertes préhistoriques effectuées dans le département de Saône-et-Loire ; 2° des tableaux statistiques par localités, et 3° une carte au $\frac{1}{320,000}$ sur laquelle sont inscrites toutes les découvertes au moyen des couleurs et des signes conventionnels de la légende internationale.

M. le Comte de CHARENCEY.

Sur les idiomes Kolariens.

M. Cl. DRIOTON, à Dijon.

Les retranchements calcinés des châtelets de Val-Suzon et d'Étaules.

MM. DRIOTON et le Dr J. GALIMARD.

Répertoire des excavations naturelles et artificielles de l'arrondissement de Dijon.

MM. Cl. DRIOTON, G. GRUÈRE et J. GALIMARD.

Résultats des fouilles et recherches exécutées dans la caverne dite : le Trou de la Roche à Baulme-la-Roche (Côte-d'Or).

M. le Prince Paul-Arsenievitch POUTIATIN, à Saint-Pétersbourg.

Éclats avec conchoïdes produits par percussion et naturellement. — Le but de l'auteur est de rechercher les signes permettant de distinguer les silex éclatés par la main de l'homme et pourvus de leur conchoïde, mais non retouchés, des silex éclatés naturellement et présentant aussi un bulbe de percussion. Le travail du prince Poutiatin est accompagné d'une collection de silex éclatés qu'il offre à l'École d'Anthropologie de Paris.

M. B. FAVENC, Prof. à l'École française de Droit du Caire, au Caire (Égypte).

Silex taillés provenant du désert arabique (Égypte). — M. FAVENC présente : 1° Une série de silex taillés et d'éclats de silex trouvés par lui sur les plateaux du désert arabique avoisinant les ouadis Naoumieh et Rach-Rach, à environ

80 kilomètres sud-est du Caire. Ces silex, d'une patine noire très spéciale, se rapprochent du type moustérien, et diffèrent essentiellement par leur forme et leur nature des silex de l'époque pharaonique auxquels ils sont évidemment antérieurs;

2° Une hache en grès quartzite rouge, du type Saint-Acheul, trouvée par lui sur la Montagne Rouge (Gebel Ahmar) à 1 kilomètre nord-est du Caire;

3° Une autre hache en silex trouvée également par lui à l'entrée de l'ouadi Naoumieh.

Discussion. — M. A. DE MORTILLET : Les pièces récoltées par M. Favenc ont dans leur ensemble un aspect moustérien; on reconnaît parmi elles un beau disque, des grands éclats du type Levallois, des lames larges et peu régulières, des éclats triangulaires et même quelques essais de pointes à main et de racloirs. Toutes présentent cette patine et cette coloration brunâtre si spéciales que prennent les silex dans le sable du désert.

M. Robert GAUTHIOT, Prof. au Lycée de Tourcoing.

Notes sur la maison lithuanienne. — M. Robert GAUTHIOT fait une brève description de la maison lithuanienne telle qu'elle se présente en Lithuanie Orientale. Il tâche d'en déterminer le caractère propre. Distinguant entre la maison d'habitation proprement dite et les bâtiments qui l'entourent, il essaie de dégager les traits originaux de ceux qui sont communs à toutes les habitations de la même région baltique.

M. DEBRUGE.

Fouilles de la grotte Ali-Bacha, à Bougie (Algérie).

M. le Dr Fernand DELISLE, à Paris.

Les ossements humains de la Grotte Ali-Bacha. — Les restes humains exhumés de la grotte funéraire naturelle d'Ali-Bacha, près Bougie, par M. Debruge, sont trop incomplets et en trop mauvais état pour qu'on puisse déterminer de façon absolue à quel type ethnique il faut rattacher les anciens indigènes de cette partie de la côte Algérienne. Toutefois certains caractères portent à les rattacher aux populations du type de Cro-Magnon. Selon toute probabilité, le dépôt des ossements humains dans la grotte devait constituer un ensevelissement secondaire, après que les os avaient été débarrassés des parties molles, et certainement une partie du squelette des morts n'a pas été transportée dans la grotte lors de cette inhumation définitive.

—. Séance du 11 août —

M. Eugène GARRISSON, à Montauban.

Sur un coup de poing en basalte, trouvé à Royat (Puy-de-Dôme). — M. E. GARRISSON présente un grand éclat de basalte, rappelant le « coup de poing », qu'il a

17

trouvé en août 1901 sur les pentes inférieures du Puy de Gravenoire, à 300 mètres de Royat.

Il attire l'attention des membres de la Section sur ce fait qu'il n'a pas été jusqu'à ce jour signalé d'instruments analogues de même matière en Auvergne ; quelques petits éclats de basalte ont seuls été trouvés aux environs d'Aurillac.

Ce coup de poing rappelle par sa forme celle de Saint-Acheul, à cette différence toutefois qu'une de ses faces a été obtenue d'un seul coup : les traces de percussion y sont parfaitement visibles ; l'autre face paraît retouchée comme un Saint-Acheul, la pointe est brisée sur 2 centimètres de longueur environ. Cet instrument a une forme amygdaloïde, il est très bombé sur une face et mesure 19 centimètres de longueur, 11 de largeur et 6 de plus grande épaisseur.

Discussion. — M. Cartailhac : Je crois que la pièce apportée par M. Garrisson peut être considérée comme taillée suivant le type paléolithique ancien. Cependant il serait imprudent de l'affirmer. C'est seulement une indication qu'il ne faut pas négliger, de nouvelles découvertes sont désirables avant toute conclusion.

M. A. de Mortillet : L'échantillon qui nous est présenté n'est certes pas une brillante pièce de collection, mais c'est une pièce d'étude intéressante, que M. Garrisson a bien fait de ne pas rejeter. Pour ma part, je crois qu'il porte des traces non contestables de travail intentionnel : un côté présente une grande face d'éclatement avec conchoïde de percussion, sur l'autre côté fortement bombé on remarque quelques retailles. C'est pourquoi j'ai engagé M. Garrisson à vous le montrer. Roche dure et résistante, contenant une assez forte proportion de silice, le basalte peut parfaitement fournir de bons instruments. Il a dû être utilisé dès le commencement des temps quaternaires, dans les régions volcaniques où le silex était rare. Des recherches tentées dans cette voie ne peuvent manquer d'avoir d'heureux résultats. L'emploi de cette roche a d'ailleurs été constaté par MM. Vernière et Boule dans un gisement plus récent, l'abri du Rond, près de Saint-Arcons-d'Allier (Haute-Loire), qui a donné des instruments magdaléniens en silex, en quartz et en basalte.

M. Eugène GARRISSON, à Montauban.

Sur le Préhistorique ante-Magdalénien des environs de Montauban. — Le Préhistorique ante-magdalénien des environs de Montauban n'a donné lieu jusqu'ici qu'à une courte étude de M. Alibert, qui date déjà de vingt-quatre ans.

Quoiqu'il n'ait été rencontré jusqu'ici que des gisements de surface, ils présentent par leur grand nombre un haut intérêt.

La station acheuléenne de Beausoleil, située à 144 mètres d'altitude, sur la terrasse supérieure de l'Aveyron, à 2 kilomètres sud-est de Montauban et à 70 mètres au-dessus du niveau actuel de cette rivière, a fourni à M. Eugène Garrisson, de nombreux coups-de-poing en quartzite très soignés (le plus grand mesure 17 centimètres de long, 8 centimètres de large, 4 centimètres d'épaisseur maximum), des disques de quartzite, des lames grossièrement taillées en quartzite ou en silex, etc.

Les nombreux éclats et débris de taille, attestent qu'on se trouve en présence d'une importante station. Il est à remarquer que le quartzite grisâtre et le quartz prédominent sur le silex; pris sur place, dans les graviers anciens, ils ont servi presque uniquement à la confection des gros objets.

Toute la terrasse supérieure de l'Aveyron fournit d'ailleurs des types analogues, soit isolément, soit en groupe dans de petites stations.

Les terrasses supérieures du Tarn et de la Garonne ont fourni également à l'auteur des coups-de-poing et un gros nucleus en quartzite (environs de Montbartier et de Dieupentale).

Au-dessus des larges vallées arrosées par les trois grandes rivières des environs de Montauban (Garonne, Tarn, Aveyron), s'élèvent des coteaux oligocènes ou miocènes très vallonnés. Il existe, sur leurs pentes, notamment dans les communes de Léojac, Vayssac, Génebrières, Nègrepelisse, au sud-est et à l'est de Montauban, de très nombreuses stations remplies d'éclats de silex; le quartzite y est rare, le silex, inconnu dans le pays, y a été évidemment importé.

Ces stations dominent généralement d'une vingtaine de mètres le lit actuel des ruisseaux de la région, telle la station de Sarret-Bas (12 kilomètres est de Montauban). L'auteur y a trouvé près d'un millier d'éclats ou débris de taille et plusieurs instruments, surtout en silex, petits, retouchés avec soin; ces outils rappellent les formes du Moustier ou de Cro-Magnon. Des spécimens sont présentés à la Section.

En résumé, les environs de Montauban semblent avoir été constamment habités par l'homme durant le Paléolithique.

Discussion. — M. Courty : A propos de l'intéressante communication de M. Eugène Garrisson sur ses recherches préhistoriques à Beausoleil, près Montauban, sur les terrasses de l'Aveyron, il est un point tout spécial qui mérite d'attirer l'attention.

M. Eugène Garrisson n'a pas craint, et on ne saurait trop l'en féliciter, de ramasser des petits fragments grossiers de silex pyromaque ne présentant pas une trace de taille à proprement parler, mais des retouches caractéristiques. Comme cette sorte de silex ne se rencontre pas sur les terrasses en question, il y a donc été apporté intentionnellement. On voit le grand intérêt de recueillir ces silex qu'on pourra, je crois, rapporter à un niveau stratigraphique, le jour où l'on aura des vues plus précises sur le Quaternaire en France.

M. A. DE MORTILLET : Dans les récoltes de M. E. Garrisson aux environs de Montauban, on retrouve des instruments en quartzite, quartz et silex se rapportant à toutes les industries du Paléolithique ancien et moyen : des coups-de-poing assez grossiers d'aspect chelléen, des coups-de-poing plus habilement taillés rappelant les formes acheuléennes, des grands éclats, des disques et des pièces purement moustériennes, parmi lesquelles quelques pointes à main et un très beau racloir de petite dimension.

Nous espérons que M. Garrisson continuera ses recherches et que de nouvelles découvertes ne tarderont pas à venir compléter les séries intéressantes déjà réunies par lui.

————

M. Émile CARTAILHAC.

Exploration préhistorique et protohistorique de la Sardaigne. — M. Cartailhac ayant reçu une subvention de l'Association française pour l'exploration de la Sardaigne apporte les résultats inédits qu'il a pu obtenir, et montre plusieurs centaines de photographies et de dessins de monuments et d'objets, des cartes géographiques. Bien qu'un ouvrage considérable d'un savant italien, M. E. Pinza, sur le même sujet ait paru depuis son retour de l'île, M. Cartailhac possède encore assez de faits nouveaux non remarqués pour apporter une contribution importante à l'histoire de la Méditerranée ancienne. Ses études sur le Portugal, l'Espagne, les Baléares, le midi de la France lui avaient fourni des bases sérieuses pour l'appréciation des antiquités sardes.

Il expose les faits qu'il a pu dégager avec précision sur l'âge de la pierre et l'âge du bronze de la grande île. Le paléolithique ne s'est montré nulle part, mais les vestiges néolithiques sont nombreux. Ce sont des objets trouvés isolément : haches polies, silex et obsidiennes taillés. Il y a des grottes sépulcrales le plus souvent artificielles, rappelant celles des Baléares aussi bien que de la Sicile, et des allées couvertes ou tombes mégalithiques sensiblement différentes des nôtres. De grandes trouvailles de cachettes et de très nombreux objets isolés appartiennent aux époques subséquentes et donnent lieu à de bien suggestifs rapprochements avec l'orient de la Méditerranée aussi bien qu'avec l'ouest extrême de l'Europe. M. Cartailhac est en mesure de présenter une description complète de toutes les statuettes de bronze, du type sarde bien connu, qu'il est arrivé à pouvoir attribuer au milieu de l'âge du bronze. Les tours de défense dites *Nuraghes*, au nombre de plusieurs milliers, qui sont semblables aux *Talayots* des Baléares, ont été examinés par lui avec soin, et il a réuni sur eux un ensemble considérable de notes. Il les croit antérieurs sensiblement aux premières colonies phéniciennes et contemporaines des statuettes.

Cette exploration a été poursuivie avec succès grâce au bon accueil que l'auteur a partout rencontré en Sardaigne. Il se loue plus particulièrement du patronage de M. le professeur Lovisato, le très distingué professeur de géologie de Cagliari, et de M. Nissardi, l'excellent et érudit sous-conservateur du musée de Cagliari. MM. les consuls de France Bernard, à Cagliari ; Mariani, à Sassari, lui ont prêté un concours indispensable et tout à fait cordial.

Discussion. — M. ZABOROWSKI : M. Cartailhac vient de nous fournir une contribution importante à plus d'un égard pour la préhistorique en général. Il nous donne d'abord une preuve nouvelle et péremptoire de la pénétration d'une civilisation néolithique en Europe occidentale par la Méditerranée. Je dis *d'une civilisation néolithique*. Lorsque j'ai vu retrouver en Égypte une industrie néolithique merveilleuse dont M. de Morgan faisait remonter des monuments à 7.000 années avant notre ère, j'ai dû me persuader qu'un centre pareil n'avait pu se former et durer plusieurs millénaires sans exercer un certain rayonnement. Et lorsque, en effet, j'ai fait le recensement des découvertes réalisées dans l'Afrique du Nord, j'ai reconnu un rapport entre le matériel de pierre de toute cette région, le Sahara compris, et celui de l'Égypte (*Revue de l'École d'Anthropologie*, 1898). J'ai été frappé de la rareté de la hache polie dans ce matériel. Cette hache est également rare en Égypte. Or, elle est rare aussi, ou même absente dans des stations néolithiques de l'Europe, comme les *fonds de cabane de l'Italie*. Ces fonds de cabane, comme les villages découverts par Siret sur la côte orientale de l'Espagne, comme les stations de la Sardaigne, doivent donc appartenir, me semble-t-il, à une civilisation néolithique purement méditerranéenne plutôt qu'asiatique, probablement antérieure à la civilisation des lacustres de la Suisse, par exemple, dont la pénétration s'est faite par la voie danubienne. M. Cartailhac a découvert des dolmens en Sardaigne ? Ce ne sont pas des dolmens véritables, ce sont des allées couvertes ou des dolmens souterrains. Des monuments analogues ont été signalés en Sicile et, par lui même, aux Baléares. J'ai toujours pensé que nos dolmens étaient une imitation barbare des tombes dans le rocher des rivages orientaux de la Méditerranée. Or, justement, les monuments de Sardaigne, dont M. Cartailhac nous montre les photographies, sont intermédiaires par leur construction comme par leur situation géographique, entre les tombes creusées dans le roc et nos dolmens. La récente statistique qu'a dressée M. A. de Mortillet des dolmens de la France, nous les montre groupés, surtout dans nos départements méditerranéens, entre les Pyrénées et le Rhône, dans le centre, dans la Bretagne. Ils se groupent comme si l'usage s'en était répandu de la côte, à la droite de la vallée du Rhône, par le centre, vers le nord-ouest. L'abondance ou l'absence des matériaux nécessaires à leur construction est pour quelque chose dans leur diffusion dans telle direction plutôt que dans telle autre. Mais leur répartition a été soumise à d'autres influences. C'est évident. Ils se sont d'ailleurs si nombreux en Bretagne que parce qu'ils y ont été plus longtemps en usage, cette province ayant été constamment en retard sur le mouvement de la civilisation.

M. Cartailhac nous montre encore l'influence directe de l'orient de la Méditerranée sur l'introduction du métal et le développement de la civilisation du bronze en Sardaigne. Cette influence aurait donc été constante depuis l'âge de pierre. Il nous fixe enfin définitivement sur l'âge si longtemps discuté des *nuraghes*. On les croyait surtout d'origine néolithique. Or, ils sont de l'époque du bronze. Et comme ce sont des forteresses, ils sont probablement comparables sous plusieurs rapports aux villages fortifiés de l'Argar.

M. MASSÉNAT, à Brive.

Observations sur les dessins et fresques signalées à la Mouthe, Combarelles et Font-de-Gaume (près les Eyzies). — Étant donnés les fresques de Font-de-Gaume, les dessins de Combarelles et de La Mouthe, le problème à résoudre est le suivant : ces représentations sont-elles paléolithiques, néolithiques ou modernes ?

La réponse ne peut être tirée que de l'assimilation des figures avec des *animaux caractérisant une faune précise ; faune du renne ou faune moderne.*

MM. É. Rivière, Capitan et Breuil nous disent : voici des Mammouths, des *Rennes*, des Antilopes, des Aurochs, etc. Nous demandons si on ne pourrait pas dire : voilà des Éléphants, des Cerfs, des Chèvres, des Taureaux, etc.

J'estime que, malgré la comparaison qu'on a voulu faire de ces *grossières ébauches* avec les *œuvres d'art magdaléniennes,* il est impossible d'affirmer, d'après ces croquis vagues et indécis, qu'un Proboscidien ainsi indiqué est un Mammouth plutôt qu'un Éléphant, et la même observation s'applique à toutes les autres formes animales que j'ai observées.

I. — Cependant, admettons d'abord qu'il s'agit bien de la faune magdalénienne.

1° Pourquoi les grands artistes qui ont sculpté et gravé les si remarquables pièces de Laugerie-Basse, des Eyzies et de la Madeleine, ont-ils rompu avec les meilleures traditions pour tracer dans ces grottes des formes apocalyptiques et grotesques ? L'Aurochs de la Mouthe ou le bovidé à crinière des Combarelles sont les chefs-d'œuvre du genre. Les *couvertures, brides, chevêtres, signes alphabéti-*

formes et *tectiformes*, sont jusqu'ici inconnus sur les *ivoires ou bois de renne* gravés de la vallée de la Vézère ; le cheval qui porte ces indications ressemble, avouons-le, plutôt à un cheval de cavalerie qu'à un tarpan des mers sibériennes. Mais passons !

2° Pourquoi ces grands artistes ont-ils choisi des grottes peu accessibles, des boyaux étroits, pourquoi se sont-ils enfouis dans l'ombre, à plus de deux cents mètres (200 mètres) de l'orifice pour cacher leurs œuvres si variées ? Mystère ! La lampe de La Mouthe servait-elle aux Combarelles et à Font-de-Gaume ?

II. — Supposons maintenant que les gravures représentent des animaux vivants : éléphants, cerfs, etc., etc., quelle pourrait être l'origine de ces représentations ?

La facilité qu'il y a à se cacher dans ces grottes, à fermer l'entrée de Font-de-Gaume ou le boyau des Combarelles par un quartier de roche, la tradition locale qui fait de ces grottes des retraites où les gens du pays ont trouvé des asiles sûrs pendant les guerres de religion et de l'Empire, permettraient de rapporter à des prisonniers volontaires ces gravures et fresques qui nous occupent aujourd'hui. Ils ont grossièrement tracé les animaux connus dans nos campagnes : taureaux, chevaux, chèvres et moutons ; ils y ont joint le Cerf, l'Éléphant de formes étranges et faites de mémoire. N'étant pas artistes, ils ont forcément, grossièrement indiqué les contours sans proportions vraies, sans détails intéressants.

Avec cette idée, ces dessins au fond de pareilles grottes, de goulots faciles à obstruer, tout s'explique naturellement; les ornements des parois sont dans la chambre du prisonnier volontaire.

III. — Ces grottes ont été souvent visitées, il n'y a qu'à voir sur les parois les noms, les dates, les inscriptions plus ou moins décentes, les croquis réalistes qui les couvrent pour constater les fréquentes invasions des gens du pays et des touristes.

On peut se demander si les croquis, tracés dans une roche calcaire tendre comme aux Combarelles, *auraient pu résister au frottement des générations successives depuis l'âge du Renne.*

Mais parmi ces dessins au trait, n'y en a-t-il pas de plus récents encore ? Les confidences qui m'ont été faites au sujet de l'Aurochs de La Mouthe, et dont M. Berthoumeyrou fils m'a montré, ainsi qu'au docteur Girod, le dessin sur os de renne qui a servi de modèle, ouvre largement la question à des conjectures d'un autre ordre. L'affaire de la grotte de Thaygen, qui s'est terminée par la condamnation d'un faussaire, doit mettre les anthropologistes en garde contre les gens d'un pays où chacun sait la valeur vénale d'une découverte et où la fabrication des pièces fausses est absolument entrée dans les mœurs.

Pour nous, nous n'hésitons pas à voir, dans ces représentations *des œuvres historiques,* même récentes, et *nous n'acceptons pas l'interprétation qui veut reporter à l'âge du Renne l'origine,* pardonnez-moi l'expression, *de ces caricatures d'animaux modernes.*

Discussion. — M. CARTAILHAC : J'ai écouté avec une vive curiosité la lecture annoncée et attendue de M. Massénat. Mon vieil ami me permettra de lui dire que son opposition ne fera que mieux ressortir le mérite des personnes qui ont appelé notre attention sur les gravures et les fresques de nos cavernes. Un peu d'opposition n'a jamais nui aux découvertes et le spirituel exposé de M. Massénat n'empêchera pas les faits d'être certains. J'ai, moi-même, il y a vingt ans, douté de l'antiquité préhistorique des fresques d'Altamira, découvertes par M. de Sautuola. J'ai fait, l'autre jour, mon *mea culpa* public dans la dernière livraison de l'*Anthropologie*. M. Massénat n'attendra pas si longtemps pour reconnaître à son tour l'exagération de son scepticisme. Nous avons maintenant une assez nombreuse série de grottes avec peintures ou gravures pour que nous nous trouvions dans l'obligation de déclarer qu'il s'agit d'un fait général et du plus haut intérêt, pour l'histoire de nos ancêtres de l'âge du Mammouth. J'espère que M. Massénat voudra bien se joindre à nous, après-demain, pour visiter les trois grottes principales : La Mouthe, Les Combarelles, Font-de-Gaume. Nous discuterons utilement devant les monuments que MM. Émile Rivière, Capitan et Breuil livrent à nos investigations.

M. A. DE MORTILLET : Il y aurait assurément bien des critiques à faire au sujet des gravures et des peintures signalées dans les grottes des environs des Eyzies, mais mon excellent collègue M. Massénat va beaucoup trop loin en mettant en doute l'authenticité et l'ancienneté de ces productions artistiques. Œuvres de véritables artistes, les dessins de nos Magdaléniens sont empreints d'une saveur et d'une naïveté toutes particulières, qui les rendent fort difficiles à contrefaire. Les reproductions qu'on en donne sont elles-mêmes, en général, très inférieures aux originaux.

M. Gustave CHAUVET dit que les arguments présentés par M. É. Massénat contre les fresques et gravures des grottes ne lui paraissent pas concluants.

Si ces dessins étaient l'œuvre de « prisonniers volontaires », d'individus réfugiés pendant les guerres religieuses ou pendant la Révolution, ils refléteraient les préoccupations de leurs auteurs, c'est-à-dire des représentations ou des caricatures religieuses ou politiques... non des bisons, des rennes ou des chevaux.

L'autre objection : l'inutilité de ces gravures pour l'homme préhistorique, ne paraît pas avoir plus de valeur. L'homme magdalénien traçait certainement sur os, sur bois de renne et sur pierre des représentations analogues. Il est difficile d'en indiquer l'utilité, dans l'ignorance où nous sommes des mœurs et des superstitions primitives.

C'est sans preuves sérieuses que nous avons admis l'absence d'idées religieuses rudimentaires chez les populations quaternaires. Les Magdaléniens sont déjà les représentants d'une phase avancée de l'humanité ; ils ont dû se poser des questions de causes, au sujet du monde et des phénomènes naturels au milieu desquels ils vivaient. Que savons-nous des solutions qu'ils ont cru pouvoir donner à ces obscures questions ?... Rien.

Les gravures de nos grottes sont, peut-être, un premier document sur les superstitions préhistoriques.

MM. Ernest CHANTRE, S.-Dir. du Muséum de Lyon,
et Émile BOURDARET, Ingén. de la Maison Impériale de Corée (Séoul).

Les Coréens ; esquisse anthropologique. — Les matériaux qui ont servi à la présente étude, les premiers de cette nature, croyons-nous, qui aient été recueillis dans ce pays, sont dus exclusivement à l'un de nous que des circonstances spéciales ont particulièrement favorisé pour ce genre de recherches, toujours fort difficiles dans les contrées d'Orient, et plus encore d'Extrême-Orient. Cette étude a porté sur 113 sujets mâles, hommes faits, pour la plupart, sans anomalie ni difformité. Tous ces Coréens habitent le Kyeng-ki-to (province de Seoul), et appartiennent à trois localités principales : celles de Chang-Tari (18 sujets), de Ma-hpo (53 sujets) et de Seoul (42 sujets). Ce sont des habitants des villages situés près du tracé du chemin de fer, et ils sont employés aux travaux de la voie. Ils peuvent être regardés comme de très bons types. Tous sont cultivateurs et par conséquent gens du peuple ; cela est à considérer dans un pays où les castes sont très tranchées. Ces trois groupes montrent que ce peuple est plus brachycéphale qu'on le croyait (indice céphalique moyen 83,61). Ils le sont beaucoup plus que les Chinois et les Japonais. Ils sont mésorhiniens avec une face courte (indice nasal (73,47 ; — indice facial total 108,59). Les yeux sont écartés, presque toujours bridés et légèrement obliques (indice inter-oculaire 34,39). Enfin, leur taille au-dessus de la moyenne (1ᵐ,62), est presque toujours égale à la grande envergure. Mais ce ne sont là que des résultats provisoires que des recherches nouvelles et plus nombreuses viendront compléter prochainement.

———

M. BARRIÈRE-FLAVY, à Puydaniel (Haute-Garonne)

Les Barbares, Wisigoths et autres ; leurs arts industriels. — M. Cartailhac s'est chargé d'offrir à la Section et à l'Association Française le grand ouvrage que M. Barrière-Flavy, lauréat de l'Institut, a consacré aux Arts industriels des peuples barbares de la Gaule. L'étude des populations qui se sont succédé sur le sol national intéresse au premier chef notre Section et elle accueillera avec reconnaissance et admiration cette étude archéologique, historique et géographique.

L'auteur a recueilli patiemment toutes les indications que pouvaient lui fournir les recueils si nombreux des Sociétés savantes, toutes les revues archéologiques et les ouvrages isolés. Il a visité avec soin la plupart des musées français, même ceux des petites villes, et des pays de l'Europe voisins de nous, il a entretenu une correspondance suivie avec tous les savants spécialistes. Deux forts volumes de texte, in-4°, sont illustrés de dessins et un album de plus de cent planches, quelques-unes en chromolithographie, les accompagne. Il s'agit donc d'une œuvre de premier ordre exécutée par un jeune archéologue fidèle à sa province, et l'Association Française voudra certainement accorder à M. Barrière-Flavy, qui continue ses travaux et fait personnellement des fouilles dans la Haute-Garonne et l'Ariège, ses encouragements et son appui (1).

M. Germain SICARD, Château de Rivière, près Caunes-Minervois (Aude).

Explorations en cours dans les grottes de l'Aude. — M. Sicard, grâce à une subvention de l'Association, a commencé de nouvelles recherches dans les grottes de sa région : il cite celles qu'il a déjà visitées superficiellement et où il se propose de revenir, et celles où il a déjà commencé des fouilles. La plus intéressante parmi ces dernières est assurément la *Grotte du roc de Buffens*, près

(1) L'Association Française a remis cette publication à la Bibliothèque publique de la ville de Montauban.

Caunes, qui renferme des objets en bronze. Cette grotte a déjà été fouillée en partie par M. Sicard, il y a quelques années; de nouvelles fouilles s'annoncent comme devant être fructueuses.

Les principales grottes à explorer encore à fond sont celles du Rec de las Balmos, près de Caunes, celles de Lastours, où l'une d'elles a fourni des objets de l'époque néolithique; enfin plusieurs cavernes situées dans les communes de Saint-Hilaire et de Greffeil, ainsi que les abris sous roches qui se trouvent dans cette dernière commune et où il a été recueilli déjà des haches polies et des pointes de flèches en silex.

M. MÜLLER, Bibliothécaire de l'École de Médecine de Grenoble.

Taille du silex et fabrication d'armes et d'outils en cette matière par les procédés primitifs. — Nos essais de taille du silex à l'aide de percuteurs en pierre, ont porté sur des rognons siliceux provenant de divers points de la France.

Les percuteurs étaient des galets de *roches diverses* ramassés dans la *Durance*, le *Drac*, l'*Isère* et dans les alluvions anciennes.

Le silex a été employé tantôt sec, tantôt humidifié par un séjour prolongé en terre (vingt à quarante jours), ce qui facilitait beaucoup le clivage.

Les essais pratiqués en vue d'obtenir des lames nous ont démontré qu'il était plus facile d'ébaucher une hache, de façonner des pointes de flèches et autres objets de formes déterminées par la retouche, que de produire des lames de 60 à 100 millimètres de long avec une ou deux arêtes dorsales régulières.

Je crois pouvoir avancer que la plupart des cliveurs de silex, tout en ayant l'idée arrêtée de produire telle forme d'outils ou d'armes, faisaient un tri parmi les éclats qu'ils avaient obtenus, pour y chercher les formes appropriées à des usages spéciaux; l'intention résidait surtout dans le geste qui projetait le percuteur sur le noyau.

Les spécialistes, les virtuoses, les artistes en somme, toujours en minorité, ne pouvaient, pas plus qu'aujourd'hui, être la règle, mais l'exception, comme les outils à formes parfaites ne doivent représenter que la minorité parmi le nombre des éclats divers en silex qui sont la masse et qui ont été utilisés.

Des haches *anciennes* en silex et en roches diverses ont été pourvues de manches modernes, des haches ont été taillées, polies et emmanchées par les procédés primitifs, toutes ont servi à abattre des arbres.

Des os de bœuf ont été fendus à l'aide des haches ci-dessus, des poignards et des poinçons ont été obtenus par usure et râclage primitifs des os fendus.

Des crânes ont été trépanés avec des silex taillés la veille, le cuir chevelu, les muscles et les tendons ont été éliminés, tranchés par le silex.

Bref, la taille du silex, son polissage, son emploi, la fabrication d'objets en os, en corne, en bois, l'abattage d'arbres, le dépeçage d'animaux ont été pratiqués avec des résultats encourageants. Le travail du potier a été abordé et l'étude des méthodes particulières que nécessitait à l'époque du bronze l'emploi de ce métal a été l'objet d'essais que nous comptons poursuivre par les seuls moyens primitifs comme nous l'avons fait et le ferons encore pour le silex.

M. le Cte J. BEAUPRÉ, à Nancy.

Sur des figures gravées au trait sur le dessous d'un sarcophage de l'époque barbare, découvert par lui, en 1901, dans un cimetière situé près de Bislée (Meuse) (1).

1° Deux groupes représentent des combats.

Ici, un guerrier, armé d'une épée en forme de feuille, en abat un autre dans la main duquel se voit une lance ou un dard.

Là, c'est un corps à corps, mais les traits, en partie effacés par suite de la décomposition de la pierre, ne permettent plus de se rendre compte des détails de la lutte.

2° Représentation bien nette d'un animal (chèvre ?);

3° *Idem* (Sorte de dragon avec longue queue);

4° Femme à genoux, appuyée sur les mains, vue de profil. (Cette figure se trouve sur la partie la plus large du sarcophage, brisé en sa partie centrale en menus morceaux, sur lesquels quelques traits permettent de supposer qu'elle faisait partie de représentations érotiques.)

Le fond du sarcophage était bien en place : mais la sépulture avait été violée en 1900. Elle avait donné alors un squelette et une demi-douzaine de petits bronzes de Constantin, aujourd'hui entre les mains du maire de Bislée. Des traces bien nettes de restauration indiquent que ce tombeau déjà brisé, et par suite d'une époque antérieure, avait été remis en œuvre pour servir à une seconde sépulture.

———

M. le Dr Marcel BAUDOUIN, à Paris.

Découverte d'un objet de cuivre pur dans un mégalithe de Vendée. — Au cours des fouilles exécutées, grâce à une subvention de l'Association pendant l'été 1901, sous l'Allée couverte de Pierre-Folle, à Commequiers (Vendée), nous avons trouvé, à environ 80 centimètres de profondeur et à l'entrée du méga-lithe, au milieu de sables cénomaniens et au-dessous de débris de poteries néolithiques, une *épingle*, d'un travail très soigné, qui, à l'analyse chimique, a été trouvée constituée par du *cuivre pur*, sans aucune trace d'étain; à côté, on a découvert une amulette en bronze pauvre.

Cette observation démontre une fois de plus que, dans l'ouest de la France, le cuivre a été employé isolé en bijoux comme en armes (haches plates en cuivre, F^{re} René, 1902), et qu'on est susceptible de le rencontrer, non seulement dans des stations de divers ordres, mais aussi dans les monuments mégalithiques.

———

M. l'abbé PARAT, Curé de Bois-d'Arcy (Yonne).

Une station de l'époque de Chelles dans le Morvan. — Les alluvions anciennes de la vallée de l'Yonne n'ont fourni jusqu'ici que deux ou trois amandes de Chelles et une molaire de l'*Elephas antiquus* (détermination de M. Boule). Une nouvelle découverte se distingue des autres par les circonstances de son gise-ment et ferait soupçonner une véritable station.

(1) Les débris de ce sarcophage recueillis par M. le comte J. Eeaupré, ont été par ses soins, déposés au Musée lorrain.

A 4 kilomètres sud d'Avallon, à 265 mètres d'altitude, le plateau de cette ville étant à 255 et la rivière du Cousin qui la baigne, à 157, on trouve l'étang Minard, traversé par le ru d'Aillon qui fournit ses eaux à Avallon. Toute la région est constituée par la granulite que le quartz jaspoïde a recouverte et traversée à l'époque triasique. D'après mes sondages dans le lit du ruisseau, les dépôts d'alluvions comprennent 20 centimètres de terre végétale, 20 centimètres de tourbe, 30 centimètres d'argile grise, pure, puis sableuse et enfin des sables granitiques de plus en plus caillouteux en descendant et d'épaisseur inconnue. C'est dans la couche inférieure de ce terrain que des travaux, entrepris dernièrement pour réparer des conduites d'eau, ont fait découvrir une amande en silex et deux éclats en quartz jaspoïde.

L'amande est une pièce ovalaire retaillée sur les deux faces à grands éclats, avec un large talon à la base; les bords sont sinueux et assez grossièrement tranchants, se terminant en pointe mousse; Elle mesure 18^{cm},5 de largeur et 4^{cm},5 d'épaisseur; elle pèse 1.150 grammes. Elle se classe donc parmi les plus gros types. Sa couleur est le gris-brun à la base et le rouge-brun sur les faces de retaille, avec quelques taches de patine blanche, le tout fortement verni ou lustré. Les éclats, de roche locale, sont massifs; l'un deux, entier, de forme lancéolée avec plan de frappe et conchoïde, mesure 18^{cm},5 de largeur, 5 centimètres de large et 2^{cm},5 d'épaisseur; sa patine est verte, lustrée.

Ces éclats volumineux indiquent que l'amande de Chelles n'est pas là comme un objet perdu par hasard, mais que les primitifs sont venus dans la région chercher des pierres convenables à la taille, ce serait l'indice d'une station. La situation du gisement dans les alluvions d'un petit ruisseau, à une altitude assez élevée, l'association d'une grosse amande avec de grandes et épaisses lames, simplement éclatées, donnent un certain intérêt à cette découverte. Une question locale y trouve aussi un éclaircissement : l'existence de glaciers sur le Morvan, qu'on a soutenue, sans preuves bien convaincantes, trouverait là un argument qui lui serait contraire.

M. E.-A. MARTEL, à Paris.

Inaptitude des stalagmites à servir d'élément chronologique dans les cavernes. — Les découvertes remarquables de gravures, dessins et fresques paléolithiques sur les parois des cavernes de la Mouthe (M. É. Rivière, 1895), de Font-de-Gaume et des Combarelles (MM. le Dr Capitan et Breuil, 1901), reposent sur des témoignages d'authenticité et d'antiquité tels qu'il est impossible de les discuter. Mais il y a lieu de mettre en garde les chercheurs de curiosités analogues, contre une sorte de preuve qui ne doit pas être invoquée comme critérium : c'est le recouvrement de ces dessins par la stalagmite. En effet, les concrétions calciques ne peuvent, en aucune manière, servir de terme chronologique dans les cavernes : M. MARTEL énumère divers exemples de stalagmites tellement récentes qu'il y a lieu de considérer ce genre de preuve comme nul, au point de vue de l'âge des objets qui peuvent se trouver dans la stalagmite.

Discussion. — M. A. DE MORTILLET : En appelant l'attention des palethnologues sur les erreurs qu'ils s'exposent à commettre en attachant aux dépôts stalagmitiques une trop grande importance au point de vue chronologique, M. Martel leur rend un véritable service. La plupart du temps, en effet, la formation des stalagmites suit une marche si irrégulière que les indications qu'elles peuvent fournir ne sauraient avoir qu'une valeur tout à fait relative.

— **Séance du 11 août** (soir) —

Réunion des 11ᵉ, 12ᵉ, 16 et 18ᵉ Sections.

(Voir page 396.)

M. PALLARY, Prof. à Eckmühl-Oran.

Exploration du Maroc au point de vue préhistorique.

M. Arthur MAC-DONALD, à Washington.

Plan pour l'étude de l'histoire de l'homme.

M. Louis LEVISTRE.

Les Monuments de pierre brute de la région du Montoncel (Allier) et les pierres pomathres (Creuse).

M. Émile RIVIÈRE, Sous-Directeur de laboratoire, au Collège de France, à Paris.

Grottes du Périgord. — M. Émile RIVIÈRE signale quelques nouvelles grottes du Périgord (non encore décrites à sa connaissance), à seule fin de prendre date pour les recherches qu'il y a faites et qu'il doit poursuivre ultérieurement. Il indique aussi les fouilles qu'il a pratiquées à plusieurs reprises depuis quelques années, notamment au mois de septembre 1900, à La Madeleine, dans des foyers jusqu'alors inexplorés.

M. le Dʳ CAPITAN

L'abri sous roche de Morson ou Croze-de-Tayac (Dordogne) (1).

L'année dernière, au Congrès d'Ajaccio, M. É. Rivière a fait une communication sur une fouille qu'il a pratiquée aux Eyzies en 1892. Il rappelle que le propriétaire a vendu jadis les objets qu'il avait recueillis en faisant quelques excavations dans le riche gisement sur lequel se trouvent sa maison et son jardin. J'ai en effet acquis de lui en 1895 ou 1896 un lot d'environ 200 silex

(1) Communication faite par M. É. Rivière au Congrès d'Ajaccio (C. R. 2ᵉ volume, page 156).

qu'il venait de découvrir en creusant trois trous pour planter de la vigne. J'ai eu ensuite du même individu quelques ossements recueillis par lui aux alentours de sa maison, toujours à une faible profondeur.

L'industrie du silex est remarquable par sa finesse et son habileté de fabrication. Il n'y a que des lames étroites, minces, admirablement taillées, mesurant de 5 à 15 ou 18 centimètres et ne présentant en général pas de bulbes ou des bulbes à peine marqués et un plan de frappe nul ou extrêmement réduit. Il paraît bien vraisemblable que cette industrie caractérise le summum de l'industrie magdalénienne. Ces lames paraissent avoir été détachées du nucleus par pression bien plutôt que par percussion. Un certain nombre sont retouchées en grattoirs, en couteaux nettement indiqués ou façonnées en burins ou perçoirs.

Quant à la faune, elle renfermait en effet un morceau de dent de mammouth fort altérée, des fragments de cornes et des dents de rennes en abondance et de cheval probablement, d'assez grande taille, d'après les huit dents que j'ai. Mais des renseignements que m'a donnés mon ami Peyrony, instituteur aux Eyzies, il résulte que la dent de mammouth provient vraisemblablement d'un abri situé plus à l'Ouest du côté de celui de Cro-Magnon, dont le contenu aurait été vidé dans le champ situé en face. C'est là qu'elle a été recueillie. Elle ne provient donc pas du même gisement que le silex.

M Émile RIVIÈRE.

Une nouvelle lampe préhistorique trouvée dans la Dordogne. — Il s'agit d'un godet en pierre de 8 à 10 centimètres de longueur, peu profond, dont le bord brûlé témoigne de l'usage qui en a été fait. Il aurait été trouvé au village de Chabans, près du Moustier (Dordogne).

L'âge des sépultures de Beaulon (Allier). — L'époque à laquelle remontent les sépultures découvertes dans une carrière de la commune de Beaulon (Allier), en 1886, ayant été contestée l'année dernière dans la *Revue scientifique du Bourbonnais*, M. Émile Rivière apporte de nouvelles preuves à l'appui de la thèse qu'il a soutenue et qu'il maintient absolument, à savoir qu'il s'agit bien de sépultures gallo-romaines.

M. le Dʳ COSTE de LAMONTGIS.

Note sur la ville de Saint-Germain-l'Herm.

M. l'abbé BREUIL.

Sur les haches ornées en bronze ou cuivre de l'Ouest. — Un certain nombre de haches ornées proviennent de la région comprise entre le cours inférieur de la Loire et celui de la Charente.

Une est plate en métal rouge, à deux bandes transversales de chevrons sur les plats, elle provient d'une cachette découverte à *Saint-Aigny (Indre)* sur la limite du Berry, du Poitou et de la Touraine (Musée de Bourges).

Une, à peu près plate, avec légère indication de bord droit et de talon, en bronze j aune, avec les côtés cannelés obliquement. — *Loire-Inférieure.* — Collection de Girardot. — A son occasion, nous en rappelons une autre du département de l'Aisne, trouvée [à Oulchy-Breny, maintenant au Musée de Saint-Germain. Cette hache à petit talon entre bords droits, présente sur les côtés des cannelures du même genre, mais plus serrées et plus nombreuses.

Trois cachettes *Vendéennes* ont donné des haches ornées à bords droits.

Celle de *Petosse,* que, par suite d'un renseignement inexact, j'ai décrite comme de Saint-Étienne-de-Brillouet, localité voisine. Elle contenait cinquante-cinq haches, dont vingt-neuf à bords droits sans ornements. Dix-huit à bords droits avec des ornements très variés sur les bords droits, les côtés et les plats. — L'ornementation est faite tantôt au marteau tantôt au burin. — Huit sont à talon, dont une à fort talon entre bords droits très accentués; elle présente sur les plats, comme toutes celles de Petosse où cette partie est ornée, des rainures et des nervures en chevrons inscrits les uns dans les autres.

Cette cachette était contenue dans un grand vase.

Celle de *Massigny,* non loin de Brillac, où trois haches ornées se trouvaient placées debout dans un vase; elles rappellent celles de Petosse; mais deux seulement ont le plat orné, et des cannelures simplement parallèles.

Cette cachette et la précédente appartiennent à M. de Rochebrune.

On peut rapprocher des haches de Petosse à plats ornés de chevrons pratiqués au marteau une portion de hache venant du dragage de la Seine (collection Magne à Paris).

Une dernière cachette de haches découverte cette année par le Frère René, des Frères de Saint-Gabriel, à Saint-Laurent, et contenant en tout treize haches à bords droits et huit à talon, a donné une hache à bords droits ornée de la même manière. Cette cachette a été trouvée à *Roidon-en-Saint-Florent,* commune *des Essarts* (Vendée).

M. l'abbé BREUIL

Quelques bronzes du Périgord.

M. le chanoine F. POTTIER. Prés. de la Soc. Archéol. de Tarn-et-Garonne.

Présentation d'objets préhistoriques de la station du Verdier, près Montauban.

MM. CAPITAN, BREUIL et PEYRONY

Une nouvelle grotte à parois gravées à l'époque paléolithique. — Nous voudrions immédiatement signaler à la onzième section la découverte que vient de faire l'un de nous d'une nouvelle grotte à parois gravées. Cette grotte, d'un accès fort difficile, porte le nom de grotte de Bernifal; elle est située commune de Meyrals, à 7 kilomètres des Eyzies et à 4 kilomètres des Combarelles.

Une première et rapide investigation a permis de constater que cette grotte, du même type que les autres, c'est-à-dire constituée par une diaclase du terrain crétacé, en forme de longue galerie irrégulière, a ses parois recouvertes presque partout d'une couche épaisse de stalagmites, sauf en un point, à 40 mètres de l'entrée, qui forme une sorte de rétrécissement d'une longueur de 2 mètres, dont les parois sont sèches et formées de la roche à nu. Sur la paroi de gauche on peut distinguer cinq grands signes tectiformes très analogues à ceux des Combarelles et de Font-de-Gaume. Sur celle de droite, on en voit encore d'un dessin un peu plus compliqué ; au milieu deux figures de mammouths. Au-dessous une gravure très fine d'un bison la tête vers le fond de la grotte et celle d'un autre animal disposé inversement mais dont la partie supérieure et la tête sont masquées par une couche épaisse de stalagmite. Enfin toute une série de traits enchevêtrés, au milieu desquels on peut voir nettement quelques têtes parfois rehaussées de noir.

D'ailleurs nous allons, dans peu de jours, étudier en détail ces figures et les reproduire. Cette grotte s'ajoutant à celles déjà connues de la région est donc l'indication d'un fait social relativement fréquent à cette époque, et non pas seulement d'une particularité purement locale. A ce titre cette nouvelle découverte présente de l'intérêt. C'est pour cela que nous avons tenu à la signaler immédiatement au Congrès avant la fin de sa session.

M. Émile RIVIÈRE

Excursion de la section aux Eyzies. — La session du Congrès s'est terminée, pour la Section d'Anthropologie, par une excursion aux Eyzies, pour la visite des grottes de La Mouthe, des Combarelles et de Font-de-Gaume, situées toutes trois sur la commune de Tayac, arrondissement de Sarlat (Dordogne).

Celle-ci présentait d'autant plus d'intérêt pour ses membres que la question, toute d'actualité, des gravures et peintures sur les parois des grottes, proposée par le Président de la Section pour être mise à l'ordre du jour, avait été l'objet de plusieurs communications et discussions scientifiques pendant la durée du Congrès.

L'excursion a eu lieu les jeudi 14 et vendredi 15 août. Les Congressistes étant arrivés de Montauban aux Eyzies, à 11 heures du matin, l'après-midi du premier jour a été entièrement consacré à la visite, d'abord, de la grotte de La Mouthe, sous la direction de M. Émile Rivière, Président de la Section, qui tenait vivement à en faire les honneurs à ses Collègues.

La grotte étant actuellement déblayée, en grande partie, sur une longueur de 130 mètres, chacun a pu en étudier à son gré les parois gravées et reconnaître la parfaite authenticité des dessins préhistoriques qui les recouvrent et dont les premiers ont été découverts au mois d'avril 1895, ainsi que des peintures qui revêtent quelques-uns d'entre eux.

De La Mouthe les membres du Congrès se sont dirigés, conduits par MM. Peyrony, instituteur aux Eyzies, et l'abbé Breuil, sur la grotte de Font-de-Gaume, qu'ils ont parcourue dans toute sa longueur, étudiant également les gravures et les peintures découvertes au mois de septembre 1901, qui décoraient ses parois. A l'unanimité aussi l'antiquité des unes et des autres a été considérée comme authentique.

Il en a été de même de celles qui ont été découvertes en septembre 1901 sur les parois du couloir de gauche de la grotte des Combarelles (1). Cette excursion

----

(1) Le couloir de droite a été exploré et fouillé méthodiquement de 1891 à 1894 par M. Émile Rivière, qui y a recueilli une quantité considérable d'ossements et de dents d'animaux divers, de silex taillés, d'os travaillés et gravés et a publié sur ces recherches, en 1894, une première note (Académie des sciences et Congrès de Caen).

a eu lieu le lendemain 15 août, sous la direction aussi de MM. Breuil et Peyrony qui s'étaient mis à la disposition des Congressistes pour leur faire visiter ledit couloir. Quelques membres, arrivés le 13 au soir, l'avaient déjà parcouru le 14 au matin.

Bref, nous croyons pouvoir dire, sans être démenti par aucun d'eux, que l'antiquité paléolithique de tous les dessins gravés et peints des trois grottes de La Mouthe, de Font-de-Gaume et des Combarelles ne laisse désormais aucun doute dans l'esprit de nos Collègues. La détermination de l'époque à laquelle ils appartiennent, qui avait été faite par chacun des auteurs de ces découvertes dès le moment même où elles ont eu lieu, soit en 1895 soit en 1901, est donc absolument confirmée.

Travaux imprimés

PRÉSENTÉS A LA SECTION

Dr Coste. — *Notice historique sur la ville de Saint-Germain-L'Herm* (in-8°, 1894, Paris).

Levistre. — *Les monuments de pierre brute de la région du Montoncel (Allier) et les pierres pomathres (Creuse).*

12ᵉ Section

SCIENCES MÉDICALES

PRÉSIDENT D'HONNEUR. . . . . M. le Prof. CAUBET, Doyen de la Fac. de Méd. de Toulouse.
PRÉSIDENT. . . . . M. le Dʳ BORIES, de Montauban.
VICE-PRÉSIDENT. . . . . M. le Dʳ PETIT, Méd.-Major de 1ʳᵉ classe à Montauban.
SECRÉTAIRE . . . . M. le Dʳ ARSIMOLES, de Montauban.

— **Séance du 8 août** —

M. Stéphane LEDUC, Prof. à l'Éc. de Méd. de Nantes.

Études sur la fièvre. — On confond en médecine la température et la calorifi-cation ou, lorsqu'on les différencie, on admet, *a priori*, que ces deux fonctions varient parallèlement; or, un sujet peut, dans le même temps, produire une, deux, cinq ou dix fois plus de chaleur qu'un autre; si, dans le même temps, il en perd une, deux, cinq ou dix fois plus, sa température restera invariable; *la calorification peut varier dans une proportion quelconque sans aucune variation de la température.* D'autre part, un sujet ayant une température de 2°, 3°, 4° plus élevée que celle d'un autre sujet peut produire la même quantité de chaleur; si, en même temps, il perd cette même quantité de chaleur, sa température, et la différence qu'elle présente avec celle du second sujet, resteront constantes.

En d'autres termes : *les températures de divers sujets peuvent différer dans une proportion quelconque sans qu'il en résulte une différence de leurs calorifications.*

Par suite des étoffes dont nous nous couvrons, nous vivons, au point de vue calorifique, dans une atmosphère présentant avec notre corps une différence à peu près constante et d'environ un degré. Les vitesses d'ascension du dernier degré thermométrique sont entre elles comme les pertes de chaleur du corps et comme les calorifications des différents sujets; leur comparaison permet donc de comparer les intensités de calorification.

On obtient des chiffres proportionnels à ces grandeurs en prenant la tempé-rature de minute en minute pendant la dernière partie de l'ascension; on a ainsi le temps de l'ascension pour le dernier degré; afin d'éviter les décimales, on divise cent par ce temps et l'on obtient des chiffres proportionnels aux intensités des calorifications.

La moyenne de l'intensité de calorification chez les tuberculeux apyrétiques est de 16; cette intensité s'élève chez quelques-uns au-dessus de 25, avec une

18

température n'atteignant pas 37°,5 ; dans un accès de fièvre paludéenne nous avons trouvé, avec une température de 39°,7, une intensité de calorification égale à 10 ; un malade atteint de fièvre typhoïde avait :

Calorification.	Température.
8	39°,5
9,77	38°,4
13,15	38°,1

M. le Dr Baty a trouvé, chez les hémiplégiques, avec une température plus basse, une calorification plus élevée du côté paralysé que du côté sain.

On peut donc conclure :

La régulation de la température et la régulation de la calorification sont deux fonctions indépendantes.

Dans la fièvre, la régulation de la calorification ne varie pas parallèlement à celle de la température ; elle peut même varier en sens inverse.

La détermination des vitesses d'ascension du dernier degré thermométrique donne un moyen simple et facile de comparer les intensités de calorification.

Traitement de l'adénoïdite aiguë. — Le lavage de l'arrière-cavité des fosses nasales avec une solution d'acide borique à 2 0/0, est très efficace contre l'adénoïdite aiguë et chronique chez l'enfant. On ne peut, chez les enfants, pratiquer le lavage avec la cànule nasale olivaire ; la canule en gomme lance contre les cornets le jet qui pénètre dans les sinus ; ce moyen est pénible et dangereux. Le lavage se pratique avec une grande facilité et avec perfection à l'aide d'une sonde en caoutchouc rouge, à entonnoir, de 4 millimètres de diamètre, que l'on enduit de vaseline et que l'on fait glisser sous le cornet inférieur, jusque dans l'arrière-cavité des fosses nasales. On fait ensuite couler d'un bock ou d'un siphon, ou on lance avec une poire le liquide de lavage ; les fosses nasales sont entièrement ouvertes ; il n'y a aucun danger de pénétration dans les trompes ; l'action est immédiate et se manifeste par la chute de la fièvre, dans les deux heures qui suivent le premier lavage.

M. Fernand **LALESQUE**, à Arcachon.

La femme tuberculeuse et le mariage. — L'on sait bien aujourd'hui le rôle de la grossesse sur l'évolution de la tuberculose pulmonaire. Pendant la gestation, il se produit, en général, un temps d'arrêt ; mais après l'accouchement, à une époque variable, quoique presque toujours prochaine, la maladie se ravive et prend l'allure galopante.

Aussi, avec raison, a-t-on transporté, dans le domaine de la phtisiothérapie, la formule de Peter pour la femme cardiaque ; formule qui ne saurait être immuable. Mais combien est délicate, angoissante parfois, la question de savoir si on peut autoriser le mariage d'une femme tuberculeuse, ayant les apparences de la guérison.

Bien que le critérium clinique de la guérison d'une poussée tuberculeuse ne puisse être donné que par la seule durée, l'auteur se range à l'opinion du professeur Grancher dont l'opinion intransigeante, au début de sa carrière médicale, s'est adoucie et fortement tempérée depuis son étude plus complète de l'évolution naturelle des processus tuberculeux vers la guérison.

M. Lalesque cite à l'appui de cette thèse deux observations personnelles. « Mais, dit-il, ce qu'il ne faut jamais oublier de faire entrer en sérieuse ligne de compte, dans la détermination à prendre, c'est l'état social de la malade; et surtout ne jamais permettre la lactation. »

MM. LALESQUE et ORMIÈRES, à Arcachon.

La villa modèle en cure libre. — Depuis les travaux et les résultats obtenus par l'un de nous, depuis la mise en valeur du *home sanatorium* du professeur Landouzy, et les communications de Lemoine et Carrié (Lille), Brunon (Rouen), la *cure libre* a pris rang honorable en phtisiothérapie.

Toutes les objections formulées contre cette application, ou mieux, cette adaptation française de la méthode allemande, sont tombées devant les faits.

Il est aisé de transformer une habitation quelconque, dans les stations hivernales, en un home sanatorium. Cela est réalisé chaque jour. Toutefois, nous avons poursuivi le but suivant : Construire un type de villa modèle que devront adopter tous ceux qui, à l'avenir, désireront se conformer aux dernières exigences de la cure hygiénique.

Nous avons bâti, pour l'un de nous, quatre villas. Leur orientation, en vue d'une radiation solaire intensive d'hiver, a été notre premier souci, avec la question des vidanges, des canalisations d'eau, etc. En outre, dans chaque appartement, tous *les angles ont été arrondis*, toutes les saillies ou moulures supprimées; les murs peints au ripolin ou tendus de toile *salubra*. Sur les portes, sur les fenêtres, les reliefs ont été atténués autant que possible. Enfin, grâce à un produit spécial, déjà employé dans plusieurs établissements d'Autriche et qui commence à être connu en France, nous avons établi des parquets sans aucune rainure, sans aucune frisure, sans aucun jointage, supprimant ainsi le principal réceptacle des poussières : le xylolith.

Le mobilier, en cuivre, avec toute absence de rideaux, tapis, tentures, complète l'hygiène de ces villas.

Depuis nos premiers essais, d'autres villas semblables ont été construites à Arcachon.

M. ARSIMOLES, de Montauban.

Du siège et du traitement des abcès péri-amygdaliens. — Grâce à l'expérimentation anatomique (injections coagulables dans la paroi du pharynx, et hors du pharynx, autour de l'amygdale), nous avons pu vérifier les données de l'anatomie et de l'histologie; nos recherches nous ont donné les résultats suivants : il ne peut pas se former de collection purulente dans le voile, entre le constricteur supérieur du pharynx et la tunique fibreuse, pas plus que dans l'épaisseur même du constricteur. En dehors de ce dernier existe, à la partie antérieure de l'espace maxillo-pharyngien, un interstice musculaire rempli de tissu adipeux et traversé par des vaisseaux et des nerfs, que limite en arrière une cloison musculo-fibreuse (stylo-glosse et stylo-pharyngien, contenus dans des dédoublements de l'aponévrose stylo-maxillo-pharyngienne de Juvara). Nos injections ont toujours rempli cet espace pré-stylien, transformé par elles en cavité parfaitement close de toutes parts, même en arrière vers les gros vaisseaux (diaphragme stylien); pour nous, c'est dans l'espace pré-stylien que se forment les abcès péri-amygdaliens. Ce siège répond à de nombreux faits cliniques.

Cette localisation nous paraît légitimer l'ouverture de ces abcès par l'incision de Lemaistre : exempt de dangers (les vaisseaux étant toujours éloignés du bistouri), sûr quand il est employé fidèlement, il vaut mieux que les autres procédés, de par l'expérience clinique (26 succès sur 32 cas), et il est plus rationnel, d'après les données anatomiques précédentes.

M. Samuel BERNHEIM, de Paris.

La cure d'altitude chez les tuberculeux. — Désirant connaître les résultats obtenus par la cure d'altitude, l'auteur a adressé un referendum à vingt-cinq confrères, la plupart dirigeant un sanatorium et pratiquant depuis plusieurs années dans la montagne. Le docteur BERNHEIM a pu recueillir ainsi des statistiques fort intéressantes dont il tire les conclusions suivantes :

On enverra de préférence à la montagne les tuberculeux au début, les prédisposés, les scrofuleux, les lymphathiques, toutes les manifestations tuberculeuses larvées, latentes ou de virulence atténuée et qui ne demandent qu'à guérir à la montagne. On a cru longtemps que l'hémoptysie était à redouter. Jourdannet, Turban, Lauth, Spengler, Egger, tous les confrères dont le docteur Bernheim rapporte l'opinion et les statistiques, sont unanimes à la trouver moins fréquente en montagne qu'en plaine.

Par contre, la montagne est contre-indiquée dans les cas aigus à fièvre vive, à la période cavitaire ou lorsqu'il existe une complication cardiaque qui risquerait de se transformer en crise asystolique et de se compliquer de congestion pulmonaire.

A quel moment doit-on faire la cure à la montagne? La cure en hiver est incontestablement plus efficace qu'en été, car c'est en hiver que se trouvent réunies à l'optimum toutes les conditions climatériques : température basse, air pur et calme, intensité de la lumière solaire. Mais il est toutefois des malades, surtout les arthritiques et les neurasthéniques, qui ne peuvent se faire à la vivacité du froid. Ceux-là feront leur cure d'altitude à partir de juillet et redescendront à la plaine en septembre à l'arrivée de la neige.

En général, il vaut mieux faire à la montagne des cures répétées, intermittentes, qu'un séjour prolongé.

Quelle altitude recommander? Il est difficile de formuler sur ce point des règles générales. On tiendra compte surtout, pour en décider dans chaque cas particulier, de l'état nerveux de son malade. Est-ce un lymphatique ou apathique qui a besoin d'un stimulant? La grande altitude lui conviendrait. Est-ce un nerveux, un éréthique, un excitable? Il lui faudra la faible altitude et son action calmante. En général, il faut préférer les altitudes moyennes aux altitudes extrêmes; les éléments actifs de la cure y sont les mêmes; et les accidents qui pourraient provenir d'une prédisposition insoupçonnée ou d'une susceptibilité imprévisible, sont moins redoutables.

C'est surtout avec les phtisiques qu'il faut se méfier des doses élevées, des moyens violents et des altitudes extrêmes.

MM. Samuel BERNHEIM et André ROBLOT, de Paris.

Tuberculose et Mutualités. — Les auteurs commencent par étudier les voies et moyens, les ressources, qui ont permis aux pays étrangers une lutte effective contre la tuberculose. Ils examinent particulièrement la situation financière de l'Allemagne qui, on le sait, a créé ces vingt dernières années 83 sanatoria populaires, lui permettant de soigner chaque année 20.000 phtisiques indigents. Avec quels deniers cette nation a-t-elle pu édifier en si peu de temps, un si grand nombre d'établissements ? Toutes les ressources sont provenues des caisses d'assurances contre la maladie et l'invalidité. Ces assurances ont, du reste, fait un excellent placement.

Des ressources semblables n'existent-elles pas en France, et ne pourrait-on pas du jour au lendemain édifier également un grand nombre de sanatoria ?

MM. BERNHEIM et ROBLOT déclarent que les Assurances contre la maladie ne sont autre chose que des Sociétés de Secours Mutuels, avec cette différence qu'en Allemagne, l'assurance est obligatoire pour les prolétaires, tandis qu'en France la mutualité est facultative; quoi qu'il en soit, nos Sociétés de Secours Mutuels comprennent aujourd'hui trois millions de membres et possèdent un actif de 350 millions de francs; sans être égale à celle des assurances allemandes, cette fortune leur permet cependant une entreprise qui n'est pas aléatoire et qui n'expose à aucun risque.

Cette tentative de créer en France des sanatoria s'impose aux Sociétés de Secours Mutuels, qui dépensent la plus grande partie de leurs revenus, et cela en pure perte à soigner leurs tuberculeux.

Ce sont quinze à vingt millions que les mutualités françaises sacrifient annuellement à leurs phtisiques, auxquels ils ne rendent, du reste, pas grand service. Or cette somme suffirait largement à entretenir un grand nombre d'établissements où les mutualistes seraient soignés avec profit pour eux et pour les Sociétés. Quant à la première mise de fonds, les Mutualités, en se groupant, pourraient facilement construire un nombre suffisant de sanatoria pour y soigner tous leurs malades. Comme il est démontré aujourd'hui que l'exploitation de ces établissements est profitable et avantageuse, les sociétés mutuelles en retireraient un véritable bénéfice. Elles feraient d'un côté un placement avantageux et d'un autre côté seraient très utiles à leurs membres.

Qu'on ne vienne pas objecter les exigences de la loi. Non seulement nos pouvoirs publics n'empêcheraient pas cette initiative si utile, mais ils l'encourageraient encore et la seconderaient au besoin par de généreux subsides. Il n'existe pas, du reste, de texte de loi qui défende aux Mutualités la création de sanatoria, établissements qui représentent une valeur immobilière réelle facile à contrôler.

Discussion. — M. LALESQUE : J'ai déjà eu l'occasion de dire ma pensée sur la question des sanatoriums, comme œuvre de défense sociale. Aussi dois-je, en ce qui me concerne, faire quelques réserves sur l'intéressante communication de MM. Bernheim et Roblot.

Que le sanatorium soit une excellente méthode thérapeutique, cela ne fait aucun doute; qu'il en faille élever le plus possible afin de soigner le plus grand nombre de tuberculeux pauvres, tous nous sommes d'accord là-dessus. Mais en quoi je diffère de mes distingués confrères, c'est lorsqu'ils pensent que dans l'armement anti-tuberculeux, le sanatorium doit jouer le principal, presque l'unique rôle. On s'engoue pour les sanatoriums, mais le bénéfice économique et social sera-t-il, en rapport avec l'énorme dépense qu'on aura faite? Pour ma part, habitué à voir des malades dont les conditions sociales sont des plus heureuses pour se défendre contre les *toutes premières atteintes* du mal, je reste sceptique devant les *trois mois* qui, au dire du Bureau d'Hygiène de l'émpire allemand, sont suffisants pour *guérir* 30 0/0 de tuberculeux pulmonaires. C'est trop beau !

Je reste non moins incrédule en face de la doctrine « Le sanatorium, école de prophylaxie ». Au sanatorium, l'ouvrier sera exact, ponctuel. Revenu chez lui, repris de son mal, après un temps variable, et repris fatalement parce que replongé dans la même existence anti-hygiénique, il n'usera ni du crachoir, ni des autres précautions, tant que son état maladif lui permettra de continuer son travail.

Ce n'est pas nous qui devons espérer voir diminuer le fléau tuberculeux. Ce bonheur est réservé à nos fils, si nous attaquons le mal dans ses causes premières, plutôt *en rendant le terrain infertile qu'en pourchassant la graine*. Logements salubres, lutte contre l'alcool, utilisation des sanatoriums marins existants, voilà, selon moi, où se trouve l'espérance future.

— **Séance du 9 août** —

M. E. PAPILLON, à Paris.

Le signe d'Argyll est un excitateur pupillaire d'intensité constante. — Nous connaissons tous l'importance clinique du signe d'Argyll-Robertson qui, même isolé, décèle une altération organique des centres nerveux (ataxie locomotrice, tabes dorsal, lymphocytose du liquide céphalo-rachidien...). Ce signe, vous vous le rappelez tous, c'est la *disparition de la réaction de la pupille à la lumière* — et c'en est la caractéristique — *avec conservation de l'accommodation à la distance.*

La pratique usuelle est de placer le malade en face d'une fenêtre, de lui abaisser les paupières, puis de les relever brusquement et de voir comment se comporte la pupille ; ou — si le malade est couché — avec la lumière d'une bougie, de provoquer la contractilité de la pupille.

L'intensité de la lumière étant variable, la réaction pupillaire est nécessairement variable aussi.

Le docteur Maurice Dupont, chef du laboratoire d'Électrothérapie au service du professeur Joffroy, a fait construire un élégant petit appareil qu'il qualifie d'*Excitateur de la pupille*. C'est un tube contenant une pile sèche et une lampe minuscule à incandescence. Ce tube métallique est terminé par une œillère entourée d'un tube en caoutchouc souple et permettant de se modeler sur l'orbite.

Le procédé d'examen est simple. Le malade assis sur une chaise et la tête renversée fixe le plafond et évite ainsi les phénomènes d'accommodation. Le médecin se place derrière lui, applique l'œillère sur un œil et regarde la pupille de l'autre œil ; d'un doigt en appuyant sur un bouton, il produit le contact électrique et fait passer un éclair instantané dans l'œil occlus par l'instrument, et, de par le RÉFLEXE CONSENSUEL de l'œil opposé, on se rend très bien compte de la normalité, de l'insuffisance ou de la paresse pupillaire.

M. PRIOLEAU, de Brive.

Conduite à tenir dans les hématuries vésicales des prostatiques. — Des cas observés par l'auteur, il résulte ce qui suit :

a. — Dans les hémorragies il faut assurer le plus complètement possible le drainage de la vessie par des sondes de très-fort calibre.

Dès que ce drainage est bien établi et que la vessie se vide entièrement, il y a lieu d'espérer un arrêt des hémorragies.

b. — Si les hémorragies ne s'arrêtent pas, c'est qu'il n'y a pas évacuation totale. Le bas-fond garde toujours une certaine quantité d'urine derrière une volumineuse prostate formant « écluse vésicale ».

c. — Il y a lieu dès lors d'intervenir par le bistouri.

Si ce n'est pas pressé par les événements, on peut faire l'angioneurectomie, qui amènera une diminution de la prostate par décongestion.

Si la vessie saigne trop, ou est remplie de caillots, il est bon de faire une cystotomie sus-pubienne et la résection plus ou moins étendue de la prostate adéno-fibromateuse. Cet état de la prostate entretient les hémorragies, comme elles le sont sur la muqueuse de l'utérus par les fibromes de cet organe.

Discussion. — M. Proust : Les cas où il y des adéno-fibromes qu'on peut enlever sont exceptionnels:

L'angioneurectomie n'a pas une action facile à expliquer. Il semble qu'il vaut mieux aujourd'hui, dans les cas à bas-fond très profond, songer à la prostatectomie.

M. Bories a fait trois ou quatre angioneurectomies et n'a pas obtenu de bons résultats.

M. Desnos : Jadis, avant l'ère chirurgicale, on améliorait beaucoup les prostatiques. Il ne faut pas dire que c'est l'opération qui guérit : elle ne produit qu'une décongestion temporaire.

La congestion par rétention peut provoquer une hémorragie du bas-fond vésical. Il faut se montrer très réservé sur la nature de la tumeur prostatique, et souvent des adénomes sont devenus carcinomes. Alors les indications opératoires sont très délicates.

M. DESNOS, Sec. gén. de l'Assoc. franc. d'Urologie, à Paris.

Le traitement de l'hypertrophie prostatique par le procédé de Bottini.

Discussion. — M. Delbet : Les résultats obtenus se maintiennent-ils long-temps ?

M. Desnos a fait trente-une opérations de Bottini. Là-dessus, il compte dix-huit cas qui ne se sondent plus ; vingt-six obligés de se sonder ; deux ou trois à infection aggravée. Pas de mortalité.

Un cas d'un malade mort brusquement dans son lit au bout de six semaines.

Il faut noter la bénignité opératoire chez un sujet jeune qui a une petite hypertrophie. Les résultats sont longs à s'établir complètement : quatre ou six semaines.

Un malade pourrait-il, après, subir la prostatectomie? C'est une question réservée.

M. PRIOLEAU : A quel moment l'appareil montre-t-il qu'on doit s'arrêter?

M. DESNOS : On juge de cela par la cystoscopie, et la longueur préjugée de la prostate.

M. PRIOLEAU : Que devient la prostate? Subit-elle une réduction de volume? Est-ce comme pour l'amygdale, après sa cautérisation au galvano-cautère? On sait, en effet, que cet organe continue à diminuer de volume, même plusieurs mois après un galvano-caustique.

M. DESNOS : La cystoscopie montre de l'atrophie du côté de la vessie, pas du côté du rectum ou des lobes latéraux.

M. Paul DELBET, à Paris.

Prostatectomie périnéale. — Poser la question : Traitement de l'hypertrophie de la prostate, c'est demander à l'heure actuelle quelle est la valeur de la prostatectomie périnéale. Je dirai donc pourquoi, quand et comment je pratique la prostatectomie périnéale.

I. Les accidents de l'hypertrophie prostatique ont une marche plus ou moins rapide, mais fatalement progressive. Ils reconnaissent une triple pathogénie. Les altérations locales sont, en effet, la conséquence de modifications d'ordre général, d'ordre infectieux, d'ordre mécanique. Les lésions d'ordre général sont la conséquence de l'artério-sclérose (Guyon, Launois). Les lésions d'ordre infectieux ont été constatées par Albarran et Motz, qui ont constaté de la prostatite chronique glandulaire et interstitielle, et je me demande si cette infection ne serait pas d'origine rectale. Les lésions d'ordre mécanique sont dues à l'augmentation de volume de la glande, qui ne pouvant s'étendre latéralement à cause de ses connexions aponévrotiques, déforme et comprime l'urètre, le serre comme dans un étau, soulève le col et provoque pour les fibres longitudinales de la vessie, dilatatrices du col, une désorientation qui les rend incapables d'agir de manière à ouvrir le sphincter.

Contre les lésions artério-scléreuses de la vessie, nous ne pouvons rien et c'est pourquoi des troubles, plus ou moins accentués, persisteront toujours chez ces malades, quel que soit le traitement suivi.

Contre les troubles d'ordre mécanique et infectieux nous possédons la sonde, la castration, la résection déférentielle, le Bottini, la prostatectomie.

La castration est basée sur une idée théorique fausse, il en est de même de la résection du déférent ; ces deux opérations ne donnent aucun résultat. L'opération de Bottini fait disparaître l'écluse prostatique et le bas-fond, mais laisse persister les lobes latéraux et la prostatite; elle ne peut être que palliative, n'a que des indications limitées et je crains qu'elle n'expose aux récidives.

La sonde permet de tourner l'obstacle mécanique et, maniée suivant les règles de Necker, atténue ou guérit l'infection. La prostatectomie seule est radicale ; elle fait disparaître la compression de l'urètre, abaisse le col, rend aux fibres longitudinales dilatatrices leur réimplantation normale, mais expose à certains dangers.

II. Il faut donc choisir entre la sonde et la prostatectomie. La sonde est indiquée dans la première période du prostatisme ; dans la deuxième, quand il n'y a pas infection et que les mictions ne sont pas trop fréquentes ; dans la troisième, chez les cachectiques et les distendus inopérables. La prostatectomie est indiquée chez les rétentionnistes chroniques infectés, à miction fréquente et surtout douloureuse.

III. Je pratique la prostatectomie en introduisant dans l'urètre une tige à extrémité prostatique abaissable (énucléateur), en fixant le sujet à des montants d'acier qui le maintiennent en attitude dorso-lombaire, l'anus presque horizontal. Je fais une incision trapézoïdale à lambeau ayant pour base l'espace interischiatique ; je décolle le bulbe, refoule le rectum, incise la capsule, mets en place un écarteur trivalve spécial, isole l'urètre et extirpe la glande. Je rejette, au moins dans les cas ordinaires, la section médiane de l'urètre qui facilite l'opération mais expose à l'incontinence.

M. Robert PROUST, à Paris.

Le traitement de l'hypertrophie de la prostate par la prostatectomie périnéale. — 1° L'obstacle apporté par l'hypertrophie de la prostate à la miction normale tient à deux causes : *a)* à l'augmentation de volume constante des lobes latéraux créant un obstacle canaliculaire, à l'augmentation variable et rare du lobe moyen créant un obstacle orificiel ; *b)* au déplacement du col ; il en résulte une mauvaise utilisation de l'effort vésical : le double but à atteindre, c'est remanier l'urètre, replacer le col ;

2° Aussi insuffisance fatale des moyens indirects (vasectomie, castration) ou partiels (Bottini, prostatectomie sus-pubienne) ;

3° L'idéal est une action directe ; mais pourquoi a-t-elle été si longtemps redoutée ? Par suite d'une peur irraisonnée basée sur de fausses notions anatomiques ;

4° Aujourd'hui l'accès périnéal de la prostate est reconnu facile, grâce à la connaissance des plans de clivage *péri-prostatique, vésico-prostatique, urétro prostatique* ; de plus, la prostate apparaît, comme le corps thyroïde, composée chirurgicalement de deux lobes, ce qui permet son ablation facile par *hémisection* ; enfin, comme celui-ci, elle est facile à isoler des aponévroses cache-vaisseaux- qui l'entourent, formant la *loge prostatique* des anciens à laquelle on tend maintenant à donner le nom de *capsule* ;

5° L'incision la plus simple pour l'aborder est l'incision prérectale qui permet de récliver facilement le rectum après section du muscle recto-urétral *clef de l'espace décollable* ;

6° Opération ainsi facilitée, la prostatectomie est bénigne, et les résultats, au point de vue fonctionnel, sont excellents ;

7° Aussi accueillie avec défaveur au début, la prostatectomie périnéale compte, chaque jour, de nouveaux partisans et bientôt sera acceptée de tous.

Discussion. — M. DESNOS : Quand il y a infection vésicale, l'ouverture de l'urètre est indispensable, ainsi que le drainage périnéal.

M. Bories a vu faire une prostatectomie périnéale par M. Legueu : l'énucléation de la prostate fut très difficile. L'énucléateur et la valve ajoutés par M. Delbet, à l'instrumentation, sont précieux.

L'hémisection donne une grande facilité pour enlever la prostate.

Le drainage périnéal est, en effet, utile.

La prostatectomie sans hémisection se réserve aux cas non infectés.

M. Delbet : La non-ouverture de l'urètre a pour avantage d'éviter le contact de l'urine infectée avec la plaie périnéale.

M. TORAUDE, Pharm. à Paris.

Étude sur les « Cadet » et plus particulièrement sur les « Cadet de Gassicourt »

— **Séance du 11 août** —

M. E. MAURIAC

Le vin au point de vue médical. — *Ses propriétés thérapeutiques ; ses indications et ses contre-indications dans le traitement des maladies.* — L'auteur a résumé son travail dans les lignes suivantes :

De la composition chimique des vins naturels et de l'expérimentation clinique poursuivie pendant une longue série de siècles, il résulte que le bon vin est un excellent médicament, applicable dans le traitement d'un grand nombre de maladies.

De même qu'il y a une hydrothérapie, ou traitement des maladies par l'eau, il existe une *vinothérapie*, ou traitement des maladies par le vin.

Au point de vue thérapeutique, comme au point de vue hygiénique ou alimentaire, les vins se divisent en quatre grands groupes : les vins rouges, les vins blancs, les vins mousseux, les vins de liqueur.

Les bons vins rouges de France, les grands vins de Bordeaux, surtout, doivent à leur proportion modérée d'alcool, à leur forte proportion de tanin, à leur faible acidité, à leur richesse relative en fer, en phosphates et en acide phosphorique, d'être puissamment toniques et reconstituants, sans être excitants ni fatigants pour l'estomac.

Il convient de les prescrire dans les maladies suivantes : bronchites d'origine grippale, fièvres à forme adynamique, délires provoqués par des infections ou par l'anémie cérébrale, maladies de l'estomac caractérisées par de l'*hypochlorhydrie*, dyspepsie des liquides et dilatation de l'estomac, convalescences des maladies aiguës, états cachectiques, pellagre, chlorose et anémie, neurasthénie, syphilis, tuberculose, diabète, goutte, cancer.

Les vins blancs renferment beaucoup moins de tanin que les vins rouges ; ils ont moins de tartrates et moins de fer. Par contre, ils contiennent plus d'éthers et spécialement de l'éther acétique, ce qui les rend plus excitants, plus enivrants que les vins rouges, à égale proportion d'alcool.

Ils ont une action diurétique très manifeste qui permet de les utiliser avec avantage dans toutes les maladies où la diurèse intervient comme élément de guérison.

Les vins blancs secs, peu acidulés et de titre alcoolique faible, conviennent dans les maladies de l'estomac caractérisées par de l'*hyperchlorhydrie* avec dyspepsie, pyrosis, douleurs gastralgiques. Ils sont également indiqués chez les obèses, et chez les malades atteints d'affections du foie ou des voies biliaires.

Les vins blancs doux, du type Sauternes, à titrage alcoolique relativement élevé, conviennent à petites doses, quand il s'agit de donner un coup de fouet, à un organisme exténué par une longue fièvre, une grande hémorragie ou simplement une grande fatigue. Ils sont parfaits comme vins de dessert et bus à la dose d'un ou deux verres à madère, à la fin du repas, ils activent la digestion et font pénétrer dans l'âme un rayon de gaieté.

Les vins mousseux, dont nos vrais vins de Champagne sont incontestablement les plus exquis et les plus bienfaisants, rendent en médecine de signalés services. Par l'acide carbonique qu'ils renferment, ils anesthésient dans une certaine mesure la muqueuse de l'estomac. Aussi sont-ils formellement indiqués sous forme de champagne frappé, et à petites doses souvent répétées, toutes les fois qu'il s'agit d'arrêter des vomissements persistants, que ces vomissements proviennent d'une inflammation péritonéale, de l'état de grossesse ou qu'ils soient purement nerveux.

Le champagne frappé est également précieux dans le traitement du choléra, des affections infectieuses, cholériformes, et pour faire renaître à la vie des malades menacés de mort par le *shock* traumatique ou par de trop grandes pertes de sang.

Les vins de liqueur ou vins sucrés, la plupart de provenance étrangère, sont généralement suralcoolisés. Leur proportion en alcool atteint 18, 20 et jusqu'à 25 0/0, d'après Riche. Ils contiennent des doses considérables de sucre non fermenté et de sucre ajouté, dont la saveur masque celle de l'alcool, sans en empêcher les effets physiologiques. Ce sont, le plus souvent, des mélanges plutôt que des vins naturels. On ne doit les consommer qu'exceptionnellement et en petite quantité.

Leur seule indication thérapeutique serait dans le déclin des fièvres, s'il est vrai, comme on l'écrit dans les traités classiques que « plus le vin est alcoolique, plus il convient dans les fièvres ».

Dans la médication externe, les vins rouges, riches en tanin, constituent un traitement des catarrhes chroniques du vagin et de l'urètre. Ils peuvent aussi être employés avec avantages dans le pansement des plaies, quand on n'a pas sous la main les liquides antiseptiques usuels.

L'action antiseptique du vin, dont les médecins ont su pendant des siècles, tirer empiriquement profit, a été scientifiquement démontrée par les expériences de Pick, de l'Institut d'hygiène de Vienne (1893), par celles de Gruber et de Baber, de l'Office sanitaire de Berlin et, enfin, par celles plus récentes de Tavernari, de l'Institut d'hygiène de Modène (1900).

Des expériences de Pick, il résulte que le vin pur tue intégralement les vibrions cholériques en cinq minutes et qu'une eau chargée desdits vibrions peut être bue impunément si elle est restée cinq minutes mêlée d'un tiers de vin.

Dans une autre série d'expériences, Pick démontre que ce n'est point à l'alcool mais à ses acides, que le vin doit ces propriétés bactéricides.

A l'égard du bacille typhique, l'action microbicide du vin n'est pas moins réelle, mais à un degré moindre. Il faut généralement quinze minutes à un vin pur pour tuer le microbe typhique. Il est cependant des vins qui le tuent en cinq minutes, mais ils sont rares.

De ces expériences, se déduit une donnée prophylactique de la plus haute importance : c'est qu'en temps d'épidémie de choléra ou de fièvre typhoïde, on a de grandes chances d'éviter ces maladies, qui se propagent le plus souvent par l'eau, en ne buvant exclusivement que du vin pur.

Si le vin a de nombreuses indications thérapeutiques, il a aussi des contre-indications.

Le vin, d'une manière générale, est contre-indiqué dans les maladies doulou-reuses de l'estomac, les ulcères et le cancer de cet organe, dans les maladies graves des reins, dans les néphrites aiguës surtout.

Les vins blancs généreux, les vins de Champagne, les vins de liqueur sont contre-indiqués dans la plupart des maladies du système nerveux, ainsi que dans les maladies du cœur et de l'aorte.

Tous les vins, à forte proportion d'alcool, sont contre-indiqués chez les plé-thoriques. Les vins de liqueur et les vins blancs doux sont contre-indiqués chez les cancéreux. Les vins purs, blancs ou rouges, sont contre-indiqués dans les urétrites et les cystites aiguës.

Il peut y avoir d'autres contre-indications tirées de circonstances variables et dont le médecin doit rester le seul juge.

M. FOVEAU DE COURMELLES, Vice-Président de la Société française d'Hygiène.

Le vin. — *Critique et hygiène.* — Devant la proscription actuelle et exagérée du vin, la vogue extraordinaire de l'eau, « le vin, au point de vue médical et hygiénique » a été mis à l'ordre du jour de la 12e Section. On peut d'abord démontrer que maintes intoxications attribuées au vin ne dépendent nullement de lui, mais de certaines substances y introduites par les fraudeurs, et qu'elles ne ressortent nullement à l'alcoolisme. *Le vin consommé modérément et aux repas* est un excellent *aliment* et un *tonique.* En certaines maladies longues ou dépri-mantes, c'est un précieux médicament stimulant. Mais il faut être sûr de la qualité du vin et de son origine naturelle.

Tous les auteurs anciens, et parmi les modernes, même les apôtres anti-alcooliques *éclairés*, recommandent le vin.

Le vin est un aliment par sa composition chimique. On l'a expérimenté pour l'alimentation animale et on a constaté, sur des cobayes, la longévité plus grande et l'augmentation de poids plus considérable chez ceux qui ingéraient du vin.

A part les substances toxiques anormales, litharge, arsenic, parfois trouvées dans le vin et si dangereuses, l'analyse chimique ne peut, ou à peu près, révéler de différences entre le vin naturel ou le vin artificiel bien fabriqué ; c'est contre l'existence de ce dernier que doivent se liguer les viticulteurs — les premiers intéressés, — les médecins, les chimistes, les consommateurs.

M. MESNARD, à Paris.

Le vin, au point de vue médical et hygiénique. — Le vin est connu depuis la plus haute antiquité. Ce sont, vraisemblablement, les Égyptiens qui donnèrent aux Grecs la recette pour le préparer, et ceux-ci améliorèrent les procédés.

— Horace, Virgile, Galien, Aristote, Pline, Sophocle, Pétrone, se sont faits les apôtres du vin.

Le vin est absorbé sans subir d'autre modification que celle d'être hydraté par son mélange avec le suc gastrique. Les ferments digestifs n'interviennent en rien pour son absorption et le rôle qu'il remplit, ultérieurement, dans la nutrition.

Ce fait explique son utilité incontestable dans les affections apyrétiques.

Chez les épuisés par suite d'une alimentation insuffisante; dans la misère physiologique, le vin agit par la complexité de ses matériaux inorganiques, qui, à certains égards, se rapprochent de ceux de l'organisme de l'homme.

Le vin est, de toutes les boissons fermentées, la plus importante, la plus utile, quand son emploi est bien compris. — Il est certaines imminences morbides pour lesquelle son usage est on ne peut plus favorable.

Pour les glycosuriques, pour les habitants des pays marécageux ; dans les convalescences de maladies graves, le vin est toujours à conseiller dans les limites prescrites par l'hygiène et la thérapeutique.

Et c'est en France, surtout, que l'usage du vin rendra toujours les plus grands services, car, au point de vue de la perfection de ses vins, la France n'est égalée par aucune autre nation.

————

M. CONSTANS, à Saint-Antonin (Tarn-et-Garonne).

De la rareté de la cirrhose atrophique chez les buveurs de vin. — Sur 800 malades observés par nous, présentant, à des degrés divers, les symptômes de l'intoxication alcoolique, nous avons noté cinq cas de cirrhose. — Ce qui donne une moyenne de 0,625 0/0 au lieu de 3,50 0/0 — moyenne trouvée chez les éthyliques usant indifféremment de toutes les boissons à base d'alcool. — Nos malades ne buvaient que du vin. — Deux causes expliquent dans une certaine mesure cette faible proportion :

1° Les alcooliques de par l'abus du vin seul se recrutent surtout dans les classes rurales. La vie au grand air, l'activité musculaire continuelle, le mouvement, la marche, en favorisant les éliminations, mettent l'organisme en général et le foie en particulier en meilleur état de résistance ;

2° La seconde cause est plus directe : aujourd'hui, la tendance est de chercher dans les altérations du tube digestif l'un des facteurs qui amènent la production des cirrhoses : or le vin contient en proportion considérable un alcool triatomique dérivé de l'alcool propylique — *la glycérine* — qui exerce l'action la plus heureuse sur les organes de la digestion : n'est-il pas probable que cette glycérine en sauvegardant l'intégrité des fonctions digestives retarde l'apparition des lésions hépatiques ?

Conclusion. — Favoriser la substitution du vin aux produits nocifs de l'industrie, c'est mettre presque sûrement le buveur à l'abri de l'une des plus terribles manifestations de l'intoxication alcoolique.

Discussion. — Le Dr MAUREL rend hommage au travail si complet du Dr Mauriac et ne veut intervenir dans la discussion, après cette étude si judicieuse, que pour insister sur un point, celui concernant l'alcool, et encore seulement considéré comme aliment.

La question du vin est beaucoup plus complexe, ainsi que le Dr Mauriac a bien su l'établir : matières salines, tanin, essences, acide carbonique doivent prendre leur part de son action sur l'organisme et la modifier selon leurs proportions. Mais, il le répète, pour simplifier, il ne veut s'occuper que de l'alcool, qu'il considère, du reste, comme l'élément le plus important.

Il pose en principe que l'alcool est brûlé, s'il n'est pas pris dans une proportion qui dépasse 1 centimètre cube par jour et par kilogramme, soit 60 centimètres cubes pour un homme de 60 kilogrammes.

Dans ces mêmes conditions, l'alcool de vin peut être considéré comme un excellent aliment. Si le vin est à 10 0/0, 0 lit. 60 de ce vin contiennent 50 gr. d'alcool et donnent 350 calories ; comme au point de vue de la calorification et du travail *un aliment vaut le nombre de calories qu'il donne*, cette quantité de vin équivaut approximativement et particulièrement pur à 150 grammes de pain, et à plus de 150 grammes de viande.

Ainsi pris dans de sages proportions, le vin, par son alcool, peut être considéré comme un aliment puissant, et utile, à ceux qui, par les conditions de leur existence, ont besoin de dépenser surtout des ternaires.

Mais, en terminant, le D' Maurel rappelle ce qu'il vient de dire précédemment sur les dangers du vin, pris en trop grande quantité, on peut, dans ces cas, le considérer comme une cause d'artério-sclérose.

Au point de vue de la communication de M. Constans, le D' Maurel pense qu'en effet, le vin pris pendant le repas, même en assez grande quantité, ne produit que rarement la cirrhose. En Provence, les cultivateurs usent largement de cette boisson, et cependant la cirrhose n'est pas très fréquente chez eux.

Il émet cette hypothèse que, dans ces conditions, l'alcool, déjà dilué dans le vin, l'est encore davantage pendant le repas, quand il arrive au foie.

La cirrhose serait donc produite surtout par l'alcool concentré et pris hors des repas.

Mais si la cirrhose est rare chez les buveurs de vin, il a souvent constaté chez eux l'artério-sclérose et les affections du cœur.

L'usage du vin, même naturel, pris trop abondamment, soit à partir d'un litre par jour et surtout au delà, lui paraît, avec le temps, exposer à des inconvénients, tels que artério-sclérose, néphrite, affections du cœur, de l'estomac, etc.

M. Constans s'est limité simplement à la question de la cirrhose.

M. Mauriac fait observer que Lancereaux attribue au sulfate de potasse du vin la cirrhose, et non au vin lui-même. Cette théorie est fausse.

Dans un grand nombre de cas, la cirrhose de Laënnec ne serait pas due à l'alcool, mais à une sorte d'auto-intoxication : dyspepsie d'abord, ulcérations intestinales aiguës et passage, par cette porte ouverte, de micro-organismes infectieux dans la cellule hépatique. C'est la nouvelle théorie. On attribue aussi aujourd'hui l'artério-sclérose, non à l'alcool, mais à une auto-intoxication.

M. Maurel continue à croire que l'alcool est un des facteurs de l'artério-sclérose, mais non le seul.

Il y a d'autres influences telles que : surnutrition produisant un certain nombre de substances provoquant la sclérose comme l'alcool et aussi les intoxications : saturnisme, tabagisme, etc.

En somme, tous les excitants de l'organisme agissent plus ou moins sur le tissu conjonctif et le sclérosent. Parmi eux, l'un des moins discutables est l'alcool.

M. Henrot : A Reims, on boit beaucoup d'alcool : alcoolisme professionnel. Tous les ouvriers de cave prennent trois litres de vin. A l'hôpital il a vu des cirrhoses, beaucoup d'artério-scléroses et d'affections cérébrales. Quatre ou cinq delirium tremens contre un ascitique alcoolique.

L'alcool a donc une action dans la cirrhose. Le foie est en connexion avec l'intestin et reçoit tous les toxiques, qui agissent sur lui. Il faut maintenir la cirrhose alcoolique.

M. Jaray : En se plaçant au point de vue hygiénique, l'homme bien portant ne devrait-il pas boire exclusivement de l'eau ?

M. Maurel : On peut prendre avec bénéfice une certaine quantité de vin, soit environ un 1/2 litre pour un poids de 65 kilogrammes ; mais le point capital est qu'il soit complètement brûlé.

On peut d'une façon générale se passer de vin.

L'alcool en petite quantité est brûlé ; donc le vin est un aliment. Un litre de vin contenant 100 grammes d'alcool, donnera 700 calories ; mais ce vin pour ne pas être nuisible doit remplacer, dans l'alimentation, un aliment quelconque donnant cette même quantité de calorique ; soit environ 225 grammes de pain ou 350 grammes de viande.

L'alcool est un des aliments qui brûlent le plus facilement. Si on ne prend que la quantité nécessaire pour compenser les dépenses, il doit être sans inconvénient.

Mais si on ajoute ce litre de vin aux 2.600 calories nécessaires à la nutrition, on arrive forcément à la surnutrition. On ne peut donc pas dire d'une façon générale : le vin est mauvais, ou le vin est bon.

M. Maurel se permet une réserve relativement à l'emploi du vin pendant le diabète. Il pense qu'il y a danger à boire de l'alcool, parce qu'il donne une grande quantité de calories. Le vin de liqueur contenant au moins 100 grammes d'alcool par litre et en plus 150 grammes de sucre d'après M. Mauriac, donnerait 1.350 calories, plus de la moitié de la ration. Il faut donc se passer de vins alcoolisés et fortement sucrés dans cette maladie.

M. Catillon, de Paris : L'alcool est-il un aliment? c'est-à-dire, est-il assimilé ? Je ne le crois pas, car on n'en a jamais fourni la preuve scientifique. Au contraire, l'alcool diminue la température animale et l'acide carbonique expiré, tandis que, s'il était brûlé, il augmenterait cette température en même temps que l'acide carbonique expiré, comme le fait la glycérine. Cette objection ne s'applique pas au vin qui, à côté de l'alcool, contient des éléments complexes, facilement assimilables : glycérine, sucré et sels organiques qui, eux-mêmes, se transforment en carbonates.

M. Maurel : L'alcool, au moins celui pris en petite quantité, est brûlé. C'est à cette conclusion que l'ont conduit ses expériences personnelles : des cobayes étaient soumis à une alimentation bien réglée, les maintenant à leur poids initial. Cette alimentation était composée de carottes et de blé. Or, il a pu maintenir ces animaux au même poids, en diminuan leur nourriture ordinaire, et en y ajoutant une quantité d'eau alcoolisée donnant le nombre de calories correspondant à la diminution des aliments.

Ces animaux sont très sensibles aux variations de l'alimentation. Il suffit d'augmenter ou de diminuer celle-ci de 2 grammes de blé par jour pour voir leur poids augmenter ou diminuer. Si donc, après avoir diminué le blé, et ajouté de l'alcool, le poids n'a pas diminué, c'est que l'alcool est brûlé.

M. MAURIAC : L'alcool de vin est un aliment. Il est détruit en grande partie dans l'organisme; il constitue pour celui-ci une source d'énergie analogue aux graisses et aux hydrates de carbone. Sa valeur alimentaire dépend uniquement de sa chaleur de combustion, mais n'en est pas moins réelle. L'intoxication alcoolique ne se produit que lorsqu'on dépasse une certaine dose bien déterminée par les expériences de Gréhant. Cette dose maxima est de 1 centimètre cube d'alcool absolu à 100° par kilogramme du poids de l'animal. Dans ces limites l'alcool ingéré disparaît totalement du corps de l'animal en expérience au bout de sept heures et l'imprégnation alcoolique des tissus ne se produit pas.

Donc, un homme de 80 kilogrammes, bien portant, et qui travaille, peut absorber matin et soir sans devenir alcoolique autant de centimètres cubes d'alcool à 100° qu'il a de kilogrammes.

Donc un homme de 80 kilogrammes, travaillant de peine, peut boire par repas une bouteille bordelaise de 75 centilitres à 10°, représentant seulement 75 centimètres cubes d'alcool absolu ; au delà, il y a accumulation.

M. MAUREL : 1/2 litre de vin à 10° pour un homme de 65 kilogrammes, poids moyen, est la quantité que j'ai admise dans la ration d'entretien.

M. CHOCQUART, de Pleurs (Marne).

Dilatateur-inciseur pour la trachéotomie. — M. Paul Delbet présente au nom du docteur CHOCQUART (de Pleurs) un dilatateur-inciseur pour trachéotomie. Cet instrument, construit sous la direction du docteur Chocquart, est un dilatateur à trois branches, dont la branche inférieure est remplacée par une lame coupante. Cette lame est droite et articulée de telle sorte qu'en ouvrant l'instrument elle est animée d'un mouvement de translation d'arrière en avant qui lui permet de sectionner nettement la trachée.

On se sert de l'instrument de la manière suivante : la trachée ayant été découverte est ponctionnée. On introduit alors le dilatateur et on ouvre. La trachée est sectionnée et maintenue béante : il ne reste qu'à introduire la canule.

Les avantages de cet instrument sont les suivants : Facilité plus grande de l'opération ; netteté et bonne direction de la plaie trachéale ; facilité d'introduction de la canule.

M. BEZY, Chargé de cours à la Fac. de Méd. de Toulouse, Méd. des Hôpitaux.

L'hystérie avant l'âge de deux ans. — L'existence de l'hystérie chez les très jeunes enfants est démontrée. Je ne reviens pas sur ce point que j'ai traité dans un volume, récemment publié en collaboration avec le docteur Bibent. Je désire simplement répondre à la question qui me fut posée au sixième Congrès français de médecine par mon savant collègue et ami, le professeur D'Espine (de Genève): L'hystérie se manifeste-t-elle dans la période de 0 à deux ans ?

Je crois pouvoir répondre affirmativement, parce que Pitres a dit qu'on naissait hystérique, parce que Chaumier a soutenu et décrit l'hystérie des nourrissons, parce que des cas non douteux sont rapportés par Isnard et par Gillette, et aussi me basant sur les deux observations personnelles que je relate : deux enfants, âgés d'un peu plus de deux ans, ont des phénomènes hystériques non douteux (astasie-abasie, paralysies fugaces, bégaiement, etc.). Or, ces deux malades avaient présenté plusieurs mois auparavant des phénomènes appartenant à l'hystérie à l'état naissant (toux quinteuse, terreurs nocturnes).

Pour élucider la fréquence et la symptomatologie, il faudra de nouvelles recherches, qui devront porter sur les antécédents personnels nerveux des enfants qui, après l'âge de deux ans, présentent des phénomènes hystériques, et, inversement, sur les manifestations hystériques que pourraient présenter plus tard des enfants ayant eu des phénomènes nerveux avant l'âge de deux ans ; parmi ces phénomènes précurseurs, j'appelle particulièrement l'attention sur la tétanie franche ou fruste.

_____

M G. GAUTIER, de Paris.

Traitement de l'hypertrophie de la prostate par la lumière. — La lumière donne de curieux résultats.

Dans le traitement de l'hypertrophie de la prostate, on peut appliquer la photothérapie négative et la photothérapie positive, les deux, associées ou non aux rayons de Rœntgen.

Dans le spectre, il existe des rayons chimiques, compris dans la partie bleue, violette et ultra-violette (négatifs), et des rayons compris dans la partie rouge et infra-rouge (positifs).

Les rayons calorifiques rouges, grâce à des lampes spéciales de deux ampères avec 110 volts, dirigés sur le périnée et la région abdominale inférieure, exercent une bienfaisante action sur la rétention de l'urine et l'hypertrophie de la prostate. Les mêmes lampes enveloppées d'un globe bleu produisent un amendement des symptômes douloureux.

Le double bénéfice : diminution de la rétention d'urine, amendement des douleurs spasmodiques, ajouté au relèvement de l'état général des malades, est obtenu dès la quatrième ou huitième séance.

Dans trois cas, l'utilisation des rayons Rœntgen, en application isolée et sur le périnée, le malade sur la chaise à spéculum, les membres fortement relevés, avec un tube mou, s'est montrée aussi très efficace ; mais les résultats ont été moins rapides.

Les avantages de la méthode, pour la cure de l'hypertrophie de la prostate, sont les suivants :

Augmentation de la contractilité vésicale ;

Désinfection rapide de la vessie par un traitement aseptique ;

Évacuations plus espacées, plus abondantes ;

Amendement des douleurs à la miction.

Chez les malades jeunes, c'est un traitement digne d'attention, capable d'empêcher l'évolution du prostatisme ; chez les malades âgés, c'est une méthode palliative, mais d'une incontestable valeur chaque fois qu'il n'existe pas d'infections de voisinage ou à distance.

Des épreuves prolongées sont nécessaires, avant d'imposer des conclusions

19

plus fermes, ne pouvant avoir de la pratique d'une année que des impressions sommaires.

Discussion. — M. le Dr LEREDDE : C'est seulement par suggestion qu'agissent ces appareils ; la technique devrait être indiquée.

— **Séance du 11 août** —

Réunion des 11e, 12e, 15e, 16e et 19e Sections.

Étude sur la dépopulation.

(Voir Section d'Économie politique.)

— **Séance du 13 août** —

M. E. MAUREL..

Pathogénie et traitement de l'obésité et du diabète arthritique. — L'auteur étudie la pathogénie de ces deux affections en même temps parce que, d'après lui, leurs pathogénies se confondent.

Dans une première partie de sa communication, il établit que le sucre urinaire ne peut provenir que des aliments, mais que chacune de leurs trois catégories peut lui donner naissance.

Dans une deuxième partie, après avoir rappelé les dépenses moyennes de l'organisme, il expose, dans les cas où les divers aliments sont absorbés en trop grande quantité, les procédés employés par l'organisme pour maintenir autant que possible l'équilibre entre ses dépenses et l'apport des aliments qui doivent les couvrir. Or, parmi ces procédés, outre l'exagération de la radiation cutanée et la sueur, figurent d'abord la transformation des aliments en corps gras et leur mise en réserve (obésité), et aussi leur transformation en sucre et en urée qui, dialysant tous les deux à travers le filtre rénal, dispensent l'organisme de les brûler.

Enfin, dans une dernière partie, en s'inspirant des idées d'A. Gautier, l'auteur précise les conditions qui règlent automatiquement la transformation des divers aliments absorbés en corps gras et en glucose.

L'obésité et le diabète ainsi envisagés ne seraient donc plus que des stratagèmes employés par la nature pour équilibrer les recettes et les dépenses.

La conclusion la plus importante qui se dégage de ces idées, c'est que pour prévenir et guérir l'obésité ainsi que le diabète arthritique, il doit suffire de ne fournir à l'organisme que la quantité d'aliments nécessaires à ses dépenses.

Sur le traitement de l'obésité et du diabète arthritique. — Le Dr MAUREL expose d'abord que, quoique avec moins de précision et d'une manière moins ferme, il avait été conduit à ces idées depuis une dizaine d'années. Dès lors, cette conclusion s'imposait que, si réellement l'hypothèse qu'il venait de faire était exacte, il devait suffire de bien doser l'alimentation pour faire disparaître l'obésité et le diabète. Or, les résultats de cette médication si simple ont dépassé son attente, en ce sens que d'abord ces résultats ont été rapides, et ensuite qu'il a vu disparaître non seulement l'obésité et la glycosurie, mais aussi tous les autres symptômes locaux et généraux qui les accompagnent.

Aussi, depuis, a-t-il cherché, en mettant de plus en plus la pratique en rapport avec la théorie, à bien déterminer l'importance des divers moyens propres à équilibrer le budget de l'organisme, soit en augmentant les dépenses, soit en diminuant les recettes; et c'est le résultat de ces recherches, basé le plus souvent sur des faits expérimentaux et cliniques, qu'il vient exposer dans cette communication.

Le Dr Maurel étudie d'abord les moyens propres à augmenter les dépenses, tels que exercices physiques, augmentation de la radiation cutanée (bains froids, bicyclette), sudations, saignées, purgatifs; et il arrive à cette conclusion que la réunion de ces divers moyens, employés dans des conditions pratiques, ne peut guère donner qu'une dépense de 300 calories, ce qui équivaut à peu près à 40 grammes d'alcool, ou 125 grammes de pain, ou 150 grammes de viande.

Ces moyens ne donnent donc que de faibles résultats; et, de plus, il faut ajouter que, vu l'état des obèses et des diabétiques, assez souvent ces moyens ne sont pas applicables pour eux.

Passant ensuite aux moyens propres à diminuer les recettes, soit l'alimentation, il donne la ration d'entretien et il montre avec quelle facilité on peut, en partant de cette ration, fixer l'alimentation d'après les règles qu'il a données. Il montre aussi combien est plus efficace ce dosage de l'alimentation. Il insiste sur ce point pratique important, qu'étant donné qu'un aliment vaut d'après le nombre de calories qu'il donne, on peut laisser aux malades le choix de leurs aliments, pourvu que leur ensemble ne dépasse pas le nombre de calories qu'on veut leur accorder. Il suffit, pour fixer l'alimentation, de savoir la valeur de quelques aliments. Mais le procédé le plus simple est l'emploi du lait, qui, sucré à 60 grammes par litre, donne sensiblement 1.000 calories par litre.

La ration de l'obèse et du diabétique, au début, doit être légèrement insuffisante et basée, non sur son poids réel, mais sur son poids normal. Il faut, de plus, tenir compte du climat, de la saison, de l'âge, du sexe et de la profession.

Enfin, le Dr Maurel montre que le principe du traitement de l'obésité et du diabète repose si bien sur l'alimentation insuffisante que tous les traitements qui ont donné des succès ne produisent qu'un nombre de calories bien inférieur à celui qu'il a fixé; tels sont ceux de : Voit, Harvey, Ebstein, G. Sée, Beaumetz et Bouchard.

Après quelques explications d'ordre pratique, le Dr Maurel termine par ces conclusions :

1° Le traitement de l'obésité et du diabète arthritique, inspiré par la pathogénie, telle que je l'ai exposée, confirme cette pathogénie;

2° De même que l'obésité et le diabète sont des maladies de surnutrition, leur traitement est tout entier dans le dosage de l'alimentation;

3° On peut, dans ce traitement, utiliser les moyens propres à augmenter les dépenses de l'organisme, mais ils sont le plus souvent d'une application difficile et toujours peu efficaces;

4° Au contraire, la diminution des aliments, en les réglant d'après les principes qu'il a fait connaître, constitue un moyen facile et conduisant rapidement et sûrement à la guérison.

Discussion. — M. Bergonié rend pleine et entière justice aux beaux travaux de M. Maurel qui ouvrent sur la pathogénie du diabète des horizons nouveaux et bien d'accord avec les idées introduites dans la science par le professeur Bouchard. Il estime, en effet, que l'équation simplifiée du diabétique peut s'écrire, au point de vue énergétique, de la manière suivante :

$$A = Ch + Tr + D + R$$

- A étant les calories rendues disponibles par l'assimilation ;
- Ch —   —   utilisées sous forme de chaleur ;
- Tr —   —   —   de travail mécanique ;
- D —   —   inutilisées et perdues par glycosurie, azoturie, etc. ;
- R —   —   —   et emmagasinées comme réserves.

Mais pourquoi dans le second membre de l'équation les deux premiers termes Ch et Tr sont-ils quelquefois si petits par rapport aux deux autres? Pourquoi, en un mot, certains organismes font-ils si vite de la graisse ou du sucre, pour peu que leur ration alimentaire s'élève et reste élevée? Pourquoi, pour certains diabétiques, les deux termes D et R ne peuvent-ils se remplacer l'un par l'autre? C'est évidemment qu'il existe pour chaque être un cynamisme particulier dont : 1º l'un des facteurs, celui que l'on pourrait appeler *facteur physique*, tient, comme l'a démontré M. Bouchard, aux dimensions géométriques du corps; 2º l'autre, que l'on pourrait appeler *facteur biologique*, beaucoup plus complexe, tient aux qualités de ces tissus, à l'hérédité, à des causes psysiques, etc.

M. Maurel répond que cette équation est posée pour le début seulement du diabète. Mais chez un même malade à quatre ou cinq ans de distance, le problème ne se présente plus avec la même simplicité parce que ces lésions se sont produites.

M. Berger. — Comment concilier cette théorie avec le diabète maigre ?

M. Maurel ne s'occupe ici que du diabète gras, avant la période d'amaigrissement et d'insuffisance fonctionnelle.

Quant au diabète maigre, il l'écarte du débat. Ce dernier paraît être assez souvent lié à une lésion pancréatique.

M. Bergonié : En effet, il y a très peu de diabètes maigres primitifs et il y a énormément de cas de diabète méconnus.

M. Arsimoles demande quel est le syndrome clinique qui indique le traitement par la réduction de l'alimentation. Est-ce seulement au début, à une période à prémonitoire du diabète, ou bien à la période de maladie confirmée, avec symptomatologie complète ?

M. Maurel. — Dans toute la période du diabète qui précède l'amaigrissement.

M. LEULLIEUX, à Conlie.

Appareil à injections hypodermiques.

M. CABADÉ, à Valence d'Agen.

Sur un cas de vésanie. — Dans le courant du mois mars de dernier, je fus appelé auprès d'une jeune femme de 26 ans, atteinte de délire mélancolique avec' tendance au suicide. Plusieurs personnes devaient la maintenir jour et nuit, sans cela, elle se serait noyée dans un ruisseau peu distant de sa maison. C'est pour la troisième fois que cette femme est ainsi atteinte, bien que dans sa famille et ses collatéraux on ne puisse relever la moindre tare cérébrale. De pareilles crises se manifestent chez elle, chaque fois qu'étant en période menstruelle elle voit un cadavre. Ses règles sont régulières et rien ne vient à la suite de chacune de ces périodes. D'autre part, elle a vu souvent des morts sans être indisposée et cette vue n'a déterminé chez elle aucun trouble. Il faut le concours de ces deux circonstances et chaque fois que ces deux choses se sont trouvées réunies le délire a éclaté. Ce trouble n'a duré chez elle que vingt-cinq jours, puis a progressivement guéri. Combien cette observation est féconde en enseignements et déductions !

M. BOSCHE, de Brives.

Fracture comminutive de la fosse orbitaire droite avec ablation spontanée de l'œil et perte de substance cérébrale, guérison.

M. FOVEAU DE COURMELLES, Vice-Présid. de l'Ass. des Membres de l'Ens., à Paris.

La vivisection est-elle indispensable? — Un mouvement féminin se dessine contre les souffrances imposées aux animaux sous prétexte de science et d'enseignement physiologique. D'abord raillé, ce mouvement englobe aujourd'hui un grand nombre de médecins, et on peut demander maintenant, sans faire rire, si, en matière d'enseignement, la vivisection est indispensable? Déjà, en matière scientifique où le doute paraît moins permis, on discute : en toxicologie, la non-comparabilité de l'homme et de l'animal démontre que ce dernier donne des notions erronées pour le premier; en anatomie, le cadavre suffit; en physiologie, maints travaux aujourd'hui abandonnés prouvent l'insuffisance des renseignements donnés par les animaux vivants expérimentés. Dans le domaine de l'enseignement, l'impossibilité de faire viviséquer chaque élève, celle non moins grande de montrer à tout un auditoire une expérience physiologique, comme une opération chirurgicale d'ailleurs, ne militent pas en faveur de la vivisection. D'autre part, sans l'anesthésie qui devrait être au moins couramment employée dans ces essais, n'importe qui exhibe en public des animaux vivants qu'il martyrise sous prétexte de démontrer (?) telle ou telle thèse, l'influence de l'alcool sur l'homme puisque nocif aux animaux qui lui ressemblent si peu... Aussi faut-il proscrire ces expériences qui ne prouvent rien, émanant souvent d'individus quelconques, et sont une école publique de cruauté; par suite *limiter scientifiquement la vivisection.*

Discussion. — M. MAUREL combat l'argument qui paraît avoir le plus de valeur parmi ceux invoqués par les adversaires de l'utilisation des animaux pour les études de physiologie et de toxicologie : cet argument est le suivant : *Les agents médicamenteux et toxiques n'exercent pas la même action sur les animaux et sur l'homme.* Or, contrairement à cette opinion, le Dr Maurel tient à faire observer que depuis plusieurs années il a fourni de nombreuses preuves, ainsi que Cl. Bernard l'avait déjà démontré, que les agents thérapeutiques et toxiques agissent sur les éléments anatomiques, et que cette action se maintient, pour le Dr Maurel, au moins chez tous les vertébrés, et pour Cl. Bernard dans toute la série animale; de telle sorte que lorsqu'en expérimentant un de ces agents, comme l'émétine, la strophantine, etc., sur un vertébré, on a trouvé que cet agent a une action élective sur la fibre cardiaque ou la fibre lisse de ce vertébré, on peut être sûr que cette électivité se maintient chez tous les vertébrés.

Ces faits conduisent donc à des conclusions absolument opposées à celles du Dr Foveau, à savoir :

1º Qu'au moins tous les vertébrés sont composés par les mêmes éléments anatomiques, possédant les mêmes propriétés, et dont seul le groupement diffère en passant d'une espèce à une autre ;

2º Et comme les agents thérapeutiques et toxiques n'exercent leur action que sur ces éléments, et que cette action reste la même dans la série animale, que toute action constatée chez un vertébré, à la condition d'être interprétée, est souvent applicable à l'homme.

M. G. GAUTIER, à Paris.

Contribution à l'étude de la dialyse carbonique. — Nous nous proposons de publier un travail complet sur la question, avec la description de l'outillage et l'analyse des observations. Cette lecture n'a d'autre but que de poser quelques conclusions.

Par dialyse carbonique, il faut entendre l'administration de ce gaz par la voie rectale; grâce à un instrument pratique, on peut donner au malade un ou plusieurs litres de CO_2, préalablement chauffé. Le lavement avec ce gaz est mal toléré quand il est froid; bien supporté, quand sa température est portée de 20 à 30 degrés centigrades.

La quantité de gaz nécessaire varie de un à quatre litres en deux fois, le matin et le soir et avant les repas.

Les applications de CO_2 dans la tuberculose pulmonaire ne sont pas récentes. Nous pouvons dire de suite que ses bons effets sont exagérés.

Les docteurs Berlureau, Langlard, Moulin, de Paris et nous-même à la suite de longs traitements chez un grand nombre de tuberculeux, avons acquis la conviction que la lésion tuberculeuse n'était que peu influencée par cette thérapeutique et que quelques symptômes seulement étaient améliorés ou guéris.

La température et le pouls, dans la majorité des cas, sont très nettement diminués. Chez une malade suivie par M. Barth, médecin de Necker, nous avons constaté une diminution notable de la température après chaque lavement, ainsi que du pouls, qui de 110 tombait à 90 pulsations. Chez cette même malade une toux incoercible cédait pendant plusieurs heures à l'administration de deux litres de CO_2.

Chez une malade des docteurs Burlureau et Langlard, dès le premier lavement, la température est revenue de 38°,2 à la normale et cet état d'amélioration a persisté. En même temps la diarrhée (5 ou 6 selles fétides) avec coliques, avait disparu. Il s'agissait d'une dame de vingt-trois ans et demi qui avait essayé sans succès toutes les médications. Si chez cette malade on cesse la dialyse carbonique; la diarrhée reparaît; si on la reprend, la diarrhée disparaît. La patiente avait une tuberculose des deux sommets avec complications pulmonaires graves.

Chez une deuxième malade, les mêmes auteurs observent la chute du pouls et de la température dès le deuxième lavement; les signes pulmonaires tuberculeux restent invariables, la digestion est meilleure. Bons effets sur le pouls, la température, l'intestin.

Chez un malade du Dr Moulin, atteint de souffle caverneux du poumon droit et de craquements et de râles humides dans toute l'étendue du sommet gauche, les résultats se sont montrés semblables, peut-être plus durables, car la lésion tuberculeuse paraît aujourd'hui en bonne voie de réparation. Augmentation sensible du poids.

La dialyse carbonique a un effet très particulier sur le poumon, l'aphonie et la toux. Le malade éprouve un grand bien-être de la respiration, comme un effet antispasmodique; l'aphonie tend à disparaître et la toux est le plus souvent calmée. Chez un malade elle provoquait des épistaxis; chez deux autres elle amenait des règles suspendues, et enfin, dans un cas, une légère hémorragie intestinale.

Depuis quatre années, nous avons tenté la cure de plusieurs maladies de l'intestin par la dialyse carbonique. Dans les diarrhées de toutes natures, dans la constipation, dans l'atonie intestinale, dans l'appendicite, cette médication s'est montrée toujours utile, jamais compromettante. Nous ajouterons que dans l'entérite muco-membraneuse, elle peut jouir d'un légitime succès. Plus tard, la narration des cas traités sera instructive. Le Dr Paulin Moizard, de Paris, qui a bien voulu, comme les auteurs précédents, utiliser notre procédé, nous a remis, à cet égard, une observation intéressante.

Après plusieurs cures à Châtel-Guyon en 1900 et 1901, pour une entérite muco-membraneuse très grave, sa malade éprouve un peu d'amélioration générale, mais le dépouillement intestinal persiste et surtout la tension artérielle et l'excitation générale restent insupportables et obligent au repos absolu.

La dialyse carbonique est faite du 26 février au 24 juillet 1902. Aussitôt commence la diminution des douleurs, de l'éréthisme nerveux, du mal de tête, et apparaît comme le décrit la malade, « un bien-être particulier, comme une sensation de force dont on est maître ». Le sommeil perdu revient, six à sept heures par nuit, l'évacuation des membranes s'espace. Dans ce cas ancien et grave, la médication s'est montrée très réparatrice de tout l'état général.

Comment se comporte la dialyse carbonique chez l'animal?

J'ai prié un vétérinaire très distingué, M. Jullian, de Paris, d'en faire l'essai sur le cheval. Des quelques observations prises par l'auteur, il semble résulter que l'on observe, dans tous les cas, une excitation générale, appréciable une demi-heure après l'absorption du gaz. Dans les cas de pneumonie, broncho-pneumonie, le CO_2 peut provoquer des hémorragies légères, se traduisant par des épistaxis d'une durée de deux à trois jours, à la suite desquelles on remarque une amélioration sensible dans l'état général et surtout une modification profonde des lésions pulmonaires.

Le plus souvent, dit M. Jullian, la température rectale baisse d'une façon très marquée. L'auteur ajoute, ce gaz guérit vite la sinusite chez le cheval.

Les applications de CO_2 ne se bornent pas aux recherches précédentes. Au Congrès d'Ajaccio, nous avons fait connaître l'emploi du bain hydro-électrique à CO_2 qui constitue un puissant moyen de combattre les maladies de la nutrition, certains groupes d'atrophie musculaire et surtout les maladies du cœur. Je pourrais ajouter d'autres essais fort encourageants : le traitement de toutes les plaies, les fissures à l'anus, les hémorroïdes enflammées et principalement les ulcères variqueux, plusieurs lésions utéro-ovariennes, les otites, etc.

En définitive, la dialyse carbonique telle que nous la pratiquons, est digne d'attirer l'attention du corps médical, car elle peut être un adjuvant utile et se montrer précieuse dans quelques maladies, quand les autres méthodes se sont montrées inefficaces.

M. PUJOL, d'Ussat.

Guérison du goitre exophtalmique par le traitement thermal d'Ussat.

M. ROHR, Vétérinaire en 1er au 17e régiment d'artillerie.

Manifestations de l'artério-sclérose généralisée chez le cheval. — Les lésions sont intéressantes par leur intensité : 1° Cancer de l'estomac. Le viscère pèse 3 kilogr. 500 au lieu de 1 kilogr. 900. Plusieurs ulcérations petites et deux tumeurs ulcérées étendues dans le cul-de-sac gauche. Infiltration néo-plasique de la séreuse et de la musculeuse. 2° Sclérose du foie, du rein droit et du poumon. 3° Anévrisme de l'aorte abdominale et de la grande mésentérique athérome et calcification de ces vaisseaux ; anévrisme de la grosseur d'une mandarine ; trois sacs correspondant aux trois faisceaux. L'un des sacs, au point d'émergence de faisceau droit, est tapissé par une sorte de *calcul* (thrombus actif) représentant comme volume et configuration une noix cassée par le milieu avec une partie allongée en pointe encastrée profondément dans la paroi du vaisseau.

Pathogénie. — La lésion primordiale est l'endartérite de la grande mésentérique et ses conséquences : anévrisme, thrombus actif, incrustation calcaire, athérome, troubles circulatoires déterminant les néo-formations des parois stomacales et les scléroses des divers organes. Puis, tension artérielle sur le système circulatoire abdominal et, conséquence admissible, une répercussion sur le cœur et le poumon. Enfin, arrêt dans une ramification vasculaire d'un fragment détaché du thrombus actif amenant la congestion, la paralysie et la rupture intestinales.

Lipome pédiculé du mésentère chez le cheval. — L'auteur a constaté sur un cheval, ayant succombé à des coliques graves, un lipome pédiculé et un volvulus.

Deux points importants sont envisagés : 1° la formation du lipome et de son pédoncule ; 2° le mode d'enroulement de l'intestin ou volvulus.

La tumeur a son origine dans le mésentère et à la face adhérente du péritoine. Augmentant de poids, elle entraînait et étirait le mésentère qui constituait ainsi la paroi du pédicule.

En examinant le volvulus, on remarque que c'est l'anse intestinale qui entoure le pédicule et non le pédicule qui enserre complètement cette anse. Une deuxième anse avec la première sont emprisonnées entre le pédicule et la por- tion du jejunum sur le mésentère de laquelle la tumeur a pris naissance.

Ce lipome, de formation déjà ancienne, ne semble pas avoir été la cause directe des douleurs abdominales du début, puisque l'animal n'avait jamais été, atteint de coliques antérieurement, mais il augmentait beaucoup les chances de complications, car, dans le cas de ce cheval, le volvulus s'est formé aisément à la faveur de ce lipome, au cours des quelques mouvements désordonnés du début des coliques.

M. Paul BÉZY.

L'exercice illégal de la médecine. — M. Bézy demande à la Section de voter le vœu suivant :

Considérant que l'exercice illégal de la médecine infantile par certains phar- maciens et certaines sages-femmes est on ne peut plus nuisible aux enfants, dont il cause souvent la mort, émet le vœu, conformément à celui émis au quatrième Congrès de Médecine interne, que cet exercice soit sévèrement surveillé et réprimé, et que l'on appelle sur ce point l'attention des pouvoirs publics, et surtout de la Commission extraparlementaire de la repopulation et de la Ligue contre la mortalité infantile.

(Ce vœu, n'ayant pas été présenté au Conseil, n'a pu être adopté.)

VŒU PRÉSENTÉ PAR LA SECTION

(Voir page 118.)

Travaux imprimés

PRÉSENTÉS A LA SECTION

Eug. PERDU. — *Sur la Scoliose et les données mathématiques qui expliquent son développement* (Thèse de Paris).

A. MAGNIN. — *L'hydrographie souterraine.*

TORAUDE. — *Étude sur les Cadet.*

13e Section

ÉLECTRICITÉ MÉDICALE

PRÉSIDENT D'HONNEUR . . . .   M. BERGONIÉ, Prof. à la Fac. de Méd. de Bordeaux ;
PRÉSIDENT . . . .   M. BORDIER, Agrégé à la Fac. de Méd. de Lyon ;
VICE-PRÉSIDENT . . . .   M. MARIE, Chargé de Cours à la Fac. de Méd. de Toulouse
SECRÉTAIRES . . . .   MM. CLUZET et LEUILLIEUX . .

— Séance du 8 août —

M. le Dr H. BORDIER, Président.

*Sur l'interprétation des résultats et sur l'opportunité des applications
électrothérapiques.*

MESSIEURS ET CHERS COLLÈGUES,

Avant de commencer nos travaux, permettez-moi de vous soumettre quelques
réflexions sur la manière dont certains médecins, beaucoup trop nombreux,
interprètent les résultats fournis par les méthodes électrothérapiques et sur
l'idée que se font ces mêmes médecins de l'opportunité des applications électriques.

Vous savez que, pour quelques-uns de nos confrères, l'électricité agit toujours
par suggestion ; que, pour d'autres, c'est souvent la suggestion qu'il faut invoquer pour expliquer les heureux effets thérapeutiques obtenus, et qu'enfin,
pour une troisième catégorie, les améliorations ou guérisons constatées à la
suite d'un traitement électrique ne sont nullement dues à l'énergie appliquée,
mais simplement à la marche naturelle de la maladie, qui a suivi un cours
heureux.

Je n'aurai pas de peine, je l'espère, à réfuter de semblables arguments et à
démontrer combien est grande l'erreur des médecins qui soutiennent de pareilles
théories. Et pourtant, c'est triste à dire, un certain nombre des confrères qui
se montrent opposés à l'électrothérapie, qui veulent en faire un simple moyen
de suggestion ou qui lui refusent toute action curative, appartiennent au corps
enseignant ou ont été, pendant leurs études cliniques, parmi les plus brillants
élèves de nos Facultés.

Ce qu'il faut commencer par déclarer hautement, c'est que l'électrothérapie
constitue une branche des sciences médicales, et en particulier de la thérapeutique : elle se distingue par le caractère essentiellement scientifique qui préside
à ses méthodes, soit pour la production, la graduation, la mesure ou l'applica-

tion du courant électrique, soit pour l'explication des phénomènes physiologiques ou thérapeutiques produits par l'énergie électrique.

L'importance de cette science vient, enfin, d'être reconnue officiellement, comme vous le savez, par la transformation récente de la chaire de physique médicale à la Faculté de médecine de Bordeaux. Par un décret du 6 juin dernier, notre éminent collègue, M. Bergonié, a été nommé professeur de physique biologique et d'*électricité médicale*.

Je suis certain, Messieurs, d'être votre fidèle interprète en adressant au titulaire de la nouvelle chaire nos félicitations et nos sincères remerciements.

Parmi les moyens que le médecin est susceptible d'employer pour guérir, améliorer ou tout au moins soulager ses malades, l'électricité est certainement celui dont la mesure est de beaucoup la plus précise, la mieux définie. Les différents éléments de l'énergie électrique peuvent aujourd'hui être parfaitement déterminés ; on est arrivé à très bien mesurer l'intensité du courant qui traverse chaque tissu soumis à l'électrisation, à connaître la dose de cet agent physique qui circule dans chaque organe que l'on veut traiter. Peut-on en dire autant des médicaments chimiques ou galéniques qu'emploie journellement le médecin ? On sait bien quelle est la quantité de substances médicamenteuses que l'on fait ingérer au malade, mais on ignore absolument la fraction qui se rend à l'organe ou au tissu que l'on veut soumettre à l'action de la drogue employée.

Cette ignorance n'empêche cependant pas tous les médecins d'user et quelquefois d'abuser des prescriptions pharmaceutiques. Or, quand un de ces remèdes a agi, vient-il quelquefois à l'idée du médecin d'invoquer la suggestion pour expliquer l'amélioration de son malade ? Pourquoi donc alors invoquer cette même suggestion pour l'électricité, dont les conditions physiques d'application et de pénétration sont si bien établies ?

Assurément, la plupart des médecins sont obligés de se rendre à l'évidence et de ne plus faire jouer à la suggestion aucun rôle dans certaines applications électrothérapiques, par exemple dans les traitements où l'on utilise l'électrolyse. Mais, dans presque toutes les autres électrisations où il se fait rapidement une diminution dans l'intensité des symptômes présentés par le malade, on entend souvent invoquer comme cause de l'amélioration la suggestion !

Il est à peine besoin de faire remarquer combien cette explication est facile : certes, l'effort cérébral accompli par les partisans de cette interprétation des effets de l'électrothérapie n'est pas bien considérable ! Il le serait davantage s'il leur fallait, avant de donner leur avis sur des choses dont ils n'ont pas assez approfondi l'étude, se familiariser ou même seulement faire connaissance avec les lois élémentaires de l'électrotechnique médicale, de l'électrophysiologie, de l'électrodiagnostic.

Non, cette interprétation que tant de confrères et quelquefois de très illustres cliniciens donnent des résultats électrothérapiques ne doit plus aujourd'hui être prise au sérieux : elle constitue, d'ailleurs, pour les médecins électriciens une profonde humiliation, presque un affront.

Ce qu'il y a de certain, c'est que l'énergie électrique appliquée au corps de l'homme se transforme en énergie chimique, puis en énergie physiologique, et enfin, en énergie thérapeutique. L'évolution de l'énergie est absolument la même, ou revêt tout au moins la même allure, que dans les cas des autres médications galéniques ou chimiques : elles ont, les unes et les autres, leur rendement thérapeutique propre ; et, bien souvent, dans beaucoup d'affections,

cela ressortira de mieux en mieux avec les progrès de l'électrothérapie, ce rendement est plus élevé pour l'énergie électrique considérée comme médicament
que pour les drogues pharmaceutiques.

Ce n'est pas seulement comme interprétation des résultats électrothérapiques
obtenus dans la plupart des maladies améliorées ou guéries que nous devons
repousser la suggestion : même dans les symptômes divers de nature hystérique,
il faut, le plus souvent, écarter cette facile interprétation des effets favorables
dus à l'électricité.

Pour ma part, j'ai eu à soigner plusieurs malades présentant des paralysies de
nature hystérique : parmi ceux qu'il m'a été donné de guérir, je n'ai jamais pu
saisir le lien rattachant les effets thérapeutiques avec la suggestion.

J'ai vu, et vous tous, Messieurs, avez été certainement à même de voir des
malades présentant des symptômes que l'on avait attribués à l'hystérie, sans que,
pour cela, ceux-ci soient de grands hystériques avec crises de nerfs, anesthésie,
etc. : chez ces malades, on a pu arriver, par l'électrisation faite d'une certaine
façon, à obtenir la disparition du ou des symptômes morbides. Doit-on en
conclure que c'est la suggestion qui a opéré, que c'est à cette cause qu'il faille
rapporter le succès obtenu ? Bien rarement. En effet, combien de fois, partant
de cette idée que tout ce qui est de nature hystérique doit être traité par la suggestion, n'avez-vous pas essayé tout d'abord l'électricité statique, avec la pensée
de frapper par la mise en rotation de votre machine statique munie de ses collecteurs nickelés, de ses condensateurs plus ou moins puissants, l'imagination de
cette catégorie de malades? Qu'en avez-vous obtenu ? Le plus souvent, rien du
tout ! Mais si vous avez changé de modalité électrique, si vous avez substitué la
galvanisation rythmée à la franklinisation, bien que ce genre d'électrisation
soit bien moins propre à agir sur l'imagination, vous avez constaté une amélioration assez rapide, suivie souvent d'une guérison complète, alors que vous
vous étiez épuisés pendant de longs mois quelquefois à faire de la franklinisation, pour arriver à mettre la suggestion en ligne de compte dans les effets
thérapeutiques ! Quant à moi, j'ai constaté plusieurs fois l'exactitude de ce que
je viens de décrire, c'est-à-dire l'obtention de très bons effets par la galvanisation, après avoir échoué sur de prétendus hystériques par la franklinisation
faite avec une grande et puissante machine statique.

La modalité électrique la plus apte à faire jouer à la suggestion un rôle dans
le résultat thérapeutique cherché échoue, alors qu'une autre forme de l'énergie
électrique, bien modeste dans ses procédés d'application, bien peu susceptible
d'agir sur l'imagination, a produit la guérison des malades.

Si ce n'est pas la suggestion qui intervient, il faut nécessairement chercher
l'explication ailleurs : on la trouve dans l'étude des neurones, d'une part, et
dans celle de l'action physiologique de l'électricité, d'autre part. On sait, en
effet, que les neurones communiquent les uns avec les autres par des sortes
d'articulations qui sont le siège de mouvements amiboïdes : cela prouve, et les
recherches histologiques l'ont bien mis en évidence, que, dans la substance nerveuse, siège des flux d'excitation volontaire ou autre, il existe des rapports de
contiguïté plutôt que de continuité. La cause de certaines paralysies, c'est la disparition de ces rapports de contiguïté de neurone à neurone; c'est, en particulier,
à cette absence de contiguïté que, d'après les travaux de Lépine et autres cliniciens, sont dues les paralysies de nature hystérique. Pour ramener le mouvement
aboli dans le territoire des neurones dont la contiguïté est détruite, c'est-à-dire
pour guérir la paralysie, qui est la conséquence de ce trouble dans le fonction-

nement physiologique des neurones, on ne saisit pas, *a priori*, le rôle que peut jouer la suggestion, si souvent invoquée. De même, on ne comprend pas aisément quelle peut être l'action de la franklinisation appliquée sous forme de bains.

Mais, pour quiconque connaît les lois de la propagation du courant galvanique, pour quiconque s'est donné la peine d'étudier l'action physiologique et, en particulier, des périodes variables de ce courant, l'explication du rétablissement de la contiguïté nerveuse n'offre aucune difficulté. Le courant galvanique est, en effet, le plus propre à agir sur l'irritabilité de la substance nerveuse. Il suffit, pour en avoir la preuve, de se rappeler que le cerveau, de même que les nerfs optique, acoustique, pour ne prendre que quelques exemples, subissent l'influence du courant galvanique et surtout de ses périodes variables avec une promptitude remarquable, même lorsque l'intensité du courant est à peine appréciable. Par ses périodes variables de fermeture et d'ouverture, ce courant est capable de produire une excitation du neurone de tout premier ordre : il n'est donc pas bien surprenant que, sous l'influence de ces excitations répétées rythmiquement, les terminaisons des neurones, au niveau de leurs articulations, subissent des modifications dans leurs rapports et finissent par présenter un état normal de leur contiguïté.

Voilà l'interprétation qu'il faut donner des résultats obtenus par un traitement électrique convenablement appliqué dans ces paralysies de nature hystérique. L'esprit du médecin n'est-il pas ainsi beaucoup mieux satisfait que lorsqu'on invoque, sous prétexte que l'hystérie joue un rôle dans ces affections, toujours la suggestion ! C'est un mot, mais ce n'est pas une explication.

Il me reste maintenant à examiner ce que vaut l'opinion des médecins, peu nombreux, il est vrai, qui soutiennent que les résultats obtenus par l'électricité sont tout naturels et qu'ils représentent la marche naturelle des choses. Il y a de quoi bondir, n'est-ce pas, devant une semblable affirmation. Vous tous, Messieurs, qui avez appliqué l'énergie électrique sur des malades, ne pensez-vous pas que vouloir soutenir une telle théorie constitue un parti pris absurde? Il ne faut pas avoir appliqué pendant bien longtemps l'électricité sur des malades pour acquérir une opinion tout à fait opposée à celle des médecins qui prétendent que telle maladie aurait guéri toute seule et de la même façon, quand même on n'aurait pas électrisé le malade.

Lorsqu'on voit les symptômes d'une affection diminuer d'intensité à partir du jour où l'électricité a été employée, et à mesure que les séances d'électrisation se poursuivent; lorsqu'on voit des phénomènes morbides s'atténuer peu à peu à partir de l'instant où le malade s'est confié au médecin électricien ; lorsqu'on voit une atrophie musculaire se combler progressivement dès que l'excitation électrique des muscles a été commencée; lorsqu'on assiste à la joie qu'éprouvent les malheureux frappés de névralgie du trijumeau, après une série d'applications électriques, est-il possible de nier l'action thérapeutique directe immédiate de l'électricité?

Je pourrais citer des centaines d'exemples, pris dans les maladies où les évaluations objectives peuvent être faites, pour montrer plus clairement encore la corrélation qui existe entre l'atténuation des symptômes et les applications électrothérapiques.

Persistez-vous encore à soutenir que c'est à la marche naturelle de chaque maladie qu'il faille attribuer le résultat obtenu, confrères qui prétendez que l'électricité ne possède par elle-même aucune vertu curative ?

J'arrive maintenant au deuxième point sur lequel je me suis proposé d'attirer votre attention : je veux parler de la façon dont certains médecins comprennent l'opportunité d'un traitement électrique dans des affections directement justiciables de l'électrothérapie.

La conduite des confrères qui n'ont pas recours à l'électricité dans les cas même les plus favorables peut revêtir deux formes, au point de vue que je considère en ce moment :

1° Ou bien la question de l'opportunité du traitement électrique n'est même pas agitée, soit que le médecin ignore dans quels cas l'électricité constitue la médication de choix, soit qu'il préfère employer d'autres moyens thérapeutiques;

2° Ou bien cette question de l'opportunité est soulevée par le malade lui-même, qui demande son avis sur ce point au médecin consulté.

Dans le premier cas, la conduite du médecin traitant est blâmable, s'il s'agit, ce que nous admettons par hypothèse, d'une affection où les applications électrothérapiques constituent le meilleur traitement, car tout médecin doit connaître toutes les ressources de l'art propres à combattre les maladies, et dont l'ensemble forme ce qu'on appelle la *thérapeutique*, cette branche si importante de la médecine. En outre, il est évident que lorsqu'un procédé thérapeutique a été reconnu tenir la première place dans le traitement d'une maladie donnée, c'est ce procédé-là que le médecin consulté a le devoir d'employer tout d'abord, puisque le malade cherche, en somme, à être débarrassé le plus tôt possible de son affection.

Eh bien! il existe malheureusement des confrères qui semblent chercher à éviter d'avoir recours à l'électricité, comme s'ils redoutaient la mise en œuvre de ce procédé thérapeutique. Quel est le mobile qui peut les pousser ainsi à exclure l'électricité, ou tout au moins à n'y recourir qu'à la dernière limite ? Je me le demande en vain.

Dans le deuxième cas considéré, si le malade a sollicité de son médecin l'autorisation de suivre un tel traitement, ou lui a demandé ce qu'il en pense, la réponse de certains confrères est souvent négative, ou, si elle ne l'est pas absolument, ils diront d'attendre et d'essayer d'abord l'effet de nouvelles drogues prescrites.

Il y a quelque temps, une dame que j'ai parfaitement guérie d'une névralgie intercostale par la galvanisation positive avait, avant de se confier à mes soins, demandé à son médecin habituel ce qu'il pensait de l'opportunité d'un traitement électrique pour son affection; celui-ci se mit à sourire et répondit : « Que voulez-vous que fasse l'électricité à votre névralgie? Vous ressentirez de grandes secousses qui vous feront horriblement souffrir, et vous serez bien avancée! » Cette personne passa outre et ne tarda pas, sous l'influence de l'électrisation, à s'apercevoir que son médecin lui avait dit des choses... inexactes; elle ne manqua pas, d'ailleurs, d'aller le voir ensuite pour lui annoncer sa guérison et lui faire des compliments du traitement électrique.

Eh oui, cela est malheureusement très triste à constater, l'électrothérapie est tous les jours dénigrée ou déconseillée. Eh bien! c'est à nous qu'il appartient de chercher à empêcher une telle opposition, une telle réaction contre l'électrothérapie; nous le devons, non pas seulement à cause de notre intérêt professionnel, mais surtout à cause de celui des malades.

N'y a-t-il pas lieu, toutefois, de se demander s'il n'existe aucune raison capable de rendre quelques médecins méfiants vis-à-vis de l'électrothérapie et de ses méthodes? Cette raison, il faut la chercher, pensons-nous, surtout dans la façon dont certains confrères, ou plutôt certaines entreprises commerciales vantent les vertus de l'électricité et les étalent à la quatrième page des journaux. Il nous faut bien reconnaître qu'il y a souvent, de la part de ceux qui appliquent l'électrothérapie, une manière de faire qui n'est pas ou ne paraît pas sérieuse : l'électricité se prête, évidemment, plus que toutes les autres méthodes thérapeutiques, à l'extension de l'empirisme et du charlatanisme. Cela tient au mode d'action, qui n'est pas assez étudié, pas assez connu et qui, par conséquent, n'est pas compris de la plupart des médecins.

Ne serait-il pas possible d'empêcher ces procédés, peu dignes de la profession médicale, de se répandre ainsi? Ne pourrait-on pas réagir contre la publicité dans les journaux politiques, contre certaines réclames telles que l'annonce de la guérison de quelques maladies (que l'on sait incurables) par l'électricité ou par des procédés dont le nom les rapproche de l'électrothérapie? Il nous semble que l'Académie de médecine et le Parlement pourraient peut-être intervenir en édictant des lois sévères contre de pareils mensonges : ce serait une œuvre d'hygiène et de protection sociales, puisque la société est actuellement exploitée et trompée d'une manière odieuse.

C'est donc en nous appliquant à donner à nos procédés électrothérapiques un caractère sévère, en rapport avec la science spéciale que nous cultivons, c'est en n'intervenant que dans les affections que nous sommes à peu près certains d'améliorer ou de guérir, c'est en dénonçant à nos confrères les charlatans dont la réclame s'étale dans les annonces des journaux dans le but de faire croire qu'ils guérissent tout par l'électricité, que nous attirerons sur notre spécialité l'intérêt des autres médecins et que nous leur ferons acquérir la confiance qui semble manquer à beaucoup d'entre eux.

Je souhaite, Messieurs, que, dans un avenir prochain, grâce aux progrès de l'électrotechnique médicale, grâce aux succès cliniques et thérapeutiques que nous obtiendrons plus complets et plus nombreux, grâce enfin à la juste interprétation du mode d'action de l'énergie électrique dans les maladies, nous ne trouvions plus un seul médecin hostile systématiquement et de parti pris à l'électrothérapie, cette science dont le champ, déjà si vaste à la fin du XIXe siècle, ne pourra, j'en suis absolument convaincu, que s'agrandir encore durant le siècle dans lequel nous venons d'entrer.

M. CLUZET, Professeur agrégé à l'Université de Toulouse.

Étude de la galvanofaradisation.

(Rapport présenté à la Section.)

La galvanofaradisation, introduite en thérapeutique par A. de Watteville, consiste dans l'application simultanée du courant continu et du courant induit; on réalise ce mode de traitement électrique en associant une pile et une bobine induite en série ou en opposition.

Puisque, suivant le mode d'association de la pile et de la bobine induite, les deux courants circulent dans le même sens ou dans deux sens opposés, il est naturel de penser à des additions ou à des soustractions de forces électromotrices, comme Runge l'observa le premier, pour expliquer, en partie tout au moins, les phénomènes dus à ce mode d'électrisation. De plus, on peut prévoir

que les effets physiologiques du courant induit vont s'ajouter aux effets physiologiques du courant continu, les premiers s'exerçant par conséquent sur un
nerf ou un muscle en état d'électrotonus; et enfin il faut s'attendre à voir les
effets catalytiques, dus surtout au passage du courant continu, jouer un rôle
important dans les changements observés après application du courant galvanofaradique.

Aussi, nous allons d'abord étudier la galvanofaradisation au point de vue
purement physique dans le but de définir le courant complexe que l'on emploie
et de nous rendre compte en particulier de l'influence que chaque courant composant exerce sur le courant résultant.

Nous pourrons ensuite chercher, pour l'explication des effets physiologiques
et thérapeutiques du courant galvanofaradique, la part qui revient aux actions
catalytiques, aux actions électrotoniques, de nature inconnue, et la part qui
revient au phénomène physique constitué par les additions et les soustractions
de forces électromotrices.

Ces effets physiologiques et thérapeutiques retiendront d'ailleurs tout particulièrement notre attention et feront, après l'étude physique du courant de de
Watteville, l'objet de deux études spéciales, l'une physiologique et l'autre thérapeutique.

I. — ÉTUDE PHYSIQUE.

a). — En général, le courant galvanofaradique employé en thérapeutique est
fourni par une *association en série* de la pile et de la bobine induite. C'est le
mode d'emploi que l'on utilise notamment au moyen du combinateur de de Watteville lorsque les connexions sont disposées comme il est indiqué dans le
schéma ci-dessous *(fig. 1)*.

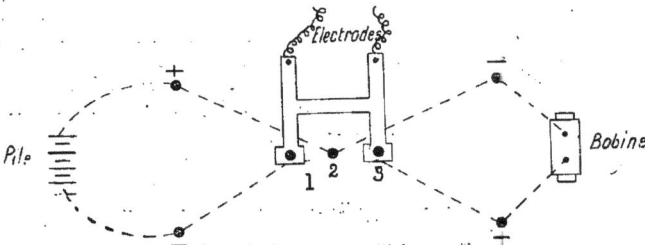

FIG. 1.

En amenant les extrémités des leviers mobiles sur les pastilles 1 et 3, on voit
que l'on met en série le courant de pile et le courant induit; ils circulent tous
deux dans le même sens.

Dans ce cas, l'intensité du courant galvanofaradique sera représenté par la
courbe GFRFRG' *(fig. 3)*, GG' étant la droite parallèle à l'axe des temps représentant l'intensité constante qu'aurait le courant galvanique s'il était seul; F et
R étant les courbes représentant la variation de l'intensité des courants induits
de fermeture et de rupture.

On voit que les intensités s'ajoutent à la rupture et se retranchent à la fermeture du courant inducteur, et la quantité d'électricité mise en jeu pendant un temps Θ est représentée par la surface comprise entre la ligne GFRFRG'Θ et les deux axes de coordonnées. Il est à remarquer, en outre, que les quantités d'électricité mises en jeu pendant les décharges de fermeture et de rupture sont représentées respectivement par les surfaces correspondantes qui sont couvertes de hachures (fig. 3).

Essayons maintenant de voir quelle est la grandeur relative des deux courants composants dans les conditions ordinaires de l'électrothérapie; cela nous indiquera, par exemple, si dans l'excitation galvanofaradique la quantité d'électricité due au courant continu n'est pas négligeable à côté de la quantité d'électricité due au courant induit pendant la durée de celui-ci.

D'après M. Dubois (de Berne), une décharge de condensateur chargé à 70 volts, durant 0 seconde 000092 (92 millionièmes de seconde) et dont la quantité est d'environ 0,5 micro-coulomb, suffit à produire la contraction musculaire. Or si l'on donne au courant une intensité de 10 milliampères par exemple, la quantité d'électricité passant sous la forme de courant continu pendant 0s,000092, ou 0s,0001 environ, sera approximativement :

$$0 \text{ amp., } 01. \ 0,0001 = 0 \text{ coul., } 000001 = 1 \text{ micro-coulomb.}$$

Évidemment les chiffres ci-dessous, se rapportant à une décharge de condensateur, ne sont pas identiques à ceux qui se rapporteraient à un courant induit provoquant le minimum de la contraction, mais on peut les considérer comme voisins, d'après la valeur de la durée des courants induits, mesurée par Blaserna, et d'après les mesures de quantités des courants induits faites par Dubois et Stauffer. On peut admettre que dans les conditions ordinaires de la galvanofaradisation les valeurs de la quantité du courant faradique et du courant continu, sont représentées chacune par un certain nombre de micro-coulombs pour la durée de passage du courant induit. Les deux courants composants paraissent donc avoir le même ordre de grandeur, de telle sorte que l'influence de l'un sur la grandeur du courant galvanofaradique résultant n'est pas négligeable à côté de l'influence de l'autre.

b). — On applique quelquefois, comme nous le verrons, le courant galvanofaradique obtenu en associant la pile et la bobine induite en opposition. Si l'on se sert du combinateur de de Watteville, il suffira de relier à la pastille 2 (fig. 1) deux pôles de même nom de la pile et de la bobine.

L'intensité du courant galvanofaradique sera représentée dans ce cas par la courbe GFRFRG' (fig. 5).

Les intensités s'ajoutent à la fermeture du courant inducteur et se retranchent à la rupture; de telle sorte que la quantité d'électricité mise en jeu pendant le temps Θ est donnée par la somme des surfaces suivante : OGFabO + bcR + cdFefc + fgR + ghG'Θg.

En particulier la quantité mise en jeu pendant la durée du passage d'un courant induit de fermeture et de rupture est représentée par la surface correspondante couverte de hachures. Enfin il faut observer que la figure 3 répond bien aux conditions ordinaires de l'électrothérapie, car, en général, le maximum de la force électromotrice induite de rupture est plus grand que la force électromotrice du courant continu, il en est de même pour les intensités, et la courbe correspondante à la rupture doit bien, comme il est indiqué, descendre au-dessous de l'axe des temps.

20

c). — Quelques cliniciens, Lewandowski notamment, placent les deux cir-
cuits, non plus en série ou en opposition, mais en dérivation; ils relient, en
effet, à chaque électrode un fil venant de la pile et un fil venant de la bobine.

Or dans ce cas, à cause précisément des courants dérivés d'un circuit dans
l'autre, on ne sait pas au juste quelle est la composition et quelle est la grandeur du courant galvanofaradique pénétrant dans le corps.

II. — ÉTUDE PHYSIOLOGIQUE.

Nous étudierons successivement l'action physiologique du courant galvanofaradique : 1º sur les nerfs moteurs et sur les muscles striés; 2º sur les muscles
lisses; 3º sur les nerfs sensitifs.

1º *Action sur les nerfs moteurs et sur les muscles striés.*

A. — *Action motrice.* — M. Leduc, s'inspirant des travaux de de Watteville, a
publié tout récemment les résultats obtenus en faisant agir sur lui-même successivement le courant induit seul (I) et puis le courant induit en même temps
que le courant continu (I + C). Nous retiendrons ces expériences, imaginées
dans le but de montrer les variations de l'excitabilité des nerfs et des muscles
sous l'influence des pôles d'un courant continu et faites dans les mêmes conditions que lorsque l'on emploie la galvanofaradisation en thérapeutique; elles nous
permettront de comparer l'action motrice du courant induit seul et l'action
motrice du courant galvanofaradique.

« *Première expérience.* — L'électrode active appliquée sur le nerf est la cathode
du courant continu et aussi celle du courant induit. Le courant continu étant
nul, la bobine du courant induit est rapprochée et éloignée de la bobine inductrice de manière à produire les contractions I. On introduit alors dans le circuit
un courant continu de 10 mA. et l'on communique à la bobine induite exactement les mêmes mouvements que tout à l'heure; on obtient alors les contractions I + C, dont la différence avec les précédentes montre et mesure l'augmentation de l'excitabilité, puisque chaque groupe de contractions *correspond
exactement aux mêmes excitations* (?)

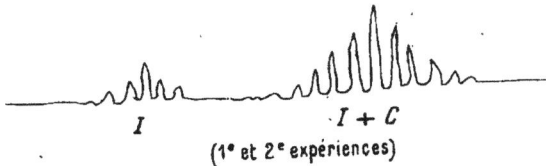

I　　　　　　　　*I + C*
(1ᵉ et 2ᵉ expériences)

Fɪɢ. 2.

» *Deuxième expérience.* — La seconde expérience est faite comme la première
mais l'électrode sur le nerf est l'anode du courant continu et du courant induit.
Dans ce cas, comme dans le précédent, *l'excitabilité est augmentée.* Pour comprendre cette augmentation et son accord avec la loi de Pflüger, il faut se rappeler que le courant induit excite le nerf comme une secousse de fermeture
et, comme nous employons le pôle positif, l'excitation se fait dans la région

péripolaire où se produit une catode virtuelle. Le courant modificateur ayant aussi dans la région péripolaire une catode virtuelle, y produit une augmentation d'excitabilité et les contractions sont accrues ».

Ces deux expériences montrent bien que le courant galvanofaradique (I + C) provoque des contractions plus grandes que le courant induit seul (I); mais est-il bien certain que l'excitabilité est augmentée dans les mêmes proportions ? Évidemment, *on ne saurait nier aujourd'hui toute augmentation d'excitabilité sous l'influence du catélectrotonus et toute diminution d'excitabilité sous l'influence de l'anélectrotonus*, après les nombreux travaux faits sur ce sujet par tant d'éminents physiologistes; mais il est permis cependant de faire observer qu'il n'est pas certain que l'excitation est absolument la même avec I et avec I + C dans les deux expériences de M. Leduc. En effet, si l'on veut avoir, comme il est indiqué dans la première expérience, la catode galvanique et la catode faradique à l'électrode active et, dans la deuxième expérience, l'anode galvanique et l'anode faradique, il faut associer la pile et la bobine en série. Et, si l'on construit alors la courbe de l'intensité, on aura, pour la même position de la bobine induite, les courbes suivantes (*fig. 3*) :

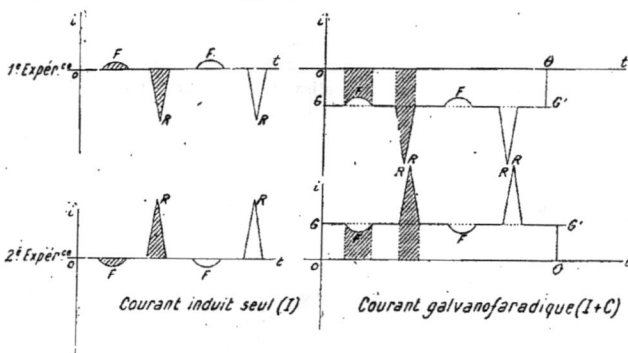

FIG. 3.

La quantité d'électricité mise en jeu pendant le passage du courant induit, représentée dans chaque cas par les surfaces couvertes des hachures, est donc plus grande avec le courant galvanofaradique I + C qu'avec le courant induit seul I.

Cela est indiscutable; mais cette augmentation de la quantité d'électricité produit-elle une augmentation de l'excitation, comme le voulait Runge?

Je crois qu'il est impossible de répondre affirmativement ou négativement à cette question dans l'état actuel de nos connaissances sur la loi d'excitation des nerfs et des muscles. Aussi il est permis de conserver un doute sur la constance de la grandeur de l'excitation dans les deux phases de chaque expérience de M. Leduc, constance qui serait nécessaire cependant pour pouvoir conclure de l'accroissement des contractions à l'accroissement de l'excitabilité.

Mais le fait constaté n'en est pas moins réel, et, que ce soit exclusivement par suite d'une augmentation de l'excitabilité due au catélectronus, ou que ce soit en même temps par suite d'une augmentation de la grandeur de l'excitation, *les nerfs et les muscles répondent au courant galvanofaradique, pile et bobine étant en série, par des contractions plus fortes qu'au courant induit seul.*

Au moyen des deux expériences qui suivent, rapportées encore par M. Leduc, nous allons maintenant voir quelle est l'action motrice du courant galvanofaradique lorsque la bobine et la pile sont placées *en opposition.*

« *Troisième expérience.* — L'électrode sur le nerf correspond à la catode galvanique et à l'anode faradique; les contractions I + C (*fig.* 4), sont obtenues en approchant et en éloignant la bobine induite de la bobine inductrice pendant que passent simultanément les courants continu et faradique. Les mêmes mouvements de la bobine induite provoquent les contractions I (*fig.* 4), alors que le courant continu a été supprimé et que l'induit agit seul; la différence entre l'amplitude de ces contractions et celles de I + C montre dans quelle proportion le courant *continu a diminué l'excitabilité* (?)

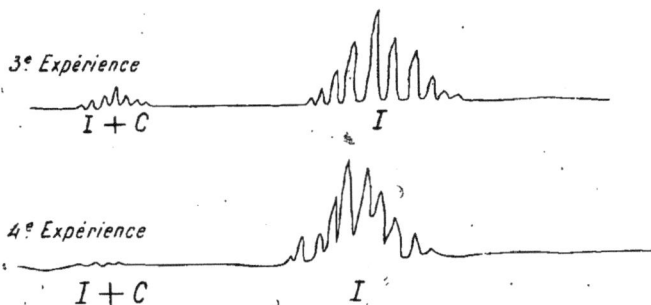

FIG. 4.

» *Quatrième expérience.*— Cette expérience a été faite comme la troisième, mais l'électrode sur le nerf représente l'anode galvanique et la catode faradique. Le nerf ayant été également excité en I + C (*fig.* 4) pendant l'action de l'anode galvanique et en I alors que le courant continu a été supprimé, on voit que, dans ce cas, le courant continu anéantit l'excitabilité et supprime toute contraction. L'action modificatrice et l'excitation portent ici toutes deux sur la région la plus efficace, sur la région polaire. »

Ici encore on peut se demander si l'excitation est bien la même lorsque l'on obtient I et I + C. Pour avoir, dans la troisième expérience, la catode galvanique et l'anode faradique à l'électrode active et, dans la quatrième expérience l'anode galvanique et la catode faradique, il faut associer la pile et la bobine en opposition. Construisons pour ce mode de galvanofaradisation, la courbe de l'intensité et rapprochons cette courbe de celle qui donne la variation de l'intensité du courant induit seul, la bobine induite ayant toujours la même position (*fig.* 5).

La quantité d'électricité mise en jeu pendant une excitation induite augmente donc pour le courant induit de fermeture, diminue pour le courant induit de rupture quand on passe de I à I + C et, si l'on pense à l'action prédominante de l'induit de rupture on est porté a admettre que l'excitation a diminué.

Quoi qu'il en soit, *le courant galvanofaradique provoque, quand la bobine et la*

pile sont en opposition, des contractions plus faibles que si le courant induit est seul,
cela étant dû exclusivement à une diminution de l'excitabilité par l'anélectro-

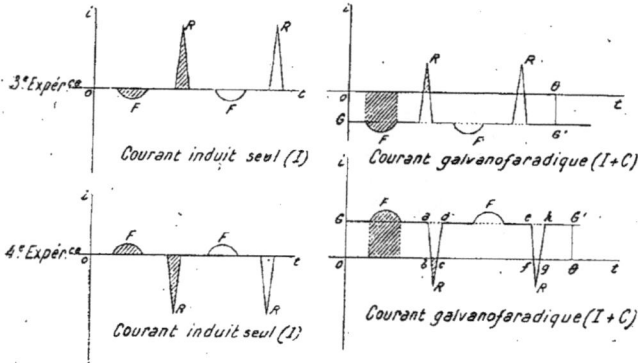

FIG. 5.

tonus ou cela étant dû en partie à une diminution de l'excitation et en partie
à une diminution de l'excitabilité par l'anélectrotonus.

B. — En même temps que ces effets moteurs, le courant galvanofaradique
produit encore sur les nerfs et sur les muscles des actions catalytiques, dues
surtout au passage du courant continu: Ces actions catalytiques, qui comprennent l'électrolyse dans la profondeur des tissus et les actions à peu près
inconnues qu'exerce le passage du courant sur le métabolisme cellulaire et sur
la nutrition, sont d'une très grande importance en thérapeutique, certains
auteurs leur attribuant même une part prépondérante dans les effets favorables
produits par l'électricité et par la galvanofaradisation en particulier. Ces actions
sont proportionnelles à la quantité d'électricité pénétrant dans les tissus
considérés et, par suite, sont proportionnelles à la valeur de la surface
OGFRFRG'ΘO obtenue en considérant les courbes donnant l'intensité du
courant galvanofaradique *(fig. 2 et 3)*. Mais ces effets catalytiques sont beaucoup
plus difficiles à étudier que les effets moteurs et nous devons actuellement
nous contenter de les signaler.

Enfin, il faut observer que, si l'on emploie la galvanofaradisation rythmée,
les secousses de fermeture et d'ouverture du courant continu s'ajoutent encore,
s'il y a lieu, aux effets que nous venons de signaler.

2° *Action sur les muscles lisses.*

Ici encore nous aurions à étudier les actions motrices et les actions dites
catalytiques produites par le courant galvanofaradique; comme nous ne pourrions que répéter ce qui a été dit plus haut sur ces dernières, nous nous
bornerons à étudier brièvement les actions motrices.

Des recherches faites sur l'intestin par MM. Laquerrière et Delherm,
d'une part, par MM. Bardier et Cluzet, d'autre part, il résulte que les muscles
lisses de cet organe, excités directement, ne se comportent pas comme les
muscles striés.

Ainsi, à *l'excitation galvanique,* la contraction au positif apparait avant la contraction au négatif (on sait que l'inverse a lieu pour les musles striés); la première est une stricture intéressant non seulement le segment de l'intestin en contact avec l'électrode, mais encore toute la circonférence de l'organe aussi bien le bord libre que le bord mésentérique; la seconde contraction, au contraire, est limitée à la portion de l'intestin sous-jacente à l'électrode.

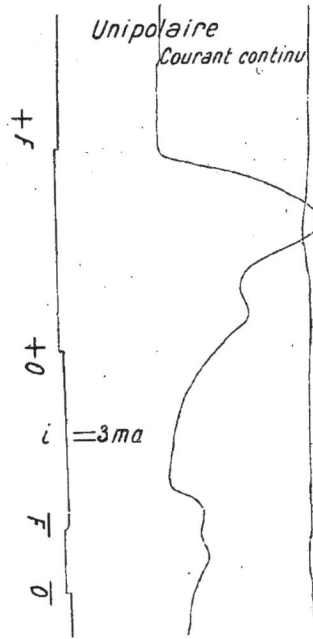

FIG. 6.

Voici l'un des tracés *(fig. 6)* que j'ai obtenus avec M. Bardier en excitant par la méthode unipolaire un segment d'intestin de chien mis hors de l'abdomen mais dont le mésentère était conservé intact; en outre, ce segment était maintenu humide et chaud avec une solution physiologique de NaCl à 40°. La contraction des fibres circulaires a été enregistrée en enfermant dans une portion extrême du segment d'intestin un ballon de baudruche relié à un tambour de Marey; pour les fibres longitudinales on reliait l'autre extrémité du segment intestinal à un levier inscripteur. Nous nous assurions préalablement que les deux mouvements enregistrés étaient bien indépendants l'un de l'autre.

Ce tracé a été obtenu_ ainsi, l'intensité du courant continu étant égale à 3 mA.; à 1 mA, on n'avait, dans cette expérience, qu'une contraction au positif.

Je dois faire observer que le résultat précédent n'est pas conforme aux conclusions de Biedermann, qui affirme que le muscle lisse obéit à la loi de l'électrotonus des muscles striés et que l'excitation de fermeture à lieu à la catode.

A l'excitation faradique on remarque surtout que les bobines à gros fil ne provoquent aucune contraction, tandis que les bobines à fil fin déterminent souvent des strictures très profondes et exagèrent en général le nombre et la grandeur des mouvements péristaltiques.

Avec ces différences, il fallait s'attendre à des changements correspondants dans les effets provoqués sur l'intestin par la galvanofaradisation.

En particulier, si l'on réunit pile et bobine induite en série, on aura le maximum d'effet, si l'électrode active est l'anode des deux courants, à l'inverse de ce que l'on observe sur le muscle strié.

Mais, ce qu'il est surtout intéressant d'observer pour la thérapeutique, c'est que le courant galvanofaradique avec bobine à gros fil produit à peu près le même effet que la faradisation avec bobine à fil fin. Le tracé ci-contre *(fig. 7)*, que j'ai obtenu avec M. Bardier, comme il a été dit plus haut, montre que la faradisation seule avec bobine à gros fil d'un petit chariot de Gaiffe ne produit aucun effet (région I du tracé); mais si l'on introduit dans le circuit induit un courant continu de 2 mA, on a une contraction très forte des fibres circulaires (région I + C du tracé); si on fait cesser le courant induit on a une contraction plus faible (région C). L'électrode active était dans tous les cas positive.

Or, c'est là un résultat important, au point de vue pratique, la faradisation intense avec bobine à fil fin étant très douloureuse pour les malades, la galvanofaradisation avec bobine à gros fil, qui produit les mêmes effets moteurs, étant, au contraire, très bien supportée.

Cette augmentation d'effet moteur du courant galvanofaradique sur le courant faradique seul et sur le courant continu seul est-elle due exclusivement à l'électrotonus du muscle lisse; ou est-elle due en même temps qu'à l'électrotonus à une augmentation de l'excitation, par addition des quantités d'électricité induite et galvanique, c'est ce que l'on ne saurait dire aujourd'hui, pas plus que pour les nerfs moteurs et les muscles striés.

3º *Action sur les nerfs sensitifs.*

Les courants galvanofaradiques agissent aussi d'une manière très intéressante sur les nerfs sensitifs. Les phénomènes électrotoniques en particulier jouent ici le même rôle important que pour les nerfs moteurs; MM. Waller et de Watteville en effet, ont montré

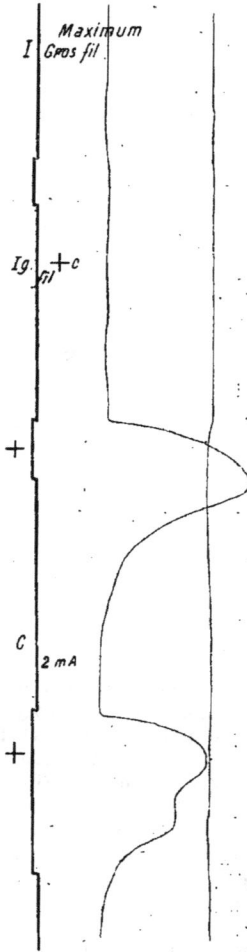

FIG. 7.

que « les phénomènes de l'électrotonus suivent dans le nerf sensitif une
marche parallèle à celle qu'ils suivent dans le nerf moteur de l'homme ».

Il faut donc s'attendre à constater d'abord de l'hyperexcitabilité si l'électrode
active est la catode galvanique et de l'hypoexcitabilité ou même de l'inexcitabilité si l'électrode active est l'anode galvanique.

En effet, M. Leduc, dans les expériences que nous avons rapportées plus haut
a constaté que les sensations produites par le courant faradique subissent les
mêmes variations que les contractions musculaires, lorsque l'on emploie successivement, et comme il a été indiqué, le courant induit seul puis le courant galvanofaradique.

En particulier, il est intéressant d'observer l'action du courant galvanofaradique lorsque la pile et la bobine sont en opposition, l'électrode active placée par
exemple sur le tronc du médian étant la catode faradique et l'anode galvanique.

On apprécie l'excitation du nerf par les fourmillements sentis dans les collatéraux des doigts; or quelque vive que soit la sensation produite par l'excitation
faradique seule, il est aisé d'arriver à la supprimer complètement en introduisant dans le circuit le courant continu dont on fait croître peu à peu l'intensité.

Le courant galvanofaradique que l'on réalise ainsi en dernier lieu ne constitue
peut-être pas, comme nous l'avons fait observer plus haut, une excitation égale
à celle du courant induit seul; mais quoi qu'il en soit, toute action anélectro-
tonisante ne saurait être niée dans ce mode d'emploi de la galvanofaradisation.

En thérapeutique on utilise, comme nous le verrons, cette action hypoexci-
tante de l'anéloctrotonus en employant le traitement galvanofaradique dans les
cas de névralgies, le courant faradique fait en même temps révulsion et, comme
l'on sait, augmente la sensibilité cutanée en diminuant lui aussi la sensibilité à
la douleur.

Enfin il faut signaler, dans cette étude physiologique des actions du courant
galvanofaradique sur les nerfs sensitifs, le mode d'emploi que conseille M. de Watteville pour le traitement des névralgies. Au lieu d'utiliser l'anélectrotonus
comme nous venons de le dire, cet auteur recommande d'employer la catode
des deux courants de manière, dit-il, à combiner les actions catalytiques et
révulsives.

III. — ÉTUDE THÉRAPEUTIQUE.

D'une manière générale, on peut dire que le traitement galvanofaradique doit
être employé avec succès toutes les fois que les courants faradique et galvanique
sont simultanément indiqués.

Ainsi, dans les paralysies où il est utile d'obtenir une forte excitation et dans
les atrophies musculaires on devrait toujours employer la galvanofaradisation
rythmée, en associant pile et bobine induite en série. L'excitabilité est alors
augmentée par l'action catélectrotonique du courant continu et, en même
temps, les fermetures et les ouvertures du courant continu ainsi que le courant
faradique produisent des excitations convenables; les actions catalytiques se joi-
gnant en outre aux effets moteurs précédents pour améliorer la nutrition, toni-
fier le tissu musculaire et combattre l'atrophie. Tout récemment M. Bordier a
présenté un sujet chez lequel la galvanofaradisation rythmée (dix minutes, trois

fois par semaine) a déterminé une hypertrophie considérable du bras et de l'avant-bras. On a encore conseillé l'emploi du courant galvanofaradique dans les cas de myopathies primitives; M. Bordier conseille dans les cas de myopathie avec atrophie d'appliquer l'électro positive du galvanique et du faradique sur le point moteur du nerf se rendant au muscle atrophié, puis de promener le rouleau relié aux pôles négatifs sur le muscle lui-même. Cet auteur conseille en outre d'agir avec précaution et de donner au courant galvanique 6 à 8 mA au maximum, les séances de dix à quinze minutes devant être faites pendant plusieurs années trois fois par semaine en interrompant tous les deux ou trois mois.

Dans la neurasthénie, Hirt conseille ce mode de traitement électrique à haute intensité sur les membres inférieurs lorsque déjà les autres traitements électriques ont échoué. L'ébranlement qui se propage à tout le corps, dit cet auteur, est d'abord mal supporté, le malade se plaint, il proteste ; il ne faut pas se laisser émouvoir, car le résultat thérapeutique est parfois surprenant.

Mais c'est surtout la galvanofaradisation des muscles lisses qui mérite d'être employée couramment. Erb recommande en particulier d'user de ce traitement dans les dilatations d'estomac avec atonie et faiblesse des muscles de cet organe, dans l'occlusion intestinale par une accumulation de matières fécales, dans la constipation chronique par atonie de l'intestin.

L'action physiologique étudiée plus haut, et surtout les résultats thérapeutiques obtenus justifient pleinement les recommandations d'Erb, et font de la galvanofaradisation le traitement de choix pour ces affections stomacales et intestinales. En particulier, grâce à cette méthode, on ne sera pas obligé d'employer la faradisation avec bobine à fil fin, qui seule, parmi les diverses méthodes de faradisation, peut provoquer des contractions intestinales, mais qui demande à être maniée avec beaucoup de prudence ; nous avons vu, en effet, que la galvanofaradisation avec bobine induite à gros fil possède à peu près la même action sur les muscles intestinaux que la faradisation seule avec bobine à fil fin. On pourra même employer la galvanofaradisation avec bobine à fil fin, qui, plus efficace encore, n'est pas douloureuse en employant de grandes électrodes; MM. Laquerrière et Delherm ont tout récemment publié les heureux résultats qu'ils ont obtenus par cette méthode dans les cas de constipation chronique.

Dans le traitement des névralgies, de Watteville recommande de placer sur le trajet du nerf sensitif la catode des deux courants (bobine induite et pile en série par conséquent), de manière à combiner les actions catalytiques et révulsives. D'autres cliniciens, au contraire, appliquent l'anode galvanique et la catode faradique (bobine induite et pile en opposition par conséquent), de manière à combiner, comme on l'a vu, les actions analgésiantes de l'anélectrotonus et du courant faradique. Cette dernière méthode est encore utilisée pour combattre l'hyperexcitabilité nerveuse qui provoque les contractures musculaires.

Enfin, M. Rockwell, de New-York, a préconisé l'emploi de la galvanofaradisation dans le traitement du goitre exophtalmique, et M. Lewandowski a obtenu par cette méthode (pile et bobine en série) de très rapides et très heureuses modifications des cicatrices. Ce dernier auteur a pu faire pâlir rapidement les cicatrices qui résultent de plaies étendues et présentent cette coloration rouge feu qui les rend si désagréables à la vue ; il a pu les assouplir, résoudre leurs adhérences et rétablir la motilité compromise par la rétraction cicatricielle. L'électrode active employée par M. Lewandowski qui était catode des deux courants avait une surface de 100 centimètres carrés et était promenée pendant quinze à trente minutes sur la cicatrice ; le courant continu avait en moyenne une intensité de 3 à 5 mA et le courant d'induction était juste suffisant pour provoquer des contractions appréciables dans les muscles innervés par le radial.

Je conclurai de cette étude que *la galvanofaradisation*, grâce à la combinaison des actions motrices, électrotoniques et catalytiques des courants composants, présente sur la galvanisation et sur la faradisation isolées des avantages réels.

Elle est bien plus efficace dans la majorité des cas, quant à la rapidité des résultats obtenus, et elle constitue une très bonne méthode de traitement, peut-être la meilleure, pour les affections de l'intestin où il est nécessaire d'exciter le tissu musculaire de cet organe, pour un grand nombre de paralysies, pour les atrophies musculaires et pour les névralgies. Aussi, j'aurai atteint mon but, si j'ai pu décider quelques-uns de mes confrères, à utiliser fréquemment le courant galvanofaradique ou courant de de Watteville.

Discussion. — M. BERGONIÉ remercie M. Cluzet d'avoir mis au point cette question de la galvanofaradisation soulevée avec juste raison devant la Section. C'est là un mode d'application négligé à tort, et duquel il faut chercher les indications et les contre-indications. Aussi, une étude aussi complète que possible de la galvanofaradisation au point de vue physique et de son action sur le muscle sain et sur le muscle malade s'impose. Mais il importe, pour comparer les excitations par les courants induits seuls (I) aux excitations par le courant galvanofaradique (I + C), de bien prendre garde à l'ordre dans lequel s'effectue la succession de ces applications, pour que les déductions soient légitimes. En effet, si l'on applique dans un cas le courant induit seul (I), puis ensuite le courant galvanofaradique (I + C), on n'obtient pas les mêmes effets, les intensités de courant restant constantes, que si l'on fait les applications avec une succession inverse. Il y a, en effet, des variations de résistance de l'épiderme et des effets vasomoteurs, dus au courant continu, qui ne sont pas négligeables.

M. le Dʳ H. BORDIER.

Effets de la galvanofaradisation sur le développement et la nutrition du muscle chez l'homme. — Parmi les méthodes utilisées pour exciter la fibre musculaire, la galvanofaradisation mérite d'occuper le premier rang. Il faut avoir soin toutefois de relier la source galvanique et la source faradique *en tension* et pour cela de faire communiquer le pôle positif de la première avec le pôle négatif, ou catode, de la seconde. Pour montrer la très grande efficacité du courant galvanofaradique sur le développement et la nutrition du muscle, M. BORDIER a soumis à la galvanofaradisation rythmée pendant deux mois, à raison de trois séances de dix minutes par semaine, les muscles du bras et de l'avant-bras d'un homme sain. Les circonférences mesurées avant l'expérience ont permis de se rendre compte de l'effet obtenu.

Voici les chiffres comparatifs :

		Avant.	Après.
		centimètres.	centimètres.
Bras.	Niveau de l'insertion deltoïdienne . . .	26	27
	Milieu du bras.	26,5	29,2
	Partie inférieure du bras	23,2	25,5
Avant-bras.	2 centimètres du coude. . . . . . . : .	26	28,3
	7 centimètres du coude. . . . . : . . .	27	29

D'autre part, M. Bordier montre la photographie des deux bras du sujet et sur laquelle l'énorme accroissement de volume du bras et de l'avant-bras électrisé ressort on ne peut plus nettement. Dans beaucoup d'atrophies musculaires, c'est à la galvanofaradisation qu'il faudra s'adresser.

MM. BORDIER et SCHICKELÉ.

Recherches expérimentales sur la galvanofaradisation. — Les auteurs présentent de nombreux graphiques obtenus en faisant varier les différentes conditions physiques dans lesquelles le courant galvanofaradique peut être produit.

Ces tracés de secousses ou de contractions musculaires mettent nettement en évidence l'influence de la polarité relative des deux sources de courant, galvanique et faradique.

Lorsque les sources galvanique et faradique sont réunies *en opposition*, pôles de même nom, les effets moteurs sont extrêmement réduits et l'on peut trouver par tâtonnements une position de la bobine secondaire qui, pour une valeur donnée de la différence du potentiel galvanique, laisse le muscle au repos complet.

MM. BORDIER et SCHICKELÉ font remarquer à propos de ce dernier résultat qu'il y a probablement là le principe d'une méthode qui permettrait de déterminer certains éléments du courant faradique, courant que nous ne savons pas encore mesurer d'une façon pratique.

Quant à l'association des deux sources *en tension*, les graphiques montrent que les effets moteurs sont ainsi portés à leur maximum; ces effets varient suivant la dose, pour ainsi dire, d'espèce de courant qui entre dans la combinaison.

M. GANGOLPHE, Agr. à la Fac., Chir. des Hôp. de Lyon.

Hystéro-traumatisme ; traitement par la galvanofaradisation. — Il s'agit d'un cas dont l'observation est rédigée comme suit :

Homme âgé de vingt-sept ans, d'une bonne santé antérieure, non alcoolique, aurait eu, le 31 juillet 1900, la main gauche comprimée entre un cric et une pièce de bois. Il n'y eut pas de plaie, mais la main se tuméfia, surtout à la face dorsale. Un médecin, appelé, extrait de la face palmaire quelques échardes de bois.

Les jours suivants, rien de particulier, si ce n'est une gêne dans les mouvements de flexion et d'extension de tous les doigts, et des douleurs assez vives. Depuis l'accident, le malade avait des insomnies et des cauchemars.

Dans le courant du mois d'août, il se présenta à l'Hôtel-Dieu de Lyon, à cause des souffrances qu'il éprouvait. La main était à peine tuméfiée. Il ne fut pas admis. De même, à Saint-Étienne, M. le Dr Duchamp ne constata rien de particulier.

Le 15 septembre, souffrant toujours et toujours gêné pour mouvoir les trois derniers doigts, il entre à l'hôpital de Saint-Étienne ; il est anesthésié et, par une incision faite à la face palmaire et dont nous notons aujourd'hui les traces, M. Duchamp extrait plusieurs petites échardes ; il n'y avait et il n'y eut plus de suppuration ; réunion immédiate. Chose singulière, la motilité des doigts ne fut en rien améliorée. Bien plus, ils se fléchirent complètement d'une façon progressive.

Dans les premiers jours de décembre, il me fut adressé par M. le Dr Garcin de Grand-Croix et je constatai l'état suivant :

1° Les trois derniers doigts de la main gauche sont absolument fléchis sur la paume de la main. Les ongles s'y incrustent en quelque sorte. Il est impossible, soit volontairement, soit passivement, de modifier cette attitude. L'index et le petit doigt sont mobiles, mais s'étendent complètement avec peine. Teinte violacée et abaissement de la température de la main, pas d'atrophie musculaire de l'avant-bras. Il m'est impossible, par suite, de savoir ce qui existe du côté palmaire.

2° L'exploration de la sensibilité montre qu'il existe une anesthésie complète au contact et à la piqûre sur les trois derniers doigts, une grande partie de la paume de la main, côté cubital, et de la partie inférieure et moyenne de l'avant-bras. Le bord radial a conservé sa sensibilité.

3° Cette anesthésie à la piqûre et à la pression existe aussi pour la température.

4° Toutes les régions susdites sont le siège d'une hyperesthésie considérable à la pression.

5° Réflexes pharyngien et conjonctival normaux. Un examen ophtalmologique montre un notable rétrécissement du champ visuel. Le diagnostic me semble être celui de contracture hystérique, et je tente la suggestion. Le malade refuse de prendre les pilules fulminantes, comme trop dangereuses. J'emploie les bains locaux très chauds et prolongés sans aucun succès. Finalement, j'adresse le malade à M. le Dr Bordier, qui m'envoie la note suivante, relative aux réactions et aux traitements électriques employés pour ce malade.

Examen des réactions électriques des muscles.

L'excitabilité faradique est conservée partout ; en la comparant avec celle des muscles symétriques du côté sain, on ne trouve aucune diminution.

Les secousses de fermeture à la catode sont normales qualitativement et quantitativement. Donc, pas de trace de réaction de dégénérescence.

Abaissement notable de la température cutanée de la main et de l'avant-bras gauche.

Le 10 décembre, le traitement est commencé et appliqué de la façon suivante :

Une électrode de 20 centimètres carrés est placée sur le point moteur des fléchisseurs des doigts, pendant qu'une électrode hémicylindrique de 90 centimètres carrés est appliquée à la face inférieure du bras.

La forme de courant utilisée a été la *galvanofaradisation*, le pôle négatif étant en relation avec l'électrode active de l'avant-bras. Ce courant a été appliqué tous les jours, pendant vingt minutes, sans interruption ni rythme.

Cette technique a été employée dans le but de produire une tétanisation et d'amener l'épuisement musculaire des muscles contracturés.

Après la galvanisation, je faisais contracter avec du courant faradique simple et rythmé, au moyen du métronome, les extenseurs des doigts et de la main. Durée, dix minutes.

Cette faradisation rythmée avait pour but de développer la force des extenseurs antagonistes des fléchisseurs contracturés.

Enfin, pendant cinq minutes, le rouleau galvanique, relié au pôle positif avec une intensité de 15 à 20 mA., était promené sur la main et l'avant-bras.

Le 14 décembre, le malade ouvre un peu la main ; les doigts se séparent de la paume d'environ un demi-centimètre.

Le 17, le bout des doigts s'éloigne de deux centimètres de la main, dont la paume est très concave, résultat de la pression continue exercée par les doigts.

Le 22 décembre, les doigts s'ouvrent en allant à peu près au milieu de leur course.

Peu à peu, l'amélioration s'accentue, et le malade ouvrait la main à peu près complètement le 29 décembre.

A noter que la température de la main et des doigts revient à sa valeur normale dix jours après le commencement du traitement.

Discussion. — M. Marie se joint au Président pour remercier M. Cluzet de son très intéressant rapport et pense que l'importance de la galvanofaradisation se révèle par les travaux qui viennent d'être exposés devant la Section.

Parmi les actions dues à la galvanofaradisation, l'une des plus importantes lui paraît être celle de la modification de l'excitabilité sous l'influence de ce mode d'application. D'autre part, les moyens de mesurer les courants faradiques que MM. Bordier et Schickelé viennent de faire connaître peuvent rendre les plus grands services en électrothérapie.

M. Bordier a remarqué que, dans le traitement des fibromes, la faradisation avec bobine à fil fin pouvait rendre les mêmes services que la galvanofaradisation avec bobine à fil gros. Dans un cas dont il indique brièvement l'histoire, il a pu, par cette méthode, arrêter les hémorragies et, semble-t-il, faire diminuer le volume de la tumeur.

Quant aux effets électrolytiques dans la galvanofaradisation, ils ne lui paraissent pas négligeables et il y aurait lieu d'en tenir compte dans les applications sur le col de l'utérus au moyen de tampons d'ouate.

————

M. TROUDE.

Action de l'ozone sur le bacille et sur la toxine diphtérique. — L'auteur a recherché l'influence de l'ozone sur la végétabilité et la virulence du bacille de la diphtérie. L'ozone était produit au moyen de l'appareil utilisé par M. le Dr Bordier, la quantité d'ozone émise par cet appareil était, en moyenne, de 0^{mg},25 par litre d'air pour un écartement de 23 millimètres entre les boules du détonateur.

Dans trois expériences, on a noté une diminution de la végétabilité pour les cultures dans lesquelles avait circulé un courant d'ozone. Dans l'expérience première (335 litres d'air ozonisé, 3^{mg},25 d'ozone), on a même observé un retard de développement de vingt-quatre heures.

La virulence du bacille a été atténuée, ainsi que M. Troude l'a constaté en inoculant à des cobayes des cultures témoins et des cultures ozonisées. Des cobayes ont résisté à la dose de 1/10 de centimètre cube et de 1/2 centimètre cube de culture pure *ozonisée*. Dans les cas où les cobayes sont morts, on a relevé. à l'autopsie, des lésions moins caractérisées chez les cobayes inoculés avec les cultures ozonisées.

L'auteur s'est aussi demandé si l'influence de l'ozone se réduisait à une action bactéricide et si son rôle n'était pas aussi antitoxique. Dans ce but, il a fait agir l'ozone sur la toxine diphtérique pure (toxine David).

Pour une quantité d'air ozonisé à 0^{mg},25 par litre inférieure à 60 litres, l'action a été négative. En élevant la quantité au-dessus de 150 litres, on a obtenu par inoculation au cobaye une survie de dix jours. Au delà de 200 litres, la survie est illimitée, même sous l'effet d'une dose de 1 centimètre cube, alors que le témoin a succombé au bout de vingt-quatre heures avec une dose de 1/30 de centimètre cube.

Discussion. — M. BORDIER donne quelques renseignements complémentaires sur la manière dont les expériences de M. Troude ont été conduites. C'est avec l'aide du Dr Fernand Arloing, dans le laboratoire de M. le Prof. Arloing, que les recherches bactériologiques de M. Troude ont été faites.

M. BERGONIÉ.

De l'électrodiagnostic sur le nerf mis à nu chez l'homme. — L'auteur rapporte deux nouvelles observations d'électrodiagnostic pratiqué sur le nerf mis à nu pendant des interventions chirurgicales. Il indique la technique à suivre et les précautions à prendre pour que cette recherche donne les résultats que l'on doit en attendre. L'excitation faradique doit être localisée, autant que possible, et les électrodes excitatrices, parfaitement aseptisées, ne doivent être qu'à quelques millimètres de distance l'une de l'autre.

Dans les deux observations rapportées, il s'agit de sections nerveuses. L'inexcitabilité trouvée sur le nerf mis à nu pendant une intervention chirurgicale a permis de confirmer le pronostic défavorable porté par la méthode ordinaire d'électrodiagnostic, mais avec plus de certitude, et de prédire l'incurabilité, qui a été confirmée par la suite. L'examen histologique du bout périphérique du nerf excitable ayant été fait est venu confirmer, par la constatation des lésions organiques, le diagnostic porté.

Les conclusions de l'auteur sont les suivantes : 1° il est facile de rechercher l'état de l'excitabilité faradique du nerf mis à nu dans les interventions opératoires ; 2° cette recherche donne les indications les plus précieuses pour le diagnostic et le pronostic ; 3° l'inexcitabilité constatée ainsi sur le nerf est d'un pronostic très sombre.

Discussion. — M. MARIE se demande si, devant l'importance de ce mode de pronostic et de diagnostic, il n'y aurait pas lieu de chercher à le réaliser dans bien des cas où la petite intervention chirurgicale qu'elle nécessite n'a aucune importance devant des renseignements qu'on en tirerait.

M. BORDIER : A propos de la difficulté quelquefois considérable que signale M. Bergonié dans l'excitation du radial à la gouttière de torsion, M. Bordier a observé, en particulier chez la femme, que l'on peut exciter le radial sur une grande longueur et presque jusqu'au pli du coude.

M. LEDUC.

Action des courants continus sur les tissus scléreux et cicatriciels — Les courants continus, à des intensités ayant pour limite la tolérance des sujets, constituent le moyen le plus efficace de s'opposer, après les inflammations et les traumatismes, à la formation des tissus cicatriciels et scléreux, de ramener la nutrition et les conditions normales. Les adhérences et les infirmités qui en résultent disparaissent rapidement par le traitement électrique, alors même qu'elles existent depuis plusieurs mois ou même plusieurs années.

La catode est plus efficace que l'anode.

Le traitement n'agit que lorsque la cause de l'inflammation a disparu.

MM. BORDIER et PIÉRY.

Nouvelles recherches expérimentales sur les lésions des cellules nerveuses d'animaux foudroyés par le courant industriel — Dans une première série d'expériences qui ont porté sur deux cobayes adultes foudroyés à l'aide d'un courant continu de 120 volts, nous n'avons obtenu *aucune lésion des cellules nerveuses de la moelle et du bulbe* (1).

Ces expériences étaient en contradiction avec celle du Dr Corrado (de Naples) (2), qui, en employant un courant électrique de tension moyenne, variant de 720 à 2.175 volts, avait obtenu des *lésions cellulaires* importantes : déformation du corps cellulaire, chromatolyse, vacuolisation, fragmentation et atrophie variqueuse des prolongements de la cellule.

Nous nous sommes proposé, dans cette seconde expérience, de faire varier les conditions expérimentales, notamment en augmentant l'intensité d'action du courant sur les cellules de la moelle épinière du cobaye.

Sur un cobaye adulte, nous avons appliqué l'énergie électrique à l'aide de deux aiguilles en platine iridié : l'une des aiguilles a été enfoncée dans la région cervicale de la moelle, l'autre dans la région lombaire : la distance des deux aiguilles était de 8 centimètres.

Le courant industriel continu de 120 volts entrait par l'aiguille de la région lombaire et sortait par la région cervicale, après avoir traversé la moelle épinière.

Un ampèremètre et un interrupteur sont mis dans le circuit.

On ferme le courant, dont l'intensité atteint 400 mA. ; à ce moment, on constate la production de convulsions tétaniques du train postérieur de l'animal ; on interrompt le courant après trente secondes, afin de mieux assujettir les aiguilles légèrement déplacées par les secousses du cobaye. On fait alors de nouveau passer le courant qui, au début, a une intensité de 1.200 mA. On laisse l'action du courant se prolonger pendant huit minutes; pendant ce temps, l'intensité décroît et l'on constate l'apparition d'un coagulum noirâtre autour de l'aiguille positive, puis la production d'étincelles et de fumée dues aux effets thermiques développés par le courant.

---

(1) BORDIER et PIÉRY, Recherches expérimentales sur les lésions des cellules nerveuses d'animaux foudroyés par le courant industriel (*Lyon méd.*, 17 février 1901).

(2) CORRADO, De quelques altérations des cellules nerveuses dans la mort par l'électrocution (*Archiv. d'électr. méd.*, t. VII, 1899).

L'animal vit toujours quand le courant est interrompu après la huitième minute; à ce moment, l'intensité est tombée à 300 mA.

Pour terminer l'expérience, l'aiguille de la région cervicale négative est enlevée et enfoncée dans le cerveau; l'intensité du courant est de 600 mA. La mort du cobaye se produit après quinze secondes.

A l'*autopsie* du cobaye, on ne constate aucune lésion des viscères. A l'ouverture du râchis, il existe sur la moelle, au niveau du point d'implantation de chaque aiguille, une eschare avec un petit foyer hémorragique.

L'*examen microscopique* a été fait à l'aide de la technique suivante. On a recueilli dans l'alcool à 60° quatre fragments de la moelle: 1° deux fragments correspondant aux zones escharifiées; 2° deux fragments situés l'un à la partie supérieure de la région lombaire, l'autre à la partie inférieure de la région cervicale. Après passage dans les alcools successifs, les quatre fragments furent inclus à la celloïdine. Les coupes furent colorées par la *méthode de Nissl* (rapide).

L'examen microscopique a donné les résultats suivants: 1° Sur les deux premiers fragments, la moelle est en grande partie détruite; il existe, en certains points, des petites zones blennorragiques; le reste du tissu, profondément modifié, est méconnaissable.

2° Les deux fragments lombaire et cervical ne présentent la trace d'aucune lésion appréciable. Les cellules sont toutes de dimension et de forme normales. Les filaments et la substance chromatique sont intacts, aucun prolongement n'est sectionné, les vaisseaux sont normaux également.

Ces résultats viennent donc confirmer la conclusion de nos premières expériences, à savoir que: *les cellules nerveuses de la moelle d'animaux foudroyés par le courant industriel peuvent ne présenter aucune altération appréciable par la méthode de Nissl.* Notre expérience nouvelle nous permet de conclure à l'*impossibilité d'obtenir aucune lésion des cellules nerveuses* de la moelle par l'application prolongée (huit minutes quarante-cinq secondes d'un courant industriel d'une intensité moyenne de 600 mA. et d'un voltage de 120 volts).

— Séance du 9 août —

M. F. MALLY.

Comment doit-on appliquer le traitement électrique dans la maladie de Basedow et quels résultats peut-on en attendre ?

(Rapport présenté à la Section.)

La thérapeutique électrique, comme toute thérapeutique, doit avant toute chose reposer sur des données étiologiques, pathogéniques et physiologiques, aussi précises que le permet l'état actuel de nos connaissances médicales.

Pour la maladie de Basedow, la question présente deux aspects: le terrain sur lequel évolue la maladie et les divers symptômes morbides qui caractérisent le syndrome si complexe du goitre exophtalmique.

Les malades atteints de goitre exophtalmique présentent, d'après Vigouroux, au point de vue de la nutrition générale, deux états diamétralement opposés, et ces deux modes de la nutrition peuvent se rencontrer chez le même sujet successivement, à différentes périodes de la maladie. D'une part, le ralentissement de la nutrition caractérisé par la diminution des excreta : cette formule urologique se rencontre chez les hystériques, les neurasthéniques, les diabétiques et les myxœdémateux (1). On peut concevoir encore que la fonction tyroïdienne est viciée par défaut, que ces malades sont en hypothyroïdie. Chez ceux-ci, en effet, l'administration d'extraits thyroïdiens a pu modifier heureusement la marche de la maladie. Nous savons, d'autre part, que, dans ce cas particulier, la résistance électrique, signe de Vigouroux, est supérieure à la normale. Nous sommes là dans des conditions particulièrement favorables à l'emploi de l'électricité statique, et l'expérience prouve que l'usage du bain statique d'une durée de dix à vingt minutes, accompagné de souffle sur les régions supérieures du corps, de frictions sur les membres inférieurs, d'étincelles au niveau de la fosse iliaque gauche dans le cas d'atonie intestinale, est non seulement bien toléré, mais relève rapidement les forces, et parallèlement on voit la formule urinaire se rapprocher de la normale.

Chez d'autres malades qui représentent le plus grand nombre, c'est le contraire qui existe : signes de dénutrition rapide, augmentation du taux de l'urée, oxydations exagérées. Cet état peut encore, comme précédemment, être considéré comme le résultat d'une viciation de la fonction thyroïdienne, mais cette fois-ci par exagération, il y aurait hyperthyroïdisation.

Nous savons que, dans ces circonstances, la médication opothérapique est mal tolérée et a pour résultat d'exaspérer les symptômes morbides. Dans ces cas également, on constate une diminution considérable de la résistance électrique. Tout nous fait prévoir l'échec de l'électricité statique, et, en réalité, nous voyons cet agent thérapeutique manquer totalement son but, exagérer le tremblement, l'agitation, la tachycardie, enfin activer le processus de dénutrition. Autant l'électricité statique pouvait rendre de services dans le premier cas, autant dans le second elle sera funeste; son emploi est, ici, à rejeter complètement.

Il nous reste maintenant à examiner la deuxième partie du traitement, qui, en pratique, n'est ni moins délicate ni moins importante que la première : le traitement symptomatique de la maladie de Basedow.

Nous savons d'après de Cyon que la glande thyroïde possède, avec la glande pituitaire, un rôle manifeste sur la régulation de la circulation cérébrale : c'est l'écluse régulatrice du courant sanguin encéphalique. Nous voyons, dans la maladie de Basedow, les artères carotides dilatées bondir sous l'action précipitée du cœur et traduire le relâchement de leurs parois par des oscillations visibles à distance. Il en résulte une perturbation grave de l'irrigation bulbaire et encéphalique, et il est probable qu'une grande partie des symptômes secondaires voient leur origine ainsi expliquée, plutôt que par une irritation essentielle du système nerveux sympathique extrarachidien. Pratiquons la faradisation des carotides de la façon suivante : le pôle indifférent représenté par une large électrode de 20 centimètres carrés bien humectée d'eau de fontaine tiède appliquée sur la nuque, tandis que l'électrode active sera un bouton olivaire tenu à la main par un manche porte-électrode ordinaire; l'électrode active sera la négative; nous l'appliquerons sur la région carotidienne à 1 centimètre environ au-dessous de l'angle du maxillaire inférieur, en appuyant suffisamment pour bien percevoir

(1) Le même auteur fait observer que le goître exophtalmique est fréquemment associé ou combiné aux précédentes manifestations morbides. — Vigouroux in Manquat, Traité de thérapeutique, Paris, 1898.

les battements du vaisseau, nous rapprocherons les bobines de l'appareil d'induction jusqu'à ce que de légères contractions se manifestent dans les muscles voisins; l'appareil ainsi réglé, nous interrompons de temps en temps le courant pour éviter de fatiguer les éléments contractiles par une excitation trop prolongée; cette manœuvre durera deux à trois minutes pour chaque côté. Le résultat de cette application est immédiatement appréciable : on voit le calibre des vaisseaux diminuer et les battements devenir moins tumultueux; nous en inférons immédiatement que la circulation cérébrale a dû être régularisée au moins momentanément. D'un autre côté, nous sommes en droit de penser que l'action de l'électricité ne s'est pas localisée à la région voisine de l'électrode négative. La résistance du liquide sanguin étant plus faible que celle des tissus environnants, tout nous porte à croire que la masse encéphalique a pu être influencée par le courant électrique et que les parois artérielles ont été tonifiées. En tout cas, le résultat de cette intervention ne se borne pas aux effets objectifs décrits plus haut, le malade éprouve un sentiment de calme et de bien-être qu'il accuse immédiatement et qui persiste pendant un temps variable suivant les cas. Au bout de plusieurs séances, le tremblement diminue, les vertiges, les faiblesses des jambes s'espacent et tendent à disparaître.

Contre la tachycardie, on peut pratiquer avec avantage la faradisation de la région précordiale. Cette fois, on emploie, comme électrode active, un tampon plus large, de forme circulaire, de 3 à 4 centimètres de diamètre. Nous savons que l'excitation physiologique du cœur par l'électricité se traduit par une systole plus large et mieux marquée, par une tendance à reprendre le rythme ordinaire, lorsqu'on électrise un organe affaibli expérimentalement. Cette pratique est donc théoriquement légitime, et l'expérience prouve que la tachycardie diminue, au moins passagèrement, à la suite de la faradisation précordiale pratiquée de la même manière que précédemment pendant trois à quatre minutes.

Nous savons que l'exophtalmie est due, au moins en partie, à des troubles d'innervation sympathique qui se traduisent par une vaso-dilatation exagérée des vaisseaux rétrobulbaires : il est donc permis de provoquer la même excitation électrique avec toutes les précautions que comporte la délicatesse de l'organe; on pourra pratiquer la faradisation des globes oculaires par l'intermédiaire des paupières, toujours avec le pôle négatif comme électrode active; enfin la parésie de l'orbiculaire, du sourcilier pourra être combattue par la faradisation localisée de ces muscles. Le résultat immédiat est presque toujours appréciable : il se produit une rétraction du globe oculaire et les paupières exécutent plus correctement l'occlusion complète des yeux.

Enfin le même procédé sera encore employé pour faire subir à la glande thyroïde un certain degré de diminution de volume. Selon le degré d'hypertrophie, on se bornera à électriser la glande seule à l'aide du tampon large. Si les muscles hyoïdiens sont soulevés et distendus par la tumeur, on obtiendra un résultat favorable en faradisant les sterno-hyoïdiens et sterno-thyroïdiens qui, agissant à la façon d'une sangle, pourront concourir à maintenir plus efficacement la réduction de volume qui n'est d'abord que passagère, mais qui d'ordinaire se maintient dans les limites satisfaisantes au bout de cinq à dix séances. L'électrisation de la glande est encore indiquée par le fait que nous pouvons par ce procédé espérer d'agir sur sa sécrétion interne et la modifier favorablement. C'est du moins la conclusion logique que l'on peut tirer du fait que ce procédé a toujours pour résultat d'améliorer les symptômes cardinaux de la maladie et de ne jamais rencontrer d'intolérance.

Ainsi envisagé, il n'est pas douteux que le traitement électrique de la maladie de Basedow ne soit d'une grande efficacité et ne puisse, dans un grand nombre de cas, conduire à la guérison, c'est-à-dire à la disparition progressive et complète de tous les symptômes morbides, y compris les symptômes secondaires tels que l'aménorrhée, l'astasie, le tremblement, etc. Cette efficacité a été reconnue par Charcot lui-même, qui, vous le savez, était un grand sceptique en matière de thérapeutique; c'est également l'avis de tous les médecins qui ont entrepris de soigner les malades en se conformant exactement aux principes élémentaires qui constituent cette remarquable méthode; vous l'avez reconnu, c'est, en effet, la méthode de Vigouroux que je viens de vous exposer sans y changer le moindre détail (1); elle a pour elle non seulement la logique la plus rigoureuse, mais encore la consécration d'une longue pratique.

Vous me saurez gré, messieurs, de n'apporter ici ni chiffre, ni statistique qui n'apporteraient à mon sujet qu'un illusoire semblant de précision. Le syndrome Basedowien est tellement variable, qu'il échappe lui-même à tout essai de classification clinique. Tant que nous ne serons pas mieux éclairés sur l'anatomie pathologique, l'étiologie et surtout la pathogénie de la maladie, notre impuissance en la matière sera la même.

Pour nous résumer, nous dirons que la méthode de la faradisation des carotides permet de traiter avec succès la grande majorité des cas de maladie de Basedow. Un petit nombre de malades seront peut-être réfractaires à ce traitement; mais, si de ces derniers cas on retranche les insuccès dus à l'indocilité du malade ou au défaut de technique du praticien, le nombre de ces échecs sera vraiment bien restreint et ne témoignera en rien contre l'efficacité du traitement électrique.

La durée du traitement est des plus variables : nous avons vu des malades guérir en l'espace d'un mois sous l'influence du seul traitement électrique. Le plus souvent il faudra beaucoup plus de temps pour atteindre un résultat satisfaisant. Enfin nous savons tous que beaucoup de malades présentent des périodes de rémission et d'exacerbation. Il faut alors savoir n'intervenir avec l'électrode qu'au moment des accès, laissant au traitement général le soin d'atténuer la maladie en modifiant peu à peu le terrain sur lequel elle évolue.

Il est à remarquer enfin que le traitement électrique symptomatique que nous venons de décrire en détail permet la diète médicamenteuse absolue et dispense d'avoir recours aux pratiques hydrothérapiques, qui sont mal supportées par les malades, tandis que, au contraire, l'hygiène alimentaire conserve toute son importance et forme la partie peut-être la plus importante du traitement considéré dans son ensemble.

Jusqu'ici nous n'avons pas mentionné l'usage de la galvanisation. Ce traitement est cependant le premier en date et a d'abord été préconisé en Allemagne. A la Salpêtrière des essais comparatifs ont été tentés et c'est après cette épreuve que l'on a été amené à préférer la faradisation. Certains auteurs français, parmi lesquels nous citerons M. Larat et M. Bordier, ont eu recours à la galvanisation avec avantage. Sans vouloir mettre en doute son efficacité, nous le placerons cependant au second rang pour les deux raisons suivantes :

1° Il est, par rapport à la faradisation, d'un emploi beaucoup plus délicat à cause des troubles vaso-moteurs périphériques. La résistance électrique étant

(1) VIGOUROUX, Progrès médical.

très faible, la peau présente une fâcheuse tendance à l'escharification, et peu de malades échappent à cette complication désagréable, quelles que soient les précautions que l'on prenne, étant donné le grand nombre d'applications que l'on est appelé à exécuter.

2° Il est facile de se rendre compte que ce procédé ne permet pas l'exécution du programme que nous nous sommes tracé au début, il ne permet d'obtenir ni la réduction de calibre des carotides, ni la rétraction de la tumeur thyroïdienne et des globes oculaires; son rôle se bornerait à agir sur la sécrétion interne de la glande.

De ce trop court aperçu, nous retiendrons :

I. — Que l'électricité sous toutes ses formes peut être utile dans le traitement de la maladie de Basedow.

II. — Nous nous sommes efforcés de montrer qu'on peut concevoir un traitement électrique rationnel qui peut s'adapter à toutes les formes de la maladie de Basedow. Il consiste, en effet, à tenir compte constamment de l'état du malade général et symptomatique; un traitement univoque de la maladie de Basedow serait un non-sens thérapeutique.

III. — L'électricité statique peut être utilisée avec avantage lorsqu'on a affaire à des malades à nutrition ralentie. Dans le cas contraire, cet agent n'est pas toléré et son emploi peut être nuisible.

IV. — L'électricité faradique doit être employée pour combattre isolément tous les symptômes morbides de la maladie de Basedow : dilatation des carotides, hypertrophie de la glande thyroïde, exophtalmie, parésies musculaires, tachycardie. Son emploi judicieux amène toujours la diminution, au moins momentanée, des symptômes pénibles; on ne constate jamais d'intolérance.

V. — L'électricité galvanique est d'un emploi plus restreint; ce mode d'électrisation, dont l'efficacité n'est pas douteuse, peut, dans certains cas, être utilisé seul ou encore combiné avec l'électricité faradique.

Discussion. — M. BORDIER remercie M. Mally de son intéressant rapport; il fait remarquer que la pathogénie de la maladie de Basedow s'est éclaircie d'un jour nouveau depuis les belles recherches de M. Moussu, professeur à l'École vétérinaire d'Alfort, et que le médecin a grand intérêt à connaître les progrès de la physiologie pathologique. Dès 1880, Sandström a décrit de petites glandes dans le corps thyroïde de l'homme et des animaux; celles-ci, au nombre de quatre, se trouvent au point de pénétration des artères thyroïdiennes.

Après différents auteurs, Moussu a montré que ces glandes, appelées *glandes parathyroïdes,* ont une couleur, une consistance et une structure histologique différentes de celles du corps thyroïde; mais c'est surtout l'expérimentation physiologique qui est intéressante, puisqu'elle a permis d'établir qu'il y a deux fonctions complètement différentes : une fonction thyroïdienne et une fonction parathyroïdienne.

Si, en effet, on enlève à une série d'animaux le corps thyroïde, en respectant soigneusement les glandes parathyroïdes, les sujets présentent des modifications dans leur nutrition générale, et, s'ils sont jeunes, on voit apparaître le crétinisme atrophique; mais cette ablation n'est jamais suivie de mort. Si, au contraire, on enlève les glandes parathyroïdiennes, en laissant subsister le corps thyroïde, des accidents aigus et graves apparaissent. A la suppression de la fonction parathyroïdienne fait suite un appétit capricieux, une élévation légère de la température, *une augmentation du nombre des battements du cœur,* de la dyspnée;

enfin, de l'albuminurie. On reconnaît là le tableau symptomatique principal du goitre exophtalmique et, comme le fait remarquer très justement l'auteur, on est obligé de conclure que la maladie de Basedow se rattache à l'insuffisance de la sécrétion interne des glandes parathyroïdes.

Comment l'insuffisance parathyroïdienne est-elle produite chez les basedowiens? Il n'est peut-être pas téméraire de penser que l'hypertrophie du corps thyroïde constituant le goitre vient comprimer les organes parathyroïdiens qui sont en partie inclus dans la masse thyroïdienne, et que leur fonction physiologique se trouve ainsi diminuée ou abolie, suivant la gravité de l'affection.

D'après cela, il est possible de voir quelle est la forme de courant électrique qui agira le mieux dans le goitre exophtalmique. Le problème thérapeutique à résoudre consiste à exciter le plus énergiquement possible la sécrétion interne des glandes parathyroïdes. Or, chacun sait que c'est le courant galvanique qui a le plus d'action sur la sécrétion glandulaire en général. C'est donc à cette forme de courant électrique qu'il convient de s'adresser logiquement. M. Bordier est, par conséquent, d'avis que le principal élément du traitement électrique de la maladie de Basedow, c'est la galvanisation appliquée sur la tumeur thyroïdienne, de façon que les lignes de flux du courant puissent atteindre facilement les glandes parathyroïdes.

Quant au courant faradique, son emploi n'est point à rejeter, on s'en servira contre l'exophtalmie, en l'appliquant suivant la méthode indiquée par M. Mally, d'après M. Vigouroux.

À l'appui des conclusions précédentes, M. Bordier rapporte trois observations de maladie de Basedow, traitées exclusivement par le courant galvanique, et dans lesquelles l'amélioration ou la guérison montrent l'efficacité de cette technique. M. Guilloz, de Nancy, doit publier prochainement deux observations de maladie de Basedow grave, qu'il a guérie chaque fois par le courant continu.

De tout cela, il ressort que, contrairement à l'opinion exposée dans le rapport de M. Mally, c'est non le courant faradique qui doit tenir la première place dans le traitement du goitre exophtalmique, mais bien le courant galvanique.

M. BORDIER.

Valeur du travail cardiaque dans la maladie de Basedow. — On sait que le ventricule gauche effectue à chaque systole un travail mécanique que l'on peut évaluer à environ 0,3 kilogrammètre.

Chez un sujet normal, le travail cardiaque correspondant à un mois est de 55.987.200 kilogrammètres; soit 746.496 chevaux-vapeur. (1).

Chez un basedowien, dont le cœur effectue 130 systoles par minute, ce travail s'élève par mois à 101.088.000 kilogrammètres, ou 1.347.840 chevaux.

Le ventricule gauche d'un tel malade travaille donc beaucoup plus qu'il ne le devrait, et l'excès de travail mécanique est de 601.344 chevaux par mois ; il est de 7.216.128 chevaux par an.

Est-il possible, dans ces conditions, que cet énorme supplément de travail accompli par le muscle cardiaque, qui n'avait pas été destiné à une telle tâche, n'intervienne dans le syndrome basedowien ? Cette grande quantité de travail

---

(1) L'évaluation en chevaux-vapeur a simplement pour but, en divisant par 75 le chiffre du travail, de fournir un nombre moins grand. Il ne s'agit pas ici d'apprécier la puissance mécanique du cœur.

pourrait bien être la cause de certains symptômes observés dans cette maladie, tels que la transpiration et le tremblement.

On comprend, en tous cas, très aisément, que le traitement électrique par la galvanisation négative de la tumeur thyroïdienne, et dont l'effet immédiat est de diminuer le nombre des pulsations cardiaques, procure aux basedowiens un bien-être qu'ils accusent tous, et très nettement. Un fait qui plaide en faveur de l'opinion précédemment émise, c'est qu'à mesure que le nombre des pulsations baisse, et que, par conséquent, le travail cardiaque diminue, on voit la résistance électrique de la peau aller en augmentant, ce qui prouve que la transpiration cutanée est moins abondante.

C'est, d'ailleurs, la tachycardie qui constitue le symptôme le plus important de la maladie de Basedow ; c'est aussi contre ce symptôme que l'on doit diriger le traitement, afin d'empêcher le cœur d'effectuer un travail mécanique nuisible.

Discussion. — M. Bergonié : N'y a-t-il pas confusion entre : travail mécanique et puissance mécanique du cœur ?

M. BERGONIÉ.

Méthode pratique et rapide des mesures de résistances en clinique. Deux dispositifs. — L'auteur a déjà fait connaître une méthode de mesure basée sur l'emploi d'un téléphone différentiel. Il en fait connaître aujourd'hui une autre, qui lui paraît plus pratique et qu'il appelle *méthode de réduction à l'unité.* Elle peut être employée dans tous les services de clinique où existe une canalisation de courant contenu de 110 volts. Elle est basée sur la mesure de la différence de potentiel qui existe aux électrodes appliquées sur le malade, lorsque l'intensité qui traverse celui-ci est de 1 mA. Les instruments nécessaires sont : un milliampèremètre et un voltmètre sensible gradué en ohms. Il donne de plus une variante de cette méthode, qui en est la simplification, dans ce sens qu'il supprime le voltmètre et le remplace par un rhéostat faisant office de potentiomètre. La mesure d'une résistance clinique consiste alors, avec cet appareil, à amener l'aiguille du potentiomètre en un point donné, de manière à établir dans le circuit du malade une intensité de 1 mA. et à lire sur l'échelle de celui-ci la résistance trouvée.

MM. BORDIER et COLLET.

Traitement de l'ozène par les courants de haute fréquence. — Devant les résultats obtenus dans les dermatoses par les courants de haute fréquence à tension élevée et en applications monopolaires, les auteurs ont pensé que la nutrition altérée des muqueuses pourrait aussi se trouver fortement améliorée par ces mêmes courants, et qu'en particulier dans l'ozène, on pourrait retirer un certain bénéfice de ce mode de traitement.

La première malade traitée est une jeune fille de quinze ans, qui présentait une rhinite atrophique avec de nombreuses croûtes, surtout dans la fosse nasale droite ; le pharynx était aussi très atteint et avait de nombreuses croûtes. La fédidité était repoussante.

Les courants de haute fréquence ont été appliqués à l'aide d'une électrode spéciale à manchon de verre très étroit pouvant pénétrer dans les fosses nasales. Les étincelles étaient appliquées au fond de chaque fosse pendant deux minutes, puis au pharynx pendant une à deux minutes, en se servant de l'abaisse-langue.

Les séances furent faites deux fois par semaine; un mois après le commencement du traitement, l'examen montra qu'il n'y avait plus de croûtes dans le nez; celles du pharynx nasal se réduisaient à peu de chose. La fétidité était très atténuée.

On ne fit plus alors qu'une séance par semaine pendant un mois; au bout de ce temps, on trouva la fosse nasale gauche normale : plus de croûtes dans la fosse nasale droite ni dans le pharynx nasal, dont la sécheresse avait disparu. Plus de fétidité; l'odorat est très amélioré.

La malade fut alors considérée comme guérie de son ozène, et le même bon état s'est maintenu dans la suite.

Le second cas traité par MM. Bordier et Collet est le frère de la malade précédente. C'est un jeune homme, âgé de dix-huit ans, qui présentait de la rhinite atrophique très fétide à gauche, et beaucoup de croûtes teintées en noir par du sang provenant d'épistaxis fréquentes. Après une dizaine d'applications de haute fréquence, l'amélioration était considérable; le malade dut alors interrompre son traitement.

MM. Bordier et Collet concluent de ces observations que les applications des courants de haute fréquence dans les fosses nasales et sur le pharynx constituent un des procédés les plus sûrs et les plus énergiques que l'on possède pour le traitement de l'ozène.

M. SCHICKELÉ

Graduation de l'énergie employée dans la franklinisation hertzienne au moyen de condensateurs plans de capacité variable. — Le procédé consiste à construire sur la paroi antérieure de la cage renfermant la machine statique deux condensateurs utilisant comme diélectrique la lame de verre constituant cette paroi, tandis que l'armature interne, formée de papier d'étain, est reliée aux pôles de la machine, d'une part, aux boules d'un excitateur, d'autre part. Cette armature occupe la partie supérieure de la lame de verre formant la paroi de la cage; elle est soigneusement isolée à la gomme laque et demeure fixe. L'armature externe, elle, est mobile et se déplace verticalement devant l'armature interne. Pour cela, elle est fixée sur une autre lame de verre moitié moins haute que celles portant l'armature interne, qui coulisse verticalement dans deux rainures appliquant le papier d'étain sur le diélectrique. On peut ainsi, en faisant engager plus ou moins l'armature externe sur l'interne, faire varier la capacité du condensateur. Celle-ci, déterminée en microcoulombs par la formule

$$C = \frac{KS}{4\,\pi\rho}$$

est inscrite sur une graduation placée sur le cadre en bois qui forme bâti, un index se déplace avec la lame mobile et permet, pour chaque position de celle-ci, de connaître la capacité en jeu et d'apprécier ainsi en microcoulombs le moment d'apparition de la secousse musculaire par excitation des points moteurs. On a ainsi un procédé commode pour apprécier l'énergie employée dans la franklinisation hertzienne.

M. BERGONIÉ

Technique de l'application du traitement électrique dans les scolioses de l'enfance ou de l'adolescence. — Cette technique comprend : 1° l'*examen électrique* préalable des muscles de la masse lombaire, de la paroi thoracique et de la nuque ; 2° la *source de courant employé*, qui doit être une bobine à gros fil, avec interrupteur rapide ; 3° les *interruptions rythmiques*, qui doivent être faites soit par un métronome inverseur, soit pour un rhéostat ondulant ; 4° la *graduation du courant*, faite par un rhéostat ; 5° les *électrodes*, devant se mouler parfaitement sur les surfaces, souvent très irrégulières, à électriser ; 6° les *points d'application*, qui sont situés du côté convexe de la gouttière vertébrale, et seront choisis de telle manière qu'au moment de la contraction faradique il y ait redressement ou tendance au redressement de la déviation ; 7° l'*intensité du courant*, qui devra être aussi élevée que possible, mais sans provoquer aucune douleur ; 8° la *durée d'application*, qui peut aller jusqu'à une heure ; 9° la *fréquence des séances*, qui peut varier depuis trois par semaine à deux dans la même journée ; 10° les *contre-indications du traitement électrique*, qui sont : toute ostéite vertébrale ou inflammation articulaire.

L'auteur résume ces indications par une formule de prescription.

———

M. BORDIER

Appareil électrométrique pour la mesure du débit des machines électrostatiques.

———

M. TURPAIN, à Poitiers.

Les phénomènes de luminescence dans l'air raréfié et les dispositifs de production de courants à haute fréquence. — Les effets lumineux que les courants de haute fréquence permettent de produire peuvent être rapportés à deux catégories :

1° Les effets de luminescence produits à l'aide d'ampoules dont l'atmosphère intérieure est amenée à un degré convenable de raréfaction, que ces ampoules contiennent ou non des fils conducteurs. Ce sont les effets lumineux que M. Tesla a obtenus le premier au cours de ses expériences ;

2° L'entretien des lampes à incandescence par les courants de haute fréquence. L'incandescence de filaments de lampes par ces courants a été obtenue pour la première fois par M. Elihu Thomson.

Les dispositifs de production des courants de haute fréquence empruntent tous une bobine d'induction qui entretien un transformateur à haute fréquence, un condensateur et un exploseur ou excitateur.

Les effets lumineux de la première catégorie (luminescence) peuvent être produits *dans les mêmes conditions et avec la même intensité* alors qu'on supprime successivement le transformateur, le condensateur et même l'exploseur ou excitateur. Une bobine d'induction en activité suffit seule à les produire.

Les effets lumineux de la seconde catégorie (incandescence) nécessitent l'utilisation des dispositifs énoncés ci-dessus. Une seule bobine d'induction ne permet pas de les reproduire. Alors même que le transformateur et le condensateur sont adjoints à la bobine, si l'exploseur ou excitateur est supprimé, le phénomène d'incandescence disparaît.

On constate également que deux fils parallèles, concentrant le champ d'action produit par les dispositifs ci-dessus énoncés ne donnent lieu à des ondes stationnaires susceptibles d'être décelées soit par un résonateur Hertz, soit par un résonateur à coupure, soit encore par des résonateurs disposés à l'intérieur de cloches à air raréfié (1), qu'autant que l'exploseur ou excitateur a été conservé.

Les diverses expériences faites ont permis une première analyse expérimentale des dispositifs de production des courants à haute fréquence.

Cette analyse conduit aux conclusions suivantes :

1° Les effets de luminescence doivent être rapportés à de simples phénomènes d'induction susceptibles d'être rapprochés des effets d'illumination produits dans les tubes de Geissler ;

2° Les effets d'incandescence nécessitent la production d'ondes électriques, dont l'appareil nécessaire de production est l'exploseur ou excitateur.

Les expériences entreprises permettront peut-être de délimiter le rôle de chacun des trois appareils (transformateur, condensateur, exploseur) qui constituent un dispositif pour courants à haute fréquence dans la production de ces courants.

MM. BARDIER et CLUZET.

Sur les réactions électriques du muscle lisse (Muscle de Müller). — Les résultats obtenus par les différents auteurs qui se sont occupés des phénomènes électrotoniques des muscles lisses et des nerfs sans myéline, en particulier Biedermann, Schillbach, Luderitz, Uexkuhl, Mendelssohn, ne conduisent pas à une formule générale, et on constate d'importantes divergences entre ces auteurs.

Au cours de certaines recherches que nous avons faites sur les réactions électriques des muscles lisses de l'intestin par excitation directe et indirecte, nous avons constaté, après d'autres, que la contraction de fermeture à l'anode apparaît plus tôt qu'à la catode, lorsque l'intensité du courant continu croît à partir de zéro.

La réponse des fibres de l'intestin à l'excitation électrique se complique des mouvements normaux de l'organe et, en particulier, dans le cas de l'excitation indirecte, l'expérience présente certaines difficultés techniques qu'il a intérêt à éviter.

Le muscle de Müller présente, à cet égard, des avantages qui nous ont décidés à rechercher sur lui l'action des divers pôles par excitation indirecte. On sait que ce muscle comprend les fibres musculaires lisses de l'aponévrose orbito-oculaire ; il est innervé par le sympathique, et sa contraction provoque l'exophtalmie. Cette exophtalmie peut être la conséquence directe de l'excitation du sympathique cervical ou émaner d'autres centres nerveux cervico-dorsaux, dans les cas d'excitation centrale directe ou réflexe.

Technique. — Nous avons opéré sur le chien. La contraction du muscle de Müller était enregistrée d'après la méthode de M. Jolyet, consistant à appliquer sur la face antérieure du globe oculaire le levier d'un tambour enregistreur. On mettait à nu le vague-sympathique, dont on excitait le bout périphérique en employant la méthode d'excitation unipolaire. L'électrode indifférente était

---

(1) Congrès de l'Association, Paris, 1900.

placée sur le tronc de l'animal, l'électrode active, impolarisable, sur le nerf; celui-ci était isolé complètement des tissus voisins dans toute la partie excitée.

Résultats. — Lorsque l'intensité du courant continu croît à partir de zéro, la contraction apparaît d'abord à la PFe, puis à la NO (on sait qu'au contraire, si l'on excite les nerfs moteurs des muscles striés, ce sont les contractions à la NFe, puis à la PO qui apparaissent d'abord). Le seuil de l'excitation correspondait à une intensité moyenne de 2 mA.

Comme on le voit, l'ordre particulier dans lequel apparaissent les contractions de fermeture est le même que pour l'intestin, et l'ordre d'apparition des secousses d'ouverture est également anormal.

Nous avons, de plus, constaté que ce résultat est constant, soit que le nerf n'ait pas été préalablement sectionné, soit qu'on utilise des électroses polarisables.

En définitive, les réactions électriques particulières que présentent les muscles de l'intestin se retrouvent avec plus de netteté sur le muscle de Müller, quand on excite le sympathique cervical.

—

— Séance du 11 août —

M. le Dr LEREDDE, Directeur de l'Établissement dermatologique de Paris.

Mode d'action des agents physiques faisant partie du domaine de l'électricité médicale dans le traitement des lupus.

(Rapport présenté à la Section.)

Les méthodes de traitement du lupus tuberculeux (lupus de Willan) et du lupus érythémateux (lupus de Cazenave), qui vont être étudiées dans leur mode d'action, doivent être énumérées dès le début de ce rapport ; ce sont :

La méthode galvanocaustique;

L'électricité de haute fréquence;

La radiothérapie;

La photothérapie.

On voit que je suis conduit à comprendre, dans mon sujet, des méthodes telles que la photothérapie et la galvanocautérisation, où l'action de l'électricité elle-même sur les tissus est nulle ; mais ces méthodes sont parmi les plus importantes dans le traitement des lupus, et il me suffit, pour justifier leur étude, de faire remarquer qu'en général la cautérisation dans ces maladies se fait au moyen de cautères portés à l'incandescence par le courant de la pile, et que presque toujours en photothérapie on utilise les rayons produits par des lampes à arc, la lumière du soleil étant peu employée depuis les perfectionnements techniques qui ont été réalisés de tous côtés. — D'autre part, l'action radiothérapique elle-même n'est pas due à des ondes électriques, mais bien aux rayons X.

L'étude du mode d'action ayant pour principal intérêt de permettre de comprendre les effets de toutes ces méthodes sur les tissus lupiques et les résultats de leur application, je devrai également étudier ceux-ci d'une manière générale.

Avant de serrer de près le sujet que j'ai à traiter devant l'Association pour l'Avancement des Sciences, je dois parler en dermatologiste et exposer quelques considérations préalables sur les diverses formes de lupus, nécessaires pour bien comprendre le mode d'action des diverses méthodes que j'ai énumérées.

*
* *

Après Besnier et Hutchinson, j'admets que le lupus érythémateux est une tuberculose de la peau. Cette affection doit rentrer dans le groupe établi par Darier sous le nom de *tuberculides*, auquel j'ai donné le nom d'*angiodermites tuberculeuses*, pour mettre en relief le rôle prépondérant des lésions des vaisseaux sanguins dans leur processus (1). J'admets que le lupus érythémateux est une tuberculose locale, extrêmement atténuée.

La question de la nature tuberculeuse du lupus de Willan ne doit plus même être discutée. Il représente une forme plus virulente que le type de Cazenave, dans la grande majorité des cas.

Les réactions anatomiques, dans ces deux formes de lupus, sont bien différentes, quoiqu'il existe entre eux tous les intermédiaires (lupus érythémato-tuberculeux ou érythématoïde de Leloir).

Le lupus érythémateux présente des formes superficielles, aberrantes, congestives, susceptibles de régression spontanée, où les lésions vasculaires sont prédominantes, et des formes profondes, tenaces, fixés, où existent en outre des lésions graves du tissu conjonctif, de l'épiderme et de ses annexes épithéliales.

Dans toutes les formes, le point de départ paraît se trouver dans le réseau vasculaire hypodermique, comme dans les autres tuberculides, en particulier dans l'érythème induré de Bazin, dont l'origine profonde est cliniquement évidente. Mais cette notion de profondeur réelle n'est pas admise par la plupart des dermatologistes qui traitent les lupus érythémateux, ou du moins ils ne paraissent pas en tenir compte dans la pratique. Et c'est là certainement une des raisons pour lesquelles la thérapeutique du lupus de Cazenave est encombrée, dans les livres, d'une foule de moyens qui ne peuvent avoir aucune action, et qui ne paraissent agir, à mon avis, qu'en raison de l'existence de types spontanément curables.

Le lupus tuberculeux se présente bien rarement sous un type superficiel. On doit le considérer comme une lymphangite réticulaire tuberculeuse (2), qui a son point de départ habituel, non constant toutefois, dans la muqueuse nasale (Audry, Dubreuilh, Leredde). La profondeur des lésions, dans le lupus tuberculeux de la face, dépasse tout ce qu'on peut imaginer *à priori*. La démonstration en est facile. Il est d'abord très rare que les caustiques chimiques, si profonde que soit leur action, amènent la guérison du lupus ; en outre, l'ablation complète du lupus, en plein hypoderme, telle que la pratique le professeur Lang, de Vienne, est suivie de récidives *48 fois sur 100*.

Dans la thérapeutique des lupus, dans le jugement que l'on doit porter sur les méthodes à employer, *on ne devra jamais perdre de vue ces considérations sur la structure et la profondeur,* que je pourrais développer beaucoup plus ; on n'oubliera pas non plus qu'on a affaire à des lésions tuberculeuses, c'est-à-dire extraordinairement rebelles à tous les topiques de quelque nature qu'ils soient; et enfin on se rappellera qu'il s'agit de lésions parasitaires, c'est-à-dire susceptibles de repulluler, pour peu que la stérilisation des régions malades n'ait pas

(1) LEREDDE, — Congrès de Médecine de Toulouse, avril 1902.
(2) LEREDDE, *in* Hallopeau et Leredde : *Traité pratique de Dermatologie, Lupus tuberculeux.*

été complète. On devra, dans tous les cas, chercher à agir aussi profondément que s'étendent les lésions que l'on veut traiter et, en outre, chercher à stériliser d'une manière complète les régions malades, si l'on veut, comme on le doit, amener la guérison définitive, et ne pas se contenter d'améliorer, comme on l'a fait autrefois, comme on le fait trop souvent encore, les lupiques, et d'en faire ainsi des déclassés obligés de se soigner pendant une grande partie de leur vie (1).

Aux deux extrémités de l'échelle des lupus, on trouve des lupus « intraitables », incurables réellement par toutes les méthodes locales : je veux parler, d'une part, des formes les plus superficielles, les plus fugaces du lupus érythémateux, qu'on peut faire disparaître sur un point, mais qui reparaissent sur un autre, et de lupus tuberculeux d'origine profonde, avec lésions graves des muqueuses, où la récidive, quand la guérison locale est possible, est conditionnée par la persistance du lupus des muqueuses, que les rhinologistes sont trop souvent impuissants à guérir. — Il ne faut pas oublier cependant que, parmi les lupus « intractabilis », il en est un certain nombre qui n'ont pas été tels à l'origine, et qui sont devenus incurables seulement parce que le traitement n'a été fait ni d'assez bonne heure, ni assez énergiquement. Le nombre des lupus tuberculeux réellement incurables n'est évalué par Finsen qu'à deux pour cent (Congrès de Dermatologie, Paris 1900 et Comm. orale). En ce qui concerne le lupus érythémateux, il est impossible d'établir une statistique pareille; il n'est pas douteux que le nombre des « intractabilis » ne soit plus élevé. Mais, dans les formes fixes et profondes de ce type, l'incurabilité actuelle est due seulement à ce que nous ne disposons pas de moyens physiques suffisamment énergiques, pouvant pénétrer tous les tissus à une profondeur suffisante.

Après avoir exposé ces faits sur la curabilité des diverses formes du lupus, il me reste à dire quelques mots au sujet des considérations esthétiques. La plupart des lupus tuberculeux ou érythémateux siègent à la face ; toutes choses égales d'ailleurs, entre deux méthodes CURATIVES, nous devons préférer celle qui laissera le moins de traces définitives de son action. Et, pour chacune des méthodes que nous étudierons, nous aurons à nous préoccuper de ce point de vue.

Enfin, nous avons à tenir compte des douleurs produites par le traitement ; il nous suffira de rappeler que la photothérapie, la radiothérapie ne provoquent pas de douleurs ; que l'électricité de haute fréquence ne cause que des sensations désagréables, mais que tout malade peut tolérer ; que, par contre, la galvanocautérisation provoque des douleurs vives.

Méthode galvanocaustique ou méthode de Besnier.

On sait en quoi consiste cette méthode, qui a été et est encore si répandue et a représenté un tel progrès sur les méthodes anciennes. Elle emploie une source d'électricité constituée en général par des piles au bichromate, mais on peut se servir du courant fourni par les secteurs d'électricité ou d'accumu-

---

(1) J'ai déclaré, je déclare de nouveau, que toute méthode d'amélioration chez les lupiques est une mauvaise méthode, et que nous ne devons employer chez eux que des méthodes démontrées curatives. J'ai même écrit que toute méthode d'amélioration était d'autant plus mauvaise qu'elle donnait des résultats esthétiques plus satisfaisants, plus susceptibles de faire illusion au médecin et au malade.

Certaines méthodes dans des cas bien déterminés peuvent être considérées comme des méthodes adjuvantes : ainsi le permanganate de potasse, proposé par Butte en France et employé par Hallopeau.

lateurs. Le courant circule dans une anse en platine, recourbée, qui est portée au rouge sombre et introduite dans les tissus ; on produit ainsi une cautérisation *thermique*.

Les effets de cette cautérisation sont :

1° La destruction des bactéries ;

2° La mortification des tissus suivie d'une liquéfaction graduelle et de l'évacuation des régions nécrosées ;

3° La réparation par sclérose dermique consécutive, cicatrisation *profonde et superficielle*.

Des recherches intéressantes dues à Unna nous montrent, plus en détail comment la chaleur agit sur les tissus. Les faisceaux conjonctifs du derme deviennent extrêmement volumineux et se coagulent, les vaisseaux sont rétrécis, les fibres élastiques sont dissociées. Tels sont les effets immédiats. Mais, au bout de vingt-quatre heures surviennent des phénomènes réactionnels, et on observe toutes les lésions de l'inflammation : dilatation des vaisseaux, prolifération des cellules fixes, diapédèse. L'œdème se produit et augmente pendant plusieurs jours, alors même que diminuent les autres phénomènes inflammatoires.

Le processus de réparation n'a pas été étudié de près. Ce qui est certain, c'est que sa régularité dépend de l'évacuation régulière et rapide des produits mortifiés, et que le pansement appliqué sur les régions galvanocautérisées joue, par ses qualités physiques, le plus grand rôle dans l'état esthétique consécutif. Il faut noter ici que la perfection des cicatrices n'est pas après la galvanocautérisation ce qu'elle est après la scarification, ni surtout après la photothérapie, et cela se comprend si l'on pense à la brutalité d'action de la méthode, au niveau des points touchés, aux complications dues aux infections secondaires. Elle dépend, dans une large mesure, de la technique individuelle — ce qui est encore un inconvénient, à tout prendre : — quels qu'aient été les services rendus par la méthode, il est évident qu'elle a ses défauts, et que maintenant, en présence de nouvelles méthodes, le champ de ses applications doit se restreindre.

Ceci dit, on voit qu'il est facile de comprendre le mode d'action des galvanocautérisations dans les lupus.

Lupus érythémateux. — J'ai vu traiter un assez grand nombre de lupus érythémateux par la galvanocautérisation ; j'en ai moi-même traité un certain nombre. Les résultats ne sont pas en général très bons ; je crois qu'ils pourraient être meilleurs, si on déterminait avec précision dans quelles formes de lupus de Cazenave on doit appliquer la méthode de Besnier.

A la suite des cautérisations faites sur un lupus tuberculeux, on assiste à une évacuation assez large du tissu mou de ce lupus ; mais les cautérisations faites sur un lupus érythémateux ne produisent pas le même effet, et souvent amènent seulement la formation d'eschares limitées qui sont éliminées avec lenteur. Les phénomènes réactionnels sont donc peu marqués à la suite des galvanocautérisations et c'est là sans doute une des raisons pour lesquelles la cautérisation produit de moins bons effets que dans le type Willan.

D'autre part, il me semble bien que la plupart des dermatologistes que j'ai vus employer la galvanocautérisation dans le lupus érythémateux ne la maniaient pas avec assez d'énergie ni à une profondeur suffisante par suite de la résistance des tissus à la pointe galvanocaustique, et par suite de considérations esthétiques qui ont leur valeur, mais seulement, comme je l'ai indiqué plus haut, à la condition première que le malade puisse être guéri.

Nous avons aujourd'hui dans le traitement du lupus érythémateux, des méthodes à la fois plus certaines au point de vue curatif et plus satisfaisantes au point de vue esthétique lui-même — la haute fréquence dans les formes congestives superficielles, la photothérapie dans les formes fixes sont certainement préférables d'une manière générale — et la galvanocautérisation ne doit plus avoir que des applications restreintes. On peut se demander si elle ne pourrait être employée dans les lupus érythémateux fixes, extrêmement profonds, qui résistent à la photothérapie, à condition d'être maniée avec une énergie extrême. Mais lorsqu'il s'agit d'atteindre de grandes profondeurs et de faire des destructions considérables, le thermocautère devient supérieur au galvanocautère. En somme, nous croyons que celui-ci ne peut plus être appliqué qu'exceptionnellement à la thérapeutique du lupus de Cazenave.

Lupus tuberculeux — Quelles sont ses applications dans le lupus tuberculeux? Dans tous les cas où celui-ci est constitué par de petits lupomes ayant un ou deux millimètres de diamètre, isolés les uns des autres, visibles par transparence à la surface, à travers l'épiderme aminci, il est indiqué de plonger la pointe galvanocaustique dans le lupome ; on crée ainsi une sorte de cratère grâce auquel se fera l'élimination du follicule tuberculeux. En somme, on ouvre celui-ci comme un abcès miliaire, et on cautérise la paroi.

Malheureusement, nous savons qu'il ne suffit pas, en général, d'ouvrir un abcès froid pour amener sa guérison et qu'il faut stériliser complètement les parois. Or, dans les lupomes la région péricaséeuse est certainement modifiée par l'action de la pointe galvanocaustique, mais les faits prouvent qu'elle ne l'est pas en général autant qu'il le faudrait. Puis entre les lupomes restent souvent des nappes tuberculeuses, des zones non caséifiées, fertiles cependant et bacillifères. L'anatomie pathologique démontre que les lésions du lupus tuberculeux s'élèvent de la profondeur vers la surface; un grand nombre de lupomes ne sont pas visibles quand on pratique la cautérisation ponctuée. Enfin, il est à craindre que, pendant le travail de réparation, des réinoculations tuberculeuses se fassent aisément dans les tissus en voie de cicatrisation, cette cicatrisation étant le but d'une prolifération active des cellules fixes et d'une diapédèse intense.

Ceci fait comprendre les défectuosités de la galvanocautérisation et explique les insuccès. Dans les lupus mous, en nappe, la cautérisation ne peut se faire par pointes isolées, il faut se servir de pointes multiples; l'inconvénient est qu'on ne pénètre alors jamais assez profondément. Et dans ces formes molles, la scarification présentait autrefois de réels avantages.

Pour Finsen (comme orale), la galvanocautérisation n'a plus d'indications dans le lupus tuberculeux, où le traitement doit être fait d'emblée par la photothérapie. Je ne suis pas de cet avis, et, comme j'ai vu entre les mains de mon vénéré maître, M. Besnier, un assez grand nombre de cas de lupus de Willan guéris par la galvanocautérisation, je pense que celle-ci doit être conservée dans le traitement du lupus, en raison de ses avantages pratiques et parce qu'elle est à la portée de tous les médecins. Mais, à mon sens, elle ne doit pas être appliquée aux lupus assez petits pour qu'on puisse les enlever, avec réunion par première intention. Dans les autres cas, le médecin a le droit de faire des galvanocautérisations; mais, après avoir fait le traitement pendant un, deux mois, d'une manière soigneuse, il laissera reposer le malade le temps nécessaire pour que la cicatrice ait pris son aspect définitif. Y a-t-il encore de nombreux lupomes, mieux vaudra ne pas continuer, car on est certain de ne pas guérir le malade et, d'autre part, on transforme le tissu lupique en tissu demi-scléreux : rebelle à l'action des rayons chimiques, le lupus peut devenir incurable.

Électricité de haute fréquence.

Nous ne nous occuperons pas du mode d'action de l'électricité de haute fréquence dans le traitement du lupus tuberculeux, cette action étant des plus incertaines. Les courants de Tesla et d'Arsonval ont cependant été appliqués au traitement du lupus de Willan et quelques résultats favorables ont été publiés. Mais les cas d'amélioration n'ont pas de valeur et la haute fréquence ne peut être employée dans le lupus tuberculeux que si elle a une valeur curative, ce qui est déjà extrêmement douteux. Pour être fixé sur ce point, il faudrait une statistique portant sur un nombre de cas assez élevé tous traités par cette méthode, indiquant les succès et les insuccès, et l'état des malades plusieurs mois après la guérison apparente.

Dans le lupus érythémateux, au contraire, l'électricité de haute fréquence constitue une remarquable méthode thérapeutique, et qui est destinée à faire disparaître la plupart des anciens procédés dans le traitement des formes congestives. Le travail du docteur Jacquot, inspiré par M. Brocq, le démontre d'une manière extrêment nette. Il est établi que les lupus superficiels du type « aberrant » de Brocq guérissent par la haute fréquence dans la grande majorité des cas ; il n'en est pas de même dans les lupus fixes où, selon toute vraisemblance, la haute fréquence guérit seulement dans quelques cas des formes fixes, purement érythémateuses.

Il est, par suite, important d'étudier le mode d'action de la haute fréquence dans le lupus érythémateux et d'interpréter les résultats qu'elle fournit. Malheureusement l'étude de l'action de la haute fréquence sur les tissus est à peine faite, et les documents manquent. Il est à souhaiter que des recherches sur ce sujet nous donnent les faits positifs qui pourraient seuls éclairer notre religion.

Aujourd'hui, nous sommes réduits aux hypothèses.

a) Il a été démontré par Friedenthal, Bonome et Viola, Doumer et Oudin, que les courants de haute fréquence n'ont pas d'action bactéricide régulière ; il n'est pas probable que cette action soit l'origine de la régression dans le lupus érythémateux.

b) L'action sur le système nerveux local n'est pas douteuse ; aussi bien se manifeste-t-elle par l'anesthésie qui accompagne et suit les applications de haute fréquence. Il serait facile d'édifier une théorie sur cette donnée et d'admettre une action réflexe, amenant la constriction des vaisseaux et la guérison du processus érythémateux. Mais nous arrivons heureusement à une époque où les théories de ce genre, si faciles soient-elles, rencontrent moins d'adeptes, en particulier en dermatologie, à la suite de travaux qui ont restreint largement le rôle du système nerveux dans les lésions de la peau, et en particulier de ceux que j'ai consacrés à ce sujet (1).

Une seule interprétation me paraît acceptable sans être susceptible de démons-

---

(1) LEREDDE. — Le Rôle du système nerveux dans les dermatoses. (Arch. Gén. de Méd. 1899.)

tration actuelle, celle précédant l'effet direct des courants de haute fréquence sur les lésions cutanées. Ce n'est qu'une interprétation générale, et seule l'étude histologique pourrait nous rendre compte des phénomènes intimes qui se produisent dans les tissus. L'action des courants de haute fréquence sur les vaisseaux cutanés est considérable; ce n'est pas une action simplement immédiate, mais bien une action à longue portée. A la congestion, à la dilatation vasculaire que produisent les applications, fait suite, dans un grand nombre de processus érythémateux une décongestion, une vasoconstriction prolongée. Il me paraît certain que la haute fréquence agit également sur les cellules fixes, sur les éléments en diapédèse compris dans les tissus; encore faudrait-il constater les faits, et non seulement les supposer.

L'intérêt qu'il y aurait à reprendre ces recherches ne se limiterait pas à permettre de constater des faits non encore décrits, mais à nous fournir, sur le mode d'action de l'électricité à haute fréquence, des données nous permettant peut-être d'étendre le champ de ses applications et de modifier la technique dans le traitement du lupus de Cazenave de manière à obtenir des résultats meilleurs.

Il est probable qu'ici, comme pour la photothérapie, les conditions physiques des tissus jouent un rôle considérable et que ce sont elles qui doivent empêcher l'action dans les formes profondes. Les recherches de Finsen nous ont montré quelles causes limitent la pénétration profonde des rayons chimiques du spectre et comment nous pouvons la faciliter; il serait à souhaiter que, par des perfectionnements dans la technique, nous puissions également porter les effluves de haute fréquence à une profondeur plus grande et à travers des tissus que nous ne pouvons traverser actuellement.

Radiothérapie.

Nous ne pouvons encore juger exactement de l'action ni du mode d'action de la radiothérapie dans le traitement des lupus tuberculeux et érythémateux. Alors que la photothérapie, par exemple, est une des méthodes thérapeutiques les mieux étudiées qui existent, dans ses principes, sa technique, ses effets, ses indications, alors que sa valeur a été établie sur des chiffres considérables, qui ne peuvent être révoqués en doute, la radiothérapie est une méthode incertaine, souvent peu active, parfois trop active, susceptible d'amener des accidents graves par leur profondeur, la lenteur de leur réparation. A cause de l'énergie d'action dont elle est capable, la radiothérapie peut avoir le plus grand avenir dans le traitement des lupus, comme d'autres lésions graves, profondes de la peau, rebelles aux méthodes chimiques et aux méthodes physiques moins énergiques. Mais elle exige une réglementation très précise, une « posologie » exacte, qui n'existe pas dès maintenant.

Les résultats publiés de part et d'autre sur la radiothérapie des lupus tuberculeux sont d'une portée discutable, parce qu'aucun auteur n'a publié une série assez nombreuse de faits et qu'à côté de cas de guérison connus on peut craindre que les cas d'insuccès n'aient pas été publiés; parce qu'on ne peut faire par suite une statistique indiquant le pourcentage des guérisons; enfin, parce que, parmi les accidents, beaucoup ne sont pas portés à la connaissance du public médical. Si de nombreux radiologistes ont obtenu des « améliorations », on peut toujours objecter que toute amélioration chez un lupique ne représente, quand il ne s'agit pas d'une méthode curative, qu'une prolongation de la maladie (Leredde).

. Que la radiothérapie puisse être une méthode curative, nous n'en doutons pas. La question est de savoir dans quelles conditions elle le sera régulièrement comme la photothérapie. Scheff et Freund, Kümmel ont démontré qu'elle peut, comme celle-ci, donner des cicatrices excellentes; d'autre part, il n'y a de douleur réelle que dans le cas où l'action des rayons X a été trop intense. La radiothérapie paraît devoir entrer bientôt dans une période où elle sera réellement une méthode pouvant être appliquée au traitement régulier du lupus et où on pourra établir ses avantages et ses infériorités relativement à la photothérapie. Les récents travaux d'Oudin sont des plus encourageants dans cette voie. Il est cependant à observer que la technique indiquée par celui-ci, si elle doit prévenir tous les accidents sérieux, ne permet pas d'espérer des résultats très rapides et que la durée du traitement par les rayons X sera au moins égale à celle du traitement par les rayons chimiques.

L'étude de la radiothérapie doit surtout être poursuivie sur les malades atteints de lupus tuberculeux ou érythémateux rebelles à la photothérapie.

Avant de dire quelques mots du mode d'action de la radiothérapie sur la peau lupique, nous devons d'abord nous demander si ce sont réellement les rayons X qui agissent sur celle-ci. On sait qu'on a attribué les accidents de la radiothérapie soit aux rayons X, soit aux étincelles de haute fréquence développées autour des ampoules, et il ne paraît pas douteux que l'action curative dans les lupus ne soit due aux mêmes causes qui ont une action nocive.

Oudin (1) a démontré récemment que l'action nocive est due effectivement aux rayons X. Les accidents sont plus fréquents avec les ampoules riches en rayons X et d'autant plus profonds que ceux-ci sont plus pénétrants. Les écrans qui empêchent le passage des rayons X empêchent les accidents; ceux qui permettent leur passage (feuilles d'aluminium) permettent les accidents. Kienböck est arrivé à des résultats identiques.

Nous savons aujourd'hui que les rayons de Rœntgen n'ont pas dans les conditions normales, d'action bactéricide, et on peut admettre, semble-t-il, que les modifications qu'ils produisent dans le lupus sont dues à leur action sur les tissus, non sur les bacilles et aux réactions qui en sont la conséquence.

En ce qui concerne l'action sur les tissus, des renseignements importants nous ont été fournis par les examens histologiques de Darier. Celui-ci a constaté l'épaississement considérable de la couche cornée, ainsi que du corps muqueux et de la couche granuleuse; cet épaississement est dû dans une légère mesure à l'hypertrophie des cellules, mais bien plus à leur multiplication. Ces cellules gardent leurs caractères normaux; Darier insiste sur l'hypertrophie des grains de kératotohyaline: Les altérations des follicules pileux, réduits à de simples prolongements épidémiques, expliquent les effets si intenses sur les poils. Les glandes sébacées et sudoripares disparaissent. Par contre, les lésions du derme sont minimes: Davier a relevé seulement une légère multiplication des cellules fixes, quelques modifications de l'architecture normale autour des follicules altérés, et de la disposition des papilles pouvant s'expliquer par les altérations de l'épiderme. Les fibres connectives, le tissu élastique, les vaisseaux sanguins, les nerfs sont normaux.

Les résultats obtenus par un histologiste aussi éminent que Darier n'expliquent pas le mode d'action des rayons X sur les tissus. Il n'est pas douteux que leur action sur le derme ne soit considérable; il est seulement prouvé qu

(1) OUDIN. — Considérations sur la Radiothérapie. (Annales de Dermal. et Syph., Janv. 1902, p. 55.

22

cette action ne donne pas lieu à des modifications morphologiques, à des réactions microscopiques importantes. Nous avons vu qu'il en est presque de même pour la photothérapie : l'action des rayons chimiques sur la peau saine donne lieu à des réactions importantes de l'épiderme, alors que les réactions du derme sont très légères.

Un travail récent de Scholtz (*Ueber den Einfluss der Röntgenstrahlen auf die Haut in gesundem und krankem Zustande*. Arch. f. Derm. u. Syph., janv. 1902) nous donne quelques nouveaux renseignements sur le sujet, et résume des travaux récemment faits en Allemagne. Unna a constaté dans une région de la peau d'un homme plusieurs fois radiothérapisé une dégénérescence des faisceaux conjonctifs caractérisée par leur réaction basophile. Fait plus important encore. Gassmann a constaté près d'une ulcération radiothérapique des altérations considérables portant sur des vaisseaux de tout calibre. Enfin Scholtz a étudié expérimentalement sur les pores toutes les réactions produites par les rayons X, à toutes leurs phases et sur toutes leurs formes, jusqu'à l'ulcération comprise. Les éléments cellulaires de la peau sont les premiers atteints et dégénèrent ; la dégénérescence des faisceaux du tissu conjonctif, des muscles et des cartilages est tardive. Les lésions les plus évidentes sont celles de l'épithélium. Plus tard survient une réaction inflammatoire, les vaisseaux se dilatent, le tissu devient œdémateux, et est infiltré de leucocytes. Si les lésions de dégénérescence sont très marquées, les leucocytes résorbent les éléments dégénérés. Scholtz a retrouvé les lésions vasculaires vues par Gassmann.

Dans les tissus lupiques radiothérapisés, on observe la dégénérescence des cellules, géantes et épithélioïdes comprises, et des réactions inflammatoires tardives, *presque uniquement au niveau des points malades*. Scholtz ne croit devoir attribuer aucun rôle à l'action bactéricide des rayons X.

Photothérapie.

Les admirables découvertes de Finsen ne doivent pas être exposées d'une manière complète ; elles ont abouti à la guérison du lupus tuberculeux dans la plus grande partie des cas incurables par les autres méthodes ; la photothérapie est donc de toutes la plus importante aujourd'hui, l'unique ressource des malades chez lesquels la récidive se fait après l'ablation, les galvanocautérisations, la scarification. M. Finsen, qui m'a fait le grand honneur de me rendre visite dans un voyage à Paris, m'a répété que pour lui 2 0/0 seulement des cas de lupus étaient incurables par sa méthode et a ajouté qu'il n'y aurait bientôt plus un seul cas de lupus en Danemark, sauf les cas de développement récent.

Dans le lupus érythémateux, les recherches de Finsen, les miennes sont concordantes, nous évaluons à 50 0/0 environ le nombre des cas de guérison. La statistique que j'ai publiée sur ce sujet avec mon assistant le docteur Pautrier, et qui porte sur 33 cas, prouve que nous avons eu affaire à des cas incurables par les autres méthodes, presque toujours. Ici, comme dans le lupus de Willan, la photothérapie est la dernière ressource des incurables et leur permet souvent d'obtenir la guérison (1).

L'étude du mode d'action de la photothérapie sur les tissus comprend deux

(1) LEREDDE et PAUTRIER. — *Le traitement de la tuberculose cutanée depuis Finsen. Les indications et les contre-indications de la photothérapie.* (Bullet. de la Soc. franc. de Dermatologie, avril 1904).

points : 1° Quels sont, parmi les rayons du spectre, ceux qui agissent sur les tissus ? 2° Comment agissent-ils ?

A. — *L'action de la lumière sur les tissus, dans la photothérapie est uniquement due aux rayons chimiques du spectre, aux rayons de courte longueur d'onde compris dans la partie violette et ultra-violette de celui-ci.*

Sans insister longuement, je rappellerai en quelques mots les éléments principaux de démonstration : 1° dans tous les appareils photothérapiques, les rayons caloriques sont supprimés, soit par un courant d'eau (appareils de Finsen, de Lortet et Genoud), soit par l'emploi d'électrodes en fer ou en fonte qui produisent peu ou point de chaleur (appareils de Bang, de Broca et Chatin) ; 2° les réactions produites dans les tissus diffèrent de celles des rayons caloriques par leur indolence presque complète, par l'absence constante de destruction, par leur apparition tardive : il faut vingt-quatre heures en moyenne pour que des réactions persistantes se développent à la suite de l'application photothérapique.

Parmi les rayons chimiques, tous n'ont pas les mêmes actions et en particulier la même puissance de pénétration. Finsen (comm. orale), m'a déclaré que l'action pénétrante était beaucoup plus grande pour les rayons chimiques compris dans la partie violette du spectre que pour les rayons ultra-violets.

Je n'insisterai pas sur un côté de la question qui a la plus grande importance, mais qui est maintenant des mieux connus : l'absorption des rayons chimiques par le sang, la nécessité d'anémier par compression les tissus pour permettre la pénétration de ces rayons en profondeur, et, d'autre part, la possibilité d'obtenir cette pénétration simplement en déterminant cette anémie. Ce sont les conditions nécessaires et suffisantes qui expliquent l'action des rayons de Finsen aussi bien sur les tubercules profonds que sur les tubercules superficiels. Lorsqu'on ne peut réaliser la compression, l'action curative ne se produit plus. Je rappellerai également que les tissus épidermiques empêchent la pénétration des rayons ; pour la couche cornée, le fait est évident ; il me paraît l'être également pour le corps muqueux. Dans les lupus des membres et surtout des extrémités où les réactions épidermiques, l'hyperkératose et l'acanthose sont considérables, la photothérapie n'a pas une action aussi énergique que dans les lupus de la face ; je rappellerai, du reste, que ces lupus sont beaucoup plus curables par les méthodes anciennes que ne l'est le lupus facial et la photothérapie a seulement des indications exceptionnelles.

B. — *Comment agissent les rayons chimiques sur les tissus lupiques ?*

Il est démontré par Downes et Blunt, Arloing, Duclaux, Roux, Charrin, etc., que les rayons chimiques sont par excellence les rayons bactéricides. Quelques expériences le prouvent sans le moindre conteste. Un tube de culture fertile est exposé au soleil : en un temps variable les bactéries sont tuées. Quel que soit le refroidissement auquel on soumette le tube, l'action bactéricide se produit. Mais si on place un verre rouge sur le trajet des rayons solaires près du tube, l'action bactéricide ne se produit plus. Mêmes résultats avec la lumière de la lampe à arc.

Le point de départ de la découverte de Finsen a été le suivant : Utiliser l'action bactéricide de la lumière pour produire dans les tissus la destruction des bacilles tuberculeux qui déterminent le lupus, cette action pouvant se faire

en profondeur grâce à la suppression du courant sanguin par la compression
exercée pendant les applications photothérapiques.

C'est là, à n'en pas douter, un élément fondamental du traitement ; toutefois,
on ne doit pas perdre de vue l'action des rayons chimiques sur les tissus : les
réactions consécutives au traitement photothérapique, la formation des cicatrices après la photothérapie doivent être étudiées de leur côté si l'on veut
comprendre un jour le mécanisme intégral du processus curatif.

Dans des recherches que j'ai faites avec mon assistant, M. Pautrier, et qui
sont exposées dans un livre récemment paru (*Les actions biologiques et thérapeutiques de la lumière*, C. Naud, Paris), nous avons étudié la question d'une manière complète ; je vais indiquer complètement le résultat de nos expériences
et de nos examens histologiques. — Nous avons pratiqué des biopsies sur la peau
soumise à l'action du soleil, puis sur la peau soumise à l'action de l'appareil
Lortet et Genoud, enfin, étudié les réactions produites par la photothérapie sur
les lésions du lupus tuberculeux.

I. — Réactions histologiques du coup de soleil.

Une biopsie fut faite, sur la peau de l'épaule, chez un sujet atteint d'un coup
de soleil, contracté en canotant. Cette petite opération eut lieu trois jours plus
tard ; la peau présentait simplement un érythème aigu ; elle était de couleur
rouge écrevisse, mais sans œdème ni suintement.

A un faible grossissement, l'épiderme paraissait à peu près normal comme
disposition et comme épaisseur ; on remarquait simplement que la couche
cornée semblait s'exfolier par places. — Les lésions du derme paraissent assez
peu importantes ; il semble plus riche en éléments cellulaires qu'à l'état normal
et ses faisceaux conjonctifs sont distendus.

A un fort grossissement, la couche cornée est à peu près partout soulevée,
séparée de la couche granuleuse ; elle est feuilletée, en train de s'exfolier par
minces lamelles superposées.

La couche granuleuse est conservée et formée de deux à trois couches de
cellules. Le corps muqueux ne présente que des altérations très peu importantes ; on note un peu de spongiose ; les espaces intercellulaires paraissent un
peu augmentés. La couche basale présente de très nombreuses figures de karyokinèse, beaucoup plus que normalement.

Quant au derme, ses lésions sont très peu importantes : on note de l'œdème,
une dilatation très apparente des vaisseaux, les faisceaux conjonctifs sont légèrement dissociés, une légère infiltration lymphocytaire, formant par places
de petits amas. Les cellules conjonctives paraissent un peu gonflées et sont
plus apparentes qu'à l'ordinaire, mais on ne note pas de karyokinèse à leur
niveau.

Le coup de soleil est parfois plus intense qu'il n'était dans notre observation ;
les résultats que nous venons de donner répondent à ce qui doit se passer dans la
majorité des cas. A une période plus avancée, au bout de huit jours par exemple,
une biopsie montrerait des faits intéressants concernant l'apparition et la répartition du pigment, mais nous n'avons pas encore eu l'occasion d'en faire.

II. — RÉACTIONS HISTOLOGIQUES CONSÉCUTIVES A L'ACTION DES RAYONS CHIMIQUES DE
L'ARC VOLTAÏQUE, APRÈS COMPRESSION DES TISSUS.

(Séance de photothérapie par l'appareil Lortet et Genoud).

On sait que les réactions provoquées dans les tissus par les rayons chimiques
de la lumière sont des réactions tardives et n'apparaissent guère qu'au bout de
vingt-quatre heures. Nous avons étudié ces réactions et constaté qu'au point de
vue histologique elles sont également tardives ; en outre, on ne constate d'altérations morphologiques importantes du derme qu'au bout de plusieurs jours.

Nos examens concernant les réactions de la peau saine ont porté sur des tissus étudiés après un quart d'heure, vingt-quatre heures, quatre jours et huit
jours, les conditions expérimentales étant toujours les mêmes : exposition
pendant quinze à vingt minutes de la peau de l'avant-bras devant le compresseur de l'appareil Lortet-Genoud, l'intensité étant restée constante (15 ampères).

A. — Au bout d'un quart d'heure, on ne constate aucune lésion certaine.

B. — Au bout de vingt-quatre heures, il existe de l'érythème et du gonflement de la surface cutanée. A ce moment, on observe un léger œdème du
derme, surtout autour des vaisseaux sanguins, qui sont dilatés ; une infiltration
légère de lymphocytes, la tuméfaction des cellules fixes ; les mastzellen ont des
formes anormales.

Au niveau de l'épiderme, disparition des granulations de kératohyaline.
Dans le corps muqueux, il existe un état spongoïde et des altérations cavitaires.
Les vésicules se développent soit entre les cellules du corps muqueux, soit
dans leur cavité, soit enfin par clivage de la couche cornée. L'épithélium du follicule pileux reste normal.

C. — Au bout de quatre jours, il existe un érythème de couleur sombre, la
peau paraît décollée en certains points, sans qu'il existe, à proprement parler, de
bulle apparente (c'est là un fait normal lorsque les applications sont faites sur la
peau saine).

Les réactions microscopiques de l'épiderme sont considérables ; là où il a
n'existe pas de bulle microscopique, on constate que les noyaux cellulaires ont
disparu et à leur place on trouve un aspect cavitaire ; le protoplasma se colore
d'une façon anormale ; la couche granuleuse a disparu ; la couche cornée est
épaisse. En d'autres points, on voit des bulles sous-jacentes à la couche
cornée ; au-dessous, le corps muqueux présente deux zones : l'une, superficielle, où les altérations sont analogues à celles que nous venons de décrire :
dans la profondeur, on trouve un épithélium disposé en une seule couche au
niveau des papilles et remplissant les cônes interpapillaires ; cet épithélium est
très colorable et est évidemment le point de départ de la régénération future.
Quant à la bulle, on y trouve du liquide contenant des cellules éosinophiles et
des mononucléaires. Près de la bulle, on voit des vésicules qui sont sur le
point de se fusionner avec elle.

Dans le dernier, vaisseaux dilatés, sans foyers cellulaires, état trouble du
tissu conjonctif, léger œdème ; de place en place, on trouve des globules rouges
et des éosinophiles.

D. — Au bout de huit jours, on constate un épiderme plus épais qu'à l'état normal ; la couche granuleuse est complètement régénérée et épaisse ; le corps muqueux présente dans toute sa hauteur des figures de karyokinèse nombreuses, sans pigment à aucun niveau. A la surface de l'épiderme, on trouve une croûte formée de cellules cornées, de leucocytes éosinophiles et de noyaux d'origine indéterminée.

Dans le derme, la tuméfaction hyaline est très nette ; les vaisseaux sont extrêmement dilatés ; leur endothélium est en karyokinèse en certains points ; les cellules conjonctives sont tuméfiées ; quelques-unes sont en karyokinèse. Les mastzellen paraissent nombreuses ; il n'existe pas de pigment dans le derme.

A un certain point de vue, ces résultats se rapprochent de ceux que fournit l'étude microscopique des tissus soumis à la radiothérapie : les lésions de l'épiderme sont considérables, les lésions du derme sont minimes. Cependant, ce sont elles de beaucoup les plus importantes; il faut bien admettre que nous ne pouvons toujours nous rendre compte, par nos techniques actuelles, des faits essentiels.

III. — RÉACTIONS HISTOLOGIQUES DE LA PEAU LUPIQUE.

L'examen histologique que nous rapportons a été fait sur une biopsie pratiquée chez un malade atteint de lupus tuberculeux en nappe. Le point où cette biopsie fut faite avait été traité à plusieurs reprises et était au repos depuis une quinzaine de jours.

On y trouvait à la pression à la lame de verre un réseau blanchâtre, fibreux, dans les mailles du réseau une teinte violacée sans lupomes.

A un faible grossissement, l'épiderme est très épaissi ; l'union avec le derme se fait au niveau d'une ligne onduleuse. Sans papilles, le derme est en transformation scléreuse ; on y trouve des vaisseaux dilatés, de très rares nodules périvasculaires, seulement dans une partie des coupes.

A un fort grossissement, l'épiderme présente :

a) Une légère hyperkératose ;

b) Un épaississement de la granuleuse ;

c) Des cellules pigmentaires nombreuses et du pigment intracellulaire ;

d) Quelques rares mastzellen en migration.

Dans le derme, la région où il n'existe pas de nodules est formée d'un tissu conjonctif peu dense avec cellules fixes nombreuses et de très nombreuses mastzellen. — Les vaisseaux semblent disparaître là où la sclérose est plus avancée. Quant aux nodules, ils sont formés soit de lymphocytes, soit de lymphocytes et de plasmazellen et de cellules fixes. Dans un nodule, on voit de nombreuses cellules fixes dont un assez grand nombre sont en karyokinèse ; la présence de plasmazellen paraît indiquer qu'il s'agit d'un nodule lupique en voie de régression ; la présence de cellules fixes en karyokinèse semble indiquer de quelle manière se fait cette transformation. — Nous n'avons pu colorer des bacilles dans les coupes.

**
* *

Nous avons également étudié le liquide des phlyctènes qui se forment sur la peau lupique sous l'influence du traitement photothérapique. Comme la plupart des liquides organiques, il est de réaction alcaline. Sa formule cellulaire révèle une très grande richesse en éosinophiles. C'est ainsi qu'en faisant la moyenne des numérations cellulaires, nous avons trouvé les chiffres suivants :

Éosinophiles = 56 0/0.
Polynucléaires = 14,8 0/0.
Mononucléaires = 7,4 0/0
Globules rouges = 21,7 0/0.

A l'examen des lances, tous ces éléments cellulaires apparaissaient sur un fond formé par le liquide coloré uniformément par l'orange, comme une véritable laque. Ce liquide est très riche en fibrine ; c'est lui, qui dans la réaction photothérapique donne naissance à la croûte jaunâtre qui se forme au niveau des phlyctènes.

Une étude du même genre devrait être poursuivie sur les réactions des tissus atteints de lupus érythémateux ; nous n'ayons pu encore le faire.

Sans éclairer complètement le mécanisme de la guérison, nos recherches montrent néanmoins l'importance des effets produits par les rayons chimiques sur les tissus lupiques et les modifications qu'ils y produisent, bien plus évidentes que celles de la peau saine sous la même influence. — La guérison est sans doute due à l'action des rayons chimiques sur les bacilles de Koch, compris dans les tissus malades ; mais on ne peut méconnaître l'importance de l'action des rayons dans ces tissus mêmes ; nous savons, du reste, que la photothérapie peut guérir des lésions amicrobiennes de la peau, et, par exemple, les nœvi vasculaires plans.

Discussion. — M. MARIE : La radiothérapie ne semble pas faire de progrès à cause du défaut de technique ; on ne sait vraiment pas ce que l'on fait. Il semble qu'on n'a produit aucun effet et les eschares apparaissent longtemps après, quelquefois pour le plus grand ennui du médecin.

M. BERGONIÉ : Le traitement du lupus est certainement fort intéressant et le rapport de M. Leredde exprime très nettement ce que l'on peut espérer des diverses médications par les agents physiques employés jusqu'ici ; mais n'y aurait-il pas lieu de s'adresser à d'autres maladies tout aussi répandues ? N'y aurait-il pas lieu, par exemple, d'essayer de traiter les angiomes plans du visage, qui sont pour certaines personnes une difformité dont elles cherchent à se débarrasser par tous les moyens ?

M. BORDIER : Lorsque j'ai proposé la question dont M. Leredde a bien voulu être rapporteur, j'étais persuadé que l'action de la photothérapie était due bien plutôt aux phénomènes réactionnels qui suivent l'application de la photothérapie qu'aux effets bactéricides produits par les radiations de petite longueur d'onde ; je suis heureux de constater que les conclusions de M. Leredde sont d'accord avec l'idée que je m'étais faite du mode d'action des agents physiques dans le traitement du lupus.

M. LEREDDE : Je suis de l'avis de M. Bordier et de M. Marie pour ce qui a trait au mode d'explication de l'action de la photothérapie et quant au manque de technique de la radiothérapie. Autrefois, on rejetait les accidents dus à la radiographie sur l'idiosyncrasie des malades, mais aujourd'hui on attribue tous ces accidents, avec raison, au défaut de connaissances précises dans lesquelles on applique la photothérapie. Les travaux de M. Oudin tendent, en ce moment, à nous éclairer un peu sur ces conditions, mais nous ne sommes peut-être pas encore tout à fait fixés.

Quant aux angiomes plans, M. Finsen a mis la question à l'étude et a soigné plusieurs cas d'angiomes.

M. MARIE.

Nouvelle disposition de lampe à arc pour la photothérapie. Exposé succinct des résultats obtenus. — M. MARIE présente une nouvelle lampe à arc pour la photothérapie. L'appareil est suspendu, ce qui permet de l'appliquer facilement sur n'importe quel point du corps du malade et de l'y fixer solidement. La compression, qui a une importance capitale dans la méthode de Finsen, est réalisée au moyen de quatre bandes élastiques indépendantes, fixées, d'une part par des crochets sur l'appareil, et, d'autre part, par l'intermédiaire de poulies aux quatre coins d'un coussin sur lequel repose la tête du malade. L'axe des poulies présente quatre dents qui pénètrent successivement dans une encoche de la monture, de sorte que la tension des bandes élastiques se fait par quart de tour. En comprimant ainsi progressivement la région traitée, on peut réaliser une compression beaucoup plus énergique que par les autres moyens, car la compression qui entraîne l'anémie des tissus entraîne également un certain degré d'anesthésie qui s'accroit au fur et à mesure que la compression augmente. L'appareil lui-même se compose d'une paroi en cuivre, plane, représentant au centre une ouverture de un centimètre de profondeur qui porte une lame de quartz. Sur cette partie fixe viennent se visser une série de montures présentant des lames de quartz de formes et de dimensions variées, qui permettent d'employer l'appareil pour tous les cas possibles de lupus et de passer d'un cas particulier à l'autre avec la plus grande facilité.

L'arc, en lui-même, se compose de deux charbons placés rectangulairement et glissant dans des tubes de cuivre formant coulisse. L'arc employé prend 13 à 15 ampères sous 60 volts au moins et l'application dure une demi-heure. Les arcs de cette puissance fatiguent rapidement les mécanismes, aussi l'auteur a-t-il préféré faire le déplacement à la main.

Pour cela, il a placé sur le trajet des charbons des radiateurs formés de lames métalliques percées de trous et terminés par de nombreuses pointes qui refroidissent si énergiquement les charbons que ceux-ci sont toujours très facilement maniables, même à la fin de leur service.

Le courant est amené aux charbons par des bagues métalliques qui assurent un très bon contact.

Cet appareil a déjà été employé pour le traitement d'une quinzaine de cas de lupus vulgaire et érythémateux, dont quelques-uns particulièrement graves. Dans tous les cas, sans exception, il a obtenu des réactions profondes, très énergiques, et une amélioration toujours rapide. Il signale, en outre, un cas de sycosis embrassant les deux joues, qui a guéri admirablement par une seule application de dix minutes à un quart d'heure de durée.

Discussion. — M. Leredde : L'instrument de M. Marie me parait très pratique. La compression me semble très facile à faire et très sûre ; quant à l'intensité dépensée par l'arc, il y a, à ce propos, beaucoup à dire. Sur ce sujet, M. Finsen a fait une série d'expériences en comparant entre eux l'appareil de Lortet et Genoud, l'appareil de Bang, au fer, et le sien propre. Il s'est servi, pour mesurer la profondeur à laquelle pénétraient les rayons, d'oreilles de lapins accolées les unes aux autres, et il a trouvé que la pénétration était moindre avec les arcs économiques de Lortet et Genoud et de Bang qu'avec le gros arc de grand ampérage dont il se sert.

M. Marie : Il y a des différences certaines dans le faisceau de radiations émis par les divers appareils et il y aura certainement plus tard des indications particulières pour tel ou tel d'entre eux. Cependant, l'on sait, à n'en pas douter, et les travaux de Violle l'ont démontré, que la région du cratère positif de l'arc est à une température qui ne varie sensiblement pas. Il doit y avoir une égalité de pouvoir émissif à ce niveau quelle que soit la lampe à arc utilisée.

MM. BORDIER et NOGIER.

Mesure du pouvoir actinique des sources employées en photothérapie. — Il est indispensable de mesurer l'intensité photo-chimique des sources lumineuses, si l'on veut pouvoir juger à leur juste valeur les appareils photothérapiques. Les auteurs ont, dans ce but, imaginé un actinomètre simple et pratique : il se compose d'une petite chambre noire, en laiton, de forme cubique. A la partie antérieure se trouve un orifice circulaire fermé par un disque de quartz permettant l'arrivée des rayons violets et ultra-violets.

A la partie postérieure, est mastiqué un tube de cristal dans lequel glisse, entraîné par une crémaillère, un tube de laiton fermé à sa partie antérieure par une lame de quartz. Cette lame est recouverte, sur la face qui regarde l'intérieur du tube, moitié de platino cyanure et moitié d'un vernis noir absolument opaque.

Une solution titrée de sulfite ammoniacal est versée dans l'appareil. Si l'on vient à diriger cet actinomètre vers une source lumineuse, on peut, pour une épaisseur convenable du liquide absorbant, arriver à faire disparaitre la luminosité de la demi-lunule de platino-cyanure devenu fluorescent.

De la comparaison des épaisseurs de liquide nécessaires pour obtenir ce résultat, on peut évaluer commodément le pouvoir photochimique de sources lumineuses quelconques.

Voici les résultats relatifs à trois lampes à arc, l'actinomètre étant placé à deux mètres :

	INTENSITÉ du courant.	POUVOIR éclairant à 6m90 mesuré au lucimètre.	DIVISION de l'actinomètre.	ÉPAISSEUR réelle de la couche.	
	Ampères	Carcels	Millim.	Millim.	La distance entre
Lortet et Genoud. Arc pour la					les faces internes
photothérapie (à 2 mètres).	20 »	3 »	33 »	58 5	des deux lames de
Grand arc pour projections					quartz de l'actino-
(vertical, à 2 mètres). . .	20 »	2 »	30 »	55 5	mètre, quand la
Petit arc pour projections					crémaillère est au
(vertical, à 2 mètres). . .	7 »	2 »	17 »	42 5	zéro, est de 25mm,5.
Soleil (rayons directs) à 4h30,					
17 juillet 1902.	. . . . .	. . . . .	54 »	79 5	
Soleil couvert et nuages voi-					
sins	. . . . .	. . . . .	43 »	68 5	

Discussion. — M. Marie : Voilà précisément l'appareil qui permettra de comparer le rendement des diverses sources employées en photothérapie en rayons actiniques. Il est à désirer que l'actinomètre que vient de nous présenter M. Bordier se répande de plus en plus. Il n'est pas douteux, d'ailleurs, que, lorsqu'on pourra se placer dans des conditions actinométriques bien définies, les indications de la photothérapie ne s'élargissent.

M. BERGONIÉ.

Traitement des angiomes plans par les courants de haute fréquence. — La méthode préconisée par l'auteur, et qui lui a donné d'excellents résultats, consiste à appliquer l'aigrette, mêlée de petites étincelles très nombreuses provenant du solénoïde secondaire d'un appareil à haute fréquence, au niveau de la tache à traiter. Le tissu violacé blanchit après quelques secondes de cette application, il se fait une réaction inflammatoire plus ou moins intense et une guérison sous-crustacée avec épiderme plus ou moins décoloré. Chaque peau est plus ou moins sensible, aussi le réglage de l'intensité du courant et la détermination de la durée des séances sont-ils délicats si l'on veut atteindre le but sans le dépasser, c'est-à-dire obtenir la couleur de la peau saine voisine. Sur les aquarelles qui accompagnent ce travail, on peut voir des taches à toutes les périodes de traitement. Le traitement n'est ni douloureux ni très long. Il donne, d'après l'auteur, d'excellents résultats.

Discussion. — M. Bordier a vu, par le traitement des courants à haute fréquence, certaines maladies de la peau, comme les verrues, guérir rapidement à la suite des phénomènes réactionnels provoqués par l'application des courants de haute fréquence.

M. Marie s'est également très bien trouvé dans certains cas de vieilles arthrites chroniques, de la révulsion opérée par les courants de haute fréquence.

M. LEUILLIEUX.

Emploi d'électrodes liquides en clinique électrothérapique. — D'après les recherches de M. Leduc, c'est exclusivement par l'intermédiaire des glandes que pénètre le courant dans l'organisme.

Afin d'avoir une surface cutanée, présentant le plus grand nombre possible d'orifices glandulaires, on peut prendre comme point d'entrée ou de sortie du courant les extrémités des membres, pieds ou mains. Ces parties possèdent, comme l'on sait, le maximum de glandes sudoripares.

Pour établir un contact aussi intime et aussi étendu que possible, je me sers d'électrodes liquides.

Lorsqu'on emploie ces électrodes liquides, les malades se plaignent de sentir davantage la cuisson et le picotement dû au courant au niveau du bracelet formé par l'intersection de la surface libre du liquide avec le membre. Et, en effet, si, après une application de courant, on examine la partie soumise au courant, on constate une zone rouge, légèrement tuméfiée, correspondant à la surface du liquide.

J'ai cherché à permettre aux lignes de flux du courant, et par suite aux effets sensitifs, de se répartir uniformément sur toute la surface cutanée immergée dans les liquides électrodes.

Pour cela, j'ai mis en application les données qui résultent du travail de M. Bordier sur la sensibilité électrique de la peau, où cet auteur met en relief l'importance et la nécessité qu'il y a, pour réduire les effets sensitifs au minimum, à faire usage d'électrodes, dont la résistance est aussi voisine que possible que celle des téguments. L'examen du membre soumis ainsi au courant montre une rougeur uniforme et non plus localisée au niveau d'une zone. Pour cela, au lieu d'ajouter des solutions salines, telles que la solution de sel de cuisine, pour augmenter la conductibilité des électrodes, comme l'indiquent certains auteurs, on doit, d'après ce qui précède, éviter ces substances salines bonnes conductrices, pour n'employer que des diélectriques en proportions variables avec la conductibilité propre à chaque tissu. C'est avec de semblables électrodes que j'applique le courant en gynécologie, en faisant plonger les deux pieds de la malade dans deux récipients reliés ensemble, en quantité. Cette pratique me paraît préférable à celle qui consiste à placer une électrode indifférente abdominale.

MM. BORDIER et GILET.

Modification apportée par l'électrolyse dans la résistance électrique des tissus organiques. — Les expériences des auteurs ont porté sur du tissu musculaire soumis à l'électrolyse à l'aide d'aiguilles de platine en employant la méthode bipolaire.

L'intensité du courant était de 7 à 8 mA. et la quantité d'électricité de 4,8 coulombs à 9,6 coulombs. La résistance a été évaluée par la méthode du pont de Kohlrausch et avec le téléphone.

Les résultats obtenus par MM. Bordier et Gilet leur ont montré que la résistance électrique subit, par l'électrolyse, un accroissement constant. C'est ainsi qu'après l'électrolyse faite avec :

4,8 coulombs, la résistance primitive de 650 ohms s'est élevée à 680 ohms.
6,3   —   —   de 700 —   —   à 750 —
9,3   —   —   de 600 —   —   à 700 —

soit, par conséquent, une augmentation de 30 à 100 ohms. Cette augmentation de résistance permet de comprendre la chute que subit l'intensité du courant quand, après avoir électrolysé un tissu, on renverse le sens du courant.

MM. BORDIER et NOGIER

De l'emploi d'un électrolyte placé en dérivation sur le primaire d'une bobine dans la production des rayons X et des courants de haute fréquence. — L'action d'un électrolyte placé en dérivation sur le courant primaire d'une bobine de Ruhmkorff (action que les auteurs ont déjà signalée) a été étudiée, non plus sur un petit modèle de laboratoire, mais sur les grosses bobines qui servent à la production des rayons X ou des courants de haute fréquence. Les expériences de MM. BORDIER et NOGIER ont montré que l'introduction de l'électrolyte en dérivation augmentait, dans de notables proportions, la tension du courant secondaire.

Voici, du reste, quelques chiffres :

	Longueur des étincelles en centimètres.						
Avec électrolyte	7	8	9,5	11,5	14	15	16	17
Sans électrolyte	4	5	6	7	8	9	10	11

Dans les cuves électrolytes, au nombre de dix, montées en tension, plongeaient de petites lames de plomb de 25 millimètres environ de largeur, l'eau acidulée contenait 8 à 10 centimètres cubes au plus de SO H par 1.000 centimètres cubes d'eau. Avec ce dispositif, pour la production des rayons X ou de la haute fréquence, les auteurs ont pu augmenter fortement les effets dus à la bobine. Le tube à rayons X brille d'une lumière beaucoup plus vive : les épreuves photographiques sont faites en un temps plus court.

Quant aux courants de haute fréquence, il est facile de constater l'influence de l'électrolyte : on intercale, en dérivation sur le primaire, les dix petits vases dont il vient d'être parlé, et on règle les boules du détonateur pour la longueur maxima des étincelles. Si l'on vient, à ce moment, à supprimer l'effet de l'électrolyte à l'aide d'un interrupteur, le silence se fait complètement : il ne jaillit plus une seule étincelle entre les boules.

MM. BORDIER et NOGIER.

Effet produit sur l'énergie du courant faradique par un électrolyte placé en dérivation sur le courant primaire. — Ces auteurs ont déjà signalé l'effet produit sur le courant induit d'une bobine par un électrolyte placé en dérivation aux bornes de la source primaire.

Des crayons de charbon avaient alors été seuls employés ; en les remplaçant par des lames de plomb non recouvertes d'oxyde, MM. BORDIER et NOGIER ont obtenu de bien meilleurs résultats, comme cela était à prévoir. En étudiant ce que devenait la contraction musculaire obtenue avec une bobine médicale à gros fil secondaire, ils ont constaté les faits suivants :

1° On arrive plus tôt au seuil de l'excitation avec l'électrolyte en dérivation, c'est-à-dire qu'il faut enfoncer moins la bobine induite sur la bobine primaire ;

2° Les graphiques obtenus à l'aide du myographe de Marey et d'un imbricateur de secousses musculaires montrent constamment une notable augmentation de l'amplitude de la contraction produite par l'électrolyte en dérivation.

Ces résultats donnent une grande valeur pratique au phénomène étudié par MM. Bordier et Nogier ; on peut, grâce à lui, augmenter les effets d'une bobine destinée soit aux recherches physiologiques, soit à l'électrothérapie.

Dans le cas où l'on dispose d'un courant primaire puissant, on peut monter plusieurs électrolytes en tension. Les effets sont alors beaucoup plus marqués, à la condition, toutefois, que la force contre-électromotrice des électrolytes ne dépasse pas celle du courant primaire.

MM. BORDIER et LECOMTE

Action des courants de haute fréquence en applications directes sur les animaux. — Si l'on fixe aux deux extrémités du solénoïde de haute fréquence deux fils terminés par des électrodes métalliques cylindriques tenues dans les mains, la sensation est, comme chacun sait, à peu près nulle.

Lorsqu'on fait la même application sur les animaux, on constate qu'il n'en est plus du tout de même : pour obtenir sur le lapin, par exemple, un bon contact, MM. Bordier et Lecomte ont pris des tiges cylindriques pouvant être introduites dans le rectum et dans la bouche de l'animal. Dans ces conditions, l'animal ne tarde pas à présenter des phénomènes alarmants et, après quelques minutes, il a cessé de vivre. C'est là une expérience de cours facile à réaliser.

Les auteurs ont attribué ces effets mortels des courants de haute fréquence sur les animaux à un phénomène inhibitoire sur les centres nerveux respiratoires. M. d'Arsonval les attribue, au contraire, à des phénomènes calorifiques et à des irrégularités de l'interrupteur employé. Il paraît difficile aux auteurs que l'effet Joule produise un résultat mortel aussi brusque. Quant aux irrégularités de l'interrupteur, les auteurs montrent des graphiques obtenus avec le myographe de Marey, qui prouvent que ces mêmes courants ne produisent aucune secousse musculaire, aucun effet moteur. Ils sont donc autorisés à conclure que leur première explication était bien la bonne.

M. FOVEAU DE COURMELLES

Photothérapie et étude comparée de divers radiateurs. — La lumière électro-chimique, de 1893 à 1900 guérissait, seule, les tuberculoses cutanées, lupus, mais avec des appareils volumineux et très coûteux (LAHMANN, FINSEN). Fin 1900 l'auteur faisait connaître son radiateur à incandescence spéciale et solution bleue, ou à arc voltaïque et simples quartz filtrants. En 1901 et 1902, maints appareils similaires sont intervenus, mais qui laissent l'arc à l'air libre, ce qui fatigue l'opérateur ; on n'utilisent qu'une faible partie de la lumière produite,

au point d'exiger encore le tiers des 80 ampères de Finsen, au lieu du
1/16 ; ou encore, ne produisent, de l'aveu de Bang, l'inventeur des électrodes
de fer, que des réactions superficielles. Aussi, la photothérapie étant à l'ordre
du jour de la séance annuelle de la Société Française de Dermatologie et de
Syphiligraphie, le 1er mai 1902, n'y a-t-il été présenté, parmi les malades de
l'hôpital Saint-Louis soignés par les divers appareils, que les malades améliorés
ou guéris par le radiateur Foveau.

Ces photographies comparatives de l'auteur démontrent la cure de diverses
tuberculoses cutanées et osseuses. La tuberculose pulmonaire au début, les plaies
et glandes tuberculeuses, certaines dermatoses, la pelade, l'epithélioma disparaissent également, sous l'action de cette lumière chimique concentrée et presque
en vase clos, à 5 ampères à 110 volts, comme avec le grand appareil de Finsen.
L'augmentation du poids des malades traités est toujours la règle.

La phlyctène et la compression, encore enseignées comme indispensables dans
le traitement photothérapique sont souvent inutiles, ce qui permet de soigner des
lésions internes qui parfois sont le début de l'affection tuberculeuse, tels, les
lupus de la gorge ou du nez par lesquels prélude souvent le lupus de la face et
que l'on ne pouvait traiter jusqu'ici que le visage déjà pris. En somme, appareil
et technique sont nouveaux, mais ayant fait leurs preuves.

4ᵉ Groupe

SCIENCES ÉCONOMIQUES

14ᵉ Section

AGRONOMIE

Président. . . . . „ M. Ern. REGNAULT, Prés. du Trib. civ. de Joigny.
Vice-Président . . . . M. GARDÈS, Notaire hon. à Montauban.
Secrétaire . . . . M. MAYNARD, Ing. agron., Prof. à l'Éc. d'Agron. de Grand-Jouan.

— **Séance du 8 août** —

M. E. REGNAULT, Président de la XIVᵉ Section.

Principes de comptabilité agricole.

(Rapport présenté à la XIVᵉ Section.)

Les agriculteurs, pas plus d'ailleurs que les auteurs qui ont traité de la comptabilité, ne semblent se préoccuper outre mesure des éléments vrais dont se doivent composer les dépenses, non plus que de la juste répartition de celles-ci entre les diverses spéculations agricoles ou animales. Leur critérium a été jusqu'ici la somme des travaux préparatoires, les exigences particulières et le rendement des récoltes. Peu importait du reste ; pourvu que rien ne fût omis, la caisse était là pour renseigner sur les résultats financiers de l'entreprise.

Aujourd'hui, une situation économique nouvelle exige un examen plus approfondi. L'écart entre le coût et le prix de vente se rétrécissant de plus en plus, à chaque production doit correspondre un bilan dressé avec la plus scrupuleuse exactitude ; les données actuelles de la science agronomique nous permettront d'atteindre ce but.

En l'absence de documents plus complets et mieux traités, nous prendrons pour base de discussion une monographie classique de l'agriculture du Nord, celle de la ferme de Masny, dirigée par M. Fiévet, lauréat de la prime d'honneur du département du Nord en 1863, que Barral a étudiée *ex-professo* et dans tous ses détails. Si, au point de vue qui nous occupe, on y trouve matière à quelques critiqués, on y peut aussi rencontrer de précieux enseignements sur les procédés et les résultats généraux de l'une des plus belles exploitations d'un des plus beaux pays de culture du monde.

Après avoir successivement fait le triage entre ce qui, dans les dépenses, incombe au maître du fonds ou à l'exploitant, indiqué les évaluations à donner aux moyens de production tirés de la ferme même et la répartition des frais de toutes sortes par Barral et par nous, nous montrerons, par une comparaison avec les résultats de notre système, ce que, même à frais et rendements égaux, pourraient devenir pour la betterave et ce que sont déjà devenus pour le blé, par l'avilissement des cours, les brillants résultats financiers de Masny en 1862 et 1863 ; ce ne sera pas l'argument le moins puissant en faveur de la méthode que nous proposerons.

I. — Rente du sol. — Impôts divers.

§ 1. — La rente du sol ou loyer de la terre représente l'intérêt du capital foncier que le propriétaire met à la disposition de l'exploitant. Elle est toujours basée sur la fertilité et le plus ou moins de concurrence entre les preneurs.

Elle doit comprendre non seulement la valeur locative foncière, mais encore celle locative également des bâtiments fournis, quand il est d'usage de distinguer. Elle comprend aussi l'impôt foncier mis accidentellement par bail à la charge du fermier, qui, si c'est à valoir sur le loyer, aura moins à verser pour solder celui-ci, ou qui, en cas de supplément au prix du fermage, n'a dû accepter les conditions à lui faites que si elles ne dépassent pas le taux pratiqué dans la contrée. On conçoit difficilement, en effet, un cultivateur consentant sans raison plausible une plus-value importante sur le cours ordinaire des locations.

La rente, composée comme il vient d'être dit, se répartit également par hectare cultivé, sans avoir égard à la nature des récoltes, aux frais qu'elles occasionnent, non plus qu'aux rendements en denrées ou en argent. Cette manière d'opérer nous servira ultérieurement d'exemple pour la distribution par hectare des dépenses culturales.

§ 2. — Après la rente, l'exploitant doit acquitter divers impôts, conséquence de sa part dans les charges publiques ; mais seulement ceux inhérents à sa qualité.

C'est ainsi que l'impôt personnel et mobilier, celui des portes et fenêtres lui incombent sans conteste. Il en est autrement de la taxe sur chevaux et voitures et des prestations correspondantes qui sont une charge de l'écurie ou de l'étable considérées comme des usines annexes.

Quant à l'impôt foncier, nous avons vu que le maître du fonds doit seul le supporter. Il est pour la propriété ce que les autres impôts sont pour l'exploitation ou les annexes, la part contributive dans les dépenses de l'État. Mettre l'impôt foncier au compte de la culture aurait pour résultat de laisser jouir de la sécurité générale un capital plus important peut-être que celui d'exploitation, et ce sans en payer les frais.

Il y a donc lieu, si propriétaire et exploitant ne sont qu'une même personne, de distinguer par deux comptes séparés, propriété ou culture, ce qui tombe dans le passif de l'un ou de l'autre ; sans quoi il deviendrait impossible de comparer entre eux, dans des situations agricoles identiques, les prix de revient et autres résultats des cultures directe ou indirecte, la première se trouvant déchargée au détriment de la seconde.

II. — ATTELAGES.

Les attelages sont l'une des forces au service de l'agriculture pour la préparation du sol et l'enlèvement des récoltes. On les évalue fréquemment pour chaque culture à tant par collier et journée de travail effectif nécessité. Ce procédé n'est pas sans inconvénients ; nous en trouvons la preuve à Masny même, où la journée étant payée 5 francs par collier, conducteur compris, la comptabilité de l'écurie, chargée de l'entretien des harnais, instruments aratoires et matériel roulant (p. 159.), accuse un bénéfice annuel moyen de 3.917 fr. 55 c., avec un écart de 238 fr. 76 c. à 8.189 fr. 90 c. ; ce qui, pour les onze années considérées, défalcation faite de 16 fr. 57 c. pour une année en perte, s'élève au chiffre de 43.093 fr. 09 c. (p. 248 à 250).

Or, un bénéfice sur les attelages ne s'explique pas plus qu'un profit sur la vapeur ou la main-d'œuvre ; et il ne viendrait à l'esprit de personne d'évaluer à tant le salaire du batteur ou de l'ouvrier agricole et de porter en bénéfice la différence entre l'évaluation et la somme versée.

Vainement dira-t-on que l'écurie n'est pas seulement une fabrique ou un magasin de force pour la traction ; qu'elle est aussi, pour les denrées qu'elle consomme et comme le bétail de rente, une usine de transformation réclamant un profit. Nous répondrons qu'elle n'est une usine annexe que dans la limite des opérations agricoles intéressées par leur nature à se procurer sur place l'énergie dont elles ont besoin ; que, dans la pensée de l'entrepreneur, l'écurie n'est point un des facteurs de sa rémunération, et qu'il ne l'entretient, comme l'étable elle-même, que pour avoir au prix coûtant le plus bas possible les matières premières indispensables, et l'écoulement au plus haut cours des denrées dont l'exploitation elle-même est pour ainsi dire le seul débouché.

L'objection tirée des exigences variées des récoltes en travaux préparatoires n'est pas plus fondée. Sans doute, les cultures sarclées non précédées d'une récolte dérobée, le blé sur jachère nue réclament des façons multipliées ; mais le travail réitéré du sol ne profite pas qu'à l'emblavure immédiate, il sert, comme le nettoyage et l'ameublissement, à toutes les plantes de l'assolement qui ne doivent s'enrichir ou voir leur passif diminuer, tout en profitant des travaux effectués. Et cette solidarité est telle entre cultures d'une même rotation que nous n'hésitons pas à les traiter toutes sur le même pied.

On pourrait ajouter que les attelages fixes étant constamment à la disposition pour tous travaux ou courses et par tous les temps, consommant et coûtant même quand ils ne travaillent pas, constituent une charge pour ainsi dire globale de l'exploitation, et, à ce titre, comme la rente du sol et du capital cultural d'exploitation, doivent se répartir également entre toutes les cultures.

Nous proposons, en conséquence, de faire masse de toutes dépenses afférentes : nourriture, litière, intérêt du capital représenté, amortissement dudit, maréchalerie, prestations et impôts, vétérinaire, assurances et main-d'œuvre spéciales, d'en retrancher la valeur du fumier et d'appliquer uniformément le reste à chaque récolte obtenue.

Par cette méthode, la comptabilité est simplifiée ; elle ne perd rien de sa précision ou de ses avantages, et sa vulgarisation en est favorisée.

III. — Fourrages.— Pailles. — Fumier.

§ 1. — Les fourrages, dans leur acception la plus large, et les pailles des céréales, s'ils sont pour d'autres denrées des moyens de production, sont aussi, eu égard à leur nature, des produits terminés de la culture. Comme tels, ils résultent de spéculations différentes, ayant nécessité un travail, des dépenses et un aléa qui ne permettent de les traiter comme nous l'avons proposé pour les attelages, c'est-à-dire de les céder au consommateur au prix coûtant; ils réclament donc un bénéfice légitime.

Mais, pour établir le compte de chacun d'eux, pour en fixer le prix de revient et le prix de vente à l'industrie annexe dont ils sont les matières premières, il faut leur donner une valeur qui laisse une marge à la culture et à leur seul marché ou débouché. Ainsi ferait un industriel, filateur ou sucrier, récoltant lui-même à proximité son chanvre, son lin ou ses betteraves.

La question, cependant, a été controversée; de savants économistes, à l'occasion il est vrai, de statistiques générales, n'ont admis à l'évaluation que ce qui est prêt pour la consommation extérieure, à l'exception toutefois de ce qui sert directement aux besoins du cultivateur, de sa famille et de son personnel; le reste, notamment les fourrages, pailles et fumier, ne serait que des moyens de production et échapperait ainsi à toute évaluation.

La réfutation de ce système appliqué aux opérations agricoles nous semble possible; tout ce qui, en effet, a une valeur intrinsèque peut être en même temps moyen de production et valeur d'échange: le bois ouvré entre le scieur et l'ébéniste, l'engrais de commerce entre le fabricant et l'agriculteur, la betterave entre ce dernier et la sucrerie, le foin et la paille entre les cultures et le bétail consommateur. Chacun des produits cités est *fini* par rapport à son producteur et devient immédiatement échangeable contre monnaie ou autrement. Le blé, complet par lui-même, n'est aussi qu'un moyen de produire farine, pain et force, ce qui ne l'empêche d'être considéré comme valeur d'échange susceptible d'évaluation.

On doit donc uniquement, avant d'évaluer, se demander si le produit relativement fini peut dans sa forme, suivant sa nature et sa destination, entrer dans la consommation intérieure ou extérieure; il n'est pas douteux que les denrées considérées rentrent dans cette catégorie.

Mais cette valeur, quelle peut-elle être vis-à-vis de consommateurs presque toujours obligatoires? Rationnellement, *le prix qu'ils peuvent payer*, jusqu'au point au delà duquel ils seraient en perte et obligés, en contre-échange, de livrer leur fumier à un prix dépassant notablement celui des engrais de commerce.

Aussi rejetons-nous comme base d'évaluation les cours plus ou moins pratiqués autour de centres populeux et même à l'intérieur, lesquels ne portent que sur une infime portion des produits. L'animal de trait ou de rente, sauf de rares exceptions, ne peut payer au prix extérieur, déterminé le plus souvent par des spéculations mieux rétribuées, que la transformation par l'étable; et, comme aucune des deux industries juxtaposées ne doit être sacrifiée à l'autre, c'est par un cours moyen, acceptable par l'une et l'autre, que la question doit être résolue.

§ II. — Le fumier de ferme n'est point, à proprement parler, un produit direct de l'étable, mais un résidu de l'alimentation augmenté des litières; il est, au même titre que les pailles et fourrages, pour la culture un moyen de production, pour la plante une matière première; il a comme valeur ce qu'il faudrait dépenser au dehors en cas d'absence ou d'insuffisance de la fabrication intérieure.

Il ne peut donc être, dans la comptabilité, considéré comme représentant, au départ de la plate-forme, l'alimentation servie, puisqu'il n'est que la différence, abstraction faite des pertes à l'étable et sur le tas par combustion animale ou fermentation, entre les *ingesta* et les *excreta*, la partie utilisée en travail, viande ou lait, en complétant la valeur.

Plus encore que l'écurie, l'étable est un débouché et un fournisseur ; elle achète ses matières premières et vend ses produits et résidus suivant nature au dedans ou au dehors. Elle consomme les fourrages et pailles et livre à la culture l'azote, l'acide phosphorique et la potasse dont elle a besoin. Le plus sûr moyen d'éviter toute erreur consiste donc à coter le fumier aux prix commerciaux de ces agents de fertilisation, aussi longtemps qu'ils ne s'élèveront pas à un chiffre inacceptable pour les contractants, la différence de solubilité restant compensée par les avantages qui résultent de la persistance et des matières humiques de l'engrais organique.

Aussi, en principe, ne saurions-nous approuver la pratique de certains agriculteurs, même des plus habiles, qui n'établissent la valeur du fumier que par la différence entre l'actif et le passif du consommateur de fourrage. Ils s'exposent, par ce défaut de base solide, à inscrire un chiffre trop fort ou trop faible, suivant le résultat de la spéculation animale. C'est ce qui a lieu à Masny, où le fumier n'était estimé que 5 francs, puis 6 francs, les 1.000 kilogrammes. N'oublions pas que si, au départ du tas, il manque une tonne contenant en moyenne et en chiffres ronds 5 kilogrammes d'azote à 1 fr. 50 c., 3 kilogrammes d'acide phosphorique à 50 centimes et 6 kilogrammes de potasse à 40 centimes, c'est 11 fr. 40 c. qu'il faudra payer l'équivalent commercial; *la ferme sans bétail* l'achèterait à ce prix.

La valeur réelle du fumier est donc véritablement autour de ce chiffre et toute inscription s'en écartant outre mesure favorise l'un ou l'autre de comptes constamment en relations et qui se règlent par compensation ou lui préjudicie.

§ 3. — Mais, cette valeur moyenne ainsi fixée, comment la répartir entre les cultures?

La composition approximative des récoltes en matières nutritives ou fertilisantes nous étant connue, on en a conclu à l'obligation ou à la possibilité de faire supporter la plus forte part aux cultures les plus importantes, sous prétexte qu'elles épuisent davantage et qu'elles paient mieux. A Masny, M. Fiévet suppose que la betterave consomme les deux tiers du fumier qui lui est appliqué et la totalité des engrais pulvérulents et du parcage; que l'avoine, les fèves, le lin prennent chacun la moitié du fumier spécialement donné, et le blé, l'engrais supposé laissé en terre par les cultures précédentes (p. 58 à 123). Ce sont là de pures suppositions, ne s'imposant par aucune considération déterminante, que les données scientifiques vont nous permettre de réduire à néant.

Si la science, en effet, nous renseigne sur la composition et les exigences des récoltes, elle est muette jusqu'ici sur la quantité de matières contenues naturellement dans le sol ou à lui confiées qui ont alimenté ces mêmes récoltes. Nous savons seulement que les légumineuses, ayant pris à la terre de quoi atteindre un certain développement, sont aptes, par les bactéries de leurs nodosités radiculaires, à capter l'azote atmosphérique. La pratique soupçonne qu'il en est de même, par un procédé quelconque, des graminées, crucifères ou autres, mais cela reste à démontrer.

D'autre part, en outre des 4.000 à 8.000 kilogrammes d'azote combiné, d'acide phosphorique et de potasse attaquable contenus à l'hectare, sur 35 centimètres de profondeur de sol arable (M. DEHÉRAIN, *Chim. agric*, 395, 413, 425), les différents étages du sous-sol ont aussi, suivant leur formation géologique, un stock naturel plus ou moins enrichi par infiltration de l'engrais superficiel; et nous savons quelle profondeur (1 mètre à 1m,50 au moins) peuvent atteindre les radicelles et fibrilles des différentes plantes (MM. MUNTZ et GIRARD, *Engrais*, I, 45).

N'est-il pas alors rationnel d'admettre que la récolte s'est formée simultanément aux dépens de lo fumure annuelle, des arrière-fumures successives et des réserves propres du sol?

C'est, en tout cas, une hypothèse qui naturellement se présente à l'esprit et permet de dire avec quelque fondement qu'il est préférable de considérer la fumure organique annuelle comme donnée *au fonds lui-même* plutôt qu'aux récoltes qui la suivent, de faire masse de l'engrais au départ du tas et d'en répartir également la valeur par hectare au compte de chaque plante qui viendra puiser à son tour et suivant ses besoins au réservoir commun. C'est ainsi, d'ailleurs, qu'il serait procédé si la pratique permettait de donner à chaque culture une fumure égale et séparée.

Nous ajouterons que cette modification est d'autant plus utile que la proportion des plantes sarclées (betteraves fourragères, pommes de terre) est à la betterave à sucre comme 1.979.077 hectares est à 262.251 hectares (M. GRANDEAU, *Journ. agric. prat.*, 1900, I, 158); que leur produit est loin d'atteindre les hauts prix de cette dernière, et que les surcharger, comme il est d'usage, risquerait, en temps de crise, d'en provoquer l'abandon.

IV. — FRAIS GÉNÉRAUX ET SPÉCIAUX.

Les frais ci-dessus ne sont pas les seuls qu'entraîne la culture; il en est d'autres qui incombent spécialement à chaque nature de récolte ou d'une façon générale et indistinctement à toutes les branches de la production agricole.

Dans la première catégorie, ou frais spéciaux, se rencontrent les semailles, binages, sarclages, assurances contre la grêle, fenaison et moisson, battage que nécessite avec plus ou moins d'intensité l'obtention des récoltes. On en porte le chiffre au compte spécial correspondant à chacune d'elles.

La deuxième catégorie, ou frais généraux, se compose de dépenses occasionnées en bloc, résultant de la nature même du genre d'industrie, non imputables spécialement à des spéculations déterminées. Nous placerons ici les impôts afférents à la culture, tels que nous les avons indiqués, le traitement des agents à fonctions générales, s'il en existe, les assurances contre l'incendie, les réparations locatives des bâtiments, l'amortissement du capital instruments ou matériel agricole et enfin l'intérêt du capital cultural d'exploitation.

Barral, dans l'étude précitée, y joint des frais de direction; nous ne pensons pas qu'on puisse aller jusque-là. Si à Masny, où l'exploitation marche au compte de plusieurs associés, quoique dirigée par un seul, cette adjonction peut se 'omprendre; il n'en est pas de même en présence de l'intéressé unique qui doit trouver dans le bénéfice final la rémunération de l'intelligence directrice.

Quant au capital d'exploitation, on peut l'envisager à deux points de vue :

1° La confection de l'inventaire. — Il doit dans ce cas comprendre les instruments, le bétail, les denrées en magasin et les fumiers en tas, les engrais en terre, les emblavures ou terres préparées et ensemencées, les espèces en caisse (portefeuille, effets à recevoir, créances à recouvrer).

Toutes ces valeurs sont le résultat de dépenses en argent faites avec le capital espèces ; on ne doit toutefois, pour celles en voie de transformation, n'inscrire que des chiffres réels, non susceptibles de fausser une situation qu'on a tout intérêt à connaître exactement.

2° Bilan spécial à chaque culture. — Nous n'avons plus ici à constater une situation générale d'où ressortira la perte ou le profit de l'ensemble des spéculations agricoles et animales, mais à préciser les produits bruts et nets des diverses productions, et comme l'entreprise porte sur trois branches spéciales de fabrication : culture, force, matières premières, nous n'avons qu'à dresser le compte de la première, laissant à chacune des autres ses dépenses et recettes particulières.

Le capital d'exploitation se trouve alors réduit au matériel agricole et au fonds de roulement nécessité par les opérations culturales. On peut cependant, pour simplifier seulement, y comprendre le matériel des écuries et étables ainsi que le fonds de roulement qu'elles exigent.

Quant à la valeur des animaux, à leur amortissement quand il y a lieu, ils doivent être laissés au compte spécial de ceux qui, ayant une individualité propre, doivent supporter comme la culture les frais de leur entretien.

Barral cependant les y comprend, sous prétexte que la quote-part revenant à des spéculations ne donnant en général qu'un faible bénéfice est difficile à déterminer (p. 306-307). On peut répondre que cette part est fixée par l'intérêt et l'amortissement du capital vif lui-même ; que, si à Masny le fumier eût été porté à sa valeur (10 ou 12 francs au lieu de 5 et 6 francs 0/00), l'étable et surtout l'écurie avec son bénéfice annuel moyen de 3.917 fr. 55, eussent été parfaitement en mesure de faire face par elles-mêmes à leurs frais de toute nature; qu'en outre, la majoration du prix du fumier qui en serait la suite ne serait qu'une conséquence logique des principes de l'économie rurale, qui n'admet comme valeur que celle du marché.

V. — Améliorations foncières. — Entretien des batiments et chemins.

Les améliorations foncières ont pour effet d'augmenter les facilités de la culture, la valeur ou la fertilité du sol. Elles sont ou permanentes comme le drainage, l'enlèvement des roches, l'établissement de chemins ou bâtiments indispensables, ou passagères comme le chaulage et le marnage.

Elles sont quelquefois, mais trop rarement, le résultat d'accords intervenus entre les deux intéressés, propriété et culture ; nous dirons seulement qu'à défaut de stipulations préalables, les premières incombent logiquement à la propriété dont elles élèvent la rente, qu'elles ne doivent être entreprises par le fermier que si, de même que pour les autres dont il est presque seul à profiter, un bail assez long lui permet sur la majoration des bénéfices de prélever annuellement l'intérêt et l'amortissement du coût de l'opération.

Il s'ensuit, au point de vue comptabilité, que, même si ces améliorations sont l'œuvre du propriétaire-cultivateur, elles ne peuvent figurer en dépenses de l'exploitation que pour l'excédent de fermage dont celle-ci peut être frappée.

Sur l'entretien des bâtiments, nous distinguerons également les réparations locatives des grosses réparations, ne laissant à la charge de la culture, même directe, que les premières dont la culture indirecte serait elle-même tenue dans les termes des articles 1754 et 1755 du Code civil.

Quant à la réparation des chemins, elle se fait le plus souvent à des époques de chômage, où bêtes et gens y trouvent l'emploi de leur activité. Si on la pratique régulièrement chaque année, elle ne peut constituer de travaux importants ; les attelages et la main-d'œuvre fixes étant déjà portés en dépenses, il ne nous semble pas utile de nous y arrêter.

VI. — APPLICATION DES PRINCIPES POSÉS.

Les principes ci-dessus esquissés n'ont pas qu'un intérêt théorique; en simplifiant la comptabilité, ils la rendent plus accessible à la masse des exploitants et permettent un aperçu plus exact des prix de revient.

Comment, en effet, n'être pas frappé des résultats que Barral présente à l'hectare à Masny, pour la betterave et le blé (p. 58 et 59), dans les années 1862 et 1863, les dernières de la période analysée?

On relève, en attelages et fumier, des dépenses comme celles-ci :

Betteraves.

		1862	1863
Attelages	Fr.	271 66	250 96
Fumier et parcage		216 15	179 09
TOTAL		487 81	430 05

Blé.

Attelages.	Fr.	52 09	58 60
Engrais laissés		31 36	59 74
TOTAL		83 45	118 34

La betterave y est chargée de 3 à 6 fois plus que le blé qui profite, avec 83 fr. 45 c. et 118 fr. 34 c. de frais seulement, des façons et fumures au fumier données à la racine, la troisième sole ne supportant rien. Il est, en outre, impossible de savoir qu'il a été par les cultures précédentes laissé de l'engrais pour 31 fr. 36 c. et 59 fr. 74 c.

Il n'est donc pas étonnant si, malgré le prix moyen de vente à la sucrerie annexée, soit 20 fr. 32 c. par 1000 kilogrammes le produit présente des écarts semblables à celui des deux années considérées qui ont donné en 1862 un gain de 130 fr. 06 c. et en 1863 une perte de 273 fr. 55 c. par hectare. Pour la racine fourragère, ce serait une perte constante qui n'en permettrait plus la culture.

Les 487 fr. 81 c. et 430 fr. 05 c. comptés à la betterave pour attelages, fumier et parcage doivent donc être ramenés à un chiffre plus en rapport avec n rôle dans l'assolement ; le blé lui-même — qui, dans l'année 1862 seule, par 33^h,21 de grain à 2^{kg},08, az., 0^{kg},82 ac. ph., 0^{kg},55 pot., et 44 quintaux de paille (p. 53) à 0^{kg},41, 0^{kg},23 et 0^{kg},49 0/0. (MM. Muntz et Girard. : *Engrais*, I, 121) n'a pas absorbé moins de 72^{kg},6, 30^{kg}4 et 35^{kg}1 de ces éléments fertili- sants d'une valeur, à 1 fr. 50 c., 50 centimes et 40 centimes de 138 francs, — doit-être chargé suivant ses exigences.

Le partage égal de ces frais ainsi que de ceux purement afférents à la culture fera donc l'objet des deux tableaux A et B qui, pour comparaison, contien- dront aussi le compte d'après la méthode de Masny, corrigée par Barral.

TABLEAU A

	BETTERAVES			
	1862		1863	
I *Nature des dépenses.*	**II** *Barral*	**III**	**IV** *Barral*	**V**
	fr. c.	fr. c.	fr. c.	fr. c.
Attelages.	271 66	106 87	250 96	123 51
Main-d'œuvre	101 80	101 80	98 35	98 35
Graines	14 93	14 93	17 23	17 23
Engrais : Fumier.	217 80	86 19	179 09	100 40
— Écumes de défécation ; tourteaux. . .	122 63	122 63	198 25	198 25
Épandage (écumes et tourteaux). . . .	»	»	5 69	5 69
Frais généraux (rente, impôts, etc.)	197 17	»	224 60	»
Autres frais généraux (direction, intérêts du capital total d'exploitation, etc.).	176 17	»	204 44	»
Rente du sol.	»	129 »	»	129 »
Intérêts à 5 0/0 du capital cultural d'exploitation (76.000 francs, p. 147 ; 393 fr. 78 c., p. 11). . . .	»	19 68	»	19 68
Frais divers (assurances matériel et récoltes, répa- rations locatives, impôt mobilier)	»	Mémoire.	»	Mémoire.
TOTAUX	1.102 16	581 10	1.178 61	692 11
Coût des 1.000 kilogrammes (60^t,89 et 40^t,29). . .	18 09	9 54	29 25	17 17

OBSERVATIONS. — *Tableau* A. (Betteraves.) — Les colonnes II et IV représen- tent les frais par hectare établis par Barral (p. 79) ; l'exactitude des chiffres de ce dernier n'étant pas complète, nous avons dû rectifier ; c'est ainsi qu'en 1862, à la colonne II, nous avons écrit pour attelages 271 fr. 66 c. au lieu de 171 fr. 66 c., et en 1863, à la colonne IV, 377 fr. 35 c. au lieu de 304 fr. 11 c., pour engrais de toute nature.

Dans les colonnes III et V, contenant l'application des principes posés, nous avons pris les indications de Barral (p. 170), soit par hectare total 32,68 journées de chevaux en 1862 et 37,77 en 1863, que nous avons multipliées par 3 fr. 43 c., coût de la nourriture, de l'entretien et de l'amortissement (p. 166) ; le fumier de l'écurie, à 16 centimes par tête et par jour (p. 159) en a été retranché.

En 1862 et 1863, le fumier total employé et le parcage étant de 16.620 fr. 96 c. et 19.421 fr. 41 c. (p. 239 et 240), nous avons divisé ces chiffres par 192h,82 et 193h,43 ; enfin, l'impôt foncier, 16 fr. 08 c. et 18 fr. 28 c. par hectare (p. 271), a été distrait des chiffres correspondants.

TABLEAU B

I	BLÉ			
	1862		1863	
Nature des dépenses.	II *Barral*	III	IV *Barral*	V
	fr. c.	fr. c.	fr. c.	fr. c.
Attelages	52 09	106 87	58 60	123 51
Semences	44 70	44 70	38 24	38 24
Sulfatage	» 52	» 52	» 12	» 12
Engrais laissé par cultures précédentes	31 36	»	59 74	»
— quote-part annuelle	»	86 19	»	100 40
Tourteaux de colza	92 57	92 57	»	»
Binages, sarclages	15 50	15 50	9 11	9 11
Moisson (chevaux)	17 71	»	15 97	»
— (ouvriers)	31 73	31 73	31 96	31 96
Liens	11 09	11 09	7 11	7 11
Battage (chevaux pour transports)	17 85	»	12 15	»
— (ouvriers)	20 50	20 50	14 67	14 67
Charbon pour machine	4 32	4 32	3 73	3 73
Frais généraux (comme au tableau A)	197 56	»	224 60	»
Autres frais généraux (comme au tableau A)	176 15	»	218 95	»
Rente du sol	»	129 »	»	129 »
Intérêts à 5 0/0 du capital cultural d'exploitation (tableau A)	»	19 68	»	19 68
Frais divers (tableau A)	»	Mémoire.	»	Mémoire.
TOTAUX	713 65	562 67	694 95	477.53
Frais afférents à la paille	126 41	99 69	127 19	87 39
RESTE	587 24	462 98	567 76	390 14
Coût de l'hectolitre (75 kilogrammes)	17 68	13 94	14 92	10 25

Tableau B. (Blé.) — Du total général des dépenses a été retranchée la partie afférente à la valeur de la paille estimée 3 fr. 60 c. le quintal sur 44 et 47 qx 76, la valeur du grain étant de 22 fr. 15 c. et 20 fr. 17 c. l'hectolitre sur 33h,21 et 38h,05 à l'hectare,

Les prix de revient par nous indiqués à côté de ceux de Barral et à la fin de chaque tableau ne sont qu'approximatifs ; ils seraient d'ailleurs majorés par les dépenses inscrites pour *mémoire*.

Nous pensons seulement qu'ils sont de nature à faire ressortir les avantages d'une méthode qui semble commandée par la présente situation économique.

Si, en effet, nous calculons les pertes ou bénéfices réalisés sur les deux soles considérées en 1862 et 1863, nous trouvons les chiffres suivants :

1° *Betteraves.*

1862

(Barral)   60ᵗ,89 × 20ᶠ,32 = 1.227ᶠ,28 — 1.102ᶠ,16 = + 125ᶠ,12
(Autre méthode)   id.   id. =   id.   —   581ᶠ,10 = + 646ᶠ,18

1863

(Barral)   1.178ᶠ,61 — (40ᵗ,20 × 20ᶠ,32) 818ᶠ,69 = — 359ᶠ,92
(Autre méthode)   818ᶠ,79 — 692ᶠ,11   = + 126ᶠ,58

Que deviendrait, dans ces conditions, une exploitation n'ayant pas de sucrerie pour payer la tonne 20 fr. 32 c. ?

2° *Blé.*

		1862	1863
(Barral) grain.	735ᶠ,60 — 587ᶠ,24 = Fr. 148,36		
— —	767ᶠ,46 — 567ᶠ,76 = ... Fr.		199,70
— paille.	158ᶠ,40 — 126ᶠ,41 = ... 31.99		
—	171ᶠ,93 — 127ᶠ,19 = ...		44,74
	Totaux . . . Fr.	180,35	. Fr. 244,44

Il serait, d'après nous, de :

Grain.	735ᶠ,60 — 462ᶠ,98 = Fr. 272,62		
—	767ᶠ,46 — 390ᶠ,14 = ... Fr.		377,32
Paille.	158ᶠ,40 — 99ᶠ,60 = . . 58,71		
—	171ᶠ,93 — 87ᶠ,39 = ...		84,54
	Totaux . . . Fr.	331,33	. Fr. 461,86

Le système proposé tient donc un compte plus rationnel des exigences des plantes, de la solidarité qui les unit, et des variations dans les cours. Il permet à la généralité des exploitations de ne point restreindre, d'augmenter même si possible, la proportion des deux cultures étudiées que notre climat comporte si bien, et ce, même dans des conditions moins favorables de prix de vente et de débouchés.

Si la sucrerie de Masny paie encore aujourd'hui 20 fr. 32 c. la tonne de betteraves, le résultat cultural est encore satisfaisant; mais une diminution est à prévoir par suite de l'encombrement du marché des sucres. En tous cas, pour le blé dès maintenant, à 15 francs l'hectolitre, les mêmes rendements et les mêmes dépenses donneraient :

1862. — (Barral) grain.	498ᶠ,15 — 587ᶠ,24 = — Fr.	89,09
— paille.	158ᶠ,40 — 126ᶠ,41 = + . .	31,99
	Perte . . . . . . Fr.	57,10
1863. — (Barral) grain.	570ᶠ,75 — 567ᶠ,76 = + Fr.	2,99
— paille.	171ᶠ,93 — 127ᶠ,10 = + . .	44,74
	Bénéfice . . . . Fr.	47,73

1862. — (Méthode proposée) grain. 498f,15 — 462f,98 = + Fr. 35,17
— paille. 158f,40 — 99f,69 = + . . 58,71

BÉNÉFICE . . . . . Fr. 93,88

1863. — (Méthode proposée) grain. 570f,75 — 390f,14 = + Fr. 180,61
— paille. 171f,93 — 87f,39 = + . . 84,54

BÉNÉFICE . . . : Fr. 265,15

Ces derniers chiffres nous dispensent d'insister.

Il reste un point cependant à examiner, à savoir si les récoltes ultérieures de la troisième ou de la quatrième sole sont en état de supporter la quote-part en dépenses qui leur revient.

Or, à Masny, l'avoine et les féverolles fumées, chargées d'attelages comme le seigle, les hivernages (seigle-vesces) et le trèfle, ce dernier pour la récolte seule, présentent des comptes rémunérateurs ou près de l'être. En les allégeant, sur les 373 francs à 429 francs de frais généraux inscrits au passif de chacun, de l'impôt foncier, des intérêts du capital animaux et des frais de direction, on verra certainement apparaître pour ces cultures un profit raisonnable que diminuent ou absorbent injustement les spéculations animales.

En tout état de cause, des récoltes intercalaires portant le dénominateur à 4, 5 ou 6 suivant l'assolement, peuvent aussi prendre leur part des dépenses et, par un compte même simplement balancé, décharger les autres.

Notre conclusion sera que, l'impôt foncier écarté, une égale répartition entre toutes les productions des attelages, de la fumure organique et des frais généraux de la culture, comme de la rente du sol, peut seule conduire à de sérieux prix de revient, rendre plus de confiance aux agriculteurs et favoriser la vulgarisation de la comptabilité qui, pour pénétrer plus avant dans la masse agricole, a vraiment besoin d'être simple et l'exact reflet des opérations.

Ensilage des fourrages verts.

(Rapport présenté à la XIVe Section.)

I. — VALEUR ALIMENTAIRE.

L'ensilage des fourrages verts est un mode de conservation reposant sur l'asphyxie ou la paralysie, faute d'oxygène, des ferments aérobies destructeurs de matières organiques. Chassé de la masse par compression, l'air manque aux bactéries pour vivre et se multiplier; elles ne travaillent plus que sur le pourtour où l'air et la lumière peuvent plus ou moins pénétrer. L'action chimique n'a donc pu être bien saisie qu'après les travaux scientifiques du dernier siècle sur les micro-organismes, et la pratique n'a pu, à son tour, utiliser avec succès le procédé que quand il fut établi principalement par A. Goffart qu'une pression considérable et continue sur la masse à conserver était de tous ceux proposés le moyen le plus efficace.

Mais pourquoi cette méthode, éclairée par nos savants, perfectionnée par nos plus habiles praticiens, n'a-t-elle point pénétré dans nos campagnes? L'explication tirée de la routine dans laquelle, dit-on, nous serions passés maîtres, en culture surtout, ne nous satisfait pas; et, tant qu'une propagande active n'aura pas été tentée, nous inclinerons à penser que le vrai motif de l'abstention réside dans l'ignorance absolue de nos populations sur :

La valeur alimentaire du produit ;

Les fourrages plus spécialement destinés à l'ensilage ; .

La possibilité de silos économiques;

Le prix de revient de la conserve;

L'influence de l'ensilage sur l'économie rurale.

Toutes questions étrangères au cultivateur éloigné des applications à imiter, et qui le plus souvent, en dehors de ses fourrages naturels ou artificiels, n'a rien ou presque rien à ensiler.

Nous essaierons, dans les pages qui suivent, de le renseigner sur ces points.

Nous avons sur la valeur alimentaire l'opinion des praticiens, des savants et même du consommateur, de l'animal auquel le produit est destiné.

Tout d'abord, en 1875, MM. Grandeau et Leclerc, après analyse du maïs caragua vert et des ensilages de Burtin et de Cerçay, avec le premier 6 à 20 0/0 et le second 35 0/0 de balles et paille, établissent que, par la fermentation les principes immédiats se modifient comme suit :

1° Fermentation du sucre tout formé dans la plante, production d'alcool, d'éthers composés et d'acides en quantité notable ;

2° Transformation partielle de l'amidon et d'une partie du ligneux en sucre de glucose, sous l'influence de l'acidité du mélange, d'autant plus considérable, que l'ensilage dure plus longtemps ;

3° Concentration des matières grasses et azotées, par destruction de la matière non azotée (fécule et cellulose) d'où :

Enrichissement du fourrage en principes azotés par rapport aux non azotés.

La relation nutritive était passée de $\frac{1}{9,09}$ pour le maïs vert à $\frac{1}{4,81}$ dans l'échantillon de Cerçay. Quand au sucre, de 0,43, il tombe à 0,15, puis remonte à 0,68 et 1,89 suivant la progression de l'acide de 0 à 1/2 0/0. (LECOUTEUX : *Ensilage du maïs*, 45; Discussion, *Journal d'Agr. prat.* 1875, I, 75.)

Vers la même époque, Barral, dans divers échantillons de Burtin, avait trouvé, avec les analyses ci-dessus, des chiffres aussi concordants que possible, étant données les variétés de maïs employé et la proportion différente des balles et paille. (GOFFART : *Ensilage du maïs*, 106.)

Divers chimistes anglais, opérant sur de l'herbe, de la luzerne, du cow-grass (espèce de trèfle), établissent également la valeur nutritive de l'ensilage, insistant sur ce point qu'à chaque analyse les fibres diminuent par la fermentation ou que tout au moins elles deviennent plus solubles. Sir B. Lawes, lui-même, d'abord adversaire, pour diverses raisons, de ce mode de conservation, reconnaît que 100 kilogrammes d'ensilage ont la même valeur que 170 kilogrammes de betteraves fourragères. (LIPPENS : *Enquête anglaise sur l'ensilage*, 57.)

Woelcker enfin, en 1884, dans 28 analyses de fourrages divers ensilés, confirme la valeur nutritive des ensilages qu'il déclare pouvoir être pratiqués avec grand avantage, en vue de la nourriture d'hiver, là où le climat est trop froid ou trop humide. (WOELCKER : *Travaux et expériences*, trad. par M. Ronna, I, 186 et s.)

En 1883 et 1884, M. Joulie est amené à conclure, par l'analyse comparée des fourrages avant et après l'ensilage, que les modifications subies se résument ainsi :

Faible perte des matières azotées alimentaires ;

Perte des deux tiers des matières sucrées ;

Perte d'un tiers des matières amylacées ;

Augmentation d'un cinquième des matières extractives non azotées autres que le sucre et l'amidon.

L'ensilage ferait passer à l'état d'amides non alimentaires une partie des matières albuminoïdes alimentaires du fourrage vert mis au silo ; et cette perte que le même savant avait trouvée de :

4,10 0/0 pour de l'herbe de prairie,

5,62   —   du trèfle incarnat,

33,53   —   du trèfle violet,

se serait élevée, d'après Weiske, cité par Woelcker, à

37,79 0/0 pour du maïs vert,

36,49   —   de la luzerne.

Mais l'expérimentation est venue démontrer que, si l'ensilage fait perdre une partie des matières nutritives contenues, il place celles qui restent sous une forme plus favorable à l'alimentation, et la meilleure qualité de l'aliment ainsi préparé explique les heureux résultats obtenus dans la pratique. C'est ainsi que le trèfle vert, sec et ensilé, servi en proportion correspondante à trois lots d'animaux aussi semblables que possible, a permis de constater la supériorité du dernier sur le second et même sur le premier. Ce qui conduit M. Joulie à conclure que le trèfle ensilé, qui a subi une fermentation et une sorte de coction dans le silo, est plus assimilable que le trèfle sec et surtout que le trèfle vert.

De sorte, ajoute-t-il, « que, bien que le silo détruise une certaine portion de la matière utile, son intervention est néanmoins très précieuse, puisqu'elle assure l'alimentation de l'animal dans de telles conditions, *qu'il pourra détruire de 20 à 30 fois moins de ces mêmes principes alimentaires pour donner le même résultat d'accroissement.* » (Nouvelle étude sur l'ensilage, *Ann. de la Société des Agric. de France* 1885, I, XVI.)

D'ordinaire, écrit M. Grandeau en 1893, l'ensilage est un peu plus riche que le fourrage primitif en matières azotées et légèrement appauvri en principes amylacés et sucrés, la fermentation alcoolique s'étant faite aux dépens des éléments hydrocarbonés. *(La Forêt et la Disette de fourrage,* 79.)

En présence de l'unanimité des savants sur la qualité, nous n'insistons pas sur les opinions exprimées dans l'enquête anglaise par nombre de praticiens des Deux-Mondes, prétendant que deux tonnes d'ensilage valent plus qu'une tonne de foin, que par la dessiccation le fourrage aurait une valeur moindre de 25 à 40 0/0, et qu'ils peuvent par cette méthode tenir un tiers ou une moitié en plus d'animaux.

Il n'y a donc pas lieu de s'arrêter aux pertes (par fermentation, écoulement ou sur les bords), constatées en Allemagne par divers analystes. Si le professeur Albert de Halle, qui a expérimenté des fourrages verts (herbes de prairie, maïs, etc.) ensilés en plein air, a trouvé une perte en matière sèche supérieure à 50 0/0, Lawes et Gilbert, opérant sur du trèfle et de l'herbe de prairie en fosses maçonnées, n'accusent qu'une diminution de 5 0/0 environ, et des stations américaines, avec le maïs en silos fermés, qu'une perte de 15 à 20 0/0 de matières sèches. (*Congrès intern. de l'alim. du bétail en 1900*, 157.) Le genre de silo, la nature du fourrage et le mode d'opérer constituent donc autant de facteurs à considérer ; et les pertes inévitables ne sont pas une raison de se priver d'un procédé dont les avantages, ainsi qu'on le verra plus loin, sont considérables.

Il en est ainsi du fumier de ferme, auquel on ne songe point à substituer les seuls engrais verts malgré les pertes énormes en principes fertilisants qu'y occasionnent les réactions ou destructions diverses dont il est le foyer.

Au reste, l'herbe de prairie et le foin en provenant ont, d'après MM. Muntz et Girard (*Engrais*, I, 155), la composition centésimale suivante :

		Az.	Ac. ph.	Pot.
Herbe de prairie.	En vert.	0,44	0,15	0,60
	En foin	1,31	0,35	1,60

Si l'on admet, en moyenne, que quatre tonnes en vert se réduisent à une tonne en foin, par l'action chimique de la dessiccation, et la perte de feuilles et graines toujours plus riches, les éléments nutritifs de la matière sèche, de la verdure, qui seront réduits à :

Az.	Ac. ph.	Pot.	
$13^{kg},1$	$3^{kg},5$	16^{kg}	0/00

au lieu de :

| $17^{kg},6$ | 6^{kg} | 24^{kg} | 0/00 |

qu'ils avaient dans le produit naturel, auront été diminués de :

Az. $4^{kg},5$ ou $\dfrac{100 \times 4^{kg},5}{17^{kg},6} = 25,56$

Ac. ph. $2^{kg},5$ ou $\dfrac{100 \times 2^{kg},5}{6^{kg}} = 41,66$ } Pour cent de chacun des éléments.

Pot. $8^{kg},5$ ou $\dfrac{100 \times 8^{kg}}{24^{kg}} = 33,33$

S'il fallait cinq tonnes d'herbe pour une de foin, la perte deviendrait alors de :

Az. $8^{kg},90$ ou 40,45 0/0
Ac. ph. 4 ou 53,53 0/0
Pot. 14 ou 46,46 0/0

et ce avec une moins grande digestibilité.

La perte dans les deux hypothèses, dessiccation ou ensilage, peut donc être considérée comme équivalente où à peu près, la partie latérale avariée des ensilages constituant encore un engrais des plus actifs dont la valeur n'est pas inférieure à celle de la conserve même.

D'ailleurs, comme nous y insisterons ci-après, sauf en saisons ou climats trop humides, la pratique de la mise au silo ou de l'emmeulage nous semble de préférence réservée aux productions de printemps ou d'automne, d'un fanage impossible, et que l'animal ne peut entièrement absorber, dont l'excédent sur la consommation est ainsi, au prix de pertes partielles, sauvé d'une perte totale et certaine, les graminées et légumineuses d'été restant en principe la base des conserves sèches.

II. — FOURRAGES A ENSILER. — PRATIQUE DE L'OPÉRATION.

En principe, tous les fourrages peuvent être ensilés ; graminées, légumineuses, crucifères se prêtent parfaitement à ce mode de conservation, hachées ou non, suivant la grosseur et la dureté des tiges, et même sans hachage préalable du maïs et du sorgho pour lesquels ce travail supplémentaire n'intervient qu'en vue de faciliter le tassement, d'éviter le gaspillage par l'animal et de permettre l'adjonction, pour ceux qui en sont partisans, d'une quantité variable de paille et de balles de céréales. Reilhen, le principal promoteur de l'ensilage en Allemagne, a ainsi depuis longtemps traité le maïs et le sorgho, la luzerne, l'orge, les vesces et les feuilles de betteraves. On connaît l'emploi des feuilles de vigne destinées aux chèvres du Mont-d'Or ; et la betterave elle-même, peut avec avantage, ainsi que le déclarait M. Mir, au Congrès de l'alimentation rationnelle du bétail en 1900 (p. 175), passer dès sa récolte au coupe-racine et être soumise au procédé avec ou sans paille et balles ; elle résiste mieux ainsi au réveil de la végétation et garde plus longtemps au printemps sa qualité nutritive. Il en est de même de la pomme de terre crue, hachée, ainsi que l'ont démontré les essais de MM. Vauchez et Marchal, G. Cormouls-Houlès, et une pratique courante en Allemagne et en Autriche.

Nous avons personnellement expérimenté avec succès le colza d'hiver seul, ainsi que la vesce velue avec seigle ; le produit encore garni de ses feuilles a été avidement consommé.

Il n'y a donc pas de raison de supposer qu'une plante alimentaire quelconque, soumise en vert à la loi générale de décomposition, puisse se soustraire aux heureux effets du silo ; et l'avoine, les pois, le trèfle, le millet, le moha, la navette, le ray-grass, le trèfle incarnat, le sainfoin et l'ajonc peuvent s'ajouter à celles déjà citées.

Enfin, les fourrages avariés eux-mêmes, les maïs, pommes de terre, ou betteraves atteints par la gelée, seront sauvés d'une perte totale par le séjour dans le silo ; quant aux feuilles et ramilles d'arbres, les expériences qui ont suivi la désastreuse année 1893 ne laissent aucun doute sur leur utilisation possible. (MM. Grandeau : Sur la ramille alimentaire, 77, et G. Cormouls-Houlès : Le Domaine des Faillades. 69.)

Mais, si toute verdure peut être ensilée, il reste en pratique à déterminer celles qui de préférence doivent servir à constituer le stock sec dont l'animal a également besoin. Sauf en cas de climats ou de saisons trop humides, de main-d'œuvre insuffisante et chère, on peut ranger dans cette catégorie : l'herbe de prairie, la luzerne, le trèfle, le sainfoin, dont la dessiccation s'opère facilement et dont la récolte a lieu à une époque généralement propice à cette transformation. Quant aux regains tardifs, ainsi qu'aux productions de printemps et d'automne, leur ensilage est indiqué ; ils seraient par leur nature et le moment de leur floraison d'un fanage impossible ou tout au moins difficile et ruineux. Nous plaçons dans ce compartiment le colza, la navette, le seigle, le trèfle incarnat, les vesces, pois et féverolles, les divers millets et mohas, quand ils arrivent tard en saison, les maïs et sorghos, la moutarde blanche et le sarrasin.

Comme une tonne de maïs caragua à 2,24 0/00 d'azote total ne saurait équivaloir pour l'animal à une tonne colza à 4,6 ou moha à 4,4 (Wolff), il serait même à propos de corriger, par des mélanges appropriés, l'insuffisance de certains fourrages en un ou plusieurs des éléments nutritifs; c'est ainsi que particulièrement dans les provinces de Québec et d'Ontario, où l'hiver dure de six à sept mois, les Canadiens, non moins experts en ensilage que leurs voisins, pratiquent *dans toutes les fermes*, au moment de la mise au silo, un mélange de maïs et d'autres fourrages verts garnis de leurs grains : féverolles, pois, lentilles, etc. On y emploie aussi de plus en plus, pour l'engraissement et les vaches laitières, le mélange spécial dit Robertson, composé en poids de :

Maïs fourrage avec épis.	100
Fèves de cheval (*Faba vulgaris equina*).	25
Têtes de soleil (*Helianthus annuus*).	10

Pour obtenir sur le terrain les quantités proportionnelles voulues, on ensemence, par chaque hectare de maïs, 50 ares en fèves et 25 ares en tournesol (DESCOURS-DESACRES et HITIER : *Journ. d'Agric. prat.* 1900, I ,420.)

Dans l'espèce, au maïs ne titrant que azote 2,24 0/00 et graisse 4, dont digestible 1,12 et 2 seulement, la féverole, quoique n'étant qu'au début de la floraison, par son apport d'azote 4,8 0/00 et graisse 5, dont digestible 3,52 et 4 (Wolff), relève la conserve que l'hélianthe annuel enrichit encore.

Mise au silo. — Nous n'entrerons pas ici dans le détail des sortes d'ensilage qu'il est possible d'obtenir et des moyens proposés pour les réaliser. L'ensilage brun foncé ou aromatique, brun clair ou verdâtre, vert olive de M. Mer de Longemer (Vosges), l'ensilage doux ou acide des chimistes nous semblent surtout compliquer la question, et plus d'un praticien, malgré ses précautions, a dû souvent renoncer à viser l'un plutôt que l'autre.

Ce qui importe, c'est de mener rondement l'opération, quelque temps qu'il fasse. La verdure étant bonne à prendre, c'est-à-dire autour de la floraison, ne doit subir aucun commencement de dessiccation; mouillée ou non, elle est, sitôt coupée, conduite au silo, étendue régulièrement sur toute la surface, les tiges parallèles aux bords, en plus grande quantité sur le pourtour qui sera lui-même plus fortement piétiné ou tassé que le centre. Il n'est pas besoin de sel, ni de balles ou menue paille. La rapidité du remplissage n'est limitée que par la main-d'œuvre et les attelages disponibles ou l'utilité de laisser prendre au tas une température de 55 à 65 degrés sans la dépasser, afin de provoquer un affaissement qui rende libre une partie du silo. On peut ainsi rester un, deux ou trois jours sans ensiler, suivant la plus ou moins grande disposition du fourrage à s'échauffer. Cette chaleur atteinte, un nouvel apport calme l'échauffement par son poids et ainsi de suite jusqu'à complet remplissage à une hauteur telle que, par le tassement dû à la fermentation et aux poids superposés, la meule vienne d'elle-même remplir la cavité que l'on couvre en toit avec des bottes de paille. Ce chapeau n'est même pas indispensable; nous avons obtenu sans lui d'excellentes conserves; il peut cependant avoir sa raison d'être contre l'excessive chaleur ou la trop grande humidité.

Le poids à appliquer, en moellons ou autres matières lourdes, doit être au

moins de 500 kilogrammes par mètre superficiel ; nous chargeons de 30 mètres
cubes de moellons pesant au moins 45 tonnes. Ce poids peut être posé directement sur la verdure, mais en petits murs et en largeur, afin de faciliter, lors
de la vidange, l'extraction par tranches verticales, de haut en bas, d'une épaisseur proportionnée au poids de conserves à distribuer journellement.

L'emploi de la paille, dessous, par côtés et dessus, n'est pas indispensable.

La masse ainsi traitée aura une telle densité qu'une hache seule permettra
de la découper.

III. — Silos économiques.

La valeur alimentaire établie, le départ fait entre les productions à sécher
et celles à ensiler, quel type de silo serait le mieux adapté à la moyenne et
à la petite culture ? Doivent d'abord être éliminées, comme du domaine seulement des grandes exploitations, les splendides constructions en maçonnerie
sous hangar du Boulleaume (Oise) et des Faillades (Tarn) où MM. le vicomte
de Chezelles et G. Cormouls-Houlès depuis de longues années accumulent les
produits annuels de 100 et 300 hectares de verdure. Les granges ou remises
ne sont pas toujours utilisables comme à Cerçay où Lecouteux installait ses
conserves après la vente des grains.

Le silo en fouille ou en remblai avec couverture en sable ou en terre nécessite une forte main-d'œuvre. Quant au système américain ou canadien, hors
de terre, en maçonnerie et bois ou bois seulement, toujours avec une double
épaisseur de matériaux séparés par une couche d'air protégeant la masse des
froids les plus rigoureux, ou remplis de terre légère ou fumier, l'établissement
et l'entretien en sont encore relativement dispendieux.

Reste la meule, sous hangar ou en plein air, avec un mode de compression
à déterminer.

Sous hangar, il faut construire ou utiliser ceux réservés à d'autres emplois ;
en plein air, c'est le système essayé primitivement par MM. G. et J. Cormouls-
Houlès et Rouvière de Mazamet (Tarn), que le premier a ensuite abandonné et
qu'a repris M. le baron Peers, à Oostcamp près Bruges (Belgique). Il consiste à
monter sur le sol même, préalablement creusé à 30 centimètres de profondeur,
un tas carré ou rectangulaire, proportionné comme base à la hauteur possible,
maintenu en équilibre à l'aide du thermomètre et de chargements aux endroits
disposés à s'affaisser ; couverture de terre et de matériaux pesants. La perte sur
les bords serait peu importante, comparée à la masse comestible. *(Congrès intern.
d'agric., Paris 1900, I, 379 ; Journal d'Agric. prat., I, 1900, 458.)*

Nous mentionnerons également un essai par nous tenté en 1900, qui participe
de la meule et du silo hors terre, en terrassement fixe, et nous a donné en
1901, avec colza d'hiver et seigle-vesces, d'excellents résultats.

Il consiste en deux silos elliptiques de chacun 14 mètres de long sur 4 mètres
de large et 2 mètres de hauteur ; une fouille de 50 centimètres a fourni des
talus élevés de 1m,50 sur le sol naturel, recouverts de gazon et présentant une
base de 1m,50 avec 1 mètre de table ; ces talus maintiennent la meule au
début (suivant l'abondance du fourrage) sur la moitié environ de sa hauteur
jusqu'au moment où, par le tassement journalier résultant de la fermentation,
des fourrages accumulés et du dépôt final de matières lourdes, la meule vient
d'elle-même s'encastrer dans la cuve qu'elle remplit jusqu'aux bords.

Les dépenses ont été les suivantes :

Terrassement, silo n° 1, 23 journées . . . . . . Fr. 46 »
— silo n° 2, 29 — . . . . 58 »
Moellons :
Extraction 60m × 1 fr. 75 c. . . . . : . Fr. 105 »
Roulage 60m × 3 francs . . . . 180 »
Tuyaux pour écoulement . . . . 7 »
TOTAL POUR 2 SILOS. . . . . Fr. 396 »

Soit, par silo 198 francs.

La capacité de chacun étant de 112 mètres cubes, c'est par mètre $\frac{198}{112} = 1$ fr. 76 c.

de frais d'établissement, que, dans bien des cas, un cultivateur actif peut réduire et même économiser, en exécutant avec les siens tout ou partie des travaux ci-dessus.

Ce n'est, au surplus, par silo, à 10 0/0 pour intérêt et amortissement, que 19 fr. 80 c. à ajouter au coût de l'ensilage total ou $\frac{19 \text{ fr. } 80}{112^m} = 17$ centimes. par mètre cube de conserve.

Nous n'indiquons, d'ailleurs, notre type de silo que pour en permettre l'essai aux intéressés, le maçonnage intérieur restant toujours possible, après constatation des avantages obtenus.

IV. — PRIX DE REVIENT DES CONSERVES ET DES RATIONS.

Il semble que si, au lieu d'être distribué en vert, le fourrage passe préalablement au silo, le coût de l'unité comestible ne sera augmenté que de l'excédent de dépenses occasionné par cette opération.

Si donc, laissant au passif de culture la coupe et le bottelage, s'il y a lieu, le transport, frais qu'aurait également à supporter la verdure passant directement à l'étable, on ne calcule que l'ensilage proprement dit, on obtient les chiffres suivants que notre comptabilité nous révèle :

Un homme au silo, 7 jours à 2 fr. 50 c. . . . . . Fr. 17 50
Pose des pierres, 8 jours à 2 fr. 50 c. . . . . 20 »
Enlèvement des pierres, 8 jours à 2 fr. 50 c. . . . . 20 »
Intérêts et amortissement (silo et matériaux) 19 80
TOTAL. . . . . . . Fr. 77 30

Ce serait donc, pour un cube égal à celui ci-dessus (112 mètres), une dépense supplémentaire de $\frac{77 \text{ fr. } 30}{112^m} = 0$ fr. 69 c. par mètre cube de capacité.

Mais une perte sur les bords doit être prévue ; si l'on admet de ce chef une partie avariée de 20 centimètres au pourtour et de 15 centimètres dessus et dessous réunis, on a :

Perte au pourtour : 28m (14 × 2) + 8m (4 × 2)
= 36m × 2mll = 72m × 0m,20 =   14m,40
Perte dessus et dessous réunis : 56m × 0m,15 =   8m,40
TOTAL 22m,80

24

La conserve alimentaire utile n'est plus alors que de $112^m - 22^m,80 = 89^m,20$, ce qui porte le coût de l'opération à $\dfrac{77 \text{ fr. } 30}{89^m} = 0$ fr. 86 c. par mètre cube.

Quant au prix de revient de la ration d'ensilage qui varie généralement, suivant les disponibilités, de 15 à 25 kilogrammes par tête de 4 à 500 kilogrammes, on peut l'apprécier environ ainsi qu'il suit :

La verdure à 80 0/0 d'eau, estimée 8 francs par 1.000 kilogrammes à l'étable, ce qui est suffisant pour des fourrages de haut rendement, perd au silo environ 40 0/0 de son poids. Le poids moyen du mètre cube de conserve étant de 800 kilogrammes, aura pour origine $\dfrac{800^{kg} \times 100}{60^{kg}} = 1.333$ kilogrammes vert et pour valeur initiale celle de 1.333 kilogrammes vert, à 8 francs les 1.000 kilogrammes, soit $\dfrac{8 \text{ fr. } \times 1.333}{1.000} = 10$ fr. 66 c. plus 86 centimes coût de l'ensilage proprement dit, au total 11 fr. 52 c.

20 kilogrammes de conserve ajoutés à la ration auront donc une valeur de $\dfrac{11 \text{ fr. } 52}{800} \times 20^{kg} = 0$ fr. 28 c. au lieu de $\dfrac{8}{1.000} \times 33^{kg},33 = 26$ centimes en vert. C'est une augmentation de 2 centimes que couvrent et au delà la concentration et la plus grande digestibilité de l'aliment.

V. — INFLUENCE GÉNÉRALE DE L'ENSILAGE SUR L'ÉCONOMIE RURALE.

On ne verrait qu'un côté de la question en considérant seulement l'ensilage comme un moyen de régulariser en tous temps et tous lieux l'alimentation en vert du bétail. Bien qu'à cet égard l'avantage soit inappréciable, puisqu'avec 100 mètres cubes seulement ou 80.000 kilogrammes on dispose de 4.000 rations pouvant, à 20 kilogrammes par tête, subvenir pendant plus de quatre mois (133 jours) à la moitié au moins de la provende journalière d'une étable de 30 têtes, cette pratique se recommande à d'autres points de vue intéressant l'économie rurale.

C'est ainsi que ce procédé, indépendant des vicissitudes atmosphériques, permet au cultivateur de mettre plus rapidement sa récolte en sûreté ; que, le temps ou le climat étant sec ou humide dès le début de l'opération, on en peut fixer la fin, alors que, par la dessiccation, l'ordre général des travaux agricoles est plus ou moins influencé par les intempéries.

La possibilité de conserver facilement et économiquement, pour les temps de pénurie, le surplus de la consommation, doit amener le cultivateur à se procurer de plus en plus par des cultures intercalaires d'amples provisions fourragères que l'emploi immédiat lui commandait jusqu'ici de restreindre ; l'assolement général de l'exploitation reçoit donc de ce chef une plus grande élasticité. Le cultivateur pourra même, dans cet ordre d'idées, envisager la culture alterne et intensive des céréales et des fourrages de haut rendement, en vue par ces derniers, de printemps et d'automne, de retenir les nitrates, de fournir au sol le maximum d'azote assimilable et de matières humiques et d'atténuer par des rendements supérieurs le résultat de la baisse sur le prix du blé.

La culture des plantes sarclées, maïs, racines, tubercules, ne devra pas toutefois être abandonnée, même dans les pays où ces produits ne peuvent être transformés que par l'animal ; mais leur étendue, s'il y a lieu, seulement pro-portionnée à la nécessité du nettoyage ou de l'ameublissement des terres et aux exigences de la main-d'œuvre.

Enfin, par le silo, la nourriture se rapproche le plus possible de l'état naturel du fourrage et son action sur le bétail ne peut que s'en accroître ; les denrées médiocres ou même avariées, si elles ne peuvent s'y améliorer, sont rendues plus utilisables, et, par des mélanges judicieux au moment du remplissage, la relation nutritive peut être ramenée au type le plus avantageux.

Si, théoriquement, on généralisait le procédé avec récolte dérobée régulière-ment pratiquée, on arriverait à des chiffres qui, pour paraître fantastiques, n'en seraient pas moins l'expression de la vérité.

M. Dehérain, par l'enfouissement, à l'arrière-saison, d'une récolte de vesces de 15.000 kilogrammes sur nos 7 millions d'hectares de blé, en estime la valeur à 105 millions de tonnes de fumier (engrais et ferments 219.)

Nous avons nous-même calculé que, sur nos 25 millions d'hectares assolés, une première sole de 5 millions d'hectares de colza d'hiver, en pleine récolte, et à 50 tonnes par hectare, donnerait 250 millions de tonnes d'un fourrage riche, obtenu à bas prix et supérieur en quantité et qualité à toute notre pro-duction fourragère actuelle, qui oscille en vert entre 145 et 176 millions de tonnes suivant le multiplicateur pour les produits fanés (*Congrès intern. d'agric.*, Paris 1900, t. II, 195,) occupant 10.105.000 hectares y compris her-bages, prés naturels et artificiels, betteraves fourragères et pommes de terre, soit 40,40 0/0 des terres cultivées (M. GRANDEAU : Sur statistique officielle agricole de 1898, *Journ. d'agric. prat*, 1900, I, 11.)

Cette nourriture supplémentaire à 60 kilogrammes par jour permettrait d'ajouter à nos 13.708.000 bovins (statistique 1892), un effectif de 11.363.000, soit, à 450 kilogrammes, 5.113.350 tonnes de poids vif, qui élèverait de 200 à 361 kilogrammes la répartition par hectare de terres, prés et herbages (31.691.000 hectares.)

Cette même quantité de colza à $4^{k},6$ azote, $1^{k},2$ acide phosphorique, $3^{k},5$ potasse 0/00, présenterait, en matières nutritives mobilisées et ramenées pour moitié au moins (vu le système radiculaire particulier) des profondeurs extrêmes du sous-sol, les chiffres suivants :

	Tonnes.		Tonnes.
Azote	1.150.000	équivalent à	7.666.666 de nitrate de soude.
Acide phosphor.	300.000	—	2.000.000 de superphosphate minéral à 15 0/0.
Potasse	875.000	—	1.750.000 de chlorure de potassium à 50 0/0.

Le tout, aux prix actuels du commerce, d'une valeur de plus de 2 milliards (2.089 millions). — Congrès intern., 1900, *loc. cit.*)

Quelle ressource fourragère ! Quelle économie de nitrate notamment, en sup-posant même un important déficit sur la production ou les emblavures.

Disons, pour rester dans la réalité, que l'exploitant de 5 hectares de terre de consistance moyenne, appropriée au seigle, à l'avoine, aux vesces ou à la navette, au colza, etc., obtiendra annuellement, en supplément par l'interca-lation de cette culture hivernale précédant la plante estivale, 30, 40, 50 tonnes d'un fourrage qui ne lui aura presque rien coûté en argent déboursé, sauf pour les vesces, et que l'ensilage lui permettra de réserver ; culture qui prendra en outre sa part dans les frais de toutes sortes et déchargera d'autant les récoltes principales.

Les cultures dérobées trouvent donc, appuyées sur l'ensilage, un emploi de plus en plus indiqué; et l'on peut affirmer que, dans l'ordre scientifique auquel ces deux pratiques se réfèrent, l'explication qui a été fournie de leurs effets physiologiques et chimiques est une des plus importantes conquêtes de la fin du dernier siècle.

MM. le baron PEERS et BAUWENS, à Bruges.

L'ensilage d'herbe. — L'érection de meules en plein air entraîne un déchet assez considérable. Cette grande perte de matières utiles provient de ce qu'il est impossible de tasser et de comprimer l'herbe des bords avec le soin voulu.

Un appui, par exemple : un mur en maçonnerie ou la paroi d'un silo creusé en terre, est indispensable pour soumettre l'herbe des côtés à une pression suffisante ; le jus s'accumule dans les parties peu ou pas comprimées et y provoque la fermentation putride et la moisissure.

Il importe aussi d'empêcher les infiltrations d'eau par le dessus ; il faut donc veiller à ce que la couverture soit étanche et ne laisse l'eau prendre contact avec le fourrage.

Pour réaliser ces desiderata, M. le baron PEERS a construit un silo couvert en maçonnerie de 18 mètres de long, 9 mètres de large et 6 mètres de haut ; il a commencé à ensiler le 26 mai dernier et, à l'heure actuelle ; il est assuré de sa provision d'hiver pour un troupeau de soixante-dix têtes de bétail dont cinquante vaches laitières.

La façon d'opérer est sensiblement la même que celle décrite dans l'une des notices (1) ; le silo-hangar permet de réduire l'emplacement ; grâce aux murs latéraux on n'a pas à craindre la déviation de la meule par suite d'un échauffement inégal dans les différentes parties.

M. Émile MER.

L'ensilage de l'herbe de prairie. — Dès mes premiers essais d'ensilage, remontant à l'année 1885, j'ai reconnu que, contrairement à l'opinion admise jusqu'alors, on doit éviter d'ensiler par la pluie, car le produit obtenu dans ces conditions est défectueux à tous égards. Il exhale une odeur nauséabonde et communique au lait, à la crème et au beurre un goût des plus désagréables, sans compter qu'il n'est accepté qu'avec la plus grande répugnance par les vaches laitières et qu'il est nuisible, au point de vue de leur engraissement et même de leur santé. Des recherches ultérieures m'ont montré que la teneur de l'herbe en eau, au moment de l'ensilage, exerce une action prépondérante sur le genre de fermentation dont elle est le siège dans le silo.

Si l'herbe renferme moins de 70 0/0 d'eau, ce qui arrive lorsqu'elle est formée presque exclusivement de graminées ou bien qu'elle se trouve très mûre ou légèrement fanée, le produit obtenu est brun foncé et possède une odeur aroma-

---

(1) L'ensilage d'herbe. — La conservation de l'herbe par l'emmeulage.

tique agréable. Ce fourrage est très apprécié par le bétail. Mais il moisit rapidement dans le silo sur la surface de section et oblige à rafraîchir celle-ci tous les
deux ou trois jours, ce qui serait un grand inconvénient pour les petites exploitations. Je l'ai appelé *ensilage brun foncé ou de 1re sorte*. L'ensilage brun clair ou de
2e sorte est réalisé quand on opère sur de l'herbe renfermant de 70 à 80 0/0
d'eau, c'est le cas pour le fourrage fraîchement fauché, parvenu à un degré moyen
de maturité et n'ayant pas subi un commencement de fanage. Ce produit a une
odeur acide, moins agréable que la précédente. Il est un peu moins apprécié par
le bétail, mais il présente l'avantage de ne pas moisir sur la tranche, quand le
silo est mis en consommation. Il communique parfois un léger goût au lait,
mais trop peu accentué pour être transmis aux produits qui en dérivent :
crème, beurre ou fromage. La chaleur développée par cette fermentation est
bien moindre que celle qui résulte de la production d'ensilage de 1re sorte.
L'*ensilage de 3e sorte ou vert olive* provient de l'enfouissement d'herbe renfermant
plus de 80 0/0 d'eau, ce qui est le cas quand elle est très jeune ou fauchée à la
rosée et surtout trempée par la pluie. Il exhale une odeur infecte, due à l'acide
butyrique et surtout à l'acide propionique. La chaleur développée dans le silo
est plus faible encore que dans l'ensilage de 2e sorte. Pour tous les motifs qui
viennent d'être exposés, c'est à celui-ci qu'on doit donner la préférence, surtout
quand on ne vend pas le lait en nature. On doit surtout éviter d'obtenir l'ensilage de 3e sorte et pour cela bien se garder d'enfouir de l'herbe mouillée et
surtout versée. C'est parce que cette précaution a été trop souvent négligée et
aussi parce qu'on a cru pouvoir ensiler sans silos, qu'il y a eu autant de
mécomptes et que la pratique de l'ensilage s'est aussi peu répandue, surtout
dans la petite culture.

M. Paul RENAUD, à Paris.

L'emploi de l'oxygène pour le vieillissement des eaux-de-vie, etc. — L'auteur
expose le fonctionnement d'un appareil, construit par M. W. de Saint-Martin,
dans lequel est réalisé aisément le contact intime du liquide et de l'oxygène
sous pression.

Il assure que cet appareil a permis en une seule passe de modifier d'une façon
complète et avantageuse une eau-de-vie de fabrication récente.

Ce traitement donne au vin des qualités nouvelles et corrige certains défauts
(tel que le foxage peu accentué).

Par des traitements un peu analogues on réalise l'oxydation des huiles et
leur transformation en huile siccative, l'oxydation de solutions tinctoriales, etc.

— Séance du 11 août —

M. le Dr LOIR, à Paris.

L'organisation de la destruction des rats au Danemark.

M. Joseph COUILLARD, à Montauban (Tarn-et-Garonne).

Les principaux obstacles aux progrès de l'Agriculture française. — L'auteur
range sous deux titres les principaux obstacles aux progrès de l'Agriculture

française : 1° l'Agriculture française manque de patrons capables; 2° l'Agriculture française gaspille ses forces. — Dans le premier chapitre, l'auteur passe en revue les principales fonctions sociales qui s'imposent aujourd'hui aux patrons agricoles : choix et direction des cultures, production des fourrages, des animaux productifs de travail, de viande ou de lait, culture de la vigne pour le vin ou le raisin de table; maniement du personnel. L'auteur indique les principales difficultés que présentent ces branches agricoles. — Il recherche ensuite l'origine, le recrutement, la préparation des patrons agricoles et examinant les principaux genres d'exploitation : par fermiers, par métayers et par maîtres-valets. Il signale les avantages et les inconvénients de chacun de ces systèmes. Il indique sommairement pourquoi le métayage donne de bons résultats dans le Nord et le Nord-Ouest de la France, tandis que ces résultats laissent beaucoup à désirer dans le Sud-Ouest. — De tout ce qui précède, l'auteur conclut que, dans la plus grande généralité des cas, les directeurs de cultures, les patrons agricoles ne sont pas à la hauteur de leurs fonctions sociales.

Dans le second chapitre, l'auteur montre que l'Agriculture ne peut devenir prospère, en face des difficultés qu'elle rencontre aujourd'hui, qu'en se rapprochant de l'industrie par ses méthodes, c'est-à-dire en spécialisant sa production, afin de diminuer les prix de revient par unité récoltée.

Discussion. — M. MAYNARD : L'enseignement purement professionnel donné à des enfants de moins de onze ans (c'est l'âge des élèves des écoles primaires), comme le voudraient MM. Bories et Poitou, ne me paraît pas pouvoir donner de résultats suffisants; et d'autre part il me paraît difficile que les instituteurs puissent faire entrer dans la cervelle de ces bambins autant de connaissances professionnelles en plus des notions fondamentales d'arithmétique, de français, etc., qu'ils ont la juste mission de leur donner.

Je crois, avec M. Couillard, que ce sont les exploitants qui doivent les premiers avoir une instruction technique sérieuse; avec elle ils sauront tirer un bien meilleur parti de leur domaine : d'une part, soit que, par de judicieuses applications des dernières découvertes de la science agronomique, ils élèvent les rendements de leurs terres, soit que, par une juste connaissance des conditions économiques de leur domaine, ils sachent choisir des cultures plus rémunératrices; d'autre part, les enfants qui sortent des écoles primaires pourront faire chez ces praticiens instruits un excellent apprentissage, tandis qu'ils le font généralement dans de déplorables conditions.

Le principal obstacle aux progrès de l'Agriculture française me paraît donc être le manque d'instruction technique des agriculteurs chefs d'exploitation, et cet obstacle disparaîtra de lui-même dès que les populations rurales se mettront à user largement des foyers d'instruction à la fois professionnelle et théorique répandus à profusion en France, depuis déjà longtemps, sous le nom d'Écoles pratiques d'Agriculture, et, à un degré supérieur, d'Écoles nationales d'Agriculture.

M. le Dʳ B. BORIES, à Montauban.

Note sur un cépage blanc, le Foster's White Sedling, cultivable dans la région du Sud-Ouest. — M. le Dʳ BORIES rend compte de ses observations remontant à près de dix ans, sur la culture en pleine terre d'un cépage à raisins de table, peu connu, le Foster's Sedling.

Ce cépage est d'une fertilité remarquable, à jus riche et abondant, donnant après vinification un vin blanc délicat de 11° à 12°.

Défectueux comme raisin de table en ce sens qu'il nécessite un copieux ciselage, il lui paraît être un raisin à vin blanc d'un grand avenir; à ce point de vue il n'en connaît pas qui puisse lui être comparé. Il exige une taille courte, condition d'une bonne maturation, et n'est pas plus sensible que les autres variétés de la région aux maladies cryptogamiques. Il constitue certainement un énorme progrès sur d'autres cépages blancs cultivés sans aucun discernement dans la région du Sud-Ouest, et qui méritent d'être abandonnés.

————

MM. BORIES et DELBREIL.

Du rôle de l'acide carbonique en viticulture et en vinification. — MM. Bories et Delbreil font connaître le rôle de l'acide carbonique liquide, comme force motrice dans la pulvérisation des vignes.

Ils ont fait ressortir les avantages de cette méthode au triple point de vue de la rapidité d'exécution des traitements, de leur efficacité et de l'économie qui en résulte.

Ils ont aussi indiqué les services que l'acide carbonique peut rendre dans les caves : 1° en redonnant au vin l'acide carbonique de fermentation dont il est normalement constitué; 2° en faisant le plein des futailles en vidange avec l'acide carbonique, qui, ennemi des mycodermes, assure la conservation du vin et de toutes les boissons fermentées ; 3° en donnant la pression nécessaire aux transvasements des futailles à l'abri du contact de l'air, pour éviter la casse des vins.

Discussion. — M. Maynard : J'ai vu conserver jusqu'au mois de mars cette année une vingtaine d'hectolitres de vin placés au sortir de la cuve de fermentation dans une cuve fermée où l'on entretenait simplement une atmosphère constante d'acide carbonique sous pression ; à la sortie de la cuve ce vin put être soutiré sans « casser » dans des barriques, bien que dans ce soutirage il fût fortement aéré, et qu'il fût de nature essentiellement « cassable » comme la plupart des autres vins du pays cette année. Après plusieurs jours de repos, et un ou deux soutirages, il ne se distinguait plus des autres vins ordinaires du même vignoble, et l'on avait économisé l'achat d'une dizaine de barriques. C'est à l'École d'agriculture et viticulture de La Réole (Gironde) qu'a été faite cette expérience.

————

M. Alfred LACOUR, à Paris.

Un cas de maladie du blé. — Les récoltes de blé présentaient cette année jusque vers le 5 juillet un aspect magnifique; puis, tout à coup, il se produisit dans certaines cultures une maladie cryptogamique tout à fait spéciale. Le haut des tiges sur une longueur d'environ vingt centimètres fut envahi par la rouille noire. Le reste de la tige était indemne, parfaitement sain et sans aucune verse. L'épi n'était pas attaqué, mais le blé qu'il contenait était tari. La maladie n'apparut que dans le voisinage immédiat des forêts; leur influence était manifeste et on peut l'attribuer, soit à la gestation d'une forme hivernale du cryptogame hétéroïque, soit à l'écran que ces bois produisaient en empêchant l'air de circuler. Les quatre à cinq journées suffisantes pour cet envahissement cryptogamique furent particulièrement chaudes. Aucun agriculteur ne se souvient d'avoir observé un cas semblable et M. Lacour ne l'a trouvé décrit dans aucun ouvrage.

————

— Séance du 13 août —

M. le Dr B. BORIES, à Montauban.

La protection des Oiseaux et l'Agriculture. — M. le docteur BORIES insiste sur deux points : d'abord l'extension croissante des maladies parasitaires, autrefois inconnues ou à peine signalées dans la région, maladies qui tendent à compromettre de plus en plus la culture fruitière et même la culture de pleine terre.

En second lieu, il signale la disparition rapide et croissante des petits oiseaux, dont plusieurs espèces semblent sur le point de disparaître.

M. le docteur Bories confirme les observations déjà faites par plusieurs naturalistes, en particulier celles déjà anciennes de Florent Prévost, à savoir que tous les oiseaux, même les granivores, sont de grands destructeurs d'insectes. Il ne devrait y avoir d'autre classification, en matière de police de chasse, que celle en oiseaux utiles et oiseaux nuisibles. Pour la première catégorie, la chasse au fusil doit seule être autorisée et tous les engins de quelque nature qu'ils soient doivent être sévèrement prohibés.

Discussion. — M. KÜNCKEL, d'HERCULAIS : Nous ne pouvons qu'appuyer les revendications de M. le docteur Bories en faveur des oiseaux insectivores ; mais nous pensons qu'il faut élargir la question en montrant que non seulement les intérêts de l'Agriculture sont en jeu, mais en faisant remarquer que les intérêts généraux des chasseurs et des consommateurs de gibier sont tout aussi engagés dans la conservation de la gent emplumée.

Il n'est pas douteux que la multiplication extraordinaire des sauterelles (Caloptènes italiques) dans le sud-ouest de la France, ces dernières années, est dû en grande partie à la diminution du nombre des perdrix grises et rouges et surtout des alouettes. Dès l'an dernier, à l'exemple de ce qui avait été fait en Algérie sur la demande des Comices agricoles, nous avons réclamé l'interdiction de la chasse aux alouettes, celles-ci étant non seulement indicatrices des gisements d'œufs de sauterelles, mais grandes consommatrices de ces insectes. Des arrêtés d'interdiction de chasse au filet ont été pris à ce sujet par plusieurs Préfets des départements du Sud-Ouest, malgré les protestations des habitants. Quant aux perdrix, nous avons surpris dans le Poitou des compagnies faisant une véritable extermination de jeunes caloptènes italiques (arrondissement de Civray).

La distinction entre les oiseaux utiles et les oiseaux nuisibles est extrêmement difficile à faire, car tel oiseau, réputé nuisible, peut en d'autres circonstances être un auxiliaire des plus précieux ; par exemple, le moineau qu'on voue trop souvent à toutes les malédictions, est un insectivore, et en particulier un acridophage, des plus méritants. Il faut donc être réservé dans ses appréciations.

D'une manière générale, une première mesure de protection s'impose : c'est, d'une part, l'interdiction générale de la destruction des oiseaux, quels qu'ils soient — chacun sait par expérience que le chasseur tue tout ce qui se présente à sa portée — hors du temps où la chasse est ouverte pour le gibier à plumes ; c'est, d'autre part, l'interdiction absolue de la chasse aux oiseaux par tout autre engin que le fusil. Il faut se souvenir que, dès 1861, le regretté Bonjean, dans un remarquable rapport au Sénat, n'admettait que la chasse au fusil.

M. Alfred LACOUR

Formation de l'amidon dans le blé. — M. LACOUR rappelle que l'année précédente il a fait, à Ajaccio, une communication tendant à prouver que l'amidon qui fait son apparition tardive dans le blé, est principalement le produit de transformations de matières accumulées antérieurement et, entre autres, de cellulose. D'après M. Dehérain, au contraire, ce seraient les parties supérieures des tiges de blé encore vertes qui, décomposant quelque temps avant la maturation l'acide carbonique de l'air, produiraient l'amidon. Mais M. Lacour, ayant de nouveau placé des tiges de blé sous des cloches privées d'acide carbonique, a observé une augmentation notable d'amidon dans la graine; il estime donc que l'explication de M. Dehérain n'est pas *complètement* exacte.

Discussion. — M. DELBREIL : Je tiens à ajouter à la communication qui vient d'être faite une observation expérimentale. Il s'agit de l'alimentation des animaux; du cheval surtout, par le blé en vert, dont l'épi n'est pas sorti de sa gaine. Il constitue une alimentation tellement riche, qu'il y a lieu d'en surveiller l'emploi, afin d'éviter les conséquences des phénomènes de suralimentation.

M. Louis GARDÈS, Notaire honoraire, à Montauban.

Cultures mélangées. — L'auteur indique les résultats favorables qu'il a obtenus dans la culture des céréales en semant un mélange de grains de blé et d'avoine; les avantages de cette pratique sont bien supérieurs aux frais nécessités par le passage au trieur des grains récoltés. Il invite les spécialistes à étudier scientifiquement cette question.

M. Ch. LE GENDRE, Dir. de la *Rev. Scientif. du Limousin*, à Limoges.

Cartes agronomiques communales. — Je ne puis laisser passer ce Congrès sans remercier les membres de l'Association qui ont bien voulu contribuer à me faire obtenir une subvention de 300 francs pour la confection de cartes agronomiques en Limousin, et sans rendre compte de l'état des travaux entrepris.

Une Commission spéciale a été désignée. Elle s'est réunie sous la présidence de M. Edmond Teisserenc de Bort, sénateur de la Haute-Vienne.

Cette Commission a choisi, comme premier terrain d'expériences, la commune de Condat (Haute-Vienne).

Des circonstances, sur lesquelles il est inutile d'insister, ont retardé nos travaux qui ne consistent encore que dans l'étude géologique du sol.

La plus forte partie de la commune de Condat repose sur des gneiss et des leptynites. On y rencontre aussi du granit gneissique et des bandes parallèles de porphyre quartzifère, toutes orientées du nord est au sud-ouest.

Cette constitution fait prévoir un sol riche en potasse, assez pauvre en acide phosphorique et manquant presque de chaux.

Mais comme le sol est très accidenté, il faut s'attendre à trouver de sensible différences dans sa composition suivant que les prélèvements se feront au fond des vallées ou à flanc de coteau.

Le plan cadastral, dont on ignore la date, a été dressé à l'échelle de $\frac{1}{10000}$. Ce sera probablement l'échelle qui servira pour la carte agronomique.

Les feuilles détaillées, au nombre de onze, sont à l'échelle de $\frac{1}{2500}$.

Comme presque partout, on a négligé de mettre ces plans au courant des modifications survenues depuis qu'ils ont été dressés.

Très prochainement, je vais convoquer la Commission et lui demander de désigner les endroits où on prendra les premiers échantillons de terre à analyser.

J'espère qu'au prochain Congrès, je serai en mesure de présenter à la Section d'Agronomie une carte complètement terminée.

M. Félicien BŒUF, Prof. à l'École coloniale d'Agriculture de Tunis,

Observations préliminaires sur une maladie des céréales récemment signalée en Tunisie. — Les récoltes de céréales (blé, orge, avoine) subissent fréquemment de graves dommages en Tunisie, au moment de l'épiage, particulièrement lorsque les pluies sont peu abondantes. Les dégâts, qui arrivent parfois à la perte totale de la récolte, ont été, jusqu'à présent, attribués à la sécheresse et au siroco; une étude préliminaire, faite par M. le Dr Delacroix, Directeur de la Station de Pathologie végétale de Paris, et M. Bœuf, Professeur à l'École coloniale d'Agriculture de Tunis, a révélé la présence, sur les plantes qui dépérissent, de plusieurs champignons parasites :

Puccinia rubigo-vera et *Puccinia graminis, Septoria tritici, Cladosporium herbarum, Sphœroderma damnosum.*

C'est à ce dernier, déjà signalé en Sardaigne par MM. Sacardo et Berlèse, qu'il faut sans doute attribuer la plus grande partie des dommages dont souffrent les céréales.

Les effets désastreux de ce champignon s'observent particulièrement quand le sol est très sec et bien ameubli; une pluie abondante arrête l'extension du mal.

L'incinération des chaumes sur place et l'alternance des récoltes sont, jusqu'à présent, les seuls moyens de prévention contre ce dangereux parasite.

M. J DEMORLAINE, Insp.-adj. des Eaux et Forêts, à Abbeville (Somme).

Étude sur la pénétrabilité des arbres forestiers par les projectiles des armes de guerre. — Cette étude, pour être aussi complète et concluante que possible, doit être envisagée à un double point de vue :

I. *Au point de vue de la pénétrabilité des diverses essences forestières par les différentes armes de guerre.* — Des expériences, faites dans cet ordre d'idées, sont plutôt du ressort de l'officier d'artillerie que du forestier. Elles mériteraient d'être essayées, si elles ne l'ont déjà été d'une façon complète, en se fixant d'avance pour chaque nature d'arme les distances de tir. Il y aurait donc lieu de procéder à des expériences directes. Les constatations faites sur un champ de tir particulier, celui de l'avenue des Beaux-Monts, dans la forêt de Compiègne, sont plutôt des indications destinées à servir de programme à des études plus sérieuses et plus approfondies, permettant d'arriver à des règles générales et des lois certaines. Leurs résultats ne doivent donc être formulés que sous les plus expresses réserves. Ces constatations tendraient à prouver que, dans les mêmes conditions, les essences dures (chêne, frêne, charme), offriraient une résistance moins grande à la pénétration que les essences plus tendres (hêtre, bouleau). La raison en est peut-être l'enchevêtrement plus facile dans les bois mous des fibres ligneuses déchirées, dont le fascis vient s'opposer au passage des balles. Si l'on envisage la nature de ces dernières, les projectiles en plomb ont une pénétration moins grande (balle du fusil Gras, du revolver M. 1873) que la balle du fusil M. 1886. C'est là une constatation presque évidente par elle-même, en raison de la nature différente des projectiles. Tous ces résultats mériteraient d'être contrôlés et vérifiés sur d'autres champs de tir : ces expériences seraient du plus haut intérêt, non seulement au point de vue de l'emploi des bois comme matériaux de fortification et de défense, mais encore pour la guerre sous bois, plus intéressante que jamais, depuis que l'invention des poudres sans fumée a augmenté l'importance du rôle pratique des forêts sur les champs de bataille.

II. *Au point de vue des dégâts causés aux arbres eux-mêmes.* — C'est là le côté véritablement forestier de cette étude. La question, pour être examinée complètement, mérite d'être envisagée à un double point de vue :

1° *Les blessures produites sont-elles guérissables ?* — D'un véritable travail de dissection botanique exécuté sur des sujets convenablement choisis, il résulte que toute balle qui reste dans le corps de l'arbre provoque autour d'elle une décomposition du bois sain qui le déprécie et s'accentue avec l'âge. Cette décomposition est la même, quelle que soit la nature de la balle (fusil M. 1886, fusil Gras, revolver). Dans les bois blancs la décomposition est plus grande que dans les bois durs : elle se produit également alors même que le projectile ne reste pas dans le corps de l'arbre.

Enfin les projectiles causent des dégâts sérieux aux écorces, surtout aux écorces rugueuses (chêne), qui provoquent et favorisent la pourriture de l'aubier par l'introduction de parasites de toutes natures.

Au point de vue forestier, il est également nécessaire de rechercher et d'évaluer sur les arbres atteints ;

2° *La dépréciation commerciale.* — Cette dépréciation, variable avec les circonstances de temps et de milieu, peut cependant se résumer d'une façon assez générale, pour servir de base à l'évaluation soit des dommages causés en temps de paix aux champs de tir installés en forêt, soit en temps de guerre à l'estimation des dégâts occasionnés aux bois qui ont joué un rôle important sur le champ de bataille.

Cette dépréciation peut se résumer d'une façon assez exacte dans la formule suivante : *Elle est d'environ la moitié de la valeur de l'arbre propre à l'industrie à l'âge d'exploitabilité ordinaire.*

M. DUCLOUX, Vétér. en premier hors cadre, en mission. Insp. de l'Élevage en Tunisie.

De la destruction des sauterelles et des criquets en Tunisie. — Un fléau qui éprouve tout particulièrement les populations agricoles du nord de l'Afrique et contre lequel des moyens de défense les plus variés et les plus coûteux ont été préconisés et utilisés, est certainement l'invasion des sauterelles et des criquets.

Parmi ces moyens de défense, l'emploi de produits chimiques n'a pas donné, jusqu'ici, de résultats très satisfaisants ; il est souvent difficile en effet d'empêcher que les propriétés destructives des substances expérimentées ne s'étendent aux végétaux et aux animaux domestiques.

Nous avons entrepris, à l'Institut Pasteur de Tunis, différentes séries d'expériences portant sur l'efficacité d'un champignon recommandé dans la colonie du Cap et provenant de New York, et sur l'utilisation possible de produits d'origine végétale.

Nous nous sommes attaché à choisir certains produits végétaux capables d'amener, non la désorganisation des tissus par corrosion, mais l'asphyxie par la présence d'un dépôt résineux dans les pores et les trachées.

Après de nombreux essais, nous avons obtenu d'excellents résultats en employant un mélange de deux produits se complétant mutuellement dans leurs effets insecticides : l'huile de cade et le lysol, dans les proportions suivantes :

1° Huile de cade. . . . . 1 litre.
Eau ordinaire. . . . . 80 litres.
2° Lysol . . . . 5 —
Eau ordinaire . . . . 100 —

Mélanger intimement ces deux solutions. Afin d'obtenir l'homogénéité du mélange huile de cade et eau, nous avons eu recours à l'emploi d'alcalis divers : la potasse chimiquement pure remplit entièrement ces conditions.

L'huile de cade est un produit retiré d'un genévrier commun à la région méditerranéenne (juniperus oxycedrus), elle est employée fréquemment comme antiseptique et antiparasitaire.

Le lysol est un mélange complexe contenant, entre autres composés, des corps alcalins gras et résineux.

Il est donc facile de comprendre le rôle actif de ces produits dans leurs combinaisons intimes.

L'expérience nous a montré que les criquets et les sauterelles, en contact avec cette solution pendant moins d'une minute, meurent infailliblement.

Le prix de revient est d'environ 4 centimes le litre.

Travaux imprimés

PRÉSENTÉS A LA SECTION

M. Prosper GERVAIS. — *Une solution de la crise viticole* (Ext. de la Revue de Viticulture, 1902).

MM. le baron PEERS et BAUWENS. — *Notice sur l'ensilage d'herbe* (Bruges, 1900).

15e Section.

GÉOGRAPHIE

PRÉSIDENT . . . .   M. GAUTHIOT, Memb. du Cons. sup. des Colonies, Sec. gén. de la
                                    Soc. de Géog. commerciale, à Paris.
VICE-PRÉSIDENT . . . .   M. TRUTAT, Doct. ès sciences, à Foix.
SECRÉTAIRES . . . .   MM. LOUIS WOUTERS, Publiciste.-
                                    J. DE L'ESTOILE.

— **Séance du 8 août** —

M. Émile BELLOC, à Paris.

Observations sur l'orthographie et la signification des noms de lieux. — M. Émile BELLOC s'attache à démontrer l'imprécision avec laquelle on orthographie généralement les noms de lieux et les conséquences fâcheuses qui en résultent.

Par suite d'une habitude fort regrettable, on a une tendance marquée à adapter les noms de lieux d'origine populaire ou étrangère à la langue officielle du pays. L'inextricable confusion que crée cette manière de faire détruit la toponymie naturelle et la valeur étymologique des expressions topographiques, puisqu'elle dénature entièrement leur véritable signification. Ces expressions géographiques ayant un sens précis, leur orthographie et leur signification ont une importance capitale, tant au point de vue pratique, qu'au point de vue historique et scientifique.

M. le Comte de CHARENCEY, à Paris.

De quelques noms de boissons en langue basque.

M. SIMON, Lieutenant de vaisseau.

Le Mékong en 1902. — M. SIMON expose les progrès accomplis dans la mise en œuvre de nos nouveaux territoires du Laos par l'utilisation comme voie commerciale et de pénétration du Mékong, depuis les exploits de nos canonnières *La Grandière* et *Russie*, qui les premières en remontèrent le cours de 1893 à 1896. Toute la vallée du Mékong exporte aujourd'hui ses productions sur Saïgon relié à Luang-Prabang, distant de 2.300 kilomètres, par un service hebdomadaire et d'importants travaux d'amélioration abrègent chaque année les parcours. Le trafic est très actif, surtout à l'époque des hautes eaux, et l'époque

n'est pas éloignée où notre colonie du Laos pourra, de ses propres ressources,
équilibrer son budget. Ce pays, grand comme la moitié de la France et comptant 2 millions d'habitants, ne comprend que 87 fonctionnaires ; c'est dire qu'il est administré avec toute l'*économie* désirable.

M. Maurice GUFFROY.

Historique des races noires qui vivent actuellement dans les Guyanes. — Le formidable affaissement volcanique qui créa le golfe du Mexique et par répercussion, en formant la mer intérieure du Sahara, occasionna le déluge de la Genèse, eut pour conséquence directe, par les ramifications du soulèvement qui le précéda, de couper l'estuaire de l'Amazone et de former de ses tronçons des fleuves indépendants.

Sur ces grandes rivières vinrent vivre les molécules des formidables émigrations asiatiques qui envahirent l'Europe et par les glaces du détroit de Behring peuplèrent les Amériques.

Près de ces races, dites rouges, vivent actuellement sans se mélanger à elles, des tribus noires reformées par les nègres que l'on avait commencé à importer d'Afrique sur le conseil du prêtre Las Casas.

Ces nègres en marronage ont formé les importantes tribus maintenant indépendantes : les *Youcas d'Aucaner*, *Saramacas*, *Bonis*, *Pararacas*, *Poligondoux*, qui sont actuellement les seuls canotiers convoyeurs par qui la pénétration dans l'intérieur est rendue possible.

C'est grâce à l'influence de M. Maurice Guffroy que toutes discordes intestines ayant été apaisées, on peut compter sur leur commun appui.

M. E. GALLOIS, Chargé de Missions à Paris.

Les îles françaises du Pacifique. — M. GALLOIS s'est attaché plus particulièrement dans son dernier voyage autour du monde, à l'étude des îles françaises de l'océan Pacifique, qu'il a visitées avec soin, cherchant à se rendre compte de leurs ressources et de leurs besoins. Il a pu en apprécier les richesses trop méconnues, comme celles, minières, de la Nouvelle-Calédonie, à l'exploitation desquelles font défaut les capitaux nécessaires et la main-d'œuvre indispensable. Son séjour tant chez les colons que sur les centres miniers lui a permis de formuler des desiderata. Puis le voyageur a pu se rendre compte de l'état de nos admirables îles de l'océan Pacifique, si intéressantes à tous égards ; il a voulu attirer à nouveau l'attention sur ces escales merveilleuses appelées à voir leur rôle grandir au fur et à mesure du développement de la navigation dans cette région du monde, navigation malheureusement aux mains des Américains surtout.

M. le Dr Marius-Henri ARNAUD, à Montpellier.

La France et ses frontières naturelles. — L'auteur expose ses recherches faisant suite à celles qu'il a communiquées (*Comptes rendus*, 1901). Les dix-huit chemins naturels de Montpellier et des environs se continuent jusqu'aux frontières naturelles de la France et au delà. L'auteur essaie de fixer ces frontières naturelles de la France, qui consistent en une suite continue et circulaire de hauteurs.

M. le Dr Marcel BAUDOUIN, à Paris.

Les côtes de Vendée, des Sables-d'Olonne à Bourgneuf, à l'époque préhistorique. — Grâce à de nombreuses explorations sur ce point du littoral vendéen et à l'étude approfondie des mégalithes de cette côte, situés sous le sable des dunes ou submergés dans l'Océan, l'auteur a pu montrer qu'il s'est produit dans cette région des modifications considérables depuis l'époque néolithique jusqu'au Moyen Age. Il a noté tout spécialement un phénomène d'affaissement très considérable, analogue à celui observé à Saint-Nazaire par M. Kerviler. Il conclut de ses recherches :

1° Que l'îlot de Rochebonne, aujourd'hui submergé en plein Océan, était terre à l'époque néolithique et que les restes de ce cap ont constitué à l'époque romaine le *Promontorium pictonum*; 2° que l'île de Noirmoutier était encore soudée au continent au début de l'ère chrétienne, et que le *Gois* correspond à un affaissement de l'ancien isthme la rattachant au cap de Beauvoir; 3° que tout porte à croire que l'île d'Yeu était encore réunie à l'île de Mont au début de l'époque romaine.

Les phénomènes d'exhaussement, qui ont amené la formation des marais de la Gachère (emplacement du *Portus secor*) et du pays de Mont, n'ont eu lieu que postérieurement, et n'ont débuté qu'au Moyen Age.

M. Julien THOULET, Prof. à la Fac. des Sc. de Nancy.

Atlas bathymétrique et lithologique. — M. THOULET adresse une note sur un atlas bathymétrique et lithologique des côtes de France, en vingt-deux feuilles grand-aigle, dont il est l'auteur et dont il vient de terminer la publication chez l'éditeur Challamel, à Paris.

Ces feuilles où la nature du sol sous-marin est indiquée par des teintes différentes, sont analogues à des cartes géologiques continentales. Destinées à être désormais tenues au courant des nouvelles études océanographiques à mesure qu'elles s'accompliront, elles constituent une base indispensable pour toutes les sciences qui s'appuient sur l'océanographie, comme la géologie et la météorologie aussi bien que pour les applications à la navigation, à l'industrie des pêches et à la télégraphie sous-marine.

M. le Dr MACHON.

Le Paraguay.

M. Louis de SAUGY, Ing., Chargé de mission en Indo-Chine.

La question des Mines en Indo-Chine. — Les indigènes ont exploité autrefois au Tonkin et en Annam plus de 132 gisements miniers de natures diverses; pour des causes multiples, mais indépendantes de leur valeur réelle, ils ont dû les abandonner, à l'époque de la conquête, bien avant de les avoir épuisés. Les études scientifiques faites depuis vingt-cinq ans ont révélé, de plus, l'existence d'autres richesses minérales considérables, jusque-là ignorées, en combustibles minéraux, manganèse, antimoine, etc.

A l'heure actuelle, nous exploitons seulement, et sur une très faible échelle deux mines de charbon, une mine d'or, une mine d'étain.

Aux débuts, la défectuosité des transports et des communications, l'insécurité, du pays, l'absence de main-d'œuvre, ont entravé toute exploitation de ce genre. Depuis, la situation a bien changé, et la construction des réseaux ferrés indochinois, en particulier, vient en préparer des voies nouvelles aux entreprises minières et métallurgiques qui sont les plus qualifiées à l'heure actuelle, pour donner à notre colonie tout l'essor qu'elle comporte.

— **Séance du 9 août** —

M. Régis IMBERT, Ancien Élève de l'École Polytechnique, à Saint-Girons (Ariège).

Exploitation forestière moderne dans les Pyrénées (à Salau-Bonabé, frontière espagnole). — Exploiter une forêt de pins et de sapins de plusieurs milliers d'hectares, s'étageant sur le versant espagnol à des altitudes variant de 1.400 à 2.300 mètres ; faire passer les arbres abattus par-dessus les Pyrénées à l'aide d'un câble aérien ; recevoir en France les arbres ainsi transportés jusqu'à l'entrée de l'usine située à Salau et les transformer en bois de charpente et en pâte à papier, tel est le but que se sont proposé MM. Matussière et Forest.

L'exploitation de la forêt de Bonabé (Espagne), d'accès difficile, loin de toute voie de communication, entièrement déserte, avait rebuté tous ceux qui, tout en appréciant cette source de richesse, y avaient renoncé en raison de la presque impossibilité d'en tirer parti.

La volonté de l'homme a transformé cette contrée qui paraissait vouée à la solitude et au silence. Tout un village s'est construit comme par enchantement : chalets rustiques, maisons d'habitation pour les bûcherons, scieries, forge, moulin, four pour faire cuire le pain, etc.

Un porteur aérien de près de 10 kilomètres de longueur (porté par des pylônes implantés dans le roc et dont quelques-uns atteignent près de 30 mètres de hauteur, en franchissant précipices et ravins), s'élevant jusqu'à 2.100 mètres d'altitude au col de Salau, est le moyen de transport qui a été adopté. Ce travail d'art, construit par la maison Teste et Moret de Lyon, permet de transporter des bois jusqu'à 12 mètres de longueur, et de 0m,80 d'équarrissage. Le tonnage journalier peut atteindre 140 tonnes et pourra être doublé au moment voulu.

A Salau (France) d'énormes terrassements ont transformé en un large plateau l'étroite gorge primitive et ont permis d'y asseoir l'usine pour la fabrication de la pâte à bois, avec ses nombreuses dépendances.

Tel est le résumé de cette nouvelle installation, unique en France, qui pourra rivaliser avec les plus belles exploitations forestières de Hongrie, de Russie et du Canada et qui, par les difficultés de son exécution, permettra de rééditer l'expression célèbre « Il n'y a plus de Pyrénées ».

M. B. DESSERIER DE PAUWELS.

De Bangui à Carnot et de Carnot à Bangui.

M. H. AUDOÜIN.

Quelques mots sur la province du Tran-Ninh. — Le Tran-Ninh est une province du Haut-Laos (Indo-Chine française), remarquable par la douceur de son climat et par sa fertilité. Sa capitale est Xieng-Khouàng, ville autrefois très prospère.

Les deux tiers environ de la superficie de cette région sont couverts de hautes montagnes très boisées, au sommet ou aux flancs desquelles habitent quelques tribus de *Meos* indigènes, d'origine et de mœurs chinoises, et des *Khas*, race probablement aborigène. Différentes espèces de lianes à caoutchouc croissent en abondance dans ces forêts.

L'autre tiers de la province présente de vastes plaines élevées, légèrement ondulées, recouvertes de gros pâturages et de bouquets de pins, sapins, chênes et châtaigniers. Cette partie est habitée par des indigènes de race *Tay*, qui y cultivent du riz dans les parties irrigables et font aussi un peu d'élevage. On rencontre aussi dans leurs vergers des arbres fruitiers d'Europe : pêchers, poiriers, pommiers, pruniers.

La population est peu dense. La province pourrait nourrir cent fois plus d'habitants.

Il existe vers le centre des collines couvertes d'énormes jarres en pierre, voisines de grottes qui paraissent d'origine humaine. Ces monuments remontent à une époque reculée et font supposer que le pays fut occupé par une race aujourd'hui disparue; on ne peut les attribuer ni aux Tays, qui n'occupent le pays que depuis une époque facile à déterminer, ni, pour la même raison, aux Meos, encore moins aux Khas qui paraissent n'être jamais sortis de la sauvagerie dans laquelle ils sont encore plongés.

Les moyens de communication avec les autres parties de l'Indo-Chine sont encore très rudimentaires. On n'accède au Tran-Ninh qu'après un assez long voyage en pirogue, à cheval ou en chaise par des sentiers très difficiles pendant la mauvaise saison. Un chemin de fer est, paraît-il, à l'étude.

M. Gaston BORDAT.

Le golfe Persique et la Perse. — L'histoire des rivalités économiques que ces pays ont toujours excité entre les grandes puissances commerciales, est la meilleure preuve de l'attention dont ils sont dignes. La France y possède des intérêts qui mériteraient d'être développés et pourraient l'être aisement, vu la diffusion de notre langue et la sympathie énorme dont nous jouissons auprès des populations indigènes.

La Perse d'aujourd'hui demeure, à bien des points de vue, la fidèle image de la Perse antique. Elle n'a mis à profit aucun des progrès susceptibles de modifier son état de décadence; elle ne jouit pas des ressources nombreuses qu'elle possède. Les principaux obstacles à la rénovation du pays consistent dans le caractère des populations et surtout dans les rivalités des puissances étrangères qui s'y disputent l'influence.

— Séance du 11 août —

M. le Dʳ Antoine MAGNIN.

Sur les bassins fermés du Jura. — M. Magnin appelle l'attention sur les *bassins fermés* du Jura, particularité géographique qui a déjà été l'objet d'assez nombreux travaux (Parandier, Lamairesse, Magnin, Fournier, etc.), mais qui est omise ou insuffisamment indiquée dans des ouvrages importants récents. M. Magnin les ayant étudiés depuis une douzaine d'années, à l'occasion de ses recherches sur les *lacs* et les *tourbières* du Jura, croit devoir communiquer à la Section de Géographie le résultat de ses investigations, et résume successivement :

Les caractères des *bassins fermés* du Jura, leurs variations, étendue, organisation (bassins fermés simples ou à compartiments), leur nature (secs, à lacs, à tourbières, à rivières, etc.), bassins demi-fermés (à émissaire aérien temporaire), etc.;

Leur répartition géographique dans le Jura, depuis les Franches-Montagnes (J. bernois), jusque dans le Bugey (J. méridional); leurs rapports avec la nature du sol (J. calcaire), la configuration de la région (combes en fond de bateau, plateaux, etc.), leur origine (tectonique, par érosion, effondrement, barrages glaciaires, etc.), leurs relations avec l'hydrographie souterraine, les résurgences (sources vauclusiennes ou jurassiennes, etc.).

Il termine en signalant l'intérêt de ces recherches, non seulement au point de vue *géographique*, mais aussi pour le géologue, le médecin et l'hygiéniste.

———

M. le Capitaine LEMAIRE.

Les cartes globulaires en couleur, sur feuilles de métal, d'Élisée Reclus.

———

M. ALLEMAND-MARTIN, Prép. à l'Université de Lyon, détaché à l'Inst. Pasteur de Tunis.

Conditions agricoles du Cap Bon d'après sa géologie et sa climatologie. — Nous avons étudié un milieu agricole bien défini par son climat et son sol : nous voyons que, d'après ce rapide aperçu climatologique et géologique, on peut prévoir, sans empiéter aucunement sur l'étude agricole proprement dite, que le Cap Bon présente des conditions agricoles les plus favorables au développement de la colonisation. Sol de fertilité moyenne arrosé suffisamment par des oueds assez abondants, particulièrement approprié à *l'élevage;* avec un climat sain et constant.

I. — L'aperçu de géographie physique nous a montré :

1) A quelles variations locales seraient soumises les diverses cultures, d'après l'exposition des versants, l'altitude des plateaux, etc.

2) Quels étaient les oueds susceptibles de servir à l'irrigation des régions fertiles traversées.

3) Enfin les régions difficilement cultivables et formant marécage, surtout à la saison des pluies.

II. — L'aperçu climatologique nous a montré :

1) Quelles étaient les conditions d'hygiène indispensables aux futurs colons (température, humidité, etc.).

2) L'état de l'atmosphère susceptible d'être favorable aux diverses cultures (atmosphère humide, insulaire).

3) La hauteur d'eau tombant dans chaque région à toutes les saisons ; l'évaporation par suite de la présence des vents, etc.

III. — L'étude sommaire de la faune nous a permis de prévoir quels étaient les insectes (anophèles, tiques, etc...) capables de transmettre certaines affections palustres, et surtout les régions fréquentées par ces insectes ; puis d'observer la présence de races de bétail (bovins, ovins, équidés) spéciales à la région. On pourra étudier ensuite le mode conservatif et d'amélioration de ces races bien définies.

IV. — L'étude de la flore nous permettra de nous rendre un compte rapide de la répartition des espèces et nous servira plus tard à établir les relations entre la composition géologique proprement dite et l'adaptation des espèces aux divers sols, sous un climat défini. La valeur commerciale de ces espèces sera étudiée dans l'étude économique.

L'examen des cultures importées nous renseigne sur les productions agricoles de la région et sur leurs conditions d'*adaptation naturelle*.

V. — Quant à l'étude tectonique et stratigraphique, elle nous a offert uniquement une classification facile et naturelle nous permettant de reconnaître facilement les diverses qualités des couches géologiques au point de vue physique et chimique (grès, marnes, molasse, argiles, etc., proportions d'éléments chimiques). Ce sera la base de l'étude intime du sol, car la base d'une bonne *carte agronomique* ne peut être qu'une bonne *carte géologique*. Les nombreux fossiles rapportés de nos excursions au Cap Bon m'ont permis d'établir la série à peu près complète des couches géologiques de cette région ; ce sera l'objet d'une ou de plusieurs communications ultérieures. L'étude du synclinal, qui forme l'ossature du Cap Bon, nous permettra de rechercher facilement les nappes d'eau utilisables.

VI. — Enfin, l'analyse physique et chimique des diverses couches géologiques permettra d'établir une *analyse moyenne* des sols cultivables qui en dérivent, bien plus exacte qu'une moyenne d'analyses prises au hasard, sur n'importe quels sols. Cette étude devra être complétée, mais il est bon de remarquer que les quelques analyses produites jusqu'à présent permettent déjà d'obtenir des résultats bien plus approchés que ceux déjà obtenus par l'analyse ordinaire.

L'érosion ne forme-t-elle pas les plaines, c'est-à-dire les terrains les plus cultivables, et ne les modifie-t-elle pas constamment, aux dépens des couches géologiques émergeantes (collines, montagnes, etc.) ? Il importe donc de connaître les couches géologiques de ces collines et de ces montagnes de tous les âges et d'en étudier la composition chimique réelle ; de là des déductions faciles.

Ainsi donc, il est possible d'étudier une région en faisant deux chapitres bien nets :

1) Étude du *milieu agricole* proprement dit, c'est-à-dire des *sciences naturelles appliquées à l'agriculture de la région* et qui comprendra l'examen des *conditions*

naturelles ou un aperçu de géographie physique (configuration, hydrographie, orographie, faune et flore), un aperçu de climatologie, une étude géologique, puis enfin une étude de géologie agricole (chimie et physique agricoles).

2) *L'étude du milieu économique.*

Cette étude n'a été que très sommairement ébauchée : elle complètera utilement l'examen des conditions agricoles, car on pourra prévoir les débouchés les plus avantageux pour les différentes cultures et productions de cette région.

La première étude seule peut donner déjà une idée très exacte de la valeur d'une région, et nous nous proposons d'achever ce programme qui nous paraît plus facile et plus apte à fournir un ensemble de conditions bien plus nombreuses et plus précises.

M. MICHIN.

Le sud-ouest de la Bolivie.

M. Julien de L'ESTOILE, à Foix.

L'Ariège et son territoire. — L'Étude sur l'Ariège et son territoire se divise en trois parties : la première comprend des considérations sur la géographie générale ; la deuxième sur la richesse du sous-sol ; enfin la dernière est consacrée à l'avenir *industriel de l'Ariège.*

Les analyses de *tous* les produits dont il est parlé dans la deuxième partie ont été faites par l'auteur.

L'Ariège est un pays fort beau, qui mérite d'être visité ; les mines sont nombreuses, riches, beaucoup ne sont pas exploitées. Cette région paraît donc, comme l'explique la dernière partie, susceptible d'un développement considérable.

La « houille blanche », c'est ainsi que Cavour appelait la neige qui, chaque hiver, couronne nos cimes pyrénéennes, et alimente ensuite, par sa fonte lente et constante, nos chutes d'eau, remplace la houille noire qui y fait défaut.

L'électricité aidant, « la houille blanche » peut distribuer la « force remanente » à toute une région sans une augmentation de frais, grâce au transport des forces à distance.

L'Ariège est donc un pays d'avenir, qui mérite une attention toute spéciale.

M. E.-A. MARTEL, à Paris.

Phénomènes caverneux du calcaire. — M. MARTEL demande que les phénomènes hydrologiques des avens, cavernes, rivières souterraines, etc., qu'on rencontre dans tous les calcaires et qu'on a l'habitude, surtout en Autriche, d'appeler *phénomènes du karst* soient désormais désignés sous le nom de *phénomènes caverneux du calcaire.* Le Karst, en effet, est surtout composé de calcaire nummulitique éocène : or, les grottes, abîmes, sources vauclusiennes, se rencontrent dans tous les calcaires, quel que soit leur âge (précambrien, dévonien, carbonifère, jurassique, crétacé, tertiaire). Il y a donc lieu, à propos d'un ordre de faits universel, d'abandonner une désignation locale et limitée à une seule époque, pour une beaucoup plus générale, conformément à la réalité et à la logique des faits.

M. Casimir MAISTRE.

La région de Bahr-Sara.

M. le baron de BAYE.

Les Juifs des montagnes et les Juifs géorgiens.

M. Albert MENGEOT, Vice-Président de la Société de Géographie commerciale de Bordeaux.

La Géographie économique et les Offices de renseignements. — M. MENGEOT traite de la Géographie économique et des Offices de renseignements. — Concurrence faite à nos articles à l'étranger par les nations voisines. — Obligation de connaître la géographie économique, de se prêter aux habitudes des acheteurs, de ne pas négliger la question des emballages, de montrer de la persévérance, de choisir le moment favorable pour la vente des marchandises, de ne pas dédaigner les plus petites affaires, de se garder d'apathie, de se servir de publicité, mais surtout d'avoir de bons représentants revenant à des périodes régulières. — Possibilité, pour diminuer les frais, de s'entendre avec diverses maisons pour avoir un représentant unique. — Utilité des musées commerciaux et des agences d'exportation. — Énumération des services rendus par l'Office national du Commerce extérieur, créé en 1898, par l'Office Colonial et celui des Renseignements agricoles, ainsi que par les divers comités de l'Office de l'Algérie, de l'Union coloniale, de Madagascar, du Dahomey.

L'auteur appuie tout particulièrement sur les tentatives faites par la Société de Géographie commerciale de Bordeaux (et dont MM. Albert Mengeot, Philippe Delmas et Henri Lorin, ajoute le Président, ont été les principaux promoteurs); création d'un bureau régional d'informations, participation à la fondation d'un Institut colonial ayant également un service de renseignements gratuits sur nos colonies. Formation d'un musée d'échantillons commerciaux.

En finissant cette communication et pour dissiper la crainte qu'éprouvent certains capitalistes à prêter des fonds à de jeunes inconnus, M. le Président préconise une mesure qui a déjà produit de bons résultats. L'emprunteur contracte une assurance sur la vie en faveur du prêteur. Celui-ci paie les primes, mais, en cas de décès de l'emprunteur, rentre dans la totalité ou au moins une partie de ses débours.

M. de LAPEYRIÈRE.

La Corée.

M. de FLOTTE de ROQUEVAIRE.

Excursion à Fès et à Meknès. — La région N.-W. du Maroc que j'ai traversée pour reviser sur place une partie de ma carte au 1.000.000ᵉ, offre trois aspects successifs. Les plateaux d'abord, qui débutent au bord de la mer après le cordon de dunes. Moyennement accidentés, les Ouad les ont creusés de vallées à fond horizontal d'alluvions, souvent très larges (O. Mharhar, O. Lekkous). Sables rouges avec chênes-liège, oliviers, etc., puis terrains argileux de couleur foncée, fertiles en céréales et aptes à l'élève du bétail. Au Sud de cette zone est la grande plaine des Beni Ahsen, formée des alluvions de l'O. Sbou, au pourtour de collines dominées par le dj. Tselfats et le dj. Terhoun, témoins de l'ancien plateau supérieur. Au delà, se trouve le plateau de Meknès jusqu'au pied du moyen Atlas. Ces régions peuvent et doivent acquérir beaucoup de valeur; les populations sont douces, pas fanatiques; on y rencontre de nombreux indigènes qui ont travaillé en Algérie ou servi dans notre armée, qui se font les propagateurs inconscients de nos idées et de notre influence.

M. V. TURQUAN, à Lyon.

Naissances, décès et dépopulation dans vingt-deux départements.

Travaux imprimés

PRÉSENTÉS A LA SECTION

M. le baron DE BAYE. — *Les Juifs des montagnes et les Juifs géorgiens, souvenir d'une mission* (Paris 1902).

M. C. MAISTRE. — *La Région du Bahr-Sara* (Montpellier, 1902).

16ᵉ Section

ÉCONOMIE POLITIQUE ET STATISTIQUE

PRÉSIDENT D'HONNEUR. . . . . . .   M. Émile LEVASSEUR, Memb. de l'Inst., Prof. au Coll. de France.
PRÉSIDENT. . . . .   M. G. SAUGRAIN, Avocat à la Cour d'appel de Paris.
VICE-PRÉSIDENTS . . . .   MM. FAURÉ-HÉROUART, Maire de Montataire.
                                    LALLIER, Maire de La Ferté-sous-Jouarre.
SECRÉTAIRE . . . .   M. RAMÉ, à Paris.

— **Séance du 8 août** —

M. Paul LALLIER, Maire de La Ferté-sous-Jouarre (Seine-et-Marne).

Suppression des octrois. — M. LALLIER expose que l'octroi de la ville de La Ferté-sous-Jouarre coûte environ 20 0/0 de frais de recouvrement, que pour parer au déficit que produirait sa suppression, il y aurait lieu d'ajouter 73 centimes, aux quatre contributions, ou établir une surtaxe de 30 francs par hectolitre d'alcool pur, et une taxe de 8 0/0 sur la valeur locative de l'habitation comme signe distinctif de fortune. Chaque habitant paie 15 francs d'impôt d'octroi.

Un ouvrier se loge avec un loyer de 200 francs, réduit d'un quart soit 150 francs, paierait 12 francs par an d'imposition. — Sa famille se composant très souvent de six personnes et comme la charge de chaque personne est de 15 francs par an, il paie donc 6 × 15 = 90 francs. Il ne paierait d'après mon système que 12 francs; économie pour lui : 78 francs.

Une personne rentière ayant 1000 francs de loyer paierait sur 750 francs, réduction d'un quart, 750 × 8 = 60 francs, si sa famille ne se compose que de trois personnes, soit 3 × 15 = 45 francs.

M. Julien FAURE, Directeur de l'octroi de Limoges.

Suppression des octrois. — *Loi de 1897 et taxes de remplacement.* — M. FAURE, directeur de l'octroi de Limoges, présente sur la question un mémoire très étudié et très documenté.

Suivant lui, la loi du 29 décembre 1897 est plutôt politique que fiscale et les municipalités n'ont pas tardé à s'apercevoir que le dégrèvement même intégral ne pouvait avoir pour conséquence une diminution du prix que pour les achats par barrique. La classe pauvre qui s'approvisionne par petites quantités n'avait donc rien à attendre de la suppression des droits d'octroi, à *fortiori* de la réduction des taxes, d'où cette vérité que la réforme n'a pas le caractère démocratique que lui attribue le législateur.

Quant aux taxes de remplacement, non seulement elles ne sont pas, comme le démontre M. Faure, compensatrices, mais presque toutes peuvent être considérées comme se superposant à celles existantes, et ce qui le prouve surabondamment, c'est que, presque partout, on les a dédaignées pour demander le contingent nécessaire à des surélévations de droits figurant déjà dans les tarifs.

M. Faure va plus loin. Il signale en effet la méfiance des municipalités contre les moyens de remplacement indiqués par la loi du 29 décembre 1897, les insuccès des quelques villes qui ont voulu faire grand, et s'emparant de la déclaration de M. Berthélemy, il y trouve l'argument suprême en faveur du maintien des octrois.

_____

M. Ch. LETORT, Conserv. adj. de la Bibl. Nationale, à Paris.

Sur les fonctionnaires. — M. Ch. LETORT rappelle les vives critiques auxquelles a donné lieu de toutes parts le fonctionnarisme en France. C'est surtout depuis que l'extension de nos possessions coloniales a nécessité une émigration sérieuse de colons pour mettre celles-ci en valeur que les économistes se sont élevés contre l'acharnement avec lequel les pères de famille, dans notre pays, dirigent leurs fils vers des carrières « administratives ».

M. Letort établit d'abord que le fonctionnaire est un rouage social indispensable, — ce qui ne l'empêche pas de protester contre l'accroissement artificiel du nombre des employés de l'État observé depuis une trentaine d'années.

Puis il fait, en quelque sorte, la psychologie et la physiologie du fonctionnaire, montre que celui-ci n'est pas toujours aussi coupable qu'on le croit du choix de sa carrière ingrate, dans l'engrenage de laquelle il se trouve ensuite retenu. Il fait voir que le fonctionnaire — le fonctionnaire intelligent et travailleur — est le premier à demander qu'on réduise le nombre des employés, qu'on leur impose plus de besogne effective, mais qu'on les paie suivant leurs mérites, comme en Angleterre, par exemple.

Il fait remarquer que si les reproches adressés aux pères de famille qui poussent leurs fils vers l'administration sont tout à fait justifiés à beaucoup d'égards, il faut pourtant excuser la sollicitude avec laquelle les parents cherchent à assurer l'avenir de leurs enfants, en présence des incertitudes et des chances aléatoires qui menacent de plus en plus les entreprises commerciales et industrielles.

Du reste, M. Lfeort, sans vouloir exposer le sujet dans toute son étendue et sans prétendre, en particulier, étudier pour l'instant quels remèdes on pourrait tenter d'appliquer à une situation qui préoccupe les meilleurs esprits, se contente d'amorcer la discussion, se mettant à la disposition de ses confrères pour compléter cet exposé et répondre aux observations qu'ils voudront bien présenter.

Discussion. — M. E. PARIS : Notre collègue M. Letort vient de nous exposer la question des fonctionnaires, et je voudrais lui demander s'il ne pourrait pas nous indiquer un remède au mal signalé. Ce mal ne semble pourtant pas absolument général puisque M. Létort lui-même trouve que les fonctionnaires placés sous ses ordres sont indispensables; tous les chefs de service de nos grandes administrations ne pourraient-ils pas, avec autant de conviction, sinon avec autant d'éloquence, défendre leurs subordonnés, et alors nous arriverions à cette conclusion qu'il n'y a pas un fonctionnaire dont il soit possible de se passer.

Or, à mon avis, on pourrait chercher le remède moins dans les mesures administratives ayant pour but de réduire le nombre actuel des fonctionnaires que dans une réforme radicale de notre enseignement public qui invariablement conduit nos jeunes générations vers les carrières libérales et administratives.

Pourquoi ne pas diriger vers le commerce, l'industrie et l'agriculture, une plus grande partie des forces vives du pays en encourageant, comme il le mérite, l'enseignement technique et professionnel. L'heure avancée ne me permet pas de m'étendre plus longuement sur ces deux sujets, la réforme administrative et la réforme de l'enseignement.

— Séance du 9 août —

M. Léon GUIFFARD, Avocat à la Cour d'appel de Paris.

La jeunesse et la colonisation à l'étranger (1re série: *Belgique, Allemagne*). — L'auteur a cherché à déterminer le rôle joué par la jeunesse dans l'œuvre coloniale des Belges et des Allemands.

La colonisation belge au Congo Indépendant est surtout commerciale et administrative. Les jeunes gens d'origine belge sont assez peu nombreux et malgré les efforts des partisans convaincus que l'expansion coloniale compte en Belgique, il semble que la préparation de ces jeunes colons soit généralement insuffisante.

L'Allemagne, puissance coloniale d'hier seulement, a déjà de nombreuses et vastes possessions. Pour les mettre en valeur, elle prépare, avec l'esprit de suite et de méthode qui caractérise la race germanique, des colons dont l'instruction technique est l'objet de grands soins, et elle leur assure un avenir qui encourage la jeunesse à s'expatrier. Les résultat obtenus jusqu'ici sont satisfaisants et de nature à faire prévoir que l'Allemagne ne tardera pas à prendre une place au premier rang des puissances coloniales.

M. CASALONGA, Ingénieur civil, à Paris.

Modifications apportées à la loi du 5 juillet 1884, sur les brevets d'invention, et à celle de 1793 sur la propriété artistique. — M. D.-A. CASALONGA rappelle la communication qu'il fit le 10 septembre 1901 au Congrès d'Ajaccio où il esquissa les grandes lignes d'une loi française à établir sur les brevets d'invention. A ce moment le Conservatoire national des Arts et Métiers avait obtenu la personnalité civile; les services de la propriété industrielle y étaient concentrés sous la haute direction de M. Breton; et un Conseil d'administration était placé à la tête de ce grand établissement que dirige M. Chandèze. A ce moment, aussi, venait d'être publié le décret ministériel du 3 septembre 1901 réglant les formalités imposées aux demandeurs de brevets d'invention; et un projet de modification de la loi du 5 juillet 1844 sur les brevets d'invention était à l'ordre du jour des travaux parlementaires. Depuis, ce projet a été adopté par le Sénat et la Chambre des députés, et la loi qui en fait l'objet a été promulguée le 7 avril 1902.

Les modifications peuvent se résumer ainsi : — Art. 11. — A l'arrêté ministériel constituant le brevet d'invention sera joint un exemplaire imprimé de la description et des dessins. La délivrance d'un brevet n'aura lieu qu'un an après le dépôt de la demande si celle-ci renferme une réquisition expresse à ce sujet, à moins que le requérant ait déjà profité du délai de priorité accordé par la convention du 20 mars 1883. — Art. 24. — Les descriptions et dessins de tous les brevets seront publiés *in extenso*, par fascicules séparés. Il sera publié un Catalogue. Un arrêté ministériel (celui du 3 septembre 1901) réglera la manière dont les demandes devront être préparées. — Art. 32. — Le breveté, ou l'intéressé, aura, moyennant le paiement d'une surtaxe, un délai de trois mois pour payer son annuité en retard. Cette surtaxe sera de 5 francs le premier mois ; de 10 francs le second et de 15 francs le troisième mois.

L'accord complet n'a pas existé au sujet de ces modifications, sauf en ce qui concerne l'article 32. La période de secret pendant la première année a été généralement critiquée ; à tort, selon M. D.-A. Casalonga, qui a été un des promoteurs de cette mesure, tant que l'Allemagne, l'Autriche, la Hongrie, la Russie resteront en dehors de l'Union internationale.

M. D.-A. Casalonga parle aussi de la loi du 9 mars 1902 complétant celle de 1793 sur la propriété artistique, en ce qui concerne les sculpteurs, architectes et ornemanistes ; et il en vient à considérer à un point de vue spécial le modèle industriel garanti par la loi de 1806, et le surmoulage de modèles déposés ou non. Il indique que la loi du 5 juillet 1814, après être restée plus de cinquante ans immuable, est de nouveau étudiée pour être de nouveau modifiée, et il rappelle à ce sujet certains des principes généraux qu'il a énoncés l'année dernière.

M. E. Levasseur, de l'Institut, vice-président du Congrès, a pris une large part à la discussion de ces matières, pour lesquelles le savant professeur d'économie politique a une compétence exceptionnelle. M. Henriet, ingénieur à Marseille, ancien ingénieur en chef des chemins de fer ottomans, a également pris la parole ; et le président, M. Saugrain, résume la discussion en faisant valoir le grand intérêt qui s'attache au sujet traité par M. Casalonga.

M. Jules HENRIET, Ingénieur.

Les projets des grands travaux publics ; leurs conséquences économiques.

I

LES GRANDS TRAVAUX A EXÉCUTER DANS LA VALLÉE DU RHÔNE.

1. — *Le canal latéral du Rhône, de Lyon à Arles.*

Examen des dépenses de l'avant-projet. — La navigation fluviale du Rhône. — Création de forces motrices pour l'usage industriel. — Irrigations agricoles.

2. — *Le canal de jonction d'Arles à Marseille.*

Examen des dépenses de l'avant-projet. — Les chalands remorqués par voie maritime et la navigation fluviale intérieure. — Le tunnel de la Nerthe : comparaison entre la dépense des travaux à effectuer et les services commerciaux que peut rendre le canal de jonction.

3. — *Utilisation de l'Étang de Berre.*

Le canal de Caronte. — La marine militaire et la marine marchande. — La stérilité des rivages de l'étang de Berre. — L'envasement permanent de l'étang de Berre.

4. — *Les ports francs.*

Établissement de zones exterritorialisées dans le voisinage des principaux ports maritimes de France. — Le système protectionniste français : nécessité d'un correctif. — Les ports francs à l'étranger. — Emplacement rationnel d'un port franc. — Inconvénients des ports maritimes éloignés du centre commercial d'une ville. — Transformation des docks et entrepôts en ports francs. Administration et gérance des ports francs : État; Municipalités; Chambres — commerce ; Exploitations privilégiées responsables.

5. — *Les voies ferrées.*

Les chemins de fer dans la vallée du Rhône. — Les communications directes. — Les communications secondaires. — Les chemins de fer régionaux. — L'encombrement des gares. — Les gares aux abords et dans l'intérieur des villes.

II

CONSÉQUENCES ÉCONOMIQUES DES GRANDS TRAVAUX.

1. — Développement général de la prospérité agricole, industrielle et commerciale d'un pays, par l'exécution de grands travaux d'utilité publique.

2. — Inconvénients des grands travaux mal étudiés dans leurs conséquences économiques. — Les dépenses improductives. — La multiplicité des petits ports de mer. — Les voies de transport électorales. — Les chemins de fer et les canaux sans trafic.

3. — Observations sur les erreurs du projet Freycinet. — Observations sur les erreurs probables du projet Baudin.

4. — Comparaison entre les finances publiques du gouvernement français et les finances publiques des gouvernements étrangers. — La politique locale et les programmes de grands travaux.

Discussion. — M. Paul LOISELET fait remarquer qu'en général on doit écarter les projets de canaux faisant double emploi avec des voies ferrées.

M. P. THELLIER DE LA NEUVILLE fait remarquer que le doublement de la voie Lyon-Marseille présenterait de grandes difficultés à cause du tunnel de la Nerthe.

— **Séance du 11 août** —

Réunion des 11e, 12e, 16e et 18e Sections.

M. Gustave CAUDERLIER, à Bruxelles.

Étude démographique du Tarn-et-Garonne. — M. CAUDERLIER rappelle la loi fondamentale de la croissance des populations, savoir : « la population est réglée par le rapport entre les ressources et les besoins. » Il montre que cette loi explique tous les phénomènes démographiques présentés par le Tarn-et-Garonne depuis soixante-quinze ans.

Le Tarn-et-Garonne est un département essentiellement agricole, avec peu de grande industrie. Il a toujours vécu à l'aide des ressources que lui procure son agriculture, et comme celles-ci sont par leur nature peu extensibles, le département a forcément atteint à un moment donné (vers 1821) la population maximum qu'il pouvait nourrir. A partir de ce moment, cette population a dû forcément rester constante et par conséquent les naissances ont dû se réduire jusqu'à compenser simplement les décès.

Cette situation a duré jusque vers 1846, époque où la création du réseau des chemins de fer a augmenté partout les besoins des habitants. Cette augmentation a nécessairement entraîné la diminution de la population du Tarn-et-Garonne, dont les ressources n'augmentaient pas. Cette diminution a continué pour la même cause jusqu'à ce jour, avec cette différence qu'elle s'est accélérée à partir de 1875, parce que les impôts nouveaux établis après la guerre, et l'invasion du phylloxéra, ont diminué les ressources du département.

M. Cauderlier entre ensuite dans le détail des phénomènes ; il montre d'abord que la fécondité des mariages n'a pas varié depuis 1857, mais qu'à partir de 1846 il s'est produit, *sous la pression des événements économiques,* une émigration de jeunes gens.

Cette émigration de jeunes gens a fait baisser la nuptialité et la natalité, en même temps que l'excédent de vieillards restants faisait augmenter la mortalité générale. Tous ces phénomènes démographiques se suivent logiquement et fatalement, et il n'est pas nécessaire d'invoquer, pour les expliquer, la libre volonté des pères de famille qui, du reste, ne se manifeste nulle part. La population du Tarn-et-Garonne a simplement subi les lois démographiques, et en les subissant, elle a conservé toutes les qualités qu'elle pouvait conserver, car la fécondité de ses femmes est restée constante et la mortalité par âges a diminué.

Discussion. — Dr MAUREL : Comme Malthus et comme M. Levasseur, M. Cauderlier subordonne le mouvement d'une population au rapport des *ressources,* aux *besoins.* Mais tandis que Malthus, dans sa première loi, limite les besoins au côté matériel de l'existence ; tandis que M. Levasseur, tout en les étendant davantage comprend encore les besoins et les ressources dans le sens économique, M. Cauderlier étend tellement le facteur besoins qu'on peut dire qu'il est sans limite, puisqu'il comprend également sous ce nom les besoins moraux, intellectuels et artistiques. Or, dit le docteur Maurel, cette manière de comprendre les besoins rend l'argumentation impossible ; et, en effet, quelques progrès qu'aient fait les ressources dans un groupe de population, si sa natalité a diminué il sera toujours loisible de supposer que ses besoins, soit moraux, soit intellectuels, soit artistiques ont augmenté encore davantage. C'est, du reste, là, une objection qui a été présentée déjà plusieurs fois à M. Cauderlier et entre autres par M. Macquart à la Société d'Anthropologie et aussi par M. Levasseur dans la préface du beau travail de M. Cauderlier.

Or, en laissant aux termes *ressources* et *besoins* la valeur que leur donne Malthus et même M. Levasseur, le Dr Maurel montre successivement que pour le *blé*, les *céréales en général*, pour les *pommes de terre*, la *viande* et pour les *boissons de table*, chaque habitant de la France a maintenant une proportion beaucoup plus forte qu'au commencement du siècle. Les besoins n'ont donc pas plus augmenté que les ressources ; c'est le contraire qui a lieu.

De plus, en ce qui concerne le département de Tarn-et-Garonne, ces mêmes ressources dépassent encore de beaucoup la moyenne de la France. Il faut donc reconnaître que la natalité a diminué au fur et à mesure que les ressources augmentaient ; et, en outre, qu'elle a diminué surtout dans les régions les plus riches, la Normandie et le bassin de la Garonne.

Le Dr Maurel explique ensuite que lorsque les ressources deviennent inférieures aux besoins, l'équilibre s'établit forcément dans ce groupe de population par *l'émigration* ou *l'augmentation de la mortalité*. Or, ce n'est pas ce que nous voyons ni pour la France, ni pour le département de la Haute-Garonne.

Aussi, après ces diverses considérations, le Dr Maurel arrive aux conclusions suivantes :

1° La diminution de la natalité française n'est pas due à la diminution des ressources par rapport aux besoins, au moins en donnant à ces deux termes le sens qu'on leur donne généralement en économie politique ;

2° Il semble même que ce soit une loi inverse qui ait réglé le mouvement de la population de ce pays, puisque d'une part la natalité a diminué au fur et à mesure que ses ressources augmentaient, et que, d'autre part, ce sont les régions dans lesquelles les ressources ont le plus augmenté qui ont la natalité la plus faible.

M. le Dr E. MAUREL.

Fécondité et natalité de la nation française. — Le Dr MAUREL examine successivement les questions suivantes : 1° la fécondité de la nation française s'est-elle modifiée? 2° cette fécondité a-t-elle augmenté ou diminué?. 3° les causes de cette modification sont-elles d'ordre physiologique ou pathologique?

Or, les documents qu'il a réunis et les développements dont il les fait suivre le conduisent aux conclusions suivantes :

1° En se basant sur l'étude de la masculinité, étude qui comprend tout le siècle dernier, il ressort d'une manière indiscutable que notre fécondité s'est modifiée. La masculinité, calculée par décades, est tombée de 106 à 104, et cela, d'une manière graduelle, en suivant la marche décroissante de la natalité;

2° En se basant sur cette diminution de la masculinité dont il précise la signification, ainsi que sur la proportion croissante des inféconds et de la mortinatalité, il conclut que sûrement notre fécondité est en voie de diminution ;

3° Cette diminution de notre fécondité n'est pas d'ordre psychologique ;

4° L'intervention indiscutable de certaines affections dans la production de quelques inféconditiés et de la diminution de la masculinité ne laissent aucun doute sur ce point que la diminution de la fécondité relève de causes pathologiques dont les principales sont : l'alcoolisme, la syphilis, l'arthritisme ;

5° Enfin, tout en reconnaissant que la part la plus large dans la diminution de notre natalité revient à la restriction volontaire, il conclut que celle due à l'affaiblissement de notre fécondité par causes pathologiques lui paraît encore assez importante pour mériter qu'on s'en occupe.

M. le Dr Paul DELBET, à Paris.

Dépopulation de la France. — La dépopulation ne me paraît pas liée à l'appauvrissement de la France. D'une manière générale la situation des particuliers est actuellement beaucoup plus aisée qu'il y a cinquante ans.

Elle est liée à notre législation et en particulier au partage égal de biens entre tous les enfants ; elle est liée à l'extension du goût du luxe ; elle est la conséquence directe de la stérilité volontaire. On cherche tous les moyens d'éviter la conception et quand celle-ci se produit on a recours à l'avortement. Celui-ci a pris dans ces dernières années une effroyable extension ainsi que ma qualité de médecin m'a permis de le reconnaître.

D'autre part, les jeunes gens ne se marient plus parce que, grâce à ces méthodes, ils peuvent avoir, en dehors du mariage, les mêmes agréments sans ses charges.

La solution est dans :

1° Un règlement dégageant les médecins du secret professionnel dans les cas d'avortement ;

2° Une loi protégeant la jeune fille et permettant à toute jeune fille séduite de se faire épouser ;

3° Une facilité plus grande donnée aux jeunes gens de contracter mariage.

M. le Dr B. BORIES, à Montauban.

La dépopulation dans le Tarn-et-Garonne. — M. le Dr BORIES montre d'abord par quelques tableaux statistiques la rapide et constante diminution de la population dans toutes les communes du département, et cela d'une manière à peu près générale. Cette diminution tient à un abaissement énorme de la natalité, et conséquemment à un excédent de la mortalité par rapport aux naissances. La natalité est tombée à 17 0/00 avec une tendance à diminuer encore.

Pour le Dr Bories cette déplorable situation est due à la restriction volontaire, laquelle n'est pas elle-même une cause première, mais une résultante en quelque sorte fatale des mauvaises conditions économiques des populations rurales. La terre ne nourrit plus ceux qui la travaillent, ou plutôt, les résultats qu'elle donne ne permettent pas, dans une mesure suffisante, la satisfaction des besoins qui se sont démesurément développés. En d'autres termes, les besoins ont augmenté plus rapidement que les ressources, et M. le Dr Bories donne de ce fait une explication convaincante ; et il arrive à cette conclusion : *que la somme des besoins satisfaits non compensés par les ressources représente exactement la perte de la natalité.*

M. le Dr Bories montre ensuite que si les conditions économiques des campagnes sont si défectueuses, il ne faut en incriminer ni les qualités du sol, ni le labeur patient du paysan, mais en général l'ignorance absolue de la science agricole qui le met dans l'impossibilité de soutenir la concurrence. Il pense que c'est en substituant aux palais scolaires la petite ferme-école; aux instituteurs primaires, façonnés trop pédagogiquement par les écoles normales, des chefs de culture instruits dans les écoles professionnelles d'agriculture, et qui seraient devenus, par la force des choses, la cheville ouvrière des Syndicats et des Associations agricoles, que l'agriculture pourrait être relevée et les campagnes sauvées de la désertion qui les menace, et il regrette que les pouvoirs publics aient ainsi fait fausse route, et créé eux-mêmes une situation plus que difficile, qui n'est pas cependant désespérée.

M. Henri de MONTRICHER, à Marseille.

Démographie des Bouches-du-Rhône et départements voisins. — M. DE MONTRICHER indique quelles unités de mesuré il emploie pour la figuration de ses graphiques.

L'angle de population est celui dont la tangente trigonométrique représente le rapport de l'accroissement décennal à la population initiale.

Ainsi, les angles de population de la France, des Iles Britaniques, de l'Empire Allemand, sont respectivement 2°,5′, 5°,55′ 6°,45′. Les angles de population de Paris, Marseille, Berlin, Hambourg 8°,35′, 21°,10′, 33°, 25°,20′.

Après avoir exposé les courbes démographiques de différentes nations et villes, M. de Montricher communique des statistiques détaillées sur les taux de population, de mortalité et de natalité dans les douze cantons de Marseille.

La tendance à une diminution de la densité urbaine, et à l'extension des faubourgs, exposés précédemment par l'auteur *(Ajaccio 1901)*, se vérifierait sensiblement à Marseille, mais avec cette particularité que l'augmentation de densité des faubourgs implique surtout un drainage intense de la population éparse sur un rayon s'étendant au delà de l'agglomération. L'exode rural serait, surtout autour des grands centres, un des facteurs les plus notoires de la dépopulation.

Feu M. Arsène DUMONT.

La natalité chez les Landais.

Discussion. — M. le Dr MAUREL demande à présenter quelques observations, relativement à deux questions qui ont été agitées dans la séance consacrée à l'étude de la dépopulation, et sur lesquelles le manque de temps ne lui a pas permis de faire connaître son opinion. Or, la Section d'Économie politique ayant pris part à cette réunion, et celle-ci ayant été présidée par M. Levasseur, président de cette Section, M. le Dr Maurel a pensé que c'était devant elle qu'il devait apporter ces observations.

Celles-ci porteront sur deux des moyens qui ont été proposés, sinon d'une manière ferme, au moins indiqués pour être soumis à la discussion.

Ces deux moyens sont : la *suppression du célibat religieux* et le *retour plus ou moins complet à la liberté de tester.*

Pour le CÉLIBAT RELIGIEUX, M. le Dr Maurel fait observer :

1° Que cette suppression ne pourrait se faire sans froisser les sentiments les plus intimes de ceux qui s'y sont voués, et sans porter une atteinte des plus dangereuses à la liberté individuelle;

2° Que la suppression du célibat religieux ne pourrait être décrétée qu'à la condition, d'abord, de supprimer le Concordat qui, depuis un siècle, règle les rapports de l'Église et de l'État; et, ensuite, ce qui est encore plus difficile, de modifier un des principes fondamentaux qui règlent la vie du clergé catholique;

3° Qu'en admettant que le célibat religieux fût supprimé pour le clergé, le personnel qui se voue au culte n'en serait pas moins libre de rester célibataire, et qu'une partie importante userait de ce droit. Il faut admettre, en effet, qu'au moins une bonne partie de ceux qui entrent dans les ordres sont peu portés pour le mariage;

4° Enfin, qu'au point de vue pratique, cette mesure n'aurait qu'un bien faible résultat sur notre natalité. On peut compter, en effet, que cent mille prêtres ou religieux et soixante mille religieuses sont voués au célibat. Or, en calculant la partie *mariable* de ce personnel, soit de dix-huit à soixante ans pour les hommes et de quinze à cinquante ans pour les femmes, nous ne dépassons pas cinquante mille pour les hommes et trente mille pour les femmes, soit une moyenne de quarante mille pour les deux sexes. Or, la population mariable ayant été de quatre millions cinq cent mille environ pour les cinq années de 1894 à 1898, on voit que cette mesure n'arriverait pas à augmenter cette population d'une manière sensible, d'autant plus que, vu ses goûts, il est probable que le personnel religieux resterait encore en grande partie célibataire.

M. le Dr Maurel conclut donc que ce serait là d'abord une mesure portant une atteinte grave à la liberté individuelle, que nous devons tendre, au contraire, à augmenter de plus en plus; et ensuite, ainsi que Bertillon et autres l'ont fait remarquer depuis longtemps, une mesure sans grande utilité pratique.

LIBERTÉ DE TESTER. — RETOUR AU DROIT D'AINESSE. — M. le Dr Maurel insiste sur cette cause qui est souvent invoquée, mais qui, à ses yeux, est surtout devenue une arme politique (1).

Il reconnaît que sûrement l'obligation de diviser l'héritage pousse certaines familles à restreindre le nombre de leurs enfants. Mais il ne croit pas que cette cause agisse assez souvent pour que son influence se fasse sentir sur la natalité totale de la France, et il en donne les preuves suivantes :

1° C'est surtout pendant les années qui ont suivi l'abolition du droit d'aînesse que la natalité de la France a été le plus élevée. Elle l'a été même plus qu'au milieu de la deuxième partie du XVIIIe siècle, en plein droit d'aînesse, et cela pour les villes comme pour les campagnes (1);

2° Malgré le droit que le Code a laissé aux parents de favoriser un de leurs enfants, droit qui, dans certaines conditions, leur permet de faire des parts fort inégales, les parents n'en usent que rarement;

3° La division plus ou moins grande de la propriété calculée par départements n'exerce qu'une influence bien peu marquée sur la natalité.

M. le Dr Maurel conclut donc :

Que si l'abolition du droit d'aînesse a exercé une certaine influence sur la diminution de la natalité, cette influence a été faible; et il fait les réserves les plus expresses sur les avantages qu'on devrait attendre du rétablissement de ce droit.

_____

(1) *Dépopulation de la France*, Doin, Paris, 1896.

M. ZABOROWSKI : Je partage la plupart des idées que vient d'exposer M. Bories, idées démontrées déjà, exposées aussi par d'autres et par moi-même. Je crois nécessaire de dire qu'elles ne s'accordent pas avec la thèse que vient de développer M. Maurel. Et en effet, entre la fécondité *possible* et la fécondité *réelle*, la distance est trop grande pour qu'une légère réduction de la première, en supposant que cette réduction soit démontrée, ait une influence quelconque sur notre situation démographique. On peut affirmer que, sauf des exceptions négligeables, hommes et femmes pourraient avoir beaucoup plus d'enfants qu'ils n'en ont.

Je dois ajouter que M. Maurel me semble commettre une erreur d'interprétation en ce qui concerne la masculinité. Celle-ci diminuerait en même temps que la natalité elle-même. Eh bien ! c'est une erreur de dire que cette diminution est une preuve de l'affaiblissement de la fécondité. Ce qui est vrai, c'est que la masculinité diminue sous l'influence des mêmes causes qui déterminent la réduction toute volontaire du taux des naissances. Elle peut même servir à démontrer la nature de ces causes. C'est le bien-être lui-même accru qui, en effet, entraîne la réduction des naissances masculines : il l'entraîne fatalement, alors que l'élévation du type de bien-être, c'est-à-dire de la recherche de celui-ci entraîne la restriction volontaire de la natalité. M. Maurel lui-même a fourni dans son exposé des preuves décisives de ce que j'avance là.

M. Paul DELBET : Répondant d'abord aux idées émises par un certain nombre d'orateurs. Je dirai que la richesse d'un pays influe certainement sur la densité de sa population : c'est ainsi que le nombre des habitants a rapidement augmenté dans les pays de mines d'or, c'est ainsi qu'il a diminué progressivement dans les contrées de Champagne devenues impropres à la culture de la vigne : Toutefois les modifications économiques ne peuvent agir que dans les pays où elles produisent de profondes perturbations de la richesse publique. Ce n'est pas le cas de la France dont la fortune globale a, depuis un siècle, considérablement augmenté.

Abandonnant la question économique, traitée dans cette enceinte par des hommes éminents, je vous demande la permission d'envisager la dépopulation en médecin.

La diminution de la natalité en France est cherchée et voulue : elle est le résultat de la stérilité volontaire, conséquence de notre conception moderne de la vie, de notre législation, et pourrait être enrayée par trois mesures : la permission pour le médecin de violer, dans certaines circonstances, le secret professionnel ; la protection de la jeune fille ; la facilité plus grande du mariage.

La diminution de la natalité est voulue. Il n'est pas nécessaire d'être médecin et de recevoir les confidences des familles pour savoir que la venue d'un enfant est considérée dans bien des ménages comme une calamité. Quant aux filles non mariées et aux veuves, on comprend assez les raisons qui les poussent à fuir la maternité.

De cet état de choses, les chirurgiens, les médecins, sont un peu responsables. Les chirurgiens sont accusés de faire trop facilement la castration chez la femme. Ce n'est pas exact, du moins pour les hommes consciencieux qui sont aujourd'hui à la tête du mouvement scientifique ; ce n'est pas exact pour la majorité des chirurgiens, en général hommes de devoir. Tout au plus, pourrait-on reprocher à quelques-uns de ne pas employer assez les méthodes conservatrices, et d'ignorer qu'une opération radicale n'est jamais de mise dans un état inflam-

26

matoire aigu des organes génitaux, état souvent curable. Voilà pour le chirurgien, quant au médecin, que Tolstoï regarde comme l'agent le plus actif de la démoralisation contemporaine, il n'a besoin que d'être mis en garde contre la révélation trop facile et souvent sollicitée, des procédés capables d'empêcher la fécondation.

Mais il faut le dire, ni la recherche de la stérilité, ni la révélation de moyens propres à l'obtenir, n'auraient, tant la nature est habile à nous déjouer pour arriver à ses fins, d'influence sur la natalité, si l'homme ne faisait intervenir un moyen plus direct, l'avortement.

Je ne crains pas de le proclamer bien haut, l'avortement provoqué est aujourd'hui une des causes de la diminution de la natalité. Dans le service de Necker où M. Le Dentu m'a permis de m'associer à ses travaux, j'ai calculé que sur une salle de 30 malades il y a en permanence 2 femmes souffrant d'avortements provoqués ; donc 7 0/0 des malades sont en traitement pour des avortements provoqués ; chiffre considérable, si l'on pense que beaucoup de malades hospitalisées ne sont pas à l'âge de la fécondité et que d'autre part un grand nombre d'avortements passent inaperçus. Et, ce qui est terrible, un certain nombre de ces avortements provoqués, faits par des mains malhabiles, entraînent souvent la stérilité définitive, parfois la mort de la malade. J'ai vu en un mois succomber ainsi trois jeunes filles robustes, admirablement constituées. Et ne croyez pas que l'avorteuse se cache. Je connais tel quartier de Paris où elle vient régulièrement chaque mois chez ses clientes, suivant un pacte conclu d'avance, même si l'on n'a pas besoin de ses soins.

Cette stérilité volontaire est provoquée la conséquence de nos mœurs et en particulier de notre amour du luxe. Le jeune homme hésite à se charger d'une famille, le père de famille à se charger d'enfants, parce qu'il veut jouir davantage de la vie, avoir une existence plus aisée ; quant à la femme non mariée son existence et trop précaire pour qu'elle puisse accepter la charge d'une éducation.

Dans les familles, cette diminution de la natalité est dans une large mesure la conséquence de notre législation ; elle est la conséquence du partage égal des biens entre les enfants. Cette clause a une influence si manifeste qu'un diplomate autrichien regrettant, au traité de Vienne, de ne pouvoir démembrer la France, se consolait en disant qu'un pays où le partage égal des biens entre les enfants était obligatoire, était fatalement voué à la décadence ; il est temps de rompre avec le rationalisme révolutionnaire et de revenir à l'expérimentalisme monarchique, il faut rétablir le majorat.

J'ai dit au début de cette communication que nous avions, à mon avis, trois moyens d'enrayer la dépopulation : l'autorisation pour les médecins de rompre le secret professionnel ; la protection de la jeune fille ; la facilité de mariage ; je m'explique sur ces points.

Le médecin est obligé de déclarer aujourd'hui les maladies contagieuses, il faut qu'il soit autorisé à dénoncer les manœuvres abortives, et il faut que les personnes qui les pratiquent, comme celles qui les supportent, soient poursuivies. Elles devront être poursuivies non comme criminelles, car dans ces cas on recule devant l'énormité de la peine, mais comme coupables d'un délit et elles devront être condamnées à une amende telle, que leur profession cesse d'être lucrative ; et si les médecins éprouvent quelque répugnance à se faire dénonciateurs, ils se consoleront en pensant qu'ils remplissent un devoir de salubrité sociale.

La protection de la jeune fille est l'œuvre capitale que doit accomplir le législ-

lateur ; il faut que toute jeune fille séduite puisse poursuivre le séducteur et
le forcer à l'épouser. L'homme a eu et aura toujours des appétits à satisfaire; un
politique avisé sait bien qu'on obtient plus en dirigeant les vices de l'homme
qu'en le moralisant. Avec notre législation actuelle un jeune homme peut, sans
se marier, avoir tous les plaisirs du mariage sans en endosser les charges et c'est
pourquoi il ne se marie pas. Il sollicite la jeune fille, celle-ci sachant que bien
souvent elle ne se mariera pas, cède ; comme, n'étant pas mariée, elle évite la
maternité, son amant la quitte, elle est seule, ne sait plus gagner sa vie et se
résigne à la prostitution, car il faut le dire et le répéter, la plupart des femmes
subissent la prostitution, un très petit nombre la cherchent; elles se prostituent
non pour gagner de l'argent, mais pour ne pas mourir de faim. Mais, direz-vous,
dans ces conditions les jeunes gens en seront quitte pour s'adresser aux professionnelles. Erreur, la professionnelle est exigeante, elle est souvent malsaine.
Il n'est pas nécessaire d'être un raffiné pour en éprouver rapidement la
satiété.

Protégeant la jeune fille, on rendra les mariages plus nombreux; les jeunes
gens ne pouvant trouver le plaisir que dans le mariage rechercheront l'occasion
de se marier aussitôt qu'elle se présentera. Ils se marieront jeunes, et mariés
jeunes, ils auront des enfants. A vingt ans, à vingt-cinq ans, l'homme n'est pas
assez calculateur, pas assez prévoyant si l'on veut, pour fuir la paternité. C'est
plus tard que cette notion lui vient et c'est une des causes pour lesquelles les
conjoints âgés ont moins d'enfants que les conjoints jeunes.

Il faut enfin rendre le mariage plus facile et supprimer en grande partie, en
cette matière, l'autorité paternelle; car c'est elle bien souvent qui, intervenant
dans le but louable de rendre l'établissement des enfants plus brillant, apporte
des entraves à la conclusion des mariages; elle fait intervenir la trop sage
raison dans une union où la nature n'a mis que l'explosion d'un instinct.

M. Levasseur félicite les orateurs qui ont apporté de nombreux et intéressants
documents statistiques sur la question de la dépopulation et des vues personnelles sur les causes et sur les remèdes. C'est surtout à la région de la Garonne
qu'ils ont emprunté leurs renseignements; il était naturel qu'il en fût ainsi
puisque nous tenons notre congrès dans la région et que cette région est, avec
la Normandie, la partie de la France où la natalité est le plus faible et où la
population a, depuis un demi-siècle et plus, une tendance presque constante à
diminuer. M. Levasseur ne reviendra pas sur la question ainsi traitée. Il
demande seulement à ses collègues de porter un instant leur attention sur la
question générale de l'accroissement de la population en Europe et du rang
qu'y a occupé et qui occupe la France.

Durant la première moitié du xixe siècle, les écrivains français s'inquiétaient
peu de la lente croissance de notre population, ils étaient au contraire en
général disposés à y voir une condition d'équilibre et de bien-être. Léonce de
Lavergne a été un des premiers, après le recensement de 1856, à dénoncer ce
ralentissement comme un mal; Prévost Paradol, vers la fin de l'Empire, après
Sadowa, a jeté le cri d'alarme. J'ai moi-même, en 1871, mesuré la diminution
de l'importance relative de la population française dans ses rapports avec la
population des grandes puissances; la diminution s'est accrue beaucoup plus
depuis trente ans. Il est vrai que la population européenne a considérablement
augmenté au xixe siècle. J'ai calculé qu'en 1800 elle était d'environ 175 millions;
dans le travail sur la superficie et la population des contrées de la terre que je

TABLEAU RÉCAPITULATIF

DE LA SUPERFICIE, DE LA POPULATION ET DE LA DENSITÉ DE LA POPULATION DES ÉTATS D'EUROPE

Numéros d'ordre	ÉTATS ET RÉGIONS (1)	SUPERFICIE en kilomètres carrés (lacs compris)	POPULATION			Densité (Nombre d'habitants par kilomètre carré) (5)
			au dernier recensement (2)		probable à la fin de l'année 1900 (en chiffres ronds) (3)	
			Année du recensement	Nombre total d'habitants	Nombre total d'habitants	
1	Grande-Bretagne et Irlande (avec l'île de Man et les îles anglo normandes)	314.869	1er avril 1901	41.605.323	41.500.000	132
2	Pays-Bas.	32.553	31 décembre 1899	5.104.137	5.165.000	159
3	Luxembourg (2)	2.586	1er décembre 1900	236.543	237.000	92
4	Belgique.	29.456	31 décembre 1900	6.693.810	6.694.000	227
5	France.	536.463	24 mars 1901	38.961.945	38.910.000	73
6	Monaco	22	1er janvier 1898	15.102	16.000	727
	EUROPE OCCIDENTALE.	915.949	»	»	92.552.000	101
7	Empire allemand (2)	540.743	1er décembre 1900	56.367.178	56.435.000	104
8	Suisse.	41.424	1er décembre 1900	3.327.336	3.330.000	80
9	Liechtenstein.	159	1er décembre 1891	9.434	10.000	63
10	Autriche-Hongrie :					
	Autriche.	300.008	31 décembre 1900	26.150.708	26.151.000	87
	Hongrie	324.851	31 décembre 1900	19.254.559	19.255.000	59
	Bosnie et Herzégovine . . .	51.028	22 avril 1895	1.591.036	1.725.000	34
	EUROPE CENTRALE	1.258.213	»	»	106.906.000	85
11	Portugal (sans les Açores et Madère). .	88.954	1er décembre 1900	5.021.657	5.025.000	57
12	Espagne (sans les possessions du nord de l'Afrique). . . .	497.364	31 décembre 1897	17.731.114	18.100.000	36
13	Andorre.	452	»	»	6.000	13
14	Gibraltar (à l'Angleterre) . . .	5	1er avril 1891	27.460	27.000	5.400
15	Italie.	286.682	10 février 1901	32.475.253	32.452.000	113
16	Saint-Marin	61	»	»	10.000	164
17	Malte (à l'Angleterre)	304	6 avril 1891	174.547	194.000	638
18	Grèce	64.679	octobre 1896	2.433.806	2.550.000	39
19	Crète	8.618	juin 1900	303.669	304.000	35
20	Turquie d'Europe (possessions directes)	167.270	»	»	5.888.000	35
	Thasos.	393	»	»	12.000	31
21	Monténégro	9.080	»	»	228.000	25
22	Serbie.	48.303	31 décembre 1900	2.494.445	2.494.000	52
23	Bulgarie et Roumélie orientale.	95.706	31 décembre 1893	3.744.087	3.744.000	39
24	Roumanie	131.353	décembre 1899	5.912.520	6.000.000	46
	EUROPE MÉRIDIONALE.	1.399.224	»	»	77.034.000	55
25	Russie (sans la Finlande) (4). .	5.103.810	9 février 1897	106.205.301	112.000.000	22
	Finlande.	373.604	31 décembre 1900	2.712.562	2.713.000	7,3
	EUROPE ORIENTALE.	5.477.444	»	»	114.713.000	21
26	Suède	447.862	31 décembre 1900	5.136.44.	5.136.000	11
27	Norvège	321.477	3 décembre 1900	2.221.477	2.224.000	6,9
28	Danemark propre.	38.455	1er février 1901	2.449.540	2.448.000	64
	Iles Féroé	1.325	1er février 1901	15.230	15.000	11
	Islande	104.785	automne 1901	70.000	70.000	0,7
	Spitzberg et autres îles boréales (Jan Mayen, etc.).	70.500	»	»	»	
	EUROPE SEPTENTRIONALE . . .	984.404	»	»	9.893.000	10
	EUROPE	10.035.234	»	»	491.098.000	40

(1) Les noms des possessions coloniales et des terres inhabitées sont en italique.

(2) Nous avons considéré pour chaque pays le *dernier* recensement dont les résultats nous étaient connus lorsque ce tableau a été imprimé.
Pour l'Empire allemand et pour le Luxembourg nous avons pu donner dans les tableaux récapitulatifs les résultats des recensements effectués dans ces pays en 1900 qui ne nous étaient pas encore connus lorsque nous avons imprimé les tableaux 3 et 8.

(3) Pour les pays où le dernier recensement a eu lieu dans les années 1900 et 1901, nous indiquons, comme population probable vers 1900, les résultats de ces recensements. Pour les autres pays nous indiquons la population évaluée au 1er janvier 1900.

(4) Ces chiffres de la superficie et de la population du territoire de l'Empire russe situé en Europe ont été déterminés par approximation. La mer d'Azov n'est pas comprise dans la superficie.

(5) Lacs compris.

viens de publier en collaboration avec M. Bodio (1), je donne, d'après les documents officiels, 401 millions : l'accroissement est de 129 0/0; or, pendant ce
temps, la France n'a augmenté que de 44 0/0. Au point de vue politique, c'est
un changement défavorable à la puissance de la France. Au point de vue économique, s'il est désirable que le progrès de la richesse soit plus rapide que celui
du nombre des habitants, il est très désirable aussi qu'il y ait un grand nombre
de producteurs, contribuant à l'activité des entreprises et de consommateurs.

Mais ce qui s'est passé au xixᵉ siècle se passera-t-il au xxᵉ? Il est vraisemblable que la population de l'Europe ne peut pas augmenter indéfiniment. Il
est certain que dans les temps passés elle n'a pas dû doubler de siècle en siècle,
car on trouverait qu'au xiiiᵉ siècle il y aurait moins de 4 millions d'habitants
en Europe.

Voici, comme terme de comparaison les principales évaluations de la population de l'Europe à plusieurs époques (en millions d'habitants) :

POPULATION DE L'EUROPE EXPRIMÉE EN MILLIONS D'HABITANTS

Abbé Expilly (1762)	130	Berg-Loua (1871)	293
Voltaire	130	Behm et Wagner (*Die Bevölke-*	
Moheau (1778)	150	*rung der Erde*, 1872)	301.6
Levasseur (*Institut internatio-*		Behm et Wagner (*Die Berö ke-*	
nal, 1800)	175	*rung der Erde*, 1878)	312.4
Almanach de Gotha (1810)	179.6	Levasseur (*Annales du Bureau*	
Balbi (1828)	227.7	*des Longitudes*, 1878)	325.7
Almanach de Gotha (1829)	213.7	Levasseur (*Institut internatio-*	
Levasseur (*Institut internatio-*		*nal*, 1880)	331
nal, 1830)	216	Behm et Wagner (*Die Bevölke-*	
Berg-Loua (1841)	233.7	*rung der Erde*, 1882)	327.8
Confronti internazionali (1850)	255	Levasseur (*Institut internatio-*	
Levasseur (*Institut internatio-*		*nal*, 1886)	346.7
nal, 1860)	289	Wagner et Supan (*Die Betöl-*	
Hausner (1861)	283.9	*kerung der Erde*, 1891)	357.4

D'après notre statistique, à la fin de 1900, la superficie de l'Europe (déduction
faite des provinces extraeuropéennes du Portugal, de l'Espagne, de la Turquie
et de la Russie, et y compris les terres polaires, moins la Terre François-Joseph)
est de 10.035.234 kilomètres carrés, et la population de 401.098.000 habit.

(1) C'est le résultat d'un travail sur la superficie et la population des contrées de l'Europe, dont
les auteurs sont MM. Levasseur et Bodio et qui a été exécuté avec la collaboration de tous les chefs
de la statistique des États mentionnés. Ce sont eux qui ont fourni tous les éléments numériques que
nous avons mis en œuvre. Cette statistique a donc un caractère authentique. Elle doit paraître dans
la prochaine livraison du *Bulletin de l'Institut international de statistique*. Elle sera suivie, l'année
prochaine, d'une seconde partie concernant les quatre autres parties du monde.

Déjà, en 1887, nous avions, M. Bodio et moi, publié dans ce *Bulletin*, un premier travail de ce
genre. Il était intéressant d'en donner une seconde édition à la fin du xixᵉ siècle.

Tout d'abord, je ferai remarquer que le total de ces chiffres officiels est un peu plus fort que celui
que des statisticiens autorisés avaient donné pour les dernières années du siècle. Ce total est de
401 millions.

Dans mon ouvrage sur *La Population française* j'ai donné, au moyen d'évaluations beaucoup
moins précises que les statistiques actuelles, la population probable de l'Europe en 1800: 175 millions.

M. Supan, dans *Die Bevölkerung der Erde*, 1899, donne pour
la superficie de l'Europe (sans la Nouvelle-Zemble et les
autres terres polaires et y compris la mer d'Azov) 9 mil-
lions 730.278 kilomètres carrés et une population de . .   380.828.000 habit.

M. Sundbärg, dans *Statistiska Ofversigtabeller*, 1898, donne
une superficie de 9.805.727 kilomètres carrés et une
population de. . . . .   385.969.000 —

M. Hartleben, dans *Kleines Statistisches Taschenbuch*, 1900,
donne une superficie de 9.729.861 kilomètres carrés et une
population de. . . . .   382.148.000 —

M. Juraschek, dans *Geographisch-statistische Tabellen*, donne
une superficie de 9.698.878 kilomètres carrés et une
population de. . . . .   385.778.000 —

M. Kiaer, dans l'*Annuaire statistique de la Norvège*, 1899,
donne une superficie de 9.794.828 kilomètres carrés et
une population de. . . . .   382.106.000 —

M. Rubin, dans l'*Annuaire statistique du Danemark*, 1898,
donne une superficie de 9.803.615 kilomètres carrés et
une population de. . . . .   380.850.000 —

— **Séance du 13 août** —

M. le Dr F. BRÉMOND, Anc. Insp. du trav. dans l'Industrie, à Paris.

*De l'extension de la loi de 1899 sur les accidents du travail aux maladies
professionnelles virulentes (variole, charbon, morve).*

— **Séance du 14 août** —

M. HENRIET.

Considérations sur la loi sur les accidents du travail.

Discussion. — M. LACOUR fait quelques observations sur l'application de la loi
et la manière dont les Compagnies d'assurances cherchent à l'interpréter.

M. TURQUAN.

Naissances, décès et dépopulation dans vingt-deux départements.

17e Section

ENSEIGNEMENT ET PÉDAGOGIE

PRÉSIDENT D'HONNEUR . . . . M. MARUÉJOULS, Ministre des Trav. Publ.
PRÉSIDENT. . . . . M. MERCKLING, Dir. hon. des Cours de la Soc. Philomathique de
Bordeaux, membre du Conseil sup. de l'Enseig. technique.
VICE-PRÉSIDENT. . . . . M. ÉMILE PARIS, Secrét. gén. de l'Assoc. franç. pour le dévelop-
pement de l'enseignement technique, à Paris.
SECRÉTAIRE . . . . M. GUÉZARD.

— Séance du 8 août —

M. F.-J. MERCKLING, à Bordeaux.

Discours du Président.

M. MERCKLING, président de la Section, souhaite la bienvenue aux Membres
et aux Délégués présents et expose les raisons qui lui ont fait accepter la présidence de la Section de l'Enseignement précédemment occupée par des hommes
d'une notoriété incomparable. Chargé pendant les quatre dernières années de la
direction des cours professionnels d'adultes de la Société Philomathique de Bordeaux, il a eu l'occasion de se rendre compte, par expérience personnelle,
combien les efforts considérables déployés en vue de l'enseignement populaire
ont besoin d'être méthodiquement organisés pour pouvoir produire des résultats
quelque peu compensateurs; combien est énorme la déperdition des forces
lorsque les bonnes volontés agissent sans entente sur le but, sans ensemble
dans l'action; combien au contraire serait bienfaisante pour la prospérité
nationale l'influence qu'une instruction vraiment appropriée aux milieux et aux
besoins pourrait exercer sur les populations ouvrières. Il a pensé qu'il y avait
lieu de profiter de l'immense et juste autorité dont jouit partout en France,
l'Association française pour l'Avancement des Sciences, pour seconder énergiquement l'enseignement populaire en lui suscitant de toutes parts des collabo-
rations nouvelles, en le dotant d'un plan commun dans ses grandes lignes, et en
propageant avec de saines tendances les procédés de réalisation les plus efficaces.

En ce qui concerne Bordeaux, la Société Philomathique, qui dès 1839 a ouvert
les cours publics, poursuit sans relâche depuis plus de soixante ans une œuvre
d'enseignement des plus intéressantes. Pendant très longtemps cette œuvre a
fourni un appoint alors indispensable à l'enseignement public. A la suite du
développement extraordinaire qu'a pris l'instruction primaire dans les écoles des
villes et des campagnes, la Société Philomathique a peu à peu abandonné une

partie du domaine strictement élémentaire pour d'autant plus étendre son activité dans la série, des connaissances professionnelles.

Quatre mille élèves, dont douze cents femmes, ont été inscrits lors de la dernière
période scolaire pour les quatre-vingt-dix cours qui fonctionnaient chacun deux,
trois ou quatre heures par semaine, le soir. pour les hommes, l'après-midi du
dimanche et du jeudi pour les femmes.

M. Henri CHEVALIER, à Paris.

Arithmétique graphique. — Appliquer à tous les problèmes de l'arithmétique
la méthode employée dans les Compagnies de chemins de fer pour établir les
graphiques des trains, c'est-à-dire pour résoudre le problème des mobiles, tel
est l'objet de ce mémoire. La succession des opérations se trouve indiquée d'elle-
même et les raisonnements sont tracés par les constructions faites. Les données
les plus compliquées se simplifient, si l'on emploie la construction graphique
pour préparer la solution arithmétique, si au contraire on l'emploie après, elle
donne un contrôle rapide et suffisamment approché.

Enfin, cette méthode peut rendre de grands services, employée comme moyen
pédagogique.

M. HENRIET, à Marseille.

Sur l'instruction générale et sur l'instruction postscolaire à Marseille.

— **Séance du 11 août** —

M. FÉRET, Membre de la Soc. française d'Hyg: à Paris.

Les jardins scolaires. — M. FÉRET, de Paris, explique que la création des jardins scolaires a déjà été l'objet d'essais partiels par des instituteurs qui sentaient la nécessité de donner aux écoliers, après les leçons orales, des notions
pratiques ; mais ces essais partiels ne pouvaient, faute d'emplacement suffisant,
s'appliquer à l'enseignement agricole.

Les conseillers municipaux d'un certain nombre de communes du département de la Seine, comprenant l'utilité de cet enseignement, ont fait location de
terres pour former des champs d'expériences, les confiant aux instituteurs qui
les divisent en portions suivant le nombre des écoliers.

Ces études, venant à l'appui de la théorie, intéressent vivement les écoliers et
même les parents. En effet, les résultats comparatifs de céréales de diverses
provenances et d'engrais appropriés donnent une sanction que les cultivateurs
n'osent pas entreprendre sur de grandes étendues par crainte de déceptions.

Des fiches apposées sur ces parcelles indiquent clairement l'expérience en
cours afin que chaque habitant du pays puisse venir en tout temps faire la
comparaison des essais en les suivant jusqu'à la récolte.

Un véritable jardin des plantes se trouve ainsi fondé.

Le conseil général de la Seine, ayant été sollicité par ces communes de s'intéresser à cette fondation, a tenu, après s'être enquis de l'importance des

essais, à leur donner une marque d'estime et de considération par une subvention pour les aider dans les achats d'outils, de graines et d'engrais.

La proposition de subvention, développée par M. Squéville, rapporteur, a été adoptée par le conseil général de la Seine, en faveur de dix-sept communes, dans sa délibération du 18 décembre 1901.

M. Féret émet le vœu ardent que chaque commune prenne l'initiative de former un jardin d'expérimentations, afin de développer l'aptitude et l'activité des habitants en contribuant à la richesse du pays.

— Séance du 13 août —

M. Léon HOARAU-DESRUISSEAUX, Prof. au Collège de Wassy (Haute-Marne).

Boussole solaire permettant de s'orienter au moyen d'une montre, pourvu qu'il fasse du soleil. — L'instrument se compose essentiellement de deux limbes circulaires munies d'alidades faisant corps avec eux. Ces limbes ayant respectivement 8 centimètres et 10 centimètres de diamètre, sont montés sur le même pied et tournent à frottement doux l'un sur l'autre.

Contre la face supérieure du plus petit est fixé un cadran de montre portant douze divisions horaires et une graduation en minutes.

Les pinnules opposées de l'alidade du plus grand limbe sont réunies par un fil de lin ou de coton.

Pour se servir de l'instrument, il suffit de le placer en plein soleil, sur un plan horizontal, en l'orientant de façon que l'ombre portée du fil passe par la bissectrice de l'angle formé par la petite aiguille de la montre (étant donnée l'heure à laquelle a lieu l'observation), et une ligne qu'on mène par la pensée, du centre du cadran à la division xii de ce cadran.

Dans ce cas, la direction nord-sud sera donnée par la ligne passant par les divisions horaires xii-vi du petit cadran dont on a parlé plus haut.

M. F.-J. MERCKLING.

Considérations relatives aux questions posées par circulaire du Président de la Section en date du 15 mars 1902.

1re QUESTION. — *Dans quelle mesure les cours du soir et du dimanche ont-ils à compléter l'enseignement général donné dans les écoles primaires ?*

Cette question a été posée par circulaire du 15 mars dernier parce que, directeur de cours d'adultes, le président de la 17e Section a eu l'occasion de constater que chez lui, comme d'ailleurs dans certains autres milieux où les cours du soir ont pris une grande extension, les classes élémentaires sont délaissées pour les cours professionnels depuis déjà une douzaine d'années et cela d'une façon tout à fait continue et progressive.

- Les cours de lecture et d'écriture ne se rencontrent plus que bien exceptionnellement et pour un faible contingent d'élèves ne se renouvelant que de loin en loin.

Les classes de français et d'arithmétique se sont transformées et s'orientent dans un sens pratique par des travaux de rédaction et des exercices de calcul commercial, ces classes peuvent sans équivoque être qualifiées de professionnelles. Ce sont des cours préparatoires pour le commerce, alors que l'arithmétique, encore une fois, avec la géométrie sont préparatoires pour l'enseignement industriel.

Il semblait donc permis de croire que pour les Sociétés privées dont les ressources servent depuis si longtemps à fournir un complément à l'enseignement public élémentaire, l'heure est venue où elles peuvent, du moins dans certains grands centres, détourner presque tous leurs efforts vers l'enseignement professionnel en ouvrant et en encourageant partout où s'exerce leur influence des cours techniques méthodiquement organisés. — (Discussion longue et intéressante, dans le cours de laquelle M. Ferry, de Rouen, fournit une statistique des conscrits illettrés dans la Seine-Inférieure.)

2ᵉ Question. — *Quelles sont, dans l'ordre commercial, les connaissances qui par l'enseignement s'acquièrent d'une façon plus sûre et plus parfaite que par la seule pratique des comptoirs ?*

L'enseignement commercial, qui peut s'adresser aux adultes des deux sexes, comprend en général la Comptabilité, la Sténographie, la Dactylographie, les Langues étrangères, la Géographie, les Notions de Droit, d'Économie politique et de Législation ouvrière, et pourquoi ne pas ajouter la Rédaction française, le Calcul commercial et même la Calligraphie.

Combien de fois n'avons-nous pas entendu répéter que c'est par la pratique des comptoirs seule que l'on devient commerçant ou comptable. Cela est parfaitement vrai quand il s'agit d'exercer l'initiative et d'endosser la responsabilité d'entreprises quelles qu'elles puissent être ; mais tel n'est point l'office de nos auditeurs des cours du soir. Ces jeunes gens de seize ans et au-dessus travaillent déjà dans les comptoirs, en sous-ordre bien entendu ; ils passent des écritures, mais peuvent ne pas voir l'ensemble d'une comptabilité, son enchaînement ; ils ont à traduire des lettres, à renseigner, à guider parfois des étrangers, et ce n'est pas au comptoir qu'ils apprendront à le faire. Voilà bien pourquoi ils viennent, après les journées de labeur, s'asseoir toute la soirée sur les bancs de l'école. Il faut que les cours d'adultes leur donnent ce qu'ils viennent chercher, ce que le comptoir ne peut pas leur fournir ; et de toutes les matières ci-dessus énumérées il n'en est pas une en vue de laquelle l'enseignement ne puisse pas exercer une action très salutaire.

(Observations approbatives de Mˡˡᵉ Malmanche, de MM. Paris et Ferry. L'on est d'accord pour reconnaître que les travaux de comptoir gagnent à être préparés d'une façon théorique par l'enseignement ; mais que les études scolaires ne donnent pas une science complète et sûre d'elle-même tant que ces études ne sont pas confirmées par la pratique des affaires).

3ᵉ Question. — *L'enseignement professionnel offert aux ouvriers et apprentis dans les cours du soir sera-t-il manuel ou théorique, individuel ou collectif, et quels sont les procédés qui méritent plus particulièrement d'être recommandés ?*

Les cours industriels ont les uns un caractère plutôt artistique, les autres un caractère plutôt technique. Parmi les premiers : dessin d'ornement et études applicables en décoration, modelage et sculpture ornementale, coupe pour tapissiers, etc., et comme assimilable tout ce qui se rapporte à l'habillement ; coupe et ajustage de vêtements pour hommes et pour femmes, coupe des chaussures couture, broderie, etc.

Parmi les cours plutôt techniques ceux qui se rapportent à la menuiserie, à la charpenterie, à la coupe des pierres, au métier d'ajusteur ou de mécanicien, aux constructions métalliques, à la chaudronnerie, etc.

En ce qui concerne la première série : ornement, habillement, la pratique manuelle peut se concilier avec l'étude théorique et les deux s'exercer simultanément à l'école même, en tant qu'un outillage important n'est pas indispensable.

Pour ce qui est des cours techniques, travaux sur bois, travaux sur métaux, l'étude théorique s'éloigne davantage de l'exécution manuelle ou mécanique et tel peut être un excellent manouvrier qui ne répond pas du tout aux exigences que l'industrie moderne est dans l'obligation d'avoir vis-à-vis de ses plus modestes agents.

Or, la main d'œuvre ne s'apprend réellement qu'à l'atelier, parce que là seulement le travail effectif s'accomplit dans des conditions normales de rapidité et d'économie. Mais l'atelier n'est pas en état de fournir les connaissances générales, la vue d'ensemble, les procédés intellectuels qui doivent guider la main ouvrière.

Il y a là pour l'enseignement populaire un rôle des plus essentiels à remplir, et les cours d'adultes si peu qualifiés qu'ils puissent être pour exécuter, faute de temps et d'outillage, du travail effectif, sont merveilleusement placés pour remplir ce rôle. Ils s'adressent, en effet, le soir à de jeunes ouvriers engagés déjà dans un métier, métier qu'ils pratiquent tout le long du jour. Dans ces conditions, l'enseignement aura pour but non pas de faire, mais seulement de compléter l'apprentissage technique.

Il semble, en définitive, que l'enseignement industriel doive être avant tout théorique et qu'il ne pourra devenir pratique ou manuel que par surcroît et dans une mesure limitée.

Sera-t-il individuel ou collectif ? Cela revient à se demander s'il sera méthodiquement progressif ou non. Trop souvent l'on a vu des professeurs préposés à des classes industrielles, laisser à chaque élève le libre choix du sujet d'étude et n'intervenir que par des conseils donnés en particulier à tel élève. Le maître perd ainsi beaucoup de temps à répéter dans la série des leçons auprès de chacun ce qu'il pourrait exposer d'une manière plus saisissante, en une fois, devant tous ; et les élèves s'immobilisent pendant des mois sur un même travail, pour produire à la fin ce qu'ils prennent pour des œuvres étonnantes, de soi-disant chefs-d'œuvre. Pour qu'il y ait un enseignement vrai, il faut à notre sens procéder collectivement, d'une manière absolue quand il s'agit d'applications géométriques, à un degré moindre quand il s'agit d'ouvrages de goût. La leçon collective ne devrait d'ailleurs pas empêcher le coup d'œil du maître ni les avis particuliers.

Aucun procédé ne saurait s'approprier à l'enseignement industriel technique plus que le dessin, langage d'une portée universelle même dans la pratique de l'industrie militante. Ne faut-il pas aujourd'hui que l'ouvrier sache lire les projets imaginés par l'ingénieur ou par l'architecte, et qu'il sache lui-même représenter les objets simples de sa profession ?

Mais encore doit-on se garder de dévoyer les jeunes ouvriers en voulant les instruire ; fréquemment l'on s'expose à faire un dessinateur médiocre ou un infime employé de bureau de celui qui, restant ouvrier, se serait élevé au premier rang, diminuant bien plus par là la distance qui le sépare d'une condition supérieure. Pour cette raison l'on se souviendra que pour l'ouvrier d'industrie l'art du trait a une importance bien moindre que la science du procédé, l'on se souviendra aussi que le dessin industriel par excellence, c'est le croquis soigneusement coté.

Que si l'on veut mettre quelque variété dans l'application d'un procédé toujours le même, on n'a qu'à lui adjoindre comme ornement l'étude d'éléments technologiques par le moyen de leçons de choses; si de nos jours l'ouvrier intelligent est appelé à pratiquer le dessin, il est non moins appelé à distinguer les propriétés des matières employées et à connaitre la qualité des outils utilisés.

Discussion. — M. FERRY communique un Extrait du Rapport de M. l'Inspecteur d'Académie, concernant la proportion, dans chacun des 55 cantons de la Seine-Inférieure, du nombre des conscrits illettrés de la classe 1901 :

On voit que, si l'on retranche les 12 cantons urbains des deux villes de Rouen et du Havre, le résultat est loin d'être brillant, et vous constaterez que, sauf l'arrondissement d'Yvetot, le département accuse une rétrogradation sur l'année 1900.

J'ai bien peur, dit M. Ferry, que, si ces chiffres comprenaient la population féminine, il n'en résultât une moyenne encore plus défavorable.

Cela vient à l'appui de l'opinion émise par moi, qu'il serait imprudent et prématuré d'opérer, d'une manière générale, la suppression des cours d'adultes. On voit, en effet, quelle effrayante tâche il leur reste à accomplir.

Je suis le premier à regretter d'avoir eu si grandement raison dans mes observations, mais il faut s'incliner devant l'évidence.

EXTRAIT DU RAPPORT DE M. L'INSPECTEUR D'ACADÉMIE

AU CONSEIL DÉPARTEMENTAL DE LA SEINE-INFÉRIEURE

Conscrits illettrés en 1901

CLASSEMENT DES 55 CANTONS

1.	Rouen (1er canton)	» »	14. Le Havre (3e canton)	2,45
2.	Rouen (5e canton)	» »	15. Saint-Valery-en-Caux	2,83
3.	Le Havre (6e canton)	» »	16. Maromme	3,11
4.	Le Havre (5e canton)	0,53	17. Bolbec	4,10
5.	Le Havre (1er canton)	0,62	18. Yerville	4,76
6.	Rouen (6e canton)	0,96	19. Dieppe	4,88
7.	Rouen (3e canton)	0,99	20. Aumale	5,06
8.	Rouen (4e canton)	0,99	21. Grand-Couronne	5,39
9.	Sotteville-lès-Rouen	1,26	22. Yvetot	5,68
10.	Le Havre (2e canton)	1,32	23. Montivilliers	6,04
11.	Rouen (2e canton)	1,38	24. Darnétal	6,44
12.	Elbeuf	2,11	25. Criquetot-l'Esneval	6,72
13.	Le Havre (4e canton)	2,41	26. Fauville	7,14

27. Londinières	7,69	42. Saint-Romain-de-Colbosc. 10,93
28. Gournay-en-Bray	7,89	43. Buchy 11,11
29. Fécamp	8,71	44. Doudeville 11,11
30. Clères	8,73	45. Blangy 11,11
31. Ourville	9,09	46. Boos 11,45
32. Duclair	9,18	47. Caudebec-en-Caux 11,53
33. Forges-les-Eaux	9,30	48. Saint-Saëns 11,66
34. Envermeu	9,85	49. Bellencombre 13,20
35. Lillebonne	10,23	50. Bacqueville 13,79
36. Neufchâtel-en-Bray	10,38	51. Offranville 15,92
37. Arquéil	10,52	52. Tôtes 16,12
38. Goderville	10,56	53. Fontaine-le-Dun 17,64
39. Cany	10,63	54. Valmont 18,81
40. Pavilly	10,88	55. Longueville 22,85
41. Eu	10,88	

La proportion pour cent des conscrits illettrés dans les cinq arrondissements, comparée avec celle de la classe 1900, s'établit ainsi qu'il suit :

	Classe 1900.	Classe 1901.
Rouen	3,85	4,10
Le Havre	3,77	4,29
Yvetot	10,16	9,10
Neufchâtel	9,96	10,32
Dieppe	10,60	11,50

La proportion pour cent dans le département est de 6,41 ; elle était, l'an dernier, de 6,04.

Mlle MALMANCHE : M. Merckling a parfaitement délimité le rôle et l'utilité de l'enseignement qui doit être fait, soit dans les cours du soir, soit dans les cours du dimanche, en vue de compléter l'enseignement général élémentaire donné dans les écoles.

Je me permettrai pourtant de demander que le maître ne perde pas de vue l'avenir de l'élève et qu'il l'oriente vers une carrière pratique qui ne lui apporte pas de déceptions. Il serait bon, par exemple, que les cours d'écriture et de français fussent faits en vue de la pratique de la comptabilité et de la correspondance commerciale.

Nos négociants ont la juste coquetterie de leurs livres et ils veulent que les lettres de commerce soient rédigées facilement et écrites sans fautes d'orthographe.

Un élève qui saura que la perfection de son écriture peut l'aider à trouver un bon emploi s'y appliquera plus assidument. Il en sera de même pour l'arithmétique, la géométrie, la géographie, etc., etc.

Les études élémentaires ne doivent pas être désintéressées. Il faut qu'elles préparent l'élève à les compléter plus tard, à prendre une direction pratique, à édifier, par une instruction solide qui lui sera donnée libéralement à tous les degrés, sa vie qu'il pourra rendre utile pour lui et pour les autres.

Quelles sont, dans l'ordre commercial, les connaissances qui, par l'enseignement s'acquièrent de façon plus sûre et plus parfaite que par la seule pratique des comptoirs?

Il est certain que l'arithmétique rapide, les calculs de change et de banque, la législation commerciale et industrielle ne seront bien apprises que dans des leçons spéciales. Il sera même bon de faire débuter les élèves par cette préparation indispensable qui assurera la rapidité et la sûreté de l'exécution et donnera à la pratique des comptoirs la force de la réalité des opérations et l'illusion de la vie.

M. PARIS, Secr. gén. de l'Ass. franç., pour le développ. de l'Ens. technique.

L'Enseignement professionnel offert aux ouvriers et apprentis dans les cours du soir sera-t-il manuel ou théorique, individuel ou collectif, et quels procédés méritent plus spécialement d'être recommandés ? — Il paraît bien difficile d'organiser dans les cours du soir un enseignement *manuel* et un enseignement *individuel*.

Tout ce qu'on pourrait dire là-dessus ne saurait, de longtemps, faire l'objet d'une application.

Les cours du soir ne peuvent donc être, pour le moment, que *collectifs* et *théoriques*.

Cependant il ne faut pas oublier que l'on a affaire à une clientèle spéciale. Les ouvriers, employés et apprentis, qui s'astreignent à venir, la journée faite, s'enfermer dans une salle de cours, le font pour en retirer un profit matériel aussi prochain que possible.

Les leçons et les exercices devront donc porter sur des matières faisant l'objet d'applications professionnelles pour les auditeurs. On leur expliquera la raison d'être des travaux auxquels ils se livrent; on leur ouvrira des horizons plus étendus; on leur fera toucher du doigt l'avantage qu'il y a à s'instruire, mais cela, en restant dans le champ des connaissances qui leur sont directement utiles, car presque tous ces auditeurs cherchent, et c'est légitime, à se perfectionner dans leur métier pour arriver à gagner davantage.

Comme procédés d'enseignement, il faut recommander ce qui parle aux yeux et ne nécessite qu'un effort modéré. Les auditeurs sont déjà fatigués; si vous leur demandez trop, ils partiront pour ne plus revenir.

Cependant, n'oublions pas qu'un cours de ce genre doit être sérieux ou ne pas être. Les élèves devront faire preuve d'une certaine assiduité; ils devront fournir quelque travail et se plier à une certaine discipline sous peine d'être exclus. L'oubli de ces règles entraîne la disparition des avantages qu'on peut attendre d'un cours du soir.

Dans les récompenses et dans l'attribution des diplômes, tenir grand compte de l'assiduité et du travail fourni pendant l'année scolaire.

Les cours du soir sont de la plus grande utilité, aussi serait-il indispensable de les réglementer dans une certaine mesure et de s'assurer que le personnel enseignant est à la hauteur de sa mission. Il arrive souvent, en effet, que de jeunes débutants ont des connaissances théoriques et des aptitudes pédagogiques trop restreintes : ces professeurs seront sans doute d'excellents maîtres plus tard, mais en attendant ils font leur apprentissage dans l'enseignement et quelquefois au détriment du cours.

Il faudrait encore exiger de la part de ces professeurs, de l'exactitude et de la régularité afin d'en d'obtenir plus facilement de la part des auditeurs.

Pour avoir de meilleurs résultats on conserverait seulement ou on développerait les cours que j'appelerai officiels : cours organisés par les municipalités, les chambres de commerce, etc., ou bien on subventionnerait plus largement les sociétés sérieuses pour leur permettre de rémunérer le personnel enseignant: c'est le seul moyen d'avoir de bons maîtres et par suite, de faire que les cours du soir rendent des services réels à ceux pour qui on les a créés.

Quelles sont, dans l'ordre commercial, les connaissances qui, par l'enseignement, s'acquièrent de façon plus sûre et plus parfaite que par la seule pratique des comptoirs ? — Le rôle de l'enseignement, en matière commerciale, consiste moins à enseigner le *métier* proprement dit, qu'a montrer aux jeunes gens le lien qui rattache les diverses opérations les unes aux autres.

Ainsi, tout ce qui a un caractère juridique doit être exposé sous forme d'un cours ordinaire. Il en est de même des mathématiques financières et des principes généraux de la comptabilité. Rien ne remplace cette étude préalable ; les élèves qui l'ont faite rendent plus rapidement des services que ceux qui se sont adonnés à la seule pratique.

Mais l'enseignement théorique, même parfaitement organisé, ne saurait suffire. Les jeunes gens doivent être bien persuadés qu'en sortant de l'École, il leur faudra faire le plus tôt possible usage des connaissances qu'ils ont acquises ; ils ne deviendront de vrais et utiles employés qu'à ce prix.

On peut essayer d'organiser dans l'École même des exercices pratiques. Bien dirigés, ils pourront être profitables, mais ils ne sauraient dispenser l'étudiant d'un stage dans une maison de commerce réelle.

Par conséquent, ce n'est pas surtout le travail journalier de magasin ou de bureau qu'il faut viser à enseigner dans une école de commerce ; ce sont les connaissances générales (langue et littérature nationales, langues étrangères, procédés de calcul, législation pratique, principes généraux de comptabilité). Ces connaissances abrégeront considérablement la durée nécessaire à l'initiation du jeune commerçant lorsqu'il sera aux prises avec la vie réelle.

On peut comparer leur étude aux exercices que les soldats sont astreints à exécuter dans la cour du quartier lorsqu'ils viennent d'être incorporés. Ces exercices, sagement dosés et décomposés, font comprendre aux recrues le pourquoi de ce qu'on leur demandera plus tard.

Les travaux « pratiques » exécutés à l'École ressemblent aux grandes manœuvres.

Enfin, le séjour dans une maison de commerce correspond à la mobilisation et à la guerre.

On n'est un vrai soldat qu'après avoir fait campagne.

On n'est un bon employé, un bon commerçant, qu'après avoir subi l'épreuve de la pratique.

Mais, dans les deux cas, les connaissances théoriques sont utiles et il est nécessaire de les enseigner.

———

M. HENRIET.

De l'instruction générale et de l'instruction professionnelle dans les Cours d'adultes.

———

Travaux imprimés

PRÉSENTÉS A LA SECTION

M. COLLIN. — *Travaux techniques, pratiques, économiques.*

M. G. BEAURIVAGE. *La méthode d'Observation, fondée sur l'arithmétique et la géométrie concrètes* (in-8°, Paris 1901).

———

18ᵉ Section

HYGIÈNE ET MÉDECINE PUBLIQUE

PRÉSIDENT D'HONNEUR . . . . .   M. le Dr GUIRAUD, Prof. à la Fac. de Méd. de Toulouse.
PRÉSIDENT . . . .   M. Dr TACHARD, Méd. principal de l'Armée en retraite, à Toulouse.
SECRÉTAIRE . . . .   M. GUYOT (Raphael), Pharmacien.

— Séance du 8 août —

QUESTION PROPOSÉE A LA DISCUSSION DE LA SECTION

M. le Dr E. TACHARD.

Mesures d'hygiène contre l'alcoolisme. — A notre époque, on est tellement submergé par le flot des publications de tout genre, qu'on ne croit plus avoir le temps de lire ce que nos prédécesseurs écrivaient lentement et posément.

A en croire certains, tout ce qui a été publié, avant l'heure de leur éclosion intellectuelle, devrait être regardé comme lettre morte, et dans nos bibliothèques il ne faudrait garder que ce qui a vu le jour au cours des dernières années.

Jouissant du privilège estimable de remonter déjà assez haut, d'avoir vu l'éclosion des doctrines de Pasteur renverser les théories qui nous avaient paru inattaquables, nous ne saurions admettre que le travail opiniâtre de nos illustres et laborieux devanciers soit un bagage inutile, un poids mort dont il faut soulager nos bibliothèques. J'estime qu'à l'exemple de nos voisins immédiats dans ce Congrès, les archéologues, il est de notre devoir de jeter un coup d'œil en arrière et de mettre à contribution les trésors enfouis non sous des amoncellements de sable, mais sous les couches de poussière peu vénérable, surchargeant nos vieux bouquins si décriés, parce que nous ne prenons plus le temps de les épousseter et de jeter un regard rapide sur leurs tables des matières. Combien cependant ces études rétrospectives ont de charme et d'utilité. *Multa renascentur!...*

A dire vrai il n'y a peut-être plus rien d'absolument nouveau, et ce que nous pourrions considérer comme des conquêtes récentes n'est trop souvent que la réédition consciente ou non de faits déjà connus, oubliés ou perdus dans les ruines du passé.

Adoptons la méthode des archéologues et sans remonter au déluge et à Noé, laissez-moi évoquer le souvenir de deux illustres maîtres, dont je suis heureux de saluer la mémoire, Michel Levy et Maurice Perrin.

C'est de ce dernier maître que j'ai reçu les premières notions sur la toxicité

27

de l'alcool et ce sont les preuves expérimentales données par lui qui ont en réalité posé le premier fondement de la doctrine dont MM. Laborde et Magnan se sont faits les apôtres dans leur campagne expérimentale commencée en 1887. (*Revue d'Hygiène*, p. 625, 1887.)

Laissez-moi glaner quelques citations de nature à montrer que le cri de guerre à l'alcool n'est pas récent et que l'effort actuel n'est que la résultante des travaux dans lesquels les noms de Royer-Collard (1838) est de Magnus Huss (1852), comptent au nombre des plus illustres précurseurs de la réforme sociale dont nous devons assurer le triomphe.

Dans sa thèse de concours, Royer-Collard dit avec raison : « Les liqueurs fermentées et distillées ne sont jamais nécessaires pour qui que ce soit, excepté pour quelques individus chez lesquels l'habitude a créé des besoins véritablement morbides. »

A Magnus Huss, nous devons les premiers travaux complets sur les effets de l'alcoolisme dans les différents organismes, et principalement sur le système nerveux.

A ces travaux manquait la preuve scientifique donnée enfin par M. Perrin et ses collaborateurs Lallemand et Duroy ; ils démontrèrent par leurs expériences sur l'animal que l'alcool dans sa migration à travers l'économie ne se transforme pas, ne se détruit pas et conserve sa composition chimique ; qu'il se comporte, non comme un aliment, mais comme une substance non assimilable et non combustible.

Ils ont montré expérimentalement la présence de l'alcool sans transformation dans le sang, le rein, le foie ; dans le cerveau surtout, l'imprégnation alcoolique fut mise en évidence, etc. — Le passage de l'alcool par l'estomac et le foie détermine dans ces organes une irritation proportionnelle à la force alcoolique des boissons et à la fréquence des ingestions ; l'alcool se localise dans le foie comme dans le cerveau.

Au point de vue de la nutrition, ces expériences prouvèrent que l'alcool n'est pas un aliment respiratoire, qu'il est impropre à la nutrition, qu'il ne fait qu'affaiblir la résistance des tissus aux causes provocatrices de maladie.

Ces inoubliables travaux expérimentaux ont porté la lumière dans la clinique en général et éclairé les maladies mentales dont l'alcool est le facteur le plus actif. Nous pourrions multiplier les citations, mais il suffit de rajeunir ces faits positifs, afin de montrer que la lutte contre l'alcool n'est pas le résultat de doctrines nouvellement écloses dont il faut se défier ; la campagne actuelle est le résultat positif d'expériences précises déjà anciennes et par suite oubliées des jeunes générations.

La citation suivante, empruntée à M. Levy, lèvera tous les doutes. Dans son chapitre sur l'emploi des boissons aqueuses, nous lisons : « L'eau est la boisson par excellence, celle que la nature dispense aux plantes comme aux animaux ; les neuf dixièmes de l'espèce humaine s'en contentent (Haller) ; il n'est point de breuvage qui convienne mieux à l'homme ; elle ne stimule, ni ne ralentit aucune fonction ; elle facilite l'accomplissement de toutes...

» Les abstèmes, dit Haller, ont meilleur appétit, conservent mieux le goût, l'odorat, la vue et même la mémoire ; c'est à l'usage de l'eau pure, depuis l'âge de dix-huit ans, que ce grand physiologiste s'est cru redevable de l'intégrité de ses sens... Hoffmann a célébré dans plusieurs écrits les vertus hygiéniques et médicinales de l'eau ; il la préfère comme boisson à toute liqueur alcoolique ou fermentée.

C'est donc à tort que l'on a reproché à l'eau d'affaiblir le physique et le moral; elle est la boisson la mieux appropriée aux constitutions saines et la plus favorable à la longévité.... »

Obéissant en cela aux préjugés de son époque, M. Lévy dit plus loin au chapitre des boissons alcooliques : « Que prouvent les déplorables effets de l'ivrognerie? Et parce que l'abus des alcooliques est une des causes les plus certaines de la dégradation physique des masses, faut-il arracher la vigne des cantons où elle se plaît ?... Vaine entreprise contre l'usage séculaire et l'instinct des hommes. C'est la tempérance qu'il faut prêcher, non l'abstinence absolue des alcooliques. » (1862).

A cette époque, il est vrai, l'alcoolisme n'avait pas encore acquis, en France, le développement formidable qu'il a pris de nos jours, la toxicité de l'alcool n'avait pas été démontrée, les beaux travaux expérimentaux de M. Perrin étaient discutés, la question n'était pas sortie du cercle étroit du corps médical; le grand public ignorait la vérité, il en était encore à chanter avec les poètes les charmes de l'ivresse; il ne savait point que, de tous les poisons qui nous menacent, l'alcool que l'on trouve partout est de tous le plus dangereux, pour le buveur et pour sa race.

Ce coup d'œil rétrospectif était nécessaire, et il est consolant de voir le chemin parcouru en quarante ans.

Ce sont ces considérations qui m'ont poussé à étudier avec vous les *mesures d'hygiène à prendre contre l'alcoolisme*, ce mal social, plus redoutable que la peste, dont le nom seul nous cause de l'effroi.

Mais y a-t-il des mesures d'hygiène à prendre contre une maladie spéciale que la volonté seule peut guérir?

Ne suffirait-il pas de mettre de l'eau dans son vin pour adopter les termes d'un proverbe resté dans notre langue mais non pas dans nos habitudes.?

La modération dans le boire est certainement de bonne hygiène, mais ce qui est modération pour les uns ne l'est plus pour les autres. Il n'y a pas de mesure pratique au mot modération, et prêcher la tempérance n'est peut-être pas suffisant comme a dit M. Lévy.

Dans le monde on demande parfois au médecin : que faut-il boire, pour se rafraîchir? les questionneurs vous déclarent, l'un, rien ne vaut mieux que quelques gouttes d'absinthe pour parfumer l'eau et lui enlever sa crudité ; en pratique ces quelques gouttes forment une purée verdâtre bien connue ; l'autre que rien ne vaut un jus de citron dans un verre d'eau sucrée renforcée d'une quantité suffisante de rhum; ici le mot suffisant pourrait peut-être être remplacé par abondant.

Buvez tout simplement de l'eau fraîche, répond l'hygiéniste, mais dans le monde réel on montre presque comme un phénomène l'homme ne prenant que de l'eau pour se désaltérer.

Nous avons à combattre de toutes nos forces ce préjugé, que l'eau est lourde et indigeste; et à faire comprendre, au contraire, qu'elle est une boisson salubre pouvant réparer mieux que toute autre les brèches faites à l'organisme par l'emploi habituel des boissons dites rafraîchissantes, toniques ou excitantes, qui ne donnent que des forces factices.

Notre manière de vivre actuellement est incohérente. Après plusieurs mois de surmenage intense, les avariés du monde où l'on ne s'ennuie pas, ne trouvent rien de mieux que d'aller demander, à des sources fameuses, un coup de fouet réparateur ; ils vont ingurgitant de l'eau pendant la matinée, mais continuant leurs mauvaises habitudes, ils vont aussi après leurs repas prendre quelques petits verres de liqueurs dites digestives bien qu'elles soient toutes en réalité retardantes de la digestion.

Aujourd'hui, toutes les classes de la société font de même; l'homme du monde comme l'ouvrier tue le ver; l'alcoolisme est un mal général destructeur de l'individu et de sa race; nul ne lui échappe, pas plus la femme que l'enfant. Nous sommes saturés d'alcool, il nous faut de l'alcool, ce qui ne veut pas dire que nous avons besoin d'alcool.

S'il est un besoin factice, dont nous aurions tout intérêt pour notre santé à nous débarrasser, c'est bien l'habitude de boire sans soif, à tout propos et à tout moment. Il semble qu'on ne travaille que pour boire des alcools de diverses sortes; selon l'heure du jour c'est sous telle ou telle forme que se pratique l'alcoolisme.

Suivant que nous sommes tristes ou joyeux, nous buvons; nous payons un petit verre à de braves gens qui nous rendent service; dans nos dîners, nous offrons à nos amis, après les plus vieux vins les meilleures liqueurs, et l'on cite avec éloges les riches bibliothèques où les noms d'auteurs sont remplacés par des noms de crus.

Lorsqu'on sait vivre, on congestionne ses amis du commencement à la fin des repas priés, on leur impose un vrai travail d'hercule pour exécuter leur digestion, le plaisir se traduit en fin de compte par une intoxication plus ou moins grave allant de l'indigestion à l'ébriété ou même à l'ivresse.

La coutume, il est vrai, fait qu'on porte plus ou moins vaillamment, suivant la qualité de son estomac, le poids de cette intempérance, et que les sobres seuls sont exposés à rouler sous la table, ce qui est du reste le comble de la politesse sous certaines latitudes.

Si au nombre des dîneurs se trouve un abstinent, voyez combien son facies est calme, constatez que son esprit n'a rien de mélancolique, que sa langue n'est point pâteuse et lourde, qu'il est enfin maître absolu de lui et apte aux besognes les plus délicates: et si vous revoyez le lendemain tous ces dîneurs, tandis que les buveurs de champagne et de liqueurs, ont de l'inappétence et de la fatigue, l'abstinent est dispos et fort.

Contre ce qui n'est que préjugés, faisons prévaloir cette vérité, indiscutable et démontrée, *l'alcool quel qu'il soit est un poison.*

Ce n'est même pas un poison lent auquel il soit bon de s'habituer; c'est un poison qui s'infiltre dans tout l'organisme, brûlant tout sur son passage, et pervertissant le fonctionnement délicat de la cellule organique dont l'ensemble constitue les viscères. Pendant quelque temps, la résistance organique permet de soutenir la lutte, mais à la longue, la fatigue résultant de l'excitation chronique entraîne l'usure des organes par déchéance de la cellule, et alors s'installe une maladie générale se traduisant de préférence dans l'appareil offrant le moins de résistance par suite d'hérédité ou en raison de nos habitudes personnelles.

C'est ainsi qu'on s'explique cette vérité maintenant banale : *la phtisie se prend sur le zinc.*

On pourrait multiplier les aphorismes, et dire que les maladies mentales qui nous conduisent en foule dans les asiles d'aliénés ou dans les prisons, sont filles légitimes de l'alcool.

L'alcool est le grand ennemi de la race humaine, qu'il provienne du vin ou de la distillation de matières immondes, l'alcool à quelque dose que ce soit est un poison. Tout poison étant dangereux ne saurait jamais être utile, puisque par définition même il altère et détruit à la longue les appareils organiques réglant les fonctions vitales.

Pour ruiner les préjugés sur les soi-disant bons effets de l'alcool, il faut par l'instruction et l'éducation, arriver à ce qui serait l'idéal, la suppression totale de la consommation des liqueurs alcooliques.

Je redoute les avocats de la consommation modérée, car la modération tolérant l'absorption quotidienne, conduit fatalement à l'alcoolisme chronique; ces défenseurs de la modération sont des buveurs qui veulent continuer à boire, et satisfaire leur habitude de boire sans soif, ce qui est le propre de l'homme.

Boire sans soif, voilà le mal, et soyez convaincus que si l'on ne boit que de l'eau, on n'est pas menacé d'en boire sans raison.

Que d'enfants pleureurs nous laisseraient en paix si leurs nourrices buvaient de l'eau; que de vieillards se plaignant d'insomnies, ignoreraient ce mal, s'ils savaient boire de l'eau; que de malaises et de maladies s'épargneraient les hommes, s'ils voulaient prendre la résolution de renoncer à l'usage de l'alcool.

L'homme qui fait usage de boissons alcooliques a toujours soif, il n'est jamais désaltéré, il est en transpiration constante; celui, au contraire, qui ne boit que de l'eau n'a jamais la sensation pénible de la soif, lorsque à ses repas il a pu ingérer la quantité d'eau nécessaire à l'élaboration de sa digestion.

Plus on boit d'alcool plus on veut en boire, c'est une habitude tyrannique, ce n'est jamais un besoin physiologique. La volonté suffit pour guérir du mal alcoolique.

Si la vieille croisade antialcoolique n'est pas encore triomphante, c'est parce que la preuve de la toxicité de l'alcool n'avait pas été donnée expérimentalement. Aujourd'hui, tout le monde sait pertinemment que l'alcool tue brutalement; les sensationnelles expériences de M. Laborde, reproduites partout et répandues dans tous les milieux par l'image ne peuvent laisser aucun doute; le cobaye ne simule pas et ne donne pas volontairement sa vie pour soutenir une théorie. Sa mort est le résultat d'un empoisonnement aigu dont l'alcool est la cause directe.

Mais, dira-t-on, l'homme ne fournit que rarement la preuve de la toxicité de l'alcool, c'est bon pour les cobayes de se laisser tuer par l'alcool administré sous la peau; l'alcool passant par les voies naturelles d'absorption par la bouche et l'estomac, peut bien nous donner le spectacle de l'homme ivre-mort, mais après quelques heures d'inconsciente anesthésie alcoolique, l'homme est tout prêt à recommencer.

Je ne sais trop s'il ne faut pas déplorer cette supériorité de l'homme sur le cobaye, et si de temps en temps on trouvait sur le bord des trottoirs un ivrogne passé de vie à trépas, quoique la fascination alcoolique soit bien forte, il est certain qu'à cette vue de l'ilote, ceux qui redoutent horriblement d'entreprendre le voyage d'où l'on ne revient pas, feraient devant cette rencontre de sérieuses réflexions, contre-balançant puissamment la suggestion d'alléchantes affiches.

La presse fait donc bien d'enregistrer les cas de mort venant à l'appui de la démonstration scientifique de la toxicité de l'alcool.

Je détache le fait suivant d'un journal récent; il est d'autant plus digne d'intérêt qu'il a été observé dans un pays où l'alcoolisme, heureusement, reste encore une louable exception.

L'article que je résume a pour titre; « Un stupide pari ». Dans l'après-midi du 28 janvier 1899, au café tenu par M. Fauré à Finhan (Tarn-et-Garonne), un pari stupide s'engagea entre un marchand de bois nommé Pierre Rup et le domestique de celui-ci, Raymond Guy, dont les habitudes d'intempérance étaient connues dans toute la commune.

« Un café et le cigare pour ce soir, que tu ne boiras pas dix verres d'absinthe », proposa le marchand de bois. « C'est tenu », dit le domestique qui absorba les dix absinthes que le cabaretier aligna sur la table.

L'ivrogne ne jouit pas longtemps de son triomphe, car il s'effondra comme une brute sur la table du café et mourut quelques heures après dans le délire.

Le 9 mars suivant, le tribunal correctionnel de Castelsarrasin condamnait le cafetier Fauré à 50 francs d'amende « pour avoir involontairement causé par son imprudence la mort de R. Guy ».

A quelque temps de là, le père de la victime demanda au marchand de bois et au cafetier 4.000 francs de dommages-intérêts, en réparation du préjudice qui lui avait été causé.

Le tribunal civil de Castelsarrasin rejeta la demande le 8 juin 1900.

L'affaire fut encore plaidée devant la Cour de Toulouse, qui rendit son arrêt le 3 juillet 1902. Sans s'apitoyer plus que de raison sur le sort du buveur d'absinthe qui méritait bien la mort dont il avait été la victime stupide, elle condamnait Fauré et Rup à 500 francs de dommages-intérêts.

Inutile de philosopher longtemps sur ce cas, je n'en veux retenir que la preuve évidente de la toxicité des alcools et de l'absinthe en particulier. Pour tuer son homme, il suffit de donner la dose voulue.

Je serais assez disposé à louer le m'en fichisme du tribunal de Castelsarrasin et à regretter que les paris stupides ne soient pas plus nombreux, car un fait brutal a plus de poids que la thèse la mieux soutenue. Quant à la décision de la Cour de Toulouse, elle marque une évolution sérieuse dans nos mœurs, car le fait de toucher à un mastroquet de petite ville établit un point de jurisprudence dont il est bon de prendre note à côté de la démonstration clinique de toxicité de l'absinthe.

Au nombre des mesures d'hygiène contre l'alcoolisme, il y en a une qui s'impose à nos efforts. Les murs de nos maisons, étant très tolérants, servent à propager le mal par la profusion des affiches poussant à l'alcoolisme. Dans nos rues, vous rencontrez côte à côte vingt affiches prônant les vertus d'autant de boissons multicolores, recommandées par un moine austère, un homme politique en vue ou par un militaire haut gradé.

La bénédictine tient la tête dans cette réclame alcoolique, et à en juger par la cote officielle de la Bourse, il est évident que sa consommation doit faire une forte concurrence à la chartreuse, au pipermint, au dubonnet, au pernod et autres liqueurs de marque dont le flot montant menace cependant de nous submerger et de tuer notre race.

Cette réclame obsédante qui nous poursuit partout, dans les villes et tout le long des voies de chemins de fer, incite tout le monde à la consommation. Ce luxe dans l'affiche, cette réclame continue constituent une excitation à l'ivrognerie, contre laquelle il serait temps d'intervenir. Mais, hélas, les dépenses de la réclame étant largement couvertes par la consommation croissante de ces liqueurs, il est évident que le mal a étendu ses racines dans toute la société qui paye son vice sans souhaiter d'en être guérie.

Que faire contre un mal dans lequel on se complaît? Formuler des lois et règlements? Ces moyens n'ont de vertu que là où ils sont imposés par la volonté formelle du plus grand nombre.

Or, ce grand mouvement n'est pas encore en marche, et nos entrepreneurs d'intoxication alcoolique, dont le nombre s'accroît tous les jours, font les plus grands efforts pour augmenter toujours le nombre de leurs clients. Grâce à ces efforts, le café déborde sur la rue et l'envahit ; de loin, les accords d'une musique agréable sollicitent le promeneur désœuvré, qui trouve à satisfaire à bon marché le plaisir de boire et de flâner à l'aise en écoutant une musique exécutée le plus souvent par des femmes ayant depuis longtemps semé à tous les carrefours leurs caresses vénales, cachant bien des épines sous les roses fanées.

En voyant ces lieux de réunion éblouissants de lumière, on est porté à comparer la cohue des consommateurs à ces myriades d'insectes qui, les soirs d'été, voltigent autour des phares, contre lesquels ils viennent donner de la tête et se tuer follement, sans que l'exemple des dernières victimes puisse enrayer cette course à la mort.

Contre cette marée montante, le devoir de ceux qui savent que l'alcoolisme est la plaie gangreneuse la plus hideuse de notre époque se trouve nettement tracé. À la réclame alcoolique ils doivent opposer l'instruction antialcoolique et crier bien haut, l'*alcool est un poison* à supprimer de la circulation.

Je n'apporterai, ici, aucun chiffre pour prouver que l'argent dépensé en alcool ne rapporte au fond rien à l'État, qui périra à son tour d'alcoolisme, puisque tous les consommateurs finiront par être fous, idiots, avariés et impuissants. Regardez ce que deviennent la Normandie, la Bretagne. Je laisse donc aux économistes et aux statisticiens le soin d'éclairer ce côté de la question. Ce travail est, du reste, déjà fait, mais les résultats obtenus ne sont pas publiés systématiquement comme ils devraient l'être.

La lutte est maintenant sérieusement engagée, et depuis que cette question a été discutée au Congrès de Toulouse, que de chemin parcouru ! L'Académie de Médecine se trouve naturellement à la tête du mouvement, et sa haute autorité fait concevoir les plus grandes espérances, mais le mal est si profond qu'il faut impérieusement que chacun porte sa pierre à l'édifice, et ce serait pour l'Association française un honneur très grand si elle pouvait contribuer à propager la notion de la toxicité de l'alcool, dont l'effet immédiat est de tarir les forces vives et les talents de notre race, jadis généreuse, aujourd'hui égoïste, veule et avachie.

Dans ce qui précède, j'aurais voulu démontrer que par un effort suffisant de la volonté, on pourrait arriver à créer un courant antialcoolique. Si nous étions tous bien convaincus du mal réel que fait l'alcool, pris même à des doses modérées, mais régulières, nous deviendrions tous les défenseurs et les propagateurs de cette vérité et nous saurions la répandre en temps et hors de temps, et éclairer ainsi toutes les classes de la société.

Mais pour être vraiment fort, il faut soi-même pratiquer l'abstention absolue. Pour tout homme convaincu des méfaits de l'alcool, le meilleur moyen d'attirer l'attention et la confiance, c'est de s'abstenir non seulement de toute liqueur, mais encore même de vin. Il faut solliciter chez les autres, l'effort de volonté qu'on a fait, et le meilleur exemple est celui qu'on donne.

Il y a dix ans, on me demandait de faire des conférences antialcooliques dans l'un de nos ports de mer; mais la personne très honorable qui m'adressait cette proposition, me prouvait que sa sobriété n'était que relative, car à table elle vidait son verre sans y faire aucun mélange aqueux, et dans son café, elle n'hésitait pas à faire des additions inutiles d'alcool. Je ne fis pas ces conférences, mon protagoniste ne pouvant me donner la réplique voulue.

C'est tout d'abord par l'exemple, par la conférence, par des affiches antialcooliques, par l'instruction donnée dès l'enfance à l'école et dans la famille, que nous donnerons le pli voulu, que nous pratiquerons la meilleure vaccination antialcoolique.

Armons-nous de volonté, faisons partout connaître le mal, et de l'excès même du mal actuel viendra là guérison. Je ne crois pas à l'efficacité de la réglementation ; quant aux sanctions pénales, elles sont sans utilité.

A quoi bon lancer les foudres de la justice contre les débitants et cafetiers? Si, bon gré mal gré, la foule veut boire de l'alcool, toute mesure restrictive ne fera que pousser l'ivrogne à la révolte contre l'autorité. Qu'a produit l'excellente loi Roussel du 23 janvier 1873? Elle n'a pour ainsi dire jamais été appliquée, aujourd'hui elle est lettre morte.

J'ai été témoin d'un fait grotesque qui se passe de commentaire. Un brutal ivrogne avait démoli le pauvre éventaire d'une malheureuse paralytique et dispersé sur la voie publique les gâteaux offerts à la gourmandises des enfants. Un témoin bien intentionné alla requérir la force publique et ramena un agent dans un état d'ivresse manifeste. J'ignore la suite de cette affaire, mais je doute que le représentant de la force publique ait rempli, ce jour-là, la mission qui lui incombait.

N'attendons rien pour le présent, ni des lois, ni des règlements, ni des agents de police; le café, comme le cabaret, a maintenant une clientèle bien assurée ; mais nous devons préparer l'avenir, et pour cela agir sans trêve autour de nous.

Aujourd'hui, la notion de la toxicité des alcools a commencé son chemin dans le monde, il faut l'aider dans sa marche, et peu à peu les idées saines que nous défendons pénétreront dans toutes les classes de la société.

Dans un avenir qui me paraît relativement proche, il sera inutile de demander la suppression du cabaret ; et le café, ce foyer d'oisiveté et d'alcoolisme, sera regardé comme un mauvais lieu, disqualifiant ses habitués. En attendant ces beaux jours rêvés par l'hygiéniste, allons sans nous lasser, faisant comprendre à l'ouvrier qu'un kilogramme de bœuf vaut mieux que plusieurs litres de vin falsifié ou non, additionné même d'un nombre invraisemblable d'apéritifs et de petits verres digestifs. Quand voudra-t-on remarquer que l'appétit est en raison inverse du nombre des apéritifs absorbés, et que pour vivre il faut manger avant de boire?

Si je suis parvenu dans ce milieu d'hygiénistes convaincus, à faire admettre la nécessité d'intervenir contre le mal envahissant, contagieux et par suite évitable de l'alcoolisme, veuillez discuter les propositions dont l'adoption nous permettrait d'en demander l'application aux pouvoirs publics (1).

Après discussion, ces vœux ont été votés à l'unanimité par les membres de la 18ᵉ Section.

_____

— **Séance du 9 août** —

M. le Dʳ LOIR

Hygiène alimentaire : pasteurisation des vins et maladies de l'estomac.

Discussion. — M. le Dʳ MAURIAC. — Je partage entièrement la manière de voir de M. Loir en ce qui concerne les bons effets des vins pasteurisés dans les

(1) Voir l'énoncé de ces propositions aux vœux, pages 118 et 119.

maladies de l'estomac et j'estime que les médecins devraient toujours conseiller les vins pasteurisés à ceux de leurs clients qui souffrent de l'estomac .
Sans aucun doute, les vins malades ne peuvent qu'augmenter les troubles
gastriques, tandis que les vins sains administrés avec à-propos et juste mesure
favorisent la digestion, relèvent les forces et contribuent souvent à la guérison
de la maladie.

S'il y a des vins malades et nuisibles, il y en a un bien plus grand nombre
qui sont bons et utiles. Il s'agit de savoir les distinguer et de ne pas les con-
fondre, comme le font trop de médecins, dans une même excommunication
majeure et globale.

La pasteurisation faite peu après la récolte du vin a le grand avantage de
l'empêcher de devenir malade par la suite, en détruisant tous les microbes de
mauvaise nature ou en les empêchant de se développer, et cela sans altérer en
rien les qualités du vin. Il y donc lieu de recommander partout cette stérilisation préventive de notre boisson nationale, au double point de vue hygiénique
et économique.

Si l'on ne buvait que des vins pasteurisés en temps utile et si d'autre part
une bonne loi contre la fraude pouvait supprimer les vins frelatés, on ne serait
plus fondé à mettre sur le compte de cette boisson des maladies d'estomac qui
sont d'ailleurs souvent dues à de tout autres causes.

M. Henri de **MONTRICHER**, à Marseille.

Épuration et stérilisation des eaux résiduaires et potables. — L'épuration des
eaux de toutes catégories, résiduaires, potables ou autres repose sur les mêmes
principes. Elle a pour facteur essentiel l'oxygène sous l'état le mieux approprié
(naissant, divisé, concentré... etc.) et pour résultat, la transformation de l'azote
organique (nocif) en azote minéral (inerte), et par suite l'élimination des
microbes qui ne végètent plus dans un milieu défavorable.

Les procédés d'épuration des eaux résiduaires par filtration à travers le sol
perméable ont conduit à l'emploi des systèmes bactériens, comportant deux
phases ou stades, savoir :

1° La transformation des matières organiques en produits ammoniacaux
solubles, par l'action réductrice des anaérobies.

2° La minéralisation de ces derniers produits et leur transformation en nitrates
par l'action oxydante des aérobies.

Le premier stade s'accomplit dans la « Septic tank », et le deuxième stade
dans les « lits bactériens à simple et à double contact. »

L'intermittence comporte trois alternances par vingt-quatre heures; elle est
assurée par un système automatique de balances d'eau et d'appareils siphoïdes.
L'eau ainsi épurée, parfaitement claire et limpide, ne renferme plus que
quelques aérobies inoffensifs, et peut être, sans inconvénients, rejetée dans les
cours d'eau, ou employée aux irrigations. Une application de ces procédés a été
faite à l'hôpital de la commune d'Aubagne (Bouches du-Rhône).

Mais ces systèmes ne présentent point, pour l'épuration des eaux de boisson,
une sécurité suffisante.

La filtration au sable fin (après dégrossissage préalable pour permettre un
fonctionnement de plus longue durée) donne des résultats décisifs comme éli-

mination de microbes (99 %) mais ne garantit point une eau exempte de microbes pathogènes.

Les seuls procédés donnant à cet égard toute sécurité sont ceux qui sont fondés sur la stérilisation des eaux par l'ozone ou oxygène électrisé, agissant comme précédemment par son énergie *comburante* mais avec une intensité très considérable eu égard à son état de concentration, son poids atomique étant équivalent à 0^3 au lieu de 0^2.

La première application du procédé de stérilisation des eaux a été faite et est en fonctionnement normal aux Brasseries de la Méditerranée à Marseille (système Marmier et Abraham).

Une autre installation du même système doit se faire prochainement à Cosne (Nièvre).

<hr>

QUESTION PROPOSÉE A LA DISCUSSION DE LA SECTION

Rapport par M. le Dr E. TACHARD. — *Dangers du tout à la rue.*

Les progrès énormes accomplis en hygiène pendant les vingt-cinq dernières années, nous ont habitués à la recherche du confort et nous ont peut-être rendu exigeants et injustes.

Regardons en arrière, et que les hommes de ma génération se souviennent de ce qu'étaient les maisons de leurs parents. L'eau du puits y servait à presque tous les usages, les cabinets, s'ils existaient, se composaient d'un siège mal commode du milieu duquel s'exhalaient des flots ammoniacaux. Alliez-vous en voyage, même dans les meilleurs hôtels des grandes villes, à peine trouviez-vous l'eau nécessaire aux plus élémentaires ablutions rendues indispensables cependant après de longs et incommodes séjours dans des diligences poussiéreuses.

Les villes étaient mal tenues, les rues étroites et mal pavées, mal drainées surtout, étaient en tout temps impraticables, l'hiver à cause de la boue, l'été à cause de la poussière envahissant les habitations. Nos grands-parents cependant se louaient des progrès accomplis et n'entrevoyaient pas la nécessité de perfectionnements.

Quand je débarquai à Paris pour la première fois, il y a quarante ans, ce qui me surprit le plus, je crois, ce fut le porteur d'eau, ce robuste Auvergnat, que je vois encore, vidant de toute sa hauteur de l'eau de Seine clarifiée à l'alun, dans le filtre à pierre de la cuisine. Ce n'était pas alors le temps du gaspillage de l'eau, elle était payée très cher quoique de mauvaise qualité Il est vrai de dire qu'à cette époque le choléra en prenait à son aise dans la capitale.

Ces souvenirs devraient-ils nous rendre patients et nous empêcher de solliciter de nouveaux perfectionnements dans notre hygiène urbaine ?

L'observation répond, que si le progrès moral marche lentement dans le monde, les progrès matériels se font au pas accéléré. Fort heureusement, ils ne sont pas sans influence sur l'état physique et moral des masses.

Le devoir de l'hygiéniste est donc d'assurer le perfectionnement de l'outillage dans l'intérêt même du progrès social qui est en réalité son objectif le plus important. La meilleure philanthropie est celle qui assure à tous l'air pur, la lumière et l'eau claire indispensables à la vie.

Puisque en quarante ans nous avons vu des progrès s'accomplir dans nos villes et nos maisons, continuons la lutte hygiénique, en faisant pénétrer dans les masses les notions si importantes de la propreté générale; enseignons autour de nous, au nom de la liberté collective, que nous avons chacun des obligations vis-à-vis des autres, que la rue en particulier étant un domaine indivis, nul n'a le droit d'y gêner ou entraver la circulation d'une façon quelconque et que l'hygiène de la rue, où tout le monde passe, intéresse au plus haut point la société.

Tout en nous montrant satisfaits des progrès accomplis et en jouissant des améliorations inconnues à nos devanciers, pensons à l'avenir et préparons à nos descendants une situation hygiénique meilleure encore. Dans ce milieu salubre l'homme aura plus de respect de lui et des autres, le progrès moral suivra le progrès matériel, l'hygiène aura fait œuvre sociale, c'est là le but le plus noble qu'elle puisse se donner maintenant.

**
**

Il est des habitudes et des préjugés contre lesquels on ne saurait trop s'élever. Jusqu'ici l'hygiène de la rue n'a pas eu le privilège d'attirer suffisamment l'attention.

Jetez cela à la rue! tel est le cri instinctif poussé par chacun de nous lorsqu'il rencontre en son logis un objet inutile ou malpropre.

Dans certaines villes surtout, dans un passé qui n'est pas fort lointain, les promenades du soir exposaient les noctambules à de fâcheux accidents; mais l'habitude rendait normale cette pratique sans gêne passée dans les coutumes intangibles.

Bien que les notions nouvelles sur la salubrité aient sur ce point modifié nos habitudes, ne reste-t-il rien à faire?

Nous sommes loin de la propreté hollandaise et sans avoir l'espoir d'y atteindre, il n'est pas interdit de souligner ici quelques points importants, et de faire connaître *les dangers du tout à la rue.*

Qui de nous n'a à se reprocher une imprudence commise, une faute anti-hygiénique dont la conséquence a été une infection partielle de la rue; qui de nous sans le vouloir et sans y penser n'a semé la contagion et créé dans la rue un foyer d'infection?

**
**

Promenez-vous le matin à l'heure de la toilette des rues et si votre curiosité vous pousse à regarder de près ce qui encombre les boites à ordures, vous y trouverez de tout; un pansement sanieux, des cotons, des cataplasmes et autres milieux de culture dangereux. Il y a bien d'autres choses, j'en passe et des moins hygiéniques.

Lequel de nous s'il trouve chez lui quelque objet dont la nuisance lui paraît évidente, résistera à ce premier mouvement, qui est le mauvais, de le lancer par la fenêtre, sans même regarder s'il ne tombera pas sur un badaud lisant les enseignes?

On jette tout à la rue comme on jette tout à la rivière; mais si les rivières marchent, emportent et épurent tout ce qu'elles reçoivent; il n'en est pas de même des rues où tout vient se corrompre rapidement, surtout par les temps de chaleur, lorsqu'on a le soin de les arroser avec de l'eau sale prise au ruisseau.

Il semble vraiment qu'on veuille propager avec ardeur toutes les causes de maladies.

La rue appartient il est vrai à tout le monde, mais c'est pour s'y promener et aller à ses affaires, et sa qualité de domaine public nous impose le respect de cette propriété collective, où chacun a les mêmes droits et aussi les mêmes obligations.

Que faire? On ne saurait imposer aux chevaux et aux chiens des mesures restrictives ou des muselières à l'envers; par suite quelques matières usées de plus ou de moins déposées devant nos portes ne sauraient créer de dangers pour la santé publique.

Pendant la promenade matinale, que voyons-nous? Des femmes munies de balais usés jusqu'au manche, soulèvent les poussières, désagrègent et étalent sur le sol le fumier des chevaux, et confectionnent enfin de petits tas, qu'un homme armé d'une pelle et d'un petit balai ramasse et lance dans un tombereau, comme on fait du blé pour le vanner. Content de son œuvre qui a répandu à droite et à gauche du véhicule cahotant une certaine quantité de détritus, servant de ferment jusqu'au lendemain, il va recommencer plus loin son œuvre de grand dispensateur de poussières malsaines. Malgré tous les soins qu'il met à répandre sa marchandise, il finit cependant par remplir son tombereau non étanche, qui va déversant tout le long des rues les liquides qu'il ne saurait contenir, et que le fonctionnaire municipal a le soin d'exprimer de son mieux en exécutant sur son fumier une danse intermittente, destinée à faire contenir à son véhicule une quantité de matière supérieure à la capacité du contenant. Dans sa promenade dans les rues, les cahots et les vents dispersent sur les passants et sur les pavés, les ordures si péniblement et si antihygiéniquement amassées.

Le jour où notre Congrès à Boulogne alla rendre visite à Douvres à sa sœur aimée l'Association britannique, je fus humilié de voir en débarquant des voitures ramasse-boue, d'une forme pratique et étanches. Malheureusement jusqu'ici nous n'avons pas volé son modèle à l'Angleterre et la leçon de choses qu'on nous donnait gratuitement n'a encore porté aucun fruit en France.

***

Prenez garde, tandis que vous observez du trottoir ce spectacle de la rue, au-dessus de votre tête un domestique agite avec violence le tapis de son maître peut-être tuberculeux. Sauvez-vous en portant sur vos lèvres un mouchoir, mais prenez garde en fuyant de ne pas tomber dans ce courant d'eau sale que lance sans précautions le balai d'une concierge.

Le tout à la rue peut être commode, mais il n'est pas salubre.

Le mauvais cap est doublé et passant devant un marchand de comestibles, vous ralentissez le pas devant son étalage alléchant par la bonne odeur de ses fruits. Hélas! cette exposition va être salie par le tourbillon des poussières de la rue; ces beaux fruits veloutés vont être empoisonnés par des germes multiples, et créer un danger pour le consommateur. Vraiment la rue n'est pas faite pour exhiber des matières alimentaires, il faut l'abandonner exclusivement à la libre circulation.

Qu'il s'agisse de fruits, de vêtements ou même de chaussures, tout ce qui doit servir à l'usage des hommes doit être mis à l'abri des poussières malsaines de la rue.

∗

Soucieux de trouver un air sain nous dirigeons-nous vers la campagne, nous trouvons trop souvent dans les faubourgs et surtout dans les petites villes, des tueries particulières qui, éludant les recommandations des conseils d'hygiène, versent directement à la rue les eaux de lavage de leur boyauderie, dans un ruisseau non étanche assez éloigné de l'égout. Le service d'eau étant au compteur, l'industriel a soin de ne pas gaspiller l'eau, en sorte que la chaleur aidant, il se fait dans ce ruisseau un colmatage infect de matières organiques, où les mouches iront peut-être puiser des germes qui ne seront pas sans danger pour l'homme.

Je ne me livre ici à aucune improvisation; j'ai vu et je dis : Il est dangereux de tout jeter au hasard dans la rue. On n'a pas le droit d'infecter le domaine public, il faut enseigner le respect dû à la rue.

C'est là le côté difficile de la question posée et je n'y vois d'autre solution que d'aller répétant : *gare aux dangers du tout à la rue*. Si cette vérité était entendue, les individus et les municipalités feraient de communs et pratiques efforts pour préserver la rue des nuisances qu'on y dépose, au grand dommage de la santé publique.

Il faut créer un courant d'opinion contre lequel rien ne saurait prévaloir au bout d'un certain temps; nous devons avoir pour auxiliaires la presse, les universités populaires et surtout l'appui des maîtres chargés de l'instruction. Ainsi sans recourir aux pouvoirs publics, que l'on invoque toujours en vain tant que l'opinion publique n'a pas nettement indiqué ses aspirations, nous arriverons à inculquer, à tous, la notion *du danger du tout à la rue.*

∗

Dans cette œuvre de salubrité publique, le corps médical peut après avoir fait son propre *mea culpa*, donner de précieuses indications; il faut pour cela que chaque médecin comprenne l'utilité de la lutte à engager. Mais il y a des dissidents, pour lesquels l'hygiène n'est qu'un mot banal.

Faites de l'hygiène, disent-ils, comme ils diraient, faites du cheval. Je n'irai pas jusqu'à dire qu'ils ne croient pas à l'hygiène, mais ils la considèrent trop souvent comme une branche accessoire, indigne d'un médecin ou d'un chirurgien sérieux, tout juste bonne pour les infirmes de la profession.

Je n'hésite pas à dire que ceux qui professent semblable manière de voir, ne sont pas doués d'une mentalité supérieure, et lorsque ces confrères affirment avec aplomb une absurdité, il est rare qu'elle ne soit pas ramassée avec empressement par un ignorant qui vous répétera avec non moins d'aplomb : Mais le docteur X... ne croit pas à l'hygiène, aux microbes et à toutes ces maladies nouvelles, dont on ne lui a jamais parlé au temps lointain où il discutait très congrûment à l'école sur le principe vital et les humeurs peccantes.

Jusqu'ici l'instruction médicale classique a trop négligé l'hygiène, c'est une lacune à combler pour le plus grand profit de la société.

N'a-t-il pas été nécessaire d'un malheur pour faire penser à la nécessité d'entretenir la propreté antiseptique des laboratoires de bactériologie? Nos facultés et écoles de médecine sont-elles soucieuses de ce que deviennent les nombreuses et dangereuses matières usées qu'elles jettent encore à la rue? N'insistons pas, et disons qu'à l'école il faut enseigner à penser à l'hygiène.

⁎

Nous n'avons parlé jusqu'ici que du danger imputable aux poussières. Mais les eaux ménagères versées à la rue ne sont pas moins nocives en empoisonnant l'air et l'eau de la nappe souterraine ou du cours d'eau voisin.

Voyez ces gargouilles à travers lesquelles se déversent les eaux ménagères dans les rues; leurs orifices sont baveux et englués de matières organiques exhalant une forte odeur de putréfaction gênante pour la circulation.

Les eaux déversées à la rue arrivent, soit dans une rigole, soit dans un caniveau métallique pourvu d'une fente longitudinale.

La rigole est constituée en général par un pavage grossier, dont les éléments sont rejoints par du sable fin, bientôt enlevé par l'eau et les nettoyages au balai. Comme le plus souvent l'étude de la pente nécessaire n'a pas été faite rigoureusement, il se formera bientôt dans cette rigole de petits marais d'eau stagnante. Peu à peu cependant les eaux ménagères noires et infectes finissent par tomber dans une rigole plus importante arrivant à l'égout. Cette rigole principale, comme son affluent, a une faible pente et n'est pas étanche; elle n'a qu'une forme vaguement concave, favorisant son colmatage. Dans certaines villes, on fait couler, à des heures déterminées l'eau du service public dans ces rigoles, afin d'arroser les voies de circulation à l'aide de procédés barbares.

Ce sont là autant de pratiques antihygiéniques, car toute conduite d'eau usée doit être étanche, à fond concave, avoir une bonne pente afin d'éviter la stagnation des liquides, leur putréfaction à l'air et leur pénétration dans le sol; enfin ce n'est pas avec de l'eau sale qu'il faut arroser le sol des rues, sans avoir eu le soin de le balayer d'abord.

Est-il nécessaire d'insister davantage sur la nécessité d'assainir nos rues par la confection systématique de caniveaux à fond uni, de forme concave, en matériaux durs et non absorbants? C'est un perfectionnement facile, réalisé dans certaines villes, à Bagnères-de-Bigorre par exemple, où j'ai eu la satisfaction de voir ce principe appliqué dans presque toutes les rues.

Nous devons donc faire comprendre aux municipalités qu'une des causes d'insalubrité des villes tient à la mauvaise installation de leurs rigoles, à la stagnation des eaux ménagères, à l'infiltration lente et continue du sol par ces eaux usées, à la pratique barbare de l'arrosage avec des eaux sales favorisant les fermentations les plus dangereuses.

Le travail de répurgation des villes a aussi une haute importance; son organisation et son outillage sont presque partout défectueux. L'opération faite à sec salit les maisons et les poussières soulevées pénétrant dans les appartements empoisonnent les habitants des cités. La répurgation faite à sec est une faute lourde, ce n'est pas de l'entretien, c'est un déplacement de poussières dangereuses pour la santé publique.

Tâchons de bien faire comprendre que la salubrité des villes est proportionnelle à la propreté des rues, et que le tout à la rue expose à des contaminations dont nul n'est à l'abri.

Lorsque par une propagande suffisante tout le monde sera convaincu, des lois et règlements en accord avec le sentiment général seront non seulement élaborés, mais respectés de tous.

Créons et soutenons la doctrine du *danger du tout à la rue*.

L'hygiène contemporaine, comme l'affirmait notre maître à tous, M. le professeur Brouardel, au Congrès international de 1889, a « proclamé la solidarité des habitants les uns, vis-à-vis des autres, de toutes les agglomérations humaines entre elles ».

Cette solidarité, bien comprise, conduit à l'assainissement de la rue, par la notion du *danger du tout à la rue*.

M. le Dr Martial HUBLÉ, Méd.-major de 1re classe, à Montélimar.

Hygiène des terrains militaires (suppression des poussières). — Les effets nuisibles des poussières pénétrant dans nos voies respiratoires sont de notion banale. Que ces poussières soient organiques ou minérales, chargées de microbes ou relativement aseptiques, elles sont toujours dangereuses, soit par action bactérienne (et les infections les plus diverses peuvent en résulter); soit par simple action de présence (pneumonokonioses), irritation mécanique et lésion de l'épithélium créant une réceptivité locale particulière.

A l'intérieur des casernes, on obtient que la diffusion des poussières dans l'air des chambres soit réduite au minimum par trois mesures capitales : le coaltarisage des parquets, l'usage des crachoirs et l'interdiction du balayage à sec.

Dans les cours et sur les différents terrains où la troupe est appelée à se mouvoir forcément et habituellement, le danger reste entier.

Avec le sable des cours des casernes, les coups de vent transportent les germes de la tuberculose, de la broncho-pneumonie, une infinité d'infections bacillaires ou coccidaires. Certaines épidémies typhoïdes n'ont pas eu d'autre véhicule que les poussières d'un champ de manœuvre introduites par la voie pharyngo-trachéale.

La suppression d'un danger de cette nature ne nous paraît pas irréalisable.

Pour assurer la fixation des poussières au sol et obtenir de ce chef une immunité au moins relative, il suffirait de répandre, suivant un mode technique déterminé, du pétrole ou du coaltar à la surface des terrains militaires, tels que : cours des casernes, cours des hôpitaux, gymnases, manèges, champs habituels de manœuvre, polygones de tir, camps baraqués, etc.

Les essais entrepris dans ces dernières années, en France, en Algérie et en Amérique, pour s'opposer au déplacement violent des poussières soulevées sur les routes et sur les voies ferrées par le passage des voitures, automobiles et des trains, ont fourni des résultats satisfaisants, quoique variables suivant la nature du liquide mis en expérience. En effet, l'huile d'olive, l'huile de naphte, l'huile lourde de pétrole, le goudron de houille chauffé ont été successivement choisis pour les essais dont il s'agit; et il semble qu'aucun inconvénient ne doive résulter de l'application de ces ingrédients sur le sol.

Ce qu'il est possible d'obtenir sur les voies publiques est réalisable *a fortiori* sur les terrains réservés à l'armée. L'utilité hygiénique du principe étant admis, le choix de la substance à adopter resterait seul à déterminer, ce choix étant subordonné à la fois aux propriétés des corps mis à l'essai et au prix de revient du mètre superficiel.

D'après les essais les plus récents, la préférence serait donnée au coaltar bouillant. Ce produit est peu coûteux; ses effets utiles sur le sol sont assurés pendant plusieurs mois, il n'est pas besoin d'en renouveler l'application plus de deux fois par an. La teinte sombre que le sol emprunte d'abord au coaltarisage ne tarde pas à s'éclaircir. Enfin le durcissement de la surface du sol sous l'action du coaltar ne paraît pas devoir augmenter la fréquence des glissades et des chutes, condition particulièrement importante pour la cavalerie et les différents corps montés.

M. le Dʳ E. MAURIAC (de Bordeaux).

La lutte contre l'alcoolisme par la propagation du vin. — L'auteur a résumé les idées exposées dans ce travail par les conclusions suivantes qui ont été discutées et votées à l'unanimité par la Section d'Hygiène :

1º La propagation de l'usage régulier du bon vin naturel est le meilleur remède à opposer à l'alcoolisme ;

2º Il y a lieu de vulgariser par tous les moyens possibles (articles de journaux, brochures, conférences, tableaux, affiches, cartes postales, etc.), les effets bienfaisants de nos bons vins naturels de France ;

3º Les vins naturels, pris à dose modérée, ne sont pour rien dans le développement de l'alcoolisme. D'une manière générale, ils sont au contraire favorables à la santé et donnent aux populations qui en usent habituellement une vigueur particulière ;

4º Il y a lieu de créer dans toutes les villes ou agglomérations de quelque importance des débits et des restaurants de tempérance d'où les alcools et les liqueurs alcooliques seront rigoureusement exclus, mais où on favorisera l'usage des bons vins naturels de France.

L'Œuvre bordelaise des débits de tempérance. — L'Œuvre bordelaise des débits de tempérance a été fondée le 11 septembre 1900, sur l'initiative de M. le docteur Lande, maire de Bordeaux, et avec le concours de quelques dévoués philanthropes, au premier rang desquels il convient de citer MM. Adrien Bayssellance, ancien maire de Bordeaux, président de l'œuvre, et Charles Cazalet, le zélé fondateur des œuvres bordelaises, aujourd'hui si prospères, des bains-douches à bon marché et des habitations à bon marché.

Le but de l'œuvre est de combattre l'alcoolisme et de lutter surtout contre les alcools, les prétendus apéritifs et les liqueurs à essences toxiques, en propageant le goût du vin et en mettant à la portée des travailleurs, à des prix aussi bas que possible, des boissons et des mets irréprochablement sains.

Les Sociétaires contribuent à l'œuvre par des souscriptions annuelles de 5 fr. Sont membres fondateurs ceux qui, en outre de leur cotisation annuelle de 5 francs, font un don à l'œuvre de 100 francs une fois donnés.

Les bénéfices nets de l'exploitation, s'il y en a, doivent être employés exclusivement au développement de l'œuvre.

L'intention des fondateurs est de mettre successivement à la disposition de la classe ouvrière bordelaise des *débits,* des *débits-restaurants* et des *restaurants à* bon marché, d'où sont rigoureusement exclues toutes les boissons dangereuses et où sont exclusivement servies les six boissons suivantes : vin rouge, vin blanc, bière, limonade, café, lait.

Ce programme est actuellement en train de se réaliser.

Un premier *débit* de tempérance, installé sur le quai de la Douane, dans un modeste kiosque en bois, a été ouvert le 1ᵉʳ février 1901.

Un second *débit-restaurant* de tempérance, installé 53, route de Toulouse, au centre d'un quartier ouvrier populeux, a été inauguré le 13 avril 1902, sous la présidence de M. Frédéric Passy.

Enfin, la création d'un *restaurant* de tempérance est maintenant à l'étude.

Les frais d'établissement du premier *débit* se sont élevés à 2.586 fr. 30 c., somme qui a été fournie par 14 dons de 100 francs et par 23 prêts de 100 francs, soit 3.700 francs réalisés et qui n'ont pas été entièrement employés.

L'exploitation de ce premier débit, du 1er février au 31 décembre 1901, soit pendant une période de onze mois, s'est traduite par un excédent de recettes de 644 fr. 05 c. (intérêts à 4 0/0 des Bons payés).

La preuve a été ainsi faite qu'il n'y a pas d'argent à perdre en vendant *dix centimes* un verre de bon vin de la Gironde ou un verre de lait, de café ou de bière, et qu'au surplus on peut servir aux prêteurs un intérêt de 4 0/0.

Ont été consommés pendant cette période : 23.949 verres de vin blanc, 23.457 verres de vin rouge, 1.470 verres de café, 1.710 verres de lait, 216 verres de limonade et 470 verres de bière. De plus, il a été servi 375 œufs et 2.700 pains.

Le montant des frais de premier établissement du second *débit-restaurant*, ouvert en avril dernier, n'est pas encore définitivement arrêté ; mais voici quels ont été les résultats de son exploitation du 20 avril au 30 juin : en avril, on a fait 225 fr. 30 c. de recettes et 352 fr. 95 c. de dépenses, d'où une perte de 127 fr. 65 c. sur avril ; en mai, on a fait 676 fr, 10 c. de recettes et 699 francs de dépenses, d'où une perte de 22 fr. 90 c. sur mai ; enfin, en juin, on a fait 843 fr. 55 c. de recettes et 706 fr. 15 c. de dépenses, d'où un *bénéfice* de 137 fr. 40 c. sur juin.

Il est permis d'espérer qu'à l'avenir les recettes dépasseront toujours les dépenses.

Voici maintenant la statistique des boissons et des mets consommés pendant cette même période de soixante-dix jours : verres de vin rouge, 4.986 ; verres de vin blanc, 3.821 ; verres de café, 1.419 ; soupes, 1.005 ; portions, 1.136.

Ajoutons que les vins servis dans les deux débits sont des vins girondins absolument purs et d'une bonne moyenne comme qualité.

Une particularité est à signaler dans les établissements de tempérance de Bordeaux : c'est qu'on y sert du vin et qu'on y boit surtout du vin, à l'encontre de beaucoup d'autres sociétés de tempérance, qui excluent, bien à tort selon nous, de leurs débits cette boisson hygiénique par excellence, sous le prétexte qu'elle renferme de l'alcool.

Nous avons démontré, dans une autre communication faite devant ce Congrès, l'inanité de cette crainte de l'alcoolisme par le vin.

Les fondateurs de l'Œuvre bordelaise pensent avec raison (et en cela ils partagent la manière de voir d'un grand nombre de médecins et d'hygiénistes des plus autorisés) que le meilleur moyen de combattre l'alcoolisme, c'est de propager l'usage des bons vins.

A ce propos, M. Frédéric Passy, dans le très intéressant discours qu'il prononça, le 13 avril dernier, à la séance d'inauguration du second *débit-restaurant* bordelais de tempérance, a judicieusement rappelé l'anecdote suivante : « Franklin, consulté un jour par un de ses voisins qui se plaignait de ce que l'on venait trop souvent goûter sa bière dans sa cave, lui dit : « Mettez à l'entrée de votre cave un bon tonneau de vin de Malvoisie, et personne n'ira goûter à votre bière. »

« Ce tonneau de vin, a ajouté l'éminent économiste, c'est la substitution d'une satisfaction d'un autre ordre d'une nature supérieure, à la satisfaction inférieure et grossière qu'on désire faire disparaître. »

Comme on l'a dit pour l'erreur, on ne détruit réellement que ce que l'on remplace.

Or, de toutes les boissons, le bon vin seul possède les qualités voulues pour remplacer les alcools et faire perdre au public le goût des apéritifs et des liqueurs alcooliques à essences toxiques.

Il est donc à désirer que l'exemple donné par l'OEuvre bordelaise des débits de tempérance soit partout imité.

Discussion. — M. DE MONTRICHER estime qu'il faut propager le bon vin et lutter contre la fraude. L'Union des syndicats des Alpes et de Provence, dont il est administrateur, a pris l'initiative des poursuites. Il achète des vins par bouteilles sans se faire connaître, les analyse et, en cas de fraude reconnue, signale le cas à la justice.

M. LE Dr PAPILLON demande que tous les alcools industriels soient dénaturés avant leur sortie des distilleries.

———

— Séance du 11 août —

M. le Dr L. GUIRAUD, Prof. à la Faculté de Médecine de Toulouse.

Moyens pratiques de créer un sanatorium à l'usage des membres de l'enseignement public, de leurs familles et des étudiants. — La tuberculose fait de grands ravages dans le personnel enseignant et parmi les étudiants, comme elle en fait, d'ailleurs, dans toutes les professions qui exigent une vie sédentaire dans une atmosphère confinée. Il y a donc urgence à mettre ce personnel à même de bénéficier de l'arme la plus puissante dont la médecine dispose et qui donne les meilleurs résultats quand elle est employée à la période de début, le sanatorium.

Peut-être serait-il possible, au moins à titre provisoire, de s'entendre avec un sanatorium déjà existant.... là où il en existe... qui consentirait à recevoir, à un prix accessible aux bourses modestes, les membres de l'enseignement, qui seraient atteints de symptômes suspects. Mais la solution qui répondrait le mieux au but poursuivi, la solution qui s'imposera avant peu aux diverses collectivités professionnelles et dont la grande famille universitaire devrait tenir à honneur de prendre l'initiative, est la création d'un sanatorium corporatif.

Ce sanatorium, qui serait établi sur une prévision de 50 à 60 lits, avec possibilité d'en porter le nombre à 100 lits, serait fondé sur le principe du prix coûtant, c'est-à-dire qu'il devrait se suffire à lui-même en établissant un prix de journée couvrant tous les frais, y compris l'intérêt et l'amortissement du capital engagé et la constitution d'un fonds de réserve.

En se basant sur l'expérience acquise dans la création et le fonctionnement des sanatoriums fondés dans les divers pays, on peut évaluer de 5.000 à 6.000 fr. le prix du lit, soit une somme de 250.000 à 300.000 francs comme capital de premier établissement, et de 5 à 6 francs le prix de la journée de malade, intérêts, amortissement du capital de fondation et constitution d'un fonds de réserve compris.

La combinaison financière qui permettrait d'atteindre le plus rapidement et le plus sûrement le but, serait la constitution d'une Société civile analogue à celles qui se sont déjà formées pour la création des habitations ouvrières à bon marché et certains sanatoriums populaires.

À la suite de cette communication MM. TACHARD, et GUIRAUD déposent le vœu suivant :

1º Il y a nécessité et urgence de fournir aux membres de l'Enseignement des trois ordres et aux étudiants et élèves atteints, ou même simplement menacés de tuberculose, les moyens de faire une cure hygiénique, dans les conditions les plus favorables, dès l'apparition des symptômes suspects, et de mettre à leur portée les ressources qu'offre à ce point de vue le sanatorium ;

2º Pour assurer le bon et utile fonctionnement des sanatoriums, il est désirable que le personnel ait reçu l'instruction préalable afférente à ses fonctions dans les Facultés ou Écoles de Médecine, d'après un programme à établir. En fin d'études il sera accordé un diplôme spécial (1).

M. le Dr PAPILLON.

La maison natale de Pasteur. — Le Dr PAPILLON demande à la Section d'hygiène publique et sociale d'émettre le vœu que la maison de Dôle où est né Pasteur soit acquise par l'Association Française pour l'Avancement des sciences. Cette maison pourrait, pour une œuvre d'instruction (bibliothèque ou autre), être louée à la ville de Dôle.

Discussion. — Le Dr TACHARD, président, dit que ce vœu doit être renvoyé au Conseil d'administration, mais qu'il lui semble antistatutaire, les fonds de l'Association ne pouvant être affectés à l'achat d'immeubles (2).

QUESTION PROPOSÉE A LA DISCUSSION DE LA SECTION

M. le Dr E. TACHARD.

Vulgarisation par l'École des notions d'hygiène corporelle. — On disait jadis, comme une chose surprenante, c'est l'instituteur allemand qui a vaincu la France.

Il n'y a là rien d'étonnant, car c'est l'empreinte première qui décide de l'avenir de l'enfant. Au moment où s'éveille l'intelligence, l'indispensable est de donner à l'esprit comme au corps une direction déterminant plus tard; par habitude inconsciente celle de nos forces physiques et morales.

L'avenir dans tous les pays étant entre les mains des premiers éducateurs, il importe de bien choisir l'homme chargé de malaxer le premier cette matière cérébrale de l'enfant se prêtant si bien à recevoir cette sorte de modelage qui réglera pendant toute la vie l'attitude morale du sujet.

Depuis quelques années les méthodes pédagogiques ont été perfectionnées, et

---

(1) Ce vœu, n'ayant pas été transmis au Conseil, n'a pu être adopté.
(2) Ce vœu, transmis au Conseil, n'a pu être adopté, les statuts ne permettant pas une semblable affectation des fonds de l'Association.

nos petits écoliers amassant sans fatigue un bagage de connaissances importantes, classées avec ordre, les emmagasinent pour toujours dans l'esprit.

On ne peut qu'applaudir à cet esprit de réforme dans l'enseignement à tous les degrés, mais l'hygiéniste constate encore d'immenses lacunes à combler. On développe les facultés intellectuelles, mais on oublie le corps et les soins impérieux qu'il réclame.

Parmi les notions d'hygiène corporelle à enseigner à l'école enfantine même, il en est une dont l'importance prime les autres et que nous étudierons rapidement dans ces notes.

M'étant occupé d'écoles primaires, j'ai remarqué que malgré le bon entretien de la classe, malgré la ventilation par grands courants d'air au cours des récréations, malgré l'existence des ventouses évacuatrices à la partie supérieure du plafond, l'air des classes est toujours empuanté par une sorte de relent humain imputable, l'hiver à des vêtements mouillés, l'été à la sueur des petits habitants.

Ne croyez pas que les écoles de pauvres soient seules dans cette situation antihygiénique; nos pensions, nos lycées, nos écoles libres dans lesquelles le respect de la pudeur fait donner saint Labre en exemple, ne sont pas mieux traités; et lorsque, par hasard, nous rencontrons de longues théories de pensionnaires allant en promenade, il n'est pas nécessaire d'être doué d'un flair de chien de chasse pour reconnaître que ce n'est pas en ablutions que se gaspille le temps de nos écoliers.

C'est dans nos régiments, peut-être, que l'on soigne le mieux la propreté corporelle, et cependant que de progrès à réaliser encore dans le milieu militaire.

Cette habitude de négligence se conserve à l'âge adulte, et nous devons reconnaître que par une longue hérédité, nous sommes devenus très malpropres. Les études archéologiques nous font admirer les thermes grandioses des Romains. Ne pourrions-nous, de ce côté du moins, redevenir un peu païens?

Jadis, le meuble indispensable à tout Anglais en voyage avait le don de nous égayer. Que d'eau consommée par ces insulaires! Combien nous leur sommes supérieurs, puisque avec quelques centilitres d'eau nous arrivons à faire notre toilette quotidienne.

Il est vrai que lorsqu'il fait très chaud, nous nous offrons le luxe d'un bain. Mais c'est encore exceptionnel, et j'ai rencontré dans ma pratique bien des personnes qui jamais n'avaient pris de bains. Voilons-nous la face et avouons que nous sommes malpropres par habitude.

Il y a cependant quelques progrès accomplis, et en général on trouve dans les hôtels une quantité d'eau raisonnable; quoi qu'il en soit de cette constatation, l'hygiéniste doit prêcher la croisade contre la malpropreté corporelle.

Inculquer aux enfants dès le plus jeune âge le respect de la propreté corporelle, n'est-ce pas le meilleur moyen de les préserver des affections cutanées pouvant servir de porte d'entrée à la tuberculose?

La propreté enseignée à l'école produira un excellent terrain de puériculture et préparera pour l'avenir une jeunesse exempte de ces tares évitables affaiblissant et dégradant la race.

La propreté corporelle, cette sauvegarde de l'individu, n'est pas suffisamment en honneur chez nous, et lorsqu'il s'agit d'enfants, elle assure leur développement régulier en favorisant le fonctionnement de la peau et ses fonctions d'excrétion.

Il est inutile dans un milieu d'hygiénistes d'insister davantage, mais ces vérités banales pour nous, il faut les vulgariser, c'est le b a ba de l'hygiène qu'il faut enseigner, comme l'autre, dès l'âge le plus tendre.

C'est donc auprès des éducateurs à tous les degrés qu'il faut faire campagne, eux seuls peuvent nous conduire à une victoire qui ne nous coûtera ni morts ni blessés.

Mais par quelles voies et moyens arriver au but ?

Suffit-il de faire des leçons de choses et de recommander aux mères de familles pauvres de prendre vis-à-vis de leurs enfants à la maison des soins de propreté complets.

Par ce procédé, la misère et la routine aidant, nous n'arriverons à rien.

Dans les écoles où le principe de la gratuité absolue a prévalu, il faut exiger qu'on dédaigne moins la pauvre guenille qui nous est chère, et qu'on lui donne gratuitement les soins matériels dont elle a un besoin indispensable, en créant partout des bains par aspersion comme nous en avons dans nos casernes.

Je n'hésiterais pas à demander l'obligation du bain, la propreté corporelle étant le plus sûr moyen de prévenir les épidémies scolaires; et pour stimuler le zèle des petits il serait aussi bon de leur donner des prix de propreté que des prix d'encouragement à la paresse.

Quant à la question financière, cela ne m'intéresse pas; les avances à faire sont peu considérables et les résultats immédiats et lointains si considérables, que toute économie serait mal placée et coupable.

L'habitude des ablutions générales une fois contractée, nos enfants la conserveraient et, parvenus à l'âge adulte, continueraient naturellement tous les jours à satisfaire leurs besoins de propreté.

Il y a une réforme à faire dans nos mœurs; elle n'ira pas tout d'abord sans tirage; les mères de famille argueront d'un rhume pour préserver leurs enfants de ces inondations dangereuses à leurs yeux; n'ont-elles pas grandi sans prendre un bain de leur vie, même après leurs couches ? A quoi bon faire autrement que les ancêtres ?

Laissons dire la routine, agissons et la propreté triomphera.

La question que nous étudions est loin d'être nouvelle, car Montaigne nous dit : « J'estime le baigner salubre et crois que nous encouréons nos legières incommoditez en nostre santé pour avoir perdu cette coustume. » Ce cri lointain de Montaigne doit nous enseigner la patience. La vérité n'a point d'ailes comme le mensonge, mais elle finit tôt ou tard par triompher.

Plus près de nous, Michel Lévy (p. 156, t. II, 4e éd.) déclare que « l'influence de l'eau ne se borne pas à l'enveloppe cutanée qui en reçoit dans les bains l'impression immédiate et générale; cela se propage à toute l'économie, change le rythme de toutes les fonctions, en rétablit l'harmonie ».

La préoccupation de la balnéation systématique dans les écoles est cependant un fait contemporain, très bien mis au point dans le second volume de l'*Hygiène scolaire* de Labit et Polain. Dans ce chapitre très étudié, les auteurs ont mis à contribution les travaux remarquables du Dr Mangenot, de notre maître Vallin, etc.

Au Congrès international d'Hygiène tenu à Paris en 1889, le Dr Merry-Delabost décrivait l'installation de bains-douches de propreté à la prison de Rouen, et faisait émettre le vœu suivant : « Que les administrations publiques, les chefs de grands établissements industriels, etc., provoquent dans les centres ou ateliers sous leur dépendance, l'installation du système des bains-douches de propreté qui, par sa quadruple économie de place, de temps, d'eau et de combustible, rend sa pratique facilement applicable, même à de grandes agglomérations. »

Le vœu fut voté par la Section.

Depuis 13 ans, ce vœu n'a pas fait un pas, et Bordeaux reste, je crois, la seule ville de France pratiquant systématiquement le bain-douche populaire et à bon marché depuis 1892.

Dans nos écoles, le bain-douche est encore inconnu, et pendant le Congrès international de 1900, il n'en fut pas question.

Puisqu'en réalité la propreté corporelle n'est pas l'objet de soins suffisants dans les écoles, lycées et pensions libres, ce serait un grand honneur pour l'Association de reprendre cette question au point de vue théorique et pratique et de faire entrer dans nos mœurs, dès le plus bas âge, l'usage quotidien si possible, bi-hebdomadaire au moins, du bain-douche dans tous les établissements scolaires.

Bien qu'il n'y ait pas à s'illusionner sur le sort des vœux qu'on peut formuler, je vous propose cependant de sanctionner de vos votes le vœu suivant :

La Section d'hygiène de l'Association, considérant que la dépopulation et l'affaiblissement général de la race française tiennent en partie à la malpropreté corporelle habituelle qui favorise le développement d'un très grand nombre de maladies dites contagieuses et par suite vitables, demande aux pouvoirs publics, l'installation la plus prompte possible, dans tous les établissements d'instruction, publics ou privés, de bains-douches, dont l'emploi sera obligatoire pour tous les élèves, sans exception, sauf avis contraire donné exclusivement par le médecin de l'établissement.

M. BAYSSELLANCE, à Bordeaux.

Les bains-douches scolaires à bon marché. — L'œuvre bordelaise des bains-douches à bon marché, fondée en 1892, sur l'initiative de M. Charles Cazalet, avait donné au 31 décembre 1901 un total de 116.557 bains-douches chauds à 10 centimes (savon compris), aux enfants (garçons et filles) des écoles communales de Bordeaux, indépendamment des bains gratuits donnés dans plusieurs écoles maternelles, où des appareils à gaz ont été installés, et où on a constaté que l'odeur *sui generis* des enfants avait presque disparu.

La communication se termine par le vœu déjà émis par le Conseil d'Hygiène publique de France que dans toutes les écoles, collèges, lycées, gymnases publics à construire, on installe un service de bains-douches permettant le lavage hebdomadaire de tous les enfants.

--- **Séance du 13 août** ---

M. Alfred FESTAL, à Arcachon.

Des lycées climatiques. — Ces lycées, situés en air pur, dans un climat salubre, à la campagne ou au bord de la mer, offriraient sur les lycées actuels, énormes bâtisses où s'entassent les élèves au centre des agglomérations urbaines, les avantages suivants :

1° Faciliter le développement physique des enfants, à cette période critique de la croissance qui est justement celle où l'on exige d'eux les plus gros efforts intellectuels;

2° Construits sur des terrains peu coûteux, ils seraient vastes, largement aérés et ensoleillés, avec immenses champs de récréation où les jeux de plein air deviendraient la règle;

3° Hygiéniquement conçus, ils attireraient les internes, en sorte qu'on verrait enfin cesser le discrédit qui, dans l'état actuel, pèse justement sur l'internat des lycées;

4° Certains de ces établissements recevraient, de par leur situation géographique, des élèves étrangers dont le contact quotidien avec nos enfants ferait sans doute naître en eux, avec le goût des voyages, des tendances colonisatrices.

A la suite de cette communication, un vœu a été déposé par l'auteur. Ce vœu a été adopté par le Conseil comme vœu de Section (voir page 119).

M. le Dr Emmanuel BERGIS, à Montauban.

Lutte contre l'alcoolisme dans le Tarn-et-Garonne. — A Montauban, nous avons organisé un Comité central comprenant un tout petit nombre de membres, et qui s'efforce de créer dans les écoles un enseignement antialcoolique et la formation de ligues cadettes. Pour encourager et stimuler le zèle des instituteurs et des institutrices, une fois par an, tous les maîtres de nos écoles sont réunis au chef-lieu; une fête est organisée, une conférence est faite et un prix est remis à l'instituteur ou à l'institutrice qui ont le plus fait dans leurs écoles contre l'alcoolisme.

A l'heure qu'il est, notre département compte 20 ligues dans les écoles primaires, avec 500 membres; il existe une ligue antialcoolique au lycée de garçons, une autre au lycée de jeunes filles, enfin une troisième à la Faculté de théologie protestante.

Un prix antialcoolique a été donné lors de la distribution des prix des écoles communales de Montauban; un autre au lycée des garçons, et un autre au lycée de jeunes filles.

M. le Dr FOLET, Prof. à la Fac. de Méd. de l'Univ. de Lille.

Les deux meilleures armes contre l'alcoolisme. — Ces deux armes sont la réclame et l'école.

Emprunter à la publicité industrielle intensive les procédés qui servent à « lancer » un produit, telle est l'idée de l'auteur qui a fondé à Lille l'œuvre de la RÉCLAME ANTIALCOOLIQUE. Des phrases courtes, claires, frappantes, sur la toxicité de l'alcool et son rôle dans la genèse de la tuberculose et de la folie, sur la nocivité spéciale de l'absinthe et des apéritifs, etc., etc., constituent plusieurs types d'affiches voyantes qui sont placardées dans les rues, les ateliers, les hôpitaux, les gares, les tramways, etc., etc., agissent par obsession sur l'esprit public. D'autres moyens encore rentrent dans le même ordre d'idées : voitures-annonces illustrées, transparents lumineux, étiquettes gommées, etc.

Mais, comme en matière d'alcoolisme, il est moins difficile de préserver que de corriger, tout en combattant l'alcoolisme acquis, il faut avoir en vue l'avenir. L'armée des alcooliques s'éteindrait vite si elle n'était sans cesse renforcée par de nouvelles recrues. Notre objectif doit être de former une génération de jeunes hommes ayant la terreur et le dégoût de l'alcool. C'est donc à l'école qu'il faut s'adresser. La seconde partie du travail indique ce qui peut être fait à cet égard, et surtout ce qui a été tenté depuis quatre ans dans le ressort de l'Académie de Lille.

————

M. l'abbé SOU.

Sur certains bacilles de nature tuberculeuse que l'on rencontre dans quelques graminées.

————

M. André BRILLOUIN, Ingénieur E. C. P.

Conservation du lait à l'état frais et sans altération des graisses ni des albuminoïdes. — La conservation du lait obtenue par la stérilisation, c'est-à-dire par un chauffage d'au moins 110 degrés, modifie profondément la composition physique du lait; après cette opération, les graisses sont cuites, les albumines et la caséine sont modifiées. Le même degré de conservation peut être obtenu par un chauffage très réduit, lorsque ce chauffage réduit est opéré en présence d'oxygène, et sous pression. L'action combinée de l'oxygène sous pression et d'un chauffage à 75 degrés, détruit complètement aussi bien les anaérobies que les aérobies. Les graisses ne sont pas cuites, les albuminoïdes sont à peine atteints. De nombreuses analyses faites au laboratoire municipal à Paris, et par les professeurs Budin et Marfan, montrent que le lait ainsi traité est stérile. Il a conservé la couleur, l'apparence et la réalité du lait frais. Il est absolument comparable à du lait frais dont on a fait monter la crème par un léger chauffage. Lorsque des précautions d'asepsie ont été prises pour les vases et les mains des hommes, au moment de la traite, on peut substituer à la pasteurisation à 75 degrés, une tyndalisation à 60 degrés. Dans ce cas, les albuminoïdes sont absolument indemnes et sans aucune altération. Pour préciser par une comparaison à la portée de tous, l'état particulièrement favorable dans lequel se trouve le lait conservé par ce procédé si simple, nous dirons que le lait conservé par la grande stérilisation à 110 degrés est comparable à un œuf dur, tandis que le lait conservé par un léger chauffage sous pression d'oxygène est comparable à un œuf à la coque.

Le procédé ci-dessus a d'ailleurs reçu depuis plusieurs mois une consécration pratique. Il est exploité par la Société *Le Lait*, à Paris, et est depuis plus d'un an employé à l'hôpital Bretonneau, dans le service du docteur Sevestre, à Paris. Nous ajouterons que, industriellement, le nombre des ratés n'a pas atteint 1 0/00 sur une fabrication de plus de cent mille bouteilles.

Malgré le traitement, le lait reste propre à la fabrication du beurre, des fromages et de tous les plats de laitage.

————

M. le Dr LOIR.

L'Institut Pasteur de Tunis. — Fonctionnement et statistique.

————

Le Comité pour la destruction légale des rats en Danemark, au Congrès international de la Marine marchande, à Copenhague.

————

M. le Dʳ FOVEAU DE COURMELLES.

Étude critique et hygiénique de divers mobiliers scolaires. — L'enfant, à quelque milieu qu'il appartienne, passe, au moment où il grandit et se développe, de longues heures, courbé, accoudé sur un mobilier scolaire des plus défectueux, avec des programmes sans cesse grandissants! Cependant pour procéder au remplacement de l'actuel et irrationnel mobilier au fur et à mesure des besoins, sans frais par suite, on peut choisir facilement parmi les dernières innovations faites dans ce sens et conformes à toutes les données de l'hygiène et du bon sens. En effet, on connaît les tables très rationnelles de divers auteurs, quatre notamment dont le brevet a été offert à l'État et qui ont été récompensées dans les diverses Expositions. Toutes s'ingénient à supprimer ou prévenir, ce qui est mieux, les déformations scolaires, cyphose ou scollose, et la myopie, sans préjudice de l'accroissement défectueux et débile de corps constamment et anormalement courbés sur des tables non faites pour eux.

Chacun des mobiliers scolaires, tout en étant dissemblable de ses congénères, réalise de réels progrès, et fait la table pour l'écolier et non l'écolier pour la table! L'éclairage des écoles est souvent aussi défectueux et mériterait aussi bien des réformes. Au point de vue économique, tout cela pourrait se faire sans frais nouveaux, en procédant par extinction, et remplaçant le matériel usé par un autre, cette fois rationnel et hygiénique.

M. le Dʳ LOIR.

Désinfection par l'acide sulfureux. — L'acide sulfureux, après avoir été abandonné par les hygiénistes parce qu'il ne détruisait pas les spores du charbon, est en train de reconquérir son ancienne place dans l'arsenal de nos moyens hygiéniques. Il est efficace dans la désinfection contre les microbes qui n'ont pas de spores, tels que celui de la peste ou du choléra. Dans la désinfection, un gaz diffusible sera toujours meilleur que tout autre produit, car il se répandra partout facilement. Si ce gaz, en même temps qu'il est germinicide, est aussi insecticide et toxique pour les mammifères, il sera des plus utiles. Or, l'acide sulfureux est un excellent insecticide, extrêmement diffusible. Jusqu'à présent, il était fort difficile, pour les hygiénistes, de savoir combien d'acide sulfureux on obtenait dans une pièce en brûlant du soufre, on n'a pas toujours à sa disposition un laboratoire de chimie où le dosage de ce gaz est possible, aussi se contente-t-on de peser le soufre que l'on a brûlé dans une pièce et de calculer l'acide sulfureux dégagé.

On commence à employer, pour la destruction des rats à bord des bateaux, un appareil américain, l'appareil Clayton, qui donne de l'acide sulfureux par la combustion du soufre. Pour se rendre compte de la quantité d'acide sulfureux que l'on lance ainsi dans l'espace à désinfecter, on se sert d'un dosimètre très simple. Il est basé sur la propriété que possède un volume d'eau de dissoudre 79,8 d'anhydride sulfureux à la température de zéro. Il est gradué pour les températures ordinaires. Il est en verre et se compose d'un tube gradué à deux rétrécissements, l'un, supérieur, supporte un godet pour contenir l'eau, l'autre, inférieur, sert à ajuster le tube adducteur de SO^2. Chacun des deux étranglements possède un robinet pour mettre le tube central gradué en communication, soit avec le godet supérieur réservoir d'eau, soit avec la source de SO².

Pour opérer, on ouvre les deux robinets, on laisse passer le gaz qu'un tube amène de la salle, ou mieux on l'insuffle par une petite pompe quelconque, pour mieux permettre au gaz de chasser l'air du tube central et de prendre sa place. Pour faire équilibrer la pression, on ouvre le robinet inférieur, puis on le referme. On emplit le godet d'eau et on ouvre le robinet supérieur : une certaine quantité d'eau passe dans le tube central dissolvant le gaz et faisant connaître par son niveau, le tant pour cent marqué sur la paroi. Ce dosimètre ne pourra donner un pourcentage rigoureusement exact. Il y aurait à faire certaines corrections de pression et de température, mais ces petites différences sont négligeables et les indications sont suffisamment approximatives. Cet instrument, commode et peu coûteux, peut être confié à toutes les mains, il méritait d'être signalé.

VŒUX ÉMIS PAR LA SECTION

(Voyez pages 118 et 119).

Les mémoires suivants n'ont pas été communiqués faute de temps :

FÉRET. — *Relèvement du plancher haut aux anciennes maisons d'habitation.*
— *La maison ouvrière.*

MOROT. — *De l'influence de l'habitat, de la race, de l'espèce et du sexe des sujets sur la chair de certains animaux servant à l'alimentation.*

19e Sous-Section.

ARCHÉOLOGIE

PRÉSIDENT. . . . .   M. le CHANOINE F. POTTIER, Présid. de la Soc. arch. de Tarn-et-
Garonne.
VICE-PRÉSIDENTS . . . .   MM. le COMTE DE GIRONDE.
MILA DE CABARIEU.
SECRÉTAIRES . . . .   MM. GANDILHON.
FOURGOUS.

M. LE PRÉSIDENT souhaite la bienvenue aux membres étrangers à Montauban qui assistent à la séance. La Société archéologique de Tarn-et-Garonne n'a pas voulu rester indifférente aux travaux de l'Association pour l'Avancement des Sciences, et, malgré la dispersion amenée par les vacances, elle est largement représentée dans l'assistance.

M. le Président propose d'envoyer une adresse de bonne confraternité aux Sociétés archéologiques de Belgique réunies en ce moment en congrès à Bruges.

La motion est adoptée à l'unanimité.

M. le Commandant DELAVAL, à Montauban.

Sur les anciennes fortifications de Montauban qui furent rasées sous Louis XIII, vers 1630. — Montauban, fondé en 1144, fut d'abord ceint de murs dont le tracé suivait les rives du Tarn, de la Garrigue et du Tescou, cours d'eau qui entourent à peu près complètement l'ancienne ville. Ces fortifications primitives permirent de résister victorieusement à Simon de Montfort pendant la guerre des Albigeois et aux Anglais pendant la guerre de Cent ans.

Pendant les guerres de religion, la ville de Montauban fut assez heureuse pour repousser les troupes de Montluc qui disposaient d'une nombreuse artillerie. Ce dernier avait installé ses batteries sur l'emplacement actuel du faubourg Villenouvelle.

La guerre finie, les habitants comprirent qu'il était pour eux d'une grande importance d'occuper une position qui leur avait fait courir de graves dangers, et à la fin du seizième siècle des fortifications bastionnées et terrassées furent construites en avant des anciens remparts, de la rive droite du Tarn au Tescou. On construisit également sur la rive gauche du Tarn une tête de pont à l'attaque de laquelle fut tué le duc de Mayenne.

Le commandant Delaval fait passer sous les yeux des spectateurs toute une série de plans de Montauban conservés à la Société archéologique et dans les archives du Génie.

Quelques-uns de ces plans reproduisent assez imparfaitement la topographie des lieux; d'autres paraissent plus exacts. En les rapprochant, le commandant Delaval a pu retrouver le tracé des anciens remparts, et reporter ce tracé sur un plan actuel de la ville.

Discussion. — A propos des fortifications de Montauban, M. LE PRÉSIDENT donne quelques renseignements sur le pont du Tarn. Il explique que ce pont commencé sous Philippe-le-Bel et achevé en 1335 n'a pas reçu de grandes modifications. A signaler cependant les travaux d'agrandissement de 1860, qui amenèrent la démolition de la porte triomphale élevée en 1701, pour perpétuer le souvenir de la victoire de Ryswick.

M. FORESTIÉ, à Montauban.

Les planches gravées des confréries de Montauban. — M. FORESTIÉ présente une série de bois gravés qui rappellent d'anciennes confréries de Montauban et de Toulouse.

M. Émile LEVASSEUR, de l'Institut.

Le système monétaire de la France au XVIe siècle. — M. LEVASSEUR donne un aperçu du système monétaire de la France au temps de François Ier. Il le fait en résumant le mémoire qu'il a composé pour la nouvelle série des *Ordonnances des rois de France* dont la publication est confiée à l'Académie des Sciences morales et politiques. Ce mémoire se trouvera en tête du premier volume de cette série qui doit paraître à la fin de l'année 1903.

Les monnaies étaient de trois espèces : or, argent, billon.

La monnaie d'or était l'écu. Il y eut des écus à la couronne qu'on ne frappait plus depuis 1475, mais qui avaient encore cours légal. La pièce qu'on frappait était l'écu au soleil, ainsi nommée parce qu'il y avait un petit soleil au-dessus de l'écu de France; la pièce était un peu plus lourde que l'écu à la couronne ; elle pesait 3gr,439 (poids fort) à 3gr,399 (poids trébuchant, c'est-à-dire poids minimum) et comme elle était à 23 carats d'or fin (958/1000), elle devait contenir au moins 3gr,257 d'or. La pièce de dix francs actuelle contient 2gr,924 d'or fin. L'écu contenait donc au moins autant d'or que 11 fr. 13 c. Il y avait des écus et des demi-écus.

La monnaie d'argent était le teston, créé sous Louis XII et ainsi dénommé parce qu'il portait l'effigie du roi. C'était une monnaie imitée des Italiens. Elle pesait 9gr,598 à 9gr,560 et, comme elle était au titre de 898/1000, elle contenait 8gr,584. La pièce de deux francs actuelle contient virtuellement (c'est-à-dire calculée comme étant les 2/5 de la pièce de cinq francs) 9 grammes d'argent fin. L'écu contenait donc au moins autant d'argent que 1 fr. 91 c. Il y avait des demi-écus.

Pendant une partie du règne de François Ier, l'écu a eu cours pour 40 sous et le teston pour 10 sous, c'est-à-dire pour le quart de l'écu. Cependant, quatre fois 1 fr. 91 c. font 7 fr. 64 c., somme très inférieure à 11 fr. 13 c. C'est qu'alors le rapport de l'or à l'argent, au lieu d'être comme aujourd'hui, 1 à 15 1/2 était environ 1 à 10 ou 11.

Les monnaies de billon, c'est-à-dire de métal composé d'argent et de cuivre dans des proportions diverses, étaient beaucoup plus nombreuses. Il y en avait une douzaine, plusieurs espèces de blancs, des douzains valant 12 deniers, c'est-à-dire un sou, des liards, des deniers parisis, des deniers tournois, etc. On ne frappait plus de mailles (demi-denier), mais il y en avait encore dans la circulation.

Le type des monnaies a été, à plusieurs reprises, modifié sous le règne de François 1er, beaucoup moins toutefois que leur valeur légale. Ainsi l'écu au soleil est resté exactement le même depuis 1519 jusqu'à la fin du règne; mais il avait cours légal pour 36 sous 3 deniers, en 1515; il eut cours pour 45 sous à partir de 1533. Le teston et le billon subirent aussi des changements. Le roi pensait avoir le droit de fixer le cours de ses monnaies. Quand il le changeait c'était presque toujours pour l'augmenter, soit qu'il trouvait un bénéfice momentané dans l'émission, soit plus souvent parce qu'il voulait empêcher l'exportation en élevant la valeur légale de la pièce au niveau du cours commercial du lingot.

Ces variations amenèrent plus tard une importante réforme. En 1577, il fut décidé que pour mettre un terme aux variations des cours entre l'or et l'argent, la monnaie ne serait plus basée que sur un seul étalon, l'or, et que l'unité monétaire serait l'écu valant 60 sous. Henri IV, en 1602, revint au système du double étalon et la France perdit le bénéfice d'une monnaie stable.

M. Levasseur, dans son mémoire, a expliqué cette réforme. Il a montré aussi en quoi consiste les quatre manières d'estimer la valeur des monnaies : valeur intrinsèque, c'est-à-dire poids de métal fin contenu dans l'espèce; valeur légale, c'est-à-dire cours que la loi assigne à l'espèce; valeur commerciale, c'est-à-dire puissance d'achat de l'unité monétaire; valeur sociale, c'est-à-dire somme d'argent qui est nécessaire pour vivre dans chacune des conditions sociales. Ces questions, qui offrent un intérêt particulier à l'époque de la révolution monétaire du xvie siècle sont traitées dans le mémoire auquel M. Levasseur renvoie le lecteur.

— Séance du 9 août —

M. DE MENTQUE.

La famille de la Galaissière. — M. DE MENTQUE communique une notice sur la famille de la Galaissière dont un membre fut intendant de Montauban de 1756 à 1758.

Discussion. — M. LEVASSEUR demande si l'auteur a connaissance d'un travail important de M. Boyer sur l'intendant Chaumont de la Galaissière.

M. FOURGOUS.

Les fors de Bigorre. — Les fors de Bigorre rédigés entre 1097 et 1112, publiés d'après les manuscrits de la bibliothèque municipale de Bordeaux (xiiie siècle) et des archives des Basses-Pyrénées (xive siècle). Ces coutumes sont, avec les fors de Béarn, l'un des plus anciens documents féodaux du Midi de la France. M. Fourgous donne un aperçu de quelques articles aux détails curieux et parfois difficiles à comprendre. L'intérêt qu'ils présentent pour l'historien du droit mérite le commentaire qu'il veut entreprendre.

M. l'Abbé GALABERT.

Note sur le commerce par eau dans le département de Tarn-et-Garonne du xiiie au xviiie siècle.

M. MASFRAND, Présid. de la Soc. des Sc. et Arts de Rochechouart.

La mothe féodale de Merlis (Haute-Vienne).

M. le Chanoine POTTIER.

Les églises de Moissac et de Saux. — M. le Président annonce qu'à sa demande le Ministère a décidé de faire rechercher dans l'église abbatiale de Moissac le tracé de l'ancienne église à coupole, que les fouilles commenceront prochainement et seront dirigées par M. Robert de Lasteyrie, membre de l'Institut.

M. le Président a pu sauver de la destruction la chapelle à coupole de Saux, près Montpezat, et il est en instance pour en obtenir le classement comme monument historique.

M. le Président annonce qu'on lui a signalé la présence à Degagnasès (Lot) d'une cloche qui paraît être du xiiie siècle. Il compte se rendre sous peu dans cette localité pour étudier cet objet de première valeur.

M. MILA DE CABARIEU, Vice-Présid. de la Soc. arch. de Tarn-et-Garonne.

Règlement pour la fabrication des draps au Moyen Age. — L'auteur présente la notice qu'il a publiée sur le règlement pour la fabrication des draps à Saint-Antonin, au Moyen Age.

M. ENLART, à Paris.

De l'influence germanique dans les premiers monuments gothiques du Nord de la France.

Visite des musées de la ville de Montauban. — Sous la conduite de M. le chanoine Fernand Pottier, un grand nombre de personnes s'étaient réunies à la section d'archéologie, que préside le savant Montalbanais, pour visiter le musée archéologique installé dans l'Hôtel de Ville, ancien palais épiscopal bâti au XVIIIᵉ siècle par les évêques de Montauban. M. Bouin s'est joint à lui pour faire les honneurs du *musée Ingres*, légué par le grand maître à sa ville natale et tout rempli de son souvenir. Le musée d'*histoire naturelle* où se trouvent d'intéressants spécimens de la flore et de la faune régionales, des objets préhistoriques, a été également visité, sous la direction de M. Brun.

VŒUX ÉMIS PAR LA SOUS-SECTION

(Voyez pages 119 et 120).

20ᵉ Sous-Section

ODONTOLOGIE

Président. . . . .   M. le Dᵉ SAUVEZ, Prof. à l'Éc. Dentaire de Paris.
Vice-Présidents . . . .   MM. DELAIR, de Nevers.
                                     ALAUX, de Toulouse.
Secrétaire . . . .   M. VICHOT, de Lyon.

— Séance du 8 août —

ALLOCUTION DE M. LE DOCTEUR SAUVEZ
Président de la Section.

MESSIEURS ET CHERS CONFRÈRES,

Mon premier devoir est de vous adresser mes remerciements bien sincères pour m'avoir appelé à organiser et à présider la deuxième session de la Section d'Odontologie.

C'est un honneur dont je sens tout le prix, mais que je ne puis ni ne veux garder pour moi seul, car il faut surtout féliciter celui d'entre nous qui a, par son heureuse initiative, amené la création de cette Section d'Odontologie dans l'Association française pour l'avancement des sciences, c'est-à-dire mon excellent confrère et ami Godon, dont il est inutile de faire l'éloge.

Son nom suffit à l'heure actuelle pour indiquer initiative, progrès. Aussi, l'année dernière, le Conseil de l'Association l'avait-il appelé à présider notre première session à Ajaccio, et cet hommage lui était bien dû.

Nous devons également adresser nos remerciements au Conseil de l'Association et particulièrement à son secrétaire, notre maître le professeur Gariel, pour nous avoir admis à former une section dans ce groupement des savants les plus illustres dont s'honore notre beau pays.

Enfin je dois également, messieurs et chers confrères, vous adresser mes remerciements à vous tous, qui avez bien voulu collaborer au succès de cette session par vos communications, vos présentations et par votre présence même dans cette ville à un moment où tous vous aspirez à prendre un repos si mérité par votre travail de l'année.

Je ne veux pas, à dessein, vous parler longuement de l'Association pour l'avancement des sciences, car vous trouverez dans la notice historique qui vous sera remise, sur votre demande, tous les renseignements désirables à son sujet. Son nom seul explique son but, et, comme je l'ai déjà dit dans la lettre qui a été adressée à chacun de vous, elle se propose exclusivement de favoriser, par tous les moyens en son pouvoir, le progrès et la diffusion des sciences, au double point de vue du perfectionnement de la théorie pure et du développement des applications pratiques.

Si je répète à dessein ce premier article des statuts de l'Association, c'est pour qu'il soit bien présent à votre esprit et que vous compreniez que notre Section ne doit pas s'en tenir, comme certains l'ont prétendu, aux sources, aux principes, à la théorie, aux côtés scientifiques réels par lesquels l'Odontologie se rattache à la science en général.

A mon avis, cette Section est la suite des Congrès nationaux, que nous avons eu jadis tant de peine à organiser. Je pourrais dire qu'elle en présente tous les avantages sans en avoir les inconvénients.

Elle fait suite aux Congrès de Bordeaux, de Nancy, de Paris, de Lyon, d'Ajaccio.

Elle doit s'occuper d'anatomie, de pathologie et de thérapeutique dentaires, elle doit s'occuper de la prothèse, qui est une des branches les plus importantes de la science odontologique.

L'Odontologie est une science appliquée et ses applications sont sa partie principale. Il y a dans cette Association plusieurs Sections analogues, qui sont des Sections de sciences appliquées, et il vous suffira de jeter un coup d'œil sur les comptes rendus et les programmes pour être pénétrés de cette vérité.

Que seraient les Sections d'Électricité médicale, d'Agronomie, d'Hygiène, etc., si les mémoires qui y sont présentés, si les discussions qui y ont lieu, n'avaient pas d'applications pratiques?

L'année dernière, l'enfant qui a nom Section d'Odontologie venait au monde et dans des conditions peu favorables, étant donné l'éloignement de la Corse et le manque de dentistes dans ce pays. Mais cette fois, l'enfant a déjà une année, il a fait ses premières dents, il commence à marcher d'un pas plus assuré, il a plus de force et il est entouré de la sollicitude de la plupart des dentistes et particulièrement de la Société formée par les dentistes du Midi, que je suis heureux de remercier ici pour la collaboration active et aimable qu'elle a apportée à notre Section.

J'étais chargé, cette année, de veiller aux premiers pas de cet enfant et c'est pourquoi j'ai réfléchi à la meilleure orientation que je devais leur donner.

C'est alors que j'ai vu que plusieurs des autres Sections, ses sœurs, traitaient non seulement de questions théoriques, mais aussi d'applications pratiques, telles que la traction électrique urbaine et suburbaine, qui est à l'ordre du jour pour cette année.

J'ai pensé que deux facteurs devaient me guider:

1° Les statuts de l'Association, dont l'article premier dit « théorie pure et applications pratiques »;

2° Les éléments qui composent la Section, c'est-à-dire le monde des dentistes; or, celui-ci est composé surtout de praticiens, à part quelques rares exceptions que nous sommes heureux de saluer; ces praticiens ont acquis l'instruction qui est nécessaire à leur art, instruction variée, assez complète, et ils s'occupent d'appliquer pratiquement cette instruction.

Si j'insiste sur ce point, Messieurs et chers confrères, c'est pour vous expliquer pourquoi j'ai organisé les travaux de la Section comme vous avez pu le voir par le programme paru dans le journal l'Odontologie.

C'est pour surveiller cette orientation que j'ai été, à Pâques, à Lyon et à Bor-

29

deaux, afin de chercher dans ces villes des confrères acceptant de faire des communications et des démonstrations pratiques. C'est pour cette raison également que je suis venu à Toulouse, où j'ai été assez heureux pour reconstituer la Société des Dentistes du Midi, le phénix renaissant de ses cendres.

C'est à dessein que j'ai placé une journée de démonstrations pratiques à Toulouse, le lundi, sous les auspices de la Société du Midi. C'est à dessein également que j'ai cherché à provoquer des communications de pratique courante, et j'espère que ceux qui auront l'honneur de me succéder dans la présidence tiendront compte de cette orientation et de ces raisons.

Je craindrais, s'il en était autrement, de voir s'égrener peu à peu le noyau des fidèles qui viennent depuis si longtemps à nos Congrès nationaux.

J'ai la conviction, au contraire, qu'en suivant cette orientation le nombre des membres de la Société augmentera sans cesse et que le chiffre de cent sera bientôt dépassé.

Quant aux moyens pratiques de réalisation, ils seront faciles à trouver, car notre pays possède actuellement assez de groupements régionaux pour que le président nommé soit assuré de leur collaboration — et, de plus, la Fédération nationale tiendra ses assises régulièrement au même moment et dans la même ville.

Je viens de vous expliquer comment je comprends l'orientation de cette session annuelle de la Section d'Odontologie dans l'Association française pour l'avancement des sciences, dans l'AFAS, comme on dit couramment.

Je ne veux pas retarder le début de ce Congrès par un long discours. J'espère que les travaux qui seront présentés auront pour effet de vous engager à venir plus nombreux encore dans les sessions suivantes. J'espère que vous vous convaincrez de l'importance du moyen d'action qui vous est offert par l'hospitalité que nous a donnée l'Association en créant notre Section avec son indépendance, son initiative, son autonomie.

Grâce à ce patronage puissant, à l'autorité morale qui s'attache si légitimement à tout ce qui fait partie de l'Association, nous contribuerons, en augmentant d'année en année le nombre des congressistes et l'importance de nos communications, à élever dans notre Société le prestige du chirurgien-dentiste.

Ce mot de chirurgien ne vous rappelle-t-il pas que la classe des hommes éminents qui portent ce titre a été longtemps aussi au Moyen Age en butte à la jalousie et aux vexations de la corporation des médecins? Ils étaient mêlés avec les barbiers, dans les derniers rangs de l'échelle sociale, et aujourd'hui ils sont considérés parmi les premiers de la société!

Il dépend de vous d'arriver aussi aux premières places. Déjà la réglementation officieuse créée par les écoles dentaires avait élevé légèrement le niveau de la profession. La réglementation officielle a accentué cette ascension, et la création de la Section d'Odontologie dans l'Association marque encore un degré de plus.

Cette élévation sera graduelle, certaine, si nous restons cantonnés nettement dans notre domaine, sans vouloir faire d'incursion sur le territoire voisin, et, si les dentistes continuent à se réunir, à se grouper, pour prendre part à toutes les manifestations élevées de l'esprit humain, vous pouvez être certains que le jour est proche où le chirurgien-dentiste parviendra à la situation qu'il mérite par ses études antérieures et les services qu'il rend à la société.

Ainsi donc, mettons-nous courageusement et résolument au travail. Nous servirons ainsi la bonne cause, à laquelle nous sommes tous dévoués, c'est-à-dire le relèvement de la science odontologique et l'avenir de la profession dentaire.

M. Léon DELAIR, Prof. à l'École Dentaire de Paris.

Principes d'orthophonie. Leur rapport avec la prothèse vélo-palatine. — La division congénitale du voile du palais, est une infirmité qui frappe les nouveaunés dans la proportion d'environ un pour quatre mille. En France cent vingt jeunes gens, en moyenne, sont annuellement exemptés du service militaire pour ce cas seulement.

L'opération de la staphylorraphie, quelquefois pratiquée, procure l'amélioration de la déglutition, mais non de la phonation. De nombreux appareils prothétiques ont été imaginés et exécutés depuis un siècle pour remédier au nasonnement occasionné par cette affection. Les appareils volumineux et creux à la partie postérieure, c'est-à-dire comblant partiellement la cavité naso-pharyngienne, ont seuls donné des résultats satisfaisants.

Celui qui a été conçu et appliqué de nombreuses fois depuis 1882 par l'auteur est un perfectionnement et une simplification des appareils volumineux. Présenté et décrit en 1901 au congrès d'Ajaccio sous le nom de voile à clapet, il permet d'obtenir des résultats phonétiques parfaits, outre qu'il est d'une accoutumance assurée.

Cependant il est rigoureusement indispensable pour cela que le sujet auquel est appliqué le clapet apprenne à s'en servir par une gymnastique combinée des organes accessoires de la parole. La méthode graduelle, enseignée par l'auteur, repose sur le déplacement de la pointe de la langue, jusqu'à ce que celle-ci arrive à vaincre les multiples difficultés des sons articulés. Des exercices orthologiques spéciaux et progressifs, rendent la parole normale au bout de trois mois d'études environ, selon les sujets.

Plusieurs de ceux-ci, exercés par cette méthode, ont été présentés à la Société d'Odontologie de Paris; ils y ont parlé très distinctement, notamment une femme de trente-cinq ans affligée d'une gueule-de-loup, qui, sans son appareil à clapet, s'exprime d'une façon incompréhensible, et qui, sitôt celui-ci remis en place, récite les exercices orthologiques les plus compliqués.

M. le PRÉSIDENT adresse à son collègue toutes ses félicitations pour ses recherches et ses travaux si remarquables.

M. le Dr SIFFRE, Prof. à l'École Odontotechnique de Paris.

Migration physiologique des dents. — La migration physiologique d'une dent est le chemin que lui font parcourir, du point où elle sort au point où elle remplit son rôle physiologique, les forces organiques qui l'entourent. Ces forces, que j'appellerai « dynamisme buccal », ont un point d'équilibre qui est justement l'arc dentaire, ou ligne articulaire.

Le dynamisme buccal et sa conséquence, la migration physiologique des dents, sont suffisants pour prévenir et corriger les irrégularités dentaires.

M. FAYOUX, de Niort.

Le ciment-traitement pour les caries douloureuses du second degré. — Je vous demande la permission de vous entretenir un instant d'un ciment que j'emploie depuis cinq ou six ans et dont j'ai retiré les plus grands avantages.

J'ai toujours été l'adversaire des petits cotons comme pansements; aussi ai-je été heureux le jour où j'ai pu les remplacer par une pâte qui ne durcit, il est vrai, qu'au bout de 20 à 30 minutes, mais qui néanmoins peut s'appliquer immédiatement dans les cavités dentaires, sans être pour cela diluée ou désa-grégée par la salive.

Cette pâte, comme je me propose de vous le démontrer lundi matin à Tou-louse, durcit dans l'eau, et par conséquent dans la salive ; elle ne se laisse pas pénétrer par les liquides et atteint un degré de dureté analogue à celui d'une bonne gutta-percha; elle est aussi facile à retirer d'une dent que la gutta elle-même.

Elle a d'ailleurs comme cohésion une telle ressemblance avec cette dernière, que, lorsqu'on l'enlève à la fraise ou à la rugine, on se demande parfois si ce n'est pas une gutta.

Cette pâte, que nous nommerons le ciment-traitement, sert surtout à obturer d'emblée, pour une durée de huit jours, quinze jours, trois semaines, un an, plusieurs mois, les caries douloureuses du second degré.

Nous l'employons par exemple lorsque nous nous trouvons en face d'une carie à dentine pathologique tellement douloureuse que nous ne pouvons y toucher avec un instrument.

Après un simple lavage antiseptique d'une de ces caries, nous y appliquons le ciment-traitement pour une durée que nous fixons à notre client.

Nous avons ainsi tout d'abord le plaisir de soulager immédiatement notre patient.

Et plus tard, après enlèvement de ce ciment provisoire, nous avons la satis-faction de constater que cette dentine molle s'est desséchée, durcie, et qu'elle se laisse cette fois enlever sans causer de douleur.

Si la douleur se produit exceptionnellement, elle est toujours très suppor-table.

La préparation de la cavité terminée, nous pouvons remettre, si nous le jugeons nécessaire, une petite quantité de ce même ciment-traitement dans le fond de cette cavité pour éviter la conductibilité d'un amalgame ou d'une auri-fication, absolument comme on le ferait avec un ciment ordinaire.

Il nous arrive même fréquemment d'employer cette nouvelle préparation comme antiseptique, et comme non conductrice pour toutes les cavités un peu profondes, chaque fois que nous obturons d'emblée, et vous comprendrez tout de suite toutes les combinaisons que l'on peut faire ainsi, lorsque je vous aurai dit que ce ciment-traitement est simplement composé d'*acide eugénique* et d'*oxyde de zinc sublimé.*

On peut également l'utiliser pour recouvrir tous les pansements et en parti-culier ceux d'acide arsénieux, parce qu'il donne une occlusion complète et qu'il se laisse enlever avec une grande facilité.

On peut également s'en servir pour recouvrir les pansements dans les quatre degrés, de la même façon que nous nous servons de la gutta.

L'acide eugénique ou eugénol n'est autre chose que l'essence de girofle oxydée à l'air; mais il faut surtout prendre garde que, si l'on employait l'essence de girofle, la pâte resterait pâte, il n'y aurait pas combinaison et par conséquent pas de ciment.

Je prie tous mes confrères présents de m'excuser de leur présenter une communication d'une si grande simplicité; j'ai désiré surtout leur faire connaître et leur démontrer le côté pratique de cette méthode, et pour eux et pour leurs clients.

Je suis convaincu que ce ciment agit par son eugénol, qui est un puissant antiseptique, non caustique, et par l'oxygène qu'il fait dégager lentement à l'oxyde de zinc en se combinant.

Je dis lentement parce que la combinaison est lente à se faire et c'est ce qui expliquerait que ce ciment ne devient pas très dur.

Mais je laisse à d'autres le soin de nous éclairer au point de vue scientifique.

J'aurais pu m'étendre longuement sur ce sujet, mais je l'ai jugé inutile, convaincu d'avance que la pratique vous enseignera mieux qu'une longue théorie fastidieuse.

M. le Dr KRITCHEVSKY, de Paris.

De la nécessité d'une classification dans les malocclusions dentaires.

Discussion. — M. Frey (de Paris) félicite M. Kritchevsky de sa communication en constatant que, jusqu'alors, le jeune praticien n'avait reçu aucune idée générale pour la correction des malocclusions dentaires et que l'enseignement de ces corrections doit avoir une grande place dans l'enseignement donné dans les écoles dentaires.

M. J. CHOQUET, à Paris.

Note sur l'articulation dentaire chez l'homme. — Il n'existe pas de définition exacte et précise de l'articulation des dents entre elles chez l'homme et nous considérons comme fausse la description que Tomes en a donnée. Il dit en effet : « Chez l'homme les dents s'élèvent toutes au même niveau; elles sont en contiguïté parfaite, sans intervalle entre elles » (*Traité d'Anatomie dentaire humaine et comparée*, p. 5). N'envisageant que la première partie de cette définition, l'étudiant qui ouvrirait pour la première fois un traité d'anatomie dentaire se ferait l'idée suivante de l'articulation des dents entre elles : un maxillaire supérieur posé sur une surface plane devrait voir les cuspides ou les faces tranchantes de *toutes* les dents venir en contact avec cette surface plane. Il n'en est pas ainsi et cette articulation que Tomes considère comme idéale n'existe que dans de très rares exceptions. C'est précisément chez les races primitives qu'on la rencontre, et encore entraîne-t-elle avec elle des modifications, des altérations notables des dents, caractérisées par de l'abrasion mécanique. Dans ces cas, il existe toujours entre le mouvement d'abaissement et d'élévation du maxillaire inférieur pendant la mastication un mouvement très net de latéralité. Pour se rendre compte que les dents des deux maxillaires ne s'élèvent pas toutes au même niveau, mais présentent au contraire une courbe plus ou moins accentuée, il suffit de prendre une photographie de profil d'un crâne à dentition complète et de tracer sur celle-ci une ligne partant du trou auditif pour aller aboutir à la hauteur du collet de l'incisive centrale. On se rendra ainsi compte de la courbe plus ou moins grande que présenteront les dents, en partant de l'incisive centrale pour aboutir à la troisième grosse molaire.

Il faut remarquer, en outre, que cette sinuosité de la ligne de contact des dents aura sa répercussion sur les arcades dentaires elles-mêmes et que les dents seront plus ou moins inclinées à l'intérieur de la cavité buccale, suivant que les points de contact des cuspides présenteront une sinuosité plus ou moins accentuée.

Enfin, on doit aussi considérer dans leur ensemble de quelle façon les dents des deux maxillaires se rencontrent. Normalement, les dents du maxillaire supérieur devant recouvrir légèrement celles du maxillaire opposé, il s'ensuit que, si l'on part de la moitié des deux maxillaires, chaque dent du maxillaire supérieur devra être en contact avec deux dents du maxillaire correspondant, pour arriver enfin à ce que la face distale des troisièmes grosses molaires supérieures et inférieures soit en contact parfait ; suivant que l'on aura affaire à une articulation rectiligne ou non, les rapports des dents entre elles seront modifiés au point de vue des axes.

Dans le premier cas, les deux incisives centrales, supérieure et inférieure, vues de profil et en état d'occlusion normale, auront leurs axes parallèles. Dans le second cas, l'axe de la dent inférieure étant considéré comme perpendiculaire à la base de la mâchoire, l'axe de la dent correspondante formera avec celui-ci un angle plus ou moins accentué. Il existe encore d'autres cas, mais nous n'en parlons pas, car ils rentrent plutôt dans le domaine de la pathologie.

CONCLUSIONS

1° On aurait tout avantage, croyons-nous, à donner une définition exacte et précise de l'articulation des dents entre elles et nous proposons la suivante :

« Ce sont les rapports existant à l'état d'occlusion normale des mâchoires entre les dents du maxillaire supérieur et celles du maxillaire inférieur. »

2° Ces rapports normaux se présentent sous forme d'une courbe plus ou moins accentuée ayant sa répercussion sur la forme des arcades.

3° L'axe des dents des deux mâchoires varie suivant que l'on se trouve en présence d'une ligne droite ou d'une ligne sinueuse représentant les rapports des dents entre elles.

————

M. le Dr Léon FREY.

Rapports pathologiques entre l'articulation temporo-maxillaire et les dents. — Il y a trois cas à considérer :

1° Arthrite temporo-maxillaire primitive ; les symptômes dentaires sont virtuels ;

2° Arthrite temporo-maxillaire secondaire à un état pathologique des dents ou de leurs articulations ;

3? Articulation temporo-maxillaire déformée par une articulation dentaire défectueuse.

Le premier cas trouve son explication dans l'anatomie même des nerfs de la région.

Dans le deuxième cas, le trouble dentaire qui occasionne l'arthrite temporo-maxillaire peut être :

a) Inflammatoire : trouble dentaire, ostéite consécutive de la branche montante et arthrite.

b) Articulaire : c'est l'articulation dentaire défectueuse qui amène l'arthrite par fatigue, par petits traumatismes répétés de l'articulation temporo-maxillaire.

Dans le troisième cas, un vice de l'engrènement dentaire entraîne toute la mâchoire en avant dans un mouvement de protrusion (*prognathisme*), ou en arrière dans un mouvement de « rétrotrusion » (*opistognathisme*).

Nous laissons absolument de côté, pour bien limiter et éclairer notre sujet :

a) Le prognathisme ou l'opistognathisme de race, héréditaire ou *familial*;

b) Les cas de prognathisme ou d'opistognathisme *chirurgical*.

Le prognathisme par vice d'articulation dentaire ne doit pas être confondu avec le *faux prognathisme*, dû à la rétroversion des incives supérieures ou à l'antéversion des incisives inférieures. De même pour le *faux opistognathisme*, dû à l'antéversion des incisives supérieures ou à la rétroversion des incisives inférieures.

M. le Dr Albéric PONT, de Lyon.

Tumeur de la pulpe sans carie dentaire. — Il s'agit d'un cas très rare, puisque l'auteur, malgré ses recherches, n'en a pas trouvé relaté de semblable. La pulpe dentaire était hypertrophiée et avait détruit toute la dentine. La dent, exempte de carie, était constituée seulement par l'émail et à l'intérieur de cette coque se trouvait la pulpe, rouge, peu douloureuse et par conséquent très volumineuse. Trépanation, ablation de la tumeur pulpaire, obturation. Guérison.

....

M. Antoine BLATTER, Chef de Clinique à l'École Dentaire de Paris.

Nouvelle dent artificielle de Mr Evslin. D. D. S. — La dent que M. BLATTER présente est entièrement en porcelaine; on peut l'obtenir de toute forme et de toute dimension ; sa face antérieure ou externe est semblable à celle des dents naturelles ; la face postérieure où étaient fixés les crampons de l'ancienne dent peut, selon les indications, présenter six types différents.

Premier type : Il consiste en une rainure verticale, de forme rectangulaire, qui occupe en largeur un tiers de la surface postérieure de la dent et les trois quarts ou la totalité de la hauteur, du bord cervical au bord triturant. Cette rainure en profondeur est en queue d'aronde, c'est-à-dire en forme de cône renversé ou de « V »; elle occupe à peu près les trois quarts de l'épaisseur totale de la dent. En thèse générale, cette rainure (profondeur, hauteur ou largeur) est directement proportionnée au volume de la dent; proportion de trois quarts en épaisseur et d'un tiers de largeur. Une languette d'or de forme correspondante s'engage et glisse dans la rainure en pénétrant par le bord cervical de la couronne. A la face postérieure de cette languette sont fixées deux lamelles de même métal, de longueur et de largeur variables, médianes et perpendiculaires à la languette et à peine séparées l'une de l'autre, ces deux lamelles pouvant se rabattre à droite et à gauche sur la languette, remplaçant ainsi les crampons de platine auprès desquels elles offrent des points d'attache de beaucoup supérieurs. Pour les appareils de métal, bridges ou dents à pivot, ces deux lamelles traversent la contre-plaque par une fente de même dimension ; une fois la contre-plaque posée, à l'aide d'une lame mince introduite entre les deux lamelles, celles-ci se rabattent sur la contre-plaque ; le tout est soudé. Pour les pièces en caoutchouc, les lamelles sont à crans et plus larges ou plus longues selon le cas, destinés à être noyés dans le caoutchouc. *Deuxième type :* La rainure et la languette prennent la forme d'un « T ». *Troisième type*: la rainure et là languette sont en forme de croix dans le sens vertical. La rainure en profondeur est soit en forme de « V », soit en forme de « T ». *Quatrième type* : La rainure est semblable à celle des autres types. La languette de métal, par contre, diffère sensiblement : elle est en forme de queue d'aronde double (schématique en X) dont une moitié est scellée dans la rainure à l'aide de ciment, ou de soufre, et l'autre moitié, en plan incliné, reste libre à la face postérieure de la dent. L'inclinaison de ce plan va en décroissant du bord cervical au bord triturant. Cette construction particulière a été établie pour ne point gêner l'articulation et pour ne pas augmenter l'épaisseur de la dent. Une contre-plaque en or, creusée d'une rainure de forme similaire à la languette, glisse sur la face postérieure de la dent. *Cinquième type* : Ici trois rainures et trois languettes. Deux rainures sont bilatérales, parallèles entre elles, séparées l'une de l'autre et à une certaine distance des bords latéraux de la dent. Dans ces rainures pénètrent deux languettes en queue d'aronde double (en X): une moitié de la languette est scellée, à l'aide du ciment, dans la rainure et l'autre moitié reste libre. Les deux languettes, séparées l'une de l'autre, contribuent à la formation d'une troisème rainure médiane, en queue d'arronde, dans laquelle viendra glisser une languette de forme correspondante munie de deux lamelles, comme pour le premier type ; ces deux lamelles crampons traverseront la contre-plaque qui doit recouvrir la face postérieure de la dent. *Sixième type* : La rainure, quelle que soit sa forme, est doublée de platine.

Voilà ce que j'avais à vous dire de la construction de la « dent moderne ». Elle me semble appelée à remplacer, non pas seulement la dent à crampons, mais aussi la dent à tube, la dent diatorique et les diverses espèces de couronnes en porcelaine.

M. Désiré RIGOLET, Chir.-Dent. de la Fac. de Méd. de Paris, à Auxerre.

De l'action antiseptique de la cataphorèse en art dentaire. — La cataphorèse en art dentaire est l'opération qui consiste à faire passer un médicament au travers des tissus de la dentine à l'aide d'un courant électrique. Comme suite aux observations que j'ai présentées au Congrès Dentaire de Paris en 1897, je donnerai l'observation suivante dont je puis vous présenter le sujet.

En octobre 1898 je souffrais depuis six semaines environ de la canine supérieure droite, chaque fois que je prenais du potage ou d'autres aliments chauds, et cela durait un quart d'heure, ou même une demi-heure, à m'agacer. Je dois noter qu'il y avait bien six mois que le froid m'y faisait mal, et je maintenais de la ouate dans la cavité. J'avais une carie très avancée, presque une carie pénétrante. Je pris mon petit accumulateur et j'allai trouver, à Tonnerre, mon collègue M. Eustache, à qui il fut impossible de fraiser dans la carie, tellement le contact des instruments était douloureux. La carie étant située en face postérieure, et sous la gencive, et les dents très serrées, mon distingué confrère et ami M. Eustache fit donc usage de la cataphorèse dans les conditions que j'ai indiquées au Congrès de 1897, sans digue, et après six minutes de courant allant jusqu'à trois milliampères, il put d'une première fois nettoyer la cavité; une seconde séance de cataphorèse de huit minutes lui permit d'enlever le reste des éléments pathologiques, au point de voir circuler le sang dans la pulpe, tellement la couche de dentine qui la protégeait était mince; il obtura au ciment aussitôt, tant bien que mal au milieu de la salive. Je puis dire, en montrant la dent qui est toujours en place, que je n'ai jamais rien ressenti, et il y a de cela bientôt quatre ans. Depuis j'ai eu quantité de fois l'occasion de faire de semblables opérations qui m'ont toujours donné le même résultat satisfaisant.

Donc je soutiens, en principe, que ce procédé opératoire, pratiqué d'abord dans un but anesthésique, exerce aussi une action antiseptique : d'abord par le médicament, chlorhydrate de cocaïne, et peut-être plus encore par l'action du courant électrique qui fait pénétrer plus profondément ce médicament dans les canalicules de la dentine.

<hr>

M. le Dr Georges ROLLAND, de Bordeaux.

Du Sœmnoforme dans les longues anesthésies. — Sa tension. — Son étude
en hématologie. — Hématolyse. — Statistique clinique.

Une douzaine de cobayes sœmnoformés pendant une heure.

Cobayes sœmnoformés tous les jours une heure sont morts après quatre, cinq, six et huit jours.

Lapins endormis pendant une heure, deux heures.

Chiens   —   —   —

Chat pendant sept heures et demie.

Homme, un quart d'heure, une demi-heure, une heure, dans de nombreuses opérations chirurgicales.

Graduations et signes successifs d'anesthésies sœmnoformiques de plus en plus
intenses.

1° Fixité du regard ou perte d'expression de l'œil;
2° Phase des contractures;
3° Phase de résolution musculaire;
4° Perte du réflexe conjonctival;
5° Dilatation de la pupille,
6° Arrêt de la respiration;
7° Arrêt du cœur. — Mort.

Tensions sanguines.

a) Au sphygmographe de Maret on constate une hausse de la tension artérielle. Est-ce une augmentation de l'énergie cardiaque, ou des phénomènes vaso-constricteurs périphériques augmentant l'obstacle à l'écoulement du sang? Tel est le problème qui se pose.

b) Au sphygmo-manomètre de Potain, dans une première expérience où l'on ne tient pas compte du temps dès que l'anesthésie commence, ascension d'un degré environ sur la tension normale. A la fin de l'anesthésie, dépression d'un degré sur la normale.

Dans une deuxième expérience :

L'ascension pendant l'induction est 2º 1/2, pendant l'anesthésie durant trois minutes et demie, le plateau se maintient à cette hauteur. Pendant les vingt minutes suivantes, la pression oscille pour reprendre la normale.

Pendant cette anesthésie là température, la respiration, le pouls sont étudiés. (Les tracés seront publiés.)

Études hématolytiques du Sœmnoforme et de quelques anesthésiques généraux :
Chloroforme, Éther.

Avec le concours du Dʳ Sabrazès, professeur agrégé, chef du laboratoire des cliniques de la Faculté de Médecine, trois recherches sont faites. Sujet à jeun.

	PREMIÈRE RECHERCHE	DEUXIÈME RECHERCHE	TROISIÈME RECHERCHE
	Sang examiné avant l'anesthésie.	Anesthésie de courte durée (3 minutes).	Anesthésie prolongée (18 minutes).
	Par millim. cube.	Par millim. cube.	Par millim. cube.
Hémoglobine	102 0/0	94 0/0	94 0/0
Hématies	4.991.000	4.470.200	4.501.200
Globules blancs	6.000	5.580	4.960

	HÉMATIES NORMAUX	NORMAUX	NORMAUX
	Globules blancs.	Globules blancs.	Globules blancs.
Polynucléés neutrophiles	67,48 0/0	66,50 0/0	65,92 0/0
Lymphocytes	26,60 —	29,26 —	31,84 —
Mononucléés	1,90 —	0,76 —	0,63 —
Eosinophiles	1,52 —	0,76 —	1,60 —
Mastzellen	0,38 —		
Formes de transition	1,14 —		

Conclusions. — Pas de différences du sang avant, pendant et après l'anesthésie. Oscillations physiologiques.

Hématolyse. — Après un certain nombre d'expériences, les docteurs Sabrazès, Muratet et Rolland concluent ainsi :

A tube ouvert, le Sœmnoforme, plus volatil que le Chloroforme et l'Éther, ne produit pas d'hématolyse à la même dose.

A tube fermé, à doses progressivement croissantes, le Chloroforme laque le 1º, le Sœmnoforme le 2º, l'Éther le 3º.

Clinique. — Plus de dix mille fois, il a été employé jusqu'à ce jour par des personnes de ma connaissance ou par moi sans qu'un incident se soit produit.

M. MARRONNEAUD, de Bordeaux.

La vitalité de la pulpe après extraction et réimplantation immédiate.

— Séance du lundi 11 août —

DÉMONSTRATIONS FAITES AU DISPENSAIRE DU BUREAU DE BIENFAISANCE DE TOULOUSE

M. le Dr ROLLAND, de Bordeaux.

Démonstrations diverses d'anesthésie générale, notamment par l'emploi du Sœmnoforme.

M. RIGOLET, de Auxerre.

Expériences d'anesthésie pulpaire par la Cataphorèse.

M. FAYOUX, de Niort.

Mode d'application d'un ciment spécial pour le traitement des caries du 2e degré.

M. le Dr SIFFRE, de Paris.

Technique opératoire de l'emploi de l'acide sulfurique dans le traitement des caries du 4e degré.

M. CHOQUET, de Paris.

Démonstrations d'application du Xyléna.

M. BLATTER, de Paris.

Présentation d'un anesthésique pour la dévitalisation indolore de la pulpe dentaire.

M. DELAIR, de Nevers.

Démonstration du mode de fabrication des voiles palatins artificiels à clapet.

M. BLATTER, de Paris.

Présentation et démonstration de l'emploi de nouvelles dents en porcelaine, détachables.

M. Luis SUBIRANA, de Madrid.

Démonstration pratique d'une méthode de bourrage de caoutchouc sans presse.

Présentation de couronnes et travaux à pont.

M. le Dʳ SIFFRE, à Paris.

La pelade et les lésions dentaires. — Les odontologistes ont eu connaissance d'un travail qu'un distingué confrère, le docteur Jacquet, a publié sur ce sujet.

J'ai eu, pour ma part, quelques observations qui montrent que l'on ne peut pas établir un rapport entre ces affections.

Je voudrais avoir votre avis sur ce point, et je désirerais surtout que cette question fût mise à l'ordre du jour de nos Sociétés d'Odontologie, cet hiver.

La stérilisation des canaux dentaires par l'acide sulfurique pur. — Depuis 1897, j'emploie SO^4H^2 pur pour stériliser les canaux, avec un constant succès.

Tous les cas de quatrième degré sont justiciables de SO^4H^2, et la stérilisation est quelquefois obtenue dans une séance, mais toujours en deux séances.

Décomposant les matières animales, et s'emparant de l'eau des tissus, l'acide sulfurique réalise la substance idéale, pour stériliser les « pathogènes » des canaux. Si l'on maintient cette action stérilisante en empêchant le retour d'autres germes infectieux, et en supprimant l'apport nouveau de liquide quelconque, on rend indéfini le résultat.

Le maintien de l'état stérile est la siccité parfaite due à l'obturation étanche du canal stérilisé, et de la cavité de carie.

Ainsi, plus de liquide organique par l'apex, plus de liquide septique par la bouche. J'ai cité mon mode opératoire à Marseille, mai 1898, Lyon, 1898. Je l'ai enseigné de 1898 à ce jour à l'École Odontotechnique, et j'ai donné comme prise de date les deux premières observations du traitement appliqué sur des malades de l'École, à la Société Odontologique de France.

Dent de six ans et dent de sagesse. — *Note sur les rapports de l'extraction de la première molaire inférieure avec l'évolution et l'éruption de la dent de sagesse.* — La dent de six ans cariée au-dessus du deuxième degré doit être supprimée quand la deuxième molaire sort : l'espace ainsi augmenté permet à la troisième molaire de se mieux développer et de se bien placer, par supplément du territoire osseux qui lui échoit de ce fait.

C'est une erreur de dire que la dent de sagesse disparaît chez l'homme. C'est le tissu osseux paradentaire qui est insuffisant pour loger cette troisième molaire.

A part les exceptions d'ordre pathologique inhérentes à toute civilisation, cette dent existe bien placée dans toutes les races.

De nombreuses observations démontrent l'heureuse influence de la suppression de la première molaire inférieure sur la dent de sagesse.

Cette extraction doit être pratiquée dans tous les cas de carie au-dessus du deuxième degré, et au moment de la sortie de la deuxième molaire.

Il s'agit, bien entendu, de la mâchoire inférieure.

***

M. le Dr Léon FREY.

Observation de prothèse du maxillaire inférieur. — Un jeune soldat, par un accident de tir, a toute la mâchoire inférieure emportée jusqu'aux branches montantes, ainsi que les parties molles du plancher buccal.

Dans le service du professeur Mignon, au Val-de-Grâce, le Dr FREY fait un premier appareil vissé sur les branches montantes et qui sert de tuteur pour la reconstitution de la lèvre inférieure, du menton et du plancher de la bouche. Au bout d'une année, cet appareil inamovible est remplacé par un dentier du bas, amovible, à large portion basilaire, reposant par son propre poids et maintenu par une bonne articulation sur le plancher buccal.

Le malade quitte l'hôpital pouvant parler très distinctement, fumer et manger des aliments demi-durs.

***

MM. le Dr FREY et Georges LEMERLE.

Les Leptothrix de la bouche. Leur rôle dans l'étiologie de la carie dentaire. — Leptothrix racemosa. — Conclusions. — Parmi les Leptothrix buccaux, c'est le racemosa qui semble présenter pour les dentistes le plus grand intérêt. Est-ce vraiment un Leptothrix ? N'est-ce pas plutôt une mucorinée ? Il semble s'en rapprocher beaucoup par son mode de reproduction (sporanges) et sa morphologie (feutrage épais d'où se dégagent les tiges supportant les sporanges).

Il paraît bien tenir le premier rang par ses touffes épaisses parmi les agents décalcifiants de l'émail ; — premier stade de la carie.

Puis il ne joue plus dans la carie qu'un rôle secondaire ; c'est lui qui ouvre la porte d'entrée (par la brèche de l'émail) aux multiples micro-organismes qui vont décalcifier l'ivoire.

***

M. le Dr PONT, de Lyon.

Emploi de l'alcool saturé d'acide borique en art dentaire. — L'auteur ayant constaté qu'il est très difficile de conserver aseptique le coton qui sert journellement dans les cabinets dentaires, montre la nécessité d'avoir du coton aseptique et indique un moyen très facile pour arriver à ce résultat.

On imbibe les mèches de coton d'alcool saturé d'acide borique et on les passe à la flamme. L'alcool brûle et désinfecte la mèche de coton sans la brûler ni la roussir.

Ce moyen, employé déjà par les laryngologistes, donne de bons résultats en art dentaire.

L'auteur cite à l'appui un certain nombre de recherches bactériologiques.

***

M. HEIDÉ-RAYNVALD, Prof. à l'École Dentaire de Paris.

A propos de l'opportunité de l'avulsion dentaire précoce ou tardive dans la périodontite suppurée aiguë. — Au programme de la séance d'ouverture du troisième

Congrès dentaire national tenu à Paris en 1897, était inscrite une communication de notre confrère et ami, M. MENDEL-JOSEPH : « Sur l'opportunité de l'avulsion dentaire précoce ou tardive dans la périodontite suppurée aiguë. » On voit de quoi il s'agit : une molaire, petite ou grosse, est atteinte de carie pénétrante ; la pulpe morte est devenue un milieu de culture de choix ; les bactéries y pullulent et pénètrent dans les régions profondes, contaminant la région alvéolaire ; la membrane péridentaire infectée s'enflamme et cette inflammation dé-' termine la série bien connue des symptômes caractéristiques de la périodontite suppurée aiguë. Dans ce cas, faut-il faire l'avulsion immédiate, ou attendre pour la faire que le pus soit collecté ou que son évacuation ait commencé? La plupart de nos confrères étaient jusqu'alors favorables à l'avulsion immédiate.

(*Résumé succinct.*)   TABLEAU DES INDICATIONS OPÉRATOIRES

Périodontite au début.	Avulsion hâtive.
— avec abcès formé.	(Avulsion hâtive avec quelques restrictions.
— avec gonflement non suspect et constriction des mâchoires. .	(Avulsion utile pour enrayer l'inflammation.
Périodontite avec état infectieux récent.	(Intervention chirurgicale, avulsion tardive ou conservation de la dent.
— avec adénophlegmon et infection.	(Intervention chirurgicale, avulsion tardive ou conservation de la dent.

Comme conclusion générale, qu'il nous soit permis de dire qu'il ne saurait exister de règle générale pour l'avulsion hâtive ou tardive de la dent, cause de phénomènes inflammatoires, que l'avulsion hâtive convient chaque fois qu'elle peut empêcher une aggravation de la périodontite, qu'elle peut être dangereuse quand le gonflement, sans présenter l'aspect franchement phlegmonien, est suspect, et surtout quand l'adéno-phlegmon est déjà formé, et qu'en pareil cas, si elle n'entraîne pas nécessairement des conséquences fâcheuses, elle ne préserve pas de l'intervention chirurgicale, à laquelle il est toujours préférable d'avoir recours de bonne heure.

M. le Dr Oscar AMOEDO, Prof. à l'Éc. Odontotechnique, de Paris.

Étude sur les dents après la mort, au point de vue de la médecine légale. — Par leur structure, par leur situation dans le corps, les dents sont des organes qui résistent, longtemps après la mort, à l'influence des agents de décomposition ou de destruction violente.

Les particularités anatomiques qu'elles peuvent présenter, les travaux prothétiques ou autres dont elles sont le siège et qui persistent aussi longtemps qu'elles, constituent des moyens précieux pour l'identification des cadavres.

De nombreux exemples peuvent être cités à l'appui de ce fait : nous ne ferons que rappeler les cas du Prince Impérial, fils de Napoléon III, du marquis de Morès, des victimes de la catastrophe du Bazar de la Charité.

L'importance sociale et familiale de l'identification fait un devoir au médecin légiste de pratiquer un examen des dents très détaillé, dans tous les cas où l'identification présentera des difficultés.

Les médecins-dentistes de leur côté, par une notation exacte de la denture de leurs clients, pourront, le cas échéant, comme dans la catastrophe du Bazar de la Charité, apporter le secours de leurs fiches.

———

Prothèse dentaire. — *Étude sur l'articulation des dentiers artificiels suivant les lois anatomiques et physiologiques qui régissent l'articulation temporo-maxillaire et celle des arcades dentaires chez l'homme.* — Le dentiste qui entreprend la confection d'un dentier doit avoir la connaissance complète de l'anatomie et de la physiologie de l'articulation temporo-maxillaire et des arcades dentaires.

Un dentier construit sur un articulateur qui ne reproduit pas exactement les mouvements de l'articulation temporo-maxillaire aplatit ou foule les aliments, mais ne les coupe pas.

La méthode de choix est celle de Bonwill. Nous en soulignerons brièvement les points suivants : préparer les dents en porcelaine en supprimant les bords tranchants arrondis des incisives et canines et en creusant un sillon antéro-postérieur sur la surface triturante des molaires.

Les cuspides buccales inférieures et linguales supérieures doivent être arrondies et les cuspides linguales inférieures et buccales supérieures tranchantes.

Lorsqu'un dentier est dans la bouche, dans le mouvement qui met en contact les bords tranchants des incisives, il doit y avoir contact seulement entre les deuxièmes molaires inférieures et les premières molaires supérieures.

Les canines et les bicuspides ne doivent pas entrer en contact dans ce mouvement.

Basé sur ces principes, un dentier doit rendre les mêmes services que les dents naturelles.

SÉANCES GÉNÉRALES

TRACTION ÉLECTRIQUE URBAINE ET SUBURBAINE

Le Conseil d'administration ayant décidé qu'une question d'intérêt général serait mise à l'ordre du jour du Congrès de Montauban pour y être discutée, une Commission composée de MM. G. BROCA, MONNIER et MONMERQUÉ fut chargée d'en choisir le sujet parmi les applications de l'électricité. Elle proposa et le Conseil adopta la question de *la traction électrique urbaine et suburbaine.*

M. A. MONMERQUÉ, ingénieur en chef des Ponts et Chaussées, ancien ingénieur en chef des services techniques de la Compagnie générale des Omnibus de Paris, voulut bien se charger de faire sur cette question un rapport pour servir de base à la discussion.

Ce rapport qui fut largement distribué est reproduit plus loin.

La question ainsi mise à l'ordre du jour fut discutée dans deux séances générales qui eurent lieu à Montauban les 8 et 9 août.

Dans la première on entendit diverses communications qui avaient été provoquées par le Rapport et qui sont reproduites ou analysées ci-après.

La seconde séance générale fut consacrée à la discussion tant sur certains points du Rapport que sur les communications présentées à la première séance générale.

NOTE

POUR SERVIR DE BASE A LA DISCUSSION

PAR

A. MONMERQUÉ

Ingénieur en chef des Ponts et Chaussées.
Ancien Ingénieur en chef des Services techniques de la Compagnie générale des Omnibus de Paris.

CHAPITRE PREMIER

Considérations générales.

OBJET DE LA NOTE

La Commission d'organisation du Congrès de 1902 a décidé de mettre à l'ordre du jour la question de :

La traction électrique urbaine et suburbaine

et nous a fait l'honneur de nous charger de la rédaction d'une note, ayant pour but d'indiquer aux auteurs les principaux objets de leurs études et pouvant servir de base à la discussion à ouvrir sur la question : cette note rapide, loin de constituer une étude, a simplement pour objet de poser la question et de provoquer les études et les communications au Congrès, en laissant à leurs auteurs la plus grande liberté.

DIFFICULTÉS SPÉCIALES DE LA TRACTION MÉCANIQUE DANS LES VILLES

La traction mécanique, soit sur chaussée, soit sur eau, soit sur plate-forme spéciale, doit dans les villes remplir certaines conditions particulières dont les plus importantes paraissent être au nombre de trois.

Tout d'abord le moteur ne doit donner lieu ni à fumée, ni à odeur, ni d'une manière générale à aucune émission nuisible ou simplement gênante pour le public. Avec la vapeur, on a essayé de remédier à ce genre d'inconvénients par l'emploi du coke et il faut reconnaître que l'on y a réussi dans une réelle mesure, surtout dans les voies larges et bien ouvertes aux vents régnants, par exemple sur les rivières et sur les larges avenues, boulevards, etc. Mais dans les tunnels les difficultés de renouvellement de l'air rendent l'emploi du coke vraiment désagréable pour les voyageurs. Avec l'usage des locomotives à eau chaude,

30

le dégagement de fumée a été supprimé, mais il reste l'échappement à air libre et le public confond dans ses critiques de langage courant la vapeur d'échappement ou panache avec la fumée. L'air. comprimé sous ce rapport n'a pas les inconvénients de la vapeur et il faut voir dans cet avantage l'une des raisons qui ont motivé l'emploi et l'application de ce fluide à la traction des tramways dans les villes, malgré le coût élevé des frais d'exploitation.

Le moteur électrique donne toute satisfaction à cet égard au moins quand l'énergie est produite à distance, et il n'y aurait de réserve à faire que dans le cas d'emploi d'accumulateurs où l'on peut avoir à redouter le dégagement de vapeur et de liquide acides.

La seconde qualité, précieuse pour la traction mécanique dans les villes, est la facilité de conduite et d'entretien du moteur. Avec la vapeur ou l'air comprimé, quels que soient les perfectionnements ingénieux et de grande valeur qu'a fait naître dans ces dernières années le développement des tramways dans les villes, on ne peut guère se dispenser d'avoir non seulement à conduire le moteur, mais à le surveiller, graisser, etc. Avec la vapeur, il faut s'occuper aussi du générateur dont on peut, par un choix judicieux du type, réduire la surveillance, sans pouvoir cependant la supprimer complètement. En outre avec ce système, qu'il y ait sur la voiture un générateur ou un simple accumulateur inerte, comme pour l'air comprimé, on ne peut se dispenser de procéder périodiquement à des intervalles plus ou moins rapprochés, à des rechargements d'énergie, sous forme soit de coke, soit d'eau chaude, de vapeur, d'air comprimé, etc. Non seulement ces rechargements donnent lieu à une perte de temps qui immobilise le matériel et par suite en augmente l'importance, mais les opérations qu'ils nécessitent présentent souvent dans les villes de grandes difficultés d'exécution.

La traction électrique où le moteur est en connexion avec l'usine centrale génératrice d'énergie supprime tous ces inconvénients; en effet le générateur n'est plus sur la voiture qui est en relation constante avec la source d'énergie sans qu'il soit besoin d'accumulateur. En outre le moteur électrique est simple par lui-même; sa conduite ne nécessite ni graissage, ni surveillance; sa manœuvre facile peut être enseignée très rapidement à tout manœuvre qui avec un peu de sang-froid et d'attention devient facilement un *wattman*, sans pour cela être *mécanicien*.

Il est à peine besoin de faire remarquer que les systèmes de traction avec accumulateurs électriques ne participent pas complètement aux avantages ci-dessus indiqués, puisqu'ils comportent avec eux des accumulateurs qu'il faut recharger; en outre les voitures sont lourdes, ce qui offre un grave inconvénient pour les arrêts, surtout quand ils sont nombreux, comme c'est toujours le cas dans les villes. L'augmentation de poids dépend de la provision d'énergie emmagasinée; cette dernière dépend de la distance entre les points de rechargement et des circonstances de chaque espèce; mais on peut dire d'une manière générale que l'augmentation de poids due à l'emploi des accumulateurs peut s'élever à 50 et même à 60 0/0.

La diminution du poids mort constitue le troisième avantage de la traction électrique avec la rapidité des démarrages. La vitesse commerciale se trouve ainsi augmentée au grand profit du voyageur. Mais cette rapidité de démarrage avec la traction électrique est due surtout à la nature même du moteur électrique. Son couple moteur est sensiblement constant pendant un tour de rotation, alors que dans le moteur à vapeur la valeur de ce couple suit une loi de forme sinusoïdale. En outre avec les moteurs, excités en série, employés de préférence pour la traction beaucoup en raison de cet avantage, le couple moteur au démarrage subit un grand accroissement. Les démarrages sont donc rapides avec le moteur électrique et si le freinage est rapide en même temps, les temps perdus aux arrêts sont sensiblement moindres qu'avec d'autres systèmes de traction.

APPLICATION DU MOTEUR ÉLECTRIQUE A LA TRACTION. — QUESTIONS A EXAMINER

Ayant indiqué, trop rapidement d'ailleurs et nous nous en excusons, les qualités spéciales du moteur électrique qui sont avantageuses pour la traction et surtout pour la traction dans les villes, il convient d'examiner comment on peut l'appliquer et d'indiquer les difficultés de cette application.

Nous plaçant au point de vue des transports dans les villes, nous rappellerons les trois formes de systèmes sous lesquelles peut se présenter la traction électrique pour transport en commun des voyageurs. Nous donnerons quelques renseignements succincts sur chacune de ces formes, en indiquant les questions à étudier et les difficultés principales qui restent à résoudre. Nous chercherons à résumer la question et à en déduire un programme des principales études qu'il serait intéressant de présenter au Congrès.

TROIS SORTES DE TRANSPORTS ÉLECTRIQUES URBAINS

Il est entendu que nous ne nous occupons que du transport des voyageurs, à l'exclusion de celui des marchandises, et même du transport en commun des voyageurs, c'est-à-dire des services publics.

Les transports peuvent se faire sur rails ou sur chaussées, de là deux grandes classes. Les transports sur rails se subdivisent eux-mêmes en deux catégories : les uns sur plate-forme spéciale, ce sont les chemins de fer métropolitains qui peuvent être exclusivement urbains ou en même temps urbains et suburbains ; les autres sur chaussées constituent les tramways.

Les transports sur chaussées ordinaires, sans le secours de rails, constituent l'industrie de l'automobilisme dont la France peut, à juste titre, revendiquer l'initiative et qui a fait de si rapides progrès.

CHAPITRE II

Les Chemins de fer métropolitains électriques.

Leur développement rapide. — Dans ces dernières années la traction électrique par chemins de fer a été appliquée avec grand succès pour le transport des voyageurs dans les villes. On a vu des installations nouvelles, répondant à des besoins considérables et encore en cours de développement, comme le Métropolitain de Paris. On voit même en ce moment les plus anciens métropolitains à vapeur, comme celui de Londres, en cours de transformation pour recevoir la traction électrique. A New-York, l'Elevated Railroad a déjà subi la même transformation, rendue nécessaire par la concurrence que les tramways électriques lui faisaient subir. De pareilles transformations nécessitent des dépenses considérables ; il est nécessaire d'admettre que les avantages de la traction électrique sont assez grands pour les justifier.

Troisième rail. — Comment se fait la traction dans ce cas ? Sans aucune difficulté, car il y a une plate-forme spéciale inaccessible au public. Il est donc facile d'y installer un conducteur, distribuant le courant tout le long de la ligne.

En raison des poids et des vitesses, on a de grandes intensités de courant ; on est donc obligé de donner une forte section à ce conducteur et pour cela on se sert simplement d'un rail en acier, de là le nom du système de traction avec *troisième rail.*

Placé sur le sol, ce rail est facile à poser ; mais il est accessible au personnel qui circule sur la voie et, bien qu'on le distingue généralement des autres en le peignant en rouge, il peut y avoir accident par suite de contact accidentel. Cette éventualité est particulièrement grave à envisager si, pour une raison quelconque, les voyageurs descendent sur la voie et si dans les tunnels en particulier il n'y a pas de banquettes latérales de circulation. C'est surtout dans les stations que le fait peut arriver et pour y remédier on a recours à divers dispositifs, par exemple on peut placer le troisième rail entre deux planchettes verticales le dépassant légèrement. L'expérience indiquera ce qu'il convient de faire à cet égard.

Dans le tramway souterrain de Budapest, le conducteur est fixé à la calotte du souterrain et la prise de courant aérienne est celle des tramways à fil aérien ; mais les courants y sont faibles.

Le Métropolitain de Paris possède le troisième rail sur le sol et a été à cet égard l'objet de certaines critiques. Sont-elles fondées ? Dans les installations futures, convient-il de modifier ?

La disposition à adopter pour le frotteur a donné lieu, sur certaines lignes, à quelques difficultés ; il doit être massif, en fonte et être articulé, de façon à éviter toute rupture, même aux fortes vitesses.

Nature et tension du courant. — Dans les installations actuellement existantes de chemins de fer à traction électrique, se trouve l'emploi du courant continu et du courant alternatif polyphasé. Ce dernier jusqu'à présent n'a guère été utilisé en dehors des chemins de fer de montagnes à fortes rampes et trafic modéré. La question de son emploi pour les chemins de fer ordinaires à grande vitesse et en particulier pour les chemins de fer métropolitains s'est déjà posée à diverses reprises et en particulier dans ces derniers temps (octobre 1901) à propos de la transformation du Métropolitain de Londres. La ligne intérieure (Inner circle) appartient à deux compagnies ; l'une, le Metropolitan Ry C°, proposait par raison d'économie, avec l'appui technique de la maison Ganz de Budapest, l'emploi du courant alternatif triphasé à 3.000 volts, utilisé directement dans les moteurs du train après avoir été recueilli sur des conducteurs aériens, les moteurs étant disposés en série avec emploi de basse fréquence, cette disposition devant particulièrement favoriser le démarrage. L'autre compagnie, le Metropolitan district Ry C°, tout en ayant recours au courant alternatif pour la production et la transmission de l'énergie, demandait à le convertir avant emploi du courant continu, conformément aux exemples des installations analogues déjà existantes. Le différend a été soumis au Board of Trade qui l'a tranché en faveur du courant continu, en invoquant uniquement la nécessité de recourir à un système déjà éprouvé pour ne pas s'exposer à des tâtonnements, pouvant être onéreux, qui feraient disparaître et au delà les prétendus avantages allégués en faveur du courant alternatif : les résultats peu satisfaisants obtenus jusqu'à ce jour sur la ligne Sondrio-Lecco semblent justifier cette prudence.

Sur la ligne d'expérience de Berlin-Zossen, on emploie aussi le courant continu, mais après transformation de l'alternatif sur les locomotives mêmes.

Il faut bien reconnaître que le courant continu a fait ses preuves et que son emploi à la traction des chemins de fer démontre d'excellentes qualités de souplesse et d'élasticité. Mais, surtout quand on songe à recourir aux grandes vitesses, on peut se demander si un moteur sans collecteur, comme le comporte le courant polyphasé, n'offre pas à cet égard des avantages très précieux. Actuellement la tension employée sur les chemins de fer électriques avec le courant continu varie de 500 à 750 volts. Les hautes tensions alternatives de 2.000 et 3.000 volts, sont, dit-on, plus dangereuses et, en cette matière, il est évidemment nécessaire de tenir compte des conditions de sécurité. On peut cependant se demander si le contact accidentel d'un être humain avec du courant continu à 750 volts n'est pas aussi dangereux qu'avec du courant alternatif à haute tension. Il a même été démontré par l'expérience qu'on peut rappeler à la vie des foudroyés par courant alternatif plus facilement que des foudroyés par courant continu. On sait qu'à cet égard le foudroiement produit des effets absolument analogues à ceux de l'asphyxie et qu'il convient de traiter les foudroyés comme les noyés en leur appliquant les diverses méthodes connues de respiration artificielle et en particulier la traction rythmée de la langue. Les accidents d'ailleurs sont très rares et le deviendront de plus en plus, grâce à l'expérience et aux progrès de la science. Dans ces conditions, doit-on se priver des avantages spéciaux d'un système, sous prétexte d'une aggravation de danger qui reste douteuse ?

Il appartient aux ingénieurs compétents de faire valoir les avantages et les inconvénients des deux systèmes et aux directeurs des installations existantes de rendre compte des résultats constatés à cet égard. Il semble que pour les trains ordinaires des grandes lignes l'électricité doit coûter sensiblement plus cher que la vapeur : son emploi doit-il être limité aux exploitations des gros centres genre tramways ?

Matériel roulant. — a) *Tracteur.* — Le moteur électrique tient peu de place; avec lui il n'y a pas de chaudière et d'approvisionnements d'eau et de combustible. Aussi peut-on facilement le placer sur une voiture à voyageurs. Le moteur se pose sur les essieux, qu'il les attaque directement sans l'intermédiaire d'engrenages (gearless), ou avec engrenages. Le reste des appareils se réduit au régulateur, à quelques appareils de contrôle et au compresseur pour les freins; le tout n'occupe que peu de place et peut se loger à l'avant ou à l'arrière de la voiture dans une cabine vitrée où se place le wattman. On est ainsi conduit à employer des voitures automobiles.

Avec ce système il y a deux solutions pour la composition du train ; ou bien n'employer que des voitures automobiles, c'est le système dit à unités multiples, ou bien y intercaler des voitures ordinaires, système dit mixte.

Dans tous les cas, la simplicité de commande des moteurs électriques permet d'utiliser tous les moteurs du train à la traction en ne les commandant que de l'avant par le même wattman. Il y a pour cela deux solutions : dans l'une on réunit tous les moteurs au régulateur au moyen de conducteurs ; dans l'autre chaque automobile porte son régulateur et au moyen de servo-moteurs de divers systèmes le wattman les commande tous à distance.

Les partisans d'emploi exclusif de voitures automobiles signalent les principaux avantages suivants pour ce système :

1° Facilité de modifier la composition des trains suivant les besoins du service, les voitures étant toutes semblables, en un mot grande souplesse des services.

2° Meilleure utilisation de l'adhérence et par suite vitesse plus grande pour un même poids mort.

3° En cas d'avarie du moteur sur une voiture, le service est toujours assuré.

Mais il semble qu'à côté de ces avantages il y a certains inconvénients, dont les principaux paraissent être les suivants :

Augmentation de dépense du matériel roulant, les voitures automobiles coûtant plus chères que les voitures ordinaires ;

Diminution du rendement moyen du train, car plusieurs moteurs de faible puissance consomment plus qu'un gros moteur ; en outre la multiplicité des engrenages absorbe un travail inutile et l'on s'en aperçoit dans les pentes, par exemple ;

Augmentation des chances d'avaries et des frais d'entretien ;

Complication du système.

Si on veut conclure en faveur d'un système ou de l'autre, d'après le choix qui a été fait dans les diverses installations existantes, il semble que le premier système a la préférence sur le second.

La première ligne métropolitaine électrique, celle du City and South London Ry, a été équipée avec des locomotives ; ce système permet l'emploi de gros moteurs qui ne pouvaient pas être logés sur les automobiles. Mais il semble démontré que le poids mort du système de traction est plus grand que dans l'autre et la préférence paraît rester aux voitures automobiles. Toutefois, dans le cas d'une exploitation où l'on reprend et remorque des trains ordinaires de grandes lignes, l'emploi de la locomotive semble s'imposer. Au contraire, dans les exploitations de métropolitains genre tramways, les automotrices paraissent avantageuses. Il est facile d'en mettre une à l'avant, l'autre à l'arrière, de façon à obtenir un train symétrique, ce qui simplifie l'exploitation aux terminus.

b) *Moteur* — Plus haut nous avons indiqué qu'on pourrait employer soit des moteurs à engrenages, soit des moteurs sans engrenages (gearless).

Les partisans des moteurs à engrenages font remarquer qu'ils sont plus légers, moins encombrants, moins coûteux et que leur rendement est aussi bon en vitesse normale, même y compris les engrenages. Les moteurs gearless sont plus difficiles à monter et démonter, et pour les suspendre d'une manière élastique il faut recourir à un arbre creux, ce qui complique le système. En outre ils sont difficilement applicables aux basses vitesses.

D'un autre côté les partisans des moteurs gearless accusent l'autre type d'être bruyant et plus coûteux d'entretien en raison des dents d'engrenage. En cas de rupture d'une dent, une voiture et avec elle le train peuvent être immobilisés, l'exploitation peut être arrêtée.

Les constructeurs de chaque type pourront répondre aux diverses objections en exposant les perfectionnements réalisés dans ces dernières années, notamment en ce qui concerne la connexion des engrenages et de l'essieu par un accouplement élastique.

c) *Dispositions des voitures*. — Les dispositions des voitures dépendent beaucoup du gabarit imposé au matériel. Avec la traction à vapeur, le gabarit est fixé par celui de la locomotive où l'on est toujours gêné pour y placer les divers organes, dès que la puissance est un peu grande. Avec la traction électrique, il n'en est pas de même, les moteurs électriques se placent sur les essieux des voitures. Dans ce cas le gabarit est plutôt fixé par des considérations étrangères à la traction proprement dite, par exemple par la question de dépenses de premier établissement, quand la ligne est en totalité ou en grande partie en souterrain.

Il y a deux manières générales de disposer les voitures, soit avec des compartiments séparés et banquettes transversales, comme sur les chemins de fer ordinaires et le Métropolitain à vapeur de Londres, le plus ancien de tous, soit avec un petit nombre d'ouvertures par voiture, deux par exemple, avec couloir intérieur longitudinal. Ce dernier système supprime un certain nombre de places assises par voitures; mais en réduisant le nombre des portes à fermer pour le départ, on réduit la durée de stationnement et on augmente par suite la vitesse commerciale. Ce dernier système semble préféré sur les métropolitains électriques qui ont avant tout pour objet d'offrir aux voyageurs une vitesse supérieure à celle de la traction à vapeur.

La disposition à adopter avec ce dernier système ne semble pas encore fixée d'une manière définitive : les nouvelles voitures du Métropolitain de Paris, quoique offrant le même nombre de places, assises et debout, sont différentes des anciennes, notamment au point de vue des dimensions des ouvertures. Pour la raison que nous venons de citer, il est important que ces ouvertures, tout en restant en petit nombre, soient aussi grandes que possible pour faciliter le passage des voyageurs. A Paris, avec la disposition des premières voitures, on comptait que pour chaque voiture la porte amont serait réservée à l'entrée des voyageurs et la porte aval à la sortie. Mais la pratique a démontré qu'il était difficile de faire exécuter cette consigne par le public, toujours pressé de monter, même avec une très grande surveillance du personnel des trains. Mieux vaut peut-être faire chaque ouverture assez grande pour qu'elle puisse servir sans gêne à la fois pour la montée et la descente.

A cet égard, les directeurs des exploitations existantes pourront fournir des renseignements intéressants.

Exploitation. — Cette question de la capacité des voitures est liée avec celle de l'exploitation et en particulier avec le nombre de places par trains et leur fréquence.

Il est bien connu qu'avec la traction électrique on a intérêt à multiplier les trains et à diminuer la capacité de chacun. Mais jusqu'à quelle limite de fréquence peut-on descendre ? En l'augmentant, on augmente les chances d'accident ; il est donc nécessaire d'examiner de très près cette question. Les signaux automatiques perfectionnés qu'on emploie aujourd'hui permettent d'aller plus loin qu'autrefois, dans le rapprochement des trains ; mais il y a évidemment une limite minimum : il serait intéressant que d'une part les directeurs d'exploitation, d'autre part les constructeurs de signaux fissent connaître leur opinion à cet égard. Avec la vapeur, autrefois sur l'*Elevated Ry*, de *New-York*, la fréquence des départs atteignait $1^m 1/4$; peut-on aller plus loin et prévoir, sans manquer aux règles imposées par la sécurité, des départs espacés de 30 secondes, comme l'indiquent certains Ingénieurs ?

Avec la traction électrique au moyen de voitures automobiles, en ayant soin d'en mettre, sans parler des intermédiaires, l'une en tête, l'autre en queue du train, on peut exploiter en navette ; le machiniste se déplaçant seul au terminus et la voiture de tête devenant la voiture de queue au retour. Il y a, il est vrai, une manœuvre de changement de voie à faire, mais elle est fort simple. Certaines exploitations préfèrent avoir des boucles au terminus, de sorte que la voiture de tête reste toujours en avant, même au retour. Ces boucles ne laissent pas que d'être fort coûteuses de premier établissement. Il arrive quelquefois que les deux intérêts, correspondant, l'un aux dépenses de premier établissement, l'autre à celles d'exploitation, ne sont pas les mêmes. Dans ce cas il est difficile de savoir si la solution adoptée, par exemple celle de la boucle, est la meilleure. Il serait utile d'avoir, sur cette question, l'avis d'ingénieurs compétents, envisageant avec une égale impartialité les deux intérêts en présence.

Chemins de fer suburbains. — L'augmentation de la vitesse commerciale et le confort offert aux voyageurs par la traction électrique, amènent les Compagnies à l'appliquer non seulement à l'intérieur des villes (métropolitains), mais aussi aux chemins de fer suburbains, desservant la banlieue des grandes villes.

La traction électrique offre, comme nous l'avons dit, une très grande souplesse et permet de multiplier les voitures et les trains rapidement et pour le temps que nécessitent les besoins du service. D'autre part les mœurs des grandes villes tendent à se rapprocher des mœurs de New-York et de Londres, où une grande partie de la population ne vient dans ces villes que pour ses affaires du matin au soir. On estime à New-York à un million le nombre des personnes arrivant ainsi certains jours en une heure ou deux et repartant le soir dans un laps de temps moindre. Les tramways funiculaires étaient très satisfaisants pour ce moment du service ; mais la traction électrique, tramways et chemins de fer offrent les mêmes avantages. Il est évident que dans ces conditions la traction électrique finira par s'imposer aux chemins de fer suburbains. Ceux qui sont à vapeur, avec départs même fréquents, de 10 minutes à certaines heures, s'ils sont concurrencés par des tramways électriques passant toutes les 2 minutes, ne pourront faire autrement que de se transformer.

On peut même dire que pour beaucoup, la transformation serait déjà un fait accompli, si ce n'était la dépense de premier établissement ; nous touchons ainsi le point de vue économique sur lequel il est intéressant de provoquer la discussion.

Dépenses de la traction électrique sur les chemins de fer. — Les résultats ne sont pas encore assez nombreux pour qu'une conclusion nette paraisse s'imposer dès aujourd'hui. Deux faits cependant semblent probables :

1º Coût élevé de l'installation électrique :

2º L'augmentation du trafic en raison de l'augmentation dans la fréquence des trains et dans le confort offert aux voyageurs.

En tenant compte des dépenses d'amortissement, quel est le résultat final ? Ce résultat permet-il de dire que la traction électrique sur les chemins de fer est économique et qu'elle permet de réduire le prix des places, sans danger pour l'exploitant et en lui assurant le bénéfice légitime qu'il est nécessaire de prévoir pour toute industrie, exposée toujours à des risques ?

Quel est dans cet ordre d'idées le tarif moyen qu'il est rationnel d'admettre sur les métropolitains des grandes villes ? En général, le prix est de 20 centimes par voyageur. Peut-on abaisser ce prix ? Sur le Métropolitain de Paris, le prix des places est de 25 centimes en 1re classe, 15 centimes en seconde, avec le matin, jusqu'à 9 heures, distribution pour cette classe de billets d'aller et retour à 20 centimes. Le prix moyen de la place pour 1901 ressort en nombre rond à 15 centimes et comme l'exploitant verse à titre de péage pour l'amortissement du capital infrastructure 5 centimes (1) à la ville de Paris, le prix moyen par voyageur, restant à la Compagnie, ressort à 9 centimes 97 ; ce prix semble bas.

Les progrès de construction des dynamos ont été très importants depuis quelques années et l'industrie construit aujourd'hui des unités d'une très grande puissance, ce qui réduit très sensiblement le prix de production du kilowattheure à l'usine. A Boston par exemple, pour le métropolitain aérien de cette ville, les unités sont de 4.000 chevaux. Mais il ne faut pas oublier qu'avec l'emploi généralement usité du courant continu, il y a des transformations multiples entre les bornes des génératrices et la jante des roues des voitures, de sorte que le rendement moyen est égal à environ 50 0/0 ; le prix du kilowattheure dépensé aux jantes est ainsi le double du prix de revient à l'usine.

En outre la dépense d'énergie n'est pas la seule à considérer. Le matériel roulant est soumis, en raison des démarrages et arrêts fréquents, à un service relativement pénible et les frais d'entretien sont loin d'être négligeables.

Ces conditions font que la traction électrique risque de ne pas être aussi économique qu'on aurait pu l'espérer.

Quel est le résultat final ? et quels sont les prix les plus avantageux que les métropolitains et chemins de fer suburbains peuvent offrir au public ? L'Association espère que les directeurs des exploitations existantes feront connaître leurs avis à cet égard, appuyés sur leur compétence et leur expérience de façon à éclairer dans l'avenir les administrations concédantes aussi bien que le public, tous deux aussi intéressés que les exploitants à la mise en lumière de la vérité.

CHAPITRE III

Les Tramways Électriques dans les Villes.

Énumération des systèmes de traction. — Les divers systèmes de traction électrique pour les tramways sont actuellement les suivants, en les rangeant approximativement par ordre d'importance :

1° Le fil aérien appelé vulgairement trôlet.

2° Le caniveau souterrain.

3° Les accumulateurs.

4° Les contacts superficiels.

Nous allons examiner rapidement si chacun de ces systèmes constitue une solution satisfaisante à tous points de vue de la traction dans les villes.

(1) Le chiffre exact ressort à 0 fr. 0497 pour 1901.

Fil aérien. — Le fil aérien a été longtemps la seule solution des tramways électriques ; c'est par imitation du système qu'avec le troisième rail la traction électrique a été appliquée aux chemins de fer. Le fil, de 8 millimètres de diamètre en général, sert avec le concours des feeders d'alimentation à amener le courant de l'usine jusqu'aux moteurs placés sur la voiture. Le courant revient par les rails convenablement éclissés avec l'adjonction de feeders de retour, de manière à abaisser au-dessous d'une certaine valeur la différence de potentiel entre un point quelconque du réseau, constituant le retour du courant, et le pôle négatif des génératrices où il aboutit à l'usine.

La prise de courant se fait par deux moyens principaux, soit une roulette (trolley en anglais du mot trolly, petit wagonnet, ou en français trôlet, du verbe trôler), soit un cadre transversal au fil, appelé archet.

Dans les premiers tramways, la roulette (ou avant elle la navette) était exclusivement employée, et la perche au bout de laquelle elle était placée ne pouvait se mouvoir que dans un plan vertical passant par le fil. Ce dernier devait être ainsi placé dans l'axe de la voie, ce qui rendait les fils très apparents. Dans les courbes, les croisements de ligne à voie unique, dans les aiguillages, cette visibilité des fils, avec la multiplicité des poteaux, se faisait encore plus vivement sentir, et en Amérique, par exemple, à l'origine, on a vu des carrefours avec changements et croisements de voie où les fils formaient une véritable toile d'araignée.

L'archet remplaçant le trôlet et constitué par un cadre transversal d'environ 1m,10 de largeur utile, a réalisé un progrès sérieux en diminuant le nombre des poteaux dans les courbes et les longueurs des bras de suspension des fils, grâce au jeu que donne la largeur de l'archet : mais on lui reproche à lui-même son propre aspect, plus lourd que le trôlet.

Dans ces dernières années, on a réussi à donner à la perche du trôlet la facilité de se déplacer latéralement en pivotant sur sa base, l'axe du galet reste d'ailleurs normal au fil aérien par suite du pivotement du galet autour d'un axe vertical. Aussi les fils ne sont plus placés dans l'axe des voies, mais bien sur le côté. On arrive, de cette façon, à les placer, non plus au-dessus de la chaussée, mais bien au-dessus du bord des trottoirs ; en outre, le même bras porte les deux fils, ce qui diminue le nombre des poteaux et simplifie beaucoup en l'améliorant l'aspect des fils aériens. Dans les voies plantées, on parvient de cette façon à dissimuler les fils dans les arbres et, dans ce cas, la critique du trôlet est vraiment exagérée, même pour les esprits les moins portés vers la science de l'ingénieur.

Bien d'autres progrès ont aussi été réalisés depuis l'origine, notamment au point de vue du retour du courant, qui, tout d'abord, se faisait simplement par les rails, tels qu'ils étaient posés, et la terre, disait-on. On a vite constaté que la résistance d'un pareil retour n'était pas négligeable et qu'elle se traduisait non seulement par une augmentation de dépense d'énergie, mais aussi par de graves détériorations des diverses conduites métalliques enfouies dans le sol et servant de conducteurs de retour pour les courants vagabonds. Le pôle négatif étant relié au retour, les courants vagabonds percent les conduites métalliques à l'endroit où elles les quittent, qui est négatif par rapport à l'endroit où le courant est entré. A ce pôle négatif se portent l'oxygène, le chlore, etc., de l'eau et des diverses solutions salines qu'on peut rencontrer dans le sol.

A l'origine, on a eu à déplorer de très graves accidents, percements de conduites d'eau, de gaz, de téléphone, etc., qui ont contribué à jeter un certain discrédit sur l'emploi du fil aérien dans les villes. Mais l'expérience, assistée de la science, a indiqué rapidement les remèdes. On a éclissé les rails électriquement, on les a pourvus de feeders de retour et on s'est imposé pour règle que, sur le réseau de retour, la différence de potentiel entre deux points quelconques reste toujours au-dessous d'une certaine limite. Si l'on s'en rapportait à la théorie, cette limite serait déterminée par la valeur de la force contre-électromotrice dans l'électrolyse ; elle serait bien faible et la réalisation pratique bien difficile. Mais il faut tenir heureusement compte que les conditions de la pratique pour cette électrolyse ne sont pas celles du laboratoire, et l'expérience a démontré qu'en adoptant cinq volts pour cette valeur-limite, on n'avait guère d'accidents à craindre.

En Amérique, d'autres objections ont été faites contre le trolley, qui a été appelé : *deadly* (mortel). Certaines villes ont, par avance, décidé la suppression du trolley à effectuer dans un délai déterminé. Les accidents mortels ont été dus surtout à la vitesse excessive des voitures ; en somme, l'excès de qualité du système est devenu un défaut. Avec les tramways funiculaires qui existaient auparavant presque partout et qui ont été remplacés par les tramways élec-triques, la vitesse était limitée et constante, celle du câble. Avec le fil aérien, on a eu plus de souplesse et plus de vitesse. A l'origine, les machinistes en ont peut-être abusé ; de là les récriminations et la réaction contre le système, qui pourtant a rendu aux populations d'immenses services, grâce à l'augmentation de vitesse, même dans les rampes, de fréquence dans les départs et à l'abais-sement du prix des places.

Il y a eu aussi quelques accidents dus à la rupture des fils, mais avec une bonne surveillance et certaines précautions, notamment contre le givre et le verglas, on peut réduire beaucoup les chances d'accidents.

Malgré les perfectionnements réalisés, malgré le succès incontestable de son fonctionnement, le fil aérien n'est pas autorisé dans les grandes villes. La nécessité, comme nous le verrons plus loin, oblige à le tolérer, mais avec des restrictions telles que les exploitants ont toujours une épée de Damoclès suspen-due au-dessus de leur tête.

Les ingénieurs, pénétrés des avantages techniques de la solution, acceptent volontiers son emploi dans les grandes voies et on connaît de bons esprits aux-quels ne répugnerait pas l'installation du fil aérien sur les grands boulevards à Paris. Mais les municipalités, timides devant les électeurs, dont elles s'exagèrent souvent les répugnances, n'ont pas le courage de dire que rien n'est parfait en ce monde et qu'en tout il faut peser les avantages et les inconvé-nients.

Il appartiendra aux intéressés de rappeler une fois de plus les diverses solu-tions pour réduire les inconvénients au minimum.

Caniveau souterrain. — Les objections faites contre le fil aérien ont amené la création d'autres systèmes de traction électrique que nous allons examiner succinctement.

Le système du caniveau souterrain a répondu complètement aux deux objec-tions : de l'aspect des fils et des dangers électrolytiques dus au retour. Les fils sont placés dans un tuyau souterrain en béton, dit caniveau, et ils sont au nombre de deux, l'un pour l'aller, l'autre pour le retour du courant. Les rails ne sont plus utilisés pour cet usage.

Le système semble donc parfait, et on peut se demander pourquoi le développement en est limité, et pourquoi les inventeurs continuent leurs recherches.

La grosse objection, faite au caniveau souterrain, est son prix trop élevé de premier établissement : surtout dans les grandes villes, avec les voies placées sur béton et pavées en bois, ce prix atteint des valeurs très élevées.

On objecte aussi au système l'imperfection des aiguillages ; il est nécessaire d'entrer ici dans quelques explications.

Il y a eu deux systèmes pour le caniveau ; dans l'un, il est dit latéral et est placé sous une file de rails ; dans l'autre, il est central, et est placé dans l'axe de la voie. Dans le premier cas, les aiguilles sont en porte à faux assez grand et, dans les grandes villes où circulent de lourdes charges, on peut craindre leur rupture. Avec le caniveau central, les aiguilles pour la voie sont identiques aux aiguilles ordinaires et pour le caniveau proprement dit, il n'y a pas de difficultés sérieuses. Mais la présence d'une troisième file de rails dans l'axe de la voie n'est guère satisfaisante pour la circulation publique, aussi le caniveau central ne semble pas pouvoir être recommandé. On lui préfère généralement le caniveau latéral. Certains exploitants, tout en adoptant ce dernier, conservent le caniveau central pour les aiguilles, en raison de ses avantages particuliers, malgré l'aspect peu satisfaisant qui en résulte pour les chaussées.

La présence de deux conducteurs entraîne habituellement, dans un réseau mixte, possédant à la fois le fil aérien et le caniveau, l'installation et le fonctionnement de deux dynamos différentes pour l'alimentation du réseau ; en effet, avec le fil aérien, le pôle négatif de la dynamo est à la terre ; avec le caniveau, les deux pôles sont généralement isolés.

Enfin on a objecté au système, sans que d'ailleurs la pratique paraisse justifier l'objection, la difficulté de nettoyer le caniveau : il semble qu'avec un bon profil, ménageant des pentes convenables jusqu'aux égouts et avec une distribution d'eau suffisante, on puisse facilement assurer le nettoiement de l'installation.

Accumulateurs. — L'interdiction du fil aérien et le coût élevé du caniveau souterrain ont naturellement conduit à employer les accumulateurs électriques. Avec eux on a tous les avantages des moteurs électriques, il est vrai, mais aussi on perd tout le bénéfice de la légèreté de la voiture. On n'a pas comme avec la vapeur une petite usine sur la voiture, mais on a un accumulateur chimique avec tous ses inconvénients.

Les accumulateurs électriques sont employés de deux manières différentes, à charge lente ou rapide.

Dans les accumulateurs à charge lente, on décharge l'accumulateur d'une façon normale de 2,1 volts par élément à 1,80. Dans l'autre cas, on décharge très peu l'accumulateur, afin de pouvoir le recharger plus vite. On conçoit que la durée de charge, suivant le poids d'accumulateurs employés, peut varier depuis la durée correspondant à la charge normale jusqu'à un chiffre très faible, soit de une heure et demie à quelques minutes. Avec la charge lente, si la batterie est sur la voiture, celle-ci est immobilisée pendant la charge, d'où une augmentation de dépense de matériel roulant. En outre, il faut pour cette charge que la voiture rentre au dépôt, ce qui suppose ou un cas particulier et exceptionnel pour la position du terminus ou un haut le pied qui peut être long et coûteux.

Avec la charge rapide, on est conduit à avoir des poids de batteries considérables, atteignant jusqu'à 4.000 kilogrammes par voiture de 50 places. Ce poids est naturellement fonction de la longueur du trajet. En outre, on ne saurait, à moins de recourir à des poids vraiment déraisonnables, descendre avec la longueur ordinaire des lignes au-dessous de 15′ de charge. On est ainsi amené à avoir beaucoup de voitures en stationnement, ce qui encombre la voie publique.

En outre de ces inconvénients, qui sont d'autant plus sérieux que les parcours sont plus longs, les profils de lignes plus difficiles et la fréquence des départs plus grande, il y en a un autre inhérent aux accumulateurs mêmes. Ces appareils emmagasinent l'électricité par suite d'une action chimique et on ne possède pas d'instrument analogue au niveau d'eau qui sert à indiquer et à suivre les conditions de remplissage d'un réservoir. Or il est nécessaire que la charge de l'accumulateur soit complète, sinon il se détériorerait, et au bout de peu de temps n'emmagasinerait plus l'électricité. Or, dès que la charge est complète, si on la continue, l'électrolyte est décomposée et il en résulte des dégagements de gaz, qui peuvent offrir deux sortes d'inconvénients. Le premier, le plus habituel, et très difficilement évitable, consiste dans le dégagement de vapeurs acides qui incommodent les voyageurs et détériorent les objets. Le second, plus rare heureusement, mais qui peut se produire surtout à fin de charge et pendant qu'elle dure encore, c'est la recombinaison de l'hydrogène et de l'oxygène naissants, provenant de la décomposition de l'eau de l'électrolyte. Cette combinaison peut se produire sous l'influence d'un corps enflammé quelconque ou d'une étincelle électrique, même microscopique, comme celles que l'on constate soit à la fin de toute charge sur les électrodes quand le niveau de l'électrolyte vient à baisser, soit par suite des dérivations entre bacs, sous l'influence de l'atmosphère chaude et humide qui enveloppe les accumulateurs.

Peut-on remédier à ces inconvénients et les prévenir ?

Oui, dans une certaine mesure; non d'une manière absolue.

La première mesure à prendre consiste à ne pas mettre la batterie dans la caisse de la voiture, de façon à éloigner, d'une part, des voyageurs, les différents gaz et, d'autre part, à pouvoir largement ventiler la batterie à la fin de la charge. On dispose maintenant dans ce but les accumulateurs en dehors de la voiture en les suspendant au châssis du truck, en dehors de la caisse. Ils sont ainsi complètement à l'air et l'amélioration réalisée est importante. Malgré cela, au moins au terminus de charge et au moins pour les premiers temps du parcours, on ne supprime pas complètement les odeurs, fort désagréables pour les voyageurs.

On a été conduit pour réduire encore les inconvénients à placer la batterie dans un fourgon spécial attelé à la voiture à voyageurs. On perd ainsi le bénéfice qu'offre la voiture automobile avec son moindre encombrement de la voie publique par rapport à la traction animée. En outre l'aspect de ce fourgon n'est guère satisfaisant et on peut se demander si sous ce rapport il est préférable au fil aérien.

Dans certains cas particuliers, la traction par accumulateurs peut ne pas offrir ces inconvénients ; c'est quand le terminus de la ligne est très voisin du dépôt. Dans ce cas on a intérêt à y faire rentrer les voitures à chaque tour et à disposer au dépôt une installation fixe, permettant d'effectuer mécaniquement et rapidement l'enlèvement de la batterie épuisée et son remplacement par une batterie chargée.

Cette opération exige un matériel spécial, mais il n'y a aucune difficulté.

On peut alors charger lentement la batterie en une heure et demie par exemple, ce qui offre les avantages suivants :

1° Poids moindre donné aux batteries ;

2° Facilité d'entretien et de surveillance ;

3° Suppression des odeurs, des chances de court-circuit, etc.

Mais, dans tous les cas, même dans celui qui précède et qui constitue la meilleure solution pour l'emploi des accumulateurs électriques à la traction, applicable seulement à titre exceptionnel, il est vrai, ce système de traction offre pour l'exploitant un très grave inconvénient qu'on ne peut passer sous silence, c'est le coût absolument excessif des frais d'entretien.

Dans son état actuel, l'accumulateur électrique ne semble pouvoir être qu'une solution exceptionnelle de la traction électrique.

Systèmes à contacts superficiels. — On conçoit que les inventeurs aient cherché et cherchent encore une solution de la traction électrique pour les villes où l'emploi du fil aérien est interdit : c'est ce qui a conduit à recourir aux contacts superficiels, système à l'ingéniosité duquel il faut rendre hommage.

On en connaît le principe : sous la voiture est disposé un long frotteur qui vient prendre le courant sur des pavés métalliques ou plots, placés à la surface du sol. Par des dispositions toutes ingénieuses, mais plus ou moins compliquées, ces plots ne reçoivent le courant de l'usine génératrice qu'au moment où le frotteur passe sur eux et le courant doit le quitter dès que le frotteur les a dépassés.

Les deux systèmes de ce genre qui paraissent avoir reçu la plus grande application pratique offrent des dispositions complètement différentes.

Dans le premier, le plus ancien et qui cependant a été appliqué à Paris à la ligne la plus récente de ce système, les plots successifs sont groupés par séries et dans chaque groupe à chaque plot le courant n'arrive que successivement par l'intermédiaire d'un distributeur automatique, recevant le courant de l'usine et le distribuant au moyen d'un véritable commutateur tournant. Cet appareil comprend un certain nombre de touches à chacune desquelles correspond un plot : un contact tournant, animé d'un mouvement synchrone de celui des voitures, distribue le courant successivement aux touches, par suite aux plots.

Dans le second système, chaque plot est indépendant des autres et le courant vient de l'usine de la façon suivante : chaque plot renferme à l'intérieur un tube rempli de mercure en connexion permanente avec l'usine. Dans ce tube, est placé un clou en fer flottant librement sur le mercure. Les frotteurs longitudinaux, placés sous la voiture, sont armés d'électro-aimants que traverse normalement le courant. Ces aimants, en passant au-dessus du plot, attirent le clou qui, sans cesser de plonger dans le mercure, vient en contact avec le plot dans sa partie supérieure : le courant arrive ainsi au plot, aux frotteurs et de là au moteur.

Pour le départ du dépôt, alors que la voiture n'a pas encore reçu le courant et avant que les électro-aimants n'aient par suite été mis en état de fonctionnement, une petite batterie d'accumulateurs placés sur la voiture leur fournit le courant.

Avant d'examiner les avantages et les inconvénients respectifs des deux systèmes, on peut se demander si le système des contacts superficiels est le système futur de la traction électrique dans les villes.

Ses adversaires lui adressent les reproches suivants :

1° Malgré son ingéniosité, malgré les dispositifs de sûreté, malgré une surveillance très grande apportée dans l'entretien, on ne peut empêcher certains plots ou certains distributeurs de mal fonctionner et en particulier de conserver le courant après le passage de la voiture. Les chevaux des voitures ordinaires sont foudroyés en posant le pied sur les plots chargés. Dans une ville à très faible circulation, les accidents peuvent être très rares et tolérables ; dans une ville de grande circulation, il ne saurait en être de même.

2° En raison du rapprochement relativement grand des rails (pôle négatif) et des plots (pôle positif), les pertes de courant sont assez grandes et la consommation d'énergie par tonne kilomètre est très supérieure à celle qu'on obtient avec le fil ou le caniveau.

On estime à 500 ohms l'isolement moyen des plots, de sorte que par plot électrisé la perte serait d'un ampère environ.

Il faut d'ailleurs, à cet égard, faire une distinction entre les deux systèmes indiqués ci-dessus.

Dans le cas de l'emploi de distributeurs, le nombre des plots reliés au feeder est égal à celui des voitures ; la perte par les plots est alors proportionnelle au nombre des voitures sur la ligne, c'est-à-dire au trafic.

Au contraire, dans le cas des plots indépendants, chacun est relié au feeder ; la perte est alors proportionnelle au nombre de plots, c'est-à-dire à la longueur de la ligne, quel que soit le trafic.

3° Détériorations des plots au point de vue électrique sous l'influence des lourdes charges.

4° Les frais d'entretien de pavage sont onéreux en raison de la présence des plots, quoique ces frais aient été réduits par la disposition qui a permis de remplacer la partie usée des plots sans toucher à la chaussée.

Les partisans du système répondent qu'avec de bons dispositifs de sûreté et un entretien sérieux on peut prévenir les accidents ; que la consommation du courant n'est pas très supérieure à celle des autres systèmes et qu'avec une disposition judicieuse des plots et du pavage, on peut, pour l'entretien de ce dernier, ne pas dépasser des frais raisonnables.

Ils font remarquer que ce système, comme ceux du fil et du caniveau, offre les avantages de la traction électrique directe, sans rendement intermédiaire, comme les accumulateurs, et sans encourir les reproches qu'on adresse au fil aérien (aspect disgracieux des fils) et au caniveau (coût excessif de premier établissement).

En 1900 et 1901, le système des contacts superficiels a reçu à Paris de très importantes applications, et cela sous les deux formes que nous avons indiquées plus haut. Il convient de constater que le système à plots indépendants ne paraît satisfaire, au moins dans son état actuel, ni le public, ni l'exploitant même, puisque ce dernier a demandé à la municipalité l'autorisation de supprimer les plots et de les remplacer par le fil aérien.

On peut espérer que les intéressés fourniront tous renseignements utiles sur les inconvénients constatés, qu'une noble émulation surgira entre les systèmes et que de la discussion résulteront des progrès au bénéfice du public et des exploitants.

Capacité des voitures et fréquence des départs. — Avec la traction électrique on a le plus grand intérêt à avoir des départs aussi fréquents que possible. Sur un réseau de faible importance, si les départs sont espacés et si chaque voiture est grande, par suite lourde, la courbe de production de l'énergie offre beaucoup d'irrégularités. Au moment des démarrages, l'intensité de courant est considérable ; une fois la voiture lancée, ce débit s'abaisse considérablement. On conçoit que dans ces conditions, avec de petites voitures, mais en plus grand nombre, la courbe de production d'énergie modifie son allure. Sur un très grand réseau, les variations sont très peu sensibles et le régime est à peu près constant, et par suite beaucoup plus favorable au point de vue de l'économie et de la régularité de marche.

D'un autre côté, l'augmentation dans la fréquence des départs est très bien accueillie du public, et il en résulte nécessairement une augmentation de trafic.

Ces conditions sont un peu inverses de celles qu'on trouve dans l'emploi des systèmes à accumulateurs, électriques ou à air comprimé ; c'est encore là un avantage pour la traction électrique.

Mais ces avantages ont été un peu exagérés dans la pratique et dans certaines exploitations les départs ont été trop multipliés par rapport au trafic, il en est résulté une gêne financière d'exploitation et une réaction inverse.

Il y a donc certaines limites minimum et maximum qu'il convient de ne pas dépasser. Il serait intéressant d'avoir à cet égard le sentiment des directeurs d'exploitations.

Tout d'abord sur les lignes à très grand trafic, jusqu'à quelle limite convient-il de multiplier les départs ?

La valeur à adopter dépend de la circulation des voitures ordinaires. Dans les villes où, comme en Amérique, il y a peu de camionnage, peu d'omnibus et de fiacres, sinon pas du tout, il semble qu'on puisse sans inconvénients pousser très loin la fréquence, par exemple une demi-minute. Mais dans les grandes villes, comme Paris, par exemple, où la circulation ordinaire est intense, on ne saurait aller aussi loin sous peine de risquer d'apporter une véritable gêne à la circulation. En effet, avec les impediments inévitables des grandes villes, cette circulation est irrégulière et l'espacement des voitures n'est jamais régulier ; le délai d'une demi-minute risque d'être souvent raccourci. Aux carrefours, où la circulation doit se faire par éclusées, alternativement dans les deux sens, et où le stationnement en attente dure quelquefois deux minutes, on verra se former de véritables trains de voitures qui constitueront de véritables barrages pour la circulation.

En dehors des carrefours, aux bureaux de station, l'inconvénient se produira régulièrement.

Enfin il faut considérer que si le réseau est constitué par des lignes qui, sur quelques points, empruntent les mêmes rails, la fréquence en ces points sera la résultante des fréquences des lignes. Si sur les lignes les voitures passent toutes les n, n', n'' minutes, en ces points les voitures se succéderont toutes les

$$\frac{1}{\frac{1}{n} + \frac{1}{n'} + \frac{1}{n''} + ...} \text{ minute.}$$

Si, par exemple, il y a 4 lignes à intervalle de demi-minute, sur une file commune de rails, les voitures passeront tous les $\frac{1}{8}$ de minute, c'est-à-dire presque toutes les sept secondes. Mais il y a deux voies, de sorte qu'en réalité, l'obstacle à la circulation se répétera presque toutes les trois ou quatre secondes : en d'autres termes on cause un véritable barrage permanent, quoique constitué par des voitures sans cesse renouvelées.

Quand dans une ville, la circulation publique dans une voie exige une semblable fréquence de voitures de tramways, on peut dire d'une manière générale que le tramway, même avec cette fréquence, même avec de grandes voitures à 80 places, comme celles que l'on voit circuler à Paris depuis ces dernières années, ne constitue pas la bonne solution du problème : dans ce cas le métropolitain électrique est tout indiqué.

Il y a donc une limite minimum d'intervalle entre les départs. Il y a-t-il un maximum? Certainement, il dépend de la vitesse du tramway et de son prix. Il faut que le voyageur n'ait pas avantage à aller à pied. Pour cela il faut tout d'abord qu'il soit certain de partir par la première voiture ; il faut qu'il ait toujours de la place. Quand l'exploitant voit ses voitures pleines, il a toute facilité, avec la traction électrique, de mettre d'autres voitures en service.

Plus faible sera la contenance des voitures, plus grande sera la fréquence à admettre pour desservir la ligne. Mais, pour la contenance des voitures, on ne saurait descendre au-dessous d'une certaine valeur, car le poids des voitures ne dépend pas seulement du nombre des voyageurs, mais en raison de la solidité du truck et de la puissance des moteurs, on ne saurait descendre au-dessous d'un minimum. En outre, la dépense du personnel de la voiture est indépendante du nombre des voyageurs. Dans ces conditions on ne descend guère au-dessous de trente ou trente-deux places par voiture et, sur certaines lignes, les départs n'ont lieu que tous les quarts d'heure. Convient-il d'abaisser cette limite et, pour cela, de réduire au besoin la capacité des voitures?

Aux constructeurs et exploitants de tramways d'examiner la question et de faire connaître s'il y a des perfectionnements à apporter aux errements actuels.

CHAPITRE IV

Électromobilisme.

Trois formes. — L'application de l'électricité aux voitures automobiles a été faite jusqu'à ce jour sous trois formes différentes.

La première de ces formes, la plus répandue, est la voiture automobile, à accumulateurs, dite aussi accumobile.

Certaines voitures à pétrole portent des accumulateurs électriques, avec dynamo pour faire le chargement; ce sont les voitures pétroléo-électriques : mais dans ces voitures les accumulateurs servent surtout de volant.

Enfin la troisième forme, absolument différente des deux autres, comporte l'emploi d'une prise de courant en contact avec un fil aérien, comme dans les tramways de ce système.

Dans les trois cas, la voiture électrique est la même : nous en dirons quelques mots, puis nous indiquerons succinctement l'état de la question pour les deux autres types d'électromobiles.

Voiture électrique. — On peut dire, sans crainte d'exagération, que la voiture électrique est dès aujourd'hui excellente; peut-être pourrait-on dire parfaite, si ce terme était admissible quand il s'agit d'industrie où il faut toujours chercher le progrès. Grâce aux qualités particulières des moteurs électriques, la conduite de ces voitures est extrêmement facile; grâce à leur simplicité de construction mécanique, leur marche est sûre et souple. Les types en sont nombreux et

31

variés. Le même problème a été résolu de façons diverses et presque toujours heureuses grâce à l'ingéniosité des constructeurs.

En ce qui concerne la voiture, les principales questions sur lesquelles l'attention du Congrès pourrait être appelée sont relatives à la position de l'essieu moteur, à la transmission et au nombre des moteurs. En outre, en dehors de ces questions de mécanique qui, au point de vue technique sont extrêmement importantes, l'étude des dispositions de la carrosserie est intéressante. On a longtemps cru que les voitures sans chevaux devaient avoir des formes esthétiques particulières : on semble revenir de ces idées et comprendre que la forme doit résulter de sa destination et du confortable à offrir aux personnes.

L'essieu-avant peut être moteur et directeur : avec un seul moteur, comme dans une voiture Jeantaud avec direction par essieu brisé, ou dans les voitures Doré avec avant-train mobile ; ou avec deux moteurs couplés en série, un sur chaque roue, comme dans les voitures Krieger.

L'essieu-arrière est le plus souvent l'essieu moteur, soit avec une seule dynamo comme dans les voitures ordinaires Jeantaud et les voitures de la Compagnie des électromobiles, soit avec deux dynamos montées en série, une pour chacune des roues-arrière comme dans le type Jenatzy.

Dans le tricycle Vedovelli à roue-avant libre autour d'un axe vertical, les deux roues-arrière sont actionnées chacune par un moteur séparé.

Quand on emploie deux moteurs en série, on éprouve souvent certaines difficultés pour assurer l'égalité de vitesse. Aussi certains constructeurs emploientils deux induits différents dans un seul système inducteur.

Les transmissions employées sont, le plus généralement, celles à engrenages comme pour les tramways, à simple ou double réduction avec pignons en cuir. Mais pour les automobiles on emploie aussi la chaîne ; il est inutile de parler de la courroie dont l'emploi peu rationnel, d'ailleurs, a été très rare. Les partisans de la chaîne lui attribuent un fonctionnement silencieux et une grande douceur, qualités appréciables pour le confort des personnes. Ces qualités sont, en effet, réalisées avec certaines dispositions adoptées pour les chaînes de transmission, dans ces dernières années.

Une des qualités caractéristiques des automobiles est leur souplesse au point de vue des variations de vitesse et de facilité de freinage. Ces qualités sont particulièrement sensibles dans les électromobiles où on peut les obtenir non seulement avec les moyens mécaniques ordinairement employés pour les autres automobiles, mais aussi en utilisant les propriétés des moteurs et accumulateurs électriques.

Dans cet ordre d'idées, il est inutile d'insister sur les propriétés particulières des démarrages et freinages électriques. Mais au point de vue de la vitesse, il convient de signaler spécialement la facilité d'excitation que procurent les moteurs à enroulements d'induits inégaux, employés par certains constructeurs.

Avec une batterie d'accumulateurs, il est relativement facile d'obtenir une variation de la différence de potentiel en mettant en circuit un nombre variable d'éléments. Ce système est simple pour faire varier la vitesse de la voiture. Mais il offre de graves inconvénients pour la batterie dont les éléments se déchargent inégalement et qu'il est impossible de remettre dans le même état au moyen de charges inégales.

Quand on dispose de deux moteurs, la souplesse est encore plus grande avec les combinaisons diverses que l'on peut faire des couplages des moteurs, comme il est d'usage pour les chemins de fer et tramways électriques.

Accumulateurs. — Si la voiture électrique est presque parfaite au point de vue mécanique, il n'en est pas de même en ce qui concerne les accumulateurs. Notre conclusion sur ce point est aussi pessimiste que pour les tramways. Si l'automobile électrique n'est pas plus employé, surtout pour les services publics, il faut en accuser l'accumulateur, qui jusqu'à ce jour a causé bien des déboires en raison de son coût excessif d'entretien.

Il faut espérer que les efforts des inventeurs seront un jour récompensés et qu'on verra enfin cet accumulateur à grande puissance spécifique, dont on parle si souvent et qu'on ne voit jamais. Depuis quelques mois en Amérique, le nom d'un grand savant a été prononcé parmi ceux de tous les chercheurs infatigables qui luttent contre les difficultés du problème : il faut attendre et espérer.

Parmi les types d'accumulateurs employés sur les électromobiles, celui à formation hétérogène et à oxydes rapportés est assez en faveur, en raison de son poids relativement moindre. Mais sa durée est faible et il semble que la tendance actuelle est de ne conserver ce type que pour les plaques négatives. Pour les positives, on semble recourir de préférence au type Planté, qui, malgré les inconvénients de son poids, offre certains avantages pour la rapidité de charge et de décharge.

Les principales questions relatives aux accumulateurs, dont l'étude serait intéressante pour le Congrès, concernent l'emplacement à leur attribuer sur l'électromobile, les capacités spécifiques sur lesquelles on peut industriellement compter à la fin de leur service et surtout le montant de leurs frais d'entretien.

Dans les électromobiles de luxe, on cherche à loger les accumulateurs en les dissimulant le plus possible et en sacrifiant, pour cela, la facilité de surveillance et, par suite, d'entretien. Dans des voitures destinées à un service public, on ne saurait opérer de même. Il est absolument indispensable que les accumulateurs puissent être examinés avec la plus grande facilité, à tout instant, sans qu'il y ait aucune manœuvre à faire. La disposition déjà employée, qui consiste à placer la caisse d'accumulateurs sous la voiture, est bien supérieure à celle qu'on emploie habituellement dans les voitures de luxe ; elle semble cependant encore insuffisante, car elle ne permet que très difficilement et incomplètement la surveillance des accumulateurs en dehors du poste de charge-ment. A cet égard, l'autre disposition, qui consiste à placer les accumulateurs complètement à l'avant de la voiture avec toute liberté pour y accéder et les manutentionner, semble bien préférable.

La valeur de la capacité spécifique doit s'entendre de la capacité, rapportée au poids non seulement des électrodes, mais de la batterie complète placée dans sa caisse et prête à fonctionner. Il y a là des poids accessoires qui ne sont pas négligeables et qu'on ne peut supprimer, au moins actuellement. Cette capacité dépend aussi des courbes de charge et décharge de la batterie. La charge employée jusqu'à présent est la charge lente. La décharge dépend du régime auquel doit satisfaire la batterie. En employant un poids relativement faible d'électrode, on pourra augmenter la capacité spécifique, mais ce sera aux dépens des frais d'entretien.

La question de la capacité est, en effet, liée intimement avec celle des frais d'entretien : c'est là le point faible des accumulateurs électriques. Il serait bien désirable pour le Congrès de faire connaître le résultat des divers essais industriels faits jusqu'à ce jour et d'indiquer le détail des dépenses d'entretien, notamment la durée des plaques positives et négatives.

Pneumatiques. — Comme les accumulateurs, les pneumatiques constituent un point faible des voitures électromobiles et des automobiles en général. Leur durée est insuffisante et le coût d'exploitation est de ce chef très augmenté. La question reste ouverte aux recherches des inventeurs qui ont là aussi des services importants à rendre à l'industrie automobile.

Voitures pétroléo-électriques. — Les constructeurs de voitures électriques, jusque dans ces derniers temps, se sont surtout préoccupé d'obtenir, sans rechargement des accumulateurs, des parcours considérables. Pour le service des fiacres dans une grande ville comme Paris, la longueur de parcours à réaliser est de 60 kilomètres ; en fait, elle n'a pu être, en 1900, au moins, que de 40 kilomètres environ. Pour les voitures de luxe, on cherche à obtenir des parcours de 100 kilomètres ; c'est une erreur, comme nous l'avons indiqué. On aggrave les frais d'entretien au lieu de les réduire et on s'éloigne de la véritable solution.

Guidés par la même idée, certains constructeurs ont pensé à associer le pétrole et l'électricité pour les automobiles, de là la création des voitures pétroléo-électriques. Elles sont essentiellement constituées par un moteur à pétrole d'assez faible puissance, 3 à 4 chevaux, qui actionne une dynamo pour le chargement des accumulateurs. En plaine ou en descente légère, le moteur sert en même temps à la translation de la voiture et à la charge des accumulateurs. Si une rampe se présente, le moteur ralentit naturellement, la différence de potentiel aux bornes de la dynamo s'abaisse et, quand elle devient inférieure à celle de la batterie, cette dernière se décharge dans la dynamo qui devient ainsi automatiquement réceptrice et concourt avec le moteur à pétrole à la propulsion de la voiture. Pour le démarrage de la voiture, on recourt au moteur électrique, bien supérieur sous ce rapport au moteur à pétrole ; la marche arrière s'obtient de la même façon avec la plus grande facilité.

Le moteur à pétrole travaille presque constamment à pleine charge et la batterie d'accumulateurs ne travaille qu'à titre d'appoint et de volant ; elle ne se décharge jamais complétement et son rôle est analogue à celui des batteries tampon. On espère qu'avec ce régime l'entretien ne sera pas excessif : à cet égard, l'expérience peut seule se prononcer.

Automobiles électriques à prise de courant. — La simplicité de fonctionnement des tramways à fil aérien a tenté les constructeurs, qui ont construit des omnibus pourvus d'un archet de prise de courant comme les tramways, en même temps que d'une batterie d'accumulateurs. Ce système offre tous les inconvénients de ces derniers.

Avec l'archet la batterie est indispensable pour le cas où l'archet a perdu le fil et par suite le courant. On peut bien employer le trolley avec conducteur souple remorqué par la voiture même, quand il s'agit de faibles vitesses, 3 à 4 kilomètres, comme par exemple dans le halage électrique des canaux, mais, pour des transports de voyageurs à grande vitesse, 12 à 16 kilomètres par heure, les à-coups sont considérables et le système du trolley n'a encore reçu qu'une seule application dans le système Schiemann. Une autre solution consiste à donner à la prise de courant un mouvement propre, et concordant avec celui de la voiture. Ce problème a été résolu d'une façon ingénieuse par l'emploi de courant polyphase et d'un moteur à champ tournant, par M. Lombard-Gérin ; mais le système nécessite la présence en l'air d'au moins deux fils, on peut craindre des objections contre l'emploi de ce système dans les villes. Aussi, malgré tout l'intérêt qu'il présente pour le transport à rase campagne, dans les pays pourvus de distribution d'énergie électrique avec fils aériens, nous nous bornerons à le signaler, heureux de provoquer, s'il y a lieu, des observations à coup sûr intéressantes, sur son application possible dans les villes.

CHAPITRE V

Résumé.

L'application de la traction électrique est avantageuse dans les villes, à plusieurs points de vue, dont les principaux sont :

1º L'absence de fumée et d'odeurs, toutes réserves étant faites à ce point de vue en ce qui concerne les accumulateurs électriques;

2º La souplesse et l'élasticité du système qui permet de répondre rapidement à une augmentation des besoins de circulation, l'usine étant toujours prête ainsi que les voitures;

3º La facilité de conduite et d'entretien du matériel;

4º La rapidité particulière des démarrages, qualité précieuse quand les arrêts sont fréquents, comme c'est le cas pour les villes;

5º La grande vitesse commerciale qu'il est facile de donner aux voyageurs par une grande vitesse effective et des arrêts dont la durée est réduite au minimum, grâce à la rapidité des démarrages.

Cette application se réalise sous trois formes principales, savoir :

1º Les métropolitains et chemins de fer suburbains;

2º Les tramways à la surface des chaussées;

3º Les automobiles électriques.

Les métropolitains et chemins de fer suburbains électriques ont eu, dans ces dernières années, un très grand développement et reçoivent du public un accueil très favorable. Ils sont réservés pour les voies à très grande circulation où la marche des tramways est gênée par celle des autres voitures, ce qui empêche leur plein rendement, tout en apportant une entrave à la circulation générale, sans donner satisfaction complète.

Les chemins de fer suburbains à vapeur ont tendance à transformer leur mode de traction afin d'augmenter leur vitesse commerciale et de lutter contre la concurrence qui leur est faite par les tramways de surface.

L'application de la traction électrique aux chemins de fer se fait très simplement au moyen d'un troisième rail isolé placé parallèlement aux autres et servant de distributeur de courant. Dans certaines installations de métropolitains exclusivement souterrains, on a préféré mettre le conducteur en dehors de la portée du personnel et pour cela le fixer au plafond de la voûte. Quelle est la meilleure disposition?

Le courant continu semble avoir la préférence jusqu'à ce jour avec une tension de 500 à 750 volts. Cependant pour les réseaux un peu importants on est conduit à recourir à l'emploi du courant polyphasé à haute tension. Les partisans de ce dernier courant proposent de l'employer directement à haute tension, sans passer par le courant continu, en faisant valoir les avantages des moteurs à champ tournant sans collecteurs. Ils font remarquer qu'avec le courant continu la tension est limitée en raison de la difficulté de construire des régulateurs pour les faire résister aux étincelles de rupture de courant. Les partisans du courant continu invoquent l'expérience et les heureux résultats constatés.

La question reste ouverte à la discussion.

Il y a trois manières d'employer le moteur électrique, soit sous forme de locomotives, soit sous forme de voitures automobiles. Dans ce dernier système il y a deux variantes : la solution qui consiste à avoir exclusivement des voitures automobiles, c'est le système à unités multiples ; l'autre solution consiste à intercaler entre ces voitures des voitures ordinaires.

Chaque système a ses partisans et ses adversaires.

L'emploi des locomotives électriques pour les services métropolitains ne paraît pas devoir être préféré aux voitures automobiles.

Qu'on emploie un système ou un autre, il y a deux types de moteurs : dans l'un, on attaque directement l'essieu sans engrenage ; dans l'autre, le moteur fonctionne à une vitesse plus grande et on la réduit à l'aide d'engrenages. Les deux systèmes sont appliqués.

Les moteurs attaquent les essieux ; ils ne sont pas très encombrants et pour les compléter et assurer le fonctionnement des trains, il suffit de quelques appareils peu encombrants eux-mêmes, le régulateur, la pompe de compression d'air pour le frein, des appareils de mesure, etc. L'encombrement est bien moindre que pour la traction à vapeur : c'est ce qui explique l'emploi de voitures automobiles. On ménage à l'avant de la voiture, ainsi qu'à l'arrière, s'il est utile de rendre la voiture symétrique, une cabine vitrée pour le machiniste, où sont réunis tous les appareils. Les moteurs et régulateurs des autres voitures automobiles du train sont commandés par le régulateur unique de la tête du train, soit au moyen de servo-moteurs, soit au moyen d'autres commandes ; de cette façon le seul machiniste du train commande l'ensemble des moteurs. Il n'y a pas besoin de deux hommes, la seule précaution à prendre, c'est de mettre la cabine vitrée en relation avec le chef de train qui peut surveiller le machiniste et au besoin venir l'aider.

Pour les voitures, la tendance paraît être à abandonner la disposition habituellement adoptée avec la vapeur où les compartiments sont transversaux avec porte pour chaque compartiment. On semble préférer le compartiment unique par voiture, avec couloir longitudinal et un petit nombre de portes. Certaines exploitations cherchent à spécialiser chaque porte et à habituer les voyageurs à sortir par l'une et à entrer par l'autre. On peut se demander s'il ne convient pas d'augmenter les dimensions des portes pour servir simultanément aux deux usages.

La capacité des voitures et la fréquence des trains dépendent du trafic à desservir ; mais celui-ci est toujours supposé intense, car sinon l'installation du métropolitain ne serait pas justifiée. Toutefois la sécurité de l'exploitation impose une limite inférieure à la fréquence des trains, quelles que soient les dispositions efficaces que peuvent assurer les signaux automatiques.

On a préconisé la traction électrique sur les chemins de fer en invoquant la raison d'économie. Il existe des métropolitains où le prix net des places pour l'exploitant est très faible. Pour arriver à ce résultat, souvent les municipalités font elles-mêmes les dépenses de premier établissement, mais elles imposent parfois des conditions assez onéreuses au concessionnaire, notamment au point de vue du personnel. Les intérêts du premier établissement et de l'exploitation sont ainsi quelquefois divisés et, par cela même l'intérêt unique n'existant pas; il peut être difficile de connaître exactement le résultat économique de la création des métropolitains; en tenant compte des dépenses à la fois d'exploitation et de premier établissement.

Il n'en est pas de même dans le cas de transformation de lignes, de chemins de fer suburbains à vapeur aux frais d'une même Compagnie, chargée de la transformation et de l'exploitation. Il est désirable de mettre en lumière tous renseignements utiles à cet égard, afin de permettre la comparaison des avantages et des charges que le public et les compagnies peuvent retirer de la transformation.

Il semble à priori que les dépenses de transformation sont relativement importantes, mais qu'on peut espérer en obtenir une certaine augmentation de trafic. : toute la question est de savoir si cette augmentation peut être suffisante pour assurer l'amortissement de l'installation, d'autant plus, qu'en cette matière, en raison des progrès incessants de l'industrie électrique, il est prudent de prévoir un amortissement assez rapide, 10 0/0 ne paraît pas trop élevé.

Après les chemins de fer, les tramways constituent l'application la plus intéressante de la traction électrique dans les villes. C'est avec eux qu'elle a débuté et qu'elle s'est perfectionnée avec un développement considérable.

Il y a quatre systèmes de tramways électriques : trois dans lesquels les moteurs de la voiture, comme dans les chemins de fer avec le troisième rail, sont en connexion permanente avec l'usine; dans le quatrième, la voiture porte avec elle des accumulateurs.

Cette dernière solution, dans l'état actuel de l'accumulateur électrique, est très imparfaite aussi bien pour le public que pour l'exploitant. Le public est gêné par l'odeur des gaz dégagés et l'exploitation, malgré des frais excessifs d'entretien, est compromise. l'hiver avec les gelées et la neige. Le service est ainsi irrégulier et le public est le premier à en souffrir. Partout où ce système a été établi, même au prix de sacrifices considérables, on le voit disparaître. Bruxelles en 1881 en a été le premier exemple, après une ruineuse expérience. Dans ces dernières années, Berlin a fourni un exemple non moins fameux : il y a eu dans cette ville jusqu'à trois cents voitures à accumulateurs en service; aujourd'hui, leur nombre est extrêmement réduit. Les exploitants ont obtenu directement de l'État, malgré les efforts contraires de la municipalité, l'autorisation de développer l'emploi du fil aérien, sauf dans certaines voies où, devant le refus de l'Administration, on installe le caniveau souterrain. A Paris, ce n'est un secret pour personne que malgré la diversité des systèmes d'accumulateurs, malgré les sacrifices des exploitants, malgré beaucoup d'ingénieux efforts, les lignes à accumulateurs ne donnent lieu qu'à un service irrégulier et les exploitants semblent tous d'accord pour en demander la suppression.

Reste à savoir comment on peut les remplacer, quand on ne se résout pas à laisser appliquer le fil aérien.

Des trois autres systèmes électriques, en dehors des accumulateurs, le fil aérien est en effet le plus simple et on peut dire que son fonctionnement est très satisfaisant. Les accidents électrolytiques, que l'on a constaté au début par suite de défaut d'installation, ne semblent pas devoir être sérieusement redoutés aujourd'hui, pourvu qu'on applique avec soin les précautions que l'expérience a indiquées. Mais l'emploi du fil aérien soulève contre lui, en raison de son aspect, les critiques du public qui ne juge que d'après ce qu'il voit et auquel on ne saurait demander de connaître les difficultés que soulève l'emploi des autres systèmes. On a vu aussi à l'origine la chute des fils causer des accidents aux personnes et surtout aux chevaux qui sont facilement foudroyés en raison de leurs fers qui servent de collecteurs de courant. Avec une bonne surveillance, il semble qu'on puisse prévenir ces accidents; mais le peut-on d'une façon absolue? D'autre part est-il possible d'espérer obtenir des administrations une autorisation définitive pour l'installation du fil aérien? C'est bien douteux ; on est obligé de compter aujourd'hui avec l'opinion publique qui a été habituée à voir obtenir avec la fée électricité des résultats merveilleux et qui ne pourra pas admettre qu'elle sera toujours incapable de débarrasser un jour ou l'autre la voie publique des fils et des poteaux, condamnés au nom d'une prétendue esthétique. Dans ces conditions, les exploitants ne pourront obtenir que des autorisations provisoires et on peut tout redouter d'une situation aussi précaire.

Le fil aérien ne constitue donc pas la solution de la traction électrique dans les villes ou parties de ville à grande circulation

On a essayé de le remplacer par le caniveau souterrain, mais son prix est presque prohibitif et on ne peut prévoir son établissement qu'à la condition que le trafic soit intense et l'amortissement suffisamment long.

Quant aux systèmes à contacts superficiels, ils n'ont encore été autorisés qu'à titre provisoire et on ne saurait, en l'état actuel, les considérer comme la solution de la traction électrique dans les villes.

Dans ces conditions que reste-t-il? Rien ou à peu près ; des solutions pour chaque espèce, mais pas de solution générale du tramway électrique dans les villes. A cet égard, les conclusions sont absolument différentes de celles que l'on peut émettre pour les métropolitains électriques qui, grâce à leur plate-forme spéciale, ont tous les avantages du fil aérien sans en avoir les inconvénients.

Certains ingénieurs font encore au caniveau et aux contacts superficiels une autre objection que nous ne pouvons passer sous silence. Ces systèmes engagent la voie publique. Ce point a besoin d'explication. Dans les grandes villes, les canalisations souterraines sont extrêmement nombreuses, égouts avec les conduites d'eau, conduites de gaz, d'électricité, etc. Si la largeur des trottoirs n'est pas suffisante, les égouts ne peuvent y être placés, et dans ce cas ils sont sous la chaussée, c'est-à-dire sous la voie des tramways. C'est encore le cas quand l'égout est de peu d'importance et qu'il est unique pour la rue, ce qui est moins coûteux que deux égouts, un de chaque côté. On peut, il est vrai, dans ce cas, dans l'intérêt de l'exploitation du tramway, dédoubler l'égout unique, mais c'est une augmentation des dépenses de premier établissement à la charge du caniveau électrique. Bref, il y a bien des cas où il est à peu près inévitable qu'à un moment donné il n'y ait pas de travaux publics à exécuter à l'emplacement des voies à caniveau et dans ce cas, aux termes des cahiers des charges, les exploitants sont tenus de faire à leurs frais les déviations nécessaires. A ce point de vue, le caniveau souterrain et les contacts superficiels offrent évidemment certains inconvénients.

A cela l'on peut répondre qu'avec ces systèmes, il est nécessaire, au moment du premier établissement, d'enlever les diverses conduites qui pourraient être sous les voies : c'est une dépense qu'il est indispensable de prévoir et qu'on récupérera largement plus tard dans l'exploitation. Si les lieux sont tels qu'il est impossible d'obtenir ce résultat, on peut se demander si ce système de traction doit vraiment être appliqué. Si la longueur de la ligne ainsi superposée à des égouts n'a qu'une faible longueur, on peut passer outre et se résoudre à faire, en cours d'exploitation, quand il sera nécessaire, une déviation exploitable avec double fil aérien, si le reste du réseau est à · caniveau. En un mot, l'objection contre ces systèmes n'est pas ' absolue, cependant il convient de l'envisager au moment de leur application.

Malgré ces objections faites aux systèmes électriques en dehors du fil aérien, ne peut-on les employer dans les grandes villes ? Certainement oui, mais d'une façon spéciale, suivant les espèces : plus loin nous essayerons d'en donner un exemple.

En dehors des chemins de fer et des tramways, on a vu que la traction électrique dans les villes s'est aussi manifestée ces dernières années sous la forme de l'électromobilisme, la voiture automobile sur route. Il semble que seule la voiture à accumulateurs est convenable pour ce service, cette voiture a été désignée sous le néologisme d'accumobile. Une expérience intéressante a été faite à Paris par une puissante Société, pour faire avec ces voitures un service public et cela à un moment bien favorable, celui de l'Exposition de 1900. Malgré les sacrifices consentis, elle a dû renoncer à poursuivre l'expérience et à réaliser le programme qu'elle s'était proposé. D'autres essais se poursuivent à l'étranger; il est intéressant d'en suivre les résultats.

Sans que l'on puisse se prononcer d'une manière certaine sur ce système de traction qui n'en est encore qu'à ses débuts, il semble que l'on peut dès aujourd'hui formuler les conclusions suivantes :

1º La voiture proprement dite est satisfaisante au point de vue de la construction électrique et mécanique, sauf en ce qui concerne les pneumatiques.

2º En l'état actuel de l'industrie électrique, on ne peut pas compter avec les accumulateurs faire un service public, semblable à celui des fiacres ou des omnibus. Il est nécessaire de se contenter, entre les charges successives, d'un petit parcours, très inférieur au chiffre de 60 kilomètres que l'on s'était proposé de réaliser à l'origine du système.

On doit recommander exclusivement les types de voitures où la batterie facilement accessible peut s'enlever et se remettre très rapidement.

CHAPITRE VI ·

Répartition rationnelle des divers modes de Transports électriques dans les grandes villes.

Pour terminer, il peut être utile, afin de fixer les idées, d'indiquer dans quelles conditions la traction électrique semble pouvoir être appliquée dans une grande ville. Il convient de ne demander à chaque système que ce qu'il peut donner, mais il est nécessaire aussi que les autorités compétentes ne se croient pas absolument obligées de suivre scrupuleusement les sentiments de l'opinion publique, toujours un peu indécise quand il s'agit de choses nouvelles, mais qui s'y habitue vite et se modifie même quand l'expérience lui a démontré que ses craintes étaient mal fondées.

Tout d'abord dans les voies à grande circulation le métropolitain s'impose. Il est nécessaire que le réseau soit homogène par lui-même, que toutes les parties se correspondent et qu'en aucun point il ne se fasse concurrence à lui-même.

On peut même se demander s'il ne convient pas de superposer à ce réseau homogène, le service des chemins de fer suburbains, prolongés à l'intérieur des villes et de réunir ainsi, non pas seulement la petite, mais la grande banlieue au centre de la ville, et cela sans transbordement de voyageurs. Il est vrai que le voyageur est une marchandise qui se transborde seule avec facilité ; mais il ne faut pas oublier que ce transbordement est une perte de temps, peut-être dix minutes au total, et que cette durée correspond à une diminution du rayon d'action du métropolitain. Dix minutes équivalent à un parcours de 3 à 4 kilomètres sur le suburbain. Quels que soient les obstacles et difficultés qui se présenteront, en raison des situations existantes, tant au point de vue des mœurs de l'état administratif, politique, etc., on peut prévoir le moment où les grandes villes deviendront surtout des centres d'affaires, très animés de 8 heures du matin à 8 heures du soir, mais la nuit la plupart des habitants en seront absents et répartis tout autour dans la campagne où le besoin d'air, d'espace et de repos les pousseront naturellement. Ces mœurs ont commencé depuis longtemps déjà en Amérique et en Angleterre : il semble rationnel de les prévoir, même pour les pays latins, en raison des modifications apportées à l'industrie et au commerce par la rapidité des transports et des communications, qui suppriment de plus en plus le travail isolé pour y substituer les efforts de collectivité.

Si pour des raisons particulières, cette superposition ne peut se faire, on peut raccorder le métropolitain avec les voies de tramways de la petite banlieue ou au moins aménager les gares terminus de façon que le transbordement du métropolitain au tramway ou au suburbain se fasse quai à quai, très rapidement. Tout gain de temps est un accroissement de la zone d'influence du métropolitain.

Ce réseau de chemins de fer constitue ainsi un premier réseau à larges mailles, qu'on peut appeler *réseau du métropolitain*.

Entre les mailles de ce second réseau, on peut prévoir dans les voies à moyenne circulation un réseau de tramways. Quel devra-t-il être ? Il semble qu'on doive le décomposer en deux ; en effet dans la ville la circulation ne peut être uniforme. Dans la périphérie, l'activité est nécessairement moindre que dans les quartiers du centre. Il semble donc rationnel de prévoir pour les tramways deux services différents.

En outre, dans le centre, les largeurs des chaussées sont généralement moindres que dans la périphérie, par suite les difficultés techniques d'établissement des voies sont plus grandes et dans des rues bien achalandées la durée des travaux constitue une perte sérieuse pour le commerce. Il est donc rationnel d'adopter pour ces rues un système de traction dont l'établissement ne donne pas lieu à des travaux de trop longue durée.

Dans ces conditions, si pour la périphérie la traction électrique semble pouvoir s'appliquer rationnellement, il n'en est pas de même pour le centre, dans l'état actuel des choses.

Quant à la périphérie, quel est le système électrique qui doit être recommandé ? Nous n'hésitons pas à répondre : Le fil aérien, dans l'intérêt du public aussi bien que des exploitants. Toutefois il semble nécessaire de débarrasser toutes les traversées de rues et tous les carrefours de la présence des fils. C'est ici que les autres solutions électriques peuvent avantageusement intervenir, mais à une condition, c'est que le système soit tel qu'on puisse passer sans arrêt et même en pleine vitesse du fil à l'autre système et réciproquement.

Dans ces conditions, étant donnée l'expérience faite, il semble qu'on doive recourir au caniveau pour toutes ces parties spéciales. Le passage d'un système à l'autre est facile ; il fonctionne à Berlin d'une façon satisfaisante depuis 1896.

Il doit être entendu que le fil aérien établi dans ces conditions coûteuses, mais très satisfaisante, doit être l'objet d'une autorisation définitive des pouvoirs publics, de façon à laisser aux concessionnaires toute tranquillité au point de vue de l'avenir : les qualités du premier établissement et par suite la régularité et la sûreté de l'exploitation ne pourront qu'y gagner.

Au cas où les pouvoirs publics ne croiraient pas pouvoir accorder l'autorisation du fil aérien dans ces conditions, nous estimons qu'il vaut mieux exiger partout l'emploi du caniveau souterrain, sous réserve des délais nécessaires pour l'amortissement, ce qui conduit à donner de longues concessions ; on engage ainsi l'avenir à longue échéance et, en cette matière d'industrie électrique où tout se transforme si vite, on peut plus tard le regretter.

On constituera ainsi un second réseau intercalé dans les mailles du premier et le traversant, qu'on appellera *réseau de tramways.*

D'ailleurs, l'importance de ce réseau de tramways dépend de celle du réseau du métropolitain. Si ce dernier est très développé, le réseau de tramways peut être très diminué, sinon même supprimé.

Il doit être entendu que, comme pour le métropolitain lui-même, ce réseau doit être combiné de manière à ne pas concurrencer ce dernier, mais au contraire à le desservir ; il doit passer par ses stations et non à côté. L'estimation de la concurrence peut se faire mathématiquement, en tenant compte des vitesses commerciales des deux systèmes. On peut admettre approximativement qu'un métropolitain offre au voyageur une vitesse commerciale double de celle d'un tramway, même électrique, en raison des impedimenta de la surface. Dans ces conditions, le voyageur peut faire en métropolitain un parcours double de celui du tramway et mettre le même temps. Cette considération a son importance ; elle réduit évidemment le rôle et le nombre des tramways, mais elle réduit en même temps le capital consacré aux transports publics et cela finalement au profit du public qui les paye, soit comme établissement, soit comme dépense d'exploitation.

Ayant ainsi constitué les deux réseaux métropolitains et tramways, ce qui aura serré les mailles du premier réseau, le problème des transports serait-il résolu ? Nous ne le pensons pas. L'installation des métropolitains débarrasse beaucoup la surface de la voie publique, à la condition qu'on fasse disparaître les lignes des tramways ou d'omnibus qui leur sont superposées et qui ne font qu'embarrasser la circulation et ruiner leurs exploitants. Il doit en être de même des tramways. Mais pour desservir l'extérieur des mailles restantes qui peuvent avoir environ 3 kilomètres pour une grande ville d'environ 12 kilomètres de diamètre, il faut recourir à un autre mode de transport n'engageant pas la voie publique par la pose des rails et pouvant mieux s'accommoder au passage des rues d'importance moindre que les tramways.

Pour cela il y a les omnibus à chevaux et les fiacres. Ce dernier mode de transport est coûteux et il semble qu'il doive se transformer dans l'avenir et se dédoubler : d'une part pour se fondre en partie avec les transports en commun, métropolitain, tramways et omnibus, et d'autre part, pour être réservé à la partie riche de la population avec de meilleures conditions de confortable. Les fiacres proprement dits, comme ils existent actuellement, sont évidemment appelés à être réduits en nombre. Il est certaines villes de provinces où la traction électrique les a à peu près fait disparaître. En dehors des fiacres proprement dits et en petit nombre, on aura les omnibus et les voitures dites de cercle ou les voitures au mois. Nous laisserons cette dernière catégorie de côté pour ne nous occuper que des omnibus.

Avec les deux réseaux de métropolitain et de tramways établis comme précédemment, doit-on conserver les omnibus comme ils existent dans certaines grandes villes, où le nombre de places atteint trente et même quarante ? La réponse, à notre avis, est négative. Il faut considérer ces services d'omnibus comme des services rabatteurs tant pour les tramways que pour le métropolitain. Il est nécessaire qu'ils soient fréquents et pour cela que les voitures soient légères et n'offrent qu'un petit nombre de places, une dizaine, par exemple, sans impériale, naturellement, et avec une seule classe, en raison de la faible durée du trajet à effectuer. Pour que le service soit possible pour l'exploitant, il est nécessaire, comme cela existe dans d'autres villes de l'étranger, pour de semblables petits omnibus, qu'un seul agent cumule les fonctions de cocher avec celles de receveur. Il est facile d'installer une fermeture mécanique permettant d'assurer cette condition et de faire payer en montant.

Cette condition, ainsi que celles de la fréquence des arrêts et des démarrages, de la nécessité d'avoir une direction très souple pour passer dans toutes les rues, etc., fait donner la préférence à la traction électrique par rapport à celle par chevaux. A part la question accumulateurs, qui n'est pas résolue, comme nous l'avons indiqué, la voiture électrique répond dès aujourd'hui au problème. Elle est d'une conduite très facile et sa souplesse est remarquable. Mais reste l'accumulateur.

Quoi qu'il en soit, dans l'état actuel de la question et sans qu'on puisse se prononcer à cet égard d'une façon définitive, il semble que le problème devrait recevoir une solution différente de celle qui a été essayée à Paris dans ces dernières années. Au lieu d'avoir des batteries lourdes auxquelles on demande de faire le service de toute une journée, au lieu de ne faire le rechargement qu'une fois par jour dans un dépôt éloigné du centre des opérations, il paraît préférable d'avoir dans la ville un grand nombre de petites stations de rechargement, chacune d'ailleurs pour une seule voiture à la fois, les voitures, le soir, pouvant, à vide, faire un plus long parcours et gagner des dépôts dans les quartiers excentriques. A chaque tour, c'est-à-dire après un aller et un retour, la voiture entrerait dans le poste ; là, mécaniquement, on lui remplacerait sa batterie ; l'opération peut se faire très rapidement, en cinq minutes, au maximum, si l'agencement est bien installé. La durée de l'autre stationnement peut être réduite à une minute, de sorte que la durée totale serait de six minutes pour une durée de parcours de vingt à vingt-cinq minutes environ ; cette durée n'est pas excessive et correspond au temps nécessaire au repos du personnel entre les tours. Les accumulateurs seraient ainsi soumis à une charge lente et leur entretien serait facilité par cette surveillance incessante toutes les demi-heures ; mais il ne faut pas se dissimuler que la valeur pratique de cette conception repose entièrement sur l'accumulateur et ses frais d'entretien : l'avenir seul peut renseigner à cet égard.

CHAPITRE VII

Conclusions.

Nous formulerons comme il suit les conclusions de ce qui précède :

I. — AU POINT DE VUE GÉNÉRAL.

1º Le moteur électrique offre des avantages particuliers pour la traction mécanique dans les villes, en raison de sa souplesse, de son élasticité, ainsi que de sa facilité de conduite, de démarrage et d'entretien.

2· L'application de la traction électrique est relativement simple, pourvu que le moteur soit en connexion permanente avec l'usine génératrice : on obtient ainsi une grande légèreté dans le matériel.

Dans cet ordre d'idées, les systèmes qui, au point de vue de la sûreté, régularité et simplicité de l'exploitation, paraissent les meilleurs sont :

Pour les chemins de fer, le système dit du troisième rail.

Pour les tramways, le système dit du fil aérien.

4º Quoique le système dit du trolley automoteur procède du même principe, son emploi dans les villes semble ne pouvoir être qu'exceptionnel.

5º Les systèmes à accumulateurs électriques, dans leur état actuel, sont lourds ; en outre, ils offrent de graves inconvénients pour le public au point de vue de l'odeur, et les difficultés de leur entretien rendent l'exploitation irrégulière et coûteuse.

Leur application ne paraît pouvoir être envisagée que dans des cas exceptionnels, ceux où l'on peut remplacer les batteries après des parcours relativement faibles et les charger lentement dans de bonnes conditions de surveillance.

6º La traction électrique peut être appliquée dans les villes à trois modes de locomotion, savoir :

Les métropolitains et les chemins de fer suburbains,

Les tramways,

Les voitures automobiles à accumulateurs, dites accumobiles.

II. — AU POINT DE VUE DES CHEMINS DE FER.

7º L'application de la traction électrique aux métropolitains et aux chemins de fer suburbains offre au point de vue technique des avantages incontestables et de réelles facilités. Au point de vue financier, quand il s'agit de transformation, d'installations existantes non amorties, la solution reste plus incertaine.

8º Les principaux points à étudier dans la question des chemins de fer électriques dans les villes, qui semblent mériter l'attention du Congrès sont les suivants :

A. — Au point de vue technique :

      a) Description des divers métropolitains urbains et comparaison des divers systèmes.

b) Nature et tension du courant électrique à employer.

c) Dispositions spéciales à employer pour le matériel roulant.

d) Capacité des voitures et des trains. — Fréquence des trains.

B. — Au point de vue économique :

a) Dépenses de premier-établissement.

b) Dépenses d'exploitation.

c) Développement de la circulation et son influence sur les dépenses d'amortissement de l'installation.

III. — AU POINT DE VUE DES TRAMWAYS.

9° L'application de la traction électrique aux tramways dans les villes offre des difficultés, soit au point de vue de l'esthétique avec le fil aérien, soit au point de vue des dépenses de premier établissement et des sujétions qu'il entraîne pour la voie publique avec le caniveau souterrain, soit en ce qui concerne les systèmes à contacts superficiels pour ces raisons et d'autres, comme par exemple l'irrégularité de fonctionnement.

10° Dans l'état actuel de l'industrie, au moins en ce qui concerne les quartiers en dehors de ceux du centre, le système qui paraît préférable pour les villes est un système mixte constitué par le fil aérien avec caniveau pour les traversées des rues, carrefours, etc. Les dispositions techniques doivent être prises pour assurer en vitesse le passage d'un système à l'autre.

11° Les principaux points à étudier dans la question des tramways électriques dans les villes et qui semblent mériter l'attention du Congrès sont les suivants :

A. — Au point de vue technique :

a) Disposition des aiguillages dans le système à caniveau souterrain.

b) Traction mixte avec fil aérien et caniveau ; disposition pour passer en vitesse d'un système à l'autre.

c) État actuel des systèmes à contacts superficiels à tous points de vue, notamment en ce qui concerne le bon fonctionnement des plots, la sécurité publique et les pertes de courant.

d) Progrès faits dans ces dernières années dans l'application des accumulateurs électriques à la traction des tramways.

B. — Au point de vue économique :

a) Frais de premier-établissement et d'exploitation du caniveau souterrain ; durée nécessaire pour l'amortissement des dépenses suivant diverses valeurs du coefficient d'exploitation.

b) Frais d'entretien des lignes à contacts superficiels.

c) Frais d'entretien des accumulateurs pour traction des tramways.

IV. — AU POINT DE VUE DE L'AUTOMOBILISME.

12° L'application de la traction électrique dans les villes aux voitures automobiles est possible avec les accumulateurs ; mais l'entretien de ces derniers est très coûteux dans leur état actuel.

13° Les principaux points à étudier dans la question de l'automobilisme électrique et qui semblent mériter l'attention du Congrès sont les suivants :

A. — Au point de vue technique :

    a) Derniers progrès réalisés dans la construction des voitures automobiles électriques, notamment au point de vue des châssis, de la direction et du mécanisme moteur.

    b) Derniers progrès réalisés dans la construction des accumulateurs électriques pour voitures automobiles.

    c) Derniers progrès réalisés dans la fabrication et l'entretien des bandages pneumatiques.

B. — Au point de vue économique :

    a) L'application des voitures automobiles électriques, dans l'état actuel des accumulateurs, paraît-elle possible pour un service public ?

        En cas d'affirmative, exposer les conditions dans lesquelles il convient de se placer.

    b) Dépenses de premier établissement et frais d'exploitation.

PREMIÈRE SÉANCE GÉNÉRALE

— 8 août. —

PRÉSIDENCE DE M. J. CARPENTIER

Président de l'Association.

Le Président, en ouvrant la séance, rappelle d'une manière générale, la question qui est mise à l'ordre du jour et donne successivement la parole aux personnes qui s'étaient inscrites pour présenter des communications.

M. René KŒCHLIN, à Paris.

Application de la traction électrique par Trolley automoteur, pour des services d'omnibus urbains et suburbains. — Dans son remarquable rapport sur l'application de l'électricité aux services de transport, M. Monmerqué a fait ressortir les principaux avantages que présente ce mode de traction :

Absence de fumée ou d'odeurs.

Souplesse et élasticité du système qui permet de répondre rapidement à une augmentation des besoins de circulalation, l'usine étant toujours prête, ainsi que les voitures.

Facilité de conduite et d'entretien du matériel.

Rapidité des démarrages grâce à l'élasticité des moteurs qui permettent de proportionner l'effort au travail à fournir et de franchir de fortes rampes sans grand ralentissement; par suite, *grande vitesse commerciale.*

Ce sont ces qualités qui ont conduit à l'extension si rapide de la traction électrique comme moyen de transport, surtout dans les tramways urbains.

Malheureusement, l'expérience a montré que si ce genre de locomotion répond à tous les desiderata au point de vue du service et de la commodité des voyageurs, il faut, pour permettre la rémunération des capitaux engagés, un trafic relativement considérable que des centres populeux seuls peuvent assurer.

Il suffit de parcourir la statistique publiée chaque année en France, au *Journal officiel,* pour reconnaître que bien peu de tramways donnent un bénéfice satisfaisant, et il n'y a donc pas lieu de s'étonner de la défaveur, exagérée du reste, qui frappe actuellement les affaires de traction.

Quelles sont les raisons de ces mécomptes?

Dans les grandes villes, le trafic serait certainement suffisant pour assurer la rémunération des capitaux engagés dans un tramway, si les obligations qu'on impose aux Compagnies (proscription du fil aérien) et les lourdes charges qui pèsent sur elles, dont l'une des plus importantes est l'entretien de la voie et de la zone de chaussée sur laquelle elle est placée, n'augmentaient pas les dépenses d'exploitation d'une manière exagérée.

Le tramway électrique à fil aérien, malgré son coût de premier établissement relativement élevé, sera rémunérateur dans des centres populeux, à condition que les tarifs ne soient pas trop bas et que les impôts et charges qui grèvent les Compagnies, et dont l'Union des Tramways de France a montré toute la dispro-portion, soient réduits.

Dans les villes de moindre importance, les charges imposées aux Compagnies sont moindres et l'emploi du fil aérien permet de réduire sensiblement les frais d'exploitation ; mais néanmoins le trafic est, dans la plupart des cas, insuffi-sant à couvrir les dépenses, l'intérêt et l'amortissement du capital engagé. En effet, si dans de grandes villes la recette par voiture-kilomètre atteint jusqu'à un franc, elle tombe à 30 et 40 centimes dans des villes de 25 à 40.000 habitants et se rapproche ainsi de la dépense d'exploitation ne laissant en général qu'un excédent de bénéfice très faible qui n'est pas en rapport avec l'important capital de premier établissement qu'exige la traction électrique. C'est d'ailleurs ce grand capital qui est la pierre d'achoppement des affaires de traction.

Il faut malheureusement conclure de ces résultats que, dans les villes de moin-dre importance, l'établissement d'un tramway n'est pas possible et que si dans un moment de vogue des affaires électriques on a trouvé les ressources finan-cières pour l'exécution de nombreux réseaux de tramways, aujourd'hui impro-ductifs, on n'en trouvera certainement plus dorénavant.

Faut-il pour cela renoncer à perfectionner les moyens de transport des con-trées moins populeuses, ou existe-t-il un moyen de transport mécanique d'un établissement moins coûteux que le tramway et pouvant remplacer avantageu-sement la traction animale ?

L'emploi d'omnibus électriques prenant leur courant sur des fils, répond à ce besoin et se généralisera de plus en plus depuis que ce mode de traction vient d'entrer dans le domaine de la pratique par l'ingénieuse invention de M. Lom-bard-Gerin.

Principe du Trolley automoteur. — L'idée de prendre le courant nécessaire à la marche d'un automobile sur une ligne de deux fils placés le long de la chaussée est ancienne, et de nombreux essais ont été tentés avec de petits chariots de prise de courant remorqués par la voiture, mais l'expérience a démontré que cette solution n'était pas pratique, parce que la voiture, en s'éloignant de la ligne, exerce sur celle-ci un effort oblique qui l'arrache ou fait dérailler le chariot.

Dans le système Lombard-Gerin, le chariot de prise de courant est automo-teur et précède la voiture, tirant ainsi toujours sur le câble conducteur qui amène le courant à la voiture au sommet d'une perche fixée sur celle-ci.

Ce câble se trouve ainsi toujours tendu, tout en permettant à l'automobile de s'éloigner du tracé de la ligne et d'éviter les voitures ordinaires circulant libre-ment sous le câble qui se trouve à une assez grande hauteur.

Le synchronisme de la vitesse de marche entre le trolley et la voiture, est réalisé automatiquement, sans que le conducteur ait à intervenir.

L'automobile, débarrassé d'accumulateurs, présente ainsi les avantages déjà signalés que comporte la traction électrique. La dépense de courant par voiture-kilomètre ne dépasse pas celle d'un tramway ordinaire parce que l'augmentation de l'effort de traction est compensée par la diminution de poids de la voiture.

32

Application des omnibus électriques à des services urbains. — Pour qu'un service de tramways puisse bénéficier du plus grand nombre possible de voyageurs, il faut qu'il assure des départs fréquents, surtout lorsqu'il s'agit de faibles parcours. Dans un tramway électrique ordinaire, la dépense par voiture-kilomètre est relativement élevée et ne diminue guère par l'emploi de petites voitures, parce que les frais de conduite et les frais d'entretien restent sensiblement les mêmes, quelle que soit la capacité de la voiture. Il en est de même pour la dépense de courant parce que la voiture de tramway doit avoir un certain poids pour assurer sa stabilité sur la voie. Pour ces raisons, il n'est pas possible pour le tramway de diminuer la capacité des voitures en augmentant leur fréquence, sans augmenter considérablement les frais et perdre ainsi le bénéfice d'une exploitation intensive.

Une autre difficulté pour le tramway, réside dans la simple voie avec points de croisement obligés, ce qui nécessite un horaire absolument fixe qui ne peut se plier aux besoins du trafic, notamment au service des trains, souvent en retard.

L'emploi d'omnibus électriques, au contraire, permet :

1° D'établir deux voies aériennes et d'adapter ainsi les départs aux besoins de la circulation. Si l'aspect de quatre fils paraît disgracieux on pourra faire l'aller des voitures par une voie et le retour par une autre;

2° De faire de petites voitures légères qui conduiront à un prix de revient de la voiture-kilomètre relativement faible;

3° De supprimer les receveurs en établissant l'entrée des voitures par devant à des arrêts fixes assez rapprochés et en faisant percevoir le prix du billet par le conducteur.

Il sera d'ailleurs facile d'arriver à ce que la plupart des voyageurs prennent leurs billets d'avance en mettant en vente des carnets de billets à prix réduits. Dans ce cas, le conducteur n'aura qu'à timbrer le billet.

Ces avantages, joints à l'économie des frais d'établissement et d'entretien de la voie, permettront, nous en sommes persuadés, de faire des affaires de traction viables, même dans des centres moins importants, surtout lorsque le capital pourra encore être réduit en louant le courant à une station centrale de lumière déjà existante. Le service d'omnibus électriques, organisé de cette manière à Montauban permettra de se rendre compte de ces avantages.

Application des omnibus électriques à la traction sur les lignes suburbaines et d'intérêt local. — L'établissement de la voie ferrée n'est justifié que pour un trafic relativement considérable. Il est facile de s'en rendre compte par le calcul de la dépense par train ou voiture-kilomètre à laquelle entraîne la voie.

En moyenne, et pour des lignes sur route en rase campagne, l'entretien de la voie et de la zone de chaussée peut s'évaluer à 700 francs par kilomètre et l'intérêt et d'amortissement du capital de premier établissement de la voie à 7 0/0 de 30 000 francs = 2 100 francs, soit une dépense de 2 800 francs par kilomètre et par an.

En comptant sur 14 heures de service par jour, la dépense par train ou voiture-kilomètre varie donc suivant la fréquence des départs de la manière suivante :

Fréquence des départs dans chaque sens.	Dépense par voiture ou train-kilomètre correspondant à l'entretien de la voie et à l'intérêt et l'amortissement du capital de premier établissement de la voie.
	Fr. c.
5 minutes.	0,023
10 —	0,046
15 –	0,068
20 —	0,091
30 —	0,137
1 heure.	0,274
3 heures	0,822

Ces chiffres montrent que si, pour un tramway à départs fréquents, la dépense par train-kilomètre afférente à la voie est faible, elle devient très élevée pour des départs espacés. Pour des départs toutes les heures, elle atteint 27 centimes par voiture ou train-kilomètre, et pour des départs toutes les trois heures, comme ils existent sur des chemins de fer d'intérêt local, 82 centimes.

Pour les lignes d'omnibus électriques, cette dépense serait réduite environ au tiers ou au quart des chiffres ci-dessus et le prix de revient total (y compris intérêt et amortissement du capital engagé) de la voiture-kilomètre sera environ la moitié de ce qu'il serait pour un chemin de fer d'intérêt local ordinaire.

Les omnibus électriques à trolley automoteur pourront par conséquent, s'employer avec avantage dans bien des cas où l'établissement et l'exploitation d'un chemin de fer d'intérêt local seraient trop onéreux.

———

M. THÉVENET LE BOUL, Ingénieur en chef des Ponts et Chaussées, à Paris.

Traction électrique à contact superficiel et à deux conducteurs isolés (système Cruvellier). — Le mode d'alimentation des voitures de tramways au moyen des contacts placés à la surface du sol paraît être celui qui satisfait le mieux aux exigences de l'exploitation à l'intérieur des villes : au point de vue esthétique, il ne soulève aucune objection, et il possède sur les systèmes à caniveau l'avantage d'un coût beaucoup moindre, en même temps qu'il dispense de pratiquer dans la chaussée une fente continue, gênante pour la circulation de certains véhicules.

La pratique a montré toutefois que les divers systèmes en usage, tout en paraissant de prime abord, résoudre le problème d'une façon satisfaisante, laissent beaucoup à désirer, à tel point qu'à certaines époques de l'année, les Compagnies qui les exploitent doivent interrompre momentanément tout service.

Les inconvénients qui se sont ainsi révélés, du moins à Paris, sont de trois sortes :

1° Accidents aux piétons ou aux chevaux qui traversent la chaussée, le courant étant resté sur un ou plusieurs plots après le passage de la voiture ;

2° Détérioration des plots eux-mêmes par suite de la persistance d'arcs à l'intérieur des appareils ;

3° Perte d'énergie par les dérivations.

En se reportant à la figure 1, qui montre schématiquement le mode ordinaire de distribution par plots, quel qu'en soit le système, on se rendra compte des causes de ces accidents ; en même temps qu'on appréciera l'efficacité des dispositifs qu'a créés M. Cruvellier en vue d'y remédier. P P sont les plots placés à la surface du sol ; ils sont mis en communication avec l'un des pôles, seulement au moment du passage de la voiture, l'autre pôle est connecté d'une façon permanente avec les rails R de la voie, qui forment le circuit de retour.

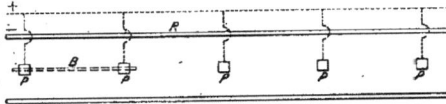

FIG. 1.

Si chacun des pôles P est supposé rigoureusement isolé du sol, le système ne soulève aucune objection. Mais en pratique, un isolement même relatif n'est que rarement obtenu ; la pluie, la boue, l'arrosage, etc., établissent à la surface du sol une dérivation entre les plots et les rails, et cette dérivation peut atteindre plusieurs ampères lorsque, en hiver, on jette sur les chaussées du sel destiné à faire fondre les neiges, ou lorsque de l'urine de cheval est répandue sur le sol. En réalité, cette dérivation ne peut commencer à se produire qu'au moment du passage de la voiture et elle n'aurait d'autre effet que d'augmenter un peu la consommation si les choses s'arrêtaient là. Mais lorsque la voiture quitte le plot, l'organe de rupture de courant (ordinairement un contact en charbon) s'éloigne, mais généralement de quelques millimètres seulement, c'est-à-dire d'une quantité insuffisante pour couper, sous 500 volts, l'arc qui se produit à la faveur de la dérivation dont nous venons de parler. Cet arc continue donc à brûler, en vase clos, jusqu'à destruction de l'appareil. Dans cet intervalle, le plot est très dangereux, car il peut exister entre sa surface et le rail, une différence de potentiel supérieure à 400 volts.

Il existe, bien entendu, d'autres causes pour lesquelles le plot peut rester électrisé mais les « collages » ne sont que des défauts inhérents à certaines constructions défectueuses, alors que les dérivations et les inconvénients qui en résultent, ont un caractère général.

Supposons que le système de distribution, au lieu d'être établi avec un pôle à la terre, comme le représente la figure 1, comporte, comme l'indique la figure 2, deux systèmes de plots, dont l'un (P +) serait connecté au pôle positif, et l'autre (P —) au pôle négatif (c'est le premier système étudié par M. Cruvellier). Les rails ne jouent plus alors aucun rôle dans la distribution et le

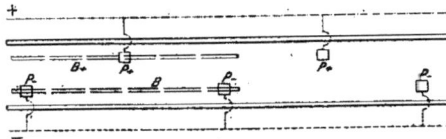

FIG. 2.

système implique l'existence de deux organes de prise de courant (B +, B —), au lieu d'un seul. On peut se rendre compte que, dans ce système à *deux conducteurs isolés* les inconvénients dus aux dérivations se trouvent de beaucoup atténués. Les plots se trouvent en effet à une assez grande distance l'un de l'autre pour que la dérivation de plot à plot soit négligeable ; quant à la dérivation par l'intermédiaire du rail, elle se trouve réduite au moins de la moitié, puisque toutes ces conditions étant supposées les mêmes, le courant doit franchir une distance double. Nous disons *au moins* moitié, car si la dérivation moyenne (qui intervient dans la perte effective d'énergie se trouve effectivement réduite de moitié, la dérivation maxima (qui intervient dans la chance de destruction de l'appareil) se trouve en réalité réduite de plus de moitié car le courant doit franchir deux de ces dérivations en série, et il y a peu de chances pour que les résistances de deux dérivations consécutives soient minima en même temps. Par exemple, une flaque d'eau existant entre un plot et le rail a peu de chances de se retrouver au plot immédiatement suivant, ainsi donc, ce premier avantage (réduction des courants de dérivation) facilite notablement la construction de l'interrupteur placé à l'intérieur du plot. La cause de danger des plots pour les piétons et les chevaux se trouve donc par là même facile à éliminer. Mais en supposant même qu'un plot ait manqué à sa fonction, qu'il soit resté « collé » pour une raison accidentelle ; cet accident ne suffit pas à lui seul pour créer un danger grave, l'autre pôle restant isolé et étant en tout cas à une assez grande distance. Nous ne voulons pas dire par là que la différence de potentiel entre le plot ainsi « collé », et la terre, sera rigoureusement nulle ; mais elle sera toujours beaucoup plus faible que la tension normale du circuit. En outre, les conducteurs ou feeders étant tous deux isolés on peut les maintenir sans communication à la terre, ce qui ne peut se faire en employant les rails comme retour.

Le système Cruvellier (*fig. 3*), réalise ces avantages qui résultent de la présence de deux pôles isolés ; mais il se présente sous une forme à la fois plus simple et plus élégante, qui permet en outre l'adoption de certains dispositifs qui contribuent à augmenter la sécurité de l'ensemble.

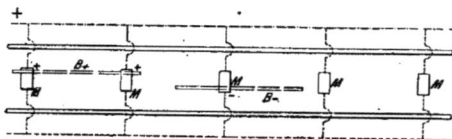

Fig. 3.

Les plots M sont tous identiques ; chacun d'eux peut se trouver en communication, soit avec le pôle positif, soit avec le pôle négatif. La voiture comporte deux systèmes d'attraction, c'est-à-dire deux séries d'électro-aimants, montées l'une à l'avant, l'autre à l'arrière. Chacun de ces systèmes est désaxé, de même que le frotteur correspondant B +, B —. L'intérieur du plot comporte deux systèmes de contacts, désaxés de la même façon, et qui correspondent chacun à l'un des pôles. Ainsi, lorsque l'avant de la voiture par exemple, se trouve au-dessus d'un plot, ce plot est négatif. Lorsqu'au contraire l'arrière arrive au-dessus du même plot, il devient positif. Chacun des plots devient donc alternativement positif et négatif, suivant la position qu'il occupe sous le véhicule.

La figure 4 montre schématiquement la construction du plot, composé de deux parties symétriques par rapport au plan médian M M situé au milieu de la voie. L'une de ces parties (celle de gauche, sur la figure) correspond au pôle positif, l'autre partie (celle de droite) correspond au pôle négatif. Dans chacune de ces moitiés se trouvent disposées deux tiges horizontales T T_2 T_1 T_2, dont

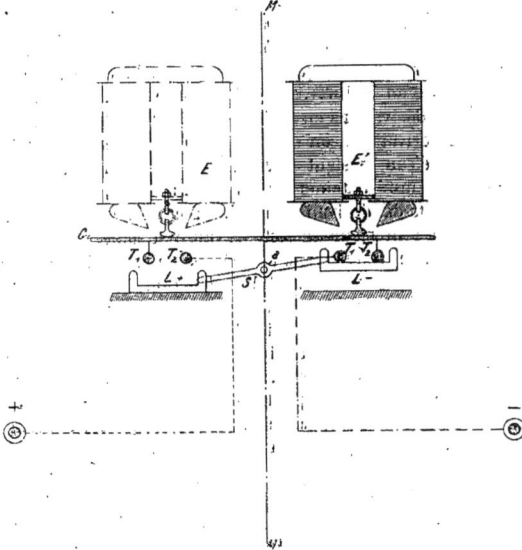

Fig. 4.

l'une communique avec le câble correspondant, l'autre étant reliée au couvercle du plot. Une pièce L, en fer garni de métal non magnétique, peut, lorsqu'elle est attirée vers le haut (position de la lame de droite L —), réunir ensemble les tiges correspondantes, c'est-à-dire mettre en communication le couvercle C du plot avec le câble correspondant. L'attraction des lames L — L + se fait par deux électro-aimants EE′ montés chacun à l'une des extrémités de la voiture.

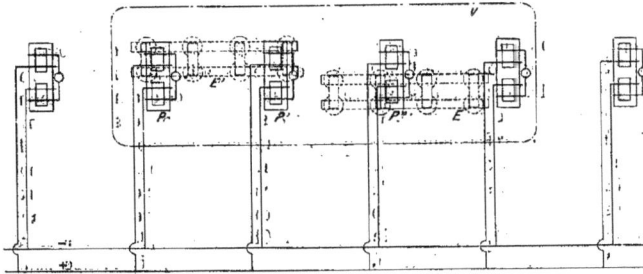

Fig. 5.

On remarquera en S un levier articulé autour d'un axe a ; ce levier, dit levier de sécurité, a pour fonction d'empêcher les deux lames L + L — de se soulever accidentellement en même temps, ce qui aurait pour effet de provoquer un court-circuit à l'intérieur du plot, et de faire sauter les fils fusibles. Ce levier oblige la lame L + à s'abaisser lorsque la lame L — s'élève et réciproquement.

La figure 5, représente, d'une façon schématique, une voiture V munie des deux systèmes d'électro-aimants E E', l'un à l'avant, l'autre à l'arrière. Dans la position de la figure, les plots P P' sont positifs, le plot P" est négatif.

La figure 6, montre sous sa forme réelle la boîte à contacts qui constitue la partie essentielle du plot, L L sont les lames de contact mobiles, TT les tiges fixes, communiquant avec les deux pôles, T'T' les tiges (également fixes) en

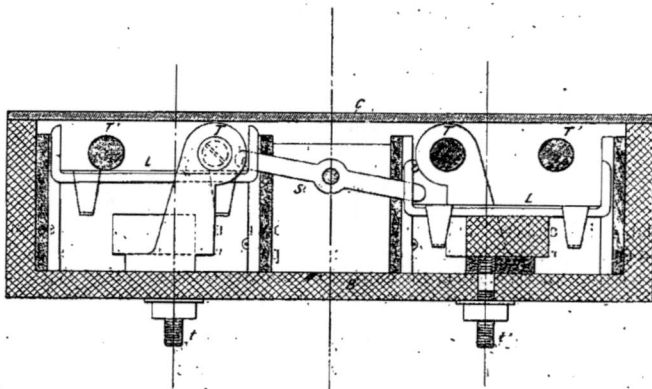

FIG. 6.

communication avec le couvercle du plot, S est le levier de sécurité, B est une boîte isolante qui renferme le tout. Elle est fermée par un couvercle étanche C en métal non magnétique. tt sont les pièces qui amènent le courant aux tiges TT.

Nous avons vu précédemment que par suite même de la disposition du système, les courants de dérivation se trouvaient réduits au minimum. Par surcroît de sécurité, le plot est disposé pour couper au besoin sous 500 volts un courant équivalent, non seulement aux dérivations ordinaires (8 ou 10 ampères) mais encore au *courant normal de la voiture* soit 40 ou 50 ampères. Ce résultat est obtenu à l'aide des dispositions suivantes : remarquons d'abord que le contact s'effectue entre des pièces métalliques et non pas sur une grande surface, mais suivant une ligne qui est la génératrice de la tige T, tangente à la lame de contact. Cette forme en apparence irrationnelle a donné les meilleurs résultats. De plus, la lame de contact L n'est pas simple ; elle est formée en réalité (*fig. 7, 8, 9*) d'une lame de métal C superposée à une lame de fer F sur laquelle elle s'appuie librement. Cette lame de métal se prolonge à sa partie inférieure par deux étriers EE'. Supposons que, au moment où le contact va se rompre en TT' (*fig. 7*), il se manifeste une légère adhérence entre les tiges et la plaque, le fer tombera seul : au bout de quelques millimètres de chute, le fer viendra frapper les étriers (fig. 8) et sa force vive provoquera le décollement du

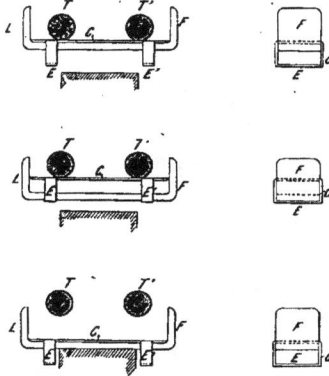

FIG. 7, 8, 9.

métal, qui retombera sur le fer dans sa position normale (fig. 9). L'arc se coupe en même temps en T et en T', de sorte que pour une course donnée, la distance à franchir est double. En outre, les diamètres des tiges TT' et l'épaisseur de la lame C varient selon l'intensité maximum du courant qui doit les traverser.

La figure 10, qui représente l'ensemble du plot, indique le mode de connexion avec les câbles. La boîte à contacts B est disposée pour pouvoir être enlevée et remplacée facilement, Sur les pièces tt se vissent deux coupe-circuits C se prolongeant par une pointe P. Cet ensemble est donc solidaire de la boîte B. Chacun des câbles se termine à la partie inférieure par une boîte cylindrique verticale R, métallique, contenant de la limaille imbibée de pétrole. Les pointes P entrent dans cette limaille, qui établit un contact parfait entre P et le câble. De même, le couvercle du plot est muni d'une pointe p, qui entre dans une boîte à limaille L, mise en communication avec les tiges T' (fig. 6). La présence de ces boîtes à limaille, qui constituent une communication non rigide entre la boîte et les parties fixes du plot, permet de suspendre la boîte à contacts et de la soustraire ainsi aux causes de détériorations qui proviennent des trépidations de la rue. Cette suspension élastique est obtenue par deux tasseaux de caoutchouc EE (fig. 10) sur lesquels s'appuie la boîte à contacts. La partie supérieure du plot est formée ainsi que le couvercle en métal non magnétique (ferro-nickel) et la partie inférieure qui constitue une boîte de jonction est en fonte remplie de matière isolante. Enfin l'ensemble du plot est englobé dans un bloc d'asphalte moulé, qui l'isole de la terre dans la mesure du possible.

La connexion avec les câbles principaux peut se faire en dérivation pour chaque plot, ou bien un certain nombre de plots peuvent être groupés en série. Dans ce dernier cas, la partie inférieure du plot est disposée pour laisser passer deux câbles par pôle au lieu d'un seul.

Les coupe-circuits C (fig. 10) sont d'un type très compact étudié spécialement pour cette destination; malgré leurs petites dimensions, ils offrent une protection très efficace, grâce au cloisonnement des pièces isolantes; ils peuvent cou-

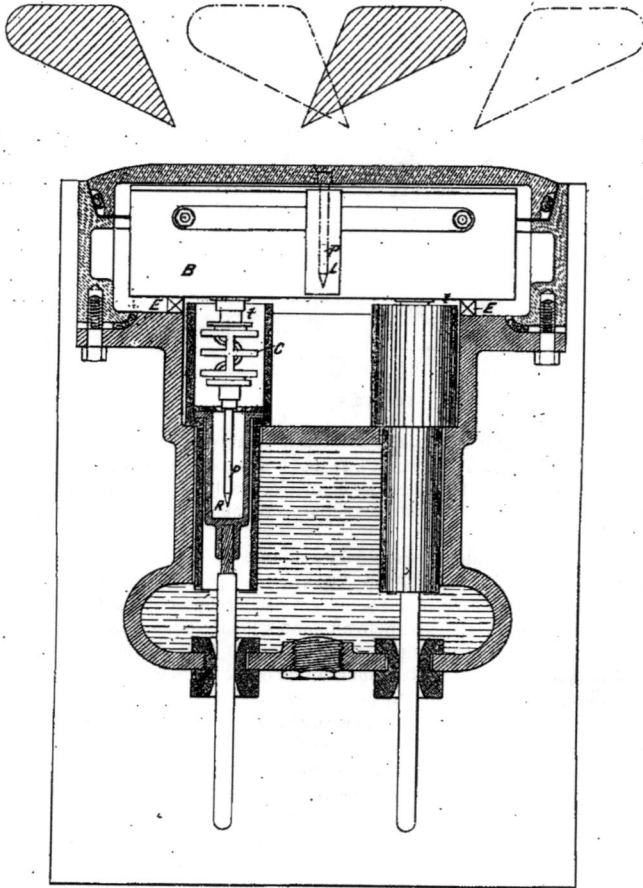

Fig. 10.

per, sous 500 volts, 250 à 300 ampères, dans un intervalle de quelques millimètres et sont basés sur le soufflage énergique de l'arc.

Pour terminer cette description, il nous reste à dire quelques mots des électro-aimants.

Tout d'abord les électro-aimants *ne frottent pas* sur le couvercle du plot :
celui-ci est en métal non magnétique et d'une seule pièce; les barres polaires
passent normalement à une distance de vingt millimètres environ au-dessus de
ce couvercle et cette distance peut dépasser quarante millimètres sans que l'at-

traction cesse de se produire. Ce résultat est obtenu par la combinaison d'électro-aimants largement proportionnés avec des barres polaires d'une section particulière, à bord tranchant et provoquant une fuite énergique du flux vers le plot, la figure 10 en indique la forme générale.

Ainsi, bien que l'électro-aimant passe à distance du plot, l'attraction se produit avec une sécurité au moins égale à celle des systèmes où la barre polaire vient en contact, avec l'avantage de supprimer l'usure du couvercle, le bruit produit par le frottement direct et les accidents que les inégalités du sol peuvent produire.

Par surcroît de sécurité, les électro-aimants sont disposés de façon que le champ soit plus intense aux deux extrémités de chaque barre. Lorsque l'armature F *(fig. 7)* est en effet attirée une première fois, sa distance aux électro-aimants suivants se trouve réduite de toute la longueur de la course, et elle peut par suite être maintenue dans cette position par un électro-aimant plus faible.

Les deux systèmes d'électro-aimants et de curseurs de prise de courant au lieu d'être suspendus sous la même voiture, comme l'indique schématiquement

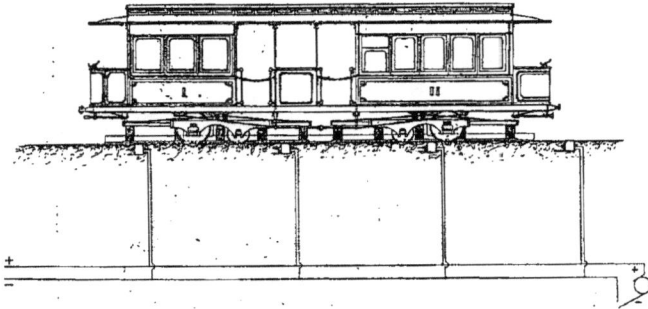

FIG. 11.

les figures 5 et 11, peuvent appartenir à deux voitures différentes, comme dans la figure 12; cette dernière disposition sera toujours préférable lorsqu'elle sera

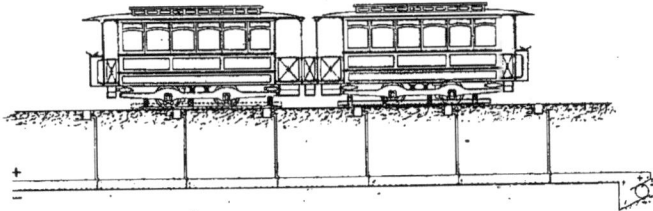

FIG. 12.

possible, car elle permet d'augmenter la distance entre les plots et de construire des voitures plus légères qui peuvent se séparer au sortir d'une ville et continuer séparément le service de banlieue avec le trolley; pour se retrouver au retour et effectuer accouplées le service urbain.

Dans l'installation que nous venons de décrire, la distribution est faite en dérivation. Cependant, on peut la réaliser en série et par groupement afin d'éviter des boîtes de jonction tous les 4 à 5 mètres et de ne toucher aux feeders que tous les 200 mètres. La figure 13 donne, dans ce cas, la forme du plot qui

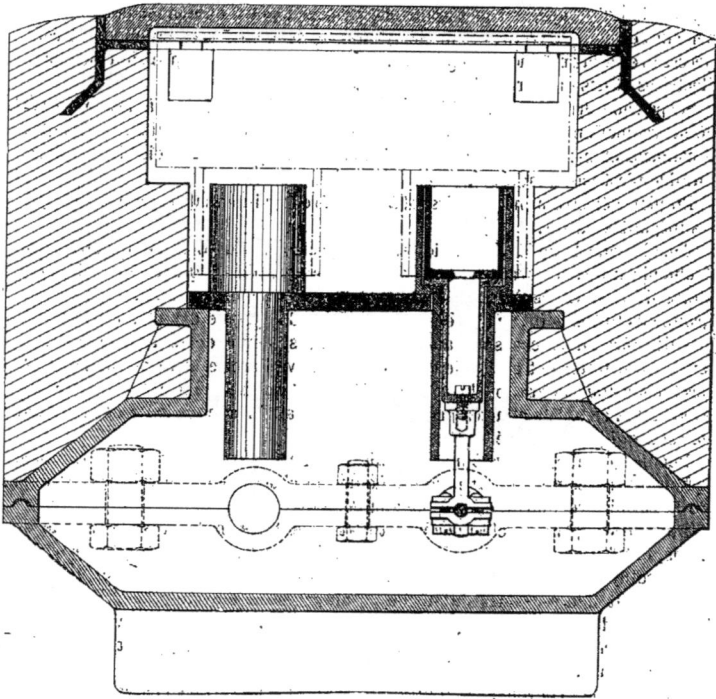

Fig. 13.

est constitué d'un bloc de matière isolante, le fond en fonte formant boîte de jonction.

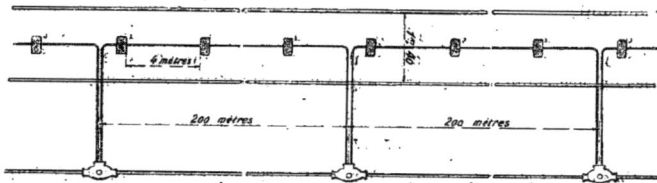

Fig. 14.

La figure 14 donne le schéma de la voie dans ce cas.

Les dispositifs qui caractérisent le système Cruvellier, sont les suivants :

Emploi de deux conducteurs isolés, ce qui présente l'avantage de pouvoir être maître de la distribution et d'en soigner l'isolement, de réduire considérablement les dérivations par les plots, de supprimer les causes d'accidents et l'électrolyse des canalisations voisines et d'éviter l'éclissage électrique de la voie.

Adoption d'un appareil de rupture de courant, pouvant non seulement couper efficacement les courants de dérivation, mais même accidentellement ceux nécessaires à la marche de la voiture, et par cela même suppression des plots électrisés et des dangers qui en résultent.

Suspension des appareils à l'intérieur des plots, de manière à les préserver de la trépidation des rues mouvementées, ce qui assure l'étanchéité des boîtes à contacts et par suite leur bon isolement, qui après six mois dans un sol humide n'est pas mesurable.

Emploi d'électro-aimants agissant à distance et maintenant les contacts malgré les inégalités du sol.

Tous les efforts de M. Cruvellier et de la Société d'Études tendent maintenant à obtenir un essai pratique sur la voie publique des procédés qui viennent d'être décrits. Ils espèrent y arriver, soit par une organisation nouvelle du groupe d'études, soit par une entente avec une Compagnie d'exploitation.

Mais grâce au concours des amis qui les ont soutenus de leurs conseils et de leurs souscriptions et en particulier de M. Gustave Pereire, dont on connaît l'intérêt pour tout ce qui touche au progrès de la science, ils ont pu faire des essais assez complets et assez probants pour ne laisser aucun doute dans l'esprit de ceux qui y ont assisté.

Depuis huit mois le système Cruvellier est établi sur une piste d'essais située à Neuilly-sur-Seine, 117, avenue du Roule, où chacun peut le voir et s'assurer de la parfaite régularité de son fonctionnement.

Plusieurs ingénieurs électriciens, et notamment les ingénieurs de la Ville de Paris, ont fait sur cette piste d'essais des expériences réitérées et ont constaté le jeu absolument régulier des plots, même après un salage abondant de la piste, qui donnait lieu à des dérivations de 20 ampères en moyenne, dont les arcs à l'intérieur des plots étaient immédiatement coupés. Ils ont aussi fait des expériences de rupture d'arcs de 40 et 50 ampères qui ont été coupés avec la plus grande facilité.

D'ailleurs M. Thévenet Le Boul a fait passer sous les yeux des assistants une boîte à contacts qui avait coupé 5.315 arcs de 15 ampères à 500 volts, et se trouvait encore en parfait état de fonctionnement.

Quand aux arcs de 8 à 10 ampères qui se produisent pendant le salage normal des rues en temps de neige, le nombre qui peut y être coupé est pour ainsi dire indéfini.

Il y a tout lieu de croire que le système qui vient d'être décrit donnera toute satisfaction aux villes et aux Compagnies en résolvant l'importante question de la traction électrique urbaine, sans engager de trop grands capitaux.

M. André LAVEZZARI, Ing., à Paris.

Système de l'Électrorail. — Le système de transmission de courant aux voitures électromotrices de tramways, exploité actuellement par la Société l'Électrorail, est dérivé du système Bède, dont la description a paru dans le numéro du 11 novembre 1899 de l'*Éclairage Électrique*, sous la signature de M. A. Witz.

Je rappelle, pour mémoire, que ce système diffère des systèmes *(fig. 1)* à contacts superficiels connus jusqu'à présent :

1° En ce que l'organe transmetteur du courant (bouton A) n'affleure pas au sol, mais est logé dans l'ornière d'un rail approprié de façon à permettre le libre passage du collecteur de courant ;

2° En ce que le fonctionnement de ce transmetteur de courant est purement mécanique et non magnétique. Il a, en effet, comme organe principal, une pièce en caoutchouc B, qui remplit les trois rôles de ressort, d'isolant et de boîte étanche.

On comprend que le premier dispositif a pour *résultat certain* d'éviter tout accident aux personnes et aux animaux si un plot reste électrisé et que le second assure l'économie d'exploitation par un entretien presque nul et par un isolement parfait.

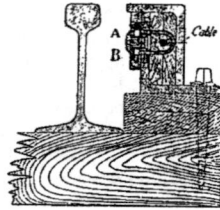

Fig. 1.

Une première ligne avait été construite en utilisant une voie toute posée sur laquelle circulaient des trains vicinaux, et deux années d'expériences ont permis de constater l'efficacité du rôle du caoutchouc en tant que fonctionnement, isolation et étanchéité. Il était surtout permis de craindre, au début, que le caoutchouc ne se détériore, par suite des intempéries et des flexions que lui impose son rôle de ressort, mais cette longue expérience a écarté définitivement toute crainte à cet égard, et je n'en puis donner de meilleure preuve que le plot que je présente, qui a deux ans de service et a subi plusieurs milliers de passages ; on voit qu'il est encore intact.

Les modifications apportées par la Société l'Électrorail n'ont porté que sur des détails de construction de la voie tout en conservant les deux principes essentiels du système, et une nouvelle expérience de sept mois, dans un quartier de Bruxelles très fréquenté par de lourds fardiers, a démontré sa solidité mécanique absolue.

L'ensemble du système est donc complet et a fait toutes les preuves qu'on peut demander à un système, qui, il faut bien le reconnaître cependant, n'a pas encore reçu la sanction d'une exploitation réelle.

Je passe maintenant à la description de cette nouvelle voie. L'ornière *(fig. 2)* est formée par un rail à patin *t* et un contre-rail spécial *u* contre lequel s'appliquent, de mètre en mètre à peu près, des boîtes en acier formant pavé, et qui renferment les plots transmetteurs de courant. Chaque boîte est munie d'une semelle *s* sur laquelle sont fixés le rail et le contre-rail, de façon à rendre l'ensemble indéformable. Le câble nourrisseur *a*, formé d'une âme pleine, renforcée de bagues métalliques, et convenablement isolé, longe le contre-rail et est entouré par des tubes *c* qui relient les boîtes entre elles. Sur la partie renforcée du câble on opère une dérivation de courant au moyen d'une vis *e* qui fixe sur une plaque de cuivre deux lames de cuivre *h* formant pince. En face de cette pince s'en trouve une autre semblable *h'* qui porte la première pièce de contact *i*. Les deux pinces sont reliées par un fil fusible. En face de la première pièce de contact, et à 5 millimètres de distance, s'en trouve une deuxième *k* appelée bouton. Elle est vissée dans un clou qui traverse un bouchon en caoutchouc *m* et qui émerge à l'intérieur de l'ornière.

Il suffit qu'une pression soit exercée sur le clou pour que le bouton vienne toucher la première pièce de contact ou pastille et que le courant arrive à la tête du clou. Cette pression est exercée par le collecteur de courant appelé

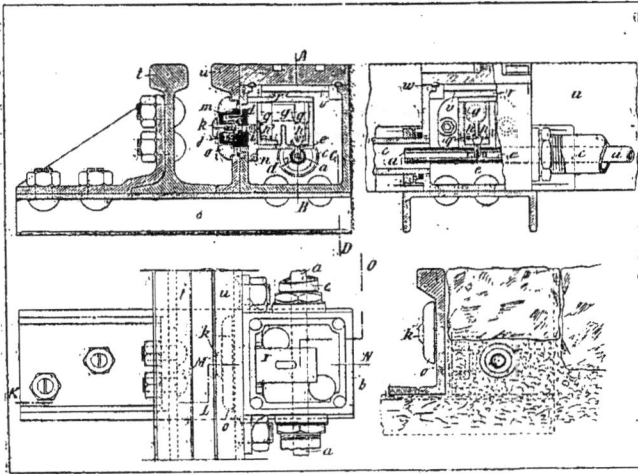

Fig. 2.

charrue et porté par la voiture. Cette charrue est constamment poussée vers le clou par des bras de pression sollicités par des ressorts. Elle porte une lame métallique isolée de l'ensemble et mise en relation avec les controllers de la voiture. C'est cette lame qui frotte sur la tête du clou et qui recueille le courant. Lorsque la voiture avance, la charrue abandonne le clou; celui-ci revient à sa position primitive et le courant n'y parvient plus.

Voici quelques détails de construction concernant les principaux organes du système.

Câble. — Le câble est à âme pleine afin de pouvoir opérer la prise de courant plus facilement. La bague de renforcement a pour but de donner à la vis une bonne surface de contact sans imposer un câble de diamètre trop grand. L'isolant du câble est constitué par du para pur et de la toile caoutchoutée; il est placé après que l'âme a reçu ses bagues qui sont brasées et soudées.

Cet isolant est découpé suivant une rondelle de 8 millimètres de diamètre, le logement de la vis est ensuite exécuté et taraudé. Il est à remarquer que le câble ne touche en aucun point le retour du courant, car il est supporté par les augets isolants et passe librement dans les tubes. L'isolement ainsi obtenu dépasse plusieurs megohms par kilomètre.

Fil fusible. — Le fil fusible est destiné à protéger le câble contre une consommation de courant anormale.

Comme les deux pôles qq sont très rapprochés et qu'avec une tension de 500 volts, un arc pourrait s'établir après la fusion du fil, celui-ci est enveloppé par une cartouche g contenant une matière pulvérulente qui coupe l'arc au moment de sa formation.

Cette cartouche est fixée sur le couvercle r de l'auget isolant qui entoure le tout, de sorte que le remplacement du fil peut se faire sans interrompre le courant.

Pastille. — La pastille i, en cuivre, est légèrement concave, la distance entre la pastille et le bouton est réglée par des rondelles métalliques qui se fixent derrière la pastille.

Bouton et clou. — Le bouton, en cuivre rouge, est légèrement sphérique, le rayon de la sphère est celui de la sphère osculatrice de toutes les positions que peut prendre le clou lorsqu'il est attaqué et frotté par la charrue. Le contact entre le bouton et la pastille se fait donc suivant une large surface, de façon que la densité de courant par millimètre carré soit très faible.

Ce bouton se visse dans le clou qui est en acier trempé. La tige du clou est serrée sur le bouchon en caoutchouc par une virole en cuivre de façon que l'eau ne puisse pas pénétrer à l'intérieur du bouchon.

Bouchon. — Le bouchon est la pièce essentielle du système. Il remplit, comme je l'ai déjà dit, le triple rôle de ressort, d'isolant et de boîte étanche. Sa forme et ses dimensions ont été déterminées après de longs essais et tel qu'il est actuellement, il remplit toutes les conditions désirées.

Le caoutchouc dont on se sert est de très bonne qualité et n'est pas influencé par les variations de température. Le bouchon fonctionne d'autant mieux qu'il est plus de fois touché, ce qui paraît paradoxal au premier abord, mais devient tout naturel si l'on réfléchit que le caoutchouc en travail ne durcit jamais.

Le bouchon m s'emboîte sur le manchon l, également en caoutchouc qui enveloppe la pastille. Ces deux pièces sont collées l'une sur l'autre, au moment du montage, par une dissolution caoutchoutée, de sorte que l'humidité ne peut parvenir à l'intérieur de la boîte ainsi formée.

Le bouton est dirigé dans son mouvement par une bague en porcelaine j qui a aussi pour but d'éviter que les étincelles de rupture, s'il s'en produit, ne dégradent le caoutchouc.

Je dirai d'ailleurs, tout à l'heure, comment nous arrivons à éviter complètement qu'une étincelle de rupture éclate entre les deux pièces de contact.

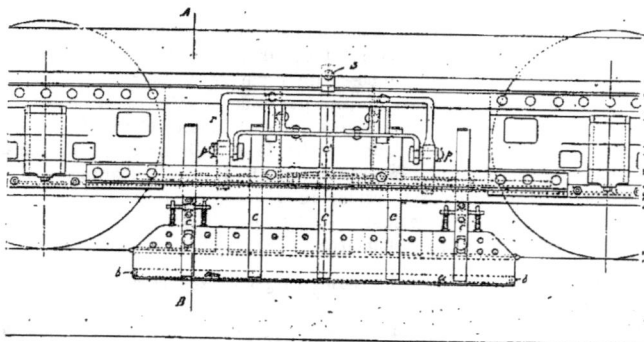

Fig. 3.

Charrue. — La charrue (fig. 3) est en ébonite flexible. Sa longueur est telle, que la lame collectrice *aa* touche toujours au moins un clou. Cette lame collectrice est composée d'une lame d'acier frottante sur laquelle est brasée une lame de cuivre rouge. Ces deux lames sont parfaitement isolées de l'ensemble de la charrue et sont reliées à un câble qui conduit le courant aux moteurs. A la suite de ces lames et sur leur prolongement, se trouvent de part et d'autre deux pièces de porcelaine puis deux pièces métalliques terminées en biseau et isolées de la masse. C'est ce dispositif qui a pour but d'amener l'étincelle de rupture à l'extérieur des pièces de contact, car celles-ci se touchent encore lorsque la lame collectrice a dépassé le clou, de sorte qu'elles ne se séparent qu'alors qu'elles ne débitent plus de courant. Il est d'ailleurs à remarquer que, selon l'empattement des roues de la voiture, il serait possible d'avoir une charrue qui touche toujours deux clous.

La charrue est poussée par des bras de pression *c* dont le nombre dépend du rayon des courbes que l'on a à franchir. Les bras extrêmes portent un ergot *d* qui traverse une fenêtre pratiquée dans la charrue; c'est cet ergot qui entraîne la charrue lorsque la voiture se déplace. Deux petits ressorts verticaux portés par ces ergots ont pour but d'empêcher la charrue de sauter. Les fenêtres offrent assez de jeu pour que la charrue puisse se courber. En définitive, cette charrue est traînée par la voiture et les mouvements de lacet, de galop, etc., de cette dernière ne se répercutent pas sur elle, ce qui est indispensable pour assurer un bon contact produit par la tension du ressort *s*.

Les bras de pression sont mobiles sur un axe *m* qui à son tour peut se déplacer autour d'un autre axe *p* fixé sur la voiture. On peut, par un simple mouvement du levier, retirer les bras de pression et la charrue hors de l'ornière, ceci pour le cas où l'on emploierait à la fois le système Électrorail et le fil aérien.

Montage. — La voie de l'Électrorail *(fig. 4)* a été surtout étudiée pour que l'on puisse la transporter toute montée et toute équipée sur le chantier et prête à être

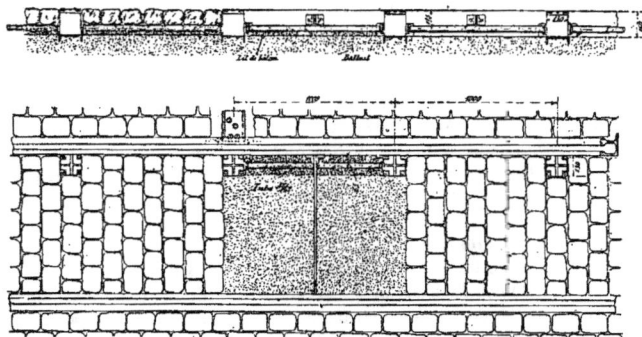

Fig. 4.

mise en œuvre. On voit, en effet, d'après sa disposition qu'il est très possible de transporter l'ornière avec ses boîtes, ses plots, son câble, entièrement ajustés. Son poids n'est pas excessif. Je ne saurais trop insister sur cet avantage qui permet un montage excellent, fait à l'atelier, où l'on dispose de machines-outils, où la surveillance est plus efficace, et qui permet également une pose rapide.

Le câble nourrisseur est sectionné par longueurs d'ornière et connecté sur place au moyen d'une connexion spéciale. Cette connexion permet, en cours d'exploitation, d'isoler telle ou telle section qui convient pour faire une réparation importante. On rétablit le courant au delà de la section à réparer, au moyen d'un câble de secours.

Il est à remarquer que le système, ne comportant pas de plots à fleur de sol, offre aussi l'avantage de ne pas nécessiter l'isolement des voies que l'on traverse.

En résumé, la grande simplicité du système Électrorail assure son bon fonctionnement, et il est à souhaiter que l'on puisse voir au plus tôt une ligne de tramways équipée avec ce système.

Quant à l'entretien, il est insignifiant. Il se réduit au remplacement des parties frottantes. C'est la lame collectrice de la charrue qui est naturellement destinée à s'user le plus rapidement et cependant la Société a des lames qui ont fait près de 2.000 kilomètres sans usure apparente; elles sont encore en service. Leur prix est d'ailleurs très minime (1 fr. 10 c.). Les clous s'usent encore plus lentement, car ils ne sont frottés qu'au passage de la charrue. Un clou peut durer plus de quatre années avec un service des plus intensifs.

La Société l'Électrorail possède à ce sujet des données qui ne laissent aucun doute.

Sa dernière voie est installée dans le dépôt des Chemins de fer Vicinaux, 40, rue Éloy, à Bruxelles.

———

M. F. LAUNAY, Ingénieur en chef des Ponts et Chaussées.

Sur le fonctionnement du système Diatto. — J'ai lu avec le plus vif intérêt la note que mon excellent collègue et ami, M. Monmerqué, a rédigée pour servir de base à la discussion de la question de la traction électrique urbaine; je crois répondre au sentiment général en lui adressant des félicitations pour la manière très précise et très complète dont il a embrassé le problème et posé la question.

Je ne lui ferai qu'un reproche et je compte sur notre vieille amitié d'un quart de siècle pour me le faire pardonner. C'est d'abord, d'avoir conclu d'une façon trop ferme et quelque peu prématurée avant d'avoir entendu les communications et les discussions que sa note a précisément pour but de susciter et de provoquer, et ensuite d'avoir formulé des conclusions par trop désespérées et désespérantes en ce qui concerne les tramways urbains, les seuls dont je m'occuperai dans les courtes observations que j'ai l'honneur de vous présenter.

Ayant eu l'occasion, comme arbitre dans un procès récent qui mettait contradictoirement en présence les deux principales Compagnies de tramways, intéressées à l'un des systèmes de traction par contacts superficiels, aux titres bien différents d'acheteur et de vendeur, ayant eu l'occasion, dis-je, de pouvoir étudier avec M. Eric Gérard, dont la compétence est universellement connue, le fonctionnement du système Diatto, désigné sous le nom de son inventeur, je crois utile de vous faire connaître quelques-unes des constatations que nous avons pu faire à Paris, à Tours et à Lorient, afin de compléter et rectifier en tant que de besoin les indications de M. Monmerqué.

Contrairement à l'opinion généralement répandue, les accidents dus aux plots du Diatto ne proviennent jamais du collage du clou mobile à la partie

33

supérieure de l'appareil ; la pratique des trois dernières années est venue confirmer que le magnétisme rémanent ne conservait jamais une valeur suffisante pour maintenir le clou levé après le passage d'une voiture.

En laissant de côté les accidents provenant du salage des chaussées et dont je reparlerai plus loin, on peut dire que tous les accidents résultent de la formation, à l'intérieur de l'appareil Diatto, d'une couche conductrice de noir de fumée. Cette couche de noir de fumée provient de la combustion dans certains cas de la cuvette isolante en ambroïne, qui d'une part porte, à sa partie inférieure, le bain de mercure dans lequel plonge le clou, et qui d'autre part sépare électriquement, à l'état normal, la partie supérieure de l'appareil Diatto (partie vissée au tampon) de la source d'électricité.

Dans chacun des cas de semblable combustion on est arrivé à reconnaître, toujours et nettement, une des défectuosités suivantes : 1° faiblesse de la batterie d'accumulateurs qui donne le courant d'aimantation au barreau ; 2° inégalité du pavage ; 3° affaissement des voies ; 4° mauvaise pose des plots et des rails ; 5° défaut de réglage du frotteur ; 6° passage du barreau Diatto sur les voies étrangères non isolées.

Dans ce dernier cas le barreau Diatto qui est maintenu à 500 volts par les plots en charge sous la voiture vient, en touchant le rail non isolé, donner lieu à un violent court-circuit ; d'où passage à travers l'appareil Diatto en charge d'un courant très intense ; le contact en charbon et par conductibilité le clou lui-même sont portés au rouge et provoquent la carbonisation de l'ambroïne avec formation de noir de fumée.

En cas de faiblesse de la batterie d'accumulateurs, l'aimantation du barreau devient insuffisante, il arrive que dans l'intervalle entre deux bobines magnétisantes du frotteur, intervalle où le flux est évidemment moins fort, le clou retombe partiellement sous courant : le courant continuant à passer sous forme d'arc de la nouvelle position intermédiaire du clou au contact supérieur, cet arc provoque encore la combustion de l'ambroïne.

S'il y a des inégalités dans le pavage, si le barreau est déformé, s'il y a affaissement de la voie, ou bien enfin si les plots ou les rails n'ont pas été posés à bonne hauteur, il y a diminution du flux utile, on se trouve encore dans de mauvaises conditions d'attraction magnétique et il en résulte des retombées partielles du clou sous courant avec arc et carbonisation de l'ambroïne.

On voit facilement par l'énumération qui précède que toutes ces causes d'accidents sont remédiables et que toutes auraient pu être facilement évitées si l'on avait pris des soins convenables dans la construction des voies et des voitures.

Rappelez-vous dans quelle hâte et quelle fièvre, au moment de l'Exposition, des centaines de kilomètres de tramways ont été construits, je dirai plutôt jetés sur la voie publique à Paris, et je suis certain que vous reconnaîtrez avec moi que si les concessionnaires et constructeurs de tramways avaient eu la prudence de ne construire d'abord à titre d'essai qu'une ligne de quelques kilomètres pour y étudier les précautions à prendre dans la suite et pour former un personnel au courant de ce nouveau mode de traction, ils auraient pu économiser beaucoup d'argent et surtout ils auraient évité tous les déboires qui ont injustement mais momentanément jeté sur le système Diatto un discrédit immérité. Par suite de la hâte et de l'inexpérience de la construction, par suite du mode de procéder qui a été adopté et en vertu duquel l'établissement des lignes était confié à un constructeur autre que celui qui fournissait les appareils, on n'a pu juger la véritable physionomie du système; et on doit même être étonné que dans de telles conditions la marche de ce système ait été aussi satisfaisante, mais à coup sûr ce n'est pas sur une telle exploitation que l'on pouvait se faire une opinion exacte.

J'ai dit un mot en passant des ennuis dus au salage des chaussées ; le sel, par les courts-circuits auxquels il donne lieu, met le désordre dans l'exploitation de tous les modes de traction, caniveau, contacts superficiels, et même trolley. Le sel est d'autant plus redoutable qu'il peut donner lieu à la surface du sol à des dérivations dangereuses pour les chevaux et désagréables pour les personnes. Paris est une des rares villes où le salage des chaussées soit pratiqué ; le Conseil municipal et la Préfecture de la Seine ont décidé qu'à l'avenir l'emploi du sel serait supprimé sur les voies des tramways. Ainsi se trouve supprimé pour la plupart de nos tramways électriques de Paris le seul inconvénient sérieux auquel aucun remède simple n'a été trouvé.

On a fréquemment attribué un certain nombre des accidents qui se sont produits à Paris à une des deux causes suivantes :

1° Détérioration, au point de vue électrique, des plots sous l'influence des lourdes charges.

2° Détériorations produites dans les appareils Diatto, par le passage des courants intenses nécessaires pour la traction des lourdes voitures adoptées à Paris.

A la suite des constatations que nous avons faites, je puis dire que la première de ces hypothèses n'a rien de fondé et que rien de semblable n'a jamais été remarqué.

La seconde hypothèse n'est pas plus fondée ; il résulte en effet, d'expériences qui ont été faites devant M. Eric Gérard et devant moi l'année dernière, que l'on peut faire passer pendant plusieurs secondes des courants de 200 ampères, c'est-à-dire plus qu'il n'en passe dans les conditions les plus défavorables de la pratique, et répéter cette expérience plusieurs fois à de faibles intervalles sur les mêmes appareils Diatto, sans parvenir à les détériorer.

J'aborde maintenant la question des pertes de courant.

Certains systèmes à contacts superficiels emploient des pavés métalliques enrobés dans un isolant qui n'a que 15 ou 20 millimètres d'épaisseur ; dans ce cas, lorsque le sol est recouvert de boue, l'isolement est très faible. Dans le plot Diatto au contraire, le siège métallique du tampon est séparé du pavage par une couche isolante ayant 10 centimètres d'épaisseur, en asphalte ou mieux en céramo-cristal, qui sont d'excellents diélectriques. Je puis vous communiquer le résultat de nombreuses mesures d'isolement effectuées sur des plots Diatto à Tours en septembre 1900.

1° Avec chaussée pavée en bois, arrosée d'eau, sous la tension normale de 500 volts on a obtenu 80.000 ohms pour l'isolement du tampon par rapport aux rails.

2° Avec chaussée pavée en granit arrosée d'eau, on a obtenu 30.000 ohms.

Enfin dans les plus mauvaises conditions, avec boue épaisse et grande quantité d'eau, on ne trouve pas moins de 5.000 ohms comme résistance d'isolement ; nous sommes loin des 500 ohms qui ont été indiqués.

Les pertes par plots en charge sont donc pratiquement négligeables.

Considérons maintenant un plot à l'état de repos, c'est-à-dire non soumis à l'influence du barreau aimanté : le tampon métallique accessible et extérieur est parfaitement isolé du conducteur positif par la cuvette isolante en ambroïne et l'isolement de la partie de l'appareil en connexion avec le câble est de beaucoup supérieur aux chiffres cités plus haut pour l'isolement du tampon.

Ainsi en supposant, conformément au programme des essais faits par l'Administration des Postes et Télégraphes le 16 mai dernier pour la réception des câbles de Lorient, en supposant, dis-je, pour la voie Diatto un isolement kilométrique de 50.000 ohms, dernière limite admissible, nous trouvons comme isolement par plot au repos (210 plots par kilomètre) : 0 mégohm 050.000 × 210 = 10 mégohms 50, et cela dans les conditions les plus défavorables.

A Lorient, où le sol est quelque peu imprégné de sel, on a trouvé le 7 mai 1902 un isolement total de 15.968 ohms pour un développement de 7km,522 de voies, soit un isolement kilométrique de 120.111 ohms et de 25 mégohms par plot.

A Tours, par beau temps, on a obtenu jusqu'à 600.000 ohms d'isolement kilométrique, soit environ 120 mégohms par plot.

Dans une voie Diatto, le débit de fuite peut être considéré comme proportionnel au nombre de plots reliés à la canalisation, mais grâce à l'isolant d'asphalte ou de céramo-cristal, on voit par les chiffres qui précèdent que les fuites ne peuvent être qu'insignifiantes.

A Lorient, par exemple, le débit total des plots dans leur état normal ressort à :

$$\frac{500 \text{ volts}}{15.968} = 0.0313$$

Soit par plot :
$$\frac{0,0313}{210 \times 7,5} = 0,00002$$

Soit deux cent-millièmes d'ampère.

Quant à la consommation d'énergie, le calcul et l'expérience montrent qu'elle est, par voiture-kilomètre Diatto, très peu supérieure à celle par voiture-kilomètre trolley.

Voici les chiffres empruntés aux feuilles résumant l'exploitation des lignes de Lorient (pour le mois de juin 1902) :

En Diatto : Kilomètres-voitures effectués 37.574
            Kilowatts-heures 29.772
                              Rapport 0,790

En trolley : Kilomètres-voitures effectués 19.782
             Kilowatts-heures 14.362
                              Rapport 0,730

Différence en faveur du trolley : 0,060. Le Diatto n'a donc dépensé que $\frac{0,060}{0,79} \times 100 = 7,6 \, 0/0$ de plus que le trolley.

J'arrive maintenant aux perfectionnements récents qui ont été apportés au Diatto ; sans exposer les nouveaux dispositifs adoptés pour la pose et la protection des câbles de travail et des fils de branchement, dont vous trouverez le détail dans le *Bulletin de l'Association des Ingénieurs sortis de l'Institut de Montefiore*, je me bornerai à vous signaler trois perfectionnements de nature à enlever tout argument à ceux qui reprochent au système d'être trop délicat.

1° Substitution du céramo-cristal à l'asphalte ; vous pourrez voir à Paris sur la ligne Opéra-Lilas des plots avec céramo-cristal placés à des carrefours à circulation intensive depuis deux ans et qui sont encore intacts.

2° Adoption d'un système de traversée des bretelles et des voies étrangères ; ce système qui satisfait à toutes les conditions nécessaires de solidité et d'isolement électrique a déjà été appliqué avec plein succès place de la Bastille, boulevard Sébastopol et place Saint-Michel.

3° Adoption d'un nouveau type d'appareil de dimensions plus grandes que l'ancien et dont la qualité principale est l'incombustibilité ; une cloche en terre réfractaire a été substituée à l'ancienne couronne intérieure en ambroïne et le mercure contenu dans un tube en acier-nickel obtenu par emboutissage ne peut plus fuir.

Les essais de cet appareil ont parfaitement réussi si j'en crois M. Julius, ingénieur en chef de la Compagnie Générale de Traction, qui déclare qu'il se comporte fort bien.

Enfin, je dois dire un mot sur la question des frais d'établissement d'une voie Diatto, je ne saurais mieux faire d'ailleurs que de renvoyer à l'estimation donnée par M. Julius qui, comme ingénieur en chef de la Compagnie Générale de Traction, a eu à construire les lignes Diatto dans Paris ; il estime qu'à Paris le prix de revient d'un kilomètre de voie double est de 185.000 francs ; ce prix comprend l'achat, la pose des rails, les travaux de voirie et de drainage, les canalisations et tous les équipements électriques ; il est de très peu supérieur au prix de revient d'une ligne établie avec le trolley et sensiblement inférieur à la moitié du prix de revient d'une semblable voie établie avec caniveau.

Quant aux frais d'entretien avec l'emploi des plots céramo-métal, des appareils nouveau modèle et les nouveaux modes de câblage, on peut estimer que dans une ligne nouvelle installée à Paris, les dépenses d'entretien par kilomètre ne dépasseraient pas de 2.000 à 3.000 francs.

En province où la main-d'œuvre est deux fois moins chère, on se tirerait d'affaire avec 1.200 à 1.500 francs par kilomètre.

Après avoir répondu aussi brièvement que possible aux reproches adressés au système par contacts superficiels, et je m'excuse d'avoir été aussi long, permettez-moi, je ne dirai pas de conclure car ce serait imprudent dans l'état actuel de la question, mais de dégager les réserves que, suivant moi, doivent suggérer les conclusions de M. Monmerqué relatives aux tramways.

Ainsi que je l'ai dit, au début, ces conclusions sont plutôt négatives : M. Monmerqué reconnaît qu'au point de vue de l'esthétique, le fil aérien ne donne pas satisfaction ; puis il condamne : le caniveau à cause des sujétions pour la voie publique et à cause de son prix prohibitif, le système à contacts superficiels à cause de ses sujétions pour la voie publique et de l'irrégularité de fonctionnement. Et cependant M. Monmerqué ajoute que le système qui lui paraît préférable est un système mixte constitué par le fil aérien avec caniveau pour la traversée des rues, carrefours, etc., c'est-à-dire qu'il recommande deux des solutions qu'il vient de condamner, l'une comme inacceptable au point de vue de l'esthétique, l'autre comme d'un prix prohibitif.

Devons-nous donc dire avec le poète : *Lasciate ogni speranza* ?

Je ne le crois pas, pour ma part : si dans certaines villes, comme Paris, Tours, Lorient, on se refuse, à tort ou à raison, mais c'est une situation qu'il faut bien accepter, à permettre l'établissement du trolley, dont les Américains réclament la suppression après une expérience de dix ans, il faut recourir soit à la solution du caniveau, soit à la solution des contacts superficiels et laisser la porte ouverte aux améliorations dont ces systèmes sont susceptibles en profitant de l'expérience acquise.

De plus, il ne faut pas se borner à conclure pour Paris.

Si le système Diatto jusqu'à ce jour n'a pas réalisé à Paris toutes les espérances qu'il avait fait concevoir, il faut bien remarquer qu'il a complètement réussi à Tours et à Lorient ; que l'expérience tentée à Paris ne peut être concluante, car elle a été poursuivie dans des conditions détestables de rapidité d'exécution ;. que néanmoins le système a été exploité depuis trois ans sur 80 kilomètres de voie et que cette exploitation a mis en lumière les perfectionnements nécessaires pour son fonctionnement dans les villes à circulation intense et exceptionnelle comme Paris.

Nous ne sommes pas encore sortis d'une crise de l'industrie des tramways, dans laquelle financiers et ingénieurs ont éprouvé de gros déboires. Toutefois on peut déjà prévoir que les villes et l'Administration arriveront à se montrer moins exigeantes dans les cahiers des charges, que de nouvelles lignes de tramways pourront être construites, que d'anciennes lignes pourront être transformées utilement.

Dans cette éventualité j'ai voulu simplement attirer de nouveau l'attention des ingénieurs sur le système des contacts superficiels et notamment sur le système Diatto, les inviter à l'étudier de près comme j'ai eu l'occasion de le faire moi-même. Grâce à l'expérience acquise, grâce aux perfectionnements apportés, grâce enfin aux prix peu élevés de son installation, ce système mérite de conserver une place honorable parmi ceux qui peuvent être recommandés pour la traction électrique des tramways. Il a triomphé des difficultés inévitables au début d'une application nouvelle et, à la dernière assemblée des actionnaires de l'Est-Parisien, M. Jules Roche, président du Conseil, a pu dire textuellement : *Le Diatto, tel qu'il fonctionne maintenant, me paraît répondre d'une façon satisfaisante aux réclamations formulées autrefois.*

Enfin, je ne veux pas terminer sans vous faire connaître l'avis d'un ingénieur, M. Julius, qui, comme ingénieur en chef de la Compagnie Générale de Traction, a eu à diriger à Paris l'achèvement et ensuite l'entretien des lignes équipées en Diatto. M. Julius, qui a résumé toutes ses observations dans un intéressant Mémoire publié au *Bulletin de 1902 de l'Association des Ingénieurs-Électriciens de l'Institut Électrotechnique de Montefiore*, conclut ainsi en répondant à la question suivante : « Le système Diatto peut-il sérieusement entrer en ligne de compte pour l'équipement des lignes de tramways là où le trolley est proscrit ? »

« Pour notre part, dit M. Julius, nous n'hésitons pas à répondre catégoriquement dans le sens affirmatif ; l'appareil Diatto est un outil merveilleux qui, mis entre les mains des personnes qui savent s'en servir, ne peut manquer de rendre les services les plus précieux. D'un prix de revient relativement très peu élevé. d'un entretien qui, tout en étant plus cher que celui des lignes de trolley, reste dans des limites raisonnables, son application paraît tout indiquée là où il s'agit de combler à l'intérieur des villes des lacunes dans les réseaux de fils aériens. »

Cet avis, qui émane d'un ingénieur qui a eu à contrôler pour la Compagnie de Traction les installations du système Diatto, m'a paru très raisonnable, et je pense que vous trouverez, comme moi, que les systèmes de traction à contacts superficiels méritent encore d'être pris en sérieuse considération, surtout si l'on sait profiter des leçons du passé pour assurer la réussite dans l'avenir.

M. BLANCHON, Ingénieur, à Paris.

Sur la traction par accumulateurs. — La contribution que nous apportons à l'importante discussion mise à l'ordre du jour du congrès actuel aura un caractère tout à fait spécial, car nous nous bornerons à exposer le mode d'utilisation des accumulateurs électriques dans la traction électrique urbaine et suburbaine.

Nous nous occuperons même exclusivement des accumulateurs constitués avec des plaques positives à formation autogène type Planté, qui seules, à notre avis, peuvent être adoptées dans les installations de traction électrique propre-ment dites (tramways et chemins de fer ; c'est dire que nous laisserons de côté, sans toutefois en méconnaître l'importance, la question des voitures sur routes (électromobiles).

Les accumulateurs peuvent être utilisés soit à l'usine et dans les sous-stations, soit sur les voitures. La discussion en cours devant porter particulièrement sur la partie en quelque sorte extérieure : réseau de distribution d'énergie, voie et matériel roulant qui intéressent plus particulièrement les voyageurs, l'étude de l'usine de production de l'énergie sortirait de son cadre. Nous n'in-sisterons donc pas longuement sur le rôle des accumulateurs à l'usine de pro-duction. Ce rôle est cependant d'une importance aujourd'hui incontestable, chaque jour grandissante. M. Monmerqué, dans sa note, a insisté sur les excel-lentes qualités de souplesse et d'élasticité des courants continus. Nous pourrons signaler ces mêmes qualités de souplesse et d'élasticité dans le fonctionnement des usines productrices de courant continu, grace à l'adjonction de batteries d'accumulateurs. La fonction de ces batteries est toutefois différente de celle qui leur était assignée dans les installations électriques anciennes où les varia-tions de l'énergie demandée par le réseau sont des variations de longue période. Les batteries fonctionnent alors uniquement comme réservoirs.

Dans les usines de traction, au contraire, où les variations de puissance sont instantanées et dans des limites très étendues, le rôle des batteries est d'un tout autre genre.

Convenablement installées, elles supportent alors toutes les variations de charge du réseau, absorbant l'énergie quand la charge descend au-dessous de la valeur moyenne et restituant cette énergie quand la charge dépasse cette valeur. La batterie fonctionne alors comme un puissant et gigantesque ressort constamment tendu et détendu. On a donné à ces batteries le nom, qui fait image, de batteries de choc ou batteries-tampon.

Elles ont leur place marquée dans les petites comme dans les grandes ins-tallations. Nous nous contenterons de citer leur emploi pour les métropolitains de New-York, de Chicago et de Paris. Ces batteries sont soumises à des régimes de charge et de décharge qui ne sauraient être supportés que par des plaques Planté.

Il nous suffira d'avoir signalé cette application relativement récente, mais certainement la plus importante à l'heure actuelle pour l'industrie des accu-mulateurs électriques. Son intérêt ne sera d'ailleurs pas contesté.

Il n'en est pas de même pour l'utilisation des accumulateurs comme réservoir d'énergie placé sous la voiture. M. le Rapporteur général, malgré son souci d'impartialité, ne leur a pas ménagé ses critiques. Il est arrivé à des conclusions sévères qui lui ont été inspirées par quelques installations à leur début, installations qui ont subi des améliorations importantes dans la suite et dans lesquelles on avait surtout exigé des accumulateurs un service, imposé sans doute par les circonstances, mais des plus discutables au point de vue technique.

Dans les installations en question, où le poids de la batterie atteint en effet 4.000 kilogrammes pour une voiture de 50 places, en adoptant le système à accumulateurs, on a cherché à éviter non seulement la construction coûteuse d'une ligne spéciale avec caniveau ou contacts superficiels, mais on a cherché aussi à éviter la pose de feeders d'alimentation. Si on avait consenti à faire primitivement cette dépense de premier établissement, dépense qui, engagée une fois pour toutes, aurait encore servi dans le cas d'une transformation ultérieure après la suppression des accumulateurs, on aurait alors pu rechargei les accumulateurs aux deux extrémités de la ligne et réduire ainsi le poids de la batterie de 35 à 40 0/0. Cette remarque est essentielle si l'on veut faire une comparaison équitable entre le système de traction par accumulateurs et les autres systèmes.

Les Compagnies de traction qui auraient adopté une telle installation, même en ne regardant le système par accumulateurs électriques que comme une solution d'attente, auraient eu, au jour de la transformation de leur réseau, des usines de production d'énergie et un réseau d'alimentation entièrement établi en vue de cette nouvelle utilisation.

Chaque batterie de voiture ainsi allégée, les inconvénients signalés dans le rapport de M. Monmerqué auraient évidemment pu être supprimés plus facilement. Ces inconvénients d'ailleurs ont été le plus souvent la conséquence des conditions défectueuses d'installation des accumulateurs.

Il est très rare, en effet, qu'une voiture ait été étudiée spécialement en vue de la traction par accumulateurs ; presque toujours, les Compagnies d'exploitation ont imposé aux constructeurs une voiture d'un type en service dont toutes les dimensions devaient être respectées et les accumulateurs ont été montés sans qu'une étude d'ensemble ait été faite après entente entre la Compagnie exploitante, le constructeur des voitures et le fournisseur d'accumulateurs.

Il faut reconnaître que cette entente était difficile au début et que l'étude en question ne pouvait pas être basée sur des données d'expérience recueillies en cours d'exploitation.

En 1898. dans une série d'articles sur la traction électrique par accumulateurs, alors à ses débuts, M. Rudolf Zerner concluait par ces mots :

« Le facteur d'exploitation qui se rapporte à l'entretien des batteries ne peut être évalué qu'après une longue pratique des systèmes et aucun essai de laboratoire ne peut servir à déterminer à l'avance la dépense probable de l'entretien des éléments...... »

Aujourd'hui, l'expérience est assez longue pour dégager ce facteur et permettre de tracer avec précision le programme d'une exploitation par accumulateurs.

Nous pouvons prouver que l'accumulateur mixte ayant plaques positives Planté et plaques négatives genre Faure, construit spécialement d'une manière robuste pour la traction, n'a donné en exploitation aucun mécompte en tant qu'accumulateur.

Si ses constantes sont bien appropriés au service qu'il est appelé à assurer, son usure normale et par suite son renouvellement graduel et méthodique n'occasionnent que des frais d'exploitation minimes.

Six années complètes d'exploitation suivies sur 180 voitures diverses, parcourant 11 lignes différentes et fournissant un parcours total de plus de 400.000 kilomètres-voitures par mois, soit près de 5 millions de kilomètres-voitures par an, nous ont prouvé que l'emploi judicieux de l'accumulateur peut rivaliser à tous les points de vue avec la plupart des systèmes actuellement en essais.

Les frais d'entretien élevés que signale M. le Rapporteur, ont tenu à plusieurs causes :

1° En premier lieu, nous rappellerons l'emploi d'accumulateurs peu robustes et totalement impropres au service auquel on les condamnait dans un but maladroit de réclame pour telle ou telle marque.

C'est cette principale cause qui explique le coût exceptionnel de l'entretien signalé dans le Rapport général et qui seule a motivé l'abandon de quelques lignes à accumulateurs.

2° La seconde cause est la fragilité des bacs en ébonite. Il n'est pas besoin d'insister sur l'importance que présente le choix des bacs en ébonite dont le prix atteint près de 50 0/0 du prix de la batterie. L'ébonite doit être d'une qualité assez souple pour résister aux chocs inévitables et assez rigide cependant pour ne pas se déformer et rendre le montage et le démontage des éléments difficile. Aujourd'hui, les fabricants de caoutchouc sont arrivés, après une période de tâtonnements coûteux, à améliorer leurs bacs dans de telles proportions que le nombre de bacs cassés dans des conditions identiques d'exploitation a baissé de dix à un. Nous ajouterons que la plupart de ces bacs cassés peuvent être réparés à très peu de frais et fournir ensuite un service comparable à celui des bacs neufs.

Dans ces conditions nouvelles, l'amortissement des bacs peut être fixé d'après des estimations précises basées sur six années d'expérience. Le taux en est très acceptable et peut être maintenu au-dessous de 10 0/0 par an du prix d'achat.

3° La question de l'isolement des batteries sur les voitures, qui n'a pas été résolue dès le début d'une façon satisfaisante tant au point de vue technique qu'au point de vue économique, nous conduit à l'examen de la troisième cause.

On conçoit facilement la difficulté que présente l'isolement d'une batterie de 200 éléments soumise, à une tension de 520 volts, à la charge dans un milieu que les vapeurs acides rendent conducteur. Cette difficulté est même augmentée dans le cas de la traction mixte où un pôle de la batterie est constamment à la terre et par conséquent où un seul défaut d'isolement devient dangereux.

La pratique a montré que le sectionnement de la batterie en plusieurs groupes répartis dans des caisses séparées permet d'abord d'obtenir un excellent isolement avec des matériaux peu coûteux et en outre de surveiller très facilement cet isolement, de localiser rapidement les défauts et d'y remédier avant qu'un incident se soit produit en exploitation.

Les incidents de cette nature ne dépassent pas deux ou trois en moyenne par 100.000 kilomètres-voitures.

Ces deux dernières causes, pourtant indépendantes de la qualité de l'accumulateur, ont beaucoup contribué à discréditer le système. Si à ces difficultés accessoires s'ajoutent celles qui proviennent des plaques elles-mêmes, de leur fragilité excessive, de leur assemblage compliqué rendant leur manipulation difficile, le système mérite la réprobation de M. le Rapporteur.

Mais si, ayant triomphé des difficultés du montage, on a affaire à des plaques robustes capables de fournir une très longue durée de service, assemblées de façon à former simplement deux blocs indépendants, le bloc positif et le bloc négatif, dont la constitution rend tout circuit intérieur impossible, qui se prêtent à des régimes de charge et de décharge très élevés, il est facile de démontrer, dans des exploitations en service, que la traction par accumulateurs peut être mise en parallèle avec les autres systèmes, et, bien que présentant des inconvénients aujourd'hui très atténués, assurer des avantages spéciaux très appréciables.

Avant de discuter ces inconvénients et ces avantages, nous croyons devoir signaler une lacune dans le Rapport soumis à votre discussion.

Il est question exclusivement de l'exploitation des lignes où les accumulateurs sont employés sur tout le parcours et chargés à un terminus. Il est difficile cependant de passer sous silence le système dit « mixte » où les accumulateurs sont rechargés pendant le passage de la voiture sous trolley. Ce système, dont la valeur a été contestée, est cependant, à notre avis, le plus avantageux. A Paris, il se prête aux conditions d'exploitation des lignes actuelles dites de pénétration, et dans un avenir très prochain, quand les dernières difficultés pour l'installation du trolley hors du centre seront aplanies, il pourra être appliqué sur la plupart des lignes de tramways.

On a affirmé souvent qu'avec ce système la charge des accumulateurs ne pouvait être garantie, la surveillance n'étant plus possible comme à un poste de charge. L'exemple de l'exploitation des deux lignes de la Place de la République à Pantin et à Aubervilliers, d'une ligne à Nancy et de trois lignes à Lyon, suffit pour réfuter catégoriquement cette affirmation.

Il est d'ailleurs facile de montrer que la charge sous le fil peut se faire dans de bien meilleures conditions qu'à une borne de charge.

Dans ce dernier cas, en effet, si l'on ne prend pas la précaution de manœuvrer un rhéostat, la batterie est soumise à un voltage de 2 volts 6 environ par élément dès le début et le courant de charge atteint des valeurs très élevées incontestablement nuisibles à la batterie. Avec la charge sous trolley, au contraire en supposant une répartition bien étudiée des feeders, et par suite du voltage sur le réseau, la ligne peut jouer ce rôle de rhéostat et la batterie peut être soumise à un voltage progressivement croissant qui permet d'éviter le courant exagéré des premières minutes de charge, sans augmenter sensiblement le temps nécessaire pour une récupération convenable.

La principale objection faite au système mixte étant ainsi écartée, nous n'hésitons pas à le présenter comme le seul mode rationel d'emploi des accumulateurs dans la traction urbaine. C'est en supposant une installation faite avec ce système que nous allons discuter les inconvénients et les avantages de la traction par accumulateurs.

Nous supposerons également que la voiture a été étudiée ou plutôt choisie en vue de l'installation de la batterie. Le modèle de voiture que nous recommandons n'a d'ailleurs rien de très spécial. Il se rapproche du modèle employé sur les lignes les plus récentes. C'est la voiture à plate-forme centrale. L'emplacement de la batterie sera très bien choisi sous cette plate-forme. La visite des éléments se fera en soulevant simplement les trappes de la plate-forme.

C'est dans ces conditions que nous allons maintenant examiner les inconvénients reprochés aux accumulateurs appliqués à la traction et leurs avantages particuliers.

Inconvénients. — Les inconvénients principaux reprochés, sont : le poids, le dégagement des odeurs, les dangers des explosions et l'encombrement du terminus, les irrégularités du service, le coût élevé de l'entretien des éléments.

A. *Poids.* — On peut montrer qu'avec le système mixte et un poste de charge au terminus, le service de la plupart des lignes de Paris, dans la partie centrale où le trolley ne peut être accepté, pourrait être assuré par une batterie d'accumulateurs de 200 éléments à une seule plaque positive, pesant environ 2.000 kilogrammes en ordre de marche.

En effet, une voiture à cinquante places ne pesant pas plus de 15 tonnes (batterie comprise) et le parcours sans recharge ne dépassant pas 3 kilomètres, on voit, en comptant sur 50 watts-heures environ par tonne kilométrique, que la capacité utilisée sera de 6 ampères-heures environ. Ce n'est donc pas la considération de la capacité qui déterminera le choix de l'élément. Ce sera l'intensité que cet élément aura à supporter tant à la charge qu'à la décharge. Dans ce cas l'élément Planté reprend sa supériorité indiscutable, et nous ne craignons pas d'affirmer que nous construisons et utilisons des éléments pesant environ 10 kilogrammes et pouvant débiter sans inconvénient de 80 à 90 ampères, c'est-à-dire l'intensité maxima que peut exiger une voiture de 15 tonnes, soit au démarrage, soit sur une rampe de 30 millimètres par mètre.

Donc, avec un poids de 2 tonnes, nullement prohibitif, on peut parfaitement répondre aux exigences du service dans une ville telle que Paris.

B. *Odeurs.* — L'expérience prouve que les accumulateurs convenablement entretenus, c'est-à-dire lavés à intervalles réguliers et bien isolés, ne répandent pas d'odeurs désagréables. Nous reconnaissons qu'il est particulièrement difficile de supprimer complètement les odeurs acides quand les éléments sont placés sous les banquettes. Mais sous la voiture, avec une ventilation continue, ces vapeurs ne causent pas de désagréments. Les odeurs les plus désagréables proviennent d'ailleurs le plus souvent de bacs se carbonisant par suite de défauts d'isolement, ce que l'on peut éviter comme nous l'avons indiqué plus haut.

C. *Dangers d'explosions.* — Les dangers d'inflammation de mélange détonant d'oxygène et d'hydrogène n'ont plus besoin d'être discutés avec les batteries placées sous le truck, c'est-à-dire à l'air libre.

D. *Interruption du service.* — Sans vouloir donner une désapprobation au Rapporteur général, il nous suffira de rappeler les incidents de l'hiver écoulé pour affirmer que les lignes à accumulateurs sont les seules n'ayant subi aucune interruption de service pendant les jours de neige et les gelées.

Nous avons été très surpris de voir ce reproche adressé au système à accumulateurs après une expérience aussi concluante.

D'ailleurs, en général, la régularité du service des lignes actuelles elles-mêmes avec leurs batteries lourdes est supérieure à celle de la plupart des autres systèmes à cause de l'indépendance de chaque voiture.

E. *Encombrement du terminus.* — Difficile à éviter même avec la charge rapide en quinze minutes, il est à peu près nul avec la traction mixte et la durée de stationnement ne dépasse pas celle qui est nécessaire pour les manœuvres diverses et la visite de la voiture.

Avantages. — Ces avantages peuvent être envisagés soit au point de vue technique, soit au point de vue financier.

Au point de vue technique, non seulement les accumulateurs fournissent une excellente solution d'attente pour les Compagnies dont les concessions n'ont plus une longue durée ou pour celles qui jugent encore insuffisante la période d'essai des systèmes nouveaux, mais il peut encore rivaliser avec ces systèmes.

En effet : A. Le système est le seul qui assure dans la partie la plus encombrée de la ville l'indépendance de toutes les voitures.

B. Il permet seul de quitter en vitesse le trolley et d'éviter un encombrement qui se produira aux points où l'on sera obligé de manœuvrer un appareil spécial dans tout autre système mixte.

C. La plupart des voies existantes peuvent être conservées. On évite les travaux de voirie coûteux et préjudiciables au commerce. Les dangers de l'électrolyse des conduites souterraines sont supprimés. On fait l'économie des feeders de retour.

D. Le fonctionnement de l'usine génératrice est beaucoup plus régulier qu'avec tout autre système ; car avec la charge sous le trolley les batteries jouent le rôle de tampon que nous avons signalé au début de cette étude. Il en résulte la possibilité de faire fonctionner l'usine à charge constante et par suite dans les conditions les plus économiques et de n'employer que des machines fournissant normalement la puissance moyenne et non la puissance maxima instantanée. On peut donc diminuer notablement les frais d'installation de l'usine génératrice et exploiter économiquement. Ces avantages compensant largement la perte d'énergie provenant du rendement des batteries, perte également diminuée par la suppression de la perte dans les conducteurs.

E. Il existe enfin un dernier avantage qu'il n'est pas possible de passer sous silence c'est de ne jamais mettre le public en contact avec le courant électrique ; c'est donc la suppression des accidents sur la voie de personnes ou d'animaux, entraînant des charges qui sont loin d'être négligeables.

Au point de vue financier, le système par accumulateurs est avantageux à la fois pour la Compagnie concessionnaire et pour la Ville. Il évite à l'une l'immobilisation d'un capital exagéré, à l'autre les inconvénients d'une longue concession.

Nous désirons ne pas sortir des limites que nous nous sommes imposées pour cette communication déjà longue. Mais il sera facile de faire des applications numériques. Avec ces chiffres sous les yeux, on sera conduit forcément à se demander si en présence de la multiplicité des lignes parallèles concédées et de la concurrence des chemins de fer métropolitains, les capitaux engagés dans l'installation de systèmes de traction électrique, autres que le trolley et les accumulateurs pourront être convenablement rétribués.

M. JUMAU

Sur l'exploitation des tramways par accumulateurs à charge rapide (1) — Dans les exploitations de tramways à charge rapide des accumulateurs, le point délicat est

(1) Note lue par M. Blondin.

précisément la détermination des conditions exactes de cette charge. L'expérience a montré qu'il peut résulter les plus graves inconvénients à ne pas suivre celle-ci d'une façon toute spéciale et à ne considérer comme important que le facteur temps. Ces inconvénients sont multiples : ils visent avant tout la sécurité d'exploitation ; il est évident que si la charge est insuffisante, il peut en résulter des dangers de panne dus à l'épuisement prématuré de la batterie. Ils touchent d'autre part au côté économique par deux points différents : consommation de courant et entretien des accumulateurs. Or une charge excessive provoquera non seulement un gaspillage coûteux d'énergie, mais encore une détérioration plus rapide des éléments.

Deux cas particuliers sont à examiner selon que la charge rapide se fait pendant la marche de la voiture, par exemple dans le parcours *extra muros* s'il s'agit d'exploitation mixte à accumulateurs et trolley, ou qu'elle se fait à poste fixe à la station terminus ou à l'usine. Dans le premier cas, la tension de charge qui est la tension de la ligne est, comme on sait, essentiellement variable. Comme la charge que prend une batterie dépend, en outre de la quantité d'électricité débitée, principalement de la tension et du temps de charge, les grandes variations de cette tension sont très préjudiciables à l'obtention d'une charge rationnelle. A certains moments les batteries peuvent surcharger pendant qu'à d'autres elles chargent insuffisamment. Les diminutions de tension sont parfois telles que les batteries débitent au lieu de charger. Le fait se produit notamment lorsque, après un accident sur la voie ou un simple embarras de voitures (et ceux-ci sont assez fréquents à Paris et dans les grandes villes), les tramways arrivent par séries sur le même tronçon de ligne à trolley.

Les inconvénients ci-dessus ne sont pas sans remèdes. En ce qui concerne la tension, il suffit d'établir les lignes de section suffisante ou de multiplier les feeders ou encore de placer en certains points des batteries-tampons, de façon à éviter les trop grandes variations, car les batteries peuvent en général fort bien s'accommoder de petites variations (5 à 7 0/0 par exemple) pourvu que les voitures soient munies d'un appareil de contrôle indiquant la fin de charge. Un compteur de quantité (2) représente le meilleur moyen de réaliser le contrôle. Un tel compteur peut être établi de façon à marquer dans un sens pendant la décharge et à démarquer pendant la charge ; un dispositif spécial et simple peut permettre de tenir compte du rendement de la batterie pendant la charge, de telle sorte que le wattman est assuré de la charge de sa batterie lorsque le compteur est revenu à zéro. Si, par suite d'une tension un peu plus faible que la tension moyenne, la batterie n'est pas entièrement chargée après le temps normal prévu et que les horaires ne permettent pas de charger plus longtemps, il ne doit pas en résulter d'inconvénients, car il ne s'agit que d'un faible nombre d'ampères-heures, dont le compteur tient d'ailleurs compte, et que les batteries à charge rapide doivent être toujours d'une capacité beaucoup plus grande que celle exigée par un voyage (on prévoit souvent une capacité plus que double).

Au lieu de la charge à potentiel constant on a intérêt à adopter la charge à potentiel légèrement croissant, de façon à réduire un peu l'intensité très élevée au début de la charge. Avec l'exploitation mixte, on réalise quelquefois cette condition en éloignant le feeder du point où la voiture prend le trolley au retour.

_____

(2) Un tel compteur, soumis aux trépidations de la voiture, doit présenter des qualités spéciales sur lesquelles les constructeurs pourraient donner leurs appréciations.

Lorsqu'il s'agit de charge rapide à la station terminus, la tension peut être maintenue suffisamment constante. Malgré cela, il convient de s'assurer également ici de la fin de charge des batteries et de ne pas s'en rapporter uniquement au temps de charge, pour cette raison que, à égalité de tension et de temps de charge, la quantité d'électricité que charge une batterie dépend de ce qu'elle a débité et de son état. Il convient de combattre à ce propos une opinion assez couramment admise dans les exploitations de ce genre, c'est que les batteries doivent se charger automatiquement, c'est-à-dire ne prendre de charge qu'autant qu'elles en ont besoin. Ceci serait exact si on adoptait comme tension de charge, celle qui correspond à la valeur de la force électromotrice des accumulateurs chargés. Ici l'intensité baisse jusqu'à zéro à la fin de la charge et la batterie ne prend plus rien à partir de cet instant. Mais l'adoption de cette tension conduirait à un temps de charge trop élevé pour les exploitations à charge rapide. Avec les tensions plus élevées que l'on est obligé d'adopter, l'intensité à la fin de la charge prend une valeur encore élevée et la prolongation de celle-ci provoque un gaspillage d'énergie et une usure prématurée des plaques; en même temps il se produit un dégagement gazeux abondant, avec entraînement de vésicules d'acide, qui incommodent les voyageurs et occasionnent une diminution d'isolement des batteries.

Il y a lieu de tenir compte également de l'état des batteries. Celles qui, déjà anciennes, peuvent avoir quelques éléments en courts-circuits possèdent une force électromotrice moins élevée et prennent sous la même tension une intensité supérieure à celle des batteries normales. Maintenues trop longtemps en circuit, ces batteries absorbent souvent deux ou trois fois la quantité d'électricité nécessaire, dépense de courant non seulement inutile, mais même nuisible puisqu'il en résulte un échauffement et une détérioration de la batterie. De faibles différences dans la densité de l'acide provoquant également des différences dans les forces électromotrices des batteries, celles-ci, par suite, chargent différemment sous la même tension.

Pour ces raisons, il également nécessaire d'avoir recours ici aux indications soit d'un indicateur de fin de charge, soit, mieux encore, d'un compteur, car le premier ne tient pas compte des variations d'état des batteries.

Quand cela est possible, le mieux est d'effectuer la charge rapide à l'usine, car on peut disposer là non seulement des instruments de mesure indiquant l'état de charge des batteries, mais encore des rhéostats de réglage permettant de faire varier la tension d'après l'état des batteries.

En résumé, dans toute exploitation à charge rapide, il ne suffit pas de maintenir les facteurs de charge : tension et temps, d'après leur détermination pour des conditions normales d'exploitation, mais il faut tenir compte en outre des variations importantes de débit ou d'état des batteries. La meilleure solution est l'adoption d'un compteur (de préférence un compteur de quantité) sur chaque voiture. Dans ce cas, on doit donner comme instructions de couper la charge lorsque le compteur la signale terminée, même si le temps moyen n'est pas atteint. D'autre part, la batterie doit avoir une réserve suffisante de capacité pour pouvoir assurer le service, même si sa charge n'est pas complètement terminée, après le temps réglementaire indiqué par les horaires. Le compteur tenant compte des insuffisances de charge, il est toujours possible de parfaire celle-ci, soit à certains moments de la journée quand le trafic est réduit, soit le soir à la rentrée au dépôt.

Ce n'est que dans une exploitation ainsi assurée qu'il peut être permis de parler du rendement des batteries. Les chiffres assez faibles qui ont été quelquefois donnés avec la prétention de s'appliquer au rendement des batteries à charge rapide sont absolument faux, car ils expriment non le rendement des accumulateurs, mais le rendement d'une mauvaise exploitation dans laquelle, pour être certain d'assurer une charge suffisante dans des conditions défavorables, on est obligé de surcharger dans les conditions normales.

La question des compteurs capables de supporter sans dérangements les trépidations des voitures, n'est peut être pas encore complètement résolue. La solution en serait très désirable.

L'application des batteries à charge rapide n'a pas toujours été faite d'une façon très rationnelle. Il est certain en effet qu'elle n'est possible que pour des parcours qui ne sont pas trop longs; sans quoi, ou bien on est conduit à des poids inadmissibles de batteries, ou bien celles-ci, calculées trop juste, ne tardent pas à devenir insuffisantes comme capacité et les détresses dues aux épuisements se multiplient.

On a également exagéré la rapidité de charge. Si celle-ci doit être telle que la tension à maintenir atteigne 2,6 à 2,7 volts et quelquefois même davantage par élément, le dégagement gazeux se produit tumultueusement dès le début de la charge et les voyageurs sont incommodés par les émanations et par la chaleur dégagée, même si la batterie est enfermée dans une caisse spéciale sous la voiture, tandis que l'isolement de la batterie devient impossible à conserver et qu'il peut en résulter des dangers d'incendie ou d'explosion, sans parler des frais d'entretien plus élevés.

Si on se tient dans des limites raisonnables, la traction par accumulateurs à charge rapide est susceptible d'applications encore assez nombreuses et nous pensons même qu'elle peut donner une solution avantageuse au cas de lignes mixtes où le fil aérien ne peut être employé dans certaines parties du parcours et où il n'y a de possibles, outre les accumulateurs, que le caniveau qui coûte très cher et nécessite des travaux qui entravent la circulation, ou les contacts superficiels qui, malgré leurs perfectionnements, ont comme principal inconvénient de présenter un danger pour la sécurité publique. Il nous semble que les inconvénients que l'on reproche aux accumulateurs peuvent disparaître devant ces derniers. L'augmentation de poids peut d'ailleurs être très réduite s'il ne s'agit que de petits parcours et surtout d'une série de petits parcours entre lesquels la batterie peut recharger.

Dans ce cas, il y aurait une utilisation très avantageuse des batteries, aussi bien au point de vue de la diminution des frais d'entretien qu'à celui des dépenses de courant. La batterie pourrait être en effet calculée comme on calcule une batterie-tampon et être utilisée de même. La faible capacité nécessitée par les petits parcours permettrait une grande réserve sans augmenter par trop le poids, et dans ces conditions on pourrait toujours faire travailler la batterie dans la partie moyenne de sa courbe. Chaque charge partielle ne restituant que la capacité débitée ou très peu en plus (la batterie ayant facilement dans ces conditions un rendement de 90 0/0 en quantité), les éléments ne seraient jamais amenés fin charge en cours d'exploitation et il n'y aurait pas à craindre de dégagements gazeux; les batteries se conserveraient plus longtemps et le rendement en énergie serait plus élevé.

Bien entendu, les batteries devraient être chargées complètement une fois par jour, le soir par exemple, à la rentrée au dépôt. L'adoption du compteur sur la voiture serait également indispensable dans ce cas.

Quant aux frais d'entretien des accumulateurs, si on les estime d'après les prix à forfait offerts actuellement par les fabricants d'accumulateurs, on peut les évaluer de 7 à 12 centimes par kilomètre-voiture (pour les voitures de 16 à 18 tonnes, à 50 personnes).

M. André LAVEZZARI

Les accumulateurs et la traction électrique. — Dans ses conclusions sur l'électro mobilisme, M. Monmerqué s'exprime ainsi :

« Si la voiture électrique est presque parfaite au point de vue mécanique, il n'en est pas de même en ce qui concerne les accumulateurs.

» Si l'automobile n'est pas plus employée, surtout pour les services publics, il faut en accuser l'accumulateur qui, jusqu'à ce jour, a causé bien des déboires en raison de son coût excessif d'entretien. »

Je ne puis m'empêcher de trouver que l'auteur du rapport est bien indulgent pour les uns et bien sévère pour les autres.

Placé en effet en bonne place pour me rendre compte du fonctionnement des différents types de voiture connus, j'ai été à même d'observer que si certains types réalisent assez bien toutes les conditions que l'on est en droit d'en attendre, d'autres par contre présentent de graves défauts que je crois nécessaire de rappeler pour mettre un peu plus de justice dans la répartition des responsabilités.

Tout d'abord la consommation d'énergie varie dans des proportions considérables, soit à cause du poids propre de la voiture, soit à cause de la complication des organes de transmission. Il existe ainsi un écart de dépense d'énergie du simple au double entre des types de voitures dont on demande les mêmes services, c'est-à-dire pour un même nombre de voyageurs transportés à la même vitesse. Il est naturel que dans ces conditions la longueur du parcours effectué sans recharge et le coût d'entretien des accumulateurs présentent des différences considérables pour ces différents types.

Une règle importante de la construction des voitures n'est pas souvent observée à souhait pour les accumulateurs ; c'est l'emplacement qui leur est réservé et les moyens dont on dispose pour manipuler les caisses les contenant. Certains constructeurs, sacrifiant trop à l'esthétique, ne réservent aux accumulateurs qu'un emplacement trop restreint, la place disponible est bien inférieure à celle qui serait nécessaire pour monter une batterie pouvant supporter sans inconvénient le régime de décharge que demande la voiture. Le rapport du poids de la voiture au poids de la batterie ne devrait pas être supérieur à 3 pour obtenir de bons résultats ; or ce chiffre est souvent bien dépassé et, malheureusement, il ne semble pas que les constructeurs de voitures se rendent tous un compte exact de cette nécessité de premier ordre.

D'autre part, il est de toute nécessité dans une voiture électrique de disposer les accumulateurs de telle façon que leur visite et au besoin leur changement puisse se faire rapidement et facilement.

Un facile progrès à réaliser dans cette voie serait, lorsqu'on ne veut pas recourir aux caisses suspendues sous la voiture, de munir les coffres à accumulateurs des voitures de galets ou de roules permettant une manœuvre plus aisée et plus rapide des caisses contenant les éléments : malheureusement ce dispositif n'est que très rarement employé et souvent les manipulations des caisses sont rendues fort pénibles par la disposition de celles-ci dans la voiture; le personnel préposé aux soins de la batterie hésite alors à effectuer la manœuvre et ne pratique pas de visites aussi fréquentes qu'il serait nécessaire.

Ces observations faites, je vais démontrer par des exemples que, dans des conditions convenables, les services que l'on peut attendre des batteries d'accumulateurs ne sont pas aussi aléatoires qu'on paraît le croire généralement.

Les résultats que je donne plus loin sont extraits d'observations faites sur plus de 30.000 sorties en service effectif sur des voitures de louage ou particulières.

Ces batteries, construites aux ateliers de la Compagnie Française de l'Accumulateur Aigle, sortent journellement fournissant ainsi un service régulier, je crois donc pouvoir dire qu'elles représentent les conditions de fonctionnement normal qu'on peut actuellement demander à une voiture électrique.

1° Une batterie du type J à 14 plaques positives, comportant 44 éléments d'une capacité de 170 ampères-heures au régime de 40 ampères, a donné les résultats suivants sur une voiture à quatre places de la Compagnie Française de Voitures Électromobiles, effectuant un parcours journalier moyen de 45 kilomètres à la vitesse maximum de 18 kilomètres à l'heure.

Le rapport du poids de la voiture au poids de la batterie était de 3,6.

Mise en service le 31 mai 1901, — lavage le 1er août 1901.

Premier changement des plaques positives après 137 sorties le 17 octobre, — lavage le 23 décembre.

Deuxième changement des positives après 237 sorties le 4 février 1902, — lavage le 15 avril.

Troisième changement des positives après 342 sorties le 4 juin.

Cette batterie continue actuellement son service.

Des précédents chiffres il ressort que la durée moyenne d'un jeu de plaques positives est de quatre mois environ.

2° Une batterie du même type effectuant un service semblable au précédent, mais sur une voiture plus légère, le rapport du poids de la voiture au poids de la batterie étant de 3, a donné les chiffres suivants :

Mise en service le 25 juin 1901, — lavage le 30 octobre.

Premier changement de plaques positives après 196 décharges le 11 janvier 1902 — lavage le 24 avril.

Deuxième changement de plaques après 270 décharges le 5 juillet.

Cette batterie continue actuellement son service.

La durée moyenne d'un jeu de plaques positives a été, pour cette batterie, de six mois.

3° Batterie de 44 éléments d'une capacité de 120 ampères-heures au régime de 32 ampères, en service sur une voiture à avant-train moteur du poids de 1.800 kilogrammes y compris la batterie pesant seule 500 kilogrammes, ce qui donne pour le rapport des poids 3,6. Cette voiture fait un service particulier sensiblement plus doux que celui des locations.

Le parcours effectué par sortie est d'environ 40 kilomètres à la vitesse de 18 kilomètres à l'heure.

Mise en service le 5 juin 1901, — premier lavage le 25 octobre, — deuxième lavage le 2 février 1902, — changement des plaques positives le 13 mai 1902.

Ce qui donne comme durée d'un jeu de plaques positives, onze mois.

34

Des chiffres précédents il ressort que, dans un service de locations avec des batteries sortant régulièrement chaque jour, la durée moyenne d'un jeu de plaques positives est de quatre mois à quatre mois et demi et que, pour des batteries en service chez des particuliers dont le service ne présente pas la régularité et la fréquence précédentes, la durée peut atteindre un an.

Dans ces conditions il est possible de consentir la location des batteries des types énoncés ci-dessus, avec entretien, à un prix de 200 francs par mois environ. Ce chiffre étant même susceptible de diminution dans le cas de l'emploi d'un assez grand nombre de batteries comme cela a lieu pour les sociétés de location de voitures électriques.

Si je cite ce chiffre, c'est uniquement pour démontrer que, dans l'emploi de la voiture électrique, la dépense d'entretien de l'accumulateur n'atteint pas, comme on est toujours tenté de le croire, des sommes extraordinaires et dont il est presque impossible de préciser l'importance. Et je m'empresse de dire, pour écarter toute idée de réclame, que presque tous les constructeurs d'accumulateurs pour voitures sont en état de remplir ce programme.

De tout ceci il résulte, à mon avis, que les électromobiles ne présentent pas tous les inconvénients que l'on pense, mais se trouvent répondre dans une très large mesure aux besoins qu'elles doivent satisfaire : service de ville ou service de château à la campagne. Il est évident que ce n'est pas une voiture de tourisme. Je considère même comme très regrettables certaines courses à très long parcours, autour desquelles il a été fait grand bruit. Pour en juger la valeur il faut considérer le rapport qui existait entre le poids de la batterie et celui de la voiture, par conséquent le confort de cette dernière. Et puis ce n'est pas tout que de faire un long trajet, il faut être en état de revenir et surtout de le recommencer, or de cela on ne parle jamais à la suite de ces prodiges !

De pareilles expériences, en faussant les idées du public, font à mon avis le plus grand tort à la cause de la traction électrique des voitures.

M. JUMAU.

Les accumulateurs dans l'électromobilisme urbain. — Des différents essais de consommation effectués dans Paris, on peut conclure que la dépense moyenne d'énergie électrique est égale à 80 watts-heure par tonne-kilomètre. En admettant une vitesse de marche de 20 kilomètres à l'heure, il en résulte pour la puissance moyenne d'une automobile, la valeur 1600 watts par tonne de poids total (voyageurs compris).

Si nous déterminons maintenant le poids de la batterie par rapport au poids total de la voiture en ordre de route, nous trouvons qu'il peut varier de 30 à 35 0/0 selon le type de la voiture. On a pu élever très notablement cette proportion ; mais comme il s'agissait plutôt dans ce cas de voitures de course que de voitures pratiques, nous admettrons que la proportion 35 0/0 n'est pas dépassée ; encore supposerons-nous qu'elle tient compte non seulement du poids des éléments, mais encore de celui de la caisse qui les renferme, ainsi que des différents accessoires : connexions et câbles, séparateurs de bacs, etc.

Dans le cas où la batterie est tout entière renfermée dans une caisse unique suspendue sous la voiture, voici quels sont, d'après une exploitation existante, les poids de ces différents accessoires :

Caisse en bois, avec ferrures et couvercles . . . . . 95 kilogrammes.
Calages et séparateurs divers entre les bacs . . . . 14 —
Connexions (deux par élément) et câbles . . . . 9 —
Éléments complets . . . . 780 —

$$\text{POIDS TOTAL} . . . . \quad 898 \text{ kilogrammes.}$$

Ce poids total se rapportant à une voiture de 2.500 kilogrammes en ordre de route, le rapport $\dfrac{898}{2.500} = 0,36$ concorde bien avec la proportion que nous admettons ici.

Des poids détaillés ci-dessus, on peut déduire, pour le rapport entre le poids total de la batterie montée dans sa caisse et le poids total des éléments, la valeur $\dfrac{898}{780} = 1,15$.

Par tonne de voiture en ordre de route, nous pouvons donc disposer de 350 kilogrammes de batterie montée, soit de $\dfrac{350}{1,15} = 304$ kilogrammes d'éléments.

Pour déterminer la puissance massique rapportée au kilogramme de plaques, il importe maintenant de connaître le coefficient d'accessoires d'un élément, c'est-à-dire le rapport entre le poids total de l'élément et le poids de plaques de celui-ci. Voici quel est ce coefficient d'après différents constructeurs :

Type d'accumulateur	Coefficient d'accessoires.
T. E. M. — Société pour le travail électrique des métaux . . .	1,59
B. G. S. — Bouquet, Garcin, Schivre.	1,49
Phénix, type 1900, à vase poreux	1,39
Fulmen	1,45
Max	1,60
Heinz	1,33
Phœbus.	1,42
Blot-Fulmen.	1,36

On voit que ce coefficient est assez variable : d'une part, il est d'autant plus élevé que les plaques sont plus légères ; d'autre part, il varie surtout en raison de l'intervalle laissé entre les plaques et au-dessous des plaques. Lorsqu'il s'agit de plaques légères comme celles imposées par l'automobilisme, et quand on a en vue une exploitation économique, nous estimons que ne prendre, par exemple, que trois millimètres d'intervalle entre les plaques, comme le font certains constructeurs, est tout à fait insuffisant. Pour ces raisons, il convient d'adopter environ 1,60 pour le coefficient d'accessoires, qui peut être décomposé comme suit : plaques, 1,00 ; bac en ébonite, 0,10 ; acide, 0,40 ; accessoires divers (tasseaux, séparateurs, couvercle, barrettes de plomb), 0,10.

Il en résulte ainsi que le poids de plaques par tonne de voiture devient $\dfrac{304}{1,6} = 190$ kilogrammes.

La puissance massique moyenne pour la vitesse, 20 kilomètres à l'heure, devient donc $\dfrac{1.600}{190} = 8,42$ watts par kilogramme de plaques, et l'intensité massique $\dfrac{8,42}{1,90} = 4,44$ ampères par kilogramme de plaques, en supposant une différence de potentiel moyenne de 1,90 volt pendant la décharge, valeur très voisine de la moyenne, quelquefois un peu dépassée dans le cas d'éléments à plaques très légères.

Nous pouvons rechercher maintenant quelles capacités massiques peuvent donner à ce régime les principaux types actuellement existants. En ne considérant ici que les accumulateurs français, voici quelles sont ces valeurs, d'après les renseignements publiés pendant ces derniers temps dans l'*Éclairage Électrique*.

Type d'accumulateur.	Durée de la décharge en heures.	Intensité massique en ampères par kilogrammes de plaques.	Capacité massique correspondante en ampères-heures : kilogrammes de plaques.
T. E. M. — Société pour le Travail électrique des Métaux . .	8	3,04	24,95
	6	3,91	23,45
	4	5,24	21,05
B. G. S. — Bouquet, Garcin et Schivre. . .	10	2,29	22,90
	5	4,05	20,25
	3	5,93	17,80
Phénix, type 1900, vases poreux. . . .	10	2,20	22.00
	8	2,65	21,25
	6	3,35	20,10
	5	3,86	19,33
	4	4,59	18,35
Fulmen	8	2,48	19,90
	4	4,07	16,25
Max.	10	1,94	19,40
	5	3,41	17,05
	3	4,93	14,78
Heinz	8	2,17	17,55
	6	2,76	16,75
	4	3,59	14,40
Phœbus	5	2,84	14,06
Blot-Fulmen	8	1,62	12,94
	4	2,97	11,86
	2	4,86	9,70

Nous n'avons mentionné dans ce tableau que les types réellement industriels d'accumulateurs légers pour automobiles. Notons en passant que certains constructeurs sont capables de fabriquer des plaques d'une capacité massique de 35 à 40 ampères-heures par kilogramme. Mais comme il s'agit de plaques à très faible durée, leur emploi en automobilisme ne peut être qu'exceptionnel (cas des courses par exemple).

En restant sur le terrain industriel, le tableau précédent nous montre qu'il est possible de trouver des éléments capables de débiter pendant cinq heures au régime de 4,44 ampères par kilogramme de plaques et donner ainsi 5.4,44 = 22,2 ampères-heures par kilogramme de plaques, ce qui signifie que, dans les conditions ci-dessus établies (35 0/0 du poids pour la batterie, et vitesse de 20 kilomètres à l'heure) il est possible d'avoir une accumobile pratique capable d'effectuer un parcours de 5.20 = 100 kilomètres sans recharge.

Remarquons que le parcours augmente très vite lorsqu'on fait croître la proportion de poids de la batterie et qu'on diminue la vitesse, par suite de la propriété que possèdent les accumulateurs d'avoir une capacité assez rapidement croissante quand l'intensité diminue. Un calcul simple nous montrerait ainsi la possibilité de parcours de 200 à 300 kilomètres pour les voitures de record de parcours.

Pour nous en tenir à la voiture pratique, nous pouvons dire que le parcours de 100 kilomètres est largement suffisant pour l'électromobilisme urbain où la moyenne des parcours journaliers ne dépasse pas 50 kilomètres. Nous estimons cependant que cette réserve, qui peut paraître élevée *a priori*, est nécessaire pour parer d'une part aux éventualités d'augmentation de consommation (mauvais état de la voie, par exemple) et d'autre part à la baisse lente de capacité des batteries pendant leur fonctionnement.

On pourrait éviter cette diminution, mais il faudrait pour cela consentir à des frais d'entretien trop onéreux et comme les plaques (les négatives principalement) sont en état d'assurer un long service avec une capacité qui diminue d'une façon graduelle mais lente, mieux vaut les utiliser ainsi en partant d'une capacité initiale très supérieure.

Ces raisons rendent à peu près impossible l'emploi des plaques genre Planté dans les accumobiles, à moins de prévoir un changement de batterie dans la journée, ce qui exige un retour au dépôt, des frais supplémentaires de manutention, et surtout un certain nombre de kilomètres haut le pied réduisant d'autant le parcours utile. Dans le tableau précédent en effet toutes les plaques sont du type à oxydes rapportés, sauf l'élément Blot-Fulmen dont les positives sont à grande surface. Sa capacité spécifique est la plus faible et atteint à peine 10 ampères-heures au régime de 4,44 ampères par kilogramme de plaques, ce qui ne permettrait, dans les conditions ci-dessus, qu'un parcours de $\frac{10}{4,44} \cdot 20 = 45$ kilomètres.

Étant reconnue la possibilité d'assurer dans les grandes villes un service particulier ou public avec accumobiles, doit-il y avoir une entrave économique due aux dépenses d'entretien occasionnées par les batteries? Pour répondre à cette question, il faut évaluer ces dépenses d'entretien. Une évaluation exacte est très difficile à établir puisque, pour être rigoureux, il faudrait tenir compte du type d'accumulateur choisi et aussi des conditions et de l'importance de l'exploitation envisagée.

Les dépenses les plus importantes sont dues au remplacement des positives, des négatives et des bacs en ébonite, et à la main d'œuvre de démontage et de remontage des batteries.

De bonnes plaques positives, de capacité spécifique telle qu'elles permettent d'obtenir, dans les conditions exposées précédemment, un parcours initial de 100 kilomètres, peuvent facilement assurer avant leur remplacement un parcours total de 7.000 kilomètres. Le prix de revient de ces plaques, de fabrication économique, est de 1 fr. 30 c. environ par kilogramme. Pour les plaques négatives, on peut compter une durée une fois et demie plus grande, soit 10.500 kilomètres et un prix de revient de 1 fr. 50 c. par kilogramme.

La durée des bacs en ébonite est malheureusement assez limitée ; nous la supposons ici égale à deux années et nous prenons comme prix de l'ébonite 10 francs par kilogramme.

Au sujet de la main-d'œuvre, nous estimons que les batteries doivent être démontées et nettoyées tous les 3.500 kilomètres.

Dans ces conditions, on peut calculer comme suit les dépenses d'entretien relatives à 1 tonne de poids total de voiture et par kilomètre, d'après les chiffres précédemment donnés. Nous admettons ici que le poids des positives est égal à celui des négatives. En réalité, il peut y avoir une petite différence en plus ou en moins d'après le nombre de plaques de l'élément, car si, d'un côté, la négative pèse un peu moins que la positive, d'un autre côté il y a toujours pour n positives $n + 1$ négatives. En moyenne, on peut admettre un poids total égal, soit $\frac{190}{2} = 95$ kilogrammes dans notre cas.

Dépenses d'entretien.

Plaques positives $\frac{95.1,3}{7.000}$ . . . . = 0^f,0177

Plaques négatives $\frac{95.1,5}{10.500}$ . . . . = 0^f,0136

Bacs en ébonite. — Le poids des bacs pour 304 kilogrammes d'éléments est égal d'après ce que nous avons vu à $\frac{304.0,1}{1,6} = 19$ kilogrammes. D'où une dépense totale de $19.10 = 190$ francs en deux années. Si la voiture parcourt en moyenne 50 kilomètres pendant environ 340 jours par an, la dépense par tonne-kilomètre devient $\frac{190}{2.340.50}$ . . . . = 0^f,0056

Main-d'œuvre de démontage et de remontage $\frac{20}{3.500}$ . . . . = 0^f,0057

TOTAL . . . . 0^f,0426

Nous ne tenons pas compte ici de l'entretien des autres accessoires, qui est très faible comparativement et qui peut être compensé par la reprise des vieilles matières : plomb, oxydes, ébonite.

On peut donc considérer que l'entretien des accumulateurs industriels à grande capacité spécifique donne lieu à des dépenses d'entretien d'environ 0 fr. 043 par tonne-kilomètre de poids total de voiture en ordre de marche.

En supposant une voiture à quatre places, pesant 1.800 kilogrammes, et parcourant en moyenne 50 kilomètres par jour, on trouve ainsi comme dépenses journalières d'entretien $1,8 . 50 . 0,043 = 3$ fr. 87 c.

Quoiqu'il soit très désirable que cette somme puisse être réduite dans l'avenir elle est actuellement beaucoup plus faible que les dépenses pratiquement observées pour l'entretien du matériel mécanique et électrique et des pneumatiques. Une réduction de ces dernières nous paraît d'ailleurs très réalisable, et indépendamment des perfectionnements qui peuvent être apportés dans la construction de la voiture et dans la réduction de son poids, nous signalerons comme fait capable d'amener une économie de ce côté le choix de conducteurs bien exercés, l'entretien du matériel dépendant beaucoup de la conduite de la voiture.

Ne possédant pas de chiffres officiels sur les autres dépenses d'exploitation, nous ne tirerons pas de conclusions quant aux qualités économiques d'une accumobile. Nous avons simplement voulu montrer ici que si ces frais d'exploitation trop élevés limitent encore les applications de l'électromobile dans les villes, le plus grand coupable n'en est peut-être pas la batterie.

M. JEANTAUD, Ing. à Paris.

Quelques remarques sur l'application de l'électricité à l'automobilisme. — M. JEAN-
TAUD ne partage pas les opinions favorables qui ont été émises par les précédents
orateurs sur l'application des accumulateurs aux automobiles sur route. Il ne
pense pas qu'il existe actuellement de types d'accumulateurs pouvant assurer
avec sécurité et. économie un service de véhicules automobiles sur route pour
transport de voyageurs en commun.

- Il ne croit pas davantage à la possibilité d'utiliser des voitures mixtes où un
moteur à pétrole charge d'une manière continue des accumulateurs dont le courant de décharge actionne les moteurs. Ce système réunit, en effet, les inconvénients des voitures à pétrole à ceux des voitures à accumulateurs.

Mais, par contre, il pense que l'électricité peut être avantageusement employée
pour la mise en marche et pour les changements de vitesse dans les voitures
à pétrole. M. Hospitalier a imaginé, dans cet ordre d'idées, des dispositions qui
paraissent devoir donner des résultats favorables.

Il explique un nouveau dispositif de changement de vitesse électrique
obtenue à l'aide de deux dynamos concentriques très légères et peu volumi-
neuses montées sur l'arbre d'un moteur à pétrole.

Ces deux dynamos étant tour à tour génératrices et réceptrices, on obtient
ainsi sur l'arbre moteur un changement de vitesse graduel de 1.600 tours à
800 tours sans que le couple moteur perde de sa puissance.

DEUXIÈME SÉANCE GÉNÉRALE

9 août 1902

PRÉSIDENCE DE M. J. CARPENTIER
Président de l'Association.

A l'ouverture de la séance, le Président donne la parole à M. Blanchon qui désire répondre à une communication de M. Jumau.

M. Blanchon. — M. Jumau, dans la partie de sa communication relative à l'emploi des accumulateurs dans les tramways, a fait la critique de la charge rapide et a cité des chiffres qui pourraient faire croire à des irrégularités vraiment inacceptables dans une exploitation.

Nous ignorons dans quelle usine et avec quelles batteries des écarts de 650 à 350 volts ont été relevés. Avant de rechercher les causes de telles variations, nous répondrons que dans toutes les exploitations dont nous avons eu à nous occuper, les variations de voltage ne dépassent pas 2 à 3 pour cent; nous aurions été heureux de mettre sous les yeux de M. Blondin les feuilles journalières de contrôle nous nous engageons d'ailleurs à en communiquer une reproduction photographique à M. le Secrétaire général avant l'impression du compte-rendu (1).

Il est hors de doute que cette régularité de marche doit être attribuée en grande partie aux batteries elles-mêmes, jouant le rôle de tampon, comme nous l'avons déjà signalé, de sorte que loin d'apporter des perturbations les accumulateurs améliorent la marche de l'usine.

M. Blondin a attribué à la faible résistance intérieure des batteries l'importance des pointes de charge observées par M. Jumau. Mais il faudrait aussi

---

(1) Nous donnons la reproduction d'une courbe de voltage relevée précisément le 9 août, jour de la présente communication, à l'usine des tramways d'Aubervilliers-Place de la République.

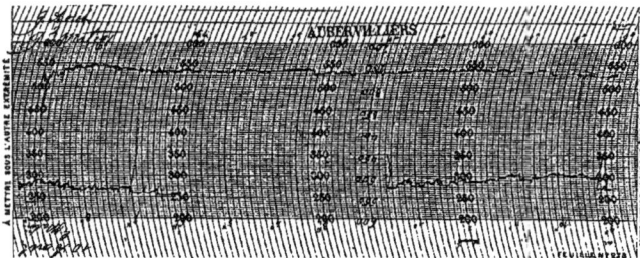

considérer la force contre électromotrice des batteries. Cette force contre électromotrice atteint encore $1^v,75$ à $1^v,00$ avec une batterie en bon état, même complètement déchargée; il n'en est plus de même avec une batterie dans laquelle de nombreux éléments arrivent en charge avec un voltage nul et même parfois inversés; dans ce cas, le courant ne sera plus limité que par la résistance intérieure des éléments en question et pourra atteindre alors des valeurs capables de produire à l'usine des oscillations de voltage de l'ordre de celles signalées par M. Blondin.

Nous ne voyons pas d'autres explications à donner à des conditions d'exploitation aussi défavorables; elles ne peuvent se présenter qu'avec des batteries en mauvais état dont les éléments sont incapables d'assurer le service exigé et dont la décharge est poussée au delà des limites de voltage imposées dans l'emploi normal des accumulateurs.

M. GARIEL analyse un intéressant travail de M. J. Rocca, inspecteur principal de la Direction des chemins de fer italiens de la Méditerranée sur *la traction électrique sur la ligne Milan-Gallarate-Varese* (1), travail qui n'a pu être lu à la séance précédente, faute de temps. Nous nous bornerons à en donner les conclusions principales.

« Nous croyons pouvoir affirmer, sans être taxé d'optimisme, que l'essai de traction électrique sur la ligne Milan-Varese sera très concluant. Presque toutes les difficultés qu'on peut rencontrer dans l'exploitation des chemins de fer auraient été abordées et résolues. Le service de la ligne n'a pas exigé, il est vrai, la mise en marche de *trains lourds à grande vitesse* (nous entendons par là des trains de 150 à 200 tonnes lancés à 150 ou 200 kilomètres), mais rien n'aurait empêché de les réaliser. En effet :

» Le troisième rail permet les plus grandes vitesses ;

» Le matériel roulant peut être aussi robuste qu'on veut ;

» Les moteurs électriques, tels qu'on les possède déjà, peuvent satisfaire à cette condition : tout se réduit au rapport des engrenages.

» Les résultats déjà obtenus sur la ligne Milan-Varese et ceux qu'on peut prévoir permettent à la Société des Chemins de fer de la Méditerranée de considérer, sous le rapport technique, le problème (de remorquer des trains lourds à grande vitesse sur de longs parcours) comme déjà résolu ou facile à résoudre pour répondre à toutes les nécessités de l'exploitation. »

Le PRÉSIDENT, constatant qu'il n'y a plus de communications annoncées, ouvre la discussion tant sur les travaux présentés que sur le Rapport préliminaire. Il annonce que M. Monmerqué, auteur du Rapport sur la *traction électrique urbaine et suburbaine*, ayant été empêché de se rendre au Congrès, M. Forestier, inspecteur général des Ponts et Chaussées, accepte de résumer les travaux et de présenter des conclusions.

M. FORESTIER propose d'examiner successivement les diverses conclusions présentées par M. Monmerqué. Il croit cependant devoir suivre un ordre différent et commencer par la question de l'*automobilisme*.

Il ne pense pas qu'il y ait de conclusions formuler relativement à la cons-

---

(1) Ce travail a été publié à Bruxelles, chez P. Weissenbruch, 49, rue du Poinçon. — Un résumé assez étendu en a paru dans l'*Éclairage électrique* du 23 août 1902.

truction des voitures automobiles électriques, notamment au point de vue des châssis, de la direction et du mécanisme moteur.

Personne ne demandant la parole sur ce point, M. Forestier ouvre la discussion sur l'application des accumulateurs électriques aux voitures automobiles.

A la suite d'une discussion à laquelle prennent part plusieurs membres dont les opinions sont concordantes, M. Forestier propose d'adopter les conclusions suivantes :

I. — *En ce qui concerne l'application des accumulateurs aux automobiles, il serait désirable que le poids des batteries d'accumulateurs fût réduit dans une notable proportion.*

II. — *Les constructeurs sont invités à étudier la disposition à donner aux caisses des voitures de manière à obtenir une place suffisante pour les accumulateurs et à rendre aisée la vérification de l'état des batteries.*

Ces conclusions sont adoptées.

M. Forestier pense qu'il y a lieu de formuler les conditions de fonctionnement pratique qu'il convient d'exiger des batteries d'accumulateurs. Il émet l'opinion que le parcours à imposer sans rechargement ne doit pas être trop considérable ; mais il croit qu'il est très important de fixer le maximum du rapport du poids des batteries à celui du véhicule, ainsi que le nombre de sorties possibles avant changement des plaques positives.

Il serait disposé à admettre : pour le poids d'accumulateurs 30 0/0 du poids de la voiture, pour le parcours moyen par sortie 45 à 50 kilomètres, pour le nombre des sorties avant changement des plaques positives, il le limiterait à 100 sorties au moins.

M. BLANCHON pense que sur ce dernier point on peut exiger davantage, par exemple 130 à 140 sorties.

M. LAVEZZARI, d'après ses observations, pense que le chiffre de 150 sorties n'est pas exagéré.

M. Forestier propose alors les conclusions suivantes :

III. — *Il faudrait que les batteries d'accumulateurs puissent, sans que leur poids dépasse 20 0/0 du poids du véhicule, assurer sans rechargement un parcours moyen de 40 à 50 kilomètres.*

IV. — *Il serait à désirer qu'elles puissent effectuer en service normal au moins 150 sorties sans renouvellement des plaques positives.*

Ces conclusions sont adoptées par l'Assemblée.

M. FORESTIER pense que les bandages pneumatiques actuels donnent des résultats qu'on peut considérer comme satisfaisants et, tout en souhaitant qu'ils reçoivent de nouvelles améliorations, il ne croit pas qu'il y ait lieu de présenter des conclusions sur ce point.

Sans s'occuper de la question proprement dite des pneumatiques, M. P. RENAUD signale l'avantage qu'on peut retirer de l'emploi des tubes à air comprimé pour le gonflement de ces bandages ; ces tubes d'un emploi commode lui paraissent pouvoir remplacer les pompes avec avantage.

Abordant ensuite la question du transport en commun, M. FORESTIER pense que les automobiles électriques ne peuvent être utilisés économiquement car le poids du véhicule en charge est limité à raison de l'obligation d'employer des pneumatiques. Aussi, un service public ne peut être rémunérateur que si l'électricité est empruntée à une source extérieure d'énergie. Le système Lombart-Gerin à trolley automoteur satisfait à ces conditions, encore faut-il, puisqu'il circule sur route, que le poids du véhicule en charge ne dépasse pas 3 tonnes. M. Forestier croit que l'emploi de ce système constitue non une solution définitive, mais une solution d'attente jusqu'à ce que le développement du trafic permette l'établissement d'une voie plus coûteuse.

Aussi propose-t-il la conclusion suivante qui est adoptée :

V. — *Les voitures automobiles électriques ne peuvent être utilisées pour un service public que si l'électricité empruntée à une source d'énergie extérieure est transmise au véhicule par un système déformable et souple.*

Passant à un autre chapitre du Rapport, M. FORESTIER aborde la question des chemins de fer électriques urbains ou métropolitains. Avec le Rapporteur, il pense que pour éviter tout temps perdu dans l'exploitation, il convient de disposer les voitures surtout en vue de l'utilisation pratique, et non pas de subordonner celle-ci aux installations électriques. L'expérience montre notamment que, pour faciliter le mouvement des voyageurs aux stations, il faut placer au milieu du wagon la porte qui doit s'ouvrir très largement.

Ces remarques ne donnent lieu à aucune observation. Il en est de même pour la question de l'emploi du troisième rail comme conducteur de courant qui paraît constituer une solution satisfaisante.

Convient-il d'employer les courants continus ou les courants polyphasés ? Il est difficile de conclure aujourd'hui, car les derniers sont peu employés en dehors des chemins de fer de montagne ; les courants continus sont, au contraire, employés fréquemment et relativement depuis longtemps, de telle sorte qu'on manque de termes précis de comparaison. Il semble toutefois que le courant continu ne doit pas être avantageux pour les longues distances.

M. P. RENAUD pense qu'il serait intéressant de faire des essais sur les transformateurs statiques. C'est là un appareil bien nouveau qu'on ne saurait songer à appliquer dès à présent dans la pratique.

M. KOECHLIN émet l'opinion que les transformateurs bien étudiés en vue du rôle qu'ils ont à jouer fournissent de meilleurs résultats que les transformateurs statiques.

M. CRUVELLIER pense qu'on pourrait utiliser directement des courants triphasés de 3.000 volts en employant un système convenable de plots.

Aucune conclusion ne paraît pouvoir être proposée sur ce chapitre de Rapport.

M. FORESTIER donne connaissance des conclusions de M. MONMERQUÉ relativement aux tramways.

D'une manière générale, il n'est présenté aucune observation sur la disposition des voitures.

En ce qui concerne l'utilisation de l'énergie électrique il y a lieu de distinguer deux cas suivant que la source de l'énergie est constituée par des accumulateurs ou qu'elle est extérieure. Après quelques observations présentées par divers membres, M. FORESTIER, s'appuyant sur les considérations développées par M. Monmerqué pour ce dernier cas, propose la conclusion suivante :

VI. — *Toutes les fois que des considérations d'ordre supérieur ne s'opposent pas à la transmission du courant par fil aérien, il est désirable que les municipalités acceptent cette solution économique et avantageuse.*

Le système à caniveau serait très recommandable si son prix élevé ne permettait de l'utiliser que pour des lignes très fréquentées.

Les systèmes à contacts superficiels, à plots, peuvent constituer une solution acceptable et pratique, ainsi qu'il résulte notamment des communications qui ont été présentées dans la séance du 8 août. L'inconvénient principal qu'on leur reproche consiste dans les accidents qu'ils peuvent produire; mais il semble que ces accidents peuvent être évités par l'emploi de systèmes spécialement étudiés dans ce but et construits avec soin.

D'ailleurs, les accidents ne sont pas aussi fréquents ni surtout aussi graves qu'ils le paraissent d'après les récits publiés dans les journaux.

M. Vuillemin, ingénieur des Arts et Manufactures, a eu à examiner tous les rapports concernant les accidents dus aux plots et survenus à Paris, dans le cours des trois dernières années; il peut affirmer qu'aucun de ces accidents n'a eu de conséquences graves pour les personnes, contrairement aux récits de certains journaux. Il croit donc qu'il serait bon de mettre le public en garde contre les légendes créées autour des plots et de ne pas laisser s'implanter des idées fausses sur les systèmes de traction par « contacts superficiels », dont les avantages viennent d'être, de nouveau et nettement, exposés.

A la suite de quelques autres observations, M. Forestier propose la conclusion suivante :

VII. — *Lorsque le fil aérien ne peut pas être utilisé, la circulation des tramways peut être assurée avec toute sécurité par des systèmes divers : caniveau, contacts superficiels, plots.*

M. Forestier met ensuite en discussion la question de la traction des tramways, par accumulateurs. Les conditions ne sont pas ici les mêmes que pour les automobiles et l'absence de bandages pneumatiques permet l'emploi de batteries dont le poids peut être très notable.

L'inconvénient provenant du dégagement de vapeurs acides qui a été signalé pour certains modèles de voitures peut être facilement évité par une construction convenable et ne peut être considéré comme un obstacle à l'emploi de ce système.

Reste la question économique sur laquelle l'expérience seule peut prononcer; c'est aux compagnies exploitantes, en somme, à se décider dans chaque cas particulier.

M. Blanchon partage l'opinion exprimée par M. Forestier, que pour le système par accumulateurs aussi bien que pour les autres, le jugement définitif appartient aux compagnies exploitantes; aussi est-il très heureux de pouvoir faire connaître les décisions prises par deux des plus anciennes et des plus puissantes sociétés de transport en commun avec lesquelles sa compagnie avait traité pour l'installation et l'entretien des batteries d'accumulateurs de traction.

Les contrats imposaient l'obligation d'assurer l'entretien et le bon fonctionnement de ces batteries moyennant une redevance kilométrique, pendant une longue période; au cours de cette période la Compagnie exploitante avait seule le droit de résilier le contrat et de prendre à sa charge l'entretien ; la Compagnie n'avait plus alors qu'à fournir les plaques de remplacement à un prix déterminé. Après deux ans d'initiation les deux Compagnies en question ont profité de cette clause du contrat.

La responsabilité de la Compagnie au point de vue de l'exploitation est aujourd'hui entièrement dégagée et les fournitures sont simplement soumises à un essai de réception.

On doit voir là une preuve que le système de traction par accumulateurs ne saurait être condamné, et c'est la meilleure réponse qu'on puisse faire aux conclusions trop sévères de M. le Rapporteur général.

Comme suite aux diverses observations présentées, M. Forestier soumet à l'Assemblée la conclusion suivante :

VIII. — *Lorsque le fil aérien ne peut être utilisé, la circulation des tramways peut être assurée par l'emploi de batteries d'accumulateurs.*

Cette conclusion est adoptée.

M. FORESTIER croit pouvoir résumer les travaux présentés dans les deux séances et les discussions auxquelles ces travaux ont donné lieu, en disant que l'électricité paraît appelée à jouer un rôle important dans la traction urbaine et suburbaine sur des voies relativement courtes; qu'une solution qui est satisfaisante, sinon la meilleure, est déjà employée pour les chemins de fer d'intérêt général de grande longueur; que plusieurs systèmes, répondant à des conditions différentes, permettent d'assurer la traction des tramways; que des progrès doivent encore être réalisés pour que les automobiles électriques deviennent réellement pratiques.

M. LE PRÉSIDENT, avant de clore la séance et cette intéressante discussion, est assuré d'être l'interprète de l'Assemblée en adressant des remerciements à M. Monmerqué pour le remarquable rapport qu'il a fait, ainsi qu'à M. Forestier qui a assumé au pied levé le poids de la discussion et qui a su déduire des discussions des conclusions adoptées sans opposition. Il remercie également les savants ingénieurs qui, soit par les travaux qu'ils ont présentés, soit par la part qu'ils ont prise à la discussion, ont donné un vif éclat à ces deux séances générales qui seront la caractéristique du Congrès de Montauban.

ANNEXE

MM. E. DRUART et P. LE ROY

Les avantages de la traction mécanique des marchandises sur les voies ferrées urbaines (1). — L'admission et l'emploi de l'énergie électrique pour la traction des véhicules à voyageurs sur les voies ferrées urbaines, a été l'occasion de divers mécomptes, particulièrement en ce qui concerne les frais d'exploitation et, comme conséquence, le revenu des capitaux engagés dans ces entreprises.

Les tramways électriques ont été, à leur apparition, l'objet d'un engouement extraordinaire qui, au point de vue de la rapidité de la circulation et de l'élasticité du système, est absolument justifié.

Leur organisation entraînait des dépenses considérables, et les constructeurs de machines, qui sortaient d'une crise intense, se sont jetés sur ces installations nouvelles avec un empressement qui a eu pour résultat de provoquer une concurrence sérieuse.

D'une manière générale, les municipalités en ont profité pour imposer aux concessionnaires des charges exagérées qui ont transformé en affaires médiocres, et souvent mauvaises, des entreprises qui auraient pu être lucratives.

Ce faisant, les municipalités étaient dans leur rôle, et on ne peut que les féliciter d'avoir obtenu pour le public des commodités de transport garanties, pour une assez longue durée, par des contrats avantageux.

Mais, il ne faut pas l'oublier, pour être viable une convention doit donner satisfaction aux deux parties qui ont traité; à ce point de vue, il n'appert pas qu'il en ait toujours été ainsi.

Sans doute, les sociétés concessionnaires des entreprises de traction ont à supporter les conséquences des erreurs qu'elles ont pu commettre dans leurs devis, aussi bien des dépenses d'installations que sur les frais d'exploitation.

Mais il semble que, pour assurer la bonne exécution de contrats souvent onéreux, les municipalités aient maintenant intérêt à donner aux Compagnies de tramways des facilités nouvelles en ce qui a trait aux branches annexes de leur industrie.

Qu'il nous soit permis ici, pour mieux exprimer notre pensée, de rappeler ce qui se passe ordinairement dans les installations relatives à l'éclairage au gaz.

A la vente du produit principal qui, à l'origine, couvrait les frais d'entretien, d'intérêt et d'amortissement de l'usine à gaz et des canalisations, sont venues s'ajouter les recettes provenant des nombreux sous-produits de l'épuration.

Y a-t-il, dans une installation de tramways électriques, quelque chose d'analogue aux sous-produits du gaz, et peut-il y avoir supplément de ressources de ce chef?

Pour répondre à cette question, nous reproduirons les conclusions formulées au congrès des tramways tenu à Paris en 1900 :

---

(1) Cette note n'a pas paru rentrer assez directement dans la question mise à l'ordre du jour du Congrès de Montauban pour figurer au procès-verbal des séances générales de la session ; elle s'y rapporte assez cependant pour qu'elle figure comme annexe.

La capacité de l'usine est, en général, le double de la puissance nécessaire au service maximum.

De cette formule, il résulte qu'une station motrice a en réserve un matériel capable de transformer une quantité considérable d'énergie et de fournir cette énergie sous forme de courants électriques à la tension ordinairement admise, soit 500 volts.

Cette énergie est surtout disponible en dehors des jours de circulation intense, c'est-à-dire en semaine, et l'annexion d'un service qui viendrait en faire une consommation sérieuse tous les jours, à l'exception des jours de service maximum, constituerait un emploi particulièrement intéressant, un sous-produit très avantageux.

C'est à ce titre que nous signalons *la Traction mécanique des marchandises sur les voies ferrées urbaines* pour les denrées qui font l'objet du gros camionnage et en particulier pour les charbons.

Les Compagnies de Tramways qui préféreraient ne pas adjoindre ce trafic au service des voyageurs auraient toujours la faculté de vendre l'énergie électrique dont elles disposent, tout en réclamant un péage aux concessionnaires du service des marchandises, ou aux industriels qui emprunteraient les voies de tramways.

Nous estimons que les municipalités ont tout intérêt à favoriser cette nouvelle organisation.

D'une part, elles assureraient l'harmonie entre le pouvoir central et l'un des rouages principaux de l'organisation municipale, et ce serait au grand bénéfice de leurs administrés; le désaccord entre une ville et un service aussi important que celui des tramways a toujours des conséquences qui finissent par provoquer de vives réclamations de la part du public.

De l'autre, les édilités y trouveraient pour leur compte de sérieux avantages, qu'on ne peut mieux résumer que par ces lignes empruntées au rapport du Conseil supérieur du Commerce et de l'Industrie, publié en 1901 :

« Les villes, allégées d'une partie des innombrables camions qui font le service des gares et détériorent les rues, recouvreraient plus d'aisance dans leur circulation intérieure et dans leurs dépenses d'entretien de la voie publique. »

La traction mécanique des marchandises sur les voies ferrées urbaines est-elle réalisable ?

Est-elle réalisée ?

Quels sont ses avantages principaux ?

Comment peut-elle s'effectuer ?

La réponse à ces questions se trouve dans deux notices (1) qui n'ont pas été faites pour les besoins de cette cause, c'est-à-dire pour attirer l'attention sur l'état généralement précaire des Compagnies de tramways et pour leur venir en aide; ces brochures étaient écrites avant que cette situation nous eût été signalée et précisée par les déclarations faites au Congrès de Montauban, c'est-à-dire avant que le rapport de M. René Kœchlin sur la traction par trolley automoteur nous eût fait connaître, *avec chiffres à l'appui*, les charges exagérées imposées, dans la plupart des cas, aux concessionnaires de transports électriques urbains.

---

(1) La Traction mécanique des marchandises sur les voies ferrées urbaines en Allemagne, la voie large et la voie étroite.

La Traction mécanique des marchandises sur les voies ferrées urbaines; son rôle au point de vue de l'utilisation du matériel des Compagnies de chemins de fer.

Nous serions heureux si le sous-produit que nous leur apportons peut les aider à rétablir l'équilibre d'un budget souvent difficile à mettre sur pied.

N. B. — Les Américains, gens d'initiative, sans deviser sur la théorie sont passés immédiatement à la pratique. Le *Street Railway*, de juillet, nous apprend qu'un service de marchandises est déjà organisé sur la ligne du Chicago, Harvard and Geneva Lake Railway, ainsi que sur le Cleveland and Eastern Railway (Ohio); sur cette dernière ligne le trafic des marchandises fournit le tiers de la recette totale, sans occasionner de dépense supplémentaire de personnel.

CONFÉRENCES

M. E. TRUTAT

Docteur ès sciences, à Foix.

LES EXCURSIONS DU CONGRÈS DE MONTAUBAN

PLAINE DE LA GARONNE. — VALLÉE DE L'AVEYRON. — VALLÉE DU LOT.

— 8 août —

Une des meilleures traditions de l'Association française est bien certainement celle des excursions faites en commun à l'occasion de chaque Congrès.

Je me souviens encore de la première tentative de ce genre : c'était à Bordeaux, il y a déjà longtemps, bien longtemps... plus de trente ans, tout au
début de l'Association. Deux excursions furent organisées : l'une nous conduisait
à l'embouchure de la Gironde où nous pûmes voir les travaux de défense des
passes de la Gironde ; de là, un Decauville avant la lettre, traîné par des mules,
nous conduisait à Soulac au milieu des dunes ; l'église ensevelie sous les sables
venait d'être exhumée de son tombeau : exemple saisissant de l'envahissement
des sables de l'Océan, avant qu'ils ne fussent arrêtés par les plantations de pins.

La seconde course nous amena dans la vallée de la Vézère, rendue célèbre
par les fouilles de M. Lartet, aux Eysies, à Laugerie, à la gorge d'Enfer nous
visitâmes les grottes habitées aux temps préhistoriques par les chasseurs de
rennes. Question toute nouvelle alors et qui passionnait à la fois les naturalistes et les archéologues.

Tout avait été si bien préparé, si bien organisé que ces deux courses eurent
un succès complet, et notre cher secrétaire général M. Gariel débuta là par un
coup de maître. Du reste, depuis lors il a continué de même façon, et vous
serez tous d'accord avec moi pour dire que c'est à lui qu'est dû, pour la plus
grande part, le succès constant de l'Association française.

A Montauban, nous devons aussi visiter quelques points intéressants de la
région et nous devons parcourir successivement : la plaine de la Garonne, et
voir Montech, Castelsarrazin et Moissac ; puis nous visiterons la vallée inférieure de l'Aveyron en passant par Bioule, Montricoux, Bruniquel, Penne et
Saint-Antonin. Enfin une excursion finale nous conduira dans la vallée du Lot,

35

de Fumel à Capdenac en nous arrêtant à Bonaguil et Cahors. A Capdenac, nous traverserons la région des Causses pour visiter Figeac, Assier, Rocamadour et le puits de Padirac.

Voilà notre programme ; mais le comité d'organisation a pensé qu'il serait intéressant de vous montrer par avance les régions qu'elle vous invitait à parcourir. De cette façon, du reste, ceux d'entre vous qui ne peuvent faire ces excursions vont les faire grâce aux projections, et pour les autres ils auront un avant-goût de ce qu'ils doivent voir plus tard.

Je me suis chargé de cette besogne et j'ai fait mon possible pour réunir les photographies de tous ces points ; à ma collection déjà nombreuse, j'ai eu la bonne fortune de pouvoir ajouter des vues que m'ont obligeamment envoyées MM. Fourgous, Laborie et Mathet.

I. — Plaine de la Garonne.

Votre première sortie se fera en voiture, ce qui vous permettra de mieux voir et apprécier la riche plaine de la Garonne, région fertile essentiellement agricole.

A Montech, l'église mérite une mention particulière par son clocher de briques du XVe siècle ; et nous aurons plus loin à retrouver des monuments du même genre qui tous se rapportent à un type tout spécial, et qui reconnaît comme point de départ le clocher de l'église Saint-Sernin, de Toulouse.

A Montech se trouve également une des rares usines de la région, la papeterie de M. Veissière, fondée tout d'abord pour utiliser la paille d'avoine, très abondante autour de Montech, et qui donnait lieu à une importante fabrication de papier blanc pour journaux. Aujourd'hui, le bois a remplacé la paille avec avantage.

De là, vous vous dirigerez vers Castelsarrazin, tout en traversant des champs de blé, de maïs, des prairies artificielles, où les riches alluvions de la Garonne donnent encore de bonnes récoltes. Ce qui n'empêche pas propriétaires et paysans de trouver les temps durs et de protester à la fois contre des rendements plus faibles, des impôts plus forts, un abaissement des prix de vente de tous les produits agricoles et une élévation des prix dans la main-d'œuvre, par suite de la dépopulation notable de toute la campagne. La grande ville attire par ses séductions nos journaliers, mais je ne sais s'ils ont beaucoup gagné au change ; ils ont peut-être des journées mieux payées, mais ils dépensent tout et se trouvent dans la misère lorsque le chômage inévitable survient. Dans nos campagnes, au contraire, la misère est inconnue, le travail ne fait jamais défaut, et le souci du lendemain est inconnu pour le travailleur qui ne répugne pas à la besogne.

Au point de vue pittoresque toute cette plaine de la Garonne n'est pas faite pour séduire le touriste ; pas d'arbres, le paysan les détruit sans vergogne, ils tiennent une place inutile ; puis le pays est plat, horriblement plat, sans la moindre ondulation de terrain.

Mais parfois le paysage prend, au contraire, un véritable caractère de grandeur, lorsque l'atmosphère balayée par les premiers souffles de l'automne, dégage à l'horizon la chaîne des Pyrénées. Au lever du jour, au coucher du soleil surtout, les montagnes bleues apparaissent, en formant une ceinture immense, et rien de plus magique dans les premiers jours de printemps que les admirables colorations roses, violettes, pourpres que prennent les montagnes encore couvertes de leur blanc manteau de neige.

Ici nous sommes à peu près au centre de la chaîne, et dans de rares circonstances, on aperçoit à gauche le Canigou, à droite le Pic du Midi et la Rhune, soit plus de 1.000 kilomètres de montagnes !

Castelsarrazin ne pourra nous montrer en fait de monuments que son église Saint-Sauveur, très fortement restaurée dans ces derniers temps. La tour du clocher est intéressante avec ses créneaux ; elle était reliée aux fortifications de la ville et en formait peut-être le point le plus important.

Ici à Castelsarrazin vous aurez à visiter l'importante usine de la Compagnie française des Métaux, fondée en 1876 pour alimenter les cartoucheries du Midi. Elle comprend, en effet, des fours d'affinage pour le cuivre, des laminoirs, une tréfilerie, ce qui lui permet de produire des planches de cuivre et de laiton, des bandes de maillechort pour enveloppes de balles, des barres et des fils de cuivre et de laiton, enfin de l'étain en feuilles ; tous produits utilisés pour la plupart à la confection des munitions de guerre : 400 ouvriers sont occupés à cette fabrication toute spéciale.

Quelques kilomètres seulement nous séparent encore de Moissac, but principal de cette première excursion.

Nous longeons le canal latéral à la Garonne, et nous admirons, par tradition, le pont-canal qui franchit la Garonne ; œuvre importante et qui avait à l'époque de sa construction un mérite tout particulier, c'était là une œuvre hardie, disait-on.

Moissac est célèbre, on peut le dire, dans le monde des archéologues, par son église et son cloître, chef-d'œuvre de l'art Roman du midi de la France.

La tradition veut faire remonter à Clovis la fondation de l'antique abbaye de Moissac, mais les érudits affirment que c'est Saint Amans, fils d'un duc d'Aquitaine, qui vers l'an 600 édifia le premier un monument religieux à Moissac.

Les archéologues, pièces en main, vous diront qu'à Moissac toutes les époques sont représentées, depuis le Mérovingien (âge des Barbares), jusqu'au classique de Louis XIV. Mais les parties les plus intéressantes en même temps que les mieux conservées appartiennent au Roman le plus pur, et les chapiteaux de son cloître de l'an 1000, brûlé en 1188, sont surmontés d'arcades de briques en tiers-point du XIIIe siècle. Le portail édifié terminé en 1131 est certainement l'un des plus complets et il est le prototype de tous ceux qui se retrouvent encore dans quelques églises du Midi.

Je vous montrerai ce portail et ce cloître et je vous laisserai tout le plaisir d'écouter sur place les savantes explications de votre cicérone, mon vieil ami et camarade, le chanoine Pottier ; lui, nous dira l'histoire de l'abbaye et nous en montrera tous les restes.

Arrivons donc sur la grande place pour voir l'ensemble de l'église, le porche surmonté d'un affreux toit, véritable éteignoir de mauvais aloi, et cet admirable portail.

Le porche constitue une véritable tour carrée à deux étages de la fin du XIe siècle ; c'est là que l'on trouve pour la première fois dans nos pays (à l'étage inférieur) un essai des voûtes d'ogive ; ici, très probablement, l'architecte a été amené à cette forme, non pour faire emploi d'un système architectural, mais pour trouver une méthode de plus grande résistance à la poussée des masses supérieures.

Vous n'oublierez pas de remarquer le chemin de ronde avec créneaux qui surmonte cette partie de l'édifice : disposition prise lors du traité de Meaux qui avait amené la destruction des remparts de la ville, et qui obligeait les moines à se défendre chez eux, à fortifier leur demeure.

Le portail, que vous ne sauriez trop étudier, est, comme je l'ai dit déjà un type classique ; aussi a-t-il été moulé et réédifié au Musée du Trocadéro.

En avant a été aménagé un large berceau, dont les côtés ont été richement ornés de sculptures, tandis que sur le parement extérieur s'élèvent deux colonnes mi-engagées dans le mur et qui sont surmontées de deux statues ; à gauche, vous remarquerez une statue d'abbé portant son nom : BEATUS ROGERIUS ABBAS, qui dirigea l'abbaye de 1115 à 1131.

Le tympan est surtout remarquable, et celui qui frappe tout d'abord par la richesse des sculptures qu'il porte et par leur bon état de conservation. Au milieu, dans le ciel de l'Apocalypse, siège le Christ, flanqué des quatre évangélistes ; au-dessous, à ses pieds se rangent les vingt-quatre vieillards de la vision de saint Jean.

Ce grand panneau est supporté par un large linteau en marbre blanc, formé de panneaux sur lesquels sont sculptées des feuilles d'acanthe. Au-dessous, au milieu un pilier central est formé de trois lions et trois lionnes curieusement entrelacés, et de chaque côté de ce même pilier ont été sculptées les images de deux prophètes. Évidemment ces deux parties, trumeau et linteau, sont d'une époque plus ancienne et ne sont probablement que des restes de l'église primitive utilisés par l'architecte de Roger.

Les deux côtés de l'avant-porche portent des arcatures surmontées par une large frise, le tout très historié : à gauche, l'Annonciation, la Visitation, l'Adoration des mages, la Présentation, la Fuite en Égypte. A droite, toutes les sculptures sont allégoriques et représentent les Vices et tous leurs attributs, la mort de l'avare et un coin de l'enfer ; au-dessous de ces représentations terrifiantes, le sculpteur, voulant rasséréner les esprits terrifiés, a représenté la vertu triomphante dans la parabole de Lazare et du mauvais riche.

A côté de cet admirable portail de Moissac, je pourrais vous montrer celui de Beaulieu dans la Dordogne, d'une date un peu moins ancienne, mais de dispositions tellement semblables qu'on peut le regarder comme une imitation véritable. A Cahors, je vous montrerai tout à l'heure une autre de ces imitations.

Le cloître est tout un musée archéologique, aussi un de nos plus éminents artistes archéologues, M. Rupin n'a-t-il pas hésité à reproduire toutes les scènes figurées sur les tailloirs des chapiteaux. Huit piliers en marbre garnissent les angles et le milieu de chacun des côtés du quadrilatère régulier que forme le cloître ; sur l'un d'eux a été gravée une inscription dédicatoire ; les autres sont sculptés et représentent les apôtres et l'abbé Durand de Bredon.

Les colonnettes, toutes en marbre, sont tantôt simples, tantôt doubles et accouplées ; enfin 3 chapiteaux surmontent ces diverses colonnes. La faune et la flore symboliques y sont largement représentées, et c'est là un admirable champ d'étude pour celui qui veut connaître le symbolisme attaché par les artistes de ces temps primitifs à telle fleur ou telle espèce animale. Les scènes historiques de l'Histoire sainte sont surtout représentées, et des inscriptions expliquent les sujets représentés, qui resteraient peut-être lettres mortes pour beaucoup.

Et lorsque vous aurez vu Moissac, lorsque vous aurez entendu toute l'histoire de la célèbre abbaye, vous conviendrez avec nous que sa réputation n'est point usurpée.

Le chemin de fer nous ramènera à Montauban, d'où nous repartirons bientôt pour visiter la vallée de l'Aveyron.

II. — Vallée de l'Aveyron.

La région que nous allons parcourir maintenant est bien différente de celle que nous venons de quitter; plus de plaine étendue, monotone, mais une vallée assez large d'abord et qui peu à peu se resserre pour devenir enfin une gorge étroite, bordée de hautes falaises de rochers. Et si les alluvions épaisses qui garnissent le bas de la vallée sont d'une extrême richesse, les plateaux calcaires qui la bordent de chaque côté sont quelque peu arides : les causses ou pays de la chaux. La terre, richement colorée par les sels de fer, devient d'un rouge ardent; les bœufs eux-mêmes, changent de couleur : eux aussi sont rouges, comme la terre qu'ils travaillent. Pays pittoresque par excellence, et qui fait le bonheur des artistes; car aux beautés naturelles viennent encore se joindes des ruines pittoresques, aussi intéressantes par leur situation, leur état suffisamment délabré, que par les souvenirs qui s'y rattachent.

Nous avons quitté la station, tête de ligne, de Montauban pour traverser bientôt le Tarn et gagner rapidement la vallée de l'Aveyron. Peu intéressante pour le touriste, cette première partie du parcours est, au contraire, très digne d'attirer l'attention du géologue; car c'est là un excellent exemple des terrasses anciennes qui bordent nos grands cours d'eau du Midi.

L'Aveyron, comme le Tarn, a creusé son lit dans la masse des dépôts caillouteux que les phénomènes diluviens postglaciaires ont largement accumulés dans toutes les parties basses de la région. Ici, comme dans toutes les grandes vallées du bassin sous-pyrénéen, il existe dans ces dépôts deux étages très distincts, deux terrasses, qui appartiennent à l'époque quaternaire; elles contiennent souvent des restes d'*Elephas primigenius*. Avec cette faune des grands mammifères se trouvent en certains points limités des instruments de pierre taillée absolument identiques à ceux des localités célèbres d'Abbeville et de Saint-Acheul. Mais ici l'homme primitif n'avait pas de silex à sa disposition; il était obligé de recourir aux cailloux du pays, que les dépôts diluviens renfermaient en abondance, et de choisir parmi eux les fragments de roches dures, quartz et quartzites, capables de donner par éclat des angles vifs et coupants.

Cette partie basse de la vallée de l'Aveyron se continue ainsi jusqu'à Montricoux, point où apparaît le premier ressaut du plateau central, aux couches fortement relevées, et contre lesquelles viennent s'appuyer les strates horizontales des terrains-tertiaires qui comblent le grand fossé creusé entre les Pyrénées et le massif du plateau central.

Au point de vue pittoresque, cette plaine unie, aux rares bouquets d'arbres, restes d'une forêt aujourd'hui détruite, manque d'intérêt et nous la traverserons à toute vapeur. Cependant, quelques localités ont eu une importance véritable et les archéologues ne me pardonneraient pas de passer sous silence la station gallo-romaine de Cos, célèbre par ses poteries en terre rouge aux ornements délicats; Ardus, tout à côté, semble avoir hérité, mais bien des siècles plus tard, de l'ancienne industrie de Cos; au siècle dernier, une fabrique de faïence prospérait encore à Ardus et ses produits rivalisaient avec ceux de celle de Moustiers : vous en verrez de beaux spécimens au musée, à la pharmacie de l'hôpital et surtout dans la superbe collection de M. Forestié.

Signalons encore le château de Piquecos, bâti sur les coteaux de l'Aveyron, d'où il domine la plaine ; aussi il put servir à Louis XIII de point d'observation et de résidence pendant le siège de Montauban.

A Négrepelisse devrait se faire notre première station ; l'église fort intéressante est flanquée d'un clocher de briques, tour octogonale surmontée d'une flèche, et qui se rattache à cette école toulousaine que nous avons déjà rencontrée à Montech.

L'église conserve, dit-on, le cœur de Turenne ; il est vrai que le maréchal, seigneur de Négrepelisse, légua à la ville une somme de 6.000 livres pour fonder un hôpital : une inscription rappelle cette fondation et tous les ans, à l'anniversaire de l'illustre bienfaiteur, tout le personnel de l'hospice assiste à une messe solennelle célébrée en son honneur.

A 1 kilomètre plus avant, l'Aveyron change momentanément de direction, et décrit un angle aigu au sommet duquel se trouve le château de Bioule, l'un des plus intéressants peut-être de la région. C'est là, en effet, que l'on trouve la première mention de l'emploi des armes à feu ; un document conservé dans les archives du château contient des indications très nettes, son titre seul vous le dira : je traduis (car le document est en langue romane) : « Ceci est l'ordonnance faite sur la manière dont les gens seront répartis dans les défenses du château de Bioule laquelle fit monseigneur Hugues de Cardaillac et de Bioule, le dimanche des Rameaux, l'an 1346 ».

L'on trouve encore, au château, dans ce qui reste de cette époque, l'emplacement de batteries élevées à la hâte et défendues par des hourdages en bois et en serre qui semblent avoir été élevés à la hâte pour un siège.

A Montricoux, nous abandonnons la plaine, et nous trouvons les restes de la vieille ville fortifiée qui défendait l'entrée de la gorge dans laquelle coule l'Aveyron.

Montricoux nous montrera ses vieux remparts, son église au clocher de briques, dernier type de la plaine, et qui ne se retrouve pas plus haut, enfin le donjon du château des chevaliers du Temple, auxquels appartenait Montricoux. Ceux-ci, le 6 janvier 1273, distribuaient les terres aux habitants et leur accordaient une charte communale. Il semble certain que, loin d'avoir été un acte de pure générosité de la part des chevaliers du Temple, cette charte de Montricoux n'était en réalité qu'un traité, un marché passé entre les seigneurs et les habitants.

Au pont de Montricoux apparaissent les puissantes assises calcaires des terrains jurassiques, et nous ne les quitterons plus.

Les sites pittoresques, les rochers les plus abrupts vont maintenant se succéder continuellement, et de Bruniquel à Saint-Antonin nous aurons à parcourir une suite non interrompue de paysages charmants, que d'antiques manoirs ou de vieilles cités viendront rendre plus intéressants encore.

Bruniquel n'a été connu pendant longtemps que par ses forges qui donnaient des fers au bois de qualité semblable à celle des forges de Norvège ; mais aujourd'hui elle a un nom dans les annales des études préhistoriques.

Peu après Montricoux, la rive gauche se distingue de la rive opposée par ses rochers plus escarpés ; mais à mesure que l'on avance, les pentes deviennent de plus en plus rapides, et au confluent de la Vère et de l'Aveyron, de hautes murailles, aux parois verticales, descendent jusqu'à l'extrême bord de la rivière.

Aussi, malgré l'emploi d'une courbe de 300 mètres de rayon seulement, les ingénieurs ont-ils été obligés de creuser un nouveau lit à l'Aveyron, et de prendre l'ancien pour établir la voie ferrée.

Bruniquel est situé au débouché de la vallée de la Vère, et nul exemple de vallée de fracture n'est plus remarquable que celui-ci. A droite et à gauche, les escarpements calcaires portent pour ainsi dire les traces d'arrachement, de brisures produites par la fracture, cause première de la vallée.

Au pied des escarpements qui supportent le château, des abris sous roche ont donné de très nombreux spécimens de l'âge du renne, et le musée de Montauban contient une fort belle série trouvée en ce point par M. Brun.

Plus loin, sur la rive droite, une grotte renfermait également une énorme quantité de silex taillés, de flèches en bois de renne et d'objets gravés ; mais tous ceux-ci ont été vendus en Angleterre.

Bruniquel était donc déjà habité par l'homme préhistorique, et les chasseurs de rennes trouvaient dans la contrée une abondance prodigieuse de gibier, si nous en croyons les accumulations énormes de débris que contenaient soit les grottes, soit les abris. Le renne, le cerf, le saïga, le bouquetin, l'isard, l'aurochs, le cheval, le mammouth tombaient tour à tour sous les flèches de ces chasseurs intrépides. Non seulement ces différentes espèces ont laissé de nombreux débris de leurs squelettes, mais leur présence est encore affirmée par les dessins et les sculptures que les artistes de l'époque savaient habilement fabriquer en bois de renne, en ayant pour unique outil un éclat de silex.

A côté de toutes les espèces d'herbivores que je viens d'énumérer, se trouvent aussi les grands fauves : lion, ours, hyène, loup, dont les attaques devaient être redoutables. Et cependant l'homme de Bruniquel n'avait, pour se défendre ou pour attaquer ces puissants animaux que des flèches ou des lances armées d'éclats tranchants de silex ou de pointes barbelées, patiemment burinées dans les bois de renne.

Les outils ou armes en silex étaient extraordinairement abondants dans toutes ces stations, tandis que la rareté des flèches barbelées indique au contraire, le prix attaché à de pareilles armes, si longues à fabriquer.

Bruniquel n'est pas seulement intéressant par sa situation géologique et par ses grottes : la vieille cité, le château ont leurs curiosités à montrer au touriste. Si l'on en croit la tradition, c'est à la reine Brunehault qu'il faudrait attribuer la fondation de Bruniquel : *Castrum Brunichildis.* Le donjon seul pourrait remonter à une époque aussi reculée : c'est une tour carrée, massive et complètement isolée. Les autres parties du château datent du xiiie et du xvie siècles.

En face de ce donjon, je ne puis oublier ma première visite à Bruniquel et mes premières photographies de l'intérieur du château. Nous étions alors à l'époque primitive du collodion humide ; j'avais installé dans une cave mon laboratoire et là je sensibilisais mes plaques, puis j'allais en courant faire la pose voulue, et je rentrais au plus vite pour effectuer le développement. Bien heureux quand les poussières, les coups de jour, enfin tous les accidents possibles dans un pareil laboratoire si bien fermé que, pendant que j'opérais, mon camarade de voyage, l'abbé Pottier, bouchait la porte avec le voile noir qui servait à la mise au point.

Quelle différence aujourd'hui ? plus rien à faire : « Poussez le bouton, nous nous chargeons du reste », dit une notice d'une Compagnie américaine, qui a inondé l'univers de ses appareils. Il est vrai qu'alors tout mérite disparaît, et aussi toute qualité, car la photographie, quoique devenue abordable pour tous, demande encore bien des connaissances, et beaucoup de travail.

Mais enfin, aujourd'hui, l'industrie nous livre des plaques sensibles excellentes et des appareils parfaits. Quelle révélation ! quelle joie ! lorsque j'eus en main ma première jumelle Carpentier ! et aussi quelles moissons chaque année ! Depuis lors, bien des appareils plus ou moins dérivés, copiés même, ont inondé les magasins de photographie, et cependant et malgré tout, la jumelle Carpentier reste encore le premier des appareils à main, les seuls que le touriste puisse employer aujourd'hui.

Bruniquel possède encore une partie de son mur d'enceinte, un beffroi et plusieurs maisons intéressantes des xive et xve siècles.

Nous ne pouvons quitter Bruniquel sans arriver jusqu'à la terrasse du château placée à l'extrême bord du plateau rocheux qui surplombe l'Aveyron. Au pied même de la falaise coule la rivière, aux eaux tantôt limpides comme celles d'un torrent des Pyrénées, tantôt rouges de sang quand les orages ont éclaté sur les causses à la terre rouge. En aval comme en amont, la rivière disparaît derrière les escarpements calcaires, au milieu desquels elle doit se frayer un passage, tandis qu'en face du château viennent mourir les dernières pentes des *causses*, que nous avons déjà aperçus à Montricoux. A droite, enfin, une énorme coupure, aux rives abruptes, livre passage à la petite rivière de la Vère.

Au delà de Bruniquel la vallée devient plus étroite; sur la rive droite, des escarpements de calcaire dolomitique simulent de loin des tours, des remparts; à la Madeleine des grottes, sont creusées dans la falaise; elles nous ont donné quelques objets de l'âge du renne. Enfin ce long défilé s'ouvre de nouveau et au milieu d'un cirque d'une certaine étendue se dresse le château de Penne.

Le village et le château, leur nom l'indique, et leurs armoiries parlantes le rappellent, sont placés comme une flèche sur une haute muraille, qui, se détachant de la montagne, se projette brusquement dans la vallée.

De la puissante forteresse des temps passés, il ne reste plus aujourd'hui que des ruines; mais leur position hardie, leurs vieilles et massives murailles conservent encore un aspect de puissance majestueuse.

Le château de Penne était, en effet, une forteresse imprenable; d'un côté, un escarpement vertical, d'une élévation considérable, le mettait à l'abri de toute attaque, tandis que sur le versant opposé une triple enceinte de murailles le défendait de toute surprise.

Il existe encore une partie notable de ces fortifications, et la pioche des démolisseurs n'a pu réussir à entamer les deux énormes tours qui défendent l'entrée principale.

Une tour était placée à l'extrême bord du rocher, celui-ci surplombe de tous côtés, et ce qui reste encore de la tour produit un effet des plus pittoresques.

Au château de Penne se rattache un souvenir des plus intéressants et qui est plus qu'une légende : au xiiie siècle, Adélaïs de Penne avait été touchée par les chants d'un noble troubadour, Raymond Jourdain, vicomte de Saint-Antonin. Mais la croisade vint mettre un terme à leur bonheur; Raymond partit pour la guerre sainte et fut laissé pour mort sur le champ de bataille. La nouvelle de son trépas parvint à la belle Adélaïs, et celle-ci, ne pouvant supporter sa peine, se réfugia dans un cloître. Raymond guérit de ses blessures et revint, mais pour apprendre qu'Adélaïs venait de prononcer des vœux éternels. A son tour, il se retira dans la solitude, et y serait mort de douleur, si son cœur sensible n'avait trouvé de douces consolations auprès d'une noble dame.

Voici (en traduction) une des nombreuses pièces écrites par Raymond Jourdain en l'honneur de sa dame :

> Le sombre hiver attriste la nature,
> Du doux printemps oubliant les plaisirs,
> Au fond des bois, privés de leur verdure,
> Sans amour, sans voix, sans plaisir,
> Les oiselets tremblent sous la froidure,
> Et moi dont le cœur amoureux,
> Aime la plus belle des belles,
> Comme aux beaux jours des fleurs et des feuilles nouvelles
> Je chante, j'aime et suis heureux.

> L'amour ardent qui dévore mon âme,
> J'en fais serment, ne peut jamais finir,
> De jour en jour augmentera ma flamme,
> Et quand viendra mon dernier soupir,
> J'expirerai, tout entier à ma dame;
> Absence, différent séjour,
> Ne peuvent rien sur ma détresse,
> Et vers les lieux heureux qu'habite ma maîtresse,
> Mes yeux se dirigent toujours.

> Créneaux maudits, jalouse citadelle,
> Qui dérobez chaque jour à mes yeux,
> Les doux appas, les charmes de ma belle,
> Mon cœur franchit vos remparts odieux,
> Et suit les pas d'un messager fidèle;
> En vain jaloux de nos amours,
> Parents, amis, voudraient me ravir ma maîtresse.
> Je les brave comme vos tours.

Le village est assis au pied du château, et son énorme donjon paraît encore l'abriter sous sa puissante masse. Celui-ci conserve l'aspect des anciennes villes fortifiées, où le peu d'espace laissé entre les murailles d'enceinte obligeait à des chefs d'œuvre d'entassement les architectes d'autrefois; aussi, en parcourant la longue rue qui serpente sur le flanc de la montagne, l'artiste trouvera-t-il mille sujets d'études, sans que jamais nulle construction moderne vienne détonner au milieu de cet amas pittoresque de murs en pans de bois, d'encorbellements fantastiques ou de galeries impossibles, aussi bizarres par leurs formes que par leur mode de construction.

A l'extrémité nord du cirque de Penne la vallée se resserre de nouveau, et deux murailles verticales emprisonnent l'Aveyron jusqu'à Cazals.

Les rochers prennent ici des teintes puissantes, les bords de la rivière portent des arbres vigoureux, tandis que la montagne, nue dans la plus grande partie de son étendue, laisse à peine la place nécessaire à quelques touffes de buis.

Le roc de Biousac forme une immense muraille absolument verticale, qui mesure plus de cent cinquante mètres de hauteur, et qui se prolonge ainsi sur près de cinq cents mètres de long. Plusieurs fois, affirment les chasseurs du pays, lièvres et meutes lancés sur le haut du causse se sont précipités du haut de cette falaise pour aller se briser sur les rochers au milieu desquels coule l'Aveyron.

Casals avait autrefois des mines de fer qui alimentaient les forges de Bruniquel, mais la pauvreté de ce fer en grains les a fait délaisser depuis longtemps.

Plus loin nous trouverons une muraille de rochers, assez semblable à celle qui supporte le château de Penne, mais ici, à Brousse, les assises calcaires ont formé une suite de corniches superposées, sur lesquelles les arbrisseaux de toute sorte ont développé une puissante végétation ; un sentier souvent taillé dans le roc vif, l'escalier de cristal, permet de descendre directement du hameau au bord de la rivière.

Un peu plus loin, au saut du loup, on peut voir encore les restes d'un pont, construit par les Romains pour faire communiquer les deux camps établis sur la montagne, à droite et à gauche de la vallée. Ces deux points commandent le défilé de Bone, et celui-ci, d'après les antiquaires du pays, serait l'Uxellodunum de César.

Quoiqu'il en soit, le quartier a conservé un nom : Sanctos Festos, corruption du nom de Sanctus Festus, qui remonte à cette époque de l'occupation romaine.

Bone est encore un de ces points pittoresques où l'artiste trouvera de nombreux sujets d'études, car rien n'est mieux disposé pour le peintre que l'abrupt de Bone et la muraille qui le continue, et les rochers sont d'une admirable couleur.

Au delà de ce défilé, le pays change de nouveau d'aspect, et, tandis que sur la rive gauche une haute et blanche muraille, le roc d'Anglars, forme un escarpement long de plusieurs kilomètres, sur la rive droite, au contraire, la montagne n'offre plus que des croupes arrondies, et s'ouvre bientôt pour donner passage à la petite rivière de la Bonnette : c'est la plaine de Saint-Antonin.

La vieille cité de Saint-Antonin est située au confluent de la Bonnette et de l'Aveyron ; c'est sans contredit le point le plus important de la région ; les souvenirs historiques abondent, et les riches archives de la ville peuvent donner au chercheur une abondante moisson.

Pour le géologue, c'est là qu'il convient de faire partir l'exploration des riches dépôts de phosphorites, épuisés aujourd'hui, mais toujours intéressants. Enfin, pour le touriste, Saint-Antonin est le point central de toute une série d'excursions intéressantes, et, chose assez importante, il est facile de trouver à Saint-Antonin chevaux et voitures, en même temps qu'excellent gîte !

Nous aurions à vous raconter, si la chose nous était permise par le temps qui nous est limité ce soir, l'histoire mouvementée de cette vieille cité, et nous trouverions là un merveilleux exemple de ces luttes continuelles de la bourgeoisie contre les seigneurs tout d'abord, contre l'autorité royale plus tard.

Saint-Antonin a encore conservé beaucoup de maisons du moyen-âge, et la mode n'a pas encore détruit toutes les fenêtres à colonnettes ou à meneaux

Mais l'hôtel de ville mérite une mention toute particulière : ce monument, comme disent les habitants, est un de ces rares spécimens des maisons communales du moyen-âge. Grâce aux restaurations de la Commission des monuments historiques, il est dans un excellent état de conservation.

La construction de tout l'édifice est traitée avec un soin extrême ; elle est faite de calcaire très fin et très dur, aussi les sculptures sont-elles d'une finesse et d'une pureté remarquables ; tous les profils sont de style excellent et taillés en perfection.

L'ensemble de l'hôtel de ville se compose d'un corps de bâtisse à deux étages, soutenus par une série d'arcades ouvertes ; le premier étage est coupé dans toute sa longueur par une claire-voie divisée en trois travées par d'élégantes colonnettes. Le second étage est éclairé par trois fenêtres géminées, et l'une d'elles est coupée par une élégante colonne torse. A côté du bâtiment principal et entièrement unie à lui s'élève une tour qui termine parfaitement l'ensemble du monument.

Tout ceci remonterait au XIIIe siècle. Le bas de l'édifice constituait une sorte de halle ouverte ; le premier étage contenait deux salles : l'une, la salle de la Tournelle, renfermait les archives ; c'est là que se retiraient les consuls pendant l'élection de leurs successeurs ; l'autre, plus vaste, était la salle royale ; elle servait de lieu de réunion au grand conseil ; c'est là que le délégué du roi, lors de sa première visite à Saint-Antonin, à genoux, sans chapeau, prêtait serment, sur le *Te igitur* et sur la croix, de conserver les privilèges des consuls et des habitants de Saint-Antonin.

L'étude des archives montre à chaque pas combien les bourgeois de Saint-Antonin avaient peine à supporter l'autorité royale ; ils aimaient à être maîtres chez eux, et le plus souvent ils ont joui d'une liberté étonnante grâce à l'organisation, je pourrais même dire à la constitution qui les régissait.

A Saint-Antonin se terminera notre promenade dans la vallée de l'Aveyron, et il nous reste encore à vous parler de l'excursion finale qui doit nous emporter loin de Montauban et des localités que nous venons de voir.

III. — Vallée du Lot.

Nous aborderons la vallée du Lot à Fumel, où nous aurons à visiter les hauts fourneaux de la Société métallurgique du Périgord. Les usines importantes de Fumel comprennent une installation de hauts fourneaux, une fonderie de tuyaux, de pièces mécaniques et un atelier de construction pour le matériel des chemins de fer.

Elles utilisent le minerai hydroxydé de la région qui contient environ 45 0/0 de fer ; la production de la fonte qui en résulte constitue la spécialité de l'usine, atteint 30.000 tonnes par an et toute cette production est livrée au commerce à l'état de moulages.

Une installation fort bien aménagée a mis à profit toutes les découvertes modernes, et donne au travail produit une sûreté de marche qui fait le plus grand honneur aux ingénieurs de la Société.

Ici, nous monterons en voiture pour aller visiter l'intéressant château de Bonaguil. Chemin faisant, nous rencontrerons des carrières importantes de ciment, et de grès; celui-ci très employé jusqu'à ces derniers temps pour les meules à battre le blé ; mais la machine a fait mettre de côté ce mode primitif de battage et les carrières ont perdu leur importance. Nous rencontrerons également, sur la route, des charrettes traînées par des bœufs et qui conduisent à Fumel le minerai exploité à ciel ouvert un peu partout dans le pays.

Mais nous voici en face de Bonaguil, dont les ruines imposantes barrent la vallée ; exemple rare à citer, ces ruines ont été achetées par la commune de Fumel, réparées par la Commission des monuments historiques, et enfin affermée pour le droit de visites à un gardien qui veille à leur conservation. Je ne connais pas, dans notre Midi du moins, d'autre exemple de pareille chose ; en général, les municipalités se désintéressent complètement des choses du passé quand elles ne les détruisent pas. Ici un maire intelligent, secondé par un Conseil municipal non moins intelligent, a fait preuve de bon goût, en même temps que l'affaire était excellente pour les finances de la ville, et les hôteliers et voituriers du pays qui sont appelés tous les jours à recevoir, à transporter les touristes.

Le château de Bonaguil date du xv⁰ siècle, et, chose rare, il a été édifié d'une seule traite, ce qui lui donne un caractère d'ensemble qui permet de bien caractériser cette époque reculée.

Au xvᵉ siècle, en effet, se produit un changement complet dans la manière d'aménager les châteaux, par suite de l'emploi des armes à feu ; mais les formes anciennes ne furent pas abandonnées tout à coup, elles furent d'abord modifiées et appropriées au nouveau système de défense. D'un autre côté, il faut également remarquer que les châteaux de cette époque sont rares, par suite du profond changement qui s'était produit dans les conditions de la vie de tous : grands seigneurs, bourgeois et vilains, et dans la transformation, l'extension considérable du pouvoir royal.

Au xIIᵉ siècle, les châteaux féodaux étaient de véritables forteresses où les hauts barons défiaient l'autorité royale, et exerçaient autour d'eux un véritable pouvoir absolu. Gens de guerre par excellence, et consacrant tout à leur occupation favorite. Puis aux dissensions locales succéda la grande invasion anglaise qui changea complètement les us et coutumes de l'aristocratie ; il fallait défendre le sol de la patrie contre l'étranger et le grand mouvement national qui en résulta arrêta un moment le développement de l'architecture militaire; il fallait combattre en plein champ, pousser toujours de l'avant au lieu de s'abriter derrière les remparts d'une forteresse. Aussi peu de châteaux furent-ils élevés à cette époque, et, lorsque le calme revint, une profonde modification était survenue dans l'art de la guerre ; la poudre à canon demandait d'autres moyens de défense qu'au temps des arbalètes et autres armes de jet par main d'homme.

Bonaguil est l'exemple le plus complet de cette époque et, grâce aux savantes restaurations effectuées il donne aujourd'hui une excellente idée de cette curieuse entrée en ligne des armes à feu.

Les constructions, édifiées sur un plan qui paraît bizarre tout d'abord, et qui n'est qu'une adaptation à la configuration du sol, s'élèvent sur un rocher dont la pente s'arrête à un escarpement à pic qui a servi de défense naturelle au château.

Relié cependant au plateau supérieur par une sorte d'isthme naturel, le château est défendu de ce côté par un profond fossé taillé dans le roc; et la porte principale, établie en ce point, est entourée d'ouvrages qui en rendaient l'accès des plus difficiles.

Après avoir franchi le grand pont-levis, et laissé à droite et à gauche le chemin de ronde qui couronne l'enceinte principale, nous entrons dans la cour d'honneur, à l'extrémité de laquelle s'élève le grand donjon. Sa forme est des plus bizarres : en plan, c'est un losange irrégulier, et, vu de loin, il ressemble à un navire étroit. Une plate-forme termine le donjon et pouvait recevoir des pièces de canon, enfin une énorme ceinture de mâchicoulis l'entoure de tous côtés.

Au pied du donjon s'élevait le corps de logis destinés aux appartements privés, et cette partie du château demande encore bien des travaux de consolidation, mais ils sont aujourd'hui entièrement déblayés. Enfin, en avant, une grande plate-forme permettait d'installer des canons pour repousser une première attaque.

Mais ce qu'il y a d'intéressant à Bonaguil, ce sont les dispositions prises pour la défense même du château. Et nous laisserons le grand maître architecte, Viollet-le-Duc, nous exposer et nous expliquer les dispositions prises à cet effet.

Des combinaisons toutes nouvelles ont modifié l'ancien système défensif : les ouvrages avancés, les plate formes donnent des saillies considérables en avant, qui battent les dehors au loin, et flanquent le château dans tous les points accessibles ; puis, au ras de la contre escarpe des fossés, des embrasures pour du canon sont percées à rez-de-chaussée dans les courtines et les étages inférieurs des tours ; les tours elles-mêmes sont à peine engagées pour mieux flanquer les courtines.

En examinant avec attention, même de loin, les différentes parties du château, l'on voit que les embrasures destinées à l'artillerie à feu sont percées dans les étages inférieurs des constructions et suivent la déclivité du terrain de manière à raser les alentours. Les couronnements des tours sont encore tels que ceux du xive siècle, mais renforcés, et les merlons des parapets sont percés de meurtrières. La transition est ici bien évidente et l'on peut dire avec Viollet-le-Duc, que les architectès militaires de cette époque s'étaient donné pour but : « de battre les dehors au loin, de défendre les approches par un tir rasant des bouches à feu, et de se garantir contre l'escalade par un commandement très élevé, couronné suivant l'ancien système pour la défense rapprochée ».

Voilà, allez-vous me dire, bien des considérations à la fois techniques militaires, historiques ! vous êtes donc architecte, ingénieur, historien ! Non, je ne suis rien de tout cela ; un simple curieux, un conférencier consciencieux, qui cherche à s'approprier la science des auteurs plus instruits, de façon à en faire profiter ses auditeurs, et rien de plus ; et qui trouve encore à mettre à profit ses voyages, non seulement pour son propre plaisir et son instruction, mais pour donner plus de saveur à ses conférences avec projections, à cette méthode à laquelle il cherche à donner le plus de valeur possible.

Revenons maintenant à la vallée du Lot et continuons notre voyage. A Puy-l'Évêque, la rivière contourne une longue presqu'île que domine une grosse tour carrée, donjon du xiiie siècle.

A Luzech, même disposition, mais l'isthme mesure à peine trois cents mètres de large ; aussi a-t-il été percé par un tunnel qui donne passage à un canal qui permet aux bateaux d'éviter le long détour que fait la rivière. Ici encore, cette configuration a fait croire à Uxellodunum.

Voici le château de Mercuès, résidence des évêques de Cahors, et qui renferme de fort intéressantes tapisseries et une collection des portraits des évêques qui se sont succédé à Cahors.

Enfin, nous voici dans la capitale du Quercy ou du Cahorsin, l'antique pays des Cadurques de César.

Ici encore, le Lot forme une longue presqu'île sur laquelle la ville à été édifiée.

Le pont Valentré qui donne accès dans la ville, véritable joyau archéologique comme l'écrivait Michelet, a été commencé au mois de juin 1308 et ne fut terminé que longtemps plus tard. Mais, dans le peuple, le pont Valentré s'appelle le pont du Diable et la légende rapporte l'histoire que voici. L'architecte ne pouvait arriver à mener à bien son œuvre ; il avait beau s'évertuer de toutes façons, le pont n'avançait pas ; désespéré de ses insuccès et voyant sa réputation perdue, il fit appel à Satan et conclut un pacte avec le roi des enfers. Il lui donna son âme, car le diable ne demande jamais que cela, à la condition que lui, Satan, ferait absolument tout ce qu'il lui ordonnerait de faire. Dès lors les travaux marchèrent avec une rapidité vertigineuse : dans le jour, Satan apportait des masses de matériaux, et, comme les ouvriers ne pouvaient arriver à les utiliser dans la journée, Satan avec ses noirs ouvriers, bâtissait pendant la nuit. Bientôt les travaux touchèrent à leur fin et le pauvre architecte voyait le moment où il faudrait tenir parole et livrer son âme au diable. Mais, s'il n'était pas Gascon, l'architecte n'en était pas moins un madré Cadurque, et voici ce qu'il imagina de faire. Un beau matin il ordonna au diable d'apporter de l'eau aux maçons qui terminaient la grosse tour; et cela en se servant d'un crible. Il ne put y réussir, il avait beau voler le plus rapidement possible avec ses larges ailes, la tour était si haute qu'il ne restait plus une goutte d'eau dans le crible lorsqu'il arrivait en haut. « Tu m'as joué, dit-il, je suis vaincu, mais je te jouerai un tour de ma façon », et d'un coup d'aile il écrasa le haut de la tour. On répara aussitôt la brèche ainsi faite par Satan, mais le lendemain elle existait de nouveau, et jamais il ne fut possible de boucher ce trou sur lequel se voyaient les griffes de Satan! L'architecte moderne qui a exécuté les travaux de restauration a été plus heureux, il a comblé la brèche, mais, pour conserver le souvenir de la tradition, il a fait sculpter sur la pierre le profil du prince des ténèbres!

Ce pont, composé de six arches, est défendu par de puissantes tours dans lesquelles ont été aménagées des portes, qui étaient défendues par des herses, et de lourds ouvrants en chêne. Des hourds en pierre couronnent les tours et leur donnent une physionomie toute spéciale. Tel quel, le pont de Valentré est un merveilleux et unique exemple de ces ponts fortifiés qui défendaient l'approche des villes importantes.

Tout à côté jaillit de la falaise rocheuse une source abondante, la fontaine des Chartreux, qui alimente la ville d'eau potable excellente...

Utilisée dès l'occupation romaine, source de Divona, le naissant de Cahors est un exemple de la venue au jour de ces rivières souterraines qui traversent les causses calcaires de la région, et que notre ami Martel étudie avec passion.

L'occupation romaine avait laissé de nombreuses traces au pays des Cadurques, mais elles ont disparu peu à peu; et il y a seulement quelques années que des ruines importantes, d'un cirque ont été démolies. Dans un jardin, l'on peut voir encore ce que l'on désigne sous le nom d'Arc de Diane, et qui n'est qu'une arcade d'un édifice important, de thermes probablement.

Une enceinte fortifiée protégeait la ville du côté de la montagne, elle subsiste en grande partie; la porte Saint-Michel sert aujourd'hui d'entrée au cimetière, et non loin se trouve un fragment charmant, admirablement restauré dans ces derniers temps, la porte de la Barbacane, qui servait de corps de garde à la porte de Paris, monument du xvᵉ siècle, plus récent que les remparts qui avaient été réédifiés au siècle précédent.

La cathédrale est un édifice intéressant et dont les parties les plus anciennes remontent au xiᵉ siècle, tandis que d'autres ont été souvent remaniées dès le xivᵉ siècle.

On est frappé tout d'abord en entrant, nous dit M. de Saint Paul, en dépit des degrés nombreux qu'on est obligé de descendre, de l'aspect imposant et des nobles proportions des coupoles qui recouvrent les deux travées de la nef; le chœur lui-même, quoique d'époque différente et bien que l'on doive regretter l'absence d'une grande abside flanquée d'absidiales, comme dans les églises similaires de la région, est d'un beau caractère et remarquable par l'étendue des surfaces ajourées.

Les deux coupoles sur pendentifs sont des plus anciennes; elles sont inscrites dans quatre arcs légèrement ogivaux, formé cependant qui se rattache encore à la période romane, et ce fait est absolument spécial aux églises du Midi.

La porte Nord est tout au moins aussi intéressante; et elle nous rappellera celle si remarquable de Moissac. C'est un spécimen remarquable de l'art du XIIe siècle. Remarquons tout d'abord les assises alternées en matériaux noirs et blancs, qui forment, à l'intérieur de la baie, les côtés des pieds-droits, décorés, en outre, de trois arcades s'appuyant sur des colonnettes couronnées de chapiteaux historiés des plus remarquables. Entre les colonnes, d'énormes rosaces, d'une saillie considérable, ne laissent pas un point de la surface sans décoration. A l'intérieur, un cordon saillant qui fait le tour de l'arcade ogivale est décoré de personnages se livrant à des exercices divers; on remarquera, en outre, un chasseur poursuivant un cerf tombant dans des filets, deux guerriers protégés par des boucliers pointus, se combattant à coups de massue; des forgerons qui ferrent un cheval, etc., etc.

Le tympan était soutenu à l'origine par un linteau en marbre ou pierre dure, comme à Moissac, à Beaulieu; il repose lui-même sur un double trumeau, qui, étant venu à céder, a été consolidé par deux arcades cintrées d'un âge beaucoup plus récent.

Le bas-relief du tympan, formé de plaques de pierre calcaire encastrées dans une arcade ogivale, offre deux compositions distinctes : au centre et dans la partie supérieure, le Christ dans une auréole, accompagné d'anges nombreux; puis, de chaque côté, deux compartiments où est représentée l'histoire de saint Étienne. Au-dessous, et sur une même ligne, douze personnages, parmi lesquels on reconnaît saint Pierre, aux clefs qu'il porte à la main, et la sainte Vierge qui occupe l'arcature médiane.

La porte principale mériterait aussi de nous arrêter, la porte du levant également, mais nous avons encore à visiter le cloître.

Celui-ci, construit à côté de l'église, nous donne toutes les brillantes décorations du gothique flamboyant; il a été élevé de 1494 à 1509.

Mais ce qui caractérise encore mieux Cahors, ce sont les détails charmants que l'on rencontre dans les rues étroites de la vieille ville, la rue de l'Université, suite d'arcades qui relient les deux côtés; le collège Pélegry à la porte gothique, et qui remonte à 1364; la maison de Henri IV de la fin du XVe siècle. Enfin de nombreuses fenêtres à meneaux historiés de la Renaissance donnent à l'archéologue la satisfaction de voir que notre Midi possède, lui aussi, de beaux exemples de cette artistique période. Et tout à l'heure dans la même région, nous trouverons à Assier un admirable morceau, église et château surtout.

A côté de tout ceci, n'oublions pas le côté pittoresque, et, si nous cherchons un peu, nous trouverons les plus jolis coins que le peintre et le photographe puissent rêver; les uns sans nom, les autres, au contraire, munis d'appellations bizarres, et qui ont quelquefois une saveur de haut goût, dans le genre gaulois, telle la « Boto de la pissairo ».

Des boulevards, bordés de platanes, traversent la ville et conduisent aux promenades. Sur l'une d'elles s'élève le monument Gambetta, né à Cahors, statue et bas-reliefs remarquables du célèbre sculpteur toulousain Falguière.

Il y aurait encore à vous montrer bien des choses : le Pont-Neuf de 1251; le pont Louis-Philippe plus récent, la tour des Pendus, le château du Roi, et bien d'autres choses encore; mais le temps nous presse et nous reprenons notre course pour remonter le Lot.

Ici la vallée devient plus resserrée, tout en s'ouvrant de temps en temps pour former des petites plaines aux riches alluvions ; c'est le pays où l'on cultive le chanvre, qui remplace ici complètement le lin.

A Saint-Géry, les rochers portent les traces d'anciennes habitations fortifiées creusées, on ne sait trop à quelle époque, et auxquelles on ne pouvait arriver que par des échelles.

Nous croisons le château de Conduché, du xvie siècle, pour arriver à Saint-Cirq Lapopie, aux maisons anciennes et dont les rez-de-chaussée sont occupés par des tourneurs de robinets en bois, spécialité de la localité.

Le défilé des Anglais a été creusé dans le rocher pour donner passage à la route de voitures ; au-dessus, existent encore des habitations creusées dans le roc et fortifiées.

Sur la rive gauche, s'élève le château de Cénevières, qui renferme de belles tapisseries de haute lisse du xvie siècle.

Larnagol, inconnu il y a encore quelques années, a été célèbre chez les phosphatiés (pour employer l'expression du cru), par son riche gisement de phosphate de chaux à peu près épuisé aujourd'hui.

Cazave, entouré par un boulevard circulaire, qui a remplacé les anciens remparts et qui conserve encore son château et une vieille tour.

La vallée se resserre et la voie a souvent entamé le rocher pour trouver la place nécessaire ; à Larroque-Toirac, signalons une église fortifiée fort curieuse et arrivons enfin à Capdenac, point de croisement des lignes de Toulouse à Brives et de Rodez à Agen.

IV. — Région des Causses.

La gare de Capdenac est établie au pied d'une haute muraille calcaire qui supporte le village fortifié du moyen âge qui aurait succédé à l'Uxellodunum de César. Mais ce n'est pas encore là qu'aurait été ce dernier refuge des Gaulois. Cependant, l'on montre encore la fontaine de César, à laquelle on descend par un escalier de cent trente marches, mal entretenue aujourd'hui, mais encore défendue par des murailles percées de meurtrières.

Le Lot sépare la gare du rocher ; traversons la rivière et prenons ce sentier de César qui nous conduira au pied des murailles. Une vieille porte, assez bien conservée, nous donne entrée dans la ville, et nous arrivons devant le château de Sully ; là s'était, en effet, retiré le célèbre homme d'État ; mais il n'existe plus de sa demeure que des restes insignifiants et une tour : la tour de Sully. De là, nous apercevons à nos pieds les voies ferrées qui viennent se croiser dans la gare ; elles conduisent à Toulouse, à Rodez, à Cahors, à Aurillac, à Paris.

Figeac, éloigné seulement de quelques kilomètres, nous arrêtera quelques instants ; nous traversons la rivière du Célé et, pénétrant en ville par le canal des Moulins, nous aurons à admirer les vieilles maisons romanes du xiie siècle, de la rue Hortabadial et du square du Lycée, sans négliger en route une porte renaissance, richement ornée de sculptures en marbre blanc.

Sur une éminence dominant la ville, nous aurons à visiter la curieuse église de Notre-Dame du Puy et le grand rétable en bois du maître-autel qui a été édifié en 1696.

De la terrasse de l'église, nous embrassons d'un coup d'œil la ville tout entière ; avec une lunette, nous pouvons voir les aiguilles de Figeac, obélisques placés aux quatre points cardinaux sur les montagnes qui entourent la vieille

Porche de l'abbaye de Moissac

Cloître de Moissac

Château de Bruniquel

Penne

Entrée du château de Penne

Donjon de Penne

Hôtel de Ville de Saint-Antonin

Une vieille rue de Saint-Antonin

Château de Bonaguil

Pont Valentré, à Cahors

Cloître de Cahors

Château-d'Assier

Maison romane à Figeac

Rocamadour

cité ; mais je ne saurais vous dire exactement quelle était la destination de ces monuments : bornes de l'enceinte donnant le droit d'asile, ou bien signaux destinés aux pèlerins qui trouvaient l'hospitalité dans la vieille abbaye de Figeac.

A nos pieds, la ville et ses curieux bahuts de cheminées de pierre qui ornent les toits des maisons du moyen âge, l'église Saint-Sauveur, et la pyramide élevée en l'honneur du célèbre égyptologue Champollion, originaire de Figeac.

Au delà du bassin de Figeac, la voie commence à s'élever insensiblement, et, après avoir franchi le viaduc de Ceindau, elle atteint le grand plateau calcaire, qui sépare la vallée du Lot de celle de la Dordogne et que l'on désigne dans le pays sous le nom de Causse de Gramat. Pays au sol rocailleux, aux terres rouges, aux champs séparés les uns des autres par des murailles en pierres sèches, et qui atteignent souvent une énorme épaisseur, car elles ont un double but : celui de former une clôture et de débarrasser le sol des pierres qui l'encombrent.

Des moissons chétives, des pâturages peu abondants, des chênes rabougris, voilà ce que le voyageur aperçoit seulement ; mais ces terres rouges donnent une autre récolte, et celle-ci a une certaine importance : celle des truffes, et Gramat fait de ce chef, un commerce important.

Nous voici à Assier, et de la gare nous apercevons déjà une église imposante, au clocher élevé ; et au-dessus des maisons du village apparaissent les tours du château.

Le château d'Assier est un des spécimens les plus intéressants de cette époque de la Renaissance. qui fut en quelque sorte personnifiée dans cette région du Sud-Ouest par le sculpteur Bachelier ; à lui serait dû le château d'Assier, si nous en croyons certaine tradition.

Telles qu'elles sont aujourd'hui, les ruines de cette splendide demeure sont du plus merveilleux effet, et je me rappelle encore l'impression que j'éprouvais lorsque, au détour d'une rue du village, je me trouvai subitement en face de de cette façade, à demi effondrée, que surmonte encore une de ces lucarnes élégantes de la Renaissance, et flanquée, à droite et à gauche, de deux tours bien différentes d'allure : l'une énorme, basse et qui porte encore à son sommet une rangée de mâchicoulis ; l'autre svelte, élevée, encore protégée par son toit aigu et conservant les traces de deux rangées de consoles qui devaient former une sorte de ceinture du plus gracieux effet.

Et au milieu des murs noircis par le temps, une végétation folle ; les feuilles dorées par les premiers froids de l'automne donnaient à tout l'ensemble cette sensation des ruines, de l'abandon, et des gloires passées que le temps dévore peu à peu, mais qu'il embellit, qu'il poétise, afin de faire oublier son inflexible action.

Le château d'Assier porte sa date 1546 ; il a été construit par Galliot de Genouillac, « grand écuyer très bon dit Brantôme, et très sage capitaine de son temps ». Le roi Charles VIII le prit à Fornoue pour un de ses preux ; et il était à Pavie avec François Ier ; il était alors grand maître de l'artillerie.

A la suite de ses brillantes campagnes, il fit édifier une splendide demeure à Assier ; et de cet immense château, il ne reste aujourd'hui qu'une aile, les trois autres côtés ayant été démolis à la fin du siècle dernier, les propriétaires d'alors trouvant trop coûteux de l'entretenir.

Voici le donjon, haute tour éventrée qu'un lierre immense embrasse étroitement, pour l'empêcher de choir ; à l'angle opposé, la tour des Archives, vide

aujourd'hui malheureusement ; et voici comment les archives d'Assier ont été
détruites. La famille d'Uzès, descendant, par les femmes, des Galliot, avait
vendu le domaine d'Assier à M. Murat de Montal, et celui-ci avait exigé que les
archives d'Assier lui fussent délivrées ; mais lors de la démolition du château,
elles avaient été transportées à Uzès. Elles furent donc chargées sur des mulets
et expédiées à Assier.; malheureusement, ce convoi avait à traverser Figeac, et
il entrait en ville en pleine tourmente révolutionnaire (1793). Les patriotes de
l'endroit, en voyant cette file de mulets pesamment chargés, eurent quelques
soupçons et ils voulurent voir ce que renfermaient ces ballots. Quelle ne fut
pas leur fureur en trouvant des parchemins, souvenirs de l'infâme despotisme !
Aussitôt vu, aussitôt décidé, et de toutes ces archives il fut fait un immense
feu de joie sur la place de Figeac ; et voilà comment la tour des Archives à
Assier est vide aujourd'hui.

Ł'aile du château qui reste encore, et qui venait d'être attaquée par les démolisseurs lors de l'achat de M. Murat, nous donne une idée assez exacte de la
richesse de décoration de cette somptueuse demeure.

Au premier étage, au-dessous de la corniche qui surmonte encore les
murailles, règne une litre ornementée de la façon la plus heureuse par des
attributs guerriers et surtout des canons ; quelques-uns montrent les flammes
qui sortent de leur bouche et le boulet qui s'en échappe. Du côté du village,
une porte monumentale est surmontée par une niche dans laquelle était placée
une statue équestre de François Ier ; au côté opposé, une autre porte du même
genre s'ouvre sur la cour intérieure ; plus loin, une porte basse, surmontée de
la salamandre, donne entrée sur l'escalier, sculpté par la main des fées d'ornements ravissants, du style le plus pur.

Mais, si nous pouvons avoir une idée de la richesse de décoration du château
d'Assier, par ce qu'il en reste encore, nous ne pouvons, à première vue, nous
rendre compte de l'étendue énorme de cette construction ; l'on peut cependant
suivre le tracé des murs, et en nous aidant d'une restauration donnée par le
baron Taylor dans son *Voyage en France*, je pourrai mettre sous vos yeux cette
demeure célèbre telle qu'elle était encore en 1780.

Les dépenses considérables faites par Galliot avaient excité au plus haut point
la jalousie des courtisans, et Brantôme nous rapporte à ce sujet un curieux
incident entre le roi et son grand écuyer.

Galliot avait, pour ainsi dire, donné prise à ces accusations, car il avait
pour devise, et nous la retrouvons sur les murs du château d'Assier: IEME
FORT UNE (J'aime fort une).; mais fortune, dont les médisants formaient un
seul mot, était au contraire séparé, et Galliot avait toujours conservé un tendre
sentiment pour une fort grande dame, j'aime fort.... une ; et celle-ci n'était
autre, paraît-il, que la mère du roi, la duchesse d'Angoulême.

Le château d'Assier, un peu trop abandonné peut-être, vient d'être classé de
nouveau parmi les monuments historiques, et avec le concours du propriétaire
actuel M. Murat de Montaï, la Commission vient d'entreprendre les travaux de
consolidation nécessaire, et de rééditier la toiture aiguë qui complète admirablement les constructions encore conservées.

A côté de son riche manoir, Galliot fit élever une église qui, elle, au contraire,
a été préservée de toute ruine, et c'est elle que nous avons aperçue de la gare.

Ici encore, l'architecte a répété le genre d'ornementation que nous avons
trouvée au château, et une litre couverte d'ornements en demi-relief règne
tout autour de l'église, représentant les faits d'armes de Galliot : canons pas-

sant les Alpes, canons faisant feu, etc. A l'intérieur de l'église, nous avons encore à voir le tombeau de Galliot ; un soubassement en pierre porte la statue couchée de Galliot ; il est revêtu d'une robe de fourrure ; au-dessus, un grand bas-relief représente le grand-maître de l'artillerie revêtu de son armure, à côté d'un canon.

Nous quittons à regret le château d'Assier, car tout serait fait pour nous y retenir, l'intérêt qui s'attache à ses belles ruines, et l'affabilité charmante de M. Murat.

A Rocamadour, nous sommes encore en plein moyen âge, mais dans des temps beaucoup plus anciens. L'antique sanctuaire aurait pour origine première le tombeau de Zachée. Mais le côté pittoresque est ici de premier ordre, et l'on ne peut se faire une idée exacte du site de Rocamadour, et de tout l'imprévu qui attend le visiteur. Au milieu de cette aride plaine du Causse, on se trouve tout à coup, sans que rien puisse le faire prévoir à l'avance, au-dessus d'un profond ravin, aux bords taillés à pic. D'énormes rochers aux sombres colorations dominent le petit ruisseau du Lauzon qui coule au bord de cette étroite fissure ; et c'est au flanc de ces rochers que sont venus s'accrocher la rue étroite du village, ses portes fortifiées et les douze ou quinze chapelles qui se groupent autour de l'église principale. Ici, tout est ou était ancien à mieux dire, les portes, les maisons, les églises, les logements des chanoines ; enfin cet interminable escalier que les pèlerins fervents gravissent à genoux. Le tout forme un assemblage bizarre qui n'avait son pareil qu'au mont Athos.

Le pèlerinage de Rocamadour est le plus ancien de France et les plus illustres visiteurs sont venus prier Notre-Dame de Rocamadour.

C'est d'abord Roland, qui vint avec son oncle en 778, et légua à la sainte Vierge une somme d'argent égale au poids de son épée Durandal. Cette épée vint également à Rocamadour après le désastre de Roncevaux, et on la voit encore fichée dans la muraille du parvis. Simon de Montfort, de terrible mémoire ; saint Louis ; Louis XI ; sans compter les souverains d'Espagne : Alphonse IX, roi de Castille ; Sanche VII, roi de Navarre, et nombre d'autres personnages.

Aussi les richesses accumulées dans le sanctuaire étaient-elles immenses, et pendant les guerres de religion, les bandes qui parcouraient le pays, sous prétexte de réforme religieuse, eurent-elles un riche butin à enlever lors de la prise de Rocamadour.

Aujourd'hui, le pèlerinage cherche à reprendre son ancienne splendeur, et malheureusement pour l'archéologue, pour l'artiste, un effroyable vent de restauration remanie, refait, repeint tout, et enlève à cet ensemble son parfum d'antiquité, et lui enlève, en somme, la plus claire partie de son cachet.

Une dernière course en voiture nous conduira au puits de Padirac, et nous descendrons sans peine dans le gouffre, grâce à l'escalier en fer que notre ami Martel a fait édifier. Au bas, nous prendrons place sur des barques, et nous naviguerons sur la rivière souterraine, tout en admirant cette merveille naturelle.

Ici prendront fin nos explorations, ici se terminera la tâche que j'avais entreprise, trop heureux si je vous ai donné un avant-goût suffisant de tout ce que vous allez voir ; trop heureux si, en quittant notre pays, vous en conservez un bon souvenir.

M. Stanislas MEUNIER

Professeur au Muséum d'Histoire naturelle.

LES ÉRUPTIONS VOLCANIQUES

A PROPOS DU RÉCENT DÉSASTRE DE LA MARTINIQUE

— 13 août —

MESDAMES, MESSIEURS,

Quand, au mois de mai dernier, l'aimable secrétaire de votre Conseil, mon ami, M. Gariel, me fit la surprise de me demander de venir ici vous exposer l'état actuel du problème volcanique, j'en ai éprouvé une sincère satisfaction et j'ai accepté avec empressement l'honneur qui m'était offert.

Il s'agit en effet d'une question qui ne saurait laisser personne indifférent et qui vient même de s'imposer à l'attention de tout le monde; — et il s'agit en même temps d'un chapitre de la science qui semble enfin sorti de la période des suppositions gratuites pour entrer dans celle de la théorie rationnelle.

A ces divers titres, je ne désespère pas de vous intéresser par un résumé débarrassé des détails trop techniques et que je ferai court pour ne pas vous fatiguer.

A l'annonce d'une catastrophe comme celle de la Martinique, nous éprouvons presque simultanément deux besoins aussi impérieux l'un que l'autre : le premier est de venir au secours des victimes, de réparer le désastre dans la mesure du possible; l'autre est de nous rendre compte de ce qui s'est passé : peut-être dans l'espoir de trouver quelque procédé préservateur pour l'avenir; à coup sûr pour la seule satisfaction de savoir.

Et c'est évidemment l'une des caractéristiques les plus élevées de l'espèce humaine que cet appétit de science qui ne la quitte jamais, même dans les moments les plus graves, et qui ne saurait être aucunement diminué parce que derrière cette soif d'apprendre se glisserait plus ou moins ouvertement le désir de préciser (pour les conjurer) les mauvaises chances qui peuvent de nouveau nous menacer.

Un événement comme celui de la Martinique nous frappe avant tout par sa soudaineté : des milliers d'existences sont détruites presque instantanément et c'est même à tort qu'on a comparé la calamité au passage de quelque grand capitaine : Dieu merci, le plus grand de tous n'a jamais eu encore dans le mal une puissance comparable.

Dans l'intensité d'une semblable catastrophe, on arrive à comprendre le vertige de certaines âmes qui, ne sachant plus à quoi se rattacher, font intervenir comme explication du désastre des causes surnaturelles. Le curé de la petite église de Morne-Rouge, le P. Mary n'hésita pas, sur le moment même à faire de l'événement une punition directe du Ciel, réprimant à Saint-Pierre le

« Satanisme » qui y aurait été florissant. Un journal des plus répandus, le *New York Herald*, a consacré un long article illustré dans son numéro paru à New-York le 13 juillet, à une interview du P. Mary et à une description de tous les crimes qui auraient déchaîné la vengeance céleste.

Mais, pour en revenir aux faits, s'imagine-t-on l'horreur qui a dû angoisser les habitants de Fort-de-France qui, le 8 mai, étaient suspendus au téléphone de Saint-Pierre, recueillant les impressions, les appréhensions et aussi les espérances de leurs parents et de leurs amis et qui, tout à coup, sans transition, ont trouvé les appareils absolument et définitivement muets?

On a donné récemment dans un théâtre une pièce qui fit sensation à cause de l'impuissance, au moment de l'assassinat des siens, d'un témoin téléphonique du crime. Mais combien la réalité ne s'est-elle pas montrée ici plus dramatique que l'imagination humaine ! Il y a de l'une à l'autre la distance de l'Iliade à un fait-divers.

Et combien les scènes de désolation n'ont-elles pas dû prendre une acuité toute spéciale de la suavité même du cadre où elles se déroulaient ! C'est l'enfer tout à coup déchaîné dans le Paradis terrestre : sentiment bien voisin de celui qu'ont dû éprouver, en l'an 79 de notre ère, les contemporains de Pline à la nouvelle de l'éruption du Vésuve, ravageant inopinément une région enchanteresse entre toutes.

Il se trouve en effet, par la nature même des choses, et à moins qu'une influence climatérique ne s'y oppose expressément, que les pays volcaniques sont doués d'un charme exceptionnel.

Les matières rejetées par la convulsion souterraine et dont la projection sème la mort et la ruine autour d'elles, jouissent d'habitude, une fois refroidies, des propriétés les plus fertilisantes. Les jardins de la Somma formaient les dignes pendants des plantations de la Martinique et ils tiraient comme elles le luxe de leur végétation des causes mêmes qui devaient amener leur ruine.

Située vers le milieu de l'élégante guirlande des Iles Sur-le-Vent, à 110 kilomètres au sud de la Guadeloupe, la Martinique s'allonge du N.-O. au S.-E. sur 94 kilomètres. Une crête montagneuse qui en forme comme l'épine dorsale, présente plusieurs sommets dont le plus septentrional, la Montagne Pelée, avec ses 1.350 mètres, est trop connue maintenant de tout le monde.

On la voit, cette Montagne Pelée, sur ce joli panorama de Saint-Pierre dont je dois la communication à M. Cicéron, sénateur de la Guadeloupe : elle domine la ville qu'elle devait détruire et dresse vers le ciel son cône composé de la même roche que les principaux sommets de la Cordillère et qu'on désigne sous le nom d'*andésite*. A son sommet était un petit lac que le premier effet de l'éruption a été de tarir.

C'est non loin de cette montagne si funeste que se présente le Morne Rouge dont une photographie nous remet le charme sous les yeux : les citadins, vivant dans un printemps perpétuel, s'y donnaient, par un changement d'altitude, l'illusion bienfaisante d'un renouvellement de saison.

Au sud de Saint-Pierre, se dresse le Piton du Carbet dont une projection vous montre la forme : on lui voit plusieurs sommets dont le plus haut s'élève à 1.207 mètres.

Tout à fait dans le sud de l'île se dresse le Piton Sainte-Luce, bien remarquable, comme le montre une projection, par la hardiesse de sa forme. Et il y a dans le pays bien d'autres reliefs, comme le Piton Balata, le Piton Pierreux, le Piton de

Vauclair, le Morne Saint-Gilles et le Morne Diamant. Tous sans exception sont essentiellement volcaniques.

J'entendais récemment cette remarque que la Martinique serait un pays parfait si elle n'avait pas ses volcans. Cette appréciation n'est pas réfléchie, car s'il n'y avait pas de volcans, la Martinique n'existerait pas.

C'est à la nature volcanique aussi de sa terre végétale, que l'île doit cette végétation luxuriante dont vous avez un spécimen sur l'écran et qui vous montre les épais fourrés de manguiers, de cocotiers, de bambous, de cannes à sucre et de cycas qui donnent à cette flore tropicale un caractère si particulier.

C'est encore à la nature volcanique des roches constitutives du sol que tant de points de la Martinique doivent le pittoresque de leurs paysages. Voici comme exemple une vue de la grande Cascade de Saint-Pierre, où la fraicheur des ondes venait tempérer si agréablement la haute température des jours d'été. Auprès de Fort-de-France, la rivière Didier, dont voici le portrait, continue de faire de la vallée qu'elle arrose une des régions les plus exquises du pays. Et voici, pris sur la route du Prêcheur, un paysage bien caractéristique, où la végétation intense abrite de son ombre épaisse des escarpements de roches volcaniques.

On pourrait même retrouver l'influence volcanique dans les traits les plus caractéristiques des villes, et d'abord dans l'aspect des habitations, à cause des matériaux spéciaux qui entrent dans leur construction. C'est avec un art infini qu'on avait su mélanger les jardins aux maisons, de façon à rafraîchir en même temps qu'à assainir l'atmosphère. Cette vue, prise dans le quartier de l'Intendance, est caractéristique à cet égard.

Et c'est avec un sentiment poignant, où se mêle l'ironie des choses, que nous pouvons regarder cette vue de la Maison de Santé de Saint-Pierre, où personne n'est resté vivant.

Dans les villes, l'orientation des rues est ordonnée par rapport au soleil et la fraîcheur est abondante dans l'ombre habilement ménagée. Cette vue de Fort-de-France fait bien entrer dans la vie citadine de l'île, et à côté vous verrez un point de Saint-Pierre, la rue d'Enfer, qui devait subir un destin si cruel. La voici de nouveau, sous un aspect plus vivant encore, avec les promeneuses négresses qu'on y côtoyait à chaque pas.

Et c'est dans ce milieu si calme, quoique fort actif, dans cette région si pittoresque que, le 8 mai dernier, s'est produite l'épouvantable catastrophe. Que direz-vous du courage d'un photographe de Fort-de-France, M. Cunje, qui, dès le 10 mai et, on peut le dire, au péril de ses jours, est allé prendre avec son objectif une série de documents de la plus haute valeur? Je suis bien heureux, grâce à la bienveillance de Mme Cunje, qui habite Paris, de pouvoir vous faire partager l'émotion que produisent ces belles photographies prises à l'instant, dans les rues encore fumantes et remplies encore de cadavres ; et vous me permettrez d'adresser ici à Mme Cunje mes bien sincères remerciments.

Voici d'abord une vue de la Montagne Pelée le 10 mai ; elle fume et parait pleine de menaces qui, vous le savez, se sont réalisées à plusieurs reprises, de façon à renouveler les désastres, si le renouvellement en avait été possible dans un pays où la première éruption avait tout détruit.

Un témoin, qui se trouvait à trois kilomètres seulement du cratère au moment du paroxysme, nous a fait le récit de ses observations, qu'on peut lire dans les *Comptes rendus* de l'Académie des Sciences. D'après lui, la crise si meurtrière ne dura pas plus de deux à trois minutes. Il vit tout à coup une gerbe de rochers sortir du cratère et se précipiter sur Saint-Pierre. Un bruit formidable accompagna cette gigantesque poussée et un énorme nuage d'un gris roux descendant jusqu'à terre s'avança vers lui, et tellement sillonné d'éclairs que ceux-ci formaient, selon sa propre expression, comme un réseau ininterrompu à mailles serrées.

C'est l'irrésistible mouvement d'air qui a jeté la ville par terre, et c'est le mélange avec l'air d'une très forte proportion de cendre fine, à la température de 1000 degrés peut-être, qui a asphyxié les habitants d'une façon presque instantanée : la supposition des gaz délétères, qui ont pu en effet sortir du sol, est tout à fait superflue pour expliquer la catastrophe.

J'ai cru intéressant de vous mettre sous les yeux un spécimen de la cendre dont la chute a eu de si funestes résultats. Il nous en était parvenu au Muséum moins de quinze jours après l'éruption. J'en ai collé une petite pincée entre deux plaques de verre et il suffit de placer cette préparation dans la lanterne à projection pour avoir sur l'écran la silhouette des grains minéraux mélangés. En étudiant ceux-ci, on y trouve plusieurs espèces minérales admirablement caractérisées et avant tout, des feldspath tels que l'oligoklase, de l'hypersthène, des grains vitreux, c'est-à-dire refroidis trop vite pour qu'ils aient eu le temps d'acquérir la structure cristalline, et des particules de magnétite, ou fer oxydulé. C'est en somme la composition même de la roche dont, comme nous l'avons dit, est constituée la Montagne Pelée et qu'on appelle andésite. La cendre volcanique, tout le monde le sait bien, n'est aucunement, comme son nom pourrait le faire supposer, un résidu de combustion, mais un simple résultat de la pulvérisation des laves.

Les effets de l'éruption ont été décrits de tous les côtés et même des journaux illustrés ont mis sous nos yeux des tableaux singulièrement navrants ; mais le caractère de vérité de ces gravures est bien loin d'atteindre celui des photographies elles-mêmes, d'après lesquelles ces images ont été dessinées. Aussi verrez-vous avec intérêt les vues prises par M. Cunje. Pour leur donner toute leur valeur, je les rapprocherai de photographies prises dans les mêmes points avant la catastrophe.

Je mets sous vos yeux un panorama de Saint-Pierre, un peu différent de celui par lequel nous avons débuté, mais qui est pris exactement de la même place que cette vue du 10 mai où M. Cunje nous montre les effets du fléau. On retrouve les formes de certains monuments, mais ce sont comme des cadavres rappelant des vivants.

Voici une autre vue prise de la mer où l'on voit en particulier l'état dans lequel a été mise la cathédrale.

La place Bertin était le centre de toute la grande activité de Saint-Pierre et la photographie projetée montre les habitants se livrant à leurs occupations sous la perspective et l'on peut dire sous la menace de la Montagne Pelée qu'on voit dans le fond du tableau. Une vue nous montre ce que ce milieu si vivant est devenu : toutes les habitations sont ruinées.

Sur cette place Bertin un sémaphore qui se voyait de très loin a été presque rasé, ainsi que le montre une vue spéciale.

La rue Victor-Hugo présentait un aspect spécialement agréable : voyez ce qu'elle est devenue. Voyez même dans cette autre photographie comment elle fut trouvée jonchée véritablement de victimes.

Dans l'enclos de l'Hôpital militaire, un cadavre a été photographié dans une pose qui rappelle celle de plusieurs des Pompéiens que le Vésuve tua en 79. Une vue qui a été très reproduite et qui montre un cadavre éventré, témoigne de la haute température qui régna dans la ville, du fait de la chute des cendres. Ce serait sans doute le procédé le plus rapide d'échauffement d'une masse de gaz que de la faire traverser par une quantité convenable de cendre fine portée au rouge.

Tout le monde sait les mesures hygiéniques qu'on a adoptées pour éviter l'apparition de quelque épidémie à la suite de la putréfaction des cadavres. Voici une vue de l'opération d'incinération à laquelle on en soumet un très grand nombre.

La mer a été exposée aux mêmes accidents que la terre : M. Cunje a photographié dans la rade de Saint-Pierre le vapeur américain *Roraïna* en flammes. Dans la nuit du 15 au 16 mai le malheureux navire coula à fond.

M. Cunje a pris aussi des scènes douloureuses, et je vous montrerai seulement un groupe de réfugiés attendant avec impatience le bateau qui leur permettra de quitter l'île : ils sont sur la place Bertin, au pied du sémaphore que nous connaissons maintenant.

Comme nous l'avons déjà dit, quand on étudie le sol de la Martinique, on s'aperçoit que cette île doit entièrement son origine aux phénomènes volcaniques, de sorte qu'en entendant bien des gens prévoir que les éruptions doivent détruire le pays, on ne comprend pas bien ce qu'ils veulent dire. Il peut se faire que les convulsions du sol déterminent la submersion de tel ou tel point, mais les paroxysmes amènent de la profondeur des masses de matériaux qui ne peuvent qu'augmenter le relief général de la région.

Il y a des preuves que quand les volcans aujourd'hui actifs ont pris naissance à la Martinique, ils se sont établis, non pas sur le granit comme en Auvergne, non pas sur les terrains stratifiés comme dans bien des pays, mais sur des nappes de basalte représentant des éruptions antérieures.

De plus, on reconnaît que ce basalte lui-même provient de cratères maintenant démantelés et qui se sont faits sur un soubassement de laves plus anciennes et très différentes des basaltes, par exemple par la dissémination de grains de quartz dans leur pâte : ces laves se sont étalées, de leur côté, sur une sorte de squelette fondamental de roches entièrement volcaniques elles-mêmes.

Ces roches, les plus anciennes de toute la série, ont dû commencer par constituer une sorte de protubérance sous-marine et on peut s'imaginer que les premières manifestations volcaniques dans la région de la Martinique ont dû ressembler, dans leur temps, aux phénomènes qui en 1831 (juillet et août) ont amené inopinément la production de l'île Julia sur la côte sud-ouest de l'Italie.

Déjà, en 1701, il y avait eu presque au même point des phénomènes analogues, et ils se sont reproduits en 1863. Mais en 1831, ils ont édifié une île d'apparence si normale que les Anglais, en gens pratiques, avaient jugé l'occasion propice pour une nouvelle annexion et avaient planté sans vergogne leur pavillon sur les lapillis encore chauds.

Nous avons au Muséum de précieuses collections d'échantillons de l'île Julia, recueillies par l'illustre géologue Constant Prevost, et elles montrent qu'on pouvait circuler et s'établir sur le pays de nouvelle formation.

Cependant, lorsque quelques mois plus tard, les Anglais voulurent assurer, pour le bonheur de l'île, le fonctionnement des institutions britanniques, Julia avait disparu, balayée par les flots.

Au contraire, la Martinique n'a pas été balayée comme l'île italienne par les vagues de la mer d'où elle était sortie, et à cet égard elle reproduit plutôt l'histoire de l'Islande qui, elle aussi, représente un édifice construit par les forces souterraines sur le fond de l'Océan et où les éruptions volcaniques se succèdent depuis des périodes géologiques entières.

On a du reste conservé le souvenir de beaucoup d'éruptions martiniquaises. Par exemple, le 22 janvier 1762, il y a eu une petite manifestation de la Montagne Pelée, précédée d'un violent tremblement de terre, et on vit sortir du sol des vapeurs sulfureuses et de l'eau chaude.

En 1839, une convulsion donna lieu à de très grands désastres. La crise la plus récente était de 1851 et le souvenir est encore bien présent des ruines et des morts qu'elle accumula.

Cette répétition qui se retrouve dans la plupart des contrées volcaniques est d'autant plus digne de remarque qu'elle est sans doute liée à la nature même des choses et qu'elle peut nous éclairer sur la cause du phénomène.

Les localités volcaniques ne sont d'ailleurs pas quelconques et il y a un vif intérêt à le constater.

Ainsi, la Martinique est située à peu près au milieu de la longueur de la chaîne des Petites-Antilles dont les principales îles sont, comme elle, très nettement volcaniques. Au nord, on trouve successivement la Dominique avec son lac d'eau bouillante et ses fréquentes projections d'eau chaude et de cendres, et qui a donné une véritable éruption le 4 janvier 1880; puis la Guadeloupe avec sa célèbre soufrière, volcan bien mal éteint et dont on entend les entrailles gronder sans répit, où des éruptions se sont produites en 1778, 1797, 1812, 1836, enfin Saint-Christophe dont le volcan est entré en action en 1692.

Au sud de la Martinique on trouve symétriquement Sainte-Lucie, pourvue d'une soufrière qui rappelle celle de la Guadeloupe et qui a fourni une éruption en 1766; puis Saint-Vincent qui a récemment donné la réplique à la Montagne Pelée et qui a couvert de cendres toutes les régions voisines et jusqu'à l'archipel des Bermudes; puis Granada où se montrent les traits bien reconnaissables d'un volcan peu ancien; enfin la Trinité dont l'immense gisement de bitume suffirait à prouver la nature volcanique.

Or cette situation de la Martinique est bien remarquable dans la géographie générale du globe terrestre et vous allez voir que la constatation en sera utile pour l'interprétation des faits.

La conclusion des études les plus récentes, c'est qu'il existe en certaines régions souterraines des provisions d'une matière foisonnante, qui ne demande qu'à faire éruption au jour, pourvu qu'un chemin lui soit ouvert.

Une comparaison bien vulgaire rendra le sujet très clair.

Imaginez qu'il y ait dans les entrailles de la terre une gigantesque bouteille d'eau de seltz. Tant que la bouteille sera fermée, il ne se passera rien de particulier; mais il suffira que le goulot de sortie soit ouvert et que le bouchon soit retiré pour qu'il y ait une explosion.

Je sais bien qu'à première vue il semble y avoir surtout des différences entre une bouteille d'eau de seltz et un volcan. Mais le contraste s'atténue beaucoup quand on y réfléchit.

En effet, à quoi est due la sortie de l'eau de seltz? A la détente et à l'expansion de l'acide carbonique en dissolution dans le liquide.

En d'autres termes, c'est tout simplement parce que le réservoir a été mis en rapport de pression avec l'atmosphère que l'acide carbonique, qui était invisible, s'est révélé sous forme de petites bulles qui ont vite grossi, se sont rapidement élevées, ont lancé avec elles une fine poussière et de grosses gouttes d'eau et finalement ont déversé hors de la bouteille le liquide qu'elle contenait.

Dans ce phénomène si connu, la poussière d'eau et les gouttes ont cédé à la même impulsion que les cendres et les pierres volcaniques, et le liquide s'est épanché comme la lave.

. En effet, nous savons maintenant, de science certaine, que la lave, dans le réservoir souterrain, est, comme l'eau de seltz, la dissolution d'un corps qui peut devenir gazeux comme l'acide carbonique dans un corps liquide comme l'eau. Seulement le corps qui peut devenir gazeux, ce n'est pas le gaz carbonique, c'est la vapeur d'eau, et de son côté, le liquide dissolvant, ce n'est pas l'eau, c'est la lave, fondue à 1.200 ou 1.500 degrés.

Malgré la différence de nature, la constitution et les propriétés générales sont tout à fait les mêmes.

Qu'il se fasse une communication avec l'atmosphère au-dessus d'une provision de cette curieuse dissolution et voilà l'eau qui se met en bulles comme l'acide carbonique, qui s'élève en entraînant son dissolvant, c'est-à-dire la lave fondue. Elle en lance en l'air la poussière la plus fine et les gouttelettes de toutes grosseurs et elle fait baver le reste sur le sol en coulées plus ou moins longues.

C'est pour cela que le volcan, malgré son apparence ignée, doit être, avant tout, considéré comme une source d'eau.

Les laves épanchées fument longtemps en refroidissant et leur fumée est surtout formée d'eau. Quand elles se sont endormies on trouve dans le haut des coulées des petites logettes qui sont des moulages de bulles de vapeur, comme le sont, de leur côté, les logettes de la mie du pain.

Ceci posé, il faut, pour comprendre le phénomène, s'imaginer deux choses :

1º Comment se fabrique dans les régions souterraines la curieuse dissolution d'eau dans la lave qui a les propriétés foisonnantes de l'eau de seltz;

2º Comment se font les ouvertures qui permettent aux siphons naturels de se dégorger.

Pour ce qui est du premier point de vue, il faut d'abord se rappeler la notion fondamentale concernant la structure générale du globe terrestre. L'étude de la distribution de la chaleur souterraine conduit à le considérer comme une grosse boule fluide enveloppée d'une mince pellicule solide.

Cette croûte s'est évidemment constituée dans une condition de parfait équilibre : mais le globe se refroidissant sans cesse et sans compensation, il se développe dans sa masse des réactions mécaniques très importantes.

On peut le comparer à un thermomètre sans tige, dont le liquide se contracte dans une enveloppe où un vide tend à se faire.

Cette enveloppe doit se déformer et se refouler sur elle-même pour ne pas quitter la masse fluide qu'elle enserre et qui la supporte.

Mais ces effets se traduisent, en outre, par des conséquences directement applicables à la question volcanique.

Par suite de l'infiltration progressive de l'eau superficielle dans la croûte, à une profondeur de plus en plus grande et à mesure que le refroidissement fait des progrès, on doit y considérer deux zones superposées dont la plus externe est pourvue d'eau de carrière, tandis que l'autre est encore trop chaude pour que l'infiltration y ait été possible.

Les progrès du refroidissement spontané de la terre ont en même temps un autre résultat qui collabore avec le précédent : ils rapetissent sans cesse le noyau fluide qui se contracte sur lui-même dans l'enceinte constituée par la croûte solide et celle-ci, menacée à chaque instant de perdre l'appui du support sur lequel elle s'est formée, est contrainte de se déformer et même de se rompre.

pour se doubler pour ainsi dire, en faisant glisser certains de ses segments sur certains autres ; sous l'influence des refoulements dont nous venons de parler, il y a poussée de roches chaudes par-dessus des massifs imprégnés d'eau. Alors se fait l'occlusion de l'eau surchauffée dans la roche qu'elle se bornait à imbiber et qui, dès lors, est passée à l'état de lave foisonnante.

On peut remarquer que d'autres substances pourraient jouer ici le même rôle que l'eau. Si les roches réchauffées contenaient par exemple des composés capables d'engendrer des gaz comme des amas de sel gemme qui donneraient de l'acide chlorhydrique ou des amas de combustibles qui donneraient de l'hydrogène carboné, l'effet final serait le même, et l'on reproduirait les conditions du Mauna Loa, du Puracé (Rio Vinagre) et des Salzes.

D'un autre côté, la roche réchauffée et transformée en lave peut, suivant le cas, avoir des compositions et des origines diverses ; nous savons même que des roches stratifiées comme des argiles pourraient subir la métamorphose en question. Des échantillons recueillis à Commentry dans les houillères embrasées, sont très éloquents à cet égard, et aussi des produits accidentels de l'usine à gaz de Vaugirard que j'ai étudiés il y a plusieurs années.

Enfin, on remarquera que la genèse des laves peut avoir lieu à des profondeurs très inégales, suivant les cas, et ne fait pas nécessairement intervenir le magma fondu sous-cortical.

Quoi qu'il en soit, voici donc constituée notre matière foisonnante, et il ne s'agit plus que de faire jouer le levier du siphon.

Or, les phénomènes qui viennent d'être indiqués, c'est-à-dire les refoulements avec les tremblements de terre qui en résultent, remplissent toutes les conditions voulues et les fissures s'ouvrent ainsi bien aisément.

D'ailleurs, l'accumulation de la tension souterraine, par suite du réchauffement des parties humectées, suffit sans doute pour que la résistance des masses superposées puisse être vaincue, et c'est le correspondant d'une trop grande quantité d'acide carbonique engendrée dans la bouteille de liquide gazeux. C'est un accident fréquent dans les caves à champagne.

Il arrive aussi que les tiraillements spontanés ouvrent dans la croûte des fissures, et c'est le correspondant de la suppression du bouchon.

Dans le travail qui accompagne l'ouverture de ces canaux souterrains, il se produit naturellement des secousses de tremblement de terre. Et il y a maintenant longtemps que j'ai montré qu'il y en a de deux sortes. Les unes sont les contre-coups des refoulements horizontaux et de la production des rejets accompagnant les volcans. Les autres proviennent de la chute dans les vides qui se produisent, lors de l'ouverture des grandes géoclases, de blocs imprégnés de leur eau de carrière. Cette fois, l'occlusion peut ne pas se faire à cause de la capacité des cavités, et il y a détonation.

Ce mécanisme explique les *répétitions* des secousses et aussi des *bruits* spéciaux entendus en bien des circonstances, et par exemple, le choc de *corps lourds*, comme on a noté à l'île de Zante et dans d'autres circonstances.

Il convient de remarquer que cette manière de comprendre le phénomène volcanique se trouve confirmée par une série de faits très importants.

· Tout d'abord, la distribution générale des volcans vient lui fournir un premier appui.

- Si on jette un coup d'œil sur un globe terrestre, ou mieux sur un planisphère établi d'après la projection de Mercator, on est frappé de voir que les continents placés très dissymétriquement, tous dans un hémisphère, se répartissent en deux grands blocs allongés dans des directions respectivement perpendiculaires. L'un d'eux correspond aux Amériques et l'autre à l'ancien monde.

La grande longueur de celui-ci s'étend du Nord-Est au Sud-Ouest; la grande longueur des Amériques du Nord-Ouest au Sud-Est et les deux axes sont plus ou moins à angle droit l'un de l'autre.

En outre, et malgré de grandes irrégularités nécessaires, on reconnaît que les grandes chaînes de montagnes dont les continents sont accidentés sont en général parallèles à ces axes. Dans le vieux monde, on trouve aussi le ridement archéen; les Alpes Scandinaves, avec le prolongement des monts Grampians; les monts de Bretagne, avec les Vosges, les Sudètes et l'Oural; les Pyrénées avec les Alpes, les Carpathes, le Caucase et même l'Himalaya; enfin les monts Apennins avec d'un côté le Grand Atlas et de l'autre les îles de l'Archipel et les montagnes de l'Asie Mineure. Dans l'ensemble des Amériques on trouve de même : les Montagnes Vertes, les Apalaches, les Alleghanys, les Montagnes Rocheuses et la Cordillère avec la Siera-Nevada de Californie. Or, des méthodes très sûres ont permis de reconnaître que ces diverses chaînes ne se sont pas faites en même temps, et d'établir l'âge relatif de leur surrection, et l'on s'est aperçu que les soulèvements se sont successivement produits dans chacun des deux continents comme s'ils se propageaient dans un sens déterminé et perpendiculairement à l'axe des blocs, c'est-à-dire du nord-ouest au sud est pour le vieux monde et du nord-est au sud-ouest en Amérique.

C'est ainsi qu'aux temps prédiluviens se sont soulevés d'une part le ridement archéen et d'autre part les Montagnes Vertes; que vers les temps diluviens ont eu lieu en Eurasie le soulèvement calédonien et en Amérique la surrection des Apalaches; que le ridement armoricain dans le vieux monde et la formation des Alleghanys datent de la fin des temps primaires; que les Alpes, comme les Montagnes Rocheuses, ont eu leur maximum d'activité orogénique pendant l'époque tertiaire; enfin, que c'est tout récemment que se sont constitués, d'un côté, les Apennins, et de l'autre côté, les Cordillères.

Et ceci posé, on reconnaît que les volcans sont (pour l'immense majorité au moins) placés sur les lignes de surrection récente, celles où les provisions de matières souterraines foisonnantes peuvent aisément être renouvelées par le jeu des géoclases encore actives.

C'est un premier point très important et qui nous donne l'occasion d'insister sur ce fait que, contrairement à l'opinion générale, le voisinage de la mer est bien loin de suffire à l'établissement des volcans. Si le littoral du Pacifique est jalonné d'une série continue de cratères, le rivage Atlantique en est au contraire à peu près dépourvu. Or, des coupes suivant les parallèles, au travers du continent américain comme au travers de l'Afrique, donnent la raison de cette différence en montrant que la côte Pacifique est très abrupte, évidemment déterminée par une cassure profonde propre à faire la communication entre la surface et les laboratoires souterrains, tandis que la côte Atlantique est très inclinée et tout à fait indépendante des grandes géoclases.

D'un autre côté, on trouve des volcans actifs situés bien loin de tous rivages et c'est ce que montre, par exemple, la région de Boschan, près de la ville de Kut-Sche, en pleine Asie centrale, où le sol est tellement imprégné de fumerolles que le chlorhydrate d'ammoniaque qu'on y recueille au fur et à mesure de sa concrétion suffit, par son abondance, à payer tous les tributs. Aux environs de Quito, par près de 3.000 mètres d'altitude, sur un plateau séparé du Pacifique par toute la chaîne des Andes, à une distance du littoral qui surpasse celle qui sépare Paris de la Manche, le Sangay, haut de plus de 2.000 mètres, est en éruption continue.

Nous voyons donc où doivent se trouver actuellement les provisions souterraines de matières foisonnantes, toutes prêtes à faire éruption si un chemin s'ouvre devant elles.

En outre, cette théorie a, à nos yeux, le grand avantage de rattacher les éruptions des volcans, malgré leur apparence de cataclysmes, à l'ensemble majestueux de l'évolution planétaire.

Comme conclusion des études auxquelles se livrent avec tant d'activité les géologues de tous les pays, on arrive de plus en plus à reconnaître dans le globe terrestre un merveilleux appareil en fonctionnement incessant et qui, malgré des différences nécessaires, présente avec les organismes d'étroites analogies.

Une anatomie très exacte préside à l'agencement de véritables tissus, et, dans l'épaisseur des roches, des circulations continues, des transformations de forces, des élaborations et des dissociations de matières se succèdent infatigablement.

L'équilibre de la terre n'est obtenu que par la coexistence de réactions qui se neutralisent réciproquement et tout est en voie de changement progressif.

Notre planète parcourt les étapes successives d'une évolution qui rappelle celle des êtres vivants.

L'éruption volcanique est l'une entre beaucoup d'autres des manifestations de cette activité essentielle de la terre. Elle a pour but l'apport à la surface du globe d'une foule de matériaux élaborés dans les profondeurs et qui sont indispensables aux régions externes. Si elle tue les malheureux qui se trouvent sur le trajet des substances émises, elle apporte, à la vie des autres, des éléments dont ils ne sauraient se passer, comme l'acide carbonique, le phosphore et la potasse.

Ce qui nous étonne, ce n'est pas la possibilité et l'intensité des crises volcaniques, c'est que la terre, étant conçue de telle sorte que ces événements soient des incidents inévitables de son évolution normale, elle ait pu cependant fournir à la légion des êtres qui constituent la flore, la faune et l'humanité, un milieu dont les conditions n'étaient cependant pas radicalement contraires aux manifestations des forces biologiques.

Ce sont là de grands enseignements; je souhaite que votre esprit les accueille comme ils le méritent.

EXCURSIONS

EXCURSION DU DIMANCHE 10 AOUT

Bruniquel — Penne — Saint-Antonin.

Par une admirable journée, pas trop chaude heureusement, beau soleil, mais pas trop méridional, a eu lieu la première excursion du Congrès. A 7 heures et demie du matin le train régulier emmène cent trente membres de l'Association visiter les jolies gorges de l'Aveyron. Quoique familiarisés avec les sites pittoresques de leur pays, un certain nombre de Montalbanais se sont joints aux touristes.

Une première halte à Bruniquel, dont le château se dresse sur les rochers juste au-dessus de la voie ferrée. Le soleil darde déjà ses rayons brûlants et la pente qui mène au château, à travers le village est assez raide pour enrayer le premier élan. Bruniquel est un vieux bourg pittoresquement échelonné sur une falaise de cent mètres dégringolant dans le vallon de la Vère. On est largement dédommagé des rudes efforts pour gravir ces ruelles escarpées par la vue que l'on a du château.

M. le comte Ouvrier de Bruniquel, propriétaire, a gracieusement autorisé cette visite. Ce château remonte au xiie siècle et sauf quelques parties difficiles à restaurer, présente un aspect imposant, du haut de la terrasse on domine toute la vallée.

Un train spécial nous reprend à 10 heures pour nous conduire à quelques kilomètres, à Penne, bâti sur un rocher qui se dresse avec ses vieilles murailles et ses vieilles tours ébréchées sur un massif rocheux moins élevé que celui de Bruniquel, mais tout aussi détaché. De loin la masse rocheuse figure l'avant d'un cuirassé armé d'un formidable éperon. Il ne reste de ce château considérable, qui date du xve siècle, que deux belles tours qui tombent en ruines.

Quelques kilomètres à faire, et nous voici à Saint-Antonin, où nous attend un excellent déjeuner, servi dans les salles de la mairie. Saint-Antonin représente, avec ses restes de murailles, ses vieilles maisons et son hôtel de ville du xiie siècle, les restes d'une cité fort importante jadis. Les archéologues ont de quoi admirer dans les plus petites ruelles. Chaque maison porte un vestige des splendeurs du temps passé.

A 4 heures un train spécial nous ramène à Montauban. Cette excursion, courte, peu fatigante, et qui a permis de visiter une partie fort pittoresque de la région montalbanaise a été fort appréciée de tous ceux qui y ont pris part.

EXCURSION DU MARDI 12 AOUT

Castelsarrazin, Moissac.

A l'inverse de la première excursion, réglée à souhait pour les dames et les touristes modérés, celle-ci nous fera lever et coucher à des heures indues.

A 6 heures et demie, rendez-vous sur la place de la cathédrale où sont rangées des voitures de toutes sortes.

A l'heure militaire la caravane s'ébranle. Le temps est beau, mais le vent souffle plutôt frais et plus d'un regrette le soleil piquant de l'autre jour. M. le chanoine Pottier a bien voulu nous servir de cicerone et nous guider dans cette excursion.

Premier arrêt à Montech, pour voir l'église qui remonte au xve siècle, et qui n'a de curieux que l'extérieur, car les murailles ont à l'intérieur subi un affreux barbouillage du plus mauvais goût.

Second arrêt à la Grange la Salle; c'est une ancienne grange fortifiée dépendant de l'abbaye de Granclos.

Un léger détour après avoir passé par Escatalens, village à enceinte murée et Saint-Porquier à église gothique et clocher du xviie siècle, nous amène à ce qui fut l'abbaye de Belleperche affiliée à Citeaux en 1147. Un beau pont suspendu traverse la Garonne dont les eaux sont basses, claires et limpides, en attendant l'heure des crues terribles, dont nous voyons marquée la cote fantastique sur les murailles du monastère.

A midi nous arrivons à Castelsarrazin. Après le déjeuner visite rapide de la ville qui ne présente rien de curieux en dehors de l'église Saint-Sauveur du xiiie siècle.

Moissac qui n'est éloigné que de quelques kilomètres de Castelsarrazin présente un tout autre intérêt. Son église et son cloître méritent qu'on s'arrête dans cette petite ville fort joliment située sur les rives du Tarn. Sous la conduite du chanoine Pottier, visite détaillée de l'église Saint-Pierre, église abbatiale des plus curieuses comme ensemble et comme détail. Une des portes latérales de l'église s'ouvre sur le cloître, une merveille, qui n'a de comparable que le cloître Saint-Trophime d'Arles. Nous pourrons l'admirer en détail et longuement, car le diner a été servi dans une des galeries.

A 9 heures, nous remontons en voiture et sur le coup de minuit, nous faisions notre rentrée à Montauban.

EXCURSION FINALE

Cahors — Rocamadour — Padirac.

15, 16, 17 août.

L'excursion finale s'est faite, comme de tradition, par un temps superbe. Le samedi, un orage nous a pris à Figeac; mais il a éclaté juste pendant l'heure du diner. Tout a marché à souhait, grâce aux excellentes dispositions prises par notre collègue, M. Gardès, qui avait tout préparé, tout organisé dans les moindres détails.

L'absence de concordance des trains du Midi et de l'Orléans nous oblige à partir à des heures matinales. Personne cependant ne manque à l'appel, et, à 5 heures 40, le train nous emmène, au nombre de 80, dans la direction d'Agen. Nous revoyons au passage Castelsarrazin, Moissac et Agen, où nous nous arrêtons seulement quelques minutes. A Monsempron-Libos, des véhicules d'ordre antédiluvien nous mènent cahin-caha à l'établissement de la Société des Forges de Fumel.

Nous assistons à une coulée de fonte, spectacle toujours grandiose et intéressant.

A dix heures, par une route poudreuse et entretenue Dieu sait comme, nous allons au château de Bonaguil. Le château, du xv⁰ siècle, se dresse majestueux et superbe au fond d'une gorge étroite qui ne semble mener à rien et qui, cependant, commande l'entrée des vallées adjacentes. Les remparts sont gigantesques, les tours s'élèvent à des hauteurs prodigieuses. Ces ruines sont aujourd'hui la propriété de la ville de Fumel. Nous déjeunons, et ma foi fort bien, à l'ombre de ces hautes murailles, dans les fossés du château. Nous allons payer cette heure délicieuse par un retour sous un soleil brûlant, au milieu d'un flot de poussière. Nous avons tous vieilli de cent ans en arrivant à la gare, où nous croquons le marmot une forte demi-heure par retard du train.

La journée est splendide, et il la faut ainsi pour qu'on puisse jouir complètement du panorama enchanteur qui se déroule à nos yeux au fur et à mesure que nous avançons vers Cahors. La vallée du Lot, dont nous verrons la suite demain, est réellement admirable.

Il n'est que cinq heures quand nous gagnons nos logements à Cahors. On a le temps d'aller visiter la cathédrale et cette merveille, devenue presque unique, le pont Valentré.

Le lendemain, la journée est moins agréable, quoique fort accidentée. Nous sommes obligés, en raison d'une foire considérable, d'aller chercher notre déjeuner un peu loin pour revenir ensuite sur nos pas. Charmante promenade, même en chemin de fer, que cette ligne de Cahors à Capdenac. Si la Compagnie d'Orléans avait la bonne idée de mettre sur ce parcours quelques wagons-terrasse, quels charmes de plus elle donnerait à ce petit voyage. D'aucuns se promettent de le refaire à bicyclette ou en automobile.

De Capdenac, sans long arrêt, nous filons sur Assier où se trouvent les ruines merveilleuses du château de Galliot de Genouillac. On s'imagine par les restes, ce que devait être cette somptueuse demeure.

Nous reprenons à 3 heures le chemin de fer qui nous ramène à Figeac, ville sans grand intérêt et qui aurait pu être sans inconvénient biffée du programme. Au moment de nous mettre à table, un orage éclate, mais le ciel a repris sa pureté, quand nous remontons à la gare. Cet orage nous aura rendu le service de nettoyer le ciel, de balayer les nuages et de nous favoriser d'une entrée magique dans Rocamadour. A minuit la lune éclaire ce décor fantastique et c'est avec regret qu'à cette heure tardive on va gagner le logement chez l'habitant.

La journée du dimanche est bien employée. Dès 5 heures du matin des curieux gravissent les escaliers formidables des Sanctuaires. Rocamadour était connu d'un petit nombre d'entre nous ; ils ont revu avec plaisir ce coin de France le plus curieux que l'on puisse imaginer, ce vallon creusé à pic à plus de cent mètres de profondeur et sur les flancs du rocher, cet amoncellement d'églises, de tours, de maisons, de monuments. C'est invraisemblable.

Une autre merveille à côté de celle-là, de découverte, sinon d'origine plus récente, nous est promise au programme. C'est la visite du fameux gouffre de Padirac, découvert, exploré pour la première fois par notre collègue M. Martel en 1889. M. Viré, qui est chargé actuellement de la surveillance et de l'administration, nous fait les honneurs de cette curiosité naturelle. Aménagé avec soin par une Société, le puits de Padirac est accessible à tous, sans crainte de vertige ou d'accidents ; c'est une promenade pittoresque à pied, puis, en barque, sur le fleuve souterrain, vous faisant passer de merveille en merveille. Un escalier monumental de quelques centaines de marches vous permet de descendre avec facilité au fond du gouffre ; la montée, pénible pour les jambes qui ne sont plus neuves et les poumons un peu emphysémateux, ne demande qu'à être faite lentement. Le puits de Padirac est à une bonne heure de la gare de Rocamadour. Les communes sur le territoire desquelles est situé le gouffre auraient, ce me semble, tout avantage à améliorer la viabilité des routes qui y conduisent. Il n'en faudrait pas tant dans d'autres pays pour avoir déjà hôtels monumentaux et chemins de fer ou tramways pour y arriver.

A cinq heures, les voyageurs enthousiasmés se retrouvent à la gare pour la dislocation ; c'est la fin de l'excursion et la séparation de la plupart des membres jusqu'au prochain Congrès.

VISITES INDUSTRIELLES

Filatures de soie Couderc et Vidal-Marty.

La *filature de soie* et la *fabrication des gazes de soie à bluter les farines* descendent en droite ligne des tissages de soie qui existaient, dès 1764, à Montauban. Cette ville peut être même considérée comme le berceau de la deuxième de ces industries : c'est en 1780 que la nouvelle étoffe remplaça les bluteaux en laine dans les usines du pays, tandis que le reste de la France était tributaire des tissages de Lyon et de la Hollande, qui livraient un tissu répondant mal aux besoins de la meunerie.

C'est seulement en 1838 que M. Couderc, modeste travailleur, devenu plus tard un grand industriel de Montauban, réalisa de grands progrès dans cette fabrication et créa la gaze à bluter française dont la réputation est devenue européenne. Aujourd'hui, par suite de diverses causes, notamment de la concurrence étrangère, la fabrication montalbanaise a diminué d'importance et il ne subsiste que deux manufactures : la filature de M. Couderc (auquel a succédé M. Soleil) et la filature Vidal-Marty, fondée en 1890.

Ces deux établissements, dont les produits sont toujours classés au premier rang, ont été visités par les membres du Congrès. Ils comprennent 116 bassines et fabriquent annuellement 7,500 kilogrammes de soie filée, dont une moitié environ est tissée sur place, l'autre est vendue sur la place de Lyon. Ils occupent 300 ouvriers, hommes et femmes, mettent en œuvre 38,000 à 40,000 kilogrammes de cocons du Tarn-et-Garonne (3,000 kilogrammes environ) du Tarn, des Cévennes et du Levant.

Établissements Brusson jeune de Villemur. (1).

Il est une heure: le train de Montauban vient d'entrer en gare. « Par ici, mes chers collègues! » crie M. le chanoine Pottier, homme aimable, doublé d'un savant.

Le chef de gare de Villemur a bien voulu mettre un salon à la disposition des délégués de la Maison Brusson jeune. M. Édouard Minot, rédacteur du journal *Le Paysan* et collaborateur de M. Brusson, est chargé de souhaiter la bienvenue aux visiteurs; il prononce la petite allocution suivante:

MESDAMES, MESSIEURS,

Délégué auprès de vous par M. Brusson jeune pour vous recevoir à la gare, j'ai en ce moment un devoir bien doux à remplir: Celui de vous adresser, en même temps qu'un salut cordial, quelques paroles de bienvenue en leur nom et au nom de tout le personnel de leurs Établissements. Vous allez être nos hôtes de quelques instants et ces instants trop courts à notre gré, vous les consacrerez à visiter une des plus grandes créations industrielles et ouvrières de notre beau Midi.

Puissiez-vous emporter de cette visite rapide le meilleur et le plus durable des souvenirs. En ce qui nous concerne, vous pouvez être certains que nous ferons de notre mieux pour la rendre aussi douce et aussi agréable que possible.

Encore une fois, Mesdames et Messieurs, permettez-moi de vous redire au nom de tous: Soyez ici les bienvenus, vous êtes, la plupart d'entre vous non seulement chez des compatriotes, mais aussi et surtout chez des amis.

Applaudis, ces souhaits de bienvenue ne devaient pas rester sans réponse, et cette réponse, c'est M. le chanoine Pottier qui s'en charge, terminant ainsi son improvisation:

« Vous avez parlé ici, mon cher Monsieur, de compatriotes; nous ne sommes « hélas! que le petit nombre; mais ce dont vous pouvez être certain, c'est « qu'après ce premier accueil, si franchement cordial et lorsque surtout nous « aurons passé quelques instants parmi vous, vous ne compterez plus désor- « mais que des amis. »

Inutile de dire qu'une seconde salve d'applaudissements accueille ces chaleureuses paroles.

Mais il faut se hâter si l'on veut avoir le temps de faire une visite, même rapide, des Établissements. Par les allées ombreuses du grand parc qui règne tout le long de l'usine-mère, nous arrivons à la grande cour d'honneur où M. Brusson père, en l'absence de son fils, accueille ses invités avec une urbanité charmante.

Les congressistes se sont formés en groupes et, sous la conduite des divers chefs de service ou employés principaux, rapidement nous passons, donnant à peine un coup d'œil aux *semoules* — si fines qu'on pourrait s'en servir en guise de poudre de riz, disent les dames qui nous accompagnent; c'est que la maison Brusson jeune n'emploie que des blés de premier ordre. Après les turbines, les calorifères, voici la *Fée Électricité* dans toute sa puissance: Dans ce coin de

(1) D'après l'article paru dans *Le Paysan* du 16 août.

la Haute-Garonne, elle fait vivre de sa vie incessante, non seulement l'usine, mais encore la ville de Villemur tout entière. C'est qu'actuellement les usines Brusson disposent d'une force de 500 chevaux, qui doit être doublée et triplée par la suite.

Nous voici en pleine fabrication, dix minutes sont bien peu pour examiner attentivement glaceurs, séchoirs, colorants, transmissions, machines à marquer les caisses. Le *pliage* offre infiniment plus d'intérêt, aux dames surtout.

Nous arrivons à la glutinerie et les pains de Gluten de la maison ont la réputation méritée d'être délicieux. Passons rapidement sur les fours et sur l'Amidonnerie pour arriver au Façonnage.

On ne fabrique pas seulement ici des pâtes alimentaires: on y fait encore concurrence aux cartonniers de toutes sortes, tandis que l'imprimerie et la lithographie sont en passe d'y devenir les meilleures du Midi. De fait, en même temps que des étiquettes polychromées à la perfection font leur apparition, un numéro du *Paysan* tout frais sort des machines.

Entre temps, on admire la superbe vitrine où sont exposés des cartons qui rendraient jaloux les meilleurs façonneurs de Sèvres.

Puis, c'est une boulangerie pour subvenir aux besoins de la Cité ouvrière et des Fourneaux économiques, car MM. Brusson père et fils ne sont pas seulement des industriels, mais encore des philanthropes dans toute l'acception du mot.

Nous voilà dans la salle où une collation est préparée. Partout des drapeaux et des fleurs, avec, dans le fond, de grands décors; ils ont été brossés par le maître décorateur de la maison, aidé, pour cette ornementation, par le jardinier en chef. Celui-ci, disons-le en passant, doit fournir actuellement, la bagatelle de vingt mille kilogrammes de légumes divers pour la fabrication des petites pâtes aux sucs de légumes frais.

Pendant que le champagne pétille, M. Brusson père prononce le toast suivant que soulignent de nombreux applaudissements :

« MESDAMES, MESSIEURS,

» Permettez-moi de vous exprimer le plaisir que me cause la visite du Congrès.

» La science rend aujourd'hui visite au travail, elle vient s'associer à son œuvre et à ses espérances; je la remercie et je tiens à lui dire combien je suis heureux de remplir vis-à-vis d'elle le devoir de l'hospitalité.

» Ce devoir m'est d'autant plus agréable que parmi tant de visages sympathiques je revois des figures amies.

» Et parmi ces dernières, M. le Chanoine Pottier, ce savant aussi distingué que modeste, qui nous conduisit (il y aura bientôt vingt années) les membres de la Société archéologique du Tarn et-Garonne.

» Vous venez de visiter, Mesdames et Messieurs, un Établissement incomplet, et je dois avouer que notre œuvre n'est pas encore terminée; vous avez pensé pendant qu'elle pouvait présenter quelque intérêt, je vous en remercie.

» Je vous sais gré de votre marque de sympathie non seulement en mon nom personnel, mais aussi en celui de mon fils qui est aujourd'hui l'âme de nos Établissements et dont le grand regret sera de n'avoir pu se trouver au milieu de nous.

» C'est avec plaisir que je lève mon verre en l'honneur des membres de l'Association Française pour l'Avancement des Sciences et que je bois à sa prospérité.»

- Ce serait manquer à tous nos devoirs que de passer sous silence la réponse
de M. le Chanoine Pottier :

Il remercie M. Brusson de l'accueil cordial fait aux congressistes et lui dit
combien ils ont été heureux de visiter ses établissements, une des gloires du
Midi, qui montre combien MM. Brusson père et fils ont souci de la classe
ouvrière, si intéressante et pour laquelle il faut beaucoup faire.

Regrettant bien vivement l'absence de M. Antonin Brusson, auquel il adresse
toutes les sympathies et un juste tribut d'éloges, il dit qu'il aurait été bien
heureux de serrer la main de celui qu'il a connu enfant et qui, devenu homme,
est le digne continuateur de l'œuvre remarquable qui vient de se dérouler aux
yeux des visiteurs et il lève sa coupe, au nom de l'Association, à la prospérité
toujours croissante des établissements Brusson.

. L'heure des adieux a sonné, mais, auparavant, Mme Alfred Durand-Claye, la
veuve de l'éminent ingénieur, tient à remercier MM. Brusson de l'amabilité
qu'ils ont eu d'offrir à chaque congressiste un délicieux petit coffret renfermant un choix de leurs produits.

Enfin, le ban traditionnel des congressistes clôture cette cordiale réunion.
Comme il reste près d'une demi-heure à dépenser, avant le départ du train qui
doit nous ramener à Montauban, on l'emploie à parcourir les rues du vieux
Villemur, si curieuses avec, de ci de là leurs vieilles maisons du XIIIe siècle.

TABLE DES MATIÈRES

PREMIÈRE PARTIE

Décret	I
Statuts	III
Règlement	VII

LISTES

Bienfaiteurs de l'Association	XVI
Membres fondateurs	XVII
— à vie	XXIV
Liste générale des membres	XL

CONFÉRENCES FAITES A PARIS EN 1902

Levat (D.). — La Guyane française en 1902	1
Dr Capitan. — Les origines de l'art en Gaule	25
Villard (P.). — Les rayons X et la radiographie	37
Brochet. — L'industrie électro-chimique	37
Dr Glénard (F.). — Le vêtement féminin et l'hygiène	53
Lecomte (H.). — Le caoutchouc	78
Perrier (E.). — L'instinct	94
Dr Gilbert. — État actuel de l'opothérapie	110

CONGRÈS DE MONTAUBAN

DOCUMENTS OFFICIELS. — LISTES. — PROCÈS-VERBAUX.

Assemblée générale du 14 août	117
Conseil d'Administration : Bureau. — Anciens Présidents	121
Délégués de l'Association	122
Présidents, Secrétaires et Délégués des Sections	123
Commissions permanentes	127
Liste des anciens Présidents	128
Comité local	129
Délégués des Ministères	131
Bourses de Session	131

Liste des Sociétés savantes, etc., représentées 131
Journaux représentés 132
Programme général de la Session 133

SÉANCE GÉNÉRALE

SÉANCE D'OUVERTURE DU 7 AOUT

PRÉSIDENCE DE M. J. CARPENTIER.

CAPÉRAN. — Allocution de bienvenue 134
CARPENTIER (J.). — La télégraphie hertzienne 135
REUSS (G.). — L'Association française en 1901-1902 148
GALANTE (É.). — Les finances de l'Association 154

PROCÈS-VERBAUX DES SÉANCES DES SECTIONS

PREMIER GROUPE. — SCIENCES MATHÉMATIQUES.

1ʳᵉ et 2ᵉ Sections. — Mathématiques, Astronomie, Géodésie et Mécanique.

BUREAU 159
[K 4] COLLIGNON (Ed.). — Construire un triangle, connaissant ses trois bissectrices 159
[K 8] — Courbes algébriques coupant en parties égales une série de cercles passant par deux points donnés 159
Discussion : M. JAMET 159
[S 2] FONTANEAU (E.). — Préliminaires d'hydraulique 160
[523.84] LIBERT (L.). — Quinze années d'observations de l'étoile Mira Ceti 161
[529.5] GARDÈS (L.). — La date de Pâques 161
[R 7 b] CADENAT (A.). — Sur le paradoxe de mécanique de Hertz 162
[523.47:521.5] — Essai d'explication des mouvements de rotation rétrogrades des planètes Uranus et Neptune 162
[X 2] DE REY-PAILHADE (J.). — Tables pour la transformation des nombres sexagésimaux en valeurs décimales 162
[M¹ 5 d] JAMET (E.). — Application de la théorie des invariants à la géométrie analytique 163
[H e 12] — Sur la formule des accroissements finis (cas des variables imaginaires) 163
[H e 12] LÉMERAY (E.-.M). — Contribution à l'étude des équations aux différences du premier ordre ne contenant pas la variable . . . 163
[M¹ 6 h] BARASIEN (E.-N.). — Note complémentaire au mémoire de 1901 « Sur une génération du Limaçon de Pascal » 163
[Q 1 a] WICKERSHEIMER. — Postulatum d'Euclide sur les parallèles 164
[629.11] — Direction des automobiles 164
[R 3 a] — Théorie des moments 164
[R 5 a] — Attraction universelle 164
[523.89] BAILLAUD. — Comparaison des catalogues méridiens de Toulouse et de Leipzig 165
KLUYVER et SCHOUTE. — L'hexagone gauche à angles droits 164
JUPPONT (P.). — Sur l'idéalité du principe dit de l'action et de la réaction 165
[J 1] COCCOZ (V.). — Carrés magiques 165
DURAN-LORIGA (J.). — Sur les triangles isogonologiques 166
[A 3 g] PELLET (A.). — Approximation des racines des équations 166

[M² 4] MICHEL (F.). — Sur la courbe d'ombre d'une surface particulière du quatrième ordre 166

[A 3 g] PERRIN (R.). — Sur un critérium de l'existence des racines réelles d'une équation numérique dans un intervalle donné 167

[I 3] ARNOUX (G.). — Questions diverses concernant les congruences de module composé 167

[X I 3] . . — . . Questions diverses d'arithmétique graphique 167

[I 9] LEVAVASSEUR (R.). — Les groupes d'ordre p^2q 168

[J 2 c] MAUPIN (G.). — Les jeux de hasard (jeux primitifs, veillées, foires et casinos). 168

LEMOINE (É.). — La géométrographie employée comme nouvelle méthode directe de recherches en géométrie 169

MARCHAND. — Quelques observations d'astronomie physique faites au Pic du Midi 169

TRAVAUX IMPRIMÉS présentés à la Section 169

3ᵉ et 4ᵉ Sections. — Navigation, Génie civil et militaire.

BUREAU 170

FONTÈS. — Sur les réservoirs en pays de montagnes 170

CRUVELLIER. — La traction électrique 170

[625.6] DRUART et LE ROY. — Des avantages de la voie de 1 mètre pour la traction mécanique des marchandises sur les réseaux urbains et suburbains 170

[625.6] ZIFFER (R.-A.). — Choix de l'écartement de la voie pour le chemin de fer d'intérêt local; particulièrement dans quel cas doit-on employer la voie de 0m,60; dans quel cas cet écartement de 0m,60 doit-il être proscrit 171

COLLIN (A.). — La stabilité des navires 172

[625.1:625.6] CASALONGA (D. A.) — Transport des voyageurs en commun au moyen des plates-formes roulantes souterraines à traction électrique 172

KOECHLIN. — De la traction urbaine par voitures automobiles système Lombard-Gerin 173

DRUART et LE ROY. — Largeur à adopter pour les voies ferrées urbaines . 173

[627] DIBOS. — Le scaphandre. — Son emploi 173

[536.83] CASALONGA. — Du rendement des moteurs thermiques d'après le coefficient économique déterminé par Clausius 174

DE BEILHE. — Extinction des incendies à bord des navires par l'emploi de l'acide sulfureux 175

TRAVAIL IMPRIMÉ présenté à la Section 175

DEUXIÈME GROUPE. — SCIENCES PHYSIQUES ET CHIMIQUES

5ᵉ Section. — Physique.

BUREAU 176

[536.73] CASALONGA (D.-A.). — Nouvelle analyse du cycle de Carnot 176

[538.65] MAURAIN. — Sur les variations de volumes dues à l'aimantation 177

[730.07] DIDIER (P.). — Sur l'enseignement des sciences physiques en Allemagne . 177

[529.75] RAVEROT (É.). — Le système décimal et la mesure du temps et des angles 177

[538.55] DUHEM (P.). — Actions exercées par des courants alternatifs sur une masse conductrice ou diélectrique 178

Discussion : M. BRUNHES 178

[538.56] TURPAIN (A.). — Les phénomènes de luminescence dans les tubes à air raréfié et les dispositifs de production des courants à haute fréquence 180

[534.43] Dr AZOULAY. — Les procédés de reproduction des phonogrammes pour musées phonographiques 181

[532.7] Dr LEDUC. — Champs de force. 181

[77.144.8] LONDE (A.). — Appareil pour la mesure de la vitesse de combustion des photo-poudres. 182

[778.52] — Appareil expéditeur à grande vitesse pour chronophotographe à objectifs multiples. 182

[536.721] CASALONGA (D.-A.). — Projet de détermination expérimentale de l'équivalent mécanique de la chaleur. 182

      Discussion : M. MATHIAS 183

BOUASSE (H.). — De la cause des phénomènes de réactivité 183

BAKKER (G.). — Variation de la densité et du potentiel d'un liquide dans la couche capillaire 184

[537.832:734] TISSOT (C.). — Observations sur l'arc chantant. 184

LALA (U.) et RODA-PLIUS (J.). — Étude expérimentale et théorique sur le métronome 185

LACOUR. — Présentation de photographies, positifs directs 185

[529.75] DE REY-PAILHADE. — Considération sur le choix d'une nouvelle unité physique de temps décimale 185

[568.2] PELLIN. — Polarimètres et saccharimètres à champ unique, champs juxtaposés, à une ou plusieurs plages, champs concentriques. 186

[538.56] TURPAIN (A). — Sur les propriétés des enceintes fermées relatives aux ondes électriques 186

[536.2:613.48] BERGONIÉ (J.). — Méthode et appareils pour la détermination des constantes physiques des étoffes à vêtement 187

      Discussion : M. le Dr MAUREL. 187

JAMET. — Sur le théorème de Malus et de Dupin concernant un faisceau de rayons réfractés. 188

[535.12] FÉRY (Ch.). — Les lois nouvelles du rayonnement et la mesure des hautes températures 188

[535.2] WICKERSHEIMER. — Marche des rayons lumineux. 188

[621.317] RENOUS (J.) et TURPAIN (A.). — Sur le problème de la tarification mobile 189

LAMIRAND. — Étude de la déviation dans le prisme par une méthode géométrique. 189

[537.332:546.11] DAUVÉ. — Sur l'hydrogène naissant. 189

[537.332] — Sur la vitesse du déplacement réciproque des métaux de leurs solutions salines. 190

[537.81:538.56] TISSOT (C.). — Étude des dispositifs de transmission de télégraphie sans fil 190

[551.5] TURPAIN (A.). — La prévision des orages et son intérêt au point de vue agricole et météorologique 192

[537.35:546.66] NOGIER. — Sur une nouvelle pile à l'aluminium 192

[538.562] Dr BORDIER. — Influence des radiations actiniques sur un excitateur relié à une bobine de Ruhmkorff 193

[537.24] CAMICHEL (Ch.). — Contribution à l'étude de la photométrie. 193

[535.244] Dr FOVEAU DE COURMELLES. — De quelques moyens de comparaison d'intensité de la lumière chimique 194

BAILLAUD. — Application du photomètre à coin à la mesure des grandeurs photographiques des Pléiades 194

[770.11] BELIN (E.). — Nouvelle méthode de détermination de la sensibilité des préparations photographiques orthochromatiques : « Spectro-Sensitométrie sinusoïdale » 194

RATEAU. — Sur l'écoulement de la vapeur d'eau par des orifices et par des tuyères. 195

JUPPONT. — Sur l'idéalité du principe dit de l'action et de la réaction . . 195

DELMAS. — Formes cellulaires obtenues dans les liquides sous l'influence des forces de convection 196

[537.224] Swyngedauw. — Influence de la capacité sur l'amortissement de la décharge d'un condensateur 196

Discussion : M. Tissot 197

Lala et Sarding. — Sur la mesure du moment d'inertie dans la machine d'Atwood 197

[536.44] Corone (A.). — Chaleur de vaporisation des carbures d'hydrogène. . . . 197

[535.242] Cotton (A.). — Quelques remarques sur la photométrie chimique et photographique. — Cas des radiations invisibles 198

Benoist. — Lois de transparence de la matière pour les rayons X. . . . 199

[535.83] Lefèvre (J.). — Sur la position des images dans les instruments d'optique 199

Vœu 199

6ᵉ Section. — Chimie.

Bureau 200

de Rey-Pailhade. — État actuel de la question du philothion 200

[541.3] Mailhe (A). — Sur les déplacements réciproques des oxydes insolubles, sels basiques mixtes 200

Discussion : M. P. Sabatier. 201

[547.8] Aloy (J). — Uranates des alcaloïdes. Réaction de la morphine 201

[546.11:541.3] Sabatier (P.) et Senderens(J.-B.).— Méthode générale d'hydrogénation directe des composés volatils au contact des métaux divisés 202

[541.3] Mailhe (A.). — Sur les déplacements réciproques des oxydes insolubles . 202

[546.74] Sabatier (P.) et Senderens (J.-B.). — Action du nickel et du cobalt sur l'oxyde de carbone. 203

[545.5] Saporta (de). — Nouveau calcimètre-acidimètre. 203

Question mise a l'ordre du jour de la sixième section : Des réformes à apporter dans la nomenclature en chimie minérale 204

Discussion : MM. Sabatier (P.), Mailbe, Senderens, Cucuat et Corone. 204

Vœu 204

7ᵉ Section. — Météorologie et Physique du Globe.

Bureau 205

[551.5:44.79] Marchand. — La prévision du temps dans la région du sud-ouest pyrénéen 205

[551.5:44.32] Raclot (l'abbé). — Résumé des règles pratiques de la prévision du temps à courte échéance dans une région donnée, c'est-à-dire en ce qui concerne l'auteur, pour le plateau de Langres. 205

[538.712:44.59] Brunhes et David. — Anomalies de la déclinaison magnétique sur le Puy-de-Dôme. 206

Demtchirisky (N.) — Le temps en dépendance du travail de l'atmosphère. 206

[778.52:551.5] Garrigou-Lagrange. — Sur une application nouvelle du principe de la chronophotographie et sur la construction des cartes d'isonomales barométriques pour servir à l'étude cinématographique des mouvements généraux de l'atmosphère. 207

[538.711:944] Mathias. — Sur la loi de distribution régulière de la composante verticale du magnétisme terrestre en France au 1ᵉʳ janvier 1896. 207

[551.56:44.86] Baillaud. — Sur le climat de Toulouse 208

[551.57] Marchand. — Études sur l'altitude et la vitesse des nuages supérieurs dans la région des Pyrénées. 208

ZENGER. — La Nova Persei et la théorie électrodynamique du monde. . . .   209
[551.56] PUECH (Ch.). — Le climat du Cantal.   209
[538.7:523.74] MARCHAND. — Quelques observations d'astronomie physique faites
au Pic-du-Midi (2.867 mètres). — Comparaison avec le magnétisme terrestre et
divers phénomènes météorologiques.   210

TROISIÈME GROUPE. — SCIENCES NATURELLES

8ᵉ Section. — Géologie et Minéralogie.

BUREAU   211
[556:626.9] FOURTAU (R.). — Contribution à la géologie de l'isthme de Suez. . . .   211
[563:44.48] SAVIN (L.). — 1ᵉ Note sur quelques Échinides du Dauphiné et autres
régions.   211
—   2ᵉ Catalogue des Échinides de la Savoie   211
[551.49:44.25] FORTIN (R.). — Note de géologie normande, X; sur un ancien
cours d'eau souterrain situé à Moulineaux, canton de Grand-Couronne (Seine-
Inférieure)   212
[560:551.76] PERON. — Niveaux fossilifères du jurassique supérieur des environs
de Bourges   212
[551.75:944] DE GROSSOUVRE (A.). — Sur les bassins houillers du plateau central.   212
[551.77.44:94] CAZIOT (E.) — Une coupe dans le crétacé moyen et supérieur des
environs de Nice.   214
[554:944] THÉVENIN (A.) — Note sur les formations sédimentaires et la tectonique
de la bordure sud-ouest du massif central.   214
[551.48] BELLOC (É.). — Observations sur les barrages lacustres   215
[551.13] COURTY (G.). — Expérimentation relative à la constitution corticale de la
terre, conséquences qu'on en peut tirer, quant à l'économie générale du globe .   215
[554:44.36] RAMOND (G.) et DOLLOT (A.). — Études géologiques dans Paris et sa
banlieue. Chemin de fer d'Issy à Viroflay, R.-G.   216
COSSMANN. — Observations sur quelques coquilles crétaciques recueillies
en France (5ᵉ article).   217
RABOT et BELLOC (É.). — Études glaciaires en France et à l'étranger . . .   217
[551.31] MARTIN (D.). — Faits nouveaux ou peu connus relatifs à la période
glaciaire   217
[551.44] MEUNIER (S.). — Étude expérimentale des puits naturels, des cavernes et
des autres cavités où se fait dans les Causses la circulation des eaux souterraines   218
MARTEL. — Circulation des eaux souterraines dans les Causses du Tarn-et-
Garonne   218
[554:44.85] AMBAYRAC. — Géologie des environs des Cordes (Tarn).   218
[556:965] PERON (P.). — Esquisse stratigraphique du bassin de la Tafna   219
[560:44.41] —   Note sur les Opis et les Proeconia du terrain jurassique
de l'Yonne.   219
[554:44.41] —   Le niveau des nodules phosphatés des environs d'Auxerre.   219
[551.44] VIRÉ. (A.) — Fouilles au puits de Pardirac   220

9ᵉ Section. — Botanique.

BUREAU   221
[583.32] Dᵣ ARNAUD (M.). — Étude sur les Trifolium   221
HECKEL. — Sur une nouvelle espèce de Lychnophora   221
[589.61:969] PETIT (P.). — Sur les Diatomées de Madagascar   222
[632] PRUNET. — Contribution à l'étude de la Rouille des céréales   222

[583.674] D' GERBER (C.). — Modifications florales du Statice Globulariæ folia.
Desf. 223

D' PICQUENARD. — Les Cladonies de la Cornouaille armoricaine 224
Discussion : M. le D' MAGNIN 224
[580.7] GAIN (Ed.). — L'herbier de Dominique-Perrin, médecin lorrain de la première partie du xvii° siècle 224
BELEZE (M¹¹° M.). — A propos d'une orchidée des montagnes de l'Europe
trouvée dans la forêt de Rambouillet. 224
—   Tératologie cryptogamique. Trois cas de fasciations
fongiques 224
[589.2:372] GILLOT, MAZIMAN et PLASSARD. — Étude des champignons. Projet de
tableaux scolaires 225
[584.91:44.75] D' MAGNIN (A.). — Observations sur la flore montalbanaise et l'extension de la flore méditerranéenne dans le
Sud-Ouest 225
[580.7:44:46] —   Les jardins botaniques de Montbéliard, d'Etupes
et de Porrentruy. 225
[632:595.4] VAYSSIÈRE et GERBER. — Étude botanique et zoologique des Cécidies
de Cistes 226
D' APERT. — Chicorées monstrueuses. 226
VISITE de la Section au Musée d'histoire naturelle de Toulouse 226
DUCOMET. — Recherches sur le développement de deux champignons parasites 227
D' BONNET (Ed.). — Documents pour servir à l'histoire de la collection
de miniatures d'histoire naturelle connue sous la dénomination de Vélins du
Muséum 227
[588.1] D' MAGNIN. — Sur les Tourbières du Jura 227
[581.944.91] —   Extension de la flore méditerranéenne dans la vallée du
Rhône et la région du sud-ouest 227
[615.93] D' BRAEMER (L.). — L'aloès aromate 227
GÉNEAU DE LAMARLIÈRE. — Le bleu de molybdène en histologie végétale . 228
[583.32] LEDOUX (P.). — Sur l'aplatissement des organes du Lathyrus Ochrus,
D. C. 228
[615.9:585.2] RUSSEL (W.). — Recherches sur la localisation de la taxine chez l'If. 229
JODIN (D' H.). — Passage de la racine à la tige chez les Borraginées. . . 229
BEAUVISAGE. — Présentation du Genera Montrougierana 229
MAHEU et GÉNEAU DE LAMARLIÈRE. — Mucinées des cavernes du Cap-Gris. 229
TRAVAUX IMPRIMÉS présentés à la Section. 229

10ᵉ Section. — Zoologie, Anatomie et Physiologie.

BUREAU. 230
[591.12] D' BOUNHIOL (J.-P.). — Sur une méthode générale de mesure de la respiration des animaux aquatiques 230
[595.77.45.9] LÉGER (L.) et DUBOSCQ (O.). — Sur les larves d'Anophéles et leurs
parasites en Corse 230
[595.6:45.9] —   Note sur les Myriapodes de Corse et
leurs parasites. 230
[591.69] —   Sur l'Adelea dimidiata coccidioïdes
Léger et Duboscq, parasite de la
Scolopendra oraniensis lusitanica
Verh 231
[611.66:599.7] TOURNEUX (J.-P.). — Structure du Proamnios chez le lapin 231
[595.15] MANDOUL (A.). — Influence des radiations monochromatiques sur les colorations tégumentaires 231

Dr Picquenard. — Sur la distribution de l'*Helix Quimperiana Fer*, dans le Finistère 232

Stéphan (P.). — Contribution à l'étude des organes génitaux des hybrides. 232

[591.4:616.965] Jammes (L.) et Martin. — La spécificité des feuillets blastodermiques chez les Nématodes. 232

[591.15] Jammes (L.) et Aloy. — Recherches expérimentales sur l'acclimatement des organismes aux milieux salins. 232

Dr Lesage (P.). — Germination des spores de champignons chez l'homme. 233

[589.95:591.132:597.8] Jourdain (S.). — Digestion microbienne des Batraciens . . 233

[546.3:611.9] Aloy (J.) et Barbier. — Toxicologie des métaux 234

[591.944] Belloc (É.). — Observations sur la faune aquatique du sud-ouest de la France 235

[591.15] Roques (E.-G.). — Influence de la chaleur et de la lumière sur la fonction chromogène du Micrococcus Prodigiosus. 235

[611.73:611.97] Dr Alezais. — Le fléchisseur profond des doigts. 236

[611.61] Grynfeltt (E.). — Sur les corps suprarénaux des Plagiostomes 236

[591.9:551.46] Dr Roule (L.). — La distribution bathymétrique des Antipathaires. 236

[597:44.79] Roule (L.) et Cardaillac de Saint-Paul (G.). — Les chevaines et les vandoises de l'Adour. 237

Cotte (J.). — Note sur quelques phénomènes dégénératifs observés chez Sycandra raphanus. 237

Pr Jolyet et Dr Lalesque. — Le nouveau laboratoire de la Société scientifique et Station zoologique d'Arcachon. 237

[591.69:944] Künckel d'Herculais (J.). — Les invasions des sauterelles dans le sud et sud-ouest de la France en 1901 et 1902 238

Moquin-Tandon (G.). — Sur l'origine du mésoderme chez les Mammifères. 239

Visite de la Section au Musée d'Histoire naturelle de Toulouse 239

Cuénot. — Contribution à la faune du bassin d'Arcachon. — Echiuriens et Sipunculiens 239

Künckel d'Herculais (J.). — L'Oxylophe geai (Coccytes glandarius, *Lin.*), en France. — Un coucou acridophage 239

[589.9] Dr Sellier (J.). — Sur le ferment saponifiant du sérum sanguin chez quelques groupes de poissons et d'animaux invertébrés 240

[591.17] Policard (A.). — Notes cytologiques sur les cellules de l'organe de Bidder du crapaud. 240

[591.69] Jammes (L.). — Recherches expérimentales sur la toxicité des vers intestinaux. 241

[617.47] Dr Dieulafé (L.) et Mandoul (H.). — Recherches expérimentales sur les greffes cutanées diversement pigmentées. 241

[591.691] Künckel d'Herculais (J.). — Causes naturelles de l'extinction des invasions de Sauterelles. — Rôle du Mylabris variabilis et de l'Entomophtora Grylli en France (1901-1902) 241

11e Section. — Anthropologie.

Bureau. 243

[534.43:573] Dr Azoulay. — Les musées phonographiques. 243

Discussion : MM. Émile Cartailhac et G. Chauvet 244

[571.23:44.65] Chauvet (G.). — Nouvelles observations dans les terrains quaternaires de la Charente 244

Courty (G.). — Sur les signes gravés des rochers de Seine-et-Oise 244

Discussion : MM. Émile Cartailhac et A. de Mortillet. 245

[571.81:44.86] Regnault (F.). — La grotte de Marsoulas. 245

Discussion : M. Cartailhac. 246

Cartailhac (É.). — Le préhistorique dans la région de Montauban . . . 246

Discussion : MM. le chanoine POTTIER 247

et E. GARRISSON 248

[571.25:44.98] Dr CAPITAN. — Un nouveau gisement chelléen-dans les alluvions, commune de Clérieux, près Curson (Drôme). 248

Discussion : M. CHAUVET 248

[571.35:44.65] CHAUVET (G.). — Nouvelles cachettes de l'âge du bronze en Charente 249

Discussion : M. CARTAILHAC 249

[571.91.44.59] PAGÈS-ALLARY (J.), DELORT (J.-B.) et LAUBY (A.). — Notes sur les premières fouilles du tumulus de Celles, près Neussargues (Cantal). 249

Discussion : M. A. DE MORTILLET 250

[728:44.59]. — Villa gallo-romaine du lac de Sainte-Anastasie, près Neussargues (Cantal). 251

CARTAILHAC (É.). — L'âge de la pierre du Sud-Algérien. — Identités avec l'Égypte. 251

Discussion : M. A. DE MORTILLET 252

MASFRAND. — Fouilles dans la grotte du Placard (Charente). 252

Discussion : M. G. CHAUVET 252

[571.81:44.72] Dr CAPITAN, l'abbé BREUIL et PEYRONY. — Une station acheuléenne dans la grotte-abri « l'Église de Guilhen », près les Eyzies (Dordogne). . . . 252

[571.5:44.72] Dr CAPITAN et BREUIL. — Une fouille systématique à Laugerie-Haute . 253

[571.94:44.28] DE MORTILLET (A.). — Les monuments mégalithiques du département du Nord 253

[571.71:44.22] Dr CAPITAN et BREUIL. — Les figures gravées à l'époque paléolithique sur les parois de la grotte des Combarelles (Dordogne). 253

[571.71:44.72] — Les figures peintes à l'époque paléolithique sur les parois de la grotte de Font-de-Gaume (Dordogne). 254

[571.39:44.65] CHAUVET. — Une nouvelle lampe préhistorique. 254

[571.71.44.71] DALEAU (F.). — Gravures paléolithiques de la grotte de Pair-non-Pair, commune de Marcamp (Gironde) 254

[571.39.44.71] LABRIE (l'abbé). — Sur quelques objets inédits de l'industrie magdalénienne : fourchette, fendeur, etc. 255

[913:44.43] CHANTRE (E.) et SAVOYE (C.). — Le département de Saône-et-Loire préhistorique 256

DE CHARENCEY (le comte). — Sur les idiomes Kolariens 256

DRIOTON (Ch.). — Les retranchements calcinés du châtelet du Val-Suzon et d'Étaules 256

DRIOTON et Dr GALIMARD. — Répertoire des excavations naturelles et artificielles de l'arrondissement de Dijon 256

— et GRUÈRE. — Résultats des fouilles et recherches exécutées dans la caverne dite « le Trou de la Roche », à Baulme-la-Roche (Côte-d'Or) 256

POUTIATIN (le prince P. A.). — Éclats avec conchoïdes produits par percussion et naturellement 256

FAVENC (B.). — Silex taillés provenant du désert arabique (Égypte) . . . 256

Discussion : M. A. DE MORTILLET 257

[728:47.5] GAUTHIOT (R.). — Notes sur la maison lithuanienne. 257

DEBRUGE. — Fouilles de la grotte Ali-Bacha, à Bougie (Algérie) 257

[571.23:65] Dr DELISLE (F.). — Les ossements humains de la grotte Ali-Bacha. . 257

[571.25:44.59] GARRISSON (E.). — Sur un coup de poing en basalte trouvé à Royat (Puy-de-Dôme). 257

Discussion : MM. CARTAILHAC et A. DE MORTILLET 258

[571.2:44.70] GARRISSON (E.). — Sur le préhistorique ante-Magdalénien des environs de Montauban. 258

Discussion : MM. COURTY et A. DE MORTILLET 259
CARTAILHAC (É.). — Exploration préhistorique de la Sardaigne. 259
Discussion : M. ZABOROWSKI. 260
MASSÉNAT. — Observations sur les dessins et fresques signalés à la Mouthe, Combarelles et Font-de-Gaume (près les Eyzies) 261
Discussion : MM. CARTAILHAC 262
A. DE MORTILLET et G. CHAUVET. 263
[572.9:51.9] CHANTRE (E.) et BOURDARET (E.). — Les Coréens; esquisse anthropologique. 263
BARRIÈRE-FLAVY. — Les barbares, Wisigoths et autres. — Leurs arts industriels 264
[571:44.87] SICARD (G.). — Explorations en cours dans les grottes de l'Aude. . . . 264
MÜLLER. — Taille du Silex et fabrication d'armes et d'outils en cette matière par les procédés primitifs. 265
[740:726.8:44.38] BEAUPRÉ (Ct J.). — Sur les figures gravées au trait sur le dessous d'un sarcophage de l'époque barbare, découvert par lui, en 1901, dans un cimetière situé près de Bislée (Meuse). 266
[571.31:44.61] Dr BAUDOUIN (M.). — Découverte d'un objet de cuivre pur dans un mégalithe de Vendée 266
[571.24:44.41] PARAT. — Une station de l'époque de Chelles dans le Morvan . . . 266
[551.92:573.3] MARTEL (E.-A.). — Inaptitude des stalagmites à servir d'élément chronologique dans les cavernes 267
Discussion : M. A. DE MORTILLET 267
RÉUNIONS des 11e, 12e, 16e et 18e Sections 268
PALLARY. — Exploration du Maroc au point de vue préhistorique. . . . 268
MAC-DONALD (A.). — Plan pour l'étude de l'histoire de l'homme 268
LEVISTRE (L.) — Les monuments de pierre brute de la région du Montoncel (Allier) et les pierres pomathres (Creuse) 268
[571.81:44.72] RIVIÈRE (É.). — Grottes du Périgord. 268
Dr CAPITAN. — L'abri sous roche de Morson ou Croze-de-Tayac (Dordogne). 268
[571.27:44.72] RIVIÈRE (É.). — Une nouvelle lampe préhistorique trouvée dans la Dordogne 269
[573.3:44.57] — L'âge des sépultures de Beaulon (Allier) 269
Dr COSTE DE LAMONTGIS. — Note sur la ville de Saint-Germain-l'Herm . . 269
[571.35:44.65] BREUIL (l'Abbé). — Sur les haches ornées en bronze ou cuivre de l'Ouest. 269
— Quelques bronzes du Périgord 270
POTTIER (le Chanoine F.). — Présentation d'objets préhistoriques de la station du Verdier, près Montauban 270
[571.71:44.72] CAPITAN, BREUIL et PEYRONY. — Une nouvelle grotte à parois gravées à l'époque paléolithique 270
RIVIÈRE (É.). — Excursion de la section aux Eyzies 271
TRAVAUX IMPRIMÉS présentés à la section 272

12e Section. — Sciences médicales.

BUREAU 273
[612.5:610.2] LEDUC (S.). — Études sur la fièvre 273
[617.531] Traitement de l'adénoïdite aiguë 274
[614.542:392.5] LALESQUE (F.). — La femme tuberculeuse et le mariage 274
[613.12] LALESQUE et OARMIÈRES. — La villa modèle en cure libre 275
[617.531] ARSIMOLES. — Du siège et du traitement des abcès péri-amygdaliens . . 275
[613.12] BERNHEIM (S.). — La cure d'altitude chez les tuberculeux. 276
[614.542:334.7] BERNHEIM (S.) et ROBLOT (A.). — Tuberculose et Mutualités. . . . 277

Discussion. — M. LALESQUE 277

[612.842.2:616.80] PAPILLON (E.). — Le signe d'Argyll est un excitateur pupillaire d'intensité constante 278

[617.5585] PRIOLEAU. — Conduite à tenir dans les hématuries vésicales des prosta- tiques 279

Discussion : MM. PROUST, BORIES et DESNOS 279

DESNOS. — Le traitement de l'hypertrophie prostatique par le procédé de Bottini 279

Discussion : MM. DELBET, DESNOS. 279

PRIOLEAU et DESNOS 280

[617.5585] DELBET (P.). — Prostatectomie périnéale. 280

[617.5585] PROUST (R.) Le traitement de l'hypertrophie de la prostate par la prosta- tectomie périnéale. 281

Discussion : MM. DESNOS 281

BORIES et DELBET 282

TORAUDE. — Étude sur les « Cadet » et plus particulièrement sur les « Cadet de Gassicourt ». 282

[643.610] MAURIAC (E.).— Le vin au point de vue médical. Ses propriétés thérapeu- tiques, ses indications et ses contre-indications dans le traitement des maladies . 282

[178.3] FOVEAU DE COURMELLES. — Le vin. — Critique et hygiène 284

[173.3] MESNARD. — Le vin au point de vue médical et hygiénique 284

[643:616.36] CONSTANS. — De la rareté de la cirrhose atrophique chez les buveurs de vin 289

Discussion : MM. MAUREL. 285

CONSTANS, MAURIAC, MAUREL 286

HENROT, JARAY, MAUREL, CATILLON 287

MAURIAC et MAUREL 288

[617.535] CHOCQUART (de Pleurs). — Dilatateur inciseur pour la trachéotomie. . . 288

[616.852] BÉZY. — L'hystérie avant l'âge de deux ans. 288

[617.5585:535.23] GAUTIER (G.). — Traitement de l'hypertrophie de la prostate par la lumière 289

Discussion : M. LEREDDE. 290

RÉUNION des 11e, 12e, 15e 16e et 19e Sections 290

Étude sur la dépopulation 290

[616.63:612.397.2] MAUREL (E.). — Pathogénie et traitement de l'obésité et du diabète arthritique. 290

— Sur le traitement de l'obésité et du diabète arthritique 290

Discussion : MM. BERGONIÉ, MAUREL, BERGER et ARSIMOLES 292

LEUILLIEUX. — Appareil à injections hypodermiques. 292

CABADÉ. — Sur un cas de vésanie. 293

BOSCHE. — Fracture comminutive de la fosse orbitaire droite avec abla- tion spontanée de l'œil et perte de substance cérébrale, guérison 293

[591.7] FOVEAU DE COURMELLES. — La vivisection est-elle indispensable ?. 293

Discussion : M. MAUREL 294

[615.5] GAUTIER (C.). — Contribution à l'étude de la dialyse carbonique. 294

PUJOL. — Guérison du goitre exophtalmique par le traitement thermal d'Ussat 296

ROHR. — Manifestations de l'artério-sclérose généralisée chez le cheval. . 296

— Lipome pédiculé du mesentère chez le cheval. 296

[614.25] BÉZY (P.). — L'exercice illégal de la médecine 297

Vœu présenté par la Section 297

TRAVAUX IMPRIMÉS présentés à la Section. 297

13ᵉ Section. — Électricité médicale.

Bureau 298

[615.84] Bordier (H.). — Sur l'interprétation des résultats et sur l'opportunité des applications électrothérapiques . . . . : . . . 298

[615.84] Cluzet. — Étude de la galvanofaradisation. — (Rapport présenté à la Section). 303

[615.84:611.73] Bordier (H). — Effets de la galvanofaradisation sur le développement et la nutrition du muscle chez l'homme. 314

[615.84] Bordier et Schickelé. — Recherches expérimentales sur la galvanofaradisation. . . . . : 314

[615.84:616.852] Gangolphe. — Hystéro-traumatisme ; traitement par la galvanofaradisation 315

— Examen des réactions électriques des muscles. . 316

Discussion : MM. Marie et Bordier. 317

[546.21:616.931] Troude. — Action de l'ozone sur le bacille et sur la toxine diphtérique 317

Discussion : M. Bordier . . . . '. 318

[615.84] Bergonié. — De l'électrodiagnostic sur le nerf mis à nu chez l'homme. . 318

Discussion : MM. Marie et Bordier 318

[537.31:615.84] Leduc. — Action des courants continus sur les tissus scléreux et cicatriciels. 319

[621.311:611.80] Bordier et Piéry. — Nouvelles recherches expérimentales sur les lésions des cellules nerveuses d'animaux foudroyés par le courant industriel. . 319

[615.84:619.959] Mally (F.). — Comment doit-on appliquer le traitement électrique dans la maladie de Basedow et quels résultats peut-on en attendre ? — (Rapport présenté à la Section). 320

Discussion : M. Bordier 324

Bordier. — Valeur du travail cardiaque dans la maladie de Basedow . . 325

Discussion : M. Bergonié. 326

[537:723:615:84] Bergonié. — Méthode pratique et rapide des mesures de résistances en clinique. — Deux dispositifs. 326

[538.56:616.21] Bordier et Collet. — Traitement de l'ozène par les courants de haute fréquence. 326

[538.561] Schickelé. — Graduation de l'énergie employée dans la franklinisation hertzienne au moyen de condensateurs, plans de capacité variable. 327

[615.84:617:3] Bergonié. — Technique de l'application du traitement électrique dans les scolioses de l'enfance ou de l'adolescence. 328

Bordier. — Appareil électrométrique pour la mesure du débit des machines électrostatiques 328

[537.832:538.56] Turpain. — Les phénomènes de luminescence dans l'air raréfié et les dispositifs de production de courants à haute fréquence. 328

[615.84:611.73] Bordier et Cluzet. — Sur les réactions électriques du muscle lisse. (Muscle de Müller) 329

[615.84:646.57] Leredde. — Mode d'action des agents physiques faisant partie du domaine de l'électricité médicale dans le traitement des lupus. — (Rapport présenté à la Section) 330

Discussion : MM. Marie, Bergonié, Bordier et Leredde 343

[537.832.2:615.84] Marie. — Nouvelle disposition de lampe à arc pour la photothérapie. — Exposé succinct des résultats obtenus 344

Discussion : MM. Leredde et Marie 345

[537.832.2:535.24] Bordier et Nogier. — Mesure du pouvoir actinique des sources employées en photothérapie. 345

Discussion : M. Marie 346

[538.56.616.993] BERGONIÉ. — Traitement des angiomes plans par les courants de haute fréquence.   346

    Discussion : MM. BORDIER et MARIE   346

[615.84] LEUILLIEUX. — Emploi d'électrodes liquides en clinique électrothérapique.   347

[537.33:537.733:611.70] BORDIER et GILLET. — Modification apportée par l'électrolyse dans la résistance électrique des tissus organiques   347

[537.33:538.56] BORDIER et NOGIER. — De l'emploi d'un électrolyte placé en dérivation sur le primaire d'une bobine dans la production des rayons X et des courants de haute fréquence   348

[537.33:538.5].   —   —   Effet produit sur l'énergie du courant faradique par un électrolyte placé en dérivation sur le courant primaire   348

[558.56:615.84] BORDIER et LECOMTE. — Action des courants de haute fréquence en applications directes sur les animaux.   349

[537.832.2:615.84] FOVEAU DE COURMELLES. — Photothérapie et étude comparée de divers radiateurs   349

QUATRIÈME GROUPE. — SCIENCES ÉCONOMIQUES

14ᵉ Section. — Agronomie.

BUREAU   351

[657:630] REGNAULT (E.). — Principes de comptabilité agricole. — (Rapport présenté à la Section)   351

[633]   Ensilage de fourrages verts. — (Rapport présenté à la Section).   362

[633] PEERS et BAUWENS. — L'ensilage d'herbe   372

[633] MER (E.). — L'ensilage de l'herbe de prairie   372

[546.21:663.5] RENAUD (P.). — L'emploi de l'oxygène pour le vieillissement des eaux-de-vie, etc   373

D' LOIR. — L'organisation de la destruction des rats au Danemark. . . .   373

[630.944] COUILLARD (J.). — Les principaux obstacles aux progrès de l'agriculture française   373

    Discussion : M. MAYNARD   374

[634] D' BORIES (B.). — Note sur un cépage blanc, le *Foster's White Sedling*, cultivable dans la région du Sud-Ouest   374

[663.2:661.2] BORIES (B.) et DELBREIL. — Du rôle de l'acide carbonique en viticulture et en vinification   375

    Discussion : M. MAYNARD   375

[633:581.21] LACOUR (A.). — Un cas de maladie du blé   375

[698.2:630] BORIES (B.). — La protection des oiseaux et l'agriculture.   376

    Discussion : M. KÜNCKEL D'HERCULAIS   376

[664.2] LACOUR (A.). — Formation de l'amidon dans le blé   377

    Discussion : M. DELBREIL   377

[633] GARDÈS (L.). — Cultures mélangées   377

[312:633] LEGENDRE (Ch.). — Cartes agronomiques communales   377

[633:581.21] BŒUF (F.). — Observations préliminaires sur une maladie des céréales récemment signalée en Tunisie   378

[582:623.4] DEMORLAINE (J.). — Étude sur la pénétrabilité des arbres forestiers par les projectiles des armes de guerre   378

[591.69:61.1] DUCLOUX. — De la destruction des sauterelles et des criquets en Tunisie.   379

TRAVAUX IMPRIMÉS présentés à la Section.   380

15ᵉ Section. — Géographie.

Bureau 381

[411:910] Belloc (É.). — Observations sur l'orthographie et la signification des noms de lieux 381

DE Charencey (Comte). — De quelques noms de boissons en langue basque. 381

[959.7] Simon. — Le Mékong en 1902 381

[388:572] Guffroy (M.). — Historique des races noires qui vivent actuellement dans les Guyanes 382

[993.2] Gallois (E.). — Les îles françaises du Pacifique. 382

[910.7:944] Dʳ Arnaud (M.-H.). — La France et ses frontières naturelles. 382

[551.36:44.61] Baudouin (M.). — Les côtes de Vendée, des Sables-d'Olonne à Bourg-neuf, à l'époque préhistorique 383

[312:551:46:44] Thoulet (J.). — Atlas bathymétrique et lithologique 383

Machon. — Le Paraguay 383

[622:959.9] Saugy (L.). — La question des mines en Indo-Chine 383

[634.9:914.16] Imbert (R.). — Exploitation forestière moderne dans les Pyrénées (à Salau-Bonabé, frontière espagnole) 384

Desserier DE Pauwels (B.). — De Bangui à Carnot et de Carnot à Bangui 385

[359.4] Audouin (H.). — Quelques notes sur la province du Tra-Ninh. 385

[955] Bordat (G.). — Le golfe Persique et la Perse. 385

[551.48:44.47] Magnin (A.). — Sur les bassins-fermés du Jura. 386

Le Maire. — Les cartes globulaires en couleurs, sur feuilles de métal, d'Élisée Reclus. 386

[961.1:630] Allemand-Martin. — Conditions agricoles du cap Bon d'après sa géologie et sa climatologie. 386

Michin (J.). — Le sud-ouest de la Bolivie. 388

[344.88] DE L'Estoile (J.). — L'Ariège et son territoire 388

[551.44:551.7] Martel (E.-A.). — Phénomènes caverneux du calcaire. 388

Maistre (C.). — La région du Bahr-Sara. 389

DE Baye (le baron). — Les juifs des montagnes et les juifs géorgiens . . . 389

[310:381] Mengeot (A.). — La géographie économique et les offices de renseignements. 389

DE L'Apeyrière. — La Corée 389

[916.4] DE Flottes DE Roquevair. — Excursions à Fés et à Meknès. 390

Turquan (V.). — Naissances, décès et dépopulation dans vingt-deux départements. 390

Travaux imprimés présentés à la Section 390

16ᵉ Section. — Économie politique et statistique.

Bureau. 391

[336.28] Lallier (P.). — Suppression des octrois. 391

[336.28] Faure (J.). — Suppression des octrois. — Loi de 1897 et taxes de remplacement. 391

[351.1] Letort (Ch.). — Sur les fonctionnaires 392

Discussion : M. E. Paris 392

[325.3:49.3] Guiffard (L). — La jeunesse et la colonisation à l'étranger (1ʳᵉ Série : Belgique, Allemagne). 393

[608] Casalonga. — Modifications apportées à la loi du 5 juillet 1884 sur les brevets d'invention et à celle de 1793 sur la propriété artistique 393

[627:44.58] Henriet (J.). — Les projets des grands travaux publics. — Leurs conséquences économiques. 394

Discussion : MM. P. Loiselet et P. Thellier de la Neuville 395

Réunion des 11e, 12e, 16e et 18e Sections. 396

[344.75.912] Cauderlier (G.). — Étude démographique du Tarn-et-Garonne . . . 396

Discussion : M. Maurel. 396

[912:944] Dr Maurel (E.). — Fécondité et natalité de la nation française 397

[312:344] Delbet (P.). — Dépopulation de la France 398

[312:44.75] Bories (B.). — La dépopulation dans le Tarn-et-Garonne. 398

[312:44.91] de Montricher (H.). — Démographie des Bouches-du-Rhône et départements voisins 399

Dumont (A.). — La natalité chez les Landais. 399

Discussion : MM. Maurel 399

Zaborowski, P. Delbet. 401

et Levasseur. 403

Dr Brémond (F.). — De l'extension de la loi de 1899 sur les accidents du travail aux maladies professionnelles virulentes (variole, charbon, morve). . . . 406

Henriet (J.). — Considérations sur la loi sur les accidents du travail . . 406

Discussion : M. Lacour. 406

Turquan. — Naissances, décès et dépopulation dans vingt-deux départements. 406

17e Section. — Enseignement et Pédagogie.

Bureau 407

Merckling (F.-J.). — Discours du Président 407

[372.7] Chevalier (H.). — Arithmétique graphique 408

Henriet (J.). — Sur l'instruction générale et sur l'instruction postscolaire à Marseille. 408

[972.2] Féret. — Les jardins scolaires 408

[329.78 :538,7] Hoarau-Desruisseaux (L.). — Boussole solaire permettant de s'orienter au moyen d'une montre, pourvu qu'il fasse du soleil 409

[379.18 + 979.19] Merckling. — Considérations relatives aux questions posées par circulaire du président de la section en date du 15 mars 1902. 409

Discussion : M. Ferry 412

et Mlle Malmanche. 413

[319.19] Paris. — L'enseignement professionnel offert aux ouvriers et apprentis

— dans les cours du soir sera-t-il manuel ou théorique, individuel ou collectif, et quels procédés méritent plus spécialement d'être recommandés ?. 414

[371.3 :380] — Quelles sont dans l'ordre commercial les connaissances qui, par l'enseignement, s'acquièrent de façon plus sûre et plus parfaite que par la seule pratique des comptoirs 415

Henriet (J.). — De l'instruction générale et de l'instruction professionnelle dans les cours d'adultes. 415

Travaux imprimés présentés à la section. 416

18e Section. — Hygiène et Médecine publique.

Bureau 417

[616.861] Dr Tachard (E.). — Mesures d'hygiène contre l'alcoolisme. — (Rapport présenté à la Section) 417

Dr Loir. — Hygiène alimentaire : pasteurisation des vins et maladies de l'estomac. 424

Discussion : M. le Dr Mauriac. 424

[628.3] de Montricher (H.). — Épuration et stérilisation des eaux résiduaires et potables. 425

[628.4] Dr TACHARD (E.).— Dangers du tout à la rue. — (Rapport présenté à la Section). 426

[628.48] Dr HUBLÉ (M.). — Hygiène des terrains militaires (suppression des poussières) 431

[616.861 : 663.2] Dr MAURIAC (E.). — La lutte contre l'alcoolisme par la propagation du vin 432

[616.861] — L'œuvre bordelaise des débits de tempérance. 432

Discussion : MM. DE MONTRICHER et PAPILLON. 434

[613.12 : 371.1] Dr GUIRAUD. — Moyens pratiques de créer un sanatorium à l'usage des membres de l'enseignement public, de leurs familles et des étudiants. 434

Dr PAPILLON. — La maison natale de Pasteur. 435

Discussion : M. TACHARD. 435

[613.372] TACHARD (Dr E.). — Vulgarisation par l'École des notions d'hygiène corporelle. — (Rapport présenté à la Section). 435

[613.41 : 613.44] BAYSSELLANCE. — Les bains. — Douches scolaires à bon marché. 438

[371.9 : 613.12] FESTAL (A.). — Des lycées climatiques 438

[616.861 : 44.75] BERGIS (E.). — Lutte contre l'alcoolisme dans le Tarn-et-Garonne. 439

[616.861] FOLET. — Les deux meilleures armes contre l'alcoolisme. 439

Sou (l'abbé). — Sur certains bacilles de nature tuberculeuse que l'on rencontre dans quelques graminées. 440

[614.32] BRILLOUIN (A.). — Conservation du lait à l'état frais et sans altération des graisses ni des albuminoïdes. 440

Dr LOIR. — L'Institut Pasteur de Tunis. — Fonctionnement et statistique. 440

— Le comité pour la destruction légale des rats en Danemark au Congrès international de la marine marchande, à Copenhague 440

[371.61 : 613] Dr FOYEAU DE COURMELLES. — Étude critique et hygiénique de divers mobiliers scolaires. 441

[614.482] Dr LOIR. — Désinfection par l'acide sulfureux. 441

VŒUX présentés par la Section 442

MÉMOIRES NON LUS faute de temps. 442

19e Sous-Section. — Archéologie.

BUREAU. 443

POTTIER (le chanoine F.). — Bienvenue du Président de la section 443

[623.1 : 44.75] DELAVAL (le Ct). — Sur les anciennes fortifications de Montauban qui furent rasées sous Louis XIII vers 1630. 443

Discussion : M. LE PRÉSIDENT POTTIER. 444

[271 : 44.75] FORESTIÉ. — Les planches gravées des confréries de Montauban . . . 444

[332] LEVASSEUR (É.). — Le système monétaire de la France au XVIe siècle 444

DE MENTQUE. — La famille de la Galaissière 445

Discussion : M. LEVASSEUR 445

[340 : 44.75] FOURGOUS. — Les fors de Bigorre 445

GALABERT (l'abbé). — Note sur le commerce par eau dans le département de Tarn-et-Garonne du XIIIe au XVIIIe siècle. 446

MASFRAND. — La mothe féodale de Merlis (Haute-Vienne). 446

[726 : 44.75] POTTIER (le chanoine). — Les églises de Moissac et de Saux. 446

MILA DE CABARIEU. — Règlement pour la fabrication des draps au Moyen Age. 446

ENLART. — De l'influence germanique dans les premiers monuments gothiques du Nord de la France. 446

VISITE DES MUSÉES de la ville de Montauban 446

VŒUX présentés par la sous-section. 447

20ᵉ Sous-Section. — Odontologie.

BUREAU 448
SAUVEZ. — Allocution du Président de la Section. 448
[617.525 : 612.78] DELAIR. — Principe d'orthophonie. Leur rapport avec la pro-
thèse-vélo-palatine. 451
[617.60] SIFFRE. — Migration physiologique des dents 451
[617.67] FAYOUX. — Le ciment, traitement pour les caries douloureuses du second degré. 452
KRITCHEWSKY. — De la nécessité d'une classification dans les malocclusions dentaires 453
Discussion : M. FREY 453
[617.60] CHOQUET (J.). — Note sur l'articulation dentaire chez l'homme. 453
[617.60] FREY (L.). — Rapports pathologiques entre l'articulation temporo-maxillaire et les dents. 454
[617.61] PONT (Al.). — Tumeur de la pulpe sans carie dentaire 455
[617.89] BLATTER (A.). — Nouvelle dent artificielle 455
[615.84:617.6] RIGOLET (D.). — De l'action antiseptique de la cataphorèse en art
dentaire. 456
[617.60] ROLLAND (G.). — Du sœmnoforme dans les longues anesthésies. — Sa
tension. — Son étude en hématologie.— Hématolyse.
— Statistique clinique 457
[617.60] — Études hématolytiques du sœmnoforme et de quelques
anesthésiques généraux : sœmnoforme, éther 458
MARONNEAUD. — La vitalité de la pulpe après extraction et réimplantation
immédiate 458
DÉMONSTRATIONS faites au dispensaire du bureau de bienfaisance de Toulouse. . 459
Dʳ ROLLAND. — Démonstrations diverses d'anesthésie générale, notamment
par l'emploi du sœmnoforme 459
RIGOLET. — Expériences d'anesthésie pulpaire par la cataphorèse 459
FAYOUX. — Mode d'application d'un ciment spécial pour les caries du
2ᵉ degré. 459
Dʳ SIFFRE. — Technique opératoire de l'emploi de l'acide sulfurique dans
le traitement des caries du 4ᵉ degré. 459
CHOQUET. — Démonstrations d'application du Xyléna 459
BLATTER. — Présentation d'un anesthésique pour la dévitalisation de la
pulpe dentaire. 459
DELAIR. — Démonstration du mode de fabrication des voiles palatins
artificiels à clapet 459
BLATTER. — Présentation et démonstration de l'emploi de nouvelles dents
en porcelaine détachables. 459
SUBIRANA (L.). — Démonstration pratique d'une méthode de bourrage de
caoutchouc sans presse. 460
— Présentation de couronnes et travaux à pont. 460
[616.59:617.6] Dʳ SIFFRE. — La pelade et les lésions dentaires. 460
[617.61] — La stérilisation des canaux dentaires par l'acide sulfurique pur 460
[617.60] — Dent de six ans et dent de sagesse. — Note sur les rapports de l'extraction de la première molaire inférieure
avec l'évolution et l'éruption de la dent de sagesse. . 460
[617.525] Dʳ FREY (L.). — Observations de prothèse du maxillaire inférieur. . . 461
[617.62] Dʳ FREY (L.) et LEMERLE (G.). — Les Leptothrix de la bouche. — Leur rôle
dans l'étiologie de la carie dentaire. — Leptothrix racemasa. — Conclusions . . 461
[617.60] Dʳ PONT. — Emploi de l'alcool saturé d'acide borique en art dentaire . . 461

[617.66] Heidé-Raynvald. — A propos de l'opportunité de l'avulsion dentaire précoce ou tardive dans la périodontite suppurée aiguë 461

[617.6:614.23] Dr Amoëdo (O.). — Étude sur les dents après la mort, au point de vue de la médecine légale 462

[617.525] — Prothèse dentaire. —. Étude sur l'articulation des dentiers artificiels suivant les lois anatomiques et physiologiques qui régissent l'articulation temporo-maxillaire et celle des arcades dentaires chez l'homme 463

SÉANCES GÉNÉRALES

Traction électrique urbaine et suburbaine.

Introduction 464
Monmerqué. — Note pour servir de base à la discussion 465

PREMIÈRE SÉANCE GÉNÉRALE

Carpentier 496
Kœchlin (R.). — Application de la traction électrique par trolley automoteur pour des services d'omnibus urbains et suburbains 496
Thévenet Le Boul. — Traction électrique à contact superficiel et à deux conducteurs isolés (système Cruvellier) 499
Lavezzari (A.). — Système de l'Électrorail 508
Launay (F.). — Sur le fonctionnement du système Diatto 513
Blanchon. — Sur la traction par accumulateurs 519
Jumau. — Sur l'exploitation des tramways par accumulateurs à charge rapide 524
Lavezzari (A.). — Les accumulateurs et la traction électrique 528
Jumau. — Les accumulateurs dans l'électromobilisme urbain 530
Jeantaud. — Quelques remarques sur l'application de l'électricité à l'automobilisme 535

DEUXIÈME SÉANCE GÉNÉRALE

Blanchon. — Discussion sur la communication de M. Jumau 536
Gariel (C.). — Analyse de « la Traction électrique sur la ligne Milan-Gallarate-Varese », par M. J. Rocca 537
Discussion du rapport Monmerqué : MM. Le Président, Forestier . . . 537
— Blanchon, Lavezzari, Forestier 538
— P. Renaud, Kœchlin, Cruvellier, Forestier 539
— Vuillemin, Forestier, Blanchon 540
— Forestier et Carpentier . . . 541

ANNEXE

Druart (E.) et Le Roy (P.). — Les avantages de la traction mécanique des marchandises sur les voies ferrées urbaines 542

CONFÉRENCES

TRUTAT (E.). — Les excursions du Congrès de Montauban : plaine de la Garonne, vallée de l'Aveyron, vallée du Lot 545

Stanislas MEUNIER. — Les éruptions volcaniques à propos du récent désastre de la Martinique. 564

EXCURSIONS — VISITES INDUSTRIELLES

EXCURSION à Bruniquel, Penne, Saint-Antonin 574

— à Castelsarrazin, Moissac. 575

— finale : Cahors, Rocamadour, Padirac 575

Filatures de soie Couderc et Vidal Marty. 577

Établissements Brusson jeune de Villemur. 578

IMPRIMERIE CHAIX, RUE BERGÈRE, 20, PARIS. — 4216-3-02.

LÉGENDE
1 Hôtel de Ville.
2 Lycée de J^{nes} Filles.
3 Théâtre.
4 Lycée.
5 Préfecture.
6 Bourse.
7 Postes et Télégraphes.
8 Faculté.

Quartier
du Cours
pour la Cavalerie

Promenade du Cours

QUARTIER GASSER

Hôtels.
A du Midi.
B de l'Europe.
C du Commerce.
D de France.
{ de la Paix.
E des Quatre Saisons.

Hospice

QUARTIER
S^T MICHEL